EUROPA LEHRMITTEL

EUROPA-FACHBUCHREIHE
für Metallberufe

M. Fehrmann
Dr. E. Ignatowitz
D. Köhler
F. Köhler
G. Lämmlin
G. Mahr
H.-J. Pahl
A. Steinmüller
A. Weingartner

Tabellenbuch für Metallbautechnik

Herausgegeben von Armin Steinmüller

6. verbesserte Auflage

Europa-Nr.: 16011

VERLAG EUROPA-LEHRMITTEL · Nourney, Vollmer GmbH & Co. KG
Düsselberger Straße 23 · 42781 Haan-Gruiten

Autoren

Fehrmann, Michael	Dipl.-Ing. (FH), Studienrat	Waiblingen
Ignatowitz, Eckhard	Dr.-Ing., Studienrat	Waldbronn
Köhler, Dagmar	Dipl.-Ing.-Päd.	Dresden
Köhler, Frank	Dipl.-Ing.-Päd.	Dresden
Lämmlin, Gerhard	Dipl.-Ing.; Studiendirektor	Neustadt/Weinstraße
Mahr, Gunter	Ing. grad. Oberstudienrat	Hamburg
Pahl, Hans-Joachim	Oberstudienrat	Hamburg
Steinmüller, Armin	Dipl.-Ing.	Hamburg
Weingartner, Alfred	Studiendirektor	München

Für die Mitarbeit an der 1. bis 5. Auflage dieses Buches dankt der Arbeitskreis Herrn Jürgen Hohenstein und Herrn Werner Röhrer

Lektorat und Leitung des Arbeitskreises:
Steinmüller, Armin; Dipl.-Ing., Verlagslektor, Hamburg

Bildbearbeitung:
Zeichenbüro des Verlages Europa-Lehrmittel, Ostfildern

Das vorliegende Buch wurde auf der **Grundlage der amtlichen Rechtschreibregeln** erstellt.

Die Angaben in diesem Tabellenbuch beziehen sich auf die neuesten Ausgaben der Normblätter und sonstiger Regelwerke. Verbindlich für die Anwendung sind jedoch nur die Normblätter mit dem neuesten Ausgabedatum des DIN (Deutsches Institut für Normung e.V.) selbst. Sie können durch die Beuth Verlag GmbH, Burggrafenstr. 6, 10787 Berlin, bezogen werden.

Inhalte, die auf Verordnungen oder Regelwerken basieren, dürfen nur an Hand der jeweils neuesten Ausgabe der Originalfassung angewendet werden.

6. Auflage 2009

Druck 5 4 3 2 1

Alle Drucke dieser Auflage sind im Unterricht nebeneinander einsetzbar, da sie bis auf die korrigierten Druckfehler und kleine Normänderungen unverändert sind.

ISBN 978-3-8085-1606-5

Satz: RK Text, 42799 Leichlingen
Druck: Media Print Informationstechnologie, 33100 Paderborn

Vorwort

Während des letzten Jahrzehnts hat sich die Berufsgruppe der Metallbauer und Konstruktionsmechaniker zusammen mit den Stahl- und Metallbauunternehmen stark entwickelt – auch auf Grund neuer Tendenzen in der Architektur und erhöhter Anforderungen bei der Energieeinsparung. Die für diese Berufe herausgegebene Fachbuchreihe des Verlages EUROPA-LEHRMITTEL erhielt mit diesem Tabellenbuch die für Unterricht und Praxis notwendige Arbeitsbasis.

In erster Linie ist diese Tabellen- und Formelsammlung für die Berufsausbildung der Metallbauer und Konstruktionsmechaniker bestimmt. Um den vielfältigen Anforderungen der beruflichen Weiterbildung Rechnung zu tragen, wurden darüber hinaus Informationen aufgenommen, die auch in Meisterschulen und Fachschulen Anwendung finden können. Daneben kann dieses Tabellenwerk Studierenden der Architektur und des Bauwesens die wesentlichen Basisdaten bereitstellen und ein hilfreicher Wegweiser zu weitergehenden Detailinformationen sein.

Der Inhalt des Buches gliedert sich in die nebenstehend aufgeführten acht Themenbereiche. Die Vielfalt der in diesem Buch dargebotenen Informationen bedingt, dass hin und wieder Inhalte einer Überschrift zugeordnet werden, die möglicherweise auch an anderer Stelle stehen könnten.
Jeder Hauptteil enthält Formeln, Tabellen, Definitionen und in manchen Fällen auch knappe Erläuterungen. In den Tabellen sind wesentliche Teile von DIN-Normen, Regeln der Behörden und Berufsgenossenschaften, Stoffwerte und Firmenangaben zu speziellen Verfahren und Konstruktionslösungen zu finden.

Zum schnellen Aufsuchen bestimmter Sachverhalte dienen ein detailliertes Inhaltsverzeichnis und ein umfangreiches Sachwortverzeichnis mit englischer Übersetzung. Inhaltlich ähnliche Seiten wurden nach denselben grafischen Prinzipien benutzerfreundlich gestaltet. Bei Normteilen, Werkstoffen, vielen Bauteilen sowie bei Kurzangaben in Zeichnungen wird jeweils ein Bezeichnungsbeispiel aufgeführt. Zu Beginn eines entsprechenden Sachteils findet sich außerdem häufig eine Erläuterung zum Aufbau der Bezeichnungsbeispiele.

Die jetzt vorliegende **6. Auflage** folgt in der Abfolge von Seiten und Themen der vorherigen. Es wurden einige neue Inhalte aufgenommen, auch auf Grund von Wünschen unserer Leser. Alle Normangaben wurden überprüft und, falls notwendig, aktualisiert.

Der Umfang dieses Fachgebiets und die Vielfalt der vorhandenen Informationen zwang uns im Interesse einer überschaubaren Seitenzahl nach wie vor zu Einschränkungen.

Wir danken unseren Lesern für ihre Zuschriften und hoffen auch weiterhin auf ihre Meinungsäußerungen. Ebenso sind wir stets dankbar für Fehlerhinweise und Verbesserungsvorschläge.

Sommer 2009 Autoren und Verlag

Mathematische Grundlagen

Naturwissenschaftlich-technische Grundlagen

Arbeitsplanung
Technische Kommunikation
Arbeitssicherheit
Umweltschutz

Werkstoffe

Bauteile
Befestigungsmittel
Verbindungsmittel

Fertigungstechnik

Konstruktionen und Elemente des Metall- und Stahlbaus

Steuerungs- und Regelungstechnik, NC-Technik

Inhaltsverzeichnis

M Mathematische Grundlagen

Formelzeichen, mathematische Zeichen .. 9
Einheiten im Messwesen 10
Umrechnung von Maßeinheiten 12
Winkelfunktionen, Strahlensatz 13
Mathematische Grundlagen 14
- Gleichungen, Umformen von 16
- Prozentrechnung, Zinsrechnung 16
- Schlussrechnung, Mischungsrechnung 17

Längen 18
Flächen 19
- Berechnungen am rechtwinkligen Dreieck 20
- Kreisberechnungen 22

Volumen, Oberflächen 23
Volumen, Masse 26
Linien- und Flächenschwerpunkte 27

N Naturwissenschaftlich-technische Grundlagen

Bewegungen 28
Kräfte 29
Arbeit, Leistung, Wirkungsgrad 32
Energie, Hauptnutzungszeit 33
Festigkeitslehre 34
- Bemessung von Stahlbauten 34
- Einwirkungen auf Tragwerke 37
- Festigkeit von Schweißverbindungen . 45
- Bemessen von Schweißverbindungen im Stahlbau 46
- Beanspruchungen und Belastungen im Maschinen- und Anlagenbau 47

Elektrotechnik 49
Wärmetechnische Grundlagen 51
Wärmeschutz 54
- Wärmetechnische Mindestanforderungen 54
- Stoffwerte 55
- Energieeinsparung 56

Feuchteschutz 58
Schallschutz 62
Brandschutz 64
Chemische Grundlagen 66
Chemische Stoffgruppen 67
Technisch wichtige Chemikalien 68

A Arbeitsplanung – Technische Kommunikation – Arbeitssicherheit – Umweltschutz

Grundlagen der Technischen Kommunikation 69
Grundlagen des technischen Zeichnens . 70
- Arten von Zeichnungen 70
- Grafische Darstellungen 71
- Pläne 72
- Normzahlen, Arten von Normen 73
- Schriften für Zeichnungen 74
- Linienarten und Anwendung 75
- Blattformate, Maßstäbe, Ränder 76
- Schriftfelder, Stücklisten 77

Darstellungen in Zeichnungen 78
- Projektionsverfahren 78
- Normalprojektion 79
- Besondere und vereinfachte Darstellungen 80
- Schnittdarstellungen 81

Geometrische Grundkonstruktionen 83
Projektionen, wahre Größen 85

Schnitte, Abwicklungen 86
- Grundkörper 86
- Blechkörper 88
- Übergangskörper 89

Maßeintragung, Grundlagen 90
- Grundregeln, Elemente 90
- Systematik, Maßbezugssysteme 91
- Symmetrische Teile, Arten der Maßeintragung 92

Maßeintragung in Zeichnungen 93
- Parallelbemaßung, Steigende Bemaßung, Koordinatenbemaßung ... 93
- Maßlinien, Maßbegrenzungen 94
- Maßzahlen, Durchmesser 95
- Bemaßung besonderer Formelemente 96
- Gewinde, Toleranzen 98
- Teilungen 99

Inhaltsverzeichnis

Vereinfachte Maßeintragung für Bohrungen, Senkungen und Gewindelöcher 100
Schrauben, Federn, Zentrierbohrungen 101
ISO-System für Grenzmaße und Passungen, Begriffe 102
Passungssysteme 103
Grundtoleranzen 103
System Einheitsbohrung 104
Grenzabmaße für Normteile 105
Passungsauswahl 106
Form- und Lagetoleranzen 106
Angaben in Zeichnungen 106
Allgemeintoleranzen 109
Oberflächenrauheitsangaben 110
Symbole, Anordnung der Symbole . . . 111
Wärmebehandlungsangaben 112
Schweiß- und Lötnähte 113
Symbolische Darstellung 113
Bemaßung der Nähte 115
Anwendungsbeispiele 116
Metall- und Stahlbauzeichnen 118
Sinnbildliche Darstellung von Löchern, Schrauben- und Nietverbindungen . . 118
Darstellung und Bemaßung im Metallbau 119
Beispiel für eine Metallbauzeichnung 121
Stückliste und Schweißfolgeplan 122
Profilbezeichnung, Bemaßung von Knotenblechen 123
Rohrleitungsdarstellungen 124
Bauzeichnungen 126
Darstellung im Bauwesen, Kennzeichnung der Schnittflächen . . . 126
Linienarten, Maße im Bauwesen 127
Toleranzen im Hochbau 128
Besonderheiten der Maßeintragung . . 129
Beispiel für eine Bauzeichnung 130
Gestaltung 131
Perspektivische Darstellungen, Proportionen 131
Gestaltungselemente 132
Gesundheit und Sicherheit am Arbeitsplatz 133
Schutzmaßnahmen am Arbeitsplatz . . 134
Schutzeinrichtungen am Arbeitsplatz . 136
Gefahrguttransport 137
Gefahrstoffe 138
Abfall im Metallbaubetrieb 140

W Werkstoffe

Stoffwerte 142
Werkstoffnummern 144
Einteilung der Stähle 145
Bezeichnungssystem für Stähle 146
Alte Stahlnormung 150
Baustähle 151
Korrosionsbeständige Stähle, Maschinenbaustähle 153
Werkzeugstähle, Gusseisen, Stahlguss . . 154
Schneidstoffe 155
Warmgewalzte Stahlprofile, Übersicht . . . 156
Stabstahl, Rund- und Vierkantstahl 157
Flachstahl, warmgewalzt 157
Breitflachstahl, U-Stahl 158
U-Stahl, Sechskantstahl 159
T-Stahl, L-Stahl 160
Winkelstahl 161
I-Träger 163
Z-Stahl 166
Rohre 167
Stahlrohre 168
Mantelflächen von Stahlerzeugnissen . . 17
Stahlbleche 174
Flacherzeugnisse aus Stahl, Übersicht 176
Bauelemente aus Stahl, Übersicht 177
Flächen- und längenbezogene Massen . 178
Aluminium-Werkstoffe, Normung 179
Aluminium und Al-Legierungen 180
Al-Erzeugnisse (Übersicht) 181
Kupfer, Zink, Blei und ihre Legierungen 182
Erzeugnisse aus Kupfer, Zink und Blei . . 183
Längenbezogene Masse von Rohren . . . 184
Kunststoffe 185
Kunststofferzeugisse 187
Schmierstoffe 188
Kühlschmierstoffe, Hydraulik-Öle 189

Inhaltsverzeichnis

Korrosionsschutz ... 190
Gestaltung der Bauteile ... 191
Oberflächenvorbereitung ... 192
Feuerverzinken ... 193
Korrosionsschutzbeschichtungssysteme für Stahlbauten ... 194
Eignung von Stählen für Korrosionsbelastung ... 196
Korrosionsschutz für Aluminium-Bauteile ... 197
Wärmebehandlung der Stähle ... 198
Werkstoffprüfung ... 199
Zugversuch, Kerbschlagbiegeversuch 199
Härteprüfungen ... 200
Zerstörungsfreie Prüfverfahren ... 202

B Bauteile, Befestigungsmittel, Verbindungsmittel, Anschlagmittel

Gewinde ... 203
Gewindearten, Übersicht ... 203
Gewinde nach ausländischen Normen (Auswahl) ... 204
Metrisches ISO-Gewinde ... 205
Whitworth-Gewinde ... 206
Trapezgewinde, Sägengewinde ... 207
Schrauben ... 208
Bezeichnung, Festigkeitsklassen ... 208
Vorspannkraft, Anziehdrehmoment ... 209
Grenzkräfte ... 210
Schraubengröße und Betriebskraft ... 210
Schrauben und Muttern aus nichtrostendem Stahl ... 211
Durchgangslöcher, Einschraubtiefen, Senkdurchmesser ... 212
Schraubensicherungen, Schraubenkopfprofile ... 213
Schraubenarten ... 214
Muttern und Scheiben ... 223
Scheiben und Bolzen ... 225
Splinte, Kerbstifte und -nägel ... 226
Schlüsselweiten, Ringschrauben, Ringmuttern ... 227
Blechschrauben und Bohrschrauben ... 228
Niete ... 230
Befestigungselemente ... 232
Dübel ... 232
Anker ... 235
Betonschrauben ... 240
Anker, Setzbolzen ... 241
Montagetechnik ... 242
Trägerklammern und Klemmelemente 242
Montageschienen und Zubehör ... 243
Anschlagmittel ... 244
Seile, Hebebänder ... 244
Ketten und Zubehör ... 247
Handzeichen für Anschläger ... 249

F Fertigungstechnik

Biegetechnik ... 250
Biegeradien, Profilbögen ... 250
Gestreckte Länge, Ausgleichswerte ... 251
Schwenk- und Gesenkbiegen ... 255
Falzverbindungen ... 257
Biegen von Rohren und Formstahl ... 258
Schmiedetemperaturen ... 259
Scherschneiden ... 260
Mechanisches und thermisches Trennen 261
Zahnradberechnung ... 263
Übersetzungen ... 264
Schmalkeilriemen ... 265
Geschwindigkeiten an Maschinen ... 266
Drehzahldiagramm ... 267
Bohren und Gewindebohren von Metallen ... 268
Sägen und Drehen von Metallen ... 269
Drehen und Fräsen von Metallen ... 270
Spanende Bearbeitung der Kunststoffe . 271
Schleifen ... 272
Schweißen ... 274
Schweißverfahren ... 274
Schweißnahtvorbereitung, Schweißpositionen ... 275
Gasschmelzschweißen von Stahl ... 276
Lichtbogenhandschweißen von Stahl . 277
Elektrodenbedarf ... 279
Schutzgasschweißen, Schutzgase ... 280
UP-Schweißen, Bolzenschweißen ... 286
Bewertung von Schweißverbindungen 287
Schweißen von Aluminium- und Kupferwerkstoffen ... 288
Schweißen von Kunststoffen ... 289

Inhaltsverzeichnis

Weichlöten 290
Hartlöten 291
Kleben 292
Kalkulation 293
Kostenstellen, Gemeinkosten 293
Vorkalkulation, Beispiel 294
Abrechnung nach Gewicht im Stahl- und Metallbau 295
Stundenverrechnungssatz 296
Maschinenstundensatz 297
Auftragszeit nach REFA 298

K Konstruktionen und Elemente des Metall- und Stahlbaus

Schlösser 299
Einsteckschlösser 300
Kastenschlösser und Möbelschlösser . 302
Schließzylinder 303
Türöffneranlage 305
Schließanlagen 306
Türen 308
Wandöffnungen 308
Standardzargen 309
Stahlzargenprofile 310
Türschließmittel mit kontrolliertem Schließablauf 311
Sicherheit von Toren und Türsystemen, Einbruchhemmung 312
Feuerschutztüren 313
Bänder 314
Anschweißbänder 315
Konstruktionsbänder 316
Tore 317
Torarten, Einsatzbereiche 317
Torelemente 318
Schiebetore 319
Drehtorantrieb 323
Treppen 324
Treppenarten und -systeme 324
Konstruktionsmaße und Treppenberechnung 325
Bestimmung von Profilgrößen für verschiedene Treppenarten 328
Stufenverziehung 332
Trittstufen aus Gitterrosten 333
Geländer 334
Abmessungen, Berechnung der lichten Weite 334
Abmessungen, Bestimmung der lichten Weite mit Hilfe von Tabellen ... 335
Treppen, Treppenleitern und Geländer 337
Belastungsfälle, Bemessung der Geländerpfosten 338
Widerstandsmomente 339
Bemessung der Geländer 340
Größe der Befestigungsplatten, Dübelabstände 343
Fenster 344
Baumaße, Symbole, Bezeichnungen . 344
Verklotzung 345
Prüfanforderungen an Fenster 346
Bemessung von Rahmenquerschnitten 347
Verglasungen 349
Bemessung der Glasscheibendicke .. 349
Glasprodukte 351
Wärmeschutz bei Fenstern 353
Schallschutzklassen; Schalldämmmaß 355
Beanspruchungen bei der Verglasung 356
Fugen und Fugendichtdichtstoffe 357
Sonnenschutz 359
Fensterbeschläge 360
Stahlbau 361
Gelenkige Winkelanschlüsse 361
Querkraftbeanspruchte Winkelanschlüsse 362
Querkraftbeanspruchte Stirnplattenanschlüsse 363
Biegesteife Stirnplattenanschlüsse ... 364
Trägerausklinkungen 365
Fundamentverankerungen 366
Rippenlose Krafteinleitung 368
Pfettenstöße 369
Pfettenschuhe für I- und IPE-Profile .. 370
Zugstangen zur Pfettensicherung 371
Tragwerke aus Hohlprofilen 373
Sonderprofile aus Stahl 374
Stahltrapezprofile 374
U-Profil, Z- und Hutprofil 375
L-Profile 376
Z- und C-Profile 377
Montage der Z-Pfetten 377

Inhaltsverzeichnis

Metallbauelemente 378
Lochplatten (Lochbleche), Riffel- und Warzenbleche 378
Gitterroste 379
Rohrrahmenprofile aus Stahl 380
Profile für Fenster und Türen
thermisch nicht getrennt 380
thermisch getrennt 381
Fassadenprofile 382
Rohrrahmenprofile aus Aluminium 383
Profile für Fenster und Türen (thermisch getrennt) 383
Glasleistentabelle 384
Aluminiumprofile für rauchdichte Türen 385
Fassadenprofile 387
Instandhaltung 388

S Steuerungs- und Regelungstechnik, CNC-Technik

Steuerungs- und Regelungstechnik 389
Grundbegriffe 389
Bezeichnungen und Kennbuchstaben . 389
Logische Verknüpfungen 390
Schaltalgebra und elektrotechnische Schaltzeichen 394
Schaltalgebra 394
Symbole für Schaltpläne 394
Kennzeichnung von Betriebsmitteln .. 396
Bezeichnungen in Stromlaufplänen .. 397
Schutzmaßnahmen gegen gefährliche Körperströme 398
Steuerungstechnik mit GRAFCET 399
Funktionsdiagramme, Wegbedingungen und Zustandsdiagramme 401
Ausführung eines Funktionsdiagramms 401
Schaltzeichen der Pneumatik und Hydraulik 402
Schaltpläne der Pneumatik und Hydraulik 404
Pneumatische Steuerung 405
Elektropneumatische Steuerung 406
Hydraulische Steuerung 407
Pneumatikzylinder 408
Berechnungen zur Pneumatik und Hydraulik 409
Steuerung von Werkzeugmaschinen 411
Koordinatensysteme für CNC-Werkzeugmaschinen nach DIN .. 411
Bildzeichen für CNC-Maschinen 412
Programmaufbau bei CNC-Maschinen nach DIN 413
Arbeitsbewegungen bei Senkrecht-Fräsmaschinen 416
Programmaufbau bei CNC-Maschinen nach PAL 417
Wegbedingungen und Zyklen beim Fräsen 417
Berechnungen zu Lochkreisen und Kreisbahnen, Werkzeugbahnkorrektur 419
Datenverarbeitung und Internet 420

Normen und Regeln 422
Sachwortverzeichnis 424
Firmenverzeichnis 440

Farbtafeln

F1: Sicherheitskennzeichnung am Arbeitsplatz 1 .... 2. US
F2: Vorbereiten von Stahloberflächen zum Beschichten .... 192 A
F3: Oberflächen von Blechen aus nichtrostendem Stahl .... 192 B
F4: Eisen-Kohlenstoff-Diagramm .... 192 C
F5: RAL-Farbskala .... 192 D
F6: RAL-Farbskala .... 192 E
F7: Kennzeichnung von Gasflaschen . 192 F
F8: Sicherheitskennzeichnung am Arbeitsplatz 2 .... 3. US

Formelzeichen, mathematische Zeichen

Formelzeichen

vgl. DIN 1304-1 (1994-03)

Formelzeichen	Bedeutung
Länge, Fläche, Volumen, Winkel	
l	Länge
b	Breite
h	Höhe, Tiefe
r, R	Radius, Halbmesser
d, D	Durchmesser
s	Weglänge, Kurvenlänge
λ	Wellenlänge
A, S	Fläche, Querschnittsfläche
V	Volumen
α, β, γ	ebener Winkel
Ω	Raumwinkel
Zeit	
t	Zeit, Dauer
T	Periodendauer
f, ν	Frequenz
n	Drehzahl, Umdrehungsfrequenz
ω	Winkelgeschwindigkeit
v, u	Geschwindigkeit
a	Beschleunigung
g	örtliche Fallbeschleunigung
α	Winkelbeschleunigung
$q_V, \dot{V}$	Volumenstrom
Akustik	
p	Schalldruck
dB(A)	Schallpegel[1]
c	Schallgeschwindigkeit
L_p	Schalldruckpegel
L_N	Lautstärkepegel
I	Schallintensität
N	Lautheit

Formelzeichen	Bedeutung
Mechanik	
m	Masse
m'	längenbezogene Masse
m''	flächenbezogene Masse
ϱ	Dichte
J	Trägheitsmoment, Massenmoment 2. Grades
F	Kraft
F_G, G	Gewichtskraft
M	Drehmoment
T	Torsionsmoment
M_b	Biegemoment
p	Druck
p_{abs}	absoluter Druck
p_{amb}	Atmosphärendruck
p_e	Überdruck
σ	Normalspannung
τ	Schubspannung
A	Bruchdehnung[2]
ε	Dehnung, rel. Längenänd.
E	Elastizitätsmodul
G	Schubmodul
μ, f	Reibungszahl
W	Widerstandsmoment
I	Flächenmoment 2. Grades
W, E	Arbeit, Energie
W_p, E_p	potenzielle Energie
W_k, E_k	kinetische Energie
P	Leistung
η	Wirkungsgrad
Licht, elektromagnet. Strahlung	
E_v	Beleuchtungsstärke
f	Brennweite
n	Brechzahl
I_e	Strahlstärke
Q_e, W	Strahlungsenergie

Formelzeichen	Bedeutung
Wärme[3]	
T, Θ	thermodynamische Temperatur
$\Delta T, \Delta t, \Delta\vartheta$	Temperaturdifferenz
t, ϑ	Celsius-Temperatur
α_l, α	Längenausdehnungskoeffizient
α_V, γ	Volumenausdehnungskoeffizient
Q	Wärme, Wärmemenge
λ	Wärmeleitfähigkeit
α	Wärmeübergangskoeffizient
U	Wärmedurchgangskoeffizient[3]
$\Phi, \dot{Q}$	Wärmestrom
a	Temperaturleitfähigkeit
C	Wärmekapazität
c	spez. Wärmekapazität
H_u	spezifischer Heizwert
Elektrizität	
Q	Ladung, Elektrizitätsmenge
U	Spannung
C	Kapazität
ε	Permittivität
I	Stromstärke
L	Induktivität
μ	Permeabilität
R	Widerstand
ϱ	spezifischer Widerstand
$\gamma, \varkappa$	elektrische Leitfähigkeit
X	Blindwiderstand
Z	Scheinwiderstand
φ	Phasenverschiebungswinkel
N	Windungszahl

[1] nicht in DIN 1304; siehe Seite 62 [2] nicht in DIN 1304; siehe Seite 34 ff. [3] Abweichungen von DIN 1304 s.S. 51 bis 61

Mathematische Zeichen

vgl. DIN 1302 (1999-12)

Math. Zeichen	Sprechweise
$\approx$	ungefähr gleich
$\triangleq$	entspricht
$\ldots$	und so weiter bis
$=$	gleich
$\neq$	ungleich
$\stackrel{\text{def}}{=}$	ist definitionsgemäß gleich
$<$	kleiner
$\leq$	kleiner gleich
$>$	größer
$\geq$	größer gleich
$+$	plus
$-$	minus
$\cdot$	mal, multipliziert mit
$-, /, :$	durch, geteilt durch, zu
Σ	Summe
$\sim$	proportional
π	pi (Kreiszahl = 3,14159...)

Math. Zeichen	Sprechweise
a^x	a hoch x, x-te Potenz von a
$\sqrt{\ }$	Quadratwurzel aus
$\sqrt[n]{\ }$	n-te Wurzel aus
$\lvert x \rvert$	Betrag von x
∞	unendlich
$\perp$	senkrecht auf
$\parallel$	ist parallel zu
$\uparrow\uparrow$	gleichsinnig parallel
$\uparrow\downarrow$	gegensinnig parallel
$\sphericalangle$	Winkel
$\triangle$	Dreieck
$\cong$	kongruent zu
Δx	Delta *x* (Differenz zweier Werte)

Math. Zeichen	Sprechweise
ln	natürlicher Logarithmus
log	Logarithmus (allgemein)
lg	dekadischer Logarithmus
sin	Sinus
cos	Kosinus
tan	Tangens
cot	Kotangens
arcsin	Arcussinus
%	Prozent, vom Hundert
‰	Promille, vom Tausend
(), [], {}	runde, eckige, geschweifte Klammer auf und zu
$\overline{AB}$	Strecke AB
$\overset{\frown}{AB}$	Bogen AB
a', a''	a Strich, a zwei Strich
a_1, a_2	a eins, a zwei

Einheiten im Messwesen

vgl. DIN 1301-1 (2002-10), -2 (1978-02), -3 (1979-10)

Die Einheiten im Messwesen sind im Internationalen Einheitensystem (SI = **S**ysteme **I**nternational) festgelegt. Es baut auf den sieben *Basiseinheiten* (Grundeinheiten) auf, von denen weitere Einheiten abgeleitet sind.

Basisgrößen und Basiseinheiten

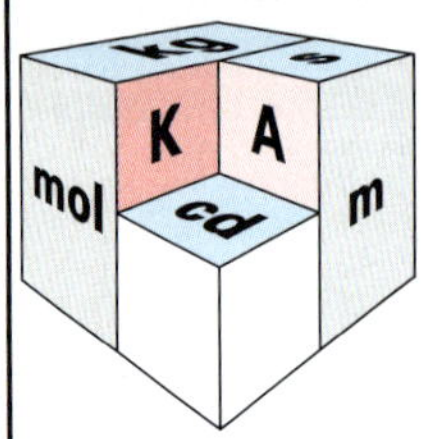

Basisgröße	Basiseinheit	Einheitenzeichen
Länge	**Meter**	m
Masse	**Kilogramm**	kg
Zeit	**Sekunde**	s
elektrische Stromstärke	**Ampere**	A
Temperatur	**Kelvin**	K
Stoffmenge	**Mol**	mol
Lichtstärke	**Candela**	cd

Größen und Einheiten

Größe	Formelzeichen	Einheit Name	Einheit Zeichen	Beziehung	Bemerkung
Länge, Fläche, Volumen, Winkel					
Länge	l	**Meter**	m	1 m = 10 dm = 100 cm = 1000 mm 1 mm = 1000 µm 1 km = 1000 m	1 inch = 1 Zoll = 25,4 mm In der Luft- und Seefahrt gilt: 1 internationale Seemeile = 1852 m
Fläche	A, S	Quadratmeter Ar Hektar	m^2 a ha	1 m^2 = 10 000 cm^2 = 1 000 000 mm^2 1 a = 100 m^2 1 ha = 100 a = 10 000 m^2 100 ha = 1 km^2	Zeichen S nur für Querschnittsflächen Ar und Hektar nur für Flächen von Grundstücken
Volumen	V	Kubikmeter Liter	m^3 l, L	1 m^3 = 1000 dm^3 = 1 000 000 cm^3 1 l = 1 L = 1 dm^3 = = 10 dl = 0,001 m^3 1 ml = 1 cm^3	Meist für Flüssigkeiten und Gase
ebener Winkel (Winkel)	α, β, γ...	Radiant Grad Minute Sekunde	rad ° ′ ″	1 rad = 1 m/m = 57,2957...° = 180°/π 1° $= \frac{\pi}{180}$ rad = 60′ 1′ = 1°/60 = 60″ 1″ = 1′/60 = 1°/3600	1 rad ist der Winkel, der aus einem um den Scheitelpunkt geschlagenen Kreis mit 1 m Radius einen Bogen von 1 m Länge schneidet. Bei techn. Berechnungen z.B. nicht α = 33° 17′ 27,6″, sondern besser α = 33,291° verwenden.
Zeit					
Zeit, Zeitspanne, Dauer	t	**Sekunde** Minute Stunde Tag Jahr	s min h d a	1 min = 60 s 1 h = 60 min = 3600 s 1 d = 24 h	3 h bedeutet eine Zeitspanne (3 Std.) 3^h bedeutet einen Zeitpunkt (3 Uhr). Werden Zeitpunkte in gemischter Form, z.B. $3^h24^m10^s$ geschrieben, so kann das Zeichen min auf m verkürzt werden.
Drehzahl, Umdrehungsfrequenz	n	1 durch Sekunde 1 durch Minute	1/s 1/min	1/s = 60/min = 60 min^{-1} 1/min = 1 min^{-1} $= \frac{1}{60\ s}$	
Geschwindigkeit	v	Meter durch Sekunde Meter durch Minute Kilometer d. Stunde	m/s m/min km/h	1 m/s = 60 m/min = 3,6 km/h 1 m/min $= \frac{1\ m}{60\ s}$ 1 km/h $= \frac{1000\ m}{3600\ s} = \frac{1\ m}{3{,}6\ s}$	Geschwindigkeit bei der Seefahrt in Knoten (kn). 1 kn = 1,852 km/h Mile per hour = 1 mile/h = 1 mph 1 mph = 1,60934 km/h
Beschleunigung	a, g	Meter durch Sekunde hoch zwei	m/s^2	1 m/s^2 $= \frac{1\ m/s}{1\ s}$	Formelzeichen g nur für Fallbeschleunigung. g = 9,81 m/s^2

Einheiten im Messwesen

vgl. DIN 1301-1 (2002-10), -2 (1978-02), -3 (1979-10)

Größen und Einheiten (Fortsetzung)

Größe	Formelzeichen	Einheit Name	Einheit Zeichen	Beziehung	Bemerkung
Mechanik					
Masse	m	**Kilogramm** Gramm Megagramm Tonne	kg g Mg t	1 kg = 1000 g 1 g = 1000 mg 1 t = 1000 kg = 1 Mg 0,2 g = 1 Kt	Gewicht im Sinne eines Wägeergebnisses oder eines Wägestückes ist eine Größe von der Art der Masse (Einheit kg). Masse für Edelsteine in Karat (Kt).
längenbezogene Masse	m'	Kilogramm durch Meter	kg/m	1 kg/m = 1 g/mm	Die längenbezogene Masse wird z.B. zur Berechnung der Masse (Gewicht) von Stabwerkstoffen, Profilen und Rohren verwendet.
flächenbezogene Masse	m''	Kilogramm durch Meter hoch zwei	kg/m^2	$1\ kg/m^2 = 0{,}1\ g/cm^2$	Die flächenbezogene Masse wird z.B. zur Berechnung der Masse von Blechen verwendet.
Dichte	ϱ	Kilogramm durch Meter hoch drei	kg/m^3	$1000\ kg/m^3 = 1\ t/m^3$ $= 1\ kg/dm^3$ $= 1\ g/cm^3$ $= 1\ g/ml$ $= 1\ mg/mm^3$	Die Dichte ist eine vom Ort unabhängige Größe.
Trägheitsmoment, Massenmoment 2. Grades	J	Kilogramm mal Meter hoch zwei	$kg \cdot m^2$		früher: Massenträgheitsmoment
Kraft Gewichtskraft	F F_G, G	Newton	N	$1\ N = 1\ \frac{kg \cdot m}{s^2} = 1\ \frac{J}{m}$ $1\ MN = 10^3\ kN = 1\ 000\ 000\ N$	Die Kraft 1 N bewirkt bei der Masse 1 kg in 1 s eine Geschwindigkeitsänderung von 1 m/s.
Drehmoment Biegemoment Torsionsmoment	M M_b T	Newton mal Meter	N · m		
Druck mechanische Spannung	p σ, τ	Pascal Newton durch Meter hoch zwei	Pa N/m^2	$1\ Pa = 1\ N/m^2 = 0{,}01\ mbar$ $1\ bar = 100\ 000\ N/m^2$ $= 10\ N/cm^2 = 10^5\ Pa$ $1\ mbar = 1\ hPa$ $1\ N/mm^2 = 10\ bar = 1\ MN/m^2$ $= 1\ MPa$ $1\ bar = 0{,}1\ N/mm^2$	Unter Druck versteht man die Kraft je Flächeneinheit. p_e – Überdruck p_{abs} – absoluter Druck p_{atm} – atmosphärischer Druck
Flächenmoment 2. Grades	I	Meter hoch vier Zentimeter hoch vier	m^4 cm^4	$1\ m^4 = 100\ 000\ 000\ cm^4$	früher: Flächenträgheitsmoment
Energie, Arbeit Wärmemenge	E, W	Joule	J	$1\ J = 1\ N \cdot m = 1\ W \cdot s$ $= 1\ kg \cdot m^2/s^2$	Joule für jede Energieart, kW · h bevorzugt für elektrische Energie
Leistung Wärmestrom	P, Φ	Watt	W	$1\ W = 1\ J/s = 1\ N \cdot m/s$ $= 1\ V \cdot A = 1\ m^2 \cdot kg/s^3$	
Elektrizität und Magnetismus					
Elektrische Stromstärke Elektr. Spannung Elektr. Widerstand	I U R	**Ampere** Volt Ohm	A V Ω	 1 V = 1 W/1 A = 1 J/C 1 Ω = 1 V/1 A	
spez. Widerstand Leitfähigkeit	ϱ γ, $\varkappa$	Ohm mal Meter Siemens durch Meter	Ω · m S/m	$10^{-6}\ \Omega \cdot m = 1\ \Omega \cdot mm^2/m$	$\varrho = \frac{1}{\varkappa}$ in $\frac{\Omega \cdot mm^2}{m}$ $\varkappa = \frac{1}{\varrho}$ in $\frac{m}{\Omega \cdot mm^2}$
Frequenz Elektr. Arbeit	f W	Hertz Joule	Hz J	$1\ Hz = \frac{1}{s}$; 1000 Hz = 1 kHz 1 J = 1 W · s = 1 N · m 1 kW · h = 3,6 MJ 1 W · h = 3,6 kJ	

M

Umrechnung von Maßeinheiten

Längeneinheiten — Umrechnungszahl 10

1 μm	· 1000 →	1 mm	· 10 →	1 cm	· 10 →	1 dm	· 10 →	1 m	· 1000 →	1 km
	← : 1000		← : 10		← : 10		← : 10		← : 1000	

Flächeneinheiten — Umrechnungszahl 100

1 mm^2	· 100 →	1 cm^2	· 100 →	1 dm^2	· 100 →	1 m^2	· 10 000 →	1 ha	· 100 →	1 km^2
	← : 100		← : 100		← : 100		← : 10 000		← : 100	

Volumeneinheiten — Umrechnungszahl 1000

1 mm^3	· 1000 →	1 cm^3	· 1000 →	1 dm^3	· 1000 →	1 m^3	· 10^9 →	1 km^3
	← : 1000		← : 1000		← : 1000		← : 10^9	

1 μl	· 1000 →	1 ml	· 1000 →	1 l	· 100 →	1 hl	· 10 →	1 m^3
	← : 1000		← : 1000		← : 100		← : 10	

Masseeinheiten

1 μg	· 10^6 →	1 g	· 1000 →	1 kg	· 100 →	1 dt	· 100 →	1 t	· 10^6 →	1 Mt
	← : 10^6		← : 1000		← : 100		← : 100		← : 10^6	

Krafteinheiten

1 μN	· 1000 →	1 mN	· 1000 →	1 N	· 1000 →	1 kN	· 1000 →	1 MN
	← : 1000		← : 1000		← : 1000		← : 1000	

Druckeinheiten

$1\ \frac{N}{m^2}$	=	1 Pa	· 1000 →	1 kPa	· 1000 →	1 MPa	=	$1\ \frac{N}{mm^2}$
			← : 1000		← : 1000			

1. Beispiel: $4\ m^2 = ?\ cm^2$

$$1\ m^2 \cdot \frac{1}{100} \cdot \frac{1}{100} = 1\ cm^2$$

$$\Rightarrow 1\ m^2 = 100 \cdot 100\ cm^2$$

$$\Rightarrow 4\ m^2 = 4 \cdot 100 \cdot 100\ cm^2 = 4 \cdot 10^4\ cm^2$$

2. Beispiel: $3400\ mm^3 = ?\ dm^3$

$$1\ mm^3 \cdot 1000 \cdot 1000 = 1\ dm^3 \Rightarrow 1\ mm^3 = \frac{1\ dm^3}{1000 \cdot 1000}$$

$$\Rightarrow 3400\ mm^2 = \frac{3400 \cdot 1\ dm^3}{1000 \cdot 1000} = 3400 \cdot 10^{-6}\ dm^3$$

$$= 0{,}0034\ dm^3$$

Vorsätze zur Bezeichnung von dezimalen Teilen und Vielfachen der Einheiten

Vorsatz	Piko	Nano	Mikro	Milli	Zenti	Dezi	Deka	Hekto	Kilo	Mega	Giga	Tera
Vorsatzzeichen	P	N	μ	m	c	d	da	h	k	M	G	T
Zehnerpotenz	10^{-12}	10^{-9}	10^{-6}	10^{-3}	10^{-2}	10^{-1}	10^1	10^2	10^3	10^6	10^9	10^{12}
	Teile (z.B. 1 μm = 10^{-6} m = 0,000 001 m)						Vielfache (z.B. 1 kN = 10^3 N = 1000 N)					

Besondere Längeneinheiten

1 Zoll (")	= 2,54 cm
1 cm	= 0,394 Zoll (")
1 inch	= 1 Zoll
1 USmile	= 1609 m

Besondere Flächeneinheiten

1 km^2	= 100 ha
1 ha	= 100 a
1 a	= 100 m^2
1 Morgen	= 25 a

Besondere Volumeneinheiten

1 hl	= 100 l
1 barrel	= 1,59 hl
1 gallone	= 4,55 l
1 l	= 1 dm^3

Winkelfunktionen

Winkelfunktionen im rechtwinkligen Dreieck

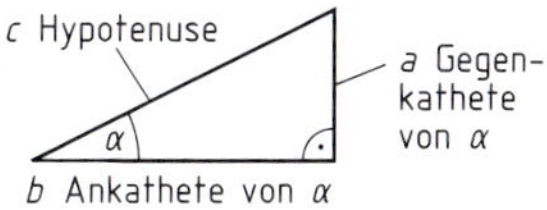

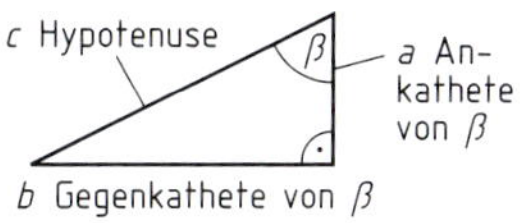

Bezeichnungen im rechtwinkligen Dreieck	Bezeichnungen der Seitenverhältnisse	Anwendung	Beispiele für a = 30mm, b = 40 mm, c = 50 mm
(siehe oben)	**Sinus** = $\frac{\textbf{Gegenkathete}}{\textbf{Hypotenuse}}$	$\sin\alpha = \frac{a}{c}$	$\sin\alpha = \frac{30\text{ mm}}{50\text{ mm}} = 0{,}600$ $\alpha = 36{,}87°$
	Kosinus = $\frac{\textbf{Ankathete}}{\textbf{Hypotenuse}}$	$\cos\alpha = \frac{b}{c}$	$\cos\alpha = \frac{40\text{ mm}}{50\text{ mm}} = 0{,}800$ $\alpha = 36{,}87°$
	Tangens = $\frac{\textbf{Gegenkathete}}{\textbf{Ankathete}}$	$\tan\alpha = \frac{a}{b}$	$\tan\alpha = \frac{30\text{ mm}}{40\text{ mm}} = 0{,}750$ $\alpha = 36{,}87°$
	Kotangens = $\frac{\textbf{Ankathete}}{\textbf{Gegenkathete}}$	$\cot\alpha = \frac{b}{a}$	$\cot\alpha = \frac{40\text{ mm}}{30\text{ mm}} = 1{,}333$ $\alpha = 36{,}87°$

Zu jedem Winkel können die Funktionswerte aus Tabellen entnommen werden. Zwischenwerte müssen durch Interpolation bestimmt werden. Taschenrechner geben Winkelwerte meist als Dezimalbruch an.

Winkelarten

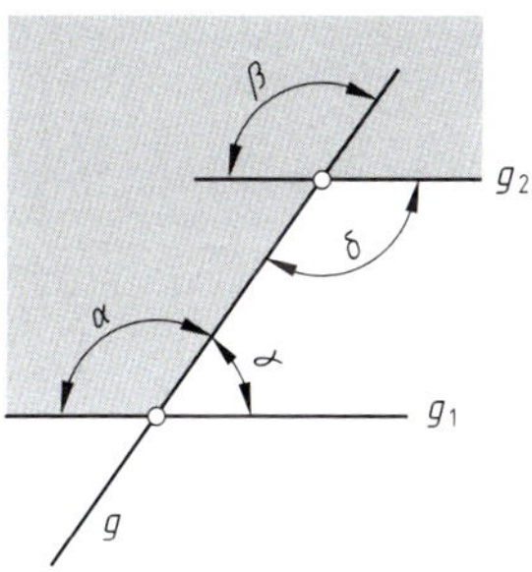

Werden zwei Parallelen g_1 und g_2 durch eine Gerade g geschnitten, so bestehen für die dabei gebildeten Winkel geometrische Zusammenhänge.

Stufenwinkel sind gleich groß. $\alpha = \beta$

Scheitelwinkel sind gleich groß. $\beta = \delta$

Wechselwinkel sind gleich groß. $\alpha = \delta$

Nebenwinkel ergänzen sich zu 180°. $\alpha + \gamma = 180°$

Winkelsumme im Dreieck

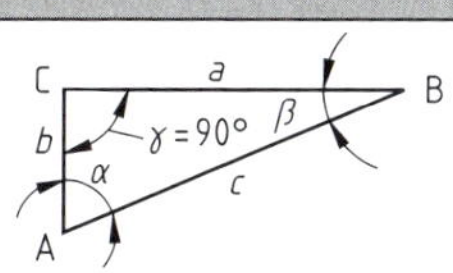

In jedem Dreieck ist die Summe der Innenwinkel gleich 180°. $\alpha + \beta + \gamma = 180°$

Im rechtwinkligen Dreieck ist γ = 90°, die Winkel α und β ergänzen sich zu 90°. $\alpha + \beta = 90°$

Strahlensatz

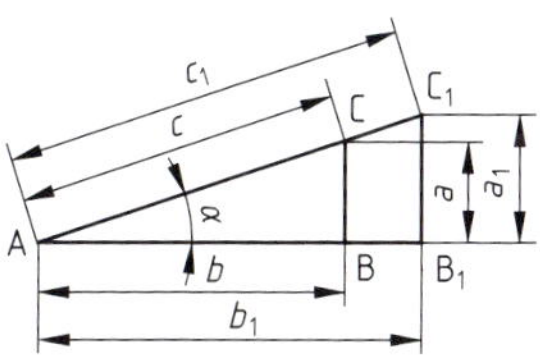

Werden zwei von einem Punkt ausgehende Strahlen von zwei Parallelen geschnitten, bilden die Abschnitte der Parallelen und die zugehörigen Strahlenabschnitte gleiche Verhältnisse.

$$\frac{a}{a_1} = \frac{b}{b_1} = \frac{c}{c_1}$$

$$\frac{a}{b} = \frac{a_1}{b_1} \qquad \frac{b}{c} = \frac{b_1}{c_1}$$

Mathematische Grundlagen

Regel	Zahlenbeispiel	Algebraisches Beispiel
Bruchrechnung		
Gleichnamige Brüche werden addiert oder subtrahiert, indem man die Zähler addiert oder subtrahiert und die Nenner unverändert lässt.	$\frac{5}{8}+\frac{2}{8}-\frac{1}{8}=\frac{5+2-1}{8}$ $=\frac{6}{8}=\frac{3}{4}$	$\frac{5}{a}-\frac{3}{a}+\frac{7}{a}=\frac{5-3+7}{a}$ $=\frac{9}{a}$
Bei **ungleichnamigen Brüchen** muss zuerst der Hauptnenner gebildet werden, um sie addieren bzw. subtrahieren zu können. Der Hauptnenner ist der kleinste gemeinsame Nenner, in dem die Nenner aller Brüche ganzzahlig enthalten sind. Die Brüche werden durch Erweitern auf den Hauptnenner gebracht.	$\frac{1}{2}+\frac{2}{3}-\frac{3}{4}=$ Hauptnenner = 12 $=\frac{1\cdot 6}{2\cdot 6}+\frac{2\cdot 4}{3\cdot 4}-\frac{3\cdot 3}{4\cdot 3}$ $=\frac{6}{12}+\frac{8}{12}-\frac{9}{12}$ $=\frac{6+8-9}{12}=\frac{5}{12}$	$\frac{a}{b}+\frac{c}{d}=$ Hauptnenner = $b\cdot d$ $=\frac{a\cdot d}{b\cdot d}+\frac{c\cdot b}{b\cdot d}$ $=\frac{a\cdot d+c\cdot b}{b\cdot d}$
Ein Bruch wird mit einem anderen multipliziert, indem man Zähler mit Zähler und Nenner mit Nenner multipliziert.	$\frac{3}{5}\cdot\frac{2}{7}=\frac{3\cdot 2}{5\cdot 7}=\frac{6}{35}$	$\frac{a}{b}\cdot\frac{c}{d}=\frac{a\cdot c}{b\cdot d}$
Ein Bruch wird durch einen anderen Bruch dividiert, indem man den Dividenden (Bruch im Zähler) mit dem Kehrwert des Divisors (Bruch im Nenner) multipliziert.	$\frac{3}{4}:\frac{3}{5}=\frac{\frac{3}{4}}{\frac{3}{5}}=\frac{3\cdot 5}{4\cdot 3}$ $=\frac{5}{4}=1\frac{1}{4}$	$\frac{a}{b}:\frac{c}{d}=\frac{\frac{a}{b}}{\frac{c}{d}}=\frac{a\cdot d}{b\cdot c}$
Vorzeichenregeln		
Haben zwei Faktoren **gleiche** Vorzeichen, so wird das Produkt **positiv**.	$2\cdot 5=10$ $(-2)\cdot(-5)=10$	$a\cdot x=ax$ $(-a)\cdot(-x)=ax$
Haben zwei Faktoren **unterschiedliche** Vorzeichen, so wird das Produkt **negativ**.	$3\cdot(-8)=-24$ $(-3)\cdot 8=-24$	$a\cdot(-x)=-ax$ $(-a)\cdot x=-ax$
Haben Zähler und Nenner bzw. Dividend und Divisor **gleiche** Vorzeichen, so ist der Bruch bzw. der Quotient **positiv**.	$\frac{15}{3}=15:3=5$ $\frac{-15}{-3}=(-15):(-3)=5$	$\frac{a}{b}=\frac{a}{b}$ $\frac{-a}{-b}=\frac{a}{b}$
Haben Zähler und Nenner bzw. Dividend und Divisor **unterschiedliche** Vorzeichen, so ist der Bruch bzw. der Quotient **negativ**.	$\frac{15}{-3}=15:(-3)=-5$ $\frac{-15}{3}=(-15):3=-5$	$\frac{a}{-b}=-\frac{a}{b}$ $\frac{-a}{b}=-\frac{a}{b}$
Punktrechnungen (· und :) müssen **vor Strichrechnungen** (+ und –) ausgeführt werden.	$8\cdot 4-18\cdot 3=32-54$ $=-22$ $\frac{16}{4}+\frac{20}{5}-\frac{18}{3}=4+4-6$ $=2$	$8a\cdot b-c\cdot 3d$ $=4ab-3cd$
Klammerrechnung		
Klammern, vor denen ein Pluszeichen steht, können weggelassen werden. Die Vorzeichen der Glieder bleiben dann unverändert.	$16+(9-5)$ $=16+9-5$ $=20$	$a+(b-c)$ $=a+b-c$
Klammern, vor denen ein Minuszeichen steht, können nur aufgelöst (weggelassen) werden, wenn alle Summanden (Glieder in der Klammer) entgegengesetzte Vorzeichen erhalten.	$16-(9-5)$ $=16-9+5$ $=12$	$a-(b-c)$ $=a-b+c$

Mathematische Grundlagen

Klammerrechnung

Regel	Zahlenbeispiel	Algebraisches Beispiel
Ein Klammerausdruck wird mit einem Faktor multipliziert, indem man jedes Glied der Klammer mit dem Faktor multipliziert.	$7 \cdot (4 + 5)$ $= 7 \cdot 4 + 7 \cdot 5 = 63$	$a \cdot (b + c)$ $= ab + ac$
Ein Klammerausdruck wird mit einem Klammerausdruck multipliziert, indem man jedes Glied der einen Klammer mit jedem Glied der anderen Klammer multipliziert.	$(3 + 5) \cdot (10 - 7)$ $= 3 \cdot 10 + 3 \cdot (-7) + 5 \cdot 10 + 5 \cdot (-7)$ $= 30 - 21 + 50 - 35 = 24$	$(a + b) \cdot (c - d)$ $= ac - ad + bc - bd$
Ein Klammerausdruck wird durch einen Wert (Zahl, Buchstabe, Klammerausdruck) dividiert, indem man jedes Glied in der Klammer durch diesen Wert dividiert.	$(16 - 4) : 4$ $= 16 : 4 - 4 : 4$ $= 4 - 1 = 3$	$(a + b) : c = a : c + b : c$ $\frac{a-b}{b} = \frac{a}{b} - 1$
Ein Bruchstrich fasst Ausdrücke in gleicher Weise zusammen wie eine Klammer.	$\frac{3+4}{2} = (3 + 4) : 2$	$\frac{a+b}{2} \cdot h = (a + b) \cdot \frac{h}{2}$
Bei gemischten Punkt- und Strichrechnungen mit Klammerausdrücken müssen zuerst die Klammern aufgelöst und danach die Punkt- und dann die Strichrechnung ausgeführt werden.	$= 8 \cdot (3 - 2) + 4 \cdot (16 \cdot 5)$ $= 8 \cdot 1 + 4 \cdot 11$ $= 8 + 44 = 52$	$= a \cdot (3x - 5x) - b \cdot (12y - 2y)$ $= a \cdot (-2x) - b \cdot 10y$ $= -2ax - 10by$

Potenzieren

Regel	Zahlenbeispiel	Algebraisches Beispiel
Potenzen mit gleicher Basis werden multipliziert, indem man die Exponenten addiert und die Basis beibehält.	$3^2 \cdot 3^3 = 3 \cdot 3 \cdot 3 \cdot 3 \cdot 3$ $= 3^5$ oder $3^2 \cdot 3^3 = 3^{(2+3)} = 3^5$	$x^4 \cdot x^2 = x \cdot x \cdot x \cdot x \cdot x \cdot x$ $= x^6$ oder $x^4 \cdot x^2 = x^{(4+2)} = x^6$
Potenzen mit gleicher Basis werden dividiert, indem man ihre Exponenten subtrahiert und die Basis beibehält.	$\frac{4^3}{4^2} = \frac{4 \cdot 4 \cdot 4}{4 \cdot 4} = 4$ oder $4^3 : 4^2 = 4^{(3-2)} = 4^1 = 4$	$\frac{m^2}{m^3} = \frac{m \cdot m}{m \cdot m \cdot m} = \frac{1}{m} = m^{-1}$ oder $m^2 : m^3 = m^{(2-3)} = m^{-1} = \frac{1}{m}$
Werden Potenzen mit einem Faktor multipliziert, so muss zuerst die Potenz berechnet werden. Potenzrechnung geht vor Punktrechnung.	$6 \cdot 10^3 = 6 \cdot 1000$ $= 6000$ $7 \cdot 10^{-2} = 7 \cdot \frac{1}{100} = 0{,}07$	$a \cdot 10^2 = a \cdot 100 = 100\,a$ $b \cdot 10^{-1} = b \cdot \frac{1}{10} = 0{,}1\,b$
Jede Potenz mit dem Exponenten Null hat den Wert 1.	$\frac{10^4}{10^4} = 10^{(4-4)} = 10^0 = 1$	$(m + n)^0 = 1$

Radizieren

Regel	Zahlenbeispiel	Algebraisches Beispiel
Ist der Radikand ein Produkt, so kann die Wurzel entweder aus dem Produkt oder aus jedem einzelnen Faktor gezogen werden.	$\sqrt{9 \cdot 16} = \sqrt{144} = 12$ oder $\sqrt{9 \cdot 16} = \sqrt{9} \cdot \sqrt{16} = 3 \cdot 4 = 12$	$\sqrt[3]{a \cdot b} = \sqrt[3]{a} \cdot \sqrt[3]{b}$
Ist der Radikand eine Summe oder eine Differenz, so kann nur aus dem Ergebnis die Wurzel gezogen werden.	$\sqrt{9 + 16} = \sqrt{25} = 5$ $\sqrt{5^2 - 4^2} = \sqrt{25 - 16} = \sqrt{9} = 3$	$\sqrt[3]{a - b} = \sqrt[3]{(a - b)}$
Eine Wurzel kann als Potenz geschrieben werden.	$\sqrt[3]{27} = 27^{\frac{1}{3}} = 3^{3 \cdot \frac{1}{3}} = 3^{\frac{3}{3}} = 3^1 = 3$	$\sqrt{a} = a^{\frac{1}{2}}$

Mathematische Grundlagen

Umformen von Gleichungen

Regel	Zahlenbeispiel	Algebraisches Beispiel
Durch **Addition** der gleichen Zahl auf beiden Seiten steht die gesuchte Zahl allein auf der linken Seite.	$y - 5 = 9$ $y - 5 + 5 = 9 + 5$ $y = 14$	$y - c = d$ $y - c + c = d + c$ $y = d + c$
Durch **Subtraktion** der gleichen Zahl auf beiden Seiten steht die gesuchte Zahl allein auf der linken Seite.	$x + 7 = 18$ $x + 7 - 7 = 18 - 7$ $x = 11$	$x + a = b$ $x + a - a = b - a$ $x = b - a$
Durch **Division** der gleichen Zahl auf beiden Seiten steht die gesuchte Zahl allein auf der linken Seite.	$6 \cdot x = 23$ $\frac{6 \cdot x}{6} = \frac{23}{6}$ $x = \frac{23}{6} = 3\frac{5}{6}$	$a \cdot x = b$ $\frac{a \cdot x}{a} = \frac{b}{a}$ $x = \frac{b}{a}$
Durch **Multiplikation** der gleichen Zahl auf beiden Seiten steht die gesuchte Zahl allein auf der linken Seite.	$\frac{y}{3} = 7$ $\frac{y \cdot 3}{3} = 7 \cdot 3$ $y = 21$	$\frac{y}{c} = d$ $\frac{y \cdot c}{c} = d \cdot c$ $y = d \cdot c$
Durch **Potenzieren** auf beiden Seiten steht die gesuchte Zahl allein auf der linken Seite.	$\sqrt{x} = 4$ $(\sqrt{x})^2 = 4^2$ $x = 16$	$\sqrt{x} = a + b$ $(\sqrt{x})^2 = (a + b)^2$ $x = a^2 + 2\,ab + b^2$
Durch **Radizieren** auf beiden Seiten steht die gesuchte Zahl allein auf der linken Seite.	$x^2 = 36$ $\sqrt{x^2} = \sqrt{36}$ $x = \pm 6$	$x^2 = a + b$ $\sqrt{x^2} = \sqrt{a + b}$ $x = \pm\sqrt{a + b}$

Zehnerpotenzen

Zahlen größer als 1 können übersichtlich als Vielfaches von Zehnerpotenzen mit **positiven** Exponenten dargestellt werden. Zahlen kleiner als 1 können als Vielfaches von Zehnerpotenzen mit **negativen** Exponenten dargestellt wer-

Zahl	0,001	0,01	0,1	1	10	100	1 000	10 000	100 000	1 000 000
Zehnerpotenz	10^{-3}	10^{-2}	10^{-1}	10^{0}	10^{1}	10^{2}	10^{3}	10^{4}	10^{5}	10^{6}

Beispiele: Umwandlung von Zahlen in Produkte mit Zehnerpotenzen

$4300 = 4{,}3 \cdot 1\,000 = 4{,}3 \cdot 10^3$; $14\,638 = 1{,}4683 \cdot 10\,000 = 1{,}4638 \cdot 10^4$; $0{,}07 = \frac{7}{100} = 7 \cdot 10^{-2}$

Prozentrechnung

Der **Prozentsatz** gibt den Teil des Grundwertes in Hunderstel an.
Der **Grundwert** ist der Wert, von dem die Prozente zu rechnen sind.
Der **Prozentwert** ist der Betrag, den die Prozente des Grundwertes ergeben.

P_s Prozentsatz, Prozent P_w Prozentwert G_w Grundwert

Prozentwert

$$P_w = \frac{G_w \cdot P_s}{100\%}$$

Beispiel: Werkstückrohling 250 kg (Grundwert); Abbrand 2% (Prozentsatz)
Abbrand in kg = ? (Prozentwert)

$$P_w = \frac{G_w \cdot P_s}{100\%} = \frac{250\text{ kg} \cdot 2\%}{100\%} = \mathbf{5\ kg}$$

Zinsrechnung

z Zinswert k Kapital 1 Zinsjahr (1a) ≙ 360 Tage (360 d) ≙ 12 Monate
p Zinssatz pro Jahr t Zeit in Jahren 1 Zinsmonat ≙ 30 Tage

Zinswert

$$z = \frac{k \cdot p \cdot t}{100\%}$$

Beispiel: Kapital = 2800,00 €; Zinssatz = $6\,\frac{\%}{a}$; Zeit = ½ a
Zinswert = ?

$$z = \frac{k \cdot p \cdot t}{100\%} = \frac{2800{,}00\text{ €} \cdot 6\,\frac{\%}{a} \cdot 0{,}5\text{ a}}{100\%} = \mathbf{84{,}00\ €}$$

Schlussrechnung, Mischungsrechnung

Schlussrechnung

Dreisatz für direkt proportionale Verhältnisse

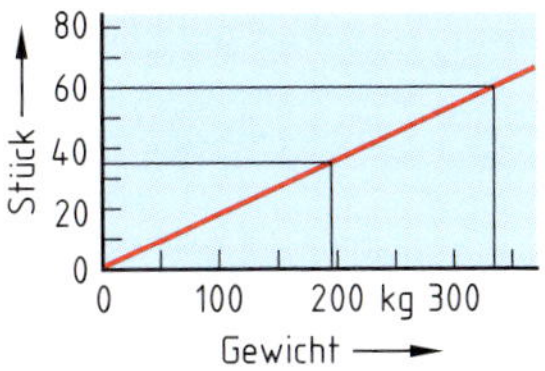

Beispiel: 60 Rohrkrümmer wiegen 330 kg. Wie groß ist die Masse von 35 Rohrkrümmern?

1 Satz: Behauptung — 60 Rohrkrümmer wiegen 330 kg

2. Satz: Berechnung der Einheit: Durch Dividieren

1 Rohrkrümmer wiegt $\frac{330\text{ kg}}{60}$

3. Satz: Berechnung der Mehrheit: Durch Multiplizieren

35 Rohrkrümmer wiegen $\frac{330\text{ kg} \cdot 35}{60} = \mathbf{192{,}5\ kg}$

Dreisatz für indirekt proportionale Verhältnisse

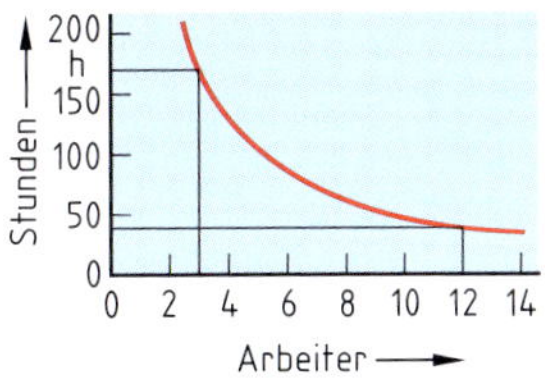

Beispiel: 3 Arbeiter erledigen einen Auftrag in 170 Stunden. Wie viele Stunden benötigen 12 Arbeiter für den gleichen Auftrag?

1 Satz: Behauptung — 3 Arbeiter benötigen 170 Stunden

2. Satz: Berechnung der Einheit: Durch Multiplizieren

1 Arbeiter benötigt 3 · 170 h

3. Satz: Berechnung der Mehrheit: Durch Dividieren

12 Arbeiter benötigen $\frac{3 \cdot 170\text{ h}}{12} = \mathbf{42{,}5\ h}$

Dreisatz mit mehrgliedrigen Verhältnissen

Beispiel:

660 Werkstücke werden durch 5 Maschinen in 24 Tagen hergestellt. In welcher Zeit können 312 Werkstücke gleicher Art von 9 Maschinen angefertigt werden?

1. Dreisatz: 5 Maschinen fertigen 660 Werkstücke in 24 Tagen

1 Maschine fertigt 660 Werkstücke in 24 · 5 Tagen

9 Maschinen fertigen 660 Werkstücke in $\frac{24 \cdot 5}{9}$ Tagen

2. Dreisatz: 9 Maschinen fertigen 660 Werkstücke in $\frac{24 \cdot 5}{9}$ Tagen

9 Maschinen fertigen 1 Werkstück in $\frac{24 \cdot 5}{9 \cdot 660}$ Tagen

9 Maschinen fertigen 312 Werkstücke in $\frac{24 \cdot 5 \cdot 312}{9 \cdot 660} = \mathbf{6{,}3\ Tagen}$

Mischungsrechnung

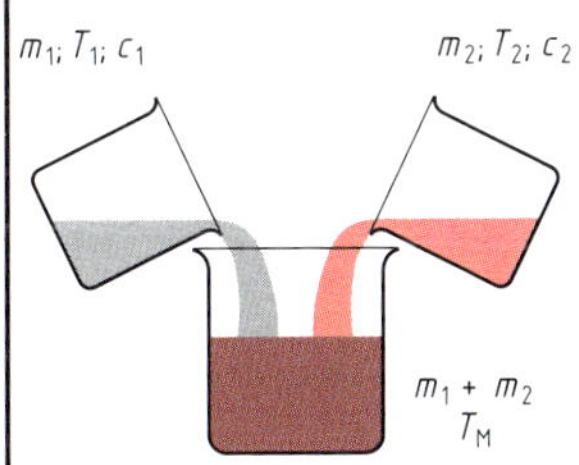

m_1, m_2 Teilmassen

T_1, T_2 Temperaturen der Teilmassen in K

c_1, c_2 spez. Wärmekapazitäten[1] der Teilmassen

T_M Temperatur der Mischung

Temperatur der Mischung

$$T_M = \frac{c_1 \cdot m_1 \cdot T_1 + c_2 \cdot m_2 \cdot T_2}{c_1 \cdot m_1 + c_2 \cdot m_2}$$

Beispiel:

Ein Stahlbehälter mit $m_1 = 6$ kg und $T_1 = 293$ K wird mit $m_2 = 24$ l Wasser von $T_2 = 318$ K vollständig gefüllt. Welche Temperatur T_M stellt sich ein?

$$\mathbf{T_M} = \frac{c_1 \cdot m_1 \cdot T_1 + c_2 \cdot m_2 \cdot T_2}{c_1 \cdot m_1 + c_2 \cdot m_2} =$$

$$= \frac{0{,}49\,\frac{\text{kJ}}{\text{kg} \cdot \text{K}} \cdot 6\text{ kg} \cdot 293\text{ K} + 4{,}18\,\frac{\text{kJ}}{\text{kg} \cdot \text{K}} \cdot 24\text{ kg} \cdot 318\text{ K}}{0{,}49\,\frac{\text{kJ}}{\text{kg} \cdot \text{K}} \cdot 6\text{ kg} + 4{,}18\,\frac{\text{kJ}}{\text{kg} \cdot \text{K}} \cdot 24\text{ kg}} = \mathbf{317{,}29\ K} \mathrel{\hat{=}} \mathbf{44{,}29\ °C}$$

[1] Spezifische Wärmekapazität Seite 142 und Seite 143

Längen

Gestreckte Längen

Kreisringausschnitt

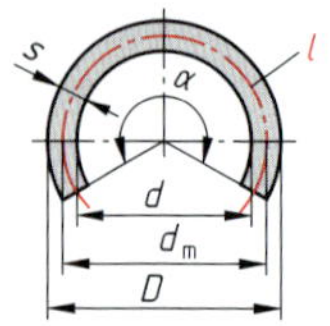

Zusammengesetzte Länge

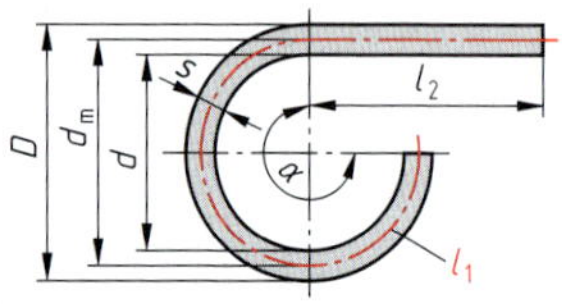

D Außendurchmesser
d Innendurchmesser
d_m mittlerer Durchmesser
s Dicke
l gestreckte Länge
l_1, l_2 Teillänge
L zusammengesetzte Länge

Beispiel: Zusammengesetzte Länge (Bild links)
$D = 360$ mm; $s = 50$ mm; $\alpha = 270°$; $l_2 = 70$ mm; $d_m = ?$; $L = ?$

$\mathbf{d_m} = D - s = 360 \text{ mm} - 5 \text{ mm} = \mathbf{355\ mm}$

$$\mathbf{L} = l_1 + l_2 = \frac{\pi \cdot d_m \cdot \alpha}{360°} + l_2$$

$$= \frac{\pi \cdot 355 \text{ mm} \cdot 270°}{360°} + 70 \text{ mm} = \mathbf{906{,}45\ mm}$$

Gestreckte Länge beim Kreisring

$$l = \pi \cdot d_m$$

Gestreckte Länge beim Kreisringausschnitt

$$l = \frac{\pi \cdot d_m \cdot \alpha}{360°}$$

Mittlerer Durchmesser

$$d_m = D - s$$

$$d_m = d + s$$

Zusammengesetzte Längen

$$L = l_1 + l_2 + \ldots$$

Rohlänge von Schmiede- und Pressstücken

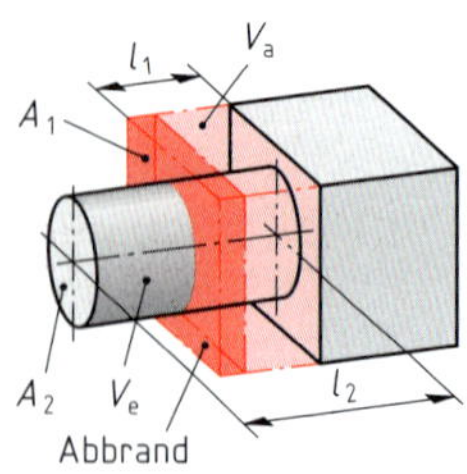

Beim Umformen ohne Abbrand ist das Volumen des Rohteiles gleich dem Volumen des Fertigteiles. Tritt Abbrand oder eine Gratbildung auf, so wird dies durch einen Zuschlag zum Volumen des Fertigteiles berücksichtigt.

V_a Volumen des Rohteiles
V_e Volumen des Fertigteiles
q Zuschlagsfaktor für Abbrand oder Gratverluste
A_1 Querschnittsfläche des Rohteiles
A_2 Querschnittsfläche des Fertigteiles
l_1 Ausgangslänge der Zugabe
l_2 Länge des angeschmiedeten Teiles

Volumen ohne Abbrand

$$V_a = V_e$$

Volumen mit Abbrand

$$V_a = V_e + q \cdot V_e$$
$$V_a = V_e \cdot (1 + q)$$
$$A_1 \cdot l_1 = A_2 \cdot l_2 \cdot (1 + q)$$

Beispiel:

Wie groß muss die Ausgangslänge l_1 der Schmiedezugabe sein, wenn an einem Flachstahl 50 x 30 mm ein zylindrischer Zapfen mit $d = 24$ mm und $l_2 = 60$ mm abgesetzt werden soll? Der Verlust durch Abbrand beträgt 10%.

$V_a = V_e \cdot (1 + q)$

$A_1 \cdot l_1 = A_2 \cdot l_2 \cdot (1 + q)$

$$\mathbf{l_1} = \frac{A_2 \cdot l_2 \cdot (1 + q)}{A_1} = \frac{\pi \cdot (24 \text{ mm})^2 \cdot 60 \text{ mm} \cdot (1 + 0{,}1)}{4 \cdot 50 \text{ mm} \cdot 30 \text{ mm}} = \mathbf{20\ mm}$$

Teilung von Längen, Randabstand

Randabstand ≠ Teilung

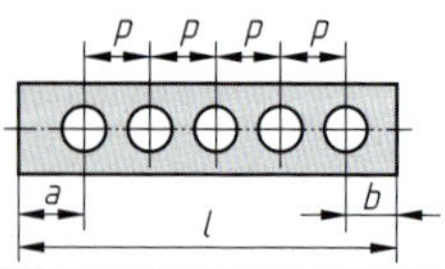

l Gesamtlänge
p Teilung
n Anzahl der Bohrungen, Sägeschnitte
a, b Randabstand

Beispiel: $l = 1950$ mm; $a = 100$ mm; $b = 50$ mm; $n = 25$ Bohrungen; $p = ?$

$$\mathbf{p} = \frac{l - (a + b)}{n - 1} = \frac{1950 \text{ mm} - 150 \text{ mm}}{25 - 1} = \mathbf{75\ mm}$$

Teilung

$$p = \frac{l - (a + b)}{n - 1}$$

Randabstand = Teilung

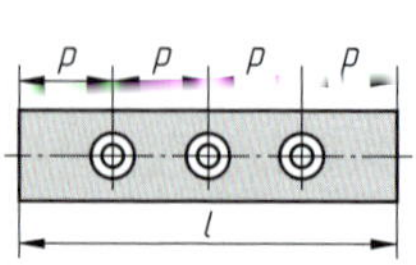

l Gesamtlänge
p Teilung
z Anzahl der Teile
n Anzahl der Bohrungen, Sägeschnitte, ...

Beispiel: $l = 2$ m; $n = 24$ Bohrungen; $p = ?$

$$\mathbf{p} = \frac{l}{n + 1} = \frac{200 \text{ cm}}{24 + 1} = \mathbf{80\ mm}$$

Teilung

$$p = \frac{l}{n + 1}$$

Anzahl der Teile

$$z = n + 1$$

Flächen

Quadrat

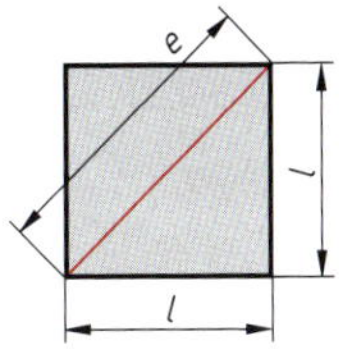

A Fläche — *e* Eckenmaß
l Seitenlänge

Beispiel:

$l = 14\ \text{mm};\quad A = ?;\quad e = ?$

$\boldsymbol{A} = l^2 = (14\ \text{mm})^2 = \mathbf{196\ mm^2}$

$\boldsymbol{e} = \sqrt{2} \cdot l = \sqrt{2} \cdot 14\ \text{mm} = \mathbf{19{,}8\ mm}$

Fläche

$$A = l^2$$

Eckenmaß

$$e = \sqrt{2} \cdot l$$

Raute (Rhombus)

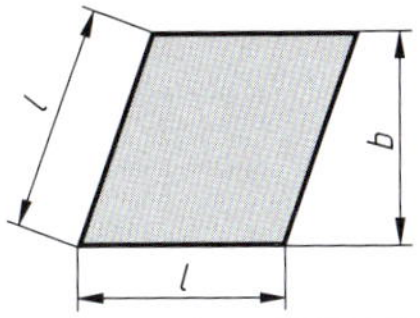

A Fläche — *b* Breite
l Seitenlänge

Beispiel:

$l = 9\ \text{mm};\quad b = 8{,}5\ \text{mm};\quad A = ?$

$\boldsymbol{A} = l \cdot b = 9\ \text{mm} \cdot 8{,}5\ \text{mm} = \mathbf{76{,}5\ mm^2}$

Fläche

$$A = l \cdot b$$

Rechteck

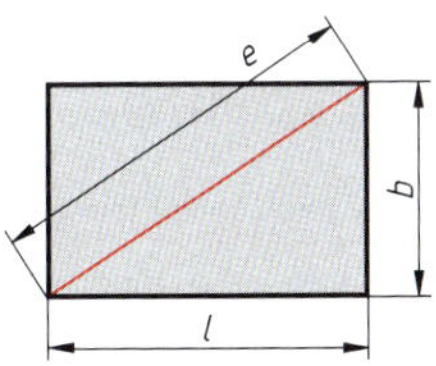

A Fläche — *b* Breite
l Länge — *e* Eckenmaß

Beispiel:

$l = 12\ \text{mm};\quad b = 11\ \text{mm};\quad A = ?;\quad e = ?$

$\boldsymbol{A} = l \cdot b = 12\ \text{mm} \cdot 11\ \text{mm} = \mathbf{132\ mm^2}$

$\boldsymbol{e} = \sqrt{l^2 + b^2} = \sqrt{(12\ \text{mm})^2 + (11\ \text{mm})^2} = \sqrt{265\ \text{mm}^2}$

$= \mathbf{16{,}28\ mm}$

Fläche

$$A = l \cdot b$$

Eckenmaß

$$e = \sqrt{l^2 + b^2}$$

Parallelogramm (Rhomboid)

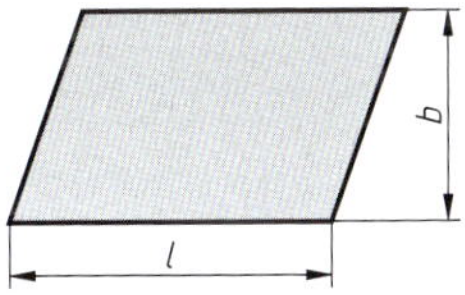

A Fläche — *b* Breite
l Länge

Beispiel:

$l = 36\ \text{mm};\quad b = 15\ \text{mm};\quad A = ?$

$\boldsymbol{A} = l \cdot b = 36\ \text{mm} \cdot 15\ \text{mm} = \mathbf{540\ mm^2}$

Fläche

$$A = l \cdot b$$

Trapez

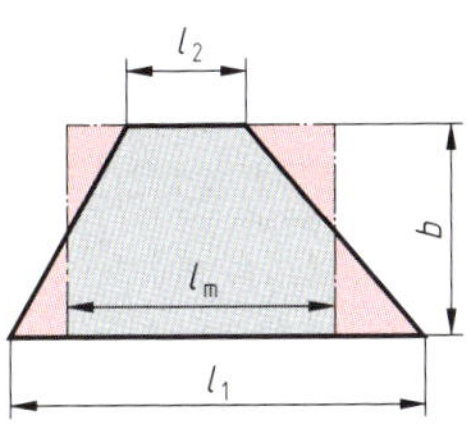

A Fläche — l_m mittlere Länge
l_1 große Länge — *b* Breite
l_2 kleine Länge

Beispiel:

$l_1 = 23\ \text{mm};\quad l_2 = 20\ \text{mm};\quad b = 17\ \text{mm};\quad A = ?$

$\boldsymbol{A} = \frac{l_1 + l_2}{2} \cdot b = \frac{23\ \text{mm} + 20\ \text{mm}}{2} \cdot 17\ \text{mm}$

$= \mathbf{365{,}5\ mm^2}$

Fläche

$$A = \frac{l_1 + l_2}{2} \cdot b$$

Mittlere Länge

$$l_m = \frac{l_1 + l_2}{2}$$

Dreieck

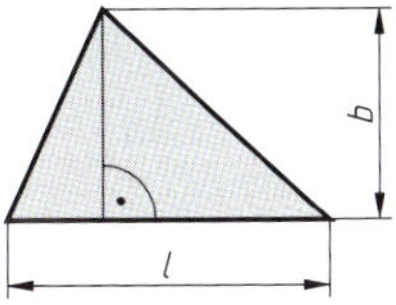

A Fläche — *b* Breite
l Seitenlänge

Beispiel:

$l_1 = 62\ \text{mm};\quad b = 29\ \text{mm};\quad A = ?$

$\boldsymbol{A} = \frac{l \cdot b}{2} = \frac{62\ \text{mm} \cdot 29\ \text{mm}}{2} = \mathbf{899\ mm^2}$

Fläche

$$A = \frac{l \cdot b}{2}$$

Flächen

M

Berechnungen am rechtwinkligen Dreieck

Lehrsatz des Pythagoras

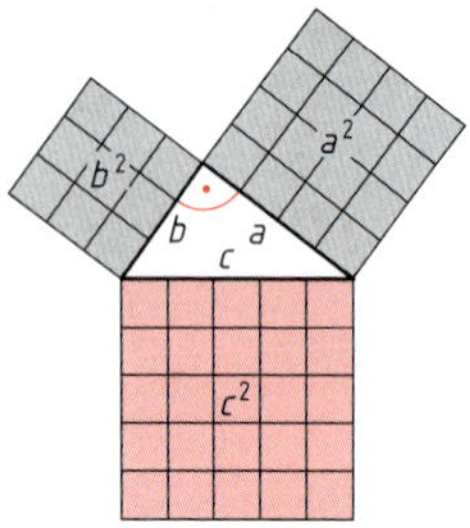

Im **rechtwinkligen Dreieck** ist das Hypotenusenquadrat flächengleich der Summe der beiden Kathetenquadrate.

a Kathete c Hypotenuse
b Kathete

1. Beispiel: $c = 35$ mm; $a = 21$ mm; $b = ?$

$\mathbf{b} = \sqrt{c^2 - a^2} = \sqrt{(35\text{ mm})^2 - (21\text{ mm})^2}$
$= \mathbf{28\text{ mm}}$

2. Beispiel: $a = 9$ mm; $b = 12$ mm; $c = ?$

$\mathbf{c} = \sqrt{a^2 + b^2} = \sqrt{(9\text{ mm})^2 + (12\text{ mm})^2}$
$= \mathbf{15\text{ mm}}$

Hypothenusenquadrat

$$c^2 = a^2 + b^2$$

Hypothenuse

$$c = \sqrt{a^2 + b^2}$$

Katheten

$$a = \sqrt{c^2 - b^2}$$

$$b = \sqrt{c^2 - a^2}$$

Lehrsatz des Euklid (Kathetensatz)

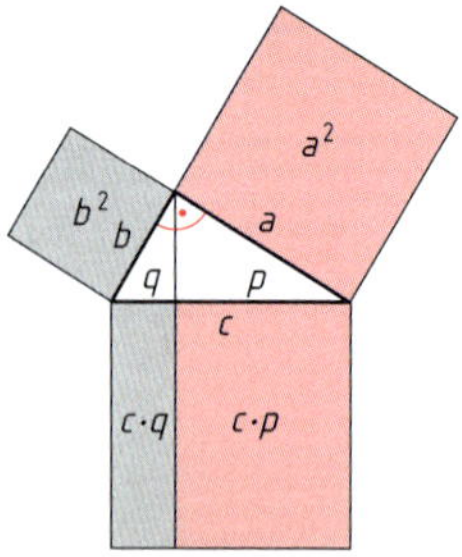

Das Quadrat über einer Kathete ist flächengleich einem Rechteck aus der Hypotenuse und dem anliegenden Hypotenusenabschnitt.

a, b Kathete p, q Hypotenusenabschnitt
c Hypotenuse

Beispiel: Ein Rechteck mit $c = 6$ cm und $p = 3$ cm soll in ein flächengleiches Quadrat verwandelt werden.
Wie groß ist die Quadratseite a?

$a^2 = c \cdot p$

$\mathbf{a} = \sqrt{c \cdot p} = \sqrt{6\text{ cm} \cdot 3\text{ cm}} = \mathbf{4{,}24\text{ cm}}$

Kathetenquadrat

$$b^2 = c \cdot q$$

Kathetenquadrat

$$a^2 = c \cdot p$$

Höhensatz

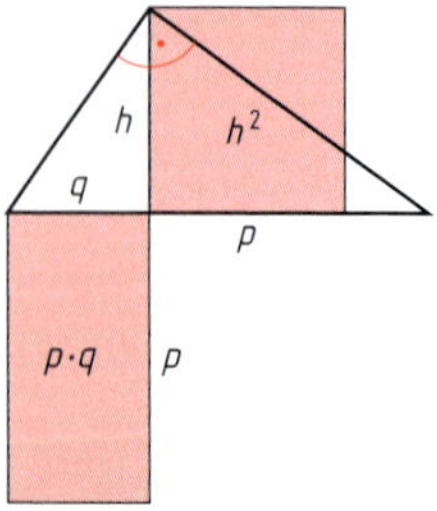

Das Quadrat über der Höhe h ist flächengleich dem Rechteck aus den Hypotenusenabschnitten p und q.

h Höhe p, q Hypotenusenabschnitt

Beispiel: Rechtwinkliges Dreieck
$p = 6$ cm; $q = 2$ cm; $h = ?$

$h^2 = p \cdot q$

$\mathbf{h} = \sqrt{p \cdot q} = \sqrt{6\text{ cm} \cdot 2\text{ cm}} = \sqrt{12\text{ cm}^2} = \mathbf{3{,}46\text{ cm}}$

Höhenquadrat

$$h^2 = p \cdot q$$

Gleichseitiges Dreieck

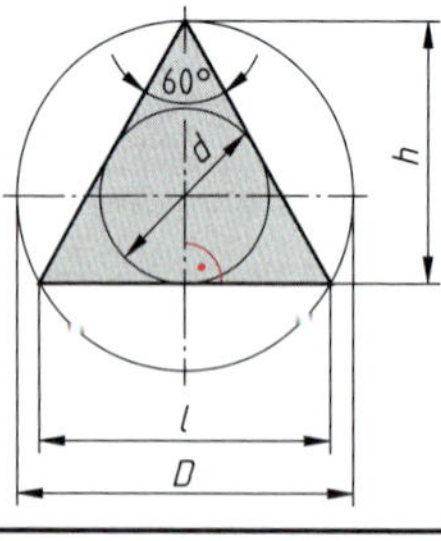

A Fläche
h Höhe
d Inkreisdurchmesser
D Umkreisdurchmesser
l Seitenlänge

Beispiel:
$l = 42$ mm; $A = ?$, $h = ?$

$\mathbf{A} = \frac{1}{4} \cdot \sqrt{3} \cdot l^2$

$= \frac{1}{4} \cdot \sqrt{3} \cdot (42\text{ mm})^2 = \mathbf{763{,}9\text{ mm}^2}$

Umkreisdurchmesser

$$D = \frac{2}{3} \cdot \sqrt{3} \cdot l = 2 \cdot d$$

Fläche

$$A = \frac{1}{4} \cdot \sqrt{3} \cdot l^2$$

Inkreisdurchmesser

$$d = \frac{1}{3} \cdot \sqrt{3} \cdot l = \frac{D}{2}$$

Dreieckshöhe

$$h = \frac{1}{2} \cdot \sqrt{3} \cdot l$$

Flächen

Regelmäßiges Vieleck

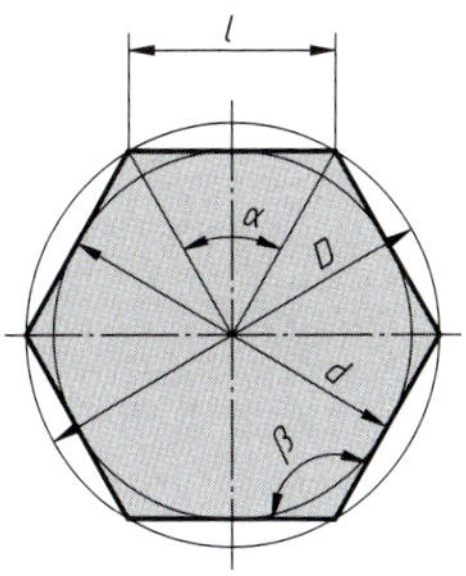

A Fläche
l Seitenlänge
D Umkreisdurchmesser
d Inkreisdurchmesser
n Eckenzahl
α Mittelpunktswinkel
β Eckenwinkel

Beispiel:
Sechseck mit $D = 80$ mm
$l = ?;\ d = ?;\ A = ?$

$$l = D \cdot \sin\left(\frac{180°}{n}\right) = 80\text{ mm} \cdot \sin\left(\frac{180°}{6}\right) = \mathbf{40\ mm}$$

$$d = \sqrt{d^2 - l^2} = \sqrt{6\,400\text{ mm}^2 - 1\,600\text{ mm}^2} = \mathbf{69{,}282\ mm}$$

$$A = \frac{n \cdot l \cdot d}{4} = \frac{6 \cdot 40\text{ mm} \cdot 69{,}282\text{ mm}}{4} = \mathbf{4\,156{,}92\ mm^2}$$

Inkreisdurchmesser

$$d = \sqrt{D^2 - l^2}$$

Umkreisdurchmesser

$$D = \sqrt{d^2 - l^2}$$

Vielecksfläche

$$A = \frac{n \cdot l \cdot d}{4}$$

Seitenlänge

$$l = D \cdot \sin\left(\frac{180°}{n}\right)$$

Mittelpunktswinkel

$$\alpha = \frac{360°}{n}$$

Eckenwinkel

$$\beta = 180° - \alpha$$

Berechnung regelmäßiger Vielecke mit Hilfe der Tabelle

Ecken-zahl *n*	Fläche *A* ≈			Umkreis-durchmesser *D* ≈		Inkreis-durchmesser *d* ≈		Seitenlänge *l* ≈	
3	$0{,}325 \cdot D^2$	$1{,}299 \cdot d^2$	$0{,}433 \cdot l^2$	$1{,}154 \cdot l$	$2{,}000 \cdot d$	$0{,}578 \cdot l$	$0{,}500 \cdot D$	$0{,}867 \cdot D$	$1{,}732 \cdot d$
4	$0{,}500 \cdot D^2$	$1{,}000 \cdot d^2$	$1{,}000 \cdot l^2$	$1{,}414 \cdot l$	$1{,}414 \cdot d$	$1{,}000 \cdot l$	$0{,}707 \cdot D$	$0{,}707 \cdot D$	$1{,}000 \cdot d$
5	$0{,}595 \cdot D^2$	$0{,}908 \cdot d^2$	$1{,}721 \cdot l^2$	$1{,}702 \cdot l$	$1{,}236 \cdot d$	$1{,}376 \cdot l$	$0{,}809 \cdot D$	$0{,}588 \cdot D$	$0{,}727 \cdot d$
6	$0{,}649 \cdot D^2$	$0{,}866 \cdot d^2$	$2{,}598 \cdot l^2$	$2{,}000 \cdot l$	$1{,}155 \cdot d$	$1{,}732 \cdot l$	$0{,}866 \cdot D$	$0{,}500 \cdot D$	$0{,}577 \cdot d$
8	$0{,}707 \cdot D^2$	$0{,}829 \cdot d^2$	$4{,}828 \cdot l^2$	$2{,}614 \cdot l$	$1{,}082 \cdot d$	$2{,}414 \cdot l$	$0{,}924 \cdot D$	$0{,}383 \cdot D$	$0{,}414 \cdot d$
10	$0{,}735 \cdot D^2$	$0{,}812 \cdot d^2$	$7{,}694 \cdot l^2$	$3{,}236 \cdot l$	$1{,}052 \cdot d$	$3{,}078 \cdot l$	$0{,}951 \cdot D$	$0{,}309 \cdot D$	$0{,}325 \cdot d$
12	$0{,}750 \cdot D^2$	$0{,}804 \cdot d^2$	$11{,}196 \cdot l^2$	$3{,}864 \cdot l$	$1{,}035 \cdot d$	$3{,}732 \cdot l$	$0{,}966 \cdot D$	$0{,}259 \cdot D$	$0{,}268 \cdot d$

Beispiel: Achteck mit $l = 20$ mm $A = ?;\ D = ?$

$\boldsymbol{A} \approx 4{,}828 \cdot l^2 = 4{,}828 \cdot (20\text{ mm})^2 = \mathbf{1931{,}2\ mm^2}$; $\boldsymbol{D} \approx 2{,}614 \cdot l = 2{,}614 \cdot 20\text{ mm} = \mathbf{52{,}28\ mm}$

Unregelmäßiges Vieleck

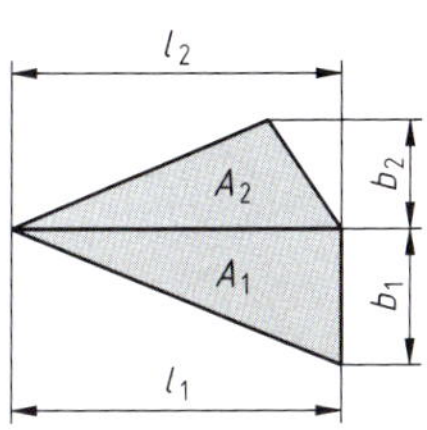

A Gesamtfläche
A_1, A_2 Teilfläche
l_1, l_2 Länge
b_1, b_2 Breite

Beispiel: $l_1 = 80$ mm; $l_2 = 80$ mm; $b_1 = 40$ mm
$b_2 = 30$ mm
$A_1 = ?;\ A_2 = ?;\ A = ?$

$$A_1 = \frac{l_1 \cdot b_1}{2} = \frac{80\text{ mm} \cdot 40\text{ mm}}{2} = \mathbf{1600\ mm^2}$$

$$A_2 = \frac{l_2 \cdot b_2}{2} = \frac{80\text{ mm} \cdot 30\text{ mm}}{2} = \mathbf{1200\ mm^2}$$

$$A = A_1 + A_2 = 1600\text{ mm}^2 + 1200\text{ mm}^2 = \mathbf{2800\ mm^2}$$

Gesamtfläche

$$A = A_1 + A_2 + \ldots$$

Kreis

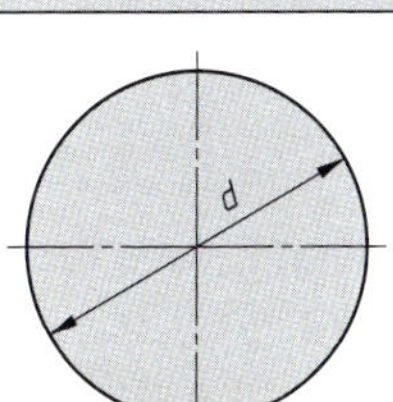

A Fläche
U Umfang
d Durchmesser

Beispiel: $d = 60$ mm; $A = ?;\ U = ?$

$$A = \frac{\pi \cdot d^2}{4} = \frac{\pi \cdot (60\text{ mm})^2}{4} = \mathbf{2\,827\ mm^2}$$

$$U = \pi \cdot d = \pi \cdot 60\text{ mm} = \mathbf{188{,}5\ mm}$$

Fläche

$$A = \frac{\pi \cdot d^2}{4}$$

Umfang

$$U = \pi \cdot d$$

M

Flächen

Kreisausschnitt

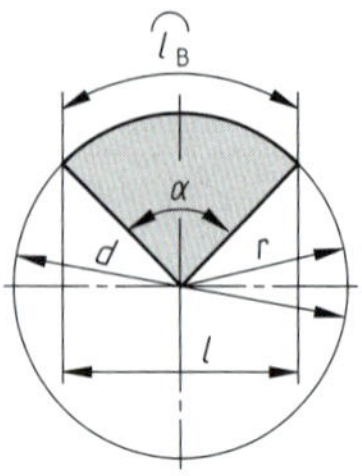

A Fläche
d Durchmesser
l_B Bogenlänge
l Sehnenlänge
r Radius
α Mittelpunktswinkel

Beispiel:

$d = 48$ mm; $\alpha = 110°$; $l_B = ?$; $A = ?$

$$\boldsymbol{l_B} = \frac{\pi \cdot r \cdot \alpha}{180°} = \frac{\pi \cdot 24\,\text{mm} \cdot 110°}{180°} = \mathbf{46{,}1\,mm}$$

$$\boldsymbol{A} = \frac{l_B \cdot r}{2} = \frac{46{,}1\,\text{mm} \cdot 24\,\text{mm}}{2} = \mathbf{553\,mm^2}$$

Fläche

$$A = \frac{\pi \cdot d^2}{4} \cdot \frac{\alpha}{360°}$$

$$A = \frac{l_B \cdot r}{2}$$

Sehnenlänge

$$l = 2 \cdot r \cdot \sin\frac{\alpha}{2}$$

Bogenlänge

$$l_B = \frac{\pi \cdot r \cdot \alpha}{180°}$$

Kreisabschnitt

Kreisabschnitt mit $\alpha \le 180°$

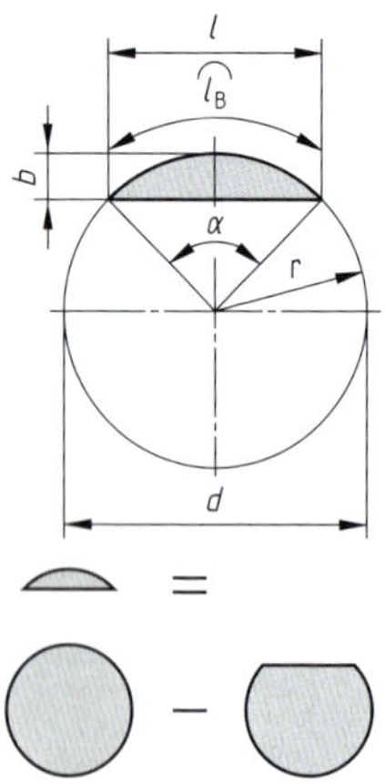

Kreisabschnitt mit $\alpha > 180°$

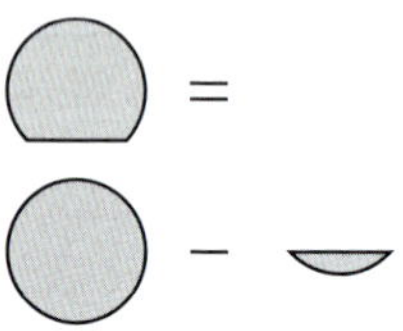

A Fläche
d Durchmesser
l_B Bogenlänge
l Sehnenlänge
b Breite
r Radius
α Mittelpunktswinkel

Beispiel:

$b = 15{,}1$ mm; $l = 52$ mm; $l_B = 62{,}83$ mm;
$d = 60$ mm; $A = ?$

$$\boldsymbol{r} = \frac{b}{2} + \frac{l^2}{8 \cdot b}$$

$$= \frac{15{,}1\,\text{mm}}{2} + \frac{(52\,\text{mm})^2}{8 \cdot 15{,}1\,\text{mm}}$$

$$= 29{,}93\,\text{mm} \approx \mathbf{30\,mm}$$

$$\boldsymbol{A} = \frac{l_B \cdot r - l \cdot (r - b)}{2}$$

$$= \frac{(62{,}83 \cdot 30)\,\text{mm}^2 - 52 \cdot (30 - 15{,}1)\,\text{mm}^2}{2}$$

$$= \mathbf{555{,}1\,mm^2}$$

Fläche

$$A = \frac{\pi \cdot d^2}{4} \cdot \frac{\alpha}{360°} - \frac{l \cdot (r - b)}{2}$$

$$A = \frac{l_B \cdot r - l \cdot (r - b)}{2}$$

Sehnenlänge

$$l = 2 \cdot r \cdot \sin\frac{\alpha}{2}$$

$$l = 2 \cdot \sqrt{b \cdot (2 \cdot r - b)}$$

Breite

$$b = \frac{l}{2} \cdot \tan\frac{\alpha}{4}$$

$$b = r - \sqrt{r^2 - \frac{l^2}{4}}$$

Bogenlänge

$$l_B = \frac{\pi \cdot r \cdot \alpha}{180°}$$

Radius

$$r = \frac{b}{2} + \frac{l^2}{8 \cdot b}$$

Kreisring

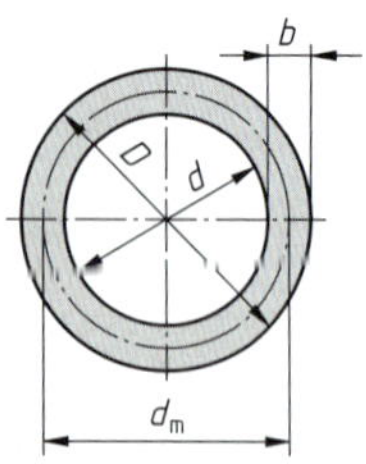

A Fläche
D Außendurchmesser
d Innendurchmesser
d_m mittlerer Durchmesser
b Breite

Beispiel:

$D = 160$ mm; $d = 125$ mm; $A = ?$

$$\boldsymbol{A} = \frac{\pi}{4} \cdot (D^2 - d^2)$$

$$= \frac{\pi}{4} \cdot (160^2\,\text{mm}^2 - 125^2\,\text{mm}^2) = \mathbf{7\,834\,mm^2}$$

Fläche

$$A = \pi \cdot d_m \cdot b$$

$$A = \frac{\pi}{4} \cdot (D^2 - d^2)$$

Flächen, Volumen, Oberflächen

Kreisringausschnitt

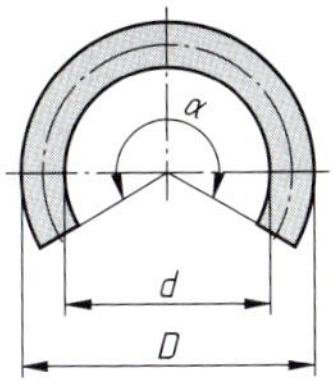

A Fläche | *d* Innendurchmesser
D Außendurchmesser | *α* Mittelpunktwinkel

Beispiel:

$D = 120$ mm; $d = 180$ mm; $\alpha = 110°$; $A = ?$

$$\mathbf{A} = \frac{\pi \cdot \alpha}{4 \cdot 360°} \cdot (D^2 - d^2)$$

$$= \frac{\pi \cdot 110°}{4 \cdot 360°} \cdot (120^2 - 80^2)\ \text{mm}^2 = \mathbf{1920\ mm^2}$$

Fläche

$$A = \frac{\pi \cdot \alpha}{4 \cdot 360°} \cdot (D^2 - d^2)$$

Ellipse

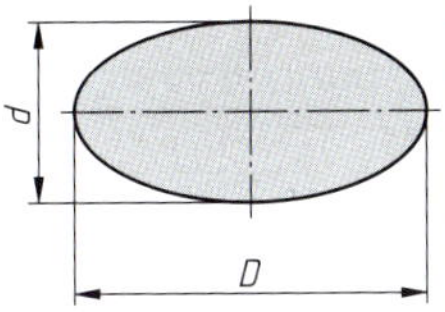

A Fläche | *d* kleine Achse
D große Achse | *U* Umfang

Beispiel:

$D = 65$ mm; $d = 20$ mm; $\alpha = 110°$; $A = ?$

$$\mathbf{A} = \frac{\pi \cdot D \cdot d}{4} = \frac{\pi \cdot 65\ \text{mm} \cdot 20\ \text{mm}}{4}$$

$$= \mathbf{1021\ mm^2}$$

Fläche

$$A = \frac{\pi \cdot D \cdot d}{4}$$

Umfang

$$U \approx \frac{\pi}{2} \cdot (D + d)$$

Zusammengesetzte Flächen

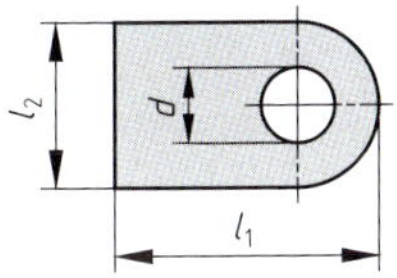

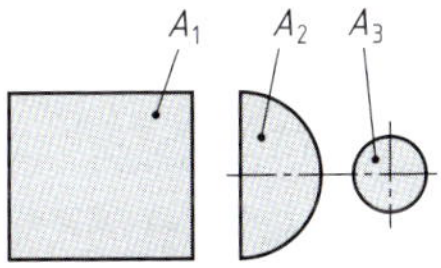

A Gesamtfläche | $l_1, l_2, \ldots$ Längen
$A_1, A_2, \ldots$ Teilflächen | *U* Umfang

Beispiel:

$l_1 = 60$ mm; $l_1 = 30$ mm; $d = 15$ mm; $A = ?$

$$A_1 = \left(l_1 - \frac{l_2}{2}\right) \cdot l_2 = 45\ \text{mm} \cdot 30\ \text{mm}$$
$$= 1350\ \text{mm}^2$$

$$A_2 = \frac{1}{2} \cdot \frac{\pi \cdot l_{22}}{4} = \frac{\pi \cdot 30^2\ \text{mm}^2}{8} = 353{,}4\ \text{mm}^2$$

$$A_3 = \frac{\pi \cdot d^2}{4} = \frac{\pi \cdot 152\ \text{mm}^2}{4} = 176{,}7\ \text{mm}^2$$

$$\mathbf{A} = A_1 + A_2 - A_3 = (1350 + 353{,}4 - 176{,}7)\ \text{mm}^2 = \mathbf{1526{,}7\ mm^2}$$

Gesamtfläche

$$A = A_1 + A_2 - A_3$$

$$U = 2\left(l_1 - \frac{l_2}{2}\right) + l_2\left(1 + \frac{\pi}{2}\right)$$

Volumen, Oberflächen

Würfel

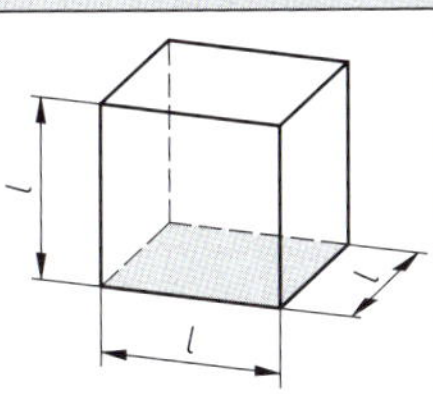

V Volumen | *l* Seitenlänge
A_O Oberfläche

Beispiel: $l = 20$ mm; $V = ?$

$\mathbf{V} = l^3 = (20\ \text{mm})^3 = \mathbf{8\,000\ mm^3}$

$\mathbf{A_O} = 6 \cdot l^2 = 6 \cdot (20\ \text{mm}) = \mathbf{2400\ mm^3}$

Volumen

$$V = l^3$$

Oberfläche

$$A_O = 6 \cdot l^2$$

Vierkantprisma

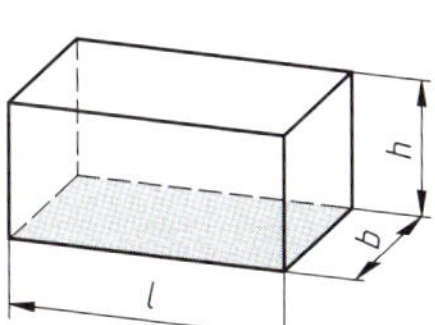

V Volumen | *h* Höhe
A_O Oberfläche | *b* Breite
l Seitenlänge

Beispiel:

$l = 6$ cm; $b = 3$ cm; $h = 2$ cm; $V = ?$

$\mathbf{V} = l \cdot b \cdot h = 6\ \text{cm} \cdot 3\ \text{cm} \cdot 2\ \text{cm} = \mathbf{36\ cm^3}$

Volumen

$$V = l \cdot b \cdot h$$

Oberfläche

$$A_O = 2 \cdot (l \cdot b + l \cdot h + b \cdot h)$$

Volumen, Oberflächen

Zylinder

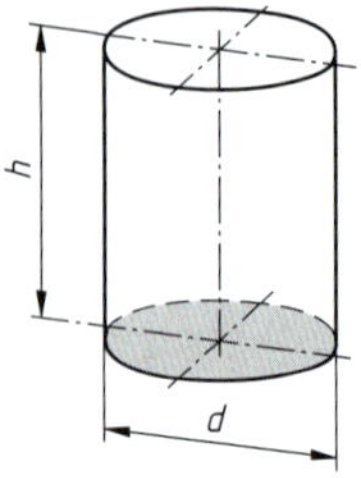

V Volumen
A_O Oberfläche
A_M Mantelfläche
d Durchmesser
h Höhe

Beispiel:
d = 14 mm; h = 25 mm; V = ?

$$\boldsymbol{V} = \frac{\pi \cdot d^2}{4} \cdot h$$

$$= \frac{\pi \cdot (14\ \text{mm})^2}{4} \cdot 25\ \text{mm}$$

$$= \mathbf{3\,848\ mm^3}$$

Volumen

$$V = \frac{\pi \cdot d^2}{4} \cdot h$$

Oberfläche

$$A_O = \pi \cdot d \cdot h + 2 \cdot \frac{\pi \cdot d^2}{4}$$

Mantelfläche

$$A_M = \pi \cdot d \cdot h$$

Hohlzylinder

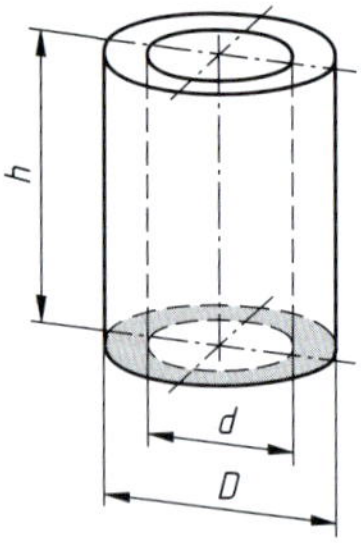

V Volumen
A_O Oberfläche
D, d Durchmesser
h Höhe

Beispiel:
D = 42 mm; d = 20 mm;
h = 80 mm; V = ?

$$\boldsymbol{V} = \frac{\pi \cdot h}{4} \cdot (D^2 - d^2)$$

$$= \frac{\pi \cdot 80\ \text{mm}}{4} \cdot (42^2\ \text{mm}^2 - 20^2\ \text{mm}^2) = \mathbf{85\,703\ mm^3}$$

Volumen

$$V = \frac{\pi \cdot h}{4} \cdot (D^2 - d^2)$$

Oberfläche

$$A_O = \pi \cdot (D + d) \cdot \left[\frac{1}{2} \cdot (D - d) + \mathrm{h}\right]$$

Pyramide

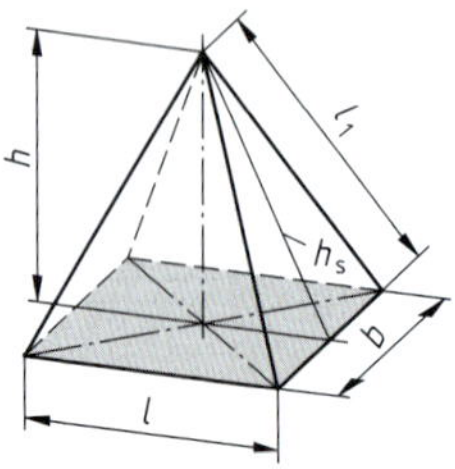

V Volumen
h Höhe
h_s Mantelhöhe
l Seitenlänge
l_1 Kantenlänge
b Breite

Beispiel:
l = 16 mm; b = 21 mm; h = 45 mm;
V = ?

$$\boldsymbol{V} = \frac{l \cdot b \cdot h}{3} = \frac{16\ \text{mm} \cdot 21\ \text{mm} \cdot 45\ \text{mm}}{3}$$

$$= \mathbf{5\,040\ mm^3}$$

Volumen

$$V = \frac{l \cdot b \cdot h}{3}$$

Kantenlänge

$$l_1 = \sqrt{h_s^2 + \frac{b^2}{4}}$$

Mantelhöhe

$$h_s = \sqrt{h^2 + \frac{l^2}{4}}$$

Kegel

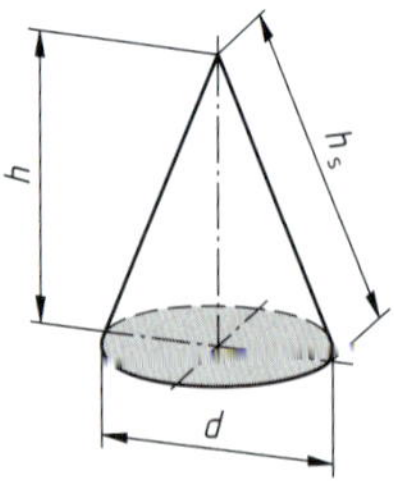

V Volumen
A_M Mantelfläche
d Durchmesser
h Höhe
h_s Mantelhöhe

Beispiel:
d = 52 mm; h = 110 mm; V = ?

$$\boldsymbol{V} = \frac{\pi \cdot d^2}{4} \cdot \frac{h}{3}$$

$$= \frac{\pi \cdot (52\ \text{mm})^2}{4} \cdot \frac{110\ \text{mm}}{3}$$

$$= \mathbf{77\,870\ mm^3}$$

Volumen

$$V = \frac{\pi \cdot d^2}{4} \cdot \frac{h}{3}$$

Mantelfläche

$$A_M = \frac{\pi \cdot d \cdot h_s}{2}$$

Mantelhöhe

$$h_s = \sqrt{\frac{d^2}{4} + h^2}$$

Volumen, Oberflächen

Pyramidenstumpf

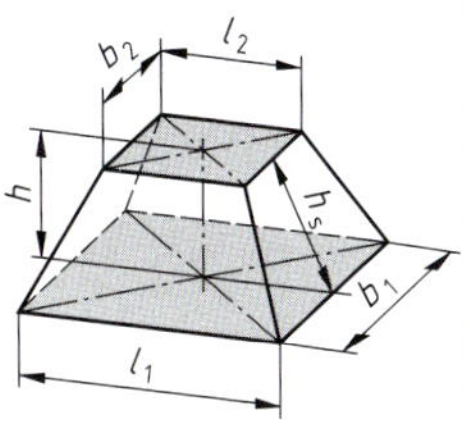

V Volumen
A_1 Grundfläche
A_2 Deckfläche
h Höhe
h_s Mantelhöhe
l_1, l_2 Seitenlänge
b_1, b_2 Breite

Beispiel:
$l_1 = 40$ mm; $l_2 = 22$ mm; $b_1 = 28$ mm;
$b_2 = 15$ mm; $h = 50$ mm;
$A_1 = 1\,120$ mm²; $A_2 = 330$ mm²; $V = ?$

$$\boldsymbol{V} = \frac{h}{3} \cdot (A_1 + A_2 + \sqrt{A_1 \cdot A_2})$$
$$= \frac{50\text{ mm}}{3} \cdot (1\,120 + 330 + \sqrt{1\,120 \cdot 330})\text{ mm}^2 = \mathbf{34\,299\ mm^3}$$

Volumen

$$V = \frac{h}{3} \cdot (A_1 + A_2 + \sqrt{A_1 \cdot A_2})$$

Mantelhöhe

$$h_s = \sqrt{h^2 + \left(\frac{l_1 - l_2}{2}\right)^2}$$

Kegelstumpf

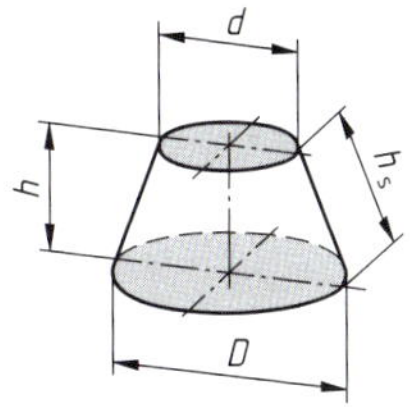

V Volumen
A_M Mantelfläche
h Höhe
d kleiner Durchmesser
D großer Durchmesser
h_s Mantelhöhe

Beispiel:
$D = 100$ mm; $d = 62$ mm; $h = 80$ mm;
$V = ?$

$$\boldsymbol{V} = \frac{\pi \cdot h}{12} \cdot (D^2 + d^2 + D \cdot d)$$
$$= \frac{\pi \cdot 80\text{ mm}}{12} \cdot (100^2 + 62^2 + 100 \cdot 62)\text{ mm}^2$$
$$= \mathbf{419\,800\ mm^3}$$

Volumen

$$V = \frac{\pi \cdot h}{12} \cdot (D^2 + d^2 + D \cdot d)$$

Mantelfläche

$$A_M = \frac{\pi \cdot h_s}{2} \cdot (D + d)$$

Mantelhöhe

$$h_s = \sqrt{h^2 + \left(\frac{D - d}{2}\right)^2}$$

Kugel

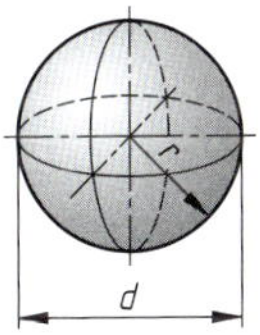

V Volumen
A_O Oberfläche
d Kugeldurchmesser

Beispiel:
$d = 9$ mm; $V = ?$

$$\boldsymbol{V} = \frac{\pi \cdot d^3}{6} = \frac{\pi \cdot (9\text{ mm})^3}{6} = \mathbf{382\ mm^3}$$

Volumen

$$V = \frac{\pi \cdot d^3}{6}$$

Oberfläche

$$A_O = \pi \cdot d^2$$

Kugelabschnitt

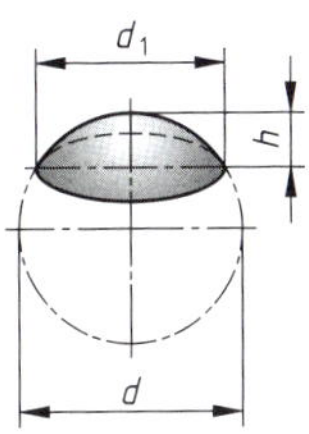

V Volumen
A_M Mantelfläche
A_O Oberfläche
d Kugeldurchmesser
d_1 kleiner Durchmesser
h Höhe

Beispiel: $d = 8$ mm; $h = 6$ mm; $V = ?$

$$\boldsymbol{V} = \pi \cdot h^2 \cdot \left(\frac{d}{2} - \frac{h}{3}\right)$$
$$= \pi \cdot 6^2\text{ mm}^2 \cdot \left(\frac{8\text{ mm}}{2} - \frac{6\text{ mm}}{3}\right)$$
$$= \mathbf{226\ mm^3}$$

Volumen

$$V = \pi \cdot h^2 \cdot \left(\frac{d}{2} - \frac{h}{3}\right)$$

Oberfläche

$$A_O = \pi \cdot h \cdot (2 \cdot d - h)$$

Mantelfläche

$$A_M = \pi \cdot d \cdot h$$

Kugelausschnitt

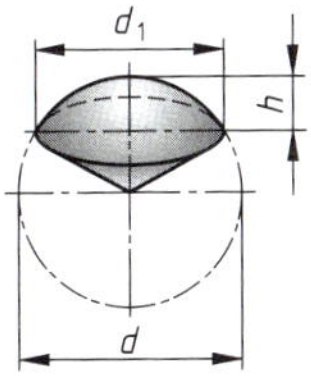

V Volumen
A_O Oberfläche
h Höhe
d Kugeldurchmesser
d_1 kleiner Durchmesser

Beispiel: $d = 36$ mm; $h = 15$ mm; $V = ?$

$$\boldsymbol{V} = \frac{\pi \cdot d^2 \cdot h}{6} = \frac{\pi \cdot (36\text{ mm})^2 \cdot 15\text{ mm}}{6}$$
$$= \mathbf{10\,179\ mm^3}$$

Volumen

$$V = \frac{\pi \cdot d^2 \cdot h}{6}$$

Oberfläche

$$A_O = \frac{\pi \cdot d}{4} \cdot (4 \cdot h + d_1)$$

Volumen, Masse

Volumen zusammengesetzter Körper

Beispiel

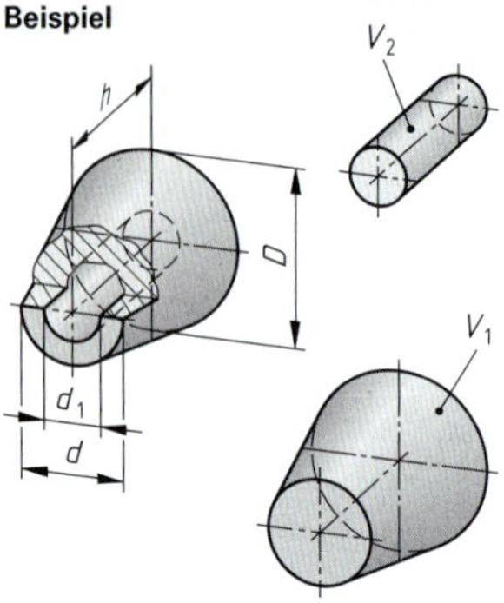

Zusammengesetzte Körper werden zur Berechnung ihres Volumens in Teilkörper zerlegt, die addiert oder subtrahiert werden.

V Gesamtvolumen

V_1, V_2, V_3 ... Teilvolumen

Gesamtvolumen

$$V = V_1 + V_2 + ... - V_3 - V_4$$

Beispiel: Kegelhülse;
$D = 42$ mm; $d = 26$ mm;
$d_1 = 16$ mm; $h = 45$ mm; $V = ?$

$$V_1 = \frac{\pi \cdot h}{12} \cdot (D^2 + d^2 + D \cdot d)$$

$$= \frac{\pi \cdot 45\ \text{mm}}{12} \cdot (42^2 + 26^2 + 42 \cdot 26)\ \text{mm}^2 = 41\,610\ \text{mm}^3$$

$$V_2 = \frac{\pi \cdot d^2}{4} \cdot h = \frac{\pi \cdot 16^2\ \text{mm}^2}{4} \cdot 45\ \text{mm} = 9\,048\ \text{mm}^3$$

$$\boldsymbol{V} = V_1 - V_2 = 41\,610\ \text{mm}^3 - 9\,048\ \text{mm}^3 = \mathbf{32\,562\ mm^3}$$

Berechnung der Masse von Werkstücken

Masse, aus Volumen und Dichte

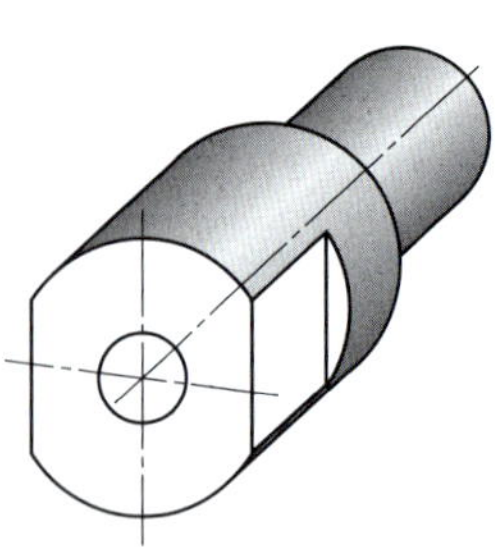

Die Masse eines Körpers wird aus seinem Volumen und seiner Dichte berechnet.

m Masse ϱ Dichte

V Volumen

Masse

$$m = V \cdot \varrho$$

Beispiel: Werkstück aus Aluminium;
$V = 6{,}4\ \text{dm}^3$; $\varrho = 2{,}7\ \text{kg/dm}^3$;
$m = ?$

$$\boldsymbol{m} = V \cdot \varrho = 6{,}4\ \text{dm}^3 \cdot 2{,}7\ \frac{\text{kg}}{\text{dm}^3} = \mathbf{17{,}28\ kg}$$

$1000\ \text{kg/m}^3 = 1\ \text{kg/dm}^3$
$1\ \text{kg/dm}^3 = 1\ \text{g/cm}^3$

Bei festen und flüssigen Stoffen wird die Dichte meist in kg/dm^3, bei gasförmigen Stoffen in kg/m^3 angegeben (Seite 142 und Seite 143).

Masse, aus längenbezogener Masse[1)]

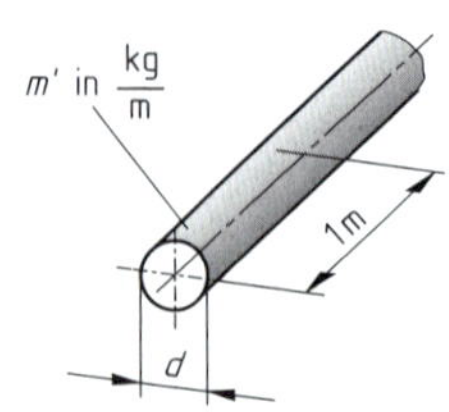

m Masse l Länge

m' längenbezogene Masse

Masse

$$m = m' \cdot l$$

Beispiel: Rundstahl mit $d = 14$ mm
$m' = 1{,}21$ kg/m; $l = 3{,}86$ m; $m = ?$

$$\boldsymbol{m} = m' \cdot l = 1{,}21\ \frac{\text{kg}}{\text{m}} \cdot 3{,}86\ \text{m}$$

$$= \mathbf{4{,}67\ kg}$$

Längenbezogene Masse

$$m' = \frac{m}{l}\ \text{in}\ \frac{\text{kg}}{\text{m}}$$

Masse, aus flächenbezogener Masse[1)]

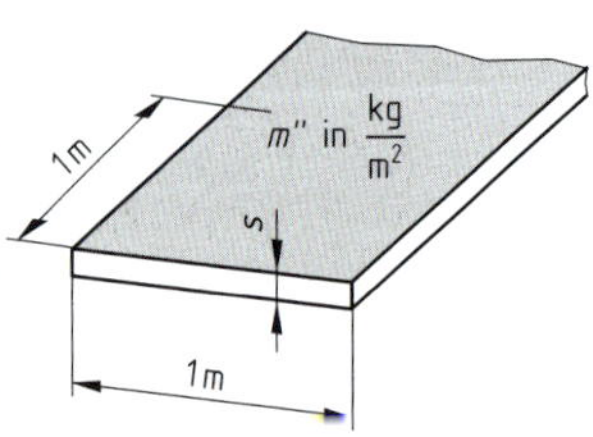

m Masse A Fläche

m'' flächenbezogene Masse

Masse

$$m = m'' \cdot A$$

Beispiel: Stahlblech
$s = 1{,}5$ mm; $m'' = 11{,}8\ \text{kg/m}^2$;
$A = 7{,}5\ \text{m}^2$; $m = ?$

$$\boldsymbol{m} = m'' \cdot A = 11{,}8\ \frac{\text{kg}}{\text{m}^2} \cdot 7{,}5\ \text{m}^2$$

$$= \mathbf{88{,}5\ kg}$$

Flächenbezogene Masse

$$m'' = \frac{m}{A}\ \text{in}\ \frac{\text{kg}}{\text{m}^2}$$

[1)] Die Masse von Halbzeugen wird häufig mit Hilfe von Tabellen berechnet, welche die längenbezogene Masse m' für 1 m bei Profilstählen, Rohren, Drähten oder die flächenbezogene Masse m'' für 1 m^2, z.B. bei Blechen oder Belägen, enthalten (Seite 157 bis Seite 184).

Schwerpunkt

Linienschwerpunkt

Strecke

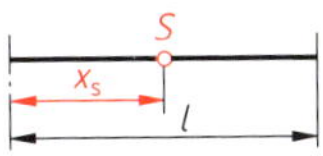

$$x_s = \frac{l}{2}$$

Kreisbogen

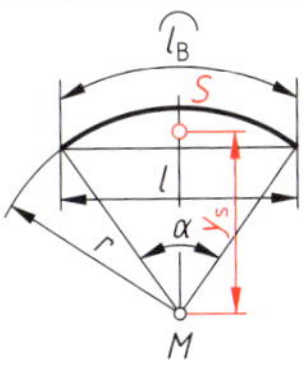

$$y_s = \frac{r \cdot l}{\overset{\frown}{l}_B}$$

$$y_s = \frac{l \cdot 180°}{\pi \cdot \alpha}$$

Halbkreisbogen $$y_s = \frac{2 \cdot r}{\pi} = 0{,}6366 \cdot r$$

Viertelkreisbogen $$y_s = \frac{\sqrt{2} \cdot 2 \cdot r}{\pi} = 0{,}9003 \cdot r$$

Sechstelkreisbogen $$y_s = \frac{3 \cdot r}{\pi} = 0{,}9549 \cdot r$$

Zusammengesetzter Linienzug

S_1, S_2, ... S Schwerpunkte der Linien

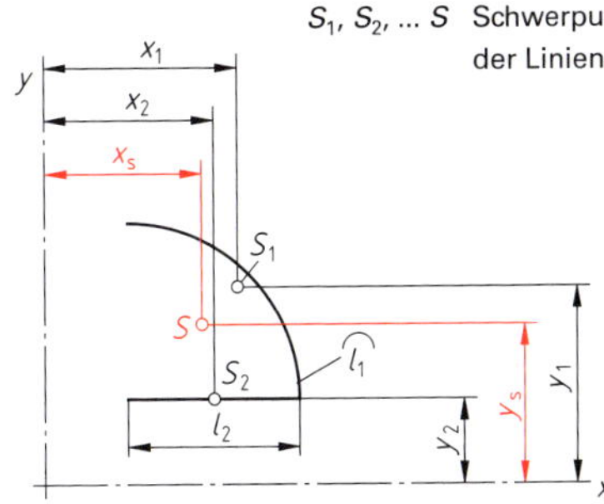

Beispiel:
2 Einzellinien

$$x_s = \frac{l_1 \cdot x_1 + l_2 \cdot x_2}{l_1 + l_2}$$

$$y_s = \frac{l_1 \cdot y_1 + l_2 \cdot y_2}{l_1 + l_2}$$

Flächenschwerpunkt

Dreieck

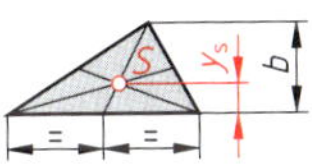

$$y_s = \frac{b}{3}$$

Rechteck

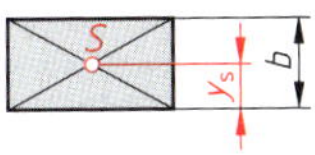

$$y_s = \frac{b}{2}$$

Trapez

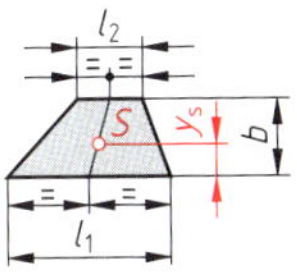

$$y_s = \frac{b}{3} \cdot \frac{l_1 + 2 \cdot l_2}{l_1 + l_1}$$

Kreisabschnitt

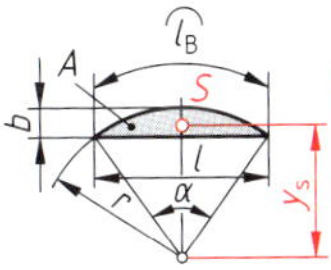

$$y_s = \frac{l^3}{12 \cdot A}$$

Kreisausschnitt

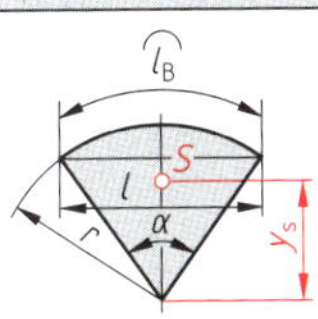

$$y_s = \frac{2 \cdot r \cdot l}{3 \cdot \overset{\frown}{l}_B}$$

Halbkreisfläche $$y_s = \frac{4 \cdot r}{3 \cdot \pi} = 0{,}4244 \cdot r$$

Viertelkreisfläche $$y_s = \frac{\sqrt{2} \cdot 4 \cdot r}{3 \cdot \pi} = 0{,}6002 \cdot r$$

Sechstelkreisfläche $$y_s = \frac{2 \cdot r}{\pi} = 0{,}6366 \cdot r$$

Zusammengesetzte Fläche

S_1, S_2, ... S Schwerpunkte der Flächen

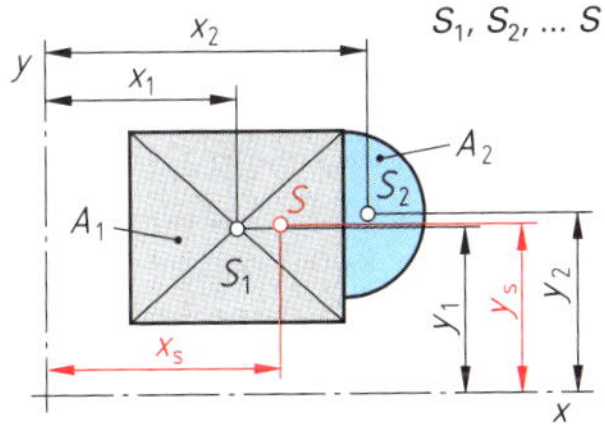

Beispiel:
2 Teilflächen

$$x_s = \frac{A_1 \cdot x_1 + A_2 \cdot x_2}{A_1 + A_2}$$

$$y_s = \frac{A_1 \cdot y_1 + A_2 \cdot y_2}{A_1 + A_2}$$

Bewegung

Gleichförmige geradlinige Bewegung

Freitragendes Schiebetor

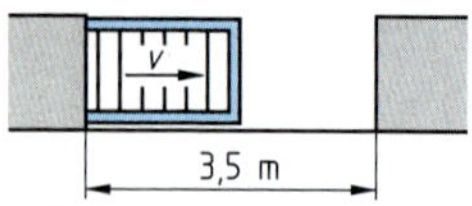

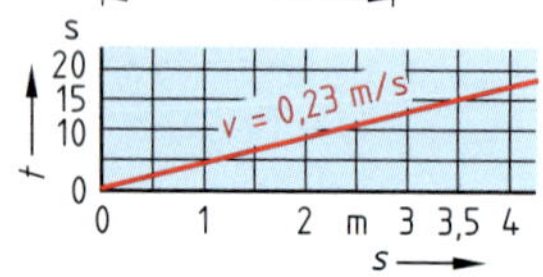

v Geschwindigkeit
s Weg
t Zeit

Beispiel:

$s = 3{,}5\ \text{m};\quad t = 15\ \text{s};\quad v = ?$

$$v = \frac{s}{t} = \frac{3{,}5\ \text{m}}{15\ \text{s}} = \mathbf{0{,}23\ \frac{m}{s}}$$

Geschwindigkeit

$$v = \frac{s}{t}$$

$$1\ \text{m/s} = 60\ \text{m/min} = 3{,}6\ \text{km/h}$$

$$1\ \text{km/s} = 16{,}67\ \text{m/min} = 0{,}278\ \text{m/h}$$

Gleichförmige Kreis- oder Drehbewegung

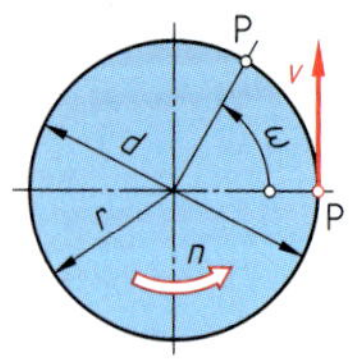

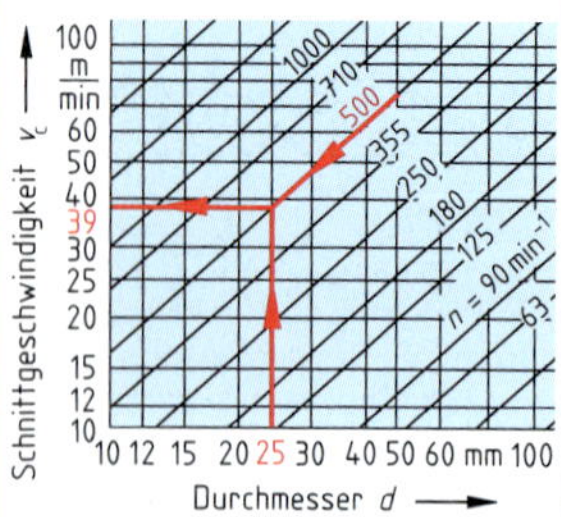

v Umfangsgeschwindigkeit
n Drehzahl
d Durchmesser
r Radius
t Zeit
ω Winkelgeschwindigkeit
φ Drehwinkel im Bogenmaß
$\widehat{l}_B$ Bogenlänge

Beispiel:

$d = 25\ \text{mm};\quad n = 500\ \frac{1}{\text{min}};\quad v = ?$

$$v = \pi \cdot d \cdot n$$
$$= \pi \cdot 0{,}025\ \text{m} \cdot 500\ \frac{1}{\text{min}} = \mathbf{39{,}27\ \frac{m}{min}}$$

Nach Diagramm:

$$v \approx \mathbf{39\ \frac{m}{min}}$$

$$v = \pi \cdot d \cdot n$$

$$v = \frac{d}{2 \cdot \omega}$$

$$\omega = 2 \cdot \pi \cdot n$$

$$\varphi = \omega \cdot t$$

$$\widehat{l}_B = \varphi \cdot r$$

$$\frac{1}{\text{min}} = \text{min}^{-1};\quad \frac{1}{\text{s}} = \text{s}^{-1}$$

Gleichförmige beschleunigte Bewegung

Geschwindigkeit-Zeit-Schaubild

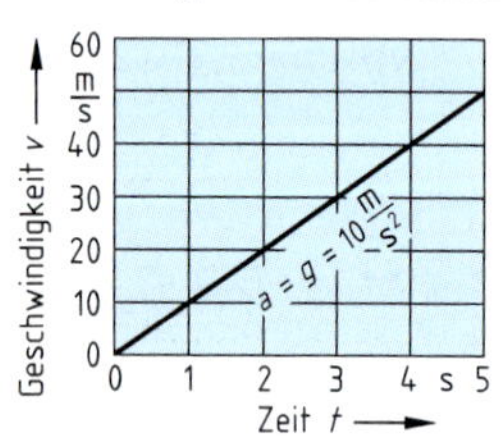

Weg-Zeit-Schaubild

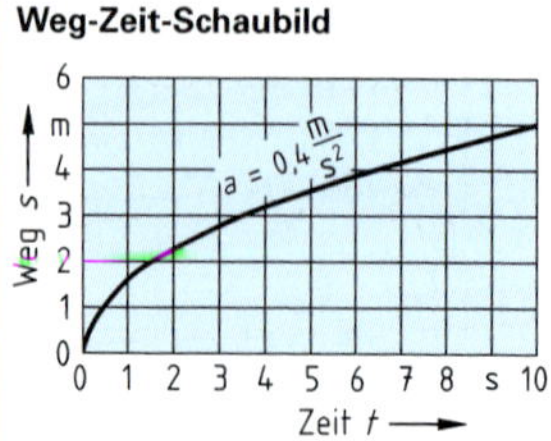

a Beschleunigung
v_0 Anfangsgeschwindigkeit
v_c Endgeschwindigkeit
t Zeit
s Weg
g Fallbeschleunigung

1. Beispiel:

Fallhammer, $s = 3\ \text{m};\quad v_c = ?$
$a = g \approx 10\ \text{m/s}^2;\quad v_0 = 0$

$$v_c = \sqrt{v_0^2 + 2 \cdot a \cdot s} = \sqrt{2 \cdot a \cdot s}$$
$$= \sqrt{2 \cdot 10\ \frac{\text{m}}{\text{s}^2} \cdot 3\ \text{m}} = \mathbf{7{,}7\ \frac{m}{s}}$$

2. Beispiel:

Rolltor, Abbremsen bis Stillstand
$v_0 = 0{,}18\ \text{m/s};\quad v_c = 0;\quad t = 5\ \text{s};\quad a = ?$

$$a = \frac{v_c - v_0}{t} = \frac{0 - 0{,}18\ \text{m/s}}{5\ \text{s}} \approx \mathbf{-0{,}4\ \frac{m}{s^2}}$$

$$a = \frac{v_c - v_0}{t}$$

$$v_0 = v_c + a \cdot t$$

$$v_c = \sqrt{v_0^2 + 2 \cdot a \cdot s}$$

$$s = \frac{v_0 + v_c}{2} \cdot t$$

$$s = v_0 \cdot t + \frac{a \cdot t^2}{2}$$

$$g = 9{,}81\ \frac{\text{m}}{\text{s}^2} \approx 10\ \frac{\text{m}}{\text{s}^2}$$

Kräfte

Darstellen, Zusammensetzen und Zerlegen von Kräften

Darstellen von Kräften

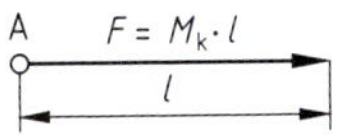

Zusammensetzen von Kräften

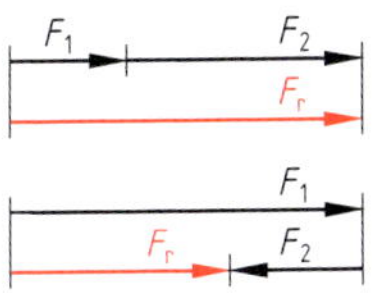

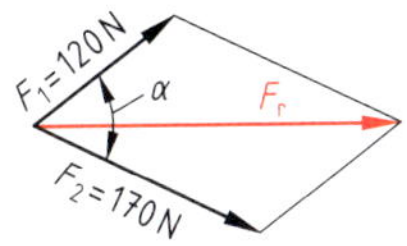

Zerlegen von Kräften

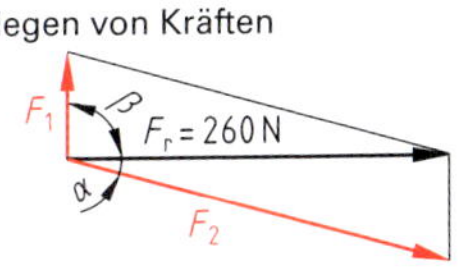

F, F_1, F_2, F_r	Kräfte
M_k	Kräftemaßstab
l	Pfeillänge
A	Angriffspunkt der Kraft

Gleichgerichtete Kräfte

Beispiel: $F_1 = 60$ N; $F_2 = 115$ N; $F_r = ?$

$\boldsymbol{F_r} = F_1 + F_2 = 60\text{ N} + 115\text{ N} = \mathbf{175\ N}$

Entgegengesetzte Kräfte

Beispiel: $F_1 = 2000$ N; $F_2 = 170$ N; $F_r = ?$

$\boldsymbol{F_r} = F_1 - F_2 = 2000\text{ N} + 180\text{ N} = \mathbf{1830\ N}$

Zusammensetzen von Kräften

Beispiel:

$F_1 = 120$ N; $F_2 = 170$ N; $M_k = 10\ \frac{\text{N}}{\text{mm}}$;
$F_r = ?$

$$l_{F1} = \frac{F_1}{M_k} = \frac{120\text{ N}}{10\text{ N/mm}} = \frac{120\text{ N}\cdot\text{mm}}{10\text{ N}} = 12\text{ mm}$$

$$l_{F2} = \frac{F_1}{M_k} = \frac{170\text{ N}}{10\text{ N/mm}} = \frac{170\text{ N}\cdot\text{mm}}{10\text{ N}} = 17\text{ mm}$$

gemessen: $l_{Fr} = 25$ mm

$$l_{Fr} = \frac{F_r}{M_k};\quad \boldsymbol{F_r} = l_{Fr}\cdot M_k = 25\text{ mm}\cdot 10\text{ N/mm} = \mathbf{250\ N}$$

Gleichgerichtete Kräfte auf einer Wirkungslinie

$$F_r = F_1 + F_2 + \ldots$$

Entgegengesetzte Kräfte auf einer Wirkungslinie

$$F_r = F_1 - F_2 - \ldots$$

Kräfte auf sich kreuzenden Wirkungslinien
Lösung durch Zeichnen mit Kräftemaßstab

$$l = \frac{F}{M_k}$$

$$1\text{ kg}\cdot\text{m/s}^2 = 1\text{ N}$$

Gewichtskraft

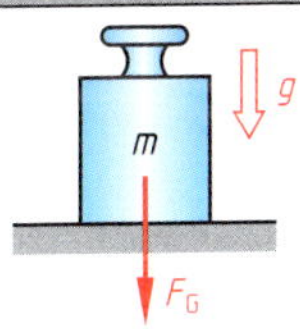

F_G	Gewichtskraft
m	Masse
g	Fallbeschleunigung

Beispiel: Stahltür, $m = 150$ kg; $F_G = ?$

$$\boldsymbol{F_G} = g\cdot m = 9{,}81\ \frac{\text{m}}{\text{s}^2}\cdot 150\text{ kg} = \mathbf{1471{,}5\ N}$$

Gewichtskraft

$$F_G = g\cdot m$$

Kräfte bei Beschleunigung und Verzögerung

F	Kraft
m	Masse
a	Beschleunigung, Verzögerung

Beispiel: $m = 1150$ kg; $a = 3\ \frac{\text{m}}{\text{s}^2}$; $F = ?$

$$\boldsymbol{F} = m\cdot a = 1150\text{ kg}\cdot 3\ \frac{\text{m}}{\text{s}^2} = \mathbf{3450\ N}$$

Beschleunigungs- bzw. Verzögerungskraft

$$F = m\cdot a$$

Reibungskraft

Haftreibung, Gleitreibung

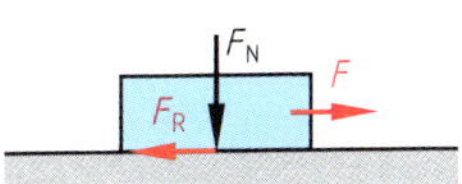

Rollreibung

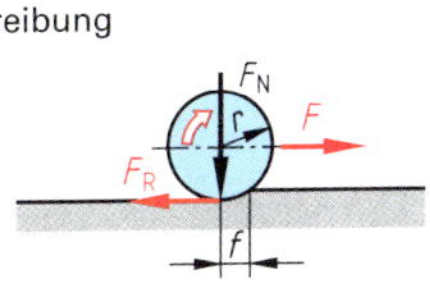

F	Kraft
F_N	Normalkraft
F_R	Reibungskraft
f	Rollreibungszahl
r	Radius
μ	Reibungszahl

Beispiel: Schiebetor; $F_N = 1500$ N;
$f = 0{,}5$ mm; $r = 60$ mm; $F_R = ?$

$$\boldsymbol{F_R} = \frac{f\cdot F_N}{r} = \frac{0{,}5\text{ mm}\cdot 1500\text{ N}}{60\text{ mm}} = \mathbf{12{,}5\ N}$$

Haftreibung, Gleitreibung

$$F_R = \mu\cdot F_N$$

Rollreibung

$$F_R = \frac{f\cdot F_N}{r}$$

Kräfte

Drehmoment

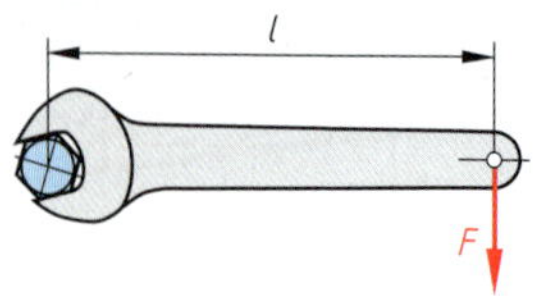

M Drehmoment
l wirksame Hebellänge
F Kraft

Beispiel: Schraube; $F = 120$ N; $l = 155$ mm; $M = ?$

$\mathbf{M} = F \cdot l = 120\ \text{N} \cdot 0{,}155\ \text{m} = \mathbf{18{,}6\ N \cdot m}$

Drehmoment

$$M = F \cdot l$$

Hebel

Einseitiger Hebel

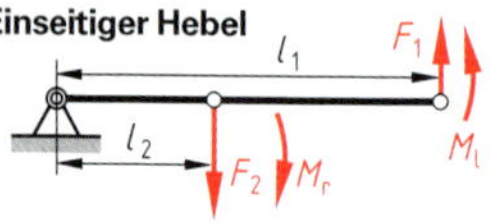

Zweiseitiger Hebel

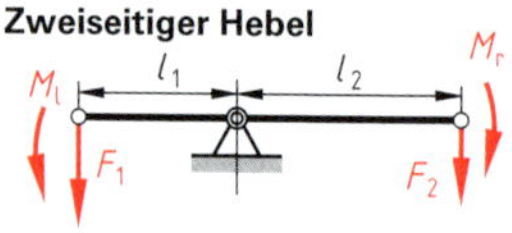

Winkelhebel

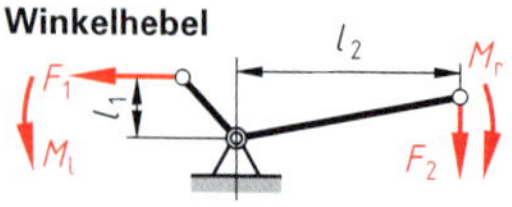

Mehrere Kräfte am Hebel

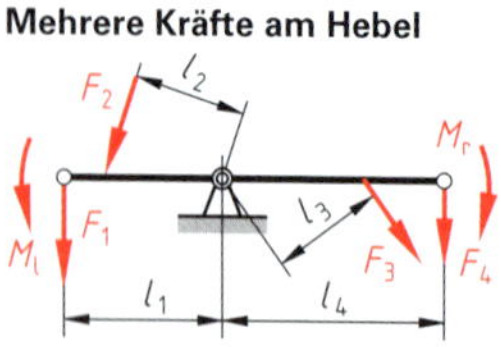

M_l	linksdrehendes Drehmoment
M_r	rechtsdrehendes Drehmoment
$l, l_1, l_2, \ldots$	wirksame Hebellängen
Σ	Summe
$F_1, F_2, \ldots$	Kräfte

1. Beispiel: Schranke, zweiseitiger Hebel;
$F_1 = 400$ N; $F_2 = 800$ N; $l_1 = 1{,}6$ m; $l_2 = ?$

$F_1 \cdot l_1 = F_2 \cdot l_2$

$\mathbf{l_2} = \dfrac{F_1 \cdot l_1}{F_2} = \dfrac{400\ \text{N} \cdot 1{,}6\ \text{m}}{800\ \text{N}} = \mathbf{0{,}8\ m}$

2. Beispiel: Hebel mit mehreren Kräften;
$F_1 = 50$ N; $F_2 = 30$ N; $F_3 = 40$ N; $F_4 = 50$ N;
$l_1 = 4$ m; $l_2 = 1$ m; $l_3 = 2$ m; $l_4 = ?$

$F_1 \cdot l_1 + F_2 \cdot l_2 = F_3 \cdot l_3 + F_4 \cdot l_4$

$\mathbf{l_4} = \dfrac{F_1 \cdot l_1 + F_2 \cdot l_2 - F_3 \cdot l_3}{F_4} \cdot l_4$

$= \dfrac{50\ \text{N} \cdot 4\ \text{m} + 30\ \text{N} \cdot 1\ \text{m} - 40\ \text{N} \cdot 2\ \text{m}}{50\ \text{N}}$

$= \mathbf{3\ m}$

Momentengleichgewicht

$$\Sigma M_l = \Sigma M_r$$

$$\Sigma M = 0$$

Hebelgesetz bei nur 2 angreifenden Kräften

$$F_1 \cdot l_1 = F_2 \cdot l_2$$

Hebelgesetz bei mehreren angreifenden Kräften

$$(F_1 \cdot l_1) + (F_2 \cdot l_2) + \ldots = (F_n \cdot l_n) + (F_m \cdot l_m) + \ldots$$

Auflager

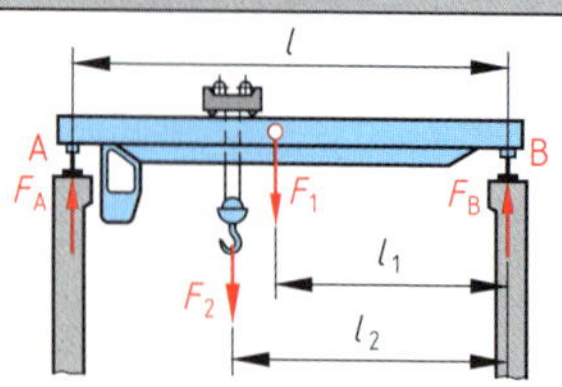

Drehpunkt in B

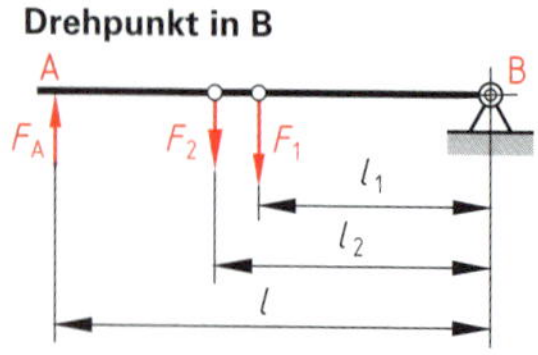

Drehpunkt in A

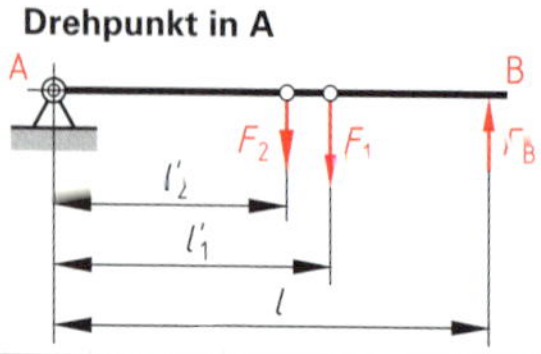

ΣM	Summe aller Momente
ΣF_V	Summe aller Vertikalkräfte
ΣF_H	Summe aller Horizontalkräfte
F_A	Auflagerkraft bei Lager A
F_B	Auflagerkraft bei Lager B
$F_1, F_2, \ldots$	Kräfte
$l_1, l_2, l'_1, l'_2, \ldots$	wirksame Hebellängen

Beispiel:
Laufkran; $F_1 = 4000$ N; $F_2 = 1500$ N;
$l_1 = 6$ m; $l_2 = 8$ m; $l = 12$ m; $F_A = ?$; $F_B = ?$

$\mathbf{F_A} = \dfrac{F_1 \cdot l_1 + F_2 \cdot l_2}{l}$

$= \dfrac{4\ \text{kN} \cdot 6\ \text{m} + 1{,}5\ \text{kN} \cdot 8\ \text{m}}{12\ \text{m}} = \mathbf{3\ kN}$

$F_A + F_B = F_1 + F_2$

$\mathbf{F_B} = F_1 + F_2 - F_A$

$= 4\ \text{kN} + 1{,}5\ \text{kN} - 3{,}0\ \text{kN} = \mathbf{2{,}5\ N}$

Gleichgewichtsbedingungen

$$\Sigma M = 0$$

$$\Sigma F_V = 0$$

$$\Sigma F_H = 0$$

Auflagerkraft F_A

$$F_A = \frac{F_1 \cdot l_1 + F_2 \cdot l_2}{l}$$

Auflagerkraft F_B

$$F_B = \frac{F_1 \cdot l'_1 + F_2 \cdot l'_2}{l}$$

Kräftegleichgewicht

$$F_A + F_B = F_1 + F_2 + \ldots$$

Kräfte

Seilkräfte

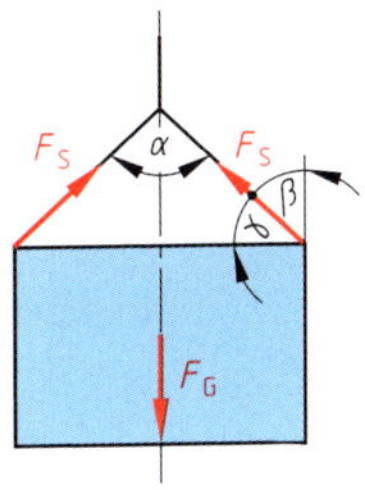

F_S Seilkraft
F_G Gewichtskraft
α Spreizwinkel
β Neigungswinkel
γ Anschlagwinkel

Beispiel:

$F_G = 750\ \text{N}$; $\beta = 60°$; $F_S = ?$

$\gamma = 90° - \beta = 90° - 60° = 30°$

$F_S = \frac{F_G}{2 \cdot \sin\gamma} = \frac{750\ \text{N}}{2 \cdot \sin\gamma} = \mathbf{750\ N}$

$$F_S = \frac{F_G}{2 \cdot \sin\gamma}$$

$$F_S = \frac{F_G}{2 \cdot \cos\frac{\alpha}{2}}$$

$$\gamma = 90° - \frac{\alpha}{2}$$

$$\gamma = 90° - \beta$$

Flaschenzug

Feste Rolle

F Kraft, Handkraft
F_G Last, Gewichtskraft
s_1 Kraftweg
h, s_2 Lastweg

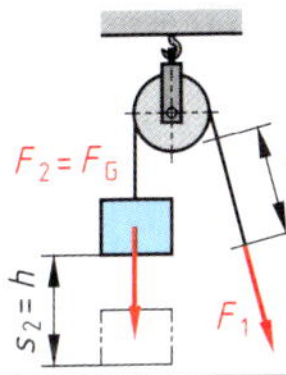

$$F = F_G$$

$$s_1 = h$$

Lose Rolle

F Kraft, Handkraft
F_G Last, Gewichtskraft
s_1 Kraftweg
h, s_2 Lastweg

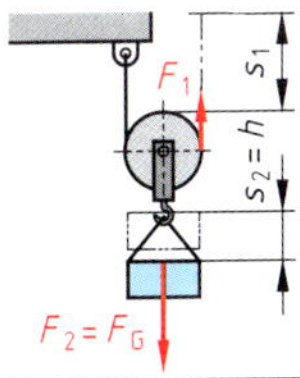

$$F = \frac{F_G}{2}$$

$$s_1 = 2 \cdot h$$

Rollenflaschenzug

F Kraft, Handkraft
F_G Last, Gewichtskraft
n Anzahl der tragenden Seilstränge, Rollenzahl
s_1 Kraftweg
h, s_2 Lastweg

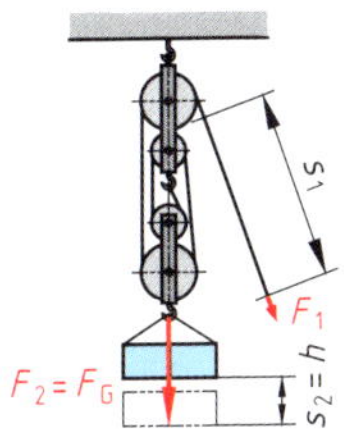

$$F = \frac{F_G}{2 \cdot n}$$

$$s_1 = n \cdot h$$

Seilwinde

F Kraft, Handkraft
F_G Last, Gewichtskraft
d Trommeldurchmesser
l Kurbellänge
h Lastweg
n Zahl der Umdrehungen der Kurbel

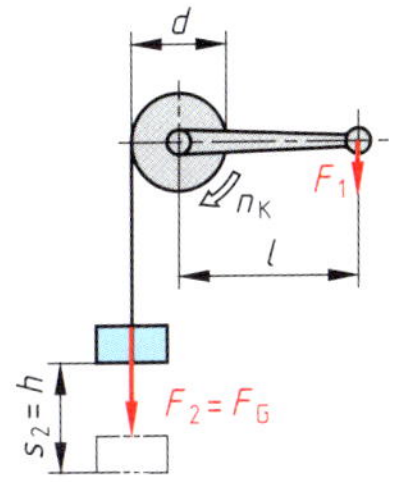

$$F_1 \cdot l = \frac{F_G \cdot d}{2}$$

$$h = \pi \cdot d \cdot n$$

Kräfte an der schiefen Ebene

Schiefe Ebene

F Kraft, Handkraft
F_G Last, Gewichtskraft
s, s_1, s_2 Kraftweg
h Hubweg

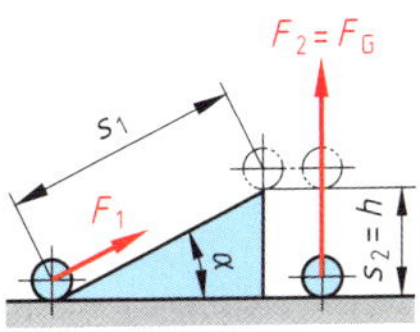

$$F \cdot s = F_G \cdot h$$

$$F = F_G \cdot \sin\alpha$$

Schraube

F_1, F_2 Kraft, Handkraft
P Gewindesteigung
s Kraftweg
d Durchmesser

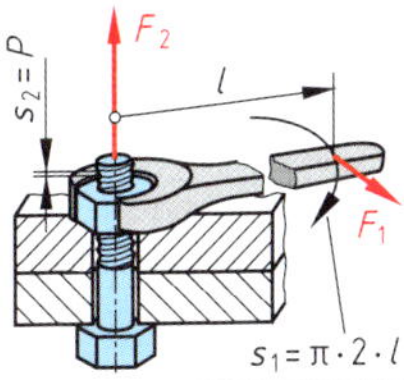

$$F_1 \cdot s = F_2 \cdot P$$

$$\pi \cdot F_1 \cdot d = F_2 \cdot P$$

Arbeit, Leistung, Wirkungsgrad

Mechanische Arbeit

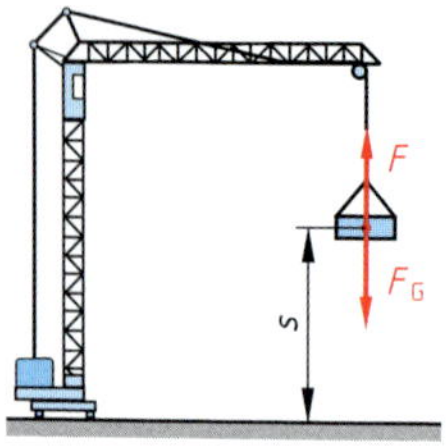

W	Arbeit
F, F_G	Kräfte
s	Kraftweg
h	Hubhöhe

Beispiel:
Kran; $F_G = 1{,}2$ kN; $h = s = 12$ m; $W = ?$

$$\boldsymbol{W} = F_G \cdot h = 1{,}2 \text{ kN} \cdot 12 \text{ m} = 14{,}4 \text{ kN} \cdot \text{m} = \mathbf{14{,}4\ kJ}$$

Mechanische Arbeit

$$W = F \cdot s$$

Hubarbeit

$$W = F_G \cdot h$$

$$1 \text{ W} = 1 \frac{\text{J}}{\text{s}} = 1 \frac{\text{N} \cdot \text{m}}{\text{s}}$$

$$1 \text{ kWh} = 3{,}6 \text{ MJ}$$

Leistung

Geradlinige Bewegung

Drehbewegung

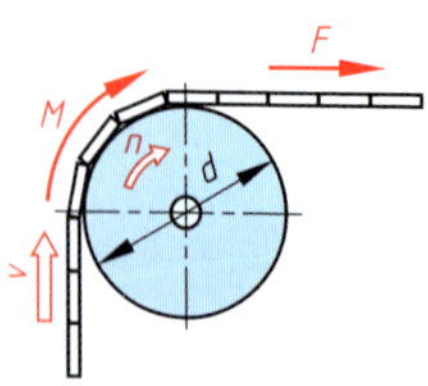

P	Leistung
W	Arbeit
F	Kraft
s	Weg
v	Geschwindigkeit
t	Zeit
M	Drehmoment
d	Durchmesser
n	Drehzahl
ω	Winkelgeschwindigkeit

1. Beispiel:
Sektionaltor; $F = 8750$ N; $v = 0{,}2 \frac{\text{m}}{\text{s}}$; $P = ?$

$$\boldsymbol{P} = F \cdot v = 8750 \text{ N} \cdot 0{,}2 \frac{\text{m}}{\text{s}} = 1750 \frac{\text{N} \cdot \text{m}}{\text{s}} = \mathbf{1750\ W}$$

2. Beispiel:
Antrieb; $F = 8750$ N; $d = 160$ mm;
$n = 800 \text{ min}^{-1}$; $P = ?$

$$\boldsymbol{P} = \pi \cdot d \cdot n \cdot F = \pi \cdot 0{,}16 \text{ m} \cdot \frac{800}{60 \text{ s}} \cdot 8750 \text{ N} = 58\,643 \frac{\text{N} \cdot \text{m}}{\text{s}} = \mathbf{58{,}6\ kW}$$

Leistung bei geradliniger Bewegung

$$P = \frac{W}{t}$$

$$P = \frac{F \cdot s}{t}$$

$$P = F \cdot v$$

Leistung bei Drehbewegung

$$P = \pi \cdot d \cdot n \cdot F$$

$$P = \pi \cdot M \cdot 2 \cdot n$$

$$P = M \cdot \omega$$

Wirkungsgrad

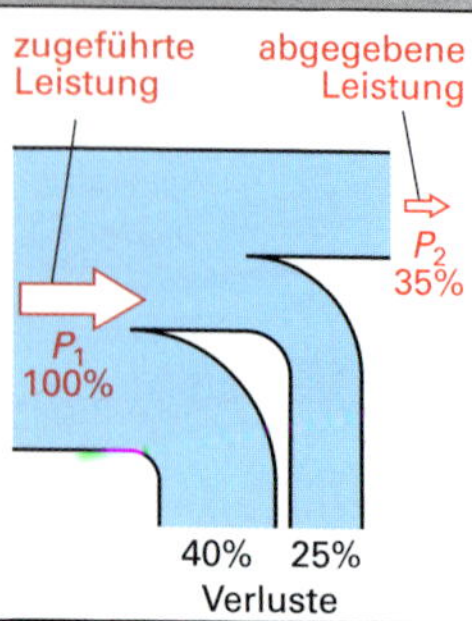

P_1	zugeführte Leistung
P_2	abgeführte Leistung
W_1	zugeführte Arbeit
W_2	abgeführte Arbeit
η	Gesamtwirkungsgrad
η, η_2, …	Teilwirkungsgrade

Beispiel:
Getriebe; $P_1 = 4{,}5$ kW; $P_2 = 4$ kW; $\eta = ?$

$$\boldsymbol{\eta} = \frac{P_2}{P_1} = \frac{4 \text{ kW}}{4{,}5 \text{ kW}} = \mathbf{0{,}89}$$

Wirkungsgrad

$$\eta = \frac{P_2}{P_1}$$

$$\eta = \frac{W_2}{W_1}$$

Gesamtwirkungsgrad bei mehreren Abnehmern

$$\eta = \eta_1 \cdot \eta_2 \cdot \eta_3 \cdot \ldots$$

Energie, Hauptnutzungszeit

Energie

Kinetische Energie bei geradliniger Bewegung

W_k kinetische Energie
m Masse
v Geschwindigkeit

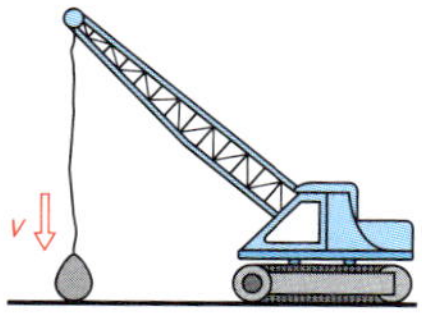

$$W_k = \frac{m \cdot v^2}{2}$$

$$v = \sqrt{\frac{2 \cdot W_k}{m}}$$

Kinetische Energie bei Drehbewegung

W_k kinetische Energie
J Massenträgheitsmoment
ω Winkelgeschwindigkeit

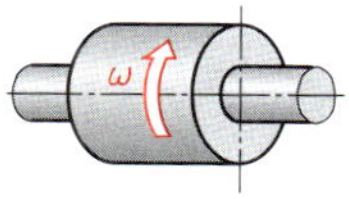

$$W_k = \frac{J \cdot \omega^2}{2}$$

Potentielle Energie

W_p potentielle Energie
F_G Gewichtskraft
h Höhe

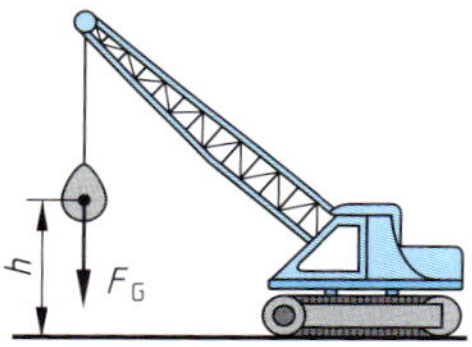

$$W_p = F_G \cdot h$$

$$W_p = m \cdot g \cdot h$$

Energieerhaltungssatz

W_1 aufgewendete Arbeit
W_2 abgegebene Arbeit
η Wirkungsgrad

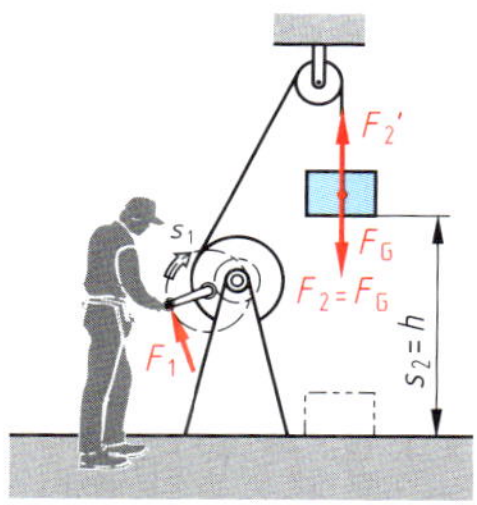

$$W_1 = W_2$$

Mit Berücksichtigung der Reibung

$$W_1 = \frac{W_2}{\eta}$$

Hauptnutzungszeit beim Bohren, Reiben, Senken

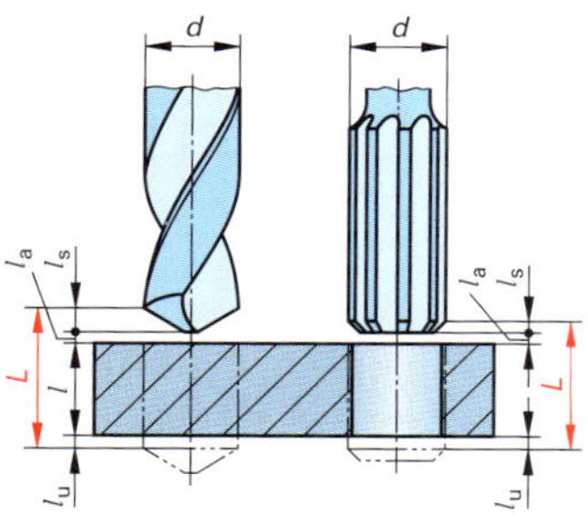

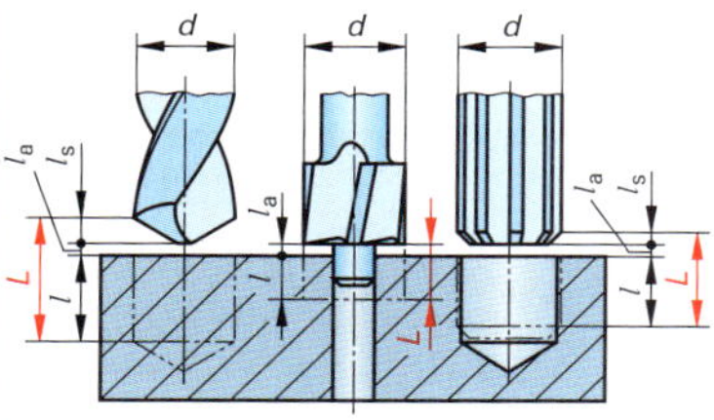

t_h Hauptnutzungszeit
L Vorschubweg
i Anzahl der Bohrungen
n Drehzahl
f Vorschub je Umdrehung
v_c Schnittgeschwindigkeit
l Bohrungstiefe
l_a Anlauf
l_u Überlauf
l_s Anschnittlänge
σ Spitzenwinkel
d Werkzeugdurchmesser

Anschnittslänge l_s

σ	l_s	σ	l_s
80°	$0{,}6 \cdot d$	130°	$0{,}23 \cdot d$
118°	$0{,}3 \cdot d$	140°	$0{,}18 \cdot d$

Hauptnutzungszeit

$$t_h = \frac{L \cdot i}{n \cdot f}$$

$$n = \frac{v_c}{\pi \cdot d}$$

Vorschubweg bei Durchgangsbohrung

$$L = l + l_s + l_a + l_u$$

Vorschubweg bei Grundlochbohrung

$$L = l + l_s + l_a$$

Vorschubweg bei Senkung

$$L = l + l_s$$

Beispiel: Bohren; $l = 45$ mm; $i = 18$; $d = 20$ mm; $v_c = 35$ m/min; $f = 0{,}12$ mm; $l_a = 5$ mm; $l_u = 3$ mm; $n = 355\ \text{min}^{-1}$; $t_h = ?$

$l_s = 0{,}3 \cdot d = 0{,}3 \cdot 20\ \text{mm} = 6\ \text{mm}$

$L = l + l_s + l_a + l_u = 45\ \text{mm} + 6\ \text{mm} + 5\ \text{mm} + 3\ \text{mm} = 59\ \text{mm}$

$$\boldsymbol{t_h} = \frac{L \cdot i}{n \cdot f} = \frac{59\ \text{mm} \cdot 18}{355\ \text{min}^{-1} \cdot 0{,}12\ \text{mm}} = \mathbf{24{,}9\ min}$$

Festigkeitslehre

N

Bemessung von Stahlbauten

DIN 18800-1 und -2 (1990-11)

Das Berechnungsverfahren zum Nachweis der Tragfähigkeit von Bauteilen ist in DIN 18800 genormt und in EUROCODE 3 erläutert. Man unterscheidet:

- **Einwirkungen**
  ständige Einwirkungen (Index G),
  z. B. Eigengewicht der Konstruktion;
  veränderliche Einwirkungen (Index Q),
  z. B. Schneelast, Windkraft;
- **Teilsicherheitsbeiwerte** für Einwirkungen;
- **Widerstand** (Index M) gegen Einwirkungen, z.B. Festigkeiten;
- **Kombinationsbeiwerte** für Einwirkungen;
- **Charakteristische Werte** (Index k), Festigkeit, z. B. Streckgrenze, Zugfestigkeit;
- **Bemessungswerte** (Index d), sie sind für den Nachweis anzunehmen;
- **Beanspruchungen** (Index S), z.B. Kräfte, Spannungen;
- **Beanspruchbarkeiten** (Index R), z. B. Grenzkräfte, Grenzspannungen.

Beanspruchungen

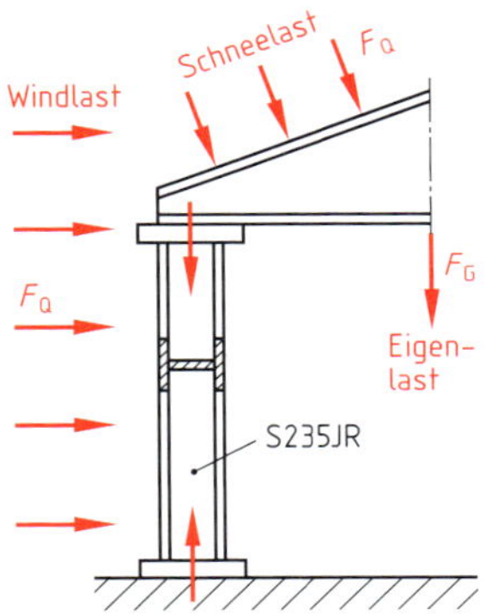

Einwirkungen verursachen Kräfte und Spannungen im Bauteil, die als Beanspruchungen bezeichnet werden. Die Beanspruchungen beziehen sich auf die Lastseite.

F_G	ständige Einwirkungen	A	Querschnittsfläche
F_Q	veränderliche Einwirkungen	ψ	Kombinationsbeiwert
F_k	charakteristische Kraft	γ_F	Teilsicherheitsbeiwerte für Einwirkungen
$F_{S,d}$	Bemessungswert der Kraft	γ_M	Teilsicherheitsbeiwert für Widerstände
$\sigma_{S,d}$	Bemessungswert der Spannung		

Teilsicherheitsbeiwerte für Einwirkungen γ_F		**Widerstand γ_M**
ständige Einwirkungen	1,35	1,1
veränderliche Einwirkungen	1,50	

Kombinationsbeiwert ψ	
ständige Einwirkungen	1,0
Mehr als eine veränderliche Einwirkung	0,9

Bemessungswert der Kraft bei ständigen Einwirkungen

$$F_{G,d} = \gamma_F \cdot \psi \cdot F_k$$

Bemessungswert der Kraft bei veränderlichen Einwirkungen

$$F_{Q,d} = \gamma_F \cdot \psi \cdot F_k$$

Bemessungswert der Kraft

$$F_{S,d} = F_{G,d} + F_{Q,d}$$

Bemessungswert der Spannung

$$\sigma_{S,d} = \frac{F_{S,d}}{A}$$

Beispiel: Ein Rundstahl aus S235JR wird durch eine charakteristische Kraft $F_k = 8$ kN ständig belastet.

Wie groß ist der Bemessungswert $F_{G,d}$ für die Beanspruchung?

Nach Tabellen: $\gamma_F = 1{,}35$; $\psi = 1{,}0$

$\mathbf{F_{G,d}} = \gamma_F \cdot \psi \cdot F_k = 1{,}35 \cdot 1{,}0 \cdot 8\ \text{kN} = \mathbf{10{,}8\ kN}$

Beispiel: Ein Vierkantstahl aus S235JR ist veränderlichen Einwirkungen ausgesetzt. Die charakteristische Kraft auf das Bauteil beträgt $F_k = 8{,}6$ kN.

Wie groß ist der Bemessungswert $F_{Q,d}$ für diese Beanspruchung?

Nach Tabellen: $\gamma_F = 1{,}50$; $\psi = 0{,}9$

$\mathbf{F_{Q,d}} = \gamma_F \cdot \psi \cdot F_k = 1{,}50 \cdot 0{,}9 \cdot 8{,}6\ \text{kN} = \mathbf{11{,}61\ kN}$

Beispiel: Welcher Bemessungswert der Spannung $\sigma_{S,d}$ tritt bei einem Vierkantstab EN 10059-8-S235JR auf, wenn er mit einer charakteristischen Kraft $F_k = 10$ kN belastet wird?

$$\mathbf{\sigma_{S,d}} = \frac{F_{S,d}}{A} = \frac{F_{G,d}}{A} = \frac{\gamma_F \cdot \psi \cdot F_k}{A}$$

$$= \frac{1{,}35 \cdot 1{,}0 \cdot 10\,000\ \text{N}}{8\ \text{mm} \cdot 8\ \text{mm}} = \mathbf{210{,}9\ \frac{N}{mm^2}}$$

Bemessung von Stahlbauten (Fortsetzung)

DIN 18800-1 und -2 (1990-11)

Beanspruchbarkeiten

Den Beanspruchbarkeiten im Bauteil setzt der Werkstoff einen Widerstand entgegen. Diesen bezeichnet man als die Beanspruchbarkeit. Sie bezieht sich nur auf die Werkstoffseite.

$F_{R,d}$ Grenzwert der Kraft
$\sigma_{R,d}$ Grenzwert der Spannung
γ_M Teilsicherheitswert des Widerstandes
A Querschnittsfläche
$f_{y,k}$ Streckgrenze
$f_{u,k}$ Zugfestigkeit

Grenzwert der Kraft

$$F_{R,d} = \sigma_{R,d} \cdot A$$

Grenzwert der Spannung

$$\sigma_{R,d} = \frac{f_{y,k}}{\gamma_M}$$

Beispiel:
Für einen Flachstahl EN 10058 – 50 × 6 – S235JR ist der Grenzwert der Kraft $F_{R,d}$ zu berechnen.

Nach Tabellen: $\gamma_M = 1{,}1$; $f_{y,k} = 240\ \text{N/mm}^2$

$$\boldsymbol{F_{R,d}} = \sigma_{R,d} \cdot A = \frac{f_{y,k}}{\gamma_M} \cdot l \cdot b$$

$$= \frac{240\ \dfrac{\text{N}}{\text{mm}^2}}{1{,}1} \cdot 50\ \text{mm} \cdot 6\ \text{mm}$$

$$= 218\ \frac{\text{N}}{\text{mm}^2} \cdot 300\ \text{mm} = \mathbf{65\,454\ N} \approx \mathbf{65{,}5\ kN}$$

Charakteristische Werte			
Werkstoff	Erzeugnisdicke t mm	$f_{y,k}$ N/mm²	$f_{u,k}$ N/mm²
S235JR	$t \le 40$ $40 < t \le 80$	240 215	360
S355J0	$t \le 40$ $40 < t \le 80$	360 325	510
S355N	$t \le 40$ $40 < t \le 80$	360 325	510

Sicherheitsnachweis

Die Tragsicherheit und die Gebrauchstauglichkeit von Konstruktionen, ihren Verbindungen und ihren Einzelteilen sind nachzuweisen. Es ist entweder der Tragsicherheitsnachweis oder der Spannungsnachweis zu führen.

S_d Beanspruchungen
R_d Beanspruchbarkeiten
$F_{S,d}$ Bemessungswert der Kraft
$F_{R,d}$ Grenzwert der Kraft
γ_F Teilsicherheitswert für Einwirkungen
γ_M Teilsicherheitswert für den Widerstand
$\sigma_{S,d}$ Bemessungswert der Spannung
$\sigma_{R,d}$ Grenzwert der Spannung
$f_{y,k}$ charakteristischer Wert für die Streckgrenze

Für den **Tragsicherheitsnachweis** gilt: Die Beanspruchungen S_d dürfen die Beanspruchbarkeiten R_d nicht überschreiten.

Für den **Spannungsnachweis** gilt: Der Bemessungswert der Spannung $\sigma_{S,d}$ darf die Grenzspannung $\sigma_{R,d}$ nicht überschreiten.

Beanspruchungen ≤ Beanspruchbarkeiten

$$S_d \le R_d$$

Bemessungswert der Kraft ≤ Grenzwert der Kraft

$$F_{S,d} \le F_{R,d}$$

Bemessungswert der Spannung

$$\sigma_{S,d} = \frac{F_{S,d}}{A}$$

Grenzwert der Spannung

$$\sigma_{R,d} = \frac{f_{y,k}}{\gamma_M}$$

Bemessungswert der Spannung ≤ Grenzwert der Spannung

$$\sigma_{S,d} \le \sigma_{R,d}$$

Beispiel:
Eine Fachwerkstrebe aus ungleichschenkligem Winkelstahl EN 10056-1 – 40 × 20 × 4 – S235JR wird durch eine charakteristische Kraft $F_k = 35$ kN beansprucht.

a) Der Tragsicherheitsnachweis für ständige Einwirkungen ist zu führen.
b) Der Spannungsnachweis ist zu führen.

a) Nach Tabellen: $\gamma_F = 1{,}35$; $\psi = 1{,}0$

$\boldsymbol{S_d} = F_{S,d} = F_{G,d} = \gamma_F \cdot \psi \cdot F_k = 1{,}35 \cdot 1{,}0 \cdot 35\ \text{kN} = \mathbf{47{,}25\ kN}$

Nach Tabellen: $f_{y,k} = 240$; $\gamma_M = 1{,}1$
aus Tabellen: $A = 225\ \text{mm}^2$

$$\boldsymbol{F_{R,d}} = \sigma_{R,d} \cdot A = \frac{f_{y,k}}{\gamma_M} \cdot A = \frac{240\ \dfrac{\text{N}}{\text{mm}^2}}{1{,}1} \cdot 225\ \text{mm}^2 = \mathbf{49\,090\ N} = \mathbf{49{,}09\ kN}$$

$\boldsymbol{F_{S,d}} \le \boldsymbol{F_{R,d}}$; **47,25 kN ≤ 49,09 kN;** Die Tragsicherheit ist erfüllt.

b) Nach Tabellen: $\gamma_F = 1{,}35$; $\gamma_M = 1{,}1$; $\psi = 1{,}0$
aus Tabellen: $A = 225\ \text{mm}^2$

$$\boldsymbol{\sigma_{S,d}} = \frac{F_{S,d}}{A} = \frac{\gamma_F \cdot \psi \cdot F_k}{A} = \frac{1{,}35 \cdot 1{,}0 \cdot 35\,000\ \text{N}}{225\ \text{mm}^2} = \mathbf{210\ \frac{N}{mm^2}}$$

$$\boldsymbol{\sigma_{R,d}} = \frac{f_{y,k}}{\gamma_M} = \frac{240\ \dfrac{\text{N}}{\text{mm}^2}}{1{,}1} = \mathbf{218{,}18\ \frac{N}{mm^2}}$$

$\boldsymbol{\sigma_{S,d}} \le \boldsymbol{\sigma_{R,d}}$; **210 N/mm² ≤ 218 N/mm²**
Der Spannungsnachweis ist erfüllt.

Festigkeitslehre

Bemessung von Stahlbauten (Fortsetzung) — DIN 18800-1 und -2 (1990-11)

Beanspruchung auf Knickung

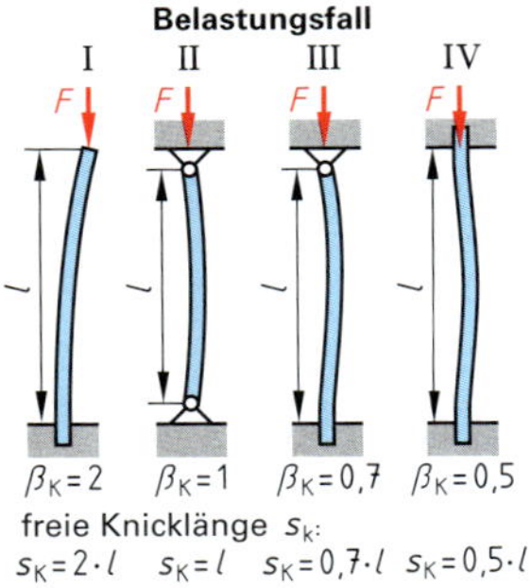

Bei schlanken Bauteilen und bei Stützen im Stahlhochbau kann Knickung auftreten. Dabei verursacht die in der Profillängsachse wirkende Kraft nicht nur eine Druckspannung im Profilquerschnitt, sondern führt auch zur Instabilität, das Profil weicht zur Seite aus. Die Stelle, an der das Profil ausknickt, ist abhängig vom Schlankheitsgrad und von der Einspannung bzw. Lagerung und wird durch die Belastungsfälle nach Euler berücksichtigt. Die Richtung, in der das Profil ausknickt, ist abhängig von der Querschnittsform und ist in der Regel senkrecht zur x- bzw. y-Achse. Diese Gesetzmäßigkeit wird in Knickspannungslinien festgehalten.

$F_{N,d}$	Bemessungswert der Kraft	λ_K	Schlankheitsgrad
$F_{pl,d}$	Grenzkraft im plastischen Zustand	β_K	Knicklängenwert
γ_M	Teilsicherheitsbeiwert für Widerstand	$f_{y,k}$	Streckgrenze
i_{min}	kleinster Trägheitsradius	l	Systemlänge
$\varkappa$	Abminderungsfaktor	A	Querschnittsfläche
λ_a	Bezugsschlankheitsgrad	s_K	freie Knicklänge
$\overline{\lambda}_K$	bezogener Schlankheitsgrad		

Beispiel:

Eine Stahlstütze mit dem Profil HE 360 B aus S235JR und einer Systemlänge von l = 4,2 m ist am Fuß eingespannt. Die ständigen Einwirkungen betragen F_G = 320 kN und die veränderlichen Einwirkungen F_Q = 170 kN.
Für die Stütze ist der Biegeknicknachweis zu führen.

Der **Biegeknicknachweis** erfolgt schrittweise:
Bemessungswert der Kraft: Nach Tabellen Seite 34: $\gamma_F = 1{,}35$; $\gamma_F = 1{,}50$; $\psi = 1{,}0$

$$\mathbf{F_{N,d}} = \gamma_F \cdot \psi \cdot F_G + \gamma_F \cdot \psi \cdot F_Q = 1{,}35 \cdot 1{,}0 \cdot 320\ \text{kN} + 1{,}5 \cdot 1{,}0 \cdot 170\ \text{kN} = \mathbf{687\ kN}$$

1. Schritt: Ermittlung der freien Knicklänge: $\mathbf{s_K} = \beta_K \cdot l = 2{,}0 \cdot 4{,}2\ \text{m} = \mathbf{8{,}4\ m}$

2. Schritt: Berechnung des Schlankheitsgrades: Aus Tabellen: i_{min} = 7,49 cm

$$\boldsymbol{\lambda_K} = \frac{s_K}{i_{min}} = \frac{840\ \text{cm}}{7{,}49\ \text{cm}} = \mathbf{112{,}15}$$

3. Schritt: Berechnung des bezogenen Schlankheitsgrades:

Nach Tabelle: $\lambda_a = 92{,}9$ $\quad \boldsymbol{\overline{\lambda}_K} = \frac{\lambda_K}{\lambda_a} = \frac{112{,}15}{92{,}9} = \mathbf{1{,}20}$

4. Schritt: Zuordnung des Querschnittes zu einer Knickspannungslinie:
$h/b = 360/300$; $t \leq 80$ mm; nach Tabelle: Knickspannungslinie c

5. Schritt: Bestimmen des Abminderungsfaktors in Abhängigkeit vom bezogenen Schlankheitsgrad und der Knickspannungslinie;
Nach Tabelle: $\varkappa = 0{,}434$

6. Schritt: Berechnung der Grenzkraft im plastischen Zustand:
Nach Tabelle Seite 35: $f_{y,k}$ = 240 N/mm² und Seite 34: $\gamma_M = 1{,}1$; aus Formstahl-Tabelle S. 164 für HE360B: S = 181 cm² = A

$$\mathbf{F_{pl,d}} = A \cdot \frac{f_{y,d}}{\gamma_M} = 18\,100\ \text{mm}^2 \cdot \frac{240\ \text{N/mm}^2}{1{,}1} = \mathbf{3\,949\,091\ N} \approx \mathbf{3\,949{,}1\ kN}$$

7. Schritt: Nachweis der Biegeknicksicherheit:

$\mathbf{F_{N,d}} \leq \boldsymbol{\varkappa} \cdot \mathbf{F_{pl,d}}$; 687 kN ≤ 0,434 · 3 949,1 kN
687 kN ≤ 1 713,9 kN; Die Stütze ist knicksicher.

Freie Knicklänge

$$s_K = \beta_K \cdot l$$

Schlankheitsgrad

$$\lambda_K = \frac{s_K}{i_{min}}$$

Bezogener Schlankheitsgrad

$$\overline{\lambda}_K = \frac{\lambda_K}{\lambda_a}$$

Grenzkraft im plastischen Zustand

$$F_{pl,d} = A \cdot \frac{f_{y,k}}{\gamma_M}$$

Bezugsschlankheitsgrad λ_a

Werkstoff	λ_a
S235JR	92,9
S355J0	75,9

Biegeknicksicherheit

$$F_{N,d} \leq \varkappa \cdot F_{pl,d}$$

Zuordnung der Querschnitte zu den Knickspannungslinien

Querschnitte		Ausweichen senkrecht zur Achse	Knickspannungslinie
Rohre, Hohlprofile	warm gefertigt	x - x; y - y	a
	kalt gefertigt	x - x; y - y	b
Gewalzte I-Profile	$h/b < 1{,}2$; $t \leq 40$ mm	x - x	a
		y - y	b
	$h/b > 1{,}2$; $40 \leq t \leq 80$ mm	x - x	b
	$h/b \leq 1{,}2$; $t \leq 80$ mm	y - y	c
U-, L-, T-Profile und Vollquerschnitte		x - x; y - y	c

Abminderungsfaktor $\varkappa$ (Auszug)

$\overline{\lambda}_K$	Knickspannungslinie a	b	c
0,6	0,890	0,837	0,785
0,7	0,848	0,784	0,725
0,8	0,796	0,724	0,662
0,9	0,734	0,661	0,600
1,0	0,666	0,597	0,540
1,1	0,596	0,535	0,484
1,2	0,530	0,478	0,434
1,3	0,470	0,427	0,389

Einwirkungen auf Tragwerke

Eigen- und Nutzlasten für Hochbauten

vgl. DIN 1055-3 (2006-03)

Eigenlast		Ständige vorhandene und i.d.R. unveränderliche Einwirkung	Gewicht der tragenden und stützenden Bauteile und dauernd aufzunehmende Einwirkungen, z.B. Putz, Auffüllungen usw.
Nutzlast	Veränderliche oder bewegliche Einwirkungen auf das Bauteil	**Arten von Nutzlasten**	
		Lotrechte Nutzlasten	
		Gleichmäßig verteilte Nutz- und Eigenlasten mit vorwiegend ruhender Einwirkung	Gleichmäßig verteilte Nutz- und Eigenlasten mit **nicht** vorwiegend ruhender Einwirkung
		Statische (nicht ständig gleich bleibende) Einwirkungen und nicht ruhende Einwirkungen, die als ruhend betrachtet werden dürfen, z.B. gleichmäßig verteilte Nutzlasten für Decken, Treppen, Balkone	Stoßende oder sich häufig wiederholende Nutzlasten, z.B. Staplerverkehr, befahrende Deckenflächen, Hubschrauberlandeplattformen
		Horizontale Nutzlasten	
		Lasten infolge von Personen auf Brüstungen, Geländern und anderen Konstruktionen, die als Absperrung dienen.	

Charakteristische Werte für Eigenlasten

vgl. DIN 1055-1 (1986-08)

		Baustoffe	Rohdichte ϱ in kg/m³	Rechenwert kN/m³
Mauerwerk	Naturstein	Basalt	3000	30
		Granit	2800	28
		Sandstein	2600	27
		Kalkstein	2800	28
	künstliche Steine	Vollklinker	≥ 1900	20
		Vollziegel	1200 … 2000	14 … 20
		Kalksandstein	1000 … 2200	12 … 22
		Leichtbeton-Vollstein	600 … 1200	8 … 14

	Baustoffe	Rohdichte ϱ in kg/m³	Rechenwert kN/m³
Decken	gewölbte Decken bis 2 m Stützweite	–	24
	Schaum- u. Gasbetonplatten	–	6,2
	Stahlbetonplatten	–	25
Wände, Wandbauplatten	Faserzement	2000	20
	Leichtbauplatten (Gips)	600 … 1200	6 … 12
	Leichtbauplatten (Beton)	600 … 1400	8 … 15
	Gipskartonplatten	900	9
	Gasbetonbauplatten	500 … 700	6 … 8

		Baustoffe	Rohdichte ϱ in kg/m³	Rechenwert kN/m³
Dämmstoffe	gegen Feuchtigkeit	Bitumenschweißbahn	7	0,07[1]
		Dichtungsbahnen zur Bauwerksabdichtung	4	0,04[1]
		Glasvliesbitumendichtbahnen, besandet	2	0,02[1]
		Kunststoffbahnen aus PVC weich	2	0,002[1]
	lose	Faserdämmstoffe aus Glas, Schlacke, Stein	100	1
		Schaumkunststoffe	50	0,5
		Korkschrot	≤ 600	≥ 6
		Blähschiefer, Blähton	150	1,5
	Matten, Platten, Bahnen	PUR-Hartschaum	≥ 30	0,4
		PF-Hartschaum	≥ 30	0,4
		mineralische u. pflanzliche Faserdämmstoffe	8 … 500	1
		Mehrschichtleichtbauplatten	–	4,5

		Baustoffe	Rechenwert kN/m³
Dachabdeckungen[2]	Dachziegel, Beton- u. Glasdachstein	Dachsteine aus Beton und Glas	0,5 … 0,65
		Biberschwänze aus Ziegel, Beton u. Glas	0,6 … 0,75
		Flachdachpfanne	0,55
		Mönch und Nonne	0,9
	Schieferdeckung und sonstige	Altdeutsche Schieferdeckung	0,5 … 0,6
		Drahtglas $t = 4$ mm … 6 mm	0,13
		sprossenlose einschalige Verglasung	0,27
		Faserzementdachplatten einschließlich Lattung	0,25 … 0,4
	Metalldeckungen[3]	Falzblech, verzinkt	0,3
		Kupferblech $t = 0,6$ mm	0,3
		Aluminiumblech $t = 0,7$ mm	0,25
		Wellblech	0,3

[1] je Lage in kN/m²; [2] 0,1 kN/m² Zuschlag bei Vermörtelung; [3] einschließlich Pappunterlage

N

Einwirkungen auf Tragwerke

Lotrechte Nutzlasten

Charakteristische Werte vgl. DIN 1055-3 (2006-03)

Gleichmäßig verteilte Nutz- und Einzellasten für Decken, Balkone, Treppen

Kategorie		Objekt	Beispiele	q_K in KN/m^2	Q_K in KN
A	A1	Spitzböden	zugänglicher Dachraum bis 1,80 m lichte Höhe	1,0	1,0
	A2	Wohn- und Aufenthaltsräume	Räume mit ausreichender Querverteilung der Lasten, z.B. Räume und Flure in Wohngebäuden, Bettenräume in Krankenhäusern, Hotelzimmer, einschl. Küchen, Bäder	1,5	–
	A3		wie A2, aber ohne ausreichende Querverteilung der Lasten	2,0[1]	1,0
B	B1	Büroflächen, Arbeitsflächen, Flure	Flure in Bürogebäuden, Büroflächen, Arztpraxen, Stationsräume, Kleinviehställe udgl.	2,0	2,0
	B2		Flure in Krankenhäusern, Hotels, Altersheimen, Internaten, Küchen, Behandlungsräume einschl. Operationsräume ohne schwere Geräteausstattung	3,0	3,0
	B3		wie B2, aber mit schwerer Geräteausstattung	5,0	4,0
C	C1	Räume, Versammlungsräume und Flächen, die der Ansammlung von Personen dienen können (außer Kat. A, B, D, E)	Flächen mit Tischen, z.B. Schulräume, Restaurants, Speisesäle, Empfangsräume udgl.	3,0	4,0
	C2		Flächen mit fester Bestuhlung, z.B. Kinos, Hörsäle	4,0	4,0
	C3		Frei begehbare Flächen, z.B. Museumsflächen, Ausstellungsflächen, nicht befahrbare Hofkellerdecken	5,0	4,0
	C4		Sport- und Spielflächen, z.B. Sporthallen, Krafträume	5,0	7,0
	C5		Flächen für große Menschenansammlungen, z.B. Tribünen mit fester Bestuhlung, Konzertsäle	5,0	4,0
D	D1	Verkaufsräume	Flächen von Verkaufsräumen in Wohn-, Büro- und vergleichbaren Gebäuden bis 50 m^2	2,0	2,0
	D2		Flächen in Einzelhandelsgeschäften und Warenhäusern	5,0	4,0
	D3		Flächen wie D2, jedoch mit hohen Lagerregalen	5,0	7,0
E	E1	Fabriken und Werkstätten, Ställe, Lagerräume, Flächen mit erheblichen Menschenansammlungen	Flächen in Fabriken und Werkstätten mit vorwiegend ruhenden Nutzlasten, leichter Betrieb	5,0	4,0
	E2		Lagerflächen, Bibliotheken eingeschlossen	6,0[2]	7,0
	E3		Flächen in Fabriken und Werkstätten mit vorwiegend ruhenden Nutzlasten, schwerem Betrieb sowie regelmäßig genutzte Flächen mit erheblichen Menschenansammlungen	7,5[2]	10,0
T	T1	Treppen und Treppenpodeste	Treppen und Treppenpodeste in Kategorie A und B1 mit wenig Publikumsverkehr	3,0	2,0
	T2		Treppen und Treppenpodeste der Kategorie B1 mit erheblichem Publikumsverkehr, B2 und E sowie alle Fluchttreppen	5,0	2,0
	T3		Zugänge und Fluchttreppen von Tribünen ohne feste Sitzplätze	7,5	3,0
Z		Zugänge, Balkone	Dachterrassen, Laubengänge, ..., Ausstiegspodeste	4,0	2,0

[1] Für die Weiterleitung der Lasten in Räumen mit Decken ohne ausreichende Querverteilung auf stützende Bauteile darf der angegebene Wert um 0,5 KN/m^2 abgemindert werden.

[2] Die Werte sind Mindestwerte. Wenn höhere Lasten vorherrschen, sind diese anzusetzen.

Parkhäuser und Flächen mit Fahrzeugverkehr

Kategorie		Objekt	A in m^2	q_K in KN/m^2		2 x Q_K in KN
F	F1	Verkehrs- und Parkflächen für leichte Fahrzeuge (Gesamtlast bis 25 kN)	≤ 20	3,5	oder alternativ	20
	F2		≤ 50	2,5		20[3]
	F3		> 50	2,0		20[3]
	F4	Zufahrtsrampen	≤ 20	5,0		20
	F5		> 20	3,5		20[3]

[3] In F2, F3 und F5 können die Achslast (2 x Q_K = 20 KN) oder die Radiallasten (Q_K = 10 KN) für den Nachweis örtlicher Beanspruchung maßgebend werden.

Einwirkungen auf Tragwerke

Lotrechte Nutzlasten

Allgemeine Regeln

1	Gleichmäßig verteilte Nutz- und Eigenlasten für Decken, Balkone und Treppen gelten als vorwiegend ruhende Lasten. Tragwerke, die durch Menschen zu Schwingungen angeregt werden können, müssen so ausgelegt werden, dass keine Resonanzeffekte auftreten.
2	Wenn die örtliche Mindestragfähigkeit nachgewiesen werden muss, so wird ausschließlich mit den charakteristischen Werten für die Einzellast Q_K gerechnet. Die Flächenlast q_K bleibt unberücksichtigt.
3	Müssen konzentrierte Lasten, wie z.B. von Lagerregalen, Tresoren udgl. berücksichtigt werden, so muss die Einzellast für den Fall gesondert ermittelt werden und gemeinsam mit den gleichmäßig verteilten Nutzlasten beim Tragsicherheitsnachweis berücksichtigt werden.

Anwendungsregeln

Abminderung von Nutzlasten bei Lastweiterleitung auf sekundäre Tragglieder[1]

q'_k abgeminderte Nutzlast
α_A[2] Abminderungsbeiwert nach Lastkategorie ⇒ Seite 38
A Lasteinzugsfläche des sekundären Traggliedes in m²

$$q'_k = \alpha_A \cdot q_k$$

Abminderungsbeiwert α_A für Kategorien A, B, Z

$$\alpha_A = 0{,}5 + \frac{10}{A} \leq 1{,}0$$

Abminderungsbeiwert α_A für Kategorien C bis E1

$$\alpha_A = 0{,}7 + \frac{10}{A} \leq 1{,}0$$

Abminderungsfaktor für Nutzlasten aus mehreren Stockwerken α_n[3]

n Anzahl der Geschosse (> 2) oberhalb des belasteten Bauteils

für Lastkategorien A bis D und Z

$$\alpha_n = 0{,}7 + \frac{0{,}6}{n}$$

für Lastkategorien E und T

$$\alpha_n = 1{,}0$$

[1] Als sekundäre Tragglieder gelten z.B. Unterzüge, Stützen, Wände, Gründungen usw.
[2] Der Faktor α_A darf für ein Bauteil nicht gleichzeitig mit α_n angesetzt werden. Zum Ansatz kommt der günstigste der beide Werte.
[3] Wenn ein Kombinationsbeiwert Ψ für das Zusammenwirken verschiedener Lasten verwendet wird, so darf keine zusätzliche Abminderung mit dem Faktor α_n erfolgen.

Lasteinzugsflächen A für die Ermittlung der Schnittgrößen bei Mittel- und Randfeldern

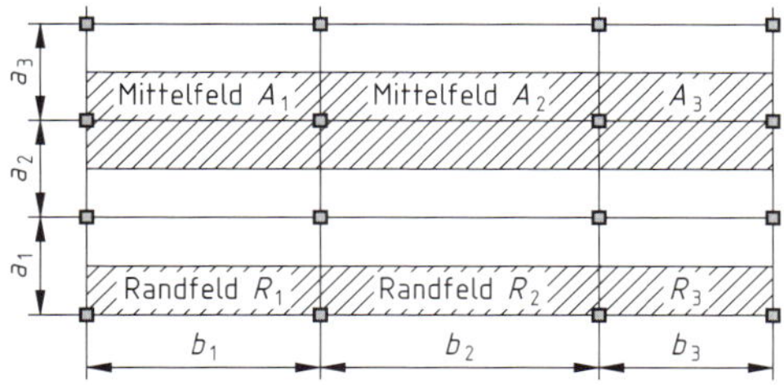

$$A_1 = \frac{a_2 + a_3}{2} \cdot b_1 \qquad R_1 = 0{,}4 \cdot a_1 \cdot b_1$$

$$A_2 = \frac{a_2 + a_3}{2} \cdot b_2 \qquad R_2 = 0{,}4 \cdot a_1 \cdot b_2$$

$$A_3 = \frac{a_2 + a_3}{2} \cdot b_3 \qquad R_3 = 0{,}4 \cdot a_1 \cdot b_3$$

Nutzlasten für Dächer

Kategorie		Objekt	Nutzung	q_K in KN/m²	Q_K in KN
H		Dächer	Mannlast für nichtbegehbare Dächer, außer für übliche Erhaltungsmaßnahmen und Reparaturen.	–	1,0

[1] Nutzlasten für Dächer gelten als vorwiegend ruhende Lasten.
[2] Für Begehungsstege, die Teil eines Fluchtweges sind, ist eine Nutzlast von 3 KN/m² anzusetzen.
[3] Eine Überlagerung der Nutzlasten mit Einwirkungen aus Schneelasten ist nicht erforderlich.
[4] Bei Dachlatten gilt: 2 x Q_k = 0,5 kN in den äußeren Viertelpunkten der Stützweite ansetzen. Für hölzerne Dachlatten handelsüblicher Abmessungen ist bis 1 m Sparrenabstand kein Nachweis nötig.
[5] Bei leichten Sprossen darf Q_k = 0,5 kN in ungünstigster Stellung berechnet werden, wenn die Dächer nur mittels Bohlen und Leitern begehbar sind.

N

Einwirkungen auf Tragwerke

Lotrechte Nutzlasten

Gleichmäßig verteilte Nutz- und Einzellasten bei nicht vorwiegend ruhenden Einwirkungen

Als mit nicht vorwiegend ruhenden Einzellasten beanspruchte Flächen gelten solche für den Betrieb mit Gegengewichtsstaplern, ferner Flächen mit Fahrzeugverkehr auf Hofkellerdecken sowie Hubschrauberlandeplätze auf Gebäuden. Die für die Tragfähigkeitsberechnung anzusetzenden gleichmäßig verteilten Nutzlasten q_k und Einzellasten Q_k sind Tabellen der DIN 1055-3 (2006-03) zu entnehmen.

Horizontale Nutzlasten

Charakteristische Werte

vgl. DIN 1055-3 (2006-03)

Infolge von Personen auf Brüstungen, Geländer, Absperrkonstruktionen[1]

Belastete Fläche nach Kategorie (⇒ Seite 38)	Horizontale Nutzlast q_k in kN/m[2]
A, B1, ohne nennenswerten Publikumsverkehr	0,5
B1 mit nennenswertem Publikumsverkehr, B2, B3, C1 bis C4, D, E1 und E2, Z, K, T2	1,0
C5, E3, T3	2,0

[1] Gleichmäßig verteilte Nutzlasten, die in der Höhe des Handlaufs, nicht höher als 1,2 m wirken.
[2] Die Werte sind in Absturzrichtung in voller Höhe, in Gegenrichtung mit 50 %, mindestens jedoch mit 0,5 kN/m anzusetzen. Windlasten und horizontale Nutzlasten brauchen nicht überlagert zu werden.

Zur Erzielung ausreichender Längs- und Quersteifigkeit

(1) Windlasten und andere waagerecht wirkende Lasten sind zu berücksichtigen.

(2) Für Tribünenbauten und ähnliche Sitz- und Steheinrichtungen ist eine in Fußbodenhöhe angreifende Horizontallast von 1/20 der lotrechten Nutzlast anzusetzen.

(3) Bei Gerüsten ist eine in Schalungshöhe angreifende Horizontallast von 1/100 aller lotrechten Lasten anzusetzen.

(4) Zur Sicherung gegen Umkippen von Einbauten die innerhalb von geschlossenen Bauwerken stehen und keiner Windbeanspruchung ausgesetzt sind, ist eine Horizontallast von 1/100 der Gesamtlast in Höhe des Schwerpunktes anzusetzen.

Für Hubschrauberlandeplätze und Anpralllasten

(1) In der Ebene der Start- und Landeflächen und des umgebenden Sicherheitsstreifens ist q_k nach obiger Tabelle an der für den untersuchten Querschnitt jeweils ungünstigsten Stelle anzunehmen.

(2) Für den mindestens 0,25 m hohen Überrollschutz ist am oberen Rand eine Horizontallast von 10 kN anzunehmen.

(3) Für Anpralllasten gilt DIN 1055-9.

Veränderliche freie Einwirkungen

Windlasten

vgl. DIN 1055-4 (2005-03)

Windlasten	Windlasten werden in Form von Winddrücken und Windkräften erfasst. Sie sind unabhängig von Himmelrichtung mit dem vollen Rechenwert des Geschwindigkeitsdruckes q zu berechnen. Sie müssen für jeden belasteten Bereich nachgewiesen werden: a) für das gesamte Bauwerk oder b) für Teile des Bauwerks (Bauteile, Fassadenelemente, Befestigungsteile)
Winddruck	Die Winddrücke wirken auf außenliegende Oberflächen eines Bauwerks und infolge der Durchlässigkeit von äußeren Bauwerkshüllen auch auf innen liegende Oberflächen. Der Winddruck wirkt senkrecht zur betrachteten Fläche.
Windkraft	Windkräfte stellen die Gesamtkraft dar, die infolge Geschwindigkeitsdrucks q, abhängig von einer stimmten Bezugshöhe und aerodynamischen Einflüssen (z.B. der Dachform oder dem Geländeprofil) auf ein Bauwerk einwirkt. Wenn der Wind an größeren Flächen vorbei streicht, müssen erforderlichenfalls auch die paralel zur betrachteten Fläche wirkenden Reibungskräfte berücksichtigt werden.

Die Luftdichte hängt von der Höhe über dem Meeresspiegel, der Lufttemperatur und dem Luftdruck ab. Bei 10 °C in Meeresspiegelhöhe ergibt sich bei p_{amb} = 1013 hPa eine Dichte von ϱ = 1,25 kg/m³.

q Geschwindigkeitsdruck
v Windgeschwindigkeit
ϱ Luftdichte

$$q = \frac{\varrho}{2} \cdot v^2$$

Veränderliche freie Einwirkungen

Windlasten

vgl. DIN 1055-4 (2005-03)

Windzonen

Die Windzonenkarte zeigt gemittelte Windgeschwindigkeiten v_{ref} und dazugehörige Geschwindigkeitsdrücke q_{ref}. Sie gelten als charakteristische Werte für eine Mittelung über einen Zeitraum von 10 min. Die Geschwindigkeit v_{ref} gilt für eine Höhe von 10 m über Grund in ebenem, offenem Gelände.

Zone	v_{ref} in m/s	q_{ref} in kN/m²
W1	22,5	0,32
W2	25,0	0,39
W3	27,5	0,47
W4	30,0	0,56

Erfassung der Einwirkungen

Bei ausreichend steifen, nicht schwingungsanfälligen Bauwerken genügt es, die Wirkung des Windes durch eine statische Ersatzlast zu erfassen.

Die Einzellasten werden auf der Grundlage von Böengeschwindigkeiten festgelegt. Bei Bauwerken, die eine Höhe von 25 m über Grund nicht überschreiten, darf zur Vereinfachung angenommen werden, dass der Geschwindigkeitsdruck über die gesamte Gebäudehöhe konstant ist.

Vereinfachte Geschwindigkeitsdrücke q (in kN/m²) für Bauwerke mit Gebäudehöhe $h \leq 25$ m

Windzone		$h \geq 10$ m	10 m < $h \leq 18$ m	18 m < $h \leq 25$ m
1	Binnenland	0,50	0,65	0,75
2	Binnenland	0,65	0,80	0,90
	Küste und Inseln der Ostsee	0,85	1,00	1,10
3	Binnenland	0,80	0,95	1,10
	Küste und Inseln der Ostsee	1,05	1,20	1,30
4	Binnenland	0,95	1,15	1,30
	Küste der Nord- und Ostsee und Inseln der Ostsee	1,25	1,40	1,55
	Inseln der Nordsee	1,40	–	–

Winddruck

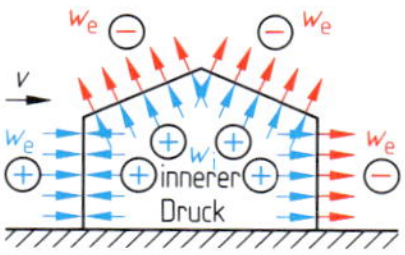

c_{pe} aerodynamischer Beiwert für den Außendruck
c_{pi} aerodynamischer Beiwert für den Innendruck
q Geschwindigkeitsdruck
z_e Bezugshöhe (abhängig von Baukörperhöhe und Anströmrichtung)
z_i Bezugshöhre für den Innendruckbeiwert

Winddruck an Außenflächen

$$W_e = c_{pe} \cdot q\,(z_e)$$

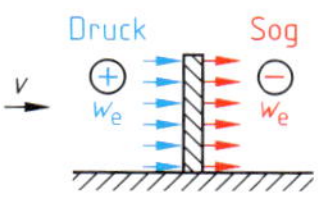

Die Belastung infolge Winddrucks ist die Resultierende von Außen- und Innendruckbelastung.

Der Innendruck in einem Gebäude hängt von Größe und Lage der Öffnungen in der Außenhaut ab.

Er wirkt auf alle Raumabschlüsse gleichzeitig und mit gleichem Vorzeichen.

Winddruck an Innenflächen

$$W_i = c_{pi} \cdot q\,(z_i)$$

Einwirkungen auf Tragwerke

Veränderliche freie Einwirkungen

Windlasten, Windkräfte

c_f aerodynamischer Kraftbeiwert
A_{ref} Bezugsfläche, auf die der Kraftbeiwert bezogen ist.
z_e Bezugshöhe für den aerodynamischen Beiwert.
q Geschwindigkeitsdruck

Die Lage des Lastangriffspunktes für die Gesamtwindkraft am Gebäude richtet sich nach Gestalt und Lage des Baukörpers.

c_{fj} aerodynomischer Beiwert für den Körperabschnitt
A_j Bezugsfläche, auf die der Kraftbeiwert bezogen ist.
z_{ej} Höhe der Oberkante des Abschnitts über Grund.

Bei Baukörpern, deren Höhe h oder Länge l größer als das Doppelte der Breite b quer zur Windrichtung ist, darf die Windkaft abschnittsweise berechnet werden.

c_{fr} aerodynamischer Reibungswert
A_{fr} Summe der umströmten Flächen
z_e Bezugshöhe

Gesamtwindkraft F_w

$$F_w = c_f \cdot q\,(z_e) \cdot A_{ref}$$

Windkraft an einem Körperabschnitt F_{wj}

$$F_{wj} = c_{fj} \cdot q\,(z_{ej}) \cdot A_j$$

Reibungskräfte F_{fr}

$$F_{fr} = c_{fr} \cdot q\,(z_{ej}) \cdot A_{fr}$$

Druckbeiwerte für Gebäude

Die Außendruckbeiwerte c_{pe} für Bauwerke und Bauteile hängen von der Größe der Lasteinzugsfläche A ab. Sie werden in Tabellen für spezielle Gebäudeformen für Lasteinzugsflächen von 1 m² und 10 m² angegeben. Die Werte gelten nicht für hinterlüftete Wand- und Dachflächen. Werte für $A < 10$ m² sind ausschließlich für die Berechnung der Ankerkräfte von unmittelbar windbeanspruchten Bauteilen anzuwenden. Die Werte werden für senkrechte Anströmrichtungen (0°, 90°, 180°) angegeben, spiegeln jedoch den höchsten, innerhalb von ± 45° um die Anströmrichtung auftretenden Wert wieder.

Außendruckbeiwerte für senkrechte Wände rechteckiger Gebäude

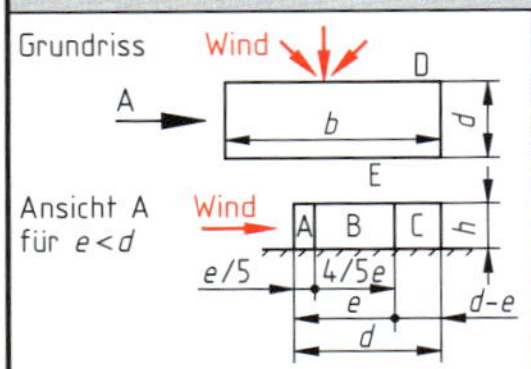

Bereich	A		B		C		D		E	
h/d	c_{pe10}	c_{pe1}	c_{pe10}	c_{pe1}	c_{pe10}	c_{pe1}	c_{pe10}	c_{pe1}	c_{pe10}	c_{pe1}
≥ 5	– 1,4	– 1,7	– 0,8	– 1,1	– 0,5	– 0,7	– 0,8	+ 1	– 0,5	– 0,7
1	– 1,2	– 1,4	– 0,8	– 1,1	– 0,5		– 0,8	+ 1	– 0,5	
≥ 25	– 1,2	– 1,4	– 0,8	– 1,1	– 0,5		– 0,7	+1	– 0,3	– 0,5

Außendruckbeiwerte für Pultdächer

Das Dach ist in Bereiche F, G, H einzuteilen. Bezugshöhe $z_e = h$. Für Anströmrichtung $\Theta = 0°$ und Neigungswinkeln $\alpha = +\,15°$ bis $+\,30°$ schwankt der Druck zwischen positiven und negativen Werten.

a) allgemein

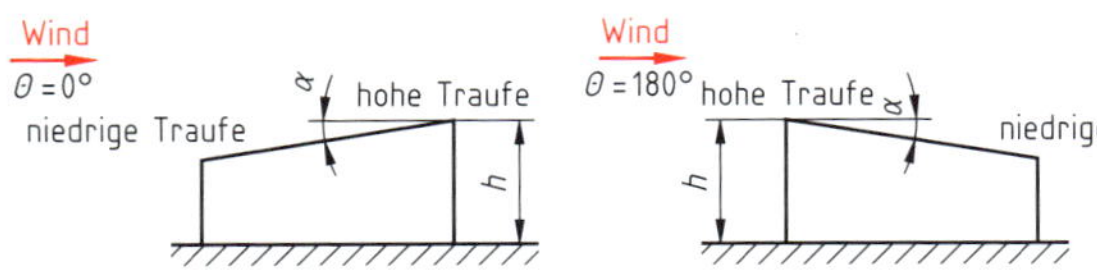

b) für Anströmrichtung 0° und 180°

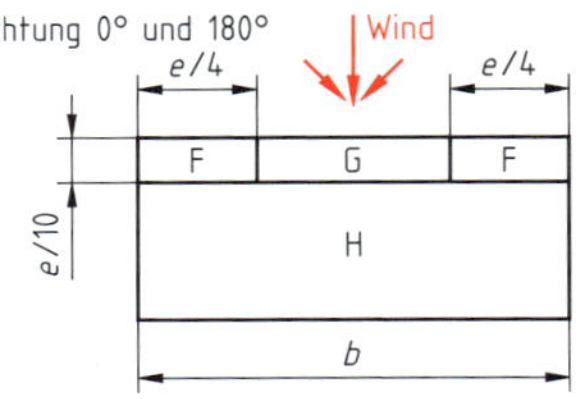

Neigungs-winkel	Anströmrichtung Θ = 0°						Anströmrichtung Θ = 180°					
	F		G		H		F		G		H	
α	c_{pe10}	c_{pe1}	c_{pe10}	c_{pe1}	c_{pe10}	c_{pe1}	c_{pe10}	c_{pe1}	c_{pe10}	c_{pe1}	c_{pe10}	c_{pe1}
5°	– 1,7	– 2,5	– 1,2	– 2,0	– 0,6/+ 0,2	– 1,2	– 2,3	– 2,5	– 1,3	– 2,0	– 0,8	– 1,2
10°	– 1,3	– 2,2	– 1,0	– 1,7	– 0,4/+ 0,2	– 0,7	– 2,4	– 2,6	– 1,3	– 2,0	– 0,8	– 1,2
15°	– 0,9	– 2,0	– 0,8	– 1,5	– 0,3		– 2,5	– 2,8	– 1,3	– 2,0	– 0,8	– 1,2
	+ 0,2		+ 0,2		+ 0,2							
30°	– 0,5	– 1,5	– 0,5	– 1,5	– 0,2		– 1,1	– 2,3	– 0,8	– 1,5	– 0,8	
	+ 0,7		+ 0,7		+ 0,4							
45°	+ 0,7		+ 0,7		+ 0,6		– 0,6	– 1,3	– 0,5		– 0,7	

Veränderliche freie Einwirkungen

Schneelasten — vgl. DIN 1055-5 (2005-07)

Schneelastzonen

Charakteristische Werte für Schneelasten s_k werden für regionale Zonen mit unterschiedlichen Intensitäten der Schneelast ermittelt.

Schneelast auf dem Boden

Charakteristische Werte s_k

Sockelbeträge

Zone	kN/m²	Höhe ü.d.M
S1	0,65	≤ 400 m
S2	0,85	≤ 285 m
S3	1,10	≤ 255 m

Berechnung

Zone	Formel
S1[1]	$s_k = 0{,}19 + 0{,}91 \cdot \left(\frac{A + 140}{760}\right)^2$
S2[1]	$s_k = 0{,}25 + 1{,}91 \cdot \left(\frac{A + 140}{760}\right)^2$
S3[1]	$s_k = 0{,}31 + 2{,}91 \cdot \left(\frac{A + 140}{760}\right)^2$

A Geländehöhe über Meeresniveau

[1] Die charakteristischen Werte in den Zonen S1a und S2a ergeben sich jeweils durch Multiplikation mit dem Faktor 1,25. Das gilt auch für die Sockelbeträge.

Schneelast auf Dächern

Die Schneelast auf dem Dach ist abhängig von der Dachform und der charakteristischen Schneelast s_k auf dem Boden.

μ_i Formbeiwerte der Schneelast in Abhängigkeit von der Dachform

$$s_i = \mu_i \cdot s_k$$

Formbeiwerte für flache und einseitig geneigte Dächer

Dachneigung α	$0° \leq \alpha \leq 30°$	$30° < \alpha \leq 60°$	$\alpha < 60°$
μ_1	0,8	0,8 (60° – α)/30°	0
μ_2	0,8 + 0,8 α /30°	1,6	1,6

γ Wichte des Schnees

γ = 2 kN/m³

h Höhe des Firstes

$$\mu_2 = \frac{\gamma \cdot h}{s_k} + \mu_1$$

[2] Für Schneelasten aus Verwehungen, z.B. an Höhensprüngen von Dächern oder an Wänden und Dachaufbauten gelten andere Werte.

Schneeüberhang an der Traufe

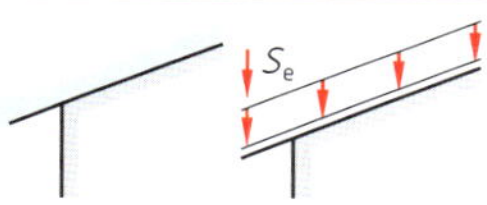

S_e Schneelast des Überhangs je m Traufe

s_i Schneelast für das Dach (Formbeiwert)

γ Wichte des Schnees, hier γ = 3 kN/m³

$$S_e = \frac{s_i^2}{\gamma}$$

Schneelast auf Schneefanggitter

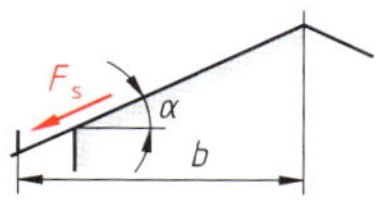

μ_i größter Formbeiwert der Schneelast für die betrachtete Fläche

b Grundrissentfernung zwischen Gitter und First in m

α Dachneigungswinkel

$$F_s = \mu_i \cdot s_k \cdot b \cdot \sin \alpha$$

Veränderliche freie Einwirkungen

Eislasten — vgl. DIN 1055-5 (2005-07)

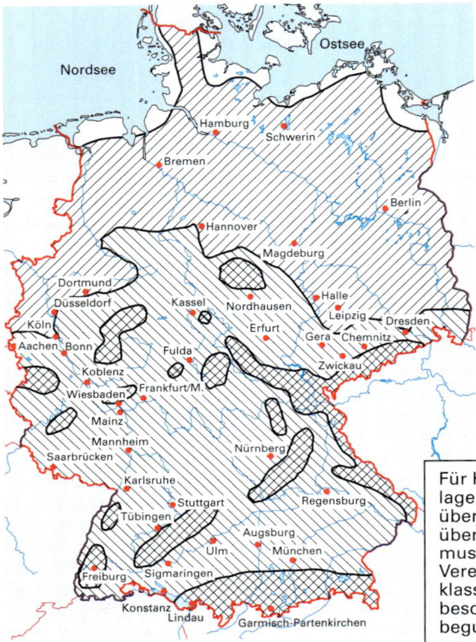

Für Höhenlagen über 600 m über NN muss die Vereisungsklasse besonders begutachtet werden.

Vereisungszonen

Zone	Region	Vereisungsklasse
E1	Küste	G1, R1
E2	Binnenland	G2, R2
E3	Mittelgebirge bis 400 m Höhe ü.d.M	R2
E4	Mittelgebirge 400 m bis 600 m Höhe ü.d.M	R3

Vereisungsklassen R[1)]

Vereisungsklasse	Eisgewicht an einem Stab ≤ 300 m in kN/m
R1	0,005
R2	0,009
R3	0,016
R4	0,028
R5	0,050

Vereisungsklassen G[2)]

Vereisungsklasse	Dicke der Klareisschicht in cm
G1	1 cm
G2	2 cm

1) Es wird eine allseitige Ummantelung der Bauteile durch gefrierenden Nebel (Klareis) oder gefrierenden Regen (Glatteis) angenommen. Eisrohwichte für Klareis und Glatteis: $\gamma = 9\ kN/m^3$. Die Werte gelten für eine Höhe von 10 m über Gelände.

2) Aufbau von Raueisfahnen in der vorherrschenden Windrichtung. Eisrohwichte für Raueis: $\gamma = 5\ kN/m^3$.

Raueisfahnen von Stäben

Typ A	Typ B	Typ C	Typ D	Typ E	Typ F
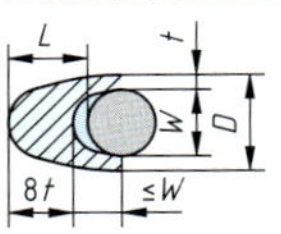	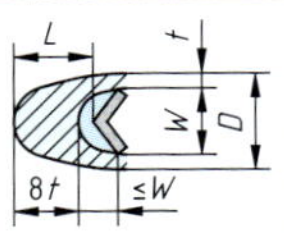	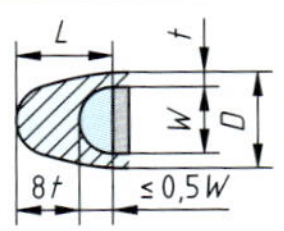	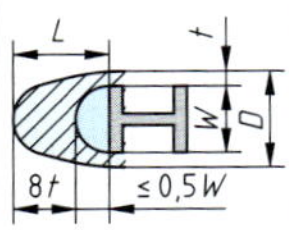	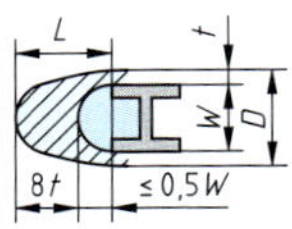	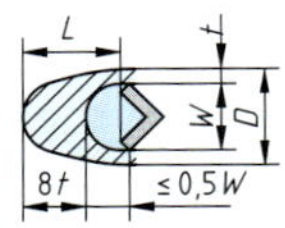

Stabquerschnitt Typ A, B, C und D

Stabbreite *W* in mm		10		30		100		300	
Eisklasse	Eisgewicht kN/m	Eisfahnen in mm							
		L	*D*	*L*	*D*	*L*	*D*	*L*	*D*
R1	0,005	56	23	36	35	13	100	4	300
R2	0,009	80	29	57	40	23	100	8	300
R3	0,016	111	37	86	48	41	100	14	300

Stabquerschnitt Typ E und F

Stabbreite *W* in mm		10		30		100		300	
Eisklasse	Eisgewicht kN/m	Eisfahnen in mm							
		L	*D*	*L*	*D*	*L*	*D*	*L*	*D*
R1	0,005	55	22	29	34	0	100	0	300
R2	0,009	79	28	51	39	0	100	0	300
R3	0,016	111	38	81	47	9	100	0	300

Spannungen in Schweißverbindungen

DIN 18800-1 und -2 (1990 -11)

Schweißnähte verbinden Bauelemente und übertragen die von außen auf eine Konstruktion einwirkenden Kräfte. Je nach Lage des Bauelementes und der angreifenden Kräfte entstehen in den Schweißnähten verschiedene Spannungen, die kleiner als die Grenzschweißspannung sein müssen. Die erforderliche Sicherheit der Schweißnaht ist mit dem Tragsicherheitsnachweis oder dem Spannungsnachweis nachzuweisen.

Stumpfnaht

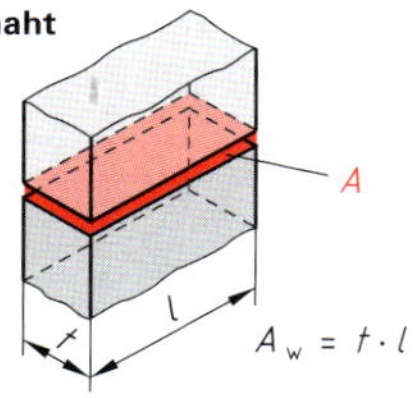

Kehlnaht

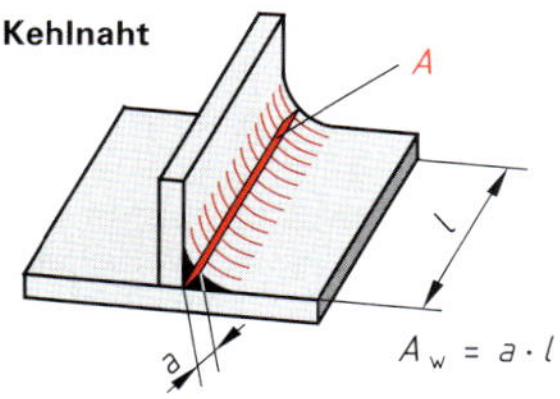

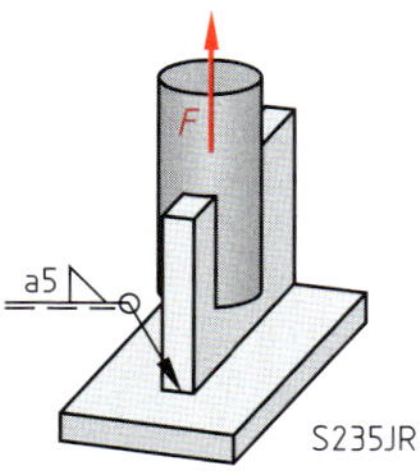

$F_{S,d}$	Bemessungswert der Kraft
$F_{w,R,d}$	Grenzwert der Kraft
A_w	Schweißnahtfläche
$\sigma_{w,S,d}$	Schweißzugspannung
$\sigma_{w,R,d}$	Grenzschweißzugspannung
$\tau_{w,S,d}$	Schweißscherspannung
$\tau_{w,R,d}$	Grenzscherspannung
α_w	Wert für Grenzschweißspannungen
$f_{y,k}$	Streckgrenze
L	Schweißnahtlänge
l	tragende Schweißnahtlänge
a	Nahtdicke
t	Blechdicke
γ_M	Teilsicherheitsbeiwert für Widerstand

Der Spannungsquerschnitt ist abhängig von der Nahtdicke a und der tragenden Schweißnahtlänge l.

Rechnerische Schweißnahtlänge l und rechnerische Schweißnahtdicke a nach Tabellen Seite 46.

Für den **Tragsicherheitsnachweis** gilt: Der Bemessungswert der Kraft $F_{S,d}$ darf den Grenzwert der Kraft $F_{w,R,d}$ nicht überschreiten.

Für den **Spannungsnachweis** gilt: Die Schweißzugspannung $\sigma_{w,S,d}$ darf die Grenzschweißzugspannung $\sigma_{w,R,d}$ nicht überschreiten.

Schweißzugspannung

$$\sigma_{w,S,d} = \frac{F_{S,d}}{A_w}$$

Schweißscherspannung

$$\tau_{w,S,d} = \frac{F_{S,d}}{A_w}$$

Grenzschweißzugspannung/ Grenzschweißscherspannung

$$\sigma_{w,R,d} = \tau_{w,R,d} = \alpha_w \cdot \frac{f_{y,k}}{\gamma_M}$$

Grenzwert der Kraft

$$F_{w,R,d} = \sigma_{w,R,d} \cdot A_w$$

Schweißnahtfläche

$$A_w = a \cdot l \qquad A_w = t \cdot l$$

Tragende Schweißnahtlänge

$$l = L - 2 \cdot a$$

Bemessungswert der Kraft ≤ Grenzwert der Kraft

$$F_{S,d} \leq F_{w,R,d}$$

Schweißzugspannung ≤ Grenzschweißzugspannung

$$\sigma_{w,S,d} \leq \sigma_{w,R,d}$$

Grenzschweißspannungen α_w

α_w	Beanspruchung	Werkstoff
0,95	Zug/Druck/Schub bei Kehlnähten	S235JR
0,80		S355J0
0,50	Zug bei Stumpfnähten	S235JR S235JRG1

Beispiel:
Ein Zugstab aus S235JR wird mit einem Knotenblech an eine Tragplatte angeschweißt. Die Schweißnaht ist eine Kehlnaht mit a = 5 mm und einer tragenden Nahtlänge l = 160 mm. Es wirkt eine charakteristische Kraft F_k = 110 kN.

Gesucht sind:
a) der Bemessungswert der Kraft $F_{S,d}$,
b) die Grenzschweißzugspannung $\sigma_{w,R,d}$,
c) die Schweißnahtfläche und die Schweißzugspannung,
d) der Spannungsnachweis für die Schweißnaht.

a) Nach Tabelle Seite 34: $\gamma_F = 1{,}35$; $\psi = 1{,}0$

$$\boldsymbol{F_{S,d}} = \gamma_F \cdot \psi \cdot F_k = 1{,}35 \cdot 1{,}0 \cdot 110\ \text{kN} = \mathbf{148{,}5\ kN}$$

b) Nach Tabelle ist $\alpha_w = 0{,}95$ und nach Tabelle Seite 34: $\gamma_M = 1{,}1$ und nach Tabelle Seite 35: $f_{y,k} = 240\ \text{N/mm}^2$

$$\boldsymbol{\sigma_{w,R,d}} = \alpha_w \cdot \frac{f_{y,k}}{\gamma_M} = 0{,}95 \cdot \frac{240\ \text{N/mm}^2}{1{,}1} = \mathbf{207{,}3\ \frac{N}{mm^2}}$$

c) $\boldsymbol{A_w} = a \cdot l = 5\ \text{mm} \cdot 160\ \text{mm} = \mathbf{800\ mm^2}$

$$\boldsymbol{\sigma_{w,S,d}} = \frac{F_{S,d}}{A_w} = \frac{148\,500\ \text{N}}{800\ \text{mm}^2} = \mathbf{185{,}6\ \frac{N}{mm^2}}$$

d) $\boldsymbol{\sigma_{w,S,d} \leq \sigma_{w,R,d}}$; $\mathbf{185{,}6\ \frac{N}{mm^2}} \leq \mathbf{207{,}3\ \frac{N}{mm^2}}$ Der Spannungsnachweis für die Schweißnaht ist erfüllt.

Festigkeit von Schweißverbindungen

Bemessen von Schweißverbindungen im Stahlbau

DIN 18800-1 und -2 (1990-11)

Rechnerische Schweißnahtlänge *l* bei unmittelbaren Anschlüssen

Stumpfnähte	Die rechnerische Schweißnahtlänge *l* entspricht der voll wirksamen Nahtlänge. Sie darf nicht kleiner sein als die Breite des zu schweißenden Bauteils. Mittels Endkraterblechen sind die Nahtenden kraterfrei auszuführen.
Kehlnähte	Die Nahtlänge entspricht der Länge der Wurzellinie. Kehlnähte dürfen beim Festigkeitsnachweis nur berücksichtigt werden, wenn ihre Länge **$l \geq 6\ a \geq 30$ mm,** beträgt. Bei unmittelbaren Laschen- und Stabanschlüssen gilt für jede einzelne Flankenkehlnaht **$l \geq 150\ a$** Die rechnerische Nahtlänge Σl für solche Nähte ist der folgenden Tabelle zu entnehmen.

Flankenkehlnähte	Stirn- und Flankenkehlnähte	ringsumlaufende Kehlnaht, Schwereachse näher zur längeren Nahtseite	ringsumlaufende Kehlnaht, Schwereachse näher zur kürzeren Nahtseite	Kehlnaht oder HV-Naht bei geschlitztem Winkelprofil
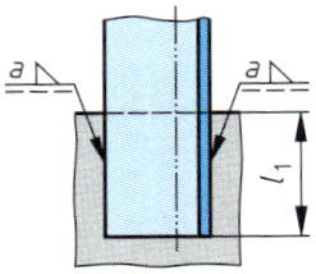	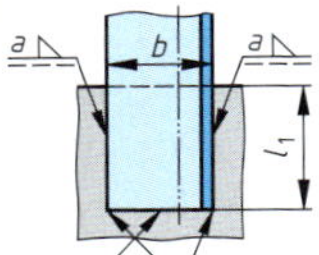	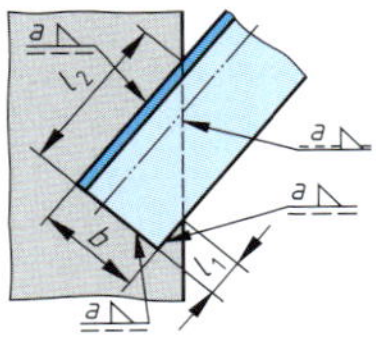	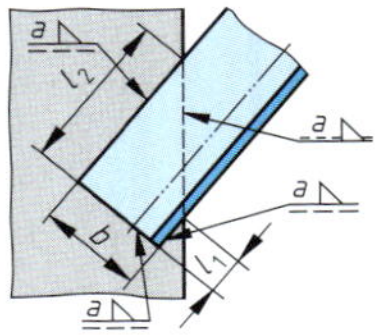	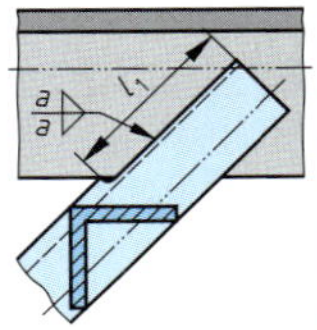
$\Sigma l = 2 \cdot l_1$	$\Sigma l = b + 2 \cdot l_1$	$\Sigma l = l_1 + l_2 + 2 \cdot b$	$\Sigma l = 2 \cdot l_1 + 2 \cdot b$	$\Sigma l = 2 \cdot l_1$

Rechnerische Schweißnahtdicke *a*

Durchgeschweißte Nähte			Nicht durchgeschweißte Nähte		
Stumpfnaht	Doppel-HV-Naht	HV-Naht	HY-Naht	Doppel-HY-Naht	Doppel-I-Naht ohne Nahtvorbereitung
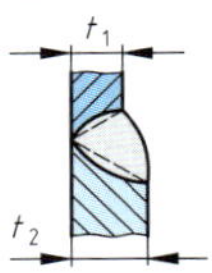	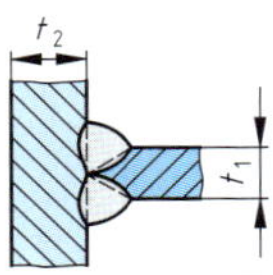	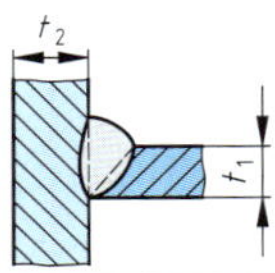	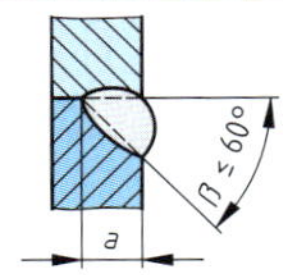	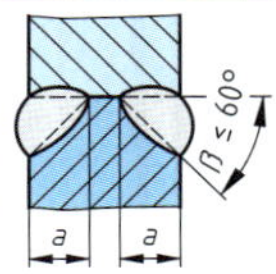	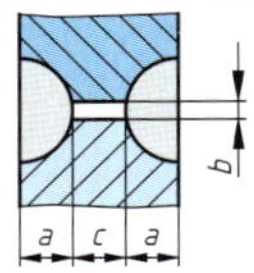
$a = t_1$ für $t_1 < t_2$, sonst a = Werkstückdicke	$a = t_1$ a = Dicke der angeschlossenen Teile		Die Nahtdicke ist gleich dem Abstand vom theoretischen Wurzelpunkt zur Nahtoberfläche. Bei einem Öffnungswinkel $\beta < 45°$ ist die rechnerische Schweißnahtdicke um 2 mm zu vermindern oder durch Verfahrensprüfung festzulegen.		Nahtdicke durch Verfahrensprüfung festlegen. Spalt *b* ist verfahrensabhängig, z.B. bei UP-Schweißung $b = 0$

Kehlnaht	Doppelkehlnaht	Dreiblechnaht, Steilflankennaht	
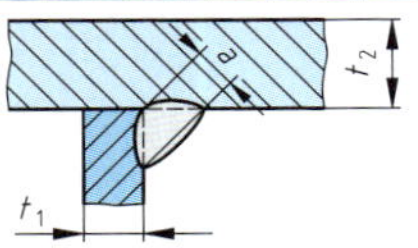	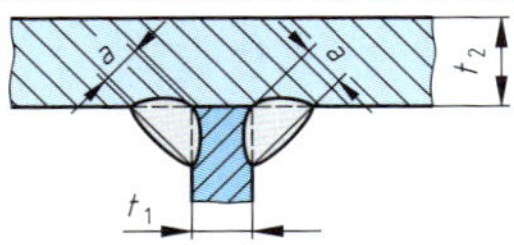	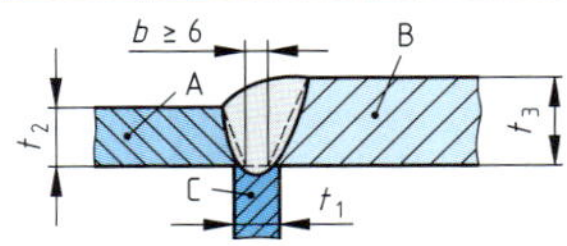	
Die Nahtdicke ist gleich der bis zum theoretischen Wurzelpunkt gemessenen Höhe des einschreibbaren gleichschenkligen Dreiecks. Bei Querschnittsteilen mit Dicken $t \geq 3$ mm soll eingehalten werden:	**$2\ \text{mm} \leq a \leq 0{,}7 \cdot t_{min}$**	Für die Kraftübertragung von A nach B gelten die Nahtdicken der Stumpfnähte. für $t_2 \leq t_3$ gilt:	**$a = t_2$**
Um ein Missverhältnis von Nahtquerschnitt und verbundenen Querschnittsteilen zu vermeiden, gilt zusätzlich folgender Richtwert: Kehlnähte nicht dicker ausführen als rechnerisch erforderlich.	**$a \geq \sqrt{t_{max}} - 0{,}5$**	Für die Kraftübertragung von C nach A und B ist die Spaltbreite der Steilflankennaht anzusetzen:	**$a = b \geq 6$ mm**

Festigkeitslehre

Beanspruchungen und Belastungen im Maschinen- und Anlagenbau

Belastungsfälle

statische Belastung	dynamische Belastung		
ruhend	schwellend	wechselnd	allgemein (schwingend)
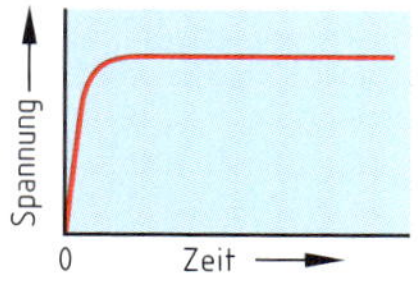	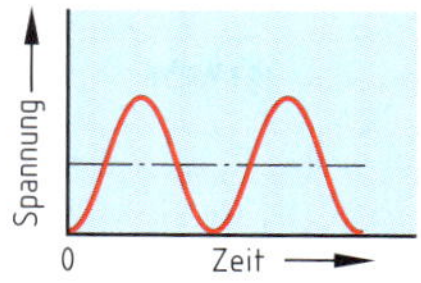	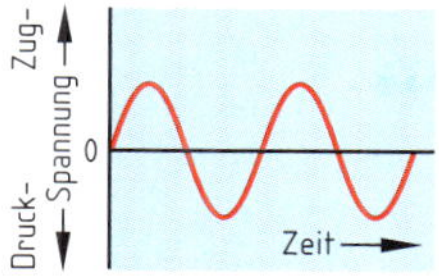	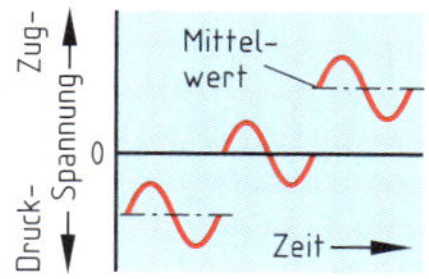
Belastungsfall I Größe und Richtung der Belastung sind gleichbleibend.	**Belastungsfall** II Die Belastung steigt auf einen Höchstwert an und geht auf Null zurück.	**Belastungsfall** III Die Belastung wechselt zwischen einem Höchstwert und einem im Betrag gleichen Niedrigwert.	Die Belastung schwingt um einen beliebigen Mittelwert.

Beanspruchung auf Zug (Belastungsfall I)

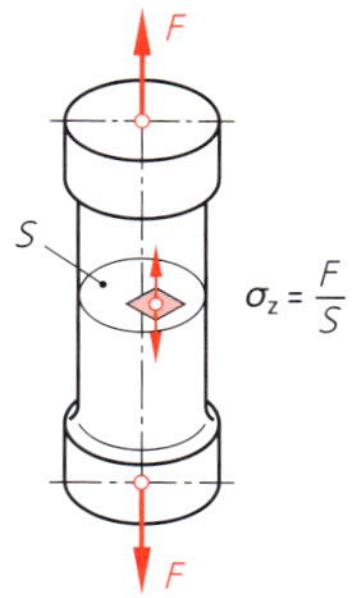

σ_z	Zugspannung	R_e	Streckgrenze
F	Zugkraft	R_m	Zugfestigkeit
S	Querschnittsfläche	ν	Sicherheitszahl
$\sigma_{z\,zul}$	zulässige Zugspannung	F_{zul}	zulässige Zugkraft

Beispiel:
Rundstahl S235JR;

$F_{zul} = 8{,}4$ kN; $\sigma_{zul} = 80$ N/mm²; $d = ?$

$F_{zul} = \sigma_{zul} \cdot S;\; S = \frac{F_{zul}}{\sigma_{zul}} = \frac{8400\ \text{N}}{80\ \text{N/mm}^2} = 105\ \text{mm}^2$

$\boldsymbol{d} = 2 \cdot \sqrt{\frac{S}{\pi}} = 2 \cdot \sqrt{\frac{105\ \text{mm}^2}{\pi}} \approx \mathbf{12\ mm}$

Zugspannung

$$\sigma_z = \frac{F}{S}$$

zul. Zugspannung

für Stahl
$$\sigma_{z\,zul} = \frac{R_e}{\nu}$$

für Gusseisen
$$\sigma_{z\,zul} = \frac{R_m}{\nu}$$

zulässige Zugkraft

$$F_{zul} = \sigma_{z\,zul} \cdot S$$

Beanspruchung auf Druck (Belastungsfall I)

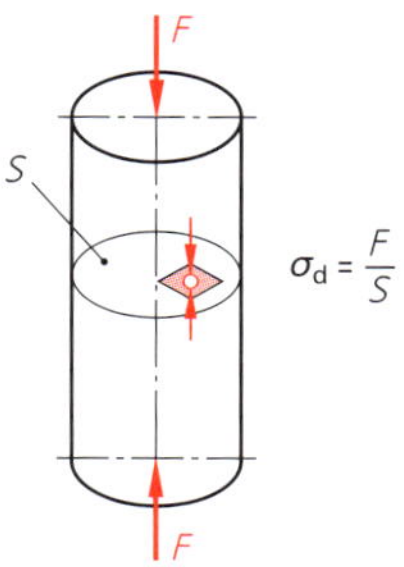

$\sigma_{d\,F}$	Quetschgrenze	F	Druckkraft
σ_d	Druckspannung	F_{zul}	zulässige Druckkraft
$\sigma_{d\,zul}$	zulässige Druckspannung	S	Querschnittsfläche
ν	Sicherheitszahl	R_m	Zugfestigkeit

Beispiel:
Gestell aus Gusseisen; $R_m = 300$ N/mm²;
$S = 2800$ mm²; $\nu = 2{,}5$; $F_{zul} = ?$

$\boldsymbol{F_{zul}} = \sigma_{d\,zul} \cdot S = \frac{4 \cdot R_m}{\nu} \cdot S$

$= \frac{4 \cdot 300\ \text{N/mm}^2}{2{,}5} \cdot 2800\ \text{mm}^2$

$= 1\,344\,000\ \text{N} \approx \mathbf{1{,}3\ MN}$

Druckspannung

$$\sigma_d = \frac{F}{S}$$

zul. Druckspannung

für Stahl
$$\sigma_{d\,zul} = \frac{\sigma_{d\,F}}{\nu}$$

für Gusseisen
$$\sigma_{d\,zul} = \frac{4 \cdot R_m}{\nu}$$

zulässige Druckkraft

$$F_{zul} = \sigma_{d\,zul} \cdot S$$

Beanspruchung auf Abscherung

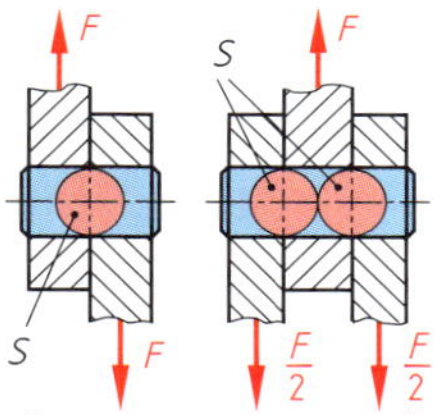

ein-schnittig **zwei-schnittig**

τ_a	Scherspannung	F_{zul}	zulässige Scherkraft
$\tau_{a\,zul}$	zul. Scherspannung	S	Querschnittsfläche
$\tau_{a\,B}$	Scherfestigkeit	ν	Sicherheitszahl
R_e	Streckgrenze	R_m	Zugfestigkeit

Beispiel: Zylinderstift ∅ 6 mm; einschnittig beansprucht;
$\tau_{a\,B} = 295$ N/mm²; $\nu = 2$; $F_{zul} = ?$

$\tau_{a\,zul} = \frac{\tau_{a\,B}}{\nu} = \frac{295\ \text{N/mm}^2}{2} = 147{,}5\ \text{N/mm}^2;\; S = 28{,}3\ \text{mm}^2$

$\boldsymbol{F_{zul}} = S \cdot \tau_{a\,zul} = 28{,}3\ \text{mm}^2 \cdot 147{,}5\ \frac{\text{N}}{\text{mm}^2} = \mathbf{4174\ N}$

Scherspannung

$$\tau_a = \frac{F}{S}$$

zul. Scherspannung

$$\tau_{a\,zul} = \frac{\tau_{a\,B}}{\nu}$$

zulässige Scherkraft

$$F_{zul} = S \cdot \tau_{a\,zul}$$

Festigkeitslehre

Beanspruchung auf Biegung

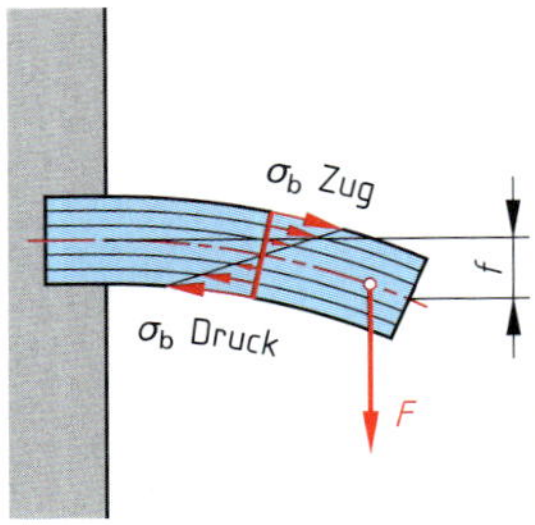

Bei Beanspruchung auf Biegung treten im Bauteil Zug- und Druckspannungen auf. Die maximale Spannung in der Randzone des Bauteils wird berechnet; sie darf die zulässige Biegespannung nicht überschreiten.

σ_b Biegespannung
M_b Biegemoment
W axiales Widerstandsmoment
F Biegekraft
f Durchbiegung
E Elastizitätsmodul

Biegespannung

$$\sigma_b = \frac{M_b}{W}$$

Beispiel: Träger DIN 1025 - IPE-240, $W = 324\ \text{cm}^3$; einseitig eingespannt; Einzelkraft $F = 25$ kN; $l = 2{,}6$ m; $\sigma_b = ?$

$$\boldsymbol{\sigma_b} = \frac{M_b}{W} = \frac{F \cdot l}{W} = \frac{25\,000\ \text{N} \cdot 260\ \text{cm}}{324\ \text{cm}^3} = 20\,061\ \frac{\text{N}}{\text{cm}^2} \approx \mathbf{200\ \frac{N}{mm^2}}$$

Biegebelastungsfälle von Bauteilen

Träger mit einer Einzelkraft belastet

einseitig eingespannt

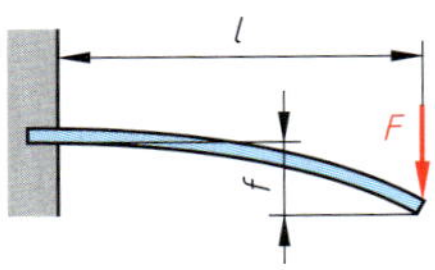

$$M_b = F \cdot l$$

$$f = \frac{F \cdot l^3}{3 \cdot E \cdot I}$$

auf zwei Stützen

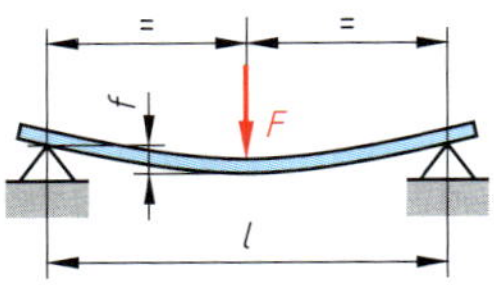

$$M_b = \frac{F \cdot l}{4}$$

$$f = \frac{F \cdot l^3}{48 \cdot E \cdot I}$$

doppelseitig eingespannt

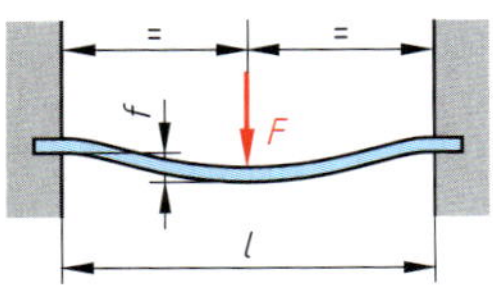

$$M_b = \frac{F \cdot l}{8}$$

$$f = \frac{F \cdot l^3}{192 \cdot E \cdot I}$$

Träger mit gleichmäßig verteilter Belastung

einseitig eingespannt

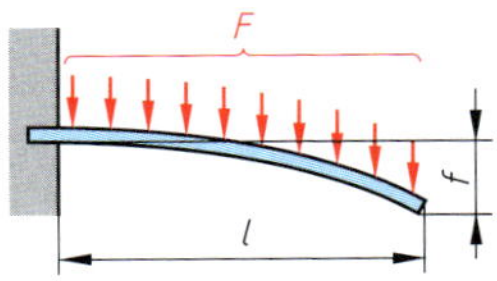

$$M_b = \frac{F \cdot l}{2}$$

$$f = \frac{F \cdot l^3}{8 \cdot E \cdot I}$$

auf zwei Stützen

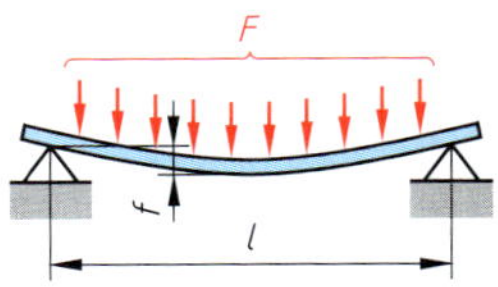

$$M_b = \frac{F \cdot l}{8}$$

$$f = \frac{5 \cdot F \cdot l^3}{384 \cdot E \cdot I}$$

doppelseitig eingespannt

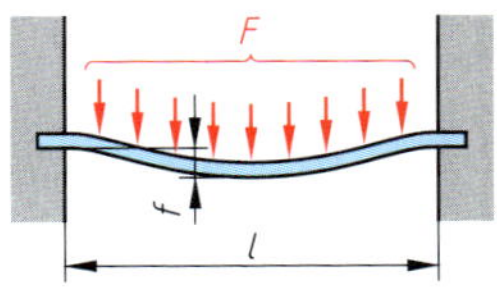

$$M_b = \frac{F \cdot l}{12}$$

$$f = \frac{F \cdot l^3}{384 \cdot E \cdot I}$$

Elastizitätsmodule: Stahl $E = 210\,000\ \text{N/mm}^2$; Aluminium $E = 70\,000\ \text{N/mm}^2$

Beanspruchung auf Verdrehung (Torsion)

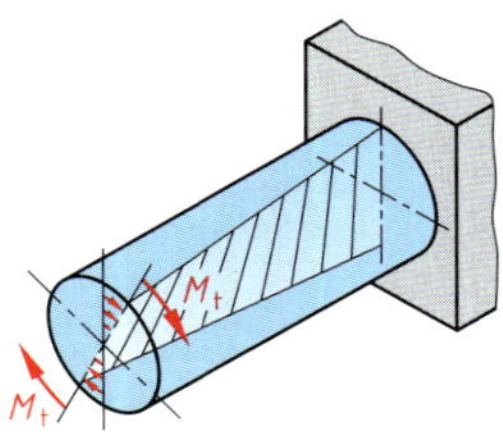

M_t Torsionsmoment
W_p polares Widerstandsmoment
τ_t Torsionsspannung

Torsionsspannung

$$\tau_t = \frac{M_t}{W_p}$$

Beispiel: Welle, $d = 32$ mm; $\tau_t = 65\ \text{N/mm}^2$; $M_t = ?$

$$W_p = \frac{\pi \cdot d^3}{16} = \frac{\pi \cdot (32\ \text{mm})^3}{16} = 6434\ \text{mm}^3$$

$$\mathbf{M_t} = \tau_t \cdot W_p = 65\ \frac{\text{N}}{\text{mm}^2} \cdot 6434\ \text{mm}^3$$

$$= 418\,210\ \text{N} \cdot \text{mm} \approx \mathbf{418{,}2\ N \cdot m}$$

N

Ohm'sches Gesetz

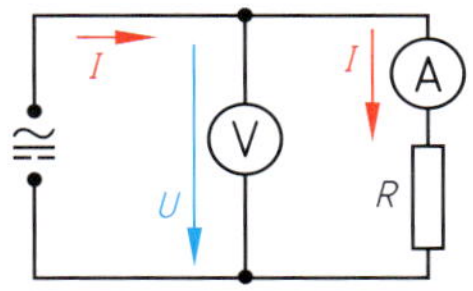

U Spannung
I Stromstärke
R Widerstand

Beispiel: Widerstand $R = 88\ \Omega$; $U = 230\ \text{V}$; $I = ?$

$$\boldsymbol{I} = \frac{U}{R} = \frac{230\ \text{V}}{88\ \Omega} = \mathbf{2{,}6\ A}$$

Stromstärke

$$I = \frac{U}{R}$$

$$1\ \Omega = \frac{1\ \text{V}}{1\ \text{A}}$$

Leiterwiderstand

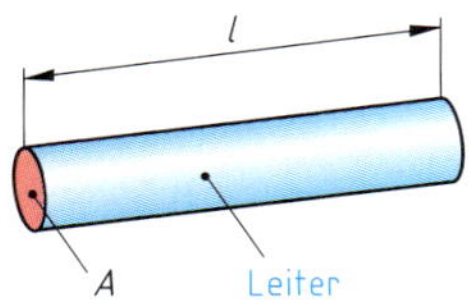

R Widerstand
ϱ spezifischer elektrischer Widerstand
A Leiterquerschnitt
l Leiterlänge

Beispiel: Kupferdraht, $l = 100\ \text{m}$; $A = 1{,}5\ \text{mm}^2$;

$$\varrho = 0{,}0179\ \frac{\Omega \cdot \text{mm}^2}{\text{m}};\quad R = ?$$

$$\boldsymbol{R} = \frac{\varrho \cdot l}{A} = \frac{0{,}0179\ \frac{\Omega \cdot \text{mm}^2}{\text{m}} \cdot 100\ \text{m}}{1{,}5\ \text{mm}^2} = \mathbf{1{,}19\ \Omega}$$

Tabelle mit spezifischen elektrischen Widerständen Seiten 142 und 143

Leiterwiderstand

$$R = \frac{\varrho \cdot l}{A}$$

Reihenschaltung von Widerständen

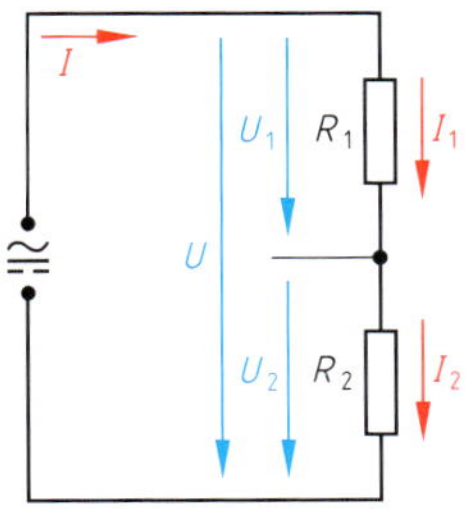

R Gesamtwiderstand, Ersatzwiderstand
I Gesamtstrom
U Gesamtspannung
R_1, R_2 Einzelwiderstände
I_1, I_2 Teilströme
U_1, U_2 Teilspannungen

Beispiel: $R_1 = 10\ \Omega$; $R_2 = 20\ \Omega$; $U = 12\ \text{V}$;
$R = ?$; $I = ?$; $U_1 = ?$; $U_2 = ?$

$$\boldsymbol{R} = R_1 + R_2 = 10\ \Omega + 20\ \Omega = \mathbf{30\ \Omega}$$

$$\boldsymbol{I} = \frac{U}{R} = \frac{12\ \text{V}}{30\ \Omega} = \mathbf{0{,}4\ A}$$

$$\boldsymbol{U_1} = R_1 \cdot I = 10\ \Omega \cdot 0{,}4\ \text{A} = \mathbf{4\ V}$$

$$\boldsymbol{U_2} = R_2 \cdot I = 20\ \Omega \cdot 0{,}4\ \text{A} = \mathbf{8\ V}$$

Gesamtwiderstand

$$R = R_1 + R_2 + \ldots$$

Gesamtspannung

$$U = U_1 + U_2 + \ldots$$

Gesamtstrom

$$I = I_1 = I_2 = \ldots$$

Teilspannungen

$$\frac{U_1}{U_2} = \frac{R_1}{R_2}$$

Parallelschaltung von Widerständen

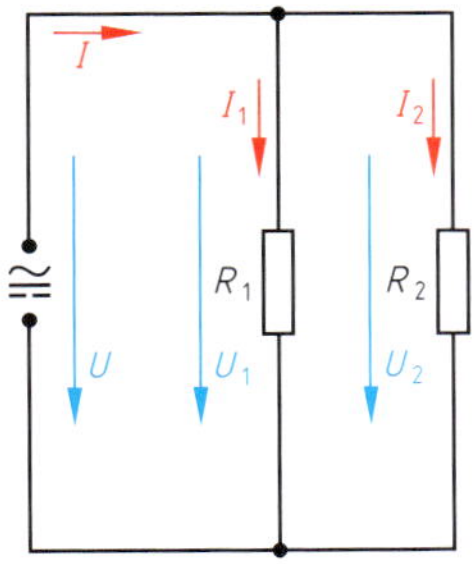

R Gesamtwiderstand, Ersatzwiderstand
I Gesamtstrom
U Gesamtspannung
R_1, R_2 Einzelwiderstände
I_1, I_2 Teilströme
U_1, U_2 Teilspannungen

Gesamtspannung

$$U = U_1 = U_2 = \ldots$$

Gesamtwiderstand

$$\frac{1}{R} = \frac{1}{R_1} + \frac{1}{R_2} + \ldots$$

$$R = \frac{1}{\frac{1}{R_1} + \frac{1}{R_2} + \ldots}$$

Beispiel: $R_1 = 15\ \Omega$; $R_2 = 30\ \Omega$;
$U = 12\ \text{V}$; $R = ?$; $I = ?$

$$\boldsymbol{R} = \frac{1}{\frac{1}{15\ \Omega} + \frac{1}{30\ \Omega}} = \mathbf{10\ \Omega}$$

$$\boldsymbol{I} = \frac{U}{R} = \frac{12\ \text{V}}{10\ \Omega} = \mathbf{1{,}2\ A}$$

Gesamtstrom

$$I = I_1 + I_2 + \ldots$$

Teilströme

$$\frac{I_1}{I_2} = \frac{R_2}{R_1}$$

Elektrotechnik

N

Transformator

Eingangsseite (Primärspule) **Ausgangsseite** (Sekundärspule)

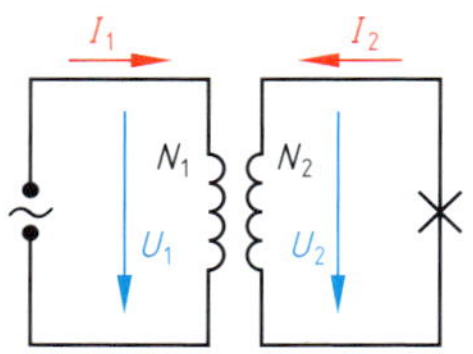

N_1, N_2 Windungszahlen
U_1, U_2 Spannungen
I_1, I_2 Stromstärken

Beispiel: $N_1 = 2875$; $N_2 = 100$; $U_1 = 230\,\text{V}$
$I_1 = 0{,}25\,\text{A}$; $U_2 = ?$; $I_2 = ?$

$$\boldsymbol{U_2} = \frac{U_1 \cdot N_2}{N_1} = \frac{230\,\text{V} \cdot 100}{2875} = \mathbf{8\,V}$$

$$\boldsymbol{I_2} = \frac{I_1 \cdot N_1}{N_2} = \frac{0{,}25\,\text{A} \cdot 2875}{100} = \mathbf{7{,}2\,A}$$

Spannungen

$$\frac{U_1}{U_2} = \frac{N_1}{N_2}$$

Stromstärken

$$\frac{I_1}{I_2} = \frac{N_2}{N_1}$$

Elektrische Leistung bei Gleichstrom und induktionsfreiem Wechsel- oder Drehstrom

Gleich- oder Wechselstrom

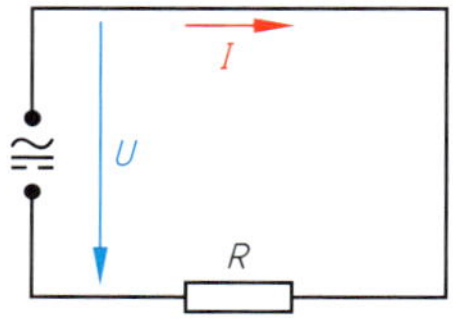

Drehstrom

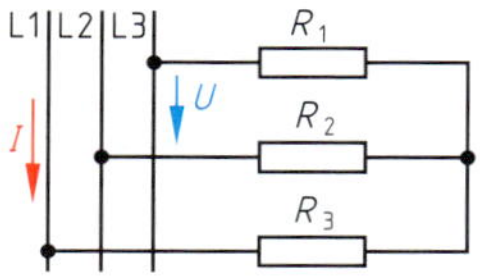

P elektrische Leistung
U Spannung (Leiterspannung)
I Stromstärke
R Widerstand

1. Beispiel: Glühlampe, $U = 6\,\text{V}$; $I = 5\,\text{A}$
$P = ?$; $R = ?$

$$\boldsymbol{P} = U \cdot I = 6\,\text{V} \cdot 5\,\text{A} = \mathbf{30\,W}$$

$$\boldsymbol{R} = \frac{U}{I} = \frac{6\,\text{V}}{5\,\text{A}} = \mathbf{1{,}2\,\Omega}$$

2. Beispiel: Glühofen, Drehstrom,
$U = 400\,\text{V}$; $P = 12\,\text{kW}$; $I = ?$

$$P = \sqrt{3} \cdot U \cdot I$$

$$\boldsymbol{I} = \frac{P}{\sqrt{3} \cdot U} = \frac{12\,000\,\text{W}}{\sqrt{3} \cdot 400\,\text{V}} = \mathbf{17{,}3\,A}$$

Leistung

$$P = U \cdot I$$

$$P = I^2 \cdot R$$

$$P = \frac{U^2}{R}$$

Drehstromleistung

$$P = \sqrt{3} \cdot U \cdot I$$

Elektrische Leistung bei Wechsel- und Drehstrom mit induktivem Lastanteil

Wechselstrom

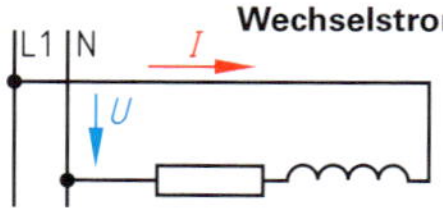

Drehstrom

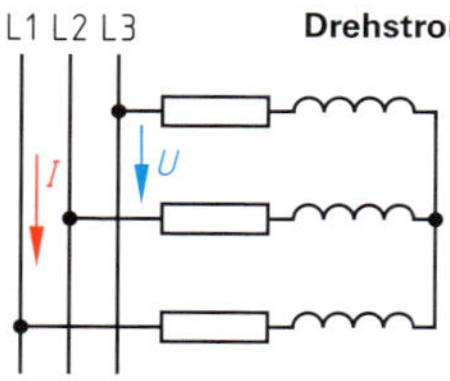

P Wirkleistung
U Spannung (Leiterspannung)
I Stromstärke
$\cos \varphi$ Leistungsfaktor

Beispiel: Drehstrommotor, $U = 400\,\text{V}$; $I = 2\,\text{A}$;
$\cos \varphi = 0{,}85$; $P = ?$

$$\boldsymbol{P} = \sqrt{3} \cdot U \cdot I \cdot \cos \varphi$$
$$= \sqrt{3} \cdot 400\,\text{V} \cdot 2\,\text{A} \cdot 0{,}85 = 1\,178\,\text{W}$$
$$\approx \mathbf{1{,}2\,kW}$$

Wechselstrom-Wirkleistung

$$P = U \cdot I \cdot \cos \varphi$$

Drehstrom-Wirkleistung

$$P = \sqrt{3} \cdot U \cdot I \cdot \cos \varphi$$

Elektrische Arbeit

W elektrische Arbeit
P elektrische Leistung
t Zeit (Einschaltdauer)

Beispiel: Kochplatte, $P = 1{,}8\,\text{kW}$; $t = 3\,\text{h}$;
$W = ?$ in $\text{kW} \cdot \text{h}$ und MJ

$$\boldsymbol{W} = P \cdot t = 1{,}8\,\text{kW} \cdot 3\,\text{h} = \mathbf{5{,}4\,kW \cdot h} = \mathbf{19{,}44\,MJ}$$

$1\,\text{kW} \cdot \text{h} = 3\,600\,000\,\text{W} \cdot \text{s}$
$1\,\text{kW} \cdot \text{h} = 3{,}6\,\text{MJ}$

elektrische Arbeit

$$W = P \cdot t$$

Wärmetechnische Grundlagen

Temperatur

vergl. DIN 4108-2 (2003-07)

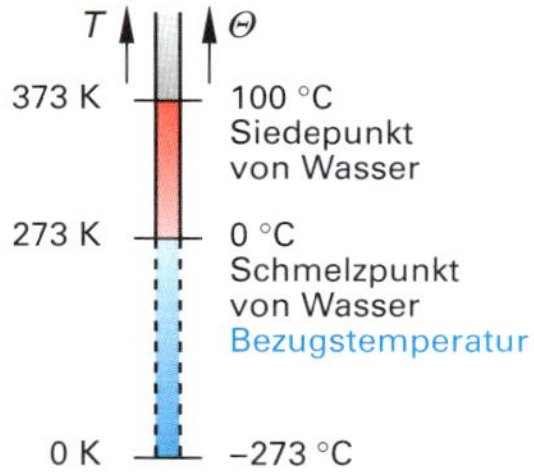

T Thermodynamische Temperatur
Θ Celsius-Temperatur
ΔT, $\Delta\Theta$ Temperaturdifferenzen (in K)
T_0 Bezugstemperatur

1. Beispiel: $\Theta = 26$ °C; $T = ?$

$\boldsymbol{T} = T_0 + \Theta = 273 + 26 = \mathbf{299\ K}$

2. Beispiel: $T = 268$ K; $\Theta = ?$

$\boldsymbol{\Theta} = T - T_0 = 268 - 273 = \mathbf{-5\ °C}$

$$T_0 = 273{,}15\ \text{K}$$

Rechenwert

$$T_0 = 273\ \text{K}$$

in °C
$$\Theta = T - T_0$$

in K
$$T = T_0 + \Theta$$

Längenänderung

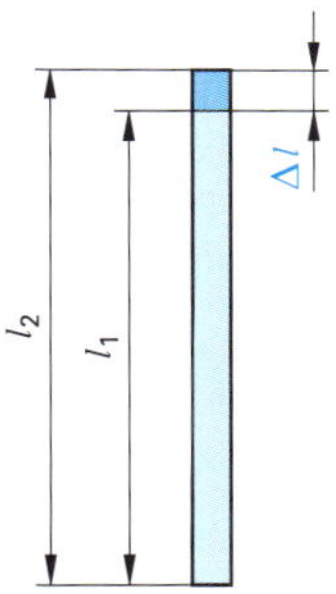

l_1 Länge vor Temperaturänderung
l_2 Länge nach Temperaturänderung
Δl Längenänderung
α_l Längenausdehnungskoeffizient
Θ_1 Anfangstemperatur
Θ_2 Endtemperatur
$\Delta\Theta$ Temperaturdifferenz (in K)

Beispiel: Stahl
$l_1 = 4$ m; $\Theta_1 = 5$ °C; $\Theta_2 = 55$ °C;
$\alpha_l = 1{,}2 \cdot 10^{-5} \cdot 1/\text{K}$; $l_2 = ?$

$l_2 = l_1 + \Delta l = l_1 + \alpha_l \cdot l_1\,(\Theta_2 - \Theta_1)$
$\boldsymbol{l_2} = 4\ \text{m} + 4\ \text{m} \cdot 1{,}2 \cdot 10^{-5}\ 1/\text{K} \cdot (55\ °\text{C} - 5\ °\text{C})$
$= \mathbf{4{,}0024\ m}$

Stoffwerte siehe Seiten 142 und 143

$$l_2 = l_1 + \Delta l$$

$$\Delta\Theta = \Theta_2 - \Theta_1$$

$$\Delta l = \alpha_l \cdot l_1 \cdot \Delta\Theta$$

für feste Stoffe:

$$\alpha_l = \frac{1}{3}\,\alpha_V$$

Volumenänderung

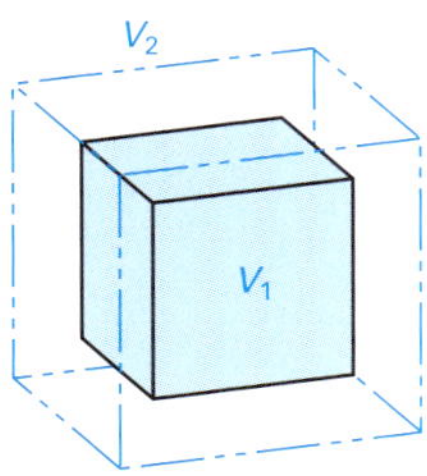

V_1 Volumen vor Temperaturänderung
V_2 Volumen nach Temperaturänderung
ΔV Volumendifferenz
α_V Volumenausdehungskoeffizient
Θ_1 Anfangstemperatur
Θ_2 Endtemperatur
$\Delta\Theta$ Temperaturdifferenz (in K)

Beispiel: Magnesium
$V_1 = 5\ \text{m}^3$; $\Theta_1 = 5$ °C; $\Theta_2 = 95$ °C;
$\alpha_V = 0{,}000\,078 \cdot 1/\text{K}$; $\Delta V = ?$

$\Delta V = \alpha_V \cdot V_1 \cdot \Delta\Theta = \alpha_V \cdot V_1\,(\Theta_2 - \Theta_1)$
$\boldsymbol{\Delta V} = 0{,}000\,078 \cdot 1/\text{K} \cdot 5\ \text{m}^3 \cdot (95 - 5)\ \text{K}$
$= \mathbf{0{,}00351\ m^3}$

$$V_2 = V_1 + \Delta V$$

$$\Delta\Theta = \Theta_2 - \Theta_1$$

$$\Delta V = \alpha_V \cdot V_1 \cdot \Delta\Theta$$

für feste Stoffe:

$$\alpha_V = 3 \cdot \alpha_l$$

Wärmemenge

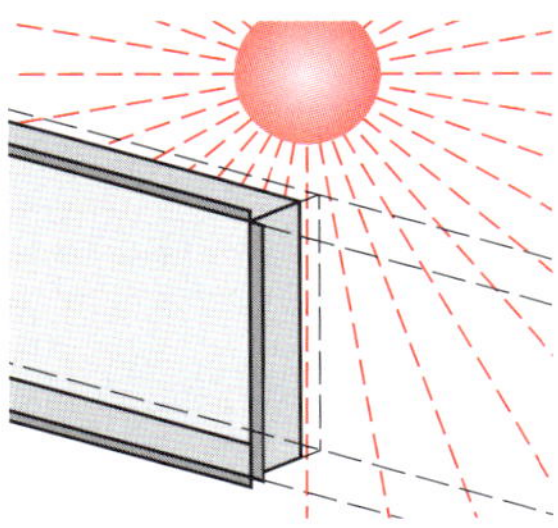

Q Wärme, Wärmemenge
m Masse
Θ_1 Anfangstemperatur
Θ_2 Endtemperatur
$\Delta\Theta$ Temperaturdifferenz
c Spezifische Wärmekapazität

$$Q = c \cdot m \cdot \Delta\Theta$$

$$\Delta\Theta = \Theta_2 - \Theta_1$$

Beispiel: Fassadenelement aus Aluminium, $\Theta_1 = 8$ °C; $\Theta_2 = 85$ °C;
$m = 30$ kg; $c = 0{,}94$ kJ/(kg · K); $Q = ?$

$\Delta\Theta = \Theta_1 - \Theta_2 = 85\ °\text{C} - 8\ °\text{C} = 77\ \text{K}$

$\boldsymbol{Q} = c \cdot m \cdot \Delta\Theta = 0{,}94\ \text{kJ/(kg} \cdot \text{K)} \cdot 30\ \text{kg} \cdot 77\ \text{K} = \mathbf{2171{,}4\ kJ}$

Stoffwerte siehe Seiten 142 und 143

Wärmetechnische Grundlagen

Verbrennungswärme

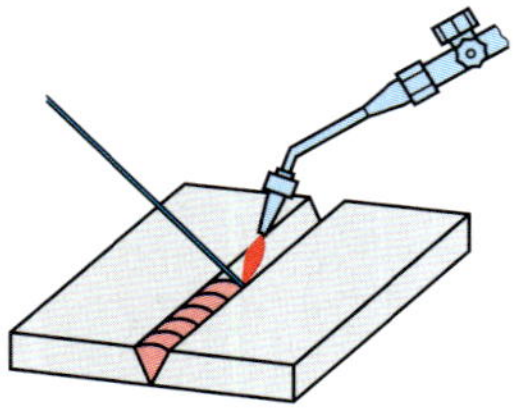

Q Bei Verbrennung frei werdende Wärme
H_u spezifischer Heizwert
m Masse (flüssiger oder fester Brennstoff)
V Volumen (gasförmiger Brennstoff)

Beispiel:
Acetylen: $V = 0{,}2\ m^3$; $H_u = 56\,900\ \frac{kJ}{m^3}$
$Q = ?$

$\boldsymbol{Q} = H_u \cdot V = 56\,900\ \frac{kJ}{m^3} \cdot 0{,}2\ m^3 = \mathbf{11\,380\ kJ}$

Heizwerte siehe Seite 55

$$Q = H_u \cdot m$$

$$Q = H_u \cdot V$$

Schmelz- und Verdampfungswärme

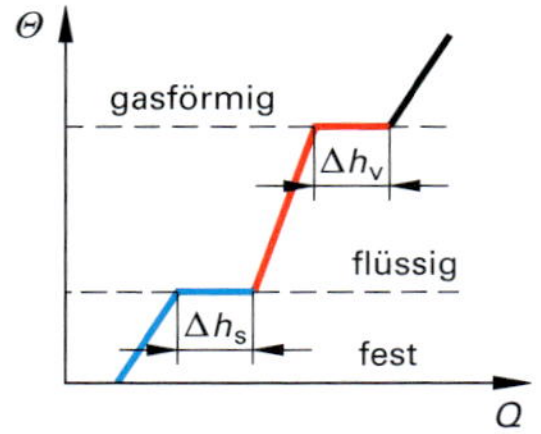

Q Schmelz- bzw. Verdampfungswärme
Δh_s spezifische Schmelzenthalpie
Δh_v spezifische Verdampfungsenthalpie
m Masse

Beispiel:
Aluminium: $m = 12$ kg; $\Delta h_s = 356\ \frac{kJ}{kg}$;
$Q = ?$

$\boldsymbol{Q} = \Delta h_s \cdot m = 356\ \frac{kJ}{kg} \cdot 12\ kg = \mathbf{4272\ kJ}$

Stoffwerte siehe Seiten 142 und 143

$$Q = \Delta h_s \cdot m$$

$$Q = \Delta h_v \cdot m$$

Wärmestrom, Wärmeleitung

vgl. DIN 4108-2 (2003-07)

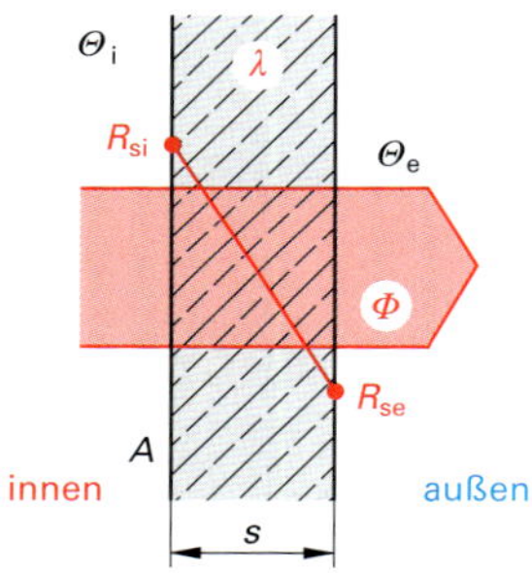

Θ_i Temperatur Innen
Θ_e Temperatur Außen
$\Delta\Theta$ Temperaturdifferenz (in K)
R_s Wärmeübergangswiderstand
U Wärmedurchgangskoeffizient
λ Wärmeleitfähigkeit
A Oberfläche
s Wanddicke
Φ Wärmestrom

Beispiel:
Normalbeton: $\lambda = 2{,}1\ W/m \cdot K$; $A = 22\ m^2$;
$s = 0{,}45\ m$; $\Theta_i = 15\ °C$; $\Theta_e = 1\ °C$; $\Phi = ?$

$\Delta\Theta = \Theta_i - \Theta_e = 15\ °C - 1\ °C = 14\ K$

$\boldsymbol{R} = \frac{s}{\lambda} = \frac{0{,}45\ m}{2{,}1\ W/m \cdot K} = 0{,}2143\ \frac{m^2 \cdot K}{W}$

$\boldsymbol{R_T} = (0{,}13 + 0{,}2143 + 0{,}04)\ \frac{m^2 \cdot K}{W} = 0{,}3843\ \frac{m^2 \cdot K}{W}$

$\boldsymbol{U} = \frac{1}{R_T} = \frac{1\ W}{0{,}3843\ m^2 \cdot K} = 2{,}6\ \frac{W}{m^2 \cdot K}$

$\boldsymbol{\Phi} = 2{,}6\ \frac{W}{m^2 \cdot K} \cdot 22\ m^2 \cdot 14\ K = \mathbf{801{,}46\ W}$

Stoffwerte siehe Seiten 55, 142 und 143

$$\Phi = U \cdot A \cdot \Delta\Theta$$

$$\Delta\Theta = \Theta_i - \Theta_e$$

$$U = \frac{1}{R_T}$$

$$R = \frac{s}{\lambda}$$

$$R_T = R_{si} + R + R_{se}$$

Wärmeübergang

vgl. DIN 4108-2 (2003-07)

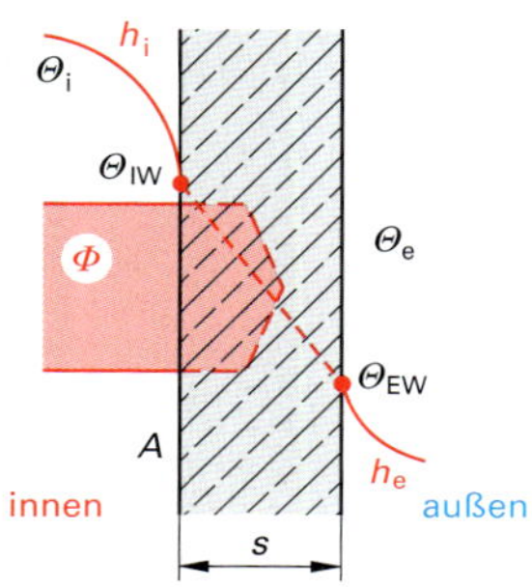

Φ Wärmestrom
A Oberfläche
h_i Wärmeübergangskoeffizient innen
h_e Wärmeübergangskoeffizient außen
Θ_{IW} Wandtemperatur innen
Θ_{EW} Wandtemperatur außen
Θ_i Raumtemperatur innen
Θ_e Raumtemperatur außen
$\Delta\Theta_i$ Temperaturdifferenz innen
$\Delta\Theta_e$ Temperaturdifferenz außen

Beispiel:
Innenwand, $h_i = 7{,}69\ W/m^2 \cdot K$; $A = 22\ m^2$;
$\Theta_i = 22\ °C$; $\Theta_{IW} = 16\ °C$; $\Phi = ?$

$\Delta\Theta_i = \Theta_i - \Theta_{IW} = 22\ °C - 16\ °C = 6\ °C = 6\ K$

$\boldsymbol{\Phi} = h_i \cdot A \cdot \Delta\Theta_i = 7{,}69\ W/(m^2 \cdot K) \cdot 22\ m^2 \cdot 6\ K = \mathbf{1015{,}08\ W}$

Wärmeübergangskoeffizienten siehe Seite 55

innen

$$\Phi = h_i \cdot A \cdot \Delta\Theta_i$$

außen

$$\Phi = h_e \cdot A \cdot \Delta\Theta_e$$

$$\Delta\Theta_i = \Theta_i - \Theta_{IW}$$

$$\Delta\Theta_e = \Theta_{EW} - \Theta_e$$

Wärmetechnische Grundlagen

Wärmedurchgang

vgl. DIN 4108-2 (2003-07)

Einschalige Wand

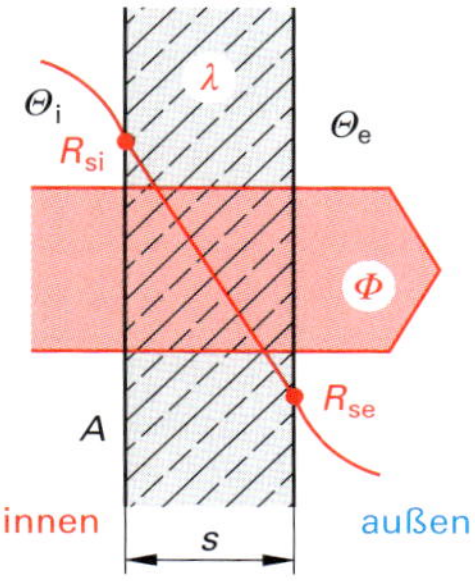

Mehrschalige Wand

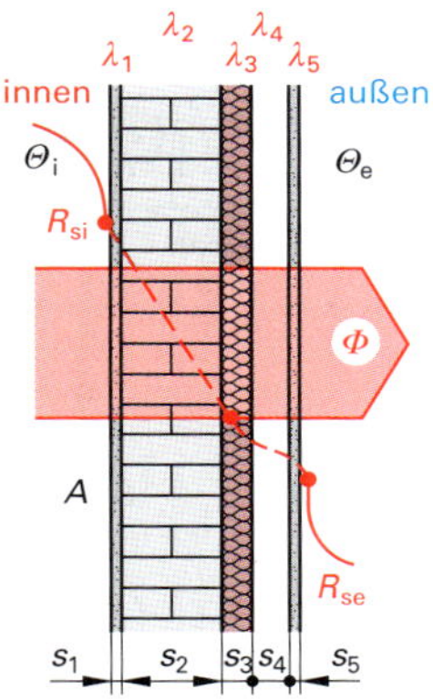

Φ	Wärmestrom
U	Wärmedurchgangskoeffizient
R_T	Wärmedurchgangswiderstand
R_{si}	Wärmeübergangswiderstand Innenwand
R_{se}	Wärmeübergangswiderstand Außenwand
λ	Wärmeleitfähigkeit
Λ	Wärmedurchlasskoeffizient
R	Wärmedurchlasswiderstand
A	Oberfläche
s	Wanddicke bzw. Schichtdicke
Θ_i	Raumtemperatur innen
Θ_e	Raumtemperatur außen
$\Delta\Theta$	Temperaturdifferenz

$$\Phi = U \cdot A \cdot \Delta\Theta$$

$$\Delta\Theta = \Theta_i - \Theta_e$$

$$R = \frac{s}{\lambda} = \frac{1}{\Lambda}$$

$$R_T = R_{si} + R + R_{se}$$

$$R = \frac{s_1}{\lambda_1} + \frac{s_2}{\lambda_2} + \frac{s_3}{\lambda_3} + \ldots$$

$$U = \frac{1}{R_{si} + R + R_{se}}$$

$$U = \frac{1}{R_T}$$

1. Beispiel:
Leichtbeton: $\lambda = 0{,}7\ \text{W/m} \cdot \text{K}$; $s = 0{,}45\ \text{m}$;
$R_{si} = 0{,}13\ \text{m}^2 \cdot \text{K/W}$; $R_{se} = 0{,}04\ \text{m}^2 \cdot \text{K/W}$;
$A = 12\ \text{m}^2$; $\Theta_i = 21\ °\text{C}$; $\Theta_e = 3\ °\text{C}$; $\Phi = ?$

$$R_T = R_{si} + s/\lambda + R_{se}$$

$$R_T = 0{,}13\ \frac{\text{m}^2 \cdot \text{K}}{\text{W}} + \frac{0{,}45\ \text{m}}{0{,}7\ \text{W/m} \cdot \text{K}} + 0{,}04\ \frac{\text{m}^2 \cdot \text{K}}{\text{W}}$$

$$\boldsymbol{R_T = 0{,}81\ \text{m}^2 \cdot \text{K/W}}$$

$$U = 1/0{,}81\ \text{m}^2 \cdot \text{K/W} = 1{,}23\ \text{W/m}^2 \cdot \text{K}$$

$$\Delta\Theta = \Theta_i - \Theta_e = 21\ °\text{C} - 3\ °\text{C} = 18\ \text{K}$$

$$\boldsymbol{\Phi} = U \cdot A \cdot \Delta\Theta = 1{,}23\ \text{W/(m}^2 \cdot \text{K)} \cdot 12\ \text{m}^2 \cdot 18\ \text{K} = \mathbf{265{,}68\ W}$$

2. Beispiel:
Die Wand aus Beispiel 1 soll mit einer PU-Hartschaumplatte gedämmt werden: $\lambda = 0{,}03\ \text{W/m} \cdot \text{K}$; $U_{erf} \leq 0{,}51\ \text{W/m}^2 \cdot \text{K}$; $s_3 = ?$

$R_{T\,erf} = R_{si} + s_1/\lambda_1 + s_2/\lambda_2 + R_{se}$; $R_{T\,erf\,max} = 1{,}96\ \text{m}^2 \cdot \text{K/W} \geq R_{T\,erf}$

$$\boldsymbol{s_3} = (R_{T\,erf\,max} - R_{si} - s_1/\lambda_1 - R_{se}) \cdot \lambda_2$$

$$= \left(1{,}96\ \frac{\text{m}^2 \cdot \text{K}}{\text{W}} - 0{,}13\ \frac{\text{m}^2 \cdot \text{K}}{\text{W}} - 0{,}64\ \frac{\text{m}^2 \cdot \text{K}}{\text{W}} - 0{,}04\ \frac{\text{m}^2 \cdot \text{K}}{\text{W}}\right) \cdot 0{,}03\ \frac{\text{W}}{\text{m} \cdot \text{K}}$$

$= \mathbf{0{,}0345\ m}$; gewählt: $\mathbf{0{,}035\ m}$

Stoffwerte und Wärmeübergangswiderstände siehe Seite 55

Wärmestrahlung

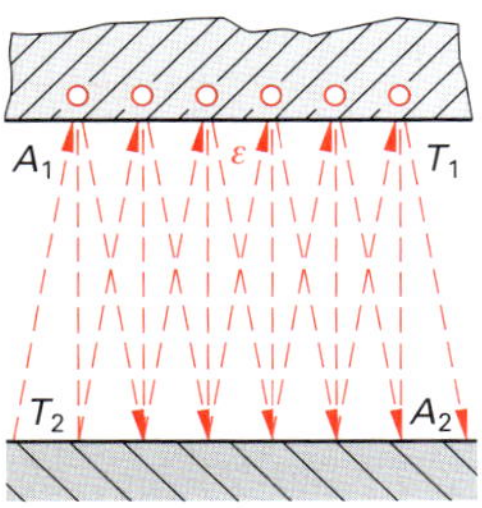

Φ	Wärmestrom
C_s	Strahlungskonstante
ε	Emissionsgrad
α_{Str}	Wärmeübergangskoeffizient bei Strahlung
A_1	Oberfläche mit der höheren Temperatur
T_1	Absolute Temperatur der wärmeren Oberfläche
T_2	Absolute Temperatur der kälteren Oberfläche

$$\Phi = \alpha_{Str} \cdot A_1 \cdot (T_1 - T_2)$$

$$C_s = 5{,}67\ \text{W/m}^2 \cdot \text{K}^4$$

$$\alpha_{Str} = C_s \cdot \varepsilon \cdot \frac{\left(\frac{T_1}{100}\right)^4 - \left(\frac{T_2}{100}\right)^4}{T_1 - T_2}$$

Beispiel: Strahlungsdecke, Aluminium, matt: $\varepsilon = 0{,}4$; $A_1 = 22\ \text{m}^2$; $T_1 = 333\ \text{K}$; $T_2 = 295\ \text{K}$; $\Phi = ?$

$$\alpha_{Str} = C_s \cdot \varepsilon \cdot \frac{\left(\frac{T_1}{100}\right)^4 - \left(\frac{T_2}{100}\right)^4}{T_1 - T_2} = 5{,}67 \cdot 0{,}4\ \frac{\text{W}}{\text{m}^2 \cdot \text{K}} \cdot \frac{3{,}33^4\ \text{K}^4 - 2{,}95^4\ \text{K}^4}{3{,}33\ \text{K} - 2{,}95\ \text{K}}$$

$$= 2{,}81\ \text{W/m}^2 \cdot \text{K}$$

$$\boldsymbol{\Phi} = \alpha_{Str} \cdot A_1 \cdot (T_1 - T_2) = 2{,}81\ \text{W/(m}^2 \cdot \text{K)} \cdot 22\ \text{m}^2 \cdot (333\ \text{K} - 295\ \text{K}) = \mathbf{2349\ W}$$

Emissionsgrade siehe Seite 55

Wärmeschutz

Wärmetechnische Mindestanforderungen

vgl. EnEV (2007-07) und DIN 4108-2 (2003-07)

Bauteile (Auswahl)[1]	Mindestwerte des Wärmedurchlass-widerstandes R_{min} $m^2 \cdot K/W$
Außenwände, allgemein	1,20
Wände von Aufenthaltsräumen gegen Bodenräume, offene Hausflure, Garagen u. Ä.	1,20
Decken und Dächer, die Aufenthaltsräume gegen die Außenluft abgrenzen u.Ä.	1,20
Decken unter nicht ausgebauten Dachräumen, wärmegedämmte Dachschrägen u.Ä.	0,90
Kellerdecken, Decken gegen abgeschlossene, unbeheizte Hausflure	0,90
Wohnungstrennwände u.Ä.	0,07
Treppenraumwände zum Treppenraum	
• mit Innentemperaturen ≤ 10 °C	0,25
• mit Innentemperaturen > 10 °C	0,07

[1] Die Werte gelten für wärmeübertragende Bauteile mit einer flächenbezogenen Gesamtmasse ≥ 100 kg/m^2

Bauteile (Auswahl)[2]	Höchstwerte des Wärmedurchgangs-koeffizienten U_{max} $W/m^2 \cdot K$
Außenwände, allgemein	0,45
Außenwände, die außen oder innen Dämmschichten bzw. Verkleidungen haben	0,35
Decken, Wände und Dachschrägen, die beheizte Räume nach oben gegen die Außenluft bzw. unbeheizte Dachräume abgrenzen	0,30
Flachdächer bei Anbringung bzw. Erneuerung von Bekleidungen oder Dämmschichten	0,25
Decken und Wände gegen unbeheizte Räume bei Anbringung von Bekleidungen auf der Kaltseite	0,40
Decken und Wände gegen Erdreich bei Anbringung von Wandbekleidungen (innen und außen) Fußbodenaufbauten (beheizte Seite) und Dämmschichten	0,50
Erneuerung der Türflächen von Außentüren	2,90

[2] Die Werte gelten bei erstmaligem Einbau, dem Ersatz und der Erneuerung von Bauteilen

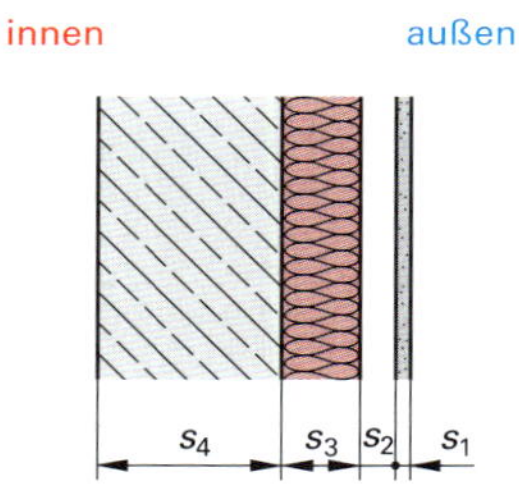

Außenwand, gedämmt und hinterlüftet

Beispiel:

$s_1 = 0{,}02$ m; $\lambda_1 = 0{,}52$ W/m · K;

$s_2 = 0{,}025$ m; $\lambda_2 = 0{,}026$ W/m · K;

$s_3 = 0{,}08$ m; $\lambda_3 = 0{,}05$ W/m · K;

$s_4 = 0{,}5$ m; $\lambda_4 = 2{,}1$ W/m · K;

$R_{si} = 0{,}13\ m^2 \cdot K/W$; $R_{se} = 0{,}08\ m^2 \cdot K/W$;

$U_{vorh} = ?$

Bedingung: $U_{vorh} \leq U_{max}$

$$R = \frac{s_1}{\lambda_1} + \frac{s_2}{\lambda_2} + \frac{s_3}{\lambda_3} + \frac{s_4}{\lambda_4}$$

$$= \left(\frac{0{,}02}{0{,}52} + \frac{0{,}025}{0{,}026} + \frac{0{,}08}{0{,}05} + \frac{0{,}5}{2{,}1}\right) \frac{m}{W/m \cdot K} = 2{,}8034\ \frac{m^2 \cdot K}{W}$$

$$U = \frac{1}{R_{si} + R + R_{se}} = \left(\frac{1}{0{,}13 + 2{,}8034 + 0{,}08}\right) \frac{W}{m^2 \cdot K} = \mathbf{0{,}3319}\ \frac{\mathbf{W}}{\mathbf{m^2 \cdot K}}$$

$$U_{vorh} \approx \mathbf{0{,}33}\ \frac{\mathbf{W}}{\mathbf{m^2 \cdot K}} < U_{max} = \mathbf{0{,}35}\ \frac{\mathbf{W}}{\mathbf{m^2 \cdot K}}$$

Stoffwerte siehe oben und Seiten 55, 142, 143

Wärmeschutz

Stoffwerte

Wärmeübergangswerte vgl. DIN V 4108-4 (2004-07)

Bauteil	Wärmeübergangswiderstand R_{si} m² · K/W	Wärmeübergangswiderstand R_{se} m² · K/W	Wärmeübergangszahl h_i W/m² · K	Wärmeübergangszahl h_e W/m² · K
Außenwände und Decken	0,13	0,04	7,69	25,0
Außenwände ans Erdreich angrenzend	0,13	–	7,69	–
Außenwände mit hinterlüfteter Fassade	0,13	0,08	7,69	12,5
Kellerdecken	0,17	0,17	5,88	5,88
Dachschrägen, belüftet	0,13	0,08	7,69	12,5

Emissionsgrade

Stoffoberflächen von	ε
Aluminium	0,1 ... 0,4
Aluminium, poliert	0,04
Eisen und Stahl	0,35 ... 0,95
Stahl, poliert	0,26
Heizkörperlack	0,93
Dachpappe, schwarz	0,91
Ton	0,75
Ziegelstein	0,92

Baustoffe (Bemessungswerte) vgl. DIN EN 12524 (2000-07)

Baustoff	Rohdichte ϱ kg/m³	Wärmeleitfähigkeit λ W/m · K	Diffusionswiderstandszahl μ trocken
Putzmörtel aus Kalk	1800	0,87	15 ... 35
Gipsdämmputz	600 1400	0,18 0,70	10
Leichtputz 52	1300	0,52	15 ... 20
Leichtputz 21	700	0,21	15 ... 20
Wärmedämmputz 060	≥ 200	0,06	5 ... 20
Wärmedämmputz 090	≥ 200	0,09	5 ... 20
Normalmörtel	1800	1,0	10
Zementestrich	2000	1,4	15 ... 35
Leichtbeton	1600	0,70	70 ... 150
Normalbeton	2400	2,1	70 ... 150
Porenbeton	400	0,14	5 ... 10
Vollklinker	1800	0,81	50 ... 100
Vollziegel	1200	0,50	5 ... 10
Sandstein (Quarzit)	2600	2,3	40

Baustoff	Rohdichte ϱ kg/m³	Wärmeleitfähigkeit λ W/m · K	Diffusionswiderstandszahl μ trocken
Dachziegel aus Ton	200	1,0	40
Spanplatten	600	0,14	50
Gipskartonplatten	900	5	10
Polyurethan-Schaum (schwer)	1300	0,21	60
Polyurethan-Schaum (leicht)	70	0,03	60
Steinwolle	8 ... 500	0,045	10 ... 50
Stahl	7850	50	∞
Aluminium-Leg.	2800	160	∞
Fliesen	2000	1,00	∞
Fensterglas	2500	2,0	∞
Linoleum	1200	0,17	1 000
PVC	1390	0,17	10 000
Bitumendachbahnen	1100	0,23	50 000
PVC-Folien $d \geq 0{,}1$ mm	–	–	30 000

Spezifische Heizwerte für Brennstoffe

Feste und flüssige Brennstoffe	H_u MJ/kg	Gasförmige Brennstoffe	H_u MJ/m³
Braunkohle	16 ... 20	Erdgas	34 ... 36
Steinkohle	30 ... 34	Acetylen	56,9
Benzin	43	Propan	93
Heizöl	40 ... 43	Butan	123

Alle Werte gerundet – unter Normbedingungen

Luftschichten vgl. DIN EN ISO 6946 (2008-04)

Wärmedurchlasswiderstand in m² · K/W

Dicke der Luftschicht mm	Richtung des Wärmestroms: Aufwärts	Horizontal	Abwärts
5	0,11	0,11	0,11
7	0,13	0,13	0,13
10	0,15	0,15	0,15
15	0,16	0,17	0,17
25	0,16	0,18	0,19
50	0,16	0,18	0,21
100	0,16	0,18	0,22

Jahres-Primärenergiebedarf und Transmissionswärmeverlust

vgl. EnEV (2007-07)

A/V_e $\frac{1}{m}$	Q''_p kWh/(m^2 · a) 1. Wohngebäude allgemein	Q''_p kWh/(m^2 · a) 2. Wohngebäude mit überwiegender Warmwasserbereitung aus elektrischem Strom	H'_T W/(m^2 · K) 3. Wohngebäude
≤ 0,2	66,00 + ΔQ_{TW}	83,80	1,05
0,3	73,53 + ΔQ_{TW}	91,33	0,80
0,4	81,06 + ΔQ_{TW}	98,86	0,68
0,5	88,58 + ΔQ_{TW}	106,39	0,60
0,6	96,11 + ΔQ_{TW}	113,91	0,55
0,7	103,64 + ΔQ_{TW}	121,44	0,51
0,8	111,17 + ΔQ_{TW}	128,97	0,49
0,9	118,70 + ΔQ_{TW}	136,50	0,47
1	126,23 + ΔQ_{TW}	144,03	0,45
≥ 1,05	130,00 + ΔQ_{TW}	147,79	0,44

Zwischenwerte

1. $Q''_p = 50{,}94 + 75{,}29 \cdot A/V_e + \Delta Q_{TW}$

2. $Q''_p = 68{,}74 + 75{,}29 \cdot A/V_e$

3. $H'_T = 0{,}3 + 0{,}15/(A/V_e)$

$$\Delta Q_{TW} = \frac{2600 \text{ kWh/a}}{100 \text{ m}^2 + A_N} \text{ in kWh/(m}^2 \cdot \text{a)}$$

$A_N = 0{,}32\ V_e$

Q''_p Höchstwert des zulässigen Jahres-Primärenergiebedarfs bezogen auf A_N

H'_T Höchstwert des zulässigen Transmissionswärmeverlustes

A Wärmeübertragende Umfassungsfläche des Gebäudes in m^2

A_N Gebäudenutzfläche in m^2

V_e Beheiztes Gebäudevolumen in m^3

Nach der Energieeinsparverordnung (EnEV vom 1.2.2002 in der novellierten Fassung von 2007) ist der Höchstwert des Jahres-Primärenergiebedarfs maßgeblich für die energetische Bewertung eines Gebäudes. Das bedeutet, dass auch der Energiebedarf für Transport und Umwandlung der Primärenergieträger einbezogen und die Warmwasserbereitung mit berücksichtigt wird.

Die Begriffe „Energie“ und „Energiebedarf" werden in der EnEV nicht in ihrer physikalischen sondern eher in umgangssprachlicher Bedeutung verwendet. Sie entsprechen nicht den Aussagen des ersten und zweiten Hauptsatzes der Thermodynamik. Im Wesentlichen handelt es sich um das nutzbare Energie-Niveau-Gefälle, das nach Umwandlung der Primärenergien in die zu Heizzwecken nutzbare Wärmeenergie zur Verfügung steht (in der technischen Thermodynamik wird es mit Exergie bezeichnet).

Da für alle Bauvorhaben, für die bis zum 31. Januar 2002 ein Bauantrag gestellt oder Bauanzeige erstattet wurden, nach der früheren Wärmeschutzverordnung geprüft wird, werden Architekten und Bauausführende sich in den nächsten Jahren noch nach beiden Verordnungen richten müssen.

Ab 2008 wird für alle neu zu errichtenden oder zu verkaufenden Gebäude sowie bei Neuvermietungen oder Verkäufen von Wohnungen ein Energiepass verlangt.

Die EnEV bezieht sich auf folgende Normen:

DIN 4108-2	(2003-07)	DIN EN 673	(2003-06)	DIN EN ISO 6946	(2003-10)
DIN V 4108-6	(2003-06)	DIN EN 832	(2003-06)	DIN EN ISO 10077-1	(2006-12)
DIN 4108 Bbl. 2	(2006-03)	DIN EN 12207-1	(2000-06)	DIN EN ISO 13789	(1999-10)
DIN EN 410	(1998-12)	DIN EN 13829	(2001-02)		

Energiebilanzen[1]

vgl. EnEV (2007-07) und DIN V 4108-6 (2003-06)

A	Wärmeübertragende Gebäudehülle
A_N	Gebäudenutzfläche
A_i	Einzelne Gebäudeflächen
F_{xi}	Temperatur-Korrekturfaktor
H_T	Spezifischer Transmissionswärmeverlust
H_V	Spezifischer Lüftungswärmeverlust
I_S	Solare Einstrahlung
Q	Jahres-Heizenergiebedarf
Q_p	Primärenergetisch bewerteter Heizenergiebedarf (Primärenergiebedarf)
Q_h	Jahres-Heizwärmebedarf
Q_w	Wärmebedarf der Warmwasserbereitung
Q_t	Wärmebedarf der Anlagentechnik
Q_r	Wärmegewinne durch regenerative Systeme
Q_{exV}	Externe Energieverluste
Q_g	Energiebedarf der Erzeugung
Q_s	Energiebedarf der Speicherung
Q_d	Energiebedarf der Verteilung
$Q_{c,e}$	Energiebedarf der Übergabe
Q_S	Solarer Wärmegewinn
Q_i	Innerer Wärmegewinn
Q_T	Transmissionswärmebedarf
Q_V	Sonstige Wärmeverluste
U_i	Wärmedurchgangskoeffizienten der Bauteile
V	Beheiztes Bauwerksvolumen
V_e	Beheiztes Gebäudevolumen
e_p	Primärenergiebezogene Gesamt-Anlagenaufwandszahl (DIN V 4701-10)
g_i	Gesamtenergiedurchlassgrad

Gesetzliche Anforderung

$$Q_p \leq Q'_p \qquad Q_p \leq Q''_p$$

$$Q'_p = \frac{Q_p}{V_e} \qquad Q''_p = \frac{Q_p}{A_N}$$

Hauptgleichung

$$\mathbf{Q_p \leq Q + Q_{exV}}$$

Wärmegewinne und Energieverluste

$$Q = Q_h + Q_w + Q_t - Q_r$$

außerdem

$$Q_p = (Q_h + Q_w) \cdot e_p$$

$$Q_{exV} = Q_{c,e} + Q_d + Q_s + Q_g$$

$$\mathbf{Q_h = Q_T + Q_V - Q_S - Q_i}$$

Vereinfachtes Verfahren
zur Ermittlung des Jahresheizwärmebedarfs

$$\mathbf{Q_h = 66\,(H_T + H_V) - 0{,}95\,(Q_S + Q_i)}$$

$$H_T = \Sigma(F_{xi} \cdot U_i \cdot A_i) + 0{,}05\,A$$

$$H_V = 0{,}19 \cdot V_e$$

$$Q_i = 22 \cdot A_N$$

$$Q_S = \Sigma(I_S)_{j,\,HP} \cdot \Sigma\, 0{,}567\, g_i \cdot A_i$$

$$A_N = 0{,}32 \cdot V_e$$

Temperatur-Korrekturfaktoren F_{xi}

Wärmestrom nach außen über Bauteil i	F_{xi}
Außenwand, Fenster	1
Dach (als Systemgrenze)	1
Oberste Geschossdecke (Dachraum nicht ausgebaut)	0,8
Abseitenwand	0,8
Wände und Decken zu unbeheizten Räumen	0,5
Unterer Gebäudeabschluss: – Kellerdecke/-wände zu unbeheiztem Keller – Fußboden auf Erdreich – Flächen des beheizten Kellers gegen Erdreich	0,6

[1] Vereinfachte Übersicht

Solare Einstrahlung

Orientierung	$\Sigma (I_S)_{j,\,HP}$
Südost bis Südwest	270 kWh/(m² · a)
Nordwest bis Nordost	100 kWh/(m² · a)
übrige Richtungen	155 kWh/(m² · a)
Dachflächenfenster mit Neigungen < 30°	225 kWh/(m² · a)

Die Fläche der Fenster A_i mit der Orientierung j (Süd, West, Ost, Nord und horizontal) ist nach den lichten Fassadenöffnungsmaßen zu ermitteln.

Feuchteschutz

Wasserdampfdiffusion

vgl. DIN 4108-3 (2001-07)

Wasserdampfsättigungsdruck p_s in Pa in Abhängigkeit von der Lufttemperatur Θ_L in °C

°C	,0	,5	,9	°C	,0	,5	,9
30	4244	4369	4469	5	872	902	925
29	4006	4124	4219	4	813	843	866
28	3781	3894	3984	3	759	787	808
27	3566	3674	3759	2	705	732	753
26	3362	3463	3544	1	657	682	700
				0	611	635	653
25	3169	3266	3343	– 0	611	587	567
24	2985	3077	3151	– 1	562	538	522
23	2810	2897	2968	– 2	517	496	480
22	2645	2727	2794	– 3	476	456	440
21	2487	2566	2629	– 4	437	419	405
				– 5	401	385	372
20	2340	2413	2473	– 6	368	353	340
19	2197	2268	2324	– 7	337	324	312
18	2065	2132	2185	– 8	310	296	286
17	1937	2001	2052	– 9	284	272	262
16	1818	1878	1926	– 10	260	249	239
15	1706	1762	1806	– 11	237	228	219
14	1599	1653	1695	– 12	217	208	200
13	1498	1548	1588	– 13	198	190	182
12	1403	1451	1458	– 14	181	173	167
11	1312	1 358	1394	– 15	165	158	152
10	1228	1270	1304	– 16	150	144	138
9	1148	1187	1218	– 17	137	131	126
8	1073	1110	1140	– 18	125	120	115
7	1002	1038	1066	– 19	114	109	104
6	935	968	995	– 20	103	98	94

Zwischenwerte sind geradlinig zu interpolieren.

Feuchteschutztechnische Berechnungen

vgl. DIN 4108-3 (2001-07)

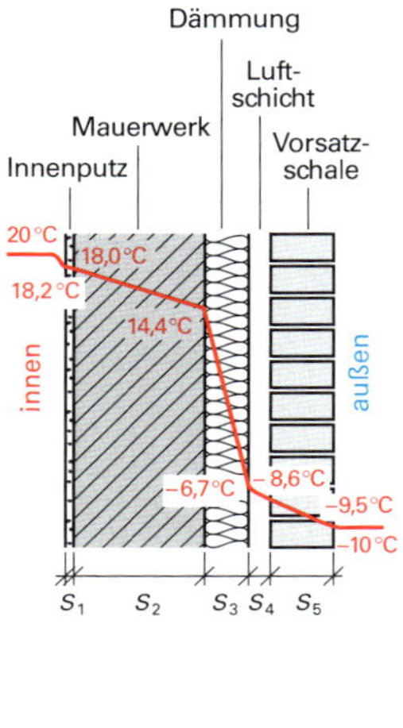

μ Wasserdampf-Diffusions-widerstands-zahl

s Schichtdicke

n Anzahl der Einzelschichten

s_d Wasserdampf-diffusions-äquivalente Luftschichtdicke

Einschichtige Wand

$$s_d = \mu \cdot s$$

Mehrschichtige Wand

$$s_d = \mu_1 \cdot s_1 + \mu_2 \cdot s_2 + \ldots + \mu_n \cdot s_n$$

diffusionsoffene Schicht

Bauteilschicht mit $s_d \leq 0{,}5$ m

diffusionshemmende Schicht

Bauteilschicht mit $0{,}5 < s_d < 1\,500$ m

diffusionsdichte Schicht

Bauteilschicht mit $s_d \geq 1\,500$ m

Beispiel: Wie groß ist die wasserdampfdiffusionsäquivalente Luftschichtdicke einer Vorsatzschale aus Vollklinker der Dicke von 11,5 cm?

$s_d = 90 \cdot 0{,}115$ m $= 10{,}35$ m

Stoffwerte auf Seite 55

Wasserdampfdiffusion

Feuchteschutztechnische Berechnungen

vgl. DIN 4108-3 (2001-07)

Verdunstungsperiode

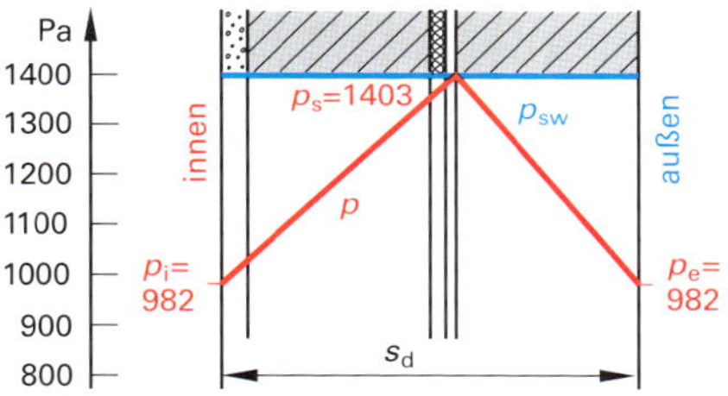

Tauperiode

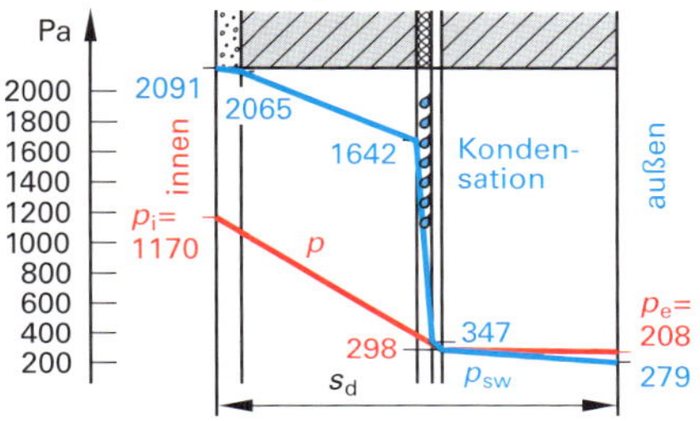

Verdunstungsperiode (schematisch)

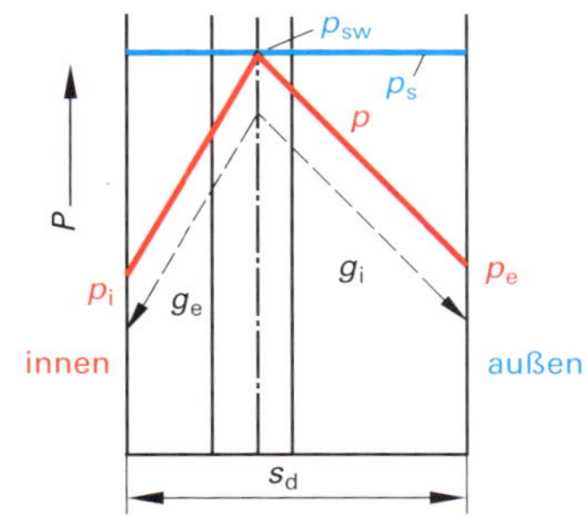

Tauperiode (schematisch)

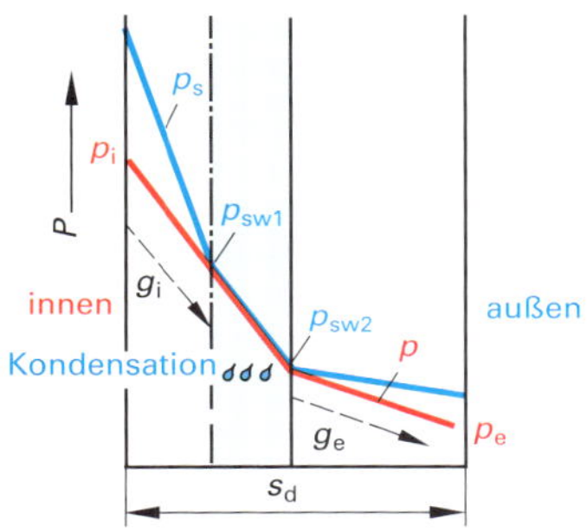

Typen des Tauwasserausfalls

1. Wasserdampfdiffusion ohne Tauwasserausfall
2. Tauwasserausfall in einer Ebene
3. Tauwasserausfall in mehreren Ebenen
4. Tauwasserausfall in einem Bereich
5. Tauwasserausfall in mehreren Bereichen

Norm-Klimabedingungen (DIN 4108-3)

Dauer der Tauperiode t_T = 1440 Stunden (h)

Θ_{Li} = 20 °C	φ_i = 50 %	p_{si} = 2340 Pa	p_i = 1170 Pa
Θ_{Le} = –10 °C	φ_e = 80 %	p_{se} = 260 Pa	p_e = 208 Pa

Dauer der Verdunstungsperiode t_V = 2160 Stunden (h)

Θ_{Li} = 12 °C	φ_i = 70 %	p_{si} = 1403 Pa	p_i = 982 Pa
Θ_{Le} = 12 °C	φ_e = 70 %	p_{se} = 1403 Pa	p_e = 982 Pa

Tauwassermenge (kg/m²)

$$m_{W,T} = t_T\,(g_i - g_e)$$

Verdunstungswassermenge (kg/m²)

$$m_{W,T} = t_v\,(g_i + g_e)$$

Wasserdampf-Diffusionsstromdichte [kg/(m² · h)] (innen – außen)

$$g_i = \frac{p_i - p_{sw}}{Z_i} \qquad g_e = \frac{p_{sw} - p_e}{Z_e}$$

Wasserdampf-Diffusionsdurchlasswiderstand (m² · h · Pa/kg)

$$Z = 1{,}5 \cdot 10^6\,(\mu_1 \cdot s_1 + \mu_2 \cdot s_2 + \ldots + \mu_n \cdot s_n)$$

Relative Luftfeuchte

$$\varphi = \frac{p}{p_s} \cdot 100\ (\%)$$

s	Schichtdicke
p	Teildruck (Pa)
p_e	Teildruck außen (Pa)
p_i	Teildruck innen (Pa)
p_s	Sättigungsdruck (Pa)
p_{sw}	Sättigungsdruck am Ort des Tauwasserausfalls (Pa)
m	Flächenbezogene Wassermenge (kg/m²)

Feuchteschutz

Sättigungsmenge ν_{sat} der Luft in Abhängigkeit von der Lufttemperatur Θ_L vgl. DIN EN ISO 10077-1 (2006-12)

Θ_L °C	ν_{sat} g/m³	Θ_L °C	ν_{sat} g/m³	Θ_L °C	ν_{sat} g/m³	Θ_L °C	ν_{sat} g/m³	Θ_L °C	ν_{sat} g/m³
– 19	0,96	– 9	2,33	1	5,2	11	10,0	21	18,3
– 18	1,05	– 8	2,54	2	5,6	12	10,7	22	19,4
– 17	1,15	– 7	2,76	3	6,0	13	11,4	23	20,8
– 16	1,27	– 6	2,99	4	6,4	14	12,1	24	21,8
– 15	1,38	– 5	3,24	5	6,8	15	12,8	25	23,0
– 14	1,51	– 4	3,51	6	7,3	16	13,6	26	24,4
– 13	1,65	– 3	3,81	7	7,8	17	14,5	27	26,8
– 12	1,80	– 2	4,13	8	8,3	18	15,4	28	27,2
– 11	1,98	– 1	4,47	9	8,8	19	16,3	29	28,7
– 10	2,14	0	4,84	10	9,4	20	17,3	30	30,3

Taupunkttemperatur Θ_{si} in Abhängigkeit von der Lufttemperatur Θ_L und der relativen Luftfeuchte φ

Luft-temperatur Θ_L in °C	Taupunkttemperatur Θ_{si} in °C bei einer relativen Luftfeuchte φ von													
	30%	35%	40%	45%	50%	55%	60%	65%	70%	75%	80%	85%	90%	95%
30	10,5	12,9	14,9	16,8	18,4	20,0	21,4	22,7	23,9	25,1	26,2	27,2	28,2	29,1
29	9,7	12,0	14,0	15,9	17,5	19,0	20,4	21,7	23,0	24,1	25,2	26,2	27,2	28,1
28	8,8	11,1	13,1	15,0	16,6	18,1	19,5	20,8	22,0	23,2	24,2	25,2	26,2	27,1
27	8,0	10,2	12,2	14,1	15,7	17,2	18,6	19,9	21,1	22,2	23,3	24,3	25,2	26,1
26	7,1	9,4	11,4	13,2	14,8	16,3	17,6	18,9	20,1	21,2	22,3	23,3	24,2	25,1
25	6,2	8,5	10,5	12,2	13,9	15,3	16,7	18,0	19,1	20,3	21,2	22,3	23,2	24,1
24	5,4	7,6	9,6	11,3	12,9	14,4	15,8	17,0	18,2	19,3	20,3	21,3	22,3	23,1
23	4,5	6,7	8,7	10,4	12,0	13,5	14,8	16,1	17,2	18,3	19,4	20,3	21,3	22,2
22	3,6	5,9	7,8	9,5	11,1	12,5	13,9	15,1	16,3	17,4	18,4	19,4	20,3	21,2
21	2,8	5,0	6,9	8,6	10,2	11,6	12,9	14,2	15,3	16,4	17,4	18,4	19,3	20,2
20	1,9	4,1	6,0	7,7	9,3	10,7	12,0	13,2	14,4	15,4	16,4	17,4	18,3	19,2
19	1,0	3,2	5,1	6,8	8,3	9,8	11,1	12,3	13,4	14,5	15,5	16,4	17,3	18,2
18	0,2	2,3	4,2	5,9	7,4	8,8	10,1	11,3	12,5	13,5	14,5	15,4	16,3	17,2
17	– 0,6	1,4	3,3	5,0	6,5	7,9	9,2	10,4	11,5	12,5	13,5	14,5	15,3	16,2
16	– 1,4	0,5	2,4	4,1	5,6	7,0	8,2	9,4	10,5	11,6	12,6	13,5	14,4	15,2
15	– 2,2	– 0,3	1,5	3,2	4,7	6,1	7,3	8,5	9,6	10,6	11,6	12,5	13,4	14,2
14	– 2,9	– 1,0	0,6	2,3	3,7	5,1	6,4	7,5	8,6	9,6	10,6	11,5	12,4	13,2
13	– 3,7	– 1,9	– 0,1	1,3	2,8	4,2	5,5	6,6	7,7	8,7	9,6	10,5	11,4	12,2
12	– 4,5	– 2,6	– 0,1	0,4	1,9	3,2	4,5	5,7	6,7	7,7	8,7	9,6	10,4	11,2
11	– 5,2	– 3,4	– 1,8	– 0,4	1,0	2,3	3,5	4,7	5,8	6,7	7,7	8,6	9,4	10,2
10	– 6,0	– 4,2	– 2,6	– 1,2	0,1	1,4	2,6	3,7	4,8	5,8	6,7	7,6	8,4	9,2

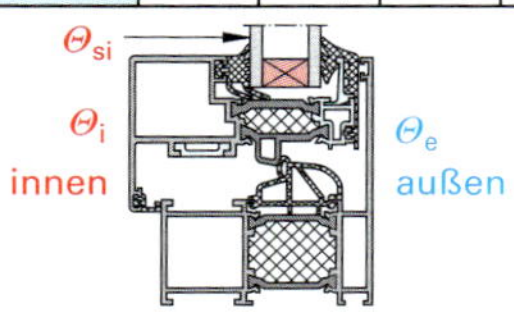

ν_{sat} Sättigungsmenge
ν absolute Luftfeuchte
φ relative Luftfeuchte
Θ_i Raumlufttemperatur
Θ_{si} Taupunkttemperatur
Θ_e Außenlufttemperatur

$$\varphi = \frac{\nu}{\nu_{sat}} \cdot 100\%$$

$$\nu = \varphi \cdot \nu_{sat}$$

Beispiel 1: Bei welcher Temperatur der inneren Fensterrahmen-Oberflächen taut der Wasserdampf der Luft aus, wenn die Raumtemperatur Θ_i = 20 °C und die relative Luftfeuchte φ = 50% betragen. Der Wert ist in der Tabelle abzulesen.
Θ_{si} = 9,3 °C

Beispiel 2: Wie groß wäre mit der absoluten Luftfeuchte von Beispiel 1 die relative Luftfeuchte bei 25 °C? Bei Sättigung ist $\nu = \nu_{sat}$. Bei 9,3 °C ergibt sich aus der oberen Tabelle mit Hilfe einer Interpolation ν = 9,0 g/m³. Bei 25 °C ist ν_{sat} = 23,0 g/m³ (s. obere Tabelle).

$$\varphi = \frac{\nu}{\nu_{sat}} \cdot 100\,\% = \frac{9{,}0 \text{ g/m}^3}{23{,}0 \text{ g/m}^3} \cdot 100\,\% = \mathbf{39\,\%}$$

Feuchteschutz

Vermeidung von Tauwasserbildung

vgl. DIN 4108-3 (2001-07)

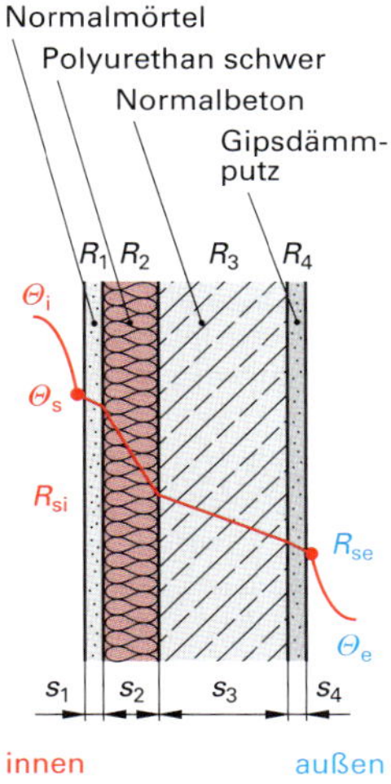

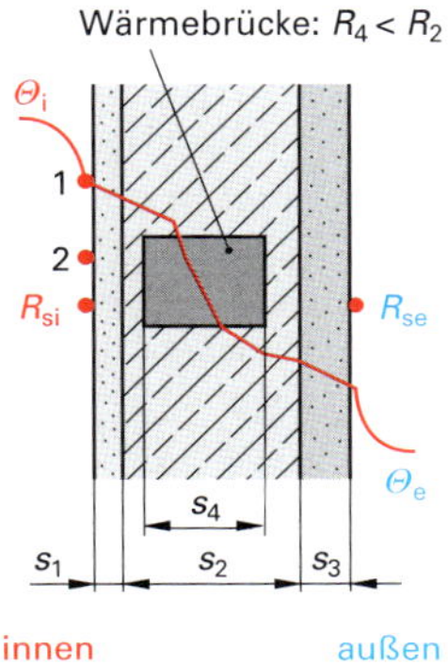

U	Wärmedurchgangskoeffizient
U_{max}	Zulässiger Wärmedurchgangskoeffizient
R, R_1, R_2	Wärmedurchlasswiderstände
R_{si}	Wärmeübergangswiderstand Innenwand
R_{se}	Wärmeübergangswiderstand Außenwand
α_1, α_2, ...	Wandschichtdicken
λ_1, λ_2, ...	Wärmeleitfähigkeiten
Θ_i	Raumlufttemperatur
Θ_e	Außenlufttemperatur
Θ_s	Taupunkttemperatur
φ	relative Luftfeuchte

maximal zulässiger Wärmedurchgangskoeffizient

$$U_{max} = \frac{\Theta_i - \Theta_s}{R_{si}\,(\Theta_i - \Theta_e)}$$

Wärmedurchlasswiderstand

$$R = \frac{\alpha_1}{\lambda_1} + \frac{\alpha_2}{\lambda_2} + \frac{\alpha_3}{\lambda_3} + \frac{\alpha_4}{\lambda_4}$$

Wärmedurchgangswiderstand

$$U = \frac{1}{R_{si} + R + R_{se}}$$

Beispiel:

Wie dick muss die Dämmschicht s_2 sein, damit bei $\Theta_i = 21$ °C ,einer realativen Luftfeuchte $\varphi = 55\,\%$ innen sowie einer Außenlufttemperatur von $\Theta_e = -9$ °C an der Innenwand kein Tauwasser auftritt?

$s_1 = 0{,}02$ m; $s_3 = 0{,}25$ m; $s_4 = 0{,}01$ m; $s_2 = ?$; Stoffwerte auf S. 55

Aus der Tabelle auf S. 53: $\Theta_s = 11{,}6$ °C

$$U_{max} = \frac{\Theta_i - \Theta_s}{R_{si}\,(\Theta_i - \Theta_e)} = \frac{21\text{ °C} - 11{,}6\text{ °C}}{0{,}13\text{ m}^2\text{ k/W} \cdot (21\text{ °C} + 9\text{ °C})}$$

$$\mathbf{U_{max} = 2{,}41\ W/m^2 \cdot K}$$

$$R = \frac{s_1}{\lambda_1} + \frac{s_2}{\lambda_2} + \frac{s_3}{\lambda_3} + \frac{s_4}{\lambda_4}; \qquad s_2 = \lambda_2 \left(R - \frac{s_1}{\lambda_1} - \frac{s_3}{\lambda_3} - \frac{s_4}{\lambda_4}\right)$$

$$U = \frac{1}{R_{si} + R + R_{se}}; \qquad R = \frac{1}{U} - R_{si} - R_{se}$$

$$R = \frac{1}{2{,}41\text{ W/m}^2 \cdot \text{K}} - 0{,}13\text{ m}^2 \cdot \text{K/W} - 0{,}04\text{ m}^2 \cdot \text{K/W} = 0{,}24\text{ m}^2 \cdot \text{K/W}$$

$$s_2 = 0{,}21\text{ W/m}^2 \cdot \text{K}\left(0{,}24\text{ m}^2 \cdot \text{K/W} - \frac{0{,}02\text{ m}}{1{,}0\text{ W/m} \cdot \text{K}} - \frac{0{,}25\text{ m}}{2{,}1\text{ W/m} \cdot \text{K}} - \frac{0{,}01\text{ m}}{0{,}18\text{ W/m} \cdot \text{K}}\right)$$

$\mathbf{s_2 = 0{,}042\ m}$, gewählt $\mathbf{s_2 = 0{,}045\ m}$ (Lieferdicke)

Schimmelpilzbildung

vgl. DIN 4108-2 (2003-07)

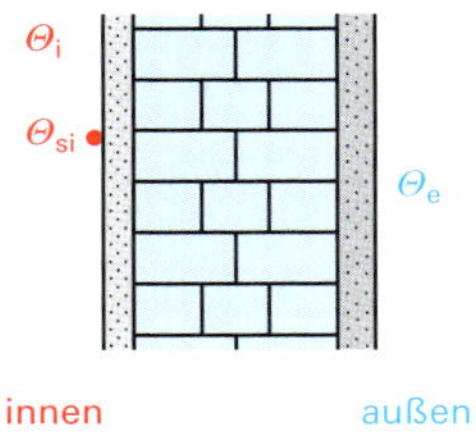

U	Wärmedurchgangskoeffizient
R_{si}	Wärmeübergangswiderstand Innenwand
$f_{R,\,si}$	Temperaturfaktor
Θ_i	Raumlufttemperatur
Θ_e	Außenlufttemperatur
Θ_{si}	Innenwandtemperatur

Temperaturfaktor

$$f_{R,\,si} = \frac{\Theta_{si} - \Theta_e}{\Theta_i - \Theta_e}$$

kein Schimmel bei

$$f_{R,\,si} \geq 0{,}7$$

Innenwandtemperatur

$$\Theta_{si} = (1 - U \cdot R_{si}) \cdot (\Theta_i - \Theta_e) + \Theta_e$$

Schallschutz

Schallausbreitung

Schallarten	Bewerteter Schallpegel in dB(A)

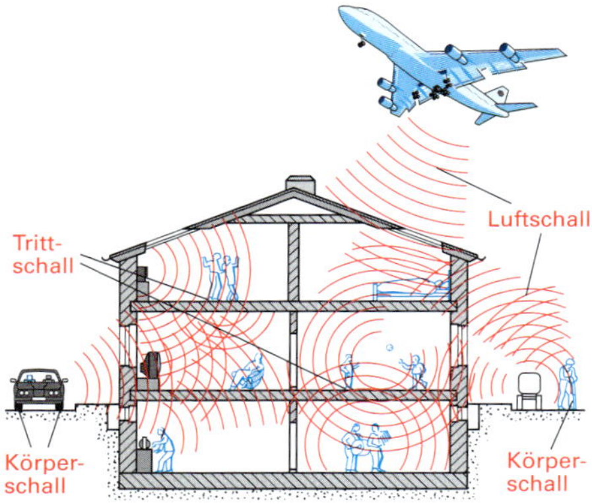

dB (A) Dezi-Bel A
Einheit der Lautstärke-physiologisch bewertete Einheit dB

dB(A)	
0:	Hörschwelle
0 … 10:	absolute Stille
10 … 20:	schwaches Blätterrauschen
20 … 30:	Geh- und Installationsgeräusche im Gebäude bei sehr guter Isolierung
30 … 40:	Nachtgrundpegel der Geräusche bei einem städtischen Wohnviertel, Flüstern (1 m)
40 … 50:	in Wohnungen bei geschlossenem Fenster durch vorbeifahrende Pkw, Trittgeräusche
50 … 60:	leise Unterhaltung, Sprechen und Musik
60 … 70:	Zimmerlautstärke, Büromaschinen
70 … 80:	lautes Sprechen und Musik, elektr. Rasierer
80 … 90:	Hauptverkehrsstraßen-Lärm
90 … 100:	Autohupe, Discothek, Drucklufthammer
100 … 130:	Propellerflugzeug beim Start aus der Nähe
120 … 130:	**Schmerzschwelle** (individuell verschieden)
130 … 140:	Turbo-Flugzeug beim Start aus der Nähe
140 … 150:	Überschallverkehrsflugzeug beim Start
150 … 160:	Windkanal, Explosionsknall

Schalldämmung

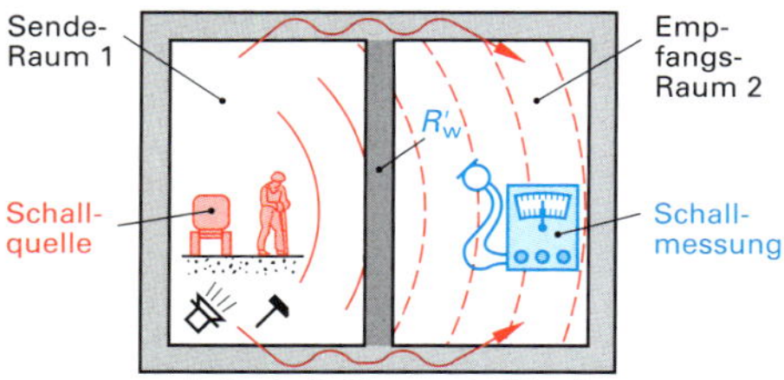

Luftschall dämmende Wand

R_w Gemessenes Schalldämmmaß

R'_w Bewertetes Schalldämmmaß mit flankierenden Bauteilen; Differenz des Schallpegels zwischen ankommendem und durchgelassenem Schall

L'_{nw} Norm-Trittschall-Pegel

Lärm in Raum 1	R'_w in dB	Höreindruck in Raum 2
Drucklufthammer (90 dB)	10	80 dB, wie lautes Rufen
	20	70 dB, wie lautes Sprechen
	30	60 dB, wie normales Sprechen
	40	50 dB, etwas leiser als normales Sprechen
	50	40 dB, wie leises Sprechen
	60	30 dB, wie Flüstern
	70	20 dB, noch hörbar
	80	10 dB, Stille

Dämmung von Luft- und Trittschall

Wohn- und Arbeitsbereich	Bauteile							
	Decken		Treppen		Wände		Türen	
Mindestanforderungen in dB	R'_w	L'_{nw}	R'_w	L'_{nw}	R'_w	L'_{nw}	R'_w	L'_{nw}
Geschosshäuser mit Wohnungen und Arbeitsräumen	54[1]	53	–	58	53	–	27	–
Einfamilien-Doppelhäuser Einfamilien-Reihenhäuser	–	48	–	53	57	–	–	–
Beherbergungsstätten	54	46	–	58	47	–	32	–
Krankenhäuser, Sanatorien	54	46	–	58	37	–	32	–
Schulen und vergleichbare Bereiche	55	53	–	–	47	–	32	–

[1] Bei Gebäuden bis zu zwei Wohnungen beträgt R'_{werf} = 52 dB.

Schallschutz

Rechenwerte der Schalldämmung

vgl. DIN V 4109 Bbl. 1 (2002-02)

Dämmung von Luftschall durch Massivdecken (Auswahl)

Bauteil	Massivdecke einschalig, mit Estrich und Gehbelag	Massivdecke einschalig, mit schwimmendem Estrich	Massivdecke mit Unterdecke, Gehbelag und Estrich	Massivdecke mit schwimmendem Estrich und Unterdecke
flächenbezogene Masse der Decke m' in kg/m²	bewertes Schalldämm-Maß $R'_{w,R}$ in dB			
150	41	49	49	52
250	47	53	53	56
350	51	56	56	59
450	54	58	58	61

Schalldämmung durch einschalige biegesteife Decken und Wände (Auswahl)

flächenbezogene Masse des Bauteils m' in kg/m²	85	150	210	250	295	350	410	490	580	680
bewertes Schalldämmmaß $R'_{W,R}$ in dB	34	41	45	47	49	51	53	55	57	59

Schalldämmung durch einschalige biegesteife Wände mit biegeweicher Vorsatzschale (Auswahl)

flächenbezogene Masse der Wand m' in kg/m²	100	150	200	250	275	300	350	400	450	500
bewertes Schalldämmmaß $R'_{W,R}$ in dB	49	49	50	52	53	54	55	56	57	58

Dämmung von Trittschall über massive Treppenhäuser
Werte für Treppenläufe und -podeste aus Stahlbeton $d \geq 120$ mm

Kombination der Bauteile	Rechenwerte des bewerteten Norm-Trittschallpegels $L'_{n,w,R}$ in dB
Treppenpodeste, mit der einschaligen biegesteifen Treppenraumwand fest verbunden (flächenbezogene Masse der Wand $m' \geq 380$ kg/m²)	70
Treppenlauf, mit der einschaligen biegesteifen Treppenraumwand fest verbunden (flächenbezogene Masse der Wand $m' \geq 380$ kg/m²)	65
Treppenpodest, fest verbunden mit der Treppenraumwand und einer durchgehenden Gebäudetrennfuge	≤ 50
Treppenlauf, von der einschaligen biegesteifen Treppenraumwand abgesetzt	58
Treppenlauf, von der Treppenraumwand abgesetzt, auf dem Treppenpodest elastisch gelagert und mit durchgehender Gebäudetrennfuge	≤ 43
Treppenlauf, von der Treppenraumwand abgesetzt und mit durchgehender Gebäudetrennfuge	42

Beispiel:

Ausgewählt werden soll anhand der Tabellen für ein Einfamilienhaus in einer Wohnstraße eine einschalige biegesteife Wand ohne Berücksichtigung von Fensteröffnungen sowie der Dämmwirkung von Außen- und Innenputz.

Ausgewählt wird eine Wand mit einer flächenbezogenen Masse $m' = 580$ kg/m² und einem Rechenwert des bewerteten Schalldämmmaßes $L'_{n,w,R} = 57$ dB.

Brandschutz

Baustoffklassen

Klasse	bauaufsichtliche Benennung	Zusatzkriterium	Nachweis durch
A	nichtbrennbare Baustoffe	genormt	DIN 4102
A1		nicht genormt	Prüfzeugnis
A2		mit brennbaren Bestandteilen	Prüfbescheid mit Prüfzeichen
B	brennbare Baustoffe	genormt und nicht genormt	DIN 4102 sowie Prüfbescheid mit Prüfzeichen
B1	schwer entflammbar		
B2	normal entflammbar		Prüfzeugnis
B3	leicht entflammbar		nicht zugelassen

N

Feuerwiderstandsklassen

vgl. DIN 4102-1 (1998-05)

Klasse	Feuerwiderstandsdauer in min			
	30 60 feuer-hemmend fh	90 120 feuer-beständig fb	180 hochfeuer-beständig hfb	
Zusatz	**F**	**W**	**T**	**G**
Bauteil	Wände, Decken, Stützen, Balken, Treppen	nichttragende Außenwände	Türen, Tore	Verglasungen
Zusatz	**L**	**K**	**R**	**I**
Bauteil	Lüftungs-leitungen	Klappen für Lüftungs-leitungen	Rohr-leitungen	Installations-schächte, -kanäle

Beispiel: F 60 – AB		
F 60	**A**	**B**
Widerstands-dauer 60 min: Wohnungs-decken u.a.	wesentliche Teile nicht brennbar	einige Teile brennbar

Hinweis:
Zur Zeit können Hersteller und Baubetriebe Nachweise zu Brandverhalten und Feuerwiderstandsdauer auf der Grundlage beider Normen führen.

Klassifizierung von Bauprodukten und Bauteilen nach ihrem Brandverhalten

vgl. DIN EN 13501-1 (2007-5) und DIN EN 13501-2 (2008-1)

Eigen-schaften-	Zusatzanforderungen: kein Rauch	Zusatzanforderungen: kein brennendes Abfallen/Abtropfen	Klassifizierung nach DIN EN 13 501-1
nicht brennbar	•	•	A1
	•	•	A2-s1 d0
schwer entflammbar	•	•	B, C-s1 d0
		•	B, C-s3 d0
	•		B, C-s1 d2
			B, C-s3 d2
normal entflammbar		•	D-s3 d0 E
			D-s3 d2
			E-d2
leicht entflammbar			F

Zusätzliche Anforderungen:
s1, s2, s3: Rauchentwicklung
d0, d1, d2: Abtropfen

Bauteile	Anforderungen	Nach DIN 13501-2 erfüllt durch:
Tragendes Bauteil ohne raumabschließende Funktion	feuerbeständig oder feuerhemmend	R 90 bzw. R 30
Tragendes Bauteil mit raumabschließender Funktion	feuerbeständig bzw. feuerhemmend	REI 90 bzw. REI 30
Brandwand	feuerbeständig unter zusätzlicher mechanischer Beanspruchung von außen und aus nichtbrennbaren Baustoffen	REI-M90
Nichttragendes Bauteil mit raumabschließender Funktion	feuerhemmend und in den wesentlichen Teilen aus nichtbrennbaren Baustoffen	EI 30

Eigenschaften von Bauteilen: R = Erhalt der Tragfähigkeit, E = Raumabschluss, I = Wärmedämmung, S = Rauchdurchtritt, W = Wärmestrahlungdurchtritt, M = Erhöhte Festigkeit

Feuerwiderstandsdauer in Minuten nach DIN EN 13501-2: ≥ 10, ≥ 15, ≥ 20, ≥ 30, ≥ 45, ≥ 80, ≥ 90, ≥ 120, ≥ 180, ≥ 240, ≥ 360

Beispiel: Bei einem Brandversuch ergeben die Tragfähigkeit 115 min, der Raumabschluss 85 min, die Wärmedämmung 55 min.

Kennzeichnung: R 90/RE 60/REI 45

Brandschutz

Ummantelung von Stahlträgern und -stützen

vgl. DIN 4102-4 (1994-03)

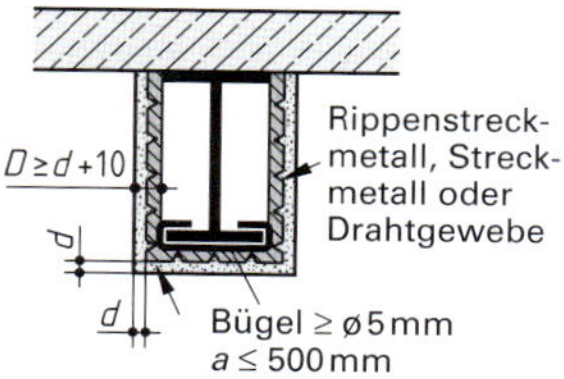

geputzter Stahlträger

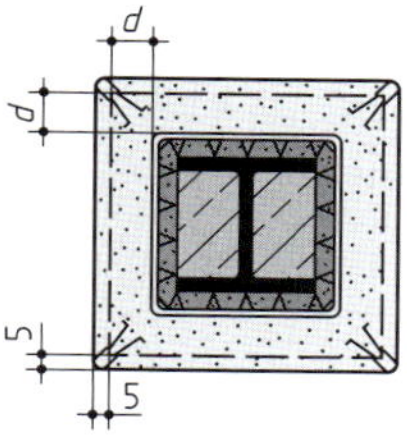

geputzte Stahlstütze

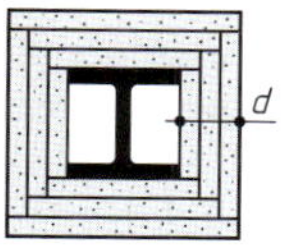

bekleidete Stahlstütze

Baustoff / Konstruktion	Profilverhältnis U/A in 1/m[1]	Feuerwiderstandsklasse F30-A	F60-A	F90-A	F30-A	F60-A	F90-A
		Mörtelgruppe P II oder P IVc			Mörtelgruppe P IVa pder P IV b		
Mindestdicke		d mm					
Stahlträger							
Putzdicke über Putzträgern aus Rippenstreckmaterial, Streckmaterial oder Drahtgewebe	< 90 90 bis 119 120 bis 179 180 bis 300	5 5 5 5	15 15 15 15	– – – –	5 5 5 5	5 5 15 15	15 15 15 25
Stahlstützen							
Putzdicke über Putzträgern aus Rippenstreckmaterial, Streckmaterial oder Drahtgewebe	< 90 90 bis 119 120 bis 179 180 bis 300	15 15 15 15	25 25 25 25	45 45 45 45	10 10 10 10	20 20 20 20	35 35 45 45
Stahlträger							
Gipskarton-Bauplatten (GFK) als Bekleidung	≤ 300	12,5	12,5 + 9,5	2 × 15,0	für F30-A einschalig		
Stahlstützen							
Gipskarton-Bauplatten (GFK) als Bekleidung	≤ 300	12,5	12,5 + 9,5	3 × 15,0	für F30-A und F90-A mehrschalig		
Wandbauplatten							
aus Gips nach DIN 18163 Teil 1	–	60	60	60			

[1] U Profilumfang; A Profilfläche

Mindestanforderungen an Stahlprofilblechdecken

vgl. DIN 4102-4 (1994-03)

		Konstruktive Merkmale	Querschnitt	Statisches System	Mindestdicke d in mm F90	F120	Mindestachsabstand s in mm F90	F120
Stahlprofilblechdecken	mit Aufbeton	Stahlprofilblech-Verbunddeckenplatten (Stahlprofilblech als untere Feldbewehrung der Stahlbetonplatte)	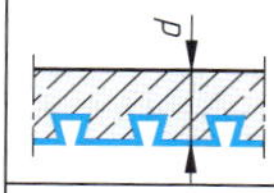	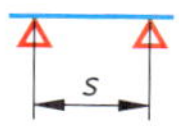	120	120	Zulagebewehrung und Mindestachsabstände nach Prüfzeugnis. Obere Bewehrung wie bei Durchlaufplatten nach DIN 1045 und DIN 4102, Teil 4	
			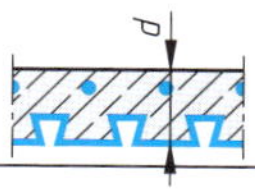	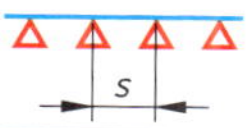				
		Selbsttragende Stahlprofilbleche mit Aufbeton	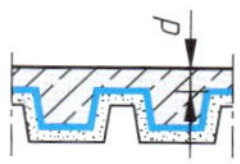		oben Aufbeton: 50 unten z.B. Spritzputz Vermiculite 15	20	vorgeschrieben	
	ohne Aufbeton	Selbsttragende Stahlprofilbleche mit oberseitiger Plattenbekleidung	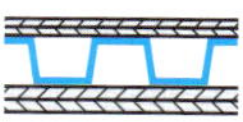		oben z.B. Calcium-Silikat-Platten 2 × 5 oben z.B. Calcium-Silikat-Platten 2 × 10	2 × 8 2 × 15	nicht vorgeschrieben	

N

Periodensystem der Elemente

Es gibt auf der Erde rund 100 **Grundstoffe**, auch **chemische Elemente** genannt. Sie sind in einem Ordnungsschema, dem **Periodensystem der Elemente** (kurz PSE), geordnet.
Zur Kurzbezeichnung der Elemente verwendet man die **chemischen Symbole**, z.B. für Eisen Fe, für Aluminium Al, für Kupfer Cu, für Sauerstoff O, für Kohlenstoff C.

Periodensystem der Elemente

Erläuterungen:

13 Al Aluminium — Symbol, Elementname

Leichtmetalle · Edelmetalle · Gase · Schwermetalle · Nichtmetalle

1 H Wasserstoff																	2 He Helium
3 Li Lithium	4 Be Beryllium											5 B Bor	6 C Kohlenstoff	7 N Stickstoff	8 O Sauerstoff	9 F Fluor	10 Ne Neon
11 Na Natrium	12 Mg Magnesium											13 Al Aluminium	14 Si Silicium	15 P Phosphor	16 S Schwefel	17 Cl Chlor	18 Ar Argon
19 K Kalium	20 Ca Calcium	21 Sc Scandium	22 Ti Titan	23 V Vanadium	24 Cr Chrom	25 Mn Mangan	26 Fe Eisen	27 Co Kobalt	28 Ni Nickel	29 Cu Kupfer	30 Zn Zink	31 Ga Gallium	32 Ge Germanium	33 As Arsen	34 Se Selen	35 Br Brom	36 Kr Krypton
37 Rb Rubidium	38 Sr Strontium	39 Y Yttrium	40 Zr Zirkon	41 Nb Niob	42 Mo Molybdän	43 Tc Technetium	44 Ru Ruthenium	45 Rh Rhodium	46 Pd Palladium	47 Ag Silber	48 Cd Cadmium	49 In Indium	50 Sn Zinn	51 Sb Antimon	52 Te Tellur	53 I Iod	54 Xe Xenon
55 Cs Caesium	56 Ba Barium	57 La Lanthan	72 Hf Hafnium	73 Ta Tantal	74 W Wolfram	75 Re Rhenium	76 Os Osmium	77 Ir Iridium	78 Pt Platin	79 Au Gold	80 Hg Quecksilber	81 Tl Thallium	82 Pb Blei	83 Bi Bismut	84 Po Polonium	85 At Astat	86 Rn Radon

Stoffeinteilung in der Chemie

Stoffe

- **Reinstoffe**
  - **Grundstoffe (chemische Elemente):** *(bestehen aus Atomen)* z.B. Eisen Fe, Aluminium Al, Kupfer Cu, Sauerstoff O_2
  - **Chemische Verbindungen:** *(bestehen aus Molekülen)* z.B. Wasser H_2O, Salzsäure HCl, Polyvinylchlorid PVC
- **Stoffgemische**
  - **aus Elementen:** z.B. nichtrostender Stahl, ein Gemisch (Legierung) aus den Elementen Eisen Fe, Chrom Cr, Nickel Ni.
  - **aus chemischen Verbindungen:** z.B. Beizlösung, ein Gemisch aus Wasser H_2O, Salzsäure HCl und Salpetersäure HNO_3.

Chemische Formeln

Mit chemischen Formeln werden die in einer chemischen Verbindung enthaltenen Elemente und deren Anzahl pro Formeleinheit angegeben.

Beispiel: **Wasser** hat die chemische Formel H_2O, das bedeutet, es besteht aus Molekülen mit jeweils 2 H-Atomen und einem O-Atom. Die tiefgestellte Zahl, **Index** genannt, gibt die Anzahl des voranstehenden Atoms an.

Beispiel: **Schwefelsäure** hat die chemische Formel H_2SO_4. Sie besteht aus Molekülen mit jeweils zwei H-Atomen, einem S-Atom und vier O-Atomen.

Chemische Reaktionsgleichungen

Chemische Reaktionen werden mit chemischen Reaktionsgleichungen beschrieben. Wie bei einer mathematischen Gleichung müssen auf der linken Seite der Reaktionsgleichung genauso viele Atome vorhanden sein wie auf der rechten Seite der Reaktionsgleichung. Der Pfeil zeigt die Richtung der Reaktion an.

Beispiel: Kohlenstoff (C) verbrennt mit Sauerstoff (O_2) zu Kohlenstoffdioxid (CO_2): $\mathbf{C + O_2 \rightarrow CO_2}$

Beispiel: Eisenerz (Fe_2O_3) reagiert im Hochofenprozess mit Kohlenstoffmonoxid (CO) zu Eisen (Fe) und Kohlenstoffdioxid (CO_2): $\mathbf{Fe_2O_3 + 3\,CO \rightarrow 2\,Fe + 3\,CO_2}$

Die Zahlen vor den Atomen bzw. Molekülen, die **Koeffizienten**, sind ein Multiplikationsfaktor für die Stoffeinheit.

Beispiele: 3 CO-Moleküle bedeutet insgesamt 3 C-Atome und 3 O-Atome,
3 CO_2-Moleküle bedeutet insgesamt 3 C-Atome und $3 \cdot 2 = 6$ O-Atome.

Chemische Stoffgruppen

Oxide

Oxide sind Sauerstoffverbindungen. Sie entstehen bei der Reaktion von Elementen mit Sauerstoff. In der Sprache der Chemie nennt man diesen Vorgang **Oxidation**. Oxide, die bei der Verbrennung von Erdgas und Öl entstehen, sind z.B. Kohlenstoffdioxid CO_2, Kohlenstoffmonoxid CO und Wasser H_2O. Weitere gasförmige Oxide sind Schwefeldioxid SO_2 und Stickoxid NO_2. Bei der Verzunderung (Oxidation) von Eisen Fe entsteht Eisenoxid Fe_2O_3.

Die meisten Erze, aus denen die Metalle hergestellt werden, sind Oxide: Eisenerz ist Eisenoxid Fe_2O_3, Aluminiumerz (Bauxit) ist Al_2O_3. Aus den Erzen werden durch Sauerstoffentzug, d.h. **Reduktion**, die Metalle gewonnen.

Säuren

Säuren bestehen aus dem Säurewasserstoff sowie einem Säurerest und sind in Wasser gelöst.

Beispiel: Salpetersäure HNO_3 besteht aus dem Säurewasserstoff H^+ und dem Säurerest $-NO_3$, der Nitrat heißt.

Säurelösungen werden im Metallbau zum Ätzen und Beizen von Metalloberflächen verwendet.

Säure	Formel	Säurerest	
Kohlensäure	H_2CO_3	$-CO_3$	-carbonat
Salpetersäure	HNO_3	$-NO_3$	-nitrat
Salzsäure	HCl	-Cl	-chlorid
Schwefelsäure	H_2SO_4	$-SO_4$	-sulfat
Blausäure	HCN	-CN	-cyanid

Laugen

Laugen sind wässrige Lösungen bestimmter Metallhydroxide. Sie bestehen aus einem unedlen Metall, z.B. Natrium Na und der Hydroxidgruppe -OH. Sie haben meist einen umgangssprachlichen Namen.

Beispiel: Natronlauge ist die wässrige Lösung des Natriumhydroxids NaOH.

Häufig eingesetzte Laugen, z.B. zum Abbeizen von Altfarben, sind Natronlauge NaOH und Kalkwasser $Ca(OH)_2$.

Salze

Salze bestehen aus einem Metall und einem Säurerest. Sie haben häufig einen umgangssprachlichen Namen. Der chemische Name des Salzes wird aus den beiden Bestandteilen gebildet, d.h. aus dem Metall und dem Säurerest.

Beispiele: Kochsalz NaCl hat den chemischen Namen Natriumchlorid. Kalkstein $CaCO_3$ heißt chemisch Calciumcarbonat.

Salz	Formel	Chemischer Name
Kochsalz	NaCl	Natriumchlorid
Gips	$CaSO_4$	Calciumsulfat
Kalkstein	$CaCO_3$	Calciumcarbonat
Zyankali	KCN	Kaliumcyanid
Kupfervitriol	$CuSO_4$	Kupfersulfat

Organische Verbindungen

Sie bestehen aus einem Gerüst aus Kohlenstoffatomen C sowie darin eingebauten Wasserstoff-, Sauerstoff-, Stickstoff- und Chlor-Atomen. Bekannte organische Verbindungsgruppen sind die **Kohlenwasserstoffe**, wie z.B. das Flüssiggas Butan $CH_3\text{-}CH_2\text{-}CH_2\text{-}CH_3$ oder das Schweißgas Acethylen $CH \equiv CH$. Andere organische Verbindungsgruppen sind die Alkohole, wie z.B. das Lösungsmittel Propanol $CH_3\text{-}CH_2\text{-}CH_2\text{-}OH$ oder die chlorierten **Kohlenwasserstoffe (CKW)**, wie z.B. Trichlorethylen $CHCl = CCl_2$.

Wasser

Absolut reines Wasser H_2O muss durch aufwändige Reinigungsverfahren hergestellt werden und wird nur in chemischen Labors verwendet. Es wird destilliertes oder demineralisiertes Wasser genannt.

Natürliches Wasser ist kein reiner Stoff. Auch so genanntes reines Trinkwasser enthält gelöste Inhaltsstoffe in Form von Ionen: Ca^{2+}, Mg^{2+}, Na^+, K^+ sowie Hydrogencarbonat HCO_3^-, Chlorid Cl^-, Sulfat SO_4^{2-} und Nitrat NO_3^-.

Der Gehalt an gelösten Inhaltsstoffen (Ionen) im Wasser ist entscheidend für den Einsatz als Waschwasser. Deshalb wird Trinkwasser eine Maßzahl zugeordnet: die **Wasserhärte.** Die Einheit der Wasserhärte ist grad Deutsche Härte, abgekürzt °DH.

1 °DH entspricht 7,15 mg Ca^{2+}-Ionen in 1 Liter Wasser.

Wasserhärte				
Härtebereich °DH	bis 7,3	7,3 bis 14	14 bis 21,3	über 21,3
Wasserhärte	weich	mittelhart	hart	sehr hart

Wässrige Lösungen, pH-Wert

Der pH-Wert ist ein Maß für den sauren bzw. alkalischen Charakter von wässrigen Lösungen. Er hat Werte von 0 bis 14 (siehe rechts). Stark saure Lösungen (starke Säuren), wie z.B. Salzsäure, haben einen pH-Wert von 0 bis 1. Stark alkalische Lösungen (starke Laugen), wie z.B. Natronlauge, haben einen pH-Wert von 13 bis 14. Reines Wasser hat einen pH-Wert von 7 und wird als neutral bezeichnet.

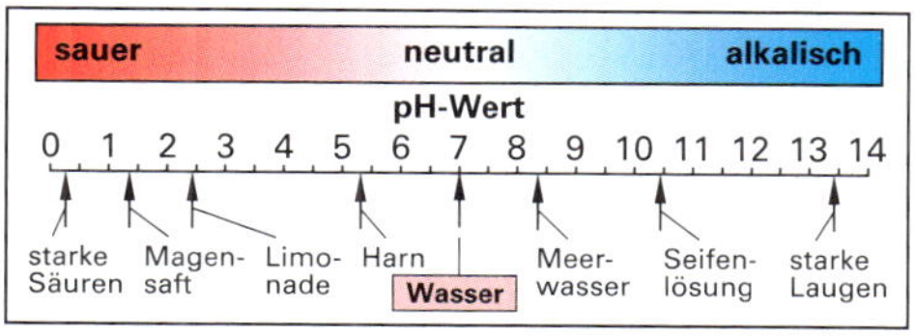

Der pH-Wert kann mit einem **Indikator** gemessen werden. Dies sind kleine Papierstreifen, die sich beim Eintauchen in die wässrige Lösung verfärben: Rottöne zeigen eine Säure an, Blautöne eine Lauge. Durch eine Farbvergleichsskala kann der pH-Wert bestimmt werden.

Technisch wichtige Chemikalien

Gewerbliche Bezeichnung	Chemischer Name	Chemische Formel	Eigenschaften, Verwendung
Aceton	**Propanon (Dimethylketon)**	CH_3COCH_3	Frisch riechende, farblose, brennbare Flüssigkeit. Hauptanwendung: Lösungsmittel
Alkohole	**Ethanol** **Propanol**	C_2H_5OH C_3H_7OH	Wasserklare, brennbare Flüssigkeiten. Ethanol ist der berauschende Bestandteil alkoholischer Getränke. Die Alkohole dienen als Reinigungs- und Lösungsmittel sowie als Motorkraftstoff.
Ammoniak (Salmiakgeist)	**Ammoniak**	NH_3	Farbloses, stechend riechendes Gas. Anwendung: Nitriergas für Nitrierschichten. Die wässrige Lösung von Ammoniak heißt Salmiakgeist. Sie dient als Reinigungsmittel (Fettlöser).
Beiz- und Ätzlösungen	**Basis: Wasser H_2O, unterschiedliche Gehalte von Salzsäure HCl und Salpetersäure HNO_3.**		Aggressive Flüssigkeiten. Dienen in der Metalltechnik zum Beizen und Ätzen von Metallen.
Benzin	**Gemisch aus Kohlenwasserstoffen mit 5 bis 12 Kohlenstoffatomen z.B. C_5H_{12}, C_6H_{14}, C_7H_{16} usw.**		Wasserklare, leicht verdunstende, sehr feuergefährliche Flüssigkeit. Wird vor allem als Motorkraftstoff sowie als Reinigungsmittel verwendet.
Essigsäure	**Ethansäure**	CH_3COOH	Wasserklare Flüssigkeit mit stechendem Geruch. Essigsäure ist eine schwache Säure. Verwendung: Beizmittel
Gebrannter Kalk **Gelöschter Kalk** **Kalkwasser**	**Calciumoxid** **Calciumhydroxid** **Wässrige Lösung des Calcium-hydroxids**	CaO $Ca(OH)_2$ $Ca(OH)_2 + H_2O$	Das in der Umgangssprache als Kalk bezeichnete Material ist gelöschter Kalk $Ca(OH)_2$. Er wird mit Sand und Wasser zu einem Brei, dem Mörtel, vermischt. Dabei reagiert er zu Kalkstein $CaCO_3$. Verwendung: Bindebaustoff.
Königswasser	**Mischung aus 3 Teilen konzentrierter Salzsäure HCl und 1 Teil konzentrierte Salpetersäure HNO_3**		Starkes Lösungsmittel, das auch die Edelmetalle Gold und Platin auflöst. Verwendung: In der Metalltechnik als Ätzmittel sowie als Lösungsmittel zum Lösen von Edelmetallen aus Metallgemischen. **Vorsicht: Stark ätzend!**
Kohlensäure **Kohlendioxid**	**Kohlensäure** (Wässrige Lösung von CO_2-Gas) **Kohlenstoffdioxid**	H_2CO_3 CO_2	Schwache Säure. Enthält CO_2-Gas, das leicht ausgast. Kohlendioxid CO_2 ist ein geruchloses Gas. Es ist in Druckgasflaschen oder gefroren als „Kohlensäureschnee" (– 80 °C) im Handel. Verwendung: Schutzgas beim MAG-Schweißen.
Mineralöl	**Gemisch aus gesättigten Kohlenwasserstoffen mit 11 bis 20 C-Atomen**		Sammelbezeichnung für ölartige Destillationsprodukte, die aus Erdöl (mineralischem Öl) gewonnen werden. Sie werden als Dieselöl und als Schmieröl verwendet.
Natronlauge	**Wässrige Lösung von Natriumhydroxid**	$NaOH + H_2O$	Stark ätzend wirkende Lauge. Verwendung: In der Technik zum Reinigen, Ätzen und Beizen. **Vorsicht bei der Handhabung, Schutzbrille tragen.**
Salpetersäure	**Salpetersäure**	HNO_3	Farblose bis gelbliche, stechend riechende, an der Luft rauchende Flüssigkeit. Starke Säure, die außer Gold und Platin alle Metalle auflöst sowie organische Stoffe zerstört. **Äußerste Vorsicht bei der Handhabung: Schutzhandschuhe und Schutzbrille tragen.**
Salzsäure	**Chlorwasserstoffsäure** (Wässrige Lösung des gasförmigen Chlorwasserstoffs)	HCl	Starke Säure, die unedle Metalle wie Eisen und Zink stark angreift. Ist in Beiz- und Ätzlösungen enthalten. **Vorsicht bei der Handhabung.**
Schwefelsäure	**Schwefelsäure**	H_2SO_4	Sehr starke Säure, die unedle Metalle auflöst und organische Substanzen zerstört. Verwendung: Elektrolyseflüssigkeit in Akkumulatoren. **Äußerste Vorsicht: Schutzhandschuhe und Schutzbrille tragen.**
Tetra	**Tetrachlormethan** (MAK-Werte Seite 132)	CCl_4	Wasserklare, giftige, fettlösende Flüssigkeit mit süßlichem Geruch. Wurde früher als Reinigungs- und Fettlösungsmittel (Kaltreiniger) verwendet. **Verwendung ist heute verboten, da krebserregend.**
Tri	**Trichlormethan** (MAK-Werte Seite 132)	$CHCl{=}Cl_2$	Wasserklare, fettlösende Flüssigkeit mit typischem Geruch. Wurde früher als Reinigungsmittel (Kaltreiniger) verwendet. **Verwendung ist verboten, da krebserregend.**

N

Grundlagen der Technischen Kommunikation

Grundbegriffe	Begriffsinhalte
Technische Kommunikation	Sie umfasst die Bearbeitung, Weiterleitung und Speicherung von Informationen. Sie findet z.B. als Informationsaustausch zwischen den Beschäftigten eines Betriebes statt. Weil der Informationsaustausch auf einen bestimmten technischen Gegenstand gerichtet ist und viele Teilinformationen zusammenfließen, bezeichnet man ihn auch als Informationsfluss.
Informationen	Es sind Mitteilungen, Nachrichten oder Signale, die von einem Absender an einen Empfänger gerichtet sind. Das Wort Information bezieht sich auf den Inhalt einer Aussage. Technische Informationen beinhalten Daten, die sich z.B. auf die Beschreibung der Gestalt eines technischen Gegenstandes oder auf seinen Herstellungsprozess beziehen. Um sie weiterzuleiten, bedarf es eines Informationsträgers. Im Bereich der Technik ist die Technische Zeichnung noch immer der wichtigste, allgemeinverständlichste und am meisten genutzte Informationsträger.
Anforderungen an Informationen	Sie müssen umfassend sein. Sie müssen an die richtige Adresse gerichtet sein. Sie müssen ohne Fehler sein. Sie müssen aufbewahrt werden können.
Informationsträger	Sie werden zur Vergegenständlichung, zum Transport und zur Aufbewahrung von technischen Informationen gebraucht. Im Bereich der Technik nennt man sie Technische Unterlagen.
Arten von Informationsträgern	Richtlinien für Arbeitssicherheit und Unfallschutz Technische Richtlinien von Industrieverbänden z.B. Stahlinformationszentrum und von Fachinstituten z.B. Institut für Fenstertechnik Vorschriften der Überwachungs- und Gütegemeinschaften z.B. Überwachungsgemeinschaft für Feuer-, Rauch- und Schutzraumabschlüsse Normen (DIN, DIN ISO, DIN EN, DIN EN ISO) VDI / VDE-Richtlinien Betriebsanleitungen Instandhaltungspläne Technische Zeichnungen Tabellen, Stücklisten, Montagepläne Programme für die NC-Fertigung elektronische Datenträger (z.B. Disketten, CD, DVD)
Technische Zeichnungen	Sie können als Informationsträger vielfältiger Gestalt sein. Die Arten von Technischen Zeichnungen und deren Inhalt sind in DIN 199 beschrieben.

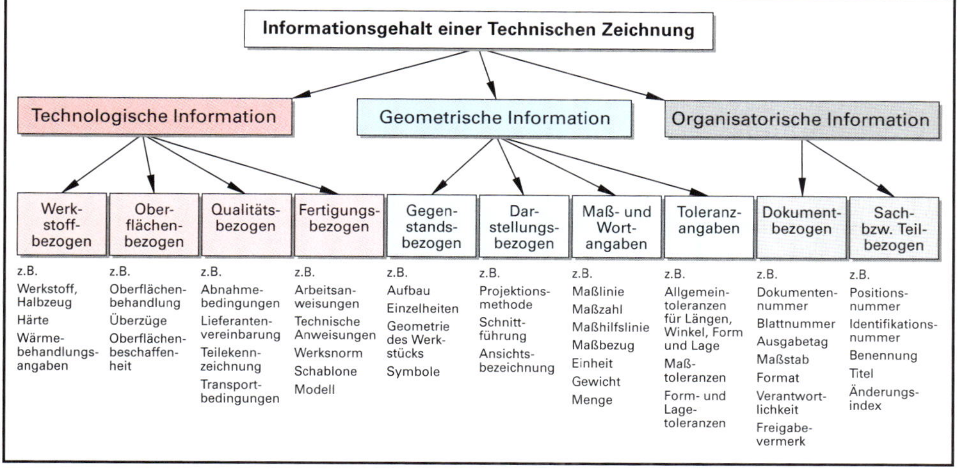

A

Grundlagen des Technischen Zeichnens

Arten von Zeichnungen, Beispiele

vgl. DIN 199-1 (2002-03)

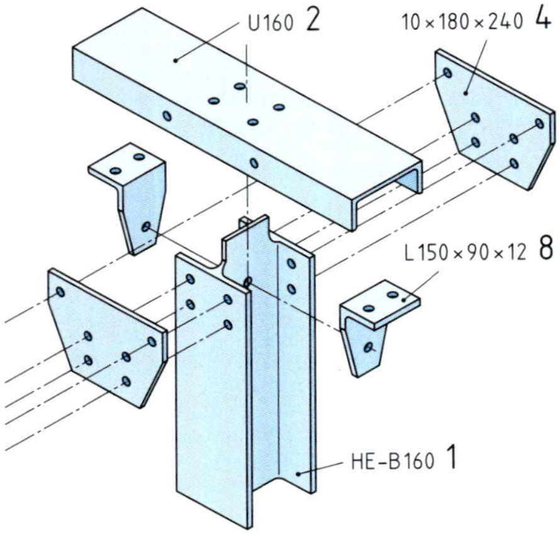

Anordnungsplan

Ein Anordnungsplan (auch Anordnungszeichnung, Explosionszeichnung genannt) ist eine technische Zeichnung, die Erzeugnisse oder Baugruppen im demontierten Zustand so darstellt, dass die räumliche Lage der Bauteile und ihre funktionelle Zusammengehörigkeit erkennbar ist.

Merkmale:

- Ordnungsprinzip ist die Lage der Bauteile zueinander in der Reihenfolge ihrer späteren Montage.
- Dreidimensionale Darstellung (z.B. Isometrie).
- Nicht unbedingt maßstabsgerecht.
- Enthält keine Maßeintragung, außer Positionsnummern und Kurzbezeichnungen der Teile.
- Ist ohne besondere Kenntnisse lesbar.

Wegen der genannten Eigenschaften wird diese Zeichnungsart vor allem bei der Vorbereitung und Durchführung von Montage- und Demontageprozessen als Zusammenbauzeichnung angewendet.

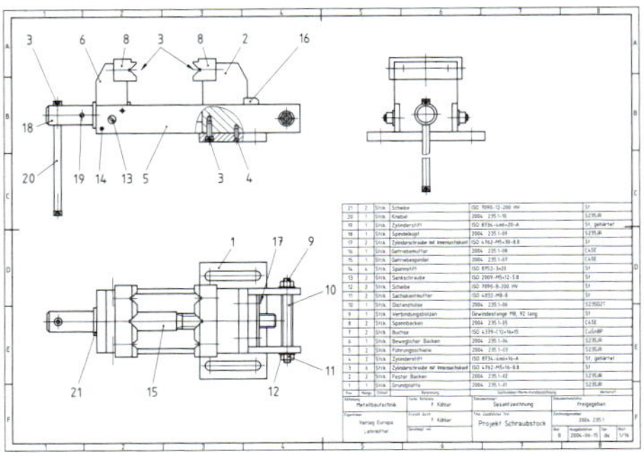

Gesamtzeichnung

Eine Gesamtzeichnung stellt eine Anlage, ein Bauwerk, ein Erzeugnis oder eine Gruppe von Teilen vollständig dar.

Merkmale:

- Darstellung in Ansichten nach den Regeln der rechtwinkligen Parallelprojektion.
- Abbildung in einem genormten Maßstab.
- Darstellung im zusammengebauten Zustand.
- Positionsnummern als ordnendes Merkmal bezeichnen die Teile passend zur zugehörigen Stückliste.
- Meist keine Maßeintragung.
- Die Stückliste kann über dem Schriftfeld der Zeichnung von unten nach oben aufgebaut werden oder als eigenständiges Dokument.

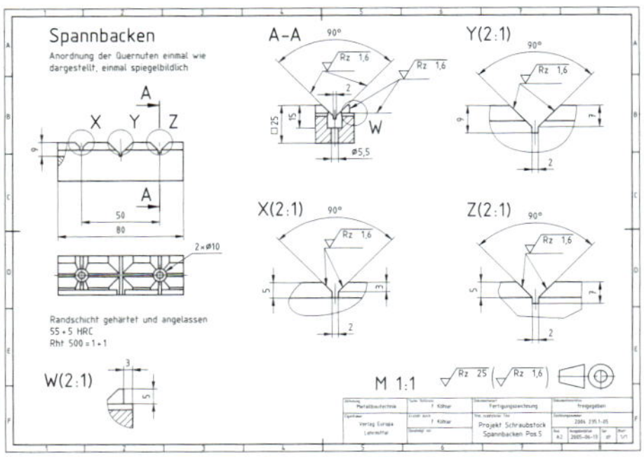

Einzelteil (Teil-)zeichnung

Eine Einzelteilzeichnung stellt ein Teil eines Erzeugnisses oder einer Baugruppe dar, das nicht zerstörungsfrei zerlegt werden kann. Die räumliche Zuordnung des Teiles zum Erzeugnis bzw. der Baugruppe wird nicht dargestellt.

Merkmale:

- Darstellung in Ansichten nach den Regeln der rechtwinkligen Parallelprojektion.
- Die Darstellung ist maßstabsgerecht, exakt und sauber.
- Sie enthält z.B. als Fertigungszeichnung alle Angaben, die zur Fertigung des Teiles erforderlich sind, z.B. Angaben zu Form und Größe des Werkstücks, Angaben zu Besonderheiten der Fertigung, Angaben zu den Anforderungen an die Maßgenauigkeit, Anforderungen an die Oberflächenbeschaffenheit, Darstellung von Einzelteilen.

A

Grafische Darstellungen

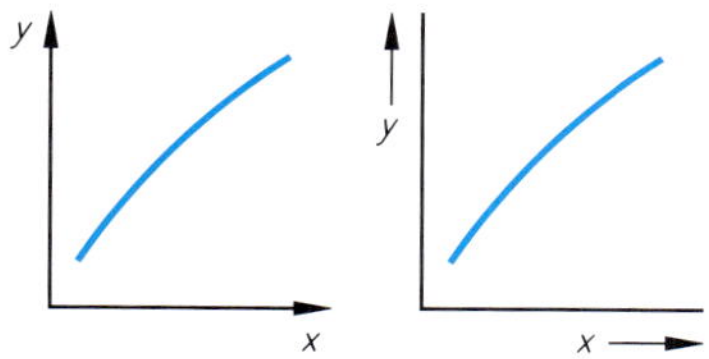

Aufbau eines Diagramms

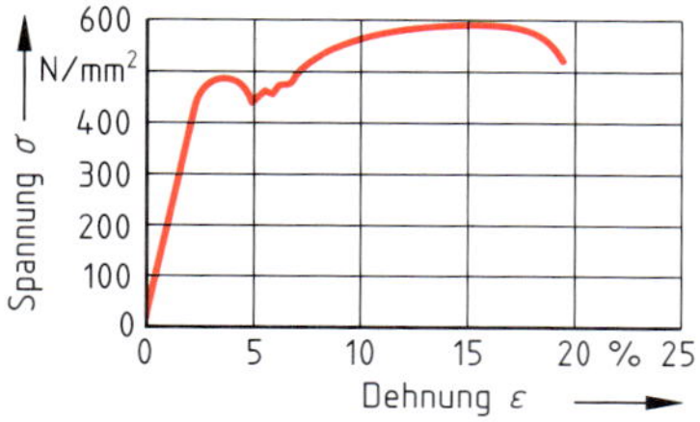

Spannungs-Dehnungs-Diagramm

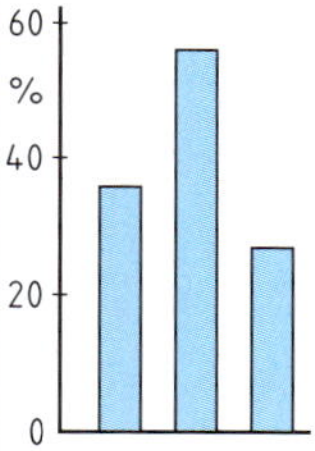

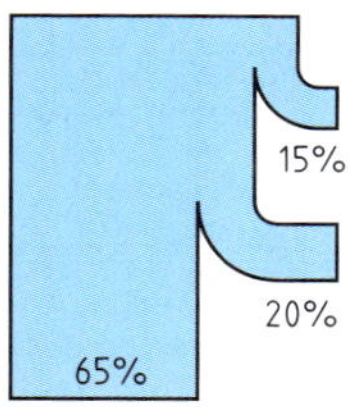

Säulendiagramm **Sankey-Diagramm**

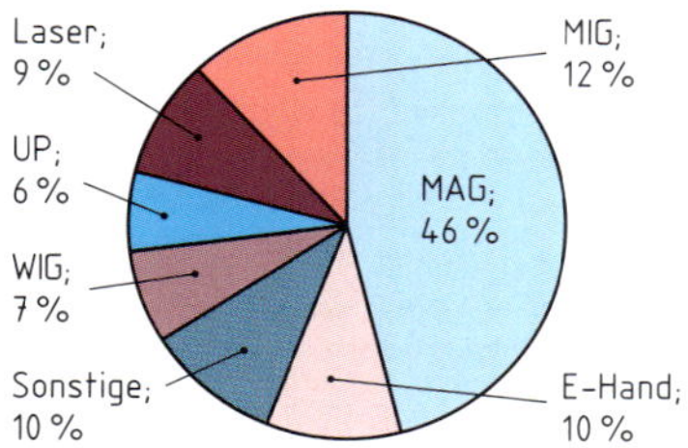

Kreisdiagramm (Anwendung von Schweißverfahren)

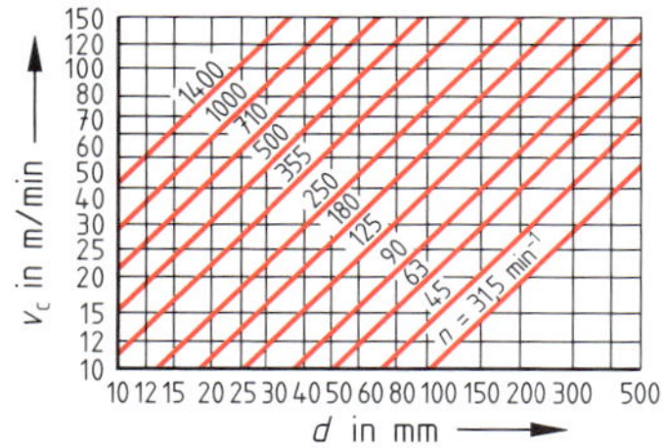

Nomogramm (Drehzahlauswahl)

Grafische Darstellungen vgl. DIN 461 (1973-03)

Sie dienen der Veranschaulichung funktioneller Zusammenhänge. Abhängigkeiten veränderlicher Größen werden bildlich dargestellt. Die Darstellungsart wählt man nach Art und Umfang der Größen und ihres Zusammenhanges.

Die Linienbreiten werden nach DIN EN ISO 128 im Verhältnis Netz : Kurven : Achsen = 1 : 2 : 4 gewählt.

Zur Beschriftung verwendet man vertikale Normschrift. Die Ziffern und Formelzeichen werden kursiv geschrieben. Die Beschriftung soll von unten und in Ausnahmen von rechts lesbar sein.

Diagramme

Das sind grafische Darstellungen in Koordinatensystemen. Die waagerechte Achse (x-Achse) für die unabhängige Veränderliche und die senkrechte Achse (y-Achse) für die abhängige Veränderliche schneiden sich im Nullpunkt (Ursprung). Pfeilspitzen zeigen in die positiven Achsrichtungen. Die Benennung der Achsen steht unter der waagerechten und links neben der senkrechten Pfeilspitze. Die Pfeile können auch parallel zu den Achsen mit der Benennung an der Pfeilwurzel angebracht werden.

Bei einer qualitativen Darstellung besitzt das Koordinatensystem keine Teilung. Zur quantitativen Darstellung erhalten die Achsen eine Skala (bezifferte Teilung).

Jeder negative Wert muss mit dem Minuszeichen, die Nullpunkte beider Achsen müssen mit einer Null versehen werden.

Räumliche rechtwinklige Koordinatensysteme werden in axonometrischer Projektion nach DIN ISO 5456 gezeichnet.

Bei einem Polarkoordinatensystem wird der waagerechten Achse zumeist der Winkel Null zugeordnet und positive Winkel werden entgegen dem Uhrzeigersinn angegeben. Der Radius ist der Betrag der Entfernung des zu beschreibenden Punktes zum Nullpunkt (Pol) des Koordinatensystems.

Man unterscheidet lineare Teilung, halblogarithmische Teilung und logarithmische Teilung und wählt diese je nach Aussageabsicht und Verwendungszweck des Diagramms.

Flächendiagramme

Säulendiagramm
: Die darzustellenden Größen werden als waagerechte oder senkrechte gleichdicke Säulen dargestellt.

Kreisdiagramm
: Mit einem Kreisdiagramm lassen sich Prozentanteile besonders anschaulich darstellen. Der Vollkreis entspricht dabei dem Wert von 100%.

Sankey-Diagramm
: Durch Aufteilung eines breiten Flächenstreifens, der 100% repräsentiert, in schmalere Flächenstreifen, deren Breite den abgehenden prozentualen Anteilen entspricht, werden ebenfalls Prozentwerte bildlich dargestellt.

Nomogramme
: Sie werden zur grafischen Darstellung technischer Zusammenhänge benutzt. Mit ihrer Hilfe lassen sich zusammengehörige Werte mehrerer Variablen ablesen.

Pläne

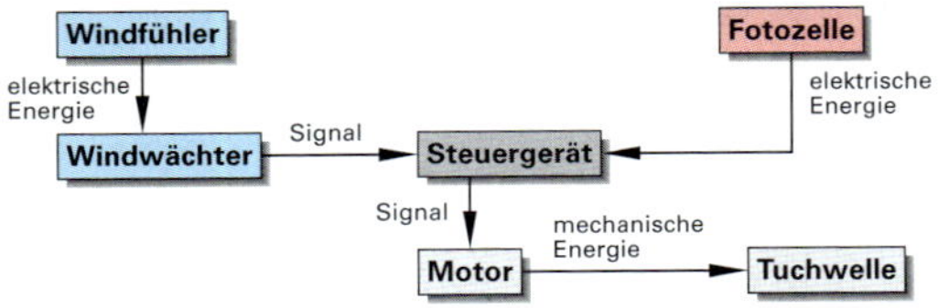

Arbeitsplan		
Auftrag Nr.: 06/98		Teilnr.: 007
Sachnr.: F125-080-012		Werkstoff: AlMgSi0,5F22
Rohteil: Strangpressprofil		
Bezeichnung: Dreh-Kipp-Flügel		
Nr.	Bezeichnung	Werkzeug/Hilfsmittel
1	Zuschnitt der Profile nach Rohbaurichtmaß (RBM)	Gehrungssäge
2	Herstellung aller Bohrungen, Ausnehmungen, Ausklinkungen durch Bohren, Fräsen, Stanzen	Bohrmaschine, Schablonen, Fräsmaschine, Spannmittel, Stanze, Lehren

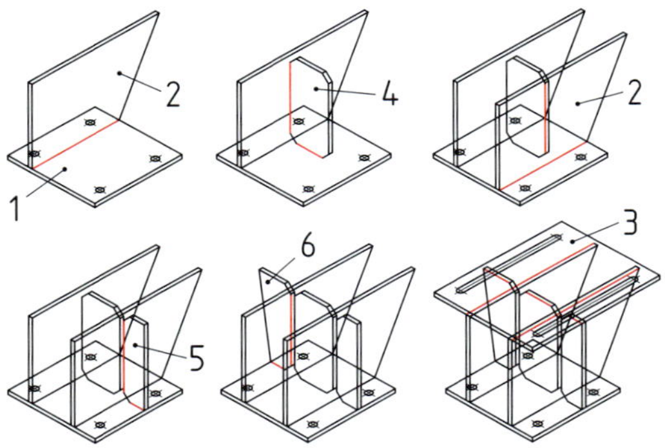

Schweißfolgeplan				
Auftrag Nr.: 06/98		Teilnr.:		005
Sachnr.: LB001-010-010		Werkstoff:		S235JR
Rohteil: Blech DIN EN 10029				
Bezeichnung: Lagerbock		Schweißverfahren: 111		
Nr.	Arbeitsfolge	Nahtform Nahtdicke	Naht-länge	Bemerkungen
1	Steg 2 an Grundplatte 1 heften	Heft-naht	4 Hefter	senkrecht ausrichten
2	Versteifung 4 an Grundplatte 1 und Steg 2 heften	Heft-naht	je 2 Hefter	senkrecht und recht-winklig ausrichten
11	Rippe 6 an Grundplatte 1 und Steg 2 schweißen	a4 ◺	2x125 2x29	Nähte 125 zuerst schweißen, ausrichten
12	Anschlussplatte 3 an Teile 2,4,5,6 schweißen	a4 ◺	2x41 2x50 2x29 2x210	Längsnähte zuerst schweißen, dann Nähte mit Teil 4

A

Pläne

Pläne verwendet man zur Darstellung von Wirkzusammenhängen. In Protokollen hält man den zeitlichen Ablauf eines Vorganges fest.

Blockschaltbild

In Blockschaltbildern werden Bauteile schematisch dargestellt. Verknüpfungen und Wirkungsabläufe macht man mit Linien, Pfeilen, Textangaben deutlich.

Schaltplan

Mittels genormter Sinnbilder für Bauteile und Linien werden die Zusammenhänge zwischen den einzelnen Bauteilen beschrieben. Für unterschiedliche Medien gibt es verschiedene Schaltpläne, z.B. Pneumatikschaltpläne, Stromlaufpläne, Rohrleitungspläne, Installationspläne.

Arbeitsplan

Arbeitspläne legen den Ablauf einer Tätigkeit, z.B. die Arbeitsschritte bei der Montage eines Fensters, fest. Außerdem enthält ein Arbeitsplan auch erforderliche technologische Angaben zu Werkzeugen, Maschinen, Spannmitteln, Prüfmitteln usw.

Schweißplan

Der Schweißplan ist ein technologischer Arbeitsplan in dem alle wesentlichen Anweisungen zum Schweißen und Prüfen der Nähte einer Baugruppe enthalten sind. Das Aussehen der Schweißpläne ist nicht genormt. Folgende Angaben kann ein Schweißplan enthalten:

- Schweißeignung eines Werkstoffs
- Reihenfolge des Zusammenbaus und Anordnung der Schweißnähte
- Schweißnahtgüte (DIN EN ISO 5817)
- Schweißposition (ISO 6947)
- Schweißnahtvorbereitung (DIN EN ISO 9692)
- Schweißzusatzwerkstoffe (ISO 2560, EN 757)
- Wärmebehandlung
- Schweißen in Verformungsbereichen
- Einsatz der Schweißer (bei abnahmepflichtigen Anlagen)
- Schweißfolgen (im Schweißfolgeplan)
- Schweißnahtausführung (Nahtaufbau, Anzahl der Lagen, Maschineneinstellwerte, Schweißgeschwindigkeit)
- Schweißnahtprüfplan

Diese Angaben müssen jedoch nicht für jede geschweißte Baugruppe gemacht werden, sondern nur bei aufwändigen Schweißkonstruktionen, die besonderen Abnahmebedingungen unterliegen (z.B. Druckbehälter, Brückenkonstruktionen, Aufzüge, ...).

Der erhebliche Arbeitsaufwand wird durch einen reibungslosen und fehlerfreien Fertigungsablauf mehr als ausgeglichen. Schweißpläne sind außerdem hilfreich bei der Klärung von Schadensursachen und Verantwortlichkeiten.

Schweißfolgeplan

Der Schweißfolgeplan ist eine Arbeitsanweisung. Er beinhaltet die örtliche u. zeitliche Herstellungsreihenfolge der Schweißnähte einer Baugruppe. Er enthält Informationen zur Reihenfolge der Arbeitsgänge beim Schweißen, zu Nahtform, -dicke, -lage, -länge, Schweißfolge, Schweißposition, Grund- u. Zusatzwerkstoffen, Schweißverfahren, Hinweise zu Vorrichtungen und Werkzeugen. Eine Skizze oder Zeichnung beschreibt die Schweißfolge.

Normzahlen und Normzahlreihen, Normen

Grundreihen

vgl. DIN 323-/01(1974-08)

R5	R10	R20	R40	R5	R10	R20	R40
1,00	1,00	1,00	1,00		3,15	3,15	3,15
			1,06				3,35
		1,12	1,12			3,55	3,55
			1,18				3,75
	1,25	1,25	1,25	4,00	4,00	4,00	4,00
			1,32				4,25
		1,40	1,40			4,50	4,50
			1,50				4,75
1,60	1,60	1,60	1,60		5,00	5,00	5,00
			1,70				5,30
		1,80	1,80			5,60	5,60
			1,90				6,00
	2,00	2,00	2,00	6,30	6,30	6,30	6,30
			2,12				6,70
		2,24	2,24			7,10	7,10
			2,36				7,50
2,50	2,50	2,50	2,50		8,00	8,00	8,00
			2,65				8,50
		2,80	2,80			9,00	9,00
			3,00				9,50

Normzahlen bilden die mathematische Grundlage für die Standardisierung in der Technik. Sie sind Glieder dezimalgeometrischer Reihen. Dabei werden *n* Glieder in einem Zehnerbereich nach dem Bildungsgesetz einer geometrischen Reihe eingestuft.
Die Grundreihen entstehen, indem die Zwischenbereiche der Dekaden (Zehnerpotenzen) in eine Anzahl geometrisch gleicher Stufen aufgeteilt werden. Entsprechend der Anzahl n = 5; 10; 20 oder 40 geometrisch gleicher Stufen erhält man 5, 10, 20 oder 40 Glieder je Dekade.
Die Grundreihen sind nach der Anzahl ihrer Glieder benannt.

Bildungsgesetz für die dezimalgeometrische Reihe:

$$g_n = g_1 \cdot \varphi^{n-1}$$

Bildungsgesetz für den Stufensprung:

$$\varphi = \sqrt[n]{10}$$

Beispiel: $\varphi = \sqrt[10]{10} \approx 1{,}25$ ergibt Reihe R10

Normen in der Technik enthalten anerkannte Regeln, die im Allgemeinen als Empfehlungen gelten. Sie stellen bewährte Lösungen für häufig wiederkehrende Aufgaben dar. Ihre Anwendung bringt eine sinnvolle Vereinheitlichung und damit Kosteneinsparung.

Normungsebenen

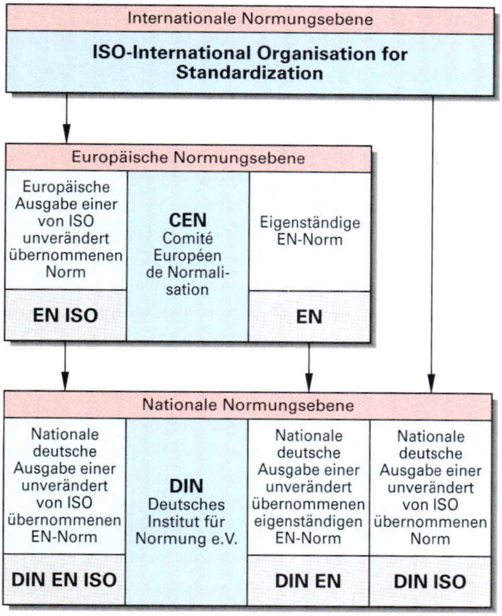

DIN-Normen

DIN – Deutsches Institut für Normung e.V.
Das Institut ist Träger der Normung in Deutschland. Innerhalb des DIN arbeiten auf verschiedenen Fachgebieten Normenausschüsse (NA). In den Normenausschüssen sind Fachleute aus der Industrie, der Wissenschaft und den Behörden vertreten, die aus den Erfahrungen oder aus verfügbaren Werksnormen Normenentwürfe erarbeiten. Diese Entwürfe werden öffentlich geprüft und dann publiziert. DIN-Normen enthalten die vom deutschen Institut für Normung erarbeiteten Fassungen der Normen, die in Normblättern veröffentlicht werden.
Wenn noch hinreichende praktische Erfahrungen fehlen, so können auch Vornormen (Entwürfe) herausgegeben werden, nach denen bereits gearbeitet werden soll.
Die DIN-Normen gelten als verpflichtende Empfehlungen und sind daher möglichst überall anzuwenden. Dabei sind auch DIN EN- und DIN ISO-Normen zu berücksichtigen.

DIN EN-Normen

Hierbei handelt es sich um unverändert übernommene Europäische Normen in deutscher Übersetzung. EN-Normen haben den Status von DIN-Normen.
Das Europäische Kommitee für Normung CEN hat das Ziel der technischen Harmonisierung und Normung in der EU und erstellt zu diesem Zweck in enger Anlehnung an die internationalen Normen ISO, Europäische Normen EN. DIN ist Mitglied von CEN.

Kopfleiste eines Normblattes

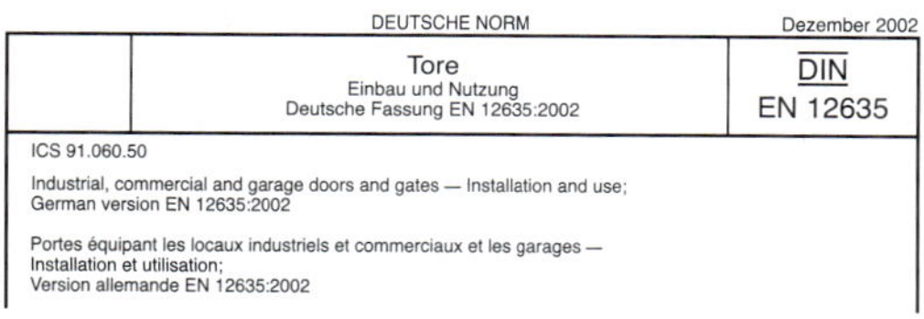

DIN ISO-Normen

ISO – International Organisation for Standardization
Es handelt sich um internationale Normen, die von Deutschland als DIN-Norm übernommen wurden.
Die ISO erarbeitet ISO-Standards, die von den Mitgliedsländern unverändert übernommen werden sollen.

Beispiel: DIN EN 12 635 (2002-12)

Bezeichnung — Nummer — Erscheinungsjahr und -monat

Normzahlen, Radien, Schrift für Zeichnungen

Normzahlen für Radien

vgl. DIN 250 (2002-04)

						0,2				0,3		**0,4**		0,5		**0,6**		0,8	
1		1,2		**1,6**		**2**		**2,5**		3		**4**		5		**6**		8	
10		12		**16**	18	**20**	22	**25**	28	**32**	36	**40**	45	**50**	56	**63**	70	**80**	90
100	110	**125**	140	**160**	180	**200**	Die fett gedruckten Tabellenwerte sind zu bevorzugen.												

Normschrift

vgl. DIN EN ISO 3098 (1998-04) u. DIN 6776-01 (1976-04)

Schriftform B, V (vertikal)

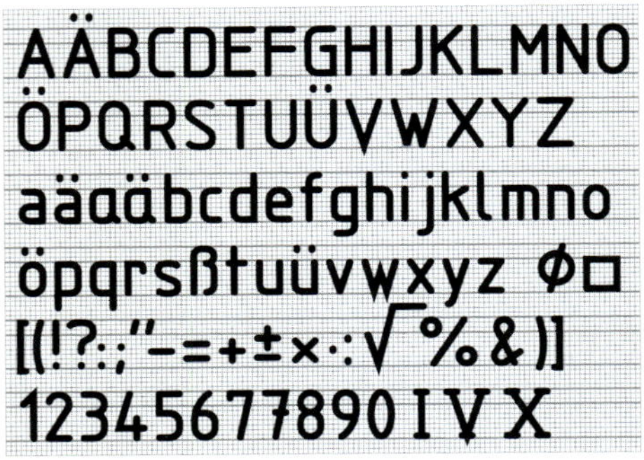

Schriftform B, S (schräg)

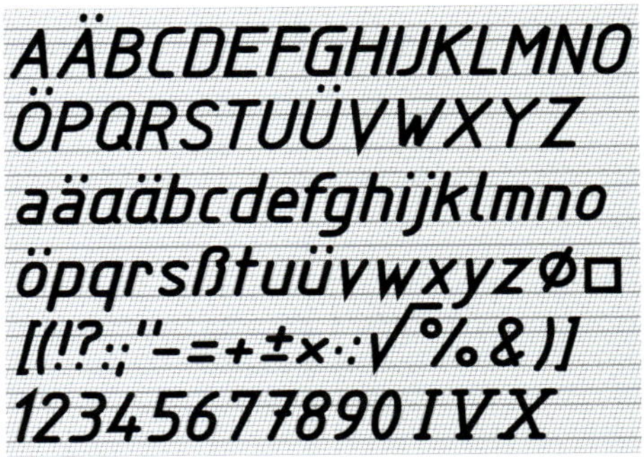

Kenngrößen für Schriftform B

vgl. DIN EN ISO 3098 (1998-04)

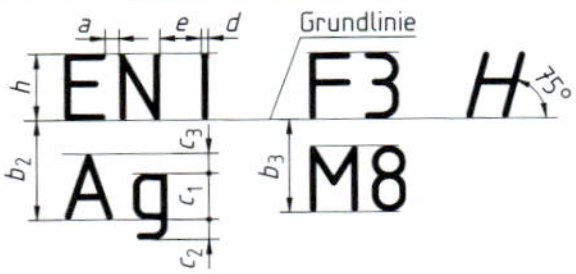

Bei der Beschriftung einer Zeichnung beträgt die Mindesthöhe der Buchstaben h = 2,5 mm. Bei gleichzeitiger Verwendung von Groß- und Kleinbuchstaben muss die Höhe der Großbuchstaben mindestens h = 3,5 mm betragen.

Für Indizes, Exponenten, Abmaße usw. wird eine Schriftgröße kleiner verwendet. Die Schrift darf aber nicht kleiner als 2,5 mm sein.

Schriftgröße in mm									
Höhe der Großbuchstaben	h		2,5	3,5	5,0	7,0	10,0	14,0	20,0
Höhe der Kleinbuchstaben	c_1	7/10 h	–	2,5	3,5	5,0	7,0	10,0	14,0
Mindestabstände									
zwischen Schriftzeichen	a	2/10 h	0,5	0,7	1,0	1,4	2,0	2,8	4,0
zwischen Grundlinien	b_2	15/10 h	3,6	5,3	7,5	10,5	15,0	21,0	30,0
– bei Großbuchstaben/Zahlen	b_3	13/10 h	3,3	4,6	6,5	9,1	13,0	18,2	26,0
zwischen Wörtern	e	6/10 h	1,5	2,1	3,0	4,2	6,0	8,4	12,0
Linienstärke	d	1/10 h	0,25	0,35	0,5	0,7	1,0	1,4	2,0

Griechisches Alphabet

vgl. DIN EN ISO 3098-0 (2000-11)

Α α Alpha	Ζ ζ Zeta	Λ λ Lambda	Π π Pi	Φ φ (ph) Phi
Β β Beta	Η η Eta	Μ μ Mx	Ρ ϱ Rho	Χ χ Chi
Γ γ Gamma	Θ ϑ Theta	Ν ν Nx	Σ σ Sigma	Ψ ψ Psi
Δ Ε Delta	Ι ι Jota	Ξ ξ Ksi	Τ τ Tau	Ω ω Omega
Ε ε Epsilon	Κ ϰ Kappa	Ο ο Omikron	Υ υ Ypsilon	

Römische Ziffern

I = 1	II = 2	III = 3	IV = 4	V = 6	VI = 6	VII = 7	VIII = 8	IX = 9
X = 10	XX = 20	XXX = 30	XL = 40	L = 50	LX = 60	LXX = 70	LXXX = 80	XC = 90
C = 100	CC = 200	CCC = 300	CD = 400	D = 500	DC = 500	DCC = 700	DCCC = 800	CM = 900
M = 1000	MM = 2000	Beispiele: MDCCCLXXI = 1871			MCMLXXXIX = 1989		MMVII = 2007	

Linienarten und Anwendung

Linienarten, Liniengruppen

vgl. DIN EN ISO 128-20 (2002-12)

DIN ISO 128	Linienart		DIN 15	Liniengruppe 0,25	0,35	0,5	0,7	1	Anwendungsbeispiele
01.1	Volllinie	schmal	B	0,13	0,18	0,25	0,35	0,5	a) Maßlinien b) Maßhilfslinien c) Hinweislinien d) Schraffurlinien e) Lichtkanten f) Gewindegrund g) Umrisse eingerahmter Schnitte h) Biegelinien i) Projektionslinien k) kurze Mittellinien l) Diagonalkreuz m) Faser- und Walzrichtung n) Umrahmung von Einzelheiten
	Freihandlinie	schmal	C	0,13	0,18	0,25	0,35	0,5	Begrenzung von abgebrochen oder unterbrochen dargestellten Ansichten und Schnitten, wenn die Begrenzung keine Mittellinie ist.
	Zickzacklinie	schmal	D	0,13	0,18	0,25	0,35	0,5	In einer Zeichnung jeweils nur eine dieser Linienarten anwenden.
01.2	Volllinie	breit	A	0,25	0,35	0,5	0,7	1	a) sichtbare Kanten und Umrisse b) Gewindeinnendurchmesser bei Außengewinde c) Gewindekerndurchmesser bei Innengewinde d) Kennzeichnung der nutzbaren Gewindelänge e) Systemlinien von Stahlbaukonstruktionen in schematischen Darstellungen f) Hauptdarstellung in Diagramme
02.1	Strichlinie	schmal	F	0,13	0,18	0,25	0,35	0,5	a) verdeckte Kanten b) verdeckte Umrisse
04.1	Strich-Punkt-linie	schmal	G	0,13	0,18	0,25	0,35	0,5	a) Mittellinien b) Symmetrielinien c) Mittelkreise bei Verzahnungen d) Lochkreise
04.2		breit	J	0,25	0,35	0,5	0,7	1	a) Kennzeichnung der Schnittebene b) Kennzeichnung geforderter Behandlungen, z.B. Wärmebehandlung
05.1	Strich-Zweipunktlinie	schmal	K	0,13	0,18	0,25	0,35	0,5	a) Umrisse von Teilen vor der Verformung b) Umrisse angrenzender Teile c) Schwerelinien von Profilen d) Grenzstellungen beweglicher Teile e) Kennzeichnung der Fertigform von Rohteilen f) Teile, die vor einer Schnittebene liegen
Beschriftung				0,18	0,25	0,35	0,5	0,7	Beschriftungen auf der Zeichenfläche, einschließlich Maßzahlen, Beschriftung von Schriftfeldern, Symbole

Anwendungsbeispiel für Linienarten

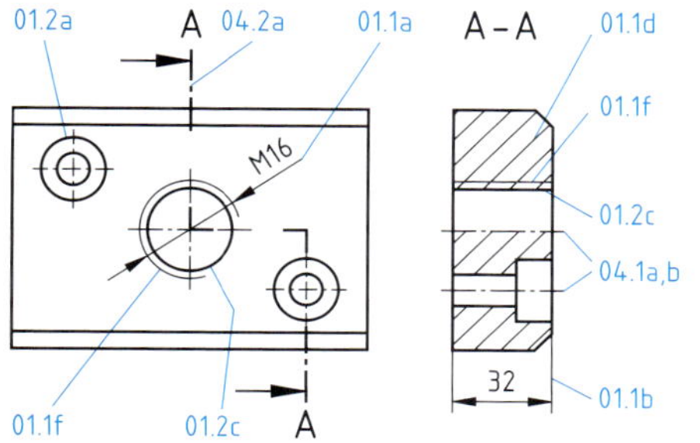

Rangfolge bei Überdeckung von Linien

In technischen Zeichnungen kommt es oft vor, dass sich verschiedene Linienarten überdecken, weil verschiedene Anwendungen zusammenfallen. Für diese Fälle ist folgende Rangfolge der Darstellung einzuhalten:

① Sichtbare Kanten und Umrisse (01.2)
② Verdeckte Kanten und Umrisse (02.1)
③ Schnittebenen (04.2)
④ Mittellinien, Symmetrieachsen (04.1)
⑤ Schwerelinien (05.1)
⑥ Maßhilfslinien (01.1)

A

Blattformate, Ränder und Begrenzungen, Falten, Maßstäbe

Blattgrößen

vgl. DIN EN ISO 5457 (1999-07)

Reihe A	Fertigblatt (beschnitten)	Zeichenfläche	Rohblatt (unbeschnitten)	Anzahl der Felder kurze Seite	lange Seite	Streifenformate	Fertigblatt (beschnitten)
A0	841 × 1189	831 × 1179	880 × 1230	16	24	**A2.0**	420 × 1189
A1	594 × 841	584 × 831	625 × 880	12	16	**A2.1**	420 × 841
A2	420 × 594	410 × 584	450 × 625	8	12	**A3.0**	297 × 1189
A3	297 × 420	287 × 410	330 × 450	6	8	**A3.1**	297 × 841
A4	210 × 297	200 × 287	240 × 330	4	6	**A3.2**	297 × 594
A5	148 × 210	139 × 200	165 × 240	Für Blattgröße A4 gibt es kein genormtes Querformat.			
A6	105 × 148	95 × 138	120 × 165				

Ränder und Begrenzungen

vgl. DIN EN ISO 5457 (1999-07)

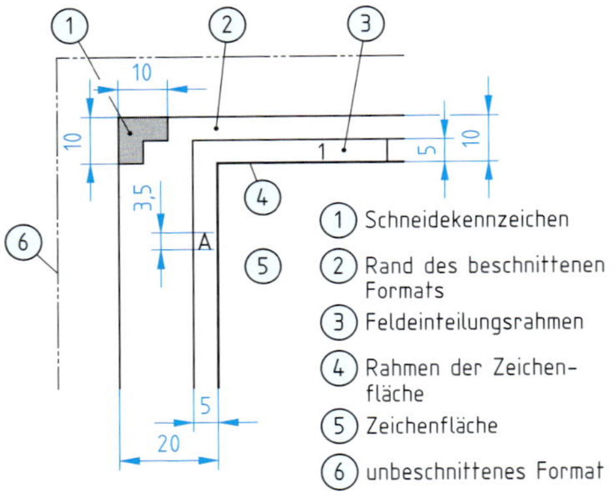

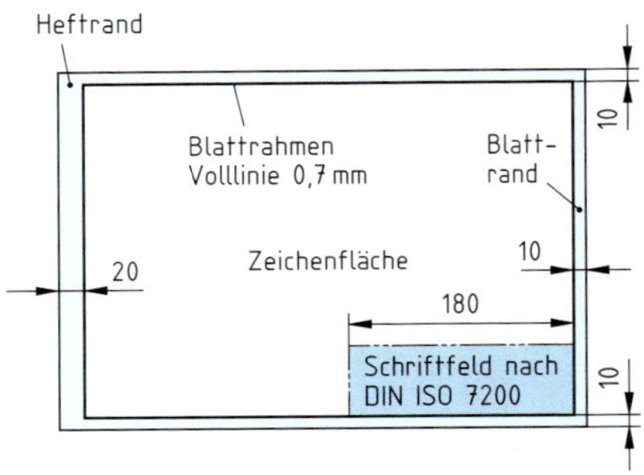

Falten von Zeichnungen auf A4-Format

vgl. DIN 824 (1981-03)

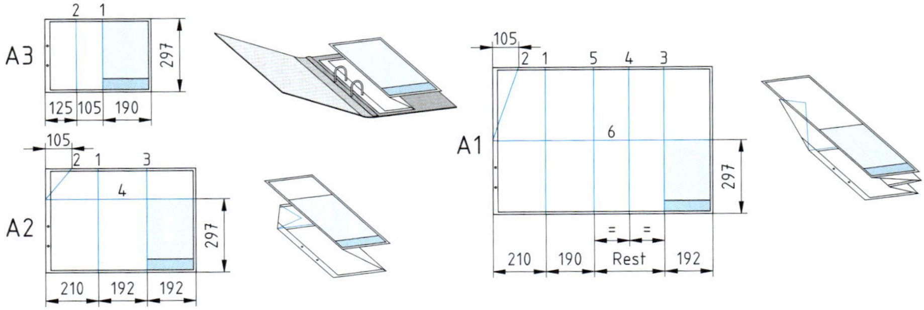

Maßstäbe

vgl. DIN ISO 5455 (1979-12)

Vergrößerungsmaßstäbe x : 1			natürlicher Maßstab	Verkleinerungsmaßstäbe 1 : x		
2 : 1	5 : 1	10 : 1	**1 : 1**	1 : 2	1 : 5	1 : 10
20 : 1	50 : 1	100 : 1		1 : 20	1 : 50	1 : 100
				1 : 200	1 : 500	1 : 1000[1]

[1] Nicht genormt, jedoch im Stahlbau üblich sind die Maßstäbe 1 : 2,5; 1 : 15; 1 : 25

Schriftfelder

Grundschriftfeld für Konstruktionsdokumente

DIN EN ISO 7200 (2004-05), Ersatz für DIN 6776-1

Die Norm enthält Festlegungen und Regeln für Datenfelder, die in Schriftfeldern von Konstruktionsdokumenten aller Art anzuwenden sind. Die Datenfelder sind durch Feldnamen, Inhalt und Länge festgelegt. Man unterscheidet:

Identifizierende Datenfelder

Name des Datenfeldes	V	Z
Gesetzlicher Eigentümer	P	–
Sachnummer	P	16
Ausgabedatum	P	10
Blattnummer	P	4
Anzahl der Blätter	E	4

Beschreibende Datenfelder

Name des Datenfeldes	V	Z
Titel des Dokuments	P	25
Zusätzlicher Titel	E	2x25

P = Pflichtangaben
E = ergänzende Angaben
V = Verbindlichkeiten
Z = Anzahl der Zeichen

Administrative Datenfelder

Name des Datenfeldes	V	Z
Genehmigte Person	P	20
Ersteller	P	20
Dokumentenart	P	30
Verantwortl. Abteilung	E	10
Seitenanzahl	E	4

Gestaltung, Anordnung, Inhalt von Schriftfeldern

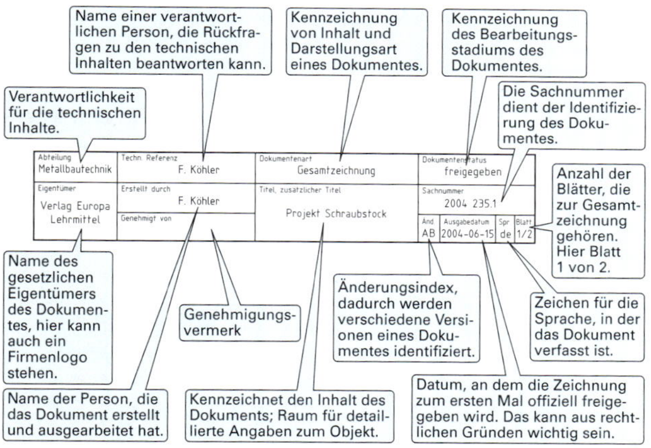

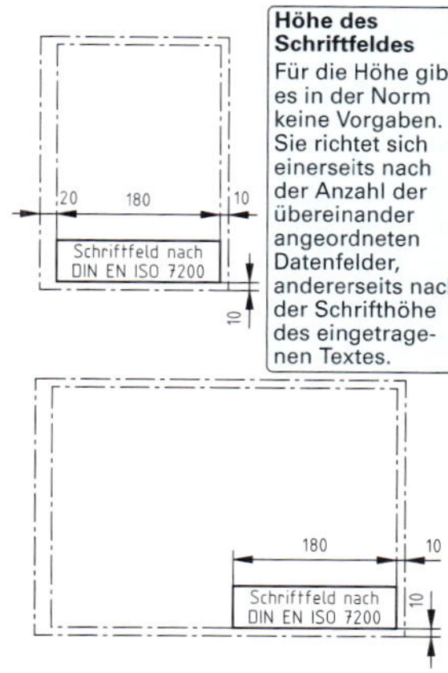

Höhe des Schriftfeldes
Für die Höhe gibt es in der Norm keine Vorgaben. Sie richtet sich einerseits nach der Anzahl der übereinander angeordneten Datenfelder, andererseits nach der Schrifthöhe des eingetragenen Textes.

Vorschlag für ein Schriftfeld zu Ausbildungszwecken

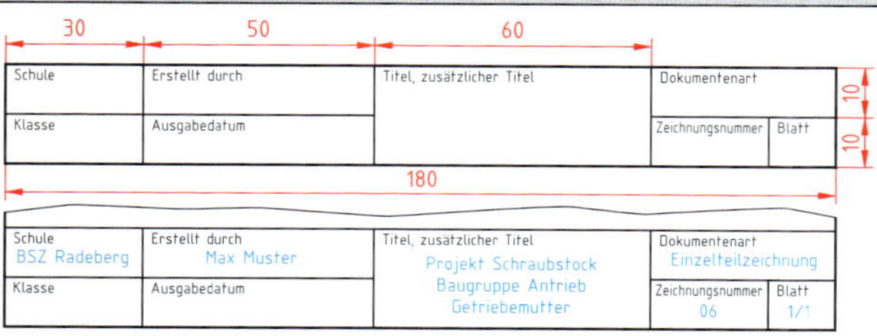

Die Norm ist für alle Arten von Konstruktionsdokumenten in allen Gebieten der Technik anwendbar. Die bisherige Norm 6776-1 wird damit abgelöst.

Datenfelder, die bisher in Schriftfeldern enthalten waren, aber nicht in der neuen Norm enthalten sind, werden außerhalb des Schriftfeldes angegeben, wenn das erforderlich ist, z.B. Maßstab, Toleranzen, Oberflächenangaben, Projektionssymbol.

Stückliste Form A (A4 hoch)

vgl. DIN 6771-02 (1997-02)

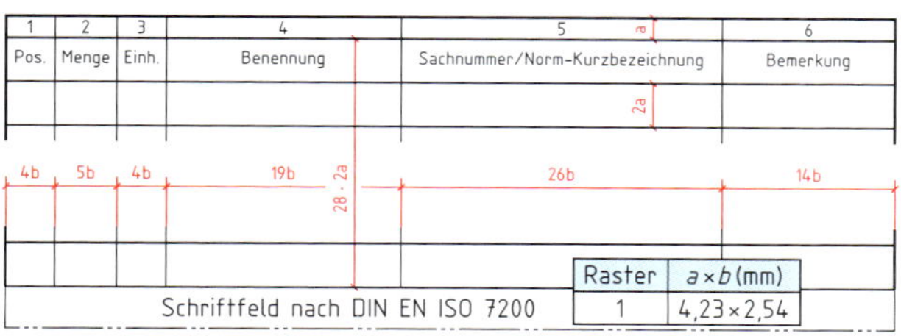

Bezeichnung im Stücklistenfeld:

(1) Position (Teilenummer)
(2) Menge (Stückzahl, Losgröße)
(3) Einheit (Maßeinheit, z.B. Stück)
(4) Benennung (Name des Teiles)
(5) Sachnummer, Kurzbezeichnung (Kurzname nach Norm)
(6) Bemerkung (Werkstoffangaben)

Eine aufgesetzte Form der Stückliste beginnt mit Zeilen direkt über dem Schriftfeld und wird von unten aufsteigend ausgefüllt.

Darstellungen in Zeichnungen

Projektionsverfahren

vgl. DIN ISO 5456-02 (1998-04)

1. Isometrische Projektion x : y : z = 1 : 1 : 1

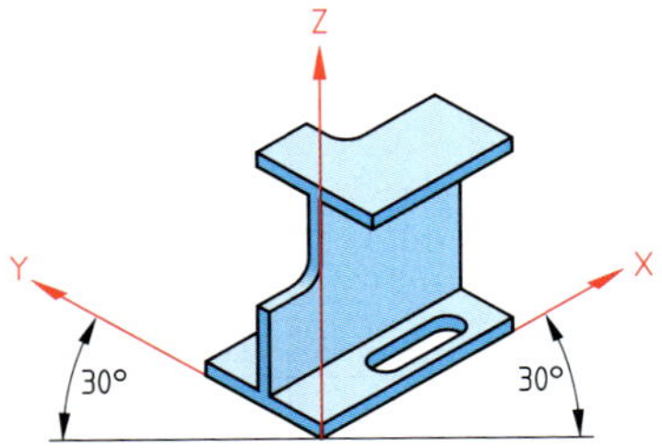

2. Dimetrische Projektion x : y : z = 0,5 : 1 : 1

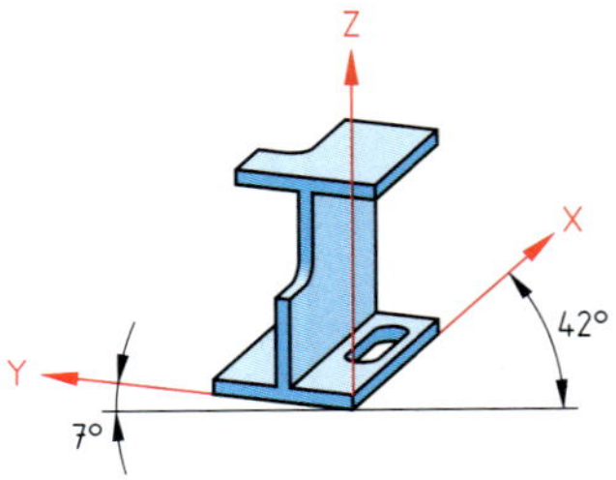

3. Kabinett-Projektion 0°/45°
x : y : z = 0,5 : 1 : 1

4. Kavalier-Projektion 0°/45°
x : y : z = 1 : 1 : 1

5. Trimetrische Projektion 0°/35°
x : y : z = 0,9 : 0,75 : 1

6. Militär-Projektion 30°/60°
x : y : z = 1 : 1 : 1

7. Rechtwinklige Projektion in mehrere Ebenen

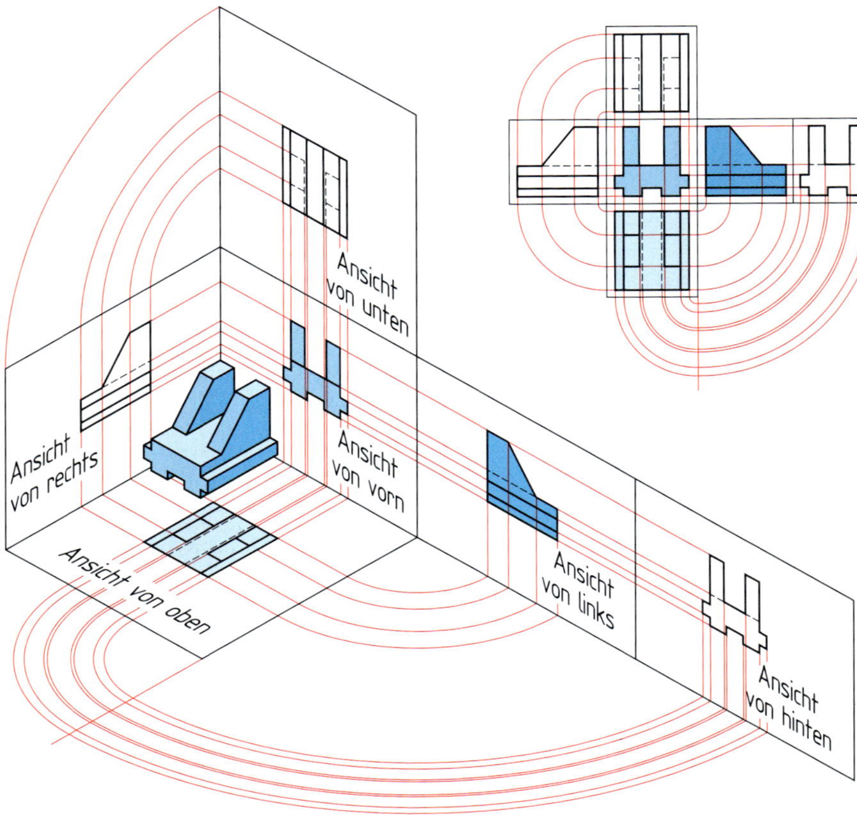

Darstellungen in Zeichnungen

Normalprojektion

vgl. DIN ISO 5456-03 (1998-04)

In technischen Zeichnungen werden die Ansichten eines Werkstücks in rechtwinkliger Parallelprojektion auf zueinander rechtwinklig stehende Ebenen projiziert. Die Symmetrieachse der Werkstücke und meist auch die Hauptbegrenzungsflächen liegen dabei parallel zu den Projektionsebenen. Als Vorderansicht wählt man die im Hinblick auf die Beschreibung der Werkstückgeometrie und die Maßeintragung aussagekräftigste Ansicht aus. Oftmals ist das die Ansicht, die das Werkstück in Fertigungslage, in Funktionslage oder in Montagelage darstellt.

Beachte: Die Anzahl der auszuwählenden Ansichten und Schnitte richtet sich nach den Erfordernissen einer vollständigen und unzweideutigen Darstellung des Werkstücks.
Durch die Anwendung von Zusatzzeichen bei der Maßeintragung können Ansichten eingespart werden.

Die Lage der Ansichten zueinander hängt von der gewählten Projektionsmethode ab. Man unterscheidet Projektionsmethode 1 und Projektionsmethode 3 und die Pfeilmethode. Bei Anwendung der Projektionsmethode 1 oder 3 wird das entsprechende Sinnbild im Schriftfeld der Zeichnung eingetragen.

Projektionsmethode 1

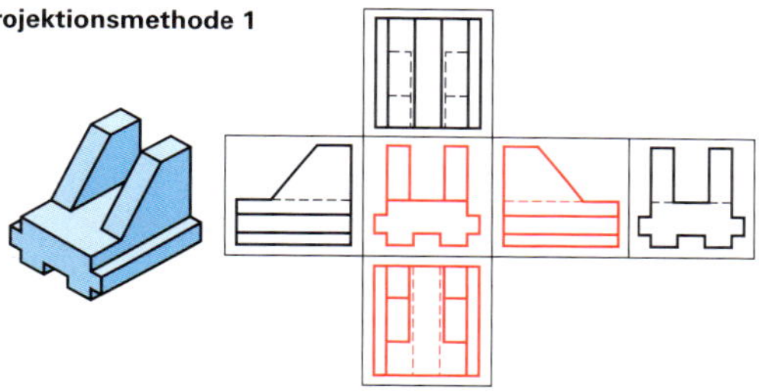

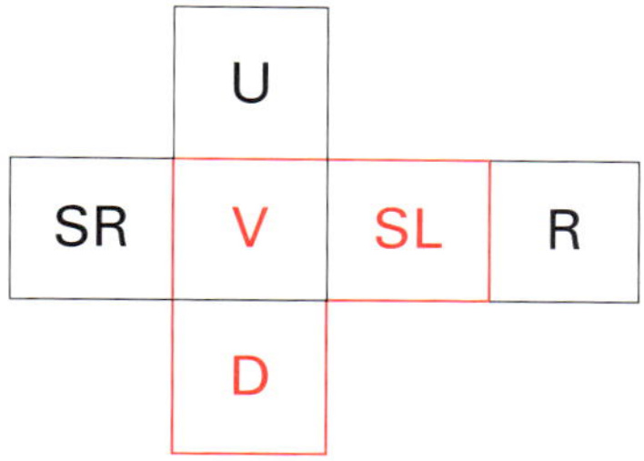

Diese Projektionsmethode wird im deutschsprachigen Raum bevorzugt angewendet.

Erläuterung: Es bedeutet
V = Ansicht von vorn
R = Ansicht von hinten
SR = Ansicht von rechts
SL = Ansicht von links
D = Ansicht von oben
U = Ansicht von unten

Sinnbild 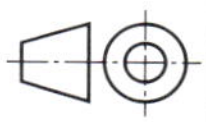

Projektionsmethode 3

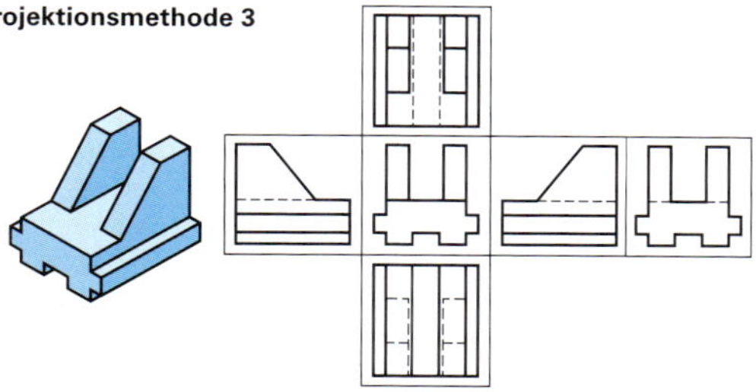

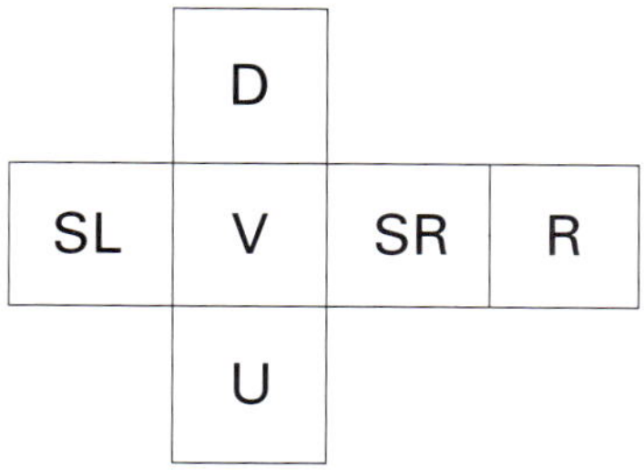

Diese Projektionsmethode wird vorwiegend in den Vereinigten Staaten von Amerika und in Großbritannien angewendet. Auch im Stahl- und Metallbau werden Werkstücke und Baugruppen oftmals mit dieser Methode dargestellt, wobei die Blickrichtung und die Ansichten wie bei der Pfeilmethode (siehe unten) gekennzeichnet werden.

Sinnbild 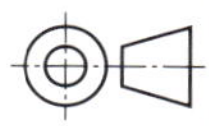

Pfeilmethode

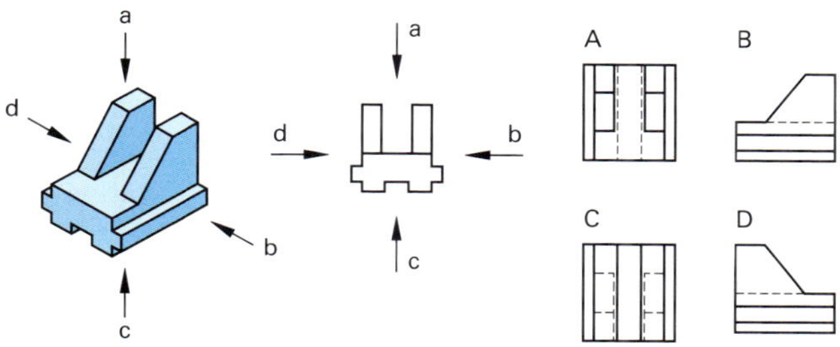

Die Betrachtungsrichtungen für die erforderlichen Ansichten werden durch Pfeile, die mit Kleinbuchstaben versehen werden, kenntlich gemacht. Man benutzt die Anfangsbuchstaben des Alphabets.

Die gleichen Buchstaben, jedoch in Großschreibung, werden oberhalb der Ansichten eingetragen.

Die Ansichten dürfen bei der Pfeilmethode unabhängig von der Vorderansicht angeordnet werden.

Besondere Darstellungen, vereinfachte Darstellungen

vgl. DIN ISO 128-30 (2002-05), DIN ISO 128-34 (2002-05)

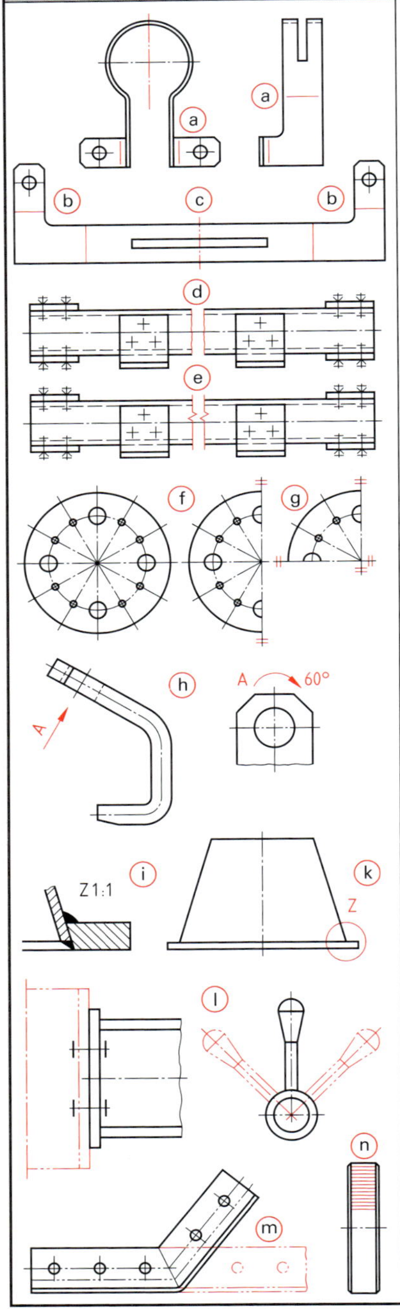

Lichtkanten

(a) Kanten an abgerundeten Übergängen werden durch schmale Volllinien dargestellt. Sie müssen an der Stelle gezeichnet werden, an der sich bei scharfkantigem Übergang die Kante befände. Lichtkanten dürfen die Umrisslinien (Körperkante) nicht berühren.

Biegelinien

(b) Biegelinien werden in Abwicklungen von Biegeteilen als schmale Volllinien von Körperkante zu Körperkante verlaufend dargestellt.

Symmetrische Formen

(c) Symmetrische Werkstücke werden durch eine Symmetrielinie gekennzeichnet, auch dann, wenn eine symmetrische Grundform in Einzelheiten verändert oder unterbrochen wurde.

Teilansichten

(d) Flache oder runde Werkstücke dürfen abgebrochen oder unterbrochen dargestellt werden, wenn Eindeutigkeit und Vollständigkeit der Darstellung gesichert sind.
Bruchkanten sind als Freihandlinien zu zeichnen.

(e) Bei CAD-Zeichnungen ist die Darstellung mit schmalen Zickzacklinien üblich.

(f) Bei der vereinfachten Darstellung symmetrischer Werkstücke wird oft nur die Hälfte oder ein Viertel der Ansicht gezeichnet.

(g) Die Symmetrie wird durch das grafische Symbol, jeweils ein Doppelstrich aus Volllinien am Ende der Symmetrieachse, gekennzeichnet.

(h) Zur Erklärung eines Details kann eine Teilansicht gezeichnet werden. Die Betrachtungsrichtung ist durch einen Bezugspfeil anzuzeigen, die Ansicht wird mit einem Großbuchstaben benannt. Wenn die Lage der Teilansicht von der Betrachtungsrichtung abweicht, müssen Drehrichtung und Drehwinkel angegeben werden.

Einzelheiten

(i) Teilbereiche eines Werkstücks oder einer Baugruppe, die sich in der Gesamtdarstellung nicht deutlich darstellen, bemaßen oder kennzeichnen lassen, werden oftmals gegenüber der Hauptdarstellung vergrößert herausgezeichnet.
In diesem Fall entfällt dann die Darstellung der genauen Form in der Gesamtdarstellung.

(k) Der Bereich, der als Einzelheit vergrößert herausgezeichnet wird, muss in der Gesamtdarstellung mit einer schmalen Volllinie (Kreis) eingegrenzt werden.
Der eingegrenzte Bereich und die zugehörige Darstellung der Einzelheit werden durch gleiche Großbuchstaben gekennzeichnet. Man nutzt die letzten drei Buchstaben des Alphabets.

Angrenzende Teile, Grenzstellungen von Teilen

(l) Umrisse von angrenzenden Teilen und Grenzstellungen beweglicher Teile werden mit schmalen Strich-Zweipunkt-Linien dargestellt. Das angrenzende Teil darf das Hauptteil nicht verdecken.

Ursprüngliche Formen

(m) Die ursprüngliche Form eines Werkstücks wird z.B. wie beim Schmieden oder Biegen durch schmale Strich-Zweipunkt-Linien dargestellt.

Oberflächenstrukturen

(n) Oberflächenstrukturen werden vorzugsweise nur zum Teil, aber mit breiten Volllinien gezeichnet.

Darstellungen in Zeichnungen

Schnittdarstellungen

vgl. DIN ISO 128-40, -44, -50 (2002-05)

Schnittdarstellungen werden angewendet, wenn Werkstückkonturen sichtbar gemacht werden sollen, die bei der Darstellung in Ansichten verdeckt sind. Ein Schnitt ist die Darstellung eines in einer gedachten Ebene geschnittenen Einzelteiles, ausgeführt in rechtwinkliger Parallelprojektion in eine Ebene, die parallel zur Schnittebene liegt. Im Schnitt wird das dargestellt, was in der gedachten Schnittebene und dahinter liegt. Verdeckte Kanten werden nicht dargestellt.

Regeln

① Die gedachte Schnittebene ist so zu wählen, dass zu beschreibende Innenkonturen sichtbar werden.

② Die gedachte Schnittebene liegt in der Regel parallel zu einer Projektionsebene.

③ Die entstehenden Schnittflächen werden gekennzeichnet. Hohlräume in der Schnittebene werden nicht als Schnittflächen gekennzeichnet.

④ In Längsrichtung der Schnittebene liegende Normteile, die keine Hohlräume oder verdeckte Einschnitte haben, wie Schrauben, Niete, Stifte usw. sowie massive Elemente eines Werkstückes, die sich von der Grundform abheben sollen, wie z.B. Rippen, Speichen, Stege, werden nicht geschnitten dargestellt.

⑤ Hinter der Schnittebene liegende verdeckte Kanten werden nicht dargestellt.

⑥ Wenn Einzelheiten von Werkstücken dargestellt werden sollen, die vor der Schnittebene liegen, dann können sie mit einer schmalen Strich-Zweipunktlinie eingezeichnet werden.

Kennzeichnung der Schnittflächen

	Erläuterungen		Erläuterungen
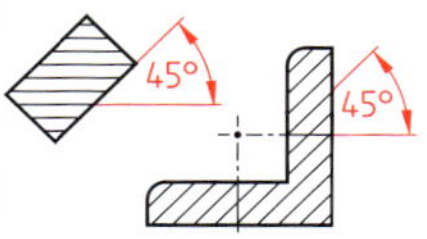	Die Schnittfläche wird durch schmale Volllinien unter 45° zur Symmetrieachse oder zu den Hauptumrissen gekennzeichnet.	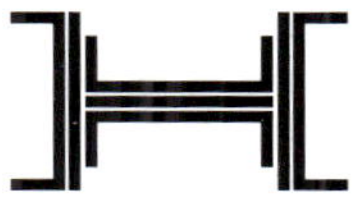	Schmale Schnittflächen werden voll geschwärzt. Die Stoßkanten aneinander grenzender Flächen bleiben weiß.
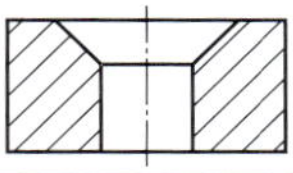	Mehrere Schnittflächen eines Teiles werden gleichartig in Schraffurrichtung und -weite schraffiert.	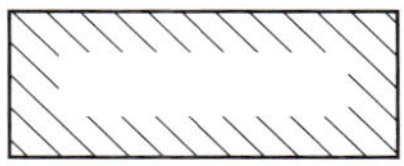	Bei großen Flächen wird die Schraffur auf den Rand der Schnittfläche begrenzt.
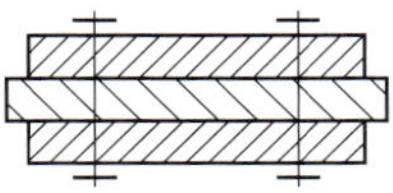	Aneinander grenzende Schnittflächen verschiedener Teile werden unterschiedlich in Schraffurrichtung und -weite schraffiert.	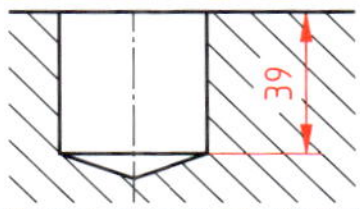	Für Maßzahlen, Oberflächensymbole und Beschriftung wird die Schraffur unterbrochen.

Arten von Schnittdarstellungen

Vollschnitt

Beim Vollschnitt wird das Werkstück im Normalfall entlang einer Symmetrieachse (Längsachse) oder senkrecht dazu gedanklich vollständig durchgeschnitten und somit geteilt. Alles in u. hinter der Schnittebene liegende wird gezeichnet.

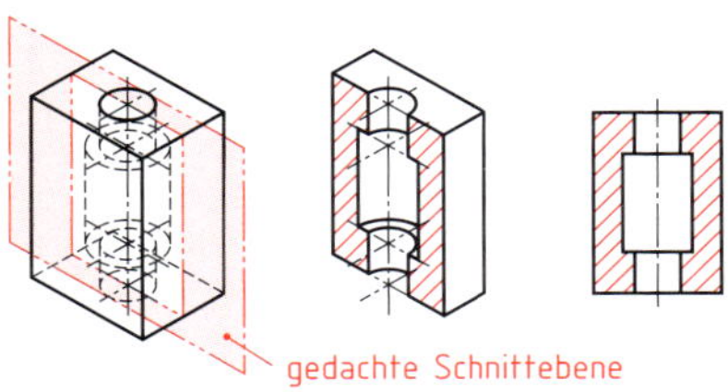

Halbschnitt

Beim Halbschnitt wird ein symmetrisches Werkstück zur Hälfte als Ansicht und zur Hälfte als Schnitt dargestellt. Die Mittellinie bildet die Grenze zwischen Ansicht und Schnitt. Liegt die Mittellinie waagerecht, so wird die Hälfte darunter als Schnitt gezeichnet. Liegt die Mittellinie senkrecht, so wird die rechts davon liegende Hälfte als Schnitt gezeichnet. Falls eine Körperkante auf die Mittellinie fällt, so wird sie als breite Volllinie gezeichnet.

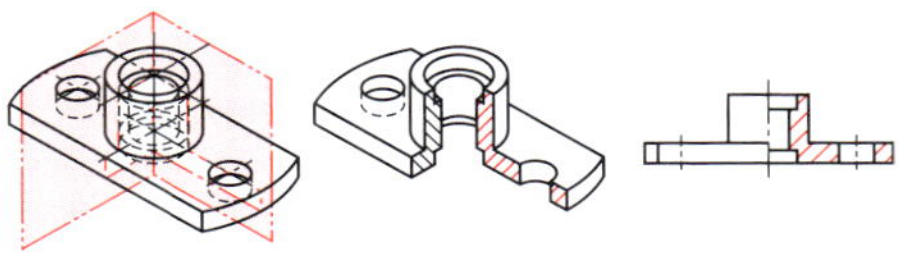

Teilschnitt

Bei einem Teilschnitt wird ein begrenzter Teilabschnitt einer Ansicht dargestellt, wenn ein Vollschnitt des gesamten Werkstücks zu aufwändig ist.

Ausbruch: Bei einem Ausbruch wird nur ein kleiner, mit einer Freihandlinie abgegrenzter Teilbereich eines Werkstückes als Schnitt gezeichnet.

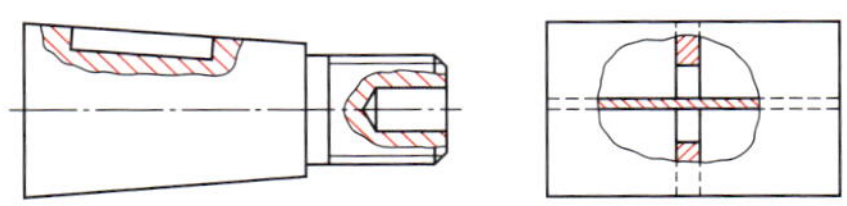

Ausschnitt: Bei einem Ausschnitt wird nur ein Teilbereich eines Werkstücks, meist vergrößert, ohne die zugehörige Ansicht geschnitten dargestellt. Die umschließende Schnittfläche wird nicht umgrenzt.

Darstellungen in Zeichnungen

Schnittdarstellungen

vgl. DIN ISO 128-40, -44, -50 (2002-05)

Parallel versetzte Schnittebenen (Stufenschnitt)

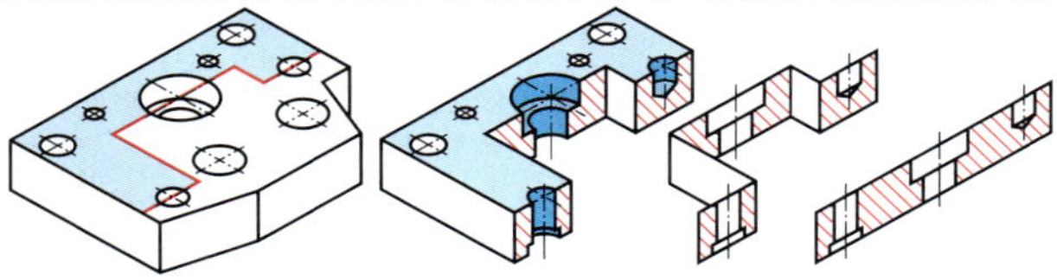

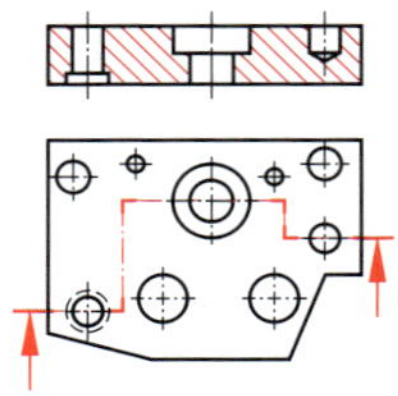

Beim Stufenschnitt werden die parallel versetzten Schnittebenen in eine Ebene gezeichnet. Dabei werden die Knickstellen nicht als Körperkante dargestellt und die Schnittfläche wird durchgängig schraffiert. Der Schnittverlauf wird durch eine abgeknickte Schnittlinie und die Blickrichtung durch Pfeile markiert.

Im Winkel versetzte Schnittebenen (geknickter Schnitt)

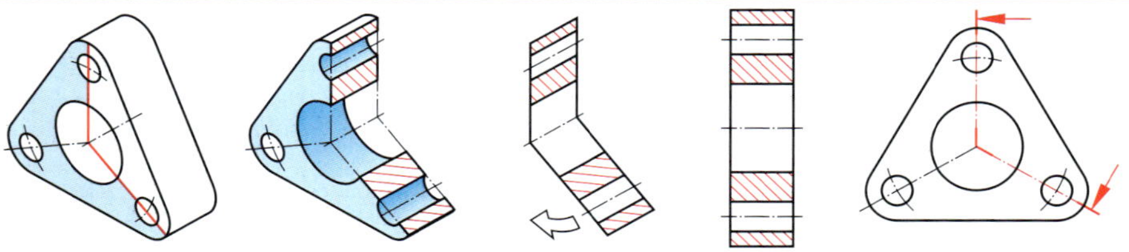

Stehen zwei Schnittebenen in einem Winkel zueinander, so wird die Schnittfläche gezeichnet, als läge sie insgesamt in ein und derselben Zeichenebene. Die eine Schnittebene wird also in die andere Schnittebene geklappt.

Parallel versetzte Schnittebenen mit gemeinsamer Mittellinie

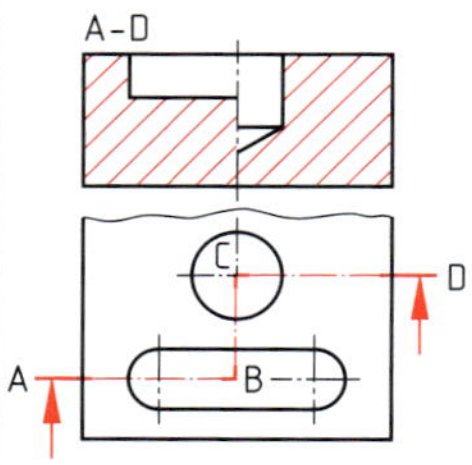

Wird ein Gegenstand durch zwei oder mehr parallel versetzte Ebenen geschnitten, so ist der Schnittverlauf durch eine abgeknickte Schnittlinie und die Blickrichtung durch Pfeile zu kennzeichnen. Werden parallel versetzte Schnittebenen durch eine gemeinsame Mittellinie begrenzt, so kann man die Schraffurlinien versetzt zeichnen.

Schnitt bei Lochkreisen

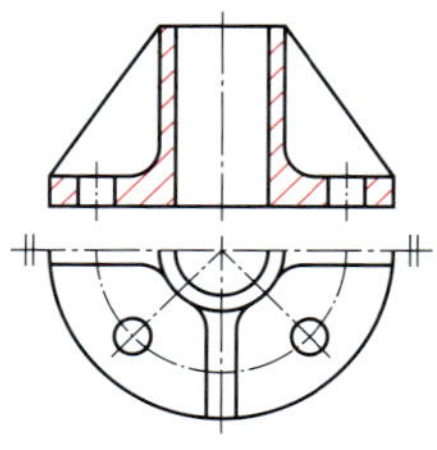

Löcher (Bohrungen, Gewinde, Langlöcher), werden, auch wenn sie nicht in der Schnittebene liegen, auf dem Lochkreis in die Schnittebene hineingedreht. Rippen, die in der Schnittebene liegen, werden nicht geschnitten dargestellt.

Profilschnitt

eingeklappte Querschnitte

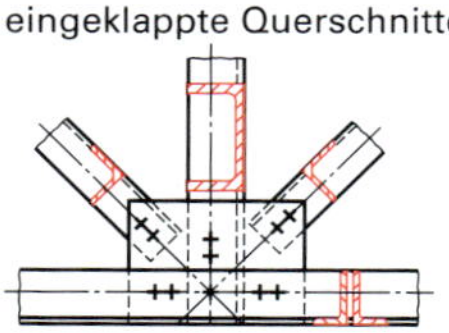

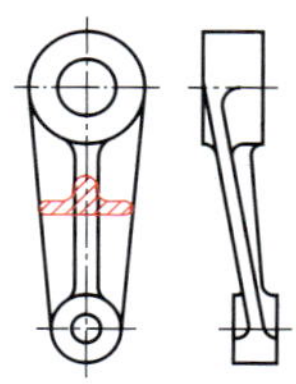

Reihenprofilschnitt

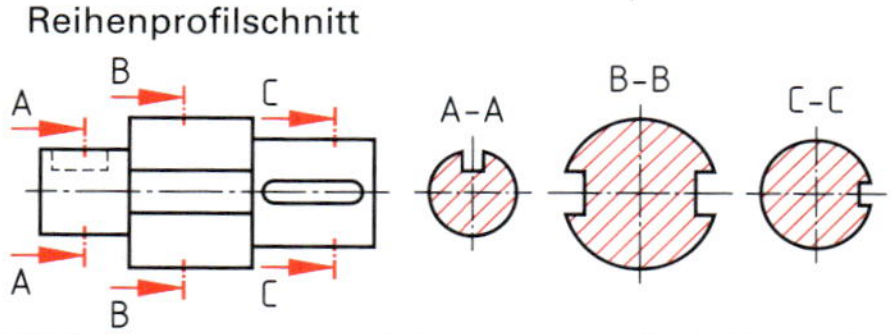

Teile die nicht geschnitten werden

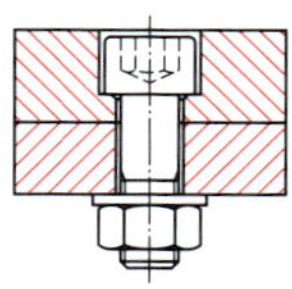

In ihrer Längsachse abgebildete Teile ohne Hohlräume oder verdeckte Einschnitte, z.B. Achsen, Wellen, Federn, Keile, Schrauben ... werden nicht geschnitten dargestellt, obwohl sie in der Schnittebene liegen. Dazu gehören z.B. auch Rippen, Stege, Radspeichen und dergleichen.

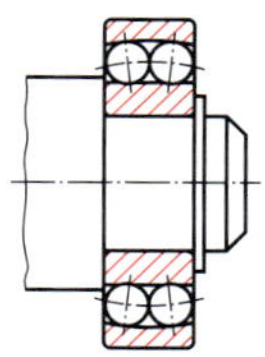

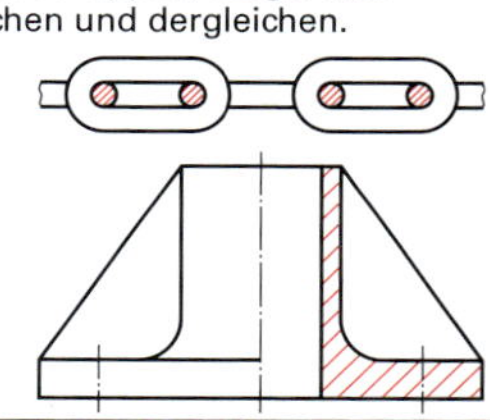

Geometrische Grundkonstruktionen

1 Eine Senkrechte in einem Punkt einrichten

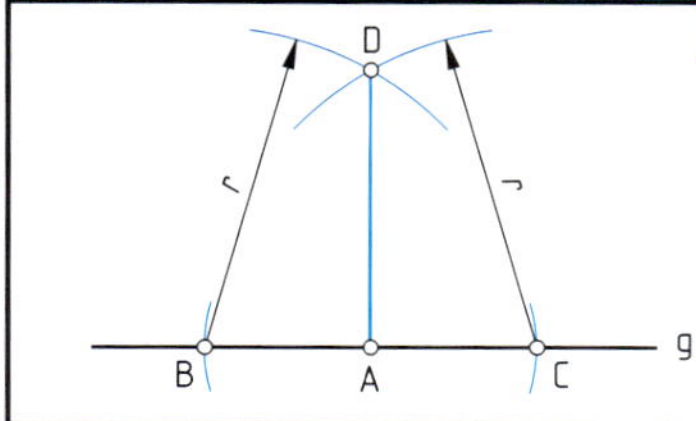

Gegeben: Gerade *g*, Punkt *A* auf *g*

1. Um *A* mit beliebigem Radius einen Kreisbogen schlagen, der die Gerade *g* schneidet. Man erhält so die Punkte *B* und *C*.
2. Um *B* und *C* jeweils Kreisbogen mit Radius $\overline{BC}$ zeichnen. Man erhält Punkt *D*.
3. Die Gerade durch *A* und *D* ist die Senkrechte auf *g* im Punkt *A*.

2 Eine Senkrechte am Endpunkt einer Strecke errichten

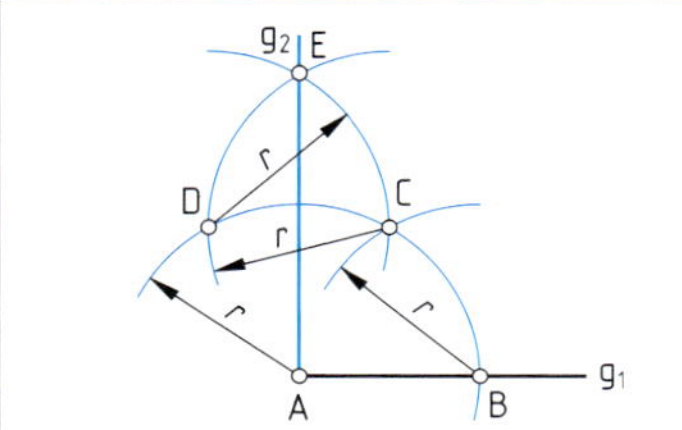

Gegeben: Endpunkt *A* einer Strecke *g*

1. Um Endpunkt *A* einen Kreisbogen mit beliebigem Radius *r* zeichnen; ergibt Punkt *B*.
2. Von *B* aus gleichen Radius *r* zweimal auf dem Kreibogen abtragen; ergibt Punkte *C* und *D*.
3. Kreisbögen mit *r* um *C* und *D* erzeugen Schnittpunkt *E*.
4. Die durch *A* und *E* verlaufende Gerade ist die Senkrechte aus Punkt *A*.

3 Einen beliebigen Winkel halbieren

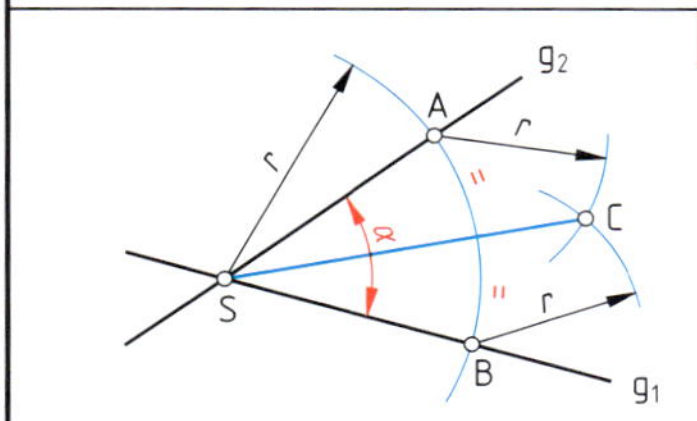

Gegeben: Geraden g_1 und g_2, Schnittpunkt *S*

1. Um *S* einen Kreisbogen mit beliebigem Radius *r* zeichnen, der g_1 und g_2 schneidet; ergibt Punkte *A* und *B*.
2. Mit Radius *r* Kreisbögen um *A* und *B* zeichnen; ergibt Schnittpunkt *C* der Kreisbögen.
3. Die durch die Punkte *S* und *C* verlaufende Gerade halbiert den Winkel α.

4 Einen rechten Winkel in drei gleiche Teile teilen

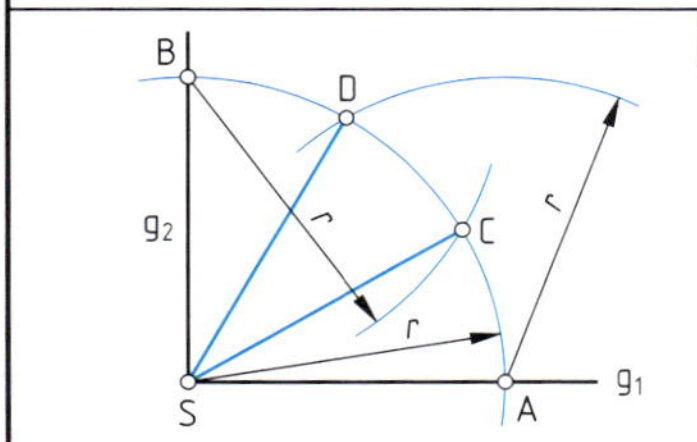

Gegeben: Geraden g_1 und g_2 schneiden sich unter 90° im Punkt *S*.

1. Kreisbogen mit beliebigem Radius *r* um *S* zeichnen, der g_1 und g_2 in den Punkten *A* und *B* schneidet.
2. Mit gleichem Radius *r* Kreisbögen um *A* und *B* zeichnen; ergibt Punkte *C* und *D* auf dem ersten Kreisbogen.
3. Die Dreiteilung des rechten Winkels erhält man durch die Verbindung von *C* und *D* mit *S*.

5 Einen Winkel halbieren, dessen Scheitelpunkt außerhalb der Zeichenfläche liegt.

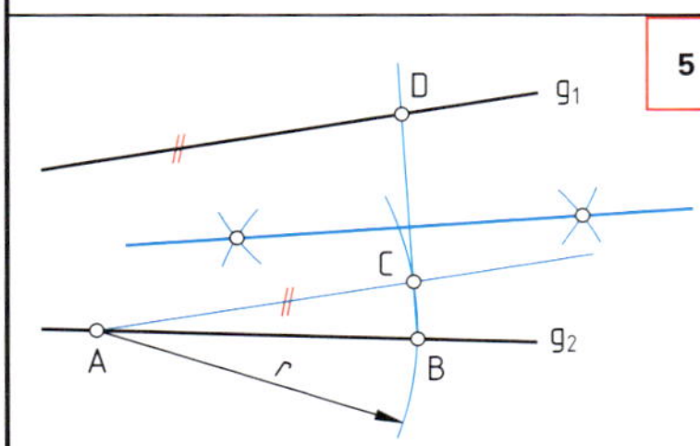

Gegeben: zwei nicht parallel verlaufende Geraden g_1 und g_2

1. Auf g_2 Punkt *A* markieren und durch *A* eine Parallele zu g_1 zeichnen.
2. Um *A* Kreisbogen zeichnen, der die Parallele und g_2 schneidet; ergibt Punkte *B* und *C*.
3. Gerade durch *B* und *C* zeichnen, die g_1 im Punkt *D* schneidet.
4. Auf der Strecke $\overline{BD}$ Mittelsenkrechte errichten; diese ist die Winkelhalbierende.

6 Eine Strecke in *n* gleiche Teile teilen

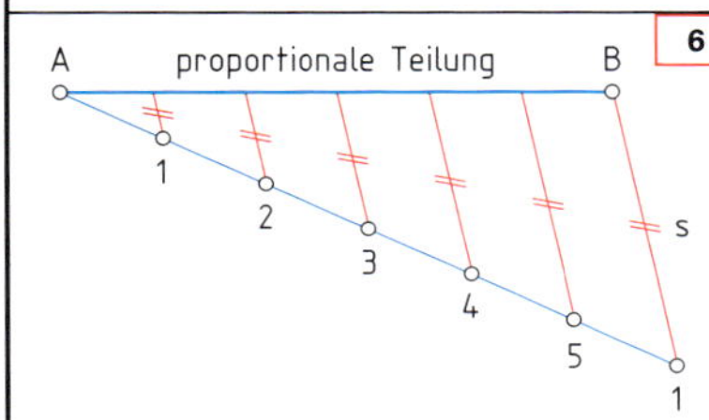

Gegeben: Strecke $\overline{AB}$, *n* (Anzahl gleicher Teile)

1. Von *A* beginnend eine Gerade *g* im Winkel von ca. 30° zur Strecke $\overline{AB}$ zeichnen und darauf *n* gleiche Teile mit dem Maßstab (z.B. Zentimeter-Teilung) oder mit dem Zirkel abtragen.
2. Letzten Teilungspunkt mit Streckenendpunkt *B* verbinden; ergibt Schlusslinie *s*.
3. Schlusslinie *s* durch alle Teilungspunkte parallel verschieben; ergibt die proportionale Teilung der Strecke $\overline{AB}$.

Geometrische Grundkonstruktionen

7 Eine Schraubenlinie konstruieren

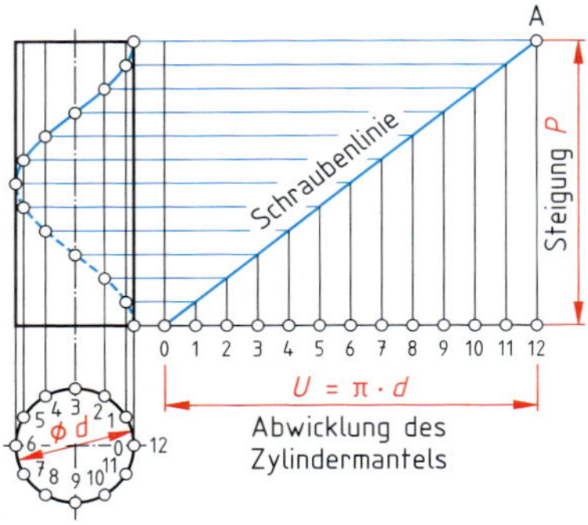

Gegeben: Zylinder mit Durchmesser *d*, Steigung *P*

1. Grundriss des Zylindermantels mit 12er Teilung (**9**) versehen.
2. Projektion der Punkte 0 ... 12 in die Vorderansicht übertragen.
3. Grundline der Vorderansicht verlängern, Abwicklung des Zylinderumfangs abtragen.
4. Abwicklung in 12 gleiche Teile teilen (siehe Seite 76, Konstruktion **6**)
5. Senkrechte in Punkt 12 errichten (siehe Seite 76, Konstruktion **2**) und Steigung *P* darauf abtragen; ergibt Punkt *A*.
6. Die Strecke $\overline{A0}$ stellt die Abwicklung der Schraubenlinie dar.
7. Linie 12-A durch alle Teilungspunkte parallel verschieben.
8. Die Punkte der Schraubenlinie erhält man, indem man die Parallelen zur Grundkante durch die auf $\overline{A0}$ entstandenen Schnittpunkte zeichnet und mit den Projektionslinien der Punkte 0 ... 11 zum Schnitt bringt.

8 Den Mittelpunkt eines Kreises bestimmen

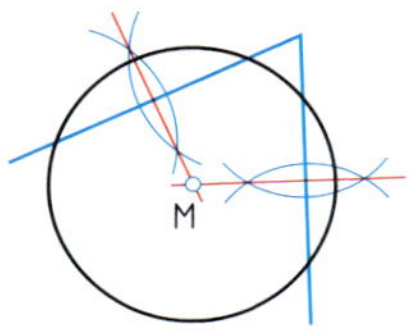

Gegeben: Kreis

1. In den Kreis 2 Sehnen zeichnen, die nicht parallel zueinander liegen.
2. Auf jeder der beiden Sehnen Mittelsenkrechte errichten.
3. Der Schnittpunkt der beiden Mittelsenkrechten ist der Mittelpunkt *M* des Kreises.

9 Einen Kreis in 3, 6, 12 ... gleiche Teile teilen

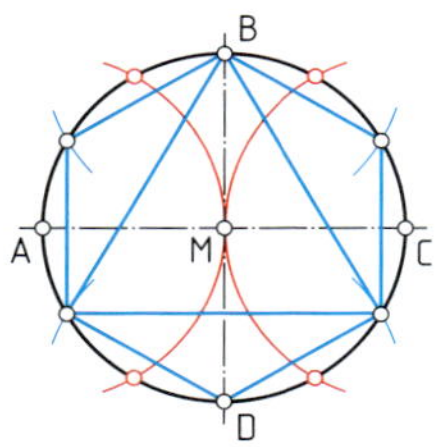

Gegeben: Kreis

1. Den Radius *r* des Kreises von *B* oder *D* aus auf dem Umfang abtragen, ergibt 6 Punkte auf dem Kreisbogen.
2. Jeden zweiten verbinden ergibt ein Dreieck, alle verbinden ergibt ein Sechseck.
3. Den Radius *r* um *A* und *C* nochmals auf dem Kreisbogen abtragen, ergibt weitere Teilungspunkte, die mit den vorher erzeugten Teilungspunkten gemeinsam eine 12er Teilung bilden.

10 Einen Kreis in eine beliebige Zahl *n* gleicher Teile teilen

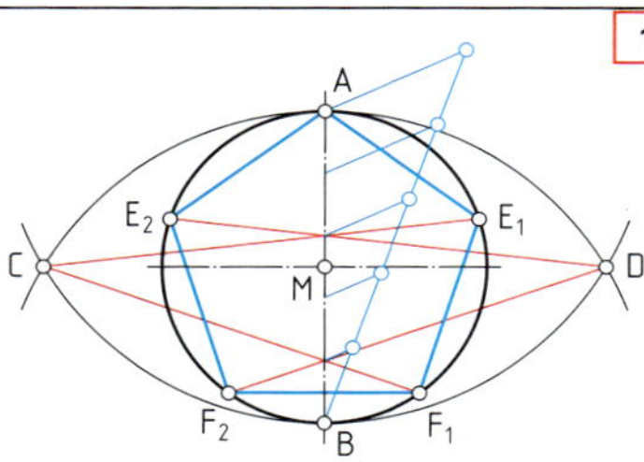

Gegeben: Kreis mit Hauptachsen und Punkten *A* und *B*

1. Kreisbögen mit $r = \overline{AB}$ um *A* und *B* zeichnen, ergibt *C* und *D*.
2. Durchmesser $\overline{AB}$ des Kreises in *n* gleiche Teile teilen (siehe Seite 76, Konstruktion **6**).
3. Von *C* und *D* aus jeweils Verbindungslinien durch jeden zweiten Teilungspunkt ziehen, beginnend bei *A*, sodass sie den gegenüberliegenden Kreisbogen schneiden.
4. Die dabei entstehenden Schnittpunkte F_1 und F_2 sowie E_1 und E_2 sind zusammen mit *A* die Eckpunkte des *n*-Ecks.

11 Eine Ellipse konstruieren

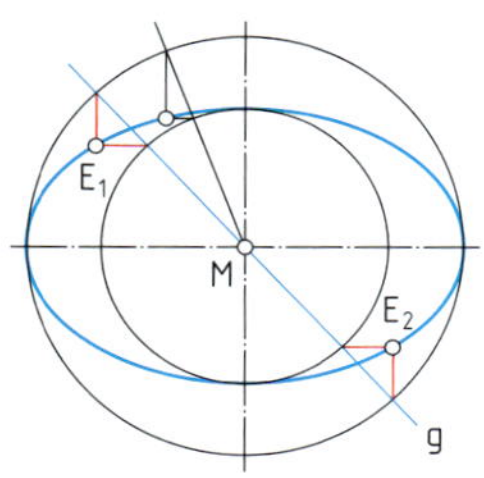

Gegeben: Maße der Halbachsen der Ellipse, Punkt *M*

1. Mit den Halbachsen als Radius Kreise um *M* zeichnen.
2. Eine durch *M* gezeichnete Gerade *g* schneidet die Kreislinien.
3. Ausgehend von den erzeugten Schnittpunkten sind Parallelen zu den Hauptachsen zu zeichnen, die zum Schnitt gebracht den Ellipsenpunkt E_1 ergeben.
4. Die Wiederholung mit mehreren Geraden führt zu weiteren Ellipsenpunkten (E_2 usw.). Um gleichmäßig verteilte Kurvenpunkte zu erhalten, wird eine 12er-Teilung (Konstruktion **9**) empfohlen.

Projektionen, wahre Größen

Projektionen

Projektion eines Punktes	Projektion einer Geraden	Projektion einer Fläche
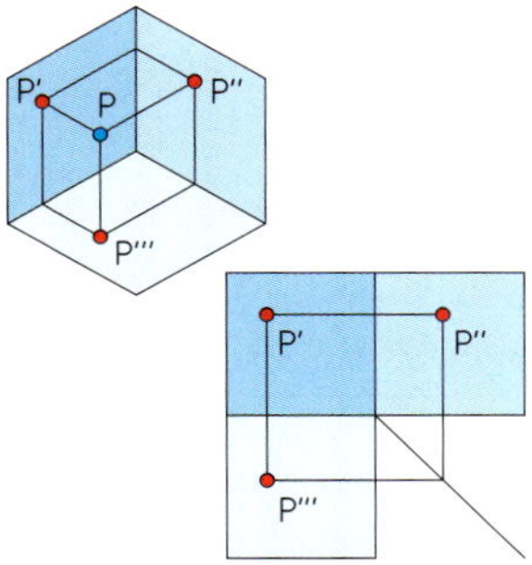	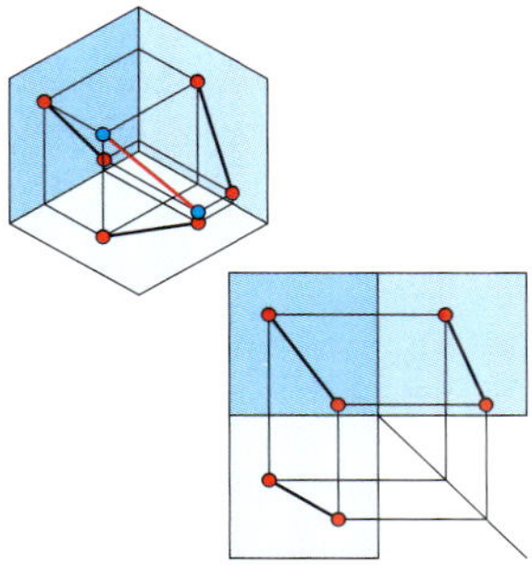	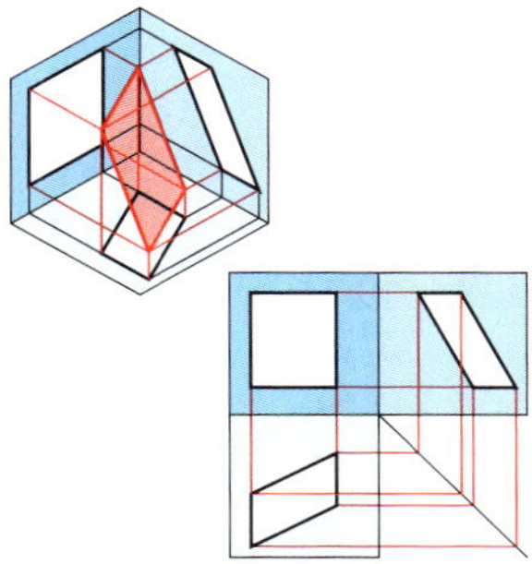

Bestimmung der wahren Größe von Linien und Flächen

Wahre Größe einer Linie

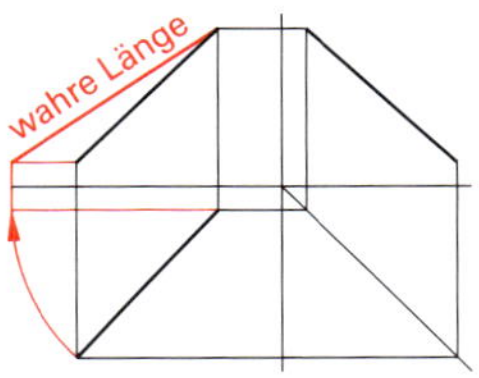

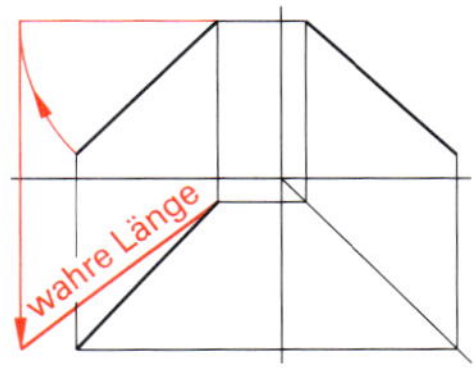

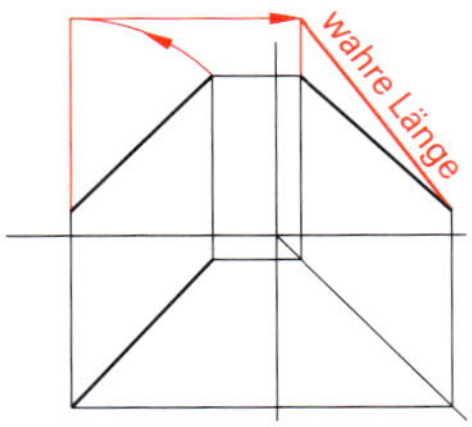

Wenn eine Strecke parallel zu einer Projektionsebene liegt, so wird sie in wahrer Länge auf dieser abgebildet. Strecken in allgemeiner Raumlage müssen daher zur Bestimmung ihrer wahren Länge in eine Lage gedreht werden, die parallel zu einer der drei Projektionsebenen liegt.

Anwendung

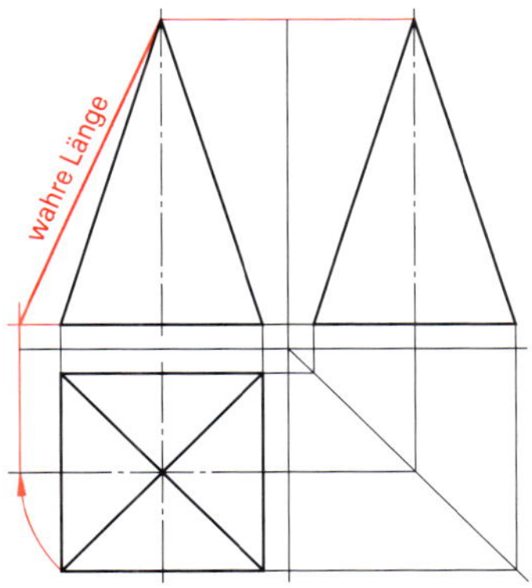

Wahre Größe einer Fläche

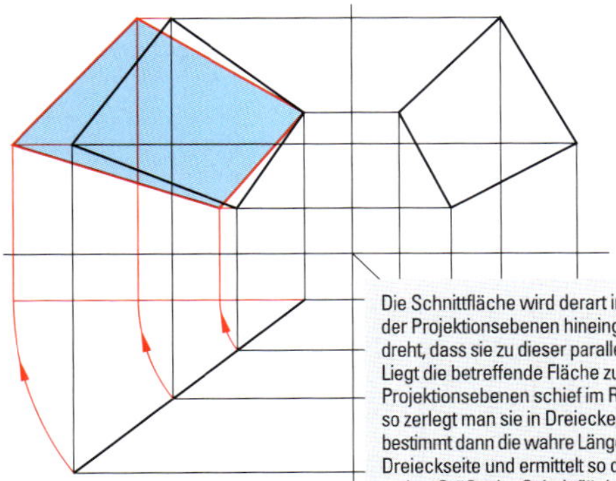

Die Schnittfläche wird derart in eine der Projektionsebenen hineingedreht, dass sie zu dieser parallel liegt. Liegt die betreffende Fläche zu allen Projektionsebenen schief im Raum, so zerlegt man sie in Dreiecke, bestimmt dann die wahre Länge jeder Dreieckseite und ermittelt so die wahre Größe der Schnittfläche.

Anwendung

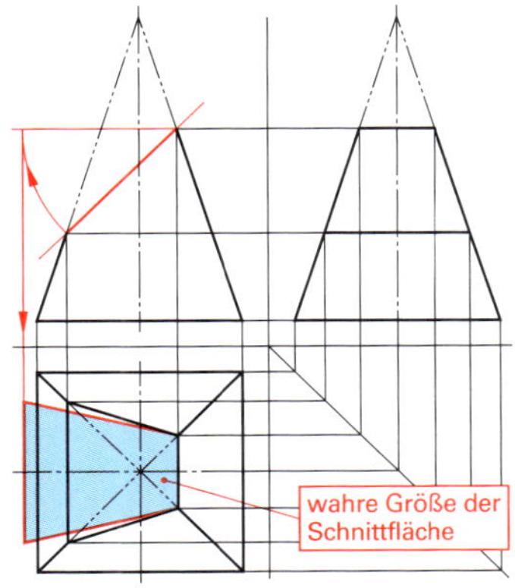

A

Schnitte, Abwicklungen

Schnitte an Grundkörpern, Abwicklungen

Zylinder, schräg geschnitten — Abwicklung des Mantels

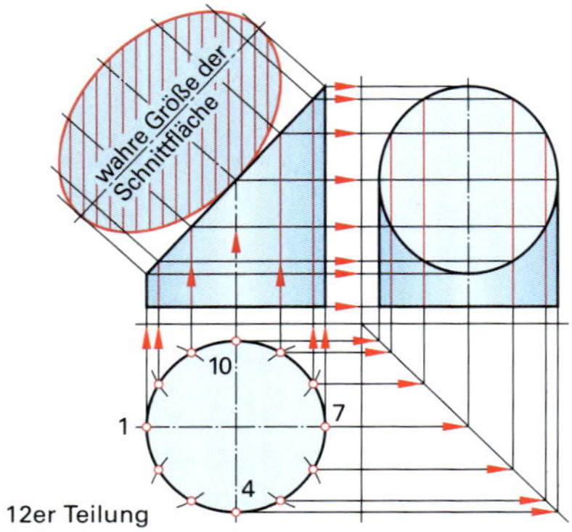

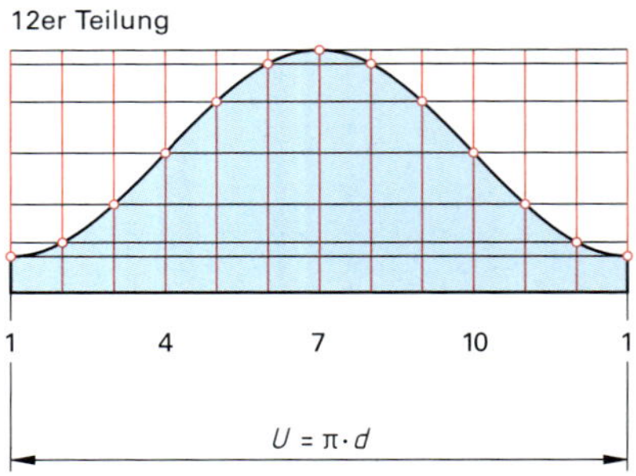

Sechskantprisma, schräg geschnitten — Abwicklung

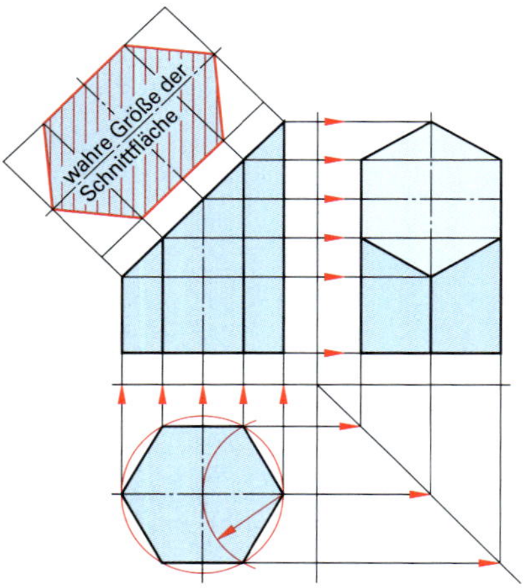

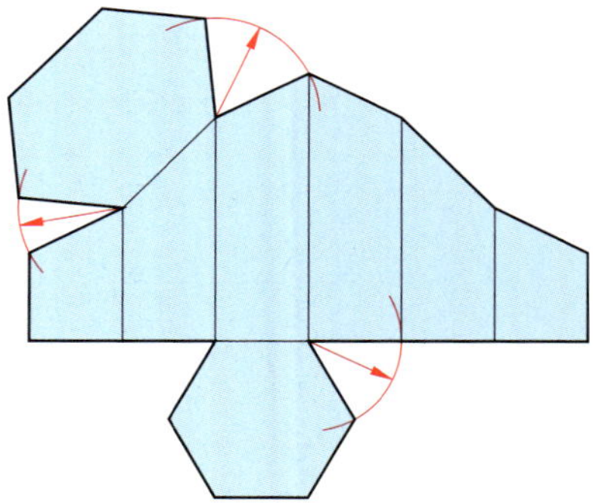

Dreikantprisma, schräg geschnitten — Abwicklung

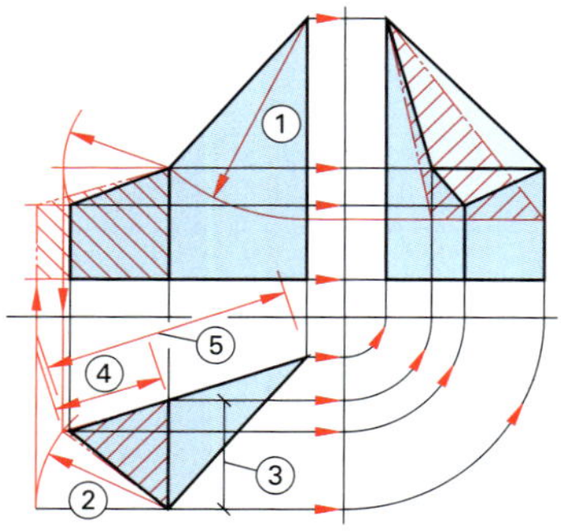

Ermittlung der wahren Größe von Flächen, die nicht parallel zu den Abbildungsebenen liegen.

Die Schraffur kennzeichnet die wahren Größen dieser Flächen.

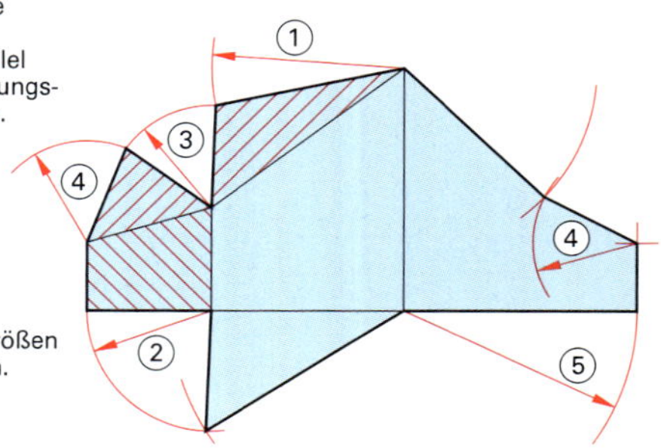

A

Schnitte, Abwicklungen

Schnitte an Grundkörpern, Abwicklungen

Pyramide mit quadratischer Grundfläche, schräg geschnitten

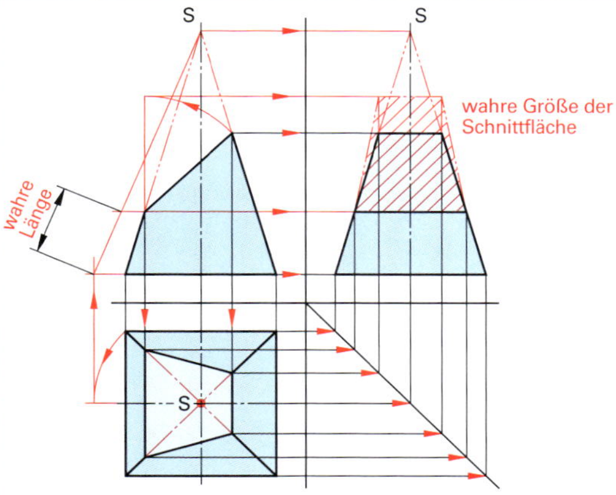

Abwicklung

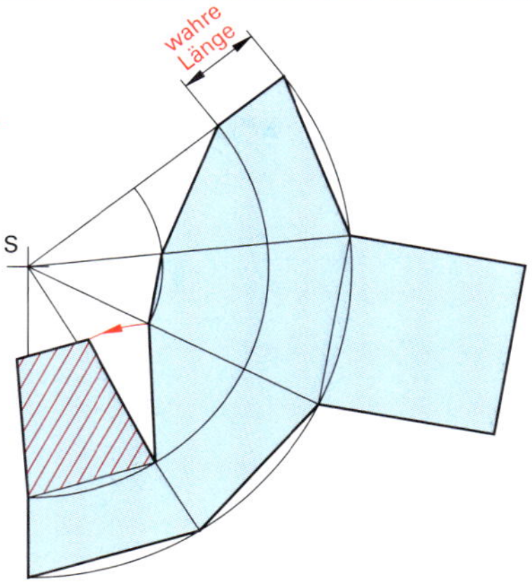

Kegelschnitt nach dem Mantellinienverfahren – Hyperbelschnitt

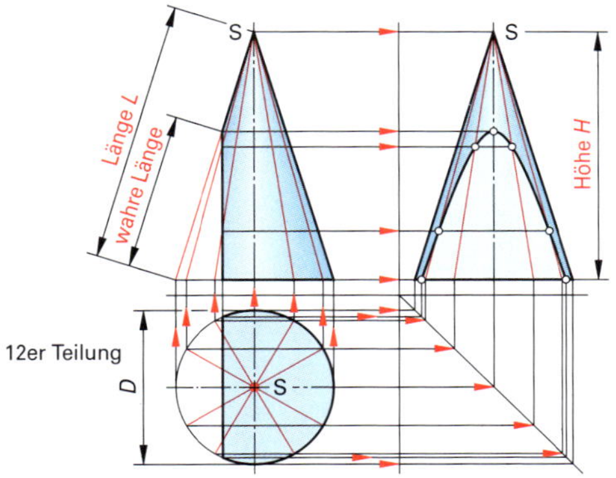

Abwicklung

$$L = \sqrt{\left(\frac{D}{2}\right)^2 + H^2}$$ Länge einer Mantellinie

$$\alpha = \frac{D}{L} \cdot 180°$$ Zentriewinkel der Abwicklung

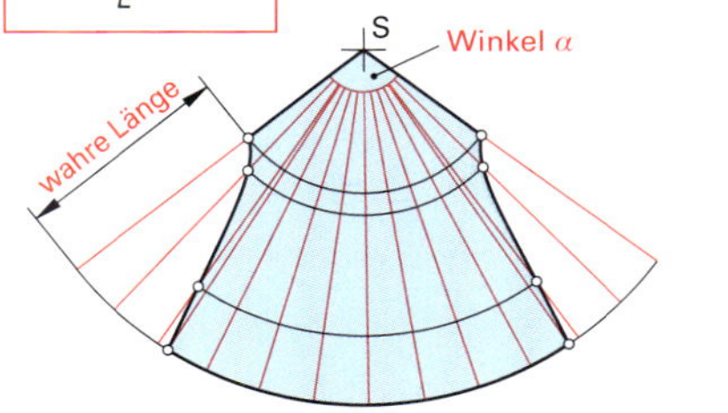

D Durchmesser des Grundkreises

Kegelschnitt nach dem Mantellinienverfahren – Parabelschnitt

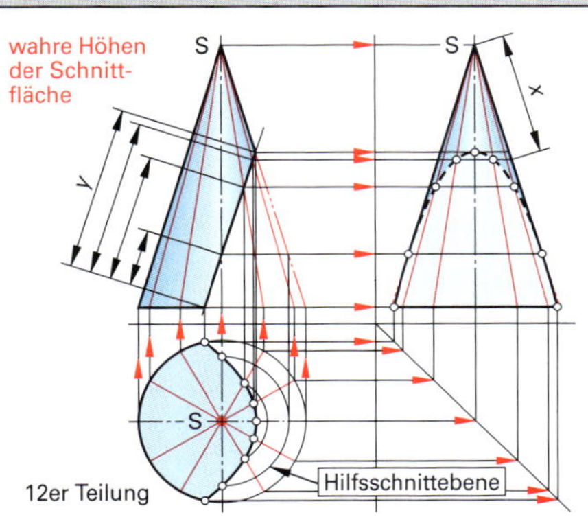

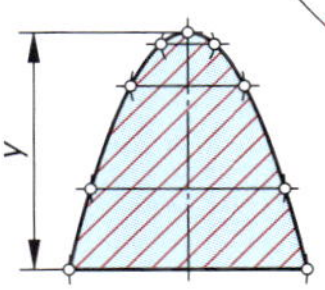

wahre Größe der Schnittfläche

Abwicklung

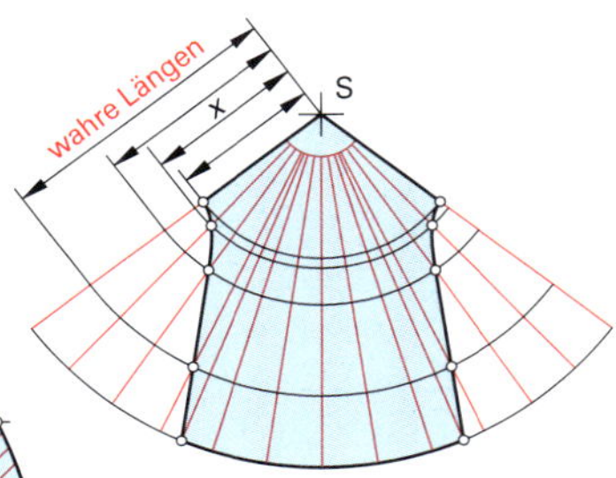

Abwicklung von Blechkörpern

Abwicklung pyramidenförmiger Faltkörper

Rauchfang – schiefe Pyramide

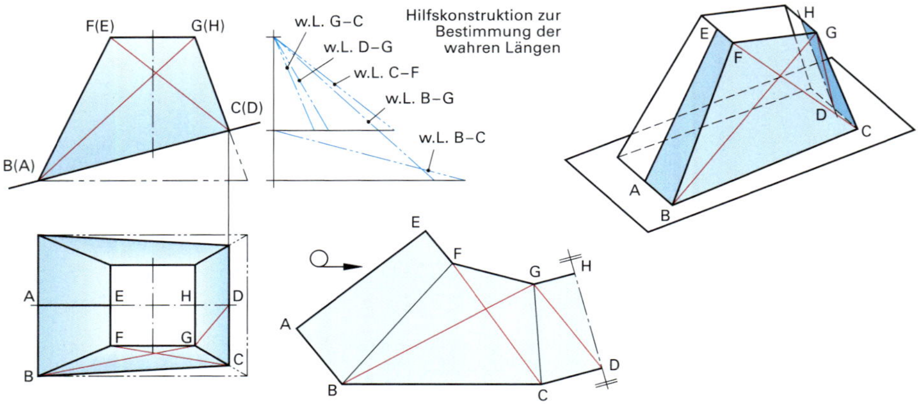

Abgashaube

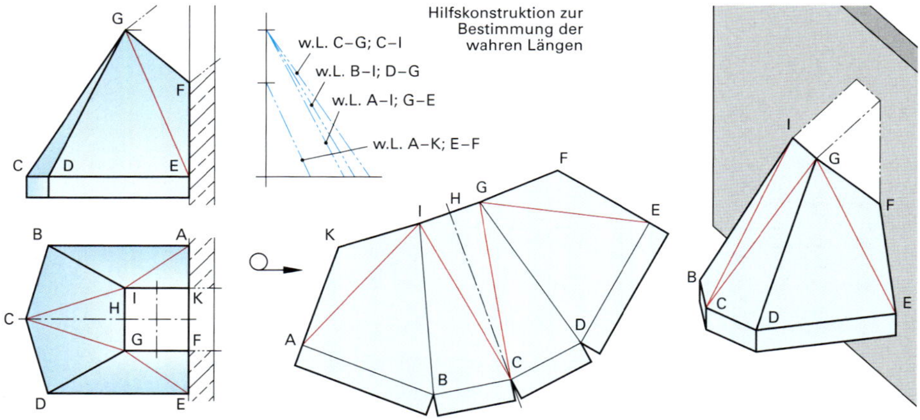

Fülltrichter

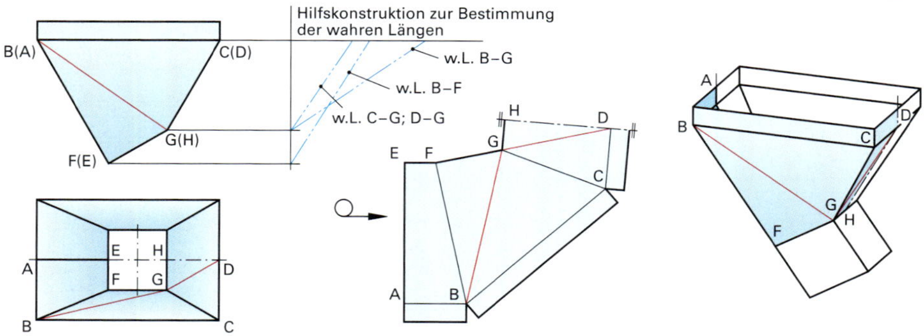

Abwicklung von Blechkörpern

Abwicklung von Übergangskörpern mit dem Dreiecksverfahren

Reduzierstück – Übergangskörper quadratisch auf rund

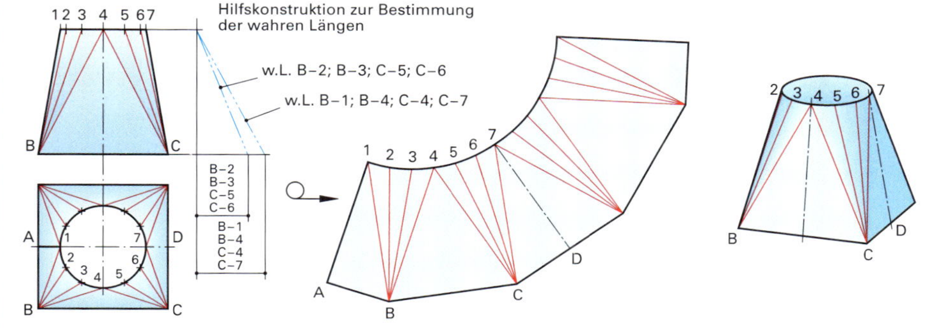

Dachreiter – Übergangskörper rechteckig auf rund

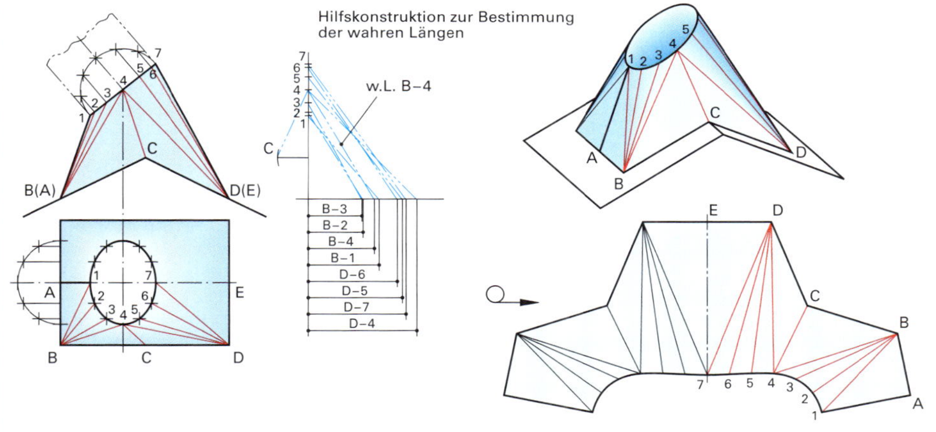

Hosenstück – Durchdringung schiefer Kegel

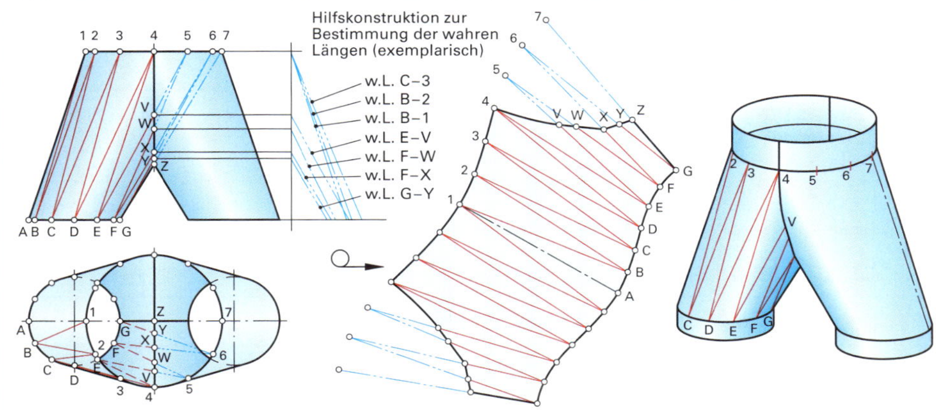

Grundlagen der Maßeintragung

Elemente der Maßeintragung

vgl. DIN 406-10 u. -11 (1992-12)

Grundelemente

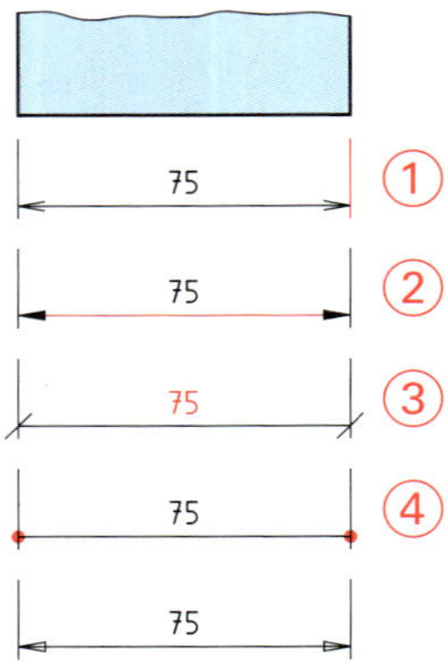

1. Maßhilfslinie
2. Maßlinie
3. Maßzahl
4. Maßbegrenzung

Zusatzelemente

×	Diagonalkreuz
□	Quadratzeichen
⌀	Durchmesserzeichen
R	Radiuszeichen
S	Kugelzeichen
SR	Kennzeichen für sphärische Oberflächen
SW	Schlüsselweite
	Zeichen für geneigte Flächen
	Zeichen für sich verjüngende Oberflächen
	Oberflächenrauheit
// 0,2 A B	Form- und Lagetoleranzen
246	Bogenmaß
	Schweißzeichen und Nahtsymbole

Sonderelemente

	gestreckte Länge
	Symmetriezeichen
(120)	Prüfmaß
[120]	ideales Maß (theoretisch genaues Maß)
(120)	Hilfsmaß
120	unmaßstäbliches Maß
[120]	Rohmaß
t	Werkstückdicke
	Messstelle
A	Bezugsfläche

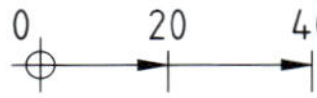

Ursprung als Ausgangspunkt von Maßen

Grundregeln für die Maßeintragung

vgl. DIN 406-10 u. -11 (1992-12)

1	In eine Zeichnung darf jedes Maß nur einmal eingetragen werden und zwar in der Ansicht, in der die Form der Messstelle am deutlichsten erkennbar ist.
2	Sind zur Bemaßung eines Formelementes mehrere Maße erforderlich, so gehören sie zusammen und sind möglichst in derselben Ansicht einzutragen.
3	Maßeintragung an verdeckten Werkstückkanten vermeiden!
4	Die Maßeinheit wird nicht eingetragen, da es im Metallbau üblich ist, alle Maße in mm anzugeben.
5	Die jeweils ersten Maßlinien sollen von den Körperkanten einen Mindestabstand von 10 mm haben, untereinander mindestens 7 mm.
6	Maßeintragungen müssen vom Schriftfeld aus gesehen von unten und/oder von rechts lesbar sein. Maßzahlen sollen im Normalfall über der Maßlinie stehen.
7	Die Enden der Maßhilfslinien sollen 1 mm bis 2 mm über die Maßlinie hinausragen.
8	Bei Maßen bis 10 mm werden die Maßpfeile von außen, bei Maßen größer als 10 mm von innen an die Maßhilfslinie gesetzt.
9	Maßlinien verlaufen immer parallel zur Messrichtung.
10	Die Maßeintragung soll so vorgenommen werden, dass sie die Besonderheiten der Fertigung, des Prüfens und der Funktion der Werkstücke widerspiegelt.

A

Grundlagen der Maßeintragung

Systematik der Maßeintragung

vgl. DIN 406-11 u. 12 (1992-12)

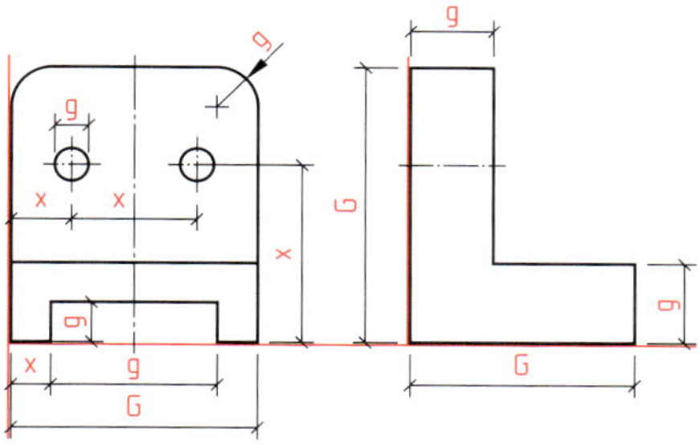

G Größenmaße der Grundform

g Größenmaße der Teilform

x Lagemaße

— Maßbezugssystem

Die Maßeintragung an einem Werkstück soll fertigungsgerecht, funktionsgerecht und prüfgerecht ausgeführt werden. Dabei haben sich folgende Arbeitsschritte bewährt:

1. Festlegen des Maßbezugssystems nach Funktion, Fertigung, Prüfung.
2. Bemaßung aller Teilformen von innen nach außen fortschreitend, durch Eintragung der Größenmaße für die Teilform und Angabe ihrer Lage am Gesamtwerkstück (Lagemaße) bei Zugrundelegung des Maßbezugssystems.
3. Bemaßen der Grundform des Werkstücks.

A

Maßbezugssysteme

eine Ansicht – zwei Maßbezugslinien

Fläche – Fläche

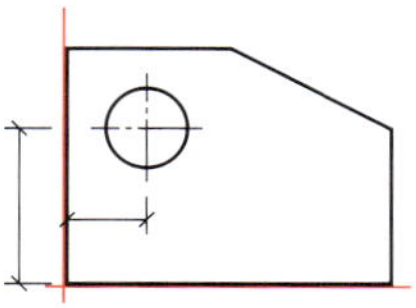

Achse – Achse

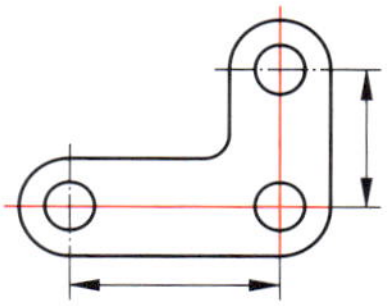

Fläche – Achse

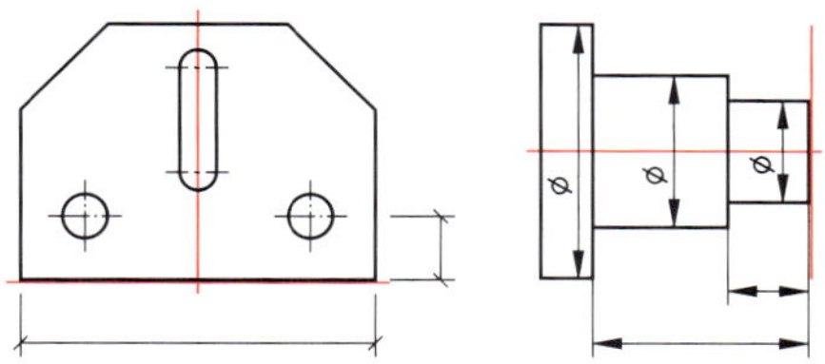

eine Ansicht – drei Maßbezugslinien

Fläche – Fläche – Achse

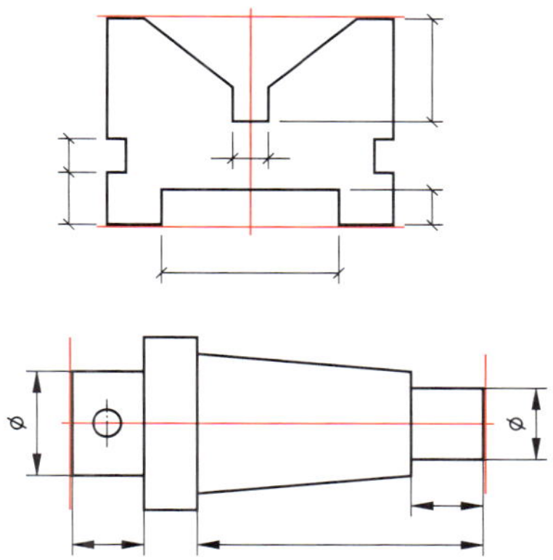

zwei Ansichten – drei Maßbezugslinien

Fläche – Fläche – Fläche

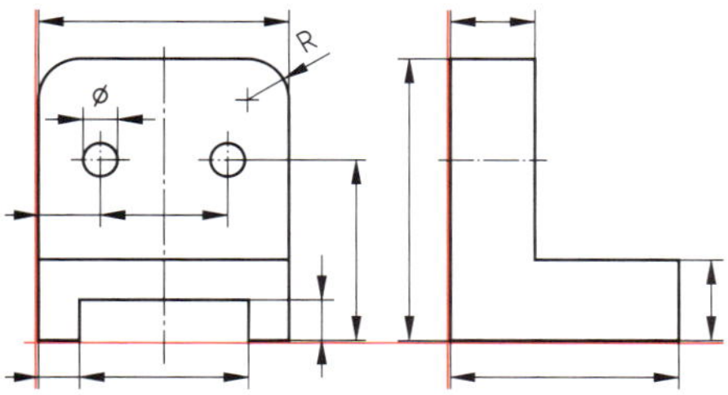

Fläche – Fläche – Achse

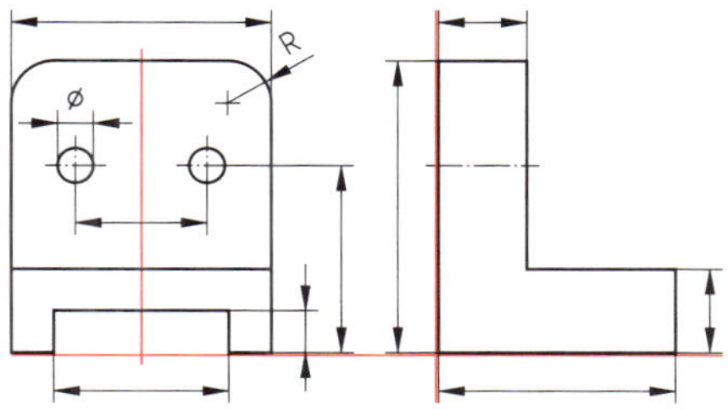

Grundlagen der Maßeintragung

Bemaßung symmetrischer Teile

vgl. DIN 406-10 u. 11 (1992-12)

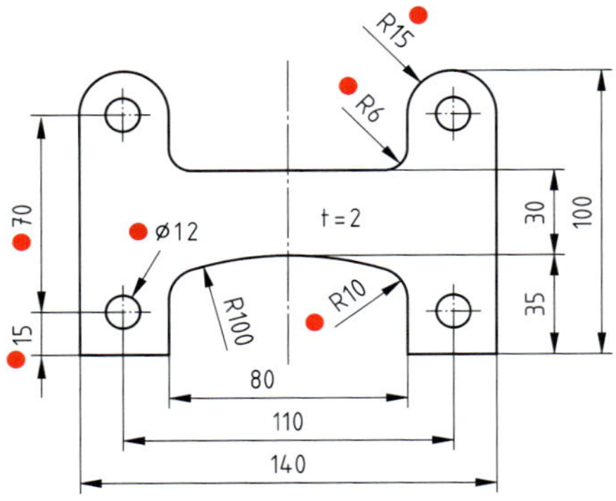

● Maß nur einmal eintragen

Regeln

Bei symmetrischen Formen ist die Mittellinie als Symmetrielinie zugleich auch Maßbezugsachse. Es wird über die Mitte bemaßt. Bei gleichgroßen symmetrisch angeordneten Teilformen werden deren Größenmaße und Lagemaße nur an einer Teilform eingetragen.

Die Maßeintragung kann von mehreren Bezugsflächen, Bezugskanten oder Bezugsachsen aus vorgenommen werden.

An Werkstücken, bei denen die Bearbeitungsrichtung nicht ausgesprochen deutlich erkennbar ist, werden die Maße in Anreißrichtung eingetragen.

Maßanordnung

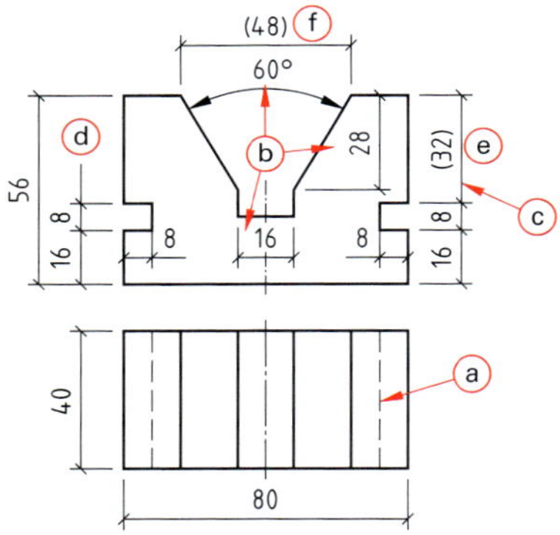

Regeln

- (a) Möglichst keine Maßeintragung an verdeckten Kanten vornehmen.
- (b) Maße nach Zugehörigkeit zu einem Formelement möglichst in derselben Ansicht gruppieren.
- (c) Geschlossene Maßketten vermeiden.
- (d) Ein Maß als Ausgleichsmaß offen lassen.
- (e) Wenn es aus Gründen der Vollständigkeit einer Information erforderlich ist, kann eine Maßzahl der Maßkette als Hilfsmaß in Klammern gesetzt werden.
- (f) Die Klammer kennzeichnet das Maß als Hilfsmaß und vermeidet Überbemaßung.

Fertigungsgerechte Maßeintragung

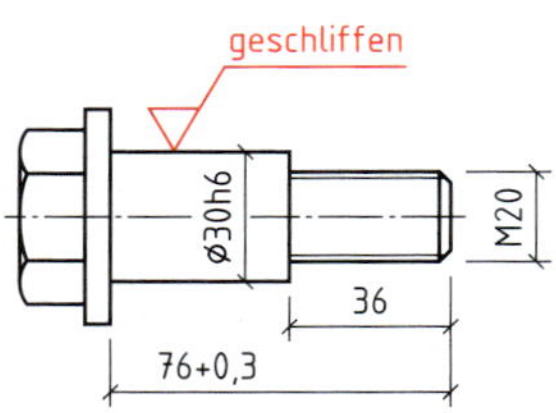

Dient der schnellen Information über die Fertigung des Werkstücks, über das anzuwendende Fertigungsverfahren.

Funktionsgerechte Maßeintragung

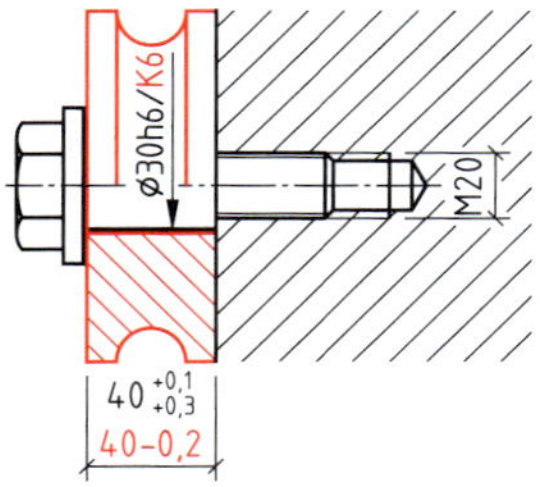

Soll das Zusammenwirken und das Funktionieren aller Teile einer Baugruppe sichern.

Prüfgerechte Maßeintragung

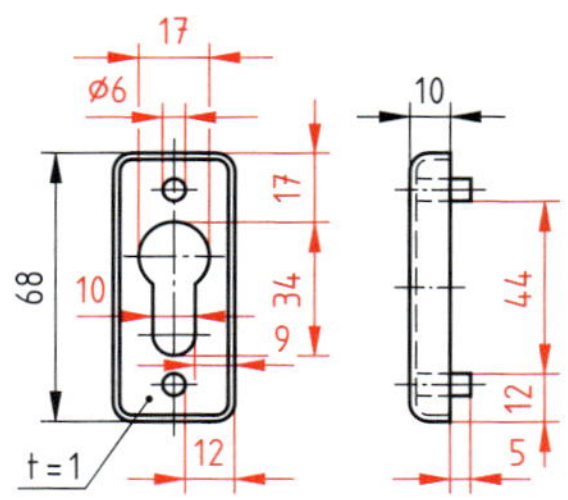

Sichert die Prüfbarkeit der Maße und hängt von dem geforderten Prüfverfahren sowie von den verwendeten Prüfgeräten ab.

In derselben Zeichnung können sowohl Fertigungsmaße als auch Funktionsmaße und Prüfmaße enthalten sein.

Maßeintragung in Zeichnungen

Parallelbemaßung, steigende Bemaßung, Koordinatenbemaßung

vgl. DIN 406-11(1992-12)

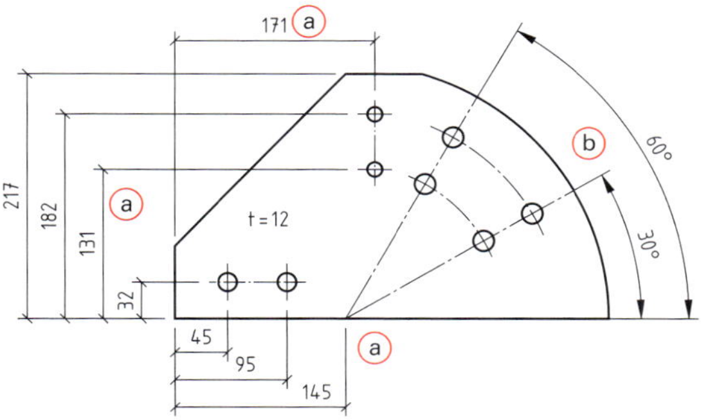

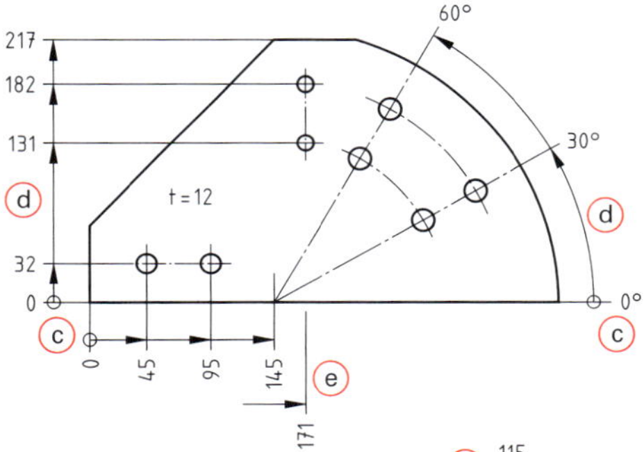

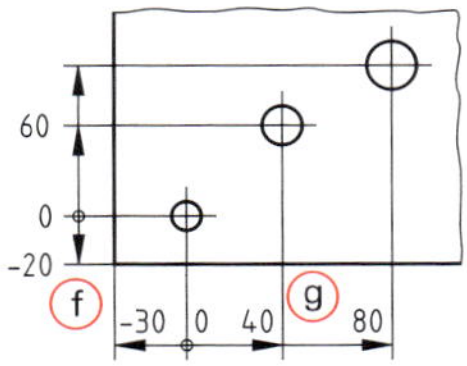

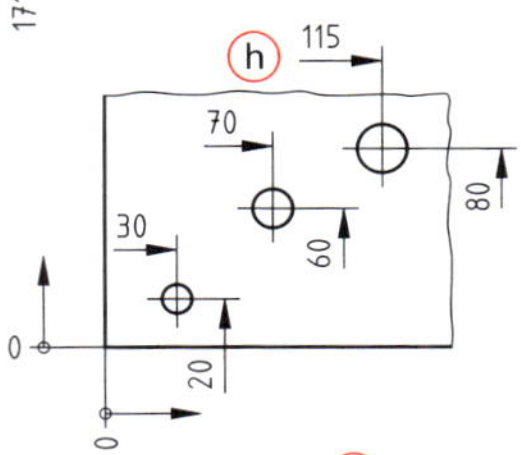

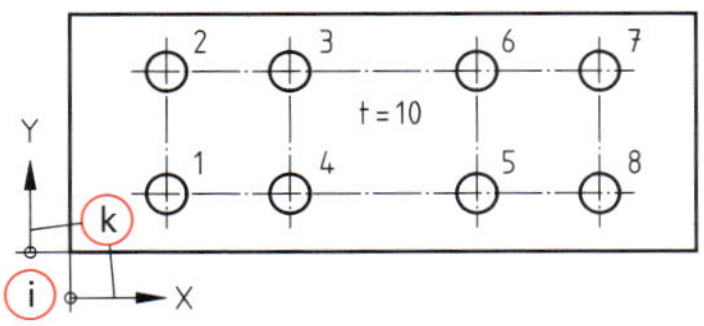

l

Pos.	x	y	⌀
1	30	20	13
2	30	60	13
7	170	60	13
8	170	20	13

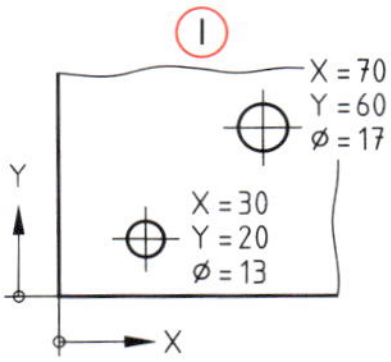

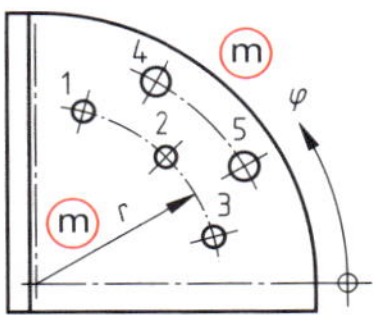

n

Pos.	r	φ	⌀
1	60	75°	9
2	60	45°	9
3	60	15°	9
4	90	60°	13
5	90	30°	13

Parallelbemaßung

(a) Bei der Parallelbemaßung werden die Maßlinien an jede Teilform und zueinander parallel verlaufend eingetragen.

(b) Winkelmaße werden mit konzentrisch zueinander verlaufenden Maßlinien bemaßt. Jedem Winkel ist eine Maßlinie zugeordnet.

Steigende Bemaßung

(c) Der Beginn der Bemaßung (Ursprung) wird mit einem kleinen Kreis gekennzeichnet, dessen Durchmesser 8-mal der Maßlinienbreite entsprechen soll.

(d) Vom Ursprung aus wird für beide Richtungen der Längenmaße und für die Winkelmaße jeweils nur eine Maßlinie eingetragen.

(e) Bei Platzmangel dürfen zusätzliche Maßlinien eingetragen werden.

(f) Bei Maßen, die vom Ursprung aus in Gegenrichtung eingetragen werden, muss die Maßzahl mit einem negativen Vorzeichen versehen werden.

(g) Die Maßzahlen dürfen auch in Leserichtung über der zugehörigen Maßlinie eingetragen werden.

(h) Aus Platzgründen können die Maße auch mit abgebrochenen Maßlinien eingetragen werden.

Koordinatenbemaßung

(i) Der Ursprung wird mit einem kleinen Kreis gekennzeichnet, dessen Durchmesser 8-mal der Maßlinienbreite entspricht.

(k) Kartesische Koordinaten werden, gemessen vom Ursprung aus, jeweils in Richtung der senkrecht zueinander verlaufenden Achsen festgelegt. Dabei werden Maßhilfslinien und Maßlinien nicht gezeichnet.

Der Ursprung des Koordinatensystems kann an beliebiger Stelle liegen. Damit können sich positive oder negative Messrichtungen ergeben. Die in negativen Achsrichtungen zu messenden Maße sind mit negativen Vorzeichen zu versehen.

(l) Die Koordinatenwerte werden entweder in Tabellen zusammengefasst oder direkt in der Nähe der Koordinatenpunkte angegeben.

(m) Polarkoordinaten werden durch einen absoluten Betrag (Radius) und einen Winkel, der bezüglich der Polarachse im Gegenuhrzeigersinn gemessen wird, angegeben.

(n) Die Koordinatenwerte werden in einer Tabelle zusammengefasst.

Maßeintragung in Zeichnungen

Maßlinien, Maßhilfslinien, Maßlinienbegrenzung

vgl. DIN 406-11 (1992-12)

Maßlinien

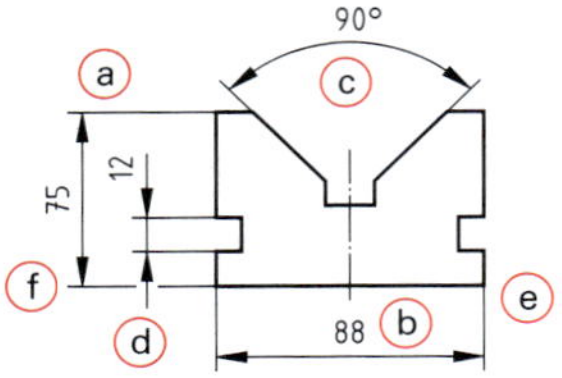

- (a) Maßlinien und Maßhilfslinien sind schmale Volllinien (vgl. S. 75 DIN EN ISO 128-20). Maßlinien sind mindestens 10 mm von den Körperkanten entfernt einzutragen und haben untereinander einen Abstand von 7 mm. Maßlinien sollen sich mit anderen Maßlinien möglichst nicht schneiden.
- (b) Maßlinien werden parallel zu der zu bemaßenden Strecke oder als Kreisbogen um den Scheitelpunkt eines Winkels
- (c) bzw. den Bogenmittelpunkt eingetragen.
- (d) Maßlinien werden nicht unterbrochen.

Maßhilfslinien

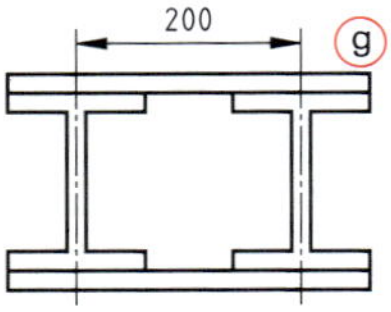

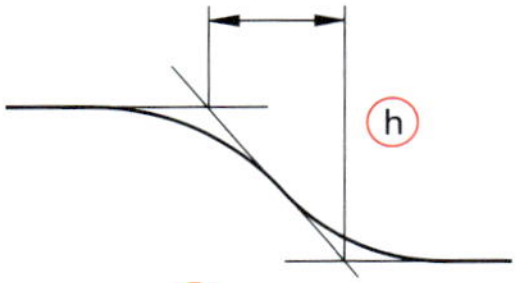

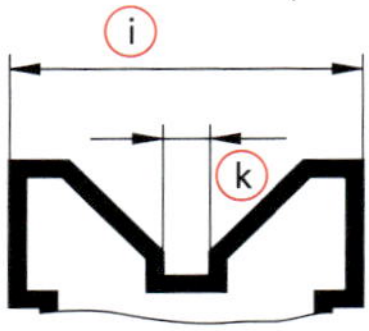

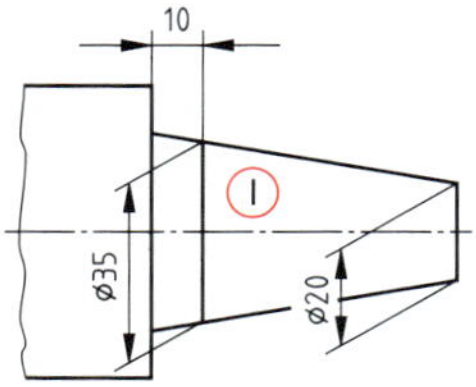

- (e) Maßhilfslinien werden rechtwinklig zur zugehörigen Messstrecke eingetragen.
- (f) Maßhilfslinien dürfen unterbrochen werden, wenn ihre Fortsetzung eindeutig erkennbar ist.
- (g) Mittellinien dürfen als Maßhilfslinie verwendet werden. Außerhalb der Körperbegrenzung werden sie als schmale Volllinie gezeichnet.
- (h) Einander schneidende Projektionslinien werden über ihren Schnittpunkt hinausgezogen, damit die Maßhilfslinie dort angesetzt werden kann.
- (i) Bei Verwendung großer Linienbreiten wird die Maßhilfslinie an den Außenkanten angesetzt.
- (k) Innenmaße entsprechend an den Innenkanten ansetzen.
- (l) Wenn erforderlich, dürfen Maßhilfslinien unter einem Winkel von ca. 60° zur Maßlinie stehen, wenn dadurch die Maßeintragung deutlicher erkennbar wird.

Maßlinienbegrenzungen

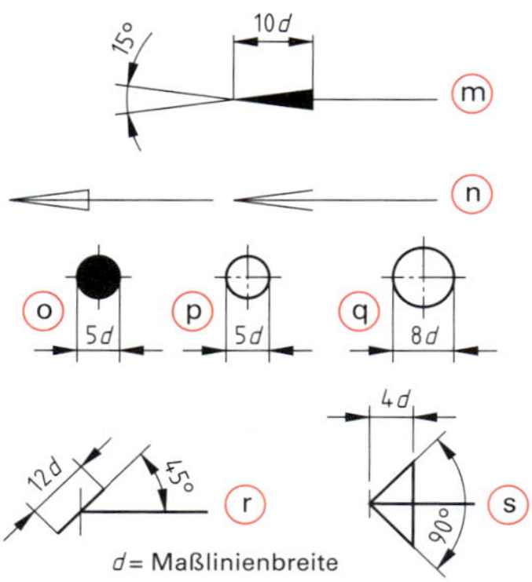

d = Maßlinienbreite

(m)	geschwärzter Pfeil	vorwiegend im Maschinenbau
(n)	nicht geschwärzter oder offener Pfeil	bei rechnergestützt angefertigten Zeichnungen
(o)	Punkt	bei Platzmangel, in Verbindung mit anderen Maßbegrenzungen
(p)	Kreis	bei Zeichnungen des Bauwesens und des Stahlbaus
(q)	Kreis als Ursprung	bei Bezugsbemaßung
(r)	Maßstrich	bei Zeichnungen des Bauwesens und des Stahlbaus
(s)	nicht geschwärzter Pfeil	bei Zeichnungen des Bauwesens, z.B. Treppenlauflinie

A

Maßeintragung in Zeichnungen

Maßzahlen, Arten von Maßen, Hinweislinien, Durchmesser

vgl. DIN 406-11 (1992-12)

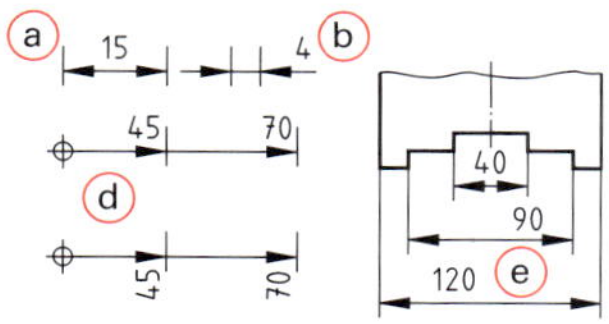

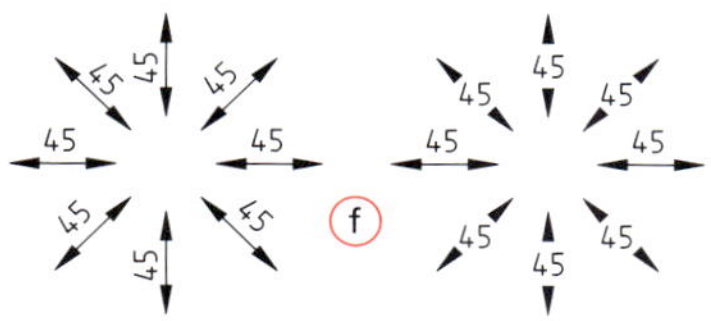

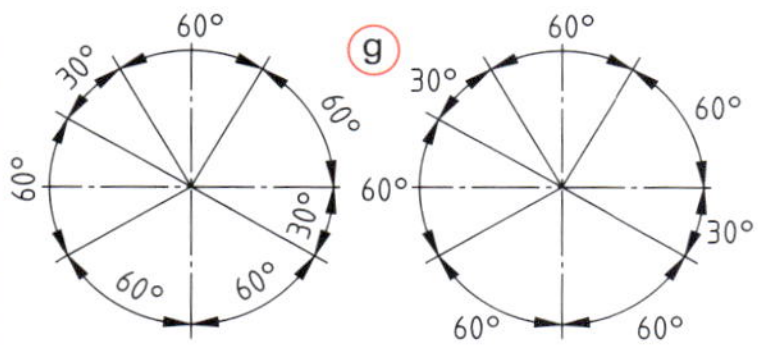

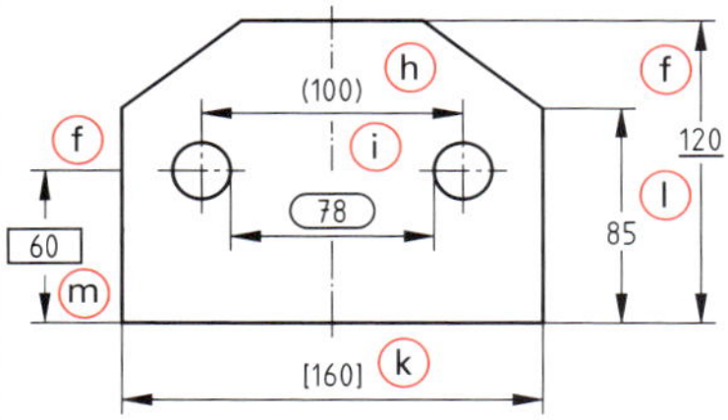

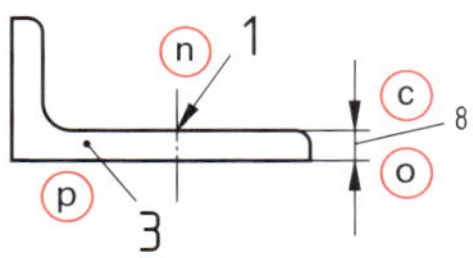

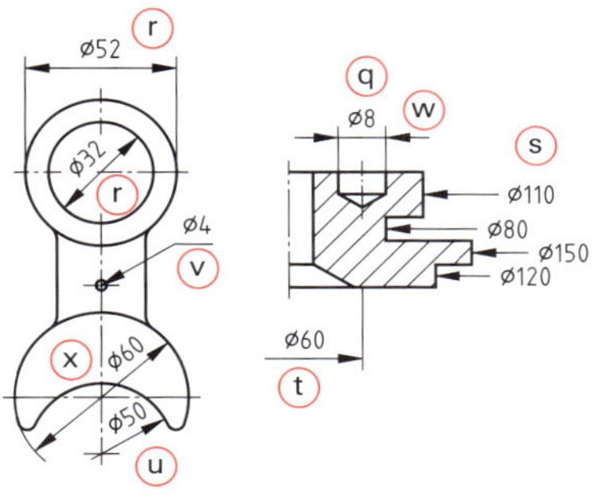

Maßzahlen
werden in Schriftform B vertikal eingetragen (vgl. S. 67).

- (a) Maßzahlen werden zwischen die Maßhilfslinien über die Maßlinie geschrieben.
- (b) Bei Platzmangel können sie auch außerhalb der Maßhilfslinien auf die Maßlinie geschrieben werden.
- (c) Bei Platzmangel darf die Maßzahl an einer Hinweislinie eingetragen werden.
- (d) Bei steigender Maßeintragung werden die Maßzahlen in der Nähe der Maßlinienbegrenzung oder parallel zur Maßhilfslinie eingetragen.
- (e) Bei mehreren parallelen oder konzentrischen Maßlinien werden die Maßzahlen versetzt eingetragen. Alle Maße müssen von unten und von rechts lesbar sein. Unten ist dort, wo sich auf der Zeichnung das Schriftfeld in Leselage befindet.
  Alle Maße einer Zeichnung werden in der gleichen Maßeinheit angegeben. Die Maßeinheit wird nur eingetragen, wenn sie von der Einheit Millimeter (mm) abweicht.
- (f) Bei Eintragung aller Maße in derselben Leselage werden die nichthorizontalen Maßlinien unterbrochen.
- (g) Winkelmaße dürfen auch ohne Unterbrechung der Maßlinie in Leselage eingetragen werden.

Arten von Maßen

- (h) Mit Hilfsmaßen werden funktionelle Zusammenhänge verdeutlicht. Zur geometrischen Bestimmung eines Werkstücks sind sie nicht erforderlich. Sie werden in Klammern gesetzt.
- (i) Prüfmaße werden vom Besteller bei der Abnahme des Erzeugnisses besonders geprüft. Sie werden oval eingefasst.
- (k) Rohmaße beziehen sich auf den Ausgangszustand eines Teils. Sie werden in eckige Klammern gesetzt.
- (l) Nicht maßstäblich eingetragene Maßangaben werden mittels Unterstreichung hervorgehoben.
- (m) Theoretisch genaue Maße legen die geometrisch ideale Lage eines Punktes, einer Linie oder einer Fläche fest. Man setzt sie in ein rechteckiges Feld.

Hinweislinien enden entweder

- (n) als Pfeil an einer Körperkante
- (o) ohne Begrenzung an einer Linie
- (p) als Punkt auf einer Fläche.

Durchmesser

- (q) Bei der Durchmesserbemaßung wird das grafische Symbol an jeder Kreisform angewendet (auch bei Schnitten).
- (r) Die Maßlinie geht durch den Mittelpunkt des Kreises oder wird zwischen Maßhilfslinien gesetzt.
- (s) Bei Platzmangel dürfen Durchmessermaße von außen an die Kreisform angesetzt werden.
- (t) Wenn wie bei Halbschnitten nur eine Kante der Kreisform sichtbar ist, so werden die Durchmessermaße hinter der Symmetrieachse abgebrochen.
- (u) Wenn nur ein Maßpfeil gezeichnet wird, geht die Maßlinie über den Mittelpunkt des Kreises hinaus.
- (v) Kleine Durchmesser bemaßt man mit Bezugspfeil, wobei der Pfeil zum Mittelpunkt zeigt.
- (w) Bei kleinen Durchmesserangaben oder wegen Übersichtlichkeit können die Maßlinien von außen angelegt werden.
- (x) Aus Gründen der Übersichtlichkeit kann es erforderlich sein, die Maßlinie einerseits an die Körperkante, andererseits an eine Maßhilfslinie anzulegen.

Maßeintragung in Zeichnungen

Radius, Fase, Senkung, Neigung, Verjüngung

vgl. DIN 406-11 (1992-12)

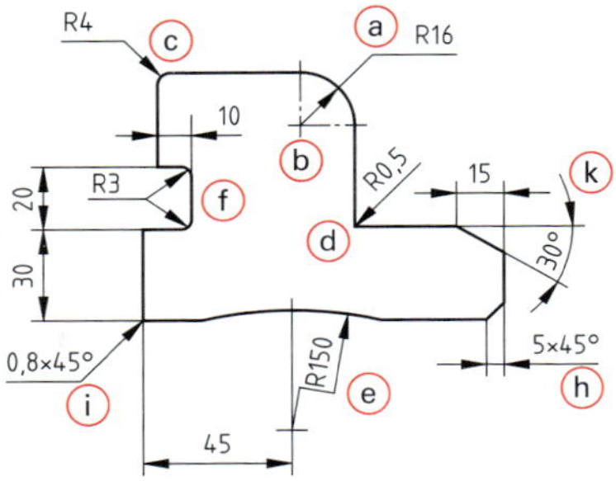

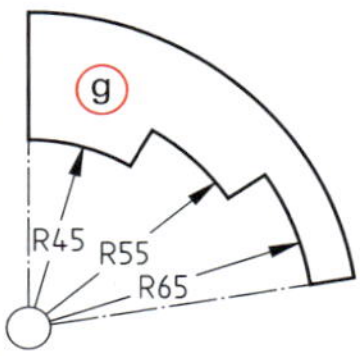

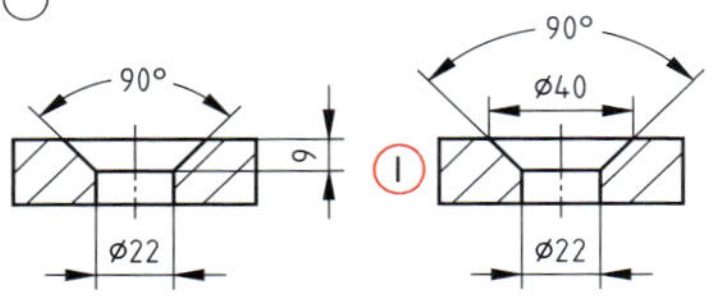

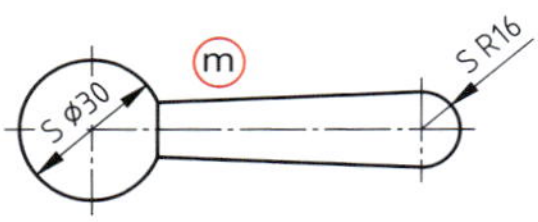

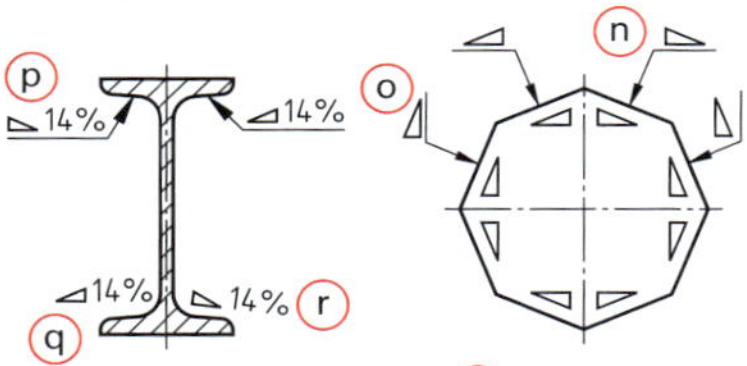

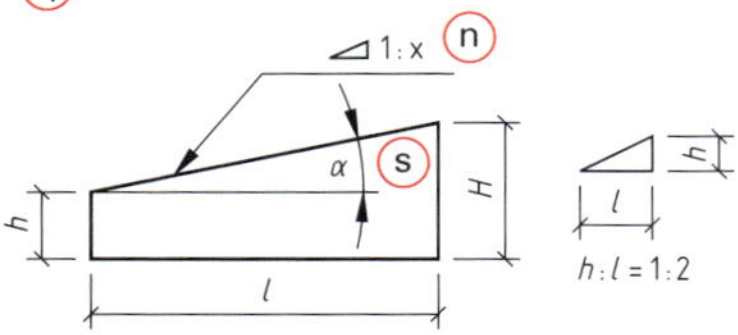

l = 16 x Linienbreite der Schrift

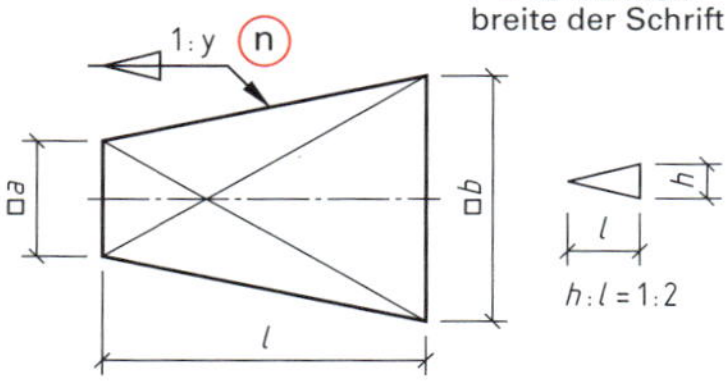

Radien

(a) Zur Kennzeichnung von Radien dient der Großbuchstabe R vor der Maßzahl.

Radien können eingetragen werden:

(b) – mit Mittelpunktskennzeichnung

(c) – ohne Mittelpunktskennzeichnung (kleine Radien), mit Hinweislinie

(d) – sehr kleine Radien ohne Darstellung des Radius

(e) – sehr große Radien mit Bemaßung der Mittelpunktslage (Maßpfeil abknicken)

(f) – mehrere Radien gleicher Größe können zusammengefasst werden

(g) – haben mehrere Radien den gleichen Mittelpunkt, so kann aus Gründen der Übersichtlichkeit um den gemeinsamen Mittelpunkt ein Kreis gezeichnet werden

Die Maßlinien sind vom Radienmittelpunkt ausgehend zu zeichnen bzw. zeigen in dessen Richtung.

Fasen, Senkungen

(h) 45°-Fasen und 90°-Senkungen können unter Angabe von Fasenbreite und Winkel vereinfacht bemaßt werden.

(i) 45°-Fasen dürfen, gleichgültig ob sie bildlich dargestellt sind oder nicht, mit Hinweislinie bemaßt werden.

(k) Bei Fasen ungleich 45° sind Winkel und Fasenbreite gemeinsam einzutragen.

(l) Kegelige Senkungen können entweder mit Außendurchmesser und Senkwinkel oder mit Senktiefe und Senkwinkel bemaßt werden.

Kugel

(m) Eine Kugelform wird in jedem Fall mit dem Großbuchstaben S vor der Maßzahl gekennzeichnet.

Verjüngung, Neigung

(n) Das Sinnbild steht jeweils vor der Maßangabe in % oder als Zahlenverhältnis.

(o) Die Eintragung erfolgt im Regelfall mit Hinweislinie,

(p) dabei wird das Sinnbild so eingetragen, wie es der Form des Werkstücks an dieser Stelle entspricht.

(q) Das Sinnbild darf auch ohne Hinweislinie in waagerechter Richtung eingetragen werden.

(r) Das Sinnbild darf auch parallel zur geneigten Werkstückoberfläche eingetragen werden.

(s) Der Neigungswinkel kann zusätzlich als Hilfsmaß für die Fertigung angegeben werden.

Neigung	Verjüngung
$1 : x = \frac{H - h}{l}$	$1 : y = \frac{b - a}{l}$

A

Maßeintragung in Zeichnungen

Quadrat, Diagonalkreuz, Schlüsselweite, Rechteck, Bogen, Abwicklung, Nuten

vgl. DIN 406-11(1992-12)

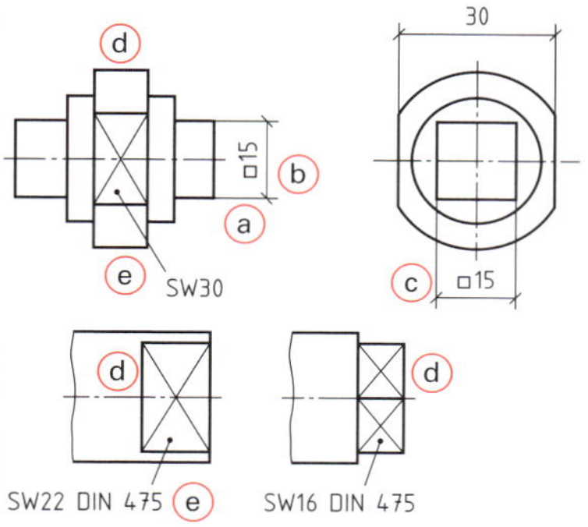

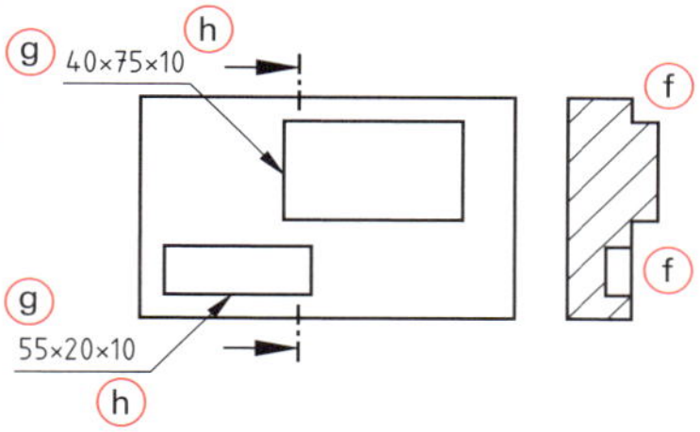

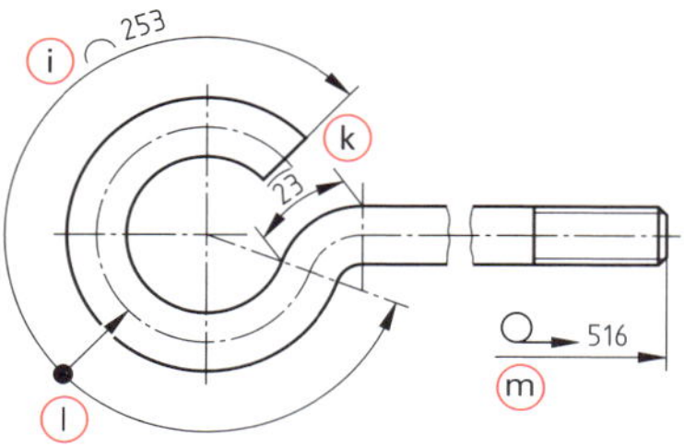

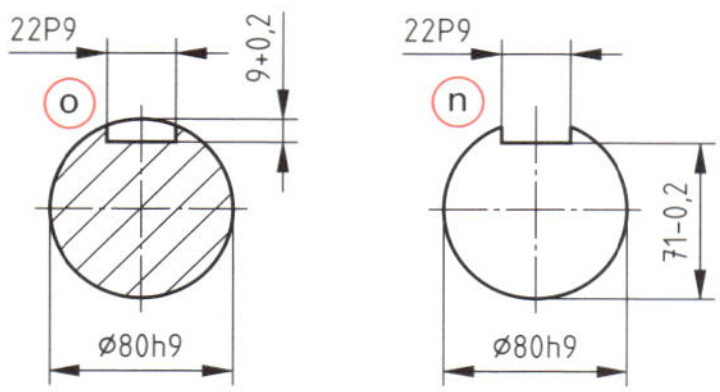

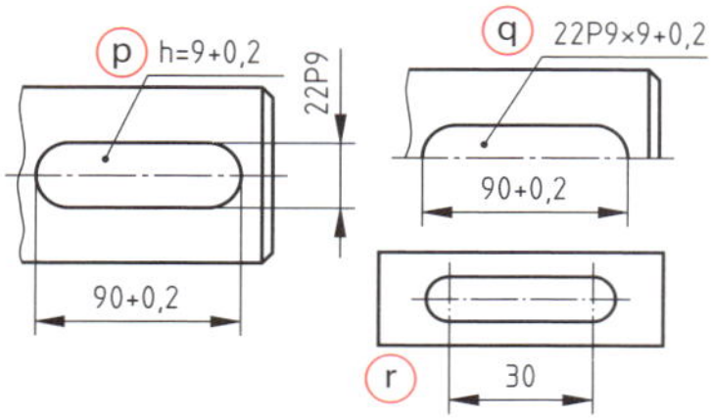

Quadrat

(a) Bei der Bemaßung quadratischer Formelemente wird das Quadratzeichen vor die Maßzahl gesetzt.

(b) Das Quadratzeichen hat die Größe eines Kleinbuchstaben.

(c) Quadratische Formen sollen vorzugsweise in der Ansicht bemaßt werden, in der ihre Form erkennbar ist.

Diagonalkreuz

(d) Zur Kennzeichnung ebener Flächen wird ein Diagonalkreuz aus schmalen Volllinien verwendet.

Schlüsselweite

(e) Der Abstand gegenüberliegender paralleler Flächen kann in der Ansicht, in der er nicht wie üblich bemaßt werden kann, als Schlüsselweite eingetragen werden. Dabei wird das Kurzzeichen SW in Großbuchstaben vor die Maßzahl gesetzt.

Rechteck

(f) Rechteckige Formelemente als Durchbrüche oder als vertiefte oder erhabene Formen können mit Hinweislinie bemaßt werden,

(g) dabei steht das Maß der Kante als erstes auf dem Querstrich, an der die Hinweislinie endet.

(h) Mit der dritten Ziffer wird die Tiefe bzw. Höhe angegeben.

Bogen

(i) Das grafische Symbol kennzeichnet ein Bogenmaß. Es wird vor die Maßzahl geschrieben.

(k) Bei spitzen Winkeln bis 90° werden die Maßhilfslinien parallel zur Winkelhalbierenden gezeichnet, sonst in Richtung Bogenmittelpunkt.

(l) Zur unmissverständlichen Zuordnung kann die Verbindung zwischen Bogenlänge und Maßzahl durch eine Linie mit Pfeil und Punkt gekennzeichnet werden.

Abwicklung

(m) Bei nicht dargestellter Abwicklung eines Biegeteils kann mit dem Symbol für die gestreckte Länge bemaßt werden.

Nuten

(n) Bei durchgehenden bzw. auf einer Seite offenen Wellennuten sowie bei Nuten in zylindrischen Bohrungen werden die Nutbreite und das Maß von der Gegenseite bis zum Nutgrund angegeben.

(o) Bei geschlossenen Wellennuten, wie z.B. für rundstirnige Passfedern, werden die Nutbreite und die Nuttiefe bemaßt.

(p) Bei der Maßeintragung an in Draufsicht dargestellten Nuten darf die Nuttiefe vereinfacht mit dem Buchstaben h angegeben werden. In dem Fall sind außerdem die Nutbreite und die Nutlänge einzutragen. Passfedernuten werden über die gesamte Länge bemaßt.

(q) Die Nuttiefe kann auch in Kombination mit der Nutbreite eingetragen werden. In dem Fall ist nur noch die Nutlänge zu bemaßen.

(r) Bei Langlöchern wird das Längenmaß zwischen den Rundungsmittelpunkten eingetragen. Außerdem wird die Lochbreite bemaßt.

Gewinde, Toleranzen

vgl. DIN 406-11 (1992-12)

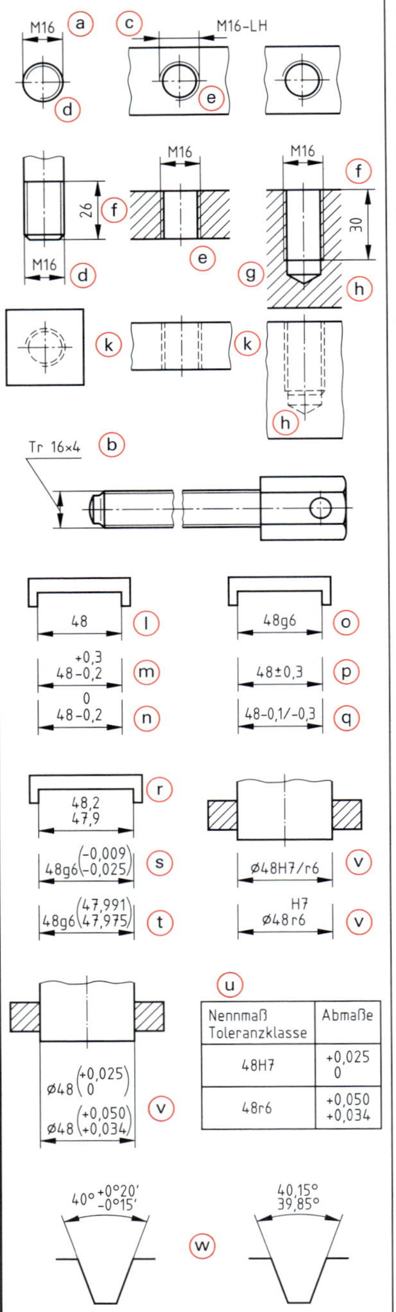

Nennmaß Toleranzklasse	Abmaße
48H7	+0,025 0
48r6	+0,050 +0,034

Gewinde

(a) Genormte Gewinde werden mit Kurzbezeichnungen nach DIN 202 benannt, die sich immer auf den Gewindenenndurchmesser beziehen.

(b) Die Gewindekurzbezeichnung kann durch Angaben zu Steigung und Teilung ergänzt werden.

(c) Linksgewinde werden mit LH gekennzeichnet. Treten an einem Werkstück mit Linksgewinde auch Rechtsgewinde auf, so werden diese mit RH gekennzeichnet.

(d) Bei Außengewinde werden die Maßhilfslinien am mit breiter Volllinie dargestellten Außendurchmesser (Nenndurchmesser) eingetragen. Kerndurchmesser werden in Ansicht mit schmaler Volllinie, in Draufsicht mit einem 3/4 Kreis mit schmaler Volllinie dargestellt.

(e) Bei Innengewinde wird der Kerndurchmesser mit breiter Volllinie dargestellt und das Nennmaß wird an dem mit schmaler Volllinie gezeichneten Nenndurchmesser eingetragen. Nenndurchmesser werden in Ansicht mit schmaler Volllinie, in Draufsicht mit 3/4 Kreis in schmaler Volllinie dargestellt.

(f) Längenangaben beziehen sich auf die nutzbare Gewindelänge.

(g) Die Tiefe einer Grundbohrung wird im Regelfall nicht bemaßt.

(h) Der Bohrkegel schließt in der Darstellung einen Winkel von 120° ein.

(i) Fasen für Innen- und Außengewinde werden nur dann bemaßt, wenn ihr Durchmesser vom Gewindeaußen- bzw. Gewindekerndurchmesser abweicht.

(k) Verdeckte Gewindebohrungen werden mit Strichlinien dargestellt.

Toleranzen

(l) Toleranzen können angegeben werden durch
- Allgemeintoleranzen,
- Abmaße,
- Grenzmaße,
- Kurzzeichen der Toleranzklasse.

(m) Die Abmaße sind mit Vorzeichen vorzugsweise in Maßzahlhöhe hinter dem Nennmaß einzutragen.

(n) Ist ein Abmaß Null, so kann es durch eine „0" angegeben werden.

(o) Kurzzeichen der Toleranzklasse werden hinter dem Nennmaß in Maßzahlhöhe eingetragen.

(p) ± wird verwendet, wenn oberes und unteres Abmaß gleiche Größe haben.

(q) Nennmaß und Abmaße in derselben Zeile eintragen.

(r) Grenzmaße werden als Höchst- u. Mindestmaß angegeben.

Falls erforderlich, können zu den Kurzzeichen der Toleranzklassen

(s) – die Abmaße in Klammern,

(t) – die Grenzmaße in Klammern,

(u) – beide in Tabellenform angegeben werden.

(v) Bei zusammengebaut dargestellten Gegenständen muss das Innenmaß vor bzw. über dem Außenmaß eingetragen werden.

(w) Bei Winkelmaßen werden die Einheit des Nennmaßes und der Abmaße immer mit angegeben.

Teilungen

vgl. DIN 406-11 (1992-12)

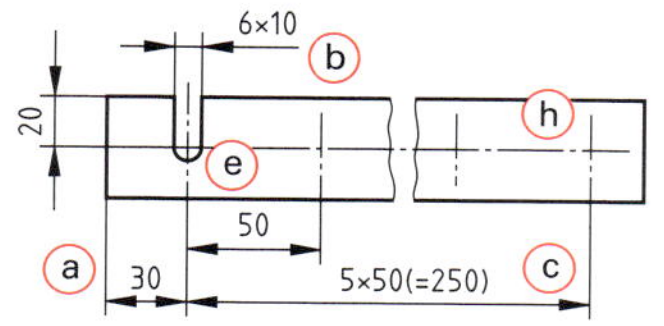

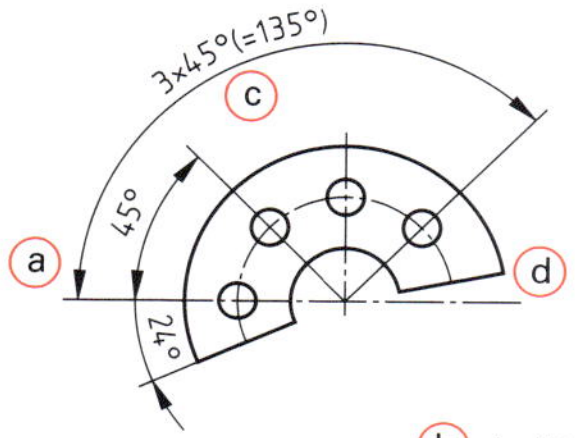

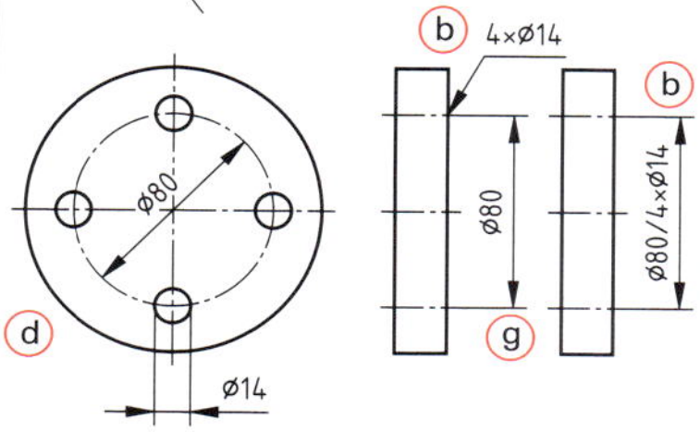

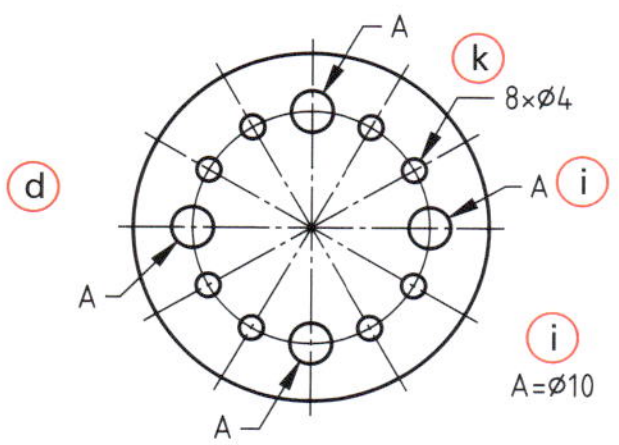

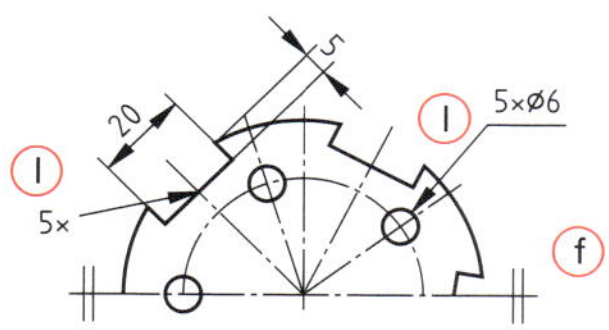

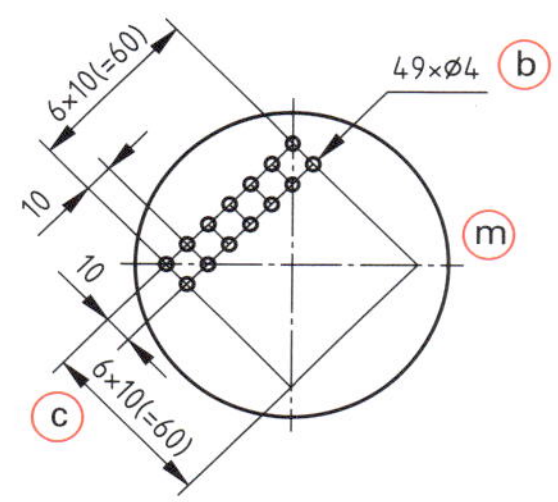

Teilungen

(a) Bei Bauteilen, die gleiche Formelemente mit untereinander gleichen Abständen (Teilungen) aufweisen, werden die Längen- und Winkelmaße vereinfacht angegeben.

(b) Dabei muss die Anzahl der Formelemente entweder dargestellt oder bei der Maßeintragung mit angegeben werden.

(c) Zusätzlich zu dem Teilungs- bzw. Winkelteilungsmaß muss das Produkt aus der Anzahl der Teilungen und dem Teilungsmaß sowie das Ergebnis mit Gleichheitszeichen in Klammern gesetzt eingetragen werden.

Gleiche Formelemente, die zusammengehören und sich wiederholen, können

(d) – vollständig in Anzahl und Form,

(e) – nur einmal vollständig,

(f) – in Halb- oder Vierteldarstellung,

(g) – als Mittellinien auf einem Teilkreis,

(h) – als Achsenkreuz

dargestellt werden.

(i) Unterschiedliche Formelemente, die sich wiederholen, dürfen mit Großbuchstaben gekennzeichnet werden, deren Bedeutung in unmittelbarer Nähe zu erklären ist.

(k) Bei weniger abweichenden Formelementen darf die direkte Maßeintragung mit der Buchstabenkennzeichnung kombiniert werden.

(l) Sind bei Kreisteilungen die Formelemente am Umfang oder auf dem Lochkreis gleichmäßig verteilt, so darf die Anzahl gleicher Formelemente über eine Hinweislinie angegeben werden.

(m) Werkstücke, die eine Vielzahl gleicher Formelemente enthalten, können vereinfacht dargestellt werden. Die Möglichkeit einer falschen Interpretation muss ausgeschlossen sein.

Maßeintragung in Zeichnungen

Vereinfachte Darstellung und Maßeintragung an Bohrungen, Senkungen und Gewindelöchern

vgl. DIN 6780 (2000-10)

Vollständige Darstellung und Maßeintragung		Vollständige Darstellung mit vereinfachter Maßeintragung		Vereinfachte Darstellung mit vereinfachter Maßeintragung	
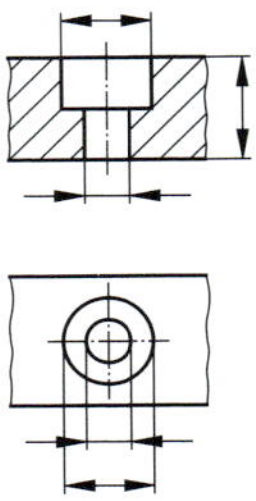	Diese Art der Maßeintragung muss immer dann angewendet werden, wenn die Vereinfachung zu Fehldeutungen der Zeichnungsangaben führen könnte.	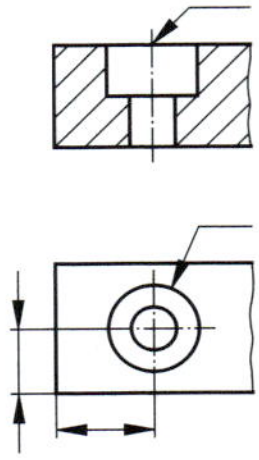	Die Maßeintragung in der Draufsicht soll bevorzugt angewendet werden. In der Draufsicht zeigt die Hinweislinie zum Lochmittelpunkt und endet an der Lochaußenkante. In der Vorderansicht endet sie am Schnittpunkt der Mittellinie mit der Werkstückkante.	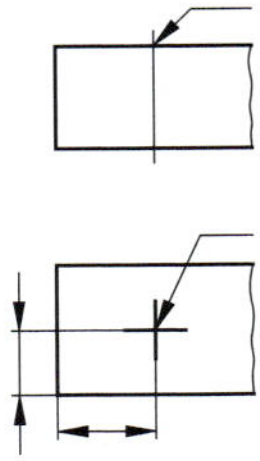	Bei dieser Darstellung werden nur die Mittellinien des Loches gezeichnet. In der Draufsicht als Mittellinienkreuz aus breiten Volllinien, in Ansichten parallel zur Zeichenebene, z.B. in einer Schnittdarstellung als schmale Volllinie.

Aufbau und Reihenfolge der Angaben für die vereinfachte Maßeintragung

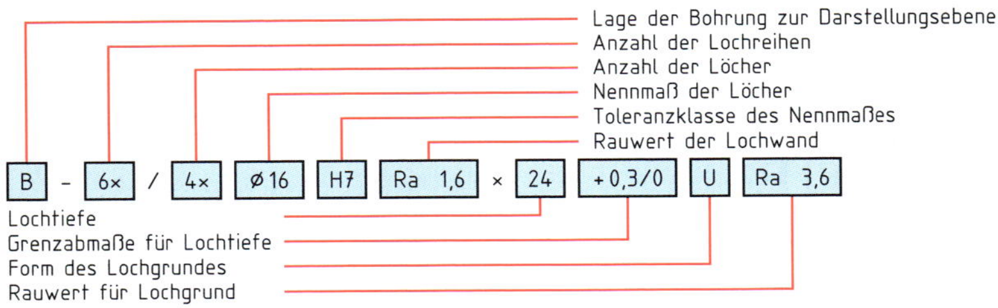

Anzuwendende Symbole

Symbol	Bedeutung	Beispiel
⌀	Durchmesserzeichen	⌀10
□	Quadratzeichen	□12
×	Trennzeichen zwischen Nennmaß und Tiefenangabe oder Winkelangabe oder Anzahl der Löcher/Lochgruppen	M12×30
/	Trennzeichen zwischen Tiefenangaben	M12×30/40

Symbol	Bedeutung	Beispiel
U	zylindrische Senkung	⌀10×30U
V	werkstoffabhängige Bohrerspitze	⌀10×30V
W	Wendeschneidplatten Bohrerspitze	⌀10×30W
<u>V</u>	Tiefenmaßangabe bei Bohrerspitze	⌀10×30<u>V</u>
B–	Fertigung von der Rückseite	B–⌀10×30

Beispiel für die vereinfachte Maßeintragung

Vollständige Darstellung und Maßeintragung	Vollständige Darstellung mit vereinfachter Maßeintragung	Vereinfachte Darstellung mit vereinfachter Maßeintragung	Erklärung
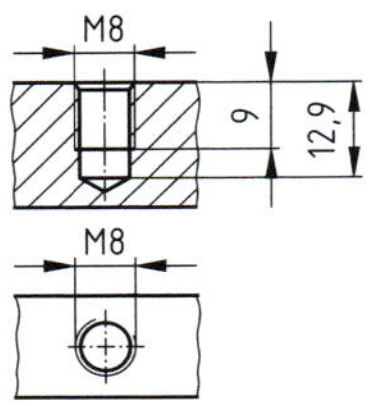	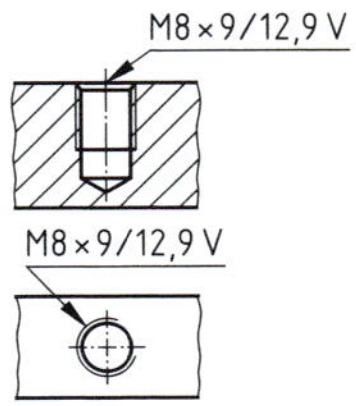	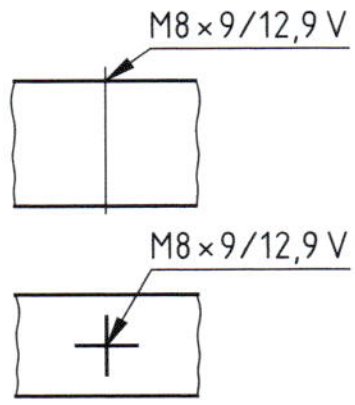	Gewinde M8 mit der Gewindelänge 9 mm, Kernlochtiefe 12,9 mm mit werkstoffabhängiger Bohrerspitze gefertigt.

A

Darstellung von Schrauben und Schraubenverbindungen

Sechskantschraubenverbindung

ausführlich

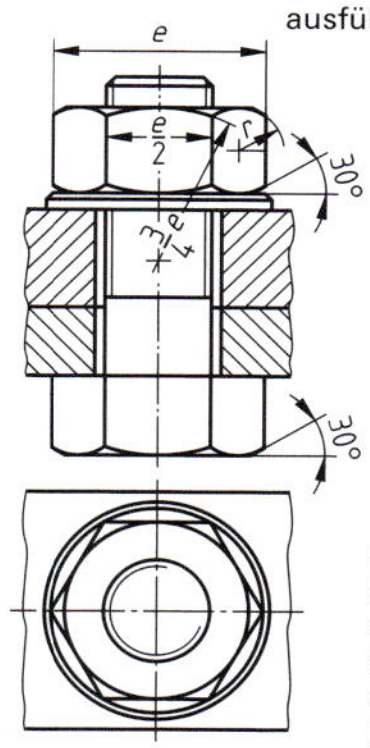

vereinfacht (ISO 6410)

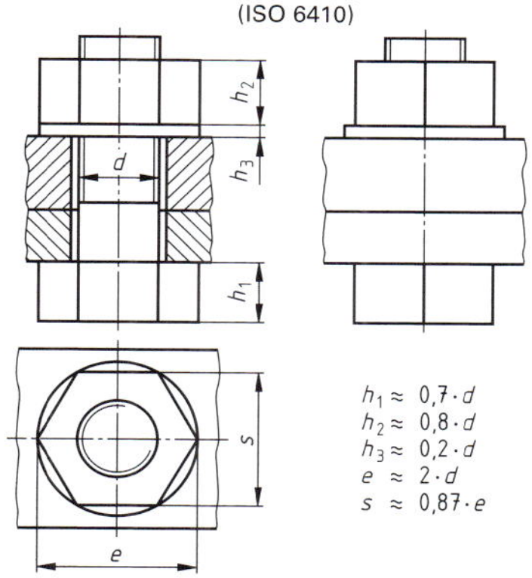

h_1 Schraubenkopfhöhe
h_2 Mutternhöhe
h_3 Scheibenhöhe
e Eckenmaß
s Schlüsselweite
d Gewinde-Nenn-ø

$h_1 \approx 0{,}7 \cdot d$
$h_2 \approx 0{,}8 \cdot d$
$h_3 \approx 0{,}2 \cdot d$
$e \approx 2 \cdot d$
$s \approx 0{,}87 \cdot e$

Kopfschraubenverbindung

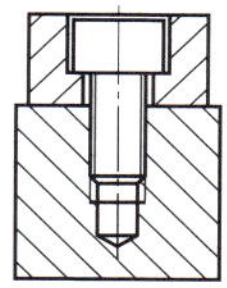

Stiftschraubenverbindung

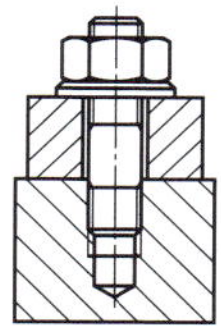

A

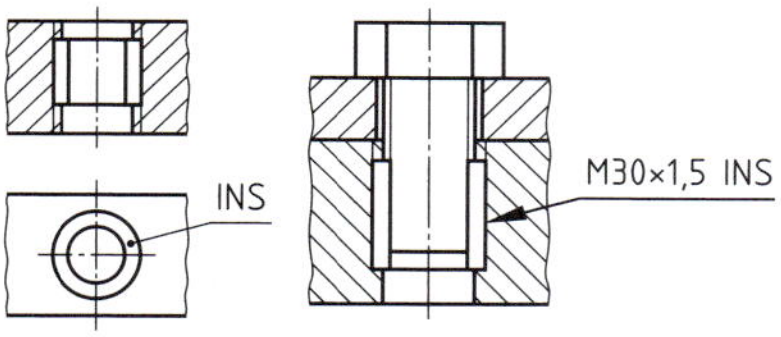

Vereinfachte Darstellung von Gewindeeinsätzen

vgl. DIN ISO 6410-02 (1993-12)

Diese Darstellung ist bevorzugt anzuwenden. Dabei wird nur die Außenkante des Gewindeeinsatzes, aber nicht sein Nenndurchmesser gezeichnet. Der Einsatz wird nicht schraffiert. Die Bezeichnung erfolgt nach dem Gewinde, für das der Einsatz vorgesehen ist. Zusätzlich ist die Abkürzung INS hinter der Gewindebezeichnung anzugeben. (INS = Einsatz)

Bezeichnungsbeispiel: M30 × 1,5 INS

Darstellung von Federn

vgl. DIN ISO 2162-01 (1994-08)

Benennung	Ansicht	Schnitt	Sinnbild	Benennung	Ansicht	vereinfacht
Zylindrische Schrauben-Druckfeder aus Draht mit rundem Querschnitt	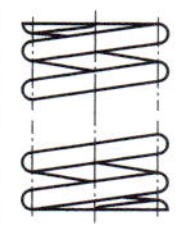	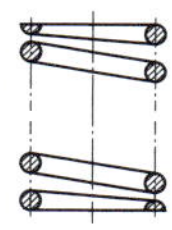		**Blattfeder** geschichtet, mit Augen und untenliegender Zusatzfeder		
Zylindrische Schrauben-Drehfeder aus Draht mit rundem Querschnitt	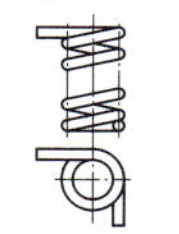			**Spiralfeder** aus Werkstoff mit rechteckigem Querschnitt	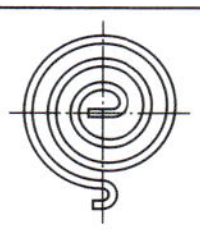	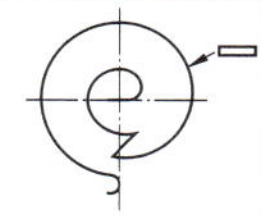
Zylindrische Schrauben-Zugfeder aus Draht mit rundem Querschnitt	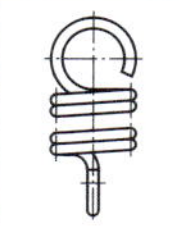	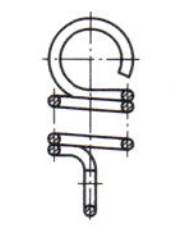	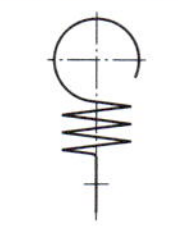	**Feder mit konstanter Kraft** B-Motor	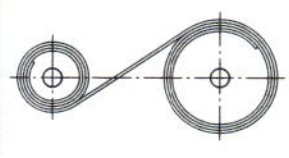	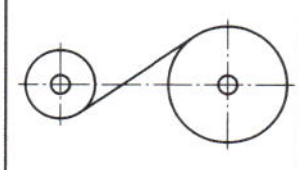

Darstellung und Bemaßung von Zentrierbohrungen

vgl. DIN ISO 6411 (1997-11)

Zentrierbohrung **muss** am Fertigteil verbleiben	Zentrierbohrung **kann** am Fertigteil verbleiben	Zentrierbohrung **darf nicht** am Fertigteil verbleiben
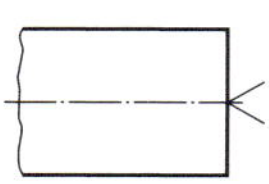 DIN 332-A4/8,5	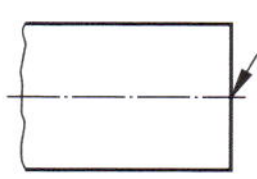 DIN 332-A4/8,5	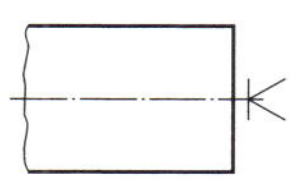 DIN 332-A4/8,5

ISO-System für Grenzmaße und Passungen

Begriffe

vgl. DIN ISO 286-1 (1990-11)

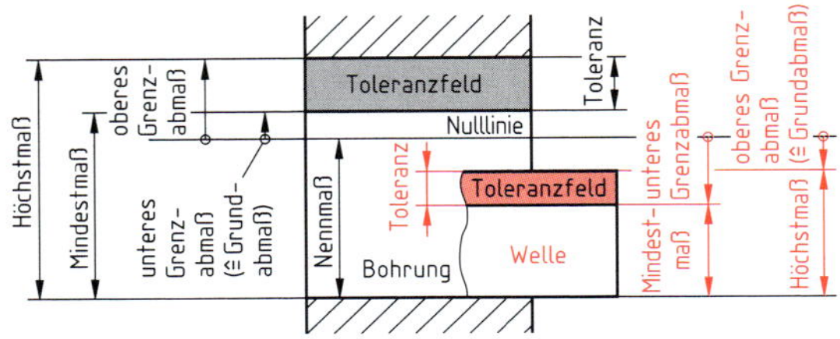

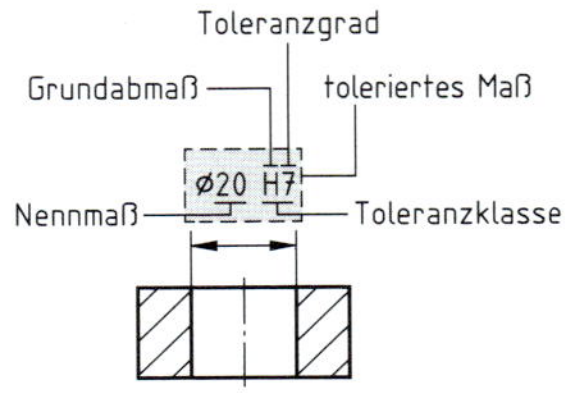

Begriff	Erklärung	Begriff	Erklärung
Grenzabmaße **Oberes** **Unteres**	 Höchstmaß minus Nennmaß. Mindestmaß minus Nennmaß.	**Passung**	Beziehung aus der Differenz der Istmaße von Bohrung und Welle nach dem Fügen.
Grenzmaße **Höchstmaß** **Mindestmaß**	 Größtes zugelassenes Werkstückmaß. Kleinstes zugelassenes Werkstückmaß.	**Toleranz**	Differenz zwischen Höchst- und Mindestmaß bzw. Differenz zwischen oberem und unterem Abmaß.
Grundabmaß	Abstand zwischen Nulllinie und demjenigen Grenzabmaß, das am nächsten bei der Nulllinie liegt.	**Toleranzfeld**	Bei grafischer Darstellung von Toleranzen das Feld zwischen Höchst- und Mindestmaß.
Grundtoleranz	Die einem Grundtoleranzgrad, z.B. IT 7, und einem Nennmaßbereich, z.B. 30...50, zugeordnete Toleranz.	**Toleranzgrad**	Zahl des Grundtoleranzgrades.
Grund-toleranzgrad	Eine Gruppe von Toleranzen, die dem gleichen Genauigkeitsniveau, z.B. IT 7, zugeordnet werden.	**Toleranzklasse**	Benennung für eine Kombination eines Grundabmaßes mit einem Toleranzgrad, z.B. H7.
Istmaß	Gemessenes Werkstückmaß.	**Toleriertes Maß**	Nennmaß mit Grenzabmaßen, z.B. 30 ± 0,1, oder Nennmaß mit Toleranzklasse, z.B. 20 H7.
Nennmaß	Maß, auf das sich die Abmaße beziehen.		

A

Grenzmaße, Abmaße und Toleranzen

vgl. DIN ISO 286-1 (1990-11)

Bohrungen

N Nennmaß
G_{oB} Höchstmaß Bohrung
G_{uB} Mindestmaß Bohrung
ES oberes Abmaß Bohrung
EI unteres Abmaß Bohrung
T_B Toleranz Bohrung

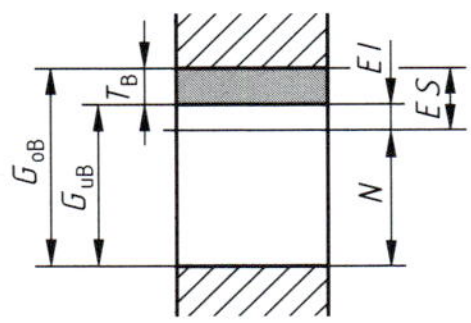

$$G_{oB} = N + ES$$

$$G_{uB} = N + EI$$

$$T_B = ES - EI$$

$$T_B = G_{oB} - G_{uB}$$

Wellen

N Nennmaß
G_{oW} Höchstmaß Welle
G_{uW} Mindestmaß Welle
es oberes Abmaß Welle
ei unteres Abmaß Welle
T_W Toleranz Welle

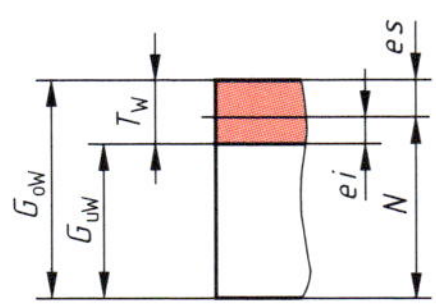

$$G_{oW} = N + es$$

$$G_{uW} = N + ei$$

$$T_W = es - ei$$

$$T_W = G_{oW} - G_{uW}$$

Passungen

vgl. DIN ISO 286-1 (1990-11)

Spielpassung

P_{SH} Höchstspiel
P_{SM} Mindestspiel

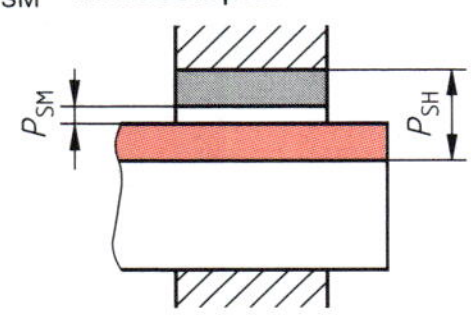

Übergangspassung

P_{SH} Höchstspiel
$P_{ÜH}$ Höchstübermaß

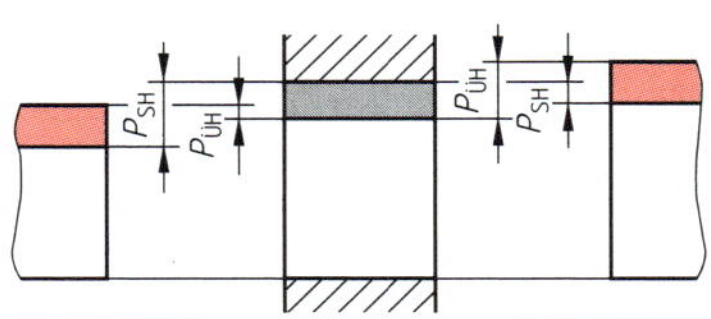

Übermaßpassung

$P_{ÜH}$ Höchstübermaß
$P_{ÜM}$ Mindestübermaß

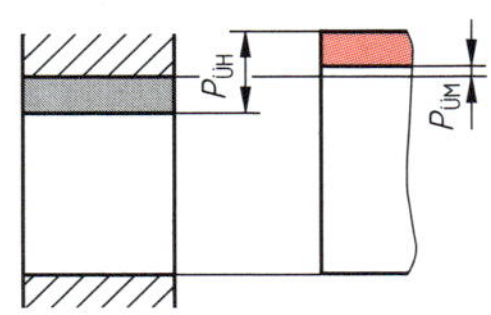

$$P_{SM} = G_{uB} - G_{oW}$$

$$P_{SH} = G_{oB} - G_{uW}$$

$$P_{ÜH} = G_{uB} - G_{oW}$$

$$P_{ÜM} = G_{oB} - G_{uW}$$

ISO-System für Grenzmaße und Passungen

Passungssysteme

vgl. DIN ISO 286-02 (1990-11)

Passungssystem Einheitsbohrung

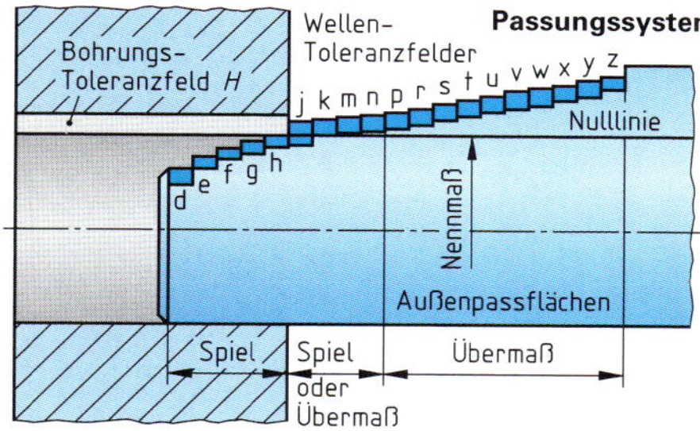

Alle Innenmaße besitzen das Grundabmaß H.

Beispiele für Nennmaß 25, Toleranzgrad 7

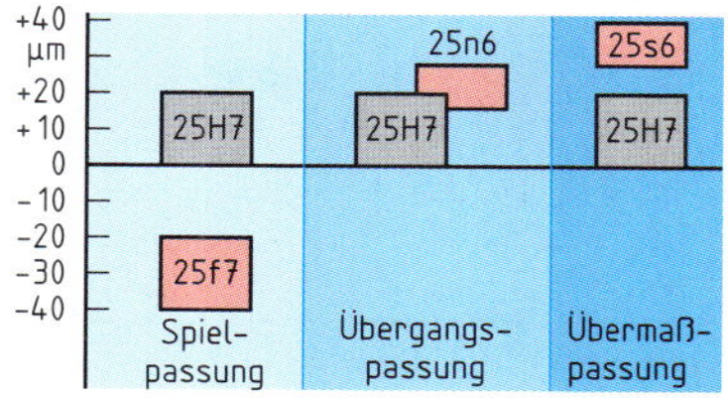

Passungssystem Einheitswelle

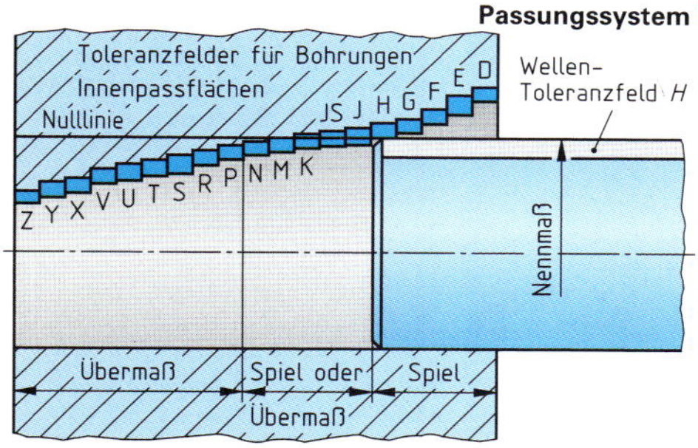

Alle Außenmaße besitzen das Grundabmaß h.

Beispiele für Nennmaß 25, Toleranzgrad 6

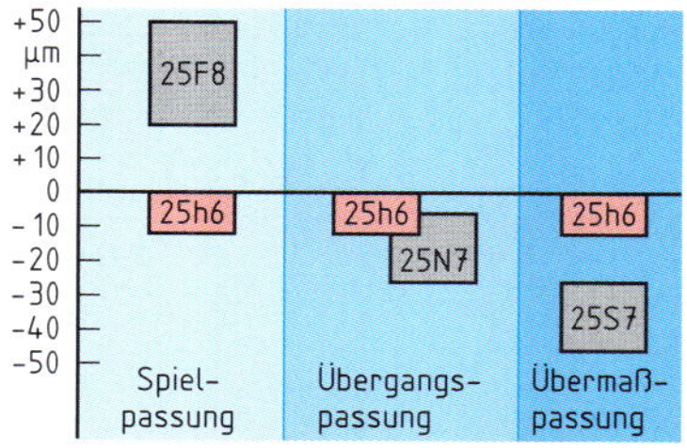

Grundtoleranzen

vgl. DIN ISO 286-1 (1990-11)

Nennmaßbereich über ... bis mm	Grundtoleranzgrade																	
	IT1	IT2	IT3	IT4	IT5	IT6	IT7	IT8	IT9	IT10	IT11	IT12	IT13	IT14	IT15	IT16	IT17	IT18
	Grundtoleranzen																	
	µm											mm						
... 3	0,8	1,2	2	3	4	6	10	14	25	40	60	0,1	0,14	0,25	0,4	0,6	1	1,4
3... 6	1	1,5	2,5	4	5	8	12	18	30	48	75	0,12	0,18	0,3	0,48	0,75	1,2	1,8
6... 10	1	1,5	2,5	4	6	9	15	22	36	58	90	0,15	0,22	0,36	0,58	0,9	1,5	2,2
10... 18	1,2	2	3	5	8	11	18	27	43	70	110	0,18	0,27	0,43	0,7	1,1	1,8	2,7
18... 30	1,5	2,5	4	6	9	13	21	33	52	84	130	0,21	0,33	0,52	0,84	1,3	2,1	3,3
30... 50	1,5	2,5	4	7	11	16	25	39	62	100	160	0,25	0,39	0,62	1	1,6	2,5	3,9
50... 80	2	3	5	8	13	19	30	46	74	120	190	0,3	0,46	0,74	1,2	1,9	3	4,6
80... 120	2,5	4	6	10	15	22	35	54	87	140	220	0,35	0,54	0,87	1,4	2,2	3,5	5,4
120... 180	3,5	5	8	12	18	25	40	63	100	160	250	0,4	0,63	1	1,6	2,5	4	6,3
180... 250	4,5	7	10	14	20	29	46	72	115	185	290	0,46	0,72	1,15	1,85	2,9	4,6	7,2
250... 315	6	8	12	16	23	32	52	81	130	210	320	0,52	0,81	1,3	2,1	3,2	5,2	8,1
315... 400	7	9	13	18	25	36	57	89	140	230	360	0,57	0,89	1,4	2,3	3,6	5,7	8,9
400... 500	8	10	15	20	27	40	63	97	155	250	400	0,63	0,97	1,55	2,5	4	6,3	9,7
500... 630	9	11	16	22	32	44	70	110	175	280	440	0,7	1,1	1,75	2,8	4,4	7	11
630... 800	10	13	18	25	36	50	80	125	200	320	500	0,8	1,25	2	3,2	5	8	12,5
800...1000	11	15	21	28	40	56	90	140	230	360	560	0,9	1,4	2,3	3,6	5,6	9	14
1000...1250	13	18	24	33	47	66	105	165	260	420	660	1,05	1,65	2,6	4,2	6,6	10,5	16,5
1250...1600	15	21	29	39	55	78	125	195	310	500	780	1,25	1,95	3,1	5	7,8	12,5	19,5
1600...2000	18	25	35	46	65	92	150	230	370	600	920	1,5	2,3	3,7	6	9,2	15	23
2000...2500	22	30	41	55	78	110	175	280	440	700	1100	1,75	2,8	4,4	7	11	17,5	28
2500...3150	26	36	50	68	96	135	210	330	540	860	1350	2,1	3,3	5,4	8,6	13,5	21	33

Die Grenzabmaße der Toleranzgrade für die Grundabmaße h, js, H und JS können aus den Grundtoleranzen abgeleitet werden: **h**: es = 0; ei = – IT **js**: es = + IT/2; ei = – IT/2 **H**: ES = + IT; EI = 0 **JS**: ES = + IT/2; EI = – IT/2

A

ISO-System für Grenzmaße und Passungen

System Einheitsbohrung

vgl. DIN ISO 286-02 (1990-11)

Grenzabmaße in µm für Toleranzklassen

Nennmaß-bereich über...bis mm	H6	Beim Fügen mit einer H6-Bohrung entsteht eine: Spiel-	Übergangs-Passung		Übermaß-			H7	Beim Fügen mit einer H7-Bohrung entsteht eine: Spiel-		Übergangs-Passung		Übermaß-	
		h5	j6	k6	n5	p5	r5		f7	h6	k6	n6	r6	s6
1… 3	+ 6 0	0 − 4	+ 4 − 2	+ 6 0	+ 8 + 4	+ 10 + 6	+ 14 + 10	+ 10 0	− 6 − 16	0 − 6	+ 6 0	+ 10 + 4	+ 16 + 10	+ 20 + 14
3… 6	+ 8 0	0 − 5	+ 6 − 2	+ 9 + 1	+ 13 + 8	+ 17 + 12	+ 20 + 15	+ 12 0	− 10 − 22	0 − 8	+ 9 + 1	+ 16 + 8	+ 23 + 15	+ 27 + 19
6… 10	+ 9 0	0 − 6	+ 7 − 2	+ 10 + 1	+ 16 + 10	+ 21 + 15	+ 25 + 19	+ 15 0	− 13 − 28	0 − 9	+ 10 + 1	+ 19 + 10	+ 28 + 19	+ 32 + 23
10… 14 14… 18	+ 11 0	0 − 8	+ 8 − 3	+ 12 + 1	+ 20 + 12	+ 26 + 18	+ 31 + 23	+ 18 0	− 16 − 34	0 − 11	+ 12 + 1	+ 23 + 12	+ 34 + 23	+ 39 + 28
18… 24 24… 30	+ 13 0	0 − 9	+ 9 − 4	+ 15 + 2	+ 24 + 15	+ 31 + 22	+ 37 + 28	+ 21 0	− 20 − 41	0 − 13	+ 15 + 2	+ 28 + 15	+ 41 + 28	+ 48 + 35
30… 40 40… 50	+ 16 0	0 − 11	+ 11 − 5	+ 18 + 2	+ 28 + 17	+ 37 + 26	+ 45 + 34	+ 25 0	− 25 − 50	0 − 16	+ 18 + 2	+ 33 + 17	+ 50 + 34	+ 59 + 43
50… 65 65… 80	+ 19 0	0 − 13	+ 12 − 7	+ 21 + 2	+ 33 + 10	+ 45 + 32	+ 54 + 41 + 56 + 43	+ 30 0	− 30 − 60	0 − 19	+ 21 + 2	+ 39 + 20	+ 60 + 41 + 62 + 43	+ 72 + 53 + 78 + 59
80…100 100…120	+ 22 0	0 − 15	+ 13 − 9	+ 25 + 3	+ 38 + 23	+ 52 + 37	+ 66 + 51 + 69 + 54	+ 35 0	− 36 − 71	0 − 22	+ 25 + 3	+ 45 + 23	+ 73 + 51 + 76 + 54	+ 93 + 71 + 101 + 79

Nennmaß-bereich über...bis mm	H8	Beim Fügen mit einer H8-Bohrung entsteht eine: Spiel-Passung				Übermaß-Passung		H11	Beim Fügen mit einer H11-Bohrung entsteht eine: Spiel-Passung					Übermaß-
		d9	e8	f7	h9	u8	x8		a11	c11	d9	h9	h11	x11
1… 3	+ 14 0	− 20 − 45	− 14 − 28	− 6 − 16	0 − 25	+ 32 + 18	+ 34 + 20	+ 60 0	− 270 − 330	− 60 − 120	− 20 − 45	0 − 25	0 − 60	–
3… 6	+ 18 0	− 30 − 60	− 20 − 38	− 10 − 22	0 − 30	+ 41 + 23	+ 46 + 28	+ 75 0	− 270 − 345	− 70 − 145	− 30 − 60	0 − 30	0 − 75	–
6… 10	+ 22 0	− 40 − 76	− 25 − 47	− 13 − 28	0 − 36	+ 50 + 28	+ 56 + 34	+ 90 0	− 280 − 370	− 80 − 170	− 40 − 76	0 − 36	0 − 90	–
10… 14 14… 18	+ 27 0	− 50 − 93	− 32 − 59	− 16 − 34	0 − 52	+ 60 + 33	+ 67 + 40 + 72 + 45	+ 110 0	− 290 − 400	− 95 − 205	− 50 − 93	0 − 43	0 − 110	–
18… 24 24… 30	+ 33 0	− 65 − 117	− 40 − 73	− 20 − 41	0 − 62	+ 74 + 41 + 81 + 48	+ 87 + 54 + 97 + 64	+ 130 0	− 300 − 430	− 110 − 240	− 65 − 117	0 − 52	0 − 130	–
30 … 40 40… 50	+ 39 0	− 80 − 142	− 50 − 89	− 25 − 50	0 − 74	+ 99 + 60 + 109 + 70	+ 119 + 80 + 136 + 97	+ 160 0	− 310 − 470 − 320 − 480	− 120 − 280 − 130 − 290	− 80 − 142	0 − 62	0 − 160	–
50… 65 65… 80	+ 46 0	− 100 − 174	− 60 − 106	− 30 − 60	0 − 87	+ 133 + 87 + 148 + 102	+ 168 + 122 + 192 + 146	+ 190 0	− 340 − 530 − 360 − 550	− 140 − 330 − 150 − 340	− 100 − 174	0 − 74	0 − 190	+ 312 + 122 + 336 + 146
80…100 100…120	+ 54 0	− 120 − 207	− 72 − 126	− 36 − 71	0 − 100	+ 178 + 124 + 198 + 144	+ 232 + 178 + 264 + 210	+ 220 0	− 380 − 600 − 410 − 630	− 170 − 390 − 180 − 400	− 120 − 207	0 − 87	0 − 200	+ 398 + 178 + 430 + 210

ISO-System für Grenzmaße und Passungen

Grenzabmaße für Normteile

vgl. DIN ISO 286-02 (1990-11)

Nennmaßbereich über...bis mm	Wellen – Grenzabmaße in µm für Toleranzklassen														
	c11	d9	e8	f7	g6	h6	h8	h9	j6	js8	n6	k6	r6	s6	u8
1... 3	− 60 − 120	− 20 − 45	− 14 − 28	− 6 − 16	− 2 − 8	0 − 6	0 − 14	0 − 25	+ 4 − 2	+ 7 − 7	+ 10 + 4	+ 6 0	+ 16 + 10	+ 20 + 14	+ 32 + 18
3... 6	− 70 − 145	− 30 − 60	− 20 − 38	− 10 − 22	− 4 − 12	0 − 8	0 − 18	0 − 30	+ 6 − 2	+ 9 − 9	+ 16 + 8	+ 9 + 1	+ 23 + 15	+ 23 + 15	+ 41 + 23
6... 10	− 80 − 180	− 40 − 76	− 25 − 47	− 13 − 28	− 5 − 14	0 − 9	0 − 22	0 − 36	+ 7 − 2	+ 11 − 11	+ 19 + 10	+ 10 + 1	+ 28 + 19	+ 28 + 19	+ 50 + 28
10... 14 14... 18	− 95 − 205	− 50 − 93	− 32 − 59	− 16 − 34	− 6 − 17	0 − 11	0 − 27	0 − 43	+ 8 − 3	+ 13,5 − 13,5	+ 23 + 12	+ 12 + 1	+ 34 + 23	+ 39 + 28	+ 60 + 33
18... 24 24... 30	− 110 − 240	− 65 − 1117	− 40 − 73	− 20 − 41	− 7 − 20	0 − 13	0 − 33	0 − 52	+ 9 − 4	+ 16,5 − 16,5	+ 28 + 15	+ 15 + 2	+ 41 + 28	+ 48 + 35	+ 74 + 41 + 81 + 48
30... 40 40... 50	− 120 − 280 − 130 − 290	− 80 − 142	− 50 − 89	− 25 − 50	− 9 − 25	0 − 16	0 − 39	0 − 62	+ 11 − 5	+ 19,5 − 19,5	+ 33 + 17	+ 18 + 2	+ 50 + 34	+ 59 + 43	+ 99 + 60 + 109 + 70
50... 65 65... 80	− 140 − 330 − 150 − 340	− 100 − 174	− 60 − 106	− 30 − 60	− 10 − 29	0 − 19	0 − 46	0 − 74	+ 12 − 7	+ 23 − 23	+ 39 + 20	+ 21 + 2	+ 60 + 41 + 62 + 43	+ 72 + 53 + 78 + 59	+ 133 + 87 + 148 + 102
80...100	− 170 − 390	− 120 − 207	− 72 − 126	− 36 − 71	− 12 − 34	0 − 22	0 − 54	0 − 87	+ 13 − 9	+ 27 − 27	+ 45 + 23	+ 25 + 3	+ 73 + 51	+ 93 + 71	+ 178 + 124

Nennmaßbereich über...bis mm	Bohrungen – Grenzabmaße in µm für Toleranzklassen														
	C11	D10	E6	E9	F7	F8	G6	H7	H11	H13	J7	K7	N8	P8	R7
1... 3	+ 120 + 60	+ 60 + 20	+ 20 + 14	+ 39 + 14	+ 16 + 6	+ 20 + 6	+ 8 + 2	+ 10 0	+ 60 0	+ 140 0	+ 4 − 6	0 − 10	− 4 − 18	− 6 − 20	− 10 − 20
3... 6	+ 145 + 70	+ 78 + 30	+ 28 + 20	+ 50 + 20	+ 22 + 10	+ 28 + 10	+ 12 + 4	+ 12 0	+ 75 0	+ 180 0	+ 6 − 6	+ 3 − 9	− 2 − 20	− 12 − 30	− 11 − 23
6... 10	+ 170 + 80	+ 98 + 40	+ 34 + 25	+ 61 + 25	+ 28 + 13	+ 35 + 13	+ 14 + 5	+ 15 0	+ 90 0	+ 220 0	+ 8 − 7	+ 5 − 10	− 3 − 25	− 15 − 37	− 13 − 28
10... 14 14... 18	+ 205 + 95	+ 120 + 50	+ 43 + 32	+ 75 + 32	+ 34 + 16	+ 43 + 16	+ 17 + 6	+ 18 0	+ 110 0	+ 270 0	+ 10 − 8	+ 6 − 12	− 3 − 30	− 18 − 45	− 16 − 34
18... 24 24... 30	+ 240 + 110	+ 149 + 65	+ 53 + 40	+ 92 + 40	+ 41 + 20	+ 53 + 20	+ 20 + 7	+ 21 0	+ 130 0	+ 330 0	+ 12 − 9	+ 6 − 15	− 3 − 36	− 22 − 55	− 20 − 41
30... 40 40... 50	+ 280 + 120 + 290 + 130	+ 180 + 80	+ 66 + 50	+ 112 + 50	+ 50 + 25	+ 64 + 25	+ 25 + 9	+ 25 0	+ 160 0	+ 390 0	+ 14 − 11	+ 7 − 18	− 3 − 42	− 26 − 65	− 25 − 50
50... 65 65... 80	+ 330 + 140 + 340 + 150	+ 220 + 100	+ 79 + 60	+ 134 + 60	+ 60 + 30	+ 76 + 80	+ 29 + 10	+ 30 0	+ 190 0	+ 460 0	+ 18 − 12	+ 9 − 21	− 4 − 50	− 32 − 78	− 30 − 60 − 32 − 62
80...100	+ 390 + 170	+ 260 + 120	+ 94 + 72	+ 159 + 72	+ 71 + 36	+ 90 + 36	+ 34 + 12	+ 35 0	+ 220 0	+ 540 0	+ 22 − 13	+ 10 − 25	− 4 − 58	− 37 − 91	− 38 − 73

A

Passungen – Form- und Lagetoleranzen

Passungsempfehlungen

aus Reihe 1	C11/h9, D10/h9, E9/h9, F8/h9, H8/f7, F8/h6, H7/f7, H8/h9, H7/h6, H7/n6, H7/r6, H8/x8 bzw. u8
aus Reihe 2	C11/h11, D10/h11, H8/d9, H8/e8, H7/g6, G7/h6, H11/h9, H7/j6, H7/k6, H7/s6

Passungsauswahl

vgl. DIN 7157 (1966-01)

Art	Passungs-System				Passungs-Merkmale	
	Einheitsbohrung		Einheitswelle		Eigenschaften	Anwendungsbeispiele
Spielpassungen	**H8/f7**	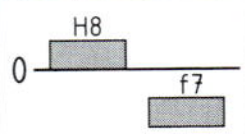	**F8/h9**	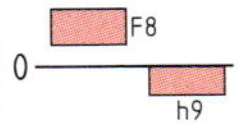	Die Passungen haben ein kleines Spiel. Die Teile sind leicht ineinander beweglich.	Wellen-Gleitlagerungen
	H8/h9	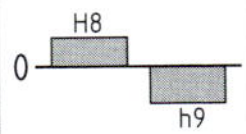	**H8/h9**	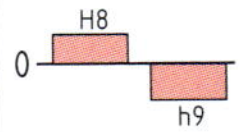	Die Passungen haben kaum Spiel. Die Teile können mit Handkraft ineinander bewegt werden.	Distanzbuchsen, Stellringe auf Wellen
	H7/h6	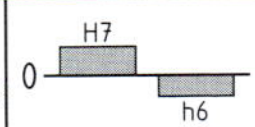	**H7/h6**	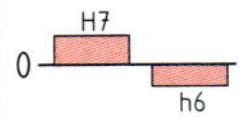	Die Passungen haben ein ganz geringes Spiel. Ein Verschieben der Teile mit Handkraft ist möglich.	Säulenführungen, Führungen an Werkzeugmaschinen, Schneidstempel in Führungsplatten
Überg.-passung	**H7/n6**	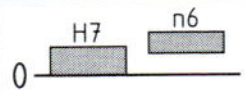	nicht festgelegt		Die Passung hat eher Übermaß als Spiel. Zum Fügen ist ein geringer Kraftaufwand erforderlich.	Lagerbuchsen in Gehäusen, Bohrbuchsen und Auflagebolzen in Vorrichtungen
Übermaßpassungen	**H7/r6**	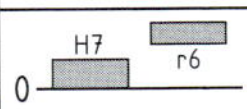	nicht festgelegt		Die Passung hat ein kleines Übermaß. Die Teile lassen sich mit Kraftaufwand fügen.	Buchsen in Gehäusen
	H7/u8	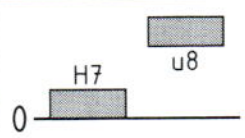			Die Passung hat ein großes Übermaß. Die Teile lassen sich nur durch Dehnen oder Schrumpfen fügen.	Schrumpfringe, Räder auf Achsen, Kupplungen auf Wellen
	H7/x8	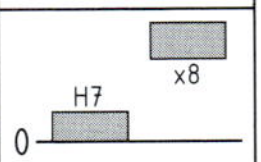			Die Passung hat ein sehr großes Übermaß. Das Fügen ist nur durch Dehnen oder Schrumpfen möglich.	

Form- und Lagetolerierung, Angaben in Zeichnungen

vgl. DIN ISO 1101 (1985-03)

Allgemeines

Form- und Lagetoleranzen werden nur dann in technische Zeichnungen eingetragen, wenn sie aus Gründen der Fertigung, der Funktion oder der Austauschbarkeit der Werkstücke erforderlich sind.

Bezüge

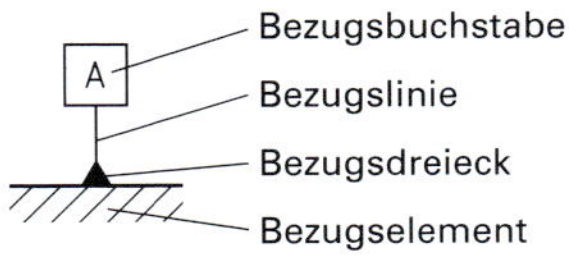

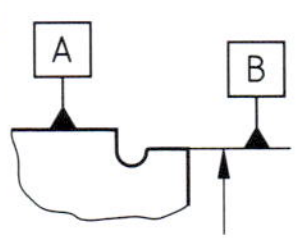

Der Bezug ist eine Fläche oder eine Linie

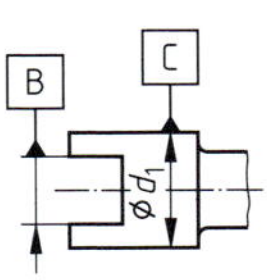

Der Bezug ist die Mittelebene der Nut (B) und die Achse des Durchmessers d_1 (C)

Tolerierte Elemente

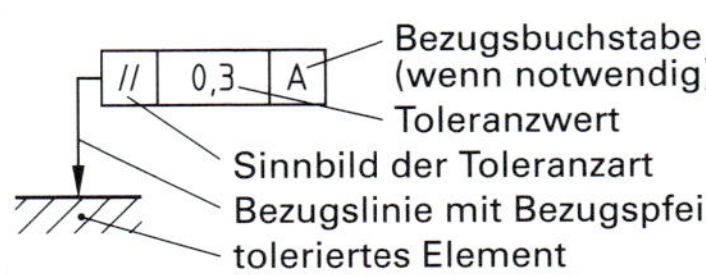

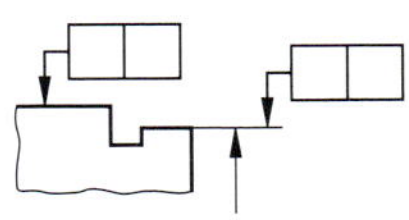

Toleriert ist eine Fläche oder eine Linie

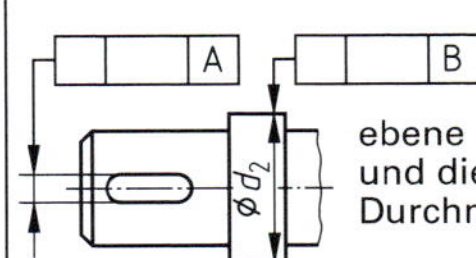

Toleriert ist die Mittelebene der Nut (A) und die Achse des Durchmessers d_2 (B)

Toleranzrahmen

Abmessungen

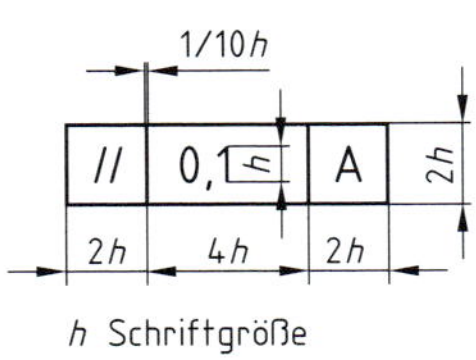

h Schriftgröße

Form- und Lagetoleranzen

Angaben in Zeichnungen

vgl. DIN ISO 1101 (1985-03)

Formtoleranzen

Sinnbild	tolerierte Eigenschaft	Toleranzzone	Zeichnungsangabe	Erklärung
—	Geradheit	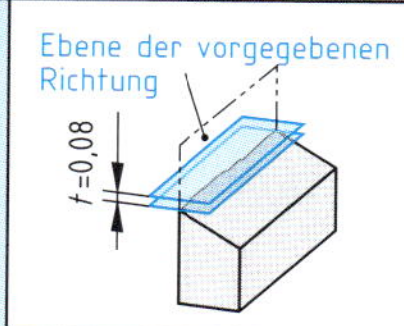	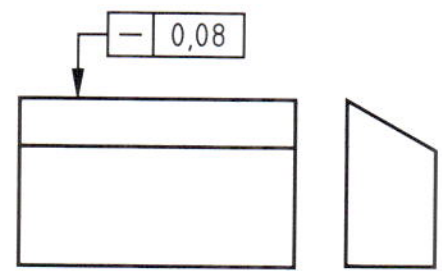	Die tolerierte Kante muss zwischen zwei Ebenen mit dem Abstand *t* = 0,08 mm liegen.
⏥	Ebenheit	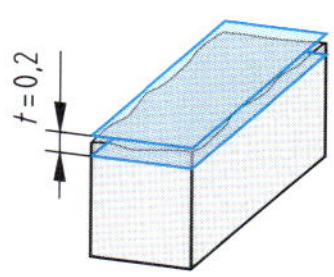	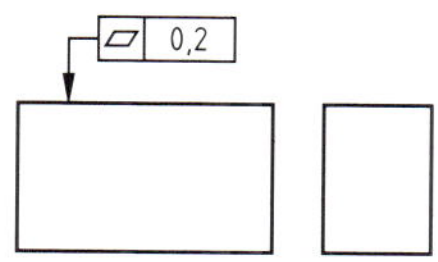	Die tolerierte Fläche muss zwischen zwei parallelen Ebenen liegen, die den Abstand *t* = 0,2 mm haben.
○	Rundheit	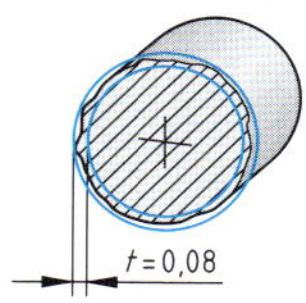	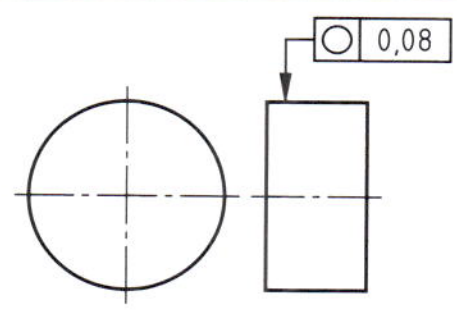	In jeder Schnittebene senkrecht zur Achse muss sich die tolerierte Umfangslinie des Kreises zwischen zwei konzentrisch liegenden Kreisen befinden, die den Abstand *t* = 0,08 mm haben.
⌭	Zylindrizität	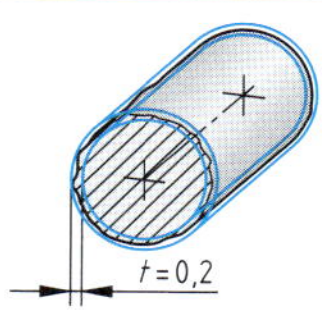	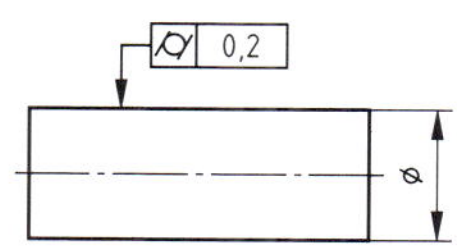	Die tolerierte Mantelfläche des Zylinders muss zwischen zwei koaxialen Zylindern liegen, die einen Abstand von *t* = 0,2 mm haben.

Lagetoleranzen

Richtungstoleranzen

Sinnbild	tolerierte Eigenschaft	Toleranzzone	Zeichnungsangabe	Erklärung
//	Parallelität	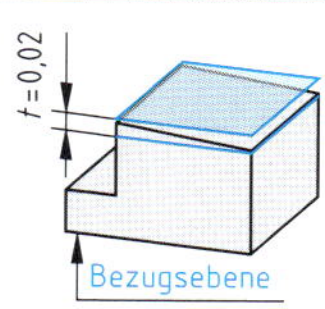	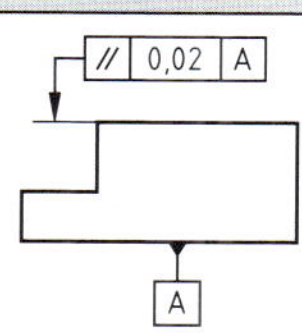	Die tolerierte Fläche muss sich zwischen zwei Ebenen befinden, die den Abstand *t* = 0,02 mm voneinander haben und die parallel zur Bezugsebene *A* liegen.
⊥	Rechtwinkligkeit	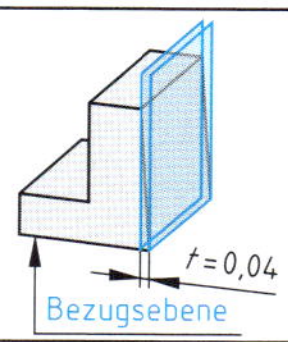	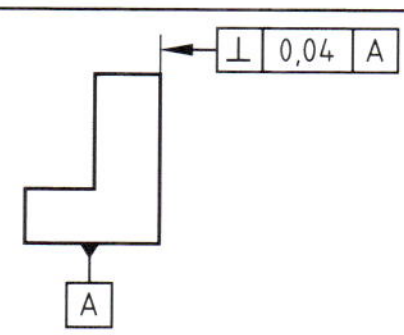	Die tolerierte Fläche muss zwischen zwei Ebenen vom Abstand *t* = 0,04 mm liegen, die senkrecht zur Bezugsfläche *A* stehen.
∠	Neigung	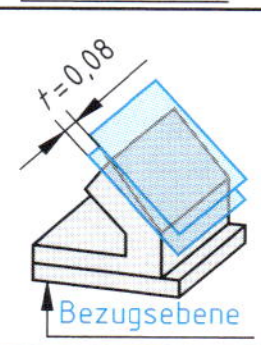	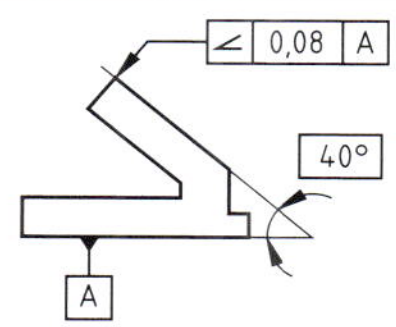	Die tolerierte Fläche muss zwischen zwei Ebenen vom Abstand *t* = 0,08 mm liegen, die gegenüber der Bezugsebene *A* um theoretisch genau 40° geneigt sind.

A

Form- und Lagetoleranzen

Angaben in Zeichnungen

vgl. DIN ISO 1101 (1985-03)

Lagetoleranzen

Ortstoleranzen

Sinnbild	tolerierte Eigenschaft	Toleranzzone	Zeichnungsangabe	Erklärung
⌯	Symmetrie	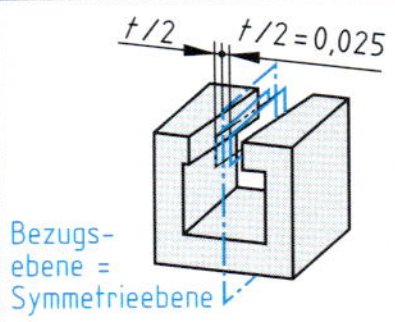	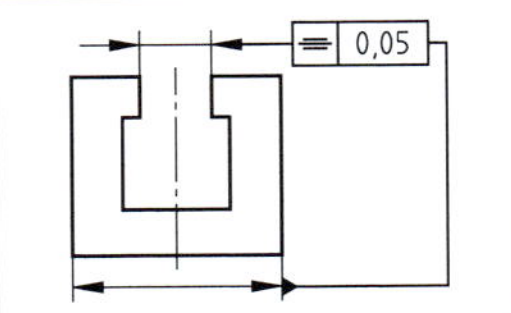	Die tolerierte Mittelebene des Schlitzes muss sich zwischen zwei parallelen Ebenen vom Abstand t = 0,05 mm befinden, die symmetrisch zu den Außenflächen liegen.
◎	Koaxialität	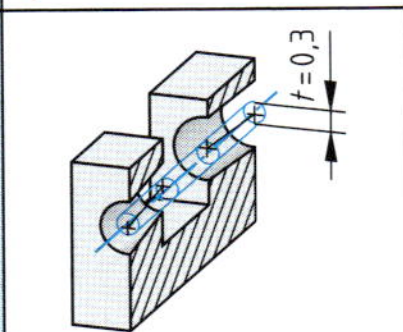	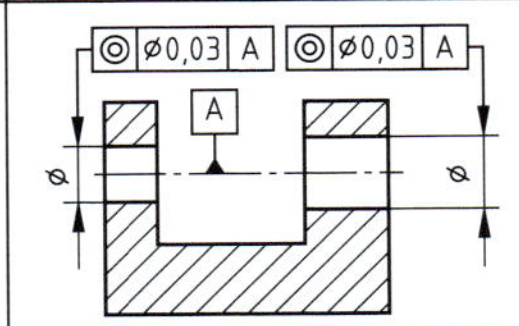	Die Achse der tolerierten Bohrungen muss sich innerhalb eines zur Bezugsachse A koaxialen Zylinders des ∅ t = 0,3 mm befinden. (koaxial: mit gleicher Achse)
⌖	Position	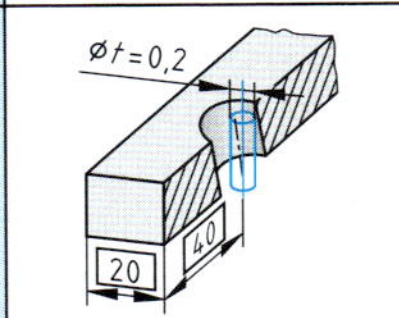	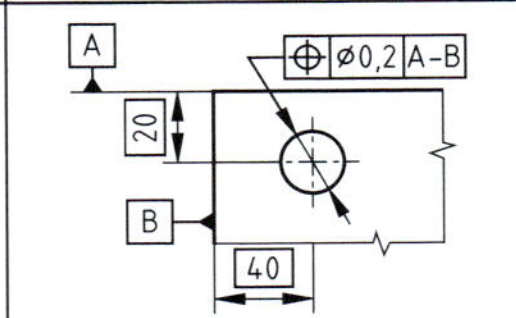	Die Achse der tolerierten Bohrungen muss innerhalb eines Zylinders mit dem ∅ t = 0,2 mm liegen, dessen Achse sich bezogen auf die Flächen A und B am theoretisch genauen Ort befindet.

Lauftoleranzen, Gesamttoleranzen

Sinnbild	tolerierte Eigenschaft	Toleranzzone	Zeichnungsangabe	Erklärung
↗	Rundlauf	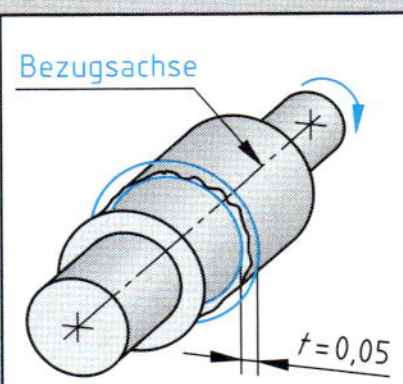	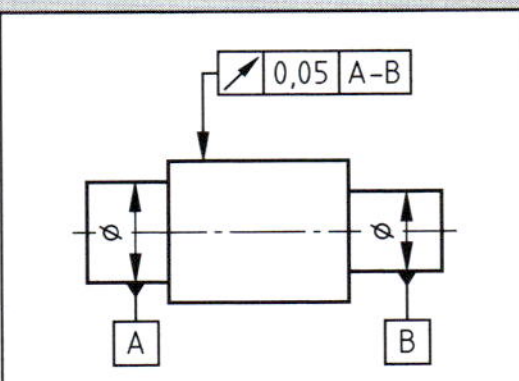	Bei einer Umdrehung der Welle um die aus A und B gebildete Achse darf die Rundlaufabweichung der tolerierten Fläche in jeder Messebene senkrecht zur Achse den Wert t = 0,05 mm nicht überschreiten.
⌰	Gesamtlauf Planlauf	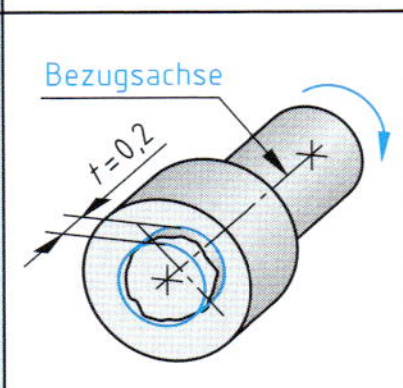	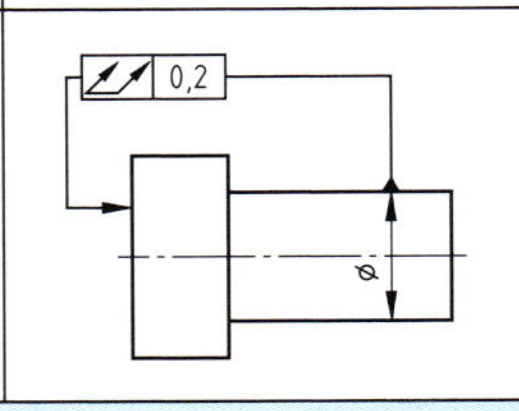	Bei mehrmaliger Drehung um die Bezugsebene und bei radialer Verschiebung der Messpunkte müssen alle Punkte der tolerierten Planfläche zwischen zwei Ebenen vom Abstand 0,2 mm liegen, die senkrecht zur Bezugsachse stehen.

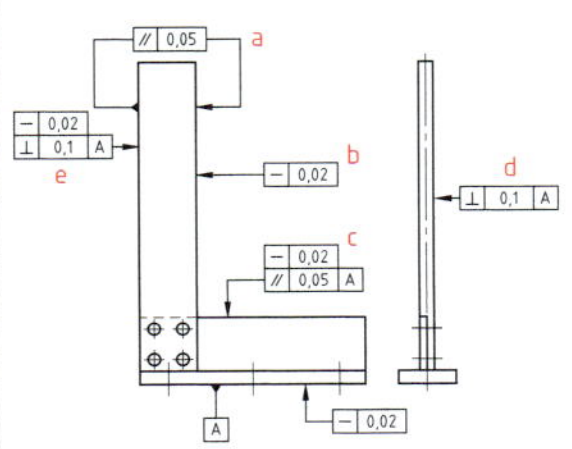

Beispiel

- **a** Die tolerierte Fläche soll zwischen zwei parallelen Ebenen mit Abstand 0,05 mm liegen, die parallel zur gegenüberliegenden Bezugsebene sind.
- **b** Die tolerierte Fläche muss zwischen zwei parallelen Ebenen mit Abstand 0,02 mm liegen.
- **c** Die tolerierte Fläche muss zwischen zwei parallelen Ebenen mit Abstand 0,02 mm liegen. Außerdem muss die tolerierte Fläche zwischen zwei parallelen Ebenen mit Abstand 0,05 mm liegen, die parallel zur Bezugsebene A sind.
- **d** Die tolerierte Fläche muss zwischen zwei parallelen Ebenen mit Abstand 0,1 mm liegen, die senkrecht zur Bezugsebene A sind.
- **e** Die tolerierte Fläche muss zwischen zwei parallelen Ebenen mit Abstand 0,1 mm liegen, die senkrecht zur Bezugsebene A sind. Außerdem muss die tolerierte Fläche zwischen zwei parallelen Ebenen mit Abstand 0,02 mm liegen.

A

Allgemeintoleranzen

Allgemeintoleranzen für Längen- und Winkelmaße

vgl. DIN ISO 2768-01 (1991-06)

Längenmaße – Grenzabmaße in mm für Nennmaßbereiche

Toleranzklasse Kurzzeichen	Toleranzklasse Benennung	0,5 bis 3	über 3 bis 6	über 6 bis 30	über 30 bis 120	über 120 bis 400	über 400 bis 1000	über 1000 bis 2000	über 2000 bis 4000
f	fein	± 0,05	± 0,05	± 0,1	± 0,15	± 0,2	± 0,3	± 0,5	–
m	mittel	± 0,1	± 0,1	± 0,2	± 0,3	± 0,5	± 0,8	± 1,2	± 2
c	grob	± 0,2	± 0,3	± 0,5	± 0,8	± 1,2	± 2	± 3	± 4
v	sehr grob	–	± 0,5	± 1	± 1,5	± 2,5	± 4	± 6	± 8

Toleranzklasse		**Rundungshalbmesser und Fasen** – Grenzabmaße in mm für Nennmaßbereiche			**Winkelmaße** – Grenzabmaße in Grad und Minuten für Nennmaßbereiche (kürzerer Schenkel)				
Kurzzeichen	Benennung	von 0,5 bis 3	über 3 bis 6	über 6	bis 10	über 10 bis 50	über 50 bis 120	über 120 bis 400	über 400
f	fein	± 0,2	± 0,5	± 1	± 1°	± 0° 30′	± 0° 20′	± 0° 10′	± 0° 5′
m	mittel	± 0,2	± 0,5	± 1	± 1°	± 0° 30′	± 0° 20′	± 0° 10′	± 0° 5′
c	grob	± 0,4	± 1	± 2	± 1° 30′	± 1°	± 0° 30′	± 0° 15′	± 0° 10′
v	sehr grob	± 0,4	± 1	± 2	± 3°	± 2°	± 1°	± 0° 30′	± 0° 20′

Allgemeintoleranzen für Form und Lage

vgl. DIN ISO 2768-2 (1991-04)

Toleranzen in mm für

Toleranzklasse	**Geradheit und Ebenheit** – Nennmaßbereiche in mm						**Rechtwinkligkeit** – Nennmaßbereiche in mm				**Symmetrie** – Nennmaßbereiche in mm				**Lauf**
	bis 10	über 10 bis 30	über 30 bis 100	über 100 bis 300	über 300 bis 1000	über 1000 bis 3000	bis 100	über 100 bis 300	über 300 bis 1000	über 1000 bis 3000	bis 100	über 100 bis 300	über 300 bis 1000	über 1000 bis 3000	
H	0,02	0,05	0,1	0,2	0,3	0,4	0,2	0,3	0,4	0,5	0,5	0,5	0,5	0,5	0,1
K	0,05	0,1	0,2	0,4	0,6	0,8	0,4	0,6	0,8	1	0,6	0,6	0,8	1	0,2
L	0,1	0,2	0,4	0,8	1,2	1,6	0,6	1	1,5	2	0,6	1	1,5	2	0,5

Allgemeintoleranzen für Schweißkonstruktionen

DIN EN ISO 13 920 (1996-11)

Längenmaße – Grenzabmaße in mm für Nennmaßbereiche

Toleranzklasse	über 30 bis 120	über 120 bis 400	über 400 bis 1000	über 1000 bis 2000	über 2000 bis 4000	über 4000 bis 8000	über 8000 bis 12000
A	± 1	± 1	± 2	± 3	± 4	± 5	± 6
B	± 2	± 2	± 3	± 4	± 6	± 8	± 10
C	± 3	± 4	± 6	± 8	± 11	± 14	± 18
D	± 4	± 7	± 9	± 12	± 16	± 21	± 27

Winkelmaße

Toleranzklasse	Grenzabmaße $\Delta\alpha$ in Grad und Minuten – Nennmaßbereich l in mm (Länge o. kürzerer Schenkel)			gerechnete und gerundete Grenzabmaße t in mm/m – Nennmaßbereich l in mm (Länge o. kürzerer Schenkel)		
	bis 400	über 400 bis 1000	über 1000	bis 400	über 400 bis 1000	über 1000
A	± 20′	± 15′	± 10′	± 6	± 4,5	± 3
B	± 45′	± 30′	± 20′	± 13	± 9	± 6
C	± 1°	± 45′	± 30′	± 18	± 13	± 9
D	± 1° 30′	± 1° 15′	± 1°	± 26	± 22	± 18

Geradheits-, Ebenheits- und Parallelitätstoleranzen

Toleranzen t in mm – Nennmaßbereich l in mm (bezieht sich auf die längere Seite der Oberfläche)

Toleranzklasse	über 30 bis 120	über 120 bis 400	über 400 bis 1000	über 1000 bis 2000	über 2000 bis 4000	über 4000 bis 8000	über 8000 bis 12000
E	0,5	1	1,5	2	3	4	5
F	1	1,5	3	4,5	6	8	10
G	1,5	3	5,5	9	11	16	20
H	2,5	5	9	14	18	26	32

Eintragung von Oberflächenbeschaffenheiten

vgl. DIN 4766-01, 02 (03.81)

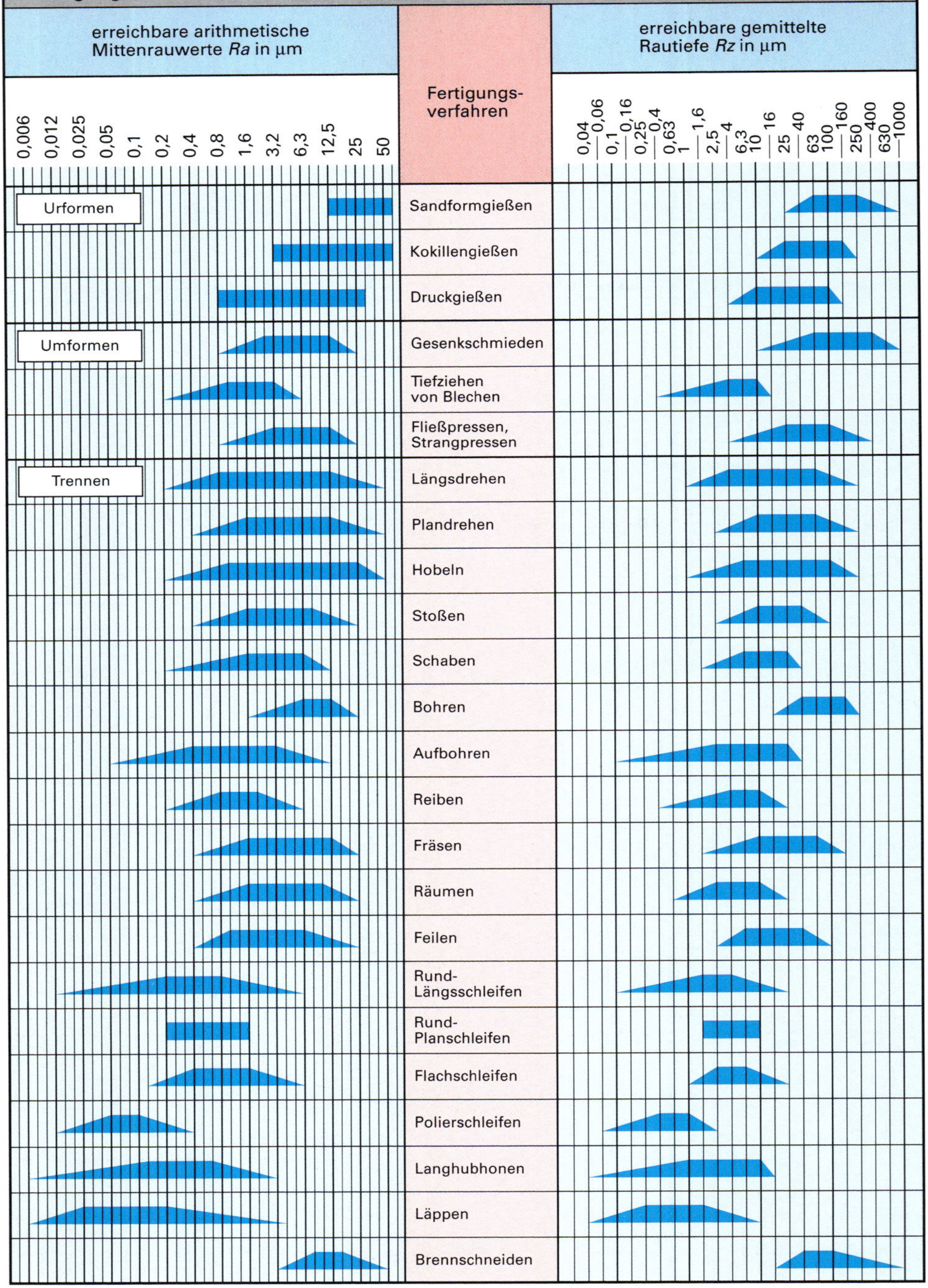

Oberflächenrauheitsangaben

Angabe der Oberflächenbeschaffenheit

vgl. EN ISO 1302 (2002-06)

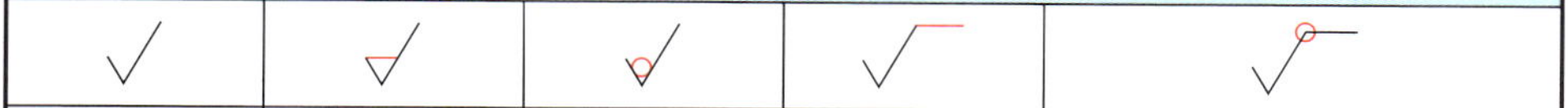

Grundsymbol	erweiterte grafische Symbole mit besonderer Bedeutung				
Oberfläche, die behandelt wird. Symbol nicht ohne zusätzliche Informationen anwenden.	Oberfläche, für die Materialabtrag gefordert wird.	Materialabtrag zum Erreichen der geforderten Oberfläche unzulässig. Auch: Oberfläche verbleibt im Zustand des vorherigen Arbeitsganges.	Bei Angabe zusätzlicher Anforderungen an die Oberfläche muss das grafische Symbol mit diesem Bezugsstrich ergänzt werden.	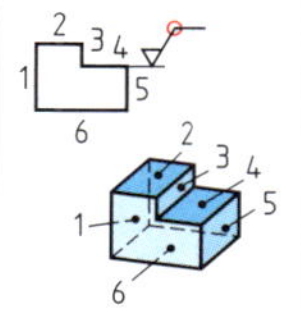	Der Kreis wird hinzugefügt, wenn die gleiche Oberflächenbeschaffenheit für den gesamten Außenumriss des Werkstücks gefordert wird.

Angabe zusätzlicher Anforderungen für die Oberflächenbeschaffenheit

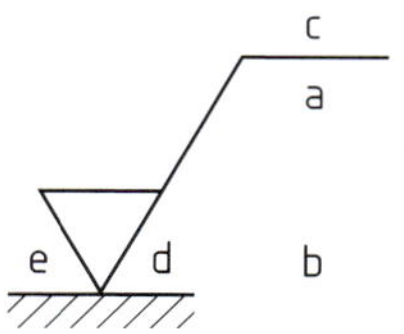

a	Angabe einer einzelnen Anforderung an die Oberflächenbeschaffenheit: Einzelmessstrecke/Oberflächenkenngröße z.B. Rz 6,3
b	Angabe einer weiteren Anforderung an die Oberflächenbeschaffenheit in der Form wie **a**, z.B. – 0,8/Rz 6,3.
c	Angabe des Fertigungsverfahrens, der Behandlung, Beschichtung oder anderer Anforderungen an den Fertigungsprozess zur Herstellung der gekennzeichneten Oberfläche, z.B. gefräst, geschliffen.
d	Angabe des Symbols für die erforderliche Oberflächenstruktur und ihre Ausrichtung, als Rillenlinien bezeichnet, z.B. „M".
e	Zahlenmäßige Angabe einer geforderten Bearbeitungszugabe in mm.

Graphische Symbole für übliche Oberflächenstrukturen

Symbol für vorherrschende Struktur	=	⊥	X	M	C	R	P
Darstellung der Rillenrichtung	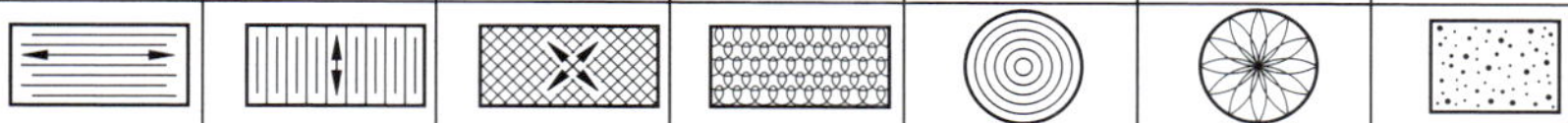						
Bedeutung	Parallel zur Projektionsebene der Anwendungsansicht.	Senkrecht zur Projektionsebene der Anwendungsansicht.	Gekreuzt in 2 schrägen Richtungen zur Projektionsebene der Anwendungsansicht.	Viele Richtungen	Annähernd zentrisch zum Mittelpunkt der Oberfläche, zu der das Symbol gehört.	Annähernd radial zum Mittelpunkt der Oberfläche, zu der das Symbol gehört.	Nichtrillige Oberfläche, ungerichtet oder muldig.

Größe der Symbole in der Zeichnung

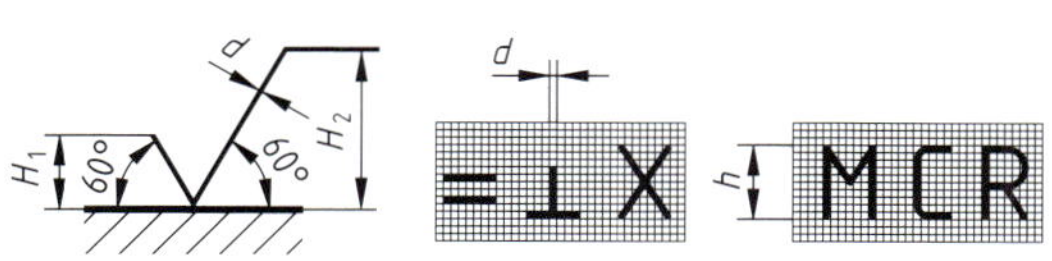

	Schrifthöhe *h* in mm						
	2,5	3,5	5	7	10	14	20
d	0,25	0,35	0,5	0,7	1,0	1,4	2,0
H_1	3,5	5	7	10	14	20	28
H_2	8	11	15	21	30	42	60

Anordnung der Symbole in Zeichnungen

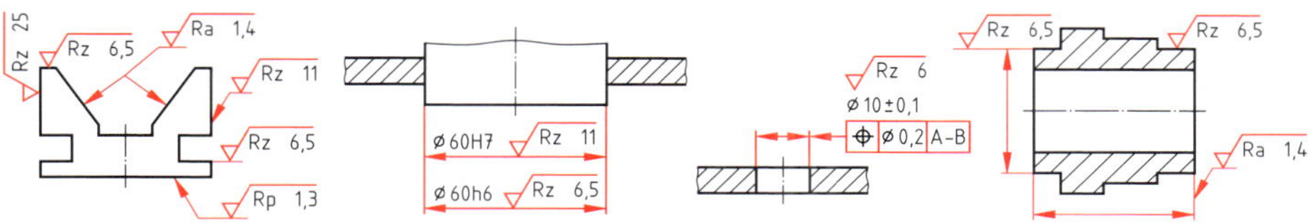

Symbole sind so einzutragen, dass die Informationen von unten oder rechts gelesen werden können. Das Symbol muss direkt oder durch eine Hinweislinie mit der Oberfläche verbunden sein und von außerhalb auf eine Körperkante oder deren Verlängerung zeigen.

A

Oberflächenrauheitsangaben, Wärmebehandlungsangaben

Angabe der Oberflächenbeschaffenheit

vgl. EN ISO 1302 (2002-06)

Sammelangaben

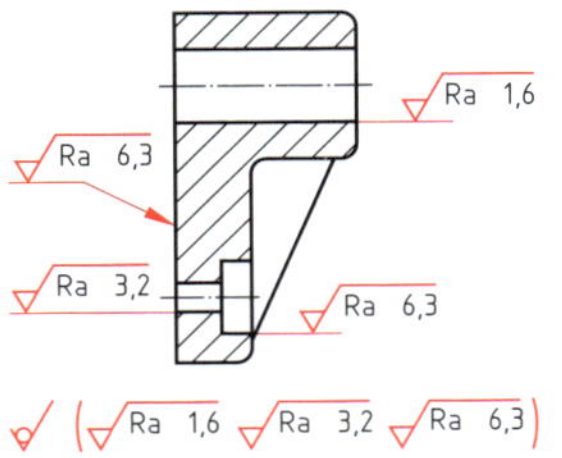

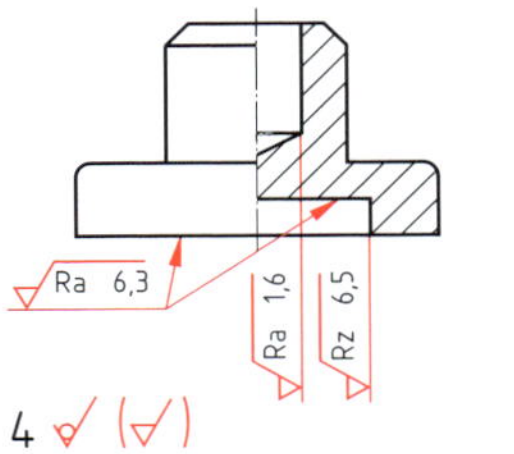

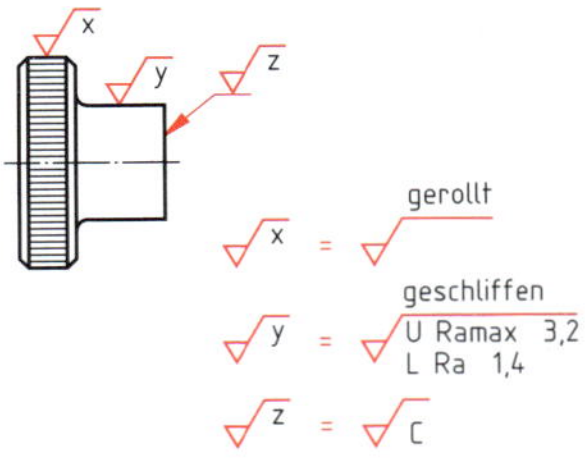

Vereinfachte Zeichnungseintragungen als Sammelangaben sind möglich, wenn an die Mehrzahl der Oberflächen eines Werkstücke gleiche Forderungen der Oberflächenbeschaffenheit gestellt werden. Danach werden in Klammern entweder die abweichenden Angaben gesetzt oder es folgt ein Grundsymbol ohne weitere Angaben. Die abweichenden Angaben sind an den betreffenden Werkstückflächen ebenfalls einzutragen.

Komplizierte Oberflächenangaben, die viel Platz in Anspruch nehmen würden, kann man vereinfacht eintragen. Sie müssen an geeigneter Stelle, z.B. über dem Schriftfeld näher erläutert werden.

Eintragungsbeispiele

Materialabtragende Bearbeitung unzulässig, einseitig vorgegebene obere Grenze, Regel-Übertragungscharakteristik, *R*-Profil, größte ermittelte Rautiefe 0,5 µm, Messstrecke aus 5 Einzelmessstrecken (Regelwert), „16-%-Regel" (Regelwert). Nähere Angaben zur Übertragungscharakteristik ISO 4288

Beidseitige Rauheitsvorgabe, obere Grenze *Ra* = 55 µm, untere Grenze *Ra* = 6,2 µm, beide „16-%-Regel" (ISO 4288), beide Übertragungscharakteristik 0,008 bis 4, Regelmessstrecke (5×4 mm = 20 mm, ISO 4288), Oberflächenrillen etwa kreisförmig um den Mittelpunkt, Fertigungsverfahren „Fräsen".

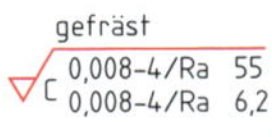

Obere und untere Grenze *Ra* = 1 µm, „16-%-Regel" (ISO 4288), Regelübertragungscharakteristik (ISO 4288 und ISO 3274), Regel-Messstrecke (5 × λ c) ISO 4288, keine Anforderungen an Oberflächenrillen, Nickel-Chrom-Überzug, gültig für die Werkstückkontur.

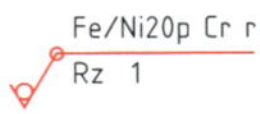

Wärmebehandlungsangaben in Zeichnungen

vgl. DIN 6773 (2001-04)

Aufbau der Wärmebehandlungsangaben

Wortangabe(n) für Werkstoffzustand	Messbare Größen des Werkstoffzustandes			Mögliche Ergänzungen
zum Beispiel:	Härtewerte	HRC HV HB	Rockwellhärte Vickershärte Brinellhärte	**Messstellen:** Eintragung und Bemaßung in der Zeichnung mit Sinnbild (⏚)
Vergütet Gehärtet	Härtetiefen	Eht Nht Rht	Einsatzhärtungstiefe Nitrierhärtetiefe Einhärtungstiefe	**Wärmebehandlungsbild:** Vereinfachte, meist verkleinerte Darstellung des Bauteils in der Nähe des Schriftfeldes.
Gehärtet und angelassen	At VS		Aufkohlungstiefe Verbindungsschichtdicke	**Mindestzugfestigkeit oder Gefügezustand:** Wenn Prüfung an einem mitbehandelten Teil möglich ist.
Geglüht	Alle Angaben erfolgen mit Plus-Toleranzen			

Kennzeichnung der Oberflächenbereiche in Zeichnungen

 Bereich **muss** wärmebehandelt werden

 Bereich **darf** wärmebehandelt werden

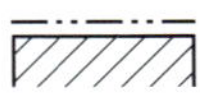 Bereich **darf nicht** behandelt werden

Wärmebehandlungsangaben in Zeichnung (Beispiele)

Verfahren	Wärmebehandlung des ganzen Teiles – gleiche Anforderung	Wärmebehandlung des ganzen Teiles – unterschiedliche Anforderung	Wärmebehandlung örtlich begrenzt
Vergüten, Härten, Härten und Anlassen.	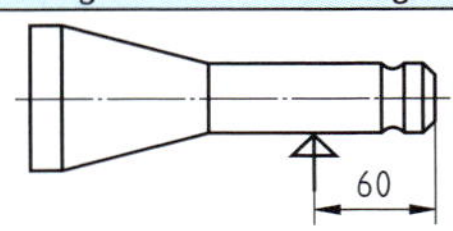 vergütet 350 + 50 HB 2,5/187,5	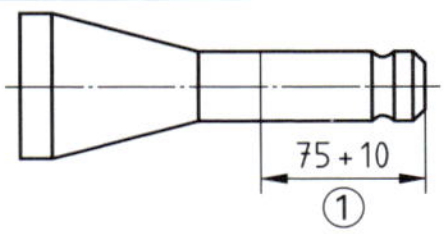 gehärtet und angelassen 58 + 4 HRC ①: 40 + 5 HRC	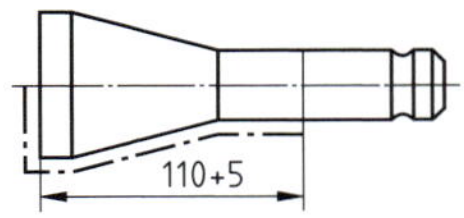 —·— gehärtet und ganzes Teil angelassen 60 + 3 HRC

Schweiß- und Lötnähte

Symbolische Darstellung in Zeichnungen

vgl. DIN EN 22553 (1997-03)

Grundsymbole

Benennung und Darstellung	Symbol	Benennung und Darstellung	Symbol	Benennung und Darstellung	Symbol
I-Naht 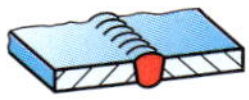	‖	U-Naht 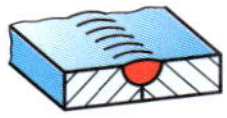	–	Steilflankennaht 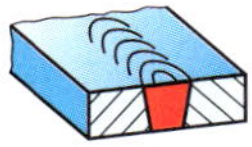	–
V-Naht 	V	HU-Naht 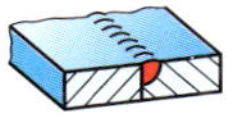	–	Halb-Steilflankennaht 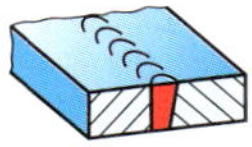	–
HV-Naht 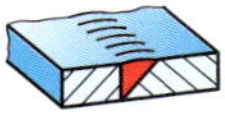	–	Lochnaht 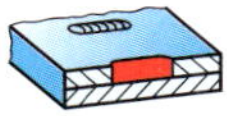	–	Stirnflachnaht 	–
Kehlnaht 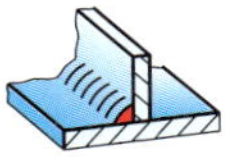	△	Punktnaht 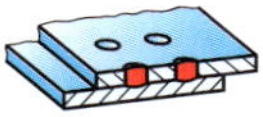	○	Flächennaht 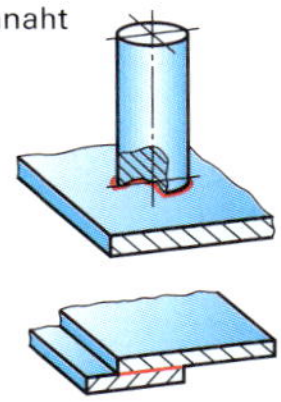	=
Y-Naht 	Y	Liniennaht 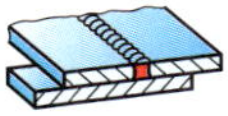	–		
HY-Naht 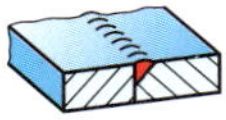	–	Gegenlage 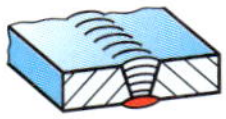	–	Schrägnaht 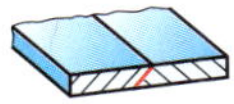	//
Falznaht 	–	Bördelnaht 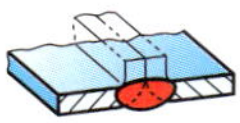	–	Auftragung 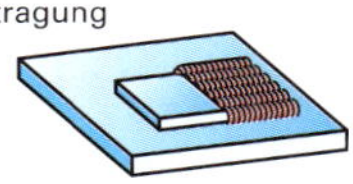	–

Zusatzsymbole

Form der Oberfläche	Symbol	Form der Oberfläche	Symbol	Form der Oberfläche	Symbol
flach (flach nachgearbeitet)	—	konvex (gewölbt)	⌢	verbleibende Beilage benutzt	[M]
Nahtübergang kerbfrei	–	konkav (hohl)	⌣	Unterlage benutzt	[MR]

Anwendungsbeispiele für zusammengesetzte symmetrische Nähte und Zusatzsymbole

Benennung und Darstellung	Symbol	Benennung und Darstellung	Symbol	Benennung und Darstellung	Symbol
Doppel-V-Naht (X-Naht) 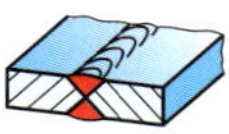	X	Doppel-U-Naht 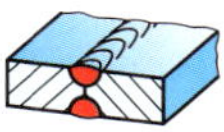	–	Hohlkehlnaht 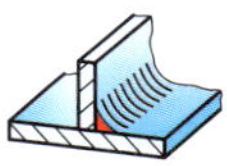	–
Doppel-HV-Naht (K-Naht) 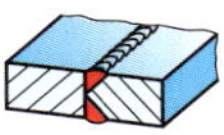	K	Flache V-Naht (flach nachbearbeitet) 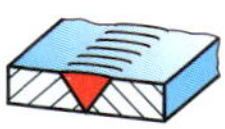	∇	Gewölbte V-Naht mit flacher Gegenlage 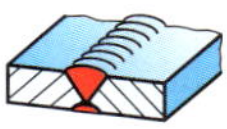	–

A

Schweiß- und Lötnähte

Symbolische Darstellung in Zeichnungen

vgl. DIN EN 22 553 (1997-03)

Lage der Symbole

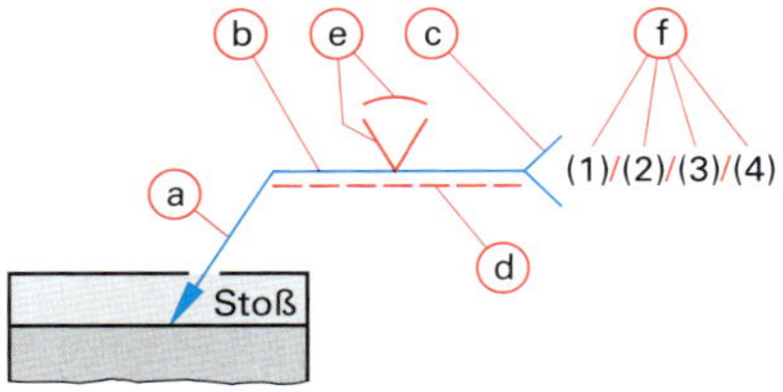

Das **Grundsymbol** besteht aus

- (a) Pfeillinie mit Pfeil
- (b) Bezugs-Volllinie
- (c) Gabel

Es wird angewendet, wenn lediglich das Vorhandensein einer Löt- oder Schweißnaht angezeigt werden soll. Zur genaueren Beschreibung der Naht kann das Grundsymbol ergänzt weren durch:

- (d) Bezugs-Strichlinie
- (b) Nahtsymbol (Grund-, Zusatz-, Ergänzungssymbol)
- (f) Ergänzende Angaben hinter der Gabel in der Reihenfolge:
  - (1) Kennzahl des Schweißverfahrens,
  - (2) Bewertungsgruppe,
  - (3) Arbeitsposition,
  - (4) Zusatzwerkstoff

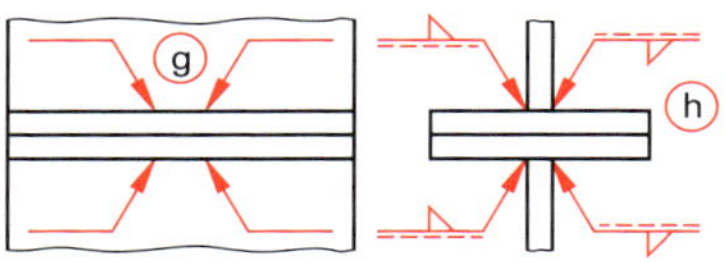

- (g) Die Lage der Pfeillinie zur Naht hat im Allgemeinen keine besondere Bedeutung.
- (h) Das Nahtsymbol darf entweder über oder unter der Bezugsvolllinie eingetragen werden.

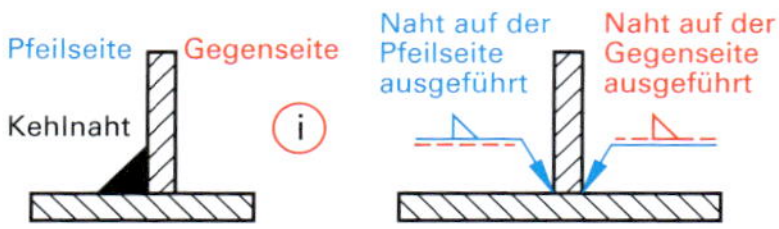

- (i) Auf die Bezugs-Strichlinie wird das Nahtsymbol dann gesetzt, wenn die Naht auf der Gegenseite des Stoßes ausgeführt ist, die Pfeillinie des Schweißsymbols sich also nicht auf der Nahtseite befindet.

  Bei unsymmetrischen Nähten (z.B. HV-Naht) muss die Pfeillinie auf das Teil zeigen, bei dem die Nahtvorbereitung vorzunehmen ist.

Allgemeine Festlegungen für die Bemaßung der Nähte

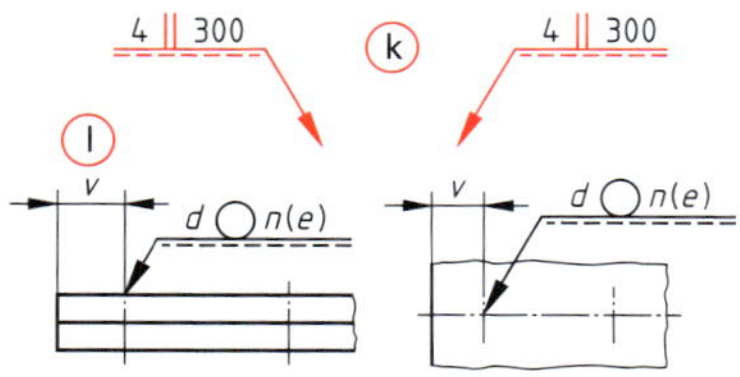

- (k) Die Nahtdicke wird links vom Nahtsymbol, die Nahtlänge dagegen rechts davon eingetragen.
- (l) Das Maß, das den Abstand des Nahtanfangs vom Werkstückrand festlegt wird als Vormaß *v* direkt in die Zeichnung eingetragen.

  Bei fehlender Längenangabe wird davon ausgegangen, dass die Naht über die ganze Länge oder Breits des Werkstücks verläuft.

Kehlnähte

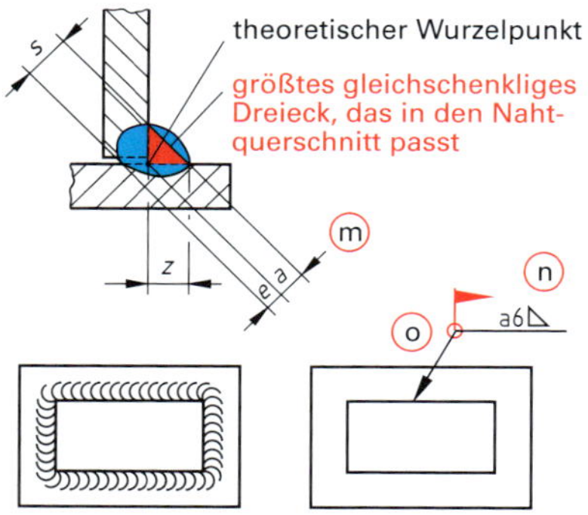

- (m) *a* Höhe des größten gleichschenklingen Dreiecks, das sich in den Nahtquerschnitt eintragen lässt.
  - *z* Schenkellänge des größten gleichschenkligen Dreiecks, das sich in den Nahtquerschnitt eintragen lässt

    $$z = a \cdot \sqrt{2}$$

  - *e* Wurzeleinbrand
  - *s* Nahtdicke bei Kehlnähten mit tiefem Einbrand, z.B. *s*8*a*6
- (m) Zur Unterscheidung der Bemaßungsmethoden bei Nahtdicken wird der Buchstabe „a" oder „z" immer vor die Maßzahl gesetzt, z.B. *a*6 oder *z*6.

Ergänzungssymbole

- (o) Ein Kreis am Berührungpunkt von Pfeil- und Bezugslinie zeigt an, dass die Naht rundherum verläuft. Die Fahne an der Stelle markiert eine Baustellennaht.

Schweiß- und Lötnähte

Symbolische Darstellung in Zeichnungen

vgl. DIN EN 22 553 (1997-03)

Bemaßung der Nähte

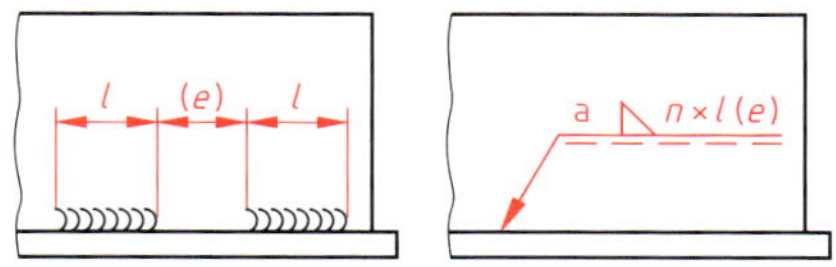

Unterbrochene Kehlnaht

- *a* Nahtdicke (z.B. a3) oder
- *z* Schenkellänge
- *n* Anzahl der Einzelnähte
- (*e*) Nahtabstand
- *l* Einzelnahtlänge (ohne Krater)

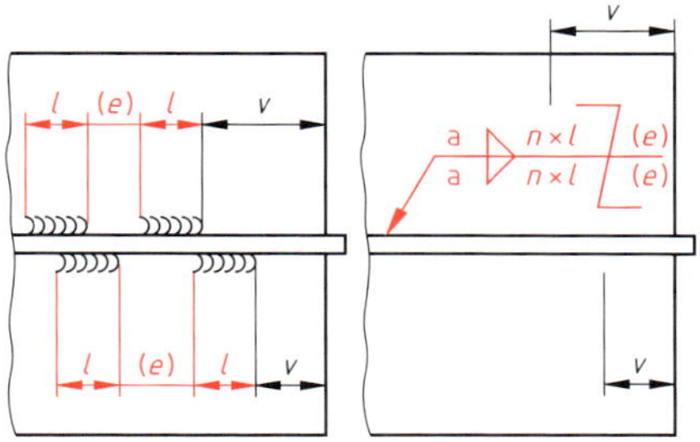

Versetzte und unterbrochene Kehlnaht

- *a* Nahtdicke oder
- *z* Schenkellänge
- *n* Anzahl der Einzelnähte
- (*e*) Nahtabstand
- *l* Einzelnahtlänge (ohne Krater)
- Zeichen für Nahtversatz
- *v* Das Vormaß wird in die Zeichnung eingetragen, um den Nahtversatz zu kennzeichnen

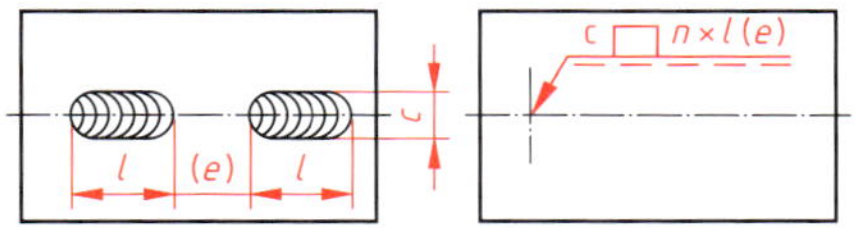

Langlochnaht

- *c* Lochbreite
- *n* Anzahl der Langlöcher
- *l* Länge eines Langloches
- (*e*) Abstand zwischen den Langlöchern

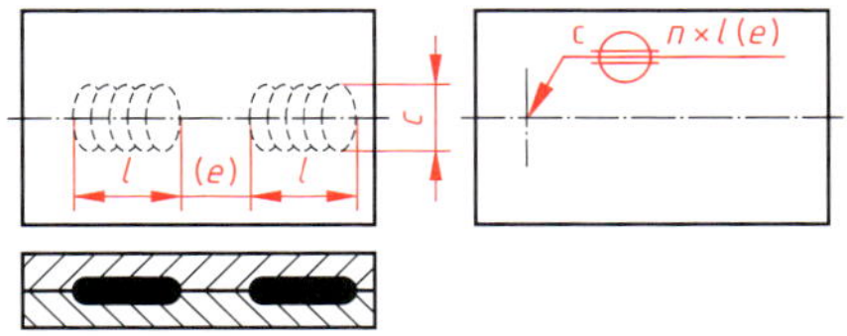

Liniennaht (unterbrochen)

- *c* Breite der Naht
- *n* Anzahl der Nahtabschnitte
- *l* Länge eines einzelnen Nahtabschnittes
- (*e*) Abstand zwischen zwei Nahtabschnitten

Das Nahtsymbol ist hier mittig auf der Bezugs-Volllinie eingetragen, weil die Naht an der Berührungsfläche beider Werkstücke liegt, z. B. beim Widerstandsschweißen.

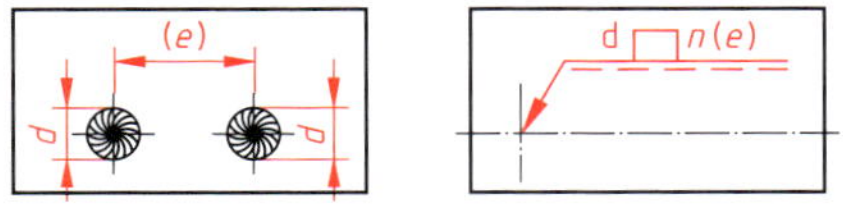

Lochnaht

- *d* Lochdurchmesser
- *n* Anzahl der Löcher
- (*e*) Mittenabstand zweier Löcher

Das Nahtsymbol ist auf die Bezugs-Volllinie gezeichnet, weil sich die Löcher auf der Pfeilseite befinden.

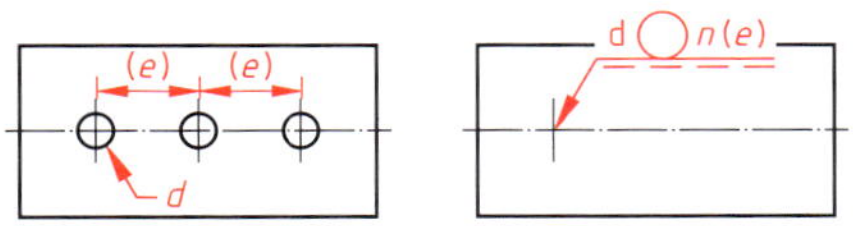

Punktnaht

- *d* Punktdurchmesser
- *n* Anzahl der Schweißpunkte
- (*e*) Mittenabstand zweier Punkte

Das Nahtsymbol ist auf die Bezugs-Volllinie gezeichnet, weil sich die Punkte auf der Pfeilseite befinden (z.B. beim Schmelzschweißen).

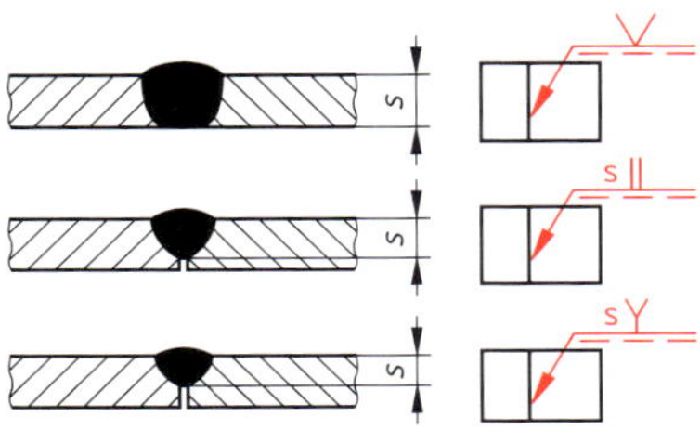

Stumpfstoß

Wenn die Naht durchgeschweißt ist, dann entspricht die Nahtdicke der Werkstückdicke und die Angabe von „*s*" am Symbol entfällt.

Wenn nichts anderes angegeben ist, gelten Stumpfnähte als voll angeschlossen.

Wenn die Naht nicht voll durchgeschweißt ist, dann ist das Maß „*s*" als Mindestmaß von der Werkstückoberfläche bis zur Unterseite des Einbrandes anzugeben.

Schweiß- und Lötnähte

Symbolische Darstellung in Zeichnungen

vgl. DIN EN 22 553 (1997-03)

Vereinfachung durch Sammelangaben

Form A

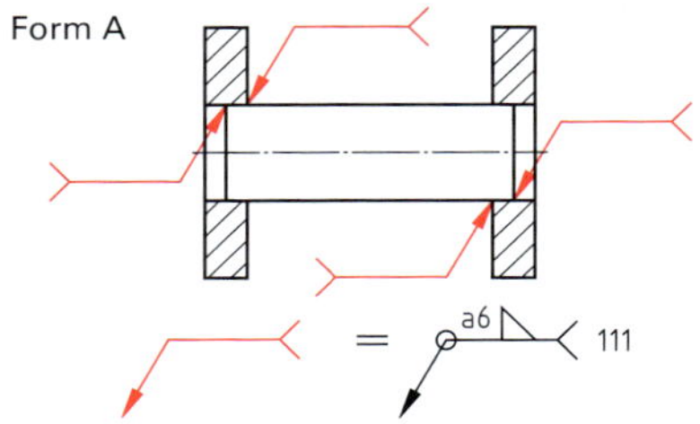

Bei gleichen Angaben für alle in der Zeichnung zu bemaßenden Nähte können diese vereinfacht dargestellt und mit erläuternden Angaben einmal in der Nähe des Schriftfeldes eingetragen werden (Form A).

Dies kann auch in Form einer Tabelle erfolgen (Form B).

Die Schweißnahtangaben sollen enthalten:

- Nahtform und Nahtdicke
- Schweißverfahren
- Bewertungsgruppe
- Schweißposition
- Zusatzwerkstoff
- Vorwärmung
- Nachbehandlung
- Prüfung
- Allgemeintoleranzen.

Form B

A1	a6 ◺ < 111/DIN EN 25817-D/ISO 6947-PB
A2	4 ○ 10(30)

Bei Gruppen gleicher Nähte kann zu ihrer Kennzeichnung die Bezugsangabe in einer geschlossenen Gabel mit einem Großbuchstaben oder einer Kombination aus Großbuchstaben und Ziffern erfolgen.

Die Bedeutung dieser Zeichen wird in der Zeichnung entsprechend Form A oder Form B erläutert.

Beispiele für Angaben hinter der Gabel

1. Bezeichnungsbeispiel

für eine V-Naht mit Gegenlage und gewölbter Oberfläche, hergestellt durch Lichtbogenhandschweißen (Kennzahl 111 nach ISO 4063), geforderte Bewertungsgruppe D nach ISO 5817, Wannenposition PA nach ISO 6947, umhüllte Stabelektrode ISO 2560-A-E 42 2 2 Ni B 34 H10.

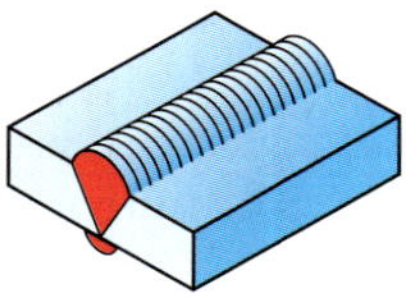

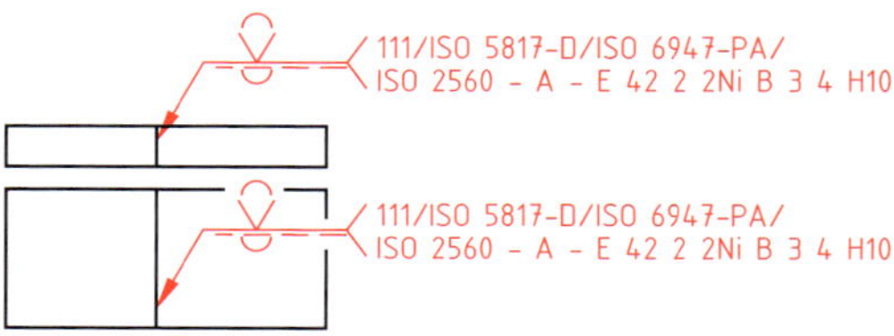

2. Bezeichnungsbeispiel

für eine unterbrochene konkave Kehlnaht mit Vormaß 25 mm, Nahtdicke *a*6, 3 Einzelnähten mit Länge 50 mm und Nahtabstand 20 mm, hergestellt durch Lichtbogenhandschweißen (Kennzahl 111 nach ISO 4063), geforderte Bewertungsgruppe C nach ISO 5817, Horizontal-Vertikalposition PB nach ISO 6947, geschweißt mit umhüllter Stabelektrode ISO 2560-A-E 42 2 B 15 H10.

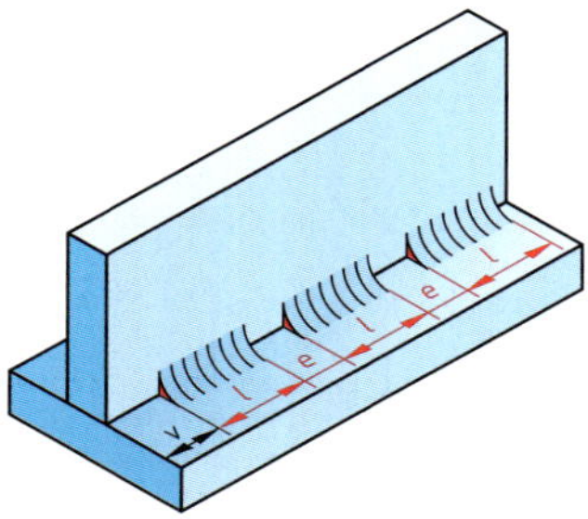

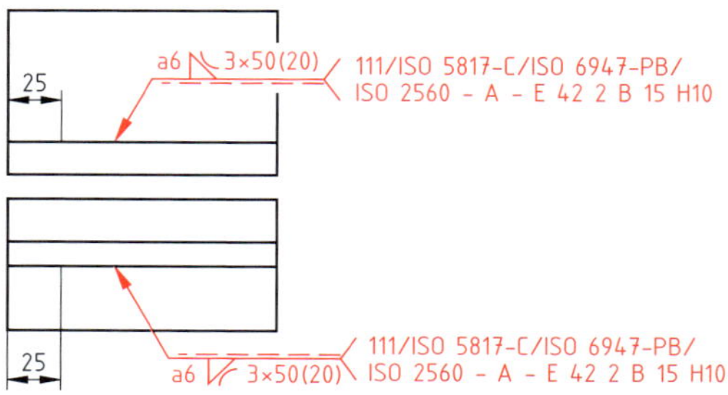

Symbolische Darstellung in Zeichnungen

vgl. DIN EN 22553 (1997-03)

Beispiele für die Anwendung der symbolischen Darstellung

Anwendung von Grundsymbolen

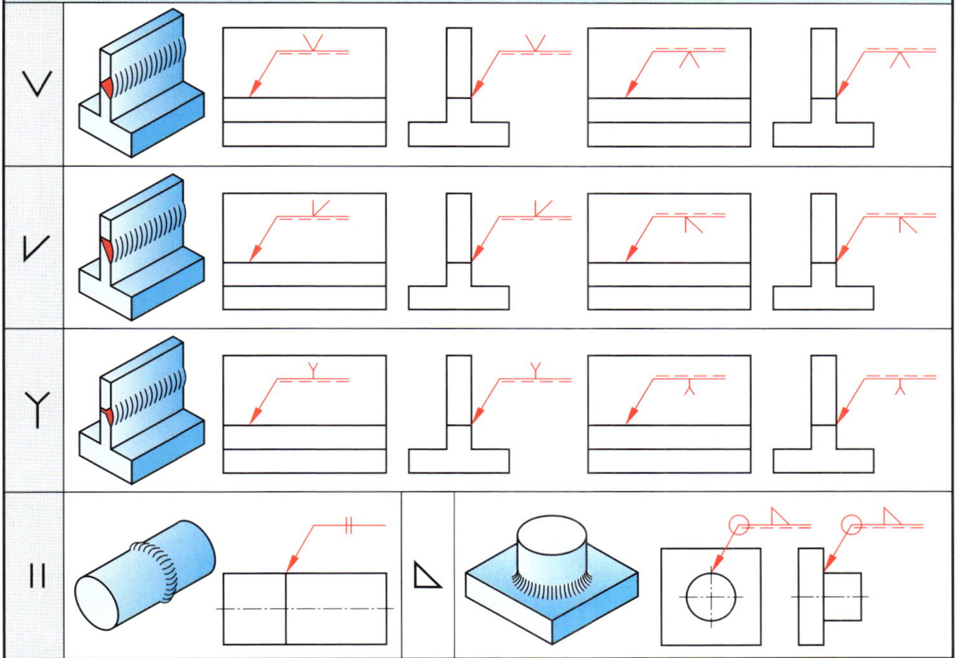

Kombination von Grund- und Zusatzsymbolen

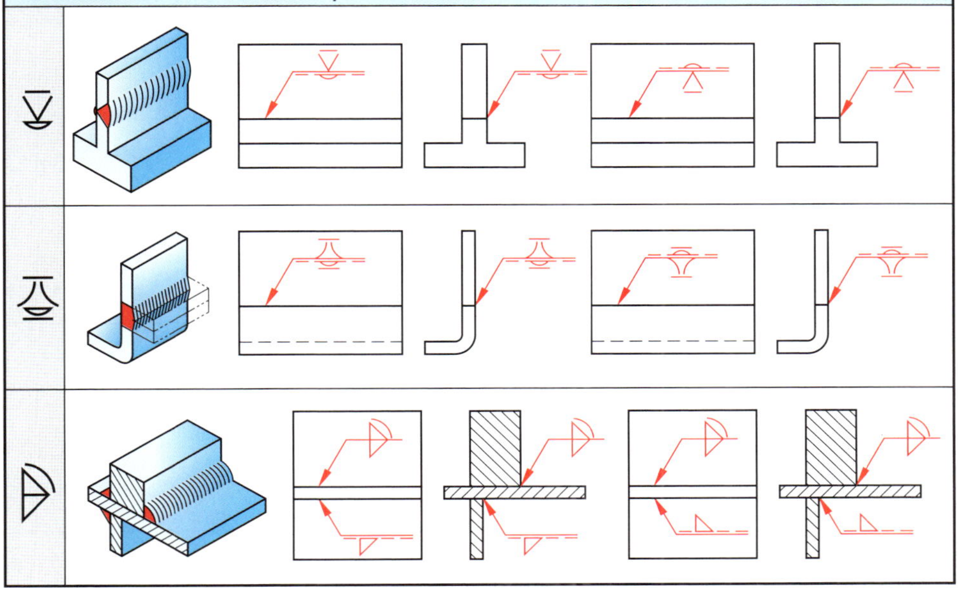

Metall- und Stahlbauzeichnen

Sinnbildliche Darstellung von Löchern, Schrauben- und Nietverbindungen

vgl. DIN ISO 5845-1 (1997-04)

Zeichenebene	senkrecht zur Mittelachse des Loches				parallel zur Mittelachse des Loches			
	für Loch und Schraube oder Niet				nur für Schraube oder Niet			
Symbol	ohne Senkung	Senkung vorn	Senkung hinten	Senkung beidseitig	ohne Senkung	Senkung einseitig	Senkung beidseitig	mit Lage der Mutter
in der Werkstatt gebohrt bzw. eingebaut	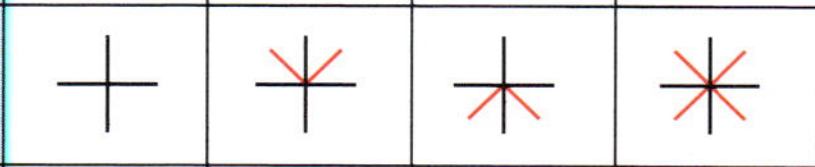				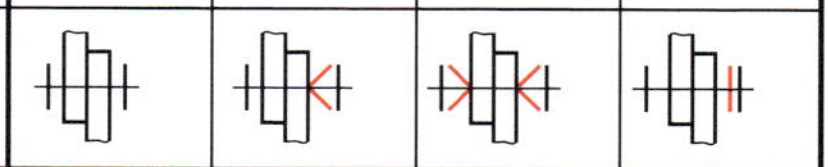			
in der Werkstatt gebohrt und auf der Baustelle eingebaut	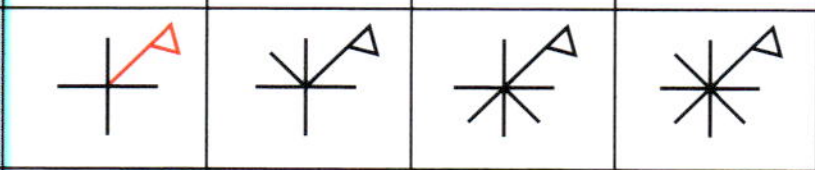				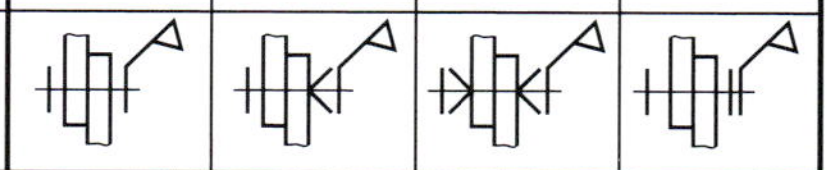			
auf der Baustelle gebohrt und eingebaut	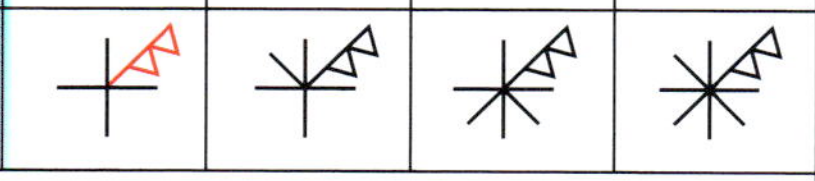				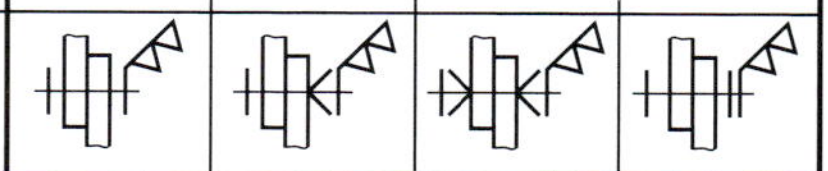			

Zur Unterscheidung von Schrauben, Nieten oder Löchern muss die genaue Bezeichnung der Löcher oder Verbindungselemente normgerecht angegeben werden!

Beispiel:	für ein Loch:	∅ 13
	für eine Schraube mit metrischem Gewinde:	M12 x 50
	für einen Niet:	∅ 12 x 50

Symbol nur für Loch	ohne Senkung	Senkung einseitig	Senkung beidseitig
in der Werkstatt gebohrt	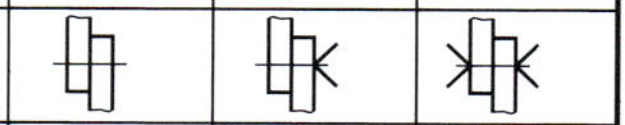		
auf der Baustelle gebohrt	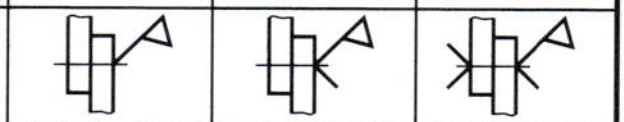		

Rand- und Lochabstände für Schrauben

vgl. DIN 18 800 (1990-11)

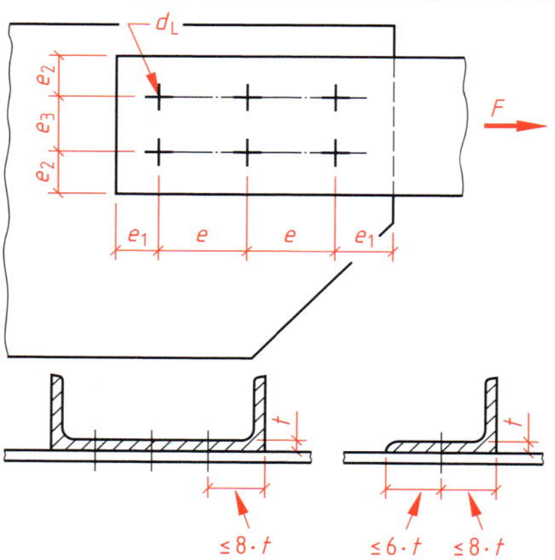

Für Abstände der Schrauben untereinander sowie für Randabstände gelten obere und untere Grenzwerte.

Die Abstände sind vom Lochdurchmesser d_L abhängig.

Bei den oberen Grenzwerten ist außerdem die Dicke t des außenliegenden Teiles mit der geringsten Blechdicke zu berücksichtigen.

Für Form- und Stabstähle gilt DIN 997 für Anreißmaße der Bohrungen an Schenkeln und Flanschen.

Bei doppelreihiger Lochanordnung, z.B. bei Doppel-T-Profilen ab Flanschbreite 240 mm, sind die Verbindungselemente unter Beachtung der kleinstmöglichen Lochabstände versetzt anzuordnen.

Bei Winkelschenkeln mit Breiten ab 100 mm können ebenfalls zwei parallele Lochreihen geplant werden.

Kleinstmögliche Lochabstände für Winkelstähle:

DIN 999 für gleichschenklige
DIN 998 für ungleichschenklige

	Randabstände		Lochabstände	
Richtung	in Kraftrichtung e_1	rechtwinklig zur Kraftrichtung e_2	in Kraftrichtung e	rechtwinklig zur Kraftrichtung e_3
Kleinstwert	$1{,}2 \cdot d_L$		$2{,}2 \cdot d_L$	$2{,}4 \cdot d_L$
Optimalwert	$3 \cdot d_L$	$1{,}5 \cdot d_L$	$3{,}5 \cdot d_L$	$3 \cdot d_L$
Größtwert	$3 \cdot d_L$ oder $6 \cdot t$		zur Sicherung gegen lokales Beulen $6 \cdot d_L$ oder $12 \cdot t$	
			wenn lokale Beulgefahr nicht besteht $10 \cdot d_L$ oder $20 \cdot t$	

Darstellung und Bemaßung im Metallbau

vgl. DIN ISO 5261 (1997-04)

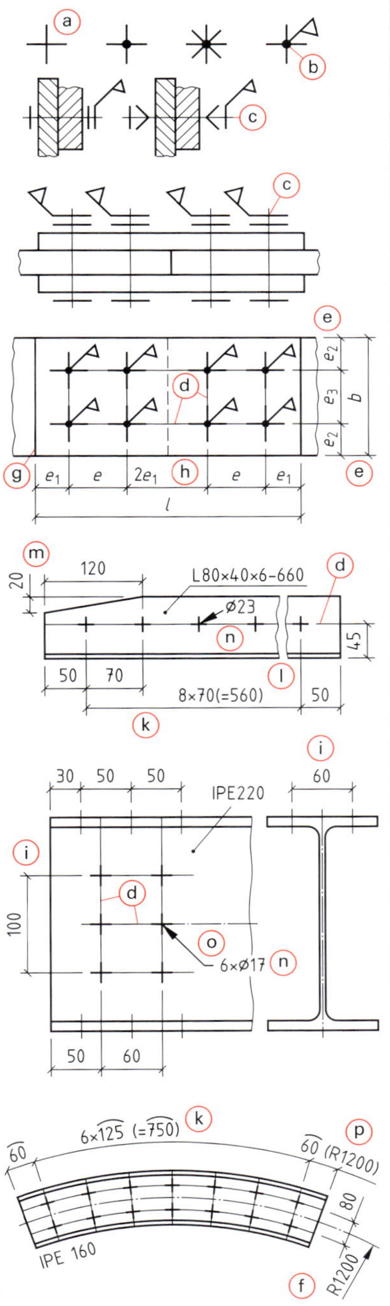

Darstellung von Verbindungselementen

(a) Bohrlöcher, Schrauben und Niete werden symbolisch dargestellt. Werden sie in der Zeichenebene, die senkrecht zu ihrer Mittelachse liegt, abgebildet, so sind die Symbole mit breiten Volllinien zu zeichnen (Symboltabelle Seite 111).

(b) Das Mittenkreuz kennzeichnet die Lage des Verbindungselementes. Zusätzlich darf in die Mitte des Kreuzes ein Punkt mit dem Durchmesser der fünffachen Linienbreite der für das Kreuz verwendeten Volllinie gesetzt werden.

(c) Werden die Verbindungselemente in der Zeichenebene parallel zu ihrer Mittelachse abgebildet, so sind die Mittellinien des Symbols mit einer schmalen Volllinie, alle anderen Elemente mit einer breiten Volllinie zu zeichnen.

(d) Risslinien für Bohrlöcher werden mit schmalen Volllinien dargestellt.

Bemaßung im Metallbau

Maßlinienbegrenzung

(e) Als Maßlinienbegrenzung verwendet man einen Schrägstrich unter 45° zur Maßlinie. Die Schrägstriche werden in Leserichtung von links unten nach rechts oben gezogen. Die Verwendung von Maßpfeilen ist ebenfalls zulässig.

(f) Für die Eintragung von Radien sind Maßpfeile als Begrenzung zu verwenden.

Maßhilfslinien

(g) Die Maßhilfslinien beginnen nicht direkt an den Körperkanten und Symbolen für Bohrlöcher, Schrauben und Niete, sondern man lässt einen kleinen Zwischenraum.

Maßanordnung

(h) Im Unterschied zum Maschinenbau ist es üblich, geschlossene Maßketten einzutragen (vgl. e, e_1, e_2, e_3 Seite 111).

(i) Bei gleichem Abstand von Formelementen zu einer Symmetrieachse kann über die Mitte bemaßt werden.

Teilungen

(k) Teilungen von gleichen Formelementen, die außerdem noch untereinander gleiche Abstände haben, werden vereinfacht bemaßt.

(l) Anzahl n und Abstand t der Elemente sowie die Gesamtlänge l der aufgeteilten Strecke wird in der Form $n \times t$ (= l) angegeben.

Schrägen

(m) Schrägen an Profilen werden durch Längenmaße angegeben.

Bohrlöcher

(n) Um Bohrlöcher von Schrauben oder Nieten zu unterscheiden, müssen sie mit dem ∅-Zeichen versehen werden.

(o) Wenn eine Gruppe gleichartiger Bohrlöcher, Schrauben oder Niete bemaßt werden soll, braucht die Bezeichnung nur an einem äußeren Element angebracht zu werden. Die Anzahl der Bohrlöcher, Schrauben oder Niete ist vor ihre Bezeichnung zu setzen.

Gekrümmte Teile

(p) Bei der Darstellung gebogener Teile soll das Maß für den Krümmungsradius, auf den sich die Teilung bezieht, hinter die Maßkette in Klammern gesetzt werden.

Metall- und Stahlbauzeichnen

Darstellung und Bemaßung im Metallbau

vgl. DIN ISO 5261 (1997-04)

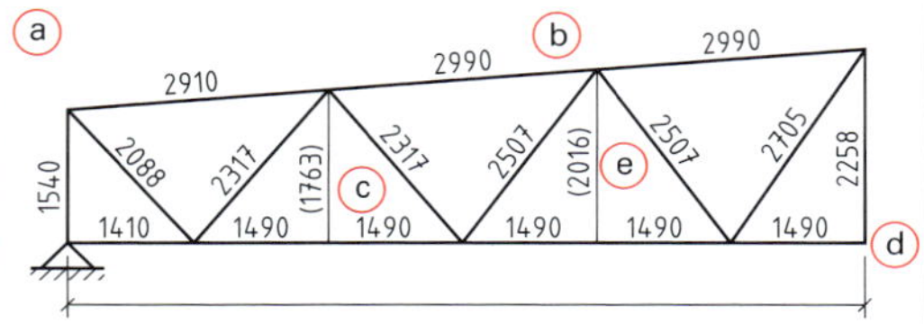

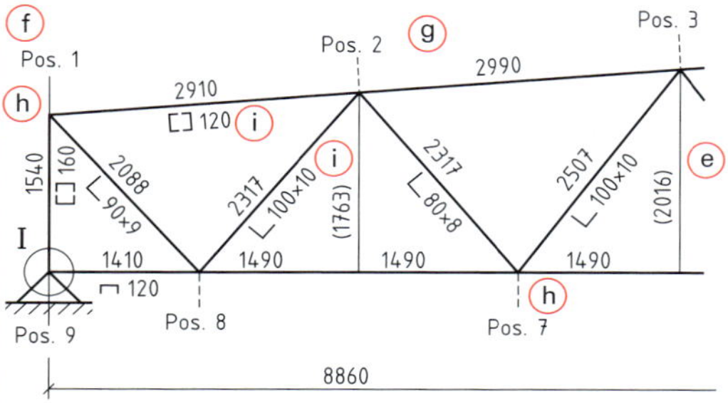

Horizontalschnitt Pos. 9 Detail I

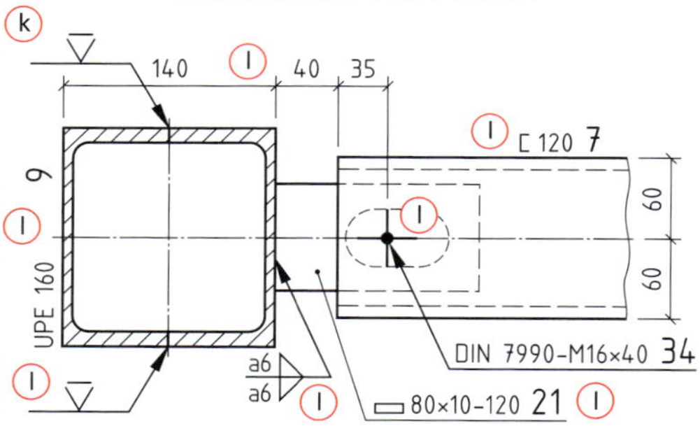

Schematische Darstellung

(a) Zusammengebaute Tragwerke von Metallbaukonstruktionen werden maßstäblich schematisch als Systemzeichnung dargestellt.

(b) Stäbe werden dabei als breite Volllinien gezeichnet. Ihre Schwerelinien müssen mit den Systemlinien des Tragwerkes zusammenfallen.

(c) Die Abstände der Bezugspunkte werden direkt an die Stäbe geschrieben.

(d) Geschlossene Maßketten sind zugelassen.

(e) Maße für den Ausgleich von Summentoleranzen bzw. Hilfsmaße werden in Klammern (...) gesetzt.

Erweiterte schematische Darstellung

(f) Die Systemzeichnung kann durch weitere Daten ergänzt werden.

(g) Knotenpunkte können mit Positionsnummern versehen werden, die den Vorsatz „Pos." erhalten, mindestens doppelt so hoch sind wie die Maßzahlen und im Uhrzeigersinn angeordnet werden.

(h) Die Bezugslinien der Zahlen stehen senkrecht auf den Stäben und werden bei durchlaufenden Stäben als Strichlinien gezeichnet.

(i) Stäbe und Profile werden mit ihren Normbezeichnungen versehen. Das Symbol zeigt die Einbaulage.

Fertigungszeichnung

(k) Fertigungszeichnungen enthalten sowohl schematische Darstellungen als auch detaillierte Darstellungen. Außerdem ist die Bemaßung der einzelnen Knotenpunkte Bestandteil dieser Zeichnungen. Gleiche Knotenpunkte werden nur einmal ausführlich dargestellt.

(l) Die Zeichnung enthält Normbezeichnungen der Bauteile, erforderliche Maße, Bearbeitungssymbole und Positionsnummern der Teile, die zum Anlegen der Stückliste benötigt werden.
In Zeichnungen des Metall- u. Stahlbaus ist es üblich, Kurzbezeichnungen von Halbzeugen und Normteilen gemeinsam mit den dazugehörigen Positionsnummern anzugeben, auch wenn eine Stückliste vorliegt.

Begriffe für Bearbeitungsformen an Profilen

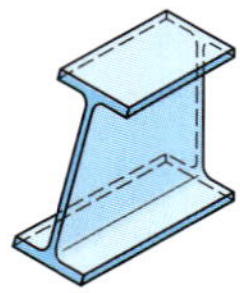

Schrägschnitt

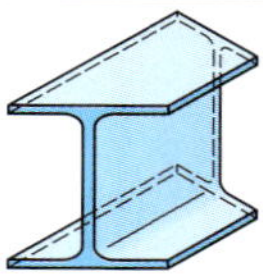

Gehrungsschnitt

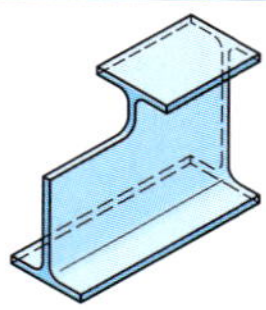

einseitige Ausklinkung

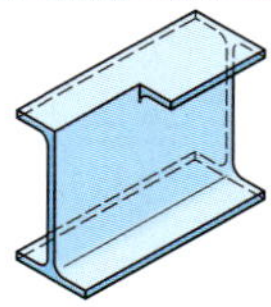

einseitige Abflanschung

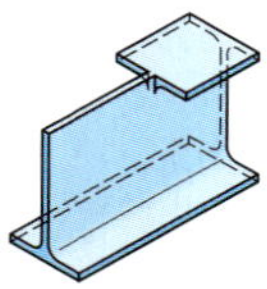

beidseitige Abflanschung

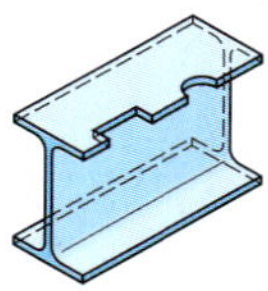

Ausflanschungen

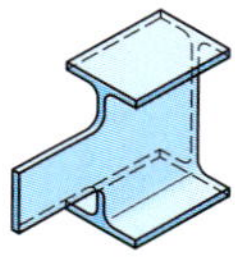

doppelseitige Ausklinkung

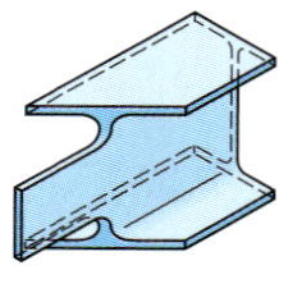

doppelte Schrägklinkung

Beispiel für eine Metallbauzeichnung

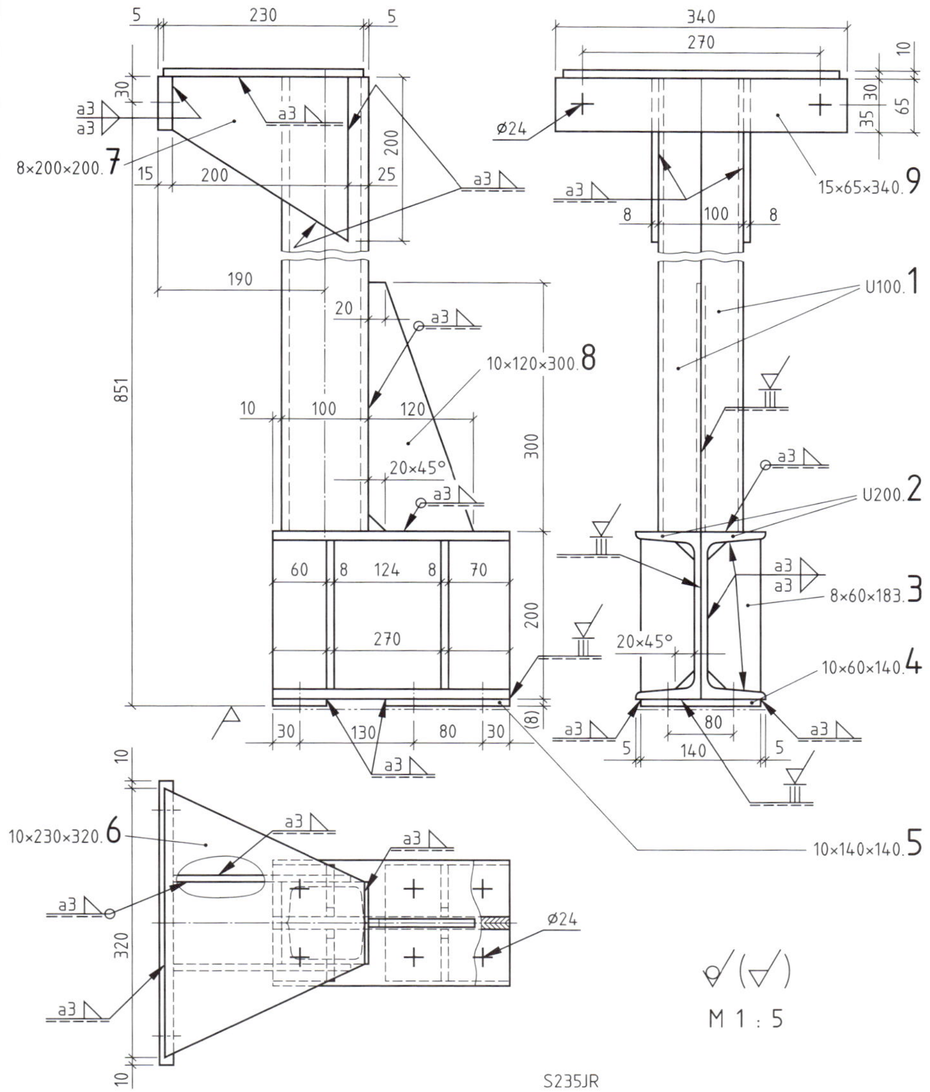

Maße o. Toleranzangabe nach: DIN EN ISO 13920

S235JR
Schweißverfahren: 111
Bewertungsgruppe C
Mechanische Bearbeitung nach dem Schweißen.

Abteilung	Techn. Referenz	Dokumentenart	Dokumentenstatus			
Metallbautechnik	F. Köhler	Fertigungszeichnung	freigegeben			
Eigentümer	Erstellt durch	Titel, zusätzlicher Titel	Zeichnungsnummer			
BSZ Radeberg Fachbereich 3	F. Köhler	Stütze	2006-309-12			
	Genehmigt von		Änd.	Ausgabedatum	Spr.	Blatt
			C	2006-06-13	de	1/10

A

Metall- und Stahlbauzeichnen

Stückliste und Schweißfolgeplan für die Beispielzeichnung (siehe Seite 121)

Stückliste

1	2		3	4	5		6	7	8
Pos.	Menge	Einheit	Einheitsmasse	Benennung	Sachnummer/ Norm-Kurzbezeichnung		Werkstoff	Masse kg/Einheit	Bemerkung
1	2	Stck.	10,6 kg/m	Stützenstiel	U 100 × 673	DIN 1026	S235JR	7,134	14,268 kg
2	2	Stck.	25,3 kg/m	Stützenfuß	U 200 × 270	DIN 1026	S235JR	6,831	13,662 kg
3	4	Stck.	62,8 kg/m^2	Aussteifung	Bl 8 × 60 × 183	DIN EN 10029	S235JR	0,690	2,760 kg
4	1	Stck.	78,5 kg/m^2	Fußblech	Bl 10 × 60 × 140	DIN EN 10029	S235JR	0,659	0,659 kg
5	1	Stck.	78,5 kg/m^2	Fußblech	Bl 10 × 140 × 140	DIN EN 10029	S235JR	1,539	1,539 kg
6	1	Stck.	78,5 kg/m^2	Kopfblech	Bl 10 × 230 × 320	DIN EN 10029	S235JR	5,778	5,778 kg
7	2	Stck.	62,8 kg/m^2	Seitenblech	Bl 8 × 200 × 200	DIN EN 10029	S235JR	2,512	5,024 kg
8	1	Stck.	78,5 kg/m^2	Rippe	Bl 10 × 120 × 300	DIN EN 10029	S235JR	2,826	2,826 kg
9	1	Stck.	117,8 kg/m^2	Anschlussleiste	Bl 15 × 65 × 340	DIN EN 10029	S235JR	2,603	2,603 kg
							Gesamtmasse		49,119 kg

Die Stückliste nach DIN 6771-02 Form B, wurde in Spalte 2 und 3 den Bedürfnissen des Stahlbaus angepasst.

Spalte 3 = Längenbezogene Masse für Stab- und Formstähle in kg/m bzw. flächenbezogene Masse für Bleche in kg/m^2

Spalte 8 = Masse pro Position

Abteilung	Techn. Referenz	Dokumentenart	Dokumentenstatur
Metallbautechnik	F. Köhler	Stückliste	in Bearbeitung
Eigentümer	Erstellt durch	Titel, zusätzlicher Titel	Zeichnungsnummer
BSZ Radeberg Fachbereich 3	F. Köhler	Stütze	2006-309-12

Genehmigt von	Änd.	Ausgabedatum	Spr.	Blatt
	D	2008-10-12	de	1/1

Schweißfolgeplan

Auftrag Nr.:	3009/2000	Teil-Nr.:	089
Sachnr.:	378.89-309	Werkstoff:	S235JR
Rohteil:	Teile lt. Liste		
Bezeichnung:	Stütze	Schweißverfahren:	111

Nr.	Arbeitsfolge	Nahtform Nahtdicke	Nahtlänge	Bemerkungen
1	Teile 1 heften, 4 Hefter von je 5 cm … 7 cm Länge beidseitig setzen.	Heftnaht	8 × 70	Auf saubere Oberflächen achten, spannen, exakt ausrichten
2	Teile 1 schweißen, Endkraterbleche verwenden, erste Naht in einem Zug schweißen, nach Abkühlen auf Raumtemperatur zweite Naht schweißen.	|||	2 × 673	Beide Nähte in die gleiche Richtung schweißen, mechanisiert, 50 cm/min … 60 cm/min., 250 A.
3	Teile 2 zur Nahtvorbereitung Stirnkanten 3 mm … 4 mm anschleifen, dann heften und schweißen.	|||	2 × 200	Handschleifmaschine, beide Nähte in die gleiche Richtung schweißen.
4	Teile 3 in 2 heften.	Heftnaht	kurze Hefter	
5	Teile 3 in 2 schweißen, erst Quernähte, dann Längsnähte.	a3 ◺	4 × 140 8 × 40	Rippen in diagonaler Reihenfolge einschweißen.
6	Teil 4 und 5 an Teile 2 heften und anschweißen.	a3 ◺	1 × 560 1 × 400	Mechanische Bearbeitung nach dem Schweißen.
10	Anschlussbereiche für Teil 8 an Teil 1 und 2 schleifen, Baugruppe in die Vorrichtung spannen, ausrichten.			Montagevorrichtung benutzen.
11	Teil 1 an Teil 2 heften.	Heftnaht		
12	Teil 8 heften.	Heftnaht		
13	Teil 1 an Teil 2 rundherum in einem Zug schweißen.	a3 ◺	1 × 400	Sprühlichtbogen, schnell schweißen.
14	Teil 8 an Teil 1 und Fußbaugruppe anschweißen.	a3 ◺	2 × 280 2 × 100	Schweißnähte der Baugruppe entzundern.

A

Bezeichnung von Profilen und Blechen

vgl. DIN ISO 5261 (1997-04)

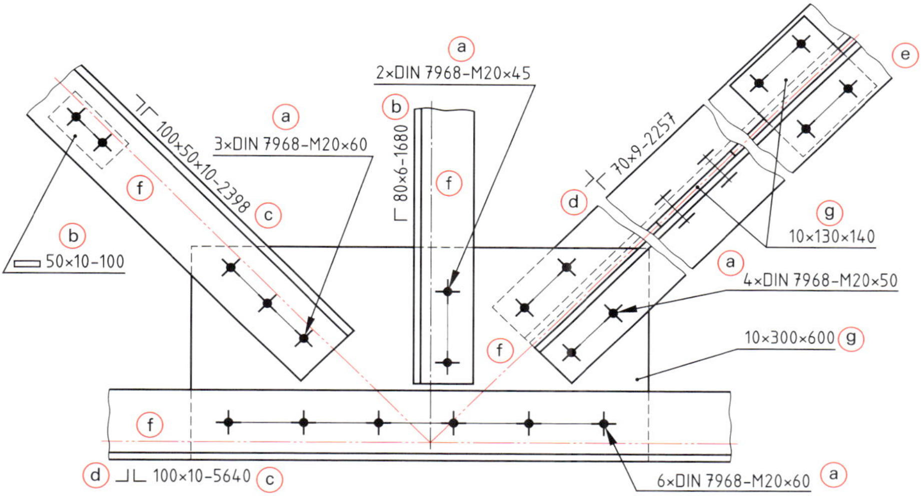

(a) Zur Unterscheidung der Verbindungselemente untereinander und von Bohrlöchern werden sie mit der genauen Normbezeichnung versehen.
Bei der Benennung einer Gruppe gleichartiger Verbindungselemente wird die Bezeichnung nur an ein Element angetragen und die Anzahl vor die Normbezeichnung geschrieben.

(b) Die dargestellten Stäbe und Profile sollen immer mit ihrer DIN- oder ISO-Bezeichnung versehen werden.

(c) Die Zuschnittlänge kann nach einem Bindestrich folgen.

(d) Die Eintragung erfolgt meist parallel zur Stabachse. Dabei sind die Sinnbilder so anzuordnen, dass an ihrer Stellung die Querschnittslage abgelesen werden kann.

(e) Häufig müssen Profile und Stäbe abgebrochen dargestellt werden. Die Bruchlinien sind mit einer Freihandlinie zu zeichnen.

(f) Schwerelinien der Profile bzw. die Systemlinien des Fachwerks werden mit Strich-Zweipunkt-Linien dargestellt.

(g) Bleche werden mit ihrer Dicke und der Länge und Breite des sie umgebenden gedachten Rechtecks benannt.

Bemaßung von Knotenblechen

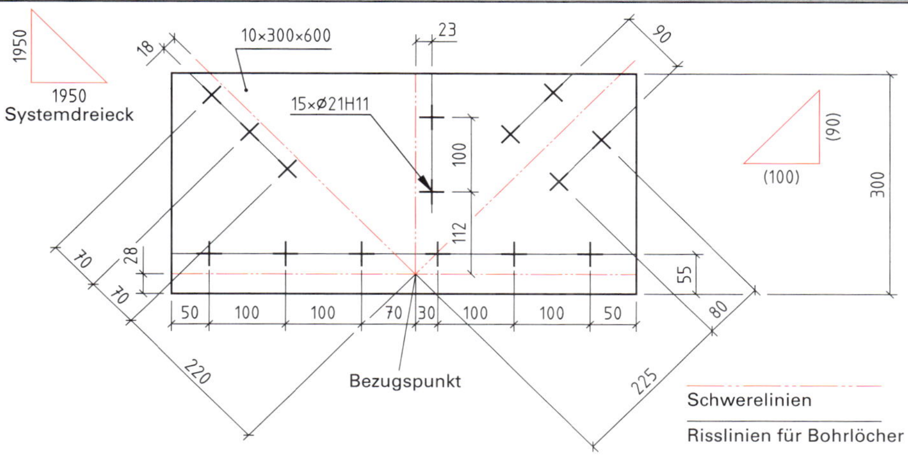

Bei der Bemaßung eines Knotenbleches bilden mindestens zwei sich schneidende Schwerelinien das Maßbezugssystem. Der Schnittpunkt heißt Bezugspunkt. Zu bemaßen sind die Größe der Bohrlöcher und ihre Lage bezüglich der Schwerelinien, Lochabstände, Randabstände von Bohrlöchern, Gesamtmaße. Die Lage der Systemlinien wird durch rechtwinklige Dreiecke angegeben, die mit den tatsächlichen Abständen der Bezugspunkte oder mit auf 100 bezogenen Werten bemaßt werden.

Rohrleitungsdarstellungen

Vereinfachte Darstellung von Rohrleitungen – orthogonale Projektion

vgl. DIN ISO 6412-01 (1991-05)

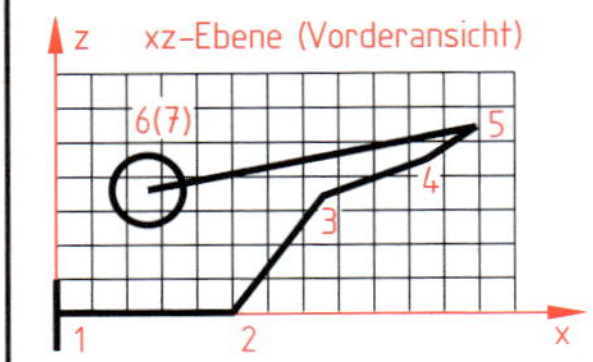

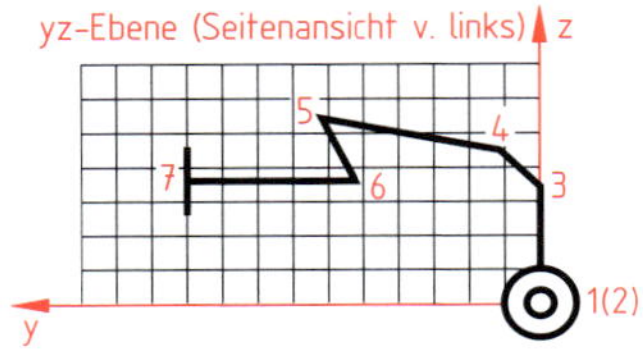

Koordinatentabelle

Punkt	x	y	z
1	0	0	0
2	+ 50	0	0
3	+ 75	0	+ 34
4	+ 104	+ 12	+ 45
5	+ 118	+ 62	+ 54
6	+ 26	+ 52	+ 36
7	+ 26	+ 100	+ 36

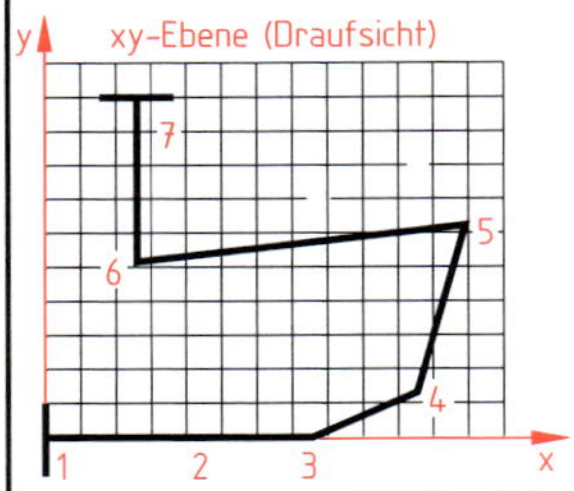

Koordinaten

Zur Vereinfachung von Berechnungen und Fertigungsvorgängen werden zweckmäßig Koordinatenhauptrichtungen festgelegt, Alle Koordinatenwerte vom Ursprung aus in Pfeilrichtung gesehen sind positiv, in Gegenrichtung negativ. Die Koordinatenrichtungen x, y, z bezeichnet man als Hauptrichtungen, die von ihnen aufgespannten Flächen als Hauptebenen.

Positionsnummern

Punkte, an denen eine Richtungsänderung des Rohrstranges stattfindet und auch Rohrverbindungen, werden durch Positionsnummern gekennzeichnet. Dabei werden Positionsnummern für die in der Ansicht verdeckten Punkte in Klammern gesetzt.

Vereinfachte Darstellung von Rohrleitungen – isometrische Darstellung

vgl. DIN ISO 6412-02 (1991-05)

Allgemeine Festlegungen

Rohre oder Teile davon, die parallel zu den Koordinatenachsen verlaufen, werden parallel zur jeweiligen Achse als Fließlinie gezeichnet. Abweichungen von den Richtungen der Hauptachsen werden durch Hilfsprojektionsebenen und Schraffuren der Hauptebenen gekennzeichnet.

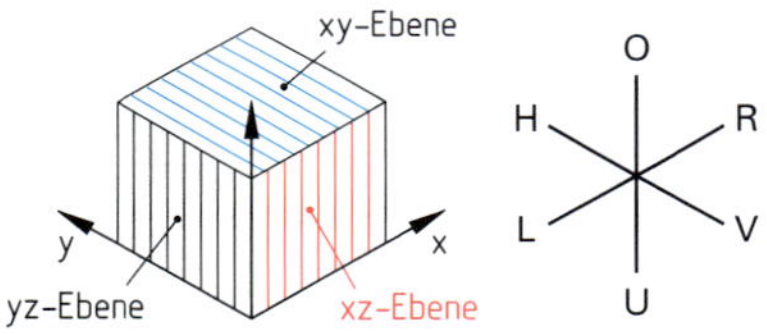

Hilfsprojektionsebenen

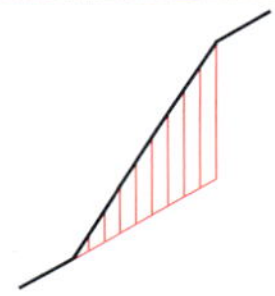

Rohre oder deren Teile, die auf einer vertikalen Ebene liegen, werden angegeben, indem ihre Projektion auf eine horizontale Ebene gezeichnet wird.

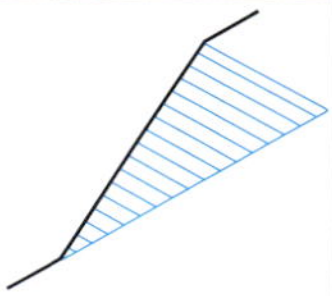

Rohre oder deren Teile, die auf einer horizontalen Ebene liegen, werden angegeben, indem ihre Projektion auf eine vertikale Ebene gezeichnet wird.

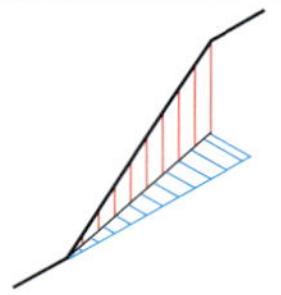

Rohre oder deren Teile, die nicht parallel zur Koordinatenachse verlaufen, kennzeichnet man durch ihre vertikale und horizontale Projektion.

Isometrische Darstellung des oben in orthogonaler Projektion gezeichneten Leitungsverlaufes. Die Koordinaten wurden beibehalten. Zur Vereinfachung des Zeichnens können solche Darstellungen auf vorgedruckte isometrische Liniennetze gezeichnet werden.

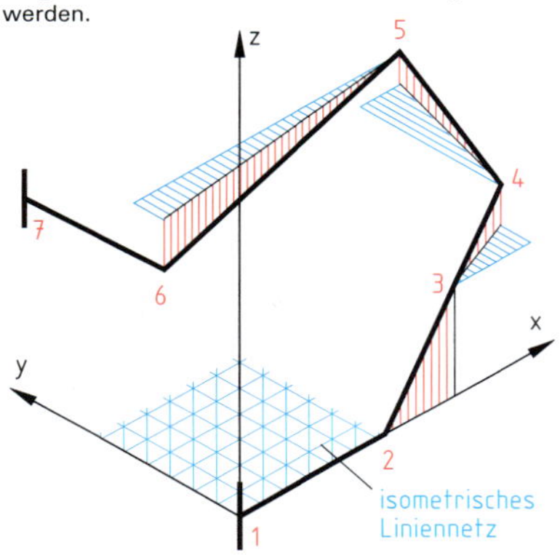

Bemaßung

Für die Maßeintragung gelten die allgemeinen Regeln nach DIN ISO 6412-01. Wenn notwendig, werden die schraffierten Hilfsprojektionen bemaßt. Sollte es aus Fertigungs- oder technischen Gründen erforderlich sein, eine Doppelbemaßung anzugeben, so wird diese in Klammern gesetzt.

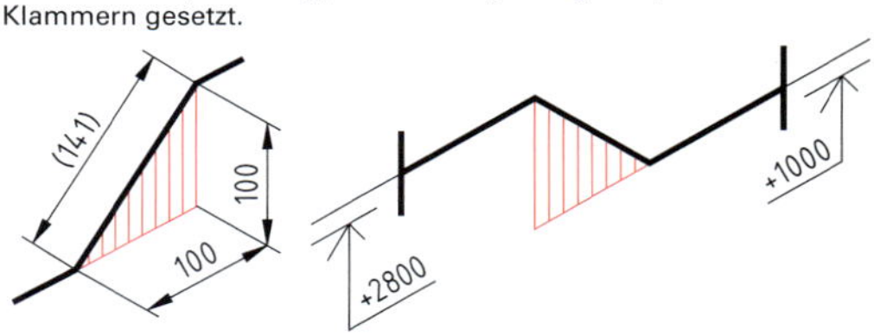

Beispiele isometrisch gezeichneter grafischer Symbole

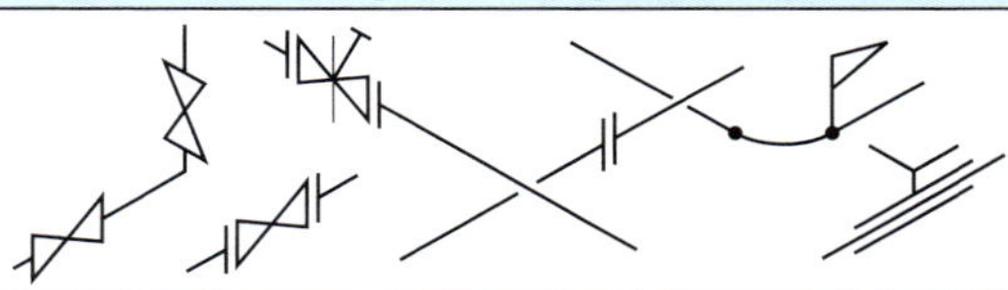

Rohrleitungsdarstellungen

Vereinfachte Darstellung von Rohrleitungen

vgl. DIN ISO 6412-01 (1991-05)

Allgemeine Regeln

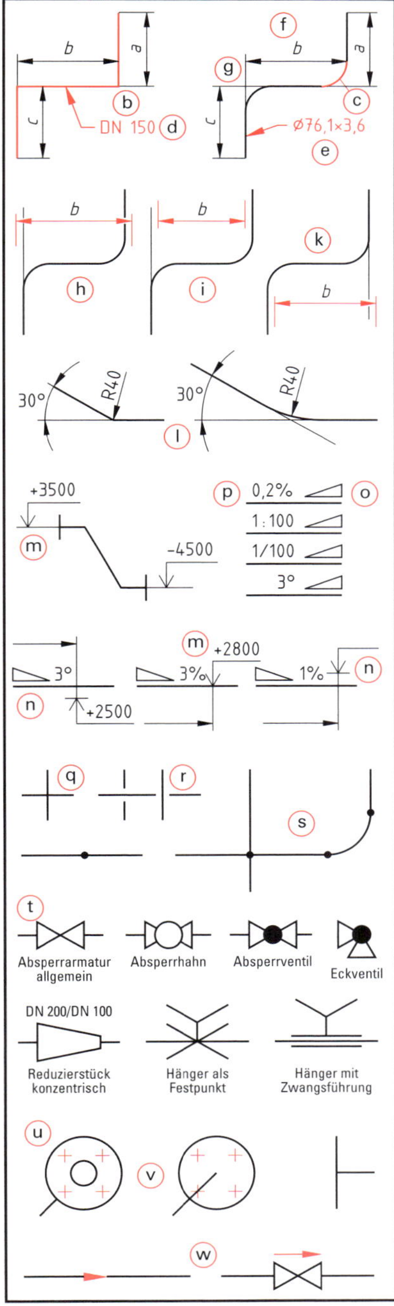

Darstellung

(a) Die Fließlinie, die ein Rohr unabhängig von seinem Durchmesser darstellt, wird als breite Volllinie gezeichnet. Sie stimmt mit der Mittelachse des Rohres überein.

(b) Bögen dürfen vereinfacht dargestellt werden, indem die gerade Länge bis zum Scheitelpunkt verlängert wird.

(c) Bögen dürfen bei Bedarf als Kreisbögen dargestellt werden.

Bemaßung

(d) Nennmaße dürfen mit der Kurzbezeichnung DN angegeben werden (DN = Nenndurchmesser).

(e) Der Außendurchmesser *d* und die Wanddicke *t* eines Rohres werden nach DIN 5261 angegeben.

(f) Bemaßte Längen beginnen an Rohrenden, Flanschen oder der Mitte eines Verbindungs- oder Anschlusselementes.

(g) Rohre mit Bögen bemaßt man von Mitte Rohr zu Mitte Rohr.
Wenn erforderlich, kann das Maß von der äußeren oder inneren Wand oder der Oberfläche des Rohres angegeben werden. Die Maßlinien weisen dann auf kurze schmale, parallel zu den Maßhilfslinien liegende Striche.

(h) – vom äußeren zum äußeren Scheitelpunkt

(i) – vom inneren zum inneren Scheitelpunkt

(k) – vom inneren zum äußeren Scheitelpunkt.

Radien und Winkel

(l) Es wird der funktionsbezogene Winkel angegeben, Winkel von 90° werden nicht bemaßt.

Höhenangaben

(m) Sie beziehen sich auf die Mitte des Rohres.

(n) Falls erforderlich, darf die Höhe auch an der Ober- oder Unterseite des Rohres mit Hinweislinien angetragen werden.

Neigungen

(o) Sie werden durch ein in Neigungsrichtung über der Fließlinie rechtwinkliges Dreieck angegeben.

(p) Die Größe der Neigung wird in Prozent oder als Verhältniszahl eingetragen. Sie kann durch die Höhenangabe eines der beiden Rohrenden ergänzt werden.

Leitungskreuzungen und Verbindungen

(q) Darstellung in der Regel ohne Unterbrechung der Fließlinie.

(r) Bei Bedarf kann die Fließlinie des hintenliegenden Rohres unterbrochen werden.

(s) Unlösbare Verbindungen, z.B. durch Schweißen, werden mit einem Punkt an der Verbindungsstelle gekennzeichnet.

Zubehörteile

(t) Sie werden mit Hilfe grafischer Symbole für Rohrleitungen nach DIN 2429-02 dargestellt.

Flansche

(u) Sie werden unabhängig von Art und Größe
– in der Vorderansicht mittels zweier konzentrischer Kreise,
– in der Rückansicht mittels eines Kreises,
– in der Seitenansicht durch einen Strich
mit Linien derselben Linienbreite wie die Fließlinien dargestellt.

(v) Flanschlöcher werden vereinfacht mit Kreuzen gezeichnet.

Fließrichtung

(w) Die Fließrichtung wird durch einen Pfeil direkt auf der Fließlinie oder in der Nähe eines grafischen Symbols angegeben.

Bauzeichnungen

Darstellung im Bauwesen

vgl. DIN 1356-01 (1995-02)

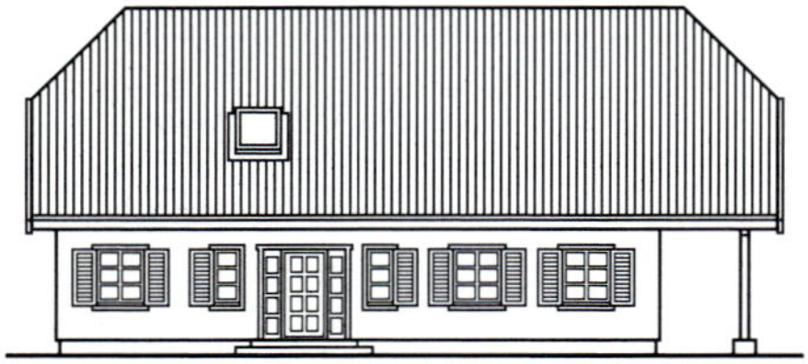

Ansicht OST

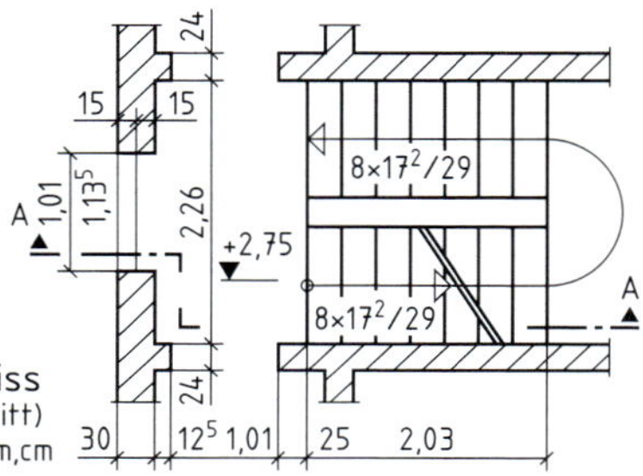

Grundriss
(Ausschnitt)
M1:50 - m,cm

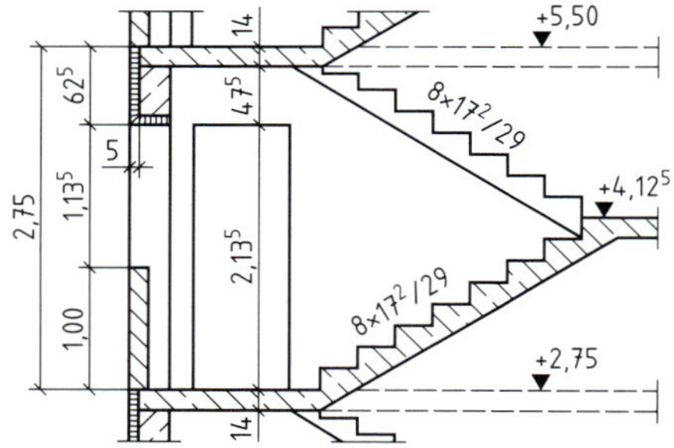

Schnitt A-A M1:50 - m,cm

Ansicht

Als Ansicht bezeichnet man die maßstäbliche Abbildung eines Bauobjektes in rechtwinkliger Parallelprojektion. Dabei verläuft die Projektionsrichtung von vorn nach hinten. Die sichtbaren Kanten werden als Volllinien dargestellt. Die Lage der Ansichten wird mit Wortangaben gekennzeichnet (z.B. „Ansicht OST", „Ansicht Wernerstraße").
(rechtwinklige Parallelprojektion siehe Seite 78/79)

Draufsicht

Als Draufsicht bezeichnet man die maßstäbliche Abbildung eines Bauobjektes in rechtwinkliger Parallelprojektion. Die Projektionsrichtung verläuft dabei von oben nach unten. Die auf der Bauteiloberseite sichtbaren Kanten werden als Volllinien dargestellt.

Grundriss

Als Grundriss bezeichnet man die Draufsicht auf den unteren Teil eines horizontal geschnittenen Baukörpers. Von oben sichtbare Kanten werden als Volllinien dargestellt, unter der Schnittebene liegende Kanten werden bei Bedarf als verdeckte Kanten gezeichnet.

Schnitt

Als Schnitt wird die Ansicht des hinteren Teils eines senkrecht geschnittenen Bauobjektes bezeichnet. Die vorn sichtbaren Kanten werden als Voll-Linien gezeichnet. Kanten, die hinter dieser Schnittebene liegen, können als verdeckte Kanten gezeichnet werden. Kanten von vor der Schnittebene liegenden Bauteilen werden gegebenenfalls durch Punktlinien dargestellt.

Schnittführung

Die Schnittebenen sind so durch das Bauwerk zu legen, dass die wesentlichen Einzelheiten wie Wände, Decken, Treppen, Maueröffnungen geschnitten werden. Im Normalfall werden Schnittebenen rechtwinklig oder parallel zu den Außenflächen eines Bauwerks oder Bauteils geführt. Im Grundriss ist die Lage der senkrechten Schnittebenen anzugeben. Die Schnitte werden durch Schnittlinien, Blickrichtungspfeile und Buchstabenpaare markiert. Es können mehrere gerade Schnitte oder ein gestufter Schnitt angeordnet werden.

Schraffuren für Schnittflächen[1]

vgl. ISO 128-50 (2002-05)

Grundschaffur	Boden, geschüttet	Kies	Sand	Gipsplatte	Isolierstoff
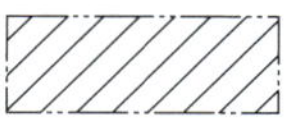		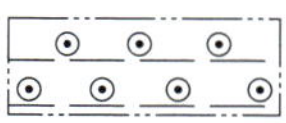	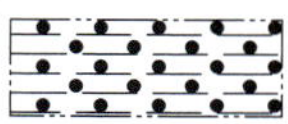	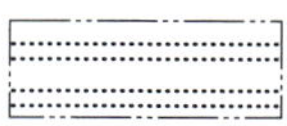	
feste Stoffe, allgemein	**Metalle, allgemein**	**Stahl, legiert**	**Beton, bewehrt**	**Ziegelmauerwerk**	**Dämmstoff**
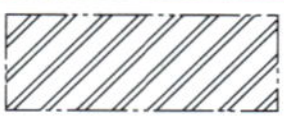	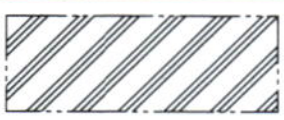		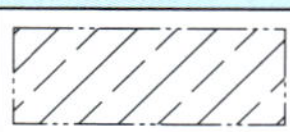		
Kunststoffe	**Gummi**	**Glas**	**Holz (Hirnholz)**	**Holzwerkstoff**	**Dichtstoff**
	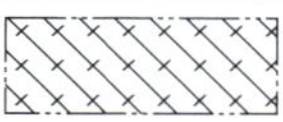		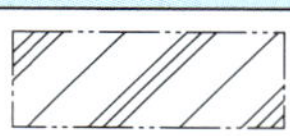	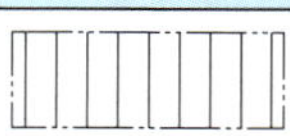	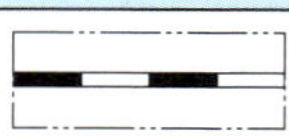

1) Abweichend davon können Stoffe besonders (fachspezifisch gekennzeichnet werden. Wird diese besondere Kennzeichnung angewendet, ist deren Bedeutung auf der Zeichnung zu erläutern.

Bauzeichnungen

Linienarten

vgl. DIN 1356-01 (1995-02)

Linienart	Anwendung	Liniengruppe für Maßstab	I	II	III	IV
		für Maßstab	< 1 : 100		> 1 : 50	
			Linienbreite			
	Begrenzung von Schnittflächen		0,5	0,5	1	1
	Sichtbare Umrisse von Bauteilen, Begrenzung kleinerer Schnittflächen		0,25	0,35	0,5	0,7
	Maßlinien, Maßhilfslinien, Hinweislinien, Lauflinien von Treppen, Begrenzung von Ausschnitten		0,18	0,25	0,35	0,5
	verdeckte Kanten, verdeckte Umrisse		0,25	0,35	0,5	0,7
	Lagekennzeichnung von Schnittebenen		0,5	0,5	1	1
	Achsen, Mittellinien		0,18	0,25	0,35	0,5
	Bauteile, die vor oder über Schnittebenen liegen		0,25	0,35	0,5	0,7
Schrift	Maßzahlen, Mindestschriftgröße		2,5	3,5	5	7

Maße im Bauwesen

Maßordnung im Hochbau

vgl. DIN 4172 (1955-07)

Baurichtmaße: Sie sind Vielfache von 12,5 cm. 1 am (Achtelmeter) = 11,5 cm Steinbreite + 1cm Fuge = Kopfmaß. Die Steinmaße und die Maße vieler Einbauteile (Fenster, Türen) und Plattenmaße sind auf die Baurichtmaße abgestimmt.

Mauerdicken: Alle Mauerdicken werden wie freistehendes Mauerwerk berechnet.

Mauerhöhen: Die Richtmaße sind Vielfache von 8,33 cm.

$$R = z \cdot 8{,}33 \text{ cm}$$

Beispiel für Baurichtmaße und Baunennmaße

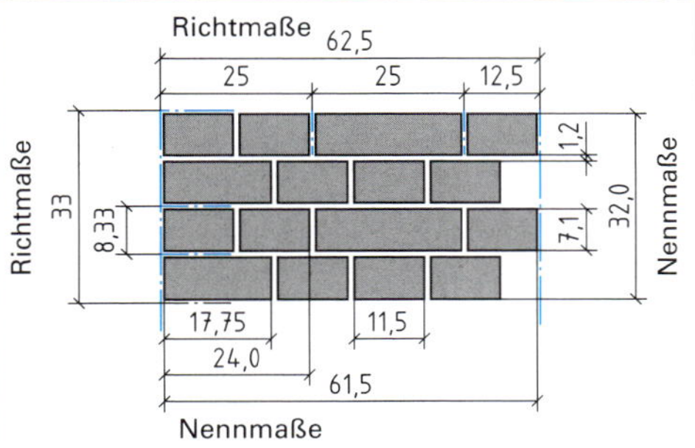

- z Schichtanzahl
- R Richtmaß
- N_A Nennmaß außen
- N_I Nennmaß innen
- n Kopfzahl

Richtmaße

$$R = n \cdot 12{,}5 \text{ cm}$$

Nennmaß außen (freistehendes Mauerwerk)

$$N_A = R - 1 \cdot \text{Fugenbreite}$$

Nennmaß innen (zwischengebautes Mauerwerk oder Maueröffnung)

$$N_I = R + 1 \cdot \text{Fugenbreite}$$

Rohbaumaße in cm

Anz. d. Steinbreiten n (Kopfzahl)	0,5	1	1,5	2	2,5	3	3,5	4	4,5	5	5,5	6	6,5	7	7,5	8
Nennmaß außen 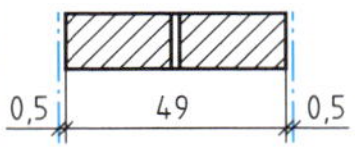 $N_A = n \cdot \text{am} - 1 \text{ cm}$	5,25	11,5	17,75	24	30,25	36,5	42,75	49	55,25	61,5	67,75	74	80,25	86,5	92,75	99
Nennmaß innen 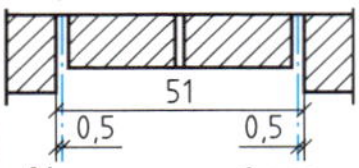 $N_I = n \cdot \text{am} + 1 \text{ cm}$	7,25	13,5	19,75	26	32,25	38,5	44,75	51	57,25	63,5	69,75	76	82,25	88,5	94,75	101
Richtmaß 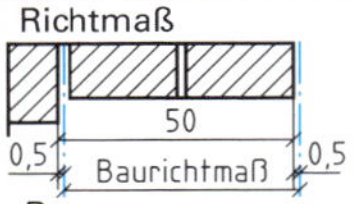 $R = n \cdot \text{am}$	6,25	12,5	18,75	25	31,25	37,5	43,75	50	56,25	62,5	68,75	75	81,25	87,5	93,75	100

Bauzeichnungen

Toleranzen im Hochbau

vgl. DIN 18202 (2005-10)

Grenzabweichungen für Längen, Breiten, Höhen, Rastermaße, Achsmaße, Querschnittsmaße

Geltungsbereich	Nennmaße in m					
	bis 1	> 1…3	> 3…6	>6…15	>15…30	>30…60
Maße im Grundriss, z.B. Längen und Breiten	± 10	± 12	± 16	± 20	± 24	± 30
Maße im Aufriss, z.B. Geschosshöhen, Podesthöhen	± 10	± 16	± 16	± 20	± 30	± 30
Lichte Maße im Grundriss, z.B. Stützenabstände	± 12	± 16	± 20	± 24	± 30	–
Lichte Maße im Aufriss, z.B. unter Unterzügen	± 16	± 20	± 20	± 30	–	–
Öffnungen, z.B. für Fenster und Türen, Einbauten	± 10	± 12	± 16	–	–	–
Öffnungen für oberflächenfertige Bauelemente	± 8	± 10	± 12	–	–	–

Grenzwerte für Winkelabweichungen von vertikalen, horizontalen, geneigten Flächen

Geltungsbereich	Grenzstichmaße in mm bei Nennmaßen in m						
	bis 0,5	> 0,5…1	> 1…3	< 3…6	≤ 6…15	≤ 15…30	> 30
vertikale, horizontale und geneigte Flächen	3	6	8	12	16	20	30

A

Grenzwerte für Winkelabweichungen von Decken, Estrichen, Bodenbelägen, Wänden

Geltungsbereich		Grenzstichmaße in mm bei Messpunktabständen in m bis				
		0,1	1	4	10	15
Rohflächen von Decken, Unterbeton…		10	15	20	25	30
Rohflächen von Decken, Unterbeton, Unterböden mit erhöhten Anforderungen, z.B. für Estriche, Fliesen, … ; auch fertige Oberflächen, z.B. für Kellerräume		5	8	12	15	20
Flächenfertige Böden, z.B. Bodenbeläge, Fliesen	normale Anforderungen	2	4	10	12	15
	erhöhte Anforderungen	1	3	9	12	15
Nicht flächenfertige Oberflächen von Wänden, Unterseiten von Rohdecken		5	10	15	25	30
Flächenfertige Oberflächen von Wänden und Unterseiten von Decken, z.B. geputzte Wände	normale Anforderungen	3	5	10	20	25
	erhöhte Anforderungen	2	3	8	15	20

Grenzwerte für Fluchtabweichungen bei Stützen

Geltungsbereich	Grenzstichmaße in mm bei Nennmaßen in m als Messpunktabstand				
	bis 3 m	von 3 m bis 6 m	über 6 m bis 15 m	über 15 m bis 30 m	über 30 m
Zulässige Abweichungen von der Flucht	8	12	16	20	30

Prüfen von Bauwerksmaßen

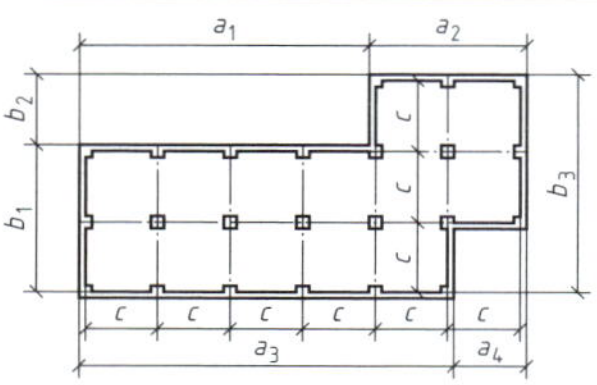

a Längenmaße, b Breitenmaße, c Rastermaße

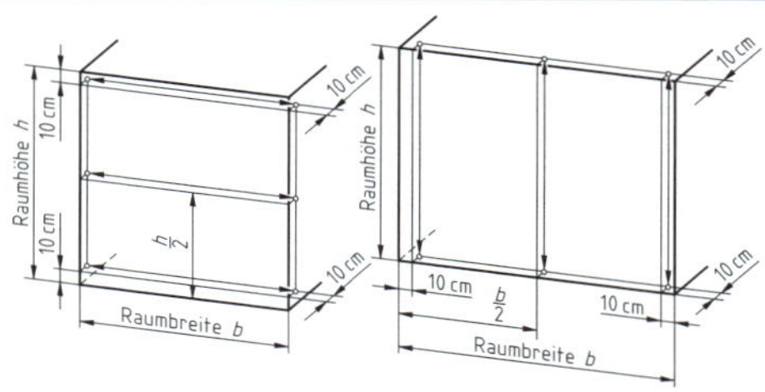

Messpunkte für lichte Maße im Grundriss
Die Maße sind jeweils in 10 cm Abstand von den Ecken zu nehmen. Bei der Prüfung von Winkeln geht man von den gleichen Messpunkten aus. Bei nicht rechtwinkligen Räumen ist die Messlinie senkrecht zu einer Bezugslinie anzuordnen. Die Messungen sind **in 2 Höhen** vorzunehmen:
– in etwa 10 cm Abstand vom Fußboden und 10 cm Abstand von der Decke.

Messpunkte für Maße im Aufriss
Die Maße werden an übereinander liegenden Messpunkten an markanten Stellen des Bauwerks gemessen, z.B. Deckenkanten, Brüstungen, usw.
Die Maße sind jeweils in 10 cm Abstand von den Ecken zu nehmen, auch beim Prüfen von Winkeln. Die Messungen eines Raumes sind für jede Wandseite an 2 Stellen in etwa 10 cm Abstand von der Wand vorzunehmen. Lichte Höhen von Unterzügen sind beiderseits in 10 cm Abstand von der Auflagerkante zu messen.

Besonderheiten der Maßeintragung im Bauwesen

vgl. DIN 1356-01 (1995-02)

Bemaßung in Maßeinheit	Maße unter 1 m, zum Beispiel		Maße über 1 m, zum Beispiel
cm	25	87.5*	287.5*
m und cm	25	87^5	2.87^5*
mm	250	875	2875

* Anstelle des Dezimalpunktes darf auch ein Komma verwendet werden.

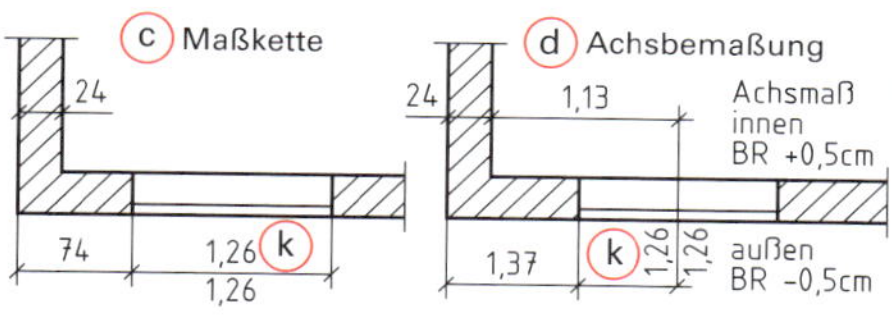

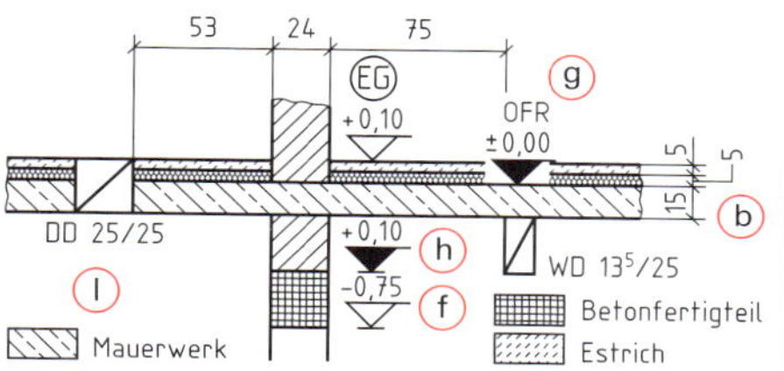

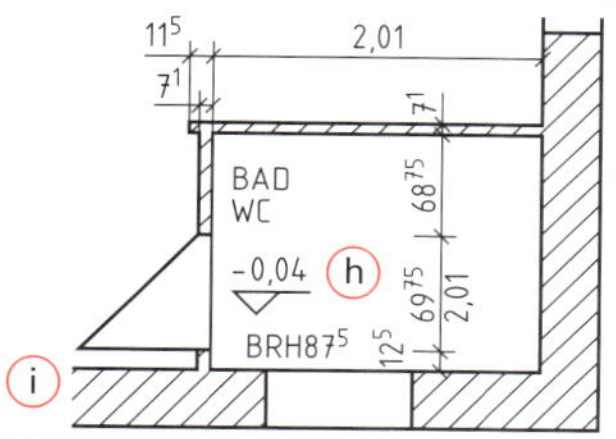

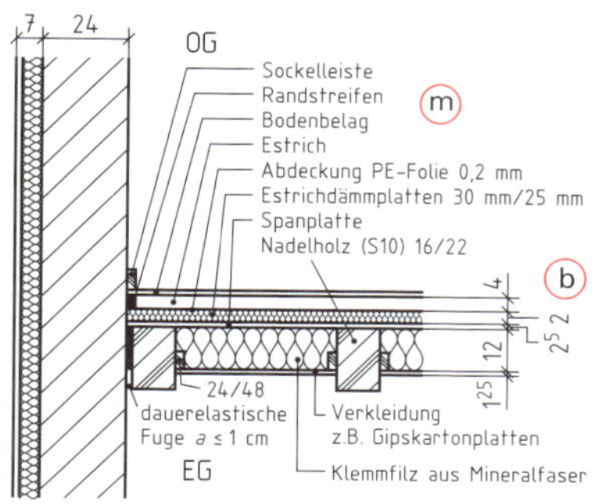

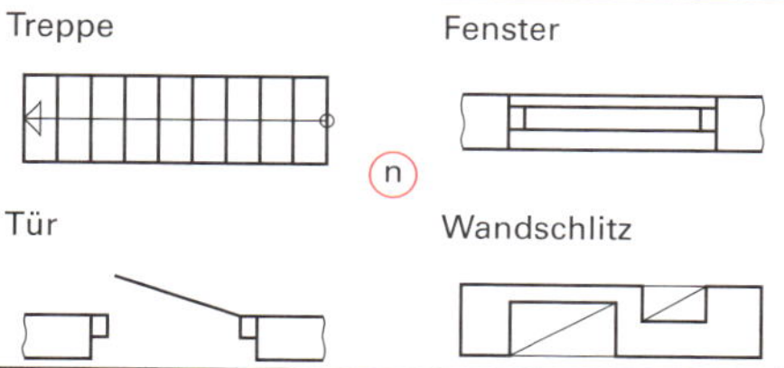

Maßbegrenzungen

Ausführung nach DIN 406. In Bauzeichnungen werden meist Striche oder Punkte verwendet.

Maßzahlen

Es gilt DIN 406. Darüber hinaus gelten folgende Festlegungen:

(a) Maßzahlen sind zwar ohne Maßeinheit, jedoch in Abhängigkeit von der bauwerksbedingten Auswahl der Maßeinheiten einzutragen.

(b) Bei zwei dicht aneinanderliegenden Maßen werden die Maßzahlen links unten und rechts oben eingetragen.

Umfang der Maßangaben

Wie viele und welche Maße eingetragen werden, richtet sich nach Zweck und Art der Bauzeichnung. Ausführungszeichnungen enthalten die umfangreichsten Angaben.

Anordnung der Maßangaben

Die Bemaßung kann nach den Systemen

(c) – Maßkette,

(d) – Achsbemaßung oder
– Koordinatenbemaßung ausgeführt werden.

Höhenmaße

(f) In Grundrissen, Ansichten und Schnitten werden sie mit gleichseitigen Dreiecken mit darüber, darunter oder daneben stehender Maßzahl mit Vorzeichen eingetragen.

(g) Das Vorzeichen bezieht sich auf die Höhenlage ± 0.00 und kennzeichnet sie in der Regel bezüglich der Oberfläche der Fertigkonstruktion des Fußbodens im Eingangsbereich, bezogen auf NN (Normal Null).

(h) Geschwärzte Dreiecke kennzeichnen Rohbauhöhen, leere Dreiecke kennzeichnen Fertigbauhöhen.

(i) Bei Brüstungen darf zusätzlich die Rohbauhöhe über Oberfläche Rohfußboden angegeben werden.

Wandöffnungen

(k) In Grundrissen wird bei Fenster- u. Türöffnungen oft zusätzlich zur Breite auch die Höhe angegeben. Dabei steht die Maßzahl für die Breite über der Maßlinie, die Maßzahl für die Höhe unter der Maßlinie.

(l) Rechteckquerschnitte z.B. von Wand- oder Deckendurchbrüchen dürfen mit dem Verhältnis Breite/Höhe vereinfacht bemaßt werden.

Radien, Durchmesser, quadratische Querschnitte

Anzuwenden ist DIN 406 (R, ∅, □).

Hinweislinien

(m) Zur näheren Kennzeichnung von Baustoffen werden besonders bei Schnittdarstellungen oftmals Hinweislinien aus der Darstellung herausgezogen. Die rechtwinklige Anordnung ist vorzuziehen.

Vereinfachte Darstellung

(n) In Zeichnungen des Bauwesens werden viele Bauteile vereinfacht dargestellt, z.B. Treppen, Fenster, Türen, Aussparungen in Wänden und Decken. [vgl. DIN ISO 7519 (1992-09) u. DIN 1356-1 (1995-02)].

Gebräuchliche Abkürzungen

OFF – Oberfläche Fertigfußboden	EG – Erdgeschoss
OFR – Oberfläche Rohfußboden	KG – Kellergeschoss
BRH – Brüstungshöhe (Fenster)	DG – Dachgeschoss
WD – Wanddurchbruch	MR – Meterriss
DD – Deckendurchbruch	UK – Unterkante
WS – Wandschlitz	OK – Oberkante

A

Beispiel für eine Bauzeichnung

vgl. DIN 1356-01 (1995-02)

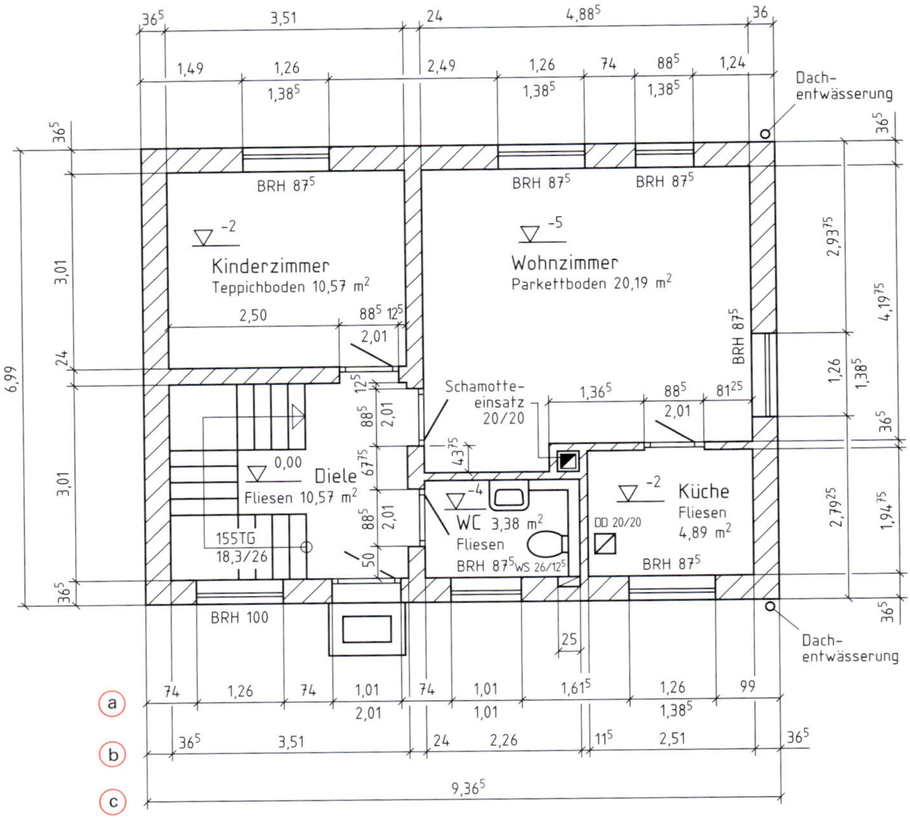

ERDGESCHOSS 1:50 – (m, cm)

Erläuterungen zur Bauzeichnung

(a)	Maßkette für Wandöffnungen, Fenster, Türen und Pfeiler
(b)	Maßkette für Wanddicken und Raummaße
(c)	Gesamtaußenmaße des Baukörpers
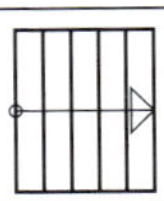	Gerader einläufiger Teil der Treppe mit Lauflinie und Steigungsrichtung
15 STG / 18³/26	Anzahl Steigungen $n = 15$ Steigungshöhe $s = 18{,}3$ cm Auftrittsbreite $a = 26$ cm
88⁵ / 1,38⁵	Maueröffnung Öffnungsbreite 88,5 cm Öffnungshöhe 1,385 m
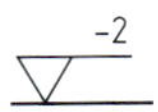	Höhe der Oberfläche des Fertigfußbodens 2 cm unter Nullpunkt
WS 26/12⁵	Wandschlitz, Breite 26 cm/Tiefe 12,5 cm
DD 20/20	Deckendurchbruch, Kantenlänge 20 cm
BRH 87⁵	Höhe der Fensterbrüstung über Rohfußboden 87,5 cm
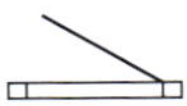	Tür DIN links mit Schwelle
	Fenster mit Doppelverglasung
	Schornsteinöffnung

Perspektivische Darstellung

H Horizont Z Zentral-Fluchtpunkt F Fluchtpunkte

Vogelperspektive

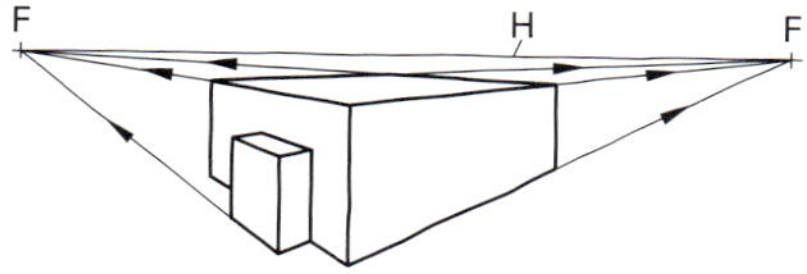

Normalperspektive

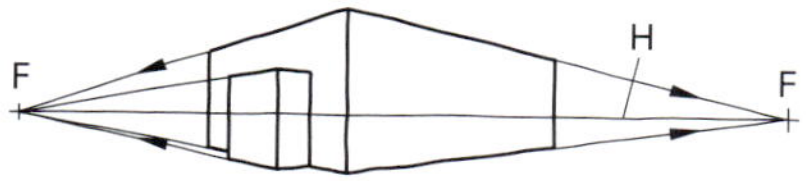

Froschperspektive

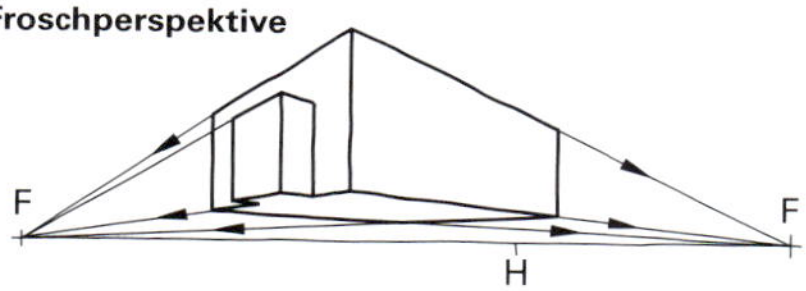

Zentralperspektive

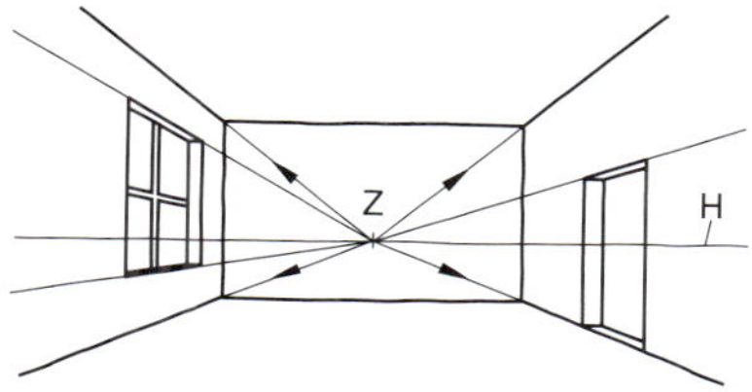

Harmonische Teilung

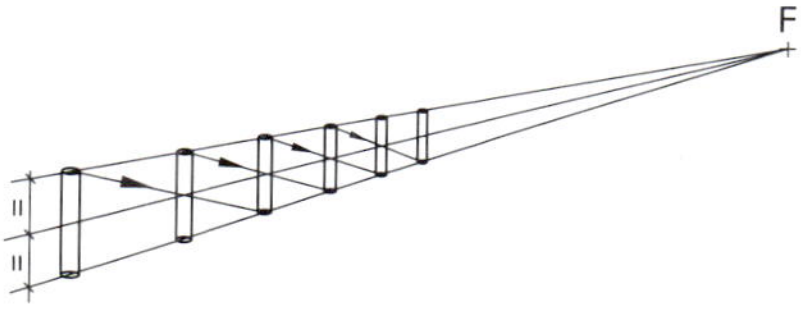

Regel: Alle senkrechten Linien bleiben senkrecht.
Alle waagerechten Linien laufen auf die Fluchtpunkte zu, liegen sie oberhalb der Horizontlinie sind sie fallend, befinden sie sich unterhalb, steigen sie.

Proportionen

Goldener Schnitt

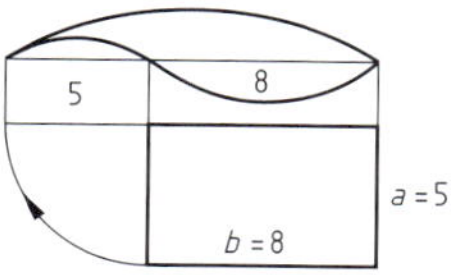

$a : b = b : (a + b) = 0{,}62$
$b : a = (a + b) : b = 1{,}62$

Beispiel:
$a : b = b : (a + b) = 5 : 8 = 8 : (5 + 8) = 0{,}62$
$a : b = 0{,}77 : 1{,}23 = 0{,}62$

Klassische Konstruktion: Quadrat im Halbkreis

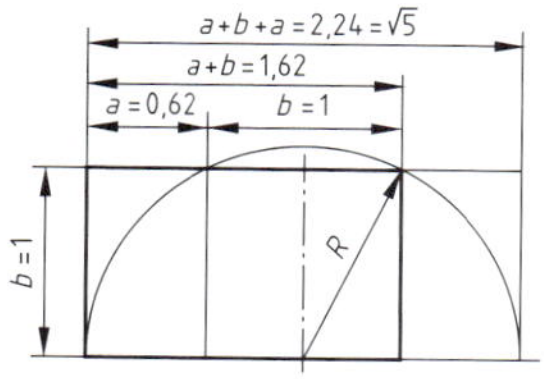

Streckenteilung nach dem goldenen Schnitt

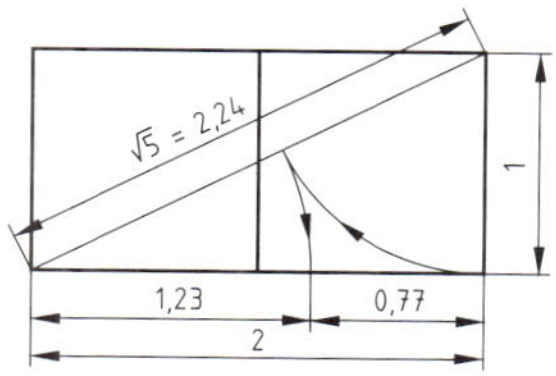

Harmonie des menschlichen Körpers

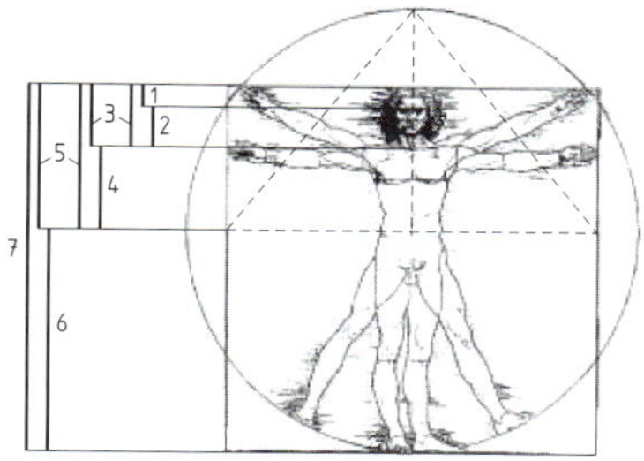

Wachstumsspirale

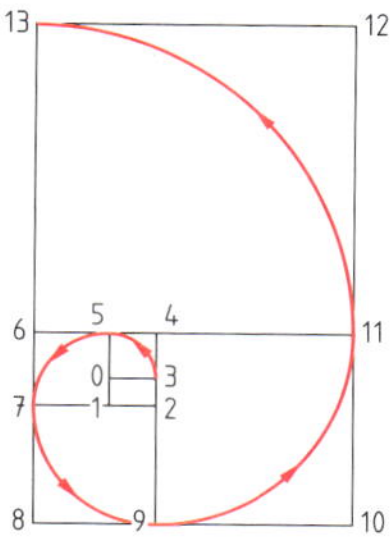

Goldenes Rechteck	+ Quadrat	⇒ Goldenes Rechteck
0123	+ 0345	⇒ 1245
1245	+ 1567	⇒ 2467
2467	+ 2789	⇒ 4689
4689	+ 491011	⇒ 681011
681011	+ 6111213	⇒ 8101213

A

Gestaltung

Plastische Darstellung

Regel: Lichteinfall von links oben

Schattenlinie | Verdichtete Linien | Aufnahme der Umrisslinie | Vollflächiger Schatten

Kontrast, Rhythmus

gleichmäßig monoton | gleichmäßig wechselnd | gleichmäßig wechselnd | frei unruhig | linienhafte Teilung | Hauptzone bewegt

Bogenformen

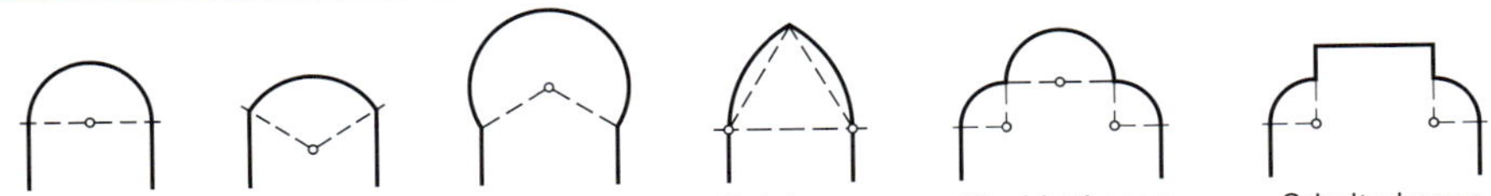

Rundbogen | Segmentbogen | Hufeisenbogen | Spitzbogen | Kleeblattbogen | Schulterbogen

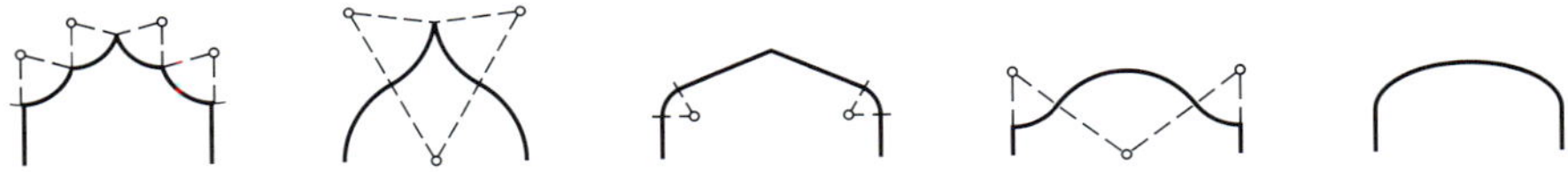

Vorhangbogen | Kielbogen | Tudorbogen | Konvexbogen | Elliptischer Bogen

Friese

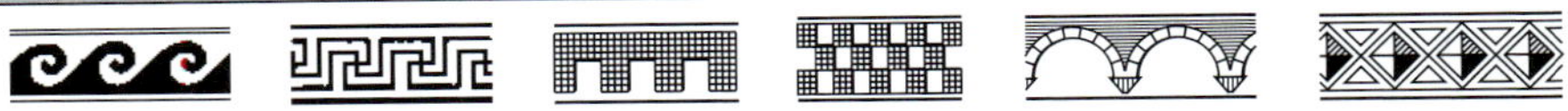

Wellenband (laufender Hund) | Mänder | Zahnschnittfries | Schachbrettfries | Rundbogenfries | Diamantband

Ornamente

Palmette: Antike (ca. 1000 v. Chr. – 400 n. Chr.) Klassizismus (1750 – 1850)	Rosette: Romantik (1000 – 1150) Gotik	Dreipass: Gotik (1150 – 1500)	Dreischneus: Gotik (1150 – 1500)	Maureske: Renaissance (1400 – 1600)

Ohrmuschelstil: Spätrenaissance (1520 – 1600)	Kartusche: Barock (1630 – 1700)	Rocaille: Barock, Rokoko (1630 – 1750)	Muschelwerk: Rokoko (1700 – 1750)	Vignette: Jugendstil (1890 – 1920)

A

Zumutbare Last beim Heben und Tragen

Alter in Jahren	Zumutbare Last/kg Häufigkeit des Hebens und Tragens gelegentlich		häufiger	
	Frauen[1]	Männer	Frauen[2]	Männer[2]
15 bis 18	15	35[1]	10	20
19 bis 45	15	55[2]	10	30
älter als 45	15	45[2]	10	25

[1] Grenzwerte, die im Normalfall ohne Gesundheitsgefährdung nicht überschritten werden dürfen.
[2] Werte, die aus ergonomischer Sicht empfohlen werden.

Persönliche Schutzausrüstung

Persönliche Schutzausrüstung	Tragesituation
Schutzhelm DIN EN 397	Wenn mit Kopfverletzungen zu rechnen ist, z.B. durch pendelnde, herabfallende, umfallende oder wegfliegende Gegenstände.
Schutzschuhe DIN 4843 DIN 32 768 DIN EN 344, DIN EN 345	Wenn mit Fußverletzungen zu rechnen ist, z.B. durch Stoßen oder Einklemmen, fallende oder rollende Gegenstände, Hineintreten in spitze oder scharfe Gegenstände, heiße oder ätzende Stoffe.
Schutzhandschuhe DIN 4841-01 DIN EN 374-01-03 DIN EN 388 407, 420, 511	Bei Gefahr von Handverletzungen.

Persönliche Schutzausrüstung	Tragesituation
Schutzbrillen DIN 58 211 DIN 58 214	Wenn mit Augen- und Gesichtsverletzungen zu rechnen ist, z.B. durch wegfliegende Teile, Verspritzen von Flüssigkeit, gefährliche Strahlung.
Gehörschutz Gehörschutzkapsel, Gehörschutzstöpsel, Gehörschutzwatte	Bei einem bewerteten Schallpegel von 85 dB (A) ist Gehörschutz zur Verfügung zu stellen, ab 90 dB (A) zu benutzen
Atemschutz DIN EN 137, 141, 143, 149, 371, 405	Wenn mit Gesundheitsschäden zu rechnen ist.
Schutzkleidung DIN 32 761, DIN 32 762, DIN 32 763 DIN EN 531	Flammenschutz, Schutz gegen Chemikalien, Schutz gegen Wärmestrahlung

Persönliche Schutzausrüstung	Tragesituation
Sicherheitsgeschirre DIN 7478 DIN EN 354, 355, 360, 361	Bei Absturzgefahr
Warnkleidung DIN EN 471	Wenn das rechtzeitige Erkennen von Personen erforderlich ist, z.B. Einweiser, Warnposten, bei Arbeiten im öffentlichen Verkehrsbereich
Winter- und Wetterschutzkleidung DIN 61 537 DIN 61536 DIN 61539	Winterschutzkleidung gegen Unterkühlen, z.B. Kälteschutzweste oder zweiteiliger Winterschutzanzug Wetterschutzkleidung gegen Durchnässen, z.B. Wetterschutzanzug

Schutzalterbestimmungen

Unfallverhütungsvorschrift	Arbeit	Alter in Jahren
Holzbearbeitungsmaschinen, § 14	Betreiben und Instandhalten	über 18[1]
Krane, § 29	Führen und Warten, ausgenommen Handbetrieb	über 18
Fahrzeuge, § 35	Führen	über 18
Flurförderzeuge, § 21	Führen	über 18
Hebebühnen, § 43	Bedienen	über 18
Schweißen, Schneiden und verwandte Verfahren, § 25	Ausführen	über 18[1]
Bauaufzüge, § 29	Bedienen und Warten	über 18[1]
Bauarbeiten, § 5	Sicherungsaufgaben	über 18
Schussapparate, § 7	Arbeiten	über 18[1]

[1] Bei diesen Arbeiten dürfen auch Jugendliche über 16 Jahren beschäftigt werden, soweit dies zur Erreichung des Ausbildungszieles erforderlich und ihr Schutz durch die Aufsicht eines Fachkundigen gewährleistet ist.

Sicherheitsbeauftragter pro Mitarbeiter

Betriebsgröße: Zahl der Versicherten	Zahl der Sicherheitsbeauftragten
21 bis 100	1
101 bis 200	2
201 bis 350	3
351 bis 500	4
501 bis 750	5
751 bis 1000	6
über 1000	7

Schutzmaßnahmen am Arbeitsplatz

Erste-Hilfe-Einrichtungen

In Verarbeitungs-, Verwaltungs- und Handelsbetrieben

Erforderl. Personal und Material	bei einer Anzahl der Beschäftigten: bis 19	20	21	30	40	51	101	301	501
Melde-Einricht. (Telefon, Funk)	•	•	•	•	•	•	•	•	•
Aushang „Erste Hilfe"	•	•	•	•	•	•	•	•	•
Krankentrage	Je nach Art des Betriebes								
Sanitätsraum							•	•	•
Verbandkasten C[1] (klein) – DIN 13 157	1(1)[2]	1(1)	(1)	(1)	(1)				
Verbandkasten E[1] (groß) – DIN 13 169			1	1	1	1(1)	2(1)	4(2)	6(2)
Ersthelfer	1(1)	1(1)	2(1)	3(2)	4(2)	5(3)	10(5)	30(15)	50(25)
Verbandbuch	•	•	•	•	•	•	•	•	•
Rettungsgeräte u. -transportmittel									

Auf Baustellen

Erforderl. Personal und Material	bei einer Anzahl der Beschäftigten: bis 10	bis 20	21	30	40	51	101	301	501
Melde-Einricht. (Telefon, Funk)	•	•	•	•	•	•	•	•	•
Aushang „Erste Hilfe"	•	•	•	•	•	•	•	•	•
Krankentrage			•	•	•	•	•	•	•
Sanitätsraum						•	•	•	•
Verbandkasten C[1] (klein) – DIN 13 157	1								
Verbandkasten E[1] (groß) – DIN 13 169		1	1	1	1	2	3	7	11
Ersthelfer	1	1	2	3	4	5	10	30	50
Verbandbuch	•	•	•	•	•	•	•	•	•
Rettungsgeräte u. -transportmittel	Bei schwer zugänglichen Arbeitsplätzen (z.B. im Tunnelbau, bei Druckluft-Arbeiten, in tiefen Baugruben u.a.)								

[1] Nach Benutzung wieder auffüllen (routinemäßig vorsehen!) [2] Zahlen in Klammern gelten für Verwaltungs- und Handelsbetriebe.

A

Unterweisungspflichten des Unternehmers (Auszug)

Vorschriften	Unterweisungspflicht
Arbeiten mit Schussapparaten, § 6	Gefahren, Handhabung und Einsatz der Geräte
Erste Hilfe, § 10	Verhalten bei Arbeitsunfällen
Gefahrstoffverordnung, § 20	Gefahren und Schutzmaßnahmen beim Umgang mit Gefahrstoffen
Gase, § 28	Besondere Gefahren beim Umgang mit Gasen; Sicherheitsbestimmungen; Maßnahmen bei Unfällen und Störungen, Bedienungsanweisungen
Bauaufzüge, § 29	Bedienung und Wartung der Aufzüge
Allgemeine Vorschriften, § 43	Handhabung von Feuerlöschern

Löschmittel und Brandklassen für Feuerlöscher

Löschmittel		Brandklassen
Wasser	(W)	A
Schaum	(S)	A, B
ABC-Löschpulver	(PG)	A, B, C
BC-Pulver	(P)	B, C
Metallbrandpulver	(PM)	D
Kohlendioxid	(K)	B

Die Anzahl der Feuerlöscher richtet sich nach der Art und Größe des Betriebes. Wichtig ist, dass sie stets einsatzbereit sind und die Mitarbeiter mit ihnen umgehen können.

Klasse A: Brände fester Stoffe, hauptsächlich organischer Natur, die normalerweise unter Flammen- und Glutbildung verbrennen (z.B. Holz, Papier, Stroh, Textilien, Kohle)

Klasse B: Brände von flüssigen oder flüssig werdenden Stoffen (z.B. Benzin, Öle, Fette, Lacke, Teer, Alkohol, Paraffin)

Klasse C: Brände von Gasen (z.B. Methan, Propan, Wasserstoff, Acetylen, Butan, Erdgas)

Klasse D: Brände von Metallen (insbesondere brennbare Leichtmetalle wie Magnesium und Aluminium sowie Lithium, Kalium, Natrium und deren Verbindungen)

Feuerlöscheranzahl (6 kg)

Betriebsgröße in m²	Brandgefahr gering	mittel	groß
300	6	6	10
400	6	8	12
500	6	8	14
600	8	10	16
700	8	10	18
800	8	12	20
900	8	12	22
1000	10	14	24

Partikelfilter

Partikelfilterklasse	Anwendung (Schutz) gegen	Höchstzul. Schadstoff-Konzentration
P1	Partikel von inerten Stoffen nach MAK-Werte-Liste (Quarzhaltige Feinstäube nur dann, wenn der MAK-Wert in der Atemluft sicher unterschritten wird)	5faches des MAK-Wertes (Seite 139)
P2	1. Partikel von minder giftigen (gesundheitsschädlichen) Stoffen a) die nach der Verordnung über gefährliche Arbeitsstoffe mit X_a oder X_i in Verbindung mit R 20, R 22, R 37, R 42, S 22, S 23, S 38 oder S 42 gekennzeichnet sind (Seite 139), b) für die ein MAK-Wert > 0,1 mg/m³ festgelegt wurde (Seite 139). 2. Partikel von Asbest.	10faches des MAK- bzw. TRK-Wertes
P3	1. Partikel von giftigen und sehr giftigen Stoffen a) die nach der Verordnung über gefährliche Arbeitsstoffe mit T in Verbindung mit R 23, R 28, S 22, S 23, S 38 oder S 42 gekennzeichnet sind (Seite 139), b) für die ein MAK-Wert < 0,1 mg/m³ festgelegt wurde (Seite 139). 2. Partikel von krebserzeugenden Stoffen gemäß Arbeitsstoffverordnung Anhang II Nr. 1 (bei Asbest auch P2)	In Verbindung mit Halbmasken 50faches des MAK- bzw. TRK-Wertes In Verbindung mit Vollmasken 200faches des MAK- bzw. TRK-Wertes

Schutzmaßnahmen am Arbeitsplatz

Lärm und Prüfung technischer Einrichtungen

Beispielhafte bewertete Schalldruckpegel	
Hörschwelle	
10 dB (A)	Hauch
30 dB (A)	Flüstern
60 dB (A)	normale Sprache
80 dB (A)	Hauptverkehrsstraße, Dreherei, Bohrerei
Beginn der Gefährdung	
80 dB (A)	sehr starker Straßenverkehr
90 dB (A)	Schweres Fahrzeug, Schweißumformer
95 dB (A)	Holzfräsmaschine, Druckluftmeißel
100 dB (A)	Kreissäge, Presslufthammer
105 dB (A)	Schlagschrauber
115 dB (A)	Bleche hämmern
Schmerzgrenze	
120 dB (A)	Propellerflugzeug
140 dB (A)	Düsenflugzeug

Gesundheitsgefährdende Einwirkungsdauer		
Schalldruckpegel	**Einwirkdauer**	**Gehörgefährdung**
85 dB (A)	8 Stunden	1-fach
88 dB (A)	4 Stunden	2-fach
91 dB (A)	2 Stunden	4-fach
94 dB (A)	1 Stunde	8-fach
97 dB (A)	30 Minuten	16-fach
100 dB (A)	15 Minuten	32-fach
103 dB (A)	8 Minuten	60-fach
105 dB (A)	4,8 Minuten	100-fach
109 dB (A)	2 Minuten	240-fach
111 dB (A)	1 Minute	480-fach
114 dB (A)	$^1/_2$ Minute	960-fach

Prüfung von Einrichtungen im Metallbau (Auszug)

Einrichtung	Zu prüfen	Prüffrist
Elektrische Anlagen und Betriebsmittel VBG 4, § 5[1]	Alle elektrischen Anlagen und Betriebsmittel auf ordnungsgemäßen Zustand	Vor der ersten Inbetriebnahme, nach Änderungen oder Instandsetzungen, in bestimmten Zeitabständen[4].
Fenster, Türen, Tore Richtlinien für kraftbetriebene Fenster, Türen, Tore, Abschn. 6.1	Alle Teile einschließlich Fangvorrichtungen auf sicheren Zustand	Vor der ersten Inbetriebnahme, mindestens jährlich[2].
Feuerlöscher VGB 1, §§ 39 Abs. 3, 43 Abs. 8 in Verbindung mit Sicherheitsregeln für die Ausrüstung von Arbeitsstätten mit Feuerlöschern	Alle Teile auf Funktionsfähigkeit	Mindestens alle 2 Jahre[2]
Flurförderzeuge (z.B. E-Karren, **Hubwagen,** Gabelstapler) VGB 12 a, § 20, § 38 und § 40	Alle Teile	Jährlich[2] Vor der ersten Inbetriebnahme, nach Umbauten oder wesentlichen Instandsetzungen[3]
Krane VBG 9, § 25 Abs. 1 § 26 Abs. 1	Bei kraftbetriebenen Kranen mit einer Tragfähigkeit von mehr als 1000 kg. Alle Teile des Krans bzw. der Katze einschl. der Kraftfahrbahn und der Tragmittel. Alle Teile des Krans bzw. der Katze einschl. der Kraftfahrbahn und der Tragmittel	Vor der ersten Inbetriebnahme, nach wesentlichen Änderungen[3] Mindestens jährlich[2]
Lastaufnahmeeinrichtungen im Hebebetrieb VBG 9a; §§ 23, 24 § 25 § 26 Abs. 3	Lastaufnahmemittel: Sicht- und Funktionsprüfung Lastaufnahmeeinrichtungen: Sicht- und Funktionsprüfung, außerordentliche Prüfung Rundstahlketten als Anschlagmittel: Prüfung auf Rissfreiheit	Vor der ersten Inbetriebnahme[2] Jährlich mindestens einmal, nach Bedarf[2] nach Schadensfällen, nach Instandsetzungsarbeiten[2], bei jeder dritten Prüfung[2].
Leitern und Tritte, VBG 74, § 16 Abs. 1 Betriebsfremde Leitern und Tritte, § 16 Abs. 2 Mechanische Leitern, § 17	Alle Teile auf ordnungsgemäßen Zustand Alle Teile auf Eignung und Beschaffenheit Alle Teile auf ordnungsgemäßen Zustand	In angemessenen Zeitabständen[5] Vor der Benutzung Nach Bedarf, mindestens jährlich[2]
Schleifmaschinen VBG 76, §§ 7 Abs. 2 und 7, 13b Abs. 2	Schleifkörper a) Klangprobe b) 5 min Probelauf (ausgenommen Kleinstschleifkörper bis 50 mm ∅ und handbetriebene Schleifkörper) Großschleifkörper (> 1000 mm ∅) 60 min Probelauf Absauganlage mit Anzeigegerät	Vor jedem Aufspannen[6] Nach jedem Aufspannen[6] Nach dem Aufspannen, vor der ersten Inbetriebnahme, nach Umbauten und Veränderungen[2]

[1] Verzeichnis der Einzel-Unfall-Verhütungsvorschriften der Gewerblichen Berufsgenossenschaften [2] Prüfung durch Sachkundigen
[3] Prüfung durch Sachverständigen [4] Prüfung durch Elektrofachkraft [5] Prüfung durch beauftragte Person [6] Prüfung durch Benutzer

A

Schutzeinrichtungen am Arbeitsplatz

Gesundheitsschutz beim Schweißen

Augenschutzgläser für Gasschweißen und verwandte Verfahren

Verwendung	Gas	Verbrauch/Volumendurchsatz (l/h)	Schutzstufen
Leichte Brennschneidarbeiten			2; 2,5; 3
Schweißen und Hartlöten	Acetylen	bis 70	4
Brennschneiden	Sauerstoff	bis 900	
Schweißen und Hartlöten	Acetylen	über 70 bis 200	5
Brennschneiden	Sauerstoff	über 900 bis 2000	
Schweißen und Hartlöten	Acetylen	über 200 bis 800	6
Brennschneiden	Sauerstoff	über 2000 bis 4000	

Verwendung	Gas	Verbrauch/Volumendurchsatz (l/h)	Schutzstufen
Schweißen und Hartlöten	Acetylen	über 800	7
Brennschneiden	Sauerstoff	über 4000 bis 8000	
Warmschweißen und Flämmen an heißen Werkstücken			7w
Brennschneiden	Sauerstoff	über 8000	8
Warmschweißen und Flämmen an heißen Werkstücken			8w

Schweißerschutzfilterklassen für Lichtbogenverfahren

<table>
<tr><th rowspan="2">Arbeitsverfahren:</th><th colspan="25">Stromstärke in Ampere</th></tr>
<tr><th></th><th>0,5</th><th>1</th><th>2,5</th><th>5</th><th>10</th><th>15</th><th>20</th><th>30</th><th>40</th><th>60</th><th>80</th><th>100</th><th>125</th><th>150</th><th>175</th><th>200</th><th>225</th><th>250</th><th>275</th><th>300</th><th>350</th><th>400</th><th>450</th><th>500</th></tr>
<tr><td>Lichtbogenhandschw.:</td><td colspan="7"></td><td colspan="2">9</td><td colspan="2">10</td><td colspan="4">11</td><td colspan="5">12</td><td colspan="4">13</td><td>14</td></tr>
<tr><td>MIG bei Stahlwerkstoffen:</td><td colspan="11"></td><td>10</td><td colspan="3">11</td><td colspan="5">12</td><td colspan="4">13</td><td>14</td></tr>
<tr><td>MIG bei Leichtm.-Leg.:</td><td colspan="11"></td><td>10</td><td colspan="3">11</td><td colspan="3">12</td><td colspan="3">13</td><td colspan="3">14</td><td>15</td></tr>
<tr><td>WIG:</td><td colspan="4"></td><td colspan="3">9</td><td colspan="2">10</td><td colspan="3">11</td><td colspan="3">12</td><td colspan="3">13</td><td colspan="4">14</td><td colspan="3"></td></tr>
<tr><td>MAG:</td><td colspan="9"></td><td colspan="2">10</td><td colspan="2">11</td><td colspan="2">12</td><td colspan="5">13</td><td colspan="3">14</td><td colspan="2">15</td></tr>
<tr><td>Hohl-Elektroden:</td><td colspan="13"></td><td colspan="2">10</td><td colspan="2">11</td><td colspan="2">12</td><td colspan="2">13</td><td colspan="2">14</td><td colspan="2">15</td></tr>
<tr><td>Plasmaschmelzschneiden:</td><td colspan="10"></td><td colspan="4">11</td><td colspan="4">12</td><td colspan="4">14</td><td colspan="3"></td></tr>
<tr><td>Plasmaschweißen und Mikroplasmaschweißen:</td><td>2,5
3,0
4,0</td><td>5</td><td>6</td><td>7</td><td>8</td><td>9</td><td colspan="2">10</td><td colspan="2">11</td><td colspan="3">12</td><td colspan="4">13</td><td colspan="6">14</td><td colspan="2">15</td></tr>
</table>

Atemschutz beim Schweißen

Verfahren	Unleg. u. niedr.leg. Stahl Alum.-Werkst.		Hochleg. Stahl NE-Werkst. (außer Alu.-W.)		Beschichteter Stahl	
	k	l	k	l	k	l
Lichtbogenhandschweißen ortsgebunden	T	A	A	A	A	A
nicht ortsgebunden	F	T	T	A	T	A
MIG-, MAG-Schweißen ortsgebunden	T	A	A	A	A	A
nicht ortsgebunden	F	T	T	A	T	A
WIG-Schweißen ortsgebunden	F	T	F	T	F	T
nicht ortsgebunden	F	F	F	T	F	T
Unterpulverschweißen ortsgebunden	F	T	T	T	T	T
nicht ortsgebunden	F	F	F	T	F	T

Verfahren	Unleg. u. niedr.leg. Stahl Alum.-Werkst.		Hochleg. Stahl NE-Werkst. (außer Alu.-W.)		Beschichteter Stahl	
	k	l	k	l	k	l
Plasmaschneiden ortsgebunden	A	A	A	A	A	A
nicht ortsgebunden	T	A	A	A	T	T
Lichtbogen-Sauerstoffschneiden Lichtbogen-Druckluftfugen ortsgebunden	T	A	A	A	A	A
nicht ortsgebunden	F	T	T	A	F	T
Abbrennstumpfschweißen	T	A	A	A	T	A
Andere Widerstandsschweißverfahren	F	F	F	T	F	T

k = kurzzeitig: Die Brenndauer des Lichtbogens beträgt täglich nicht mehr als eine halbe Stunde oder wöchentlich nicht mehr als zwei Stunden. l = längerdauernd: Die Brenndauer überschreitet die vorgenannten Werte. F = freie (natürliche Lüftung); T = technische (maschinelle) Lüftung; A = Absaugung im Entstehungsbereich der gesundheitsschädlichen Stoffe.

A

Gefahrguttransport

Kleinmengentransport technischer Gase

Ermittlung der Freigrenze

Gasart	GGVS-Ziffer	Flascheninhalt	Bruttoflaschenmasse m_{Fl}	GGVS-Faktor
Sauerstoff, verdichtet	1O	1,5 m³ … 2,0 m³	20 kg	1
		6,0 m³ … 10,0 m³	80 kg	1
Argon	1A	1,5 m³ … 2,0 m³	20 kg	1
		6,0 m³ … 10,0 m³	85 kg	1
Acetylen, gelöst	4F	1,5 kg	25 kg	3
		6,3 m³ … 8,0 m³	80 kg	3
Propan	2F	11 kg	25 kg	3
		33 kg	70 kg	3
Kohlendioxid (CO_2)	2A	10 kg	40 kg	3
		20 kg	60 kg	3
		30 kg	85 kg	3

Unabhängig von der Art der Transportmittel (offener oder geschlossener Aufbau) sind die zulässigen Transportmengen unterhalb der Freigrenze der Gefahrgutverordnung Straße (GGVS) zu beachten. Die Tabelle gibt deshalb Beispiele für die Ermittlung der Freigrenze. Ist diese kleiner als 1000, werden keine besonderen Anforderungen an das Fahrzeug und an den Transport (u.a. keine Beförderungspapiere) gestellt.

Als Faustformel gilt: Bis zu drei großen Gasflaschen ist man meist unter der Freigrenze, wenn keine weiteren Gefahrstoffe transportiert werden. Sind es mehr, muss die GGVS-Punktzahl berechnet werden.

$$\text{GGVS-Punktzahl} = (n_{Fl_1} \cdot m_{Fl_1} \cdot \text{GGVS-Faktor}) + (n_{Fl_2} \cdot m_{Fl_2} \cdot \text{GGVS-Faktor}) + \ldots$$

$n_{Fl1,2,3}$ = Flaschenanzahl der Gasarten 1, 2, 3, …
$m_{Fl1,2,3}$ = Bruttoflaschenmasse (Leer- plus Füllgewicht) der Gasarten 1, 2, 3, …

Es gilt: GGVS Punkte $\leq$ 1000: Transportfreigrenze unterschritten
GGVS-Punkte $\geq$ 1000: Transportfreigrenze überschritten

Beispiel: Ermittlung der Freigrenze für den folgenden Transport

Gasart	Flaschenanzahl	Bruttoflaschenmasse m_{Fl}	GGVS-Faktor	GGVS-Punkte
Sauerstoff, verd. 6 m³	3	80 kg	1	240
Acetylen, gel. 6,3 kg	2	80 kg	3	480
Kohlendioxid 30 kg	2	85 kg	3	510
			Summe =	**1230**

Für die Beförderung der drei Gase werden besondere Anforderungen nach der GGVS an das Fahrzeug und an den Transport gestellt, da die Freigrenze überschritten worden ist.

$\geq$ **1000** Transport-Freigrenze überschritten!

Gefahrenkennzeichnung für Gefahrguttransporte

Brandgefahr (oberes Segment: rot)

0 – Keine Entzündungsgefahr unter üblichen Bedingungen.
1 – Entzündungsgefahr nur bei Erhitzung.
2 – Entzündungsgefahr bei Erwärmung.
3 – Entzündungsgefahr bei normaler Temperatur.
4 – Extrem leicht entzündlich bei allen Temperaturen.

Reaktionsgefahr (rechtes Segment: gelb)

0 – Normalerweise stabil
1 – Unstabil bei Erhitzung. Schutzmaßnahmen.
2 – Heftige chemische Reaktion möglich. Verstärkte Schutzmaßnahmen. Löschangriff nur aus sicherem Abstand.
3 – Expl.-Gefahr bei Hitze oder Schlag/Erschütterung usw. Löschen aus sicherer Deckung.
4 – Große Explosionsgefahr! Gefährdetes Gebiet bei Brand sofort räumen.

Besondere Gefahren (unteres Segment: weiß)

◇ – (Leeres Feld) Wasser als Löschmittel zulässig.

~~W~~ – Nicht mit Wasser löschen.

☢ – Radioaktive Strahlung bei Freiwerden des Stoffes.

Gesundheitsgefahr (linkes Segment: blau)

0 – Ohne besondere Gefahr.
1 – Geringe Gefahr. Atemgerät wird empfohlen.
2 – Gefährlich! Atemgerät und einfache Schutzkleidung im Gefahrenbereich.
3 – Sehr gefährlich! Aufenthalt im Gefahrenbereich nur mit voller Schutzkleidung und Atemgerät.
4 – Äußerst gefährlich! Kontakt ohne spez. Schutz vermeiden.

Kennzeichnungsbeispiel

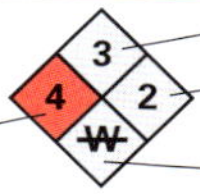

Äußerst gefährlich! Kontakt ohne speziellen Schutz vermeiden.

Entzündungsgefahr bei normaler Temperatur.

Heftige chemische Reaktion möglich. Verstärkte Schutzmaßnahmen. Löschangriff nur aus sicherem Abstand.

Nicht mit Wasser löschen.

Gefahrstoffe

Gefahrenhinweise, Risikohinweise (R-Sätze) für Gefahrstoffe

R 1 In trockenem Zustand explosionsgefährlich
R 2 Durch Schlag, Reibung, Feuer oder andere Zündquellen explosionsgefährlich
R 3 Durch Schlag, Reibung, Feuer oder andere Zündquellen besonders explosionsgefährlich
R 4 Bildet hochempfindliche explosionsgefährliche Metallverbindungen
R 5 Beim Erwärmen explosionsfähig
R 6 Mit und ohne Luft explosionsfähig
R 7 Kann Brand verursachen
R 8 Feuergefahr bei Berührung mit brennb. Stoffen
R 9 Explosionsgefahr bei Mischung mit brennbaren Stoffen
R 10 Entzündlich
R 11 Leichtentzündlich
R 12 Hochentzündlich
R 13 Hochentzündliches Flüssiggas
R 14 Reagiert heftig mit Wasser
R 15 Reagiert mit Wasser unter Bildung leicht entzündlicher Gase
R 16 Explosionsgefährlich in Mischung mit brandfördernden Stoffen
R 17 Selbstentzündlich an der Luft
R 18 Bei Gebrauch Bildung explosionsfähiger/leichtentzündlicher Dampf-Luftgemische möglich
R 19 Kann explosionsfähige Peroxide bilden
R 20 Gesundheitsschädlich beim Einatmen
R 21 Gesundheitsschädlich bei Berührung mit der Haut
R 22 Gesundheitsschädlich beim Verschlucken
R 23 Giftig beim Einatmen
R 24 Giftig bei Berührung mit der Haut
R 25 Giftig beim Verschlucken
R 26 Sehr giftig beim Einatmen
R 27 Sehr giftig bei Berühren mit der Haut
R 28 Sehr giftig beim Verschlucken
R 29 Entwickelt bei Berührung mit Wasser giftige Gase
R 30 Kann bei Gebrauch leicht entzündlich werden
R 31 Entwickelt bei Berührung mit Säure giftige Gase
R 32 Entwickelt bei Berührung mit Säure sehr giftige Gase
R 33 Gefahr kumulativer Wirkungen
R 34 Verursacht Verätzungen
R 35 Verursacht schwere Verätzungen
R 36 Reizt die Augen
R 37 Reizt die Atmungsorgane
R 38 Reizt die Haut
R 39 Ernste Gefahr irreversibler Schäden
R 40 Irreversibler Schaden möglich
R 41 Gefahr ernster Augenschäden
R 42 Sensibilisierung durch Einatmen möglich
R 43 Sensibilisierung durch Hautkontakt möglich
R 44 Explosionsgefahr bei Erhitzen unter Einschluss
R 45 Kann Krebs erzeugen
R 46 Kann vererbbare Schäden verursachen
R 47 Kann Missbildungen verursachen
R 48 Gefahr ernster Gesundheitsschäden bei längerer Exposition
R 49 Kann Krebs erzeugen beim Einatmen
R 50 Sehr giftig für Wasserorganismen
R 51 Giftig für Wasserorganismen
R 52 Schädlich für Wasserorganismen
R 53 Kann in Gewässern langfristig unerwünschte Wirkung haben
R 54 Giftig für Pflanzen
R 55 Giftig für Tiere
R 58 Kann langfristig unerwünschte Auswirkungen auf die Umwelt haben
R 59 Gefährlich für die Ozonschicht

Sicherheitsratschläge (S-Sätze) für Gefahrstoffe

S 1 Unter Verschluss aufbewahren
S 2 Darf nicht in die Hände von Kindern gelangen
S 3 Kühl aufbewahren
S 5 Unter … aufbewahren (geeignete Flüssigkeit vom Hersteller anzugeben)
S 6 Unter … aufbewahren (inertes Gas vom Hersteller anzugeben)
S 7 Behälter dicht geschlossen halten
S 8 Behälter trocken halten
S 9 Behälter an einem gut gelüfteten Ort aufbewahren
S 12 Behälter gasdicht verschließen
S 13 Von Nahrungsmitteln, Getränken und Futtermitteln fernhalten
S 14 Von … fernhalten (inkompatible Substanzen vom Hersteller anzugeben)
S 15 Vor Hitze schützen
S 16 Von Zündquellen fernhalten – Nicht rauchen
S 17 Von brennbaren Stoffen fernhalten
S 18 Behälter mit Vorsicht öffnen und handhaben
S 20 Bei der Arbeit nicht essen und trinken
S 21 Bei der Arbeit nicht rauchen
S 22 Staub nicht einatmen
S 23 Gas/Rauch/Dampf/Aerosol nicht einatmen
S 24 Berührung mit der Haut vermeiden
S 25 Berührung mit den Augen vermeiden
S 26 Bei Berührung mit den Augen gründlich mit Wasser abspülen und Arzt konsultieren
S 27 Beschmutzte, getränkte Kleidung sofort ausziehen
S 28 Bei Berührung mit der Haut sofort abwaschen mit viel … (vom Hersteller anzugeben)
S 29 Nicht in die Kanalisation gelangen lassen
S 30 Niemals Wasser hinzugießen
S 33 Maßnahmen gegen elektrostatische Aufladungen treffen
S 34 Schlag und Reibung vermeiden
S 35 Abfälle und Behälter müssen in gesicherter Weise beseitigt werden
S 36 Bei der Arbeit geeignete Schutzkleidung tragen
S 37 Geeignete Schutzhandschuhe tragen
S 38 Bei unzureich. Belüftung Atemschutz anlegen
S 39 Schutzbrille/Gesichtsschutz tragen
S 41 Explosions- und Brandgase nicht einatmen
S 42 Beim Räuchern/Versprühen geeignetes Atemschutzgerät anlegen
S 43 Zum Löschen … (vom Hersteller anzugeben) verwenden (wenn Wassser die Gefahr erhöht, anfügen: Kein Wasser verwenden)
S 44 Bei Unwohlsein ärztlichen Rat einholen (wenn möglich dieses Etikett vorzeigen)
S 45 Bei Unfall oder Unwohlsein sofort Arzt hinzuziehen (wenn möglich, dieses Etikett vorzeigen)
S 46 Bei Verschlucken sofort ärztlichen Rat einholen und Verpackung oder Etikett vorzeigen
S 47 Nicht bei Temperaturen über … °C aufbewahren (vom Hersteller anzugeben)
S 48 Feucht halten mit … (geeignetes Mittel vom Hersteller anzugeben)
S 51 Nur in gut gelüfteten Bereichen verwenden
S 52 Nicht großflächig für Wohn- und Aufenthaltsräume zu verwenden
S 53 Exposition vermeiden – vor Gebrauch besondere Anweisungen einholen

Gefahrstoffe

Grenzwerte für Gefahrstoffe

MAK- und TRK-Werte[1]

Gefahrstoff	MAK bzw. TRK ml/m^3 (ppm)[3]	MAK bzw. TRK mg/m^3
Aceton (Propanon)	1000	2400
Aluminium-Rauch	–	6
Ammoniak	50	35
Asbest-Staub	250 000 Fasern/m^3	
Benzol	5	16
Blei	–	0,1
Bleitetraethyl (Antiklopfmittel)	0,01	0,075
Buchenholz-Staub	–	2
Butan	1000	2350
Cadmium u. -Verbindung	–	0,015
Chrom-(VI)-Verbindung	–	0,1
Cobaltmetall	–	0,1
Eichenholz-Staub	–	2
Eisenoxid-Staub	–	6
Ferrovanadium-Staub	–	1
Graphit-Staub	–	6
Kohlenstoffdioxid	5000	9000
Kohlenstoffmonoxid	30	33
Kupfer-Rauch	–	0,1
Kupfer-Staub	–	1

TRGS[2] 900

Gefahrstoff	MAK bzw. TRK ml/m^3 (ppm)[3]	MAK bzw. TRK mg/m^3
Mangan	–	5
Molybdän-Verbindungen (unlöslich)	–	15
Nickel-Staub	–	0,5
Nikotin	0,07	0,5
Ozon	0,1	0,2
Phenol	5	19
Polyvinylchlorid-Staub	–	5
Propan	1000	1800
Quarzhaltiger Feinstaub		4
Siliciumkarbid-Staub	–	4
Stickstoffdioxid	5	9
Styrol	20	85
Terpentinöl	100	560
Tetrachlorethen (Per)	50	345
Titandioxid-Staub	–	6
Trichlorethylen (Tri)	50	270
Vanadiumpentorid-Staub		0,05
Vinylacetat	10	35
Vinylchlorid	2	5
Xylol	100	440
Zinkoxid	–	5
Zinn-Verbindungen anorganisch (Staub)	–	2

MAK/TRK-Werte beim Schweißen mit verschiedenen Werkstoffen

TRGS[2] 900

Schweißen und Schneiden von/mit	Schadstoffe im Schweißrauch; Gase	MAK-/TRK-Werte[1] in mg/m^3	krebserzeugende Wirkung
Aluminium und -legierungen	Aluminiumoxid (Al_2O_3)	6,0	–
autogenes Schweißen, Wärmen, Brennschneiden, Plasmaschneiden mit Druckluft	Stickstoffdioxid (NO_2)	9,0	–
hochlegierten Stählen	Eisenoxide (FeO_n, Fe2O_3 und andere) / inerte Rauche, Chromate, Chromtrioxid (CrO_3) Nicke (Ni), Nickeloxid und andere Nickelverbindungen	6,0 0,1 0,5	 ja ja
unlegierten und niedriglegierten Stählen	Eisenoxide (FeO_n, Fe_2O_3 und andere) / inerte Rauche	6,0 (im Feinstaub)	–
Schutzgasschweißen mit CO_2-haltigen Gasen	Kohlendioxid (CO_2) Kohlenmonoxid (CO)	9000 33,0	–
Schutzgasschweißen, Laser- bzw. Plasmaschweißen und -schneiden	Ozon (O_3)	0,2	–

[1] MAK (Maximale Arbeitsplatzkonzentration): Sie gibt die höchstzulässige Konzentration von Stoffen in der Luft am Arbeitsplatz an. Unterhalb dieser Luftgrenzwerte wird der Beschäftigte in seiner Gesundheit im Allgemeinen nicht geschädigt.

TRK (Technische Richtkonzentration): Sie gilt für die Konzentration von krebs- und erbgutverändernden Stoffen in der Luft am Arbeitsplatz, für die keine MAK-Werte angegeben werden können. Es sind Richtwerte, die die Schädigung der Gesundheit verhindern, aber nicht ausschließen.

MAK- und TRK-Werte sind auf einen achtstündigen Arbeitstag (Schicht) und eine durchschnittliche Wochenarbeitszeit von 40 Stunden angelegt.

[2] TRGS (Technische Regeln für Gefahrstoffe)

[3] ppm: parts per million.

Abfall im Metallbaubetrieb

Entsorgungsschema für Handwerk und Industrie

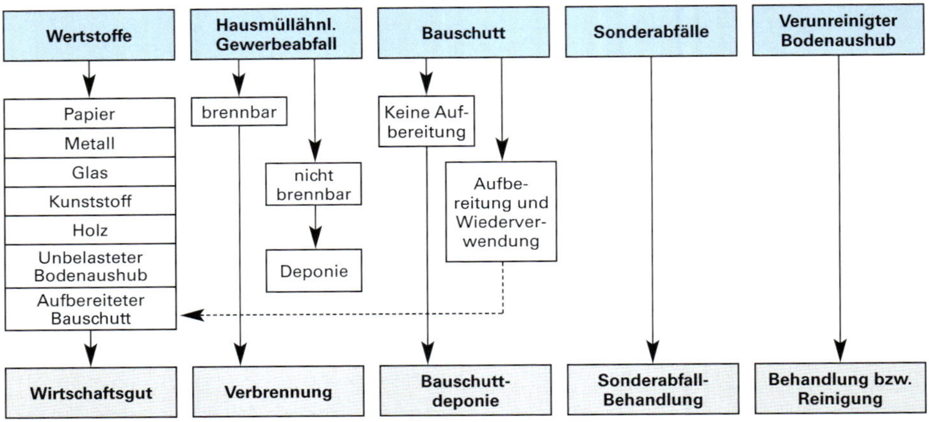

Behälterkennzeichnung für Abfallstoffe

Behälter-Kennzeichnung	Abfallstoff	Behälter-Kennzeichnung	Abfallstoff
Weiß	Aluminium	Hellblau	Nichtverschmutzte Kunststoff-Verpackungen
Braun	Kupfer		
Orange	Messing	Grau	Altöl
Grün	Altbatterien		
Blau	Hausmüllähnliche Gewerbeabfälle	Beige	Kühlschmierstoffe, Emulsionen
Rot	Öl- bzw. fettverschmutzte Betriebsmittel	Schwarz	Eisen- und Stahlspäne
Gelb	Nichtverschmutzte Pappe, Papiere, Verpackungen	Schwarz	Eisen- und Stahlschrott

Sonderabfallarten im Metallbau

Bezeichnung und Abfall-Schlüssel-Nr.	Beschreibung und Entsorgung	Besondere Hinweise
Eisenbehältnisse mit schädlichen Restinhalten Nr: 150 199 D1	Fässer, Kanister, Hobbocks, Eimer, Spraydosen, Dosen, die Reste von Öl, Lösemittel, Rostschutzmittel, Farbe, Lack, Silikonentferner, Spachtelmasse, Kleber, einzelne Bestandteile, die 2-Komponenten-Materialien enthalten. Hausmüllähnlicher Gewerbeabfall	Entleerte, pinsel- oder spachtelreine Eisenbehältnisse sind kein Sonderabfall und können an einen Verwerter (Schrotthändler) abgegeben werden. Behältnisse mit ausgehärtetem (= eingetrocknetem) Lack sind hausmüllähnlicher Gewerbeabfall. Verwenden Sie bevorzugt Lacke mit Blauem Engel, Lacke auf Wasserbasis (lösemittelfrei oder -arm) und mit hohem Festkörpergehalt.
Nickel-Cadmium-Akkumulatoren Nr: 160 602	Akkus für Bohrmaschinen u. Schrauber. Sammelentsorgung, Sonderabfallabgabe	Rückgabe an Handel, öffentliche Sammelstellen (z.B. bei Containerstandorten), Schadstoffmobil.
Quecksilberhaltige Batterien (Mono-, Knopfzellen) Nr: 160 603	Knopfzellen, quecksilberhaltige Monozellen (Uhren, Fotoapparate usw.) Sammelentsorgung, Sonderabfallabgabe	Rückgabe an Handel, öffentliche Sammelstellen (z.B. bei Containerstandorten). Schadstoffmobil. Verwenden Sie – wo möglich – Akkus bzw. Batterien, die langlebig und schadstoffarm sind (z.B. Batterien mit Blauem Engel).
Trockenbatterien (Trockenzellen) Nr: 160 604	Nichtaufladbare Batterien (Taschenrechner, Sprechfunkgeräte usw.) Sammelentsorgung, Sonderabfallabgabe, Andienungspflicht	

Abfall im Metallbaubetrieb

Sonderabfallarten im Metallbau

Bezeichnung und Abfall-Schlüssel-Nr.	Beschreibung und Entsorgung	Besondere Hinweise
Leuchtstoffröhren, Quecksilberdampflampen, quecksilberhaltige Rückstände, Quecksilber Nr.: 60404	Leuchtstoffröhren (werden auch fälschlich als Neonröhren bezeichnet) Sonderabfallabgabe nur für Leuchtstoffröhren und Quecksilberdampflampen: Sammelentsorgung	Unbrauchbare Leuchtstoffröhren können verwertet werden, deshalb sollten sie unzerstört zum Handel, zur Sonderabfallkleinmengensammlung oder zum Entsorger gelangen. Nicht ins Glasrecycling geben!
Anorganische Säuren, Säuregemische und Beizen (sauer) Nr.: 60101, 60102 110105, 110106	Salz-, Phosphor-, Schwefel-, Chromsäure; saure Beizpasten Sonderabfallabgabe	Sammlung in säurebeständigen Behältern (in Kunststoffbehältern; nicht geeignet ist Weißblech). Sprechen Sie mit Ihrem Lieferanten über Rücknahmemöglichkeiten!
Laugen, Laugengemische und Beizen (basisch) Nr.: 110107	Natronlauge, basische Beizpasten Sonderabfallabgabe	Sprechen Sie mit Ihrem Lieferanten über Rücknahmemöglichkeiten!
Motoren- und Getriebeöl Nr.: 130202	Altöl und Getriebeöl, Hydrauliköl (drucktragende Öle), Kompressoröl von Kolbenluftverdichtern Sammelentsorgung, Sonderabfallabgabe	Rückgabe an den Lieferanten zur Verwertung. Altöl und Getriebeöl bekannter Herkunft kann verwendet werden (Zweitraffinat). Auf keinen Fall dürfen andere Stoffe wie z.B. Wasser oder Kaltreiniger dazugemischt werden. Unter bestimmten Voraussetzungen dürfen andere Öle, wie z.B. Bohr-, Hydraulik-, Kompressoren- oder Maschinenöl dazugemischt werden. Fragen Sie Lieferanten bzw. Entsorger!
Feste fett- und ölverschmutzte Betriebsmittel Nr.: 150299 D1	Z.B. Altlumpen, Putzlappen, Pinsel, die mit Öl oder Wachs verschmutzt sind. Ölsaugemittel (Ölbinder) oder ölbehaftete Holzspäne. Öl- und Fettdosen Erodierpatronenfilter Sammelentsorgung, Sonderabfallabgabe	Putzlappen dem Putztuchrecycling (Spezialfirma) zuführen. Falls Sie Papierrollen zur Reinigung verwenden, kaufen Sie am besten ungebleichte Recyclingprodukte. Erodierpatronenfilter werden meisten zurückgenommen und einer getrennten Sammlung zugeführt. Fragen Sie ihren Lieferanten!
Bohr- und Schleifölemulsionsgemische Nr.: 120108	Aus mineralischen Ölen: Bohr-, Kühlemulsionen, Kühlflüssigkeit, Kühlschmierstoff, Bohrwasser Sammelentsorgung, Sonderabfallabgabe	Rückgabe an die Lieferanten zur Verwendung, Kühlschmieremulsionen aus mineralischen Ölen nicht mit anderen Stoffen vermischen, sonst keine Verwertung möglich.
Lösemittelgemische, halogenierte organische Lösemittel enthaltend Nr.: 140102	Lösemittel, z.B. Wasch- oder Testbenzine und andere, gemischt mit Tri oder Per Sonderabfallabgabe, nachweispflichtiger Reststoff, Andienungspflicht	Tri und Per nicht mit chlorfreien Lösemitteln mischen (problematische Aufarbeitung). Bei einer Entsorgung daher höhere Kosten.
Lösungsmittelgemische ohne halogenierte organische Lösemittel Nr. 140103	Zum Reinigen von Werkstückoberflächen; organische Reinigungsmittel, lösemittelhaltiger Kaltreiniger, Terpentin, Terpentinersatz, Verdünner, Nitro- und Waschverdünner, Aceton, Alkohole usw. Sonderabfallabgabe nachweispflichtiger Reststoff	Der Verbrauch von Reinigungsmitteln kann reduziert werden durch mehrmalige Verwendung. Es gibt auch Geräte für die Teilereinigung, die das Reinigungsmittel im Kreislauf führen. Organische Reinigungs- und Entfettungsmittel lassen sich z.T. durch Destillation aufarbeiten und wiederverwenden. Bei größeren Mengen müssen die verschiedenen Lösungsmittel getrennt gesammelt und der Verwertung zugeführt werden. Achten Sie darauf, dass Sie keine CKW-haltigen Lösemittel (z.B. Tri, Per) dazumischen! Sprechen Sie mit Lieferanten über Rückgabe bzw. Verwendungsmöglichkeiten. Werden tierische Fette oder Öle (z.B. als Ziehfett oder Korrosionsschutz) eingesetzt, so kann die Entfettung auch mit warmer Sodalösung erfolgen.
Kunststoffbehältnisse mit schädlichen Inhalten Nr.: 150199 D1	**Werkstatt:** Eimer, Tuben o. Kartuschen aus Kunststoff, die Reste v. Leimen, Klebern, Beizen, Lacken, Silikondichtungs- o. Kautschukmassen enthalten; **Büro:** Tonerkartuschen Sonderabfallabgabe	Entleerte, pinsel- oder spachtelreine Behältnisse sind hausmüllähnlicher Gewerbeabfall oder Wertstoff. Tonerkartuschen von Kopiergeräten werden beim Service mitgenommen.

Stoffwerte

Gasförmige Stoffe

Stoff	Dichte bei 0 °C und 1,013 bar ϱ kg/m³	Dichtezahl[1] ϱ/ϱ_L	Schmelztemperatur bei 1,013 bar ϑ °C	Siedetemperatur bei 1,013 bar ϑ °C	Wärmeleitfähigkeit bei 20 °C λ W/m · K	Wärmeleitzahl[2] λ/λ_L	Spezifische Wärmekapazität bei 20 °C und 1,013 bar c_p[3] kJ/kg · K	c_v[4] kJ/kg · K
Acetylen (C_2H_2)	1,17	0,905	– 84	– 82	0,021	0,81	1,64	1,33
Ammoniak (NH_3)	0,77	0,596	– 78	– 33	0,024	0,92	2,06	1,56
Butan (C_4H_{10})	2,70	2,088	– 135	– 0,5	0,016	0,62	–	–
Frigen (CF_2CL_2)	5,51	4,261	– 140	– 30	0,010	0,39	–	–
Kohlenoxid (CO)	1,25	0,967	– 205	– 190	0,025	0,96	1,05	0,75
Kohlendioxid (CO_2)	1,98	1,531	– 57[5]	– 78	0,016	0,62	0,82	0,63
Luft	1,293	1,0	– 220	– 191	0,026	1,00	1,005	0,716
Methan (CH_4)	0,72	0,557	– 183	– 162	0,033	1,27	2,19	1,68
Propan (C_3H_8)	2,00	1,547	– 190	– 43	0,018	0,69	–	–
Sauerstoff (O_2)	1,43	1,106	– 219	– 183	0,026	1,00	0,91	0,65
Stickstoff (N_2)	1,25	0,967	– 210	– 196	0,026	1,00	1,04	0,74
Wasserstoff (H_2)	0,09	0,07	– 259	– 253	0,180	6,92	14,24	10,10

[1] Dichtezahl = Dichte eines Gases ϱ geteilt durch die Dichte der Luft ϱ_L
[2] Wärmeleitzahl = Wärmeleitfähigkeit λ eines Gases geteilt durch die Wärmeleitfähigkeit λ_L der Luft
[3] bei konst. Druck [4] bei konst. Volumen [5] bei 5,3 bar

Flüssige Stoffe

Stoff	Dichte bei 0 °C ϱ kg/dm³	Zündtemperatur ϑ °C	Gefrier- bzw. Schmelztemperatur bei 1,013 bar ϑ °C	Siedetemperatur bei 1,013 bar ϑ °C	Spezif. Verdampfungsenthalpie[1] Δh_v kJ/kg	Wärmeleitfähigkeit bei 20 °C λ W/m · K	Spezif. Wärmekapazität bei 20 °C c kJ/kg · K	Volumenausdehnungskoeffizient α_V 1/°C o. 1/K
Äthyläther $(C_2H_5)_2O$	0,71	170	– 116	35	377	0,13	2,28	0,0016
Benzin	0,72…0,75	220	– 30…– 50	25…210	419	0,13	2,02	0,0011
Dieselkraftstoff	0,81…0,85	220	– 30	150…360	628	0,15	2,05	0,00096
Heizöl EL	≈ 0,83	220	– 10	> 175	628	0,14	2,07	0,00096
Maschinenöl	0,91	400	– 20	> 300	–	0,13	2,09	0,00093
Petroleum	0,76…0,86	550	– 70	> 150	314	0,13	2,16	0,001
Quecksilber (Hg)	13,5	–	– 39	357	285	10	0,14	0,00018
Spiritus 95%	0,81	520	– 114	78	854	0,17	2,43	0,0011
Wasser, destilliert	1,00[2]	–	0	100	2256	0,60	4,18	0,00018

[1] bei Siedetemperatur und 1,013 bar [2] bei 4°C

Feste Stoffe

Stoff	Dichte ϱ kg/dm³	Schmelztemperatur bei 1,013 bar ϑ °C	Siedetemperatur bei 1,013 bar ϑ °C	Spezif. Schmelzenthalpie bei 1,013 bar Δh_s kJ/kg	Wärmeleitfähigkeit bei 20°C λ W/m · K	Mittlere spezif. Wärmekapazität bei 0 … 100 °C c kJ/kg · K	Spezif. Widerstand bei 20°C ϱ_{20} Ω · mm²/m	Längenausdehnungskoeffizient zwischen 0 … 100 °C α_l 1/°C o. 1/K
Aluminium (Al)	2,7	659	2467	356	204	0,94	0,028	0,0000238
Antimon (Sb)	6,69	630,5	1637	163	22	0,21	0,39	0,0000108
Asbest	2,1…2,8	≈ 1300	–	–	–	0,81	–	–
Beryllium (Be)	1,85	1280	≈ 3000	–	165	1,02	0,04	0,0000123
Beton	1,8…2,2	–	–	–	≈ 1	0,88	–	0,00001
Bismut (Bi)	9,8	271	1560	59	8,1	0,12	1,25	0,0000125
Blei (Pb)	11,3	327,4	1751	24,3	34,7	0,13	0,208	0,000029
Cadmium (Cd)	8,64	321	765	54	91	0,23	0,077	0,00003
Chrom (Cr)	7,2	1903	2642	134	69	0,46	0,13	0,0000084
Cobalt (Co)	8,9	1493	2880	268	69,1	0,43	0,062	0,0000127
CuAl-Legierungen	7,4…7,7	1040	2300	–	61	0,44	–	0,0000195
CuSn-Legierungen	7,4…8,9	900	2300	–	46	0,38	0,02…0,03	0,0000175

Stoffwerte

Feste Stoffe (Fortsetzung)

Stoff	Dichte ϱ kg/dm³	Schmelz-temperatur bei 1,013 bar ϑ °C	Siede-temperatur bei 1,013 bar ϑ °C	Spezif. Schmelz-enthalpie bei 1,013 bar Δh_s kJ/kg	Wärmeleit-fähigkeit bei 20 °C λ W/m · K	Mittlere spezif. Wärme-kapazität bei 0 … 100 °C c kJ/kg · K	Spezif. Wider-stand bei 20 °C ϱ_{20} Ω · mm²/m	Längen-ausdeh-nungs-koeffizient zwischen 0 … 100 °C α_l 1/°C o. 1/K
CuZn-Legierungen	8,4…8,7	900…1000	2300	167	105	0,39	0,05…0,07	0,000 0185
Eis	0,92	0	100	332	2,3	2,09	–	0,000 051
Eisen, rein (Fe)	7,87	1536	3070	276	81	0,47	0,13	0,000 012
Eisenoxid (Rost)	5,1	1570	–	–	0,58 (pulv.)	0,67	–	–
Fette	0,92…0,94	30 … 175	≈ 300	–	0,21	–	–	–
Gips	2,3	1200	–	–	0,45	1,09	–	–
Glas (Quarzglas)	2,4…2,7	520 … 550[1]	–	–	0,8 … 1,0	0,83	10^{18}	0,000 009
Gold (Au)	19,3	1064	2707	67	310	0,13	0,022	0,000 0142
Grafit (C)	2,24	≈ 3800	≈ 4200	–	168	0,71	–	0,000 0078
Gusseisen	7,25	1150…1200	2500	125	58	0,50	0,6 … 1,6	0,000 0105
Hartmetall (K 20)	14,8	> 2000	≈ 4000	–	81,4	0,80	–	0,000 005
Holz (lufttrocken)	0,20…0,72	–	–	–	0,06…0,17	2,1…2,9	–	≈ 0,000 04[2]
Iridium (Ir)	22,4	2443	> 4350	135	59	0,13	0,053	0,000 0065
Iod (I)	5,0	113,6	183	62	0,44	0,23	–	–
Kohlenstoff (C)	3,5	3800	–	–	–	0,52	–	0,000 00118
Koks	1,6…1,9	–	–	–	0,18	0,83	–	–
Konstantan	8,89	1260	≈ 2400	–	23	0,41	0,49	0,000 0152
Kork	0,1…0,3	–	–	–	0,04…0,06	1,7 … 2,1	–	–
Korund (Al_2O_3)	3,9…4,0	2050	2700	–	12 … 23	0,96	–	0,000 0065
Kupfer (Cu)	8,96	1083	≈ 2595	213	384	0,39	0,0179	0,000 0168
Magnesium (Mg)	1,74	650	1120	195	172	1,04	0,044	0,000 026
Magnesium-Leg.	≈ 1,8	≈ 630	1500	–	46 … 139	–	–	0,000 0245
Mangan (Mn)	7,43	1244	2095	251	21	0,48	0,39	0,000 023
Molybdän (Mo)	10,22	2620	4800	287	145	0,26	0,054	0,000 0052
Natrium (Na)	0,97	97,8	890	113	126	1,3	0,04	0,000 071
Nickel (Ni)	8,91	1455	2730	306	59	0,45	0,095	0,000 013
Niob (Nb)	8,55	2468	≈ 4800	288	53	0,273	0,217	0,000 0071
Phosphor, gelb (P)	1,82	44	280	21	–	0,80	–	–
Platin (Pt)	21,5	1769	4300	113	70	0,13	0,098	0,000 009
Polystyrol	1,05	–	–	–	0,17	1,3	10^{10}	0,000 07
Porzellan	2,3…2,5	≈ 1600	–	–	1,6[3]	1,2[3]	10^{12}	0,000 004
Quarz, Flint (SiO_2)	2,1…2,5	1480	2230	–	9,9	0,8	–	0,000 008
Schaumgummi	0,06…0,25	–	–	–	0,04…0,06	–	–	–
Schwefel (S)	2,07	113	444,6	49	0,2	0,70	–	–
Selen, rot (Se)	4,4	220	688	83	0,2	0,33	–	–
Silber (Ag)	10,5	961,9	2180	105	407	0,23	0,015	0,000 0193
Silicium (Si)	2,33	1423	2355	1658	83	0,75	2,3 · 10^9	0,000 0042
Siliciumkarbid (SiC)	2,4	zerfällt über 3000°C in C und Si			9[4]	1,05[4]	–	–
Stahl unlegiert	7,85	≈ 1500	2500	205	48…58	0,49	0,14…0,18	0,000 0119
Stahl legiert	7,9	≈ 1500	–	–	14	0,51	0,7	0,000 0161
Steinkohle	1,35	–	–	–	0,24	1,02	–	–
Tantal (Ta)	16,6	2996	5400	172	54	0,14	0,124	0,000 0065
Titan (Ti)	4,5	1670	3280	88	15,5	0,47	0,08	0,000 0082
Uran (U)	19,1	1133	≈ 3800	356	28	0,12	–	–
Vanadium (V)	6,12	1890	≈ 3380	343	31,4	0,50	0,2	–
Wolfram (W)	19,27	3390	5500	54	130	0,13	0,055	0,000 0045
Zink (Zn)	7,13	419,5	907	101	113	0,4	0,06	0,000 029
Zinn (Sn)	7,29	231,9	2687	59	65,7	0,24	0,114	0,000 023

[1] Transformationstemperatur [2] quer zur Faser [3] bei 800 °C [4] über 1000 °C

W

Werkstoffnummern

Nummernsystem für Stähle

vgl. DIN EN 10027-2 (1992-09)

Das Nummernsystem für Stähle nach DIN EN 10027 besteht aus der Werkstoff-Hauptgruppen-Nummer 1 für Stahl, einer zweistelligen Stahlgruppen-Nummer und einer zweistelligen Zählnummer. Eine Erweiterung der Zählnummer auf 4 Stellen ist bei Bedarf möglich.

Beispiel: 1 . 01 14 (xx)

- **Werkstoff-Hauptgruppe** – 1 Stahl
- **Stahlgruppen-Hauptnummer** – 01 Allgemeiner Baustahl
- **Zählnummer** – 14, bei Bedarf erweiterbar (xx)

Bedeutung der Stahlgruppen-Nummern

Stahlgruppen-Nummer	Stahlgruppen
	Grundstähle[1]
00, 90	Grundstähle
	Unlegierte Qualitätsstähle
01	Allgemeine Baustähle, R_m < 500 N/mm²
02	Sonstige Baustähle, R_m < 500 N/mm²
03	Stähle mit C < 0,12% oder R_m < 400 N/mm²
04	Stähle mit C ≥ 0,12% bis < 0,25% oder R_m ≥ 400 N/mm² bis R_m < 500 N/mm²
05	Stähle mit C ≥ 0,25% bis < 0,55% oder R_m ≥ 500 N/mm² bis R_m < 700 N/mm²
06	Stähle mit C ≥ 0,55% oder R_m ≥ 700 N/mm²
07	Stähle mit höherem P- oder S-Gehalt
	Unlegierte Edelstähle
10	Stähle mit besonderen physikalischen Eigenschaften
11	Bau-, Maschinenbau- und Behälterstähle mit C < 0,5%
12	Maschinenbaustähle mit C ≥ 0,5%
13	Bau-, Maschinenbau- und Behälterstähle mit besonderen Anforderungen
15 ... 18	Werkzeugstähle

Stahlgruppen-Nummer	Stahlgruppen
	Legierte Qualitätsstähle
08	Stähle mit besonderen physikalischen Eigenschaften
09	Stähle für verschiedene Anwendungsbereiche
	Legierte Werkzeugstähle
20 ... 27	Aufteilung nach kennzeichnenden Legierungsbestandteilen
	Legierte sonstige Stähle
32, 33	Schnellarbeitsstähle
35	Wälzlagerstähle
36 ... 39	Werkstoffe mit besonderen magnetischen oder physikalischen Eigenschaften
40 ... 45	Nichtrostende Stähle
46	Chemisch beständige und hochwarmfeste Nickellegierungen
47, 48	Hitzebeständige Stähle
49	Hochwarmfeste Werkstoffe
	Legierte Bau-, Maschinenbau- und Behälterstähle
51 ... 84	Aufteilung nach kennzeichnenden Legierungsbestandteilen
85	Nitrierstähle
88, 89	Hochfeste, schweißgeeignete Stähle

[1] Nach DIN EN 10020 entfallen die bisherigen Grundstähle als Stahlgruppe. Sie werden den unlegierten Qualitätsstählen zugeordnet (Seite 145).

Nummernsystem für Nichteisenmetalle

vgl. DIN 17007 (1963-07)

Das Nummernsystem für Nichteisenmetalle nach DIN 17 007 besteht z.B. aus der Hauptgruppen-Nummer 2 für Schwermetalle oder der Hauptgruppen-Nummer 3 für Leichtmetalle und jeweils einer vierstelligen Werkstoffgruppen-Nummer mit zwei Anhängezahlen. Für Aluminium und Al-Legierungen gibt es ein neues Bezeichnungssystem.

Beispiel: 2 . 0321 . 01

Hauptgruppe
- 2 Schwermetalle
- 3 Leichtmetalle

Sortennummer	Werkstoffgruppen	Anhängezahl 1	Anhängezahl 2 (Auswahl)
2.0000 ... 2.1799	Kupfer und Cu-Legierungen	0 unbehandelt	1 Sandguss
2.2000 ... 2.2499	Zink, Cadmium und ihre Leg.	1 weich	0 ohne Korngrößenangabe
2.3000 ... 2.3499	Blei und Pb-Legierungen	2 kaltverfestigt (Zwischenhärtung)	1 gewalzt und entspannt
2.3500 ... 2.3999	Zinn und Sn-Legierungen	3 kaltverfestigt	2 federhart
2.4000 ... 2.4999	Nickel, Cobalt und ihre Leg.	4 lösungsgeglüht, ohne Nacharbeit	0 kaltausgelagert
2.5000 ... 2.5999	Edelmetalle	5 lösungsgeglüht, kaltnachgearbeitet	3 kaltverfestigt
2.6000 ... 2.6999	Hochschmelzende Metalle	6 warmausgehärtet, ohne Nacharbeit	1 lösungsgeglüht
3.0000 ... 3.4999	Aluminium und Al-Leg.	7 warmausgehärtet, kaltnachgearbeitet	1 lösungsgeglüht, gerichtet
3.5000 ... 3.5999	Magnesium und Mg-Leg.	8 entspannt	5 Druckguss
3.7000 ... 3.7999	Titan und Ti-Legierungen	9 Sonderbehandlung	2 Kokillenguss

Einteilung der Stähle

Definition und Einteilung der Stähle

vgl. DIN EN 10020 (2000-07)

Stahl

- Hauptmassenanteil Eisen
- C-Gehalt < 2 %
- weitere Elemente

Unlegierte Stähle

Angegebene Grenzwerte werden nicht erreicht z. B.

Element	Al	Co	Cr	Cu
%	0,3	0,3	0,3	0,3
Element	Mn	Mo	Ni	Pb
%	1,65	0,08	0,3	0,4
Element	Si	Ti	V	W
%	0,3	0,05	0,1	0,3

Nichtrostende Stähle

Die nichtrostenten Stähle enthalten mindestens 10,5 % Cr und höchstens 1,2 % C.

Nichtrostende Stähle sind nach ihrer chemischen Zusammensetzung definiert. Sie werden weiterhin unterteilt:

- nach dem Nickelgehalt mit weniger als 2,5 % Ni und in Stähle mit 2,5 % Ni oder mehr
- nach Haupteigenschaften in korrosionsbeständige, hitzebeständige und warmfeste Stähle

Andere legierte Stähle

Stähle , die nicht zu den nichtrostenden Stählen gehören und bei denen mindestens ein Element den Grenzwert für unlegierte Stähle erreicht.

Unlegierte Qualitätsstähle

Stahlsorten, für die im Allgemeinen festgelegte Anforderungen, wie z. B. an die Zähigkeit, die Korngröße und/oder die Umformbarkeit erfüllt sind.

Unlegierte Edelstähle

Diese Stähle haben einen höheren Reinheitsgehalt als Qualitätsstähle. Sie sind zum Vergüten und Oberflächenhärten vorgesehen. Verbesserte Eigenschaften stellen die Erfüllung erhöhter Anforderungen sicher. So besitzen diese Stähle hohe und eng eingeschränkte Streckgrenzen- oder Härtbarkeitswerte, teilweise auch die Eignung zum Kaltumformen oder Schweißen.

Unlegierte Edelstähle sind Stahlsorten, die einer oder mehreren der folgenden Anforderungen entsprechen:

- festgelegter Mindestwert der Kerbschlagarbeit im vergüteten Zustand,
- festgelegte Einhärtungstiefe oder Oberflächenhärte im gehärteten, vergüteten oder oberflächengehärteten Zustand,
- festgelegte, besonders niedrige Gehalte an nichtmetallischen Einschlüssen,
- festgelegter Höchstgehalt an Phosphor und Schwefel,
- festgelegte elektrische Leitfähigkeit,
- ausscheidungshärtende Stähle mit Mindestgehalten an Kohlenstoff.

Legierte Qualitätsstähle

Diese Stähle erfüllen z. B. hinsichtlich Zähigkeit, Korngröße und/oder Umformbarkeit besondere Anforderungen. Diese Stähle sind im Allgemeinen nicht zum Vergüten oder Oberflächenhärten vorgesehen, dazu zählen:

- Schweißgeeignete Feinkornbaustähle und Stähle für Druckbehälter und Rohre, die folgende Bedingungen erfüllen:
  - Legierungsgehalte niedriger als in folgender Tabelle,

Element	Cr, Cu	Mn	Mo	Nb	Ni	Ti, V, Zr
%	0,5	1,8	0,1	0,08	0,5	0,12

  - festgelegte Mindeststreckgrenze < 380 N/mm² für Dicken ≤ 16 mm,
  - festgelegter Mindestwert der Kerbschlagarbeit von ≤ 27 J bei – 50 °C in Längsrichtung und ≤ 16 J in Querrichtung entnommener Proben,
- Legierte Stähle für Schienen, Spundbohlen und Grubenausbau, für warm- und kaltgewalzte Flacherzeugnisse für schwierige Kaltumformungen oder Dualphasenstähle.
- Legierte Stähle, in denen Kupfer das einzige Legierungselement ist.

Legierte Edelstähle

Alle legierten Stahlsorten ohne die nichtrostenden Stähle, die durch genaue Einstellung ihrer chemischen Zusammensetzung sowie durch besondere Herstell- und Prüfbedingungen gegenüber den legierten Qualitätsstählen verbesserte Eigenschaften besitzen. Zu den legierten Edelstählen zählen:

- legierte Maschinenbaustähle
- legierte Stähle für Druckbehälter
- Stähle mit besonderen physikalischen Eigenschaften wie ferrittische Nickelstähle
- Werkzeugstähle
- Wälzlagerstähle
- Schnellarbeitsstähle
- Stähle mit besonderem elektrischem Widerstand

Bezeichnungssystem für Stähle

vgl. DIN EN 10 027-1 (2005-10) und DIN V 17 006-100 (1999-04)

Die Kurznamen für Stähle und Stahlguss werden nach DIN EN 10 027 und DIN V 17 006-100 gebildet. Dieses Bezeichnungssystem ersetzt DIN 17 006 T1...T3.

Die Kurznamen bestehen aus Haupt- und Zusatzsymbolen. Diese werden ohne Zwischenräume aneinandergefügt. Zusatzsymbole für Stahlerzeugnisse sind von den vorhergehenden Symbolen durch ein Pluszeichen (+) getrennt. Falls erforderlich, wird dem Kurznamen der Buchstabe G für Stahlguss vorangestellt.

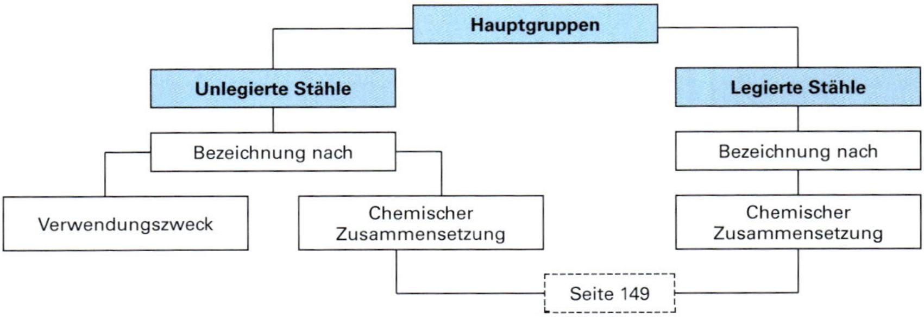

Bezeichnung nach dem Verwendungszweck

Verwendungszweck	Hauptsymbole		Zusatzsymbole für Stähle Gr. 1	Zusatzsymbole für Stähle Gr. 2	Zusatzsymbole für Stahlerzeugnisse
Stähle für den Maschinenbau	**E**	**360**		**C**	
Stähle für den Stahlbau	**S**	**235**	**J2G3**		
Stähle für Druckbehälterbau	**P**	**265**	**N**	**H**	
Flacherzeugnisse aus höherfesten Stählen	**H**	**420**	**M**		
Flacherzeugnisse zum Kaltumformen	**DX**	**52**	**D**		**+ Z**
Verpackungsblech und -band	**T**	**660**			**+ SE**
Stähle für Leitungsrohre	**L**	**360**	**N**		
Betonstähle	**B**	**500**	**H**		
Spannstähle	**Y**	**1770**	**C**		
Elektroblech und -band	**M**	**400**	**– 50A**		
Schienenstähle	**R**	**0880**	**Mn**		

Hauptsymbole			**Zusatzsymbole für Stähle Gruppe 1**	**Zusatzsymbole für Stähle Gruppe 2**	**Zusatzsymbole für Stahlerzeugnisse**
Kennbuchstabe **G** für Stahlguss (wenn erforderlich)	Kennbuchstabe für die Stahlgruppe	Buchstaben, Zahlen, z.B. zur Kennzeichnung von mech. Eigenschaften	Buchstaben, Ziffern, z.B. zur Kennzeichnung der – Kerbschlagarbeit, – Wärmebehandlung, – Verwendung, – Desoxidation	Buchstaben, Ziffern nur in Verbindung mit Gruppe 1 zulässig, z.B. zur Kennzeichnung der Umformbarkeit	Buchstaben, Zahlen, die von den vorhergehenden mit einem Pluszeichen (+) getrennt sind (Seite 148).
Stähle für den Maschinenbau					
E	Mindeststreckgrenze R_e in N/mm² für die geringste Erzeugnisdicke		G 1 unberuhigt vergossen G2 beruhigt vergossen G3 vollberuhigt vergossen G4 vollberuhigt vergossen und vorgeschriebener Anlieferungszustand	C mit besonderer Kaltumformbarkeit	nach Tabelle B Seite 148

Bezeichnung für einen Maschinenbaustahl, R_e = 360 N/mm², mit besonderer Kaltumformbarkeit: **E360C**

Bezeichnungssystem für Stähle

vgl. DIN EN 10 027-1 (2005-10) und DIN V 17 006-100 (1999-04)

Bezeichnung nach dem Verwendungszweck (Fortsetzung)

Hauptsymbole		Zusatzsymbole		
Buchstabe	**Eigenschaften**	**Gruppe 1**	**Gruppe 2**	**Stahlerzeugnisse**
Stähle für den Stahlbau				
S	Mindeststreckgrenze R_e in N/mm² für die geringste Erzeugnisdicke	Kerbschlagarbeit in Joule (siehe Tabelle unten) G 1 … G4 siehe Stähle für den Maschinenbau S. 146	C mit besonderer Kaltumformbarkeit D für Schmelzüberzüge F zum Schmieden H Hohlprofile L für tiefere Temperaturen M thermomechanisch umgeformt N normalgeglüht oder normalisierend umgeformt Q vergütet S für Schiffsbau T für Rohre W wetterfest	nach Tabellen A, B und C Seite 148

Kerbschlagarbeit in Joule 27 J	40 J	60 J	Prüftemp. in C °
JR	KR	LR	+ 20
J0	K0	L0	0
J2	K2	L2	– 20
J3	K3	L3	– 30
J4	K4	L4	– 40
J5	K5	L5	– 50
J6	K6	L6	– 60

Bezeichnung für Stahlbaustahl, R_e = 235 N/mm², Kerbschlagarbeit 27 J bei – 20 °C, vollberuhigt vergossen: **S235J2G3**

Buchstabe	Eigenschaften	Gruppe 1	Gruppe 2	Stahlerzeugnisse
Stähle für den Druckbehälterbau				
P	Mindeststreckgrenze R_e in N/mm² für die geringste Erzeugnisdicke	M thermomechanisch umgeformt N normalgeglüht oder normalisierend umgeformt Q vergütet B Gasflaschen S einfache Druckbehälter T Rohre	H Einsatzbereich Hochtemperatur L Einsatzbereich Niedrigtemperatur R Einsatzbereich Raumtemperatur X Einsatzbereich Hoch- und Niedrigtemperatur	nach Tabellen B und C Seite 148

Bezeichnungsbeispiel für Druckbehälterstahl, R_e = 355 N/mm², normalgeglüht oder normalisierend umgeformt, für Hochtemperaturen geeignet: **P355NH**

Buchstabe	Eigenschaften	Gruppe 1	Gruppe 2	Stahlerzeugnisse
Flacherzeugnisse aus höherfesten Stählen zum Kaltumformen				
H	Mindeststreckgrenze R_e in N/mm²	M thermomechanisch gewalzt und kalt gewalzt B Bake hardening P Phosphor-legiert X Dualphase Y Interstitial free steel (IF Stahl)	D Schmelztauchüberzüge	nach Tabellen B und C Seite 148
HT	Mindestzugfestigkeit R_m in N/mm²			

Bezeichnung für kaltgewalztes Flacherzeugnis aus höherfestem Stahl, R_e = 420 N/mm², thermomechanisch und kalt gewalzt: **H420M**

Bezeichnung für kaltgewalztes Flacherzeugnis aus höherfestem Stahl, R_m = 560 N/mm², thermomechanisch und kalt gewalzt, elektrolytisch verzinkt: **HT560M+ZE**

Buchstabe	Eigenschaften	Gruppe 1	Gruppe 2	Stahlerzeugnisse
Flacherzeugnis zum Kaltumformen				
D	zweistellige Kennzahl	D Schmelztauchüberzüge EK für konventionelle Emaillierung ED für direkte Emaillierung H Hohlprofile T für Rohre chemische Symbole für vorgeschriebene Elemente, z.B. Cu	keine Symbole vorgesehen	nach Tabellen B und C Seite 148
DC	kalt gewalzt, zweistellige Kennzahl			
DD	warm gewalzt, zweistellige Kennzahl			
DX	Walzzustand nicht vorgeschrieben, zweistellige Kennzahl			

Bezeichnung für Flacherzeugnis zum Kaltumformen, ohne Walzvorschrift, Kennzahl 52, für Schmelztauchüberzüge, feuerverzinkt: **DX52D+Z**

Bezeichnungssystem für Stähle

vgl. DIN EN 10027-1 (2005-10) und DIN V 17006-100 (1999-04)

Bezeichnung nach dem Verwendungszweck (Fortsetzung)

Hauptsymbole		Zusatzsymbole		
Buchstabe	Eigenschaften	Gruppe 1	Gruppe 2	Stahlerzeugnisse
Verpackungsblech und -band				
TH	Nennstreckgrenze R_e in N/mm² für kontinuierlich geglühte Sorten	keine Symbole vorgesehen	keine Symbole vorgesehen	nach Tabellen B und C unten auf dieser Seite
TS	Nennstreckgrenze R_e in N/mm² für losweise geglühte Sorten			
Bezeichnung für Weißblech, kontinuierlich geglüht, R_e = 620 N/mm², elektrolytisch verzinnt: **TH620+SE**				
Bezeichnung für Verpackungsblech, losweise geglüht, R_e = 275 N/mm², elektrolytisch spezialverchromt: **TS275+CE**				
Stähle für Leitungsrohre				
L	Mindeststreckgrenze R_e in N/mm² für die geringste Erzeugnisdicke	M thermomechanisch umgeformt N normalgeglüht oder normalisierend umgeformt Q vergütet	Anforderungsklassen, falls erforderlich mit 1 Ziffer	nach Tabellen A, B und C unten auf dieser Seite
Bezeichnung für Stahl für Leitungsrohre, R_e = 360 N/mm², normalgeglüht: **L360N**				

Zusatzsymbole für Stahlerzeugnisse

Tabelle A: Für besondere Anforderungen

+H	Mit Härtbarkeit	+CH	Mit Kernhärtbarkeit	+Z35	Mindestbrucheinschnürung senkrecht zur Oberfläche 35 %
+Z15	Mindestbrucheinschnürung senkrecht zur Oberfläche 15 %	+Z25	Mindestbrucheinschnürung senkrecht zur Oberfläche 25 %		

Tabelle B: Für den Behandlungszustand[1)]

+A	Weichgeglüht	+FP	Behandelt auf Ferrit-Perlit-Gefüge und Härtespanne	+QA	Luftgehärtet
+AC	Geglüht zur Erzielung kugeliger Carbide	+HC	Warm-Kalt-geformt	+QO	Ölgehärtet
+AR	Wie gewalzt	+I	Isothermisch behandelt	+QT	Vergütet
+AT	Lösungsgeglüht	+LC	Leicht kalt nachgezogen bzw. leicht nachgewalzt (Skin passed)	+QW	Wassergehärtet
+C	Kaltverfestigt	+M	Thermomechanisch gewalzt	+RA	Rekristallisationsgeglüht
+Cnnn	Kaltverfestigt auf eine Mindestzugfestigkeit von nnn N/mm²	+N	Normalgeglüht	+S	Behandelt auf Kaltscherbarkeit
+CPnnn	Kaltverfestigt auf eine 0,2%-Dehngrenze von nnn N/mm²	+NT	Normalgeglüht und angelassen	+SR	Spannungsarm geglüht
+CR	Kaltgewalzt	+P	Ausscheidungsgehärtet	+T	Angelassen
+DC	Lieferzustand dem Hersteller überlassen	+Q	Abgeschreckt bzw. gehärtet	+TH	Behandelt auf Härtespanne
				+U	Unbehandelt
				+WW	Warmverfestigt

1) Um Verwechslungen mit anderen Symbolen aus den Tabellen A und C zu vermeiden, kann den Zusatzsymbolen für den Behandlungszustand der Buchstabe T vorangestellt werden, z.B. +TA.

Tabelle C: Für die Art des Überzuges[2)]

+A	Feueraluminiert	+CU	Kupferüberzug	+TE	Elektrolytisch mit Pb-Sn-Legierung überzogen
+AS	Mit Al-Si-Legierung überzogen	+IC	Anorganische Beschichtung	+Z	Feuerverzinkt
+AZ	Mit Al-Zn-Legierung überzogen	+OC	Organisch beschichtet (Coilcoating)	+ZA	Mit Zn-Al-Legier. überzogen
+CE	Elektrolytisch spezialverchromt	+S	Feuerverzinnt	+ZE	Elektrolytisch verzinkt
		+SE	Elektrolytisch verzinnt	+ZF	Diffusionsgeglühte Zn-Überzüge
		+T	Schmelztauchveredelt mit Pb-Sn-Legierung (Terne)	+ZN	Zn-Ni-Überzug

2) Um Verwechslungen mit anderen Symbolen aus den Tabellen A und B zu vermeiden, kann den Zusatzsymbolen für die Art des Überzugs der Buchstabe S vorangestellt werden, z.B. +SA.

Bezeichnungssystem für Stähle

vgl. DIN EN 10 027-1 (2005-10) und DIN V 17 006-100 (1999-04)

Bezeichnung nach der chemischen Zusammensetzung

Chemische Zusammensetzung	Hauptsymbole		Zusatzsymbole für Stähle Gruppe 1	Zusatzsymbole für Stahlerzeugnisse
Unlegierte Stähle mit einem Mn-Gehalt < 1 %, außer Automatenstähle	**C**	**35**	**E4**	**+QT**
Unlegierte Stähle mit einem Mn-Gehalt > 1 %		**28Mn6**		
Unlegierte Automatenstähle		**11SMn30**		
Legierte Stähle mit Gehalten der einzelnen Legierungselemente unter 5 %		**31CrMoV5-9**		
Legierte Stähle (außer Schnellarbeitsstähle). Der mittlere Gehalt mindestens eines Legierungselementes liegt über 5 %	**X**	**5CrNi18-10**		
Schnellarbeitsstähle	**HS**	**2-9-1-8**		

Hauptsymbole			Zusatzsymbole für Stähle Gruppe 1	Zusatzsymbole für Stahlerzeugnisse
Kennbuchstabe **G** für Stahlguss (wenn erforderlich)	Kennbuchstabe für die Stahlgruppe	Buchstaben, Zahlen, z.B. zur Kennzeichnung von – Kohlenstoffgehalt, – Legierungselementen	Buchstaben, Ziffern, z.B. zur Kennzeichnung der – Verwendung	Buchstaben, Zahlen, die von den vorhergehenden mit einem Pluszeichen (+) getrennt sind.

Hauptsymbole: Buchstabe	Hauptsymbole: Kohlenstoffgehalt	Zusatzsymbole: Gruppe 1	Zusatzsymbole: Stahlerzeugnisse
Unlegierte Stähle mit einem Mn-Gehalt < 1 %, außer Automatenstähle			
C	Kennzahl für den Kohlenstoffgehalt Kennzahl = 100 x mittlerer C-Gehalt	E vorgeschriebener max. S-Gehalt[1)] R vorgeschriebene Bereiche des S-Gehaltes[1)] D zum Drahtziehen C besondere Kaltumformbarkeit S für Federn T für Werkzeuge W für Schweißdraht G1...G4 siehe Stähle für den Maschinenbau Seite 139	nach Tabelle B Seite 148

[1)] Steht hinter den Symbolen E und R eine Kennzahl, so gilt: Kennzahl = Schwefelgehalt x 100

Bezeichnung für unlegierten Stahl, 0,35 % C-Gehalt, maximaler S-Gehalt = 0,04 %, vergütet: **C35E4+QT**

Hauptsymbole: Buchstabe	Hauptsymbole: Kohlenstoffgehalt	Hauptsymbole: Legierungselemente	Zusatzsymbole: Stahlerzeugnisse
Unlegierte Stähle mit einem Mn-Gehalt > 1 %, unlegierte Automatenstähle, legierte Stähle (ohne Schnellarbeitsstähle) **mit Gehalten der einzelnen Legierungselemente unter 5 %**			
–	Kennzahl für den Kohlenstoffgehalt Kennzahl = 100 x mittlerer C-Gehalt	Symbole für die Legierungselemente Kennzahlen für den mittleren Gehalt der Elemente Kennzahl = mittlerer Gehalt x Faktor	nach Tabellen A und B Seite 148

Element	Faktor
Cr, Co, Mn, Ni, Si, W	4
Al, Be, Cu, Mo, Nb, Pb, Ta, Ti, V, Zr	10
Ce, N, P, S, C	100
B	1000

Bezeichnung für unlegierten Stahl, 0,28 % C-Gehalt, 1,5 % Mn-Gehalt: **28Mn6**

Legierte Stähle (ohne Schnellarbeitsstähle). **Der mittlere Gehalt mindestens eines Legierungselementes liegt über 5 %**			
X	Kennzahl für den Kohlenstoffgehalt Kennzahl = 100 x mittlerer C-Gehalt	Symbole für die Legierungselemente Kennzahlen, durch Bindestrich getrennt, für den mittleren Gehalt der Elemente	nach Tabellen A und B Seite 148

Bezeichnung für legierten Stahl, 0,05 % C-Gehalt, 18 % Cr-Gehalt, 10 % Ni-Gehalt: **X5CrNi18-10**

Schnellarbeitsstähle			
HS	Schnellarbeitsstahl	Zahlen, durch Bindestrich getrennt, geben den prozentualen Gehalt in folgender Reihenfolge an: Wolfram (W) – Molybdän (Mo) – Vanadium (V) – Cobalt (Co)	nach Tabellen A und B Seite 148
PM	Pulvermetallurgie		

Bezeichnung für Schnellarbeitsstahl, 2 % W, 9 % Mo, 1 % V, 8 % Co: **HS2-9-1-8**

Stahlnormung (alt)

vgl. DIN Normenheft 3 (1983)

Die nach diesem System und nach EURONORM 27-74 gebildeten Kurznamen wurden meist schon durch neue Kurznamen entsprechend der Systematik von DIN EN 10 027 (Seiten 146, 147) ersetzt. Die Umstellung wird von den Fachausschüssen für die einzelnen Stahlgruppen, z.B. für die Einsatzstähle, vorgenommen.

Werkstoffgruppe

Kenn-buchstabe	Bedeutung	Beispiel	Kenn-buchstabe	Bedeutung	Beispiel
St	Unlegierter Baustahl	St 37-2	GTS	Schwarzer Temperguss	GTS-55
StE	Baustahl mit Angabe der Streckgrenze	StE 390	GTW	Weißer Temperguss	GTW-35
			GS	Stahlguss	GS-52
GG	Gusseisen mit Lamellengrafit	GG-20	GK	Kokillenguss	GK-AlMg3
GGG	Gusseisen mit Kugelgrafit	GGG-60	GZ	Schleuderguss (Zentrifugalguss)	GZ-X12Cr14

Bei St, GG, GS, GTS und GTW erhält man aus der direkt angehängten Zahl durch Multiplikation mit dem Faktor 9,81 die Mindestzugfestigkeit in N/mm², bei StE dagegen die gewährleistete Streckgrenze.

Chemische Zusammensetzung

Unlegierte Stähle

Kenn-buchstabe	Bedeutung	Beispiel	Kenn-buchstabe	Bedeutung	Beispiel
C	Zeichen für Kohlenstoff	C 15	W 1	Werkzeugstahl erster Güte	C 105 W 1
f	Geeignet für Flamm- und Induktionshärtung	Cf 53	W 2	Werkzeugstahl zweiter Güte	C 105 W 2
k	Niedriger Phosphor- und Schwefelgehalt	Ck 10	W 3	Werkzeugstahl dritter Güte	C 60 W 3
m	Gewährleistete Spanne des Schwefelgehaltes	Cm 35	WS	Werkzeugstahl für Sonderzwecke	C 85 WS
q	Stähle zum Kaltstauchen	Cq 15	D	Stahl für Walzdraht	D 8

Die an den Kennbuchstaben C und D angehängten Zahlen kennzeichnen den Kohlenstoffgehalt in hundertstel Gewichtsprozenten.

Legierte Stähle

Die erste Zahl des Kurznamens kennzeichnet den Kohlenstoffgehalt in hundertstel Gewichtsprozent. Der Buchstabe C entfällt dabei. Danach folgen die chemischen Zeichen der wesentlichen Legierungselemente in der Reihenfolge abnehmender Gewichtsprozente sowie die Gewichtsprozente selbst, die mit den folgenden Faktoren multipliziert sind:

Multiplikationsfaktor						
4		10			100	1000
Cr Chrom Co Kobalt Mn Mangan	Ni Nickel Si Silicium W Wolfram	Al Aluminium Be Beryllium Cu Kupfer Mo Molybdän	Nb Niob Pb Blei Ta Tantal	Ti Titan V Vanadium Zr Zirconium	C Kohlenstoff S Schwefel N Stickstoff Ce Cer	B Bor

Bei **Gehalten von mehr als 5% eines Legierungsbestandteils** entfällt der Multiplikationsfaktor. Zur sicheren Kennzeichnung wird jedoch meist ein X vor den hundertfachen C-Gehalt gesetzt.
Schnellarbeitsstähle werden mit dem Buchstaben S gekennzeichnet, dem in immer gleicher Reihenfolge die Legierungsbestandteile Wolfram, Molybdän, Vanadium und Cobalt in Gewichtsprozenten folgen.

Beispiel	Erläuterung	Beispiel	Erläuterung
16 MnCr 5	Einsatzstahl mit 0,16% C und 1,25% Mn, Cr-Anteile	X12 CrNi 18 8	Korrosionsbeständiger Stahl mit 0,12% C, 18% Cr und 8% Ni
GS-18 CrMo 9 10	Warmfester Stahlguss mit 0,18% C, 2,2% Cr und 1% Mo	S 18-1-2-5	Schnellarbeitsstahl mit 18% W, 1% Mo, 2% V und 5% Co

Kennzeichnung zusätzlicher Merkmale durch Buchstaben

Kennbuchstabe **vor** dem eigentlichen Kurznamen (Angaben zur Herstellung)

Kenn-buchstabe	Bedeutung	Beispiel	Kenn-buchstabe	Bedeutung	Beispiel
A	Alterungsbeständiger Stahl	A 25 CrMo 4	S	Zum Schweißen besonders geeignet	GTW-S 38-12
G	Gusswerkstoff	G-X 12 Cr 14			
P	Zum Gesenkschmieden	PSt 50-2	TT	Für tiefe Temperaturen geeignet	TTStE 32
R	Beruhigter u. halbberuhigt. Stahl	RSt 37-2	U	Unberuhigter Stahl	USt 37-2
RR	Besonders beruhigter Stahl	RRSt 34.7	WT	Witterungsbeständiger Stahl	WTSt 37-3
Ro	Für geschweißte Rohre	RoSt 37-3	Z	Zum Blankziehen geeignet	ZSt 44-2

Kennbuchstabe **nach** dem eigentlichen Kurznamen (Behandlungszustand)

Kenn-buchstabe	Bedeutung	Beispiel	Kenn-buchstabe	Bedeutung	Beispiel
G	Weichgeglüht	16 MnCr 5 G	SH	Geschält	Ck 45 SH
K	Kaltgezogen	9 SMn 28 K	U	Unbehandelt	St 37.2 U
N	Normalgeglüht	Ck 45 N	V	Vergütet	42 CrMo4V90

Baustähle für den Metallbau und Stahlbau

Unlegierte Baustähle (für warmgewalzte Erzeugnisse)

vgl. DIN EN 10 025-2 (2005-04)

Kurzname nach DIN EN 10 025	Kurzname nach der früheren DIN 17 100	Werkstoff-nummer	Des-oxida-tions-art[1]	Kohlen-stoff-gehalt[2] %	Streck-grenze[3] R_e N/mm²	Zugfestig-keit[4] R_m N/mm²	Bruch-deh-nung[5] A %	Eigenschaften Verwendung
Stähle für den Stahlbau								
S185	St 33	1.0035	frei gestellt	–	145…185	290…510	15…18	Schlechte Schweiß-eignung, Geländer, Gitter
S235JR	RSt 37-2	1.0038	FN	0,17	175…235	360…510	21…26	Übliche Stähle bei mäßiger bis mittlerer Belastung. Gute Schweißeignung, gut umformbar.
S235J0	St 37-3U	1.0114	FN	0,17	175…235	360…510	21…26	
S235J2	–	1.0117	FF	0,17	175…235	360…510	21…24	
S275JR	St 44-2	1.0044	FN	0,21	205…275	410…560	18…23	Stahlbaustahl für mittlere Belastung. Gute Schweißeignung.
S275J0	St 44-3U	1.0143	FN	0,18	205…275	410…560	18…23	
S275J2	–	1.0145	FF	0,18	205…275	410…560	18…21	
S355JR	–	1.0045	FN	0,24	275…355	470…630	17…22	Hochbeanspruchte Bauteile im Stahlbau, Kranbau, Brückenbau und Karosseriebau. Gute Schweißeignung.
S355J0	St 52-3U	1.0553	FN	0,20	275…355	470…630	17…22	
S355J2	–	1.0577	FF	0,20	275…355	470…630	17…22	
S355K2	–	1.0596	FF	0,20	275…355	470…630	17…20	
S450J0	–	1.0590	FF	0,24	380…450	550…720	17	
Stähle für den Maschinenbau								
E295	St 50-2	1.0050	FN	–	225…295	470…610	15…20	Mittel- bis höherbelastete Maschinenteile: Wellen, Achsen, Bolzen, Walzen. Nicht schweißgeeignet.
E335	St 60-2	1.0060	FN	–	255…335	570…710	11…16	
E360	St 70-2	1.0070	FN	–	285…360	670…830	7…11	

[1] Desoxidationsart: FN Unberuhigter Stahl, nicht zulässig, FF Vollberuhigter Stahl mit einem ausreichenden Gehalt an Stickstoff abbindenden Elementen.

[2] Weitere Bestandteile: Phosphor maximal 0,035 % bis 0,045 %. Schwefel maximal 0,025 % bis 0,045 %. Stickstoff maximal 0,025 %.

[3] Die R_e-Werte gelten für Erzeugnisdicken von 16 mm bis 250 mm. (Die kleineren Erzeugnisdicken haben die höheren Zugfestigkeitswerte.)

[4] Die R_m-Werte gelten für Erzeugnisdicken von 3 mm bis 100 mm. (Die kleineren Erzeugnisdicken haben die höheren Zugfestigkeitswerte.)

[5] Die A-Werte gelten für Längsproben und Erzeugnisdicken von 3 mm bis 250 mm. (Die kleineren Erzeugnisdicken haben die größeren A-Werte.)

W

Technologische Eigenschaften der unlegierten Baustähle nach DIN EN 10 025-2

Alle Stähle nach DIN EN 10 025-2 sind beruhigte oder vollberuhigte Qualitätsstähle.

Schweißeignung

Für die Stahlsorten S185, E295, E335 und E360 werden keine Angaben zur Schweißeignung gemacht.
Die Stähle der Gütegruppen JR, J0, J2 und K2 sind zum Schweißen nach allen Verfahren geeignet.
Die Schweißeignung verbessert sich von der Gütegruppe JR bis zur Gütegruppe K2.
Mit zunehmender Erzeugnisdicke und Festigkeit können Kaltrisse auftreten.

Kaltumformbarkeit

Stahlsorten mit gewünschter Eignung zum Kaltumformen sind bei der Bestellung mit dem Buchstaben **C** zu bezeichnen, z.B. S235JRC, S275J2C, S355J2C.
Sie sind zum Kaltbiegen, Abkanten, Kaltziehen und Walzprofilieren geeignet.
Die empfohlenen kleinsten inneren Biegeradien dieser Stähle siehe Seite 250.

Warmumformbarkeit (Schmiedbarkeit)

Sie ist bei den unlegierten Stählen gewährleistet, wenn die Stähle im normalgeglühten oder normalisierend gewalzten Zustand geliefert werden.

Spanende Bearbeitung, Eignung zum Schmelztauchverzinken

Alle Stahlsorten nach DIN EN 10 025-2 sind mit den üblichen spanenden Verfahren bearbeitbar und schmelztauchverzinkbar (feuerverzinkbar).

Baustähle für den Metallbau und Stahlbau

Schweißgeeignete Feinkornbaustähle (für warmgewalzte Erzeugnisse)

Kurzname nach DIN EN 10 025-3	Kurzname nach der früheren DIN 17 102	Werkstoffnummer	Streckgrenze R_e in N/mm² für Nenndicken in mm ≤ 16	16…40	40…63	63…80	80…100	100…150	Zugfestigkeit R_m in N/mm² für Nenndicken in mm ≤ 100	Bruchdehnung A in %
Normalgeglüht gewalzte schweißgeeignete Feinkornbaustähle									vgl. DIN EN 10 025-3 (2005-02)	
S275 N	St E 285	1.0490	275	265	255	245	235	215	370…510	24
S355 N	St E 355	1.0545	355	345	335	325	315	295	470…630	22
S420 N	St E 420	1.8902	420	400	390	370	360	340	520…680	19
S460 N	St E 460	1.8901	460	440	430	410	400	380	550…720	17
Thermomechanisch gewalzte schweißgeeignete Feinkornbaustähle									vgl. DIN EN 10 025-4 (2005-04)	
S275 M	–	1.8818	275	265	255	245	245	240	350…530	24
S355 M	St E 355 TM	1.8823	355	345	335	325	325	320	440…610	22
S420 M	St E 420 TM	1.8825	420	400	390	380	370	365	470…660	19
S460 M	St E 460 TM	1.8827	460	440	430	410	400	385	500…720	17

Technologische Eigenschaften der schweißgeeigneten Feinkornbaustähle

Die schweißgeeigneten Feinkornbaustähle mit den Kennbuchstaben **N** und **M** haben Mindestwerte der Kerbschlagarbeit bei Temperaturen bis – 20 °C.

Außerdem gibt es schweißgeeignete Feinkornbaustähle für tiefe Temperaturen. Sie haben die Kennbuchstaben **NL** bzw. **ML,** wie z.B. S275ML. Sie haben festgelegte Mindestwerte der Kerbschlagarbei bis – 50 °C.

Die Streckgrenze und die Zugfestigkeit der Tieftemperaturstähle (NL, ML) sind annähernd gleich wie bei den Stählen der Ausführung N und M.

Schweißeignung: Die Stähle nach DIN EN 10 025-3 bzw. -4 sind nach allen gebräuchlichen Verfahren schweißbar.

Warmumformbarkeit: Die normalgeglüht gewalzten Stähle (N, NL) sind warm umformbar. Die thermomechanisch gewalzten Stähle (M, ML) dürfen nicht warm umgeformt werden.

Eignung zum Schmelztauchverzinken: Sie ist bei allen Stählen gegeben.

Wetterfeste Baustähle (für warmgewalzte Erzeugnisse)

vgl. DIN EN 10 025-5 (2005-02)

Kurzname nach DIN EN 10 025-5	Kurzname nach der früheren DIN 17100	Werkstoffnummer	Zusammensetzung %	Streckgrenze R_e N/mm²	Zugfestigkeit R_m N/mm²	Bruchdehnung A %	Verwendung
S235J0W	–	1.8958	C: 0,12 … 0,16 Si: 0,40 … 0,75 Mn: 0,2 … 1,5 Cr: 0,3 … 1,25 Cu: 0,25 … 0,55 S: max. 0,040 P: max. 0,040 Die Sorten mit P am Schluss 0,06 bis 0,15	195…235	350…510	22 … 26	Die wetterfesten Baustähle werden für Bauteile verwendet, die einen erhöhten Widerstand gegen atmosphärische Korrosion aufweisen sollen.
S235J2W	WT St 37-3	1.8961				22 … 24	
S355J0WP	–	1.8945		345…355	470…680	22	
S355J2WP	–	1.8946				20	
S355J0W	–	1.8959		295…355	450…680	18 … 18	
S355J2W	WT St 52-3	1.8965					
S355K2W	–	1.8967					

Die wetterfesten Baustähle gibt es in den Ausführungen *normalisierend gewalzt* (+N) und *gewalzt ohne besondere Wärmebehandlung* (+AR). **Beispiel:** S355J0WP+AR

Technologische Eigenschaften: Die Schweißneigung ist erschwert, Kaltbiegen und Abkanten ist gut möglich.

Betonstahl

vgl. DIN 488 (1984-09)

Stahlsorte Kurzname	Kurzzeichen	Werkstoffnummer	Erzeugnisform	Nenndurchmesser mm	Streckgrenze R_e N/mm²	Zugfestigkeit R_m N/mm²	Bruchdehnung A %	Schweißeignung (Verfahren)	Zusammensetzung %
BSt 420 S	III S	1.0428	Stäbe, gerippt	6 … 28	420	500	10	E, MAG	C 0,22, P 0,05, S 0,05, N 0,012

Korrosionsbeständige Stähle und Maschinenbaustähle

Korrosionsbeständige Stähle für Halbzeug, Stäbe, Profile und Blankstahlerzeugnisse (Auswahl)

vgl. DIN EN 10 088-3 (2005-09)

Stahlsorte Kurzname	Werkstoff-nummer	Wärme-behand-lungs-zustand	0,2%-Dehn-grenze[1] N/mm²	Zug-festigkeit R_m N/mm²	Bruch-dehnung A %	Härte HB	Eigenschaften, Anwendungen
Ferritische Stähle							
X2CrNi12	1.4003	geglüht	260	450…600	20	200	Nur für Innen-räume; Beschläge
X6Cr17	1.4016	geglüht	240	400…630	20	200	
Martensitische Stähle							
X20Cr13	1.4021	geglüht	500	700…850	13	230	Härtbar, ver-schleißfest. Lauf-räder, Schnecken
X50CrMoV15	1.4116	geglüht	–	max. 900	12	280	
Austenitische Stähle							
X5CrNi18-10	1.4301	abgeschreckt	190	500…700	~ 45	215	Gut schweißbar, gut kaltumform-bar. Geländer, Fassaden, deko-rative Fenster- und Türrahmen.
X6CrNiTi18-10	1.4541	abgeschreckt	205	510…740	~ 40	230	
X5CrNiMo17-12-2	1.4401	abgeschreckt	200	500…700	~ 40	215	
X6CrNiMoTi17-12-2	1.4571	abgeschreckt	200	500…700	~ 40	215	
X12CrMnNiN17-7-5	1.4372	abgeschreckt	230	750…950	~ 40	260	Tragende Stützen, Träger. Bauaufs. Zul. Z-30.3-6
X1CrNiMoCuN25-20-7	1.4529	abgeschreckt	300	650…850	~ 40	250	

[1] Die genannte 0,2 %-Dehngrenze ist die Grund-Dehngrenze des korrosionsbeständigen Stahls. Durch Kaltverformung können höhere Dehngrenzen erreicht werden.

Vergütungsstähle

vgl. DIN EN 10 083-1 und DIN EN 10 083-2 (1996-10)

Stahlsorte Kurzname[1]	Werkstoff-nummer	Streck-grenze[2] R_e N/mm²	Zugfes-tigkeit[2] R_m N/mm²	Bruch-dehnung[2] A %	Stahlsorte Kurzname	Werk-stoff-nummer	Streck-grenze[2] R_e N/mm²	Zugfes-tigkeit[2] R_m N/mm²	Bruch-dehnung[2] A %
C35E	1.1181	380	600…750	19	34CrMo4	1.7220	650	900…1100	12
C45E	1.1191	430	650…800	16	50CrMo4	1.7228	780	1000…1200	10
C60E	1.1221	520	800…950	13	36CrNiMo4	1.6511	800	1000…1200	11
28Mn6	1.1170	490	700…850	15	30NiCrMo8	1.6580	1050	1250…1450	10
34Cr4	1.7033	590	800…950	14	51CrV4	1.8139	700	1000…1200	10

[1] Die Stähle mit einem E bzw. R (Beispiel C35E, C35R) haben einen begrenzten Schwefelgehalt.
[2] Die Kennwerte sind Mindestwerte für den vergüteten Zustand (+QT) für Querschnitte von 16 mm bis 40 mm Ø.

Einsatzstähle

vgl. DIN EN 10 084 (1998-06)

Stahlsorte Kurzname	Werkstoff-nummer	max. Härte (weich-geglüht) HB	Zug-festigkeit[1] (nach dem Vergüten)	Stahlsorte Kurzname	Werkstoff-nummer	max. Härte (weich-geglüht) HB	Zug-festigkeit[1] (nach dem Vergüten)
C10E	1.1121	131	> 490	20MoCr4	1.7321	207	> 800
C15E	1.1141	143	> 590	20NiCrMo2-2	1.6523	212	> 800
28Cr4	1.7030	217	> 700	17CrNiMo6-4	1.6566	229	> 1000

Einsatzstähle werden zuerst in der Randschicht aufgekohlt und dann vergütet.
[1] Durchmesser 16 mm < $d \leq$ 40 mm

Automatenstähle

vgl. DIN EN 10 087 (1999-01)

Stahlsorte Kurzname	Werkstoff-nummer	unbehandelt Streckgrenze R_e in N/mm²	unbehandelt Zugfestigkeit R_m in N/mm²	vergütet Streckgrenze R_e in N/mm²	vergütet Zugfestigkeit R_m in N/mm²	vergütet Bruchdehnung A in %	Eigenschaften
10S20	1.0721	230	360…530	–	–	–	Zum Einsatz-härten vorgesehen
11SMnPb30	1.0718	230	380…570	–	–	–	
35S20	1.0726	220	520…680	380	600…750	16	Vergütbar und härtbar
46SPb20	1.0757	370	590…760	430	650…800	13	

Werkzeugstähle, Gusseisen, Stahlguss

Werkzeugstähle

vgl. DIN EN ISO 4957 (2001-02)

Stahlsorte Kurzname	Werkstoff-nummer	Härte-temperatur °C	Härte-mittel (Wb = Warmbad)	Anlass-tempe-ratur °C	Härte (gehärtet u. angelassen) HRC	Typische Verwendung
Unlegierte Kaltarbeitsstähle (Auswahl)						
C45U	1.1740	810	Öl	180	52	Handwerkzeug, Zangen
C70U	1.1620	800	Wasser	180	57	Druckluftwerkzeuge
C80U	1.1525	790	Wasser	180	59	Handmeißel, Spitzeisen
C105U	1.1545	780	Wasser	180	60	Gewindeschneidwerkz.
Legierte Kaltarbeitsstähle (Auswahl)						
60WCrV8	1.2550	890	Öl	180	57	Schneidwerkzeuge
X45NiCrMo16	1.2767	850	Öl	180	52	Kunststoff-Pressformen
X210CrW12	1.2436	960	Öl, Wb, Luft	180	60	Metallsägen
Warmarbeitsstähle (Auswahl)						
55NiCrMoV7	1.2714	850	Öl	500	40	Hammergesenke
X40CrMoV5-1	1.2344	1030	Öl, Wb, Luft	550	51	Presswerkzeuge für Al
Schnellarbeitsstähle (Auswahl)						
HS6-5-2C	1.3343	1210	Öl, Wb, Luft	560	64	Reibahl., Spiralb., Fräser
HS6-5-2-5	1.3243	1220	Öl, Wb, Luft	560	64	Spiral- u. Gewindebohrer
HS10-4-3-10	1.3207	1230	Öl, Wb, Luft	560	66	Drehmeißel
HS2-9-1-8	1.3247	1280	Öl, Wb, Luft	560	64	Fräser

W

Gusseisen-Werkstoffe und Stahlguss

Gusseisen mit Lamellengrafit (Grauguss)

vgl. DIN EN 1561 (1997-08)

Mit Zugfestigkeit als kennzeichnender Eigenschaft				Mit Brinellhärte als kennzeichnender Eigenschaft			
Guss-Sorte Kurzname	Werkstoff-Nummer	alter Kurzname	Erwartungswerte Zugfestigkeit R_m in N/mm²	Guss-Sorte Kurzname	Werkstoff-Nummer	alter Kurzname	Brinellhärte HB 30
EN-GJL-150	EN-JL1020	GG-15	80…180	EN-GJL-HB 155	EN-JL2010	GG-150 HB	150…185
EN-GJL-200	EN-JL1030	GG-20	115…230	EN-GJL-HB 215	EN-JL2040	GG-190 HB	190…260

Gusseisen mit Kugelgrafit (Sphäroguss)

vgl. DIN EN 1563 (2005-10)

Guss-Sorte Kurzname	Werkstoff-Nummer	alter Kurzname	Zugfestigkeit R_m N/mm²	Dehngrenze $R_{p\,0,2}$ N/mm²	Bruchdehnung A %	Verwendung
EN-GJS-400-15	EN-JS1030	GGG-40	400	250	15	Duktile Gussteile
EN-GJS-800-2	EN-JS1080	GGG-80	800	480	2	Hochfeste Gussteile

Temperguss

vgl. DIN EN 1562 (1997-08)

Guss-Sorte Kurzname	Werkstoff-Nummer	alter Kurzname	Zugfestigkeit R_m N/mm²	Dehngrenze $R_{p\,0,2}$ N/mm²	Bruchdehnung A %	Verwendung
Entkohlend geglühter Temperguss (Weißer Temperguss)						
EN-GJMW-350-4	EN-JM1010	GTW-35-04	350	–	4	Bartschlüssel, Hebel
Nicht entkohlend geglühter Temperguss (Schwarzer Temperguss)						
EN-GJMB-350-10	EN-JM1130	GTS-35-10	300	200	10	Schlossteile, Fittings

Stahlguss für das Bauwesen (gut schweißbar)

vgl. E DIN EN 10340 (2004-11)

G17Mn5	–	1.1131	450…600	240	24	Knotenpunkte, Gabeln

Schneidstoffe

Anwendungsgruppen der harten Schneidstoffe

vgl. DIN ISO 513 (2005-11)

Kennbuchstabe	Werkstoffgruppe	Kennbuchstabe	Werkstoffgruppe
Hartmetalle (Carbide)			
HW	Unbeschichtetes Hartmetall, Hauptbestandteil Wolframcarbid (WC) mit Korngröße ≥ 1 µm	**HF**	Unbeschichtetes Hartmetall, Hauptbestandteil Wolframcarbid (WC) mit Korngröße < 1 µm
HT[1]	Unbeschichtetes Hartmetall, Hauptbestandteil Titancarbid (TiC) oder Titannitrit (TiN) oder beides	**HC**	Hartmetalle wie oben, jedoch beschichtet
[1] Diese Werkstoffsorten werden auch „Cermets" genannt.			
Schneidkeramik			
CA	Schneidkeramik, Hauptbestandteil Aluminiumoxid (Al_2O_3)	**CM**	Mischkeramik, Hauptbestandteil Aluminiumoxid (Al_2O_3), zusammen mit anderen Bestandteilen als Oxiden
CN	Siliziumnitridkeramik, Hauptbestandteil Silziumnitrid (Si_3N_4)	**CM**	Mischkeramik, Hauptbestandteil Aluminiumoxid (Al_2O_3), zusammen mit anderen Bestandteilen als Oxiden
CR	Schneidkeramik, Hauptbestandteil Aluminiumoxid (Al_2O_3), verstärkt	**CC**	Schneidkeramik wie oben, jedoch beschichtet
Diamant			
DP	Polykristalliner Diamant	**DM**	Monokristalliner Diamant
Bornitrid			
BL	Kubisch-kristallines Bornitrid mit niedrigem Bornitridgehalt	**BH**	Kubisch-kristallines Bornitrid mit hohem Bornitridgehalt
–	–	**BC**	Kubisch-kristallines Bornitrid wie oben, jedoch beschichtet

Anwendung und Klassifizierung harter Schneidstoffe

Hauptanwendungsgruppen			Anwendungsgruppen		
Kennbuchstabe	Kennfarbe	Werkstoffgruppe	Harte Schneidstoffe		Spanungswerte
P	blau	**Stahl:** Alle Arten von Stahl und Stahlguss, ausgenommen nichtrostender Stahl mit austenitischem Gefüge	P01 P10 P20 P30 P40 P50	P05 P15 P25 P35 P45	↑ Zunehmende Schnittgeschwindigkeit und Verschleißfestigkeit des Schneidstoffes ↓ Zunehmender Vorschub, zunehmende Zähigkeit des Schneidstoffes
M	gelb	**Nichtrostender Stahl:** Nichtrostender austenitischer und austenitisch-ferritischer Stahl und Stahlguss	M01 M10 M20 M30 M40	M05 M15 M25 M35	
K	rot	**Gusseisen:** Gusseisen mit Lamellengrafit, Gusseisen mit Kugelgrafit, Temperguss	K01 K10 K20 K30 K40	K05 K15 K25 K35	
N	grün	**Nichteisenmetalle:** Aluminium und andere Nichteisenmetelle, Nichtmetallwerkstoffe	N01 N10 N20 N30	N05 N15 N25	
H	grau	**Harte Werkstoffe:** Gehärteter Stahl, gehärtete Gusseisenwerkstoffe, Gusseisen für Kokillenguss	H01 H10 H20 H30	H05 H15 H25	

Bezeichnung einer Schneidkeramik mit dem Hauptbestandteil Al_2O_3, für Temperguss: **CA - K10**

W

Warmgewalzte Stahlprofile

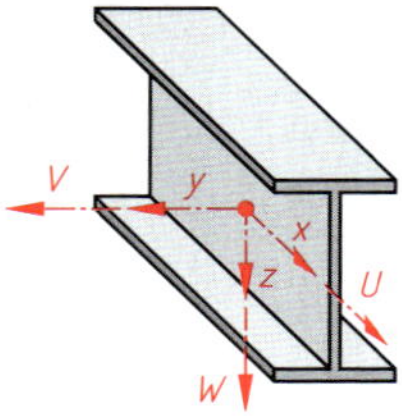

Achsen nach DIN 18 800

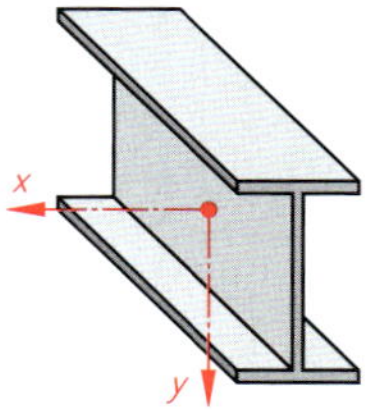

Achsen nach den einzelnen Profilnormen

Hinweis:

Die Achskoordianten für die Biegeachsen der einzelnen Profilnormen entsprechen nicht den Achsbezeichnungen der allgemeinen Stahlbaunorm DIN 18800.

Die Wurzelmaße und die Bohrungsdurchmesser nach DIN 997, die bei den einzelnen Profilnormen Anwendung finden, entsprechen ebenfalls nicht immer dem Regelwerk für Randabstände und Anforderungen der Din 18800.

Die Achsen und Maße in diesem Tabellenbuch entsprechen der jeweiligen Normung der einzelnen Profile.

Querschnitt	Bezeichnung	Norm, Seite	Querschnitt	Bezeichnung	Norm, Seite
	**Rundstahl**	DIN EN 10060 S. 157		**Z-Stahl**	DIN 1027 S. 166
	**Vierkantstahl**	DIN EN 10059 S. 157	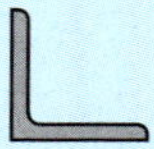	**Gleichschenkliger Winkelstahl**	DIN EN 10 056-1 S. 162
	**Flachstahl**	DIN EN 10058 S. 157		**Ungleichschenkliger Winkelstahl**	DIN EN 10 056-1 S. 161
	**Breitflachstahl**	DIN 59 200 S. 158		**Gleichschenkliger scharfkantiger Winkelstahl**	DIN 1022 S. 160
	**U-Stahl**	DIN 1026-1 S. 159		**Schmaler I-Träger** I-Reihe	DIN 1025-1 S. 163
	**U-Stahl mit parallelen Flanschflächen**	DIN 1026-2 S. 158		**Mittelbreiter I-Träger** IPE-Reihe	DIN 1025-5 S. 163, 164
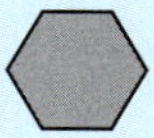	**Sechskantstahl**	DIN EN 10061 S. 159	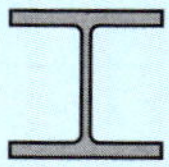	**Breiter-Träger** IPB-Reihe = HE-B	DIN 1025-2 S. 164
	**Gleichschenkliger T-Stahl**	DIN 59 051 S. 160	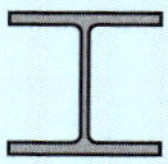	**Breiter-Träger** IPBI-Reihe = HE-A IPBII-Reihe = He-AA	DIN 1025-3 S. 165
	**Gleichschenkliger scharfkantiger T-Stahl**	DIN 59 051 S. 160	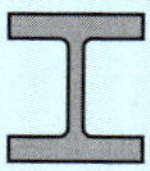	**Breiter-Träger** IPBv-Reihe = HE-M	DIN 1025-4 S. 166
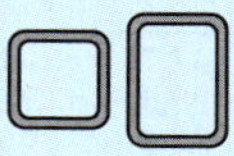	**Hohlprofil**	DIN EN 10 210-2 S. 170 DIN EN 10 219-2 S. 171	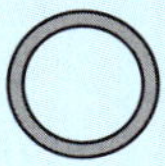	**Hohlprofil**	DIN EN 10 210-2 S. 169 DIN EN 10 219-2 S. 169
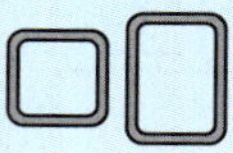	**Hohlprofil nichtrostende Stähle**	nicht genormt S. 172	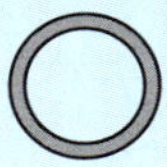	**Hohlprofil nichtrostende Stähle**	DIN EN ISO 1127 S. 168

W

Stabstahl

Warmgewalzter Rund-und Vierkantstahl

vgl. DIN EN 10060 (2004-02), DIN EN 10059 (2004-02)

Maße ***d, a*** **mm**	*d*	*a*	**Maße** ***d, a*** **mm**	*d*	*a*	**Maß** ***d, a*** **mm**	*d*	*a*
	m' in kg/m			*m'* in kg/m			*m'* in kg/m	
8	0,395	0,502	28	4,83	6,15	50	15,4	19,6
10	0,617	0,785	30	5,55	7,07	52	16,7	–
12	0,888	1,13	31	5,92	–	55	18,7	23,7
14	1,21	1,54	32	6,31	8,4	60	22,2	28,3
16	1,58	2,01	35	7,55	9,62	65	26,0	33,2
18	2,00	2,54	37	8,44	–	70	30,2	38,5
20	2,47	3,14	38	8,90	–	75	34,7	–
22	2,98	3,80	40	9,86	12,6	80	39,5	50,2
24	3,55	4,52	42	10,9	–	90	49,9	63,6
25	3,85	4,91	44	11,9	–	100	61,7	78,5
27	4,49	–	45	12,5	15,9	110	74,6	95,0

Werkstoff: Unlegierter Baustahl nach DIN EN 10 025

Bezeichnung eines warmgewalzten Rundstahles mit dem Durchmesser d = 20 mm aus S235JR:
Rd 20 DIN EN 10060 - S235JR

Warmgewalzter Flachstahl

vgl. DIN EN 10058 (2004-02)

Breite ***b*** **in mm**	**Längenbezogene Masse *m´* in kg/m**											
	Dicke *s* in mm											
	5	6	8	10	12	14	16	18	20	22	25	30
10	0,393	—	–	–	–	–	–	–	–	–	–	–
11	0,432	0,518	–	–								–
12	0,471	0,565	–	–								–
13	0,510	0,612	0,816	–								–
14	0,550	0,659	0,879	–								–
15	0,589	0,707	0,942	1,18								–
16	0,628	0,754	1,00	1,26								–
17	0,667	0,801	1,07	–								–
18	0,707	0,848	1,13	1,41	–	–	–	–	–	–	–	–
20	0,785	0,942	1,26	1,57	1,88	–	–	–	–	–	–	–
22	0,864	1,04	1,38	1,73	2,07	2,42	–	–	–	–	–	–
25	0,981	1,18	1,57	1,96	2,36	2,75	3,14	–	–	–	–	–
26	1,02	1,22	1,63	2,04	2,45	2,86	3,27	3,67	4,08	–	–	–
28	1,10	1,32	1,76	2,20	2,64	3,08	3,52	3,96	–	–	–	–
30	1,18	1,41	1,88	2,36	2,83	3,30	3,77	4,24	4,71	5,18	5,89	–
32	1,26	1,51	2,01	2,51	3,01	3,52	4,02	–	5,02	5,53	6,28	–
35	1,37	1,65	2,20	2,75	3,30	3,85	4,40	4,95	5,50	6,04	6,87	–
38	1,49	1,79	2,39	2,98	3,58	4,18	4,77	–	5,97	6,56	7,46	–
40	1,57	1,88	2,51	3,14	3,77	4,40	5,02	5,65	6,28	6,91	7,85	9,42
45	1,77	2,12	2,83	3,53	4,24	4,95	5,65	–	7,07	7,77	8,83	10,6
50	1,96	2,36	3,14	3,93	4,71	5,10	6,28	7,07	7,85	8,64	9,81	11,8
55	2,16	2,59	3,45	4,32	5,18	6,04	6,91	7,77	8,64	9,50	10,8	13,0
60	2,36	2,83	3,77	4,71	5,65	–	7,54	8,48	9,42	10,4	11,8	14,1
65	2,55	3,06	4,08	5,10	6,12	–	8,16	–	10,2	11,2	12,8	15,3
70	2,75	3,30	4,40	5,50	6,59	–	8,79	9,89	11,0	12,1	13,7	16,5
75	2,94	3,53	4,71	5,89	7,07	–	9,42	–	11,8	–	14,7	17,7
80	3,14	3,77	5,02	6,28	7,54	–	10,0	–	12,6	–	15,7	18,8
90	3,53	4,24	5,65	7,07	8,48	–	11,3	12,7	14,1	–	17,7	21,2
100	3,93	4,71	6,28	7,85	9,42	11,0	12,6	–	15,7	–	19,6	23,6
110	–	–	6,91	8,64	10,4	12,1	13,8	–	17,3	–	21,6	25,9
120	–	–	7,54	9,42	11,3	–	15,1	–	18,8	–	23,6	28,3
130	–	–	8,16	10,2	12,2	14,3	16,3	–	20,4	–	25,5	30,6
140	–	–	8,79	11,0	13,2	–	17,6	–	22,0	–	27,5	33,0
150	–	–	9,42	11,8	14,1	16,5	18,8	–	23,6	–	29,4	35,3

Werkstoff: Stahlsorten nach DIN EN 10 025, DIN EN 10 083, DIN 17 210, DIN 1651

Bezeichnung eines warmgewalzten Flachstahles der Breite 40 mm und der Dicke 12 mm aus S235JR:
Fl DIN EN 10058 – 40 × 12 – S235JR

Form- und Stabstahl

Warmgewalzter Breitflachstahl

vgl. DIN 59 200 (2001-05)

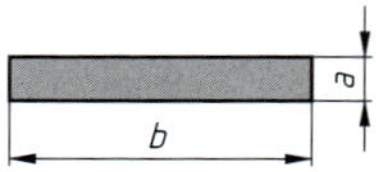

Werkstoff: Stahlsorten nach DIN EN 10 025, DIN EN 10 028-1, -2, -3, DIN EN 10 083-1, -2, DIN EN 10 084, DIN EN 10 113-1, -2, -3

Lieferart: Tafeln oder Stäbe, Herstelllängen 2 m bis 12 m

Bezeichnung eines Breitflachstahles DIN 59 200 aus C35, Nenndicke 10 mm, Klasse A für die Grenzabmaße der Dicke: **Breitflachstahl DIN 59 200-C35-10A**

Grenzabmaße der Dicke in mm

Nenndicke	Klasse A	Klasse B	Nenndicke	Klasse A	Klasse B	Nenndicke	Klasse A	Klasse B
4 ≥ *a* > 10	+ 0,6 / – 0,4	+ 0,7 / – 0,3	25 ≥ *a* > 30	+ 1,0 / – 0,6	+ 1,3 / – 0,3	50 ≥ *a* > 60	+ 1,2 / – 1,0	+ 1,9 / – 0,3
10 ≥ *a* > 20	+ 0,8 / – 0,4	+ 0,9 / – 0,3	30 ≥ *a* > 40	+ 1,1 / – 0,7	+ 1,5 / – 0,3	60 ≥ *a* > 80	+ 1,6 / – 1,0	+ 2,3 / – 0,3
20 ≥ *a* > 25	+ 0,9 / – 0,5	+ 1,1 / – 0,3	40 ≥ *a* > 50	+ 1,1 / – 0,9	+ 1,7 / – 0,3	≥ 80	+ 3,0 / – 1,0	+ 3,7 / – 0,3

Nennbreite *b* in mm	Längenbezogene Masse *m'* in kg/m												
	Dicke *a* in mm												
	5	6	8	10	12	15	20	25	30	40	50	60	80
160	6,28	7,54	10,0	12,6	15,1	18,8	25,1	31,4	37,7	50,2	62,8	75,4	100
180	7,07	8,48	11,3	14,1	17,0	21,2	28,3	35,3	42,4	56,5	70,7	84,8	113
200	7,85	9,42	12,6	15,7	18,8	23,6	31,4	39,3	47,1	62,8	78,5	94,2	126
220	8,64	10,4	13,8	17,3	20,7	25,9	34,5	43,2	51,8	69,1	86,4	104	138
240	9,42	11,3	15,1	18,8	22,6	28,3	37,7	47,1	56,5	75,4	94,2	113	151
250	9,81	11,8	15,7	19,6	23,6	29,4	39,3	49,1	58,9	78,5	98,1	118	157
260	10,2	12,2	16,3	20,4	24,4	30,6	40,8	51,0	62,2	81,6	102	122	163
280	11,0	13,2	17,6	22,0	26,4	33,0	44,0	54,9	65,9	87,9	110	132	176
300	11,8	14,1	18,8	23,6	28,3	35,3	47,1	58,9	70,7	94,2	118	141	188
320	12,6	15,1	20,1	25,1	30,1	37,7	50,2	62,8	75,4	100	126	151	201
340	13,3	16,0	21,4	26,7	32,0	40,0	53,4	66,7	80,1	107	133	160	214
350	13,7	16,5	22,0	27,5	33,0	41,2	55,0	68,7	82,4	110	137	165	220

Weitere Nennbreiten sind *b* = 360 – 380 – 400 –450 – 500 – 550 – 600 – 650 – 700 – 750 – 800 – 900 – 1000 – 1100 – 1200 m. Alle anderen Breiten im Bereich 150 mm < *b* ≤ 1250 mm sind auch lieferbar.

U-Stahl, warmgewalzt mit parallelen Flanschflächen

vgl. DIN 1026-2 (2002-10)

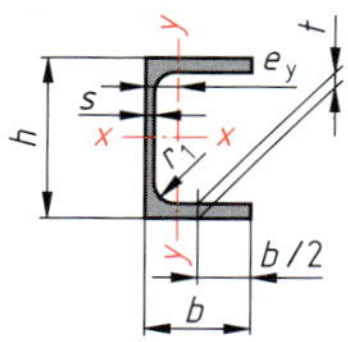

S Querschnittsfläche
m' längenbezogene Masse
U Mantelfläche
e_y Abstand der y-Achse
I Flächenmoment 2. Grades
W axiales Widerstandsmoment

Werkstoff:
Stahl für den Stahlbau nach DIN EN 10 025 z.B. S235JR

Lieferart: Herstelllängen 3 m bis 15 m

Bezeichnung eines warmgewalzten U-Profilstahls mit parallelen Flanschflächen (UPE) mit einer Höhe *h* = 300 mm, aus S235JR:
U-Profil DIN 1026 - UPE 300 - S235JR

Kurzzeichen	Abmessungen in mm in mm									Für die Biegeachse			
										x – x		y – y	
UPE	*h*	*b*	*s*	*t*	r_1	*S* cm²	*m'* kg/m	*U* m²/m	e_y cm	I_x cm⁴	W_x cm³	I_y cm⁴	W_y cm³
80	80	50	4,0	7,0	10	10,1	7,90	0,343	1,82	107	26,8	25,5	8,0
100	100	55	4,5	7,5	10	12,5	9,82	0,402	1,91	207	41,4	38,3	10,6
120	120	60	5,0	8,0	12	15,4	12,1	0,460	1,98	364	60,6	55,5	13,8
140	140	65	5,0	9,0	12	18,4	14,5	0,520	2,17	600	85,6	78,8	18,2
160	160	70	5,5	9,5	12	21,7	17,0	0,579	2,27	911	114	107	22,6
180	180	75	5,5	10,5	12	25,1	19,7	0,639	2,47	1350	150	144	28,6
200	200	80	6,0	11,0	13	29,0	22,8	0,697	2,56	1910	191	187	34,5
220	220	85	6,5	12,0	13	33,9	26,6	0,756	2,70	2680	244	247	42,5
240	240	90	7,0	12,5	15	38,5	30,2	0,813	2,79	3600	300	311	50,1
270	270	95	7,5	13,5	15	44,8	35,2	0,892	2,89	5 250	389	401	60,7
300	300	100	9,5	15,0	15	56,6	44,4	0,968	2,89	7820	522	538	75,6
330	330	105	11,0	16,0	18	67,8	53,2	1,043	2,90	11 010	667	682	89,7
360	360	110	12,0	17,0	18	77,9	61,2	1,121	2,97	14 830	824	844	105
400	400	115	13,5	18,0	18	91,9	62,2	1,218	2,98	20 980	1050	1050	123

Formstahl

U-Stahl, warmgewalzt mit geneigten Flanschflächen

vgl. DIN 1026-1 (2000-03)

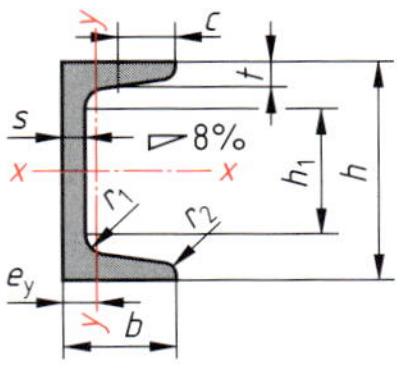

$r_1 = t$

$r_2 = \frac{t}{2}$

$c = \frac{b}{2}$

S Querschnittsfläche
I Flächenmoment 2. Grades
W axiales Widerstandsmoment
m' längenbezogene Masse

Bezeichnung für U-Stahl mit 100 mm Höhe aus S235JR nach DIN EN 10025:
U-Profil DIN 1026 – S235JR – U 100

Anreißmaße nach DIN 997 (1970-10)

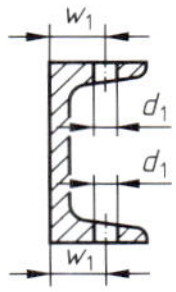

Kurzzeichen U	Abmessungen in mm h	b	s	t	h_1	S cm²	m' kg/m	Abstand der y-Achse e_y cm	Für die Biegeachse x – x I_x cm⁴	W_x cm³	y – y I_y cm⁴	W_y cm³	Anreißmaße in mm w_1	d_1 max.
30×15	30	15	4	4,5	12	2,21	1,74	0,52	2,53	1,69	0,38	0,39	10	4,3
30	30	33	5	7	1	5,44	4,27	1,31	6,39	4,26	5,33	2,68	20	8,4
40×20	40	20	5	5,5	18	3,66	2,87	0,67	7,58	3,97	1,14	0,86	11	6,4
40	40	35	5	7	11	6,21	4,87	1,33	14,1	7,05	6,68	3,08	20	8,4
50×25	50	25	5	6	25	4,92	3,86	0,81	16,8	6,73	2,49	1,48	16	8,4
50	50	38	5	7	20	7,12	5,59	1,37	26,4	10,6	9,12	3,75	20	11
60	60	30	6	6	35	6,46	5,07	0,91	31,6	10,5	4,51	2,16	18	8,4
65	65	42	5,5	7,5	33	9,03	7,09	1,42	57,5	17,7	14,1	5,07	25	11
80	80	45	6	8	46	11,0	8,64	1,45	106	26,5	19,4	6,36	25	13
100	100	50	6	8,5	64	13,5	10,6	1,55	206	41,2	29,3	8,49	30	15
120	120	55	7	9	82	17,0	13,4	1,60	364	60,7	43,2	11,1	30	17
140	140	60	7	10	97	20,4	16,0	1,75	605	86,4	62,7	14,8	35	17
160	160	65	7,5	10,5	115	24,0	18,8	1,84	925	116	85,3	18,3	35	21
180	180	70	8	11	133	28,0	22,0	1,92	1350	150	114	22,4	40	21
200	200	75	8,5	11,5	151	32,2	25,3	2,01	1910	191	148	27,0	40	23
220	220	80	9	12	168	37,4	29,4	2,14	2690	245	197	33,6	45	23
240	240	85	9,5	13	184	42,3	33,2	2,23	3600	300	248	39,6	45	25
260	260	90	10	14	200	48,3	37,9	2,36	4820	371	317	47,7	50	25
280	280	95	10	15	216	53,3	41,8	2,53	6280	448	399	57,2	50	25
300	300	100	10	16	232	58,8	46,2	2,70	8030	535	495	67,8	55	28
320	320	100	14	17,5	246	75,8	59,5	2,60	10870	697	597	80,6	58	28
350	350	100	14	17,5	276	77,3	60,6	2,40	12840	734	570	75,0	58	28
380	380	102	13,5	16	312	80,4	63,1	2,38	15760	829	615	78,7	60	28
400	400	110	14	18	324	91,5	71,8	2,65	20350	1020	846	102	60	28

Sechskantstahl, warmgewalzt

vgl. DIN EN 10061 (2004-02)

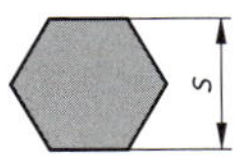

Werkstoff: Stahlsorten nach DIN EN 10025, DIN EN 10083-1, -2, DIN EN 10087

Lieferart: Herstelllängen *M* = 3 m bis 13 m, Festlänge *F* 3 m bis 13 m ± 100 mm

Bezeichnung eines warmgewalzten Sechskantstabes, Schlüsselweite s = 18 mm, Festlänge *M* = 3000 mm, aus S235 JR:
Sechskantstab EN 10061 – 18×3000 F Stahl 10025-S235JR

Nennmaß (Schlüsselweite) ***s* in mm**	Querschnittsfläche *S* in cm²	längenbezogene Masse *m'* in kg/m	**Nennmaß** (Schlüsselweite) ***s* in mm**	Querschnittsfläche *S* in cm²	längenbezogene Masse *m'* in kg/m
15 ± 0,4	1,95	1,53	**31,5** ± 0,6	8,59	6,75
18 ± 0,5	2,81	2,20	**33,5** ± 0,6	9,72	7,63
20,5 ± 0,5	3,64	2,86	**37,5** ± 0,8	12,2	9,56
22,5 ± 0,5	4,38	3,44	**42,5** ± 0,8	15,6	12,3
23,5 ± 0,5	4,78	3,75	**47,5** ± 0,8	19,5	15,3
25,5 ± 0,6	5,63	4,42	**52** ± 1,0	23,4	18,4
28,5 ± 0,6	7,03	5,52	**57** ± 1,0	28,1	22,1

Formstahl

T-Stahl

vgl. DIN EN 10 055 (1995-12)

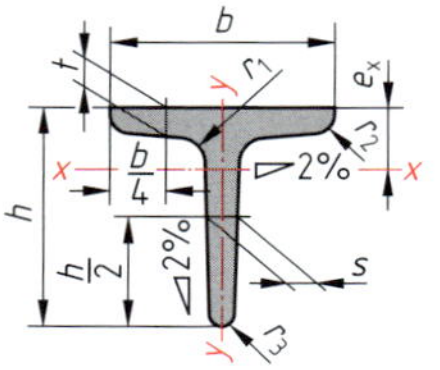

$r_1 = s$

$r_2 \approx \frac{s}{2}$

$r_3 \approx \frac{s}{4}$

S Querschnittsfläche
I Flächenmoment 2. Grades
W axiales Widerstandsmoment
m' längenbezogene Masse

Bezeichnung für T-Stahl mit 50 mm Höhe aus S235JR nach DIN EN 10025:

T-Profil EN 10 055 – T50 – Stahl EN 10 025 – S235JR

Anreißmaße nach DIN 997 (1970-10)

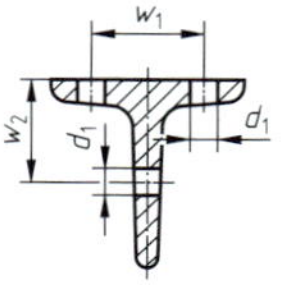

Kurzzeichen T	Abmessungen in mm $b = h$	$s = t$	S cm²	m' kg/m	Abstand der x-Achse e_x cm	Für die Biegeachse x – x: I_x cm⁴	x – x: W_x cm³	y – y: I_y cm⁴	y – y: W_y cm³	Anreißmaße in mm w_1	w_2	d_1 max.
30	30	4	2,26	1,77	0,85	1,72	0,80	0,87	0,58	17	17	4,3
35	35	4,5	2,97	2,33	0,99	3,10	1,23	1,04	0,90	19	19	4,3
40	40	5	3,77	2,96	1,12	5,28	1,84	2,58	1,29	21	22	6,4
50	50	6	5,66	4,44	1,39	12,1	3,36	6,06	2,42	30	30	6,4
60	60	7	7,94	6,23	1,66	23,8	5,48	12,2	4,07	34	35	8,4
70	70	8	10,6	8,23	1,94	44,4	8,79	22,1	6,32	38	40	11
80	80	9	13,6	10,7	2,22	73,7	12,8	37,0	9,25	45	45	11
100	100	11	20,9	16,4	2,74	179	24,6	88,3	17,7	60	60	13
120	120	13	29,6	23,2	3,28	366	42,0	178	29,7	70	70	17
140	140	15	39,9	31,3	3,80	660	64,7	330	47,2	80	75	21

W

Gleichschenkliger, scharfkantiger T-Stahl

vgl. DIN 59051 (2004-04)

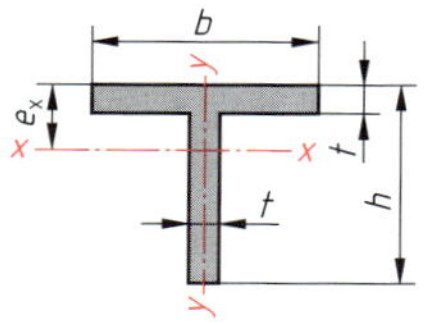

Kurzzeichen TPS	$h = b$ mm	t mm	S cm²	m' kg/m	e_x cm	W_x cm³	W_y cm³
20	20	3	1,11	0,871	0,61	0,29	0,20
25	25	3,5	1,63	1,28	0,75	0,53	0,37
30	30	4	2,24	1,76	0,90	0,88	0,61
35	35	4,5	2,95	2,31	1,04	1,36	0,93
40	40	5	3,75	2,94	1,18	1,97	1,35

Bezeichnung für gleichschenkligen, scharfkantigen T-Stahl mit 30 mm Höhe aus S275JR nach DIN EN 10 025: **T-Profil DIN 59 051 – TBS 30 – S275JR**

Gleichschenkliger, scharfkantiger L-Stahl

vgl. DIN 1022 (2004-04)

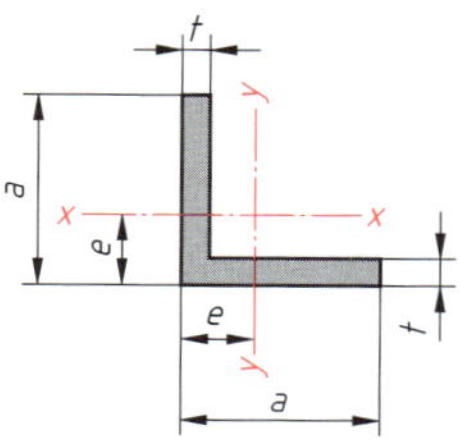

Kurzzeichen LS	a mm	t mm	S cm²	m' kg/m	e cm	$W_x = W_y$ cm³
20 × 3	20	3	1,11	0,871	0,61	0,28
20 × 4	20	4	1,44	1,13	0,64	0,37
25 × 3	25	3	1,41	1,11	0,73	0,47
25 × 4	25	4	1,84	1,44	0,77	0,60
30 × 3	30	3	1,71	1,34	0,86	0,68
30 × 4	30	4	2,24	1,76	0,90	0,88
35 × 4	35	4	2,64	2,07	1,02	1,22
40 × 4	40	4	3,04	2,39	1,15	1,62
40 × 5	40	5	3,75	2,94	1,18	1,97
45 × 5	45	5	4,25	3,34	1,31	2,53
50 × 5	50	5	4,75	3,73	1,43	3,15

Bezeichnung für gleichschenkligen, scharfkantigen Winkelstahl mit 20 mm Schenkelbreite und 4 mm Schenkeldicke aus S275JR nach DIN EN 10 025: **LS-Profil DIN 1022 – LS 20 × 4 – S275JR**

Ungleichschenkliger Winkelstahl

vgl. DIN EN 10 056-1 (1998-10)

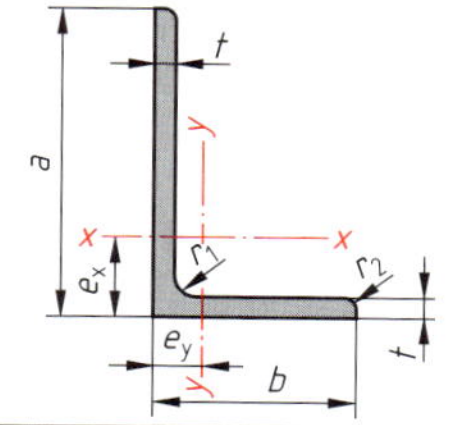

$r_1 \approx t$

$r_2 \approx \frac{t}{2}$

S Querschnittsfläche
I Flächenmoment 2. Grades
W axiales Widerstandsmoment
m' längenbezogene Masse

Bezeichnung für ungleichschenkligen Winkelstahl mit 65 mm und 50 mm Schenkelbreite und 5 mm Schenkeldicke:

L EN 10 056–1–65 × 50 × 5

Anreißmaße nach DIN 997 (1970-10)

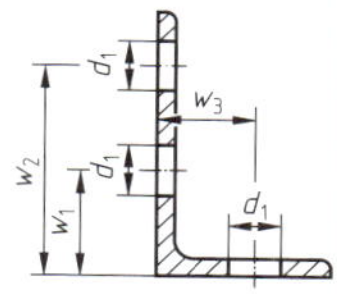

Kurzzeichen L	Abmessungen in mm *a*	*b*	*t*	*S* cm²	*m'* kg/m	Abstände der Achsen e_x cm	e_y cm	Für die Biegeachse x – x I_x cm⁴	W_x cm³	y – y I_y cm⁴	W_y cm³	Anreißmaße in mm w_1	w_2	w_3	d_1 max.	d_2 max.
30 × 20 × 3	30	20	3	1,43	1,12	0,990	0,502	1,25	0,621	0,437	0,292	17	–	12	8,4	4,3
30 × 20 × 4	30	20	4	1,86	1,46	1,03	0,541	1,59	0,807	0,553	0,379	17	–	12	8,4	4,3
40 × 20 × 4	40	20	4	2,26	1,77	1,47	0,48	3,59	1,42	0,600	0,393	22	–	12	11	4,3
40 × 25 × 4	40	25	4	2,46	1,93	1,36	0,623	3,89	1,47	1,16	0,619	22	–	15	11	6,4
45 × 30 × 4	45	30	4	2,87	2,25	1,48	0,74	5,78	1,91	2,05	0,91	25	–	17	13	8,4
50 × 30 × 5	50	30	5	3,78	2,96	1,73	0,741	9,36	2,86	2,51	1,11	30	–	17	13	8,4
60 × 30 × 5	60	30	5	4,28	3,36	2,17	0,684	15,6	4,07	2,63	1,14	35	–	17	17	8,4
60 × 40 × 5	60	40	5	4,79	3,76	1,96	0,972	17,2	4,25	6,11	2,02	35	–	22	17	11
60 × 40 × 6	60	40	6	5,68	4,46	2,00	1,01	20,1	5,03	7,12	2,38	35	–	22	17	11
65 × 50 × 5	65	50	5	5,54	4,35	1,99	1,25	23,2	5,14	11,9	3,19	35	–	30	21	13
70 × 50 × 6	70	50	6	6,89	5,41	2,23	1,25	33,4	7,01	14,2	3,78	40	–	30	21	13
75 × 50 × 6	75	50	6	7,19	5,65	2,44	1,21	40,5	8,01	14,4	3,81	40	–	30	21	13
75 × 50 × 8	75	50	8	9,41	7,39	2,52	1,29	52,0	10,4	18,4	4,95	40	–	30	23	13
80 × 40 × 6	80	40	6	6,89	5,41	2,85	0,884	44,9	8,73	7,59	2,44	45	–	22	23	11
80 × 40 × 8	80	40	8	9,01	7,07	2,94	0,963	57,6	11,4	9,61	3,16	45	–	22	23	11
80 × 60 × 7	80	60	7	9,38	7,36	2,51	1,52	59,0	10,7	28,4	6,34	45	–	35	23	11
100 × 50 × 6	100	50	6	8,71	6,84	3,51	1,05	89,9	13,8	15,4	3,89	55	–	30	25	13
100 × 50 × 8	100	50	8	11,4	8,97	3,60	1,13	116	18,2	19,7	5,08	55	–	30	25	13
100 × 65 × 7	100	65	7	11,2	8,77	3,23	1,51	113	16,6	37,6	7,53	55	–	35	25	21
100 × 65 × 8	100	65	8	12,7	9,94	3,27	1,55	127	18,9	42,2	8,54	55	–	35	25	21
100 × 65 × 10	100	65	10	15,6	12,3	3,36	1,63	154	23,2	51,0	10,5	55	–	35	25	21
100 × 75 × 8	100	75	8	13,5	10,6	3,10	1,87	133	19,3	64,1	11,4	55	–	40	25	23
100 × 75 × 10	100	75	10	16,6	13,0	3,19	1,95	162	23,8	77,6	14,0	55	–	40	25	23
100 × 75 × 12	100	75	12	19,7	15,4	3,27	2,03	189	28,0	90,2	16,5	55	–	40	25	23
120 × 80 × 8	120	80	8	15,5	12,2	3,83	1,87	226	27,6	80,8	13,2	50	80	45	25	23
120 × 80 × 10	120	80	10	19,1	15,0	3,92	1,95	276	34,1	98,1	16,2	50	80	45	25	23
120 × 80 × 12	120	80	12	22,7	17,8	4,00	2,03	323	40,4	114	19,1	50	80	45	25	23
125 × 75 × 8	125	75	8	15,5	12,2	4,14	1,68	247	29,6	67,6	11,6	50	–	40	25	23
125 × 75 × 10	125	75	10	19,1	15,0	4,23	1,76	302	36,5	82,1	14,3	50	–	40	25	23
125 × 75 × 12	125	75	12	22,7	17,8	4,31	1,84	354	43,2	95,5	16,9	50	–	40	25	23
135 × 65 × 8	135	65	8	15,5	12,2	4,78	1,34	291	33,4	45,2	8,75	50	–	35	25	23
135 × 65 × 10	135	65	10	19,1	15,0	4,88	1,42	356	41,3	54,7	10,8	50	–	35	25	23
150 × 75 × 9	150	75	9	19,6	15,4	5,26	1,57	455	46,7	77,9	13,1	60	105	40	28	23
150 × 75 × 10	150	75	10	21,7	17,0	5,31	1,61	501	51,6	85,6	14,5	60	105	40	28	23
150 × 75 × 12	150	75	12	25,7	20,2	5,40	1,69	588	61,3	99,6	17,1	60	105	40	28	23
150 × 75 × 15	150	75	15	31,7	24,8	5,52	1,81	713	75,2	119	21,0	60	105	40	28	23
150 × 90 × 10	150	90	10	23,2	18,2	5,00	2,04	533	53,3	146	21,0	60	105	50	28	25
150 × 90 × 12	150	90	12	27,5	21,6	5,08	2,12	627	63,3	171	24,8	60	105	50	28	25
150 × 90 × 15	150	90	15	33,9	26,6	5,21	2,23	761	77,7	205	30,4	60	105	50	28	25
150 × 100 × 10	150	100	10	24,2	19,0	4,81	2,34	553	54,2	199	25,9	60	105	55	28	25
150 × 100 × 12	150	100	12	28,7	22,5	4,89	2,42	651	64,4	233	30,7	60	105	55	28	25
200 × 100 × 10	200	100	10	29,2	23,0	6,93	2,01	1220	93,2	210	26,3	65	150	55	28	25
200 × 100 × 12	200	100	12	34,8	27,3	7,03	2,10	1440	111	247	31,3	65	150	55	28	25
200 × 100 × 15	200	100	15	43,0	33,75	7,16	2,22	1758	137	299	38,5	65	150	55	28	25
200 × 150 × 12	200	150	12	40,8	32,0	6,08	3,61	1650	119	803	70,5	65	200	80	28	25
200 × 150 × 15	200	150	15	50,5	39,6	6,21	3,73	2022	147	979	86,9	65	200	80	28	25

Gleichschenkliger Winkelstahl

vgl. DIN EN 10056-1 (1998-10)

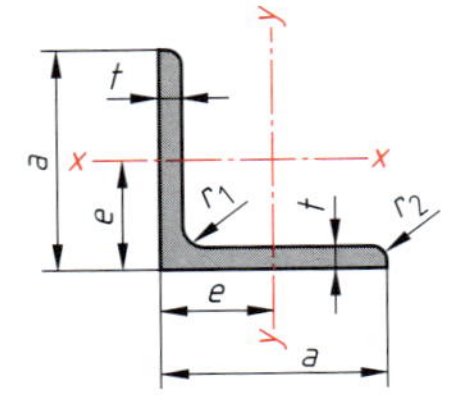

$r_1 \approx t$

$r_2 \approx \frac{t}{2}$

S Querschnittsfläche

I Flächenmoment 2. Grades

W axiales Widerstandsmoment

m' längenbezogene Masse

Bezeichnung für gleichschenkligen Winkelstahl mit 50 mm Schenkelbreite und 5 mm Schenkeldicke:

L EN 10056–1–50 × 50 × 5

Anreißmaße nach DIN 997 (1970-10)

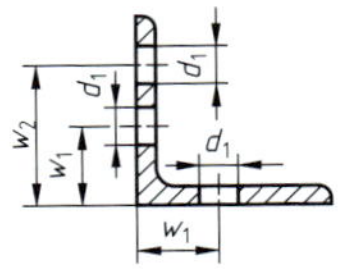

Kurzzeichen L	Abmessungen in mm a	t	S cm²	m' kg/m	Abstände der Achsen e cm	Für die Biegeachse x – x und y – y $I_x = I_y$ cm⁴	$W_x = W_y$ cm⁴	Anreißmaße in mm w_1	w_2	d_1 max.
20 × 20 × 3	20	3	1,12	0,882	0,598	0,392	0,279	12	–	4,3
25 × 25 × 3	25	3	1,42	1,12	0,723	0,803	0,452	15	–	6,4
25 × 25 × 4	25	4	1,85	1,45	0,762	1,02	0,586	15	–	6,5
30 × 30 × 3	30	3	1,74	1,36	0,835	1,40	0,649	17	–	8,4
30 × 30 × 4	30	4	2,27	1,78	0,878	1,80	0,850	17	–	8,4
35 × 35 × 4	35	4	2,67	2,09	1,00	2,95	1,18	18	–	11
40 × 40 × 4	40	4	3,08	2,42	1,12	4,47	1,55	22	–	11
40 × 40 × 5	40	5	3,79	2,97	1,16	5,43	1,91	22	–	11
45 × 45 × 4,5	45	4,5	3,90	3,06	1,25	7,14	2,20	25	–	13
50 × 50 × 4	50	4	3,89	3,06	1,36	8,97	2,46	30	–	13
50 × 50 × 5	50	5	4,80	3,77	1,40	11,0	3,05	30	–	13
50 × 50 × 6	50	6	5,69	4,47	1,45	12,8	3,61	30	–	13
60 × 60 × 5	60	5	5,82	4,57	1,64	19,4	4,45	35	–	17
60 × 60 × 6	60	6	6,91	5,42	1,69	22,8	5,29	35	–	17
60 × 60 × 8	60	8	9,03	7,09	1,77	29,2	6,89	35	–	17
65 × 65 × 7	65	7	8,70	6,83	1,85	33,4	7,18	35	–	21
70 × 70 × 6	70	6	8,13	6,38	1,93	36,9	7,27	40	–	21
70 × 70 × 7	70	7	9,40	7,38	1,97	42,3	8,41	40	–	21
75 × 75 × 6	75	6	8,73	6,85	2,05	45,8	8,41	40	–	23
75 × 75 × 8	75	8	11,4	8,99	2,14	59,1	11,0	40	–	23
80 × 80 × 8	80	8	12,3	9,63	2,26	72,2	12,6	45	–	23
80 × 80 × 10	80	10	15,1	11,9	2,34	87,5	15,4	45	–	23
90 × 90 × 7	90	7	12,2	9,61	2,45	92,6	14,1	50	–	25
90 × 90 × 8	90	8	13,9	10,9	2,50	104	16,1	50	–	25
90 × 90 × 9	90	9	15,5	12,2	2,54	116	17,9	50	–	25
90 × 90 × 10	90	10	17,1	13,4	2,58	127	19,8	50	–	25
100 × 100 × 8	100	8	15,5	12,2	2,74	145	19,9	55	–	25
100 × 100 × 10	100	10	19,2	15,0	2,82	177	24,6	55	–	25
100 × 100 × 12	100	12	22,7	17,8	2,90	207	29,1	55	–	25
120 × 120 × 10	120	10	23,2	18,2	3,31	313	36,0	50	80	25
120 × 120 × 12	120	12	27,5	21,6	3,40	368	42,7	50	80	25
130 × 130 × 12	130	12	30,0	23,6	3,64	472	50,4	50	90	25
150 × 150 × 10	150	10	29,3	23,0	4,03	624	56,9	60	105	28
150 × 150 × 12	150	12	34,8	27,3	4,12	737	67,7	60	105	28
150 × 150 × 15	150	15	43,0	33,8	4,25	898	83,5	60	105	28
160 × 160 × 15	160	15	46,1	36,2	4,49	1100	95,6	60	115	28
180 × 180 × 16	180	16	55,4	43,5	5,02	1680	130	60	135	28
180 × 180 × 18	180	18	61,9	48,6	5,10	1870	145	60	135	28
200 × 200 × 16	200	16	61,8	48,5	5,52	2340	162	65	150	28
200 × 200 × 18	200	18	69,1	54,3	5,60	2600	181	65	150	28
200 × 200 × 20	200	20	76,3	59,9	5,68	2850	199	65	150	28
200 × 200 × 24	200	24	90,6	71,1	5,84	3330	235	65	150	28
250 × 250 × 28	250	28	133	104	7,24	7700	433	65	200	28
250 × 250 × 35	250	35	163	128	7,50	9260	529	65	200	28

Formstahl

Schmale I-Träger

vgl. DIN 1025-1 (1995-05)

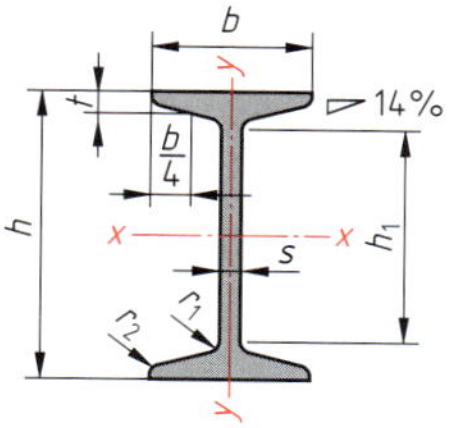

$r_1 = s$

$r_2 \approx 0{,}6 \cdot s$

S Querschnittsfläche
I Flächenmoment 2. Grades
W axiales Widerstandsmoment
m' längenbezogene Masse

Bezeichnung für einen schmalen I-Träger (Doppel-T-Träger), I-Reihe, mit 180 mm Höhe aus S275JO nach DIN EN 10025:

I-Profil DIN 1025 – S275JO – I180

Anreißmaße nach DIN 997 (1970-10)

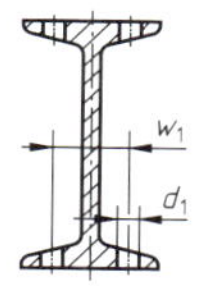

Kurzzeichen	Abmessungen in mm							Für die Biegeachse				Anreißmaße in mm	
								x – x		y – y			
I	h	b	s	t	h_1	S cm²	m' kg/m	I_x cm⁴	W_x cm³	I_y cm⁴	W_y cm³	w_1	d_1 max.
80	80	42	3,9	5,9	59	7,57	5,94	77,8	19,5	6,29	3,00	22	6,4
100	100	50	4,5	6,8	75	10,6	8,34	171	34,2	12,2	4,88	28	6,4
120	120	58	5,1	7,7	92	14,2	11,1	328	54,7	21,5	7,41	32	8,4
140	140	66	5,7	8,6	109	18,2	14,3	573	81,9	35,2	10,7	34	11
160	160	74	6,3	9,5	125	22,8	17,9	935	117	54,7	14,8	40	11
180	180	82	6,9	10,4	142	27,9	21,9	1450	161	81,3	19,8	44	13
200	200	90	7,5	11,3	159	33,4	26,2	2140	214	117	26,0	48	13
220	220	98	8,1	12,2	175	39,5	31,1	3060	278	162	33,1	52	13
240	240	106	8,7	13,1	192	46,1	36,2	4250	354	221	41,7	56	17
260	260	113	9,4	14,1	208	53,3	41,9	5740	442	288	51,0	60	17
280	280	119	10,1	15,2	225	61,0	47,9	7590	542	364	61,2	60	17
300	300	125	10,8	16,2	241	69,0	54,2	9800	653	451	72,2	64	21
320	320	131	11,5	17,3	257	77,7	61,0	12510	782	555	84,7	70	21
340	340	137	12,2	18,3	274	86,7	68,0	15700	923	674	98,4	74	21
360	360	143	13,0	19,5	290	97,0	76,1	19610	1090	818	114	76	23
380	380	149	13,7	20,5	306	107	84,0	24010	1260	975	131	82	23
400	400	155	14,4	21,6	322	118	92,4	29210	1460	1160	149	82	23
450	450	170	16,2	24,3	363	147	115	45850	2040	1730	203	94	25
500	500	185	18,0	27,0	404	179	141	68740	2750	2480	268	100	28
550	550	200	19,0	30,0	445	212	166	99180	3610	3490	349	110	28

Mittelbreite I-Träger (IPE) mit parallelen Flanschflächen

vgl. DIN 1025-5 (1994-03)

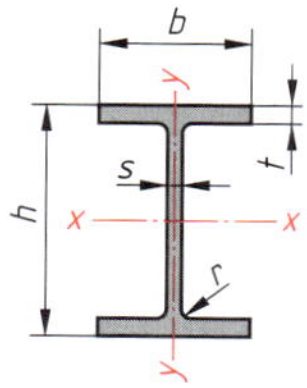

S Querschnittsfläche
I Flächenmoment 2. Grades
W axiales Widerstandsmoment
m' längenbezogene Masse

Bezeichnung für einen mittelbreiten I-Träger (Doppel-T-Träger), IPE-Reihe, mit 300 mm Höhe aus S275JR nach DIN EN 10025:

I-Profil DIN 1025 – S275JR – IPE 300

Anreißmaße nach DIN 997 (1970-10)

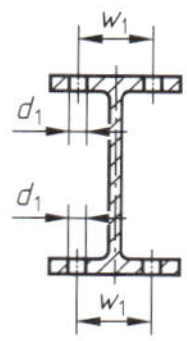

Kurzzeichen	Abmessungen in mm							Für die Biegeachse				Anreißmaße in mm	
								x – x		y – y			
IPE	h	b	s	t	r	S cm²	m' kg/m	I_x cm⁴	W_x cm³	I_y cm⁴	W_y cm³	w_1	d_1 max.
80	80	46	3,8	5,2	5	7,64	6,0	80,1	20,0	8,49	3,69	26	6,4
100	100	55	4,1	5,7	7	10,3	8,1	171	34,2	15,9	5,79	30	8,4
120	120	64	4,4	6,3	7	13,2	10,4	318	53,0	27,7	8,65	36	8,4
140	140	73	4,7	6,9	7	16,4	12,9	541	77,3	44,9	12,3	40	11
160	160	82	5,0	7,4	9	20,1	15,8	869	109	68,3	16,7	44	13
180	180	91	5,3	8,0	9	23,9	18,8	1320	146	101	22,2	50	13

Fortsetzung der Tabelle Seite 166

Formstahl

Mittelbreite I-Träger (IPE) mit parallelen Flanschflächen (Fortsetzung) vgl. DIN 1025-5 (1994-03)

Kurzzeichen	Abmessungen in mm							Für die Biegeachse				Anreißmaße in mm	
								x – x		y – y			
IPE	*h*	*b*	*s*	*t*	*r*	*S* cm²	*m'* kg/m	I_x cm⁴	W_x cm³	I_y cm⁴	W_y cm³	w_1	d_1 max.
200	200	100	5,6	8,5	12	28,5	22,4	1 940	194	142	28,5	56	13
220	220	110	5,9	9,2	12	33,4	26,2	2 770	252	205	37,3	60	17
240	240	120	6,2	9,8	15	39,1	30,7	3 890	324	284	47,3	68	17
270	270	135	6,6	10,2	15	45,9	36,1	5 790	429	420	62,2	72	21
300	300	150	7,1	10,7	15	53,8	42,2	8 360	557	604	80,5	80	23
330	330	160	7,5	11,5	18	62,6	49,1	11 770	713	788	98,5	86	25
360	360	170	8,0	12,7	18	72,7	57,1	16 270	904	1 040	123	90	25
400	400	180	8,6	13,5	21	84,5	66,3	23 130	1 160	1 320	146	96	28
450	450	190	9,4	14,6	21	98,8	77,6	33 740	1 500	1 680	176	106	28
500	500	200	10,2	16,0	21	116	90,7	48 200	1 930	2 140	214	110	28
550	550	210	11,1	17,2	24	134	106	67 120	2 440	2 670	254	120	28
600	600	220	12,0	19,0	24	156	122	92 080	3 070	3 390	308	120	28

Breite I-Träger (IPB = HE-B) mit parallelen Flanschflächen vgl. DIN 1025-2 (1995-11)

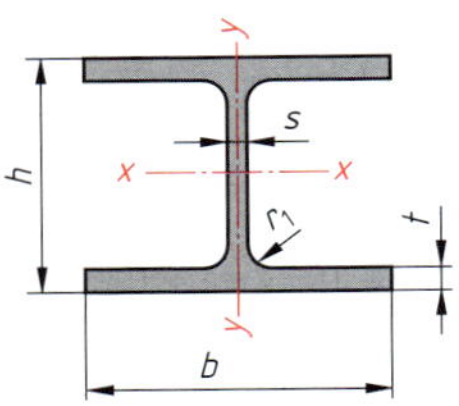

$r_1 \approx 2 \cdot s$

S Querschnittsfläche
I Flächenmoment 2. Grades
W axiales Widerstandsmoment
m' längenbezogene Masse

Bezeichnung für einen breiten I-Träger (Doppel-T-Träger) mit parallelen Flanschflächen, IPB-Reihe, von 240 mm Höhe aus S235JR nach DIN EN 10 025:
I-PB-Profil DIN 1025 – S235JR – IPB 240

Bezeichnung nach EURONORM 53-62:
HE 240 B

Anreißmaße nach DIN 997 (1970-10)

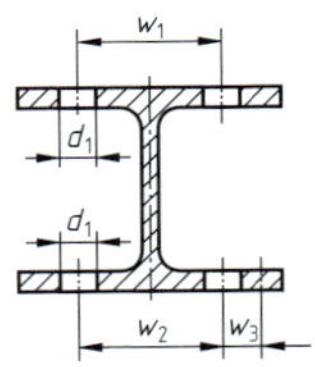

Kurzzeichen	Abmessungen in mm						Für die Biegeachse				Anreißmaße in mm			
							x – x		y – y		einreihig	zweireihig		
IPB HE-B	*h*	*b*	*s*	*t*	*S* cm²	*m'* kg/m	I_x cm⁴	W_x cm³	I_y cm⁴	W_y cm³	w_1	w_2	w_3	d_1 max.
100	100	100	6	10	26,0	20,4	450	89,9	167	33,5	56	–	–	13
120	120	120	6,5	11	34,0	26,7	864	144	318	52,9	66	–	–	17
140	140	140	7	12	43,0	33,7	1 510	216	550	78,5	76	–	–	21
160	160	160	8	13	54,3	42,6	2 490	311	889	111	86	–	–	23
180	180	180	8,5	14	65,3	51,2	3 830	426	1 360	151	100	–	–	25
200	200	200	9	15	78,1	61,3	5 700	570	2 000	200	110	–	–	25
220	220	220	9,5	16	91	71,5	8 090	736	2 840	258	120	–	–	25
240	240	240	10	17	106	83,2	11 260	938	3 920	327	–	96	35	25
260	260	260	10	17,5	118	93,0	14 920	1 150	5 130	395	–	106	40	25
280	280	280	10,5	18	131	103	19 270	1 380	6 590	471	–	110	45	25
300	300	300	11	19	149	117	25 170	1 680	8 560	571	–	120	45	28
320	320	300	11,5	20,5	161	127	30 820	1 930	9 240	616	–	120	45	28
340	340	300	12	21,5	171	134	36 660	2 160	9 690	646	–	120	45	28
360	360	300	12,5	22,5	181	142	43 190	2 400	10 140	676	–	120	45	28
400	400	300	13,5	24	198	155	57 680	2 880	10 820	721	–	120	45	28
450	450	300	14	26	218	171	78 890	3 550	11 720	781	–	120	45	28
500	500	300	14,5	28	239	187	107 200	4 290	12 620	842	–	120	45	28
550	550	300	15	29	254	199	136 700	4 970	13 080	872	–	120	45	28
600	600	300	15,5	30	270	212	171 000	5 700	13 530	902	–	120	45	28
650	650	300	16	31	286	225	210 600	6 480	13 980	932	–	120	45	28
700	700	300	17	32	306	241	256 900	7 340	14 440	963	–	126	45	28
800	800	300	17,5	33	334	262	359 100	8 980	14 900	994	–	130	40	28
900	900	300	18,5	35	371	291	494 100	10 980	15 820	1050	–	130	40	28
1000	1000	300	19	36	400	314	644 700	12 890	16 280	1090	–	130	40	28

W

Breite I-Träger (I PBI = HE-A) leichte Ausführung, mit parallelen Flanschflächen, warmgewalzt

vgl. DIN 1025-3 (1994-03)

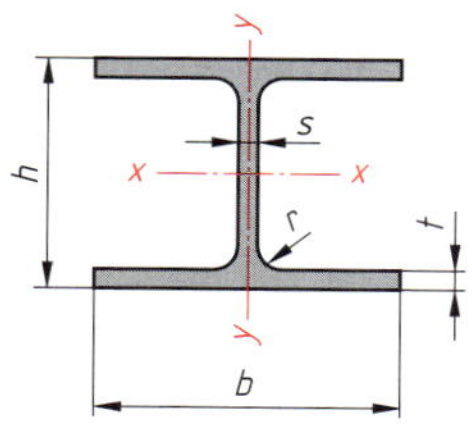

S Querschnittsfläche
I Flächenmoment 2. Grades
W axiales Widerstandsmoment
m' längenbezogene Masse
Werkstoff: Stahl für den Stahlbau nach DIN EN 10 025
Lieferart: Normallängen, bei $h < 300$ mm, 8 m bis 16 m; bei $h \geq 300$ mm, 8 m bis 18 m
Bezeichnung für einen breiten I-Träger, leichte Ausführung, mit parallelen Flanschflächen, aus S235JR, $h = 360$ mm: **I-Profil DIN 1025 – S235JR – I PBI 360**
Bezeichnung nach EURONORM 53-62: **HE 360 A**

Anreißmaße nach DIN 997 (1970-10)

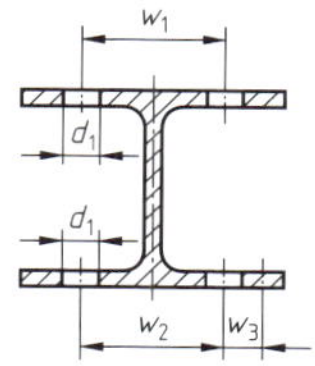

Kurzzeichen I PBI HE-A	Abmessungen in mm *h*	*b*	*s*	*t*	*r*	*S* cm²	*m'* kg/m	Für die Achsen x – x I_x cm⁴	W_x cm³	y – y I_y cm⁴	W_y cm³	Anreißmaße nach DIN 997 w_1, w_2 mm	w_3 mm	d_1 mm
100	96	100	5	8	12	21,2	16,7	349	72,8	134	26,8	56	–	13
120	114	120	5	8	12	25,3	19,9	606	106	231	38,5	66	–	17
140	133	140	5,5	8,5	12	31,4	24,7	1 030	155	389	55,6	76	–	21
160	152	160	6	9	15	38,8	30,4	1 670	220	616	76,9	86	–	23
180	171	180	6	9,5	15	45,3	35,5	2 510	294	925	103	100	–	25
200	190	200	6,5	10	18	53,8	42,3	3 690	389	1340	134	110	–	25
220	210	220	7	11	18	64,3	50,5	5 410	515	1950	178	120	–	25
240	230	240	7,5	12	21	76,8	60,3	7 760	675	2770	231	96	35	25
260	250	260	7,5	12,5	24	86,8	68,2	10 450	836	3 670	282	106	40	25
280	270	280	8	13	24	97,3	76,4	13 670	1010	4 760	340	110	45	25
300	290	300	8,5	14	27	112	88,3	18 260	1260	6 310	421	120	45	28
320	310	300	9	15,5	27	124	97,6	22 930	1480	6 990	466	120	45	28
340	330	300	9,5	16,5	27	133	105	27 690	1680	7 440	496	120	45	28
360	350	300	10	17,5	27	143	112	33 090	1890	7 890	526	120	45	28
400	390	300	11	19	27	159	125	45 070	2310	8 560	571	120	45	28
450	440	300	11,5	21	27	178	140	63 720	2900	9 470	631	120	45	28
500	490	300	12	23	27	198	155	86 970	3550	10 370	691	120	45	28
550	540	300	12,5	24	27	212	166	111 900	4150	10 820	721	120	45	28
600	590	300	13	25	27	226	178	141 200	4790	11 270	751	120	45	28

Breite I-Träger (I PBII = HE-AA) besonders leichte Ausführung, mit parallelen Flanschflächen, warmgewalzt

nicht genormt

Kurzzeichen I PBII HE-AA	Abmessungen in mm *h*	*b*	*s*	*t*	*r*	*S* cm²	*m'* kg/m	Für die Achsen x – x I_x cm⁴	W_x cm³	y – y I_y cm⁴	W_y cm³	Anreißmaße nach DIN 997 w_1, w_2 mm	w_3 mm	d_1 mm
100	91	100	4,2	5,5	12	15,6	12,2	237	52,0	92,1	18,4	60	–	13
120	109	120	4,2	5,5	12	18,6	14,6	413	75,8	159	26,5	69	–	17
140	128	140	4,3	6	12	23,0	18,1	719	112	275	39,3	75	–	21
160	148	160	4,5	7	15	30,4	23,8	1 283	173	479	59,8	88	–	23
180	167	180	5	7,5	15	36,5	28,7	1 967	236	730	81,1	105	–	25
200	186	200	5,5	8	18	44,1	34,6	2 944	317	1068	107	115	–	25
220	205	220	6	8,5	18	51,5	40,4	4 170	407	510	137	125	–	25
240	224	240	6,5	9	21	60,4	47,4	5 835	521	2077	173	93	35	25
260	244	260	6,5	9,5	24	69,0	54,1	7 981	654	2788	214	99	40	25
280	264	280	7	10	24	78,0	61,2	10 560	800	3664	262	99	50	25
300	283	300	7,5	10,5	27	88,9	69,8	13 800	976	4734	316	112	50	28
320	301	300	8	11	27	94,6	74,2	16 450	1093	4959	331	112	50	28
340	320	300	8,5	11,5	27	101	78,9	19 550	1222	5185	346	113	50	28
360	339	300	9	12	27	107	83,7	23 040	1359	5410	361	113	50	28
400	378	300	9,5	13	27	118	924	31 250	1654	5861	391	114	50	28
450	425	300	10	13,5	27	127	99,7	41 890	1971	6088	406	114	50	28
500	472	300	10,5	14	27	137	107	54 640	2315	6344	421	115	50	28
550	522	300	11,5	15	27	153	120	72 870	2792	6767	451	116	50	28
600	571	300	12	15,5	27	164	129	91 870	3218	6993	466	116	50	28

Breite I-Träger (I PBv = HE-M) verstärkte Ausführung, mit parallelen Flanschflächen, warmgewalzt

vgl. DIN 1025-4 (1994-03)

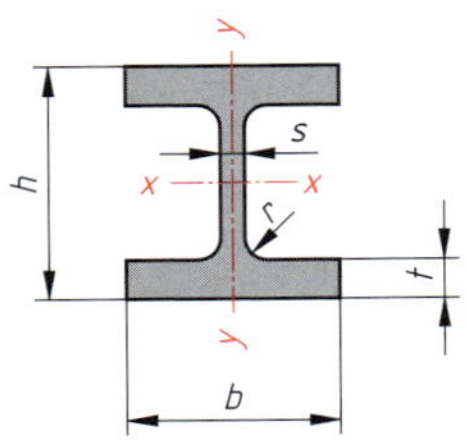

S Querschnittsfläche
I Flächenmoment 2. Grades
W axiales Widerstandsmoment
m' längenbezogene Masse

Werkstoff: Stahl für den Stahlbau nach DIN EN 10025

Lieferart: Normallängen, bei $h < 300$ mm, 8 m bis 16 m; bei $h \geq 300$ mm, 8 m bis 18 m

Bezeichnung eines breiten I-Trägers, verstärkte Ausführung, mit parallelen Flanschflächen, aus S235JR, $h = 400$ mm: **I-Profil DIN 1025 – S235JR – I PBv 400**

Bezeichnung nach EURONORM 53-62: **HE 400 M**

Anreißmaße nach DIN 997 (1970-10)

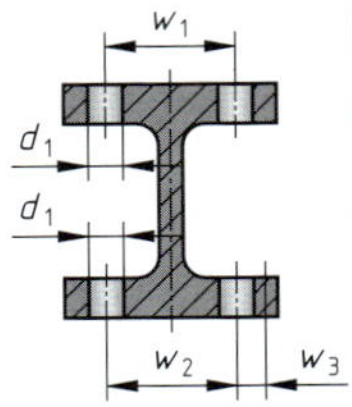

Kurzzeichen I PBv HE-M	Abmessungen in mm					S	m'	Für die Achsen x – x		y – y		Anreißmaße nach DIN 997		
	h	b	s	t	r	cm²	kg/m	I_x cm⁴	W_x cm³	I_y cm⁴	W_y cm³	w_1, w_2 mm	w_3 mm	d_1 mm
100	120	106	12	20	12	53,2	41,8	1 140	190	399	75,3	60	–	13
120	140	126	12,5	21	12	66,4	52,1	2 020	288	703	112	68	–	17
140	160	146	13	22	12	80,6	63,2	3 290	411	1140	157	76	–	21
160	180	166	14	23	15	97,1	76,2	5 100	566	1 760	212	86	–	23
180	200	186	14,5	24	15	113	88,9	7 480	748	2 580	277	100	–	25
200	220	206	15	25	18	131	103	10 640	967	3 650	354	110	–	25
220	240	226	15,5	26	18	149	117	14 600	1 220	5 010	444	120	–	25
240	270	248	18	32	21	200	157	24 290	1 800	8 150	657	100	35	25
260	290	268	18	32,5	24	220	172	31 310	2 160	10 450	780	110	40	25
280	310	288	18,5	33	24	240	189	39 550	2 550	13 160	914	116	45	25
300	340	310	21	39	27	303	238	59 200	3 480	19 400	1250	120	50	25
320	359	309	21	40	27	312	245	68 130	3 800	19 710	1280	126	50	28
340	377	309	21	40	27	316	248	76 370	4 050	19 710	1280	126	47	28
360	395	308	21	40	27	319	250	84 870	4 300	19 520	1270	126	47	28
380	432	307	21	40	27	326	256	104 100	4 820	19 330	1260	126	47	28
400	478	307	21	40	27	335	263	131 500	5 500	19 340	1260	126	47	28
500	524	306	21	40	27	344	270	161 900	6 180	19 150	1250	130	45	28
550	572	306	21	40	27	354	278	198 000	6 920	19 160	1250	130	45	28
600	620	305	21	40	27	364	285	237 400	7 660	18 970	1240	130	45	28

ꓶ-Stahl

vgl. DIN 1027 (2004-04)

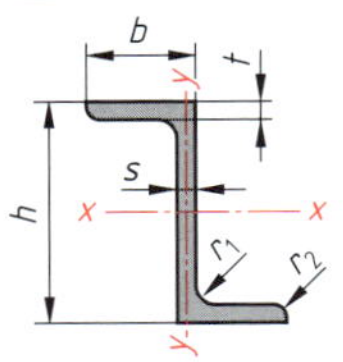

$r_1 = t$

$r_2 \approx \frac{t}{2}$

S Querschnittsfläche
I Flächenmoment 2. Grades
W axiales Widerstandsmoment
m' längenbezogene Masse

Bezeichnung für ꓶ-Stahl mit 80 mm Höhe aus S235JRG1 nach DIN EN 10025:
Z-Profil DIN 1027 – Z 80 – S235JRG1

Anreißmaße nach DIN 997 (1970-10)

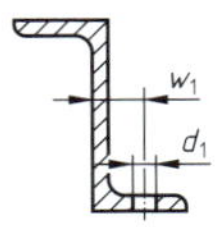

Kurzzeichen ꓶ	Abmessungen in mm				S	m'	Für die Biegeachse x – x		y – y		Anreißmaße in mm	
	h	b	s	t	cm²	kg/m	I_x cm⁴	W_x cm³	I_y cm⁴	W_y cm³	w_1	d_1 max.
30	30	38	4	4,5	4,32	3,39	5,96	3,97	13,7	3,80	20	11
40	40	40	4,5	5	5,43	4,26	13,5	6,75	17,6	4,66	22	11
50	50	43	5	5,5	6,77	5,31	26,3	10,5	23,8	5,88	25	11
60	60	45	5	6	7,91	6,21	4,7	14,9	30,1	7,09	25	13
80	90	50	6	7	11,1	8,71	109	27,3	47,4	10,1	30	13
100	100	55	6,5	8	14,5	11,4	222	44,4	72,5	14,0	30	17
120	120	60	7	9	18,2	14,3	402	67,0	106	18,8	35	17
140	140	65	8	10	22,9	18,0	676	96,6	148	23,3	35	17
160	160	70	8,5	11	27,5	21,6	1060	132	204	31,0	35	21

Rohre

Nahtlose kaltgezogene Rohre
Geschweißte kaltgezogene Rohre

vgl. DIN 10305-1 (2003-02)
vgl. DIN 10305-2 (2003-02)

Lieferzustände

Kurzzeichen	Benennung	Erklärung, Eigenschaften
+C	zugblank-hart	Ohne Wärmebehandlung nach dem abschließenden Kaltziehen.
+LC	zugblank-weich	Nach der letzten Wärmebehandlung folgt ein Kaltziehen in einem Stich
+SR	zugblank und spannungsarmgeglüht	Nach dem letzten Kaltziehen wird unter kontrollierter Atmosphäre spannungsarmgeglüht.
+A	geglüht	Nach dem letzten Kaltziehen wird unter kontrollierter Atmosphäre geglüht.
+N	normalgeglüht	Nach dem letzten Kaltziehen werden die Rohre unter kontrollierter Atmosphäre normalgeglüht.

Mechanische Eigenschaften nahtlos kaltgezogener Rohre

vgl. DIN 10305-1 (2003-02)

Lieferzustand	+C		+LC		+SR			+A		+N		
Stahlsorte Kurzname	R_m N/mm²	A %	R_m N/mm²	A %	R_m N/mm²	R_{eH} N/mm²	A %	R_m N/mm²	A_5 %	R_m N/mm²	R_{eH} N/mm²	A %
E215	430	8	380	12	380	280	16	280	30	290 bis 420	215	30
E235	480	6	420	10	420	350	16	315	25	340 bis 480	235	25
E255	580	5	520	8	520	375	12	390	21	440 bis 570	255	21
E355	640	4	580	7	580	450	10	450	22	490 bis 630	355	22

Lieferzustand +C, +LC: Glatte äußere und innere Oberfläche mit einer Rauheit $R_a \leq 4$ µm, Lieferzustand +SR, +A, +N: Glatte, äußere Oberfläche mit einer Rauheit $R_a \leq 4$ µm.

Lieferart: Außendurchmesser D = 4 mm bis 260 mm in Wanddicken T = 0,5 mm bis 25 mm; Herstelllänge: 3 m bis 8 m

Werkstoff: Stähle für den Maschinenbau

Bezeichnung eines nahtlos kaltgezogenen Rohres nach DIN EN 10305-1, Außendurchmesser 60 mm, Innendurchmesser 56 mm, gefertigt aus der Stahlsorte E235 in normalgeglühtem Zustand;
Rohr-60 x ID56 -EN 10305-1-E235+N

Mechanische Eigenschaften geschweißter kaltgezogener Rohre

vgl. DIN 10305-2 (2003-02)

Lieferzustand	+C		+LC		+SR			+A		+N		
Stahlsorte Kurzname	R_m N/mm²	A %	R_m N/mm²	A %	R_m N/mm²	R_{eH} N/mm²	A %	R_m N/mm²	A_5 %	R_m N/mm²	R_{eH} N/mm²	A %
E115	400	6	350	12	350	245	18	260	28	270 bis 410	155	28
E195	420	6	370	10	370	260	18	290	28	300 bis 440	195	28
E235	490	6	440	10	440	325	14	315	25	340 bis 480	235	25
E275	560	5	510	8	510	375	12	390	21	410 bis 550	275	21
E355	640	4	590	6	590	435	10	450	22	490 bis 630	355	22

Lieferzustand: Glatte äußere und innere Oberfläche mit einer Rauheit $R_a \leq 4$ µm.

Lieferart: Außendurchmesser D = 4 mm bis 150 mm in Wanddicken T = 0,5 mm bis 10 mm; Herstelllänge: 3 m bis 8 m

Werkstoff: Stähle für den Maschinenbau

Bezeichnung eines geschweißten kaltgezogenen Rohres nach DIN EN 10305-2, Außendurchmesser 30 mm, Innendurchmesser 22 mm, gefertigt aus der Stahlsorte E195 in geglühtem Zustand ;
Rohr-30 x ID22 -EN 10305-2-E195+A

Installationsrohre aus Kupfer, nahtlos gezogen

vgl. DIN EN 1057 (1996-05), Ersatz für DIN 1786

Bezeichnung	Außendurchmesser d in mm	Zugfestigkeit R_m in MPa	Bruchdehnung A in %	Verwendung
R220	6 bis 54	220	40	Wasser- und Gasleitungen für Sanitärinstallationen und Heizungsanlagen
R250	6 bis 66,7	250	30	
	6 bis 259		20	
R290	6 bis 267	290	3	

Lieferart: In Ringen von d = 6 mm bis 54 mm im Zustand R220 in Lieferlängen von 25 m oder 50 m. In geraden Längen von d = 6 mm bis 267 mm im Zustand R250 oder R290, mit Lieferlängen von 3 m oder 5 m. Die Rohre können auch mit Ummantelung geliefert werden.

Werkstoff: Kupfer und Kupferlegierungen

Bezeichnung eines Kupferrohres nach DIN EN 1057, R220 (weich), d = 12 mm, Wanddicke e = 1 mm
Kupferrohr EN 1057 – R220 – 12 × 1,0

Stahlrohre

Nahtlose- und geschweißte Rohre aus nichtrostenden Stählen

vgl. DIN EN ISO 1127 (1996-02)

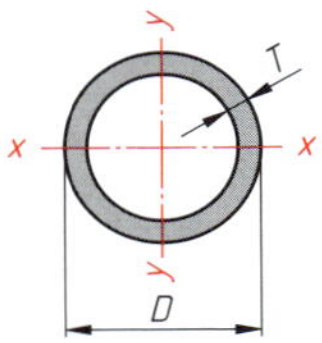

$I_x = I_y$ Flächenmomente 2. Grades
$W_x = W_y$ axiale Widerstandsmomente
m' längenbezogene Masse
D Außendurchmesser
T Wanddicke

Bezeichnung eines geschweißten, austenitischen Edelstahlrohres aus X5CrNi18-10 (1.4301), D = 33,7 mm, T = 2,6 mm: **Rohr DIN EN ISO 1127 – X5CrNi18-10 – 33,7 × 2,6**

oder handelsüblicher mit Angabe der Werkstoffnummer:
Rohr Edelstahl-Rostfrei DIN EBISO 1127 – 1.4301 – 33,7 × 2,6

Außen-durch-messer **D** **mm**	Wand-dicke *T* mm	Für austen. Stahl[1)] *m'* kg/m	Für martens. Stahl[2)] *m'* kg/m	Für die f. Biegeachsen x – x = y – y I_x cm⁴	W_x cm³
8,00[R2)]	1,0	0,175	0,170	0,01	0,03
	1,2	0,204	0,198	0,02	0,04
10,00[R1)]	1,0	0,225	0,219	0,03	0,06
	1,2	0,264	0,256	0,03	0,07
10,20[R1)]	1,2	0,270	0,262	0,03	0,07
12,00[R2)]	1,6	0,417	0,404	0,07	0,12
	2,0	0,501	0,486	0,08	0,14
12,70[R2)]	1,6	0,445	0,431	0,09	0,14
	2,0	0,536	0,520	0,10	0,16
	2,3	0,599	0,581	0,11	0,17
13,50[R1)]	1,6	0,477	0,462	0,11	0,16
	2,0	0,576	0,559	0,12	0,18
	2,3	0,645	0,626	0,13	0,20
16,00[R2)]	1,6	0,577	0,559	0,19	0,24
	2,0	0,701	0,680	0,22	0,27
17,20[R1)]	1,6	0,625	0,606	0,24	0,28
	2,0	0,761	0,738	0,28	0,33
	2,3	0,858	0,832	0,31	0,36
19,00[R2)]	1,6	0,697	0,676	0,33	0,35
	2,0	0,851	0,826	0,39	0,41
20,00[R2)]	2,0	0901	0,874	0,46	0,46
21,30[R1)]	2,0	0,966	0,937	0,57	0,54
25,00[R2)]	2,0	1,152	1,117	0,96	0,77
	2,6	1,458	1,414	1,16	0,93
26,90[R1)]	2,0	1,247	1,209	1,22	0,91
	2,6	1,582	1,534	1,48	1,10
31,80[R2)]	2,6	1,901	1,844	2,56	1,61
	3,2	2,291	2,222	2,98	1,87
33,70[R1)]	2,3	1,808	1,754	2,81	1,67
	2,6	2,025	1,964	3,09	1,84
38,00[R2)]	2,6	2,304	2,235	4,55	2,40
	3,2	2,788	2,704	5,34	2,81

Außen-durch-messer **D** **mm**	Wand-dicke *T* mm	Für austen. Stahl[1)] *m'* kg/m	Für martens. Stahl[2)] *m'* kg/m	Für die f. Biegeachsen x – x = y – y I_x cm⁴	W_x cm³
40,00[R2)]	2,6	2,435	2,361	5,37	2,68
42,40[R1)]	2,6	2,578	2,500	6,37	3,02
	3,2	3,125	3,031	7,50	3,56
48,30[R1)]	2,6	2,975	2,885	9,78	4,05
	3,2	3,613	3,505	11,59	4,80
	3,6	4,029	3,908	12,71	5,26
51,00[R2)]	2,6	3,151	3,056	11,61	4,55
	3,2	3,830	3,714	13,79	5,41
57,00[R2)]	2,0	2,754	2,671	13,08	4,59
	2,9	3,928	3,810	18,08	6,35
60,30[R1)]	2,6	3,756	3,643	19,65	6,52
	2,9	4,168	4,042	21,59	7,16
	3,2	4,575	4,437	23,47	7,78
	3,6	5,111	4,957	25,87	8,58
63,50[R2)]	2,6	3,964	3,845	23,10	7,28
	3,2	4,831	4,686	27,63	8,70
70,00[R2)]	2,9	4,872	4,725	34,47	9,85
76,10[R1)]	2,9	5,315	5,155	44,74	11,76
	3,6	6,535	6,338	54,01	14,19
	4,0	7,221	7,003	59,06	15,52
	5,0	8,901	8,633	70,92	18,64
88,90[R1)]	3,2	6,866	6,660	79,21	17,82
	3,6	7,689	7,457	87,90	19,77
	4,0	8,503	8,247	96,34	21,67
	5,6	11,680	11,328	127,69	28,73
101,60[R2)]	4,0	9,775	9,480	146,28	28,80
	5,6	13,460	13,055	195,23	38,43
114,30[R1)]	3,6	9,978	9,678	191,98	33,59
	4,5	12,371	11,999	234,32	41,00
139,70[R1)]	4,0	13,590	13,181	392,86	56,24
	5,0	16,863	16,355	480,54	68,80
	6,3	21,042	20,409	588,62	84,27

[1)] m' für austenitische Stähle = 7,97 kg/dm³; [2)] m' für ferritische und martensitische Stähle = 7,73 kg/dm³

[R1)] Rohre der Reihe 1; [R2)] Rohre der Reihe 2

Wanddicken *T* in Stufungen: 1,0; 1,2; 1,6; 2,0; 2,3; 2,6; 2,9; 3,2; 3,6; 4,0; 4,5; 5,0; 5,6; 6,3; 7,1; 8,0; 10,0; 11,0; 12,5; 14,2

Weitere Wanddicken T für Rohre der Reihe 1 und 2: Für D = 6; 8; 10; 10,2; 12; 12,7; 13,5; 16; 17,2; 19; 20; 21,3; 25; 26,9; 33,7 und 51 mm ab 1 mm. Für D = 31,8; 32; 38 und 40 mm ab 1,2 mm. Für D = 42,2 bis 168,3 mm ab 1,6 mm. Für D = 219,1 und 273 mm ab 2,0 mm. Für D = 457 mm, 508 mm und 610 mm ab 3,2 mm: Für D = 711 mm nur in 7,1 mm. Für D = 813 mm nur in 8,0 mm. Für D = 914 mm nur in 8,8 mm. Für D = 1016 mm nur in 10 mm.

Rohre der Reihe 3 in Größe (*D* : *T*) in mm: D = **14:** 1,0; 1,6; 2,0/D = **18:** 1,0; 1,6, 2,0/D = **22:** 1,0. 2,0/D = **25,4:** 1,2; 1,6; 2,0/ D = **30:** 1,6; 2,0/D = **35:** 1,2; 2,0/D = **44,5:** 2,0; 2,6; 2,9/D = **54:** 1,6; 2,0; 2,6/D = **82,5:** 2,0; 3,2

W

Stahlrohre

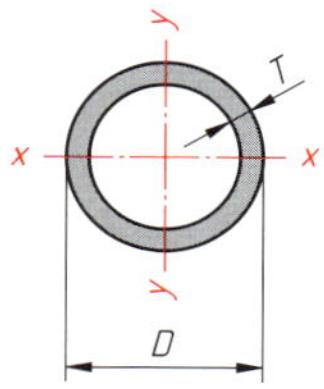

D Außendurchmesser
T Wanddicke
m längenbezogene Masse

S Querschnittsfläche
i Trägheitsradius 2. Grades

I Flächenmoment
W Widerstandsmoment

Werkstoff: Unlegierte Baustähle und Feinkornbaustähle

Lieferant: Von Durchmesser *D* = 21,3 mm bis 1219 mm, je nach Durchmesser von *T* = 2,0 mm bis 60,0 mm.

Bezeichnung für ein warmgefertigtes rundes Hohlprofil (HFCHS) aus S275J0 mit *D* = 60,3 mm und *T* = 4 mm DIN EN 10210:
HFCHS DIN EN 10210 – S275J0 – 60,3 × 4

Warmgefertigte, runde Hohlprofile (HFCHS) vgl. DIN EN 10210-2 (1997-11)

D mm	*T* mm	*m'* kg/m	*S* cm²	*i* cm	I_x cm⁴	W_x cm³
21,3	2,3	1,08	1,37	0,677	0,629	0,590
	2,6	1,20	1,53	0,668	0,681	0,639
	3,2	1,43	1,82	0,650	0,768	0,722
26,9	2,3	1,40	1,78	0,874	1,36	1,01
	2,6	1,56	1,98	0,864	1,48	1,10
	3,2	1,87	2,38	0,846	1,70	1,27
33,7	2,6	1,99	2,54	1,10	3,09	1,84
	3,2	2,41	3,07	1,08	3,60	2,14
	4,0	2,93	3,73	1,06	4,19	2,49
42,4	2,6	2,55	3,25	1,41	6,46	3,05
	3,2	3,09	3,94	1,39	7,62	3,59
	4,0	3,79	4,83	1,36	8,99	4,24
48,3	2,6	2,93	3,73	1,62	9,78	4,05
	3,2	3,56	4,53	1,60	11,6	4,80
	4,0	4,37	5,57	1,57	13,8	5,70
	5,0	5,34	6,80	1,54	16,2	6,69
60,3	2,6	3,70	4,71	2,04	19,7	6,52
	3,2	4,51	5,74	2,02	23,5	7,78
	4,0	5,55	7,07	2,00	28,2	9,34
	5,0	6,82	8,69	1,69	33,5	11,1
76,1	2,6	4,71	6,00	2,60	40,6	10,7
	3,2	5,75	7,33	2,58	48,8	12,8
	4,0	7,11	9,06	2,55	59,1	15,5
	5,0	8,77	11,2	2,52	70,9	18,6
88,9	3,2	6,76	8,62	3,03	79,2	17,8
	4,0	8,38	10,7	3,00	96,3	21,7
	5,0	10,3	13,2	2,97	116	26,2
	6,0	12,3	15,6	2,94	135	30,4
	6,3	12,8	16,3	2,93	140	31,5
101,6	3,2	7,77	9,89	3,48	120	23,6
	4,0	9,63	12,3	3,45	146	28,8
	5,0	11,9	15,2	3,42	177	34,9
	6,0	14,1	18,0	3,39	207	40,7
	6,3	14,8	18,9	3,36	215	42,3
	8,0	18,5	23,5	3,32	260	51,1
	10,0	22,6	28,8	3,26	305	60,1

Kaltgefertigte, runde geschweißte Hohlprofile (CFRCHS) vgl. DIN EN 10219-2 (1997-11)

D mm	*T* mm	*m'* kg/m	*S* cm²	*i* cm	I_x cm⁴	W_x cm³
21,3	2,0	0,952	1,21	0,686	0,571	0,536
	2,5	1,16	1,48	0,671	0,664	0,623
	3,0	1,35	1,72	0,656	0,741	0,696
26,9	2,0	1,23	1,56	0,883	1,22	0,907
	2,5	1,50	1,92	0,867	1,44	1,07
	3,0	1,77	2,25	0,85	1,63	1,21
33,7	2,0	1,56	1,99	1,12	2,51	1,49
	2,5	1,92	2,45	1,11	3,00	1,78
	3,0	2,27	2,89	1,09	3,44	2,04
42,4	2,0	1,99	2,54	1,43	5,19	2,45
	2,5	2,46	3,13	1,41	6,26	2,95
	3,0	2,91	3,71	1,40	7,25	3,42
	4,0	3,79	4,83	1,36	8,99	4,24
48,3	2,0	2,28	2,91	1,64	7,81	3,23
	2,5	2,82	3,60	1,62	9,46	3,92
	3,0	3,35	4,27	1,61	11,0	4,55
	4,0	4,37	5,57	1,57	13,8	5,70
	5,0	5,34	6,80	1,54	16,2	6,69
60,3	2,0	2,88	3,66	2,06	15,6	5,17
	2,5	3,56	4,54	2,05	19,0	6,30
	3,0	4,24	5,40	2,03	22,2	7,37
	4,0	5,55	7,07	2,00	28,2	9,34
	5,0	6,82	8,69	1,96	33,5	11,1
76,1	2,0	3,65	4,66	2,62	32,0	8,40
	2,5	4,54	5,78	2,60	39,2	10,2
	3,0	5,41	6,89	2,59	46,1	12,1
	4,0	7,11	9,06	2,55	59,1	15,5
	5,0	8,77	11,2	2,52	70,9	18,6
	6,0	10,4	13,2	2,49	81,8	21,5
	6,3	10,8	13,8	2,48	84,8	22,3
88,9	2,0	4,29	5,46	3,07	51,6	11,6
	2,5	5,33	6,79	3,06	63,4	14,3
	3,0	6,36	8,10	3,04	74,8	16,8
	4,0	8,34	10,7	3,00	96,3	21,7
	5,0	10,3	13,2	2,97	116	26,2
	6,0	12,3	15,6	2,94	135	30,4
	6,3	12,8	16,3	2,93	140	31,5

Weitere Durchmesser: 114,3 – 139,7 – 168,3 – 177,8 – 193,7 – 219,1 – 244,5 – 273,0 – 323,9 – 355,6 – 406,4 – 457,0 – 508,0 – 610,0 – 711,0 – 762,0 – 813,0 – 914,0 – 1016,0 – 1067,0 – 1168,0 – 1219,0 mm.

Stahlrohre

Warmgefertigte quadratische und rechteckige Hohlprofile

vgl. DIN EN 10 210-2 (1997-11)

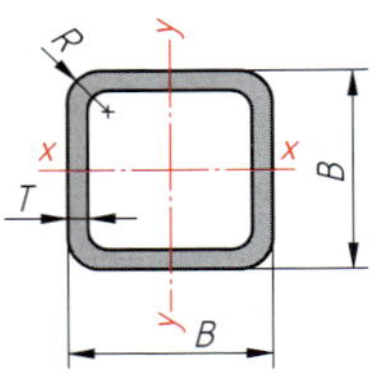

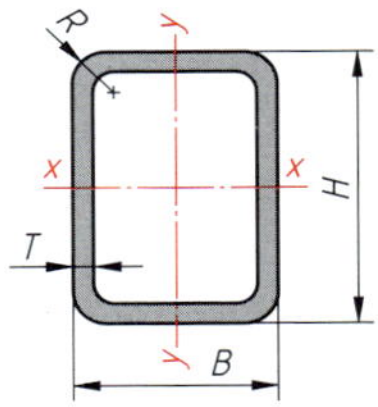

I_x, I_y Flächenmomente 2. Grades
W_x, W_y axiale Widerstandsmomente
i_x, i_y Trägheitsradius
m' längenbezogene Masse
T Wanddicke
S Querschnittsfläche

Werkstoff: Unlegierte Baustähle und Feinkornbaustähle

Lieferart: von B = 20 mm bis 400 mm, T = 2,0 mm bis 20,0 mm, von $H \times B$ = 50 × 25 mm bis 500 × 300 mm, T = 2,5 mm bis 20,0 mm.

Bezeichnung für Hohlprofil aus S355J0 quadratisch mit B = 60 mm und T = 5 mm nach DIN EN 10 210:
Hohlprofil DIN EN 10 210 – S355J0 — 60 × 60 × 5

Äußeres Rundungsprofil für jeden Eckenbereich	höchstens $R = 3 \cdot T$

Nennmaß $B \times B$, $H \times B$ mm	Wanddicke T mm	Längenbezogene Masse m' kg/m	Querschnittsfläche S cm²	Mantelfläche A_M m²/m	Trägheitsradius i_x cm	Trägheitsradius i_y cm	Flächen- und Widerstandsmomente für die Biegeachsen x – x: I_x cm⁴	x – x: W_x cm³	y – y: I_y cm⁴	y – y: W_y cm³
20 × 20	2,0	1,10	1,40	0,0748	0,727	0,727	0,739	0,930	0,739	0,930
	2,5	1,32	1,68	0,0736	0,705	0,705	0,835	1,08	0,835	1,08
30 × 30	2,0	1,72	2,20	0,1148	1,14	1,14	2,84	1,89	2,84	1,89
	2,5	2,11	2,68	0,1136	1,11	1,11	3,33	2,22	3,33	2,22
40 × 40	3,0	3,41	4,34	0,1523	1,50	1,50	9,78	4,89	9,78	4,89
	4,0	4,39	5,59	0,1497	1,45	1,45	11,8	5,91	11,8	5,91
	5,0	5,28	6,73	0,1471	1,41	1,41	13,4	6,68	13,4	6,68
50 × 50	2,5	3,68	4,68	0,1936	1,93	1,93	17,5	6,99	17,5	6,99
	3,0	4,35	5,54	0,1923	1,91	1,91	20,2	8,08	20,2	8,08
60 × 60	2,5	4,46	5,68	0,2336	2,34	2,34	31,1	10,4	31,1	10,4
	3,0	5,29	6,74	0,2323	2,32	2,32	36,2	12,1	36,2	12,1
	4,0	6,90	8,79	0,2297	2,27	2,27	45,4	15,3	45,4	15,1
	5,0	8,42	10,7	0,2271	2,23	2,23	53,3	17,8	53,3	17,8
	6,0	9,87	12,6	0,2245	2,18	2,18	59,9	20,0	59,9	20,0
80 × 80	3,0	7,18	9,14	0,3123	3,13	3,13	89,8	22,5	89,8	22,5
	4,0	9,41	12,0	0,3097	3,09	3,09	114	28,6	114	28,6
	5,0	11,6	14,7	0,3071	3,05	3,05	137	34,2	137	34,2
100 × 100	4,0	11,9	15,2	0,3897	3,91	3,91	232	46,4	232	46,4
	5,0	14,7	18,7	0,3871	3,86	3,86	279	55,9	279	55,9
	6,0	17,4	22,2	0,3845	3,82	3,82	323	64,6	323	64,6
50 × 30	2,5	2,89	3,68	0,1536	1,79	1,19	11,8	4,73	5,22	3,48
	3,0	3,41	4,34	0,1523	1,77	1,17	13,6	5,43	5,94	3,96
	4,0	4,39	5,59	0,1497	1,72	1,13	16,5	6,60	7,08	4,72
60 × 40	3,0	4,35	5,54	0,1923	2,18	1,58	26,5	8,82	13,9	6,95
	4,0	5,64	7,19	0,1897	2,14	1,54	32,8	10,9	17,0	8,52
	5,0	6,85	8,73	0,1871	2,09	1,50	38,1	12,7	19,5	9,77
	6,0	7,99	10,2	0,1845	2,04	1,45	42,3	14,1	21,4	10,7
80 × 40	3,0	5,29	6,74	0,2323	2,84	1,63	54,2	13,6	18,0	9,00
	4,0	6,90	8,79	0,2297	2,79	1,59	68,2	17,1	22,2	11,1
	5,0	8,42	10,7	0,2271	2,74	1,55	80,3	20,1	25,7	12,9
	6,0	9,87	12,6	0,2245	2,68	1,50	90,5	22,6	28,5	14,2
100 × 50	4,0	8,78	11,2	0,2897	3,53	2,03	140	27,9	46,2	18,5
	5,0	10,8	13,7	0,2871	3,48	1,99	167	33,3	54,3	21,7
	6,0	12,7	16,2	0,2845	3,43	1,95	190	38,1	61,2	24,5
100 × 60	3,0	7,18	9,14	0,3123	3,68	2,47	124	24,7	55,7	18,6
	4,0	9,41	12,0	0,3097	3,63	2,43	158	31,6	70,5	23,5
	5,0	11,6	14,7	0,3071	3,58	2,38	189	37,8	83,6	27,9
120 × 80	4,0	11,9	15,2	0,3897	4,46	3,25	303	50,4	161	40,2
	5,0	14,7	18,7	0,3871	4,42	3,21	365	60,9	193	48,2
	6,0	17,4	22,2	0,3845	4,37	3,17	423	70,6	222	55,6

Stahlrohre

Kaltgefertigte, geschweißte, quadratische u. rechteckige Hohlprofile vgl. DIN EN 10219-2 (1997-11)

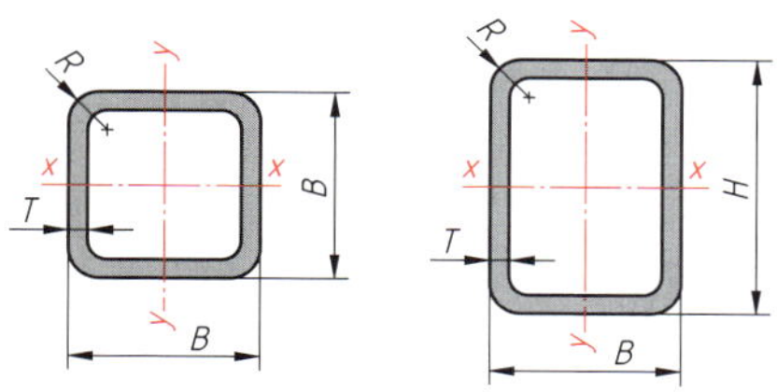

I_x, I_y	Flächenmomente 2. Grades
W_x, W_y	axiale Widerstandsmomente
i_x, i_y	Trägheitsradius
m'	längenbezogene Masse
T	Wanddicke
S	Querschnittsfläche

Werkstoff: Unlegierte Baustähle und Feinkornbaustähle

Lieferart: Von $B = 20$ mm bis 400 mm, $T = 2{,}0$ mm bis 16,0 mm, von $H \times B = 40 \times 20$ mm bis 400×300 mm, $T = 2{,}0$ mm bis 16,0 mm.

Bezeichnung für Hohlprofil aus S355J0 quadratisch mit $B = 40$ mm und $T = 4$ mm nach DIN EN 10 219:
Hohlprofil DIN EN 10219 – S355J0 — 40 × 40 × 4

Äußeres Rundungsprofil	
	$R = 1{,}6$ bis $2{,}4 \cdot T$ für $T \leq 6$ mm
	$R = 2{,}0$ bis $3{,}0 \cdot T$ für $6 < T \leq 10$ mm
	$R = 2{,}4$ bis $2{,}6 \cdot T$ für $T > 10$ mm

Nennmaß $B \times B$ $H \times B$ mm	Wanddicke T mm	Längenbezogene Masse m' kg/m	Querschnittsfläche S cm²	Mantelfläche A_M m²/m	Trägheitsradius i_x cm	i_y cm	Flächen- und Widerstandsmomente für die Biegeachsen x – x I_x cm⁴	W_x cm³	y – y I_y cm⁴	W_y cm³
30 × 30	2,0	1,68	2,14	0,1131	1,13	1,13	2,72	1,81	2,72	1,81
	2,5	2,03	2,59	0,1114	1,10	1,10	3,16	2,10	3,16	2,10
	3,0	2,36	3,01	0,1097	1,08	1,08	3,50	2,34	3,50	2,34
40 × 40	2,0	2,31	2,94	0,1531	1,54	1,54	6,94	3,47	6,94	3,47
	2,5	2,82	3,59	0,1514	1,51	1,51	8,22	4,11	8,22	4,11
	3,0	3,30	4,21	0,1497	1,49	1,49	9,32	4,66	9,32	4,66
	4,0	4,20	5,35	0,1462	1,44	1,44	11,1	5,54	11,1	5,54
50 × 50	2,5	3,60	4,59	0,1914	1,92	1,92	16,9	6,78	16,9	6,78
	3,0	4,25	5,41	0,1897	1,90	1,90	19,5	7,79	19,5	7,79
	4,0	5,45	6,95	0,1862	1,85	1,85	23,7	9,49	23,7	9,49
60 × 60	3,0	5,19	6,61	0,2267	2,31	2,31	35,1	11,7	35,1	11,7
	4,0	6,71	8,55	0,2262	2,26	2,26	43,6	14,5	43,6	14,5
	5,0	8,13	10,4	0,2228	2,21	2,21	50,5	16,8	50,5	16,8
	6,0	9,45	12,0	0,2194	2,16	2,16	56,1	18,7	56,1	18,7
80 × 80	3,0	7,07	9,01	0,3097	3,12	3,12	87,8	22,0	87,8	22,0
	4,0	9,22	11,7	0,3062	3,07	3,07	111	27,8	111	27,8
	5,0	11,3	14,4	0,3028	3,03	3,03	131	32,9	131	32,9
	6,0	13,2	16,8	0,2994	2,98	2,98	149	37,3	149	37,3
120 × 120	8,0	26,4	33,6	0,4594	4,49	4,49	677	113	677	113
	10,0	31,8	40,6	0,4542	4,38	4,38	777	129	777	129
40 × 20	2,0	1,68	2,14	0,1131	1,38	0,793	4,05	2,02	1,34	1,34
	2,5	2,03	2,59	0,1114	1,35	0,770	4,69	2,35	1,54	1,54
	3,0	2,36	3,01	0,1097	1,32	0,748	5,21	2,60	1,68	1,68
60 × 40	3,0	4,25	5,41	0,1897	2,17	1,58	25,4	8,46	13,4	6,72
	4,0	5,45	6,95	0,1892	2,11	1,53	31,0	10,3	16,3	8,14
	5,0	6,56	8,36	0,1828	2,06	1,48	35,3	11,8	18,4	9,21
80 × 40	3,0	5,19	6,61	0,2297	2,81	1,63	52,3	13,1	17,6	8,78
	4,0	6,71	8,55	0,2262	2,75	1,59	64,8	16,2	21,5	10,7
	5,0	8,13	10,4	0,2228	2,69	1,54	75,1	18,8	24,6	12,3
80 × 60	3,0	6,13	7,81	0,2697	3,00	2,40	70,0	17,5	44,9	15,0
	4,0	7,97	10,1	0,2662	2,94	2,35	87,9	22,0	56,1	18,7
	5,0	9,70	12,4	0,2628	2,89	2,31	103	25,8	65,7	21,9
100 × 40	3,0	6,13	7,81	0,2697	3,44	1,67	92,3	18,5	21,7	10,8
	4,0	7,97	10,1	0,2662	3,38	1,62	116	23,1	26,7	13,3
	5,0	9,70	12,4	0,2628	3,31	1,58	136	27,1	30,8	15,4
120 × 60	4,0	10,5	13,3	0,3462	4,25	2,47	241	40,1	81,2	27,1
	5,0	12,8	16,4	0,3428	4,19	2,42	287	47,8	96,0	32,0
	6,0	15,1	19,2	0,3394	4,13	2,38	328	54,7	109	36,3
150 × 100	8,0	27,7	35,2	0,4794	5,35	3,90	1008	134	536	107
	10,0	33,4	42,6	0,4742	5,22	3,80	1162	155	614	123

Stahlrohre

Geschweißte, quadratische und rechteckige Hohlprofile aus nichtrostenden Stählen

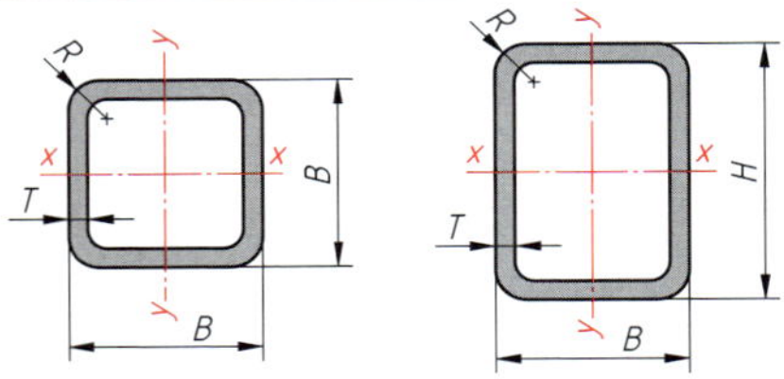

Bezeichnung (nicht genormt) eines geschweißten, rechteckigen Hohlprofils aus X5CrNi18-10 (1.4301) H = 100 mm: B = 40 mm; T = 4 mm.
Hohlprofil aus nichtrostendem Stahl – 1.4301 – 100 × 40 × 4
auch
Rechteckrohr nichtrostender Stahl – 1.4301 – 100 × 40 × 4

I_x, I_y	Flächenmomente 2. Grades
W_x, W_y	axiale Widerstandsmomente
m'	längenbezogene Masse
T	Wanddicke
S	Querschnittsfläche

Werkstoff: Nichtrostende austenitische Stähle
Handelsüblich nach Werkstoffnummern zu bestellen.
Die vier gebräuchlichsten Werkstoffe:
1.4301 (X5CrNi18-10), 1.4401 (X5CrNiMo17-12-2)
1.4541 (X6CrNiTi18-10), 1.4571 (X6CrNiMoTi17-12-2)

Äußeres Rundungsprofil: R = 1,6 bis 2,4 · T für T < 6 mm; R = 2,4 bis 3,6 · T für T > 6 mm.

Die Werte für I_x, I_y, W_x und W_y sind herstellersprezifisch und können um ± 2 % abweichen.

Nennmaß $B \times B$ mm	Wanddicke T mm	längenbez. Masse m' kg/m	Querschnittsfläche S cm²	Momente für die Biegeachsen x – x = y – y $I_x = I_y$ cm⁴	$W_x = W_y$ cm³
15 × 15	1,00	0,450	0,53	0,17	0,23
	1,50	0,660	0,75	0,23	0,31
20 × 20	1,00	0,601	0,73	0,43	0,43
	1,50	0,886	1,05	0,60	0,60
25 × 25	1,50	1,146	1,35	1,21	0,97
	2,00	1,495	1,74	1,52	1,22
30 × 30	1,50	1,371	1,65	2,16	1,44
	2,00	1,840	2,14	2,73	1,82
35 × 35	1,50	1,620	1,95	3,51	2,00
	2,00	2,150	2,54	4,47	2,56
	2,50	2,650	3,09	5,36	3,06
40 × 40	1,50	1,859	2,25	5,32	2,66
	2,00	2,454	2,94	6,83	3,41
	2,50	3,161	3,59	8,21	4,10
50 × 50	2,00	3,080	3,74	13,74	5,50
	2,50	3,819	4,59	16,66	6,66
	3,00	4,650	5,41	19,39	7,76
60 × 60	3,00	5,491	6,61	34,54	11,51
	4,00	7,222	8,55	43,78	14,59
80 × 80	4,00	9,816	11,75	109,16	27,30
	5,00	12,935	14,36	151,36	32,84
	6,00	14,600	16,83	151,74	37,93
100 × 100	5,00	15,380	18,36	266,52	53,31
	8,00	22,500	27,79	389,15	77,83
120 × 120	5,00	18,660	22,36	472,37	78,72
	8,00	16,620	34,19	700,40	116,73
150 × 150	8,00	34,300	43,79	1424,69	189,96
	10,00	41,600	53,42	1709,96	229,00
200 × 200	8,00	47,100	59,79	3516,73	351,67
	10,00	57,600	73,42	4264,36	426,43

Nennmaß $H \times B$ mm	Wanddicke T mm	längenbez. Masse m' kg/m	Querschnittsfläche S cm²	Flächen- und Widerstandsmomente für die Biegeachsen x – x I_x cm⁴	W_x cm³	y – y I_y cm⁴	W_y cm³
20 × 10	1,50	0,660	0,75	0,35	0,35	0,11	0,22
20 × 15	1,50	0,807	0,90	0,47	0,47	0,30	0,39
25 × 10	1,50	0,807	0,90	0,63	0,50	0,14	0,27
25 × 15	1,50	0,883	1,05	0,83	0,66	0,36	0,48
	2,00	1,152	1,34	1,02	0,82	0,44	0,59
25 × 20	1,50	0,995	1,20	1,02	0,82	0,72	0,72
	2,00	1,280	1,54	1,27	1,02	0,88	0,88
30 × 15	1,50	0,995	1,20	1,31	0,87	0,42	0,57
	2,00	1,302	1,54	1,64	1,10	0,52	0,69
30 × 20	1,50	1,146	1,35	1,59	1,06	0,83	0,83
	2,00	1,495	1,74	2,01	1,34	1,03	1,03
40 × 20	1,50	1,371	1,65	3,25	1,63	1,07	1,07
	2,00	1,840	2,14	4,14	2,06	1,34	1,34
40 × 30	2,00	2,150	2,54	5,48	2,74	3,47	2,31
	3,00	3,024	3,61	7,57	3,79	4,72	3,15
50 × 20	1,50	1,620	1,95	5,70	2,28	1,31	1,31
	2,00	2,150	2,54	7,31	2,92	1,64	1,64
50 × 30	2,00	2,454	2,94	9,45	3,78	4,19	2,80
	3,00	3,756	4,21	13,22	5,29	5,75	3,83
60 × 20	1,50	1,859	2,25	9,08	3,02	1,55	1,55
	2,00	2,454	2,94	11,70	3,90	1,94	1,94
60 × 30	2,00	2,804	3,34	14,83	4,95	4,93	3,28
	3,00	4,131	4,81	20,93	6,98	6,77	4,51
80 × 30	2,00	3,360	4,14	30,59	7,64	6,39	4,26
	3,00	4,944	6,01	43,67	10,92	8,82	5,88
80 × 40	3,00	5,491	6,61	51,94	12,98	17,14	8,57
	4,00	7,222	8,55	66,15	16,54	21,40	10,70
100 × 40	4,00	8,384	10,15	116,88	23,38	26,24	13,12
120 × 60	4,00	11,060	13,35	237,34	39,55	78,84	26,28
150 × 100	8,00	27,900	35,79	1049,25	139,90	546,98	109,40

Insgesamt sind folgende Größen erhältlich: **Quadrat** in: 10; 12; 15; 16; 18; 19; 20; 22; 25; 25,40; 30; 31,75; 31,80; 34; 35; 38,10; 40; 45; 50; 50,80; 60; 70; 80; 100; 120; 150; 200; 250; 300 mm
bei Wanddicke T_{max} = 1/10 × B; T_{min} = 1,5 mm ab B = 60 mm; 2 mm ab B = 70 mm; 3 mm ab B = 120 mm; 4 mm ab B = 300 mm
Rechteck in: Maß H in mm: 20; 25; 30; 35; 40; 50; 60; 100; 120; 140; 150; 160; 200; 250; 300
Maß B in mm: 10; (nur 12 × 25); 15; (nur 17 × 49); 20; 25; (nur 33 × 60); 35; 40; 50; 60; (nur 70 × 120); 80; 100; 150.
Bei Wanddicke T: 1; 1,2; 1,25; 1,5; 2; 2,5; 3; 4; 5; 6; 8; 10 T_{min} bezogen auf Maß B = 1,2 ab 40 mm; 2 ab 50 mm; 3 ab 150 mm
Rohre, die WIG bzw. TIG verschweißt sind, sind verformungsunanfälliger als Rohre, die HF geschweißt sind. Rohre nach Streckgrenze gefertigt (Ni-Gehalt abhängig), können bis 1000 N/mm² Streckgrenze haben (z.B. 1,4103), geglühte Rohre nur bis 400 N/mm².
Profile, die eine bauaufsichtliche Zulassung benötigen, müssen extra bezeichnet werden (Anfrage bei Hersteller, Stahlhandel).

Mantelflächen von Stahlerzeugnissen

Die Mantelflächen dienen zur Berechnung der Beschichtungs- und Entrostungsflächen; Seite 194 ff.

Berechnung der Mantelflächen für Stabstähle

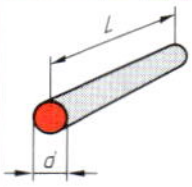

Rundstahl und Rohre

$A_M = \pi \cdot d \cdot L$

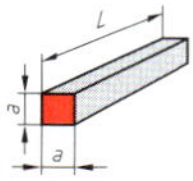

Vierkantstahl, Quadrat-Hohlprofil

$A_M = 4 \cdot a \cdot L$

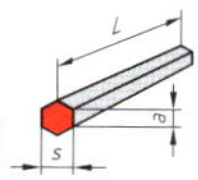

Sechskantstahl, Sechskant-Hohlprofil

$A_M = 6 \cdot a \cdot L$
$A_M \approx 3{,}5 \cdot s \cdot L$

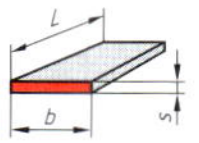

Flachstahl, Rechteckiges Hohlprofil

$A_M = 2 \cdot (s + b) \cdot L$

Berechnungsbeispiel: Mantelfläche von 62 m Sechskantstahl, Schlüsselweite s = 18 (≙ 0,018 m)
$A_M = 3{,}5 \cdot s \cdot L = 3{,}5 \cdot 0{,}018\ \text{m} \cdot 62\ \text{m} = 3{,}9\ \text{m}^2$

Längenbezogene Mantelfläche A'_M von Formstählen in m²/m

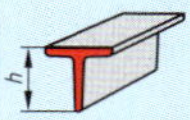

Warmgewalzter T-Stahl
Hochstegig
rundkantig
DIN EN 10055

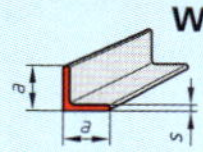

Warmgewalzter, gleichschenkliger Winkelstahl
rundkantig
DIN EN 10056-1

T	A'_M	T	A'_M	L	A'_M	L	A'_M	L	A'_M
T 20	0,075	T 60	0,229	L 20	0,077	L 80	0,311	L 140	0,547
T 25	0,094	T 70	0,268	L 30	0,116	L 90	0,351	L 150	0,586
T 30	0,114	T 80	0,307	L 40	0,155	L 100	0,390	L 160	0,625
T 35	0,133	T 90	0,345	L 50	0,194	L 110	0,430	L 180	0,705
T 40	0,153	T 100	0,383	L 60	0,233	L 120	0,469	L 200	0,785
T 45	0,171	T 120	0,459	L 70	0,272	L 130	0,508	L 250	0,983
T 50	0,191	T 140	0,537						

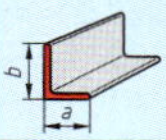

Warmgewalzter, ungleichschenkliger, rundkantiger Winkelstahl
DIN EN 10056-1

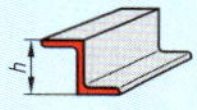

Warmgewalzter, rundkantiger Z-Stahl
DIN 1027

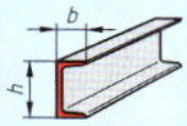

Warmgewalzter, rundkantiger U-Stahl
DIN 1026-1

L	A'_M	L	A'_M	Z	A'_M	U	A'_M	U	A'_M
L 30 × 20	0,097	L 90 × 60	0,294	⅂ 30	0,198	U 30 × 15	0,103	U 160	0,546
L 40 × 25	0,127	L 100 × 65	0,321	⅂ 40	0,225	U 30	0,174	U 180	0,611
L 50 × 30	0,156	L 100 × 75	0,341	⅂ 50	0,253	U 40 × 20	0,142	U 200	0,661
L 60 × 30	0,175	L 120 × 80	0,391	⅂ 60	0,282	U 40	0,199	U 220	0,718
L 60 × 40	0,195	L 130 × 90	0,430	⅂ 80	0,339	U 50 × 25	0,181	U 240	0,775
L 70 × 50	0,235	L 150 × 100	0,489	⅂ 100	0,397	U 50	0,232	U 260	0,834
L 75 × 55	0,254	L 160 × 80	0,469	⅂ 120	0,454	U 60 × 30	0,215	U 280	0,890
L 80 × 40	0,234	L 180 × 90	0,528	⅂ 140	0,511	U 65	0,273	U 300	0,950
L 80 × 60	0,274	L 200 × 100	0,587	⅂ 160	0,569	U 80	0,312	U 320	0,982
						U 100	0,372	U 350	1,05
						U 120	0,434	U 380	1,11
						U 140	0,489	U 400	1,18

Längenbezogene Mantelfläche A'_M von warmgewalzten I-Trägern in m²/m

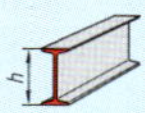

Schmale I-Träger
I-Reihe
DIN 1025-1

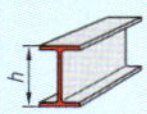

Mittelbreite I-Träger, IPE-Reihe
DIN 1025-5

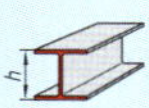

Breite I-Träger
IPB-Reihe (HE-B) DIN 1025-2
IPBl-Reihe (HE-A) DIN 1025-3

I	A'_M	I	A'_M	IPE	A'_M	IPB	A'_M	IPB	A'_M	IPBl	A'_M	IPBl	A'_M
I 80	0,304	I 320	1,09	80	0,328	100	0,567	340	1,81	100	0,561	340	1,79
I 100	0,370	I 340	1,15	100	0,400	120	0,686	360	1,85	120	0,677	360	1,83
I 120	0,439	I 360	1,21	120	0,475	140	0,805	400	1,93	140	0,794	400	1,91
I 140	0,502	I 380	1,27	140	0,551	160	0,918	450	2,03	160	0,906	450	2,01
I 160	0,575	I 400	1,33	180	0,698	180	1,04	500	2,12	180	1,02	500	2,11
I 180	0,640	I 425	1,41	200	0,768	200	1,15	550	2,22	200	1,14	550	2,21
I 200	0,709	I 450	1,48	220	0,848	220	1,27	600	2,32	220	1,26	600	2,31
I 220	0,775	I 475	1,55	240	0,922	240	1,38	650	2,42	240	1,37	650	2,41
I 240	0,844	I 500	1,63	270	1,04	260	1,50	700	2,52	260	1,48	700	2,50
I 260	0,906	I 550	1,80	300	1,16	280	1,62	800	2,71	280	1,60	800	2,70
I 280	0,966	I 600	1,92	330	1,25	300	1,73	900	2,91	300	1,72	900	2,90
I 300	1,03					320	1,77	1000	3,11	320	1,76	1000	3,10

Berechnungsbeispiel: Mantelfläche von 118 m IPE-Träger: IPE 180 (DIN 1025-5)
$A_M = L \cdot A'_M = 118\ \text{m} \cdot 0{,}698\ \text{m}^2/\text{m} = 82{,}364\ \text{m}^2$

W

Stahlbleche

Lieferformen von Flacherzeugnissen

Stahlbleche 	Handelsübliche Formate: rechteckige Tafeln Kleinformat: $b \times l$ = 1000 × 2000 mm Mittelformat: $b \times l$ = 1250 × 2500 Großformat: $b \times l$ = 1500 × 3000 mm Blechdicken s = 0,14 … 250 mm Verwendung: Zuschnitte zur Weiterverarbeitung	Bandstahl (Bänder) 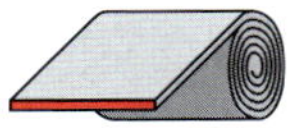	Handelsübliche Formate: Zu Rollen (Coils) aufgewickelte Endlos-Blechstreifen (Bänder) Streifenbreite b bis 2000 mm Blechdicke s = 0,14 … ca. 10 mm Verwendung: Zuschnitte zur Weiterverarbeitung; Beschickung von automatischen Fertigungsanlagen

Kaltgewalztes Band und Blech

Stahlsorte: Gültiger Kurzname	Stahlsorte: Früherer Kurzname	Stahlsorte: Werkstoffnummer	C %	Zugfestigkeit[1] R_m N/mm²	Streckgrenze[1] R_e oder $R_{p0,2}$ N/mm²	Bruchdehnung A %	Eigenschaften, Verwendung
aus weichen Stählen zum Kaltumformen							vgl. DIN EN 10130 (1999-02)
DC 01	St 12	1.0330	0,12	270…410	280	28	Kaltgewalzte Flacherzeugnisse zum Kaltumformen von 0,35 mm bis 3 mm Dicke. Sie sind zum Schweißen und für das Aufbringen metallischer Überzüge und von Lackierungen geeignet.
DC 03	RRSt 13	1.0347	0,10	270…370	240	34	
DC 04	St 14	1.0338	0,08	270…350	210	38	
DC 05	–	1.0312	0,06	270…330	180	40	
DC 06	–	1.0873	0,02	270…350	180	38	
aus unlegierten Baustählen (Auswahl)							vgl. DIN 1623-2 (1986-02)
St 37-3G		1.0116 G	0,17	360 … 510	215	20	Fein-, Mittel- und Grobbleche sowie Well- und Trapezbleche für Dachkonstruktionen und den Industriehallenbau.
St 50-2G		1.0050 G	0,40	490 … 660	295	14	
St 60-2G		1.0060 G	0,50	590 … 770	335	10	
aus unlegierten und legierten Druckbehälterstählen (Auswahl)							vgl. DIN EN 10028-2 (2008-02)
P235GH		1.0345	≤ 0,16	360 … 480	170 … 235	24	Diese Flacherzeugnisse haben festgelegte mechanische Eigenschaften bei erhöhten Temperaturen. Für Druckbehälter sowie unter Druck stehende und heiß gehende Apparate.
P355GH		1.0473	0,10 … 0,22	510 … 650	280 … 355	20	
16Mo3		1.5415	0,12 … 0,20	440 … 590	210 … 275	22	
13CrMo4-5		1.7335	0,08 … 0,18	450 … 600	245 … 300	19	
X12CrMo5		1.7362	0,10 … 0,15	450 … 690	300 …320	20	

[1] Die höheren Eigenschaftswerte gelten für dünnere Flacherzeugnisse ($s \le$ 100 mm).

Oberflächenart und Oberflächenausführung für Band und Blech

	Benennung	Kennzeichen DIN EN 10130	Kennzeichen DIN 1623-02	Merkmale der Oberfläche
Oberflächenart	übliche kaltgewalzte Oberfläche	A	03	Oberflächenfehler, die die Kaltumformung und das Aufbringen von Überzügen und Beschichtungen nicht beeinträchtigen, sind zulässig.
	beste Oberfläche	B	05	Die bessere Blechseite muss so gut wie fehlerfrei sein.
	besonders glatt	b	b	Gleichmäßig blank (glatt) $R_a \le 0{,}4$ µm
Oberflächenausführung	glatt	g	g	Gleichmäßig blank (glatt) $R_a \le 0{,}9$ µm
	matt	m	m	Gleichmäßig matt $R_a > 0{,}6 \le 1{,}9$ µm
	rau	r	r	Aufgeraut. $R_a > 1{,}6$ µm

Bezeichnungsbeispiel: Blech – EN 10130 – DC 04 B m – 50 × 1500 × 4000; Blech nach DIN EN 10130, aus Werkstoff DC 04, beste Oberfläche, matt, Dicke 50 mm, Zuschnitt 1500 mm × 4000 mm

Stahlbleche

Kontinuierlich schmelztauchveredeltes Band und Blech aus weichen Stählen zum Kaltumformen, korrosionsgeschützt

vgl. DIN EN 10327 (2004-09)

Kurzname	Werkstoff-nummer	Symbole für die möglichen Schmelztauchüberzüge	Streckgrenze R_e bzw. $R_{p0,2}$ in N/mm	Zugfestigkeit R_m	Bruchdehnung A in %
DX51D	1.0226	+Z, +ZF, +ZA, +AZ, +AS	–	270 ... 500	22
DX52D	1.0350	+Z, +ZF, +ZA, +AZ, +AS	140 ... 300	270 ... 420	26
DX53D	1.0355	+Z, +ZF, +ZA, +AZ, +AS	140 ... 260	270 ... 380	30
DX54D	1.0306	+Z, +ZF, +ZA, +AZ, +AS	120 ... 220	260 ... 350	34
DX55D	1.0309	+AS	140 ... 240	270 ... 370	30
DX56D	1.0322	+Z, +ZA, +ZF, +AS	120 ... 180	260 ... 350	37
DX57D	1.0853	+Z, +ZA, +ZF, +AS	120 ... 170	260 ... 350	39

Dicken des Bands und Blechs einschließlich Schmelztauchschicht: 0,35 mm bis 3,0 mm; Breiten und Längen wählbar.

Zusammensetzung der Stähle: 0,12 % C, 0,50 % Si, 0,60 % Mn, 0,3 % Ti, 0,10 % P, 0,05 % S.

Arten des Überzugs: Z Zink, **ZF** Zink-Eisen, **ZA** Zink-Aluminium, **AZ** Aluminium-Zink, **AS** Aluminium-Silicium.

Dicke des Überzugs: Auflagemassen bei +Z: von 100 g/m² bis 600 g/m², ansonsten weniger. Eine Auflagemasse von 100 g/m² beidseitig entspicht bei +Z, +ZF und +ZA einer beidseitigen Schichtdicke von 5 mm bis 12 mm; bei +AZ von 9 mm bis 19 mm; bei +AS von 6 mm bis 13 mm. Andere Auflagemassen durch Dreisatz in Schichtdicken umzurechnen.

Aussehen des Überzugs: bei +Z: Übliche Nickelblume (N), kleine Nickelblume (M); **bei +ZF:** mattgrau; **bei +ZA:** metallisch glänzend; **bei + AZ:** übliche Blume; **bei + AS:** übliche Blume.

Oberflächenart: A Übliche Oberfläche; **B** Verbesserte Oberfläche; **C** Beste Oberfläche

Oberflächenbehandlung: C Chemisch passiviert; **O** Geölt; **CO** Chemisch passiviert und geölt; **S** Versiegelt; **P** Phosphatiert; **PO** Phospatiert und geölt.

Bestellbeispiel: 5 Bleche EN 10143 – 0,40 × 1000 × 2200 Stahl EN 10327 – DX53D+Z275-N-B-C

5 Bleche, Grenzabmaße nach EN 10143, Bleckdicke 0,40 mm, Breite 1000 mm, Länge 2200 mm, aus Stahl DX53D, Zinkschicht, Auflagenmasse 275 g/mm². Übliche Zinkblume (N), Verbesserte Oberfläche (B), chemisch passiviert (C).

Kontinuierlich schmelztauchveredeltes Band und Blech aus Baustählen, korrosionsgeschützt (Auswahl)

vgl. DIN EN 10326 (2004-09)

Kurzname	Werkstoff-nummer	Symbole für die möglichen Schmelztauchüberzüge	Streckgrenze R_e bzw. $R_{p0,2}$ in N/mm²	Zugfestigkeit R_m in N/mm²	Bruchdehnung A in %
S220GD	1.0241	+Z, +ZF, +ZA, +AZ	220	300	20
S280GD	1.0244	+Z, +ZF, +ZA, +AZ, +AS	280	360	18
S550GD	1.0531	+Z, +ZF, +ZA, +AZ	550	560	–

Bestellangaben: Entsprechend wie bei DIN EN 10327 (siehe oben)

Blech und Band aus korrosionsbeständigen Stählen für allgemeine Verwendung (Auswahl)

vgl. DIN EN 10088-2 (2005-09)

Stahlsorte[1] (austenitische Stähle) Kurzname	Werkstoff-nummer	0,2%-Dehngrenze $R_{p0,2}$ N/mm²	1,0%-Dehngrenze $R_{p1,0}$ N/mm²	Zugfestigkeit R_m N/mm²	Bruchdehnung A %	Beständigkeit gegen interkristalline Korrosion[2]
X5CrNi18-10	1.4301	250	280	600 ... 950	40	nein
X5CrNiMo17-12-2	1.4401	240	270	550 ... 680	40	nein
X6CrNiMoTi17-12-2	1.4571	240	270	540 ... 690	40	ja
X1CrNiMoCuN25-20-7	1.4539	240	270	530 ... 730	35	ja

[1] Die mechanischen Eigenschaften gelten für kaltgewalztes Band in lösungsgeglühtem Zustand.
[2] Die Beständigkeit gilt für den sensibilisierten Zustand, d.h. in Kontakt in Chloriden (Cl^-).

Es gibt Bleche in verschiedenen Oberflächenbeschaffenheiten: Warmgewalzt (z.B. Zunderfrei 1D), Kaltgewalzt (z.B. Blank 2H) und in Sonderausführungen (z.B. Geschliffen 1G, Blankpoliert 2P, usw.; siehe Farbtafel 192B)

Bestellbeispiel: 10 Bleche – 2 × 2000 × 5000 – Stahl EN 10088-2 – X5CrNi18-10+1G

Mit der Bedeutung: Menge, Erzeugnisform – Nennmaße in mm — Stahl-Norm – Kurzname oder Werkstoffnummer + Oberflächenart.

W

Flacherzeugnisse aus Stahl (Übersicht)

Warmgewalztes Blech und Band

vgl. DIN EN 10 051 (1997-11)

Als **Band** bezeichnet man Flacherzeugnisse, die unmittelbar nach dem Fertigwalzen zu Rollen (Coils) aufgewickelt werden. **Bleche** sind Flacherzeugnisse in Form quadratischer oder rechteckiger Tafeln.

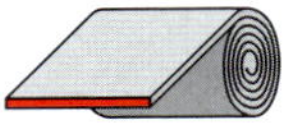

Band (< 600 mm Breite) und Breitband (≥ 600 mm Breite) mit Nenndicken ≤ 25 mm

Blech (≥ 600 mm Breite) aus Band geschnitten mit Nenndicken ≤ 25 mm

Werkstoffe nach DIN EN 10 025, 10 028, 10 088, 10 030, 10 149.

Bezeichnungsbeispiel: Blech EN 10 051 – 2,5 × 1200 × 2000; Stahl EN 10 025 – S355JR

Warmgewalztes Blech mit Mustern (siehe auch Seite 378)

vgl. DIN 59 220 (2000-04)

Tränenblech (T)

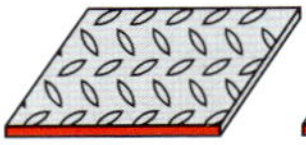

Riffelblech (R)

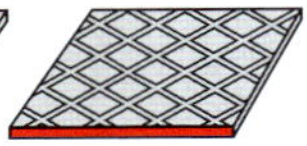

Zu bevorzugende Nenndicken	in mm	3	4	5	6	8	10

Übliche Breiten: 600 mm bis 2000 mm, Längen: bis 20 000 mm

Werkstoffe: Üblicherweise Stähle nach DIN EN 10 025-2 (Seite 151)

Bezeichnungsbeispiel: Blech DIN 59 220 – 235JR – T-5 × 1200 × 1600.

Lochplatten (siehe auch Seite 378)

vgl. DIN 24 041 (2002-12)

Beispiel: Lochplatte mit Rundlochung (Rg) in geraden Reihen

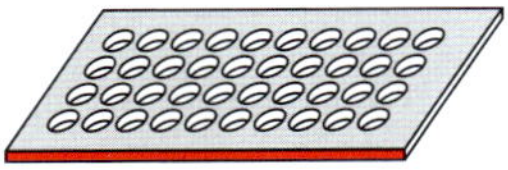

Rechteckige Platten (Bleche) aus Stahl mit regelmäßig angeordneten Löchern unterschiedlicher Form. Plattendicken von 0,315 mm bis 20 mm und Lochdurchmesser von 0,5 mm bis 125 mm in vielen Abstufungen.

Bezeichnungsbeispiel: Lochplatte DIN 24 041 – Rg 4 – 10

Lochplatte mit Rundlochung in geraden Reihen, Plattendicke 4 mm, Lochdurchmesser 10 mm

Kaltgewalztes Band und Blech aus verschiedenen Stählen

Kaltgewalztes Band und Blech aus unlegierten Baustählen DIN 1623-2	Flacherzeugnisse aus Druckbehälterstählen DIN EN 10 028-2	Kaltgewalztes Feinst- und Weißblech aus weichen Stählen DIN EN 10 205	Flacherzeugnisse aus weichen Stählen zum Kaltumformen DIN EN 10 130 (Seite 174)	Flacherzeugnisse aus höherfesten Stählen DIN EN 10 149	Blech und Band aus nichtrostenden Stählen DIN EN 10 088-2 (Seite 175)

Bezeichnungsbeispiel: Blech – 0,5 × 320 × 2000 – Stahl EN 10 088-2 – X5CrNi18-10-2B

Korrosionsgeschütztes Blech und Band aus verschiedenen Stählen

Kontinuierlich schmelztauchverdedeltes Band und Blech aus weichen Stählen zum Kaltumformen (Seite 175)	Kontinuierlich schmelztauchverdedeltes Blech und Band aus Baustählen (Seite 175)	Elektrolytisch verzinkte Flacherzeugnisse aus Stahl zum Kaltumformen	Organisch beschichtete Flacherzeugnisse aus Stahl
vgl. DIN EN 10 327	vgl. DIN EN 10 326	vgl. DIN EN 10 152	vgl. DIN EN 10 169

Wellbleche und Pfannenbleche, oberflächenveredelt

vgl. DIN EN 59 231 (2003-11)

Trapezprofile im Hochbau (siehe auch Seite 374)

vgl. DIN 18 807-1 (1987-06)

Wellblech

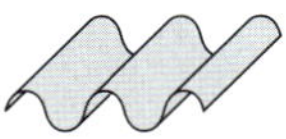

Pfannenblech

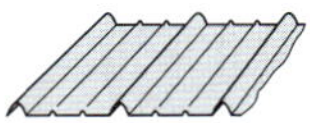

Gebogenes Wellblech für freitragende Dächer

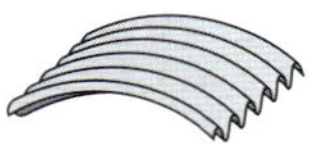

Trapezblechprofil

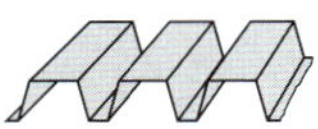

Trapezblechprofil mit Sicken

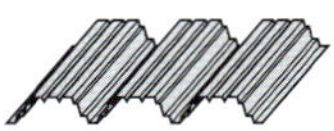

Kassettenprofil mit Gurtsicken

Korrosionsgeschützte Blechprofile, hergestellt aus schmelztauchveredeltem (feuerverzinktem) Stahlblech nach DIN EN 10 326 (Seite 175).

Es werden eine Vielzahl von Profilformen in verschiedenen Blechdicken, Profilhöhen und Profilbreiten angeboten.

Bestellbeispiel: Wellblech DIN 59 231 – 18 x 76 x 0,63 x 2500 – Stahl DIN EN 10 326-S280GD+Z275-N-A-C

Verwendung im Hochbau für freitragende Dächer, Wände, Decken und Wandverkleidungen. Auch mit Wärmedämmung einsetzbar.

W

Bauelemente aus Stahl (Übersicht)

Kaltprofile aus Stahl (siehe auch Seite 375)

vgl. DIN EN 10 162 (2003-12)

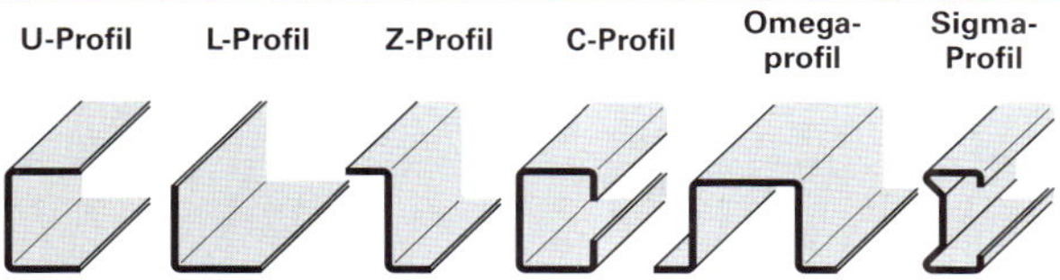

Kaltprofile aus flachgewalztem Stahl

Keine genormten Vorzugsmaße. Bestellung nach Herstellerliste oder mit Skizze und Maßangabe.

Werkstoffe: Flacherzeugnisse aus unlegierten Baustählen nach DIN EN 10 025-2 und schmelztauchveredeltes Blech und Band nach DIN EN 10 326

Rahmen-Hohlprofile, RP-Profile (siehe auch Seite 380 ff.)

Herstellerangaben

Rahmen-Hohlprofile aus 1,5 mm bis 3 mm dickem Stahl für Trennwände, Fenster, Türen, Tore. Es gibt eine große Vielfalt von Profilformen. Bestellung nach Herstellerliste. Nachfolgend einige Beispiele.

Rahmen-Hohlprofile ohne Dichtungsnut

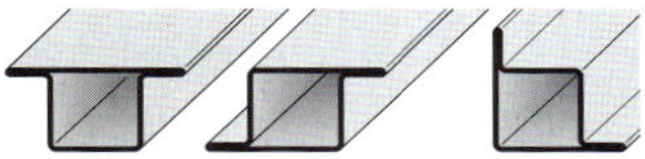

Rahmen-Hohlprofile mit Dichtungsnut

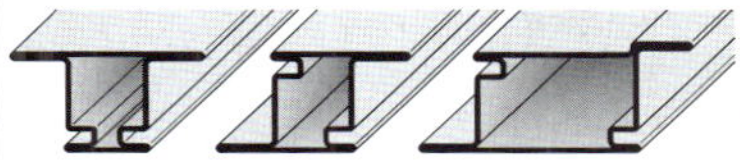

Streckgitter

vgl. DIN 791 (1967-03)

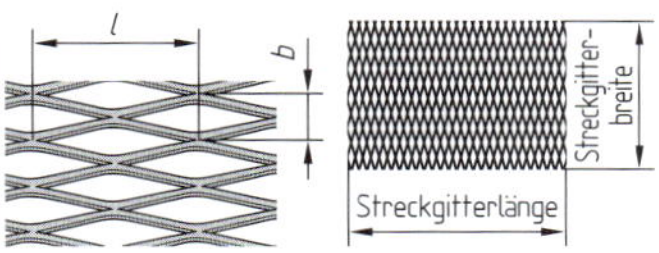

Gitterartiges Flacherzeugnis, hergestellt durch Einbringen von Reihen versetzter Schnitte und gleichzeitiges Aufrecken der Schnitte zu rautenförmigen Öffnungen, relativ geringe Formsteifigkeit.

Ausgangsblechdicke: 0,3 mm bis 4 mm

Streckgitterbreiten: 500 mm bis 2500 mm; Längen: bis 25 m

Maschengröße: von 10 mm × 4,4 mm bis 200 mm × 75 mm

Bestellung nach Herstellerliste.

Gitterroste aus metallischen Werkstoffen (siehe auch Seite 379)

vgl. E DIN EN 24 537-2 (2006-06)

Ausführung: Schweißpressrost (SP)

Ausführung: Einpressrost (P)

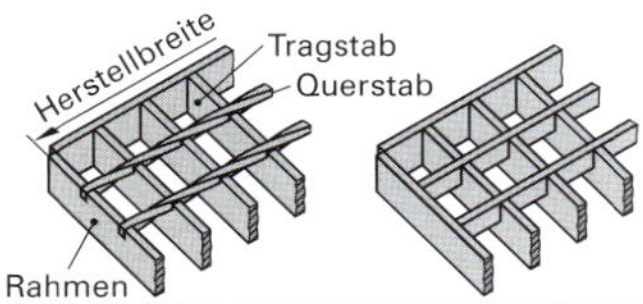

Gitterroste bestehend aus Rahmen, Tragstäben und Querstäben in Quadrat- und Rechteckform.

Verwendung in Betriebsanlagen für Arbeitsbühnen, Treppenstufen, Stege. Maschenweite 34 mm × 38 mm oder 34 × 50 mm, Höhe 30 mm oder 40 mm, Stützweiten: 600, 800, 1000, 1200 und 1500 mm.

Werkstoffe: unlegierte Baustähle nach DIN EN 10 025-2, korrosionsbeständige Stähle nach DIN EN 10 088, Al-Legierungen nach DIN EN 573 und DIN EN 485.

Außenmaße und zulässige Belastung nach Herstellerangaben.

Blechprofilroste aus metallischen Werkstoffen

vgl. E DIN EN 24 537-2 (2006-06)

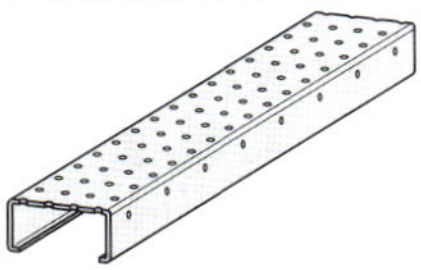

Blechprofilroste in Form von C-Profilen mit Löchern zum Aufnehmen von Lasten durch Begehen oder Befahren mit Fahrzeugen.

Maße: Längen ≤ 6000 mm, Breiten 1,5 mm bis 3 mm.

Werkstoffe: Unlegierte Stähle nach DIN EN 10 025-2, 10 111, 10 327
Korrosionsbeständige Stähle nach DIN EN 10 088-1 bis -3
Al-Legierungen nach DIN EN 573 und DIN EN 485

Nicht genormte Roste

Diagonalrost

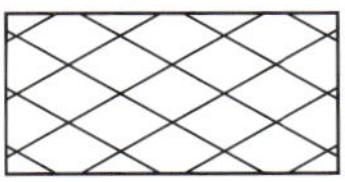

Trapezrost, weit

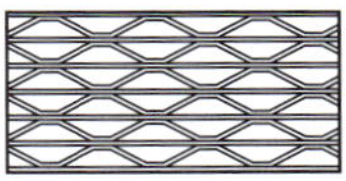

Trapezrost, eng

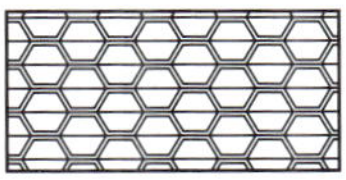

Wabenrost

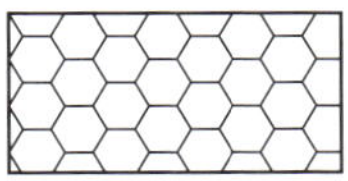

Stahldrahtgeflechte und Drahterzeugnisse für Zäune

vgl. DIN EN 10 223-2 bis -7 (2004-08)

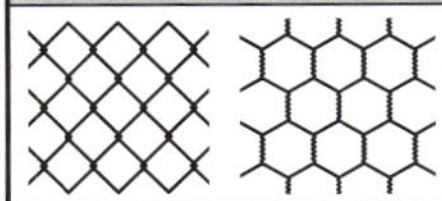

Drahtgeflecht mit viereckigen oder sechseckigen Maschen, roh, verzinkt oder kunststoffbeschichtet. Werkstoff: Walzstahldraht

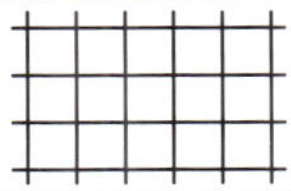

Geschweißte Gitter aus Walzstahldraht für Zäune; roh, verzinkt oder kunststoffbeschichtet.

W

Flächen- und längenbezogene Massen von Fertigerzeugnissen

Stahlblech, Stahlband

vgl. DIN EN 10 029 (1991-10)
vgl. DIN EN 10 131 (1992-01)

Nenndicke mm	flächenbez. Masse m'' kg/m²	Nenndicke mm	flächenbez. Masse m'' kg/m²	Nenndicke mm	flächenbez. Masse m'' kg/m²	Nenndicke mm	flächenbez. Masse m'' kg/m²	Nenndicke mm	flächenbez. Masse m'' kg/m²	Nenndicke mm	flächenbez. Masse m'' kg/m²
0,35	2,75	0,70	5,50	1,2	9,42	3,0	23,55	4,75	37,3	10,0	78,5
0,40	3,14	0,80	6,28	1,5	11,80	3,5	27,4	5,0	39,25	12,0	94,2
0,50	3,92	0,90	7,07	2,0	15,70	4,0	31,4	6,0	47,1	14,0	109,9
0,60	4,71	1,0	7,85	2,5	19,60	4,5	35,4	8,0	62,8	15,0	117,75

Lieferart: In Tafeln und Bändern nach DIN EN 10 131 in Dicken von 0,35 mm bis 3 mm, nach DIN EN 10029 in Dicken über 3 mm bis 250 mm; **Werkstoff:** Unlegierte und legierte Stähle.

Bezeichnung eines Bandes, Nenndicke 1,2 mm, Nennbreite 1500 mm, übliche kaltgewalzte Oberfläche, matt, aus Stahl DC04: **Band EN 10 131 – 1,20 × 1500 Stahl EN 10 130 DC04 Am**

Bleche und Bänder aus NE-Metallen

vgl. DIN EN 1652 (1998-03), DIN EN 485-4 (1994-01)

Blechdicke mm	D-Cu	CuZn37	CuAl8	EN AW-Al 99,8	MgAl6	Zn97,5	Blechdicke mm	D-Cu	CuZn37	CuAl8	EN AW-Al 99,8	MgAl6	Zn97,5
	Flächenbezogene Masse m'' in kg/m²							Flächenbezogene Masse m'' in kg/m²					
0,2	1,78	1,68	1,54	0,540	–	1,41	1,6	14,2	13,4	12,6	–	–	–
0,25	2,22	2,10	1,92	0,675	–	1,80	1,8	16,0	15,1	13,9	4,86	3,28	12,9
0,3	2,67	2,52	2,31	0,810	0,546	2,15	2	17,8	16,9	15,4	5,40	3,64	14,4
0,4	3,56	3,36	3,08	1,08	0,728	2,87	2,2	19,6	18,5	16,9	–	–	15,8
0,5	4,45	4,20	3,85	1,35	0,910	3,59	2,5	22,2	20,9	19,2	6,75	4,55	18,0
0,6	5,34	5,04	4,62	1,62	1,09	4,31	2,8	25,0	23,6	21,5	–	–	20,1
0,7	6,23	5,88	5,38	–	–	5,03	3	26,8	25,3	23,1	8,10	5,46	21,5
0,8	7,12	6,72	6,16	2,16	1,46	5,74	3,2	29,0	27,4	24,6	–	–	–
1	8,90	8,40	7,70	2,70	1,82	7,18	3,5	31,2	29,5	26,9	9,45	6,37	25,1
1,2	10,7	10,1	9,24	3,24	2,18	8,62	4	35,6	33,6	30,4	10,8	7,28	28,7
1,4	12,5	11,8	10,8	–	–	10,1	4,5	40,1	37,8	34,6	–	–	–
1,5	13,4	12,7	11,6	4,05	2,73	10,8	5	44,5	42,0	38,5	13,5	9,10	35,9

Lieferart: In Tafeln und Bändern nach DIN 1751 in Dicken von 0,1 mm bis 5 mm, nach DIN 1783 in Dicken von 0,4 mm bis 15 mm; **Werkstoff:** Cu-, Al- und Zn-Legierungen.

Bezeichnung eines Bleches (BL) nach DIN 1783 aus EN AW-Al99,8 mit 1,5 mm Dicke:
Blech DIN 1783 – EN AW-Al99,8 – BL – 1,5

W

Stahldraht, kaltgezogen

vgl. DIN EN 10 218-2 (1996-08)

Durchmesser mm	längenbez. Masse m' kg/1000 m	Durchmesser mm	längenbez. Masse m' kg/1000 m	Durchmesser mm	längenbez. Masse m' kg/1000 m	Durchmesser mm	längenbez. Masse m' kg/1000 m	Durchmesser mm	längenbez. Masse m' kg/1000 m	Durchmesser mm	längenbez. Masse m' kg/1000 m
0,1	0,062	0,28	0,484	0,5	1,54	1,25	9,66	2,5	38,5	4,5	125,0
0,16	0,158	0,36	0,798	0,8	3,95	1,6	15,8	2,8	43,4	5,0	154,0
0,2	0,246	0,4	0,989	0,9	4,99	2,0	24,6	3,55	77,7	5,6	193,0
0,25	0,385	0,45	1,25	1,0	6,16	2,24	30,9	4,0	98,9	6,3	245,0

Lieferart: In Ringen oder auf Spulen mit Drahtdurchmessern von d = 0,05 mm bis 25 mm.
Werkstoff: Stähle mit niedrigem Kohlenstoffgehalt nach DIN EN 10 016

Runddrähte aus NE-Metallen

vgl. DIN 46 420 (1970-06), DIN 46 431 (1970-06)

Durchmesser mm	E-Cu	CuZn 36 Pb 1	Al 99	Durchmesser mm	E-Cu	CuZn 36	EN AW-Al 99	Durchmesser mm	E-Cu	CuZn 36 Pb 1	EN AW-Al 99
	Längenbezogene Masse m' in kg/1000 m				Längenbezogene Masse m' in kg/1000 m				Längenbezogene Masse m' in kg/1000 m		
0,05	0,017	–	–	0,315	0,694	–	0,211	1,4	13,7	13,1	4,16
0,1	0,070	0,070	0,021	0,36	–	0,865	–	1,6	17,9	17,1	5,43
0,125	0,109	–	0,033	0,4	1,12	1,07	0,339	2,0	28,0	26,8	8,48
0,14	0,137	0,131	0,042	0,45	1,42	1,36	0,429	2,5	43,7	41,7	13,3
0,16	0,179	0,171	0,054	0,5	1,75	1,67	0,530	3,0	62,9	60,1	19,1
0,2	0,280	0,268	0,085	0,8	4,47	4,26	1,36	4,0	112,0	107,0	33,9
0,25	0,437	0,417	0,133	0,9	5,66	5,42	1,72	4,5	142,0	136,0	42,9
0,3	–	0,601	–	1,0	6,99	6,67	2,12	5,0	175,0	167,0	53,0

Lieferart: In Ringen oder auf Spulen von d = 0,05 mm bis 16 mm; **Werkstoff:** Cu- und Al-Legierungen
Bezeichnung für einen genau gezogenen Runddraht von Nenndurchmesser d = 0,4 mm aus E-Cu F20:
Rund DIN 46431 – E-CU F20 – 0,4

Einteilung, Normung und Kurzbezeichnung der Aluminium-Werkstoffe

Einteilung nach der Verarbeitung

- **Unlegierte Aluminiumsorten**
  - (bestehend aus mehr als 99,00 % Al)
- **Aluminium-Knetlegierungen**
  - aushärtbare
  - nicht aushärtbare
- **Aluminium-Gusslegierungen**
  - aushärtbare
  - nicht aushärtbare

Normung nach der Zusammensetzung

vgl. DIN EN 573-1 (2005-02)

Die Normung der Al-Werkstoffe erfolgt nach dem Hauptlegierungselement in Legierungsgruppen, **Serien** genannt.

Serie 1000: Unlegierte Al-Werkstoffe	**Serie 5000: AlMg-Legierungen** (nicht härtbar)
Serie 2000: AlCu-Legierungen (härtbar)	**Serie 6000: AlMgSi-Legierungen** (härtbar)
Serie 3000: AlMn-Legierungen (nicht härtbar)	**Serie 7000: AlZn-Legierungen** (härtbar)
Serie 4000: AlSi-Legierungen (härtbar)	**Serie 8000: Sonstige Al-Legierungen**

Kurznamen für Aluminiumwerkstoffe

vgl. DIN EN 573-2 (2005-02)

Der Kurzname besteht aus:

- der Abkürzung **EN AW** bei Al-Knetlegierungen oder **EN AC** bei Gusslegierungen
  AW von englisch Aluminium Wrougt (gewalzt)
  AC von englisch Aluminium Cost (gegossen)
- nach einem Bindestrich der Werkstoffnummer
- zusätzlich können in eckiger Klammer die chemischen Symbole und Gehalte wichtiger Legierungselemente angegeben sein.
  (Bei unlegierten Al-Werkstoffen ist der Al-Gehalt über 99,00 % angegeben.)
- nach einem weiteren Bindestrich kann der Werkstoffzustand von Halbzeugen durch Buchstaben und Ziffern angegeben werden.
- In Ausnahmefällen, wenn nur die Werkstoffzusammensetzung genannt werden soll, ist auch ein rein chemischer Kurzname erlaubt.

Beispiele:

EN AW-7020
- EN: Europäische Norm
- AW: Al-Knetlegierung
- 7020: Seriennummer

EN AW-7020 [Al Zn4,5Mg1]
- EN: Europäische Norm
- AW: Al-Knetlegierung
- 7020: Seriennummer
- Zn4,5: 4,5 % Zink
- Mg1: 1 % Magnesium

EN AW-7020-T6
- EN: Europäische Norm
- AW: Al-Knetlegierung
- 7020: Seriennummer
- T6: lösungsgeglüht warm ausgelagert

In Ausnahmefällen: **EN AW-Al Zn4,5Mg1**

Werkstoffzustände von Al-Halbzeug (Auswahl)

vgl. DIN EN 515 (1993-12)

Basiszustände		Kurzzeichen	Bedeutung
Herstellzustand	F	F	Für Erzeugnisse aus Umformverfahren ohne spezielle Vorgaben der Herstellbedingungen; keine Festlegung der mechanischen Kennwerte
weichgeglüht	O	O1	Bei hoher Temperatur geglüht und langsam abgekühlt.
		O2	Thermomechanisch behandelt.
kaltverfestigt	H	H111	Geglüht durch Recken oder Richten geringförmig kaltverfestigt.
		H112	Durch Warmumformung oder Kaltverformung geringfügig kaltverfestigt.
wärmebehandelt	T	T4	Lösungsgeglüht und kalt ausgelagert.
		T5	Abgeschreckt von Warmformgebungstemperatur und warm ausgelagert.
		T6	Lösungsgeglüht und warm ausgelagert.
		T6510	Lösungsgeglüht, durch Recken entspannt und warm ausgelagert.
		T 73	Lösungsgeglüht und überhärtet (gegen Spannungskorrosion).

Aluminium und Aluminiumlegierungen

Al-Werkstoffe nach DIN EN 573-3 (2003-10) Numerischer Kurzname Numerisch-chemischer Kurzname	Mechanische Eigenschaften von stranggepressten Stangen, Rohren und Profilen vgl. DIN EN 755-2 (2008-06)						Typische Anwendung
	Werkstoff-zustand von Halbzeug	Zugfestigkeit R_m in N/mm² min.	Zugfestigkeit R_m in N/mm² max.	0,2%-Dehngrenze $R_{p0,2}$ in N/mm² min.	0,2%-Dehngrenze $R_{p0,2}$ in N/mm² max.	Bruchdehnung A in %	
Unlegierter Aluminiumwerkstoff (Beispiel)							
EN AW-1050 A **EN AW-1050 A [Al 99,5]**	F, H112 O, H111	60 60	– 95	20 20	– –	25 25	Band, Fließpressteile
Nichtaushärtende Aluminium-Knetlegierungen (Auswahl)							
EN AW-3103 **EN AW--3103 [Al Mn1]**	F, H112 O, H111	95 95	– 135	35 35	– –	25 25	Dacheindeckungen
EN AW-5005 A **EN AW-5005 A [Al Mg1(C)]**	F, H112 O, H111	100 100	– 150	40 40	– –	18 20	Fassadenverkleidungen
EN AW-5754 **EN AW-5754 [Al Mg3]**	F, H112 O, H111	180 180	– 250	80 80	– –	14 17	Fassadenverkleidungen
EN AW-5083 **EN AW-5083 [Al Mg4,5Mn0,7]**	F O, H111 H112	270 270 270	– – –	110 110 125	– – –	12 12 12	Tragkonstruktionen
Aushärtbare Aluminium-Knetlegierungen (Auswahl)							
EN AW-6060 **EN AW-6060 [Al MgSi]**	T4 T5 T6 T64 T66	120 140 170 180 195	– – – – –	60 120 140 120 150	– – – – –	16 8 8 12 8	Fenster- und Türrahmen
EN AW-7020 **EN AW-7020 [Al Zn4,5Mg1]**	T6	350	–	290	–	10	Schweißkonstruktionen
EN AW-7075 **EN AW-7075 [Al Zn5,5MgCu]**	O, H111 T6, T6510, T6511 T73, T73510 T73511	– 530 470	275 – –	480 460 400	– – –	10 6 6	Hochfeste Bauteile für Flugzeuge und Pkw (korrosionsanfällig)
Automatenlegierung (Beispiel)							
EN AW-6012 **EN AW-6012 [Al MgSiPb]**	T6, T6510, T6511	310	–	260	–	8	Drehteile
Alumimium-Gusslegierung	Mechan. Eigenschaften von Gussteilen vgl. DIN EN 1706 (1998-03)						
EN AC-44200 **EN AC-44200 [Al Si12(a)]**	Gusszustand geglüht	150 160	210 210	70 80	100 110	5…10 6…12	Gussteile

Bezeichnung von genormten Al-Kneterzeugnissen

vgl. DIN EN 573-5 (2007-11)

Abkürzungen für die Form von Al-Kneterzeugnissen

Abkürzung	Querschnittsform, Erzeugnis	Abkürzung	Querschnittsform, Erzeugnis
RND-	Rundstange oder Runddraht	OD	außendurchmesser, Rohr,
SQU-	Quadratische Stange oder Draht	ID	Innendurchmesser, Rohr
RCT-	Rechteckige Stange oder Draht	Z …	Profil (nach Zeichnung Nummer …)
HEX-	Sechseckige Stange oder Draht	RL	Herstelllänge

Bezeichnungsbeispiele:

SQU – Stange EN 754-4 – AW-6060 – H112 – 20 × R Quadratische Stange nach DIN EN 754-4, Werkstoff EN AW-6060, Werkstoffzustand H112, 20 mm Kantenlänge, in Herstelllänge

Profil EN 755-9 – AW-7020 – T8 – Z 274 × 5000 Profil nach DIN EN 755-9, Werkstoff EN AW-7020, Werkstoffzustand T8, Profilform nach Zeichnungsnummer Z 274, Festlänge 5000 mm

W

Aluminium-Erzeugnisse (Übersicht)

Stangen, gezogen und stranggepresst

vgl. DIN EN 754 (2008-06), DIN EN 755 (2008-06)

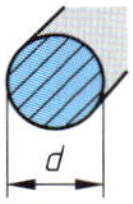

Rundstangen, gezogen, DIN EN 754-3
Gängige Durchmesser: d = 3 mm bis 100 mm

Rundstangen, stranggepresst, DIN EN 755-3
Gängige Durchmesser: d = 8 mm bis 320 mm

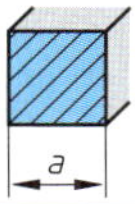

Vierkantstangen, gezogen, DIN EN 754-4
Gängige Kantenlängen: a = 3 mm bis 100 mm

Vierkantstangen, stranggepresst, DIN EN 755-4
Gängige Kantenlängen: a = 8 mm bis 320 mm

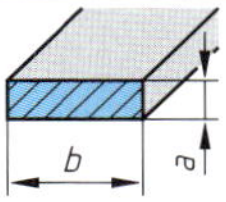

Rechteckstangen, gezogen, DIN EN 754-5
Gängige Breiten: b = 5 mm bis 200 mm
Gängige Dicken: a = 2 mm bis 60 mm

Rechteckstangen, stranggepresst, DIN EN 755-5
Gängige Breiten: 10 mm bis 600 mm
Gängige Dicken: 2 mm bis 180 mm

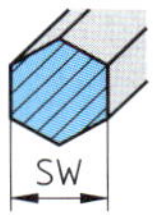

Sechskantstangen, gezogen, DIN EN 754-6
Gängige Schlüsselweiten:
SW = 3 mm bis 80 mm

Sechskantstangen, stranggepresst, DIN EN 755-6
Gängige Schlüsselweiten:
SW = 10 mm bis 220 mm

Nahtlose Rohre und Hohlprofile

vgl. DIN EN 754 (2008-06) DIN EN 755 (2008-06)

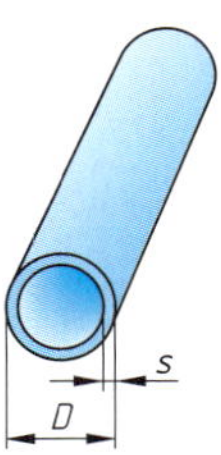

Rundrohre, gezogen
DIN EN 754-7
Durchmesser: 3 mm bis 350 mm

Rundrohre, stranggepresst
DIN EN 755-7 und 755-8
Durchmesser: 8 mm bis 450 mm

HF-Längsgeschweißte Rundrohre
DIN EN 1592-2 und -3
(1997-12)

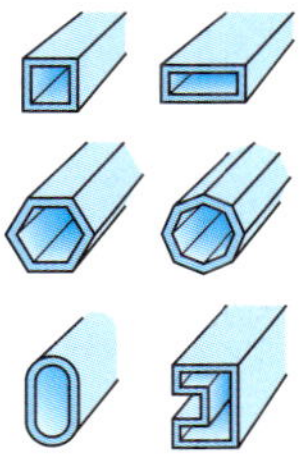

Vierkant-, Rechteck-, Sechskant- und Achtkantrohre, gezogen, DIN EN 754-7
Breite, Höhe oder Schlüsselweite:
8 mm bis 200 mm
stranggepresst, DIN EN 755-8.
Breite, Höhe oder Schlüsselweite:
8 mm bis 350 mm
HF-Längsgeschweißte quadratische, rechteckige und geformte Rohre
DIN EN 1592-4 (1997-12)

Bänder, Bleche und Platten, kaltgewalzt

vgl. DIN EN 485-2 (2007-07)

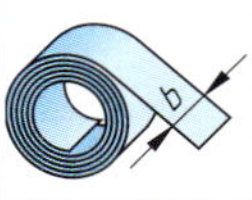

Bänder auf Rollen gewickelt (Coils)
Dicken: 0,2 mm bis 15 mm
Breiten b: bis 2500 mm
Die Dicke beträgt nicht mehr als 1/10 der Breite.

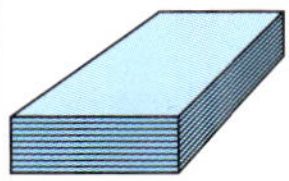

Bleche und Platten
Dicken: 0,20 mm bis 200 mm
Breiten: bis 3500 mm, Länge bis 5000 mm; Übliche Abmessungen:
1000 × 2000, 1250 × 2500, 1500 × 3000

Al-Bleche mit eingewalzten Mustern

vgl. DIN EN 1386 (2008-05)

Muster (Auswahl)

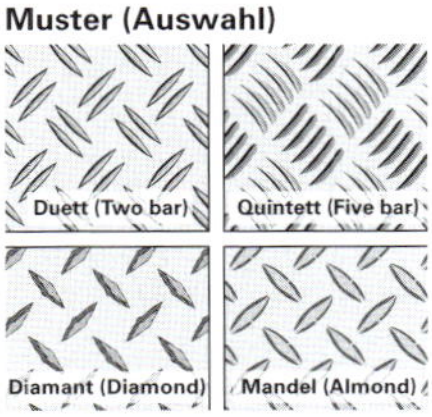

Bleche, Bänder und Platten aus Al-Knetlegierungen mit einem eingewalzten, erhabenen Muster.

Zur Verwendung als Trittflächen, Stufen, Abdeckungen.

Dicke: 1,2 mm bis 20 mm
Breite: bis 2500 mm
Länge: bis 12 500 mm

Al-Trapezprofile

vgl. DIN 18 807-1 (1987-06) und DIN 18 807-6 (1995-09)

Profilformen

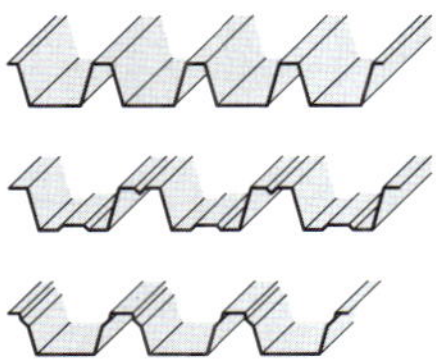

Dünnwandige Al-Trapezprofile für Dächer, Deckenverkleidungen, Wände und Wandverkleidungen.

Anodisch oxidiert oder/und fabbeschichtet.

Die Profilformen sind nicht genormt.

Bestellung nach Herstellerkatalogen.

Stranggepresste Profile

Beispiel

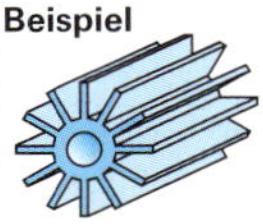

Al-Profile, stranggepresst
DIN EN 755-9 (208-06)

Profilquerschnitt nach Zeichnung
Allgemeine Anwendung

Beispiel

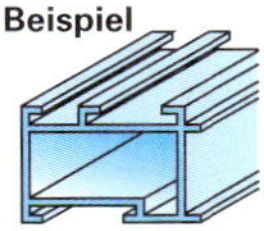

Stranggepresste Präzisionsprofile aus EN AW-6060 und **EN AW-6063**
DIN EN 12 020-1 und -2 (2008-06)
Profilquerschnitt nach Zeichnung
Anwendung im Baubereich und der Architektur

Gepresste T-Profile und Doppel-T-Profile

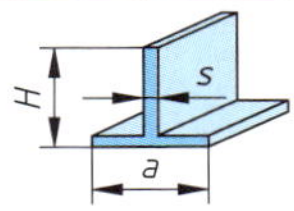

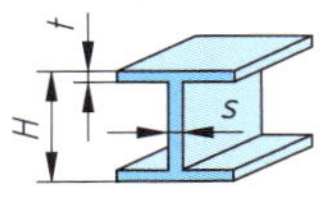

T-Profile: vgl. DIN EN 2050 (2002-08)
Maße von 16 × 25 × 1,2 bis 160 × 160 × 16 (B × H × s)

Doppel-T-Profile: vgl. LN 9712 (1984-12)
Maße von 40 × 40 × 4 × 4 bis 200 × 90 × 8 × 11 (H × B × s × t)

Kupfer, Zink, Blei und ihre Legierungen

Unlegierte Kupferwerkstoffe für das Bauwesen (Auswahl) vgl. DIN EN 1172 (1996-10)

Kurzbezeichnung nach DIN EN 1976 Kurzzeichen[1]	Nummer[2]	Kurzname nach früherer DIN 1708 Kurzname	Nummer	Zugfestigkeit R_m N/mm²	Bruchdehnung A %	Besondere Eigenschaften Hauptanwendungen
Cu-DHP-R200	CW024A	SF-Cu	2.0090	200	35	Gute Schweiß- und Hartlötbarkeit sowie Umformbarkeit Bauwesen, Metallbau

Kupfer und Kupferlegierungen (für Stangen zur allgemeinen Verwendung) vgl. DIN EN 12 163 (1998-04)

Kurzzeichen[3] (Werkstoffnummer[2)])	Werkstoff-Zustand[4]	Härte HB	Zugfestigkeit R_m N/mm²	0,2%-Dehngrenze $R_{p0,2}$ N/mm²	Bruchdehnung A %	Besondere Eigenschaften Hauptanwendungen
Kupfer-Zink-Knetlegierungen						
CuZn10 (CW501L)	R320 H060	–	270 –	80 –	28	sehr gut kaltumformbar Pressteile, Handläufe
CuZn40 (CW509L)	R340 H080	 > 80	340 –	260 –	25 –	gut kalt- und warmformbar, spanbar Warmpressteile, Beschlagteile
CuZn40Mn2Fe1 (CW723R)	H150 R540	> 150 –	– 540	– 320	– 8	gut form- und spanbar, witterungsbeständig Bauwesen, Architektur
Kupfer-Zinn-Legierungen						
CuSn6 (CW452K)	H155 R550	> 155	– 550	– 500	– –	gute Gleiteigenschaften, gute Korrosionsbeständigkeit, hohe Festigkeit
CuSn8 (CW453K)	H185 R620	> 185 –	– 620	– 550	– –	Beschläge, Federn, Membranen, Gleitlager, Flachstecker
Kupfer-Nickel-Zink-Legierung (Neusilber)						
CuNi12Zn24 (CW403J)	H190 R380 R640	> 190 – –	– 380 640	– 270 550	– 38 –	Silberähnliches Aussehen, korrosions- und anlaufbeständig, hohe Festigkeit Beschläge, Geländer, Verkleidungen

1) Das **Kurzzeichen der unlegierten Kupferwerkstoffe** besteht aus dem Symbol Cu- und Großbuchstaben für kennzeichnende Eigenschaften. **Beispiel:** Cu-DHP-R220 ist ein unlegierter Kupferwerkstoff, desoxidiert (D), Hoher Phosphorgehalt (HP).

2) **Werkstoffnummer für Kupfer und Kupferlegierungen** nach DIN EN 1412: CW Kupferknetlegierung, CC Kupfergusslegierung, danach eine Nummer und Kennbuchstaben.

3) Das **Kurzzeichen der Kupferlegierungen** besteht aus dem Kupfersymbol Cu und den Symbolen der Hauptlegierungselemente mit Gehaltsangaben in Prozent. **Beispiel:** CuZn36Pb3 enthält 36 % Zink (Zn), 3 % Blei (Pb).

4) Der **Werkstoffzustand** (nach DIN 1173) wird durch Kennbuchstaben und Ziffern angegeben, z. B. R220 = Mindestzugfestigkeit R_m = 220 N/mm², z. B. HB80 = Brinellhärte mindestens HB 80. **Beispiel:** CuZn38Pb1–R220

Zinkwerkstoffe

Zinksorte	Herstellung	Normung	Zusammensetzung	Verwendung
Primärzink Z2	aus Zinkerz	DIN EN 1179 (2003-09)	99,99 % Zn	Verzinkerei-Zink
Sekundärzink ZS1	aus Zinkschrott	DIN EN 13 283 (2002-01)	98,0 % Zn	Basis für Zinklegierungen

Titanzink (für gewalzte Flacherzeugnisse für das Bauwesen) vgl. DIN EN 988 (1996-08)

Bezeichnung	Zusammensetzung	Verwendung
Titanzink EN 988	Basis: Primärzink Z1 sowie Ti: 0,06%...0,2%, Cu: 0,08%...1%, Al: bis 0,015%	Band, Blech oder Streifen für das Bauwesen, Dächer, Rinnen, Rohre

Bleiwerkstoffe

Blei für Bauzwecke vgl. DIN EN 12 588 (2006-11)				Bleilegierungen für Bauzwecke vgl. DIN 17640-1 (2004-02)				
Werkstoffnummer	Altes Kurzzeichen	Alte Werkstoff-Nr.	Verwendung	**Bezeichnung**	Kurzzeichen	Alte Werkstoff-Nr.	Zusammensetzung	Verwendung
Pb810M	–	–	Baubereich	„Hartblei“	PbSb8	2.3208	max 9 % Sb Rest Pb	Blech, Band, Baubereich

W

Erzeugnisse aus Kupfer, Zink und Blei

Stangen aus Kupfer zur allgemeinen Verwendung

vgl. DIN EN 12 163 (1998-04)

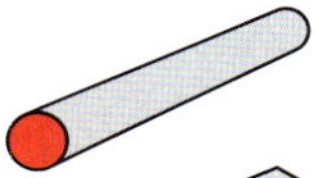

Rundstangen
Kurzzeichen: RND

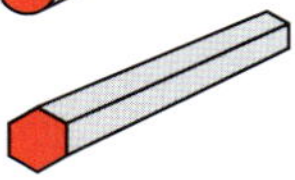

Sechseckstangen
Kurzzeichen: HEX

Achteckstangen
Kurzzeichen: OCT

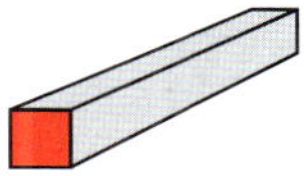

Quadratstangen
Kurzzeichen: SQR

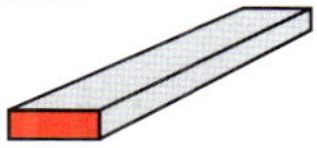

Rechteckstangen
Kurzzeichen: RCT

Die Rund-, Quadrat-, Sechseck-, Achteck- und Rechteckstangen gibt es in vielen Größenabstufungen.

Werkstoffe: Kupfer und Kupfer-Knetlegierungen nach den gängigen DIN-Normen, siehe Seite 175.

Bestellbeispiel: 50 m Rundstangen aus CuZn40 - R340, Durchmesser 36 mm, Toleranzklasse B, gerundete Kanten (RD), in Herstelllängen
50 m Stange EN 12 163 — CuZn40 - R340 – RND36B – RD

Bänder und Bleche aus Kupfer für das Bauwesen

DIN EN 1172 (1996-10)

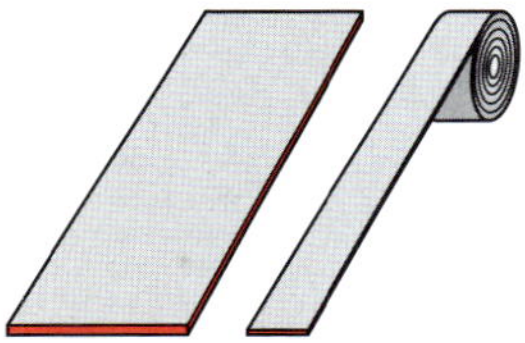

Werkstoffe: **Cu-DHP** (geeignet zum Schweißen, Hart- und Weichlöten)
CuZn0,5 (nur für Dachrinnen, Fallrohre und Zubehör)

Dicke in mm	Breite in mm	Vorzugslänge von Blech in mm	Ringinnendurchmesser des Bandes in mm
0,5; 0,6; 0,7; 0,8; 1,0	bis 1250	2000 oder 3000	300; 400; 500; 600

Bestellbeispiel: 60 kg Blech EN 1172 – Cu-DHP – R240 – 0,6 × 1000 × 2000

Profile und Rechteckstangen aus Kupfer zur allgemeinen Verwendung

DIN EN 12 167 (1998-04)

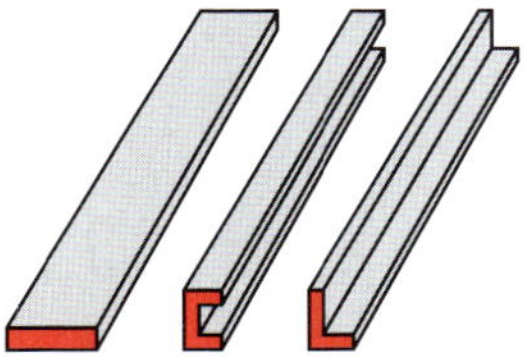

Die Rechteckstangen sind durch die Maße, die Profile durch die Profilnummer oder eine mit Maßen versehene Zeichnung zu beschreiben.

Werkstoffe: Cu-DLP, Cu-DHP, CuNi2Be, CuAl7Si2, CuNi18Zn20, CuZn37, CuZn40, CuZn39Pb2, CuZn20Al2As, CuZn39Sn1, CuZn40Mn2Fe1 usw.

Bestellbeispiel: **150 m Profil EN 12 167 – CuZn37 – R410 – S86 – Länge (Nennmaß) 3000 mm**

S86 bedeutet: Profil nach Zeichnung Nr. 86

Nahtlose Rundrohre aus Kupfer zur allgemeinen Verwendung

DIN EN 12 449 (1999-10)

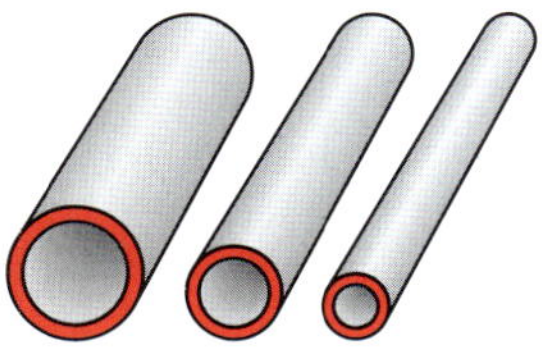

Maße: Außendurchmesser 3 mm bis 450 mm, Wanddicken 0,3 mm bis 20 mm.

Werkstoffe: Cu-DHP, CuNi2Si, CuNi18Zn20, CuSn6, CuSn8, CuSn8PbP, CuZn5, CuZn20, CuZn37, CuZn37Pb1, CuZn20Al2As, CuZn31Si1, CuZn40Mn2Fe1.

Bestellbeispiel: **200 m Rohr EN 12 449 – CuSn8PbP – H075 – OD26 × 25 – Festlänge 3000 mm**
OD26 bedeutet: Außendurchmesser (OD) 26 mm, Wanddicke 2,5 mm

Gewalzte Flacherzeugnisse (Bleche) aus Titanzink für das Bauwesen

vgl. DIN EN 988 (1996-08)

Bezeichnung	Dicke mm	Breite mm	$R_{p0,2}$ N/mm²	R_m N/mm²	Bruch-dehnung %	Bleibende Dehnung im Zeitstandversuch
Titanzink EN 988	0,6…1,0	100…1000	min. 100	min. 150	min. 35	max. 0,1%

Gewalzte Bleche aus Blei für das Bauwesen

vgl. E DIN 12 585 (2006-11)

Werkstoff	Dicke mm	Breite mm	$R_{p0,2}$ N/mm²	R_m N/mm²	Bruch-dehnung %	Verwendung
Pb810M	bis 6	100…2500	4…5	16…20	43…51	Dächer, Verkleidungen Sperrschichten
Bezeichnungsbeispiel:	Bleiblech EN 12588 – 1,25 (1,25 mm dick)					

Längenbezogene Masse von Rohren

Außen-Ø mm	Längenbezogene Masse m' in kg/m für Wanddicke s in mm: 0,5	0,75	1	1,5	2	2,5	3	4	Außen-Ø mm	Längenbezogene Masse m' in kg/m für Wanddicke s in mm: 1	2	3	4	5	6	8	10
Rohre aus Kupfer nahtlos gezogen																	
3	0,03	0,05	0,06	–	–	–	–	–	25	0,67	1,29	1,85	2,35	–	–	–	–
4	0,05	0,07	0,08	–	–	–	–	–	30	0,81	1,57	2,26	2,91	–	–	–	–
5	0,06	0,09	0,11	–	–	–	–	–	35	0,95	1,85	2,68	3,47	–	–	–	–
6	0,08	0,11	0,14	–	–	–	–	–	42	–	2,24	3,27	4,25	5,17	–	–	–
8	0,10	0,15	0,20	0,27	–	–	–	–	50	–	2,68	–	–	–	–	–	–
10	0,13	0,19	0,25	0,36	0,45	–	–	–	60	–	3,24	4,78	6,26	7,69	–	–	–
12	0,16	0,24	0,31	0,44	0,56	–	–	–	70	–	3,80	–	–	–	–	–	–
16	–	0,32	0,42	0,61	0,78	0,94	1,09	–	80	–	4,36	–	–	–	–	–	–
20	–	0,40	0,53	0,78	1,01	1,22	1,43	1,79	100	–	5,48	–	–	–	–	–	–
Rohre aus Kupfer-Zink-Knetlegierungen nahtlos gezogen																	
3	0,028	0,047	0,057	–	–	–	–	–	25	0,634	1,22	1,75	2,22	2,64	3,01	–	–
4	0,047	0,066	0,075	–	–	–	–	–	30	0,765	1,48	2,14	2,75	3,30	3,80	4,64	–
5	0,057	0,085	0,104	–	–	–	–	–	35	0,869	1,75	2,53	3,27	3,96	4,58	5,70	–
6	0,075	0,104	0,132	–	–	–	–	–	40	1,03	2,00	2,92	3,82	4,62	5,36	6,76	7,92
8	0,094	0,142	0,189	0,254	0,321	–	–	–	50	1,29	2,53	3,72	4,85	5,95	6,96	8,86	10,6
10	0,122	0,179	0,236	0,340	0,425	0,491	0,556	–	60	1,56	3,06	4,53	5,92	7,25	8,56	10,9	13,2
12	0,151	0,226	0,292	0,415	0,528	0,624	0,707	0,840	70	1,82	3,58	5,30	6,96	8,58	10,1	13,1	15,8
16	0,208	0,302	0,393	0,575	0,736	0,887	1,03	1,26	80	–	4,12	6,10	8,04	9,92	11,7	15,2	18,5
20	–	0,378	0,500	0,736	9,953	–	1,35	1,69	100	–	5,18	7,68	10,1	12,5	14,9	19,4	23,8
Rohre aus Aluminium und Aluminium-Knetlegierungen nahtlos gezogen																	
3	0,011	0,014	0,017	–	–	–	–	–	25	0,204	0,390	0,560	0,713	0,848	0,966	–	–
4	0,015	0,021	0,025	–	–	–	–	–	30	0,246	0,475	0,687	0,882	1,06	1,22	1,49	–
5	0,019	0,027	0,034	–	–	–	–	–	35	0,288	0,560	0,814	1,05	1,27	1,48	1,83	–
6	0,023	0,34	0,42	–	–	–	–	–	40	0,331	0,645	0,942	1,22	1,48	1,73	2,18	2,54
8	0,032	0,046	0,060	0,083	0,102	–	–	–	50	0,416	0,814	1,20	1,56	1,91	2,24	2,85	3,39
10	0,040	0,059	0,076	0,107	0,136	0,159	0,178	–	60	0,500	0,984	1,45	1,90	2,33	2,75	3,53	4,24
12	0,049	0,072	0,093	0,133	0,170	0,202	0,229	0,270	70	0,585	1,15	1,70	2,23	2,76	3,26	4,21	5,09
16	–	0,097	0,127	0,184	0,238	0,286	0,331	0,407	80	–	1,32	1,96	2,58	3,18	3,76	4,89	5,94
20	–	0,123	0,161	0,235	0,306	–	0,433	0,543	100	–	1,66	2,47	3,26	4,03	4,78	6,24	7,64

Lieferart: Ringbunde oder in Längen bis 8 m
Bezeichnungsbeispiele: Rohr DIN 1754 – SF-Cu – 60 × 3, Rohr DIN 1755 – CuZn 40 – 50 × 6

W

Rohre aus Kunststoffen

Außen-Ø mm	**Polyethylen hoher Dichte (PE-HD)** vgl. DIN 8074 (1999-08) – Wanddicke s in mm und längenbezogene Masse m' in kg/m												**Polyvinylchlorid (PVC)** vgl. DIN 8062 (1988-11) – Wanddicke s in mm und längenbezogene Masse m' in kg/m							
	s	m'	s	m'	s	m'	s	m'	s	m'	s	m'	s	m'	s	m'	s	m'	s	m'
20	–	–	–	–	–	–	–	–	1,9	0,11	2,8	0,15	–	–	–	–	–	–	1,5	0,14
25	–	–	–	–	–	–	1,8	0,14	2,3	0,17	3,5	0,24	–	–	–	–	1,5	0,17	1,9	0,21
32	–	–	–	–	–	–	1,9	0,19	2,9	0,27	4,4	0,39	–	–	–	–	1,8	0,26	2,4	0,34
40	–	–	–	–	1,8	0,23	2,4	0,29	3,7	0,43	5,5	0,60	–	–	1,8	0,33	1,9	0,35	3,0	0,52
50	–	–	1,8	0,29	2,0	0,32	3,0	0,45	4,6	0,66	6,9	0,93	–	–	1,8	0,42	2,4	0,55	3,7	0,71
63	1,8	0,36	2,0	0,40	2,5	0,49	3,8	0,72	5,8	1,05	8,6	1,47	–	–	1,9	0,56	3,0	0,85	4,7	1,29
75	1,9	0,45	2,3	0,55	2,9	0,67	4,5	1,02	6,8	1,47	10,3	2,09	1,8	0,64	2,2	0,78	3,6	1,22	5,6	1,82
90	2,2	0,64	2,8	0,79	3,5	0,97	5,4	1,46	8,2	2,12	12,3	3,00	1,8	0,77	2,7	1,13	4,3	1,75	6,7	2,60
110	2,7	0,94	3,4	1,17	4,2	1,43	6,6	2,17	10,0	3,14	15,1	4,49	2,2	1,16	3,2	1,64	5,3	2,61	8,2	3,90
125	3,1	1,23	3,9	1,51	4,8	1,84	7,4	2,76	11,4	4,08	17,1	5,77	2,5	1,48	3,7	2,13	6,0	3,34	9,3	5,01
140	3,5	1,54	4,3	1,88	5,4	2,32	8,3	3,46	12,7	5,08	19,2	7,25	2,8	1,84	4,1	2,65	6,7	4,18	10,4	6,27
160	4,0	2,00	4,9	2,42	6,2	3,04	9,5	4,52	14,6	6,67	21,9	9,44	3,2	2,41	4,7	3,44	7,7	5,47	11,9	8,17

PE-HD:
Lieferart: Ringbunde oder in Längen bis 12 m
Bezeichnungsbeispiel: Rohr DIN 8074 110 × 10,0 – PE80

PVC:
Lieferart: Längen bis 12 m
Bezeichnungsbeispiel:
Rohr DIN 8062 32 × 1,8 PVC-U

Kunststoffe

Kunststoff (chemische Bezeichnung)	Kurzzeichen nach DIN EN ISO 1043-1	Handelsnamen (Firmeninterne Bezeichnungen)	Kennzeichnende Merkmale	Typische Anwendungen
Thermoplaste				
Polyethylen, weich (linear, low density)	**PE-LD**	Hostalen H und S Lupolen 1810 H	transparent bis milchig weiß, lederartig zäh, flexibel	Dichtungsbahnen, Schläuche, Folien
Polyethylen, hart (linear, high density)	**PE-HD**	Hostalen GC, Vestolen Lupolen 5261 Z	farblos, trüb durchscheinend, zähhart, steif	Profile, Fässer, Tanks, Kästen, Wasserleitungsrohre, Mülleimer
Polypropylen	**PP**	Vestolen P, Hostalen PPN; Propathen	weiß, durchscheinend, steif, hart, kochfest, kratzfeste Oberfläche	Rohrfittings, Pkw-Bauteile, Haushaltsgerätegehäuse, Teile für Haushaltsmaschinen
Polyvinylchlorid hart	**PVC hart**	Vestolit Hostalit	weiß, hart, steif, schwer zerbrechlich	Fensterprofile, Wellplatten, Dachrinnen, Rohre, Behälter, Apparategehäuse
Polyvinylchlorid weich	**PVC weich**	Vestolit Vinoflex	farblos durchscheinend, lederartig bis weich	Abdichtungsbahnen, Fugenbänder, Schläuche, Fußbodenbeläge
Acrylglas (Polymethyl-methacrylat)	**PMMA**	Plexiglas Resarit	farblos, glasklar, lichtecht, hart, steif, zäh, schwer zerbrechlich	Lichtkuppeln, Balkonverkleidungen, Verglasungen, Doppelstegplatten
Polystyrol-Hartschaumstoff	**PS**	Styropor Styrodur	biegsamer bis harter Schaumstoff, geringes Gewicht	Wärme- und Kälteisolierplatten und Rohrverkleidungen, Verpackungen
Polystyrol-Copolymerisate	**SB** **SAN** **ABS**	Polystyrol, Hostyren, Vestyron, Luran, Terluran, Novodur	durchsichtig klar, hartzäh, biegesteif	Leuchtenabdeckungen, Gerätegehäuse, Schutzhelme
Polyamide	**PA 6** **PA 12** **PA 66**	Ultramid, Durethan Vestamid, Trogamid	weißlich, transparent, zähhart, gleitfähige Oberfläche	Maschinenteile, Zahnräder, Schrauben, Lagerschalen, Beschläge, Bohrmaschinengehäuse
Polycarbonat	**PC**	Makrolon Lexan	farblos, glasklar, zähhart, steif, schlagzäh	Unzerbrechliche Abdeckungen, Verglasungen und Isolierteile
Polyoximethylen	**POM**	Hostaform Ultraform	weißlich, durchscheinend, zähhart, steif, schlagzäh	Beschläge, Gehäuse, Zahnräder, Armaturenbauteile, Elektro-Isolierteile
Polytetrafluor-ethylen	**PTFE**	Teflon, Tefzel, Hostaflon	weiß, gleitfähige Oberfläche, chemikalien-, hitze- und kältebeständig	Kälte-, wärme- und chemikalienbeständige Bauteile, gleitfähige Beschichtungen
Duroplaste/Elastomere				
Ungesättigte Polyesterharze	**UP**	Leguval, Palatal Vestopal, Polyleit	farblos, durchsichtig, hart, steif, gute Klebefähigkeit	Klebe- und Lackharz, Bindeharz für verstärkte Kunststoffe
Epoxidharze	**EP**	Araldit, Epikote, Epoxin, Lekutherm	farblos bis honiggelb, hartzäh, gute Klebefähigkeit	Klebe-, Lack- und Gießharz, Bindeharz für verstärkte Kunststoffe
Polyurethanharze Polyurethan-kautschuk	**PUR**	Desmodur Baydur, Bayflex	honiggelb, durchscheinend, hartgummiartig bis weich. Auch als Elastomer und als Schaumstoff herstellbar	Gummihämmer, Lack- und Klebstoffharz, Fugenfüllmasse, Dichtungen, Lagerschalen, elastische und steife Schaumstoffe
Siliconharz Siliconkautschuk	**SI**	Silicon, Baysilon	farblos bis milchig, biegsam, wasserabweisend, hitze- und kältebeständig, auch als Elastomer herstellbar	Dichtungen, Fugenfüllmasse, Isolierlacke, Gießformen für Kunstharz
Elastomere				
Styrol-Butadien-Kautschuk	**SBR**	Buna S Cariflex S	braun bis schwarz, hartgummi- bis weichgummiartig	Gummihämmer, Puffer, Schläuche, Dichtungen, Autoreifen
Butyl-Kautschuk EPDM-Kautschuk	**IIR** **EPDM**		meist schwarz eingefärbt, witterungs- u. chemikalienbeständig, geringe Gasdurchlässigkeit	Profildichtungen für Fenster und Türen, Fugenbänder, Dichtungen (Seite 357, 358)

W

Eigenschaften der Kunststoffe

Kurzzeichen der Kunststoffart	Physikalisch-technologische Eigenschaften: Dichte kg/dm³	Möglicher Temperatur-Einsatzbereich °C	Streckspannung bzw. Zugfestigkeit N/mm²	Kerbschlagzähigkeit (∪ bedeutet Probe nicht gebrochen) kJ/m²	Beständigkeit (● beständig ◐ bedingt beständig ○ unbeständig): heißes Wasser (100 °C)	Benzin	Dieselöl/Heizöl	Mineralöle/Schmieröle	Tierische und pflanzliche Öle	Schwache Laugen	Starke Laugen	Schwache Säuren	Starke Säuren	Brandverhalten (▲ brennbar ◭ verlöschend △ schwer entflammbar)
Thermoplaste														
PE-LD	0,918	– 50…+ 80	≈ 10	∪	●	◐	◐	◐	●	●	●	●	●	▲
PE-HD	0,95…1,09	– 50…+ 90	25…30	∪	●	◐	◐	◐	●	●	●	●	◐	▲
PP	0,9…1,14	– 10…+ 110	28…42	∪ bis 30	●	◐	◐	●	◐●	●	●	●	◐	▲
PVC hart	≈ 1,38	– 30…+ 60	35…55	≈ 4	○	○	◐	●	●	●	●	●	●	△
PVC weich	1,2…1,35	– 50…+ 60	10…30	∪	○	○	○	◐	◐	●	○	●	◐	◭
PMMA	1,18	– 40…+ 80	≈ 30	≈ 18	●	●	●	●	●	●	●	●	○	▲
PS	1,04 0,015…0,030	– 80…+ 80	25…50	≈ 20	●	○	◐	◐	◐	●	●	●	◐	▲
SB **SAN** **ABS**	1,03…1,31	– 25…+ 80	25…130	20…50	●	●	◐	◐	◐	●	●	●	◐	▲
PA	1,14	– 40… +100	40…190	40…70	◐	●	●	●	●	●	◐	◐	○	▲
PC	1,2…1,35	–130…+130	60…90	40…65	●	◐	◐	◐	●	◐	○	●	●	◭
POM	1,42	– 50…+100	≈ 70	≈ 10	●	◐	◐	●	●	●	◐	◐	○	▲
PTFE	2,14…2,19	–200…+260	15…30	≈ 50	●	●	●	●	●	●	●	●	●	△
Duroplaste/Elastomere														
UP	≈ 1,2	–100…+150	≈ 35	≈ 10	●	◐	◐	●	●	●	○	◐	○	▲
EP	≈ 1,2	…+ 125	≈ 70	≈ 15	●	●	●	●	●	●	●	●	◐	▲
PUR	1,26	– 40…+ 80	≈ 40	∪	○	●	●	●	●	●	○	◐	○	▲
SI	1,4…2,5	– 50…+ 180	gering	∪	●	●	●	◐	●	●	◐	●	○	△
Elastomere														
SBR	0,92…0,97	…+ 80	≈ 20	∪	●	◐	◐	◐	●	●	●	●	◐	▲
IIR **EPDM**	1,23	…+ 100	20…40	∪	●	●	●	●	●	●	◐	●	◐	◭

W

Kunststoff-Erzeugnisse

Erzeugnisse aus thermoplastischen Kunststoffen

vgl. DIN 16 985 (1989-06)

Werkstoffe: PA 6, PA 66, PA 12, PBT, PC, PET, PE-HD, PE-LD, PP-H, PP-B, PP-R, PPO, POM, PVC-U, PVC-HI, PVC-C, PVDF (Bedeutung der Kurzzeichen Seite 178)

Rundstäbe aus thermoplastischen Kunststoffen

vgl. DIN 16 980 (1987-05)

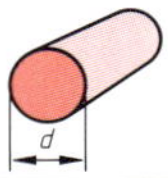

Durchmesser *d*	mm	3	4	5	6	8	10	12	16	18	20	22	25	28	30
Werkstoffe: siehe oben		32	36	40	45	50	56	60	63	70	80	90	100	110	125
		140	150	160	180	200	220	250	280	300	320	360	400	450	500

Tafeln aus thermoplastischen Kunststoffen

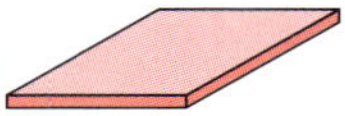

PE-HD	DIN 16 972 (1995-03)	**ABS, ASA**	DIN 16 956 (1976-12)
PVC (hart)	DIN 16 927 (1988-12)	**PC**	DIN EN ISO 11 963 (1995-11)

Dicken: 1; 1,6; 2; 2,5; 3; 4; 5; 6; 8; 10; Länge und Breite frei vereinbar

Bezeichnungsbeispiel: Tafel DIN 16 972 – PE-HD – 3 × 100 × 2000

Dach- und Dichtungsbahnen aus Kunststoff

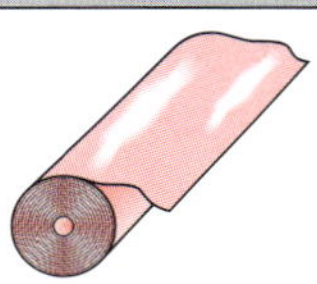

Chloriertes Polyethylen (PE-C)	DIN 16 736 (1986-12)	Dicken: 1,2 mm; 1,5 mm; 2 mm; 2,5 mm, 3 mm
Polyvinylchlorid (PVC-P)	DIN 16 730, DIN 16 734 , DIN 16 735 (1986-12)	
Polyisobuthylen (PIB)	DIN 16 731 (1986-12)	Breiten: 600 mm, 800 mm, 1000 mm
Ethylencopolymerisat-Bitumen (ECB)	DIN 16 729 (1984-09)	Längen: 10 m, 20 m

Bezeichnungsbeispiel: Dach-Dichtungsbahn DIN 17 736 – PE-C – 1,5 – GV (GV = Glasvlieseinlage)

Rohre aus thermoplastischen Kunststoffen für Druckleitungen

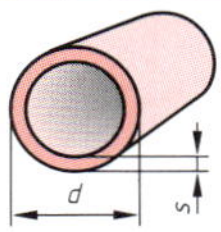

Rohraußendurchmesser d_a	mm	10	12	16	20	25	32	40	50
63	75	90	110	125	160	180	200	225	250	280	315	355
400	450	500	560	630	710	800	900	1000	1200	1400	1600	

Je nach Rohrreihe (Nenndruck) unterschiedliche Werte der Wanddicke *s*

Rohr-Werkstoff	DIN-Norm	Rohrreihen für Nenndrücke PN (bar)	Rohrleitungsteile, Zubehör
PE-HD	8074 (1999-08)	PN 2,5, PN 3,2, PN 4, PN 6, PN 10, PN 16	DIN 16 963-1 (1980-08) DIN 8076-1 (1984-03)
PP	8077 (1999-07)	PN 2,5, PN 4, PN 6, PN 10	DIN 16 962 (1980-08)
PVC-U, PVC-HI	8062 (1988-11)	PN 2,5, PN 4, PN 6, PN 10, PN 16	DIN 8063 (1986-12)
PB	16 969 (1997-12)	PN 4, PN 6, PN 10, PN 16, PN 20	–

Bezeichnungsbeispiel: Rohr DIN 8074 – PE-HD – 63 × 2,5 (63 = Außendurchmesser, 2,5 = Wanddicke)

Erzeugnisse aus verstärkten Kunststoffen (Verbundwerkstoffe)

Verbund-werkstoff-arten	**GMT**	Glasmattenverstärkte Thermoplaste	vgl. DIN EN 13 677 (2003-07)
	SMC	Verstärkte Harzmatten (**S**heet **M**oulding **C**ompound)	vgl. DIN EN 14598-1 (2005-07)
	BMC	Verstärkte, härtbare Pressmasse (**B**ulk **M**oulding **C**ompond)	vgl. DIN EN 14598-1 (2005-07)

Grundstruktur der Bezeichnung von verstärkten Kunststoffen

Basis-Kunststoffe nach DIN EN ISO 1043-1 (Seite 185)	Art der Verstärkung- oder Füllstoffe DIN EN ISO 1043-2 z.B. A Aramidfaser M Mineral G Glasfaser L2 Baumwolle C Kohlenstofffaser Q Quarz	Form der Verstärkung- oder Füllstoffe DIN EN ISO 1043-2 z.B. B Kugeln D Pulver C Schnitzel M Matte F Fasern W Gewebe	Massen-anteil der Verstärkungs- oder Füll-stoffe in Prozent	Gegebenenfalls weitere Eigen-schaften (angegeben mit Kennbuchstaben und Ziffern)

Bezeichnungsbeispiel: SMC EN 14598-1 – UP(GF30+MD15)X,F
Verstärkte Harzmatte nach DIN EN 14 598-1, aus ungesättigtem Polyesterharz, verstärkt mit 30 % Glasfasern und 15 % Mineralpulver (Gesteinspulver), kein empfohlenes Verarbeitungsverfahren (X), Flammbeständig (F)

Schmierstoffe

Schmieröle

vgl. DIN 51 502 (1990-08)

Schmierölgruppe Symbol	Schmierölart (besondere Eigenschaften, Verwendung)	Kennbuchstaben
Mineralöle	Normalschmieröl ohne Zusätze für Anwendungen ohne besondere Anforderungen (DIN 51 501)	AN
	Bitumenhaltige Schmieröle, bevorzugt für offene Schmierstellen (DIN 51 513)	B
	Alterungsbeständige Umlaufschmieröle für Wälz- und Gleitlager (DIN 51 517)	C
	Gleitbahn-Schmieröle mit Zusätzen zur Verschleißminderung bei Mischreibung	CG
	Schmieröle für druckluftgetriebene Werkzeuge und Maschinen	D
	Korrosionsschutzöle	R
	Kühlschmieröle (nicht wassermischbar)	S
Syntheseöle	Esteröle mit geringer Viskositätsänderung bei Temperaturänderung	E
	Fluorkohlenwasserstofföle mit hoher Reaktionsstabilität gegenüber Chemikalien	FK
	Polyglycolöle mit hoher Reaktionsstabilität und Verschleißschutz	PG
	Silikonöle mit geringer Viskositätsänderung bei tiefen bis hohen Temperaturen	SI

Zusatz-Kennbuchstaben für Schmierstoffe	
Emulgierbare Kühlschmieröle	E
mit Festschmierstoff-Zusatz, z. B. Graphit oder MoS_2	F
mit Zusätzen zur Erhöhung des Korrosionsschutzes	L
mit Zusätzen zur Verminderung des Verschleißes	P
mit Lösungsmitteln verdünnt	V

ISO-Viskositätsklassen für Öle

ISO VG 2	Kinematische Viskosität bei 40 °C: ≈ 2,2 mm^2/s „wasserähnlich"
ansteigend in den Stufungen ISO VG 2, 3, 5, 7, 10, 15, 22, 32, 46, 68, 100, 150, 220, 320, 460, 680, 1000, 1500	
ISO VG 1500	Kinematische Viskosität bei 40 °C: ≈ 1500 mm^2/s (honigartig)

Bezeichnungsbeispiel:

CLP 320

Schmieröl auf Mineralölbasis mit Korrosionsschutz- und Verschleißschutz-Zusätzen ISO-Viskositätsklasse 320

Schmierfette

vgl. DIN 51 502 (1990-08)

Schmierfettgruppe Symbol	Schmierfettart	Kennbuchstaben
auf Mineralölbasis	für Wälz- und Gleitlager sowie Gleitflächen (– 20 °C...+ 140 °C)	K
	für hohe Druckbelast. (–20 °C...+140 °C)	KP
	für tiefe Temperaturen bis – 55 °C	KT
	für geschlossene Getriebe	G
	für offene Verzahnungen (Haftschmierstoff ohne Bitumen)	OG
	für Gleitlager	M
auf Syntheseölbasis	Schmierfette auf Syntheseölbasis werden mit obigen Kennbuchstaben unter Hinzufügung des Syntheseöl-Kennbuchstabens bezeichnet.	

KT E — **Bezeichnungsbeispiel:** Schmierfett für tiefe Temperaturen auf Esterölbasis: KT E

Konsistenzzahlen

Konsistenz-Kennzahl	Konsistenz-beschreibung	
000	sehr weich	Die Konsistenz-Kennzahlen entsprechen den NLGI-Klassen nach DIN 51 818
00	salbenartig weich	
0	salbenartig	
1 bis 6	salbenartig fest bis hartpastig	

Zusatzbuchstaben von A...H, K, M, N, ..., U beschreiben den Gebrauchstemperaturbereich und das Verhalten gegen Wasser.

KP 2 R — **Bezeichnungsbeispiel:** Schmierfett auf Mineralölbasis für hohe Druckbelastung, Konsistenzzahl 2; Zusatzbuchstabe R: für Gebrauchstemperaturen über + 180 °C sowie keiner Änderung gegenüber Wasser.

Feste Schmierstoffe

Schmierstoff	Chemische Zusammensetzung	Aussehen	Gebrauchs-temperaturbereich	Verwendung
Graphit	Sonderform des Kohlenstoffs (C)	schwarzes Pulver	– 20 °C ... + 450 °C	Für Scharniere, Schlösser, Führungen; als Beimengung in Schmierfetten
Molybdändisulfid	Molybdändisulfid MoS_2	grau-schw. Pulver	– 180 °C ... + 400 °C	Als Beimengung in Schmierölen und S.-fetten, bevorzugt auf Syntheseölbasis
Polytetrafluorethylen PTFE	Kunststoff $(–CF_2–)_n$	weißliches Pulver	– 250 °C ... + 260 °C	Als Beimengung in synthetischen Schmierfetten sowie in Gleitlacken

Kühlschmierstoffe, Hydrauliköle

Kühlschmierstoffe für das Spanen

vgl. DIN 51 385 (1991-06)

Kühlschmierstoffart, Kurzzeichen	Wirkung	Abkürzung	Zusammensetzung, Eigenschaften, Anwendungen
Kühlschmier-lösungen SESW	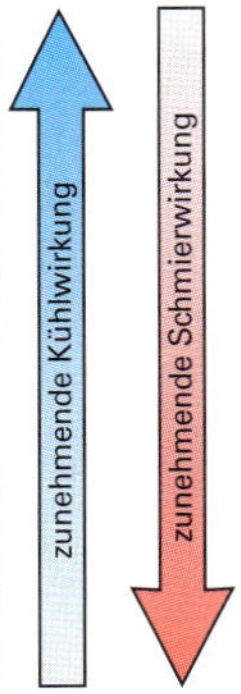	L	Lösungen oder Dispersionen von vorwiegend organischen, meist synthetischen Stoffen in Wasser. Gleicher Anwendungsbereich wie Kühlschmieremulsionen, weniger geruchsintensiv.
Kühlschmier-emulsionen (Öl in Wasser) SEMW		E 2% bis E 20%	Öl-in-Wasser-Emulsionen mit einem Mischungsverhältnis von 2% (E 2%) bis 20% (E 20%) emulgierbarem Kühlschmieröl in Wasser. Wurde früher als Bohrwasser bezeichnet. Öl-in-Wasser-Emulsionen werden eingesetzt, wenn eine gute Kühlwirkung, aber nur geringe Schmierwirkung erforderlich ist, z.B. beim Spanen mit hoher Schnittgeschwindigkeit.
Nichtwasser-mischbare Kühlschmierstoffe SN		S	Schneidöle mit verschiedenen Zusätzen zur Verbesserung der Benetzung, der Korrosionsschutzwirkung, der Alterungs-, Druck- und Temperaturbeständigkeit. Werden eingesetzt, wenn zum Spanen gute Schmierwirkung erforderlich ist, z.B. beim Gewindeschneiden oder Fertigdrehen.

Richtlinien für die Auswahl von Kühlschmierstoffen

Fertigungsverfahren		Stahl normal spanbar	Stahl schwer spanbar	Gusseisen	Kupfer, Kupfer-legierungen	Aluminium, Aluminium-legierungen	Magnesium-legierungen
Sägen		E 5%…E 10% L	E 20%	trocken E 2%…E 5%	S E 2%…E 5%	S	trocken
Bohren		E 2%…E 5%	E 10% S	trocken E 5%…E 10%	trocken S E 5%…E 10%	E 2%…E 5% S	trocken S
Gewindeschneiden		S	S	S, E 5%…E 10%	S	S	S, trocken
Drehen	Schruppen Vordrehen	E 2%…E 5% L	E 10% S	trocken	trocken L, S	E 2%…E 5% S	trocken
Drehen	Schlichten (Fertigdrehen)	E 2%…E 5% S	E 10% S	trocken E 2%…E 5%	trocken L, S	trocken S	S

Druckflüssigkeiten – Hydrauliköle

vgl. DIN 51 524-1 bis -3 (2006-04)

Hydrauliköle HL	Mineralöle mit Wirkstoffen zum Korrosionsschutz und zur Alterungsbeständigkeit.
Hydrauliköle HLP	Mineralöle mit Wirkstoffen zum Erhöhen des Korrosionsschutzes, der Alterungsbeständigkeit und gegen „Fressen" bei Mischreibung für Anwendungen mit Drücken über 200 bar.
Hydrauliköle HVLP	Mineralöle mit Wirkstoffen zum Korrosionsschutz, zur Alterungsbeständigkeit, gegen „Fressen" und zur Verbesserung des Viskositäts-Temperatur-Verhaltens.

Das Kurzzeichen der Hydrauliköle besteht aus den Kennbuchstaben HL, HLP oder HVLP und einer Kennziffer, die die kinetische Viskosität des Öls bei + 40 °C in mm^2/s (DIN 51 550) angibt.

Bezeichnungsbeispiel: **Hydrauliköl DIN 51 524 – HL 32**
ist ein Hydrauliköl Typ HL mit 32 mm^2/s kinematischer Viskosität bei 40 °C.

Eigenschaften der Hydrauliköle

Eigenschaften		Hydrauliköle HL 10 HLP 10	HL 22 HLP 22	HL 32 HLP 32	HL 46 HLP 46	HL 68 HLP 68	HL 100 HLP 100	HL 150 HLP 150
Kinematische Viskosität in mm^2/s	bei 0 °C	90	300	420	780	1400	2560	4500
	bei + 40 °C	10	22	32	46	68	100	165
	bei + 100 °C	2,4	4,1	5,0	6,1	7,8	9,9	14,0
Pourpoint[1]	gleich oder tiefer als	– 30 °C	– 21 °C	– 18 °C	– 15 °C	– 12 °C	– 12 °C	– 12 °C
Flammpunkt[2]	höher als	125 °C	165 °C	175 °C	185 °C	195 °C	205 °C	215 °C

[1] Der Pourpoint ist die Temperatur, bei der das Hydrauliköl unter dem Einfluss der Schwerkraft gerade noch fließt.

[2] Der Flammpunkt ist die niedrigste Temperatur, bei der sich durch Verdunsten über dem Öl ein zündfähiges Öldampf/Luft-Gemisch bildet.

W

Korrosionsschutz

Ermitteln des geeigneten Korrosionsschutzes für ein Stahlbauteil

Um einen **wirksamen Korrosionsschutz** für Stahlbauteile zu erreichen, sind vor der Realisierung folgende Punkte zu klären und zu berücksichtigen.

1. Bestimmen der **Korrosivitätskategorie** der Umgebungsbedingungen des Bauteils (siehe unten). Die Korrosivitätskategorie ist ein Maß für die Aggressivität einer Umgebung oder eines Mediums.
2. Mögliche **Sonderbelastungen** ermitteln, z.B. örtliche chemische Immissionen, starker mechanischer Abrieb oder erhöhte Temperaturen.
3. **Korrosionsschutzgerechte Gestaltung** des Bauteils ohne Stellen mit besonderem Korrosionsangriff (siehe Seite 184). Zugänglichkeit aller Flächen für Korrosionsschutzarbeiten sicherstellen.
4. Bei Neukonstruktionen aus korrosionsbeständigen Stählen (Edelstahl rostfrei) die Stahlsorte mit der geeigneten Widerstandsklasse gegen Korrosion auswählen (Seite 196).
5. Bei Neukonstruktionen aus Baustählen oder Instandsetzungsarbeiten den Zustand der Oberfläche feststellen und die **geeignete Oberflächenvorbereitung** auswählen (siehe Seite 192A).
6. Korrosionsschutz mit der erforderlichen **Schutzdauer** auswählen (siehe Seite 194 bis 197).
7. Instandsetzungsplan für die gesamte Nutzungsdauer des Bauwerks festlegen.

Einteilung der Umgebungsbedingungen von Atmosphären

vgl. DIN EN ISO 12 944-2 (1998-07)

Korrosivitätskategorie[1]	Beispiele für typische Umgebungen in einem gemäßigten Klima (Mitteleuropa) – außen	innen	Massenverlust m'_V pro m² und Jahr / Dickenabnahme s'_V pro Jahr – Unlegierter Baustahl m'_V g/m²	Unlegierter Baustahl s'_V µm	Verzinkter Baustahl m'_V g/m²	Verzinkter Baustahl s'_V µm
C1 unbedeutend	–	Geheizte Gebäude mit neutralen Atmosphären, z.B. Büros, Läden, Schulen, Hotels	≤ 10	≤ 1,3	≤ 0,7	≤ 0,1
C2 gering	Atmosphären mit geringer Verunreinigung, meist ländliche Bereiche (Landatmosphäre)	Ungeheizte Gebäude, in denen zeitweise Kondensation auftreten kann, z.B. Lager, Hallen	>10 ...200	> 1,3 ...25	> 0,7 ...5	> 0,1 ...0,7
C3 mäßig	Stadt- und Industrieatmosphäre, mäßige Verunreinigung durch Schwefeldioxod (SO_2). Entfernter Küstenbereich	Produktionsräume mit hoher Feuchte und mäßiger Luftverunreinigung, z.B. Wäschereien, Brauereien, Lebensmittelherstellung	> 200 ...400	> 25 ...50	> 5 ...15	> 0,7 ...2,1
C4 stark	Industrielle Bereiche und Küstenbereiche mit mäßiger Salzbelastung	Chemieanlagen, Schwimmbäder, Bootsschuppen über Meerwasser	> 400 ...600	> 50 ...80	> 15 ...30	> 2,1 ...4,2
C5-I sehr stark (Industrie)	Industrielle Bereiche mit hoher Feuchte und aggressiver Atmosphäre (Industrieatmoshäre)	Gebäude mit nahezu ständiger Kondensation und starker Luftverunreinigung	> 650 ...1500	> 80 ...200	> 30 ...60	> 4,2 ...8,4
C5-M sehr stark (Meer)	Küsten- und Offshore-Bereiche mit hoher Salzbelastung (Meeresatmosphäre)	Gebäude mit ständiger Kondensation und starken Luftverunreinigungen	> 650 ...1500	> 80 ...200	> 30 ...60	> 4,2 ...8,4

Einteilung der Umgebungsbedingungen bei Wasser und Erdreich

vgl. DIN EN ISO 12 944-2 (1998-07)

Korrosivitätskategorie[1]	Umgebung	Beispiele für Umgebungen und Stahlbauten
Im1	Süßwasser	Flussbauten, Wasserkraftwerke
Im2	Meer- und Brackwasser	Schleusentore, Molen, Staustufen, Offshore-Anlagen
Im3	Erdreich	Erdbehälter, Stahlspundwände, Rohrleitungen im Erdreich

[1] Die Korrosivitätskategorie ist ein Maß für die Aggressivität einer Umgebung oder eines Mediums.

W

Korrosionsschutzgerechte Gestaltung von Stahlbauteilen

Grundregeln zur korrosionsgerechten Gestaltung

vgl. DIN EN ISO 12 944-3 (1998-06)

Das Bauteil sollte möglichst wenig gegliedert sein und aus Profilen mit geschlossenen Oberflächen bestehen.

Alle Flächen des Bauwerks müssen für Korrosionsschutzmaßnahmen zugänglich sein. Deshalb Mindestabstand von 30 cm zwischen den Flächen vorsehen.

Profilwahl

günstig

einteilige Profile

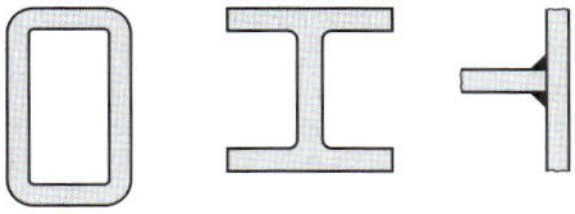

ungünstig

zusammengesetzte Profile

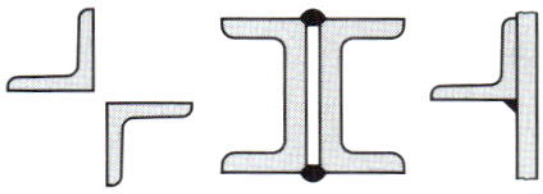

Profile mit geschlossenen Oberflächen verwenden

Profilanordnung

günstig

Öffnungen nach unten, Ablauflöcher vorsehen

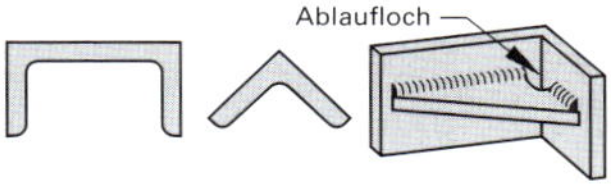

ungünstig

nach oben offene Profile

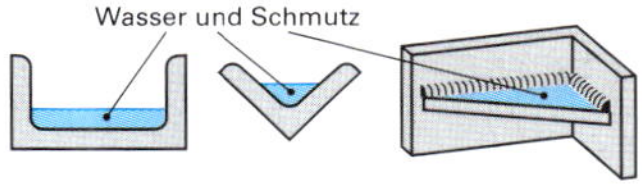

Wasser- und Schmutzansammlungen vermeiden

Schweißnähte

günstig

geschlossene Schweißnähte

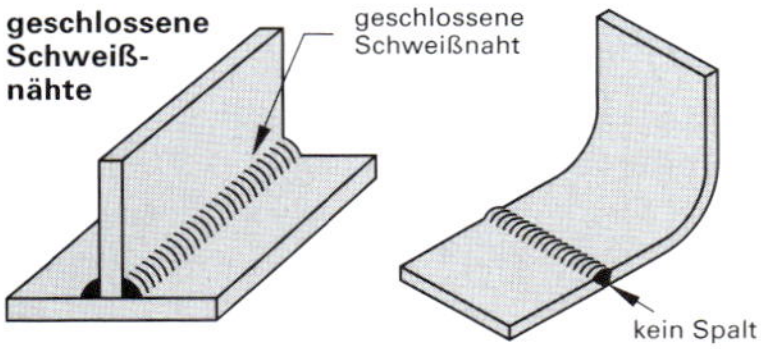

ungünstig

offene Spalten

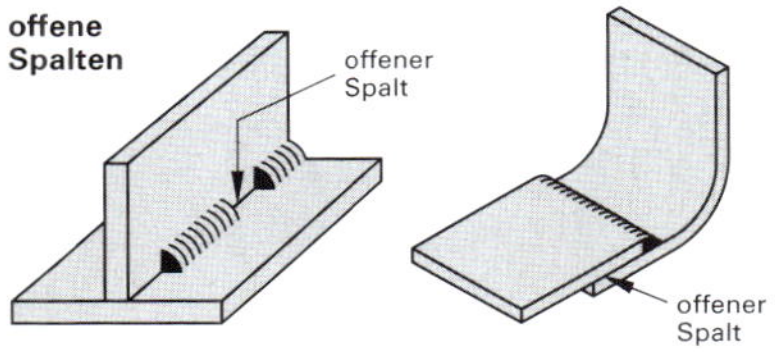

Offene Spalten und unterbrochene Schweißnähte vermeiden

Kanten und Wölbungen

günstig | **auch gut** | **ungünstig**

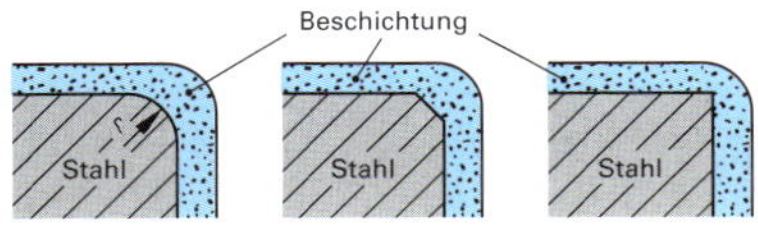

Scharfe Kanten vermeiden

günstig | **ungünstig**

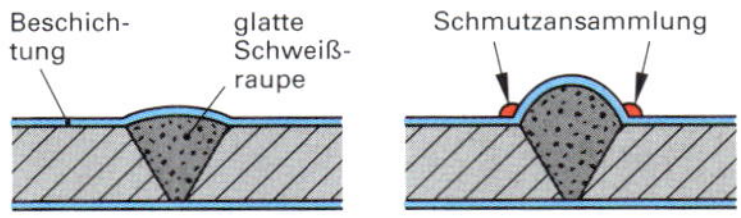

Stark gewölbte Schweißraupen vermeiden

Konstruktive Maßnahmen

Isolierende Zwischenschichten bei Bauteilen aus verschiedenen Metallen

Anschluss zweier Bauteile

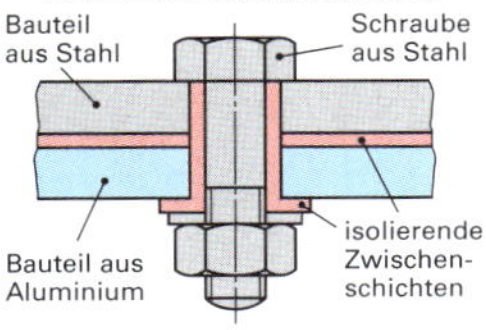

Möglich: Kleine Schrauben oder Niete aus nichtrostendem Stahl in Bauteilen aus weniger edlem Metall (z.B. Aluminiumfenstern)

Kontaktkorrosion vermeiden

Aussparungen an Aussteifungen von Blechen vorsehen.

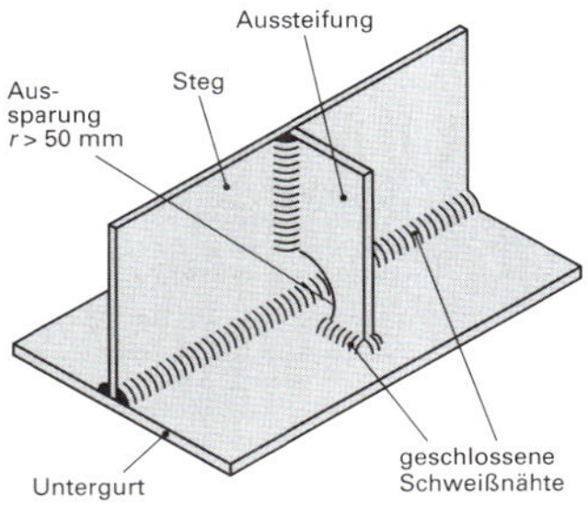

Abstände oder **Unterbrechungen** bei Anschlüssen einbauen

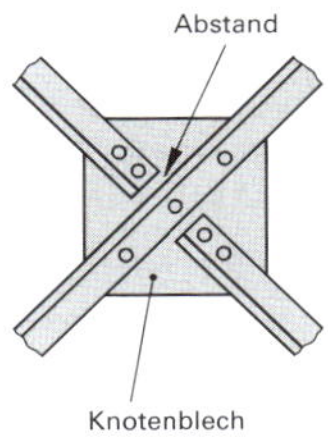

Wasseransammlungen und Schmutzablagerungen vermeiden

W

Vorbereitungen zum Korrosionsschutz

Vorbereitung verrosteter und mit Altschichten bedeckter Stahlbauteile

vgl. DIN EN ISO 12944-4 (1998-07)

Verrostete oder mit einer schadhaften Altbeschichtung versehene Stahlbauteile müssen entrostet bzw. gereinigt werden, bevor sie beschichtet werden. Die Beseitigung der Schichten erfolgt überwiegend durch Strahlen (Kurzzeichen Sa), gelegentlich auch durch handwerkliches Bürsten und Schleifen (Kurzzeichen St) oder durch Flammstrahlen (Kurzzeichen Fl) oder Beizen (Kurzzeichen Be).

Wird sofort nach dem Entrosten beschichtet, so entfallen zusätzliche Reinigungs-, Entfettungs- und Spülbehandlungen. Wird nicht sofort anschließend beschichtet, so wird eine dünne Lackschicht (Fertigungsbeschichtung oder Shop Primer genannt) aufgebracht, die die Oberfläche bis zur Beschichtung schützt.

Der **Ausgangszustand** der verrosteten Stahloberflächen und der **Oberflächenvorbereitungsgrad** der entrosteten bzw. entzunderten Stahloberflächen wird durch Beschreibungen und Vergleichsfotos gemäß ISO 8501-1 festgelegt.

Beispiele hierzu siehe Farbtafel Seite 192A.

Vorbereitung verschmutzter Bauteile für einen Überzug oder eine Beschichtung

Auch Bauteile, die keine Beläge wie Rost, Zunder oder Altschichten aufweisen, müssen für die Beschichtung vorbereitet werden, da sie Fett, Öl, Salze oder Schmutz auf ihrer Oberfläche haben können.

Bauteil-Werkstoff	Überzug Beschichtung	Behandlungsfolge[1]	Bauteil-Werkstoff	Überzug Beschichtung	Behandlungsfolge[1]
Unlegierter Baustahl	Zink	10-1-12-1-20-1-4-1	CuZn-, CuSn-Legierungen	farbloser Lack	11-24-1-2-5
	Lack, Farbe	11-20-1-30-1-3-5-33		Nickel, Chrom	10-1-13-1-21-1-31-1
	Nickel, Chrom	10-1-12-1-20-1-31-1	Unlegiertes Aluminium	Anodisieren	10-1-22-1-26-1-5
Kupfer	farbloser Lack	11-21-1-2-5	Al-Legierungen, siliciumhaltig	Anodisieren	11-13-1-25-1-5

[1] **Erläuterung der Kennziffern für die Behandlungsfolgen**

1 Spülen in Kaltwasser
2 Spülen in Heißwasser
3 Spülen in 0,2%- bis 1%iger Sodalösung (Passivieren)
4 Spülen in 10%iger Cyanidlösung
5 Trocknen in Warmluft
10 Entfetten in siedenden alkalischen Bädern
11 Entfetten mit organischen Lösungsmitteln durch Abwaschen, Tauchen, Dampfbad
12 Katodische Entfettung in alkalischer Lösung
13 Anodische Entfettung in alkalischer Lösung
20 Beizen in 10%iger Salzsäure, 20 °C, evtl. mit Zusatz von Phosphorsäure und Reaktionshemmern
21 Beizen in 5%- bis 25%iger Schwefelsäure bei 40 °C bis 80 °C
22 Beizen in 10%iger Natronlauge, 80 °C bis 90 °C
24 Gelbbrennen in einem 1:1 Gemisch von konzentrierter Salpetersäure mit konzentrierter Schwefelsäure
25 Beizen in verdünnter Flusssäure (3% bis 10%)
26 Beizen in 30%iger Salpetersäure
30 Phosphatieren, Chromatieren
31 Vorverkupfern als Zwischenschicht
33 Grundieren mit Fertigungsbeschichtung

Vorauswahl des Korrosionsschutzes für Bauteile aus Baustahl

Schutzdauer bzw. Anforderung an den Korrosionsschutz	**Nutzungsdauer**	**Beispiele für Anwendungen**	**Zu empfehlende Korrosionsschutzarten**
Keine oder kurzzeitige Schutzdauer	bis 5 Jahre	Verlorene Schalungen, Hilfs- und Kurzzeitbauten	→ Einfach-Beschichtung oder → keine Beschichtung
Mittlere Schutzdauer	5 bis 15 Jahre	Industriehallenbau	→ Anstrichsystem oder → Feuerverzinkung
Lange Schutzdauer	über 15 Jahre	Tragwerke, Masten	
Höchster Langzeitschutz	über 40 Jahre	Industriehallenbau, Tragwerke, Stahlbrücken	→ Feuerverzinkung und Beschichtung (Duplex-System)
Farbliche Gestaltung, Verkehrssicherheit	unterschiedliche Anforderungen	Repräsentativbauten, Freileitungs- und Signalmasten	→ Anstrichsystem oder → Duplex-System

Vorbereiten von Stahloberflächen zum Beschichten

Ausgangszustand vorzubereitender Stahloberflächen

vgl. ISO 8501-1 (2002-03)

Die Rostgrade legen anhand von Beschreibungen des Aussehens und durch repräsentative fotografische Beispiele den Vergleichszustand einer Stahloberfläche vor der Beschichtung fest.

Rostgrad A	**Rostgrad B**	**Rostgrad C**	**Rostgrad D**

Stahloberfläche weitgehend mit festhaftendem Zunder bedeckt, aber im Wesentlichen frei von Rost.	Stahloberfläche mit beginnender Rostbildung und beginnender Zunderabblätterung.	Stahloberfläche, von der der Zunder abgerostet ist oder sich abschaben lässt. Wenig sichtbare Rostnarben.	Stahloberfläche, von der der Zunder abgerostet ist und die verbreitet Rostnarben besitzt.

Oberflächenvorbereitungsgrade von verrosteten und verzunderten Stahloberflächen

vgl. ISO 8501-1 (2002-03)

Die Oberflächenvorbereitungsgrade definieren durch Beschreibung des Aussehens und durch repräsentative fotografische Beispiele den Grad der Reinigung einer Stahloberfläche.

Reinigungsverfahren sind Strahlen (Sa), handwerklich maschinelles Schleifen (St), Flammstrahlen (Fl) und Beizen mit Säure (Be).

Die Vergleichsmuster werden mit dem ursprünglichen Rostgrad (z.B. A, B, C, D, siehe oben) vor der Reinigung und dem Oberflächenvorbereitungsgrad bezeichnet.

Bezeichnungsbeispiel: D Sa 2 $^1/_2$

Oberflächenvorbereitungsgrade, erzeugt durch Strahlen (Sa)

Sa 1	Sa 2	Sa 2 $^1/_2$	Sa 3
Ausgangszustände: B, C, D	Ausgangszustände: B, C, D	Ausgangszustände: A, B, C, D	Ausgangszustände: A, B, C, D
Beispiel: D Sa 1	Beispiel: D Sa 2	Beispiel: D Sa 2 $^1/_2$	Beispiel: D Sa 3
	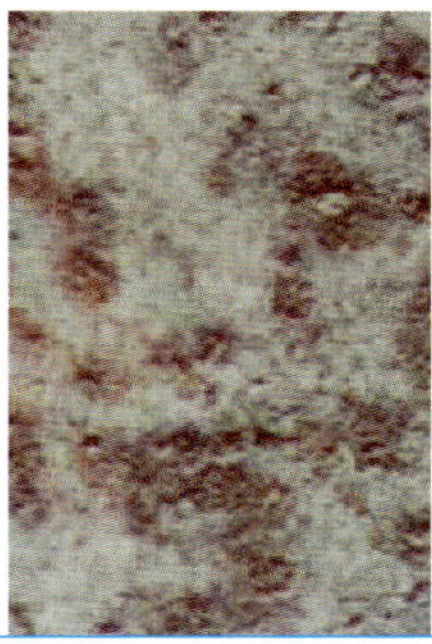		
Lediglich loser Zunder, loser Rost und lose Beschichtungen sind entfernt.	Nahezu aller Zunder, nahezu aller Rost und nahezu alle Altbeschichtungen sind entfernt.	Zunder, Rost und Beschichtungen sind soweit entfernt, dass Reste nur als leichte Schattierungen sichtbar sind.	Sämtlicher Zunder, Rost und alte Beschichtungen sind vollständig entfernt.

Bezeichnungsbeispiel: D Sa2 $^1/_2$ bedeutet: Ausgangszustand Rostgrad D, gestrahlt (Sa) auf den Oberflächenvorbereitungsgrad Sa2 $^1/_2$

Oberflächen von Blechen aus nichtrostendem Stahl

Werkseitige Oberflächen-Ausführungsarten

vgl. DIN EN 10 088-2 (2005-09)

2 G: Feinschleifen. Der gleichmäßig gerichtete Schliff vermindert die Reflex-Wirkung. Korngröße des Schleifbandes 240. Überwiegender Einsatz in Innenbereichen.

2 K: Feinschleifen. Glatte reflektierende Oberfläche. Rauheit $R_{a\ max}$ 0,5 µm. Aufgrund der schmutzabweisenden Oberfläche häufiger Einsatz in Außenbereichen.

2 P: Hochglanzpolieren. Durch Polieren mit weichen Textilien und speziellen Polituren wird eine spiegelartige hochglänzende Oberfläche erzeugt..

Strahlen. Mit diesem Verfahren wird eine gleichmäßige richtungslose matte Oberfläche erzeugt. Im Bild: glasperlen-gestrahlte Oberfläche.

2 M: Einseitig mustergewalzte (dessinierte) Oberfläche. Häufiger Einsatz in der Innenarchitektur.

2 W: Beidseitig mustergewalzte Oberfläche. Diese Bleche zeichnen sich durch höhere Steifigkeit und stärkere Reliefbildung aus.

W

2 L: Elektrolytisch rot eingefärbte Oberfläche.

2 L: Elektrolytisch türkisfarben eingefärbte Oberfläche.

Mustergewalzte und elektrolytisch grün eingefärbte Oberfläche.

Mustergewalzte und elektrolytisch goldfarben eingefärbte Oberfläche.

Durch Strahlen mit z.B. Edelstahlgranulat, Keramik- oder Glasperlen und Aluminiumoxid aufgebrachtes Streifenmuster.

Geätzte Oberfläche. Die geätzten Bereiche weisen eine leicht raue Oberfläche auf.

Elektrolytisch blau gefärbte und anschließend geätzte Oberfläche.

Die geätzten Flächenelemente wurden anschließend rot lackiert.

Wärmebehandlung der Stähle

Eisen-Kohlenstoff-Zustandsschaubild (Fe-C-Zustandsschaubild)

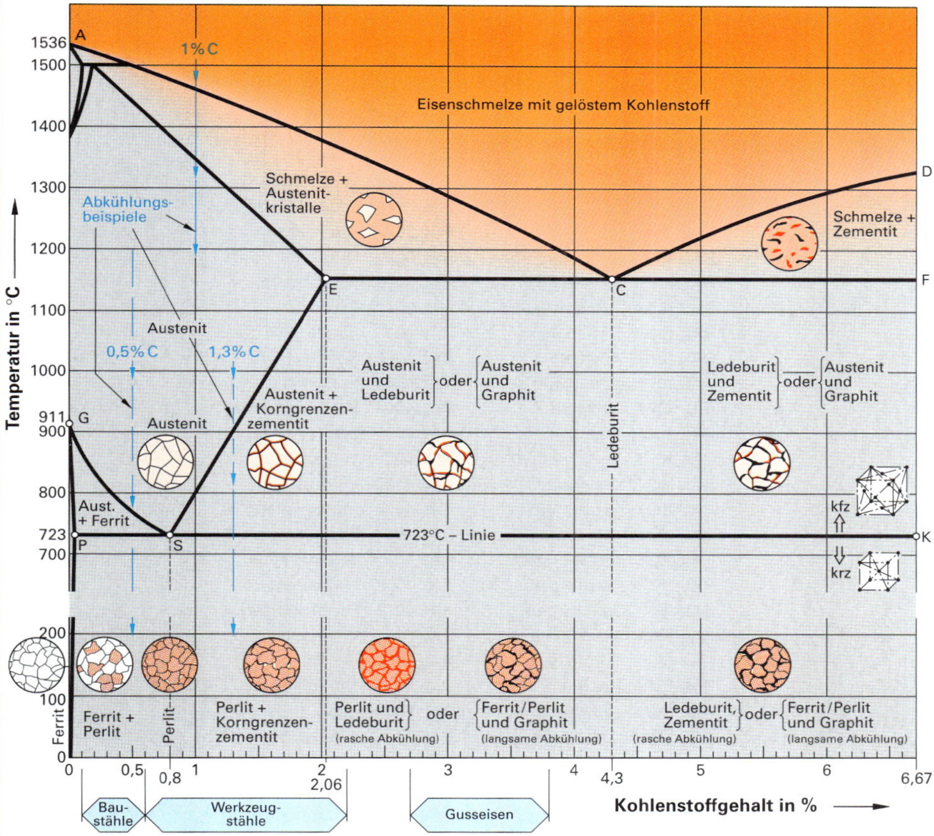

W

Abkühlungsbeispiel Stahl mit 0,5 % C, ausgehend von 1200 °C: Bei dieser Temperatur liegt Austenitgefüge vor; beginnend bei 770 °C entsteht Ferrit, bei 723 °C ist das Gefüge in Ferrit und Perlit umgewandelt.

Glühtemperaturen für unlegierte Stähle

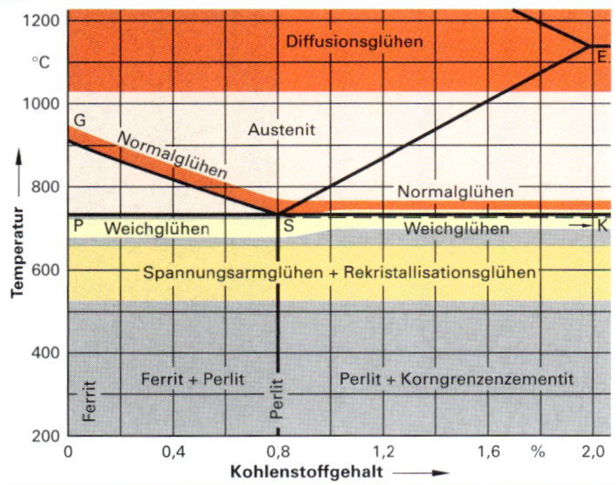

Härte- und Anlasstemperaturen für unlegierte Stähle

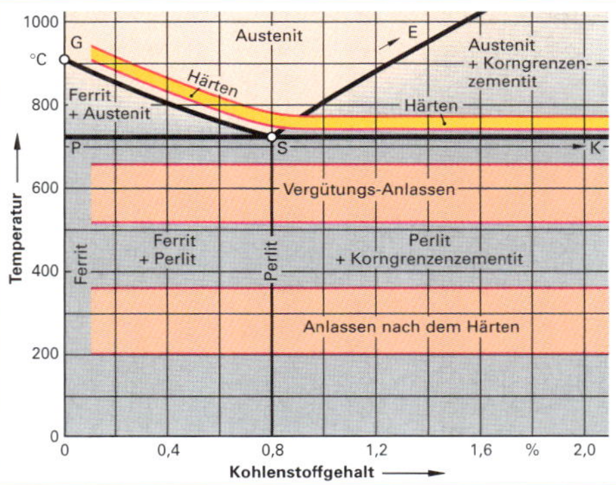

F 5 RAL-Farbregister[1]

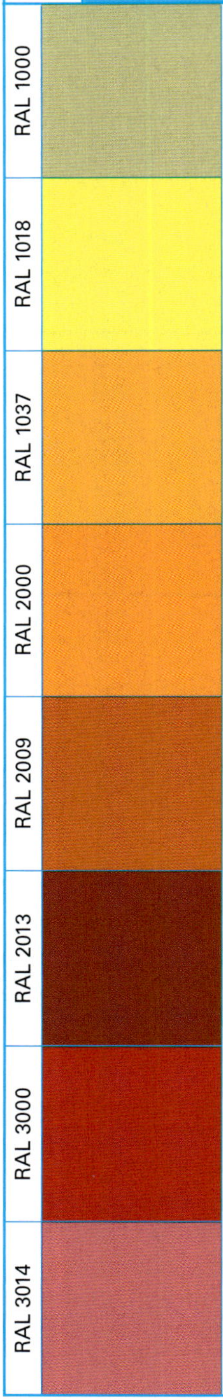

RAL 1000	Grünbeige
RAL 1001	Beige
RAL 1002	Sandgelb
RAL 1003	Signalgelb
RAL 1004	Goldgelb
RAL 1005	Honiggelb
RAL 1006	Maisgelb
RAL 1007	Narzissengelb
RAL 1011	Braunbeige
RAL 1012	Zitronengelb
RAL 1013	Perlweiß
RAL 1014	Elfenbein
RAL 1015	Hellelfenbein
RAL 1016	Schwefelgelb
RAL 1017	Safrangelb
RAL 1018	Zinkgelb
RAL 1019	Graubeige
RAL 1020	Olivgelb
RAL 1021	Rapsgelb
RAL 1023	Verkehrsgelb
RAL 1024	Ockergelb
RAL 1026	Leuchtgelb
RAL 1027	Currygelb
RAL 1028	Melonengelb
RAL 1032	Ginstergelb
RAL 1033	Dahliengelb
RAL 1034	Pastellgelb
RAL 1035	Perlbeige
RAL 1036	Perlgold
RAL 1037	Sonnengelb
RAL 2000	Gelborange
RAL 2001	Rotorange
RAL 2002	Blutorange
RAL 2003	Pastellorange
RAL 2004	Reinorange
RAL 2005	Leuchtorange
RAL 2007	Leuchthellorange
RAL 2008	Hellrotorange
RAL 2009	Verkehrsorange
RAL 2010	Signalorange
RAL 2011	Tieforange
RAL 2012	Lachsorange
RAL 2013	Perlorange
RAL 3000	Feuerrot
RAL 3001	Signalrot
RAL 3002	Karminrot
RAL 3003	Rubinrot
RAL 3004	Purpurrot
RAL 3005	Weinrot
RAL 3007	Schwarzrot
RAL 3009	Oxidrot
RAL 3011	Braunrot
RAL 3012	Beigerot
RAL 3013	Tomatenrot
RAL 3014	Altrosa
RAL 3015	Hellrosa
RAL 3016	Korallenrot
RAL 3017	Rosé
RAL 3018	Erdbeerrot
RAL 3020	Verkehrsrot
RAL 3022	Lachsrot
RAL 3024	Leuchtrot
RAL 3026	Leuchthellrot
RAL 3027	Himbeerrot
RAL 3031	Orientrot
RAL 3032	Perlrubinrot
RAL 3033	Perlrosa
RAL 4001	Rotlila
RAL 4002	Rotviolett
RAL 4003	Erikaviolett
RAL 4004	Bordeauxviolett
RAL 4005	Blaulila
RAL 4006	Verkehrspurpur
RAL 4007	Purpurviolett
RAL 4008	Signalviolett
RAL 4009	Pastellviolett
RAL 4010	Telemagenta
RAL 4011	Perlviolett
RAL 4012	Perlbrombeer
RAL 5000	Violettblau
RAL 5001	Grünblau
RAL 5002	Ultramarinblau
RAL 5003	Saphirblau
RAL 5004	Schwarzblau
RAL 5005	Signalblau
RAL 5007	Brillantblau
RAL 5008	Graublau
RAL 5009	Azurblau
RAL 5010	Enzianblau
RAL 5011	Stahlblau
RAL 5012	Lichtblau
RAL 5013	Kobaltblau
RAL 5014	Taubenblau
RAL 5015	Himmelblau
RAL 5017	Verkehrsblau
RAL 5018	Türkisblau
RAL 5019	Capriblau
RAL 5020	Ozeanblau
RAL 5021	Wasserblau
RAL 5022	Nachtblau
RAL 5023	Fernblau
RAL 5024	Pastellblau
RAL 5025	Perlenzian
RAL 5026	Perlnachtblau
RAL 6000	Patinagrün
RAL 6001	Smaragdgrün

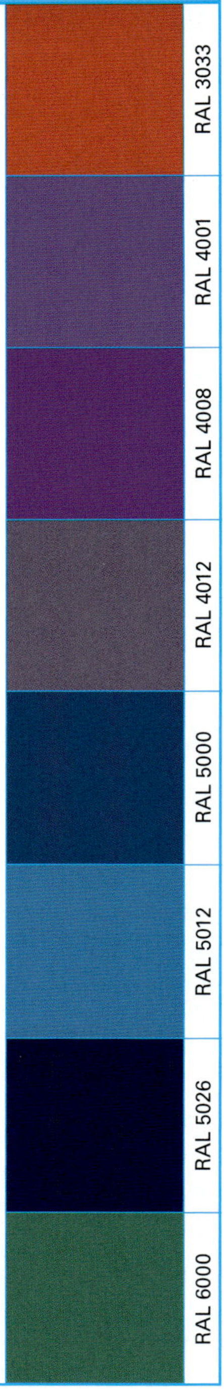

RAL-Farbregister[1)]

RAL 6016

RAL 6024

RAL 6027

RAL 6036

RAL 7000

RAL 7008

RAL 7011

RAL 7043

RAL 6002 Laubgrün
6003 Olivgrün
6004 Blaugrün
6005 Moosgrün
6006 Grauoliv
6007 Flaschengrün
6008 Braungrün
6009 Tannengrün
6010 Grasgrün
6011 Resedagrün
6012 Schwarzgrün
6013 Schilfgrün
6014 Gelboliv
6015 Schwarzoliv
6016 Türkisgrün
6017 Maigrün
6018 Gelbgrün
6019 Weißgrün
6020 Chromoxidgrün
6021 Blassgrün
6022 Braunoliv
6024 Verkehrsgrün
6025 Farngrün
6026 Opalgrün
6027 Lichtgrün
6028 Kieferngrün
6029 Minzgrün
6032 Signalgrün
6033 Minttürkis
6034 Pastelltürkis
6035 Perlgrün
6036 Perlopalgrün
7000 Fehgrau
7001 Silbergrau
7002 Olivgrau
7003 Moosgrau
7004 Signalgrau
7005 Mausgrau
7006 Beigegrau
7008 Khakigrau
7009 Grüngrau
7010 Zeltgrau
7011 Eisengrau
7012 Basaltgrau
7013 Braungrau
7015 Schiefergrau
7016 Anthrazitgrau
7021 Schwarzgrau
7022 Umbragrau
7023 Betongrau
7024 Graphitgrau
7026 Granitgrau
7030 Steingrau
7031 Blaugrau
7032 Kieselgrau
7033 Zementgrau
7034 Gelbgrau
7035 Lichtgrau
7036 Platingrau
7037 Staubgrau
7038 Achatgrau
7039 Quarzgrau
7040 Fenstergrau
7042 Verkehrsgrau A
7043 Verkehrsgrau B
7044 Seidengrau
7045 Telegrau 1
7046 Telegrau 2
7047 Telegrau 4
7048 Perlmausgrau
8000 Grünbraun
8001 Ockerbraun
8002 Signalbraun
8003 Lehmbraun
8004 Kupferbraun
8007 Rehbraun
8008 Olivbraun
8011 Nussbraun
8012 Rotbraun
8014 Sepiabraun
8015 Kastanienbraun
8016 Mahagonibraun
8017 Schokoladenbraun
8019 Graubraun
8022 Schwarzbraun
8023 Orangebraun
8024 Beigebraun
8025 Blassbraun
8028 Terrabraun
8029 Perlkupfer
9001 Cremeweiß
9002 Grauweiß
9003 Signalweiß
9004 Signalschwarz
9005 Tiefschwarz
9006 Weißaluminium
9007 Graualuminium
9010 Reinweiß
9011 Graphitschwarz
9016 Verkehrsweiß
9017 Verkehrsschwarz
9018 Papyrusweiß
9022 Perlhellgrau
9023 Perldunkelgrau

1) RAL Deutsches Institut für Gütesicherung und Kennzeichnung; früher Reichs-Ausschuss für Lieferbedingungen (gegründet 1925).

Die hier abgebildeten RAL-Farben können nicht die beim RAL hinterlegten, verbindlichen Farbmuster ersetzen.

RAL 7048

RAL 8000

RAL 8004

RAL 8016

RAL 8029

RAL 9001

RAL 9006

RAL 9023

F 7 Kennzeichnung von Gasflaschen

vgl. DIN EN 1089-3 (2004-06)

Rein- und Mischgase für die Technik

Die Kennzeichnungsfarben sind auf der Gasflaschenschulter angebracht. Dabei sind die Farben nach geringer werdender Gefährlichkeit der Gase abgestuft. Beispiel:

Gelb (RAL 1018)	Giftig und/oder korrosiv (ISO 10 298 und ISO 13 338)
Rot (RAL 3000)	Brennbar (EN 720-2)
Hellblau (RAL 5012)	Oxidierend (EN 720-2)
Leuchtendes Grün (RAL 6018)	Inert: ungiftig, nicht korrosiv, nicht brennbar, nicht oxidierend

Wenn ein Gas oder ein Gasgemisch zwei Gefahreneigenschaften hat, ist die Gasflaschenschulter mit der Farbe der primären Gefahr gekennzeichnet. Die Farbe der zweiten Gefahr darf auch auf der Gasflaschenschulter aufgetragen werden. Besondere Gase sind durch besondere Farben gekennzeichnet.

Sauerstoff (techn.)

Weiß (RAL 9010)

Blau (RAL 5010) oder Grau (RAL 7037)

Argon

Dunkelgrün (RAL 6001)

Grau (RAL 7037) oder Dunkelgrün (RAL 6001)

Kohlendioxid

Grau (RAL 7037)

Grau (RAL 7037)

Gemisch Argon/Kohlendioxid

Leuchtendgrün (RAL 6018)

Grau (RAL 7037)

Acetylen

Kastanienbraun (RAL 3009)

Kastanienbraun (RAL 3009) Schwarz (RAL 9005) oder (RAL 1018)

Stickstoff

Schwarz (RAL 9005)

Grau (RAL 7037) Dunkelgrün (RAL 6001) oder Schwarz (RAL 9005)

Druckluft

Leuchtendgrün (RAL 6018)

Grau (RAL 7037)

Formiergas (Gemisch Stickstoff/Wasserstoff)

Rot (RAL 3000)

Grau (RAL 7037)

Gefahrgutaufkleber für technischen Sauerstoff

vgl. DIN EN 1089-2 (2002-11)

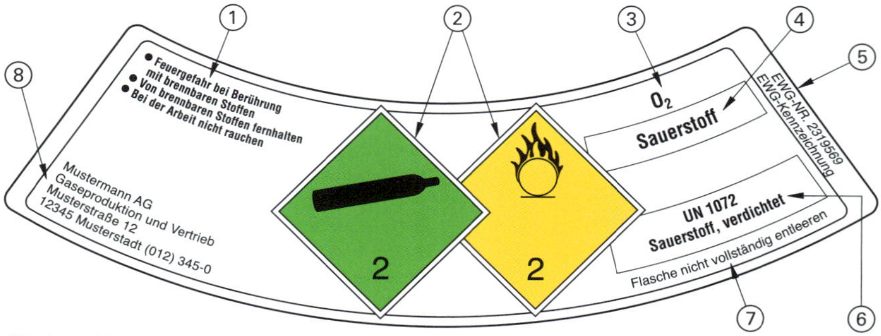

1 Gefährdungshinweise
2 Gefahrzeichen bzw. „Gefahrenzettel" (hier „Gas unter Druck" und „Entzündend"
3 Bestandteile des Gases
4 Produktbezeichnung des Herstellers
5 EWG-Nr. des Gases oder das Wort „Gasgemisch"
6 Vollständige Gasbenennung
7 Herstellerhinweis
8 Name, Anschrift und Telefonnummer des Herstellers

Gefahrzeichen

 Giftige Stoffe	 Brennbare Stoffe	 Ätzende Stoffe

Korrosionsschutz durch Feuerverzinken

Allgemeine Richtlinien

vgl. DIN EN ISO 14 713 (1999-05)

Zum Verzinken **geeignet** sind Bauteile aus unlegierten Baustählen, niedrig legierten Stählen und Gusseisen.

Die **Oberfläche** der Bauteile muss metallisch blank sein. Rost, Zunder, Schweißlacke oder Altbeschichtungen sind durch mechanische Verfahren, wie Bürsten, Schleifen und Strahlen, sowie durch Beizen zu entfernen (Seite 192).

Schweißunebenheiten sind auszugleichen. Achtung: Nicht beseitigte Oberflächenfehler und die Rauheit der Stahloberfläche zeichnen sich nach dem Verzinken auf der verzinkten Oberfläche ab.

Spannungen im Bauteil, z.B. durch Schweißen verursacht, werden beim Feuerverzinken durch die Erwärmung auf 450 °C teilweise freigesetzt und können ein Verziehen der Bauteile bewirken. Das Schweißen sollte möglichst in gleichem Umfang auf beiden Seiten der Hauptachse der Bauteile erfolgen.

Die Bauteile sind **verzinkungsgerecht** auszubilden. Glatte Profile und glatte Formstähle sind zu bevorzugen.

Hohlbauteile sind zu vermeiden oder mit ausreichend großen Öffnungen (Löchern oder V-förmigen Aussparungen) zum Ein- und Ausfließen des Zinks sowie zum Entlüften zu versehen.

Eine Abstimmung der Konstruktion mit einem Feuerverzinkungs-Fachmann vor der Fertigung ist sinnvoll.

Mindest-Zinkauflagen einer normgerechten Feuerverzinkung (durch Stückverzinken)

vgl. DIN EN ISO 1461 (1999-03)

Bauteile, die nach dem Feuerverzinken nicht zentrifugiert werden – Art und Dicke der Bauteile		**Durchschnittliche Zinkauflage** *m'* in g/m²	*s* in µm
Stahl	≥ 6 mm	610	85
Stahl	≥ 3 mm…< 6 mm	505	70
Stahl	≥ 1,5 mm…< 3 mm	395	55
Stahl	< 1,5 mm	325	45
Gusseisen	≥ 6 mm	575	80
Gusseisen	< 6 mm	505	70

Bauteile, die nach dem Feuerverzinken zentrifugiert werden (Kleinteile) – Art und Dicke der Bauteile		**Durchschnittliche Zinkauflage** *m'* in g/m²	*s* in µm
Gewindeteile	≥ 20 mm ∅	395	55
	≥ 6 mm…20 mm ∅	325	45
	< 6 mm ∅	180	25
Andere Teile (einschl.) Guss	≥ 3 mm	395	55
	< 3 mm	325	45

Schutzdauer der Verzinkung bis zur ersten Instandsetzung[1]

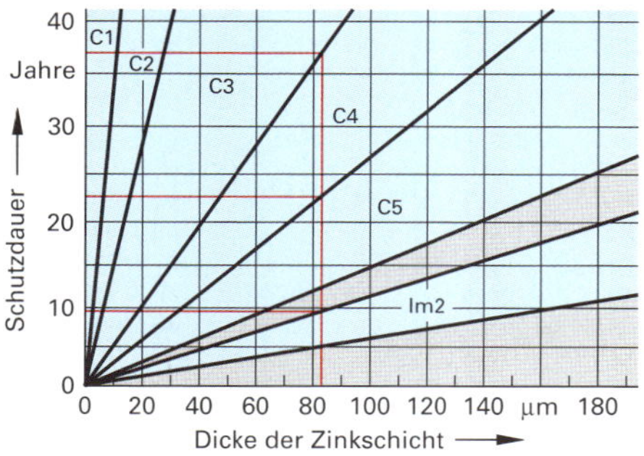

Die Schutzdauer einer Zinkbeschichtung ist direkt proportional der Zinkschichtdicke.

Ablesebeispiel: Ein verzinktes Stahlbauteil mit einer Zinkauflage von 85 µm hat bei einer Korrosionsbelastung gemäß Korrosivitätskategorie C4 (siehe Seite 190) eine zu erwartende Schutzdauer von 22 bis 37 Jahren.

Bei einer Korrosionsbelastung gemäß Korrosivitätskategorie Im2 beträgt die zu erwartende Schutzdauer 5 bis 8 Jahre.

[1] Die **Instandsetzung** eines zinkbeschichteten Bauteils, z.B. mit einem Anstrich, sollte erfolgen, wenn noch mindestens 20 µm Restschichtdicke vorhanden ist und noch keine Roststellen sichtbar sind.

Durchfluss- und Entlüftungsöffnungen bei Hohlbauteilen

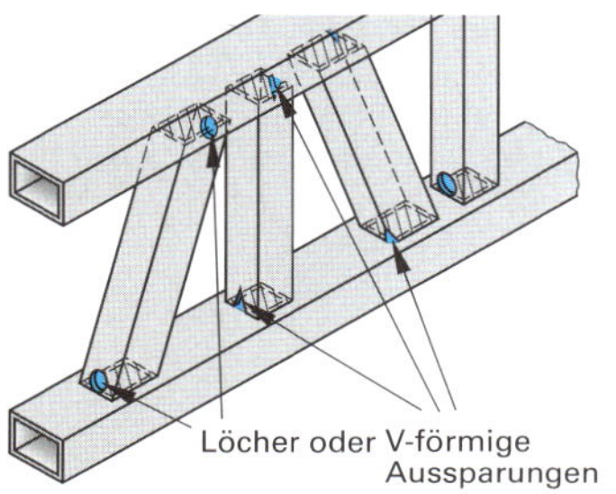

Hohlprofil-Abmessungen in mm ○	□	▭	**Mindest-Lochdurchmesser** in mm – Anzahl der Öffnungen 1	2	4
40	40	50 × 30	14	12	–
50	50	60 × 40	16	12	10
60	60	80 × 40	20	12	10
80	80	100 × 60	20	16	12
100	100	120 × 80	25	20	12
120	120	160 × 80	30	25	16
160	160	200 × 120	40	25	16
200	200	260 × 140	50	30	16

Korrosionsschutz-Beschichtungssysteme für Stahlbauten

Beschichtungssysteme für Stadt- und Industrieatmosphäre

vgl. DIN EN ISO 12 944-5 (1998-07)

Beschichtungssystem Nr.	Oberflächenvorbereitung[1] St 2 ↓	Sa 2 1/2 ↓	Grundbeschichtung(en) Bindemittel[2]	Schutzpigment[3]	Anzahl der Beschichtungen	Sollschichtdicke (trocken) µm	Deckbeschichtung(en) Bindemittel[2]	Anzahl der Beschichtungen	Sollschichtdicke (trocken) µm	Erwartete Schutzdauer[4] bei Korrosivitätskategorie[5] C3 M	C3 L	C4 M	C4 L
S1.02		×	EP, PUR	Zn(R)	1 oder 2	80	–	–	–	■			
S1.09		×	AK		1 oder 2	80	AK	1 oder 2	80	■			
S1.11		×			1 oder 2	80		2 oder 3	120	■	■		
S1.13		×	EP		1	160	AY	1	40	■	■		
S1.16		×	EP, PUR	Zn(R)	1	40		1 oder 2	120	■	■		
S1.18		×	AK, AY, CR	div.	1 oder 2	80	AY	2 oder 3	120	■	■		
S1.20		×	EP, PUR	Zn(R)	1	40		2 oder 3	160	■	■	■	
S1.22		×	ESI	Zn(R)	1	80	PVC	2 oder 3	160			■	■
S1.24		×	EP	div.	1	160		1	120			■	■
S1.26		×	AK, AY, CR		1 oder 2	80	BIT	2 oder 3	200			■	■
S1.28		×	EP	div.	1 oder 2	80		1 oder 2	80	■			
S1.29		×	EP, PUR	Zn(R)	1	40		1 oder 2	120	■	■		
S1.31		×	EP	div.	1 oder 2	80	EP	2 oder 3	120	■	■		
S1.33		×	ESI	Zn(R)	1	80		2 oder 3	120	■	■		
S1.35		×	EP, PUR	Zn(R)	1	40		2 oder 3	200			■	■
S1.37		×	EP	div.	1 oder 2	80	PUR	2 oder 3	200			■	■
S1.38		×	EP, PUR	Zn(R)	1	40		2 oder 3	240			■	■
S1.41		×	EP, PUR	Zn(R)	1	40		3 oder 4	280			■	■
S1.42		×	ESI		1	80		3 oder 4	240			■	■

[1] siehe Seite 192A [2] siehe unten [3] Zn(R) = Zinkstaub (reaktiv), div. = verschiedene Pigmente
[4] K = kurz (2 bis 5 Jahre), M = mittel (5 bis 15 Jahre), L = lang (über 15 Jahre) [5] siehe Seite 190

Bezeichnungsbeispiel: Beschichtungssystem ISO 12 944-5/S1.20 – PUR/AY
Beschichtungssystem aus einer mit Zinkstaub pigmentierten Grundbeschichtung aus Polyurethanharz (PUR) von 40 µm sowie 2 oder 3 Deckschichten aus Acrylharz (AY) von 160 µm (Mindest-Gesamtschichtdicke 200 µm). Die zu erwartende Schutzdauer ist bei einer Korrosivitätskategorie C3 mittel (M) oder lang (L), bei einer Korrosivitätskategorie C4 mittel (M).

Auswahlbeispiel: Es soll ein Beschichtungssystem für die Korrosivitätskategorie C4 und lange Schutzdauer ausgewählt werden. ⇒ Als geeignet können eingesetzt werden: S1.22 bis S1.24 sowie S1.26 und S1.35 bis S1.42.

Hinweis: Die Größe der Beschichtungsflächen (Mantelflächen) gängiger Stahlerzeugnisse kann mit Hilfe von S. 173 ermittelt werden

Beschichtungsstoffe und Korrosionsschutzpigmente

vgl. DIN EN 12 944-5 (1998-07)

Bezeichnung	Kurzzeichen	Eigenschaften, Anwendungen
Alkydharze	**AK**	Für mittlere Korrosionsbeanspruchung, verspröden allmählich.
Acrylharz	**AY**	Für mittlere Korrosionsbeanspruchungen, gute Witterungsbeständigkeit.
Chlorkautschuk Polyvinylchlorid	**CR** **PVC**	Chemisch beständig, bewitterungs- und feuchtigkeitsbeständig. Stahlkonstruktionen in aggressiver, feuchter und nasser Umgebung.
Epoxidharze Polyurethanharze	**EP** **PUR**	Hohe chemische und mechanische Beständigkeit, beste Haftfestigkeit. Für Stahlkonstruktionen in aggressiver Industrieatmosphäre.
Ethylsilicat	**ESI**	Pigmentiert mit Zinkstaub als Universalgrundbeschichtung.
Bitumen	**BIT**	Wasser- und erdreichbeständig. Für Stahlbauteile im Wasser und Erdreich.
Epoxidharz-Teer Polyurethan-Teer	**CTE** **CTPUR**	Mischungen aus Harzen und Steinkohlenteer. Für Stahlbauten in Meeresnähe sowie im Wasser und Erdreich.

Die Grundbeschichtungen enthalten meist ein **Korrosionsschutzpigment**. Überwiegend wird reaktiver Zinkstaub Zn(R) verwendet, daneben Zinkphosphat, Zinkoxid, Titandioxid und Al-Pulver oder Mischungen daraus (div.).

Korrosionsschutz-Beschichtungssysteme für Stahlbauten

Beschichtungssysteme für aggressive Industrie- und Meeratmosphäre

vgl. DIN EN ISO 12 944-5 (1998-07)

Beschichtungssystem Nr.	Oberflächenvorbereitung[1] Sa 2½	Grundbeschichtung(en)				Deckbeschichtung(en)			Erwartete Schutzdauer[4] bei Korrosivitätskategorie[5]					
		Bindemittel[2]	Schutzpigment[3]	Anzahl der Beschichtungen	Sollschichtdicke (trocken) µm	Bindemittel[2]	Anzahl der Beschichtungen	Sollschichtdicke (trocken) µm	C5-I			C5-M		
									K	M	L	K	M	L
S5.02	×	EP, PUR	div.	2	120	AY	1 oder 2	80						
S5.03	×	ESI	Zn(R)	1	80	CR	3	200						
S5.04	×			1	80	PVC	4	240						
S5.05	×	EP, PUR		1	40	EP + CR	2	200						
S5.06	×			1	40	EP, PUR	3 oder 4	280						
S5.07	×			1	40		2	120						
S5.09	×	EP, PUR	Zn(R)	1	40		3	200						
S5.10	×	ESI		1	80		2,3 od. 4	160						
S5.11	×	EP, PUR	div.	1	80		3	200						
S5.12	×	ESI	Zn(R)	1	80		3	200						
S5.13	×			1	80		2,3 od. 4	240						
S5.14	×	EP, PUR	div.	1	150		1	160						
S5.16	×			1	250		1	250						
S5.17	×	ESI	Zn(R)	1	80	EP + CTE	2	200						
S5.18	×	CTV	Al	1	100	CTV	2	200						
S5.19	×	EP, PUR	div.	1	400	–	–	–						
S5.20	×	EP, PUR	Zn(R)	1	40	CTV	3	360						
S5.21	×	CTE	div.	1	100	CTE	2	200						
S5.22	×	EP, PUR	Zn(R)	1	40		3	360						

Beschichtungssysteme für Bauteile in Wasser und Erdreich (Korrosivitätskategorien Im1, Im2, Im3)

vgl. DIN EN ISO 12 944-5 (1998-07)

Beschichtungssystem Nr.	Oberflächenvorbereitung[1] Sa 2½	Grundbeschichtungen				Deckbeschichtung(en)			Erwartete Schutzdauer[4] bei Korrosivitätskategorie[5]		
		Bindemittel[2]	Schutzpigment[3]	Anzahl der Beschichtungen	Sollschichtdicke (trocken) µm	Bindemittel[2]	Anzahl der Beschichtungen	Sollschichtdicke (trocken) µm	K kurz	M mittel	L lang
S8.01	×	EP, PUR	Zn(R)	1	40	EP, PUR	2 bis 4	320			
S8.02	×			1	40	CTPUR	4	500			
S8.04	×	EP	div.	1	80	EP, PUR	2	300			
S8.05	×			1	80	EP	1	400			
S8.06	×	EP		1	800	–	–	–			
S8.07	×			1	120	CTE	2	240			
S8.08	×	CTE		1	120		3	380			
S8.09	×			1	500	–	–	–			
S8.10	×	CTE		1	1 000	–	–	–			
S8.11	×	CTPUR		1	200		1	200			

[1] [2] [3] [4] [5] Erläuterungen siehe Seite 192, 192A und 194 unten

W

Korrosionsschutz-Beschichtungssysteme für Stahlbauten
Eignung von korrosionsbeständigen Stählen für Korrosionsbelastung

Beschichtungssysteme auf feuerverzinktem Stahl (Duplex-Systeme)

vgl. DIN EN ISO 12944-5 (1998-07)

(■ = grau hinterlegtes Feld)

Beschichtungssystem Nr.	Oberflächenvorbereitung	Beschichtungssystem aus Grund- und Deckbeschichtungen: Bindemittel[2]	Gesamtanzahl der Beschichtungen	Gesamt-Sollschichtdicke µm	Erwartete Schutzdauer[4] bei Korrosivitätskategorie[5] C2 K	C2 M	C2 L	C3 K	C3 M	C3 L	C4 K	C4 M	C4 L	C5-I K	C5-I M	C5-I L	C5-M K	C5-M M	C5-M L
S9.01	Zinkbeschichtung auf Stahl, durch Phosphatieren oder Sweep-Strahlen für die Beschichtung vorbereitet.	PVC	1	80	■	■	■	■											
S9.02			2	120	■	■	■	■	■										
S9.03			2	160				■	■	■	■	■		■			■		
S9.04			3	240							■	■	■	■	■		■	■	
S9.05		AY	1	80	■	■	■	■											
S9.06			2	120	■	■	■	■	■										
S9.07			2	160				■	■	■	■	■		■			■		
S9.08			3	240							■	■	■	■			■		
S9.09		EP oder PUR	1	80	■	■	■	■	■										
S9.10			2	120				■	■	■	■	■		■			■		
S9.11			2	160							■	■	■	■			■	■	
S9.12			3	240							■	■	■	■	■		■	■	■

1) 2) 3) 4) 5) Erläuterungen siehe Seite 194 unten

Eignung von korrosionsbeständigen Stählen (Edelstahl Rostfrei) für Korrosionsbelastung

vgl. Bauaufsichtliche Zulassung Z-30.3-6 (2003-12)

Stahlsorte (nach DIN EN 10088) Kurzname	Werkstoff-Nr.	Korrosionsverhalten Widerstandsklasse	Eignung Typische Anwendungen	Geeignet für Korrosivitätskategorie (Seite 190)
X2CrNi12	1.4003	**I** (gering)	Konstruktionen in Innenräumen mit Ausnahme von Feuchträumen	**C1**
X6Cr17	1.4016			
X5CrNi18-10	1.4301	**II** (mäßig)	Zugängliche Konstruktionen, Landatmosphäre ohne nennenswerte Gehalte an Cloriden und Schwefeldioxiden, keine Industrieatmosphäre	**C2**
X6CrNiTi8-10	1.4541			
X2CrNiN18-7	1.4318			
X5CrNiMo17-12-2	1.4401	**III** (mittel)	Konstruktionen in Stadtatmosphäre mit mäßiger Chlorid- und Schwefeldioxidbelastung sowie unzugängliche Konstruktionen	**C3**
X6CrNiMoTi17-12-2	1.4571			
X2CrNiMoN17-13-5	1.4439			
X2CrNiMoN22-5-3	1.4462	**IV** (stark)	Hohe Korrosionsbelastung durch Chlor und/oder Chloride und/oder Schwefeldioxide und hohe Luftfeuchtigkeit, sowie bei Aufkonzentrationen von Schadstoffen, z.B. in Tunneln und Parkhäusern oder bei Meeresatmosphäre	**C4**
X1NiCrMoCu25-20-5	1.4539			
X2CrNiMnMoNbN25-18-5-4	1.4565			**C5-I, C5-M** **Im1, Im2, Im3**
X1NiCrMoCuN25-20-7	1.4529			
X1CrNiMoCuN20-18-7	1.4547			

W

Korrosionsschutz für Aluminiumbauteile

Anodische Oxidation von Aluminiumbauteilen

vgl. DIN 17 611 (2000-12) und DIN EN 12 373 (2001-10)

Behandlungsschritte:

Oberflächenbehandlung (Schleifen, Bürsten, Polieren) → **Gegebenenfalls Reinigen Beizen** → **Anodisieren** → **Einfärbung (möglich)** → **Verdichten (durch Sieden in Wasser)**

Je nach Art der **Oberflächenbehandlung** und des **Anodisierverfahrens** ergibt sich ein unterschiedliches Aussehen der anodisierten Bauteile:

Oberflächenbehandlung	Kurzzeichen	Auswirkung auf Oberflächenfehler	Anodisierverfahren (Auswahl)	Anodisierschichtdicke	Aussehen der anodisierten Bauteile	Reinigen der anodisierten Bauteile
keine	E 0	wenig verändert	Gleichstrom-Schwefelsäure-Verfahren (GS) oder Gleichstrom-Schwefelsäure-Oxalsäure-Verfahren (GSX)	20 µm bis 25 µm für Bauteile im Freien 10 µm bis 15 µm für Bauteile in Räumen	Press-Oberfläche	Tensidische Reinigungsmittel mit einem pH-Wert im Bereich von 5 bis 8 (neutral bis leicht sauer)
Schleifen	E 1	vollständig beseitigt			etwas stumpf Schleifriefen	
Bürsten	E 2	je nach Tiefe teilweise beseitigt			matt glänzend, feine Bürstenstriche	
Polieren	E 3				glänzend	
Schleifen und Bürsten	E 4	vollständig beseitigt			matt glänzend, feine Bürstenstriche	
Schleifen und Polieren	E 5				glänzend	
Beizen (alkalisch)	E 6	ausgeglichen			matt bis glänzend	
Chem. oder elektrochem. Glänzen	E7	nur teilweise beseitigt			matt bis glänzend	
Polieren und chem. Glänzen	E8	vollständig beseitigt			glänzend	

Beispiel: Chemisches Beizen (E6) der zu anodisierenden Bauteile gleicht kleine Oberflächenfehler aus und ergibt eine matt- bis seidenglänzende Oberfläche.

Eigenschaften anodisierter Oberflächen: Hart und abriebfest, aber anfällig gegen alkalische Substanzen wie Mörtel oder Beton. Hinweis: Schutzfolie erst bei Inbetriebnahme entfernen.

Durch **elektrolytische Einfärbung** sowie die **Tauchfärbung nach dem Anodisieren** kann eine durchgehende Färbung der Anodisierschicht erreicht werden. Die erzielbaren Farbtöne reichen von Bronzetönen bis zu verschiedenen Buntfarben.

Farbbeschichtung von Aluminiumbauteilen

Behandlungsschritte:

Entfetten, Beizen, Spülen → **Desoxidieren Neutralisieren** → **wahlweise Chromatisieren** → **Spritzlackieren, Pulverbeschichten** → **Aushärten Vernetzen**

Farbbeschichtungssysteme für Al-Bauteile

Schichtaufbau	Deckende Anstriche für innen (normale Beanspruchung)			Deckende Anstriche für außen (verstärkte Korrosionsbeanspruchung)				Klarlackanstriche
	Alkydharz	Polymerisatharz	PUR-Harz	Alkyd- oder PUR-Harz	Alkydharz	Polyesterharz	PUR-Harz	Acryl- oder PUR-Harz
Grundanstrich	×	×	⊗	× PUR	×	⊗	⊗	⊗ Acryl
Deckanstrich	×	×	⊗	× AK	×	⊗	⊗	⊗ PUR

× normale Ausführung ⊗ bei starker Korrosionsbeanspruchung

Eigenschaften farbbeschichteter Oberflächen: Geringere Härte und Abriebfestigkeit als anodisierte Oberflächen, aber sehr gute Chemikalienbeständigkeit.

Reinigung: Warmes Wasser mit Netzmitteln (Tensiden).

Hinweis: Bei farbbeschichteten Al-Fensterprofilen nur Dichtungsschäume und Klebebänder verwenden, die die Farbbeschichtung nicht beschädigen.

W

Wärmebehandlung der Stähle

Wärmebehandlung der Stahlbaustähle

Stahlsorte	Normalglühen		Spannungsarmglühen	
	Temperatur in °C	Haltedauer	Temperatur in °C	Haltedauer
Unlegierte Baustähle nach DIN EN 10 025-2 **Wetterfeste Baustähle** nach DIN EN 10025-5	890…950	Nach Erreichen der Normalglühtemperatur im ganzen Bauteil: Abkühlung an ruhender Luft	530…580	mindestens 30 min höchstens 150 min
Schweißgeeignete Feinkornbaustähle nach DIN EN 10025-3 und -4	880…960		530…580	

Ansonsten sind die Stahlbaustähle **nicht** für Wärmebehandlungen vorgesehen.

Wärmebehandlung der Werkzeugstähle

vgl. DIN EN ISO 4957 (2001-02)

Stahlsorte		Warmformgebung	Weichglühen	Härten			Härte HRC nach dem Anlassen	
Kurzname	Werkstoffnummer	°C	°C	Temperatur °C	Abschreckmittel Wb = Warmbad	Härte HRC	auf 200 °C	auf 400 °C
Unlegierte Kaltarbeitsstähle								
C45U	1.1730	1000 … 800	680 … 710	800 … 820	Wasser	58	54	42
C80U	1.1525	1050 … 800	680 … 710	780 … 800	Wasser	63	56	44
C105U	1.1545	1000 … 800	680 … 710	770 … 790	Wasser	65	62	44
Legierte Kaltarbeitsstähle								
102Cr6	1.2067	1050 … 850	710 … 750	820 … 850	Öl	65	62	50
X210CrW12	1.2436	1050 … 850	800 … 840	960 … 980	Öl, Luft, Wb	65	63	58
Warmarbeitsstähle								
55NiCrMoV7	1.2714	1050 … 850	680 … 710	830 … 870	Öl	60	56	50
X40CrMoV5-1	1.2344	1100 … 900	750 … 780	1020 … 1060	Öl, Luft, Wb	56	52	54
Schnellarbeitsstähle								
HS6-5-2C	1.3343	1100 … 900	770 … 840	1190 … 1230	Öl, Luft, Wb	64	62	62
HS6-5-2-5	1.3243	1100 … 900	770 … 840	1180 … 1220		64	62	62
HS10-4-3-10	1.3207	1100 … 900	800 … 830	1210 … 1250		66	63	62

W

Wärmebehandlung der Vergütungsstähle

vgl. DIN EN 10083 (1996-10)

Stahlsorte		Weichglühen (+A) Temperatur °C	Normalglühen (+N) Temperatur °C	Vergüten (+QT)		
Kurzname	Werkstoffnummer			Abschrecken Wasser (W), Öl (O) °C	Härte HRC nach dem Härten im Stirnabschreckversuch	Anlasstemperatur °C
C25E, C25R	1.1158, 1.1163	650 … 700	880 … 920	860 … 900 (W)	–	550 … 660
C35E, C35R	1.1181, 1.1180		860 … 900	840 … 880 (W, O)	48 … 58	
C45E, C45R	1.1191, 1.1201		840 … 880	820 … 860 (W, O)	55 … 62	
C60E, C60R	1.1221, 1.1223		820 … 860	800 … 840 (O, W)	60 … 67	
28Mn6	1.1170	650 … 700	850 … 890	830 … 870 (W, O)	45 … 54	540 … 680
38Cr2[1]	1.7003	650 … 700	850 … 880	830 … 870 (O, W)	51 … 60	540 … 680
34Cr4[1]	1.7033	680 … 720	850 … 890	830 … 870 (W, O)	49 … 52	540 … 680
41Cr4[1]	1.7035		840 … 880	820 … 860 (O, W)	54 … 61	
34CrMo4[1]	1.7220	680 … 720	850 … 890	830 … 870 (O, W)	49 … 57	540 … 680
50CrMo4	1.7228		840 … 880	820 … 860 (O)	58 … 65	
36CrNiMo4	1.6511	650 … 700	850 … 880	820 … 850 (O, W)	51 … 60	540 … 680
30CrNiMo8	1.6580		850 … 880	830 … 860 (O)	48 … 56	
36NiCrMo16	1.6773	650 … 700	860 … 900	865 … 895 (O)	50 … 57	550 … 650
51CrV4	1.8159	680 … 720	840 … 880	820 … 850 (O)	57 … 65	540 … 680

Die Streckgrenze, Zugfestigkeit und Bruchdehnung der Vergütungsstähle sind auf Seite 153 aufgeführt.

[1] Von diesen Stählen gibt es schwefelhaltige Sorten mit verbesserter Spanbarkeit, z.B. 38CrS2. Ihre Wärmebehandlungstemperaturen und Härtewerte entsprechen den Stählen ohne Schwefelgehalt.

Bezeichnungsbeispiel eines vergüteten Stahls: Stahl DIN EN 10 083-1 – C45E + QT

Weitere Angaben zur Wärmebehandlung unlegierter Stähle auf Farbtafel Seite 192C.

Zugversuch (für metallische Werkstoffe)

vgl. DIN EN 10 002-1 (2001-12)

Verformung der Zugprobe im Laufe des Zugversuchs

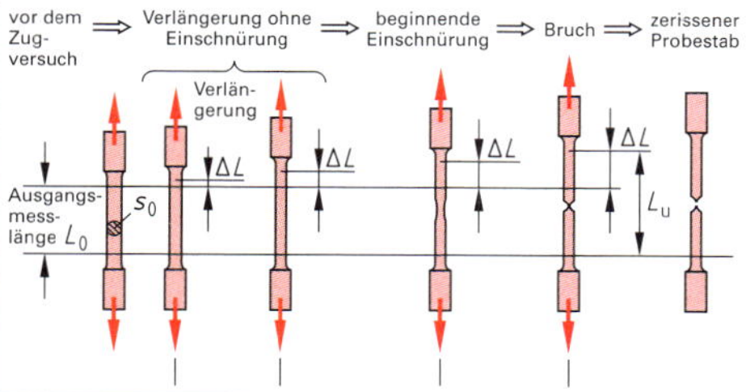

Spannungs-Dehnungs-Schaubild mit ausgeprägter Streckgrenze (z.B. unlegierter Baustahl S235JR)

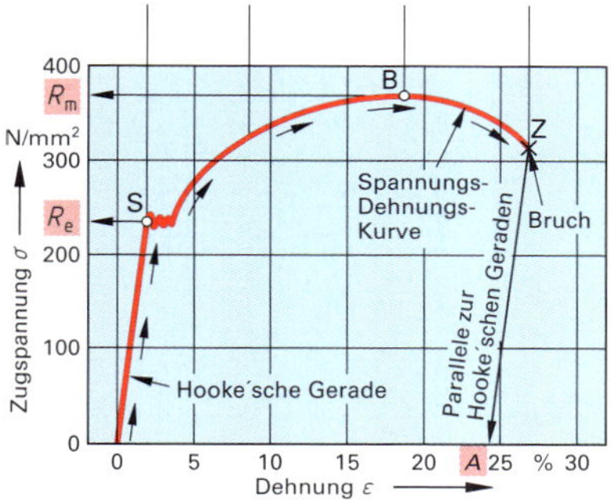

Spannungs-Dehnungs-Schaubild ohne ausgeprägte Streckgrenze (Vergütungsstahl 34Cr4)

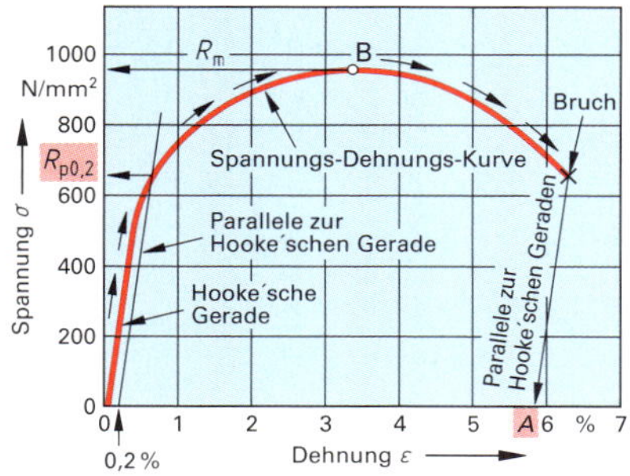

Verlängerung

$$\Delta L = L - L_0$$

Dehnung

$$\varepsilon = \frac{L - L_0}{L_0} \cdot 100\% = \frac{\Delta L}{L_0} \cdot 100\%$$

Bruchdehnung

$$A = \frac{L_u - L_0}{L_0} \cdot 100\%$$

Zug-spannung

$$\sigma_z = \frac{F}{S_0}; \quad \text{mit } S_0 = \frac{\pi \cdot d_0^2}{4}$$

L Messlänge F Zugkraft
S_0 Ausgangs-Querschnittsfläche der Zugprobe
d_0 Ausgangs-Durchmesser der Zugprobe

Die Form und Maße der Zugproben sind in DIN EN 10002-1 festgelegt. Die Zugproben können kreisförmig, rechteckig, quadratisch oder ringförmig sein.

Streckgrenze R_e
Spannung, bei der der Werkstoff zu fließen beginnt

$$R_e = \frac{F_e}{S_0}$$

Zugfestigkeit R_m
Höchste, im Werkstoff mögliche Zugspannung

$$R_m = \frac{F_m}{S_0}$$

Elastizitätsmodul E
Der E-Modul ist der Quotient aus der Spannung und Dehnung im elastischen Verformungsbereich des Werkstoffs (Hooke'sche Gerade). Er ist ein Maß für die Steifigkeit eines Werkstoffs.

$$E = \frac{\sigma_z}{\varepsilon} = \frac{F \cdot L_0}{S_0 \cdot \Delta L_0}$$

0,2%-Dehngrenze $R_{p0,2}$

Die 0,2%-Dehngrenze $R_{p0,2}$ ist ein Kennwert für Werkstoffe ohne ausgeprägte Streckgrenze R_e.
Es ist die Spannung im Werkstoff bei 0,2% bleibender Dehnung. (Schaubild siehe links)
$R_{p0,2}$ wird bestimmt im Schaubild mit der Parallelen zur Hooke'schen Geraden bei 0,2% Dehnung.

Kerbschlagbiegeversuch nach Charpy

vgl. DIN EN 10 045-1 (1991-04)

Versuchsanordnung

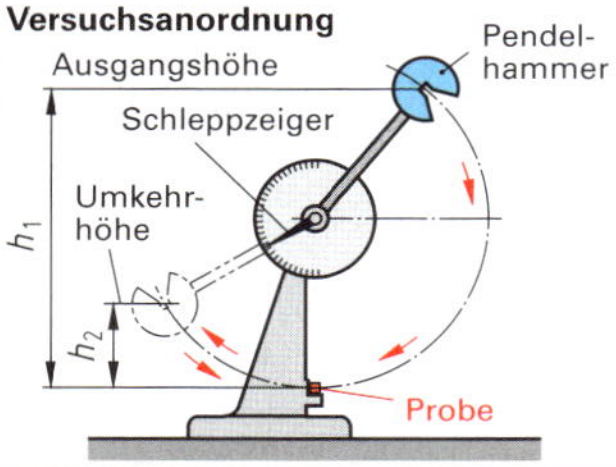

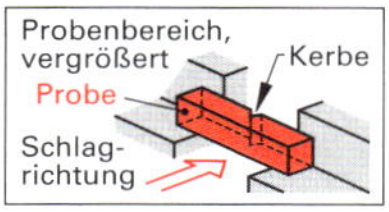

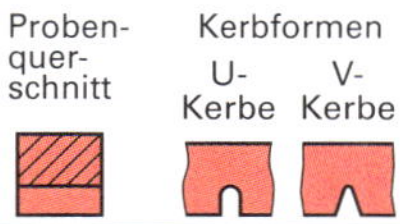

Der Kennwert des Kerbschlagbiegeversuchs ist die **Kerbschlagarbeit K.** Sie ist ein Maß für die Zähigkeit eines Werkstoffs.

Hartspröde Werkstoffe zerbrechen beim Kerbschlagbiegeversuch. Sie haben eine geringe Kerbschlagarbeit. Zähe Werkstoffe werden verformt, sie haben eine hohe Kerbschlagarbeit.

Bezeichnungsbeispiel einer gemessenen Kerbschlagarbeit von 82 J, bestimmt an einer Normalprobe mit U-Kerbe: **KU = 82 J.**

W

Härteprüfungen

Brinell-Härteprüfung

vgl. DIN EN ISO 6506-1 (2006-03)

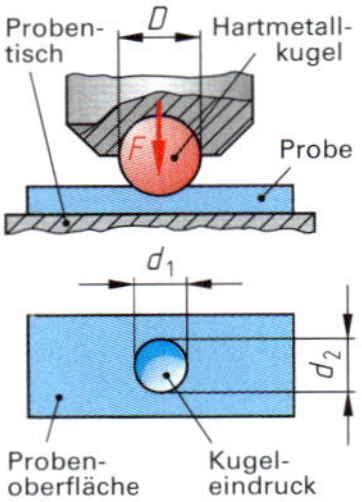

Berechnung des Brinell-Härtewerts:

$$\text{HBW} = \text{Konstante} \cdot \frac{\text{Prüfkraft}}{\text{Eindruckoberfläche}}$$

$$\text{HBW} = 0{,}102 \cdot \frac{2 \cdot F}{\pi \cdot D \cdot (D - \sqrt{D^2 - d^2})}$$

F in N, D in mm, d in mm, $d = \frac{d_1 + d_2}{2}$

(Die früheren Bezeichnungen HB oder HBS sind nicht mehr zugelassen.)

In der Praxis wird der HBW-Wert mit den Werten F, D und d aus einer in DIN EN 10003 enthaltenen Tabelle abgelesen oder von einem Rechner am Härteprüfgerät berechnet.

Eindrückkörper: Kugel aus Hartmetall (Stahlkugel nicht mehr zugelassen).

Verschiedene Kugeldurchmesser sind möglich. Kugeldurchmesser und Prüfkräfte gemäß unten stehender Tabelle.

Eignung der Brinell-Härteprüfung: Für weiche bis mittelharte Werkstoffe.

Beispiel für eine Härteangabe: 342 HBW 1/30/20 bedeutet Brinellhärte 342, Hartmetallkugeldurchmesser D = 1 mm, F = 30 : 0,102 = 294,2 N, Prüfkraft-Einwirkdauer 20 s.

Prüfkräfte und Eindrückkugel-Durchmesser für Brinell-Härteprüfung

Für die verschieden harten Werkstoffe verwendet man unterschiedlich große Prüfkugeln und Prüfkräfte. Man fasst die Werkstoffe in Gruppen mit gleich großem **Beanspruchungsgrad** a zusammen: $\boldsymbol{a = 0{,}102 \cdot F/D^2}$.

Eindrück-kugel-Durchmesser in mm	Unlegierte Baustähle, Gusseisen, harte NE-Legierungen	Weiches Gusseisen, mittelharte NE-Legierungen	Al und Al-Legierungen	Cu und Cu-Legierungen, sehr weiche Leichtmetalle	Sehr weiche Metalle: z. B. Blei, Zinn
	a = 30 N/mm²	a = 10 N/mm²	a = 5 N/mm²	a = 2,5 N/mm²	a = 1 N/mm²
	Prüfkräfte in N	Prüfkräfte in N	Prüfkräfte in N	Prüfkräfte in N	Prüfkräfte in N
1	294,2	98,07	49,03	24,52	9,807
2	1177	392,3	196,1	98,07	39,23
2,5	1839	612,9	306,5	153,2	61,29
5	7355	2452	1226	612,9	245,2
10	29420	9807	4903	2452	980,7

W

Rockwell-Härtepüfungen

vgl. DIN EN ISO 6508-1 (2006-03)

Eindrückkörper	Diamantkegel mit 120° Kegelwinkel und abgerundeter Spitze (r = 0,2 mm)	Hartmetallkugel (HM-Kugel) mit 1,5875 mm oder 3,175 mm Durchmesser
Schrittfolge und Prinzip der Härteprüfung	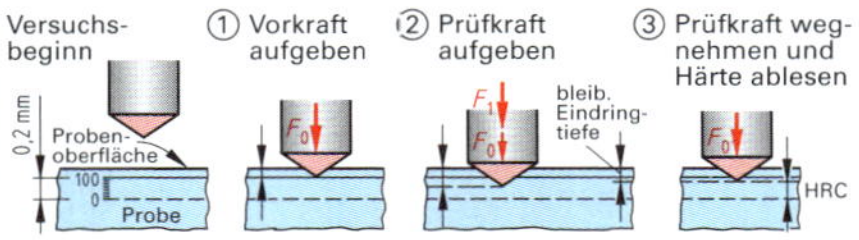	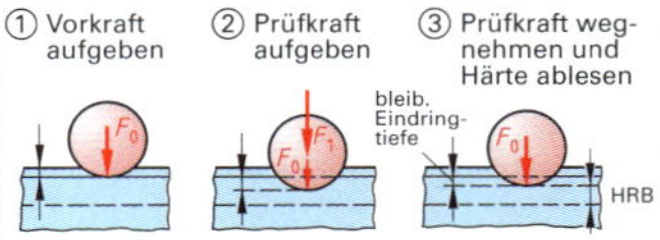

Härte-skala	**Härte-symbol**	Art des Eindrückkörpers	Prüf-vorkraft F_0	Prüf-zusatzkraft F_1	Prüf-gesamtkraft F	Anwendungsbereiche (Bereich der Rockwellhärte)
A	HRA	Diamantkegel, 120°	98,07 N	490,3 N	588,4 N	60 bis 88 HRA
B	HRB	HM-Kugel 1,5875 mm	98,07 N	882,6 N	980,7 N	20 bis 100 HRB
C	HRC	Diamantkegel, 120°	98,07 N	1373 N	1471 N	20 bis 70 HRC
D	HRD	Diamantkegel, 120°	98,07 N	882,6 N	980,7 N	40 bis 77 HRD
E	HRE	HM-Kugel 3,175 mm	98,07 N	882,6 N	980,7 N	70 bis 100 HRE
F	HRF	HM-Kugel 1,5875 mm	98,07 N	490,3 N	588,4 N	60 bis 100 HRF
G	HRG	HM-Kugel 1,5875 mm	98,07 N	1373 N	1471 N	30 bis 94 HRG
H	HRH	HM-Kugel 3,175 mm	98,07 N	490,3 N	588,4 N	80 bis 100 HRH
K	HRK	HM-Kugel 3,175 mm	98,07 N	1373 N	1471 N	40 bis 100 HRK

Eignung der Rockwell-Härteprüfungen: Durch die Auswahl des Eindrückkörpers und der Prüfkraft können Werkstoffe aller Härtestufen geprüft werden (siehe Seite 201 unten).

Beispiele für Rockwell-Härteangaben: 44 HRC bedeutet HRC-Härtewert = 44; Prüfung mit Diamantkegel
68 HRBW bedeutet HRB-Härtewert = 68, Prüfung mit Hartmetallkugel (W)

Härteprüfungen

Vickers-Härteprüfung

vgl. DIN EN ISO 6507-1 (2006-03)

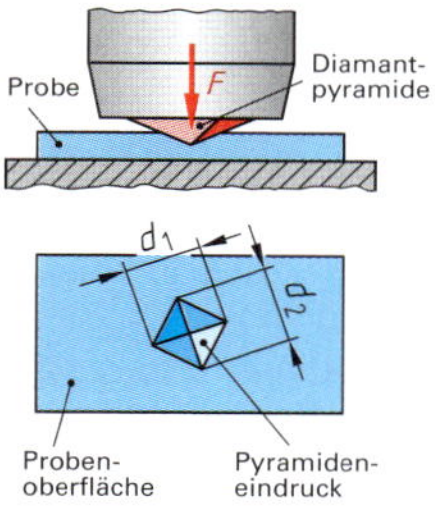

Berechnung des Vickers-Härtewerts:

$$HV = \text{Konstante} \cdot \frac{\text{Prüfkraft}}{\text{Eindruckoberfläche}}$$

$$HV = 0{,}1891 \cdot \frac{F}{d^2}$$

F in N, d in mm;

d wird als Mittelwert aus d_1 und d_2 berechnet $d = \frac{d_1 + d_2}{2}$

In der Praxis wird der HV-Wert mit F und d aus einer in DIN EN 6507-1 enthaltenen Tabelle abgelesen oder direkt am Härteprüfgerät angezeigt.

Prüfkräfte für Vickers-Härteprüfung

Normalbereich		Kleinkraftbereich	
Härtesymbol	Prüfkraft F N	Härtesymbol	Prüfkraft F N
HV 5	49,03	HV 0,2	1,961
HV 10	98,07	HV 0,3	2,942
HV 20	196,1	HV 0,5	4,903
HV 30	294,2	HV 1	9,807
HV 50	490,3	HV 2	19,61
HV 100	980,7	HV 3	29,42

Eindringkörper:
Vierseitige Diamantpyramide mit einem Winkel von 136° zwischen gegenüberliegenden Flächen.

Eignung:
Werkstoffe jeder Härte
Proben jeder Größe

Beispiel für Kurzzeichen: 564 HV 30
Vickershärte 564,
Prüfkraft = 30 : 0,102 = 294,2 N

Martens-Härteprüfung

vgl. DIN EN ISO 14577-1 (2003-05)

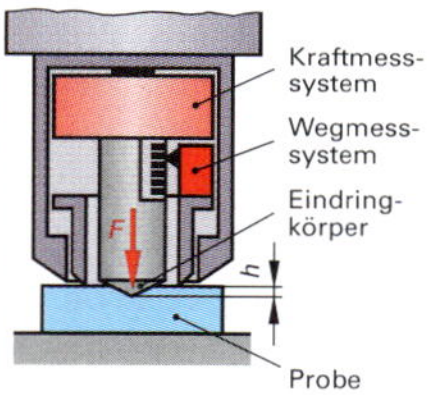

Messprinzip: Der Eindringkörper wird mit einer ansteigenden Kraft F in die Probe gedrückt ①, beim Maximalwert F_{max} gehalten ② und dann entlastet ③.
Die Prüfkraft F und die Eindringtiefe h werden fortlaufend gemessen und in einem Diagramm aufgezeichnet (Bild rechts unten).

Berechnung der Martenshärte: aus einer festgelegten Prüfkraft F_{max} und der dazugehörenden Eindringtiefe h aus dem Prüfkraft/Eindringtiefen-Diagramm.

$$HM = \frac{F}{26{,}43 \cdot h^2}$$

F in N
h in mm

Eindringkörper:
Diamantpyramide mit quadratischer Grundfläche und Spitzenwinkel 136° (wie bei der Vickers-Härteprüfung).

Eignung der Martens-Härteprüfung:
Werkstoffe aller Härten.

Gesteuerte Prüfkraftaufgabe
(z.B. in 3 Schritten)

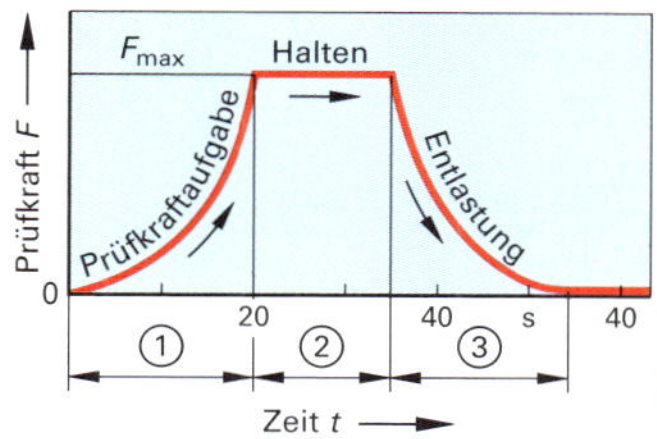

Prüfkräfte/Eindringtiefen-Diagramm

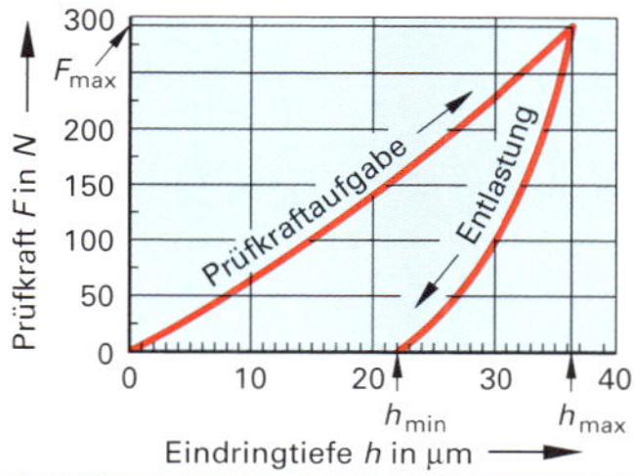

Beispiel für die Angabe einer Martenshärte:

HM 290 / 20 / 20 = 4230 N/mm²

- 290: Maximal-Prüfkraft in N
- 20: Aufbringzeit der Prüfkraft in Sekunden
- 20: Haltezeit der Prüfkraft in Sekunden
- 4230 N/mm²: Martens-härtewert

Mit der Martens-Härteprüfung können zusätzlich der **Eindringmodul** und die **elastisch-plastische Härte** bestimmt werden.

Anwendungsbereiche verschiedener Härteprüfungen

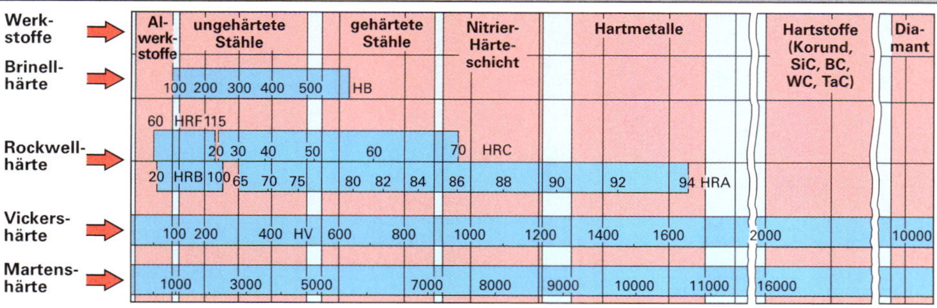

Zerstörungsfreie Prüfverfahren

Prüfverfahren / Prinzipdarstellung – **Durchführung der Prüfung** – **Eignung / Anwendung**

Magnetpulververfahren

vgl. DIN 54 130 (1974-04)

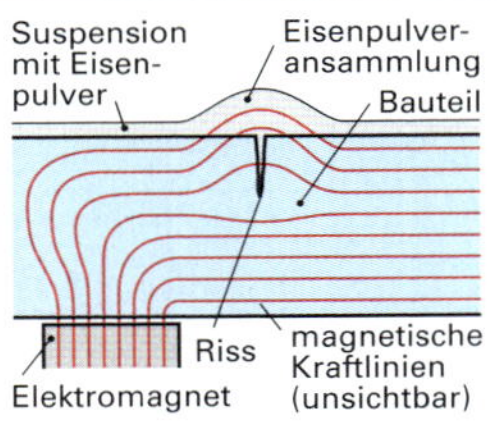

Durchführung der Prüfung	Eignung Anwendung
Das gereinigte Bauteil wird gleichmäßig mit einer Petroleum-Eisenpulver-Suspension bestrichen und dann mit einem Elektromagnet magnetisiert. An Stellen mit Oberflächenrissen oder oberflächennahen Fehlern (bis 4 mm Tiefe) zeigen Eisenpulveransammlungen die darunter liegenden Risse an. Sie werden mit einem Farbstift markiert und protokolliert.	Für offene Risse und Risse dicht unter der Bauteiloberfläche bei magnetisierbaren Stählen. Nicht für austenitische Stähle (Edelstahl Rostfrei) anwendbar. Empfindlichstes Prüfverfahren für Oberflächenrisse.

Farbeindringverfahren

vgl. DIN EN 571 (1997-03)

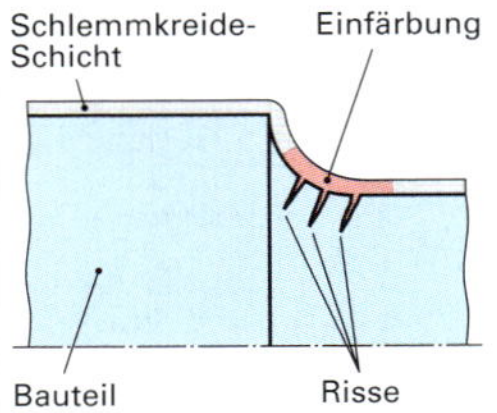

Durchführung der Prüfung	Eignung Anwendung
Das gereinigte Bauteil wird mit einem dünnflüssigen Farbstoff besprüht. Er dringt in vorhandene Risse ein. Anschließend wird der Farbstoff abgewaschen. Dann wird das Bauteil mit weißer Schlämmkreide (Entwickler) besprüht. Sie saugt in den Rissen verbliebene Farbe heraus und färbt die Schlämmkreide dort rot. Die Risse werden mit einem Farbstift markiert.	Für oberflächenoffene Risse bei allen Stählen, Gusseisen- und NE-Werkstoffen geeignet. Prüfung gehärteter Bauteile auf Härterisse und nichtrostender, austenitischer Stähle auf Spannungrisskorrosion.

Ultraschallprüfung

vgl. DIN EN 583-1 (1998-12) und DIN EN 1712 (2002-09)

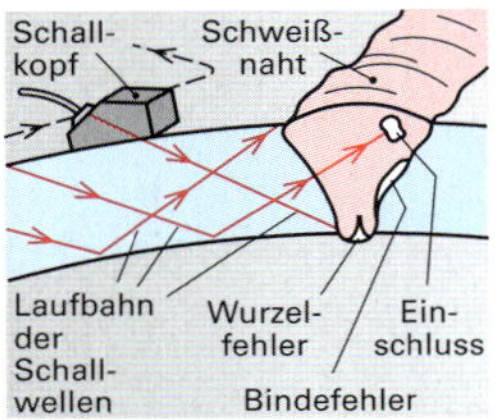

Durchführung der Prüfung	Eignung Anwendung
Das zu prüfende Bauteil bzw. die Schweißnaht werden durch einen Schallkopf mit Ultraschall durchschallt. Fehlstellen im Bauteil bzw. der Schweißnaht zeigen sich durch Fehlerechos auf dem Monitor des Ultraschallprüfgeräts. Die Lage und Größe der Fehlstellen wird durch die Form und Position der Fehlerschallechos ermittelt.	Zur Prüfung von Bauteilen auf innen liegende Risse, Einschlüsse und Lunker (Hohlräume) sowie zur Prüfung von Schweißnähten (DIN EN 1712) auf Wurzel- und Bindefehler sowie Schlackeeinschlüsse.

Wirbelstromprüfung (Induktive Verfahren)

vgl. DIN 54 140 (1989-01)

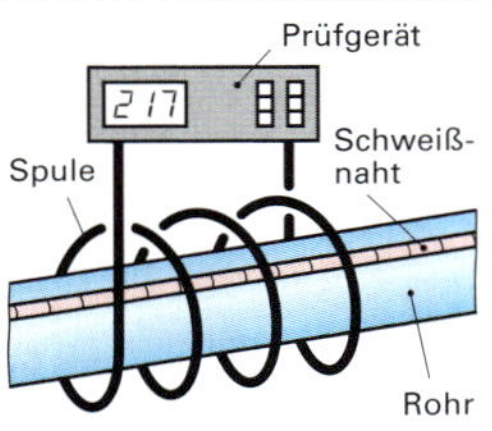

Durchführung der Prüfung	Eignung Anwendung
Das Bauteil, das Halbzeug oder das Schweißteil werden in das magnetische Feld einer Wechselstromspule gebracht. Die Stromstärke in der Spule stellt sich durch Induktion je nach Bauteilquerschnitt ein. Hat das Bauteil eine Fehlerstelle, so wird die Induktion gestört und die Stromstärke in der Spule ändert sich. Die Fehlerstellen werden markiert und protokolliert.	Zum Auffinden von Fehlern in Schweißnähten (z.B. bei geschweißten Hohlprofilen und Rohren) sowie zur kontinuierlichen Prüfung von umgeformten Halbzeugen (Stangen, Rohren, Profilen) auf innen liegende Fehler.

Druckstrahlungsprüfung mit Röntgen- oder Gammastrahlen

vgl. DIN EN 12 681 (2003-06)

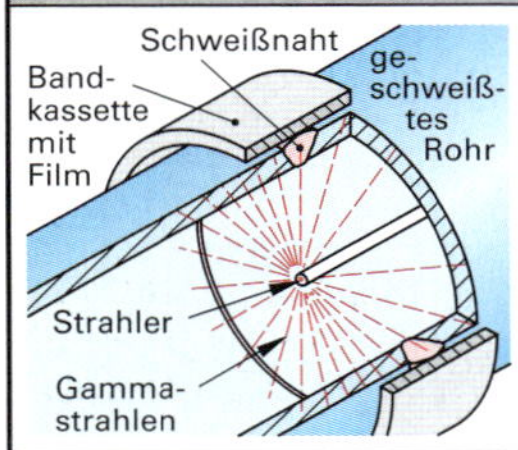

Durchführung der Prüfung	Eignung Anwendung
Das zu prüfende Bauteil bzw. der zu prüfende Bauteilbereich wird in den Strahlengang einer Röntgenröhre oder eines Gammastrahlers (z.B. Cobalt 60) gebracht. Hinter das Bauteil wird ein strahlenempfindlicher Film positioniert. Vorhandene Bauteil- bzw. Schweißnahtfehler zeigen sich als helle Flecken im Durchstrahlungsbild.	Zum Auffinden von Fehlern in großen Gussstücken sowie in mehrlagigen Schweißnähten von hochbelasteten Konstruktionen und Rohren. **Achtung!** Röntgen- und Gammastrahlen sind stark gesundheitsschädlich.

Gewinde

Übersicht über die Gewindearten

vgl. DIN 202 (1999-11)

Rechtsgewinde, eingängig

Gewinde-benennung	Gewindeprofil	Kenn-buch-stabe	Bezeichnungs-beispiel	Nenngröße	Anwendung
Metrisches ISO-Gewinde	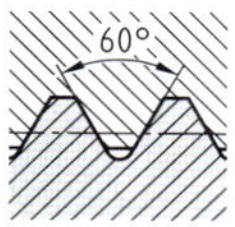	M	DIN 14 – M 08	(0,3 bis 0,9) mm	Uhren, Feinwerktechnik
			DIN 13 – M 30	(1 bis 68) mm	allgemein (Regelgewinde)
			DIN 13 – M 20 × 1	(1 bis 1000) mm	allgemein (Feingewinde)
Metr. Gewinde mit großem Spiel			DIN 2510 – M 36	(12 bis 180) mm	Schrauben mit Dehnschaft
Metrisches zylindrisches Innengewinde	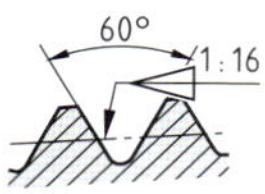		DIN 158 – M 30 × 2	(6 bis 60) mm	Innengewinde für Verschluss-schrauben und Schmiernippel
Metrisches kegeliges Außengewinde			DIN 158 – M 30 × 2 keg	(6 bis 60) mm	Verschlussschrau-ben und Schmier-nippel
Rohrgewinde, zylindrisch	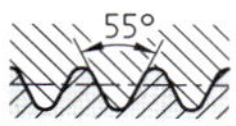	G	ISO 228 – G1$^1/_2$ (innen) ISO 228 – G$^1/_2$A (außen)	($^1/_8$ bis 6) inch	Rohrgewinde, nicht im Gewinde dichtend
Whitworth-Rohrgewinde, zylindrisch (Innengewinde)	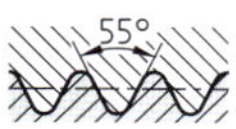	Rp	DIN 2999 – Rp $^1/_2$	($^1/_{16}$ bis 6) inch	Rohrgewinde, im Gewinde dichtend für Gewinderohre, Fittings, Rohrver-schraubungen
			DIN 3858 – Rp $^1/_8$	($^1/_8$ bis 1$^1/_2$) inch	
Whitworth-Rohrgewinde, kegelig (Außengewinde)	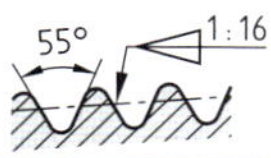	R	DIN 2999 – R $^1/_2$	($^1/_{16}$ bis 6) inch	
			DIN 3859 – R $^1/_8$-1	($^1/_8$ bis 1$^1/_2$) inch	
Metrisches ISO-Trapezgewinde	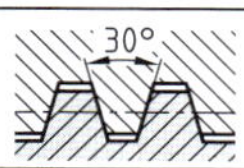	Tr	DIN 103 – Tr 40 × 7	(8 bis 300) mm	allgemein als Bewegungs-gewinde
Sägengewinde	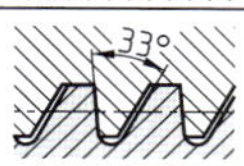	S	DIN 513 – S 48 × 8	(10 bis 640) mm	allgemein als Bewegungs-gewinde
Rundgewinde	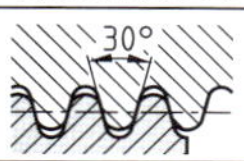	Rd	DIN 405 – Rd 40 × $^1/_6$	(8 bis 200) mm	allgemein
			DIN 20 400 – Rd 40 × 5	(10 bis 300) mm	Rundgewinde mit großer Tragtiefe
Blechschrauben-gewinde	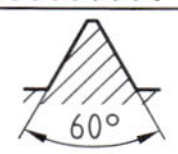	St	ISO 1478-ST 3,5	(1,5 bis 9,5) mm	Blechschrauben

Linksgewinde und mehrgängige Gewinde

Gewindeart	Erläuterung	Kurzbezeichnung
Linksgewinde	Das Kurzzeichen „LH" ist hinter die vollständige Gewindebezeichnung zu setzen (LH = Left Hand).	M 30 – LH Tr 40 × 7 – LH
Mehrgängiges Rechtsgewinde	Hinter dem Kurzzeichen und dem Gewindedurchmesser folgt die Steigung P_h und die Teilung P.	Tr 40 × 14 P7
Mehrgängiges Linksgewinde	Hinter die Gewindebezeichnung des mehrgängigen Gewindes wird „LH" gesetzt.	Tr 40 × 14 P7 – LH

Bei Teilen, die mit Rechts- und Linksgewinde versehen sind, ist hinter die Gewindebezeichnung des Rechtsgewindes das Kurzzeichen „RH" (RH = Right Hand) und hinter das Linksgewinde „LH" zu setzen. Die Gangzahl bei mehrgängigen Gewinden ergibt sich aus der Beziehung **Gangzahl = Steigung P_h : Teilung P.**

Gewinde

Gewinde nach ausländischen Normen (Auswahl)

vgl. DIN 202 (1999-11)

Gewindebenennung	Gewindeprofil	Kurzzeichen	Bezeichnungsbeispiel	Bedeutung	Land
Einheitsgewinde, grob (Unified Coarse Thread) Amerikanisches Grobgewinde	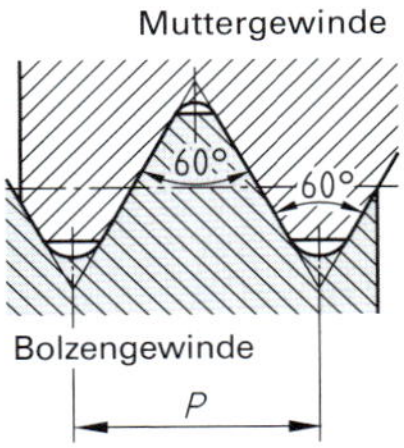	UNC	$^1/_4$ – 20 UNC – 2A	UNC-Gewinde mit $^1/_4$ inch Nenndurchmesser, 20 Gewindegänge/inch, Passungsklasse 2A	USA, GB, CDN
Einheits-Feingewinde (Unified Fine Thread) Amerikanisches Feingewinde		UNF	$^1/_4$ – 28 UNF – 3A	UNF-Gewinde mit $^1/_4$ inch Nenndurchmesser, 28 Gewindegänge/inch, Passungsklasse 3A	USA, GB, CDN
Einheitsgewinde, extra fein (Unified Extrafine Thread) Amerikanisches Fein – Feingewinde		UNEF	$^1/_4$ –32 UNEF–3A	UNEF-Gewinde mit $^1/_4$ inch Nenndurchmesser, 32 Gewindegänge/inch, Passungsklasse 3A	USA, GB, CDN
Einheits-Sondergewinde (Unified Special Thread)		UNS	$^1/_4$ – 27 UNS	UNS-Gewinde mit $^1/_4$ inch Nenndurchmesser, 27 Gewindegänge/inch	USA, GB, CDN
Zylindrisches Rohrgewinde für mechanische Verbindungen (Straight Pipe Threads for Mechanical Joints) Amerikanisches zylindrisches Rohrgewinde	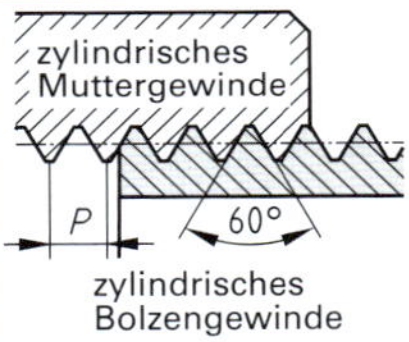	NPSM, NPS, NPSC und NPSF	$^1/_2$ – 14 NPSM	NPSM-Gewinde mit $^1/_2$ inch Nenndurchmesser, 14 Gewindegänge/inch	USA
Amerikanisches kegeliges Rohrgewinde (American Standard Taper Pipe Thread)	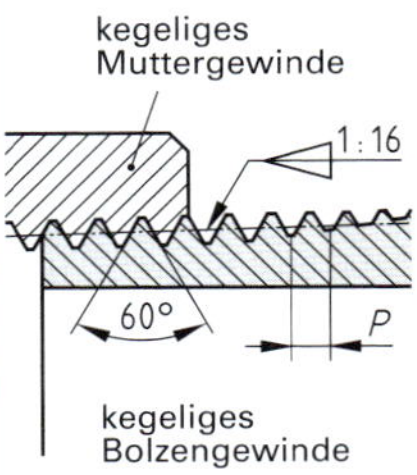	NPT	$^3/_8$ – 18 NPT	NPT-Gewinde mit $^3/_8$ inch Nenndurchmesser, 18 Gewindegänge/inch	USA
Amerikanisches kegeliges Fein-Rohrgewinde (American Standard Taper Pipe Thread, Fine)		NPTF	$^1/_2$ – 14 NPTF (dryseal)	NPTF-Gewinde mit $^1/_2$ inch Nenndurchmesser, 14 Gewindegänge/inch (trocken dichtend)	USA
Amerikanisches Trapezgewinde $h = 0{,}5 \cdot P$	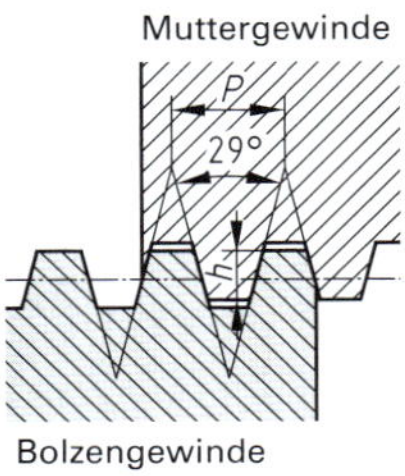	Acme	$1^3/_4$ – 4 Acme – 2G	Acme-Gewinde mit $1^3/_4$ inch Nenndurchmesser, 4 Gewindegänge/inch, Passungsklasse 2G	USA, GB
Amerikanisches abgeflachtes Trapezgewinde $h = 0{,}3 \cdot P$		Stub-Acme	$^1/_2$ – 20 Stub-Acme	Stub-Acme-Gewinde mit $^1/_2$ inch Nenndurchmesser, 20 Gewindegänge/inch	USA

B

Metrisches ISO-Gewinde, Abmessungen

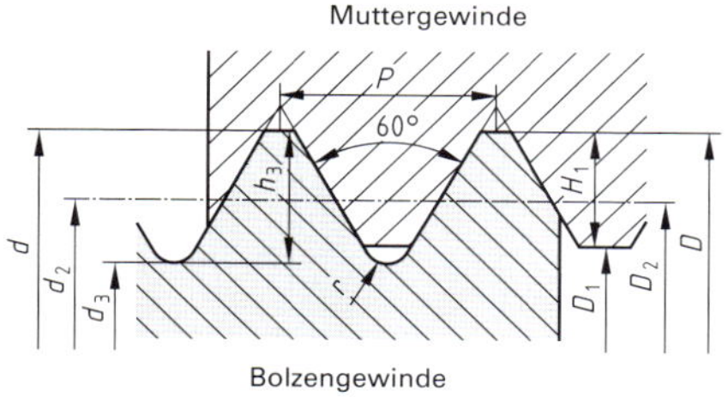

Nenndurchmesser	$d = D$
Steigung	P
Gewindetiefe des Bolzengewindes	$h_3 = 0{,}6134 \cdot P$
Gewindetiefe des Muttergewindes	$H_1 = 0{,}5413 \cdot P$
Rundung	$R = 0{,}1443 \cdot P$
Flanken-Ø	$d_2 = D_2 = d - 0{,}6495 \cdot P$
Kern-Ø des Bolzengewindes	$d_3 = d - 1{,}2269 \cdot P$
Kern-Ø des Muttergewindes	$D_1 = d - 1{,}0825 \cdot P$
Kernlochbohrer-Ø	$D_1 \approx d - P$
Flankenwinkel	60°

Spannungsquerschnitt

$$S = \frac{\pi}{4} \cdot \left(\frac{d_2 + d_3}{2}\right)^2$$

Regelgewinde Reihe 1[1)] Maße in mm — vgl. DIN 13-1 (1999-11)

Gewindebezeichnung $d = D$	Steigung P	Flanken-Ø $d_2 = D_2$	Kern-Ø Bolzen d_3	Kern-Ø Mutter D_1	Gewindetiefe Bolzen h_3	Gewindetiefe Mutter H_1	Rundung R	Spannungsquerschnitt S mm²	Kernlochbohrer-Ø	Sechskantschlüsselweite[2)]
M 1	0,25	0,84	0,69	0,73	0,15	0,14	0,04	0,46	0,75	–
M 1,2	0,25	1,04	0,89	0,93	0,15	0,14	0,04	0,73	0,95	–
M 1,6	0,35	1,38	1,17	1,22	0,22	0,19	0,05	1,27	1,25	3,2
M 2	0,4	1,74	1,51	1,57	0,25	0,22	0,06	2,07	1,6	4
M 2,5	0,45	2,21	1,95	2,01	0,28	0,24	0,07	3,39	2,05	5
M 3	0,5	2,68	2,39	2,46	0,31	0,27	0,07	5,03	2,5	5,5
M 4	0,7	3,55	3,14	3,24	0,43	0,38	0,10	8,78	3,3	7
M 5	0,8	4,48	4,02	4,13	0,49	0,43	0,12	14,2	4,2	8
M 6	1	5,35	4,77	4,92	0,61	0,54	0,14	20,1	5,0	10
M 8	1,25	7,19	6,47	6,65	0,77	0,68	0,18	36,6	6,8	13
M 10	1,5	9,03	8,16	8,38	0,92	0,81	0,22	58,0	8,5	16
M 12	1,75	10,86	9,85	10,11	1,07	0,95	0,25	84,3	10,2	18
M 16	2	14,70	13,55	13,84	1,23	1,08	0,29	157	14	24
M 20	2,5	18,38	16,93	17,29	1,53	1,35	0,36	245	17,5	30
M 24	3	22,05	20,32	20,75	1,84	1,62	0,43	353	21	36
M 30	3,5	27,73	25,71	26,21	2,15	1,89	0,51	561	26,5	46
M 36	4	33,40	31,09	31,67	2,45	2,17	0,58	817	32	55
M 42	4,5	39,08	36,48	37,13	2,76	2,44	0,65	1121	37,5	65
M 48	5	44,75	41,87	42,59	3,07	2,71	0,72	1473	43	75
M 56	5,5	52,43	49,25	50,05	3,37	2,98	0,79	2030	50,5	85
M 64	6	60,10	56,64	57,51	3,68	3,25	0,87	2676	58	95

Feingewinde Maße in mm — vgl. DIN 13-2...11 (1999-11)

Gewindebezeichnung $d \times P$	Flanken-Ø $d_2 = D_2$	Kern-Ø Bolzen d_3	Kern-Ø Mutter D_1	Gewindebezeichnung $d \times P$	Flanken-Ø $d_2 = D_2$	Kern-Ø Bolzen d_3	Kern-Ø Mutter D_1	Gewindebezeichnung $d \times P$	Flanken-Ø $d_2 = D_2$	Kern-Ø Bolzen d_3	Kern-Ø Mutter D_1
M 2 × 0,25	1,84	1,69	1,73	M 10 × 0,25	9,84	9,69	9,73	M 24 × 2	22,70	21,55	21,84
M 3 × 0,25	2,84	2,69	2,73	M 10 × 0,5	9,68	9,39	9,46	M 30 × 1,5	29,03	28,16	28,38
M 4 × 0,2	3,87	3,76	3,78	M 10 × 1	9,35	8,77	8,92	M 30 × 2	28,70	27,55	27,84
M 4 × 0,35	3,77	3,57	3,62	M 12 × 0,35	11,77	11,57	11,62	M 36 × 1,5	35,03	34,16	34,38
M 5 × 0,25	4,84	4,69	4,73	M 12 × 0,5	11,68	11,39	11,46	M 36 × 2	34,70	33,55	33,84
M 5 × 0,5	4,68	4,39	4,46	M 12 × 1	11,35	10,77	10,92	M 42 × 1,5	41,03	40,16	40,38
M 6 × 0,25	5,84	5,69	5,73	M 16 × 0,5	15,68	15,39	15,46	M 42 × 2	40,70	39,55	39,84
M 6 × 0,5	5,68	5,39	5,46	M 16 × 1	15,35	14,77	14,92	M 48 × 1,5	47,03	46,16	46,38
M 6 × 0,75	5,51	5,08	5,19	M 16 × 1,5	15,03	14,16	14,38	M 48 × 2	46,70	45,55	45,84
M 8 × 0,25	7,84	7,69	7,73	M 20 × 1	19,35	18,77	18,92	M 56 × 1,5	55,03	54,16	54,38
M 8 × 0,5	7,68	7,39	7,46	M 20 × 1,5	19,03	18,16	18,38	M 56 × 2	54,70	53,55	53,84
M 8 × 1	7,35	6,77	6,92	M 24 × 1,5	23,03	22,16	22,38	M 64 × 2	62,70	61,55	61,84

[1)] Reihe 2 und Reihe 3 enthalten auch Zwischengrößen (z. B. M 7, M 9, M 14); [2)] vgl. DIN ISO 272 (1979-10)

B

Gewinde

Whitworth-Gewinde

(nicht genormt)

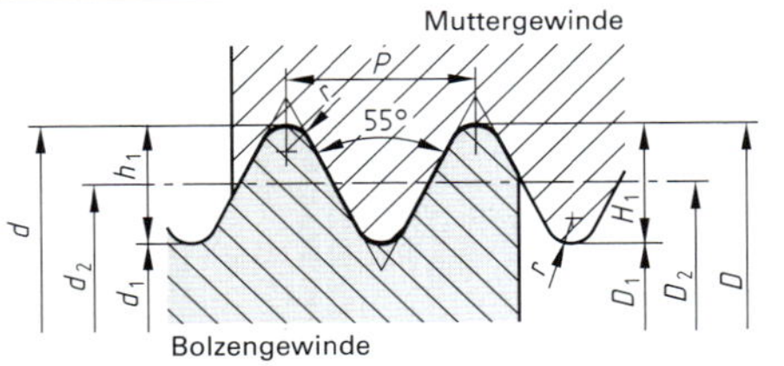

Außendurchmesser	$d = D$	
Kerndurchmesser	$d_1 = D_1 = d - 1{,}28 \cdot P$	$= d - 2 \cdot t_1$
Flankendurchmesser	$d_2 = D_2 = d - 0{,}640 \cdot P$	
Gangzahl je inch (Zoll)	Z	
Steigung	$P = \frac{25{,}4\ \text{mm}}{Z}$	
Gewindetiefe	$h_1 = H_1 = 0{,}640 \cdot P$	
Rundung	$R = 0{,}137 \cdot P$	
Flankenwinkel	55°	

Gewindebezeichnung d	Maße in mm für Bolzen und Mutter: Außen-∅ $d = D$	Kern-∅ $d_1 = D_1$	Flanken-∅ $d_2 = D_2$	Gangzahl je inch Z	Gewindetiefe $h_1 = H_1$	Kernquerschnitt mm²	Gewindebezeichnung d	Maße in mm für Bolzen und Mutter: Außen-∅ $d = D$	Kern-∅ $d_1 = D_1$	Flanken-∅ $d_2 = D_2$	Gangzahl je inch Z	Gewindetiefe $h_1 = H_1$	Kernquerschnitt mm²
$^{1}/_{4}$"	6,35	4,72	5,54	20	0,81	17,5	$1^{1}/_{4}$"	31,75	27,10	29,43	7	2,32	577
$^{5}/_{16}$"	7,94	6,13	7,03	18	0,90	29,5	$1^{1}/_{2}$"	38,10	32,68	35,39	6	2,71	839
$^{3}/_{8}$"	9,53	7,49	8,51	16	1,02	44,1	$1^{3}/_{4}$"	44,45	37,95	41,20	5	3,25	1131
$^{1}/_{2}$"	12,70	9,99	11,35	12	1,36	78,4	2"	50,80	43,57	47,19	4,5	3,61	1491
$^{5}/_{8}$"	15,88	12,92	14,40	11	1,48	131	$2^{1}/_{4}$"	57,15	49,02	53,09	4	4,07	1886
$^{3}/_{4}$"	19,05	15,80	17,42	10	1,63	196	$2^{1}/_{2}$"	63,50	55,37	59,44	4	4,07	2408
$^{7}/_{8}$"	22,23	18,61	20,42	9	1,81	272	3"	76,20	66,91	72,56	3,5	4,65	3516
1"	25,40	21,34	23,37	8	2,03	358	$3^{1}/_{2}$"	88,90	78,89	83,89	3,25	5,00	4888

Rohrgewinde

vgl. ISO 228-1 (2003-05), EN 10 226

Whitworth-Rohrgewinde ISO 228-1
für nicht im Gewinde dichtende Verbindungen; Innen- und Außengewinde zylindrisch

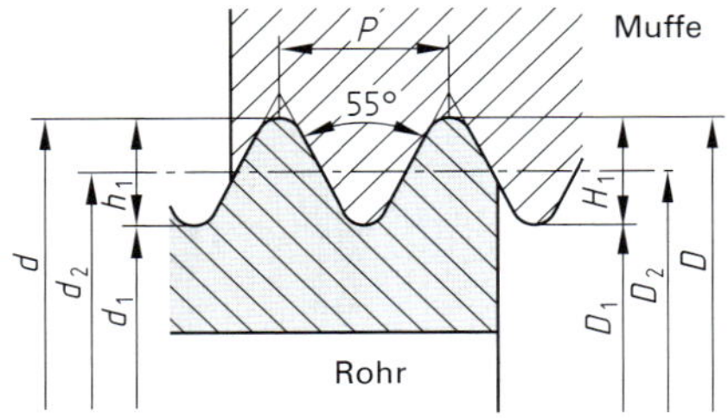

Whitworth-Rohrgewinde
im Gewinde dichtend; Innengewinde zylindrisch (RP), Außengewinde kegelig (R)

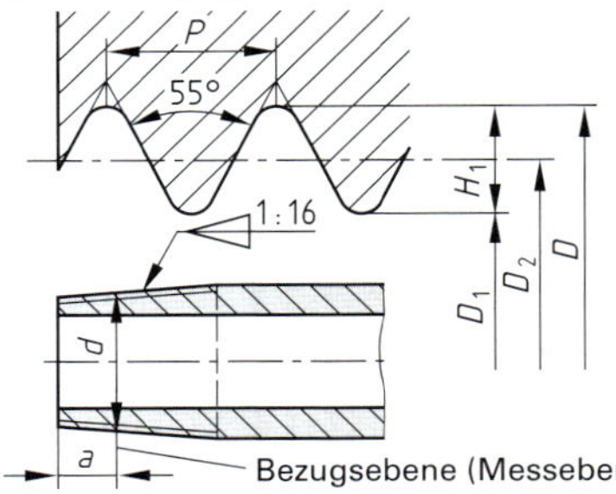

Gewindebezeichnung ISO 228-1 Außen- und Innengewinde	EN 10 226 Außengewinde	EN 10 226 Innengewinde	Außendurchmesser $d = D$	Flankendurchmesser $d_2 = D_2$	Kerndurchmesser $d_1 = D_1$	Steigung P	Gangzahl je inch Z	Gewindetiefe $h_1 = H_1$	Abstand der Bezugsebene a
G$^{1}/_{16}$	R$^{1}/_{16}$	Rp$^{1}/_{16}$	7,72	7,14	6,56	0,91	28	0,58	4,0
G$^{1}/_{8}$	R$^{1}/_{8}$	Rp$^{1}/_{8}$	9,73	9,15	8,57	0,91	28	0,58	4,0
G$^{1}/_{4}$	R$^{1}/_{4}$	Rp$^{1}/_{4}$	13,16	12,30	11,45	1,34	19	0,86	6,0
G$^{3}/_{8}$	R$^{3}/_{8}$	Rp$^{3}/_{8}$	16,66	15,81	14,95	1,34	19	0,86	6,4
G$^{1}/_{2}$	R$^{1}/_{2}$	Rp$^{1}/_{2}$	20,96	19,79	18,63	1,81	14	1,16	8,2
G$^{3}/_{4}$	R$^{3}/_{4}$	Rp$^{3}/_{4}$	26,44	25,28	24,12	1,81	14	1,16	9,5
G1	R1	Rp1	33,25	31,77	30,29	2,31	11	1,48	10,4
G1$^{1}/_{4}$	R1$^{1}/_{4}$	Rp1$^{1}/_{4}$	41,91	40,43	38,95	2,31	11	1,48	12,7
G1$^{1}/_{2}$	R1$^{1}/_{2}$	Rp1$^{1}/_{2}$	47,80	46,32	44,85	2,31	11	1,48	12,7
G	R2	Rp2	59,61	58,14	56,66	2,31	11	1,48	15,9
G2$^{1}/_{2}$	R2$^{1}/_{2}$	Rp2$^{1}/_{2}$	75,18	73,71	72,23	2,31	11	1,48	17,5
G3	R3	Rp3	87,88	86,41	84,93	2,31	11	1,48	20,6
G4	R4	Rp4	113,03	111,55	110,07	2,31	11	1,48	25,4
G5	R5	Rp5	138,43	136,95	135,37	2,31	11	1,48	28,6
G6	R6	Rp6	163,83	162,35	160,87	2,31	11	1,48	28,6

B

Metrisches ISO-Trapezgewinde

vgl. DIN 103-1 (1977-04)

$$a_c = \frac{D_4 - d}{2}$$

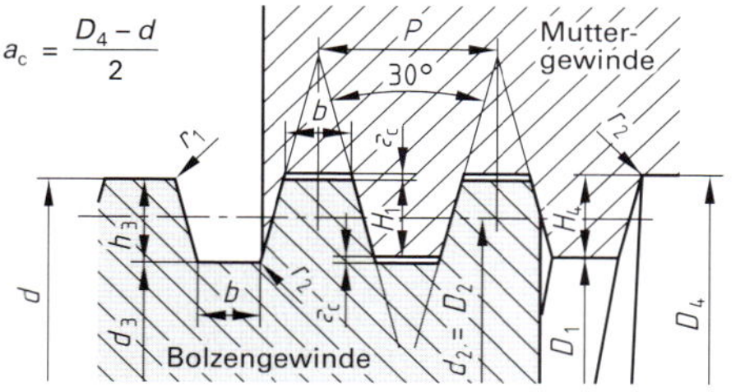

Maß	für Steigungen P in mm			
	1,5	2...5	6...12	14...44
a_c	0,15	0,25	0,5	1
R_1	0,075	0,125	0,25	0,5
R_2	0,15	0,25	0,5	1

Nenndurchmesser	d	
Steigung eingäng. Gewinde u. Teilung mehrgäng. Gewinde	P	
Steigung mehrgäng. Gewinde	P_h	
Gangzahl	n	$= P_h : P$
Kern-∅ Bolzengewinde	d_3	$= d - (P + 2 \cdot a_c)$
Außen-∅ Muttergewinde	D_4	$= d + 2 \cdot a_c$
Kern-∅ Muttergewinde	D_1	$= d - P$
Flanken-∅	d_2	$= D_2 = d - 0{,}5 \cdot P$
Gewindetiefe	h_3	$= H_4 = 0{,}5 \cdot P + a_c$
Flankenüberdeckung	H_1	$= 0{,}5 \cdot P$
Spitzenspiel	a_c	
Rundungen	R_1 und R_2	
Breite	b	$= 0{,}366 \cdot P - 0{,}54 \cdot a_c$
Flankenwinkel	30°	

Gewinde-bezeich-nung $d \times P$	**Gewindemaße** in mm					
	Flan-ken-∅	Kern-∅		Außen-∅	Ge-winde-tiefe	Breite
	$d_2 = D_2$	Bolzen d_3	Mutter D_1	D_4	$h_3 = H_4$	b
Tr 10 × 2	9	7,5	8	10,5	1,25	0,60
Tr 12 × 3	10,5	8,5	9	12,5	1,75	0,96
Tr 16 × 4	14	11,5	12	16,5	2,25	1,33
Tr 20 × 4	18	15,5	16	20,5	2,25	1,33
Tr 24 × 5	21,5	18,5	19	24,5	2,75	1,70
Tr 28 × 5	25,5	22,5	23	28,5	2,75	1,70
Tr 32 × 6	29	25	26	33	3,5	1,93
Tr 36 × 3	34,5	32,5	33	36,5	2,0	0,83
Tr 36 × 6	33	29	30	37	3,5	1,93
Tr 36 × 10	31	25	26	37	5,5	3,39
Tr 40 × 7	36,5	32	33	41	4	2,29
Tr 44 × 7	40,5	36	37	45	4	2,29
Tr 48 × 8	44	39	40	49	4,5	2,66
Tr 52 × 8	48	43	44	53	4,5	2,66
Tr 60 × 9	55,5	50	51	61	5	3,02
Tr 70 × 10	65	59	60	71	5,5	3,39
Tr 80 × 10	75	69	70	81	5,5	3,39
Tr 90 × 12	84	77	78	91	6,5	4,12
Tr 100 × 12	94	87	88	101	6,5	4,12
Tr 140 × 14	133	124	126	142	8	4,58

Sägengewinde

vgl. DIN 513 (1985-04)

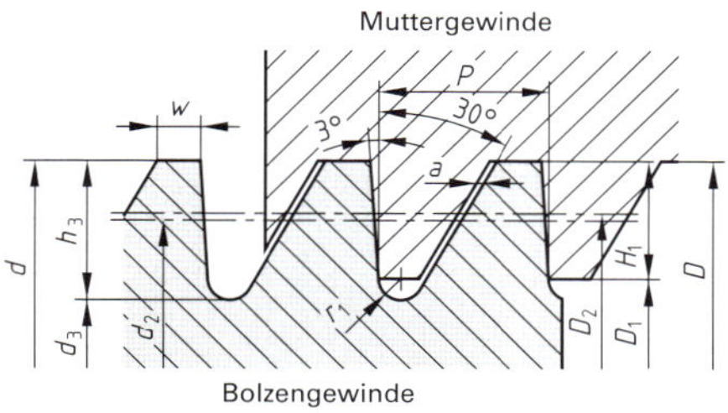

Nennmaß des Gewindes	d	$= D$
Steigung	P	
Kern-∅ Bolzengewinde	d_3	$= d - 1{,}736 \cdot P$
Kern-∅ Muttergewinde	D_1	$= d - 1{,}5 \cdot P$
Flanken-∅ Bolzengewinde	d_2	$= d - 0{,}75 \cdot P$
Flanken-∅ Muttergewinde	D_2	$= d - 0{,}75 \cdot P + 3{,}176 \cdot a$
Axialspiel	a	$= 0{,}1 \cdot \sqrt{P}$
Gewindetiefe Bolzen	h_3	$= 0{,}8678 \cdot P$
Gewindetiefe Mutter	H_1	$= 0{,}75 \cdot P$
Rundung	R	$= 0{,}124 \cdot P$
Profilbreite am Außen-∅	w	$= 0{,}264 \cdot P$
Flankenwinkel	33°	

Gewinde-bezeich-nung $d \times P$	Bolzen		Mutter		Flanken-∅
	Kern-∅ d_3	Gewinde-tiefe h_3	Kern-∅ D_1	Gewinde-tiefe H_1	d_2
S 12 × 3	6,79	2,60	7,5	2,25	9,75
S 16 × 4	9,06	3,47	10,0	3,00	13,00
S 20 × 4	13,06	3,47	14,0	3,00	17,00
S 24 × 5	15,32	4,34	16,5	3,75	20,25
S 28 × 5	19,32	4,34	20,5	3,75	24,25
S 32 × 6	21,58	5,21	23,0	4,50	27,50
S 36 × 6	25,59	5,21	27,0	4,50	31,50
S 40 × 7	27,85	6,07	29,5	5,25	34,75
S 44 × 7	31,85	6,07	33,5	5,25	38,75
S 48 × 8	34,12	6,94	36	6,00	42,00
S 52 × 8	38,11	6,94	40	6,00	46,00
S 60 × 9	44,38	7,81	46,5	6,75	53,25
S 70 × 10	52,64	8,68	55	7,50	62,50
S 80 × 10	62,64	8,68	65	7,50	72,50
S 90 × 12	69,17	10,41	72	9,00	81,00
S 100 × 12	79,17	10,41	82	9,00	91,00

Schrauben

Bezeichnung von Schrauben

vgl. DIN 962 (2001-11)

Beispiele:

Sechskantschraube	ISO 4017 - M 12 × 80 - 8.8
Gewindestift	ISO 7435 - M 10 × 40 - 14H
Zylinderschraube	DIN 912 - M 16 × 70 - 10.9

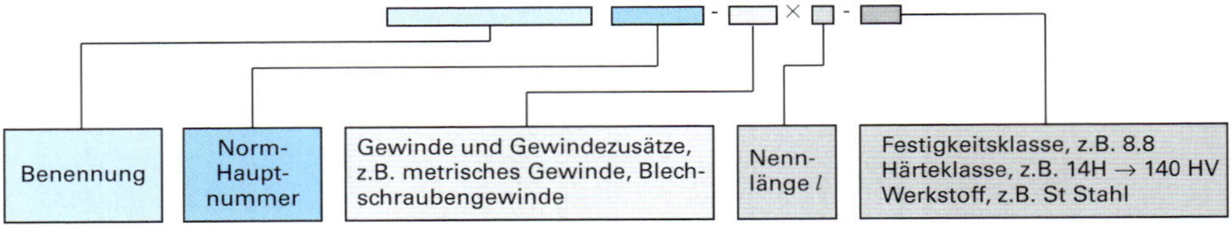

Schrauben, die nach DIN EN oder DIN EN ISO genormt sind, enthalten in der Bezeichnung die ISO-Hauptnummer. Sie wird nach den folgenden Regeln bestimmt:

DIN EN-Norm:	**ISO-Hauptnummer**	**= DIN EN-Hauptnummer**	**– 20 000**
Beispiel: DIN EN 24 017:	ISO-Hauptnummer	= 24 017	– 20 000 = 4017
DIN EN ISO-Norm:	**ISO-Hauptnummer**	**≙ DIN EN ISO-Hauptnummer**	

Mechanische Eigenschaften von Schrauben aus vergütetem Stahl

Eigenschaften	**Festigkeits-klassen**	**3.6**	**4.6**	**4.8**	**5.6**	**5.8**	**6.8**	**8.8** ≦ M 16	**8.8** > M 16	**10.9**	**12.9**
Zugfestigkeit	Nennwert	300	400		500		600	800		1000	1200
R_m in N/mm²	min.	330	400	420	500	520	600	800	830	1040	1220
Streckgrenze	Nennwert	180	240	320	300	400	480	–	–	–	–
R_e in N/mm²	min.	190	240	340	300	420	480	–	–	–	–
0,2 % Dehngrenze	Nennwert	–	–	–	–	–	–	640	640	900	1080
$R_{p0,2}$ in N/mm²	min.	–	–	–	–	–	–	640	660	940	1100
Bruchdehnung *A* in %	min.	25	22	–	20	–	–	12		9	8
Härte Vickers ($F \leq$ 98 N)	HV min-max	95-220	120-220	130-220	155-220	160-220	190-250	250-320	255-335	320-380	385-435
	am Schraubenende	250	250	250	250	250	–	–	–	–	–
Härte Brinell (F = 30 D2)	HB min-max	90-209	114-209	124-209	147-209	152-209	181-238	238-304	242-318	304-361	366-414
	am Schraubenende	238	238	238	238	238	–	–	–	–	–
Härte Rockwell	HRB min-max	52-95	67-95	71-95	79-95	82-95	89-99,5	–	–	–	–
	am Schraubenende	99,5	99,5	99,5	99,5	–	–	–	–	–	–
	HRC min-max	–	–	–	–	–	–	22-32	23-34	32-39	39-44

Kennzeichnung der Festigkeitsklassen[1] von Schrauben aus vergütetem Stahl

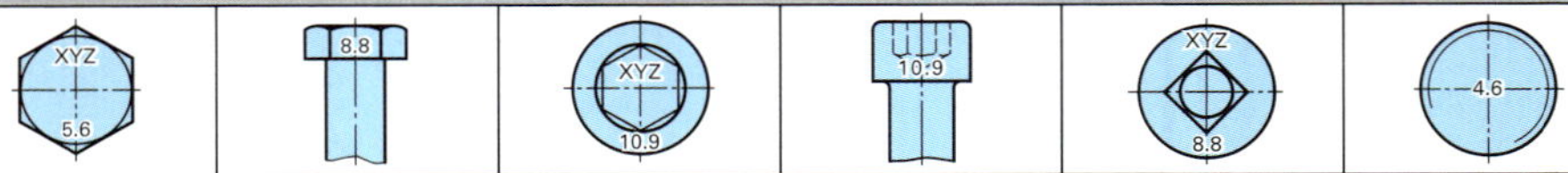

Sechskant-Schrauben	Schrauben mit Innensechskant	Flachrund-schrauben	Stiftschrauben

[1] Ab Gewindedurchmesser M5 sind Schrauben mit dem Hersteller-Kennzeichen (XYZ) und der Festigkeitsklasse zu versehen.

Festigkeitsklassen von Muttern aus vergütetem Stahl[1]

vgl. DIN EN ISO 898-1 (1999-11)

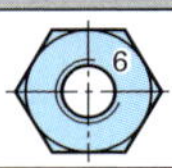

Festigkeitsklasse	4	5	6	8	10	12
Zugfestigkeit R_m in N/mm²	400	500	600	800	1000	1200

[1] Ab Gewindedurchmesser M5 sind Muttern mit der Nennhöhe ≥ 0,8 · d < 0,8 · d mit der Festigkeitsklasse zu kennzeichnen. Flache Muttern mit einer Nennhöhe ≥ 0,5 · d < 0,8 · d werden für die Festigkeitsklasse 4 mit 0,4 und für die Festigkeitsklasse 5 mit 0,5 gekennzeichnet.

B

Schrauben

Vorspannkraft und Anziehdrehmoment für Schrauben aus vergütetem Stahl mit μ_{ges} = 0,14

Gewinde	Vorspannkraft F_V in N					Anziehdrehmoment M_A [1)] in Nm				
	4.6	5.6	8.8	10.9	12.9	4.6	5.6	8.8	10.9	12.9
M 6	2960	3940	9000	13200	15500	3,5	4,6	10,0	15,0	18,0
M 8	5420	7230	16500	24200	28300	8,4	11,0	25,0	36,0	43,0
M 10	8640	11500	26200	38500	45000	17,0	22,0	49,0	72,0	84,0
M 12	12600	16800	38300	56200	66000	29,0	39,0	85,0	125,0	145,0
M 16	23800	31700	72400	106000	124000	71,0	95,0	210,0	310,0	365,0
M 20	37200	49600	117000	166000	194000	138,0	184,0	425,0	610,0	710,0
M 24	53600	71400	168000	238000	280000	235,0	315,0	730,0	1050,0	1220,0
M 30	85700	114500	269000	384000	449000	475,0	635,0	1450,0	2100,0	2450,0
M 36	125500	167500	395000	560000	660000	1080,0	1440,0	2600,0	3700,0	4300,0

[1)] Der Reibungsbeiwert von μ_{ges} = 0,14 gilt für die Lieferausführung von Schrauben und Muttern ohne Überzug, leicht geölt und der Ausnutzung der Mindest-Streckgrenze = 90%.

Vorspannkraft und Anziehdrehmoment für Schrauben aus vergütetem Stahl mit μ_{ges} bis 0,20

Gewinde	Spannungsquerschnitt S in mm²	Vorspannkraft F_V in kN									Anziehdrehmonent M_A in Nm								
		Festigkeitsklasse									Festigkeitsklasse								
		8.8			10.9			12.9			8.8			10.9			12.9		
		Gleitreibungszahl μ									Gleitreibungszahl μ								
		0,12	0,14	0,20	0,12	0,14	0,20	0,12	0,14	0,20	0,12	0,14	0,20	0,12	0,14	0,20	0,12	0,14	0,20
M 8	36,6	17,2	16,5	14,6	25,2	24,2	21,4	29,5	28,3	25,1	23,1	25,3	30	34	37,2	44	39,6	43,6	52
M 10	58,0	27,3	26,2	23,2	40,2	38,5	34,1	47	45	39,9	46	51	60	68	75	87	80	88	100
M 12	84,3	39,9	38,3	33,9	58,5	56,2	49,8	68,5	65,8	58	80	87	105	117	128	151	137	150	177
M 16	157	75,3	72,4	64	111	106	94	130	124	110	194	214	260	285	314	380	333	367	445
M 20	245	121	117	103	173	166	147	202	194	172	391	430	520	557	615	740	653	720	870
M 24	353	175	168	149	250	238	212	291	280	248	675	743	890	960	1060	1250	1125	1240	1500

Die Tabellenwerte für die Vorspannkräfte F_V und die Anziehdrehmomente M_A sind so festgelegt, dass beim Anziehen der Schrauben die Mindest-Streckgrenze zu 90% ausgenutzt ist.

Vorspannkraft und Anziehdrehmoment für Stahlbauschrauben

vgl. V DIN 18800-7 (2002-09)

Vorspannkraft F_V und Anziehdrehmoment M_A			Gewinde							
			M 12	M 16	M 20	M 22	M 24	M 27	M 30	M 36
F_V, erforderliche Vorspannkraft in der Schraube der Festigkeitsklasse 8.8	in kN		35	70	110	130	150	200	245	355
M_A bei Drehmomentverfahren für Schrauben der Festigkeitsklasse 8.8	in Nm	feuerverzinkt und geschmiert	70	170	300	450	600	900	1200	2100
F_V, erforderliche Vorspannkraft in der Schraube der Festigkeitsklasse 10.9	in kN		50	100	160	190	220	290	350	510
M_A bei Drehmomentverfahren für Schrauben der Festigkeitsklasse 10.9	in Nm	feuerverzinkt und geschmiert	100	250	450	650	800	1250	1650	2800
		leicht geölt	120	350	600	900	1100	1650	2200	3800

B

Schrauben

Grenzzugkraft $F_{R,d}$ in kN je Schraube für SL-, SLV-, GV-Verbindungen[1)]

Festigkeitsklasse	Schraubengröße						
	M 8	M 10	M 12	M 16	M 20	M 24	M 27
4,6	9,97	15,58	22,43	39,88	62,31	89,73	113,66
5,6	12,46	19,47	28,04	49,85	77,89	112,16	141,96
8,8	21,29	33,75	49,03	91,15	142,55	205,1	267,3
10,9	26,62	42,18	61,28	113,9	178,0	256,4	334,1

Grenzabscherkraft $F_{a,R,d}$ in kN

Verbindung	Festigkeitsklasse	Schraubengröße						
		M 8	M 10	M 12	M 16	M 20	M 24	M 27
SL	4,6	10,97	17,14	24,68	43,87	68,54	98,70	124,92
	5,6	13,71	21,42	30,84	54,84	85,68	123,38	156,15
SL, SLV, GV	8,8	21,93	34,27	49,35	87,74	137,1	197,4	249,84
	10,9	25,13	39,27	56,55	100,53	157,1	226,2	286,28

Grenzlochleibungskraft $F_{l,R,d}$ in kN je cm Werkstückdicke für übliche Loch- und Randabstände

Verbindung	Werkstoff	Lochdurchmesser für Passschrauben, Niete, Bolzen in mm Schraubengröße				
		13 M 12	17 M 16	21 M 20	25 M 24	28 M 27
SL, GV	S235JR	49,75	66,33	82,91	99,49	111,9
SLP, GVP	S235JR	53,87	70,47	87,05	103,6	116,1
SL, GV	S355J0	74,62	99,49	124,4	149,2	167,9
SLP, GVP	S355J0	80,84	105,7	130,6	155,5	174,1

1) Die Tabelle gilt für den Schraubenabstand $e/d_L \geq 2,5$ und für den Randabstand $e/d_L \geq 2,0$

Schraubengröße und Betriebskraft

Belastung	Betriebskraft F_B je Schraube in kN											
statisch, axial	1,6	2,5	4,0	6,3	10,0	16,0	25,0	40,0	63,0	100,0	160,0	250,0
Festigkeitsklasse	Nenndurchmesser der Schraube in mm											
4.6	6	8	10	12	16	20	24	27	33	–	–	–
4.8; 5.6	5	6	8	10	12	16	20	24	30	–	–	–
5.8; 6.8	4	5	6	8	10	12	14	18	22	27	–	–
8.8	4	5	6	8	8	10	14	16	20	24	30	–
10.9	–	4	5	6	8	10	12	14	16	20	27	30
12.9	–	4	5	5	8	8	10	12	16	20	24	30

Beispiel: Betriebskraft einer statisch, axial belasteten Schraube F_B = 10 kN. Wie groß ist der Nenndurchmesser einer Schaftschraube der Festigkeitsklasse 8.8? Es ist eine Schraube Nenndurchmesser 8 mm zu wählen.

B

Schrauben

Mechanische Eigenschaften von Schrauben aus nichtrostendem Stahl

vgl. DIN EN ISO 3506-1 (1998-03)

Stahlgruppe	Stahlsorte	**Festigkeitsklasse**	Durchmesserbereich	Zugfestigkeit R_m[1] in N/mm²	0,2%-Dehngrenze $R_{p\,0,2}$[1] in N/mm²	Bruchdehnung A_L[2] in mm
Austenitisch	A 1	50 weich (gedreht)	≤ M 39	500	210	$0{,}6 \cdot d$
	A 2, A 3	70 kaltverfestigt (gepresst)	≤ M 24	700	450	$0{,}4 \cdot d$
	A 4, A 5	80 stark kaltverfestigt	≤ M 24[2]	800	600	$0{,}3 \cdot d$
Ferritisch	F1	45 weich (gedreht)	≤ M 24	450	250	$0{,}2 \cdot d$
		60 kaltverfestigt (gepresst)	≤ M 24	600	410	$0{,}2 \cdot d$
Martensitisch	C1	50 weich	–	500	250	$0{,}2 \cdot d$
		70 vergütet	–	700	410	$0{,}2 \cdot d$
		110 vergütet	–	1100	820	$0{,}2 \cdot d$
	C3	80 vergütet	–	800	640	$0{,}2 \cdot d$
	C4	50 weich	–	500	250	$0{,}2 \cdot d$
		70 vergütet	–	700	410	$0{,}2 \cdot d$

[1] Bezogen auf den Spannungsquerschnitt des Gewindes.

[2] Für größere Gewinde müssen die Festigkeitswerte vereinbart werden, weil andere Werte möglich sind.

Festigkeitsklassen für Muttern aus nichtrostendem Stahl

vgl. DIN EN ISO 3506-2 (1998-02)

Stahlgruppe	Stahlsorte	**Festigkeitsklasse**		Durchmesserbereich d mm	Prüfspannung S_p in N/mm² min.	
		Muttern Typ 1 ($m \geq 0{,}8\ d$)	Niedrige Muttern $0{,}5\ d \leq m < 0{,}8\ d$		Muttern Typ 1 ($m \geq 0{,}8\ d$)	Niedrige Muttern $0{,}5\ d \leq m < 0{,}8\ d$
Austenitisch	A 1	50	025	≤ 39	500	250
	A 2, A 3	70	035	≤ 24[1]	700	350
	A 4, A 5	80	040	≤ 24[1]	800	400
Ferritisch	F1[1]	45	020	≤ 24	450	200
		60	030	< 24	600	300
Martensitisch	C1	50	025	–	500	250
		70	–	–	700	–
		110[2]	055[2]	–	1100	550
	C3	80	040	–	800	400
	C4	50	–	–	500	–
		70	035	–	700	350

[1] Für größere Gewinde müssen die Festigkeitswerte vereinbart werden, weil andere Werte möglich sind.

[2] Vergütet bei einer Anlasstemperatur von mindestens 275 °C.

B

Schrauben

Vorspannkraft und Anziehdrehmomente für Schrauben aus nichtrostendem Stahl[2)]

Gewinde	Festigkeitsklasse 70		Festigkeitsklasse 80	
	Vorspannkraft N	Anziehdrehmoment Nm	Vorspannkraft N	Anziehdrehmoment Nm
M5	3000	3,5	4750	4,7
M6	6200	6	6700	8
M8	12200	16	13700	22
M10	16300	32	2200	43
M16	45000	135	60000	180
M20	71000	280	95000	370
M24	105000	455	140000	605
M30	191000	1050	255000	1400

[1)] Die Anziehdrehmomente sind Orientierungswerte.
[2)] Für die Stahlgruppen A2 und A4 mit $\mu = 0{,}12$

Durchgangslöcher für Schrauben

vgl. DIN EN 20 273 (1992-02)

Gewinde		M 4	M 5	M 6	M 8	M 10	M 12	M 16	M 20	M 22	M 24	M 27	M 30	M 36
Durch-gangs-loch	fein	4,3	5,3	6,4	8,4	10,5	13,0	17,0	21,0	23,0	25,0	28,0	31,0	37,0
	mittel	4,5	5,5	6,6	9,0	11,0	13,5	17,5	22,0	24,0	26,0	30,0	33,0	39,0
	grob	4,8	5,8	7,0	10,0	12,0	14,5	18,5	24,0	26,0	28,0	32,0	35,0	42,0

Mindesteinschraubtiefen in Gewinde-Grundlöcher

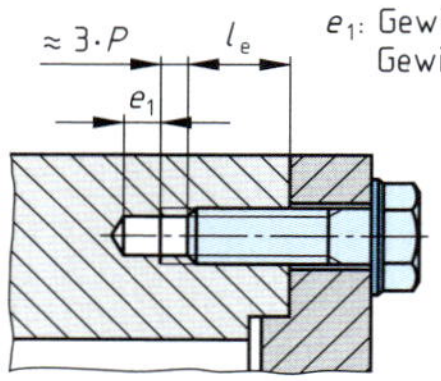

e_1: Gewinde < M10 ~ 5·P
Gewinde > M10 ~ 4·P

Anwendungsbereich		Mindesteinschraubtiefe l_e für Regelgewinde und Festigkeitsklasse			
		3.6, 4.6	4.8 … 6,8	8.8	10.9
Stahl	$R_m \leq 400$ N/mm²	0,8 · d	1,2 · d	–	–
	$R_m = 400 … 600$ N/mm²	0,8 · d	1,2 · d	1,2 · d	–
	$R_m > 600 … 800$ N/mm²	0,8 · d	1,2 · d	1,2 · d	1,2 · d
	$R_m > 800$ N/mm²	0,8 · d	1,2 · d	1,0 · d	1,0 · d

Senkdurchmesser und Senktiefen für Schrauben mit Zylinderkopf

vgl. DIN 974-1 (1991-05)

	Gewinde-∅	3	4	5	6	8	10	12	16	20	24	27	30	36
	d_h	3,4	4,5	5,5	6,6	9	11	13,5	17,5	22	26	30	33	39
d_1 H13	Reihe 1	6,5	8	10	11	15	18	20	26	33	40	46	50	58
	Reihe 2	7	9	11	13	18	24	–	–	–	–	–	–	–

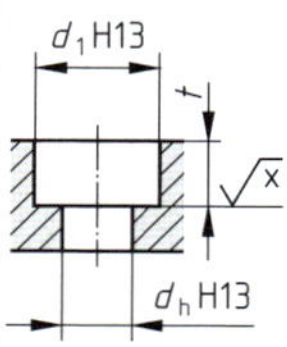

$\sqrt{x} = \sqrt{Ra\ 3{,}2}$

Reihe	**Schrauben mit Zylinderkopf ohne Unterlegteile**
1	Schrauben ISO 1207, ISO 4762, DIN 6912, DIN 7984
2	Schrauben ISO 1580, DIN 7985

Die Senktiefe t für den bündigen Abschluss ergibt sich aus:

$$t = k_{max} + h_{max} + Z$$

k_{max} maximale Kopfhöhe
h_{max} maximale Scheibendicke
Z Zugabe

Zugabe	Gewinde-Nenndurchmesser d	Zugabe	Gewinde-Nenndurchmesser d
0,4	bis 6	0,8	über 20 bis 27
0,6	über 6 bis 20	1,0	über 27

Senkungen für Senkschrauben

vgl. ISO 15065 (2005-05)

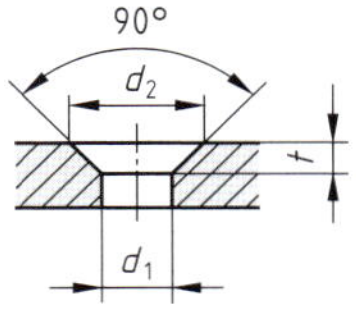

Nenngröße	4	5	5.5	6	8	10
Gewinde	M 4	M 5	–	M 6	M 8	M 10
Gewinde (Blechschraube)	ST 4,2	ST 4,8	ST 5,5	ST 6,3	ST 8	ST 9,5
d_1 (mittel)	4,5	5,5	6,0	6,6	9,0	11,0
d_2	9,4	10,4	11,5	12,6	17,3	20,0
t ~	2,6	2,6	2,9	3,1	4,3	4,7

Gültig für Senkschrauben mit Schlitz (ISO 2009) oder mit Kreuzschlitz (ISO 7046), Linsen-Senkschrauben mit Kreuzschlitz (ISO 7047) und Linsensenk-Blechschrauben mit Schlitz (ISO 1483).

Bezeichnung einer Senkung Nenngröße 6 für Senkschrauben M6 bzw. Blechschrauben ST 6,3: Senkung ISO 15 065.

Schraubensicherungen im Vergleich

Ursache des Lösens	Einteilung der Sicherungselemente nach: Funktion	Wirkprinzip	Beispiel
Lockern durch Setzen und/oder Relaxation	Setz-sicherung	Mitverspannte federnde Elemente	Tellerfedern, Spannscheiben, Kombischrauben, Kombimuttern
Losdrehen durch Aufhebung der Selbst-hemmung	Verlier-sicherung	Formschluss = form-schlüssige Elemente	Kronenmuttern/Splinte, Schrauben mit Splintloch, Drahtsicherung
		Klemmen = klemmende Elemente	Muttern mit Klemmteil, Schrauben mit Kunststoff-beschichtung im Gewinde, Gewindefurchende Schrauben
	Losdreh-sicherung	Mikroform-schluss = sperrende Elemente	Sperrzahnschrauben, Sperrzahnmuttern, Sperrkantscheiben
		Kleben = klebende Elemente	Mikroverkapselung, Flüssig-Klebstoff

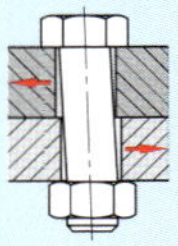

1 sehr gut, 2 gut, 3 befriedigend, 4 unbefriedigend, 5 schlecht

Gruppe	Vorspannungserhaltung	gegen Verlieren	abhängig vom Gegenmaterial	abhängig von der Temperatur (bis ca. 120 °C)	Verletzung der Oberfläche	Wiederverwendbarkeit	Montagekosten	Preis
mitverspannte federnde Elemente[1]	4 bis 5	4 bis 5	3 bis 5	1 bis 2	3 bis 5	2 bis 4	1 bis 4	1 bis 4
form-schlüssige	3 bis 4	2 bis 4	1 bis 2	1 bis 2	1 bis 2	3 bis 5	4 bis 5	5 bis 5
klemmende	3 bis 4	1 bis 2	2 bis 5	2 bis 5	1 bis 2	2 bis 4	2 bis 3	3 bis 4
mikroform-schlüssige sperrende	1 bis 2	1 bis 2	2 bis 4	1 bis 2	1 bis 5	2 bis 4	1 bis 2	1 bis 3
klebende	1 bis 2	1 bis 2	1 bis 2	4 bis 5	1 bis 2	4 bis 5	1 bis 4	1 bis 4

[1] Noch gebräuchliche, aber unwirksame Schraubensicherungen sind Fächerscheiben nach DIN 6798, Zahnscheiben nach DIN 6797, gewölbte Federringe nach DIN 128, gewellte Federscheiben nach DIN 137, Stellringe nach DIN 705, Sicherungsbleche nach DIN 93, DIN 432 und DIN 463, Sicherungsmuttern (PAL-Muttern) nach DIN 7967. Die hier aufgeführten (veralteten) Normen wurden daher zurückgezogen.

Schraubenkopfprofile

Längsschlitz	
Kreuzschlitz	Phillips
	Phillips recess
	Pozidriv
Vierkant	
Sechskant	innen
	außen
	Rib CS innen
Torx	innen
	außen
	Tamper resistant innen
Ribe-CV	
XZN	

Schrauben

Sechskantschrauben mit Schaft

vgl. ISO 4014 (2001-03)

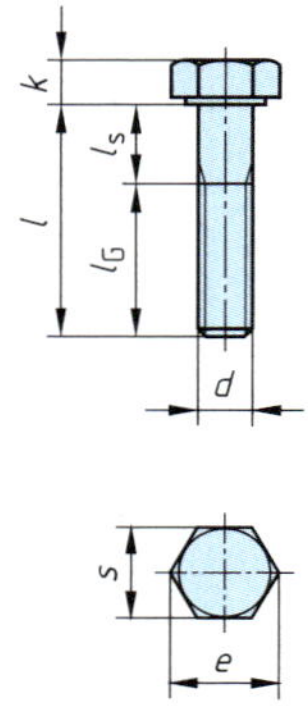

Gewinde		M 5	M 6	M 8	M 10	M 12	M 16	M 20	M 24	M 30	M 36
l[1)] (Nenn-länge)	von	25	30	40	45	50	65	80	90	110	140
	bis	50	60	80	100	120	160	200	240	300	360
l_S	von	9	12	18	19	20	27	34	36	44	56
	bis	34	42	58	74	90	116	148	167	215	263
l_G	$l_G \leq 125$	16	18	22	26	30	38	46	54	66	–
	$l_G \geq 125$	–	–	–	–	–	44	52	60	72	84
	$l_G \geq 200$	–	–	–	–	–	–	–	73	85	97
k		3,5	4,0	5,3	6,4	7,5	10,0	12,5	15,0	18,7	22,5
s	max	8	10	13	16	18	24	30	36	46	55
e	min	8,8	11,1	14,4	17,8	20,0	26,8	33,5	40,0	50,9	60,8

[1)] Nennlängen: von 25 mm bis 70 mm jeweils um 5 mm gestuft,
von 70 mm bis 160 mm jeweils um 10 mm gestuft,
von 160 mm bis 360 mm jeweils um 20 mm gestuft.

Festigkeitsklassen: Stahl: 5.6, 8.8, 10.9; Nichtrostender Stahl: A2-50 und A2-70

Bezeichnungsbeispiel: Sechskantschraube ISO 4014 - M 10 × 60 - 8.8

Sechskantschrauben mit Gewinde bis Kopf

vgl. ISO 4017 (2001-03)

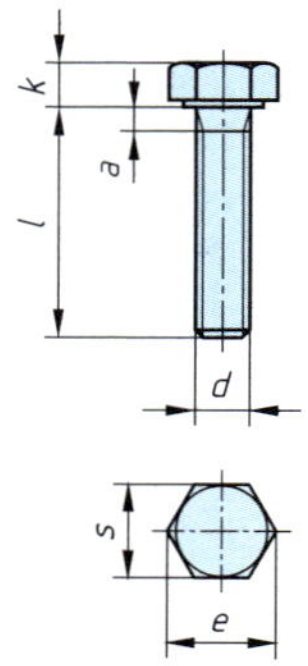

Gewinde		M 5	M 6	M 8	M 10	M 12	M 16	M 20	M 24	M 30	M 36
l[1)] (Nenn-länge)	von	10	12	16	20	25	30	40	50	60	70
	bis	50	60	80	100	120	150	200	200	200	200
a	max	2,4	3,0	4,0	4,5	5,3	6,0	7,5	9,0	10,5	12,0
k		3,5	4,0	5,3	6,4	7,5	10,0	12,5	15,0	18,7	22,5
s	max	8	10	13	16	18	24	30	36	46	55
e	min	8,8	11,1	14,4	17,8	20,0	26,8	33,5	40,0	50,9	60,8

[1)] Nennlängen: 10 mm, 12 mm, 16 mm, 20 mm;
von 20 mm bis 70 mm jeweils um 5 mm gestuft,
von 70 mm bis 160 mm jeweils um 10 mm gestuft,
von 160 mm bis 360 mm jeweils um 20 mm gestuft.

Festigkeitsklassen: Stahl: 5.6, 8.8, 10.9; Nichtrostender Stahl: A2-50 und A2-70

Bezeichnungsbeispiel: Sechskantschraube ISO 4017 - M 10 × 60 - 8.8

Zylinderschrauben mit Innensechskant

vgl. ISO 4762 (2004-06)

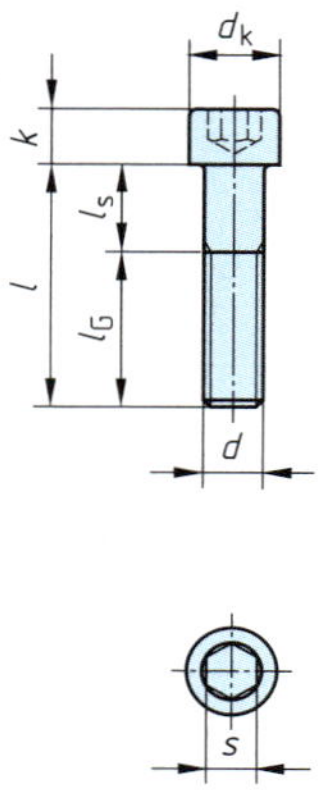

Gewinde		M 5	M 6	M 8	M 10	M 12	M 16	M 20	M 24	M 30	M 36
l[1)] (Nenn-länge)	von	30	35	40	45	55	65	80	90	110	120
	bis	50	60	80	100	120	160	200	200	200	300
l_S	von	8,0	11,0	12,0	13,0	19,0	21,0	28,0	30,0	38,0	36,0
	bis	28,0	36,0	52,0	68,0	84,0	116,0	148,0	140,0	128,0	116,0
l_G	max	22	24	28	32	36	44	52	60	72	84
k	max	5	6	8	10	12	16	20	24	30	36
d_K	max	8,5	10,0	13,0	16,0	18,0	24,0	30,0	36,0	45,0	54,0
s		4	5	6	8	10	14	17	19	22	27
Schlüsselweite		4	5	6	8	10	14	17	19	22	27

[1)] Nennlängen: von 8 mm bis 12 mm jeweils um 2 mm gestuft,
von 12 mm bis 20 mm jeweils um 4 mm gestuft,
von 20 mm bis 70 mm jeweils um 5 mm gestuft,
von 70 mm bis 160 mm jeweils um 10 mm gestuft,
von 160 mm bis 360 mm jeweils um 20 mm gestuft.

Festigkeitsklassen: Stahl: 8.8, 10.9, 12.9; Nichtrostender Stahl: A2-50, A4-50 und A4-70

Bezeichnungsbeispiel: Zylinderschraube ISO 4762 - M 12 × 80 - 10.9

Schrauben

Zylinderschrauben mit Innensechskant und niedrigem Kopf

vgl. DIN 7984 (2002-12)

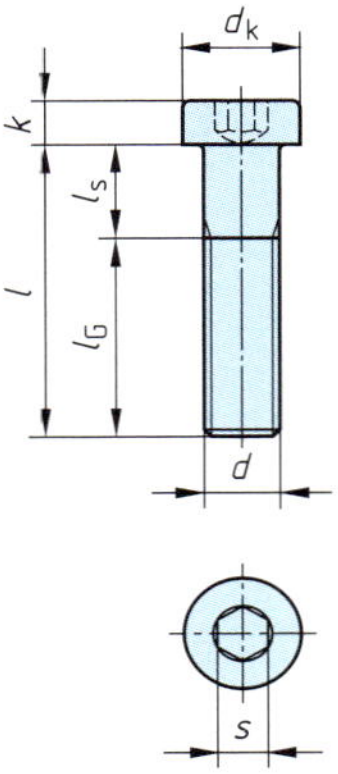

Gewinde		M 3	M 4	M 5	M 6	M 8	M 10	M 12	M 16	M 20	M 24
l[1] (Nennlänge)	von	5	6	8	10	12	16	20	30	40	50
	bis	20	25	30	40	80	100	80	80	100	100
l_s	von	1,5	2,1	2,4	3,0	3,75	4,5	5,25	6,0	7,5	9,0
	bis	8,0	11,0	14,0	22,0	38,0	44,0	50,0	42,0	54,0	46,0
l_G	$l_G \leq 125$	12	14	16	18	22	26	30	38	46	54
	$l_G \geq 125$	–	–	–	–	28	32	36	44	52	60
k	max	2,0	2,8	3,5	4,0	5,0	6,0	7,0	9,0	11,0	13,0
d_K	max	5,5	7,0	8,5	10,0	13,0	16,0	18,0	24,0	30,0	36,0
s		2,0	2,5	3,0	4,0	5,0	7,0	8,0	12,0	14,0	17,0
Schlüsselweite		2	2,5	3	4	5	7	8	12	14	17

[1] Nennlängen: 5 mm, 6 mm; von 6 mm bis 20 mm jeweils um 2 mm gestuft;
von 20 mm bis 60 mm jeweils um 5 mm gestuft;
von 60 mm bis 100 mm jeweils um 10 mm gestuft.

Festigkeitsklassen: Stahl: 8.8; Nichtrostender Stahl: A2-50, A2-70

Bezeichnungsbeispiel: Zylinderschraube DIN 7984 - M 12 × 80 - 8.8

Senkschrauben mit Innensechskant

vgl. ISO 10 642 (2004-06)

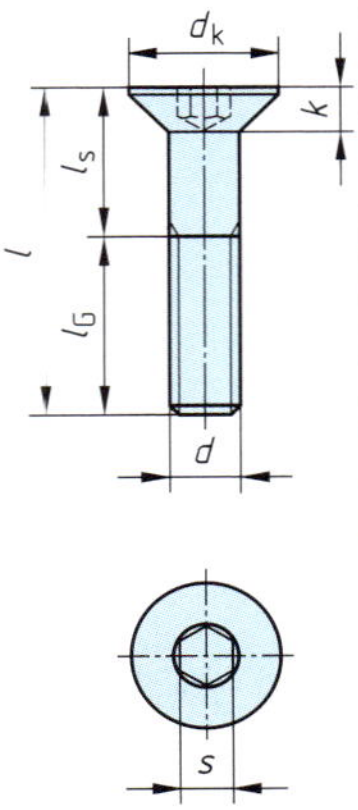

Gewinde		M 4	M 5	M 6	M 8	M 10	M 12	M 16	M 20
l[1] (Nennlänge)	von	30	35	40	50	55	65	80	100
	bis	40	50	60	80	100	100	100	100
l_s	von	10	13	16	22	23	29	36	48
	bis	20	28	36	52	68	65	46	–
l_G		20	22	24	28	32	36	44	52
k	max	2,5	3,1	3,7	5,0	6,2	7,4	8,8	10,2
d_K	max	9,0	11,2	13,4	17,9	22,4	26,9	33,6	40,3
s		2,5	3,0	4,0	5,0	6,0	8,0	10,0	12,0
Schlüsselweite		2,5	3	4	5	6	8	10	12

[1] Nennlängen: 8 mm, 10 mm, 12 mm, 16 mm, 20 mm;
von 20 mm bis 40 mm jeweils um 5 mm gestuft;
von 40 mm bis 100 mm jeweils um 10 mm gestuft.

Festigkeitsklassen: Stahl: 8.8, 10.9, 12.9

Bezeichnungsbeispiel: Senkschraube ISO 10 642 - M 8 × 50 - 8.8

Senkschrauben mit Nase (Pflugschrauben)

vgl. DIN 604 (1981-10)

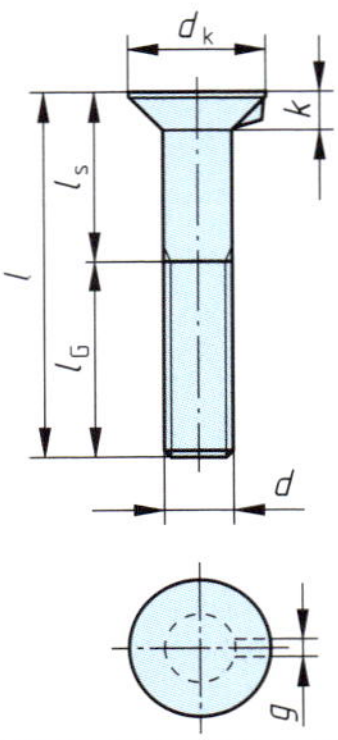

Gewinde		M 6	M 8	M 10	M 12	M 16	M 20	M 24
l[1] (Nennlänge)	von	20	20	20	25	30	50	60
	bis	100	150	160	160	160	160	160
l_s	von	20	20	20	25	30	50	60
	bis	100	150	160	160	160	160	160
l_G	$l_G \leq 125$	18	22	26	30	38	46	54
	$l_G \geq 125$	–	28	32	36	44	52	60
k		4,0	5,0	5,5	7,0	9,0	11,5	13,0
d_K	max	12,6	16,6	19,9	24,7	32,8	32,8	38,8
g	max	2,5	3,0	3,2	3,6	4,2	5,4	6,6

[1] Nennlängen: von 20 mm bis 70 mm jeweils um 5 mm gestuft;
von 70 mm bis 160 mm jeweils um 10 mm gestuft.

Festigkeitsklassen: Stahl: 3.6, 4.6

Bezeichnungsbeispiel: Senkschraube DIN 604 - M 8 × 50 - 4.6

B

Flachrundschrauben mit Vierkantansatz (Schlossschrauben)

vgl. DIN 603 (1981-10)

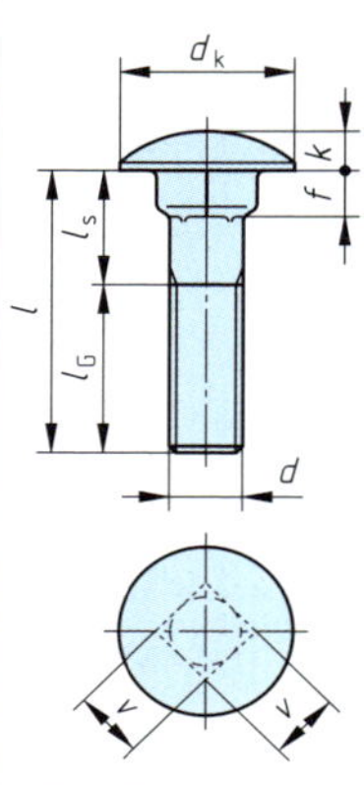

Gewinde		M 5	M 6	M 8	M 10	M 12	M 16	M 20
l[1] (Nennlänge)	von	16	16	20	20	30	55	70
	bis	80	150	150	200	200	200	200
l_S	von	8	10	12	14	18	23	28,5
	bis	64	126	122	168	164	156	148
l_G	$l_G \leq 125$	16	18	22	26	30	38	46
	$l_G \geq 125$	–	24	28	32	36	44	52
f	max	4,1	4,6	5,6	6,6	8,75	12,9	15,9
k	max	3,3	3,9	4,9	5,4	7,0	9,0	11,1
d_K	max	13,6	16,6	20,7	24,7	30,7	38,8	46,8
v	max	5,5	6,5	8,6	10,6	12,7	16,7	20,8

[1] Nennlängen: 16 mm, 20 mm; von 20 mm bis 70 mm jeweils um 5 mm gestuft;
von 70 mm bis 200 mm jeweils um 10 mm gestuft.

Festigkeitsklassen: Stahl: 3.6, 4.6

Bezeichnungsbeispiel: Flachrundschraube DIN 603 - M 8 × 50 - 4.6

Senkschrauben mit hohem Vierkantansatz

vgl. DIN 605 (1981-10)

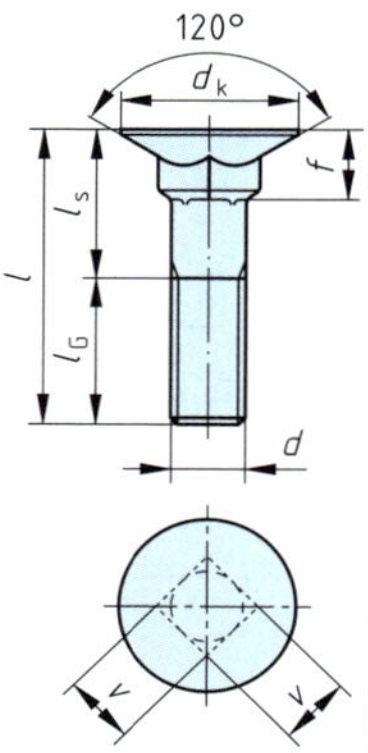

Gewinde		M 6	M 8	M 10
l[1] (Nennlänge)	von ... bis	30 ... 60	30 ... 80	40 ... 100
l_S	von ... bis	12,5 ... 42,0	16 ... 58	13 ... 74
l_G		18	22	26
f	max	7,5	9,5	11,6
d_k	max	16,6	20,7	24,7
v	max	6,5	8,6	10,6

[1] Nennlängen: von 30 mm bis 70 mm jeweils um 5 mm gestuft;
von 70 mm bis 100 mm jeweils um 10 mm gestuft.

Festigkeitsklassen: Stahl: 3.6, 4.6

Bezeichnungsbeispiel: Senkschraube DIN 605 - M 8 × 50 - 3.6

Augenschrauben

vgl. DIN 444 (1983-04)

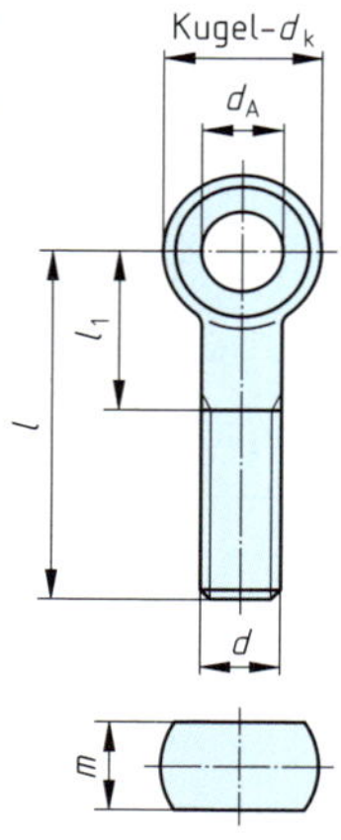

Gewinde		M 6	M 8	M 10	M 12	M 16	M 20	M 24	M 30	M 36
l[1] (Nennlänge)	von	35	40	45	55	70	100	100	150	160
	bis	80	90	150	260	260	260	260	300	300
l_1		14	16	18	23	27	32	40	46	59
d_A (ISO-Passung H9)		6	8	10	12	16	18	22	27 28	32 33
d_k		13,6	17,6	19,5	24,5	31,4	39,4	44,4	54,3	64,3
m	max	7	9	12	14	17	22	25	30	38

[1] Nennlängen: von 35 mm bis 80 mm jeweils um 5 mm gestuft;
von 80 mm bis 160 mm jeweils um 10 mm gestuft;
von 160 mm bis 300 mm jeweils um 20 mm gestuft.

Festigkeitsklassen: Stahl: 4.6, 5.6

Bezeichnungsbeispiel: Augenschraube DIN 444 – C[2] M 24 × 180 - 5.6

[2] Form A: Ausführung grob, Form B: Ausführung mittelgrob, Form C: Ausführung mittel. Augenschrauben mit Gewinde annähernd bis Auge erhalten vor der Formkennzeichnung (A, B oder C) den Buchstaben L vorangestellt.

Schrauben

Hammerschrauben mit Vierkant

vgl. DIN 186 (1988-04)

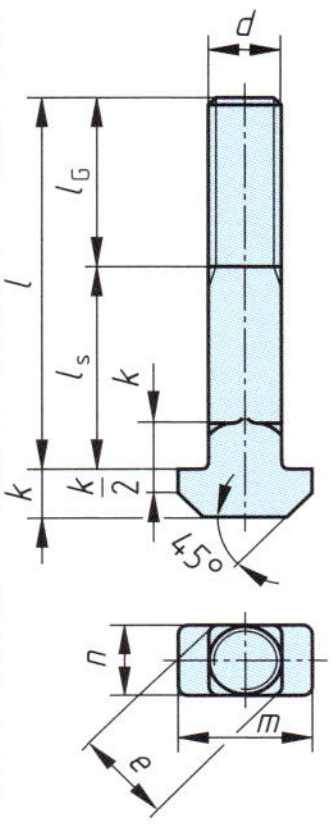

Form A mit Schaft

Gewinde		M 6	M 8	M 10	M 12	M 16	M 20	M 24	M 30	M 36	M 42
l[1] (Nennlänge)	von	45	45	50	55	70	80	110	120	150	160
	bis	60	80	100	120	160	200	200	200	200	200
l_S	von	27	23	24	25	32	34	56	54	66	64
	bis	42	58	74	90	116	148	140	128	116	104
l_G	$l_G \leq 120$	18	22	26	30	38	46	54	66	78	–
	$l_G \geq 120$	–	–	–	–	44	52	60	72	84	96
k		4,5	5,5	7,0	8,0	10,5	13,0	15,0	19,0	23,0	26,0
m		16	18	21	26	30	36	43	54	66	80
n		6	8	10	12	16	20	24	30	36	42
e	min	6,9	9,2	11,8	14,2	19,3	24,3	29,5	37,2	44,6	52,3

[1] Nennlängen: von 45 mm bis 80 mm jeweils um 5 mm gestuft; von 80 mm bis 200 mm jeweils um 10 mm gestuft; dabei sind folgende Längen möglichst zu vermeiden: 45 mm, 55 mm, 65 mm, 75 mm, 110 mm, 130 mm, 150 mm, 170 mm und 190 mm.

Festigkeitsklassen: Stahl: 3.6, 4.6

Bezeichnungsbeispiel: Hammerschraube DIN 186-A[2] – M 12 × 60

[2] Form A mit Schaft, Form B mit langem Gewinde

Hammerschrauben mit großem Kopf

vgl. DIN 7992 (1970-12)

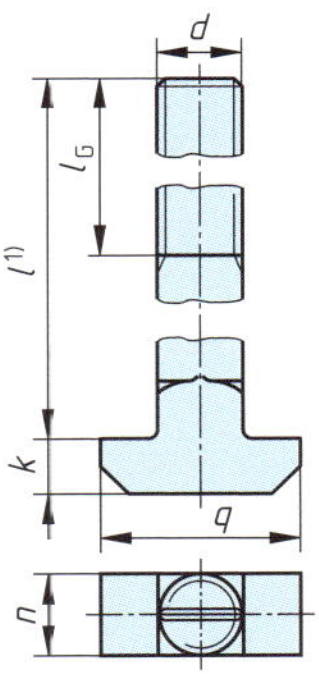

Gewinde	M 24	M 30	M 36	M 42	M 48	M 56	M 64	M72×6	M80×6	M90×6
l_G	100	120	140	170	200	220	240	260	290	320
k	18	22	25	30	35	40	50	55	60	70
q	65	75	85	95	110	125	140	155	170	185
n	24	30	36	42	48	56	64	72	80	90
c	140	150	170	190	210	220	240	260	280	300
$f \approx$	800	1000	1200	1400	1600	1800	2000	2000	2400	2600
U-Profil DIN 1026	65	65	80	100	120	120	140	140	160	160
Tragfähigkeit[2]	31,7 kN	51 kN	74 kN	102 kN	135 kN	187 kN	248 kN	324 kN	409 kN	530 kN

[1] Die Länge *l* errechnet sich aus der Einbautiefe *f* und dem Überstand *a*. Die errechneten Längen sind auf 20 mm zu runden (Nennlänge).

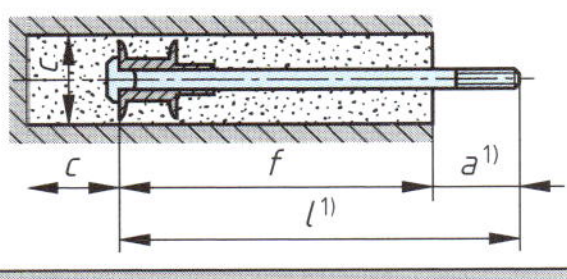

[2] Tragkraft je Hammerschraube mit einer zulässigen Zugspannung von $\sigma_{zul} = 100 \frac{N}{mm^2}$.

Festigkeitsklasse: Stahl: 3.6

Bezeichnungsbeispiel: Hammerschraube DIN 7992 – M 30 × 1000

Steinschrauben (Spaltdollen)

vgl. DIN 529 (1986-12)

Form C

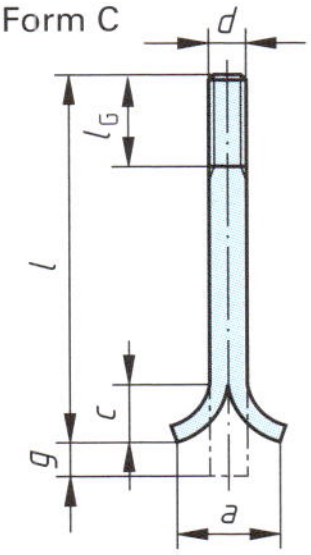

Gewinde	M 8	M 10	M 12	M 16	M 20	M 24	M 30	M 36	M 43	M 48
l (Nennl.) von	80	100	125	160	200	250	320	400	500	630
bis	250	320	400	630	1000	1600	2500	3200	3200	4000
l_G	20	25	30	40	50	60	75	90	105	120
c	12	15	18	24	30	36	45	54	63	72
a	24	30	36	48	60	75	95	115	135	155
g	5	7	8	11	14	18	24	30	34	40

Festigkeitsklasse: Stahl: 3.6

Bezeichnungsbeispiel: Steinschraube DIN 529 – M 20 × 250 - 3.6

B

Schrauben

Sechskantschrauben für Stahlkonstruktionen (Rohe Schrauben) vgl. DIN E 7990 (2006-06)

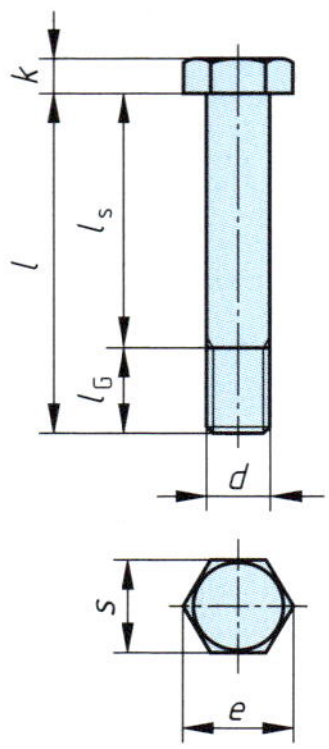

Gewinde		M 12	M 16	M 20	M 24	M 27	M 30
l[1] (Nennlänge)	von	30	35	40	45	60	80
	bis	120	150	100	200	200	200
l_S	von	9,5	10,5	11,5	12	14,5	16,5
	bis	99,5	125,5	151,5	167	164,5	161,5
l_G		20,5	24,5	28,5	33	35,5	38,5
k		8	10	13	15	17	19
s	max	18	24	30	36	41	46
e	min	19,9	26,2	33,0	39,6	45,2	50,9

[1] Nennlängen: von 30 mm bis 200 mm jeweils um 5 mm gestuft.

Festigkeitsklassen: Stahl: 4.6, 5.6

Hinweis: Die Sechskantschrauben sind stets mit der zugehörigen Scheibe nach DIN 7989 und der zugehörigen Mutter nach ISO 24 032 oder ISON 24 034 zu verwenden.

Bezeichnungsbeispiel: Garnitur Sechskantschraube/Mutter DIN 7990 - M 16 × 80 - Mu - 5.6

Sechskantpassschrauben für Stahlkonstruktionen vgl. DIN 7968 (2006-06)

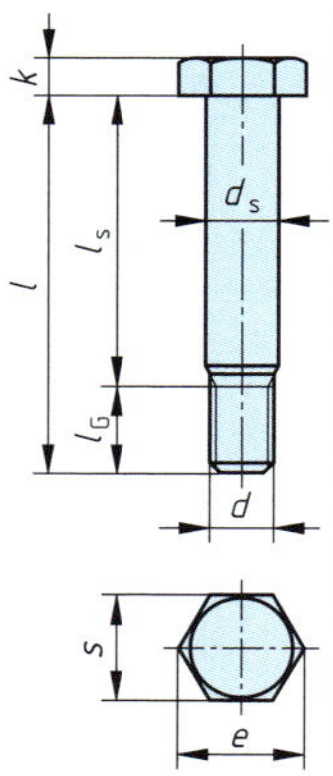

Gewinde		M 12	M 16	M 20	M 24	M 27	M 30
l[1] (Nennlänge)	von	35	40	45	55	60	65
	bis	120	150	180	200	200	200
l_S	von	14,5	15,5	16,5	22	24,5	26,5
	bis	99,5	125,5	151,5	167	164,5	161,5
l_G		17,1	20,5	23,8	26,5	29,5	31,3
k		8	10	13	15	17	19
d_S (Passung h11)		13	17	21	25	28	31
s	max	18	24	30	36	41	46
e	min	19,9	26,2	33,0	39,6	45,2	50,9

[1] Nennlängen: von 30 mm bis 200 mm jeweils um 5 mm gestuft.

Festigkeitsklasse: Stahl: 5.6

Hinweis: Die Sechskantschrauben sind stets mit der zugehörigen Scheibe B nach DIN 7989 und der zugehörigen Mutter nach ISO 24 032 oder nach ISO 24 034 zu verwenden.

Bezeichnungsbeispiel: Garnitur Sechskant-Passschraube/Mutter DIN 7968 – M 16 × 80 - Mu - 5.6

Klemmlängen für Sechskantschrauben und Sechskant-Passschrauben vgl. DIN 7968 (2006-06)

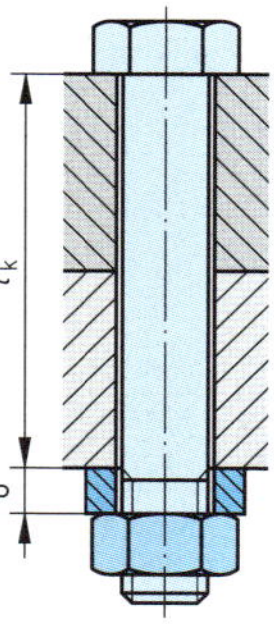

Sechskantschraube DIN 7990 mit Scheibe DIN 7989

Gewinde	M 12	M 16	M 20	M 24	M 27	M 30
Länge l	**Klemmlänge l_k in mm (Auswahl)**					
35	9,5 … 14,5	– –	– –	– –	– –	– –
40	14,5 … 19,5	10,5 … 15,5	– –	– –	– –	– –
45	19,5 … 24,5	15,5 … 20,5	12 … 17	– –	– –	– –
50	24,5 … 29,5	20,5 … 25,5	17 … 22	– –	– –	– –
55	29,5 … 34,5	25,5 … 30,5	22 … 27	18 … 23	– –	– –
60	34,5 … 39,5	30,5 … 35,5	27 … 32	23 … 28	20,5 … 25,5	– –
65	39,5 … 44,5	35,5 … 40,5	32 … 37	28 … 33	25,5 … 30,5	23 … 28
70	44,5 … 49,5	40,5 … 45,5	37 … 42	33 … 38	30,5 … 35,5	28 … 33
75	49,5 … 54,5	45,5 … 50,5	42 … 47	38 … 43	35,5 … 40,5	33 … 38
80	54,5 … 59,5	50,5 … 55,5	47 … 52	43 … 48	40,5 … 45,5	38 … 42
85	59,5 … 64,5	55,5 … 60,5	52 … 57	48 … 53	45,5 … 50,5	43 … 48
90	64,5 … 69,5	60,5 … 65,5	57 … 62	53 … 58	50,5 … 55,5	48 … 53
95	69,5 … 74,5	65,5 … 70,5	62 … 67	58 … 63	55,5 … 60,5	53 … 58
100	74,5 … 79,5	70,5 … 75,5	67 … 72	83 … 88	60,5 … 65,5	58 … 63
105	79,5 … 84,5	75,5 … 80,5	72 … 77	68 … 73	65,5 … 70,5	63 … 68
110	84,5 … 89,5	80,5 … 85,5	77 … 82	73 … 78	70,5 … 75,5	68 … 73

B

Sechskantschrauben mit großen Schlüsselweiten (HV-Schrauben)

vgl. EN 14399-4 (2006-06)

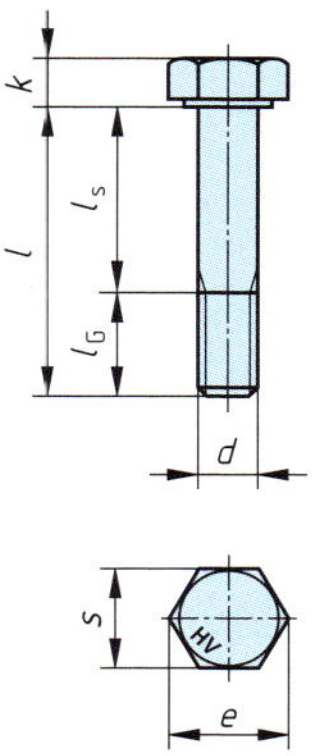

Gewinde		M 12	M 16	M 20	M 22	M 24	M 27	M 30
l[1] (Nennlänge)	von	35	40	45	50	60	70	75
	bis	95	130	155	165	195	200	200
l_S	von	12	12	12	16	21	29	31
	bis	72	102	122	131	156	159	156
l_G	min	23	28	33	34	39	41	44
k		8	10	13	14	15	17	19
s	max	22	27	32	36	41	46	50
e	min	23,9	29,6	35,0	39,6	45,2	50,9	55,4

[1] Nennlängen: von 35 mm bis 200 mm jeweils um 5 mm gestuft.

Festigkeitsklasse: Stahl: 10.9

Hinweis: Die HV-Schrauben sind stets mit der zugehörigen HV-Scheibe EN 14399-5 oder nach EN 14399-6 und der zugehörigen HV-Mutter nach EN 14399-4 zu verwenden. Schrauben, Muttern und Scheiben müssen als Schraubengarnitur vom gleichen Hersteller stammen. Die feuerverzinkten Schraubengarnituren dürfen nicht mit einer zusätzlichen Schmierung versehen werden.

Bezeichnungsbeispiel:

Garnitur Sechskantschraube/Mutter EN 14399-4 – M 16 × 100 – 10.9/10 – HV

Klemmlängen für Sechskantschrauben mit großen Schlüsselweiten (HV-Schrauben)

vgl. EN 14399-4 (2006-06)

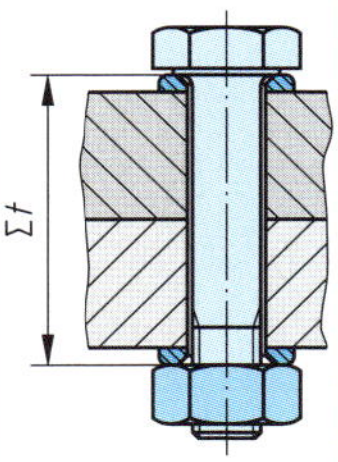

Gewinde	M12	M16	M20	M22	M24	M27	M30
Länge l	**Klemmlänge Σt in mm**						
35	16 … 21	– –	– –	– –	– –	– –	– –
40	21 … 26	17 … 22	– –	– –	– –	– –	– –
45	26 … 31	22 … 27	18 … 23	– –	– –	– –	– –
50	31 … 36	27 … 32	23 … 28	22 … 27	– –	– –	– –
55	36 … 41	32 … 37	28 … 33	27 … 32	– –	– –	– –
60	41 … 46	37 … 42	33 … 38	32 … 37	29 … 34	– –	– –
65	46 … 51	42 … 47	38 … 43	37 … 42	34 … 39	– –	– –
70	51 … 56	47 … 52	43 … 58	42 … 47	39 … 44	36 … 41	– –
75	56 … 61	52 … 57	48 … 53	47 … 52	44 … 49	41 … 46	39 … 44
80	61 … 66	57 … 62	53 … 58	52 … 57	49 … 54	46 … 51	44 … 49
85	66 … 71	62 … 67	58 … 63	57 … 62	54 … 59	51 … 56	49 … 54
90	71 … 76	67 … 72	63 … 68	62 … 67	59 … 64	56 … 61	54 … 59
95	76 … 81	72 … 77	68 … 73	67 … 72	64 … 69	61 … 66	59 … 64
100	– –	77 … 82	73 … 78	72 … 77	69 … 74	66 … 71	64 … 69
105	– –	82 … 87	78 … 83	77 … 82	74 … 79	71 … 76	69 … 74
110	– –	87 … 92	83 … 88	82 … 87	79 … 84	76 … 81	74 … 79
115	– –	92 … 97	86 … 93	87 … 92	84 … 89	81 … 86	79 … 84
120	– –	97 … 102	93 … 98	92 … 97	89 … 94	86 … 91	84 … 89
125	– –	102 … 107	98 … 103	97 … 102	94 … 99	91 … 96	89 … 94
130	– –	107 … 112	103 … 108	102 … 107	99 … 104	96 … 101	94 … 99
135	– –	– –	108 … 113	107 … 112	104 … 109	101 … 106	99 … 104
140	– –	– –	113 … 118	112 … 117	109 … 114	106 … 111	104 … 109
145	– –	– –	118 … 123	117 … 122	114 … 119	111 … 116	109 … 114
150	– –	– –	123 … 128	122 … 127	119 … 124	116 … 121	114 … 119
155	– –	– –	128 … 133	127 … 132	124 … 129	121 … 126	119 … 124
160	– –	– –	– –	132 … 137	129 … 134	126 … 131	124 … 129
165	– –	– –	– –	137 … 142	134 … 139	131 … 136	129 … 134
170	– –	– –	– –	– –	139 … 144	136 … 141	134 … 139
175	– –	– –	– –	– –	144 … 149	141 … 146	139 … 144
180	– –	– –	– –	– –	149 … 154	146 … 151	144 … 149
185	– –	– –	– –	– –	154 … 159	151 … 156	149 … 154
190	– –	– –	– –	– –	159 … 164	156 … 161	154 … 159
195	– –	– –	– –	– –	164 … 169	161 … 166	159 … 164
200	– –	– –	– –	– –	– –	166 … 171	164 … 169

Schrauben

Sechskant-Passschrauben mit großen Schlüsselweiten (HV-Passschrauben) vgl. EN 14399-8 (2006-04)

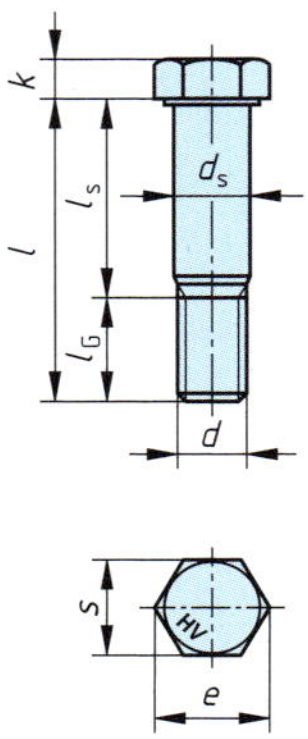

Gewinde		M 12	M 16	M 20	M 22	M 24	M 27	M 30
l[1] (Nennlänge)	von bis	50 95	65 125	75 155	80 165	90 185	95 200	105 200
l_S	von bis	27 72	37 97	42 122	46 131	51 146	54 159	61 156
l_G		23	28	33	34	39	41	44
k		8	10	13	14	15	17	19
d_S (Passung b 11)		13	17	21	23	25	28	31
s		22	27	32	36	41	46	50
e	min	23,9	29,6	35,0	39,6	45,2	50,9	55,4

[1] Nennlängen: von 40 mm bis 200 mm jeweils um 5 mm gestuft.

Festigkeitsklasse: Stahl: 10.9

Hinweis: Die HV-Schrauben sind stets mit der zugehörigen HV-Scheibe nach EN 14399-5, EN 14399-6 und der zugehörigen HV-Mutter nach EN 14399-4 zu verwenden. Schrauben, Muttern und Scheiben müssen als Schraubengarnitur vom gleichen Hersteller stammen. Die feuerverzinkten Schraubengarnituren dürfen nicht mit einer zusätzlichen Schmierung versehen werden.

Bezeichnungsbeispiel:
Garnitur Sechskant-Passschraube/Mutter EN 14399-8 – M 16 × 100 – 10.9/10 – HVP

Klemmlängen für Sechskant-Passschrauben mit großen Schlüsselweiten (HV-Passschrauben) vgl. EN 14399-8 (2006-04)

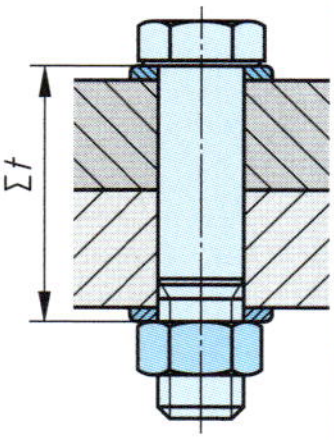

Gewinde *d*	M12	M16	M20	M22	M24	M27	M30
Länge *l* (nom.)	Klemmlänge Σ*t* in mm						
50	31 … 36	– –	– –	– –	– –	– –	– –
55	36 … 41	– –	– –	– –	– –	– –	– –
60	41 … 46	– –	– –	– –	– –	– –	– –
65	46 … 51	42 … 47	– –	– –	– –	– –	– –
70	51 … 56	47 … 52	– –	– –	– –	– –	– –
75	56 … 61	52 … 57	48 … 53	– –	– –	– –	– –
80	61 … 66	57 … 62	53 … 58	52 … 57	– –	– –	– –
85	66 … 71	62 … 67	58 … 63	57 … 62	– –	– –	– –
90	71 … 76	67 … 72	63 … 68	62 … 67	59 … 64	– –	– –
95	76 … 81	72 … 77	68 … 73	67 … 72	64 … 69	61 … 66	– –
100	– –	77 … 82	73 … 78	72 … 77	69 … 74	66 … 71	– –
105	– –	82 … 87	78 … 83	77 … 82	74 … 79	71 … 76	69 … 74
110	– –	87 … 92	83 … 88	82 … 87	79 … 84	76 … 81	74 … 79
115	– –	92 … 97	86 … 93	87 … 92	84 … 89	81 … 86	79 … 84
120	– –	97 … 102	93 … 98	92 … 97	89 … 94	86 … 91	84 … 89
125	– –	102 … 107	98 … 103	97 … 102	94 … 99	91 … 96	89 … 94
130	– –	– –	103 … 108	102 … 107	99 … 104	96 … 101	94 … 99
135	– –	– –	108 … 113	107 … 112	104 … 109	101 … 106	99 … 104
140	– –	– –	113 … 118	112 … 117	109 … 114	106 … 111	104 … 109
145	– –	– –	118 … 123	117 … 122	114 … 119	111 … 116	109 … 114
150	– –	– –	123 … 128	122 … 127	119 … 124	116 … 121	114 … 119
155	– –	– –	128 … 133	127 … 132	124 … 129	121 … 126	119 … 124
160	– –	– –	– –	132 … 137	129 … 134	126 … 131	124 … 129
165	– –	– –	– –	137 … 142	134 … 139	131 … 136	129 … 134
170	– –	– –	– –	– –	139 … 144	136 … 141	134 … 139
175	– –	– –	– –	– –	144 … 149	141 … 146	139 … 144
180	– –	– –	– –	– –	149 … 154	146 … 151	144 … 149
185	– –	– –	– –	– –	154 … 159	151 … 156	149 … 154
190	– –	– –	– –	– –	– –	156 … 161	154 … 159
195	– –	– –	– –	– –	– –	161 … 166	159 … 164
200	– –	– –	– –	– –	– –	166 … 171	164 … 169

Sechskant-Sperrzahnschrauben

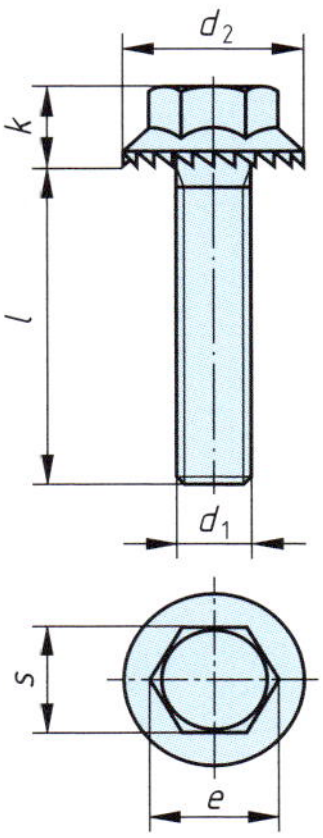

Gewinde	M 5	M 6	M 8	M 10	M 12	M 16
l[1] (Nennlänge) von	10	10	12	16	20	30
bis	20	30	40	40	40	70
l_G	16	18	22	26	30	38
k max	4,3	5,5	7,0	7,9	8,7	11,2
d_2	11,2	14,3	18,3	21,0	24,0	31,0
s 8	10	13	15	17	19	
e min 8,9	11,1	14,4	16,6	18,9	24,5	

Sperrzahn-Schrauben sind heute das wirksame Sicherungselement für Schraubenverbindungen, weil in begrenztem Maße Setzbeträge ausgeglichen werden.

Sperrzahnschrauben sind immer als Garnitur mit der zugehörigen Mutter zu verwenden.

Festigkeitsklassen: 10.9 und 12.9

Bezeichnungsbeispiel: Garnitur Sechskant-Sperrzahnschraube/Mutter 10.9-M 12 x 60 – 10.9/10

Schrauben mit Beschichtung

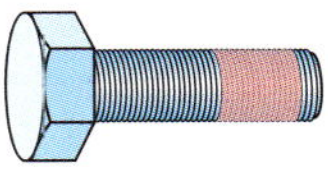

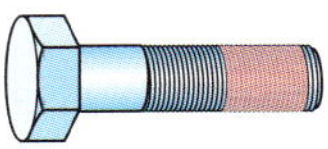

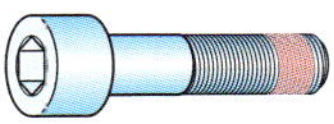

Einsatzgebiete:	dynamische Belastungen
Sicherungsart:	Verlier- und Losdrehsicherung
Losdrehmoment:	hoch
Temperaturbeständigkeit der Verbindung:	– 50 °C bis 90 °C
Mindesttemperatur für Aushärtung:	+ 5 °C
Aushärtezeit:	24 h
Anforderungen an das Einschraubgewinde:	frei von Öl und Fett
Gleitreibungzahl μ:	0,10 … 0,16
Wiederverwendbarkeit:	nicht gegeben
Beständigkeit der Verbindung gegenüber:	schwache Säuren Laugen pH < 11 Öle und Fette Lösungsmittel Wasser
Lagerbeständigkeit:	4 Jahre bei Raumtemperatur
Anforderung an Lagerung:	trockene Lagerung

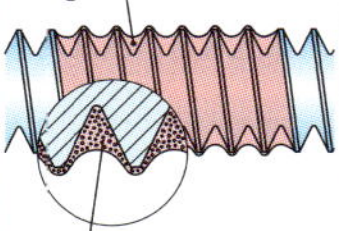

In farblich gekennzeichnetem Trägermaterial ist der mikroverkapselte Klebstoff aufgebracht, Die Mikrokapseln enthalten den Kleber und einen Härter. Durch das Verschrauben werden die Kapseln aufgebrochen und der Kleber beginnt auszuhärten. Für kleinere Stückzahlen wird ein anaerober Flüssigkeitsklebstoff empfohlen.

Bezeichnungsbeispiel für eine Schraube mit mikroverkapseltem Klebstoffauftrag nach DIN 267-27 (2004-1): Schraube ISO 4014 – M 12 x 80 – 8.8 – MK

Kurzzeichen	Beanspruchung	Scherfestigkeit τ in N/mm²	Gewinde
N	niedrigfest	3 bis 6	≤ M 10
M	mittelfest	7 bis 15	≤ M 24
H	hochfest	über 16	≥ M 16

Bezeichnungsbeispiel eines mittelviskosen (Klasse 2) Flüssigklebstoffes (FK), der Beanspruchungsklasse H: Klebstoff DIN 25 201 – FK – H3

B

Schrauben

Zylinderschrauben mit Schlitz

vgl. ISO 1207 (1994-10)

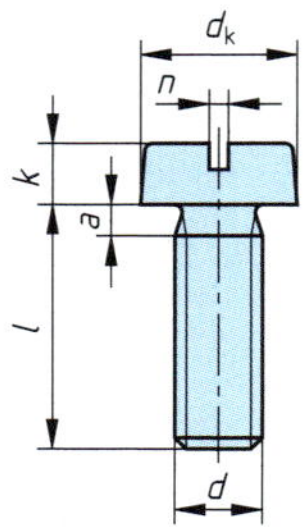

Gewinde		M 2,5	M 3	M 4	M 5	M 6	M 8	M 10
l[1] (Nennlänge)	von bis	3 25	4 30	5 40	6 50	8 60	10 80	12 80
a	max	0,9	1,0	1,4	1,6	2,0	2,5	3,0
k	max	1,8	2,0	2,6	3,3	3,9	5,0	6,0
d_k	max	4,5	5,5	7,0	8,5	10,0	13,0	16,0
n		0,6	0,8	1,2	1,2	1,6	2,0	2,5

[1] Nennlängen: von 3 mm bis 6 mm jeweils um 1 mm gestuft; von 6 mm bis 12 mm jeweils um 2 mm gestuft; von 12 mm bis 20 mm jeweils um 4 mm gestuft; von 20 mm bis 50 mm jeweils um 5 mm gestuft; von 50 mm bis 80 mm jeweils um 10 mm gestuft.

Festigkeitsklassen: Stahl: 4.8, 5.8; Nichtrostender Stahl: A2-50, A2-70

Bezeichnungsbeispiel: Zylinderschraube ISO 1207 - M 6 × 30 - 4.8

Senkschrauben mit Schlitz

vgl. ISO 2009 (1994-10)

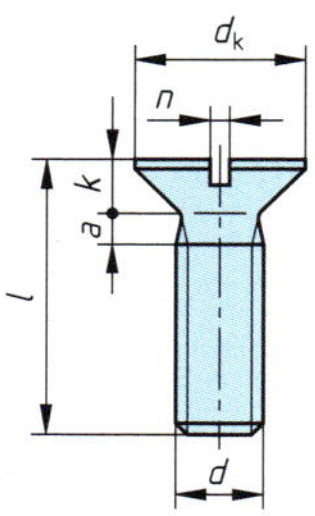

Gewinde		M 2,5	M 3	M 4	M 5	M 6	M 8	M 10
l[1] (Nennlänge)	von bis	4 25	5 30	6 40	8 50	8 60	10 80	12 80
a	max	0,9	1,0	1,4	1,6	2,0	2,5	3,0
k	max	1,5	1,7	2,7	2,7	3,3	4,7	5,0
d_k	max	4,7	5,5	8,4	9,3	11,3	15,8	18,3
n	max	0,8	1,0	1,5	1,5	1,9	2,3	2,8

[1] Nennlängen: von 4 mm bis 6 mm jeweils um 1 mm gestuft; von 6 mm bis 12 mm jeweils um 2 mm gestuft; von 12 mm bis 20 mm jeweils um 4 mm gestuft; von 20 mm bis 50 mm jeweils um 5 mm gestuft; von 50 mm bis 80 mm jeweils um 10 mm gestuft.

Festigkeitsklassen: Stahl: 4.8, 5.8; Nichtrostender Stahl: A2-50, A2-70

Bezeichnungsbeispiel: Senkschraube ISO 2009 - M 6 × 30 - 4.8

Senkschrauben mit Kreuzschlitz (Form H und Z)

vgl. ISO 7046-1 (1994-10)

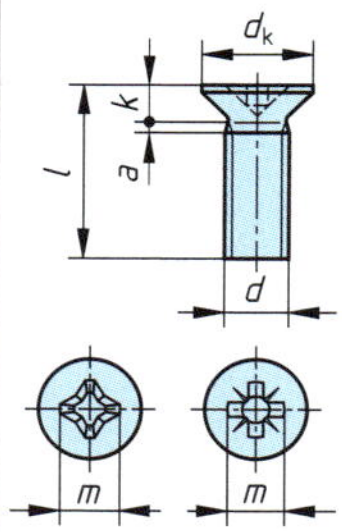

Form H Form Z

Gewinde		M 2,5	M 3	M 4	M 5	M 6	M 8	M 10
l[1] (Nennlänge)	von bis	3 25	4 30	5 40	6 50	8 60	10 60	12 60
a	max	0,9	1,0	1,4	1,6	2,0	2,5	3,0
k	max	1,5	1,7	2,7	2,7	3,3	4,7	5,0
d_k	max	4,7	5,5	8,4	9,3	11,3	15,8	18,3
m	Form H	2,9	3,2	4,6	5,2	6,8	8,9	10
m	Form Z	2,8	3,0	4,4	4,9	6,6	8,8	9,8

[1] Nennlängen: von 3 mm bis 6 mm jeweils um 1 mm gestuft; von 6 mm bis 12 mm jeweils um 2 mm gestuft; von 12 mm bis 20 mm jeweils um 4 mm gestuft; von 20 mm bis 60 mm jeweils um 5 mm gestuft.

Festigkeitsklasse: Stahl: 4.8; **Hinweis:** Form H ≙ Phillips-Antrieb, Form Z ≙ Pozidriv-Antrieb

Bezeichnungsbeispiel: Senkschraube ISO 7046-1 - M 6 × 30 - 4.8 - Z

Linsen-Senkschrauben mit Kreuzschlitz (Form H und Z)

vgl. ISO 7047 (1994-10)

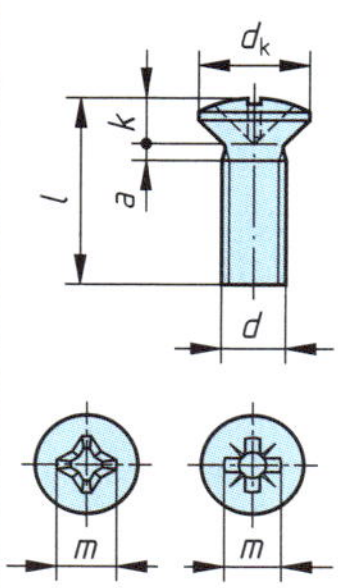

Form H Form Z

Gewinde		M 2,5	M 3	M 4	M 5	M 6	M 8	M 10
l[1] (Nennlänge)	von bis	3 25	4 30	5 40	6 50	8 60	10 60	12 60
a	max	0,9	1,0	1,4	1,6	2,0	2,5	3,0
k	max	1,5	1,7	2,7	2,7	3,3	4,7	5,0
f		0,6	0,7	1,0	1,2	1,4	2,0	2,3
d_k	max	4,7	5,5	8,4	9,3	11,3	15,8	18,3
m	Form H	3,0	3,4	5,2	5,4	7,3	9,6	10,4
m	Form Z	2,8	3,1	5,0	5,3	7,1	9,5	10,3

[1] Nennl.: von 3 mm bis 6 mm jeweils um 1 mm gestuft; von 6 mm bis 12 mm jeweils um 2 mm gestuft; von 12 mm bis 20 mm jeweils um 4 mm gestuft; von 20 mm bis 60 mm jeweils um 5 mm gestuft.

Festigkeitsklassen: Stahl: 4.8; Nichtrostender Stahl: A2-50, A2-70

Hinweis: Form H ≙ Phillips-Antrieb, Form Z ≙ Pozidriv-Antrieb

Bezeichnungsbeispiel: Linsen-Senkschraube ISO 7047 - M 6 × 30 - 4.8 H

B

Muttern

Sechskantmuttern, Typ 1

vgl. ISO 4032 (2001-03)

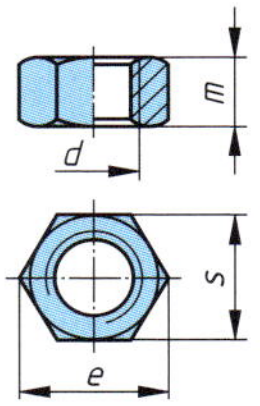

Gewinde		M 6	M 8	M 10	M 12	M 16	M 20	M 24	M 30	M 36	M 42
d		6	8	10	12	16	20	24	30	36	42
m	max	5,2	6,8	8,4	10,8	14,8	18,0	21,5	25,6	31,0	34,0
s	max	10	13	16	18	24	30	36	46	55	65
e	min	11,1	14,4	17,8	20,0	26,8	33,0	39,6	50,9	60,8	71,3

Festigkeitsklassen: Stahl: 6, 8, 10; Nichtrostender Stahl: A1-50, A1-70

Bezeichnungsbeispiel: Sechskantmutter ISO 4032 – M 8 – 8

Sechskantmuttern

vgl. ISO 4034 (2001-03))

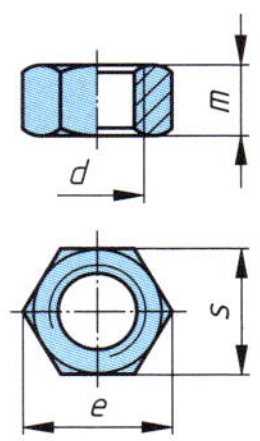

Gewinde		M 6	M 8	M 10	M 12	M 16	M 20	M 22	M 24	M 27	M 30
d		6	8	10	12	16	20	22	24	27	30
m	max	6,1	7,9	9,5	12,2	15,9	19	20,2	23,3	24,7	26,4
s	max	10	13	16	18	24	30	34	36	41	46
e	min	10,9	14,2	17,6	19,9	26,2	33	37,3	39,6	45,2	50,9

Festigkeitsklassen: Stahl: 4, 5

Hinweis: Die Mutter ist für Sechskantschrauben (DIN 7990) und Sechskant-Passschrauben (DIN 7968) für Stahlkonstruktionen zu verwenden.

Bezeichnungsbeispiel: Sechskantmutter ISO 4034 – M 16 – 5

Sechskantmuttern, niedrige Form

vgl. ISO 4035 (2001-03)

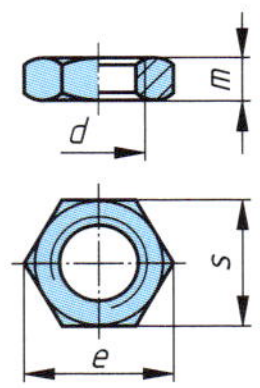

Gewinde		M 6	M 8	M 10	M 12	M 16	M 20	M 22	M 24	M 27	M 30
d		6	8	10	12	16	20	22	24	27	30
m	max	3,2	4,0	5,0	6,0	8,0	10,0	11,0	12,0	13,5	15
s	max	10	13	17	19	24	30	32	36	41	46
e	min	11,1	14,4	18,9	21,1	26,8	33,0	35,0	39,6	45,2	50,9

Festigkeitsklassen: Stahl: 4, 5

Bezeichnungsbeispiel: Sechskantmutter ISO 4035 – M 12 – 4

Sechskantmuttern mit großen Schlüsselweiten (HV-Muttern)

vgl. EN 14399-4 (2006-06)

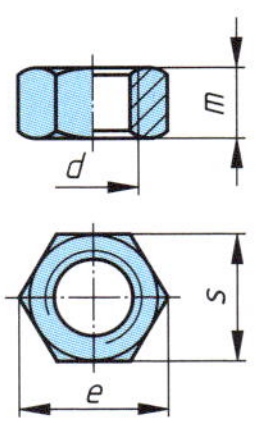

Gewinde		M 12	M 16	M 20	M 22	M 24	M 27	M 30	M 36
d		12	16	20	22	24	27	30	36
m	max	10	13	16	18	20	22	24	29
s	max	22	27	32	36	41	46	50	60
e	min	23,9	29,6	35,0	39,6	45,2	50,9	55,4	66,4

HV-Muttern sind immer als Garnitur mit der zugehörigen Schraube und Scheibe zu verwenden.

Festigkeitsklasse: Stahl: 10

Bezeichnungsbeispiel: Sechskantmutter EN 14399-4 – M 12 – 10 – HV

Sechskant-Sperrzahnmutter

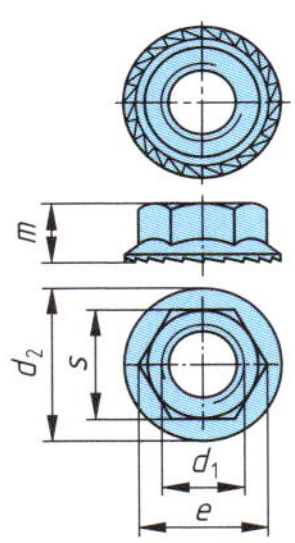

Gewinde		M 5	M 6	M 8	M 10	M 12	M 16
d_1		5	6	8	10	12	16
d_2		11,2	14,3	18,3	21,0	24,0	31
m	max	4,3	5,5	7,0	7,9	8,7	11,2
s	max	8	10	13	15	17	22
e	min	8,9	11,1	14,4	16,4	18,9	24,5

Sperrzahnmuttern sind immer als Garnitur mit der zugehörigen Schraube zu verwenden.

Festigkeitsklassen: 10 und 12

Bezeichnungsbeispiel: Sechskant-Sperrzahnmutter M 12 – 10

Muttern und Scheiben

Sechskant-Hutmuttern (hohe Form)

vgl. DIN 1587 (2000-10)

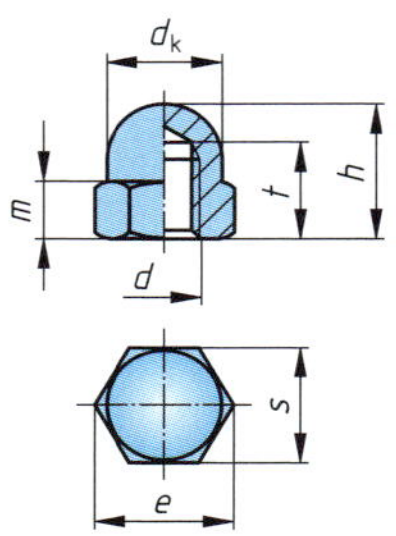

Gewinde		M 4	M 5	M 6	M 8	M 10	M 12	M 16	M 20	M 24
d		4	5	6	8	10	12	16	20	24
t	min	5,3	7,2	7,7	10,7	12,7	15,7	20,6	25,6	30,5
m	max	3,2	4,0	5,0	6,5	8,0	10,0	13	16	19
h	max	8	10	12	15	18	22	28	34	42
d_k	max	6,5	7,5	9,5	12,5	16,0	18,0	23,0	28,0	34,0
s	max	7	8	10	13	17	19	24	30	36
e	min	7,7	8,8	11,1	14,4	17,8	20,0	26,8	33,5	40,0

Festigkeitsklassen: Stahl: 6; Nichtrostender Stahl: A1-50

Bezeichnungsbeispiel: Hutmutter DIN 1587 - M 8 - 6

Vierkant-Schweißmuttern

vgl. DIN 928 (2000-01)

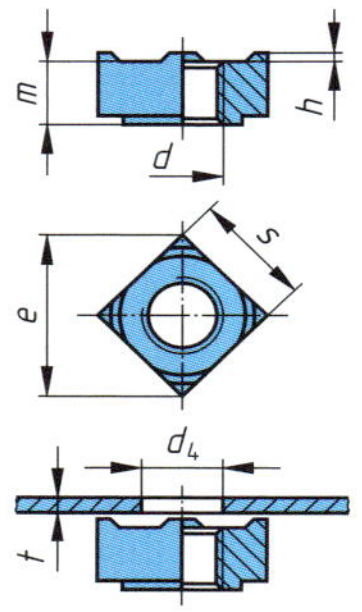

Gewinde		M 4	M 5	M 6	M 8	M 10	M 12	M 16
d		4	5	6	8	10	12	16
m		3,5	4,2	5,0	6,5	8,0	9,5	13,0
h		0,6	0,8	0,8	1,0	1,2	1,4	1,6
s		7	9	10	14	17	19	24
e		9	12	13	18	22	25	32
d_4		6,0	7,0	8,0	10,5	12,5	16,8	18,8
t	von bis	0,75 1,5	0,88 2,0	0,88 2,5	1 3,0	1,25 4,0	1,5 5	2 6

Werkstoff: Stahl mit max. 0,25% Kohlenstoffgehalt

Bezeichnungsbeispiel: Schweißmutter DIN 928 - M 8-St

Scheiben für Sechskantschrauben

vgl. ISO 7089 (2000-11), ISO 7090 (2000-11)

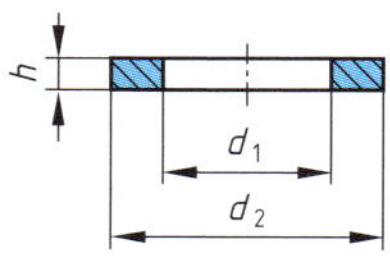

ISO 7089: ohne Fase

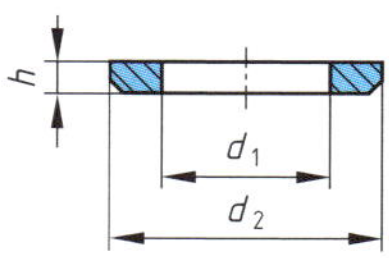

ISO 7090: mit Außenfase

Schraube (Nenngröße)	M 4	M 5	M 6	M 8	M 10	M 12	M 16	M 20	M 22	M 24	M 27	M 30	M 36
d_1	4,3	5,3	6,4	8,4	10,5	13,0	17,0	21,0	23,0	25,0	28,0	31,0	37,0
d_2 max	9	10	12	16	20	24	30	37	39	44	50	56	66
h	0,8	1,0	1,6	1,6	2,0	2,5	3,0	3,0	3,0	4,0	4,0	4,0	5,0

Festigkeitsklassen: Stahl 8.8; Nichtrostender Stahl: A2-50, A4-50

Hinweis: Scheiben der Härteklasse 200 HV (200 HV...250 HV) für Schrauben bis Festigkeitsklasse 8.8
Scheiben der Härteklasse 300 HV (300 HV...370 HV) für Schrauben der Festigkeitsklasse 10.9.

Bezeichnungsbeispiel: Scheibe ISO 7089 - 8 -140 HV

Große Scheiben (Karosseriescheiben)

vgl. ISO 7093-1 (2000-11)

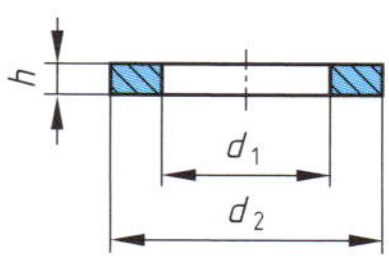

Schraube (Nenngröße)		M 4	M 5	M 6	M 8	M 10	M 12	M 16	M 20	M 24	M 30	M 36
d_1		4,3	5,3	6,4	8,4	10,5	13,0	17,0	21,0	25,0	33,0	39,0
d_2	max	12	15	18	24	30	37	50	60	72	92	110
h		1,0	1,0	1,6	2,0	2,5	3,0	3,0	4,0	5,0	6,0	8,0

Werkstoffe: Stahl, Härteklassen 100 (100 HV... 250 HV 10) und 140 HV (140 HV ... 250 HV 10);
Nichtrostender Stahl (A2, A4, F1, C1, C4)

Bezeichnungsbeispiel: Scheibe ISO 7093-10 -100 HV - A2

Scheiben und Bolzen

Scheiben für Stahlkonstruktionen

vgl. DIN 7989 (2001-04)

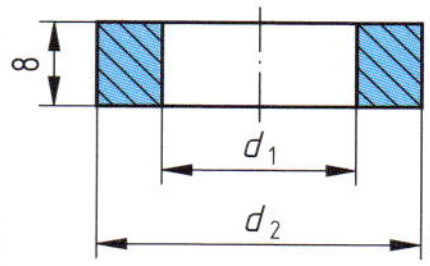

Schraube Nenngröße	M 10	M 12	M 16	M 20	M 24	M 27	M 30	M 36
d_1	11	13,5	17,5	22	26	30	33	39
d_2	20	24	30	37	44	50	56	66

Werkstoff: Stahl

Hinweis: Ausführung A (grob) und Ausführung B (mittel)
Die Ausführung B ist für Sechskant-Passschrauben nach DIN 7968 vorgesehen.

Bezeichnungsbeispiel: Scheibe DIN 7989 12 - A 100 HV

Scheiben, vierkant, keilförmig für I- und U-Profile

vgl. DIN 435 (2000-01) und DIN 434 (2000-04)

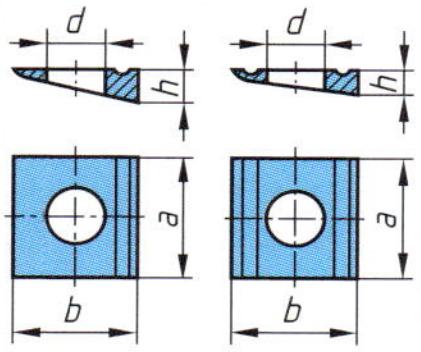

DIN 435 für I-Profile — DIN 434 für U-Profile

Schraube	M 8	M 10	M 12	M 16	M 20	M 22	M 24	M 27
d min (Nenn-∅)	9	11	13,5	17,5	22	24	26	30
a	22	22	26	32	40	44	56	56
b	22	22	30	36	44	50	56	56
h (DIN 435)	4,6	4,6	6,2	7,5	9,2	10,0	10,8	10,8
h (DIN 434)	3,8	3,8	4,9	5,9	7,0	8,0	8,5	8,5

Werkstoff: Stahl, Härte 100 HV 10 bis 250 HV 10

Bezeichnungsbeispiele: I-Scheibe DIN 435-17,5; U-Scheibe DIN 434-17,5

Scheiben für HV-Schrauben in Stahlkonstruktionen

vgl. EN 14399-6 (2006-06)

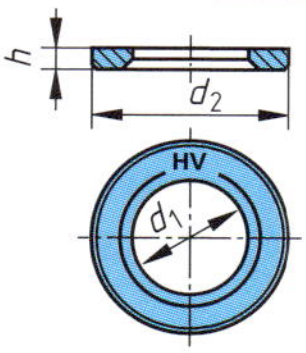

Schraube Nenngröße	M 12	M 16	M 20	M 22	M 24	M 27	M 30
d_1 min	13,0	17,0	21	23	25	28	31
d_2 max	24	30	37	39	44	50	56
h	3	4	4	4	4	5	5

Werkstoff: Stahl, vergütet auf 300 HV bis 370 HV (z.B. C 45)

Bezeichnungsbeispiel: Scheibe EN 14399-6-16

Bolzen mit Kopf

vgl. ISO 2341 (1992-10)

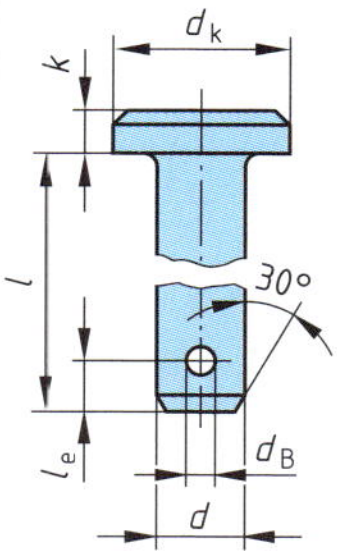

d (ISO-Passung h11)	6	8	10	12	14	16	20	24	30	36
l[1)] (Nennlänge) von	12	16	20	24	28	30	40	50	60	70
bis	60	80	100	120	140	160	200	200	200	200
l_e	3,2	3,5	4,5	5,5	6,0	6,0	8,0	9,0	10,0	10,0
k	2,0	3,0	4,0	4,0	4,0	4,5	5,0	6,0	8,0	8,0
d_K	10	14	18	20	22	25	30	36	44	50
d_B	1,6	2,0	3,2	3,2	4,0	4,0	5,0	6,3	8,0	8,0

[1)] Nennlängen: 12, 14, 16 … 32, 35, 40, 45 … 100, 120, 140 … 200 mm.

Werkstoff: Automatenstahl Härte 125 HV bis 245 HV

Bezeichnungsbeispiel: Bolzen ISO 2341 - B[2)] - 24 × 120 - St

[2)] Form A ohne Splintloch, Form B mit Splintloch

Bolzen ohne Kopf

vgl. ISO 2340 (1992-10)

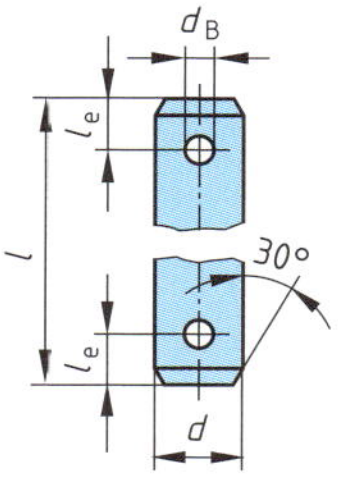

d (ISO-Passung h11)	8	10	12	14	16	18	20	22	24	27
l[1)] (Nennlänge) von	16	20	24	28	32	35	40	45	50	55
bis	80	100	120	140	160	180	200	200	200	200
l_e	3,5	4,5	5,5	6,0	6,0	7,0	8,0	8,0	9,0	9,0
d_B	2,0	3,2	3,2	4,0	4,0	5,0	5,0	5,0	6,3	6,3

[1)] Nennlängen: 16, 18 … 32, 35, 40, 45 … 100, 120, 140 … 200 mm.

Werkstoff: Automatenstahl Härte 125 HV bis 245 HV

Bezeichnungsbeispiel: Bolzen ISO 2340 - B[2)] - 40 × 100 - St

[2)] Form A ohne Splintloch, Form B mit Splintlöchern

B

Splinte, Kerbstifte, Kerbnägel, Spannstifte

Splinte

vgl. ISO 1234 (1998-02)

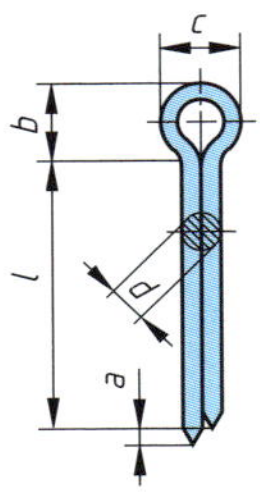

d		1,6	2,0	2,5	3,2	4,0	5,0	6,3	8,0	10,0	13,0
l[1] Nenn-länge	von	8	10	12	14	18	22	32	40	45	71
	bis	32	40	50	63	80	100	125	160	200	250
a		2,5	2,5	2,5	3,2	4,0	4,0	4,0	4,0	6,3	6,3
b		3,2	4,0	5,0	6,4	8,0	10,0	12,6	16,0	20,0	26,0
c		2,8	3,6	4,6	5,8	7,4	9,2	11,8	15,0	19,0	24,8

[1] Nennlängen: 8, 10, 12 … 32, 36, 40, 45, 50, 56, 63, 71, 80, 90, 100, 112, 125, 140, 160 … 200, 224, 250 mm.

Werkstoffe: Stahl, Kupfer, Kupfer-Zink-Legierung, Aluminium-Legierung, Nichtrostender Stahl

Bezeichnungsbeispiel: Splint ISO 1234 - 6,3 × 40 - St

Knebelkerbstifte

vgl. ISO 8742 (1998-03), ISO 8743 (1998-03)

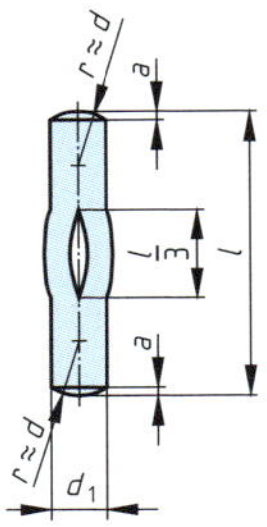

DIN EN ISO 8742

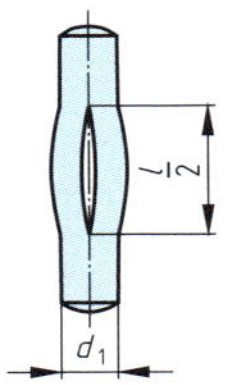

DIN EN ISO 8743

d_1		2	2,5	3	4	5	6	8	10	12	16	20
l	von	12	12	12	18	18	22	26	32	40	45	45
	bis	30	30	40	60	60	80	100	160	200	200	200
a		0,25	0,3	0,4	0,5	0,63	0,8	1,0	1,2	1,6	2,0	2,5
Mindestab-scherkraft[1] in kN		2,84	4,4	6,4	11,3	17,6	25,4	45,2	70,4	101	181	283

[1] gilt für zweischnittige Verbindungen aus Stahl

Nennlängen: 18 mm, 20 mm … 32 mm, 35 mm … 40 mm, 100 mm … 200 mm

Werkstoff: Stahl (St), nichtrostender Stahl (A1)

Bezeichnungsbeispiel: Knebelkerbstift mit kurzen Kerben, aus nichtrostendem Stahl, mit Nennmesser d_1 = 6 mm und Nennlänge l = 50 mm: **Kerbstift ISO 8742 – 6 x 50 – A1**

Bezeichnung eines Knebelkerbstiftes mit langen Kerben, aus Stahl, mit Nennmesser d_1 = 6 mm und Nennlänge l = 50 mm: Kerbstift ISO 8743 – 6 x 50 – St

Halbrundkerbnägel

vgl. ISO 8746 (1998-03)

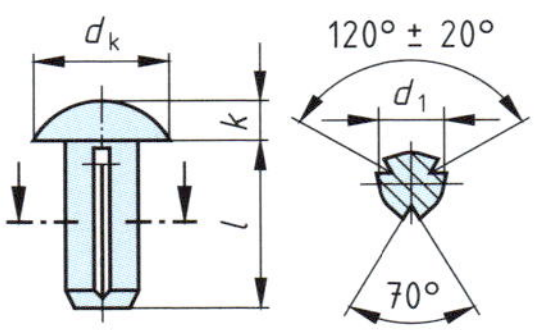

d_1 h11		2	2,5	3	4	5	6	8	10	12	16	20
l	von	3	3	4	5	6	8	10	12	16	20	25
	bis	10	12	16	20	25	30	40	40	40	40	40
$d_{k\,max}$		3,7	4,6	5,45	7,25	9,1	10,8	14,4	16,0	19,0	25,0	32,0
k_{max}		1,3	1,6	1,95	2,55	3,15	3,75	5,0	7,4	8,4	10,0	13,9

Werkstoff: Stahl (St)

Bezeichnungsbeispiel: Halbrundkerbnagel aus Stahl, mit Nennmesser d_1 = 8 mm und Nennlänge l = 30 mm: Kerbnagel ISO 8746 – 8 x 30 – St

Spannstifte (Spannhülsen), geschlitzt, schwere Ausführung
Spannstifte (Spannhülsen), geschlitzt, leichte Ausführung

vgl. ISO 8752 (1998-03)
vgl. ISO 13337 (1998-02)

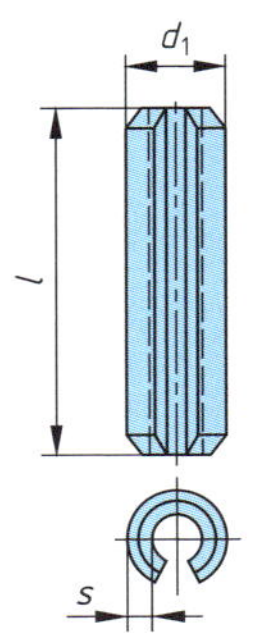

Nenn-∅ d_1		4	5	6	8	10	12	14	16
d_1	max.	4,6	5,6	6,7	8,8	10,8	12,8	14,8	16,8
s	ISO 8752	0,8	1	1,2	1,5	2	2,5	3	3
	ISO 13337	0,5	0,5	0,75	0,75	1	1	1,5	1,5
l[1]	von	4	5	10	10	10	10	10	10
	bis	50	80	100	120	160	180	200	200

[1] Nennlängen: 4, 5, 6, 8 … 40, 45 … 95, 120, 140 …200 mm.

Werkstoff: Stahl, gehärtet und angelassen auf 40 HV 30 … 520 HV 30
Nichtrostender Stahl Sorte A oder Sorte C

Bezeichnungsbeispiel: Spannstift ISO 8752 – 6 × 30 - St

Ringschrauben, Ringmuttern, Schlüsselweiten

Ringschrauben

vgl. DIN 580 (2003-08)

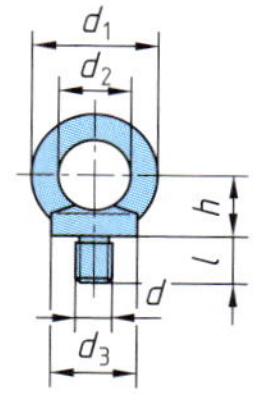

d	M8	M10	M12	M16	M20	M24	M30	M36	M42	M48	M56
h	18	22,5	26	30,5	35	45	55	65	75	85	95
d_1	36	45	54	63	72	90	108	126	144	166	184
d_2	20	25	30	35	40	50	60	70	80	90	100
d_3	20	25	30	35	40	50	65	75	85	100	110
l	13	17	20,5	27	30	36	45	54	63	68	78

Werkstoff: Einsatzstahl C15E, A2, A3, A4, A5

Bezeichnung einer Ringschraube aus Stahl C15E mit dem Gewinde M24:
Ringschraube DIN 580 – M24 – C15E

Ringmuttern

vgl. DIN 582 (2003-08)

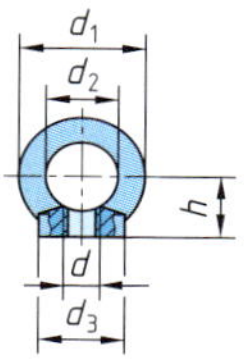

d	M8	M10	M12	M16	M20	M24	M30	M36	M42	M48	M56
h	18	22,5	26	30,5	35	45	55	65	75	85	95
d_1	36	45	54	63	72	90	108	126	144	166	184
d_2	20	25	30	35	40	50	60	70	80	90	100
d_3	20	25	30	35	40	50	65	75	85	100	110

Werkstoff: Einsatzstahl C15, A2, A3, A4, A5

Bezeichnung einer Ringmutter aus Stahl C15E mit dem Gewinde M20:
Ringmutter DIN 582 – M20 – C15E

Tragfähigkeit von Ringschrauben und Ringmuttern

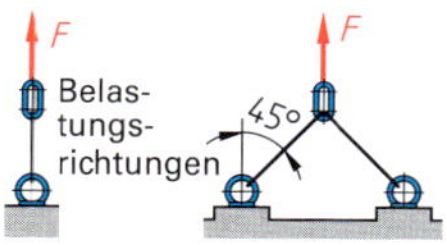

	Tragfähigkeit[1] in *t* bei Belastungsrichtung										
senkrecht (einsträngig)	0,14	0,23	0,34	0,70	1,20	1,80	3,20	4,60	6,30	8,60	11,5
unter 45° (zweisträngig)	0,10	0,17	0,24	0,50	0,86	1,29	2,30	3,30	4,50	6,10	8,20

[1] Die Werte enthalten eine Sicherheit $\nu = 6$, bezogen auf die Bruchkraft.

Schlüsselweiten

vgl. DIN 475-1 (1984-01)

Bezeichnung einer Schlüsselweite (SW) mit Nennmaß s = 16 mm:
DIN 475-SW 16

$$e_1 = 1{,}4142 \cdot s \qquad s = 0{,}7071 \cdot e_1$$

$$e_2 = 1{,}1547 \cdot s \qquad s = 0{,}8660 \cdot e_2$$

$$e_3 = 1{,}0824 \cdot s \qquad s = 0{,}9239 \cdot e_3$$

Schlüsselweite (SW) Nennmaß s	Eckenmaß 2kant d	Eckenmaß 4kant e_1 ≈	Eckenmaß 6kant e_2 ≈	Schlüsselweite (SW) Nennmaß s	Eckenmaß 2kant d	Eckenmaß 4kant e_1 ≈	Eckenmaß 6kant e_2 ≈	Eckenmaß 8kant e_3 ≈	Schlüsselweite (SW) Nennmaß s	Eckenmaß 2kant d	Eckenmaß 4kant e_1 ≈	Eckenmaß 6kant e_2 ≈	Eckenmaß 8kant e_3 ≈
3,2	3,7	4,5	3,7	15	17	21,2	17,3	–	32	38	45,3	36,9	34,6
3,5	4	4,9	4,0	16	18	22,6	18,5	–	34	40	48,0	39,3	36,7
4	4,5	5,7	4,6	17	19	24,0	19,6	–	36	42	50,9	41,6	39,0
4,5	5	6,4	5,2	18	21	25,4	20,8	–	41	48	58,0	47,3	44,4
5	6	7,1	5,8	19	22	26,9	21,9	–	46	52	65,1	53,1	49,8
5,5	7	7,8	6,4	20	23	28,3	23,1	–	50	58	70,7	57,7	54,1
6	7	8,5	6,9	21	24	29,7	24,2	22,7	55	65	77,8	63,5	59,5
7	8	9,9	8,1	22	25	31,1	25,4	23,8	60	70	84,8	69,3	64,9
8	9	11,3	9,2	23	26	32,5	26,6	24,9	65	75	91,9	75,0	70,3
9	10	12,7	10,4	24	28	33,9	27,7	26,0	70	82	99,0	80,8	75,7
10	12	14,1	11,5	25	29	35,5	28,9	27,0	75	88	106	86,6	81,2
11	13	15,6	12,7	26	31	36,8	30,0	28,1	80	92	113	92,4	86,6
12	14	17,0	13,9	27	32	38,2	31,2	29,1	85	98	120	98,1	92,0
13	15	18,4	15,0	28	33	39,6	32,3	30,2	90	105	127	103,9	97,4
14	16	19,8	16,2	30	35	42,4	34,6	32,5	95	110	134	109,7	103

* In DIN 475 sind die Maße e_2 kleiner. Diese kleineren Maße sind empfohlene Herstellungsmaße für fertiggepresste Sechskantprodukte.

B

Blechschrauben und Bohrschrauben

Gewinde und Schraubenenden für Blechschrauben

vgl. ISO 1478 (1999-12)

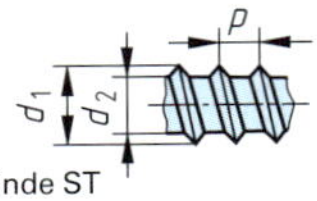

Gewinde ST

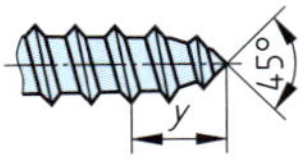

Schraubenende C (mit Spitze)

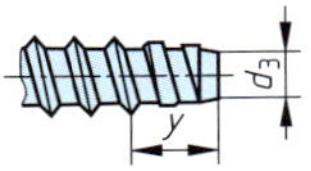

Schraubenende F (mit Zapfen)

Gewinde	ST 1,5	ST 1,9	ST 2,2	ST 2,6	ST 2,9	ST 3,3	ST 3,5	ST 3,9	ST 4,2	ST 4,8	ST 5,5	ST 6,3	ST 8	ST 9,5
P	0,5	0,6	0,8	0,9	1,1	1,3	1,3	1,4	1,4	1,6	1,8	1,8	2,1	2,1
d_1	1,5	1,9	2,2	2,6	2,9	3,3	3,5	3,9	4,2	4,8	5,5	6,3	8,0	9,7
d_2	0,9	1,2	1,6	1,9	2,2	2,4	2,6	2,9	3,1	3,9	4,2	4,9	6,2	7,9
d_3	0,8	1,1	1,5	1,7	2,0	2,2	2,4	2,7	2,8	3,3	3,9	4,6	5,8	7,4
c	0,1	0,1	0,1	0,1	0,1	0,1	0,1	0,1	0,1	0,15	0,15	0,15	0,15	0,15
y Form C	1,4	1,6	2	2,3	2,6	3	3,2	3,5	3,7	4,3	5	6	7,5	8
y_{max} [1] Form F	1,1	1,2	1,6	1,8	2,1	2,5	2,5	2,7	2,8	3,2	3,6	3,6	4,2	4,2

[1] Länge des unvollständigen Gewindes (Spitze oder Zapfen)

Bezeichnungsbeispiel: Gewinde ISO 1478-ST 3.9

Grenzen der Blechdicke

vgl. DIN 7975 (1989-08)

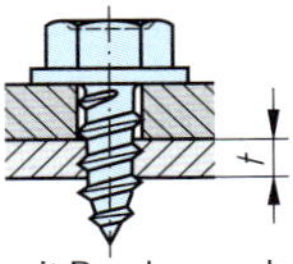

mit Durchgangsloch

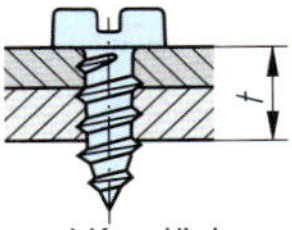

zwei Kernlöcher

Gewinde	ST 2,2	ST 2,9	ST 3,5	ST 3,9	ST 4,2	ST 4,8	ST 5,5	ST 6,3	ST 8
Untere Grenze der Blechdicke t	0,8	1,1	1,3	1,3	1,4	1,6	1,8	1,8	2,1
Obere Grenze der Blechdicke t	1,8	2,2	2,8	3,0	3,5	4,0	4,5	5,0	6,5

Hinweis: Die Norm gilt für Blechschrauben nach ISO 1478 (siehe oben). Ist die vorhandene Blechdicke kleiner als t, so können Blechschraubenverbindungen nach den unten dargestellten Bildern zur Anwendung kommen.

Kernloch aufgedornt

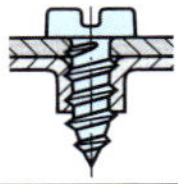

Kernloch durchgezogen

Pressloch-verschraubung

Grenzen der Blechdicke

vgl. DIN 7975 (1989-08)

B

Kernlochdurchmesser d_b für Gewindegröße ST 3,5 – Werkstoff-Festigkeit R_m in N/mm²

Blechdicke t	150	200	250	300	350	400	450	500
1,3	2,6	2,6	2,6	2,6	2,6	2,7	2,7	2,8
1,4	2,7	2,7	2,7	2,7	2,7	2,7	2,8	2,8
1,5	2,7	2,7	2,7	2,7	2,7	2,8	2,8	2,9
1,6	2,7	2,7	2,7	2,7	2,7	2,8	2,9	2,9
1,7	2,7	2,7	2,7	2,7	2,8	2,8	2,9	2,9
1,8	2,7	2,7	2,7	2,8	2,8	2,9	2,9	2,9
1,9	2,7	2,7	2,7	2,8	2,9	2,9	2,9	3,0
2,0	2,7	2,7	2,8	2,8	2,9	2,9	3,0	3,0
2,2	2,7	2,8	2,8	2,9	3,0	3,0	3,0	3,0
2,5	2,7	2,9	2,9	3,0	3,0	3,0	3,1	3,1

Kernlochdurchmesser d_b für Gewindegröße ST 3,9 – Werkstoff-Festigkeit R_m in N/mm²

Blechdicke t	150	200	250	300	350	400	450	500
1,3	2,9	2,9	2,9	2,9	2,9	3,0	3,0	3,1
1,4	2,9	2,9	2,9	2,9	3,0	3,1	3,1	3,1
1,5	3,0	3,0	3,0	3,0	3,0	3,1	3,1	3,2
1,6	3,0	3,0	3,0	3,0	3,1	3,1	3,2	3,2
1,7	3,0	3,0	3,0	3,1	3,1	3,2	3,2	3,3
1,8	3,0	3,0	3,0	3,1	3,2	3,2	3,3	3,3
1,9	3,0	3,0	3,1	3,2	3,2	3,3	3,3	3,3
2,0	3,0	3,0	3,1	3,2	3,2	3,3	3,3	3,3
2,2	3,0	3,1	3,2	3,2	3,3	3,3	3,3	3,4
2,5	3,0	3,2	3,3	3,3	3,3	3,4	3,4	3,4

Kernlochdurchmesser d_b für Gewindegröße ST 4,2 – Werkstoff-Festigkeit R_m in N/mm²

Blechdicke t	150	200	250	300	350	400	450	500
1,4	3,1	3,1	3,1	3,1	3,1	3,2	3,3	3,4
1,5	3,2	3,2	3,2	3,2	3,2	3,2	3,3	3,4
1,6	3,2	3,2	3,2	3,2	3,2	3,3	3,4	3,4
1,7	3,2	3,2	3,2	3,2	3,3	3,3	3,4	3,4
1,8	3,2	3,2	3,2	3,3	3,3	3,4	3,4	3,5
1,9	3,2	3,2	3,2	3,3	3,4	3,4	3,4	3,5
2,0	3,2	3,2	3,3	3,4	3,4	3,5	3,5	3,5
2,2	3,2	3,2	3,3	3,4	3,5	3,5	3,5	3,6
2,5	3,2	3,4	3,4	3,5	3,5	3,6	3,6	3,6
2,8	3,3	3,4	3,5	3,6	3,6	3,6	3,6	3,6

Kernlochdurchmesser d_b für Gewindegröße ST 4,8 – Werkstoff-Festigkeit R_m in N/mm²

Blechdicke t	150	200	250	300	350	400	450	500
1,6	3,6	3,6	3,6	3,6	3,7	3,8	3,9	3,9
1,7	3,6	3,6	3,6	3,7	3,8	3,9	3,9	4,0
1,8	3,6	3,6	3,6	3,8	3,8	3,9	4,0	4,0
1,9	3,6	3,6	3,7	3,8	3,9	3,9	4,0	4,0
2,0	3,6	3,6	3,8	3,9	3,9	4,0	4,0	4,1
2,2	3,6	3,7	3,9	3,9	4,0	4,0	4,1	4,1
2,5	3,7	3,9	4,0	4,0	4,1	4,1	4,1	4,2
2,8	3,8	4,0	4,0	4,1	4,1	4,2	4,2	4,2
3,0	3,9	4,0	4,1	4,1	4,2	4,2	4,2	4,2
3,5	4,0	4,1	4,2	4,2	4,2	4,2	4,2	4,3

Kernlochdurchmesser d_b für Gewindegröße ST 5,5 – Werkstoff-Festigkeit R_m in N/mm²

Blechdicke t	150	200	250	300	350	400	450	500
1,8	4,2	4,2	4,2	4,3	4,4	4,5	4,6	4,6
1,9	4,2	4,2	4,2	4,4	4,5	4,6	4,6	4,7
2,0	4,2	4,2	4,3	4,4	4,5	4,6	4,6	4,7
2,2	4,2	4,3	4,4	4,5	4,6	4,7	4,7	4,8
2,5	4,2	4,4	4,6	4,7	4,7	4,8	4,8	4,8
2,8	4,4	4,6	4,7	4,7	4,8	4,8	4,8	4,9
3,0	4,5	4,6	4,7	4,8	4,8	4,8	4,9	4,9
3,5	4,6	4,7	4,8	4,8	4,9	4,9	4,9	4,9
4,0	4,7	4,8	4,9	4,9	4,9	4,9	5,0	5,0

Kernlochdurchmesser d_b für Gewindegröße ST 6,3 – Werkstoff-Festigkeit R_m in N/mm²

Blechdicke t	150	200	250	300	350	400	450	500
1,8	4,9	4,9	4,9	5,0	5,2	5,3	5,3	5,4
1,9	4,9	4,9	5,0	5,1	5,2	5,3	5,4	5,4
2,0	4,9	4,9	5,1	5,2	5,3	5,4	5,4	5,5
2,2	4,9	5,0	5,2	5,3	5,4	5,5	5,5	5,6
2,5	5,0	5,2	5,4	5,4	5,5	5,6	5,6	5,6
2,8	5,2	5,3	5,5	5,5	5,6	5,6	5,7	5,7
3,0	5,3	5,4	5,5	5,6	5,6	5,7	5,7	5,7
3,5	5,4	5,5	5,6	5,7	5,7	5,7	5,7	5,8
4,0	5,5	5,6	5,7	5,7	5,7	5,8	5,8	5,8

[1] Die angegebenen Kernlochdurchmesser gelten für Blechschraubenverbindung mit Durchgangsloch im oberen Bauteil und mit gebohrtem Kernloch im unteren Bauteil.

Blechschrauben und Bohrschrauben

Sechskant-Blechschrauben mit Bund

vgl. DIN 6928 (2001-12)

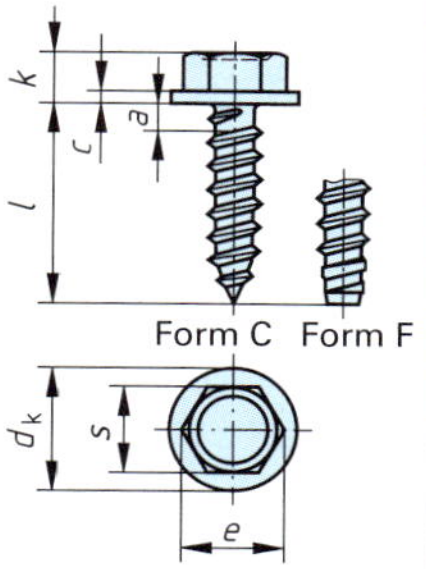

Gewinde		ST 2,9	ST 3,5	ST 4,2	ST 4,8	ST 5,5	ST 6,3	ST 8
l[1] (Nennlänge)	von bis	6,5 19	6,5 22	9,5 25	9,5 32	13 38	13 50	16 50
a		1,1	1,3	1,4	1,6	1,8	1,8	2,1
c	min	0,4	0,6	0,8	0,9	1,0	1,0	1,2
k	max	2,8	3,4	4,1	4,3	5,4	5,9	7,0
d_K	max	6,3	8,3	8,8	10,5	11,0	13,5	18,0
s	max	4,0	5,5	7,0	8,0	8,0	10,0	13,0
e	min	4,3	6,0	7,6	8,7	8,7	11,0	14,3

1) Nennlängen: 6,5 mm, 9,5 mm, 13 mm; von 13 mm bis 25 mm jeweils um 3 mm gestuft; 32 mm, 38 mm, 45 mm, 50 mm.

Werkstoff: Einsatzstahl

Bezeichnungsbeispiel: Blechschraube DIN 6928-ST 4,2 × 13-C

Linsensenk-Blechschrauben mit Schlitz

vgl. ISO 1483 (1990-08)

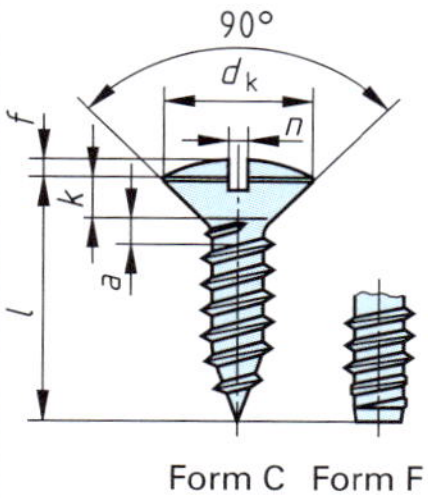

Gewinde		ST 2,9	ST 3,5	ST 4,2	ST 4,8	ST 5,5	ST 6,3	ST 8
l[1] (Nennlänge)	von bis	6,5 19	9,5 22	9,5 25	9,5 32	13 32	13 38	16 50
a	max	1,1	1,3	1,4	1,6	1,8	1,8	2,1
k	max	1,7	2,4	2,6	2,8	3,0	3,2	4,7
f		0,7	0,8	1,0	1,2	1,3	1,4	2,0
d_K	max	5,5	7,3	8,4	9,3	10,3	11,3	15,8
n		0,8	1,0	1,2	1,2	1,6	1,6	2,0

1) Nennlängen: 6,5 mm, 9,5 mm, 13 mm; von 13 mm bis 25 mm jeweils um 3 mm gestuft; 32 mm, 38 mm, 45 mm, 50 mm.

Werkstoff: Einsatzstahl

Bezeichnungsbeispiel: Blechschraube ISO 1483-ST 4,2 × 13-F

Bohrschrauben mit Blechschrauben-Gewinde

vgl. ISO 10666 (2000-02)

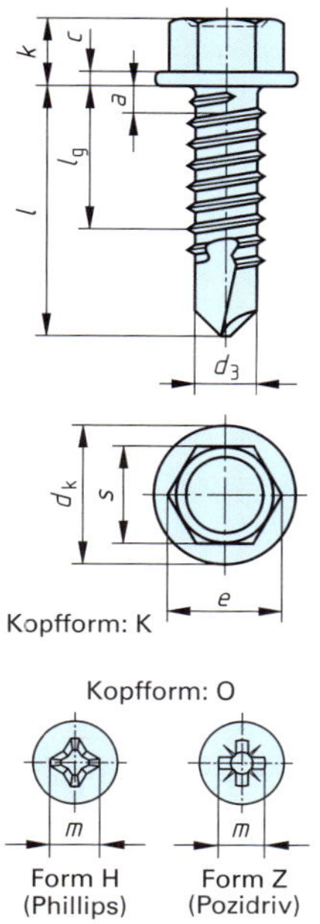

Gewinde		ST 2,9	ST 3,5	ST 3,9	ST 4,2	ST 4,8	ST 5,5	ST 6,3
d_3		2,3	2,8	3,1	3,6	4,1	4,8	5,8
Blechdicken	von bis	0,7 1,9	0,7 2,3	0,7 2,4	1,8 3,0	1,8 4,4	1,8 5,3	2,0 6,0
l[1] (Nennlänge)	von bis	9,5 19,0	9,5 25,0	13,0 38,0	13,0 38,0	13,0 50,0	16,0 50,0	19,0 50,0
l_G Kopfform K min	von bis	3,3 12,5	2,9 18,1	5,8 30,5	4,3 29,0	3,7 39,5	5,0 39,0	7,0 38,0
l_G Kopfform O min	von bis	6,5 19,0	9,5 25,0	–	9,5 32,0	9,5 32,0	13,0 38,0	13,0 38,0
a		1,1	1,3	1,3	1,4	1,6	1,8	1,8
c	min	0,4	0,6	0,6	0,8	0,9	1,0	1,0
k	max Kopfform K	2,8	3,4	3,4	4,1	4,3	5,4	5,9
k	max Kopfform O	1,7	2,4	–	2,6	2,8	3,0	3,2
d_K	max Kopfform K	6,3	8,3	8,3	8,8	10,5	11,0	13,5
d_K	max Kopfform O	5,5	7,3	–	8,4	9,3	10,3	11,3
s	max	4,0	5,5	5,5	7,0	8,0	8,0	10,0
e	min	4,3	6,0	6,0	7,6	8,7	8,7	11,0
m	Kopfform O, Form H	3,2	4,4	–	4,6	5,2	6,6	6,8
m	Kopfform O, Form Z	3,2	4,3	–	4,6	5,1	6,5	6,8

1) Nennlängen: 9,5 mm, 13 mm; von 13 mm bis 25 mm jeweils um 3 mm gestuft; 32 mm, 38 mm, 45 mm, 50 mm.

Werkstoff: Einsatzstahl

Bezeichnungsbeispiel: Bohrschraube ISO 7504 - ST 6,3 × 22-O-Z

Niete

Halbrundniete

vgl. DIN 660 (1993-05)

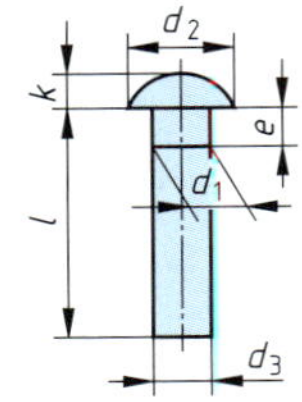

d_1 (Nenn-∅)	1,6	2	2,5	3	4	5	6	8
e	0,8	1,0	1,3	1,5	2,0	2,5	3,0	4,0
k_1	1,0	1,2	1,5	1,8	2,4	3,0	3,6	4,8
k_2	0,7	0,8	1,0	1,3	1,9	2,4	2,8	3,9
t	0,7	0,8	1,0	1,3	1,8	2,3	2,7	3,7
d_2	2,8	3,5	4,4	5,2	7,0	8,8	10,5	14
d_3	1,5	1,9	2,4	2,9	3,9	4,8	5,8	7,8
d_7 (Nietloch-∅)	1,7	2,1	2,6	3,1	4,2	5,2	6,3	8,4
d_8 (Form A u. B)	2,8	3,5	4,4	5,2	7,0	8,8	10,5	14

Werkstoffe: QSt 32-3, QSt 36-3, Nichtrostender Stahl A2, A4, CuZn 37, SF-Cu, Al 99,5

Bezeichnungsbeispiel: Niet DIN 660-5 × 20-Al

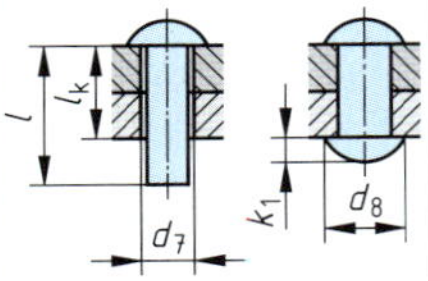

Form A: Halbrundkopf als Schließkopf

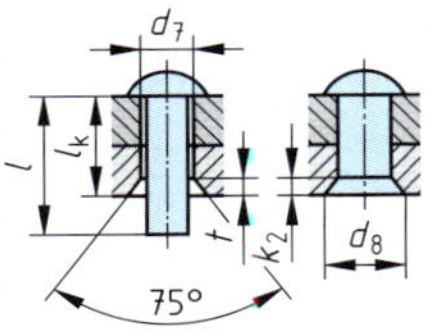

Form B: Senkkopf als Schließkopf

Nennlänge l	Maximale Klemmlänge l_K für Form A und B															
	A	B	A	B	A	B	A	B	A	B	A	B	A	B	A	B
5	2,0	3,5	2,0	3,0	1,5	3,0	1,5	3,0	–	2,0	–	1,5	–	–	–	–
6	3,0	4,5	3,0	4,0	2,5	4,0	2,0	4,0	1,0	3,0	–	2,5	–	2,0	–	–
8	5,0	6,0	4,5	5,5	4,0	5,5	4,0	5,5	3,0	5,0	2,0	4,5	0,5	4,0	–	3,0
10	6,5	7,5	6,0	7,5	6,0	7,5	5,5	7,5	4,5	7,0	4,0	6,5	2,5	6,0	–	3,0
12	8,0	9,5	7,5	9,0	7,5	9,0	7,5	9,0	6,0	9,0	5,5	8,5	4,5	8,0	2,5	7,0
14	–	–	9,5	10,5	9,0	10,5	9,5	10,5	7,5	10,0	7,0	10,0	6,5	9,5	4,0	8,5
16	–	–	11,5	12,0	11,0	12,0	11,0	12,0	9,0	11,0	9,0	11,5	8,0	11,0	6,0	10,0
18	–	–	12,5	14,0	13,0	14,0	13,0	14,0	11,0	13,0	11,0	13,0	9,5	13,0	8,0	12,0
20	–	–	14,0	15,5	14,0	16,0	14,0	16,0	13,0	15,0	12,0	15,0	11,0	15,0	9,5	14,0
22	–	–	–	–	16	18	16	18	15	17	14	17	13	17	11	15
25	–	–	–	–	18	20	18	20	17	19	17	19	16	19	14	18

Senkniete

vgl. DIN 661 (1993-05)

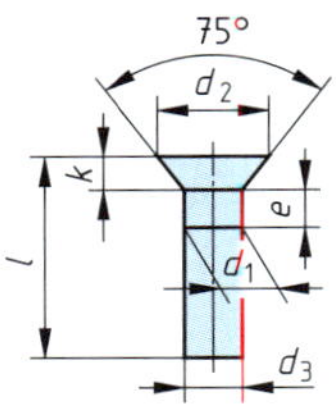

d_1 (Nenn-∅)	1,6	2	2,5	3	4	5	6	8
e max	0,8	1,0	1,3	1,5	2,0	2,5	3,0	4,0
k ~	0,8	1,0	1,2	1,4	2,0	2,5	3,0	4,0
k_1 (Form A)	1,0	1,2	1,5	1,8	2,4	3,6	3,6	4,8
k_2 (Form B)	0,7	0,8	1,0	1,3	1,9	2,4	2,8	3,9
t	0,7	0,8	1,0	1,3	1,8	2,3	2,7	3,7
d_2	2,8	3,5	4,4	5,2	7,0	8,8	10,5	14
d_3	1,5	1,9	2,4	2,9	3,9	4,8	5,8	7,8
d_7 (Nietloch-∅)	1,7	2,1	2,6	3,1	4,2	5,2	6,3	8,4
d_8 (Form A u. B)	2,8	3,5	4,4	5,2	7,0	8,8	10,5	14,0

Werkstoffe: QSt 32-3, QSt 36-3, Nichtrostender Stahl A2, A4, CuZn 37, SF-Cu, Al 99,5

Bezeichnungsbeispiel: Niet DIN 661-5 × 20-Al

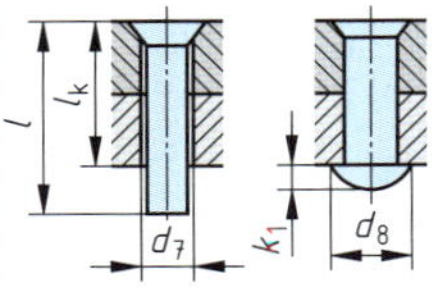

Form A: Halbrundkopf als Schließkopf

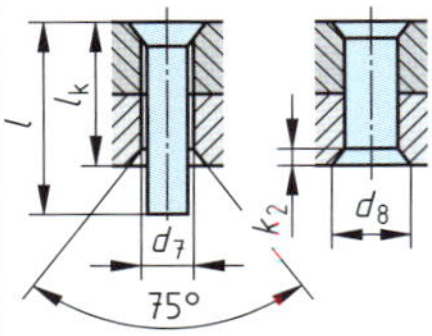

Form B: Senkkopf als Schließkopf

Nennlänge l	Maximale Klemmlänge l_K für Form A und B															
	A	B	A	B	A	B	A	B	A	B	A	B	A	B	A	B
5	2,5	3,5	2	3,5	1,5	3,5	1,5	3,5	–	–	–	–	–	–	–	–
6	3	4,5	3	4	2,5	4	2	4	1	3,5	–	–	–	–	–	–
8	5	6	4,5	6	4	6	4	6	3	5,5	2	5	–	–	–	–
10	–	–	6	7,5	6	7,5	6	7,5	5	7	4	7	3	6,5	–	–
12	–	–	–	–	7,5	9,5	7,5	9,5	6,5	9	6	9	5	8,5	3	7,5
14	–	–	–	–	–	–	9,5	11	8	10,5	7,5	10	6,5	10	5	9
16	–	–	–	–	–	–	11	12,5	9,5	12	9	11,5	8	11,5	6,5	10,5
18	–	–	–	–	–	–	–	–	11	14	11	13	10	13	8,5	13
20	–	–	–	–	–	–	–	–	13	15	13	15	12	15	10	14
22	–	–	–	–	–	–	–	–	–	–	14	17	13	17	12	16
25	–	–	–	–	–	–	–	–	–	–	17	20	16	20	14	18

Niete

Blindniete mit Sollbruchdorn

vgl. DIN 7337 (1991-08)

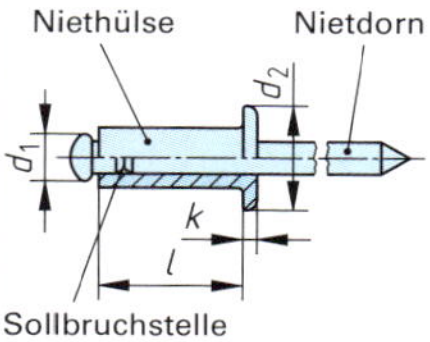

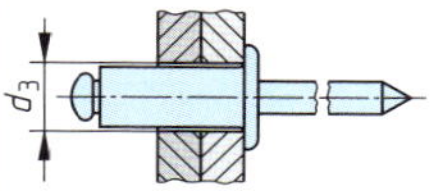

Form A: Flachkopf

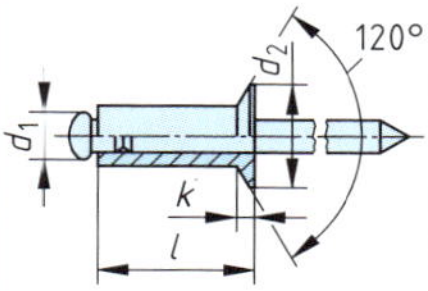

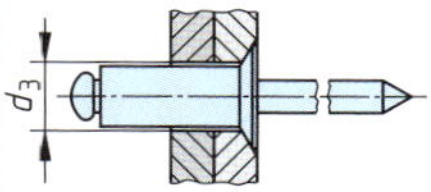

Form B: Senkkopf

d_1 (Nenn-∅)		2,4	3,0	3,2	4,0	4,8	5,0	6,0	6,4
d_2	Form A	5,0	6,5	6,5	8,0	9,5	9,5	12,0	13,0
	Form B	–	6	6	7,5	9	9	11	12
k	Form A	0,6	0,8	0,8	1,0	1,1	1,1	1,5	1,8
	Form B	–	0,9	0,9	1,0	1,2	1,2	1,5	1,6
d_3 (Nietloch-∅)		2,5	3,1	3,3	4,1	4,9	5,1	6,1	6,5

Werkstoffe:

Niethülse: AlMgSi 0,5 AlMg 3,5. St 35, QSt 36-3, Nichtrostender Stahl A2, NiCuFe, CuNi 30 Mn 1 Fe

Nietdorn: Stahldraht, Nichtrostender Stahl A2, Bronzedraht

Bezeichnungsbeispiel: Blindniet DIN 7337-B 4.8 × 12-Al-St-A1P

Erläuterung: Blindniet Form B, d_1 = 4,8 mm (Nenn-∅), l= 12 mm (Nennlänge), Werkstoff der Niethülse Al, Werkstoff des Nietdornes Stahl, verzinkt, Schichtdicke min. 3 µm (A1P).

Nennlänge	Nenndurchmesser d_1							
	2,4[1]	3,0	3,2	4,0	4,8	5,0	6,0[1]	6,4[1]
l	Klemmlängenbereiche[2] von ... bis							
4	0,5 ... 2	0,5 ... 1,5	0,5 ... 1,5	–	–	–	–	–
6	2 ... 4	1,5 ... 3,5	1,5 ... 3,5	1,5 ... 3	2 ... 3	2 ... 3	–	–
8	4 ... 6	3,5 ... 5,5	3,5 ... 5,5	3 ... 5	3 ... 4,5	3 ... 4,5	2 ... 4	–
10	–	5,5 ... 7	5,5 ... 7	5 ... 6,5	4,5 ... 6	4,5 ... 6	4 ... 6	–
12	–	7 ... 9	7 ... 9	6,5 ... 8,5	6 ... 8	6 ... 8	6 ... 8	2 ... 6
16	–	9 ... 13	9 ... 13	8,5 ... 12,5	8 ... 12	8 ... 12	8 ... 11	6 ... 10
20	–	13 ... 17	13 ... 17	12,5 ... 16,5	12 ... 16	12 ... 16	11 ... 15	10 ... 14
25	–	17 ... 22	17 ... 22	16,5 ... 21,5	16 ... 21	16 ... 21	15 ... 20	14 ... 18
30	–	–	–	–	21 ... 25	21 ... 25	20 ... 24	18 ... 23
35	–	–	–	–	25 ... 30	25 ... 30	24 ... 29	–
40	–	–	–	–	30 ... 35	30 ... 35	29 ... 34	–
45	–	–	–	–	35 ... 40	35 ... 40	34 ... 39	–
50	–	–	–	–	40 ... 45	40 ... 45	39 ... 44	–

[1] Nicht für Form B (Senkkopf).
[2] Gültig für Blindniete mit Niethülsen aus Aluminium und Nietdornen aus Stahl.

Blindnietmuttern (Einnietmuttern)

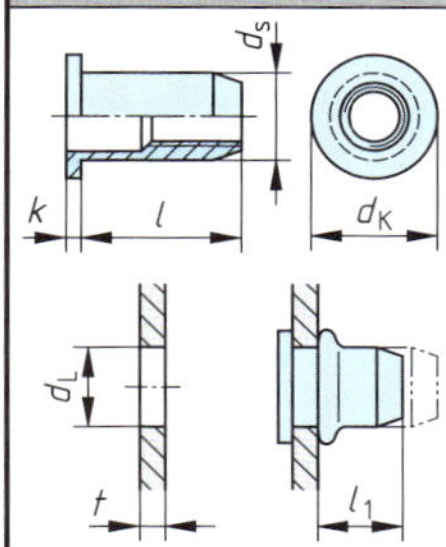

d		M 3	M 3	M 4	M 4	M 5	M 6	M 8	M 10	M 12
t	von	1	1,5	1	2	0,25	3	3	3,5	4
	bis	1,5	3	2	4	3	5,5	5,5	6	7
l		8,0	9,0	9,5	11,0	13,0	17,5	19,5	24,0	28,0
l_1		4,8	4,8	5,4	5,4	8,0	10,0	11,0	15,0	17,5
k		1,0	1,0	1,0	1,0	1,0	1,5	1,5	2,0	2,0
d_k		7,5	7,5	9,0	9,0	10,0	13,0	16,0	19,0	23,0
d_S		5,0	5,0	6,0	6,0	7,0	9,0	11,0	13,0	16,0
d_L		5,1	5,1	6,1	6,1	7,1	9,1	11,1	13,1	16,1

Werkstoffe: Stahl, Nichtrostender Stahl

Bezeichnungsbeispiel: Blindnietmutter M 5 × 13

Stanzniete

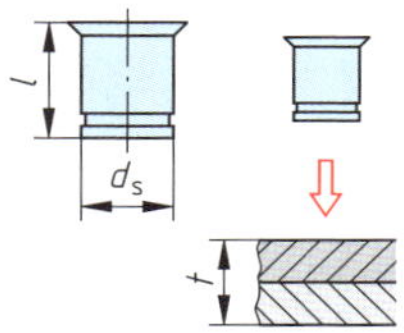

t	von	1,8	2,2	2,5	2,8	3,1	3,4	3,7	4	4,3
	bis	2,1	2,4	2,7	3	3,3	3,6	3,9	4,2	4,5
d_S (Nenndurchmesser)		4	4	4	4	4	4	4	4	4
l (Nennlänge)		2,1	2,4	2,7	3,0	3,3	3,6	3,9	4,2	4,5

Werkstoffe: Stahl, Nichtrostender Stahl

Bezeichnungsbeispiel: Stanzniete 4 × 3

Befestigungselemente

Zu den Befestigungselementen zählen z.B. Dübel, Anker, Setzbolzen, Betonschrauben. Sie sind nicht genormt.

Bezeichnung: Firmenname, Name und Größe des Befestigungselementes.

Beispiel: NN (Firmenname), Einschlaganker M 8.

Maß	Einheit	Bedeutung	Maß	Einheit	Bedeutung
a	mm	Erforderlicher Achsabstand bei Volllast[1]	h_{ef}	mm	Mindest-Verankerungstiefe
			l	mm	Dübel-, Ankerlänge
a_r	mm	Erforderlicher Randabstand bei Volllast[1]	l_G	mm	Nutzbare Gewindelänge
c_{cr}	mm	Erforderlicher Randabstand bei Volllast[2]	s_{cr}	mm	Erforderlicher Achsabstand bei Volllast[2]
d	mm	Gewindedurchmesser	t	mm	Bohrungstiefe
d_f	mm	Durchgangsloch im Anschlussteil	t_d	mm	Bohrungstiefe ab Oberkante Anschlussteil
d_p	mm	Bohrer-Nenndurchmesser			
d_0	mm	Plattendicke	T_{inst}	Nm	Anziehmoment
e	mm	Einschraubtiefe	t_{fix}	mm	maximale Dicke des Anschluss-Bauteils
F_{zul}	kN	zulässige zentrische Zugkraft			

[1] Allgemeine bauaufsichtliche Zulassung des Deutschen Institus für Bautechnik (DIBT), Berlin, Bemessung nach Verfahren A.

[2] Bemessung nach „European Technical Approvals Guidline" (ETAG-Verfahren A, B oder C, Anhang C).

Universaldübel

Beschreibung: Polyamid-Spreizdübel für Holzschraube, Spanplatten-Schraube, Blechschraube, Vorsteck- und Durchsteckmontage

Geeignete Baustoffe: Beton, Vollziegel, Porenbeton, Naturstein

Einsatzbereiche: Leichte Befestigung nicht-tragender Konstruktionen.

B

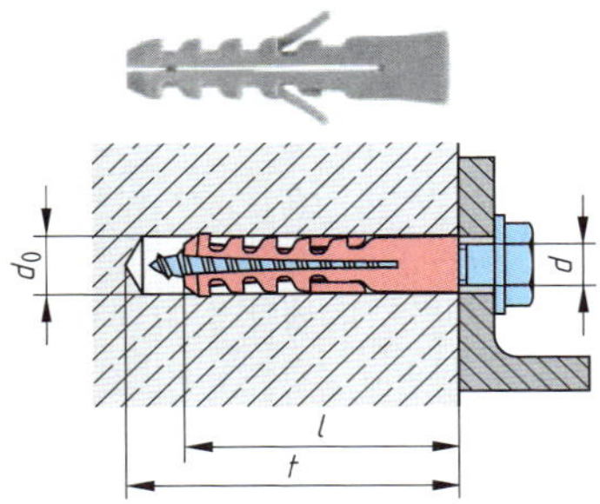

Belastung Abmessungen		Dübelbezeichnung 5	6	8	10	12	14
F_{zul} (Beton)	kN	0,28	0,40	0,60	1,10	1,50	1,85
F_{zul} (Vollziegel)	kN	0,24	0,28	0,50	–	–	–
F_{zul} (Porenbeton)	kN	–	0,05	0,07	0,16	0,28	0,40
d_0	mm	5	6	8	10	12	14
t	mm	35	40	55	70	80	90
d	mm	3–4	4–5	4,5–6	6–8	8–10	10–12
l	mm	25	30	40	50	60	75

Montage

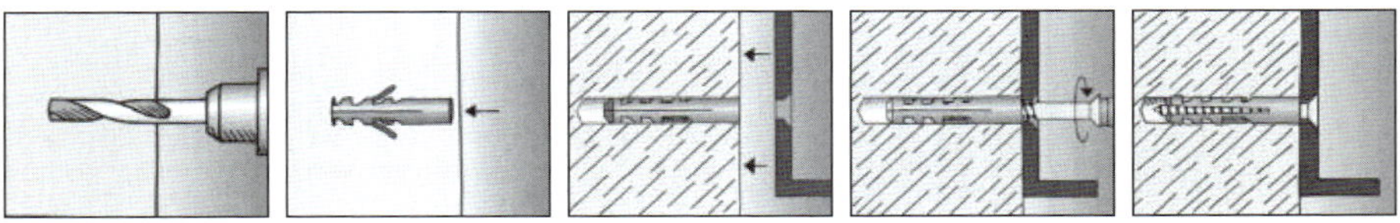

Universal-Langschaftdübel mit Zulassung

Beschreibung: Polyamid-Spreizdübel, Durchsteckmontage

Geeignete Baustoffe: Beton ≥ C20/25, Vollziegel, Hohlblocksteine, Naturstein

Einsatzbereiche: Befestigung von Fassaden-Unterkonstruktionen leichter, vorgehängter Fassaden, Befestigung von Fenster- und Türrahmen, Feuerschutztüren, für tragende Konstruktionen.

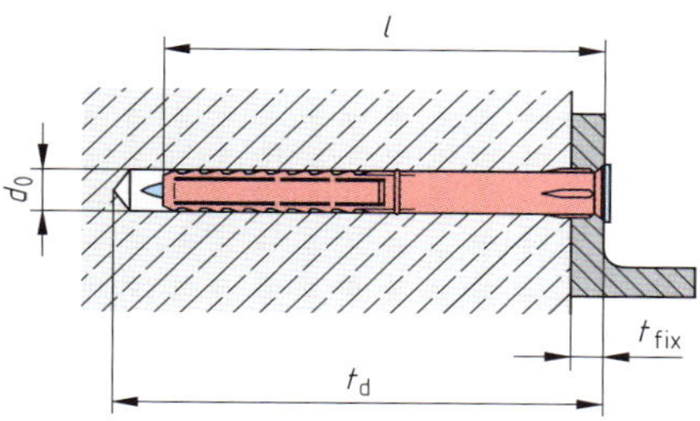

Belastung Abmessungen			Dübelbezeichnung					
			10 × 80	10 × 100	10 × 120	10 × 140	10 × 160	10 × 180
F_{zul}	Gerissener Beton[1]	kN	1,7	1,7	1,7	1,7	1,7	1,7
	Ungerissener Beton[1]	kN	2,0	2,0	2,0	2,0	2,0	2,0
d_0		mm	10	10	10	10	10	10
l		mm	80	100	120	140	160	180
t_d		mm	90	100	120	140	160	180
t_{fix}		mm	30	50	70	90	110	130
s_{cr}		mm	105					
c_{cr}		mm	52,5					

[1] Einzeldübel, Randabstand 100 mm

Montage

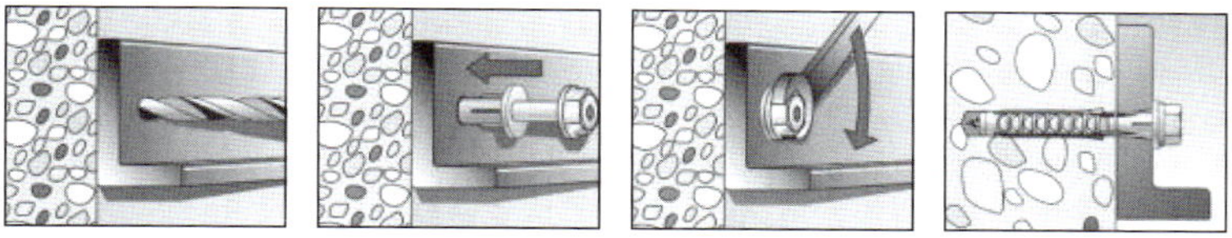

Fensterrahmendübel

Beschreibung: Polyamid-Spreizdübel mit glasfaserverstärktem Konus, Durchsteckmontage

Geeignete Baustoffe: Beton, Vollziegel, Hochlochziegel, Kalksand-Vollstein und -Lochstein, Porenbeton, Leichtbeton-Vollstein und Hohlblockstein

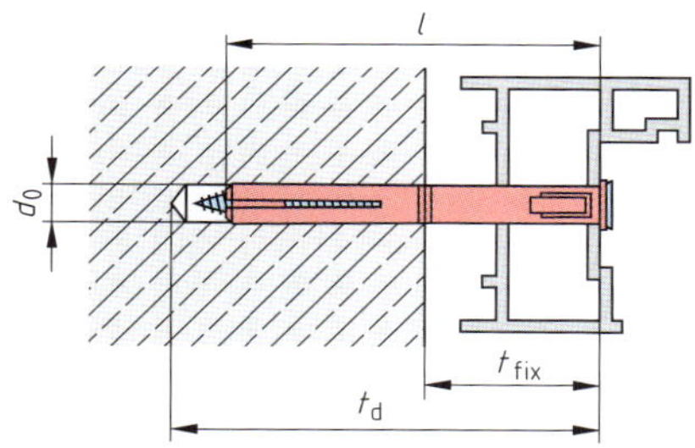

Belastung Abmessungen			Dübelbezeichnung						
			8 × 100	8 × 120	8 × 140	10 × 100	10 × 120	10 × 140	10 × 165
F_{zul}	Vollziegel Kalksand-Vollstein	kN	0,9	0,9	0,9	1,25	1,25	1,25	1,25
	Kalksand-Lochstein	kN	0,25	0,25	0,25	–	–	–	–
d_0		mm	8	8	8	10	10	10	10
t_d		mm	115	135	155	115	135	155	180
l		mm	100	120	140	100	120	140	165
t_{fix}		mm	50	70	90	40	60	80	105

Montage

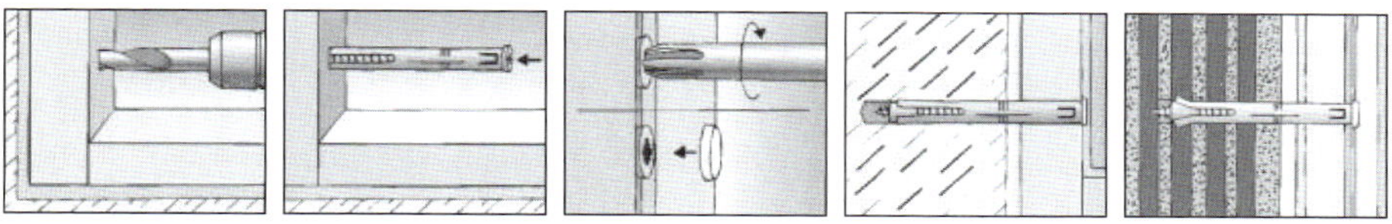

B

Dübel für Porenbeton mit Zulassung

Beschreibung: Polyamid-Spreizdübel, Vorbohren und Einschlagen mit dem Hammer

Geeignete Baustoffe: Porenbeton

Einsatzbereiche: Leichte Befestigung tragender Konstruktionen; Fassaden- und Dachkonstruktionen aus Holz und Metall, abgehängte Decken, Kabeltrassen, Blumenampeln

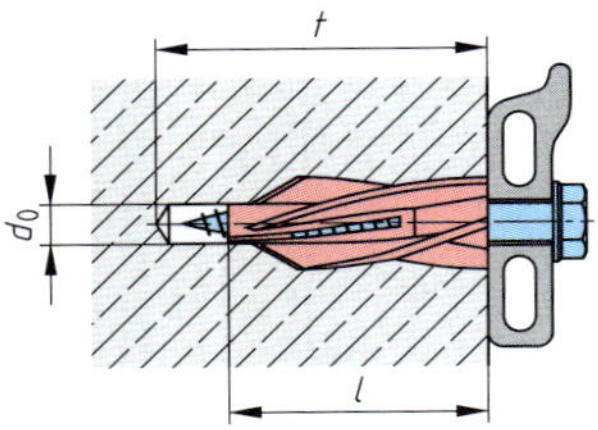

Belastung / Abmessungen			Dübelbezeichnung 8	10	14
F_{zul}	PB2, PP2	kN	0,20	0,25	0,48
	PB4, PP4	kN	0,40	0,60	0,90
d_0		mm	8	10	14
t		mm	60	65	90
l		mm	50	55	75
a	PB2, PP2	mm	100	150	200
	PB4, PP4	mm	150	200	300
a_r	PB2, PP2	mm	75	100	250
	PB4, PP4	mm	100	150	200

Montage

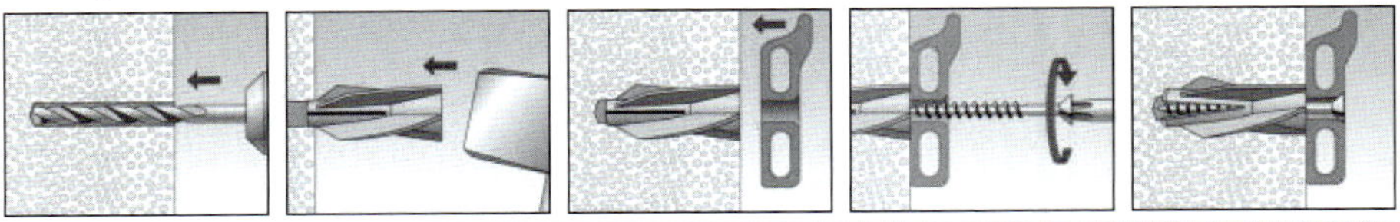

Nageldübel

Beschreibung: Polyamid-Spreizdübel mit Nagelschraube

Geeignete Baustoffe: Beton, Vollziegel, Lochsteine, Porenbeton, Naturstein

Einsatzbereiche: Befestigung von Leisten und Holzlattungen, Verkleidungen, Unterkonstruktionen aus Holz und Metall, Putzprofile, Bleche

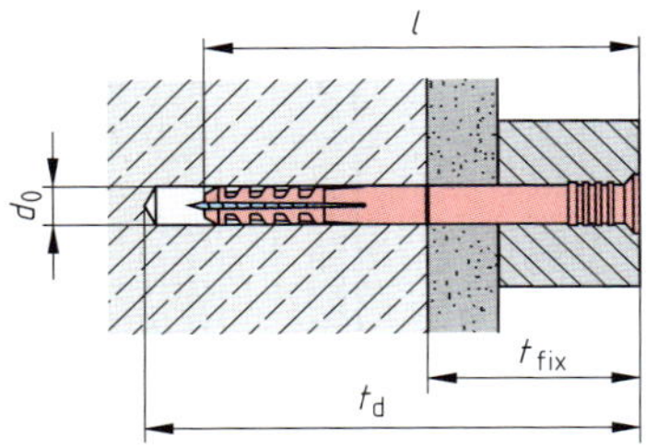

Belastung / Abmessungen		Dübelbezeichnung 6×40	6×60	8×80	8×100	10×135	10×160
F_{zul} (Beton ≥ C20/25)	kN	0,20	0,20	0,27	0,27	0,33	0,33
F_{zul} (Vollziegel)	kN	0,17	0,17	0,24	0,24	0,30	0,30
F_{zul} (Kalksand-Vollstein)	kN	0,17	0,17	0,24	0,24	0,33	0,33
F_{zul} (Porenbeton P2)	kN	0,04	0,04	0,07	0,07	0,10	0,10
d_0	mm	6	6	8	8	10	10
t_d ≥	mm	55	75	95	115	150	175
l	mm	40	60	80	100	135	160
t_{fix}	mm	10	30	40	60	85	110

Montage

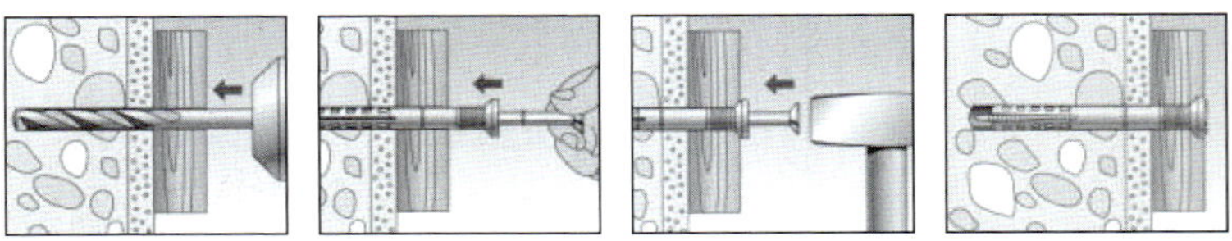

B

Einschlaganker für ungerissenen Beton mit Zulassung

Beschreibung: Verzinkter Stahl-Spreizanker mit Innengewinde. Setzen des Ankers mit Einschlagwerkzeug.

Geeignete Baustoffe: Beton ≥ C20/25

Einsatzbereiche: Universalanker für mittlere Kräfte im ungerissenen Beton und für die Einzelbefestigung im gerissenen Beton (z.B. leichte, angehängte Unterdecken)

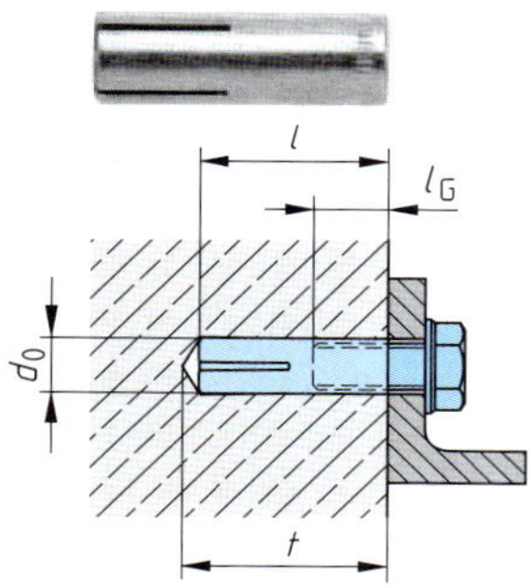

Belastung Abmessungen		Ankerbezeichnung M6[1]	M8	M10	M12	M16	M20
F_{zul} (ungerissener Beton)	kN	0,5	3,0	3,6	5,7	7,4	11,3
d_0	mm	8	10	12	15	20	25
t	mm	27	43	44	54	71	86
l	mm	25	40	40	50	65	80
l_G	mm	12	13	17	18	23	34
a	mm	400	240	320	400	520	640
a_r	mm	100	120	160	200	260	320

[1] Werte nur für leichte Deckenbekleidung und Unterdecken

Montage

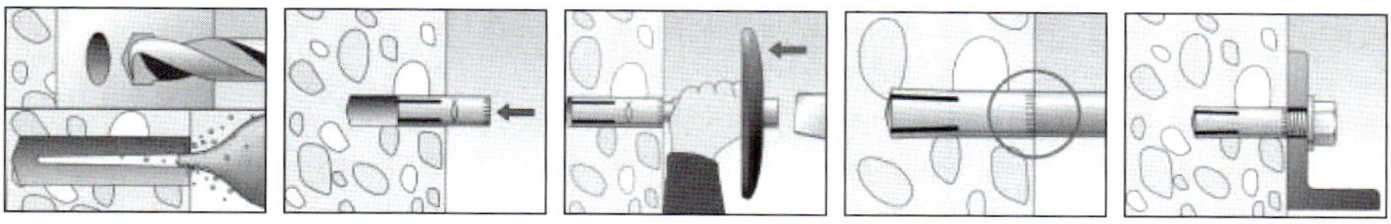

Bolzenanker für ungerissenen Beton mit Zulassung

Beschreibung: Verzinkter Stahl-Spreizanker mit Außengewinde, Durchsteckmontage

Geeignete Baustoffe: Beton ≥ C20/25

Einsatzbereiche: Z.B. für Konsolen, Geländer, Leitern, Treppen, Tore, Fassaden

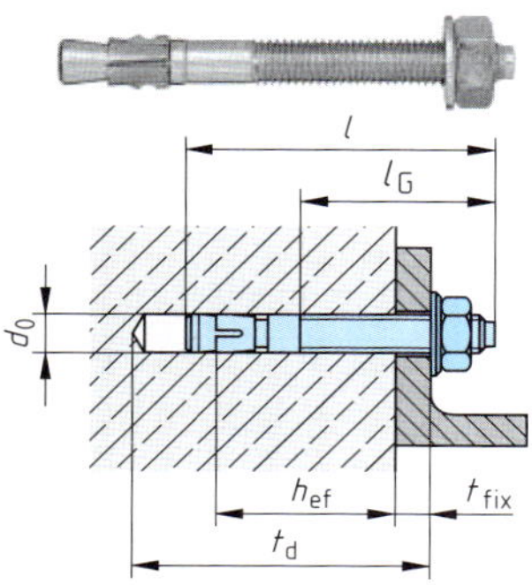

Belastung Abmessungen		Ankerbezeichnung M6	M8	M10	M12	M16	M20
F_{zul}	kN	–	4,76	5,45	11,90	11,90	19,04
d_0	mm	6	8	10	12	16	20
t_d	mm	50	93	118	135	158	191
h_{ef}	mm	25	48	50	70	84	100
l	mm	55	96	124	143	169	205
l_G	mm	30	59	87	103	114	90
t_{fix}	mm	10	30	50	45	50	60
s_{cr}	mm	75	144	150	210	252	300
c_{cr}	mm	37,5	72	75	105	126	150

Montage

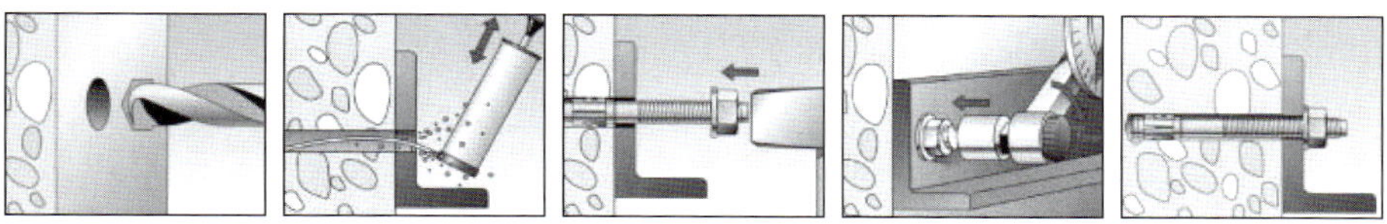

Bolzenanker für gerissenen und ungerissenen Beton mit Zulassung

Beschreibung: Verzinkter Stahl-Spreizanker mit Außengewinde, Durchsteckmontage

Geeignete Baustoffe: Beton ≥ C20/25

Einsatzbereiche: Für mittlere Kräfte, z.B. Montage von Geländern, Konsolen, Leitern, Maschinen, Treppen.

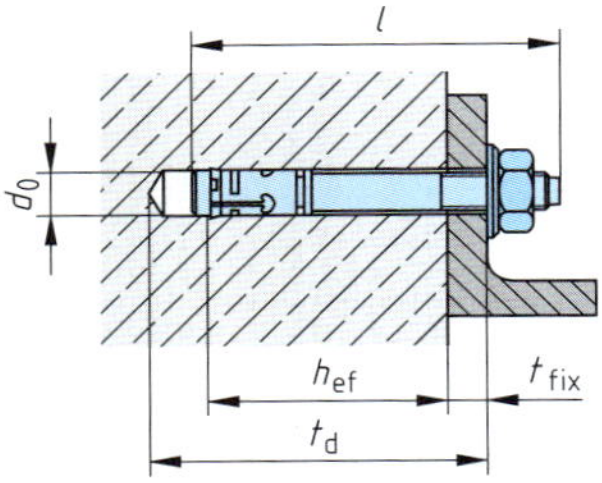

Belastung Abmessungen		Ankerbezeichnung					
		M8 × 50	M10 × 50	M10 × 80	M12 × 50	M12 × 80	M16 × 100
F_{zul} (gerissener Beton)	kN	2,4	4,3	4,3	7,6	7,6	13,4
F_{zul} (ungerissener Beton)	kN	4,3	7,6	7,6	11,9	11,9	18,8
T_{inst}	Nm	20	45	45	60	60	110
d_0	mm	8	10	10	12	12	16
t_d	mm	115	130	160	145	175	215
h_{ef}	mm	45	60	60	70	70	85
l	mm	117	135	165	150	180	225
t_{fix}	mm	50	50	80	50	80	100
s_{cr}	mm	135	180	180	210	210	255
c_{cr}	mm	67,5	90	90	105	105	127,5

Montage

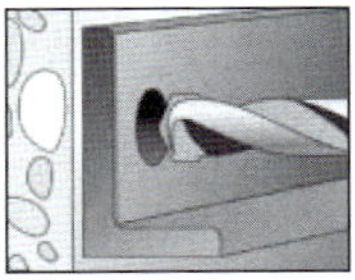

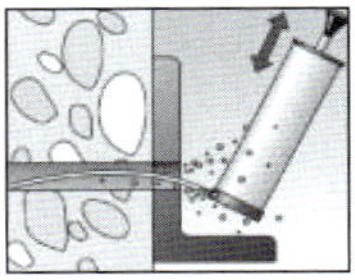

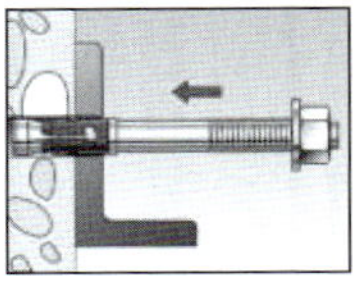

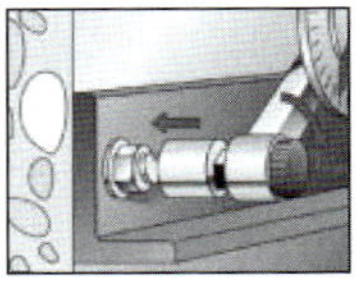

Schwerlastanker für gerissenen und ungerissenen Beton mit Zulassung

Beschreibung: Verzinkter Stahl-Spreizanker, Durchsteckmontage. Ausführungen: Sechskantschraube, Senkkopfschraube und Außengewinde mit Mutter

Geeignete Baustoffe: Beton ≥ C20/25

Einsatzbereiche: Für hohe Kräfte, z.B. Stahlkonstruktionen, Geländer, Konsolen, Tore, Treppen, Steigleitern.

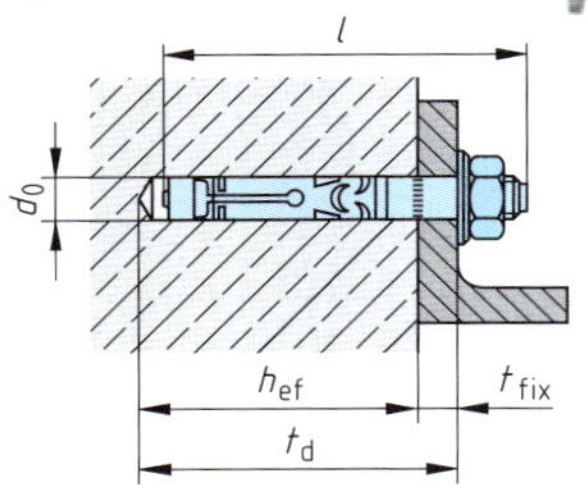

Belastung Abmessungen		Ankerbezeichnung					
		M6 × 50	M8 × 50	M10 × 50	M12 × 50	M12 × 100	M16 × 50
F_{zul} (gerissener Beton)	kN	1,98	4,76	6,35	9,91	9,91	19,66
F_{zul} (ungerissener Beton)	kN	4,76	6,35	9,91	13,88	19,69	27,53
T_{inst}	Nm	10	25	40	80	80	120
d_0	mm	10	12	15	18	18	24
t_d	mm	125	135	150	165	185	215
h_{ef}	mm	50	60	70	80	100	125
l	mm	125	140	155	170	220	222
t_{fix}	mm	50	50	50	50	50	50
s_{cr}	mm	150	180	210	240	240	375
c_{cr}	mm	75	90	105	120	120	188

Montage

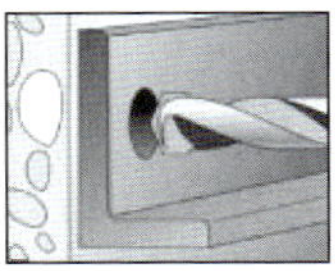

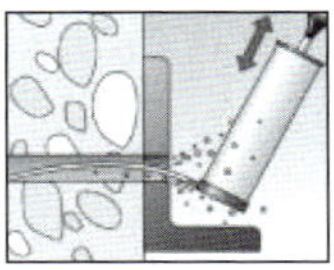

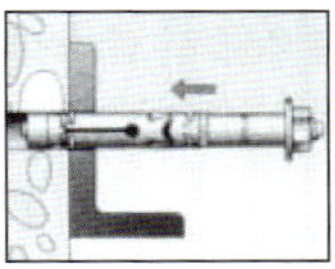

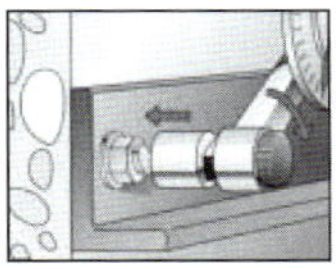

B

Hinterschnittanker für gerissenen und ungerissenen Beton mit Zulassung

Beschreibung: Verzinkter Stahlanker, Bohrloch und Hinterschnitt werden mit Spezialwerkzeugen (Bundbohrer und Setzwerkzeug) hergestellt.

Geeignete Baustoffe: Beton ≥ C20/25

Einsatzbereiche: Für mittlere Kräfte bei geringen Rand- und Achsabständen, z.B. Stahlkonstruktionen, Konsolen, Tore, Fassaden, Treppen, Geländer, Deckenkonstruktionen, Installationsleitungen.

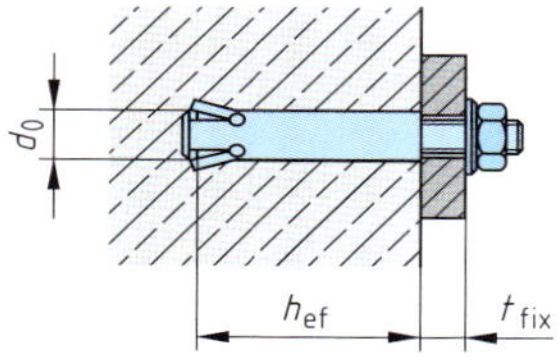

Belastung Abmessungen		M8 × 40	M8 × 50	M10 × 60	M12 × 80	M16 × 100
		Ankerbezeichnung				
F_{zul} (gerissener Beton)	kN	2,38	4,28	5,71	9,52	16,88
F_{zul} (ungerissener Beton)	kN	3,57	5,71	9,52	14,29	19,04
T_{inst}	Nm	20	20	40	60	100
d_0	mm	12	12	14	18	22
h_{ef}	mm	40	50	60	80	100
t_{fix}	mm	15	15	25	25	60
s_{cr}	mm	120	150	180	180	300
c_{cr}	mm	60	75	90	90	150

Montage

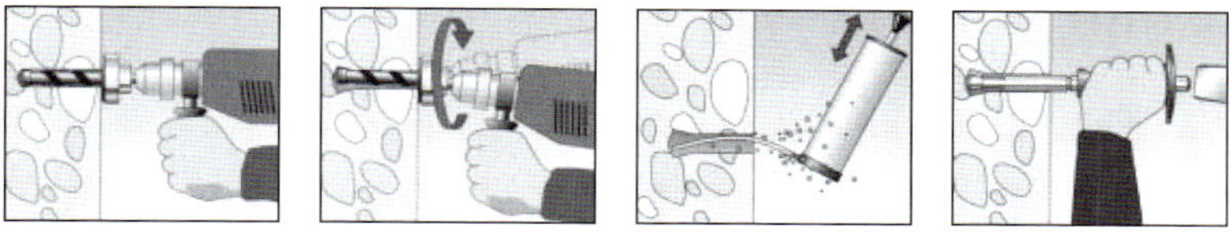

Hinterschnittanker – Einschlaganker für gerissenen und ungerissenen Beton mit Zulassung

Beschreibung: Verzinkter Stahlanker, Bohrloch und Hinterschnitt werden mit Spezialwerkzeugen (Bundbohrer und Setzwerkzeug) hergestellt.

Geeignete Baustoffe: Beton ≥ C20/25

Einsatzbereiche: Für mittlere Kräfte bei geringen Rand- und Achsabständen, z.B. Tore, Fassaden, Gitter.

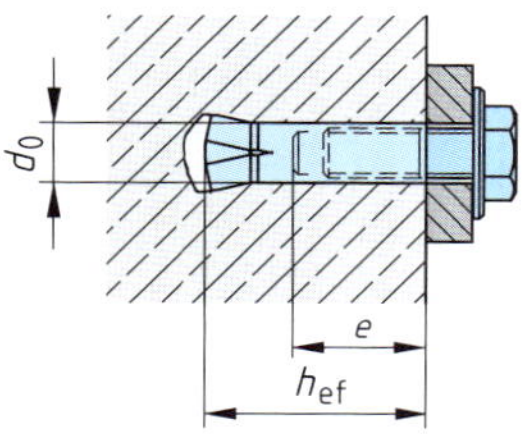

Belastung Abmessungen		M8	M10	M12
		Ankerbezeichnung		
F_{zul} (gerissener Beton)	kN	1,5	1,5	1,5
F_{zul} (ungerissener Beton)	kN	3,0	3,6	3,6
T_{inst}	Nm	8,5	15	30
d_0	mm	10	12	14
h_{ef}	mm	40	40	40
e	mm	17	19	21
a	mm	160	160	160
a_r	mm	100	100	100

Montage

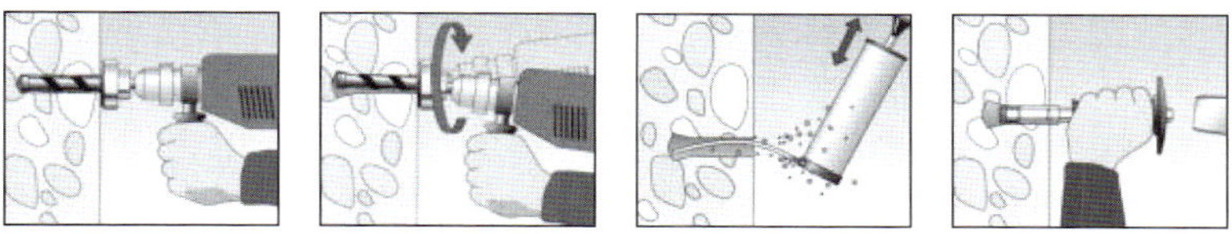

Verbundanker für ungerissenen Beton mit Zulassung

Beschreibung: Verzinkte Ankerstange aus Stahl. Klebepatrone bestehend aus Reaktionsharz und Härter.

Geeignete Baustoffe: Beton ≥ C20/25

Einsatzbereiche: Für hohe Kräfte bei geringen Rand- und Achsabständen, z.B. Stahlkonstruktionen, Stützen, Kopf- und Fußplatten, Konsolen, Geländer, Treppen, Tore, Fassaden.

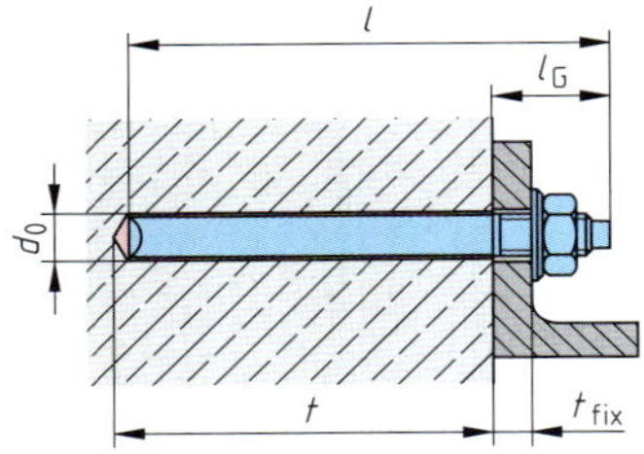

Belastung Abmessungen		Ankerbezeichnung M8	M10	M12	M16	M20	M24
F_{zul}	kN	4,0	6,6	9,9	16,4	24,8	31,4
T_{inst}	Nm	10	20	40	60	120	150
d_0, h_{ef}	mm	10	12	14	18	25	28
t	mm	80	90	110	125	170	210
l	mm	110	130	160	165	260	300
l_G	mm	30	40	50	40	90	90
t_{fix}	mm	13	20	25	13	65	65
s_{cr}	mm	160	180	220	250	340	420
c_{cr}	mm	80	90	110	125	170	210

Temperatur im Bohrloch in °C	– 5 bis + 1	± 0 bis + 9	+ 10 bis + 20	≥ + 20
Wartezeit zwischen Setzen und Belasten in Minuten	240	45	20	10

Montage

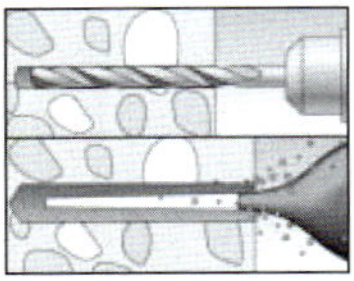

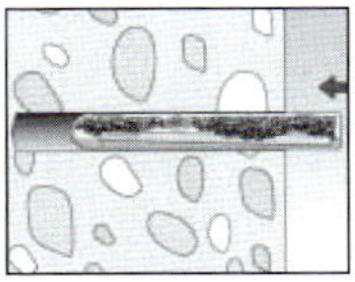

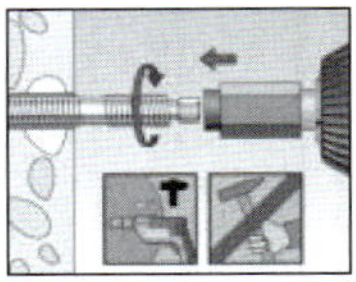

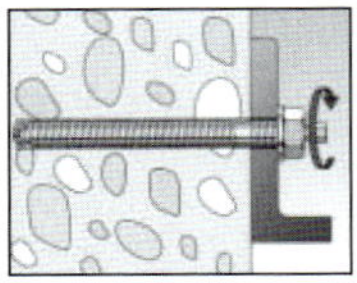

Verbundanker für gerissenen und ungerissenen Beton mit Zulassung

Beschreibung: Verzinkter Stahlanker. Klebepatrone bestehend aus Reaktionsharz und Härter.

Geeignete Baustoffe: Beton ≥ C20/25

Einsatzbereiche: Für hohe Kräfte bei geringen Rand- und Achsabständen (z.B. Deckenbereich) und für schwere Lasten mit hohen Sicherheitsanforderungen, z.B. Stahlkonstruktionen, Konsolen, Tore.

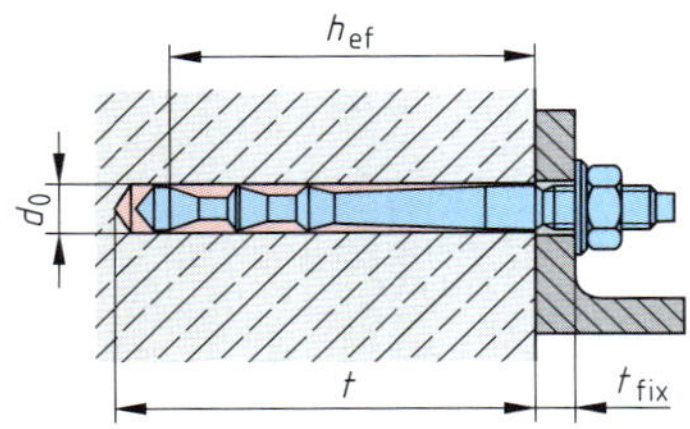

Belastung Abmessungen		Ankerbezeichnung M8	M10	M12	M16	M20
F_{zul} (gerissener Beton)	kN	6,6	15,9	22,5	34,7	52,2
F_{zul} (ungerissener Beton)	kN	9,3	16,4	23,7	46,0	65,5
T_{inst}	Nm	15	20	40	60	100
d_0	mm	10	12	14	18	25
t	mm	75	110	135	175	235
h_{ef}	mm	60	95	120	160	210
t_{fix}	mm	10	10	10	30	50
s_{cr}	mm	160	285	360	480	630
c_{cr}	mm	90	142,5	180	240	315

Temperatur im Bohrloch in °C	– 5 bis ± 0	± 0 bis + 10	+ 10 bis + 20	≥ + 20
Wartezeit zwischen Setzen und Belasten in Minuten	240	45	20	10

Montage

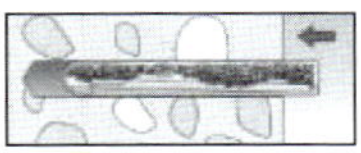

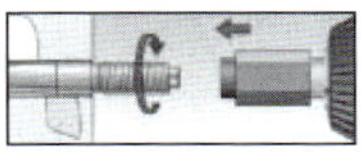

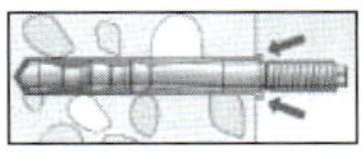

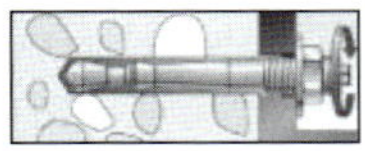

B

Injektionsanker für Mauerwerk und ungerissenen Beton mit Zulassung

Beschreibung: Verzinkter Stahlanker und Injektions-Mörtel in Zweikomponentenkartusche.

Geeignete Baustoffe: Vollziegel, Kalksand-Vollstein und ungerissenen Beton ≥ C20/25

Einsatzbereiche: Für die direkte Verankerung von Stahlkonstruktionen, Gittern, Geländern, Handläufen u.a.

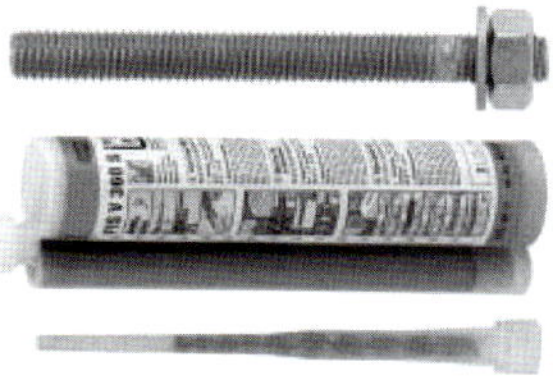

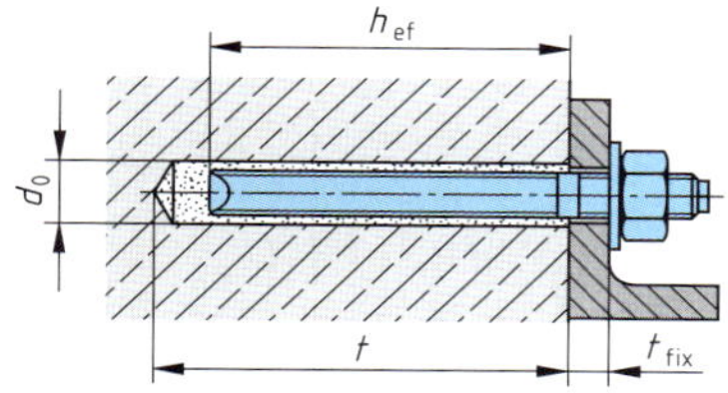

Belastung / Abmessungen		Ankerbezeichnung M8	M10	M12	M16	M20	M24
F_{zul} (Vollziegel)	kN	1,0	1,7	1,7	–	–	–
F_{zul} (ungerissener Beton)	kN	4,7	7,9	11,9	19,8	23,8	29,7
d_0	mm	10	12	14	18	24	28
t (Mauerwerk)	mm	80	80	80	–	–	–
t, h_{ef} (ungerissener Beton)	mm	65	80	95	125	160	190
t_{fix}	mm	15	15	30	55	60	65
a (Mauerwerk)	mm	100	100	100	–	–	–
a_r (Mauerwerk)	mm	200	200	200	–	–	–
c_{cr} (ungerissener Beton)	mm	195	240	285	375	480	570
c_{cr} (ungerissener Beton)	mm	97,5	120	142,5	187,5	240	285

Temperatur im Bohrloch in °C	– 5 … ± 0	± 0 … + 5	+ 5 … + 10	+ 10 … + 20	+ 20 … + 30	+ 30 … + 40
Wartezeit zwischen Setzen und Belasten in h/min	24 h	3 h	90 min	60 min	45 min	35 min

Montage

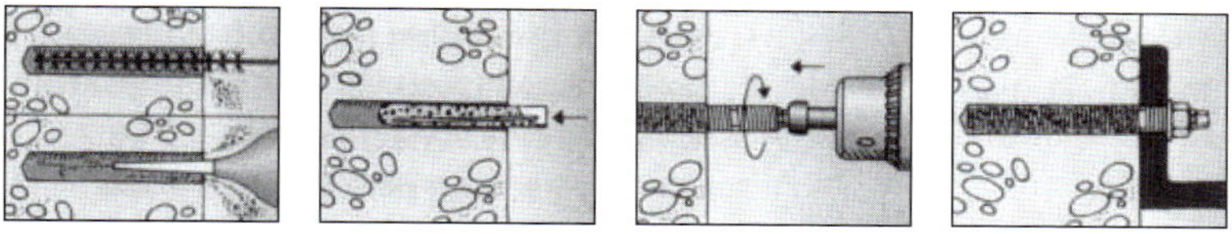

Injektionsanker für Hohlmauerwerk

Beschreibung: Verzinkter Stahlanker, Ankerhülse aus Kunststoff und Injektions-Mörtel in Zweikomponenten-Kartusche.

Geeignete Baustoffe: Hochlochziegel, Kalksand-Lochsteine, Hohlblocksteine aus Leichtbeton.

Einsatzbereiche: Für Anschlusselemente wie z.B. Gitter, Konsolen, Handläufe, Vordächer, Markisen, Sanitäreinrichtungen sowie für tragende Konstruktionen.

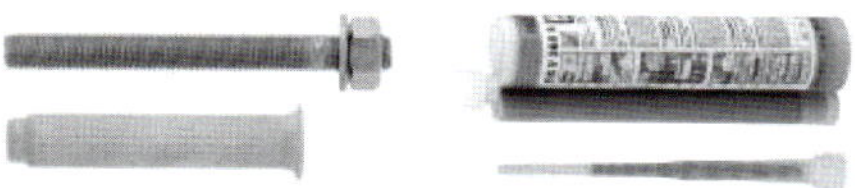

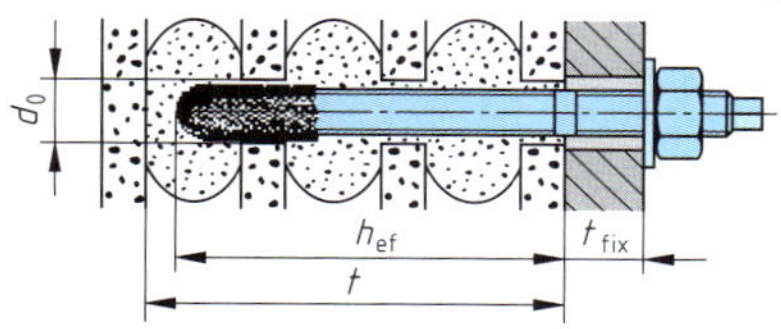

Belastung / Abmessungen		Ankerbezeichnung M8	M10	M12
F_{zul} (Hochlochziegel HLz 4)	kN	0,3	0,3	0,3
d_0	mm	16	16	20
$t \geq$	mm	90	90	90
h_{ef} (Ankerhülse)	mm	82	82	82
h_{ef} (Gewindestange)	mm	75	75	75
t_{fix}	mm	15	15	30

Montage

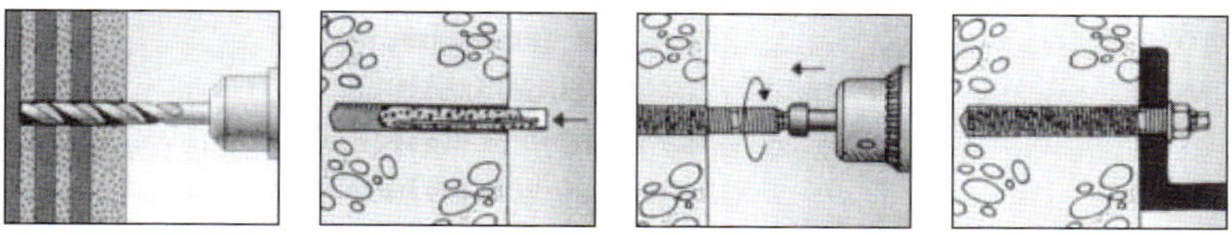

B

Befestigungselemente

Hohlraumanker

Beschreibung: Verzinkter Stahlhülsenanker mit Innengewinde für die Vorsteckmontage.

Geeignete Baustoffe: Gipskarton- und Gipsfaserplatten, Spanplatten, Hohldecken, Sperrholz

Einsatzbereiche: Befestigung leichter Objekte (z.B. Handtuchhalter, Gardinenschienen, Schlüsselkasten) an dünnen Wänden.

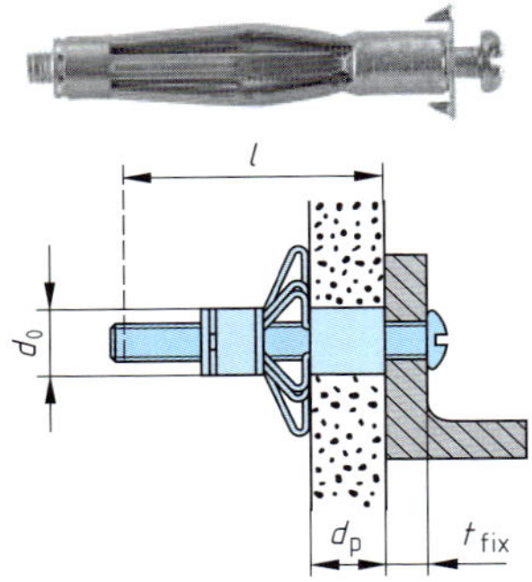

Belastung / Abmessungen		Ankerbezeichnung M4	M5	M5	M8
F_{zul} (Gipskarton 19 mm)	kN	–	0,25	0,25	0,25
F_{zul} (Holzspanplatte 13 mm)	kN	0,25	0,25	0,25	0,25
F_{zul} (Gipsfaserplatte 15 mm)	kN	0,25	0,25	0,25	0,25
d_0	mm	8	10	12	12
t	mm	56	62	62	65
l	mm	46	52	52	55
d_p	mm	5–18	7–21	10–21	10–21
t_{fix}	mm	23	24	24	24

Montage

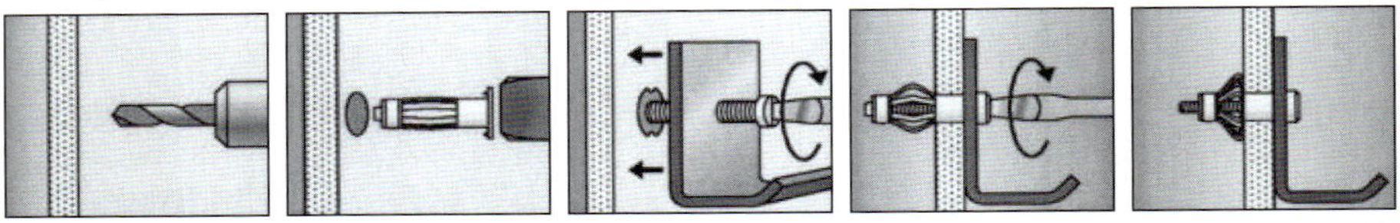

Betonschrauben für gerissenen und ungerissenen Beton

Beschreibung: Verzinkte Schraube mit Spezialgewinde und gehärteter Spitze. Vorbohren und Einschrauben.

Geeignete Baustoffe: Beton ≥ C20/25

Einsatzbereiche: Durchsteckmontage für Ankerschienen, Konsolen, Schutzgitter, Sitzreihen, Regalsysteme.

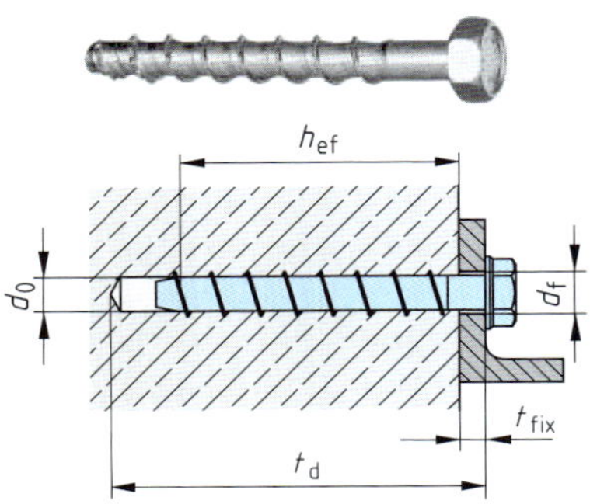

Belastung / Abmessungen		Ankerbezeichnung 8	10
F_{zul} (gerissener Beton)	kN	2,4	3,9
F_{zul} (ungerissener Beton)	kN	5,2	6,6
d_0	mm	8	10
t_d	mm	100	110
t_{fix}	mm	15	15
$d_f \leq$	mm	12	14
s_{cr}	mm	150	180
c_{cr}	mm	75	90

Montage

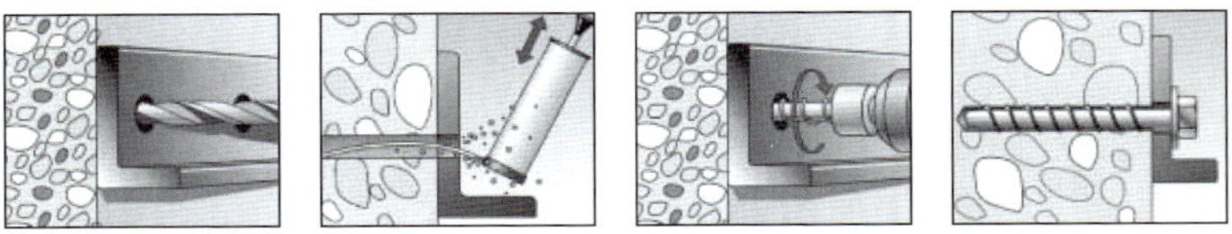

B

Befestigungselemente

Anker für Stahlhohlprofile

Beschreibung: Verzinkter Stahlanker.

Geeignete Baustoffe: Quadrat-, Rechteck- und Rundrohr

Einsatzbereiche: Für Anschlusselemente, Konsolen, Abhängungen.

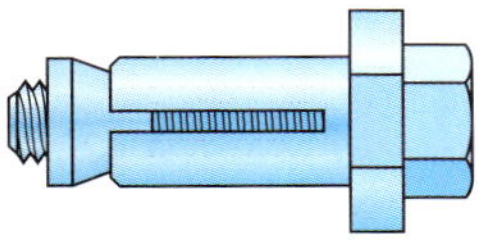

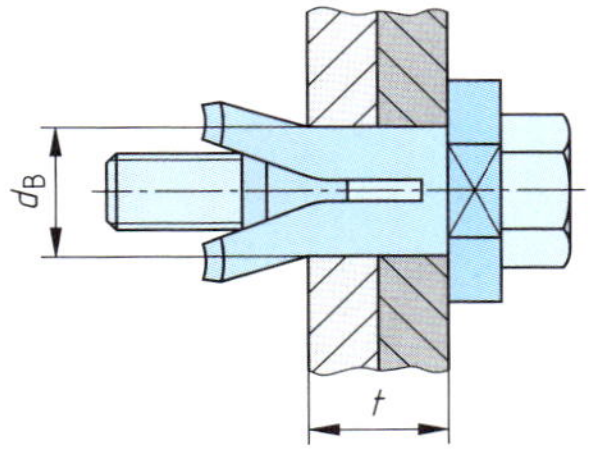

Belastung / Abmessungen		Ankerbezeichnung M 8	M 10	M 12	M 16	M 20
F_{zul} für Hohlprofil 140 × 140 × 6,3	kN	4	8	10	15	16
F_{zul} für Hohlprofil 180 × 180 × 8	kN	4	7	10	17	18
$F_{v\ zul}$	kN	5	10	15	30	40
M_A	Nm	23	45	80	190	300
d_B	mm	14	18	20	26	33
t	mm	3…22	3…22	3…25	8…28	8…34
a_{erf}	mm	35	40	50	55	70
$a_{r\ erf}$	mm	≥ 17,5	≥ 22,5	≥ 25,0	≥ 32,5	≥ 33

Setzbolzen für Formstähle

Beschreibung: Verzinkter und vergüteter Stahlnagel.

Geeignete Baustoffe: Formstähle aus S235JR (St 37-2), S355J0 (St 52-3 W), S355J2G3 (St 52-3 N) mit einer Wandstärke von $t \geq 6$ mm.

Einsatzbereiche: Für Trapezblech-Befestigung an Stützen, Trägern und Pfetten. Geeignet für maximal 4 Blechlagen.

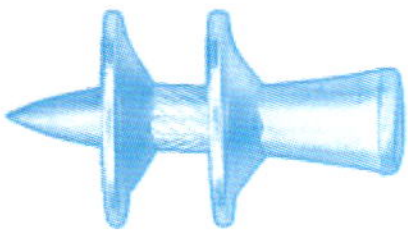

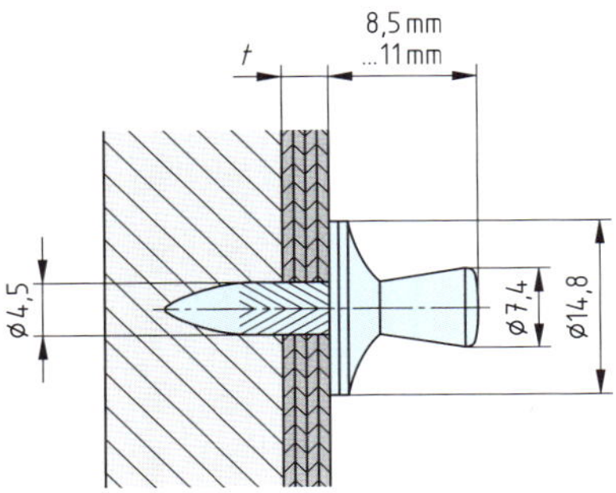

Maximale Anzahl der Blechlagen: 4

Belastung und Anwendung des Setzbolzens											
F_{zul}	kN	2,05	3,15	3,60	4,00	4,40	4,40	4,40	4,40	4,40	4,40
$F_{v\ zul}$	kN	2,0	2,35	2,70	3,00	3,50	4,00	4,30	4,30	4,30	4,30
t	mm	0,63	0,75	0,88	1,0	1,13	1,25	1,5	1,75	2,0	2,5
zulässige Befestigungsarten		1…4	1…4	1…4	1…4	1…4	1…4	1	1	1	1

Befestigungsarten

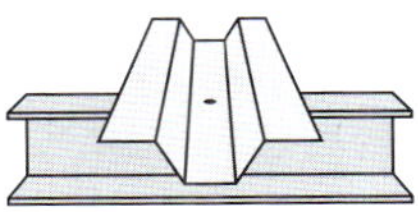

1. einfach, keine Überlappung

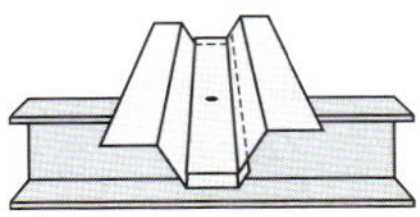

2. in Querrichtung überlappt

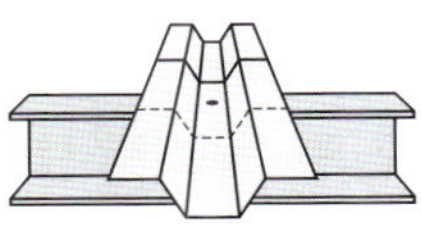

3. in Längsrichtung überlappt

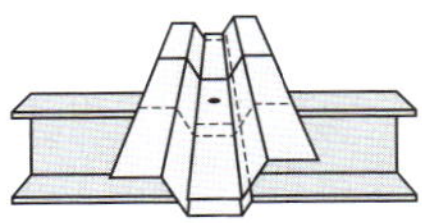

4. in Längs- und Querrichtung überlappt

Montagetechnik

Trägerklammern

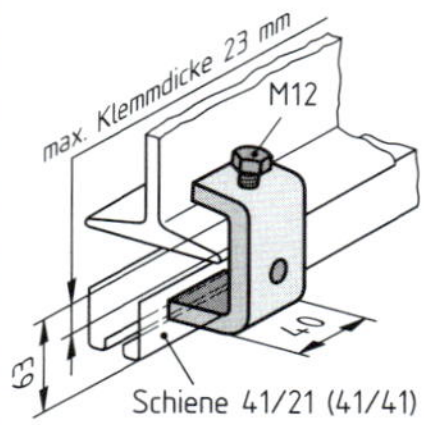

Trägerprofile:
links: I-Profile mit geneigten Flanschen (DIN 1025-1)
rechts: I-Profile mit parallelen Flanschen (DIN 1025-2, DIN 1025-5)

Empfohlene Belastung:
links: 4,5 kN; rechts: 3,1 kN

Anzugsmomente:
links: 20 Nm
rechts: Stellschraube 8 Nm, Feststellmutter 22 Nm.

Die Trägerklammer links ist paarweise zu setzen.

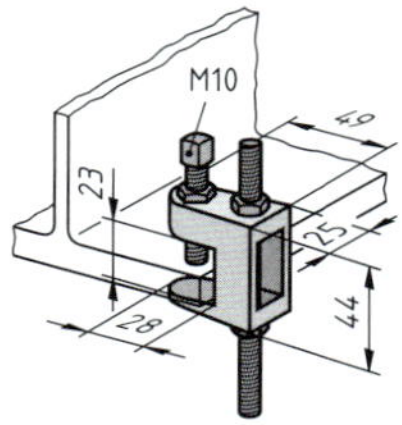

Träger-Klemmelemente für Kreuzverbindungen

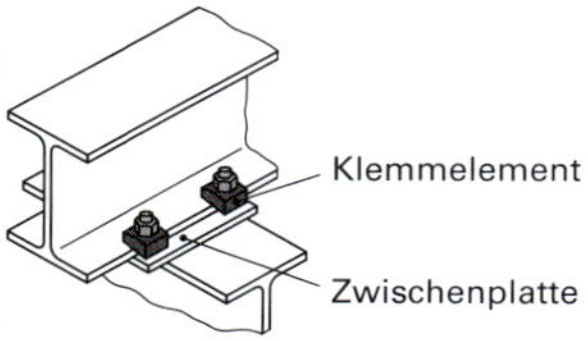

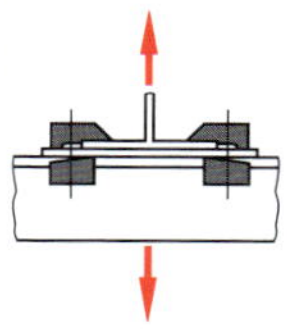

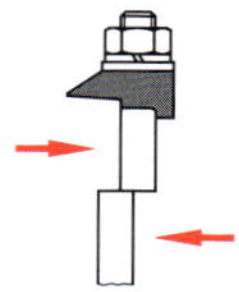

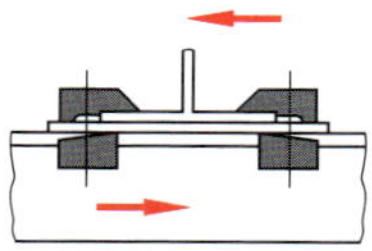

Schraube und Festigkeitsklasse		Anziehmoment M_A in Nm	Zulässige Last pro Klemmelement F_{zul} in kN	Zulässige Scherkraft pro Klemmelement Q_{zul} in kN	Reibungskraft F_R pro Klemmelement in kN bei Oberflächen Stahl : Stahl	Farbüberzug : Verzinkung
M 12	8.8	69,0	5.8	9.9	0,9	0,35
M 16	8.8	147,0	7.3	18.4	2,0	0,75
M 20	8.8	285,0	14.7	28.8	3,5	1,5
M 24	8.8	491,0	19.7	41.5	5,45	2,25
M 30	8.8	940,0	37.5	65.8	–	–
M 36	8.8	1715,0	62.5	96.1	8,75	3,65

Rohrschellen

vgl. DIN 3567 (1963-08)

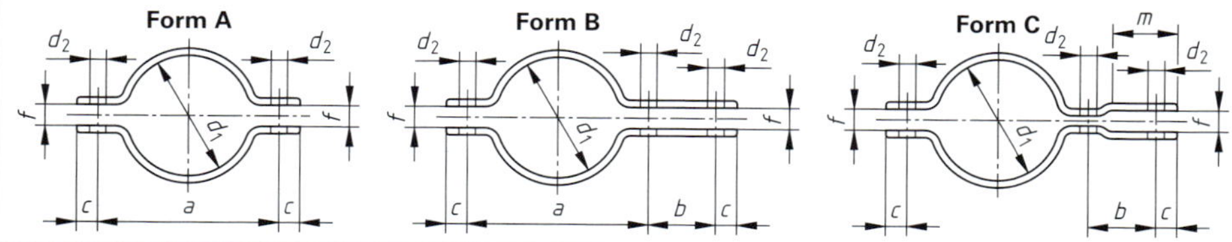

Nennweite in mm	Rohr-Schelle d_1 in mm	äußerer Rohrdurchmesser in mm	in inch	a in mm	b in mm	c in mm	d_2 in mm	f in mm	m in mm	Flach-Stahl S235JR	Sechskant-Schrauben	Masse in kg/100 Stück Form A	B und C
15	22	21,3	1/2″	56				5				18,0	28,4
20	27	26,9	3/4″	66								22,6	33,0
25	34	33,7	1″	72	46	15	11,5	7	44	30 × 5	M 10 × 30	24,8	35,2
32	43	42,4	1 1/4″	82								27,9	38,4
40	49	48,3	1 1/2″	88								30,4	40,7
50	57	57,0		104								56,1	76,7
	61	60,3	2″	108								58,2	78,0
65	77	76,1	2 1/2″	122	54	18	14	9	52	40 × 6	M 12 × 35	66,3	86,0
80	89	88,9	3″	136								75,3	95,1
100	108	108,0		172								159,1	203,0
	115	114,3	4″	178		24	18	11		50 × 8	M 16 × 45	163,4	206,5

Montagetechnik

Montageschienen für Metallbau-Konstruktionen

Schienenarten			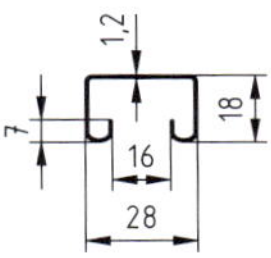	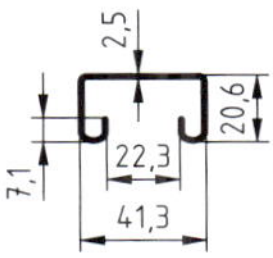	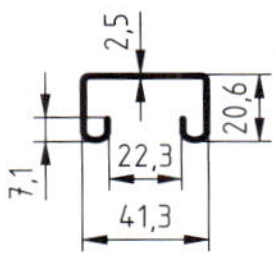	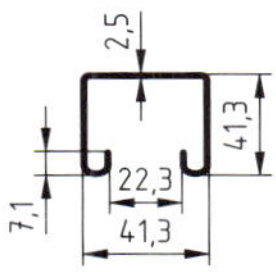
Bezeichnung			gelocht 28 × 18	gelocht 41 × 21	ungelocht 41 × 21	ungelocht 41 × 41
Wandstärke	t	in mm	1,2	2,5	2,5	2,5
Querschnittsfläche	S	in cm²	0,78	1,97	2,32	3,35
Schienengewicht	m	in kg/m	0,61	1,55	1,82	2,63
Lieferlänge	l	in m	2 und 3	3 und 6	3 und 6	3 und 6

Belastbarkeit der Montageschienen in Abhängigkeit von der Spannweite

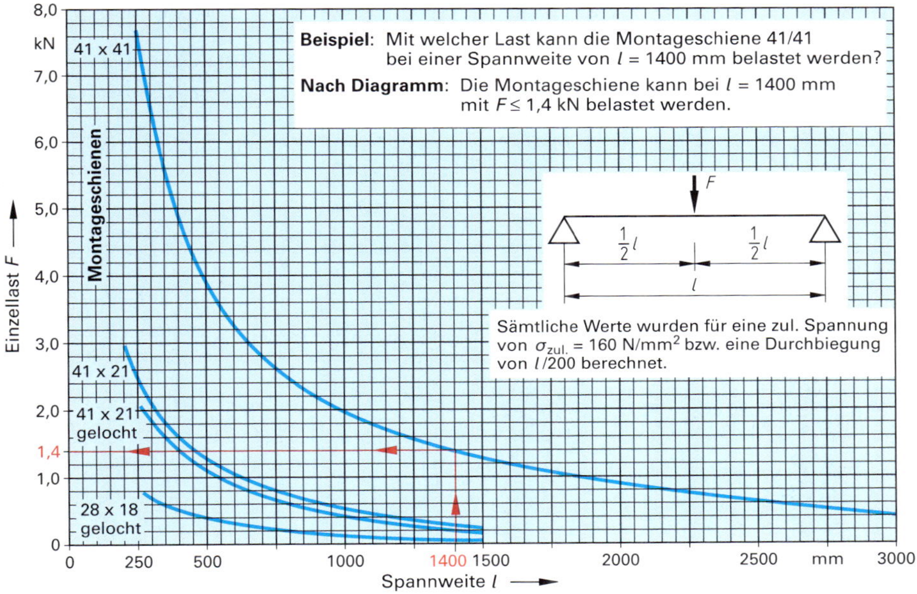

Beispiel: Mit welcher Last kann die Montageschiene 41/41 bei einer Spannweite von l = 1400 mm belastet werden?

Nach Diagramm: Die Montageschiene kann bei l = 1400 mm mit $F \leq$ 1,4 kN belastet werden.

Sämtliche Werte wurden für eine zul. Spannung von $\sigma_{zul.}$ = 160 N/mm² bzw. eine Durchbiegung von l/200 berechnet.

Schienenmuttern

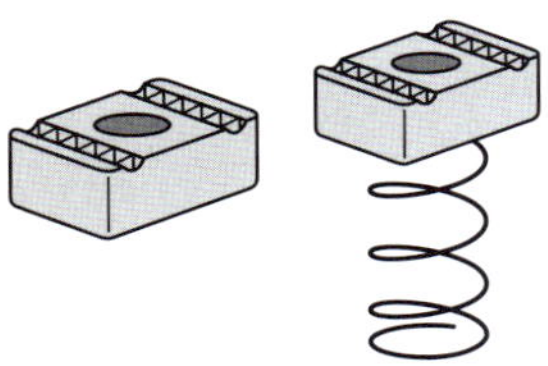

Schienenprofil	Gewinde	Empfohlene Kräfte Zug F_{zul} in kN	Querzug[1)] $F_{q\,zul}$ in kN	Anziehmoment M_F in Nm
41 × 21 gelocht 41 × 21 ungelocht	M 8 M 10 M 12	6,0 7,5 7,5	0,8 1,7 1,7	25,0 50,0 70,0
41 × 41 ungelocht	M 8 M 10 M 12	6,0 7,5 10,0	0,8 1,7 2,4	25,0 50,0 90,0

1) Querzug gültig für Einzelbefestigung. Wert für zweifache Befestigung $F_{q\,zul} \cdot 1{,}3$.

B

Anschlagmittel

Anschlag-Faserseile im Vergleich

Seil-Werkstoff	Seil-Nenndurchmesser *d* in mm	Tragfähigkeit in kg Einzelstrang direkt[1)]	Seil-Werkstoff	Seil-Nenndurchmesser *d* in mm	Tragfähigkeit in kg Einzelstrang direkt[1)]
Hanfseile – Ha – vierlitzig Kennzeichnung durch grünes Farbetikett	16	212	**Polyesterseile** – PES – dreilitzig Kennzeichnung durch blaues Farbetikett	16	560
	20	315		20	850
	24	450		24	1250
	28	630		28	1700
	32	800		32	2120
	36	1060		36	2650
	40	1250		40	3350
	48	1800		48	4500
Polyamidseile – Pa – dreilitzig Kennzeichnung durch grünes Farbetikett	16	560	**Polypropylenseile** – PP1 – dreilitzig Kennzeichnung durch braunes Farbetikett	16	250
	20	850		20	375
	24	1250		24	530
	28	1700		28	710
	32	2120		32	950
	36	2650		36	1180
	40	3150		40	1500
	48	4500		48	2120

1) Siehe Seite 245

Eigenschaften von Polyamid (PA)-, Polyester (PES)- und Polypropylen (PP1)-garnen

Eigenschaft	PA	PES	PP1
Festigkeit in $\frac{N}{mm^2}$	65 … 80	65 … 80	35 … 45
Reißdehnung in %	ca. 20	ca. 12	ca. 15
Nassfestigkeit in %	85 … 90	100	100
Scheuerfestigkeit im Verhältnis in %	100	80	50
Hitzebeständigkeit	gut bis sehr gut	sehr gut	gut
Formbeständigkeit	gut	sehr gut	befriedigend
Dichte $\frac{g}{cm^3}$	1,14	1,38	0,91
Schmelzpunkt in °C	255	260	168
Feuchtigkeitsaufnahme bei Normalklima in %	4,0	0,4	0,0
Chemikalienbeständigkeit:			
Laugen	gut	mäßig	gut
Säuren	unbeständig	gut	gut
Salze, basisch	unempfindlich	Schädigung	unempfindlich
Benzindämpfe	beständig	beständig	beständig

Ablegereife von Chemiefaserseilen

1. Bruch einer Litze im Seil.
2. Garnbrüche; mehr als 10% der Gesamtgarnzahl.
3. Stärkere Verformung aufgrund von Wärme, z.B. durch Reibung.
4. Lockerung der Spleiße.
5. Schäden durch aggressive Stoffe.

B

Anschlagmittel

Tragfähigkeit von Chemiefaserseilen aus Polypropylen

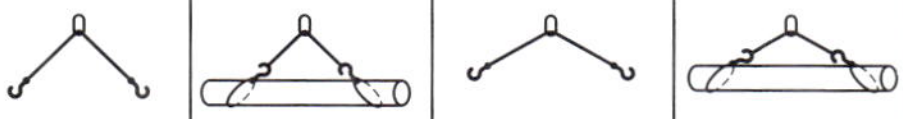

Seil-Nenn-durch-messer *d*	Einsträngige Anschlagseile			Zweisträngige Anschlagseile			
	Neigungswinkel β			Neigungswinkel β			
	0°	0°	0°	0° bis 45°		über 45° bis 60°	
	Maximale Last bei Anschlagart			Maximale Last bei Anschlagart			
	direkt	geschnürt	zweifach umgelegt	direkt	geschnürt	direkt	geschnürt
mm	kg	kg	kg	kg	kg	kg	kg
16	475	375	1900	670	530	475	375
20	710	560	2800	1000	800	710	560
24	1060	850	4250	1500	1180	1060	850
28	1400	1120	5600	2000	1600	1400	1120
32	1800	1400	7100	2500	2000	1800	1400
36	2240	1800	9000	3150	2500	2240	1800
40	2800	2240	11200	4000	3150	2800	2240
48	4250	3350	17000	6000	4750	4250	3350

Die Tabelle gilt für dreilitzige gedrehte Anschlag-Seile aus Polypropylen der Sorte 3 (PP3). Sie gilt nicht für geflochtene Seile aus PP.

Tragfähigkeit von Hebebändern aus Chemiefasern

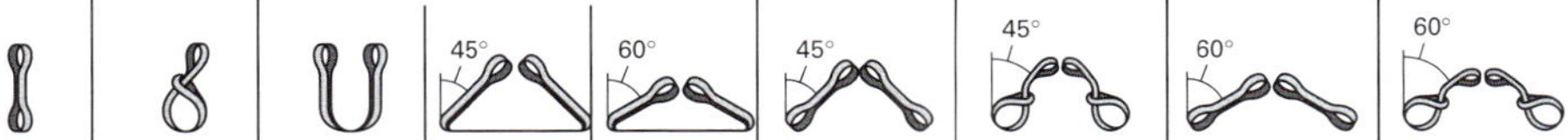

Einsträngige Hebebänder					Zweisträngige Hebebänder			
Neigungswinkel β					Neigungswinkel β			
0°	0°	0°	0° bis 45°	ü. 45°–60°	0° bis 45°		über 45° bis 60°	
Maximale Last bei Anschlagart					Maximale Last bei Anschlagart			
direkt	geschnürt	umgelegt, umschlungen			direkt	geschnürt	direkt	geschnürt
kg	kg	kg	kg	kg	kg	kg	kg	kg
500	400	1000	700	500	700	560	500	400
1000	800	2000	1400	1000	1400	1120	1000	800
1500	1200	3000	2100	1500	2100	1680	1500	1200
2000	1600	4000	2800	2000	2800	2240	2000	1600
2500	2000	5000	3500	2500	3500	2800	2500	2000
3000	2400	6000	4200	3000	4200	3360	3000	2400
4000	3200	8000	5600	4000	5600	4480	4000	3200
5000	4000	10 000	7000	5000	7000	5600	5000	4000
6000	4800	12000	8400	6000	8400	6720	6000	4800
8000	6400	16000	11200	8000	11200	8960	8000	6400
10000	8000	20000	14000	10000	14000	11200	10000	8000

Die Tabelle gilt für gewebte Schlaufenhebebänder und für Rundschlingen bzw. gelegte Endlos-Hebebänder aus Chemiefasern.

Farbkennzeichnung und Tragfähigkeit von Seilen, Schlingen und Bändern aus Chemiefasern

oliv:	500 kg	grün:	2000 kg	rot:	5000 kg	orange:	10000 kg
violett:	1000 kg	gelb:	3000 kg	braun:	6000 kg	orange:	12000 kg
blau:	1500 kg	grau:	4000 kg	blau:	8000 kg	orange:	15000 kg

B

Anschlagmittel

Tragfähigkeit von Drahtseilen

Seil-Nenn-durch-messer *d*	Einsträngige Anschlagseile		Zweisträngige Anschlagseile			
	Neigungswinkel β					
	0°	0°	0° bis 45 °		über 45° bis 60°	
	Maximale Last bei Anschlagart		Maximale Last bei Anschlagart			
	direkt	geschnürt	direkt	geschnürt	direkt	geschnürt
				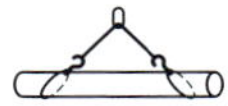		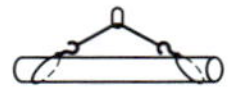
mm	kg	kg	kg	kg	kg	kg
8	560	450	800	600	560	450
10	850	670	1 200	950	850	670
12	1 250	1 000	1 750	1 400	1 250	1 000
14	1 700	1 400	2 400	1 900	1 700	1 400
16	2 240	1 800	3 150	2 500	2 240	1 800
18	2 800	2 240	4 000	3 150	2 800	2 240
20	3 550	2 880	5 000	4 000	3 550	2 800

Die Tabelle gilt für Stahldraht-Anschlagseile (Rundlitzen in Kreuz- oder Kabelschlag-Ausführung) mit einer Nennfestigkeit der Einzeldrähte von σ_n = 1770 N/mm² und der Anschlagseilart „N".

Tragfähigkeit von Drahtseilen

Seil-Nenn-durch-messer *d*	Einsträngige Anschlagseile		Zweisträngige Anschlagseile			
	Neigungswinkel β					
	0°	0°	0° bis 45 °		über 45° bis 60°	
	Maximale Last bei Anschlagart		Maximale Last bei Anschlagart			
	direkt	geschnürt	direkt	geschnürt	direkt	geschnürt
				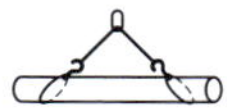		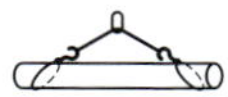
mm	kg	kg	kg	kg	kg	kg
8	800	630	1 120	900	800	630
10	1 250	1 000	1 800	1 400	1 250	1 000
12	1 800	1 500	2 500	2 000	1 800	1 500
14	2 500	2 000	3 550	2 800	2 500	2 000
16	3 350	2 650	4 500	3 750	3 350	2 650
18	4 000	3 200	5 500	4 500	4 000	3 200
20	5 000	4 000	7 100	5 500	5 000	4 000

Die Tabelle gilt für Stahldraht-Anschlagseile (Rundlitzen in Kreuz- oder Kabelschlag-Ausführung) mit einer Nennfestigkeit der Einzeldräht von σ_n = 1770 N/mm² und der Anschlagseilart „F".

Ablegereife von Drahtseilen

1. Bruch einer Litze.
2. Aufdoldungen.
3. Lockerung der äußeren Lage.
4. Quetschungen.
5. Knicke und Kinken (Klanken).
6. Korrosionsnarben.
7. Beschädigungen oder starke Abnutzung der Seil-Endverbindungen.
8.

Anzahl sichtbarer Drahtbrüche			
	Prüflänge in mm		
	$3 \cdot d$	$6 \cdot d$	$30 \cdot d$
Litzenseile	4	6	16
Kabelschlagseile	10	15	40

B

Anschlagmittel

Tragfähigkeit von Ketten der Güteklasse 8

Ketten-Nenn-dicke *d*	Einsträngige Anschlagketten		Zweisträngige Anschlagketten			
	Neigungswinkel β 0°	Neigungswinkel β 0°	Neigungswinkel β 0° bis 45 °		über 45° bis 60°	
	Maximale Last bei Anschlagart		Maximale Last bei Anschlagart			
	direkt 	geschnürt 	direkt 	geschnürt 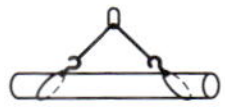	direkt 	geschnürt 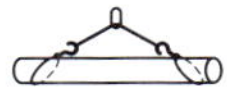
mm	kg	kg	kg	kg	kg	kg
6	1000	800	1400	1120	1000	800
8	2000	1600	2800	2240	2000	1600
10	3200	2500	4500	3550	3200	2500
13	5000	4000	7100	5600	5000	4000
16	8000	6300	11200	9000	8000	6300
18	10000	8000	14000	11200	10000	8000

Vergleich der Tragfähigkeit verschiedener Anschlagketten

Nenndicke *d*	Güteklasse			Nenndicke *d*	Güteklasse		
mm	2	5	8	mm	2	5	8
8	630 kg	1250 kg	2000 kg	16	2500 kg	5000 kg	8000 kg
10	1000 kg	2000 kg	3200 kg	18	3200 kg	6300 kg	10000 kg

Prüfstempel und Kettenanhänger für die Güteklassen 2, 5 und 8

vgl. DIN 685-4 (2001-02)

Farbe des Anhängers:

grau, natur oder farblos

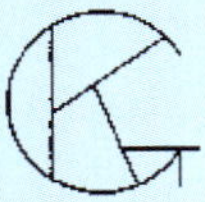

Prüf-stempel

Kennzahl für **Anzahl** der Kettenstränge

Kennzahl für **Nenndicke** der Kette in mm

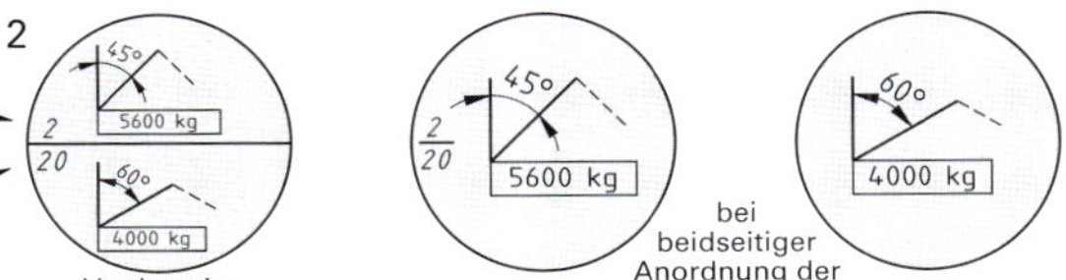

Vorderseite (Rückseite frei) | Vorderseite | bei beidseitiger Anordnung der Angaben | Rückseite

Farbe des Anhängers:

grün

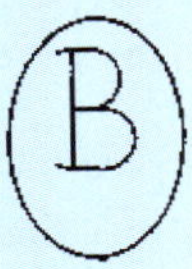

Prüf-stempel

Kennzahl für **Anzahl** der Kettenstränge

Kennzahl für **Nenndicke** der Kette in mm

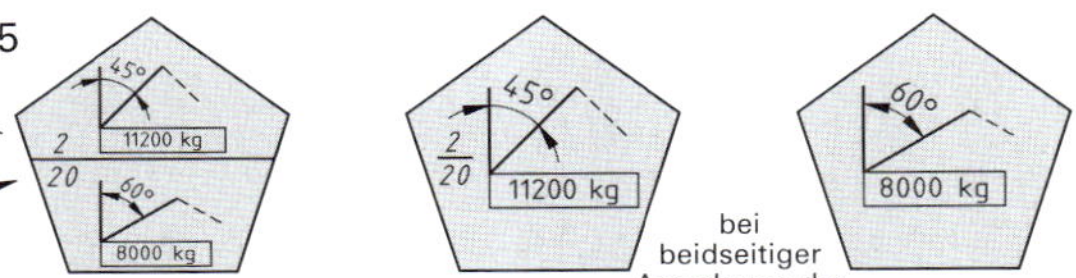

Bei einseitiger Anordnung der Angaben (Rückseite frei) | Vorderseite | bei beidseitiger Anordnung der Angaben | Rückseite

Farbe des Anhängers:

rot

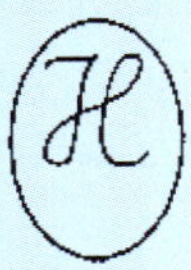

Prüf-stempel

Kennzahl für **Anzahl** der Kettenstränge

Kennzahl für **Nenndicke** der Kette in mm

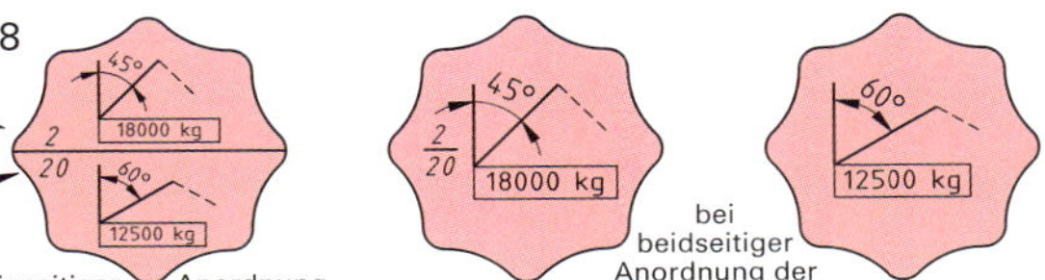

Bei einseitiger Anordnung der Angaben (Rückseite frei) | Vorderseite | bei beidseitiger Anordnung der Angaben | Rückseite

B

Anschlagmittel

Aufhängeglieder

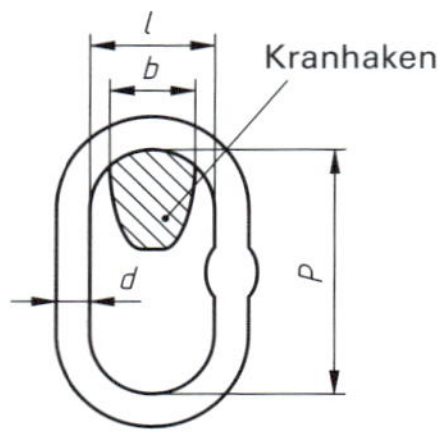

Ketten-Nenndicke mm 1-Strang	2-Strang	Tragfähigkeit kg	Maße in mm d	l	p	Masse kg	Kranhakenbreite b mm	Kranhakengröße nach DIN 15401
6/7	6	1500	13	60	110	0,3	45	2,5
8	7	2200	16	60	110	0,5	45	2,5
10	8	3200	18	75	135	0,8	60	5,0
13	10	5000	22	90	160	1,5	70	6,0
16	13	8000	26	100	180	2.3	75	8,0
18	16	11 200	32	110	200	3,9	95	10,0

Kettenschäkel

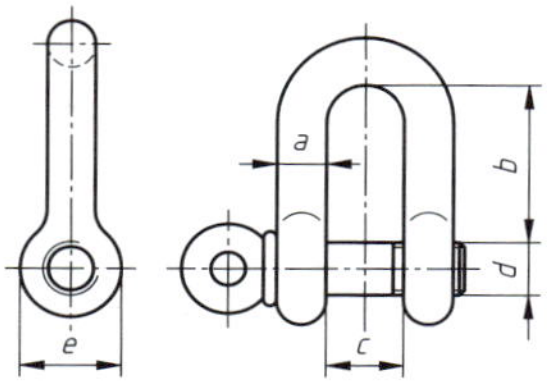

Tragfähigkeit kg	Maße in mm a	b	c	d	e	Masse kg
500	6	22 ± 2	11 ± 2	8	18	0,1
750	8	26 ± 2	13 ± 2	10	21	0,1
1000	10	31 ± 4	16 ± 2	12	25	0,1
1500	11	36 ± 4	18 ± 2	13	29	0,2
2000	13	41 ± 4	20 ± 2	16	31	0,3
3250	16	50 ± 4	26 ± 2	19	40	0,6

Kettenverbindungsglieder

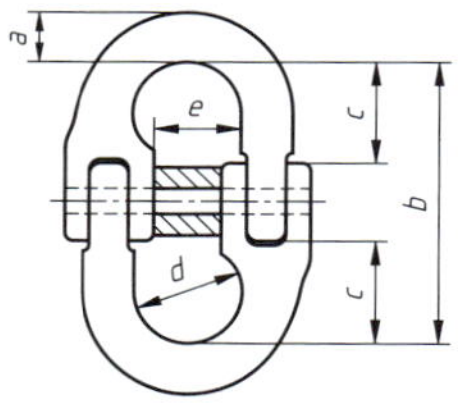

Ketten-Nenndicke mm	Tragfähigkeit kg	Maße in mm a	b	c	d	e	Masse kg
6	1000	7	47	16	16	15	0,1
7	1500	9	56	18	21	20	0,1
8	2000	9	58	26	20	20	0,1
10	3200	13	66	30	26	27	0,3
13	5000	17	84	31	31	29	0,6

Kupplungsglieder für Ketten

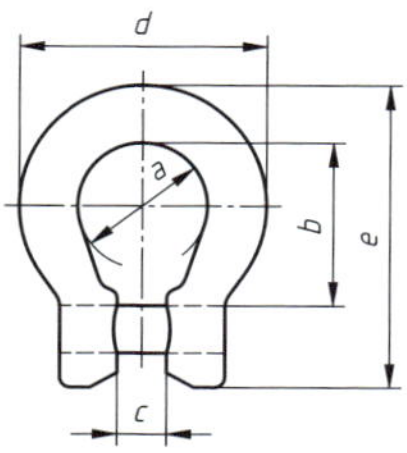

Ketten-Nenndicke mm	Tragfähigkeit kg	Maße in mm a	b	c	d	e	Masse kg
6	1000	13	23	6,5	44	50	0,1
7	1500	26	33,5	8,5	54	66	0,1
8	2000	26	33,5	8,5	54	66	0,3
10	3200	36	43,5	10,5	68	85	0,3
13	5000	44	55,0	13,6	88	108	0,6
16	8000	52	64,0	16,8	104	129	1,0

Kupplungsglieder für Hebebänder und Rundschlingen

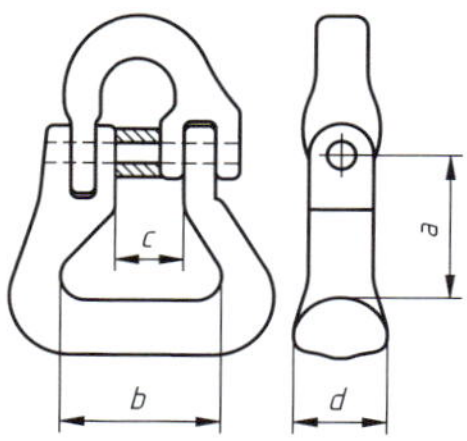

Ketten-Nenndicke mm	Tragfähigkeit kg	Maße in mm a	b	c	d	Masse kg
7/8	2000	35	40	18	24	0,2
10	3200	42	47	24	29	0,4
13	5000	50	53	29	35	0,7
16	8000	62	67	35	43	1,2
18/20	12 500	71	80	43	52	1,9

B

Anschlägerhandzeichen

Handzeichen für Kranführer, Anschläger und Einweiser

 Arm gestreckt mit nach vorn gekehrter Handfläche hochhalten: **Achtung**	 Beide Arme seitwärts waagerecht ausstrecken: **Halt**	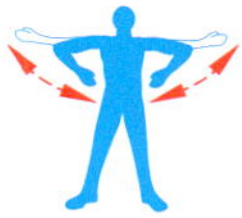 Beide Arme seitwärts waagerecht ausstrecken und abwechselnd anwinkeln und strecken: **Halt – Gefahr**
 Arm hochgestreckt mit nach vorn gekehrter Handfläche seitlich hin und her bewegen: **Abfahren**	 Mit beiden Armen mit zum Körper gerichteten Handflächen heranwinken: **Herkommen**	 Mit beiden Armen mit vom Körper weggerichteten Handflächen wegwinken: **Entfernen**
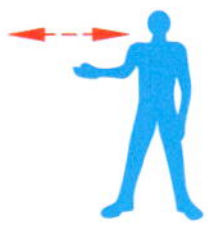 Den der Bewegungsrichtung zugeordneten Arm anwinkeln und seitlich hin und her bewegen: **Links fahren**	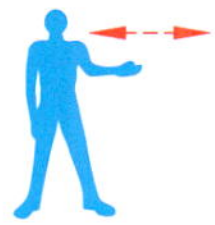 Den der Bewegungsrichtung zugeordneten Arm anwinkeln und seitlich hin und her bewegen: **Rechts fahren**	 Beide Handflächen parallel dem Abstand entsprechend halten: **Anzeige des Abstandes zum Haltepunkt**
 Mit beiden Händen auf Zielpunkt zeigen: **Ortsbestimmung**	 Mit nach unten zeigender Hand mit dem Arm Kreisbewegungen ausführen: **Ab**	 Mit nach oben zeigender Hand mit dem Arm Kreisbewegungen ausführen: **Auf**
 Beide Arme mit nach unten gekehrten Handflächen waagerecht ausstrecken und leicht nach oben und unten bewegen: **Langsam**	 Unterarm waagerecht mit nach oben gekehrter Handfläche leicht auf und ab bewegen: **Langsam auf**	 Unterarm waagerecht mit nach unten gekehrter Handfläche leicht auf und ab bewegen: **Langsam ab**

B

Biegetechnik

Kleinstzulässige Biegeradien für Flacherzeugnisse aus Stahl

vgl. pr EN 10025-2 (2000-12)

Werkstoff	beim Biegen quer oder längs zur Walzrichtung	Kleinster zulässiger innerer Biegeradius für Blechdicken *s* in mm														
		1	über 1 bis 1,5	über 1,5 bis 2,5	über 2,5 bis 3	über 3 bis 4	über 4 bis 5	über 5 bis 6	über 6 bis 7	über 7 bis 8	über 8 bis 10	über 10 bis 12	über 12 bis 14	über 14 bis 16	über 16 bis 18	über 18 bis 20
S 235 JRC S 235 JOC S 235 J2C	quer	1	1,6	2,5	3	5	6	8	10	12	16	20	25	28	36	40
	längs	1	1,6	2,5	3	6	8	10	12	16	20	25	28	32	40	45
S 275 JRC S 275 JOC S 275 J2C	quer	1,2	2,0	3,0	4	5	8	10	12	16	20	25	28	32	40	45
	längs	1,2	2,0	3,0	4	6	10	12	16	20	25	32	36	40	45	50
S 355 JOC S 355 J2C S 355 K2C	quer	1,6	2,5	4,0	5	6	8	10	12	16	20	25	32	36	45	50
	längs	1,6	2,5	4,0	5	8	10	12	16	20	25	32	36	40	50	63

Hinweis: Angegebene Werte gelten für Biegewinkel $\alpha \leq 90°$, für $\alpha > 120°$ ist der nächsthöhere Tabellenwert maßgeblich.

Kleinstzulässige Biegeradien für Flacherzeugnisse aus NE-Metallen

vgl. DIN 5520 (2002-07)

Werkstoff	Zustands-hinweis	Blechdicke *s* in mm												
		bis 0,8	über 0,8 bis 1	über 1 bis 1,5	über 1,5 bis 2	über 2 bis 3	über 3 bis 4	über 4 bis 5	über 5 bis 6	über 6 bis 7	über 7 bis 8	über 8 bis 10	über 10 bis 12	über 12 bis 15
		Biegeradius r_{min} in mm												
CuZn37F60	hart	2,0	2,5	4,0	5,0	8,0	10,0	12,0	16,0					
CuZn40F35	weich	1,0	1,6	2,5	4,0	6,0	10,0	–	–					
EN AW-5754 - H22	kaltverfestigt und rückgeglüht	0,8	1,0	1,5	3,0	4,5	6,0	8,0	10,0					
EN AW-5754 - H 12	kaltverfestigt	1,2	1,6	2,5	4,0	6,0	10,0	14,0	18,0					
EN AW-5754 - H 112	warmgewalzt	–	–	–	–	–	–	–	–	–	–	25	36	48
EN AW-5754 - H 111	weichgeglüht, gerichtet	0,4	0,6	1,0	2,0	3,0	4,0	6,0	8,0	10,0	14,0	–	–	–
EN AW-5083 - H 111	weichgeglüht, gerichtet	0,6	1,0	1,5	2,5	4,0	6,0	8,0	10,0	14,0	20,0	25,0	36,0	48,0
EN AW-5083 - H 22	kaltverfestigt und rückgeglüht	1,2	1,6	2,5	4,0	6,0	10,0	16,0	20,0	25,0	32,0	40,0	56,0	80,0
EN AW-6082 - T6	lösungsgeglüht u. warm ausgelagert	2,5	4,0	5,0	8,0	12,0	16,0	23,0	28,0	36,0	44,0	60,0	–	–

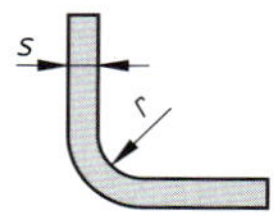

Hinweis: Bei Blechen ab 4 mm Dicke aus Werkstoffen mit hoher Festigkeit sind die Kanten im Bereich der Biegung zu entgraten, um ein Einreißen zu verhindern.

Profilbögen aus Stahl, kalt gebogen (Walzbiegen)

Profil	Maße in mm	r[1)] in mm	Profil	Maße in mm	r[1)] in mm	Profil	Maße in mm	r[1)] in mm
	100 × 15 60 × 30 60 × 12 50 × 10	2500 1200 500 300		80 × 80 × 8 60 × 60 × 6 25 × 25 × 3 15 × 15 × 3	3000 1000 350 250		bis U 120	1000
	200 × 15 150 × 12 60 × 30	600 400 500		60 × 60 × 8	1000	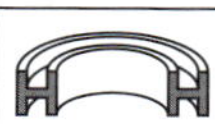	I 120 I 80	4000 3000
	50 × 50	1500		60 × 60 × 8	1000		I 120 I 80	1000 800

1) Bezogen auf die Biegeachse (Schwerachse) des Profils.

Biegetechnik

Berechnung der gestreckten Länge für gebogene Blechteile

vgl. DIN 6935 (1975-10)

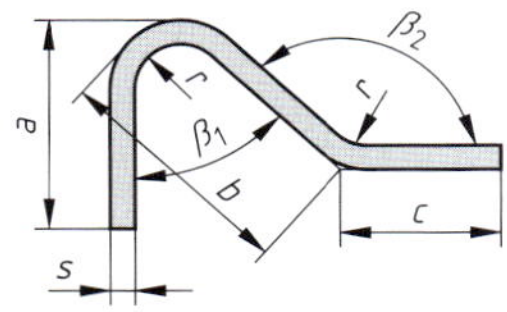

Gestreckte Länge

$$L = a + b + c + \ldots - v_1 - v_2 - \ldots$$

L	gestreckte Länge[1]
a, b, c	Schenkellängen[2]
s	Blechdicke
r	Biegeradius
β_1, β_2	Öffnungswinkel
v_1, v_2	Ausgleichswerte

Beispiel: $a = 45$ mm; $b = 50$ mm; $c = 32$ mm; $r = 10$ mm;
$\beta_1 = 45°$; $\beta_2 = 135°$; $s = 5$ mm

$v_1 = ?$; $v_2 = ?$; $L = ?$

$v_1 = 1{,}72$ mm; $v_2 = 3{,}00$ mm (vgl. Tabellen Seiten 252 und 253)

$\mathbf{L} = a + b + c + - v_1 - v_2$
$= 45 \text{ mm} + 50 \text{ mm} + 32 \text{ mm} - 1{,}72 \text{ mm} - 3{,}00 \text{ mm}$
$= 122{,}28 \text{ mm} \approx$ **123 mm**

[1] Die gerechnete gestreckte Länge wird auf volle Millimeter aufgerundet.
[2] Es wird mit den Außenmaßen der Biegeschenkel gerechnet.

Berechnung der Biegelinien

vgl. DIN 6935 (1975-10)

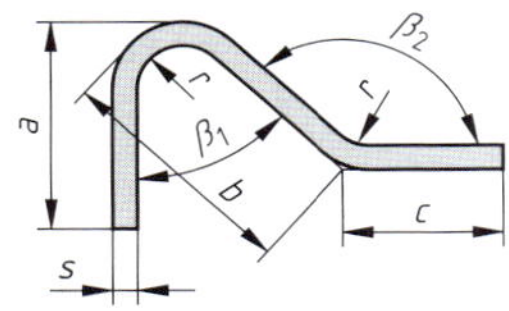

Lage der Biegelinien

$$l_1 = a - \frac{v_1}{2}$$

$$l_2 = c - \frac{v_2}{2}$$

L	gestreckte Länge[1]
a, b, c	Schenkellängen[2]
s	Blechdicke
r	Biegeradius
β_1, β_2	Öffnungswinkel
v_1, v_2	Ausgleichswerte

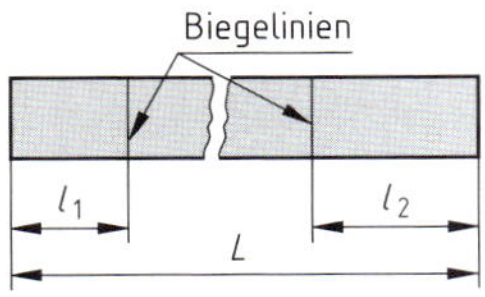

Beispiel: $a = 45$ mm; $b = 50$ mm; $c = 32$ mm; $r = 10$ mm;
$\beta_1 = 45°$; $\beta_2 = 135°$; $s = 5$ mm;
$v_1 = 1{,}72$ mm; $v_2 = 3{,}00$ mm (vgl. Tabellen Seiten 252 und 253)

$l_1 = ?$; $l_2 = ?$

$\mathbf{l_1} = a - \frac{v_1}{2} = 45 \text{ mm} - \frac{1{,}72}{2} \text{ mm} = 44{,}14 \text{ mm} \approx$ **44 mm**

$\mathbf{l_2} = c - \frac{v_2}{2} = 32 \text{ mm} - \frac{3{,}00}{2} \text{ mm} = 30{,}5 \text{ mm} \approx$ **31 mm**

[1] Die gerechnete gestreckte Länge wird auf volle Millimeter aufgerundet.
[2] Es wird mit den Außenmaßen der Biegeschenkel gerechnet.

Ausgleichswerte für das Kaltbiegen von Flacherzeugnissen aus Stahl

vgl. DIN 6935 Beibl. 2 (1983-02)

Dicke *s* in mm	Empfohlener Biegeradius *r*[1] in mm											
	1	1,2	**1,6**	2	**2,5**	3	**4**	5	**6**	8	**10**	12
	Ausgleichswert *v* in mm											
1	+ 0,38	+ 0,37	+ 0,36	+ 0,35	+ 0,34	+ 0,34	+ 0,34	+ 0,34	+ 0,35	+ 0,37	+ 0,40	+ 0,42
1,5	–	–	+ 0,56	+ 0,55	+ 0,54	+ 0,53	+ 0,51	+ 0,51	+ 0,50	+ 0,51	+ 0,53	+ 0,56
2	–	–	–	–	+ 0,74	+ 0,72	+ 0,70	+ 0,69	+ 0,68	+ 0,67	+ 0,67	+ 0,70
2,5	–	–	–	–	+ 0,95	+ 0,93	+ 0,90	+ 0,88	+ 0,86	+ 0,85	+ 0,84	+ 0,84
3					–	+ 1,13	+ 1,10	+ 1,07	+ 1,05	+ 1,03	+ 1,01	+ 1,01
3,5					–	–	+ 1,30	+ 1,27	+ 1,25	+ 1,21	+ 1,19	+ 1,18
4					–	–	–	+ 1,47	+ 1,44	+ 1,40	+ 1,38	+ 1,36
4,5					–	–	–	–	+ 1,65	+ 1,60	+ 1,56	+ 1,54
5					–	–	–	–	+ 1,85	+ 1,79	+ 1,75	+ 1,73
6					–	–	–	–	–	+ 2,19	+ 2,14	+ 2,11
7	–	–	–	–	–	–	–	–	–	–	+ 2,54	+ 2,49
8	–	–	–	–	–	–	–	–	–	–	–	+ 2,89

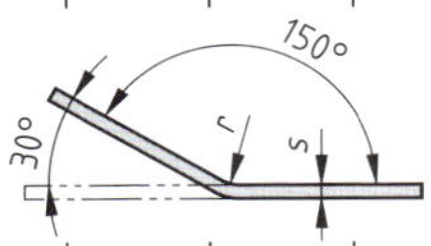

[1] Die fett gedruckten Biegeradien sind bevorzugt zu verwenden.

F

Biegetechnik

Ausgleichswerte für das Kaltbiegen von Flacherzeugnissen aus Stahl

vgl. DIN 6935 Beibl. 2 (1983-02)

Dicke *s* in mm	Empfohlener Biegeradius *r*[1] in mm / Ausgleichswert *v* in mm											
	1	1,2	**1,6**	2	**2,5**	3	**4**	5	**6**	8	**10**	12
1	+ 0,62	+ 0,61	+ 0,60	+ 0,60	+ 0,60	+ 0,61	+ 0,63	+ 0,65	+ 0,69	+ 0,78	+ 0,87	+ 0,95
1,5	–	–	+ 0,92	+ 0,91	+ 0,90	+ 0,90	+ 0,91	+ 0,92	+ 0,94	+ 1,00	+ 1,08	+ 1,17
2	–	–	–	–	+ 1,22	+ 1,21	+ 1,20	+ 1,21	+ 1,22	+ 1,25	+ 1,30	+ 1,39
2,5	–	–	–	–	+ 1,54	+ 1,52	+ 1,50	+ 1,50	+ 1,50	+ 1,53	+ 1,57	+ 1,61
3					–	+ 1,85	+ 1,82	+ 1,80	+ 1,80	+ 1,81	+ 1,84	+ 1,88
3,5					–	–	+ 2,14	+ 2,11	+ 2,10	+ 2,10	+ 2,12	+ 2,15
4					–	–	–	+ 2,43	+ 2,41	+ 2,40	+ 2,41	+ 2,43
4,5					–	–	–	–	+ 2,73	+ 2,70	+ 2,70	+ 2,72
5					–	–	–	–	+ 3,05	+ 3,01	+ 3,00	+ 3,01
6					–	–	–	–	–	+ 3,64	+ 3,61	+ 3,60
7					–	–	–	–	–	–	+ 4,23	+ 4,21
8	–	–	–	–	–	–	–	–	–	–	–	+ 4,83

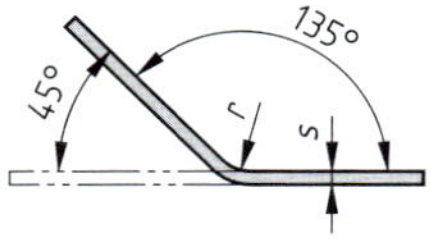

1	+ 0,92	+ 0,92	+ 0,93	+ 0,95	+ 0,98	+ 1,01	+ 1,09	+ 1,17	+ 1,28	+ 1,49	+ 1,71	+ 1,92
1,5	–	–	+ 1,38	+ 1,39	+ 1,40	+ 1,43	+ 1,48	+ 1,55	+ 1,63	+ 1,81	+ 2,02	+ 2,24
2	–	–	–	–	+ 1,85	+ 1,86	+ 1,90	+ 1,96	+ 2,02	+ 2,17	+ 2,34	+ 2,55
2,5	–	–	–	–	+ 2,30	+ 2,31	+ 2,33	+ 2,38	+ 2,43	+ 2,57	+ 2,72	+ 2,88
3					–	+ 2,77	+ 2,77	+ 2,81	+ 2,85	+ 2,97	+ 3,11	+ 3,26
3,5					–	–	+ 3,23	+ 3,25	+ 3,28	+ 3,38	+ 3,51	+ 3,65
4					–	–	–	+ 3,69	+ 3,72	+ 3,80	+ 3,92	+ 4,05
4,5					–	–	–	–	+ 4,16	+ 4,23	+ 4,33	+ 4,45
5					–	–	–	–	+ 4,61	+ 4,66	+ 4,75	+ 4,86
6					–	–	–	–	–	+ 5,55	+ 5,61	+ 5,70
7					–	–	–	–	–	–	+ 6,49	+ 6,56
8	–	–	–	–	–	–	–	–	–	–	-	+ 7,44

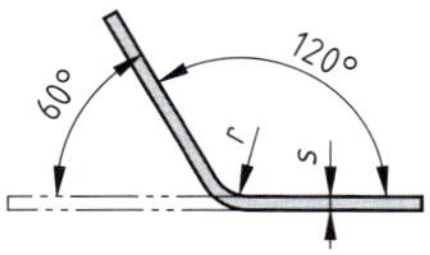

1	+ 1,92	+ 1,97	+ 2,10	+ 2,23	+ 2,41	+ 2,59	+ 2,97	+ 3,36	+ 3,79	+ 4,65	+ 5,51	+ 6,37
1,5	–	–	+ 2,90	+ 3,02	+ 3,18	+ 3,34	+ 3,70	+ 4,07	+ 4,45	+ 5,26	+ 6,11	+ 6,97
2	–	–	–	–	+ 3,98	+ 4,13	+ 4,46	+ 4,81	+ 5,18	+ 5,94	+ 6,72	+ 7,58
2,5	–	–	–	–	+ 4,80	+ 4,93	+ 5,24	+ 5,57	+ 5,93	+ 6,66	+ 7,42	+ 8,21
3					–	+ 5,76	+ 6,04	+ 6,35	+ 6,69	+ 7,40	+ 8,14	+ 8,91
3,5					–	–	+ 6,85	+ 7,15	+ 7,47	+ 8,15	+ 8,88	+ 9,63
4					–	–	–	+ 7,95	+ 8,26	+ 8,92	+ 9,62	+ 10,36
4,5					–	–	–	–	+ 9,06	+ 9,69	+ 10,38	+ 11,10
5					–	–	–	–	+ 9,87	+ 10,48	+ 11,15	+ 11,85
6					–	–	–	–	–	+ 12,08	+ 12,71	+ 13,38
7					–	–	–	–	–	–	+ 14,29	+ 14,93
8	–	–	–	–	–	–	–	–	–	–	–	+ 16,51

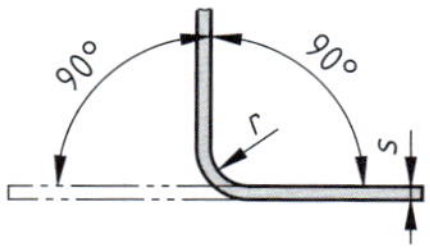

1	+ 1,22	+ 1,16	+ 1,06	+ 0,97	+ 0,87	+ 0,79	+ 0,63	+ 0,48	+ 0,39	+ 0,20	+ 0,01	– 0,18
1,5	–	–	+ 1,81	+ 1,69	+ 1,57	+ 1,46	+ 1,27	+ 1,10	+ 0,94	+ 0,67	+ 0,49	+ 0,30
2	–	–	–	–	+ 2,30	+ 2,17	+ 1,95	+ 1,75	+ 1,57	+ 1,25	+ 0,96	+ 0,77
2,5	–	–	–	–	+ 3,06	+ 2,91	+ 2,65	+ 2,43	+ 2,23	+ 1,88	+ 1,57	+ 1,27
3					–	+ 3,67	+ 3,38	+ 3,14	+ 2,92	+ 2,53	+ 2,19	+ 1,88
3,5					–	–	+ 4,13	+ 3,86	+ 3,62	+ 3,20	+ 2,84	+ 2,50
4					–	–	–	+ 4,60	+ 4,34	+ 3,89	+ 3,50	+ ,315
4,5					–	–	–	–	+ 5,08	+ 4,59	+ 4,18	+ 3,80
5					–	–	–	–	+ 5,82	+ 5,31	+ 4,86	+ 4,47
6					–	–	–	–	–	+ 6,77	+ 6,28	+ 5,84
7					–	–	–	–	–	–	+ 7,72	+ 7,24
8	–	–	–	–	–	–	–	–	–	–	–	+ 8,68

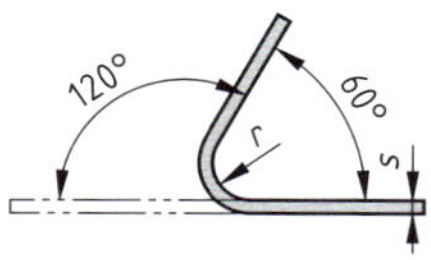

[1] Die fett gedruckten Biegeradien sind bevorzugt zu verwenden.

F

Biegetechnik

Ausgleichswerte für das Kaltbiegen von Flacherzeugnissen aus Stahl

vgl. DIN 6935 Beibl. 2 (1983-02)

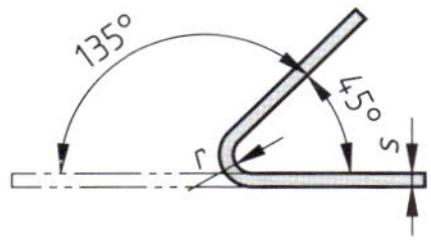

Dicke *s* in mm	Empfohlener Biegeradius *r*[1] in mm: **1**	1,2	**1,6**	2	**2,5**	3	**4**	5	**6**	8	**10**	12
	Ausgleichswert *v* in mm											
1	+0,88	+0,76	+0,54	+0,34	+0,11	–0,12	–0,55	–0,96	–1,32	–2,03	–2,74	–3,45
1,5	–	–	+1,26	+1,03	+0,76	+0,52	+0,05	–0,39	–0,82	–1,62	–2,33	–3,04
2	–	–	–	–	+1,46	+1,19	+0,69	+0,22	–0,23	–1,08	–1,92	–2,63
2,5	–	–	–	–	+2,20	+1,90	+1,36	+0,86	+0,39	–0,51	–1,36	–2,19
3					–	+2,63	+2,06	+1,53	+1,03	+0,10	–0,78	–1,64
3,5					–	–	+2,78	+2,22	+1,70	+0,73	–0,18	–1,06
4					–	–	–	+2,93	+2,38	+1,38	+0,44	–0,46
4,5					–	–	–	–	+3,09	+2,04	+1,07	+0,15
5					–	–	–	–	+3,80	+2,72	+1,72	+0,78
6					–	–	–	–	–	+4,11	+3,06	+2,07
7					–	–	–	–	–	–	+4,44	+3,40
8	–	–	–	–	–	–	–	–	–	–	–	+4,77

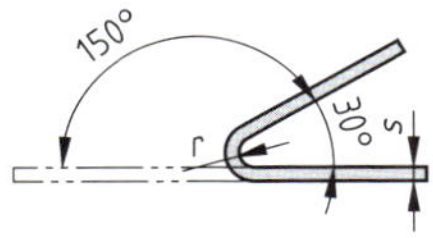

Dicke *s* in mm	**1**	1,2	**1,6**	2	**2,5**	3	**4**	5	**6**	8	**10**	12
1	+0,53	+0,36	+0,03	–0,28	–0,66	–1,02	–1,72	–2,40	–3,02	–4,25	–5,49	–6,72
1,5	–	–	+0,71	+0,37	–0,04	–0,43	–1,17	–1,88	–2,58	–3,91	–5,14	–6,38
2	–	–	–	–	+0,63	+0,21	–0,57	–1,31	–2,03	–3,43	–4,80	–6,03
2,5	–	–	–	–	+1,33	+0,89	+0,07	–0,71	–1,46	–2,90	–4,29	–5,66
3					–	+1,59	+0,73	–0,08	–0,85	–2,33	–3,76	–5,15
3,5					–	–	+1,42	+0,58	–0,22	–1,74	–3,20	–4,62
4					–	–	–	+1,25	+0,43	–1,14	–2,63	–4,07
4,5					–	–	–	–	+1,10	–0,51	–2,03	–3,50
5					–	–	–	–	+1,78	+0,13	–1,42	–2,91
6					–	–	–	–	–	+1,46	–0,16	–1,70
7					–	–	–	–	–	–	+1,15	–0,44
8	–	–	–	–	–	–	–	–	–	–	–	+0,86

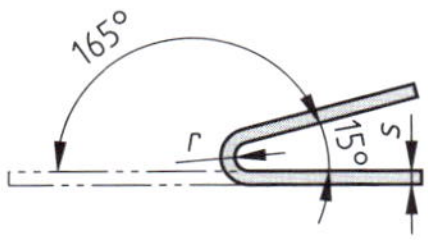

Dicke *s* in mm	**1**	1,2	**1,6**	2	**2,5**	3	**4**	5	**6**	8	**10**	12
1	+0,18	–0,05	–0,49	–0,91	–1,42	–1,92	–2,89	–3,84	–4,72	–6,48	–3,24	–10,00
1,5	–	–	+0,16	–0,30	–0,84	–1,37	–2,38	–3,37	–4,33	–6,20	–7,96	–9,72
2	–	–	–	–	–0,21	–0,76	–1,82	–2,84	–3,84	–5,78	–7,68	–9,44
2,5	–	–	–	–	+0,46	–0,12	–1,23	–2,28	–3,30	–5,29	–7,22	–9,12
3					–	+0,55	–0,60	–1,69	–2,74	–4,77	–6,74	–8,67
3,5					–	–	+0,06	–1,07	–2,14	–4,22	–6,22	–8,18
4					–	–	–	–0,42	–1,53	–3,65	–5,69	–7,68
4,5					–	–	–	–	–0,90	–3,06	–5,13	–7,15
5					–	–	–	–	–0,24	–2,45	–4,56	–6,61
6					–	–	–	–	–	–1,19	–3,37	–5,47
7					–	–	–	–	–	–	–2,13	–4,29
8	–	–	–	–	–	–	–	–	–	–	–	–3,06
9	–	–	–	–	–	–	–	–	–	–	–	–

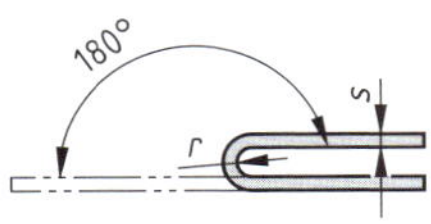

Dicke *s* in mm	**1**	1,2	**1,6**	2	**2,5**	3	**4**	5	**6**	8	**10**	12
1	–0,16	–0,45	–1,01	–1,54	–2,19	–2,82	–4,06	–5,28	–6,42	–8,70	–10,99	–13,27
1,5	–	–	–0,39	–0,96	–1,65	–2,31	–3,60	–4,86	–6,09	–8,49	–10,77	–13,06
2	–	–	–	–	–1,05	–1,74	–3,08	–4,38	–5,64	–8,12	–10,56	–12,84
2,5	–	–	–	–	–0,41	–1,13	–2,52	–3,85	–5,15	–7,68	–10,15	–12,59
3					–	–0,49	–1,92	–3,29	–4,62	–7,20	–9,71	–12,18
3,5					–	–	–1,30	–2,71	–4,07	–6,69	–9,24	–11,74
4					–	–	–	–2,10	–3,49	–6,16	–8,75	–11,28
4,5					–	–	–	–	–2,89	–5,61	–8,24	–10,80
5					–	–	–	–	–2,27	–5,04	–7,70	–10,30
6					–	–	–	–	–	–3,85	–6,59	–9,24
7					–	–	–	–	–	–	–5,41	–8,13
8	–	–	–	–	–	–	–	–	–	–	–	–6,97

[1] Die fett gedruckten Biegeradien sind bevorzugt zu verwenden.

F

Biegetechnik

Ausgleichswerte für beliebige Biegewinkel

vgl. DIN 6935 (1975-10)

L	gestreckte Länge	r	Biegeradius	β	Öffnungswinkel
a, b	Schenkellängen	α	Biegewinkel	k	Korrekturfaktor[1]
s	Blechdicke	v	Ausgleichswert		

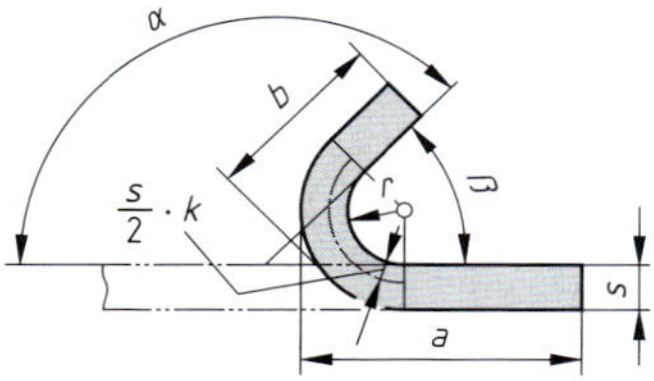

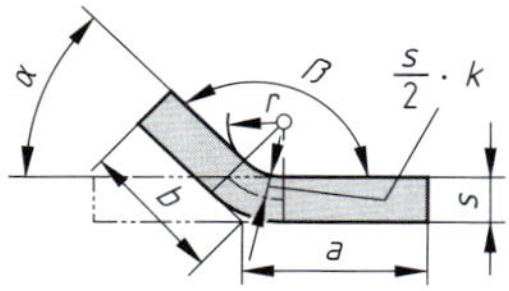

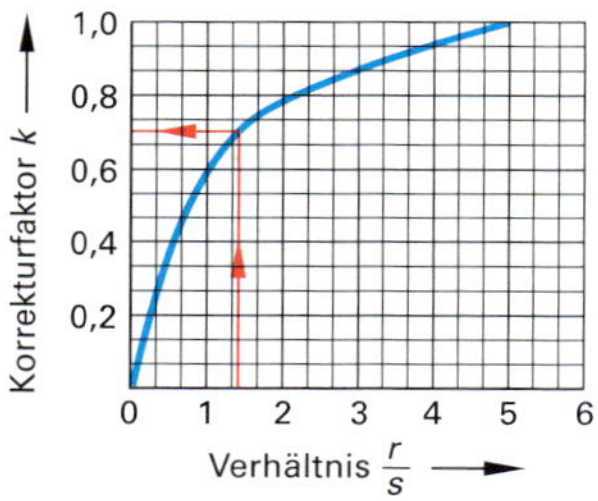

Ausgleichswert für $\beta = 0° \dots 90°$:

$$v = 2 \cdot (r + s) - \pi \cdot \left(\frac{180° - \beta}{180°}\right) \cdot \left(r + \frac{s}{2} \cdot k\right)$$

Ausgleichswert für $\beta > 90° \dots 165°$:

$$v = 2 \cdot (r + s) \cdot \tan \frac{180° - \beta}{2} - \pi \cdot \left(\frac{180° - \beta}{180°}\right) \cdot \left(r + \frac{s}{2} \cdot k\right)$$

Ausgleichswert für $\beta > 165° \dots 180°$:

$$v = 0$$

Beispiel: Biegeteil mit Öffnungswinkel 50°;
$\beta = 50°$; $s = 5$ mm; $r = 6$ mm; $k = ?$; $v = ?$

Verhältnis $\frac{r}{s} = \frac{6\text{ mm}}{5\text{ mm}} = 1{,}2$

Nach Diagramm: $k = 0{,}7$

$$\mathbf{v} = 2 \cdot (r + s) - \pi \cdot \left(\frac{180° - \beta}{180°}\right) \cdot \left(r + \frac{s}{2} \cdot k\right)$$

$$= 2 \cdot (6\text{ mm} + 5\text{ mm}) - \pi \cdot \left(\frac{180° - 50°}{180°}\right) \cdot \left(6\text{ mm} + \frac{5\text{ mm}}{2} \cdot 0{,}7\right)$$

$$\mathbf{= + 4{,}42\ mm}$$

[1] Der Korrekturfaktor k gibt die Abweichung der Lage der neutralen Linie $\frac{s}{2}$ an. Für das Verhältnis $\frac{r}{s} > 5$ ist $k = 1$ zu setzen.
In diesen Fällen wird nach der Formel zur gestreckten Länge mit Ausgleichswert v gerechnet (vgl. S. 251), oder es wird allgemein über die neutrale Linie gerechnet.

Ausgleichswerte nach Faustformel und Näherungsformel

F

Bei einfachen Blechbiegearbeiten mit Biegewinkel $\alpha = 90°$ und Blechstärken unter 5 mm kann mit den folgenden Faustformeln pro Biegestelle gerechnet werden:

r Biegeradius
s Blechdicke
v Ausgleichswert

$$v \approx 2 \cdot s \qquad \text{oder} \qquad v \approx \frac{r}{2} + s$$

Bei kleinen Toleranzen und bei mehr als drei 90°-Biegungen ergibt sich der Ausgleichswert aus folgender Näherungsformel:

$$v \approx 0{,}43 \cdot r + (1{,}48 \cdot s)$$

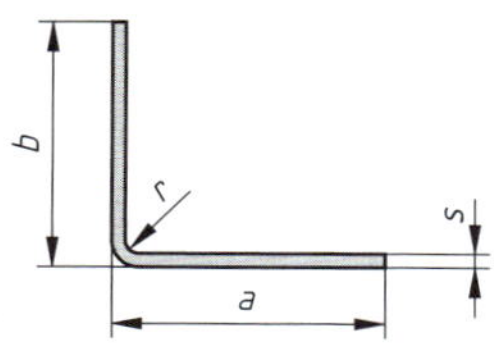

Beispiel: Biegeteil mit Öffnungswinkel 90°;
$s = 1$ mm; $r = 3$ mm; $v = ?$

1. Faustformel: $\mathbf{v} \approx 2 \cdot s$

oder $\approx 2 \cdot 1\text{ mm} \approx$ **2 mm**

2. Faustformel: $\mathbf{v} \approx \frac{r}{2} + s$

$\approx \frac{3\text{ mm}}{2} + 1\text{ mm} \approx$ **2,5 mm**

Biegetechnik

Rückfederung beim Schwenkbiegen

vgl. VDI 3389 (1973-12)

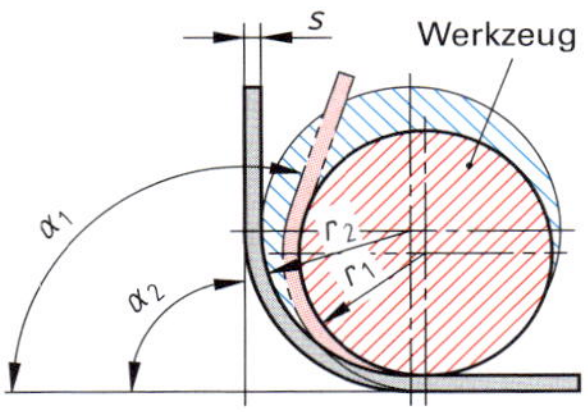

α_1 Winkel am Werkzeug (vor Rückfederung)
α_2 Biegewinkel (Werkstück)
r_1 Radius am Werkzeug
r_2 Biegeradius (am Werkstück)
k_r Rückfederungsfaktor
s Blechdicke

Radius am Werkzeug

$$r_1 = k_r \cdot (r_2 + 0{,}5 \cdot s) - 0{,}5 \cdot s$$

Winkel am Werkzeug

$$\alpha_1 = \frac{\alpha_2}{k_r}$$

Werkstoff der Biegeteile	Rückfederungsfaktor k_r für das Verhältnis $r_2 : s$										
	1	1,6	2,5	4	6,3	10	16	25	40	63	100
DC04 (St 14)	0,99	0,99	0,99	0,98	0,97	0,97	0,96	0,94	0,91	0,87	0,83
DC01 (St 12)	0,99	0,99	0,99	0,97	0,96	0,96	0,93	0,90	0,85	0,77	0,66
X12CrNi18 8	0,99	0,98	0,97	0,95	0,93	0,89	0,84	0,76	0,63	–	–
E-CuF20	0,98	0,97	0,97	0,96	0,95	0,93	0,90	0,85	0,79	0,72	0,60
CuZn33F29	0,97	0,97	0,96	0,95	0,94	0,93	0,89	0,86	0,83	0,77	0,73
CuNi18Zn	–	–	–	0,97	0,96	0,95	0,92	0,87	0,82	0,72	–
EN AW-Al99,0-0	0,99	0,99	0,99	0,99	0,98	0,98	0,97	0,97	0,96	0,95	0,93
EN AW-AlCu4MgSi(A)	0,98	0,98	0,98	0,98	0,97	0,97	0,96	0,95	0,93	0,91	0,87
EN AW-AlSi1MgMn-0	0,98	0,98	0,97	0,96	0,95	0,93	0,90	0,86	0,82	0,76	0,72

Rückfederung beim Gesenkbiegen

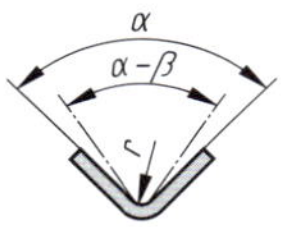

Blechdicke s in mm	Biegeradius r in mm	Rückfederungswinkel β bei 90°-Abkantungen[1]		
		Stahl, weich Stanzblech Messing, weich (R_m = 270 N/mm²) Aluminium, Zink	Stahl, mittelhart (R_m = 400 N/mm²) Messing, hart (R_m = 350 N/mm²) Bronze, hart	Stahl, hart (R_m = 600 N/mm²)
bis 0,8	$< s$	4 … 3	5 … 4	7 … 6
	$s \dots 5 \cdot s$	5 … 4	6 … 5	9 … 8
	$> 5 \cdot s$	6 … 5	8 … 7	12 … 10
0,8 … 2	$< s$	2	3 … 2	5 … 3
	$s \dots 5 \cdot s$	4 … 3	5 … 3	7 … 5
	$> 5 \cdot s$	5 … 4	7 … 5	9 … 7
2 … 5	$< s$	1 … 0	2 … 0	3 … 2
	$s \dots 5 \cdot s$	2 … 1	3 … 1	5 … 3
	$> 5 \cdot s$	4 … 2	5 … 3	7 … 5
über 5	$< s$	0	0	2
	$s \dots 5 \cdot s$	1	1	3
	$> 5 \cdot s$	2	2	4

[1] Die größeren Winkel sind jeweils den niedrigeren Blechdicken zugeordnet.
Der Biegestempel hat den Winkel $\alpha - \beta$, wenn das Werkstück mit dem Winkel α gebogen werden soll.

V-Matrizen für das Gesenkbiegen (Richtwerte)

Blechdicke s in mm	0,5 bis 2,6	3,0 bis 8,0	9,0 bis 10,0	12,0 und mehr
V-Öffnung	$6 \cdot s$	$8 \cdot s$	$10 \cdot s$	$12 \cdot s$

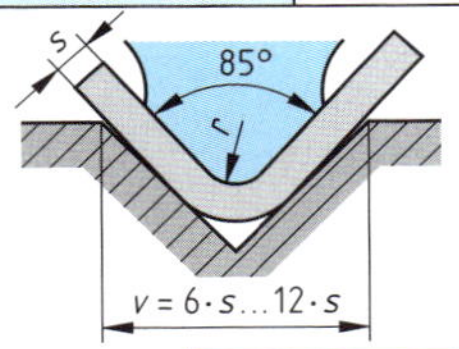

Grundkanten $r = 0{,}166 \cdot v$

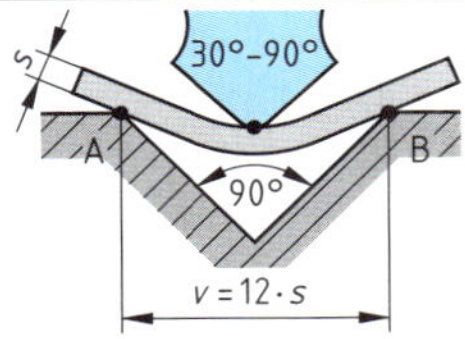

Luftkanten (freies Kanten)

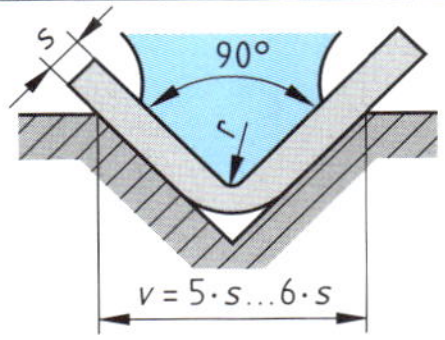

Prägen $r = 0{,}166 \cdot v$

Beim Grundkanten liegt der Werkzeugwinkel zwischen 80° bis 88°. Er ist abhängig von der Rückfederung des Blechwerkstoffes.

F

Biegetechnik

Presskraft für das Gesenkbiegen

Presskraft F in kN/m pro 1 m Abkantlänge

s in mm	v in mm	4	6	7	8	10	12	14	16	18	20	25	32	40	50	63	80	100	125	160	200	250
	b in mm	2,8	4	5,0	5,5	7	8,5	10	11	13,5	14	17,5	22	28	35	45	55	71	89	113	140	175
	r in mm	0,7	1	1,1	1,3	1,6	2	2,3	2,6	3	3,3	4	5	6,5	8	10	13	16	20	26	33	41
0,5		40	30	–	–	–	–															
0,6		60	40	40	40	–	–															
0,8		–	70	70	50	40	–	–	–													
1,0		–	110	100	80	70	60	–	–	–												
1,2		–	–	140	120	100	80	70	60	–												
1,4		–	–	–	150	130	110	100	90	80	–	–	–	–	–	–	–	–	–	–	–	–
1,6		–	–	–	–	170	150	130	110	100	90	–	–	–	–	–	–	–	–	–	–	–
2,0		–	–	–	–	–	220	190	170	150	130	110	–	–	–	–	–	–	–	–	–	–
2,3								250	230	190	170	150	120	–	–	–	–	–	–	–	–	–
2,6								–	280	250	220	180	140	–	–	–	–	–	–	–	–	–
3,0								–	–	340	300	240	190	150	–	–	–	–	–	–	–	–
3,2								–	–	–	340	270	220	170	140	–	–	–	–	–	–	–
3,5								–	–	–	–	330	260	200	160	130	–	–	–	–	–	–
4,0								–	–	–	–	430	340	270	210	170	–	–	–	–	–	–
4,5								–	–	–	–	–	440	340	270	210	–	–	–	–	–	–
5,0								–	–	–	–	–	520	420	330	260	210	–	–	–	–	–
6								–	–	–	–	–	–	600	480	380	300	240	–	–	–	–
7								–	–	–	–	–	–	–	–	520	410	330	260	–	–	–
9								–	–	–	–	–	–	–	–	–	670	540	430	–	–	–
10								–	–	–	–	–	–	–	–	–	850	670	530	420	–	–
12																	–	960	780	600	550	–
16																	–	–	1360	1070	860	–
19																	–	–	–	1500	1250	1000
22																	–	–	–	–	1600	1300
25																	–	–	–	–	2100	1700
30																	–	–	–	–	–	2400

Wenn Blechdicke und Innenradius der Abkantung bekannt sind, kann aus der Tabelle folgendes abgelesen werden: Benötigter Druck zum Abkanten von 1 Meter Material, V-Öffnung des Werkzeugs für diese Abkantung, kürzeste Schenkellänge, die abgekantet werden kann.

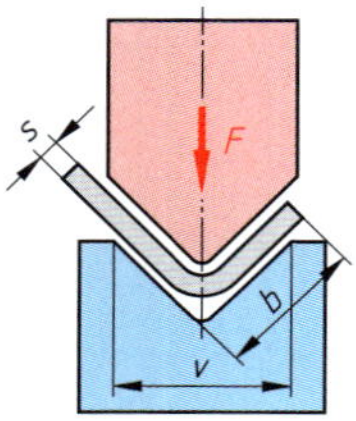

s Blechdicke in mm; Zugfestigkeit 450 $\frac{N}{mm^2}$ ... 500 $\frac{N}{mm^2}$
F Presskraft pro Meter in $\frac{kN}{m}$
r Innenradius in mm
b kürzeste Schenkellänge des Werkstückes in mm
v V-Öffnung der Matrize in mm

1. Beispiel: Ein Blech mit s = 1,6 mm und einer Biegelänge von 1250 mm soll eine 90°-Abkantung erhalten. Es wird eine Matrize mit einer V-Öffnung von 16 mm verwendet. Wie groß muss die Presskraft sein?

Nach Tabelle: $\boldsymbol{F} = 110\ \frac{kN}{m}$

$F_{ges} = F \cdot l = 110\ \frac{kN}{m} \cdot 1{,}25\ m = \mathbf{137{,}5\ kN}$

2. Beispiel: Es sollen Bleche mit s = 3,0 mm in einer Länge von 4000 mm gekantet werden. Die Bleche haben eine Festigkeit von 600 $\frac{N}{mm^2}$. Welche V-Öffnung der Matrize ist zu wählen? Welche Presskraft ist erforderlich?

$v = 8 \cdot s$ (siehe Tabelle V-Matrizen für das Gesenkbiegen, S. 255)

$\boldsymbol{v} = 8 \cdot 3{,}0\ mm = \mathbf{24\ mm}$

Da die V-Öffnung v = 24 mm in der Tabelle nicht angegeben ist, wird die nächsthöhere V-Öffnung v = 25 mm gewählt.

Nach Tabelle: $\boldsymbol{F} = \mathbf{240\ \frac{kN}{m}}$

Die angegebene Presskraft ist gültig für Bleche mit einer Zugfestigkeit bis 500 $\frac{N}{mm^2}$. Bei den vorliegenden Blechen mit einer Zugfestigkeit 600 $\frac{N}{mm^2}$ muss der Tabellenwert für die Presskraft 100 $\frac{kN}{m}$ daher um 120% (Faktor 1,2) höher veranschlagt werden.

$F_{ges} = F \cdot 1{,}2 \cdot l = 240\ \frac{kN}{m} \cdot 1{,}2 \cdot 4\ m = \mathbf{1152\ kN}$

3. Beispiel: Ein Blech soll eine 90°-Abkantung erhalten. Die kürzeste Kantenlänge beim Biegeteil beträgt 10 mm. Welche V-Öffnung muss die Matrize aufweisen?
Nach Tabelle: $\boldsymbol{v}$ = **14 mm**

F

Falzverbindungen

Stehfalz

s Blechdicke in mm
z Materialzuschlag pro Falz in mm

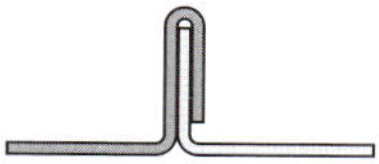
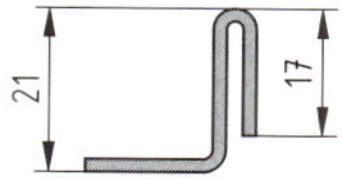

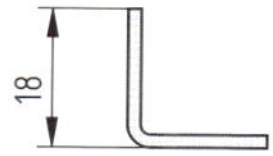

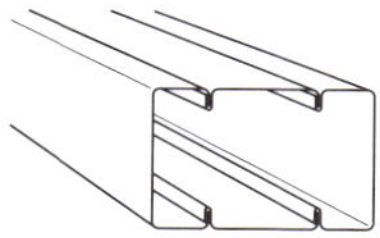

$s = 0{,}5$ mm … 1,5 mm | $z \approx 35$ mm | $z \approx 17$ mm

Eckfalz (Pittsburghfalz)

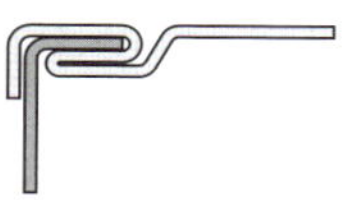
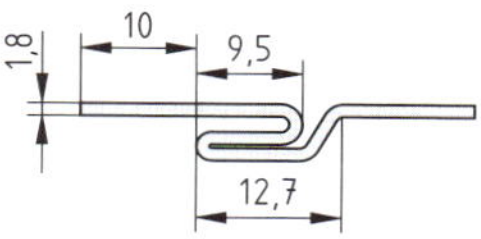

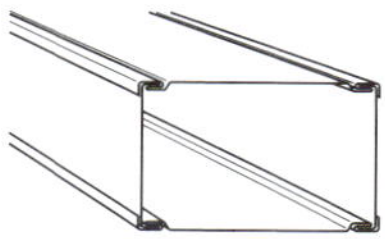

$s = 0{,}5$ mm … 1,0 mm | $z \approx 32$ mm | $z \approx 6$ mm

Langfalz

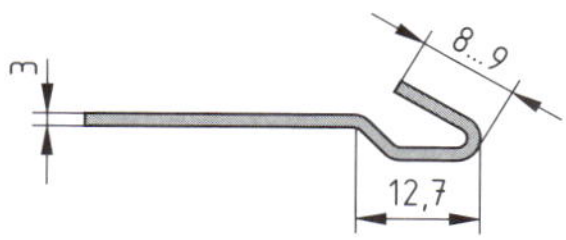

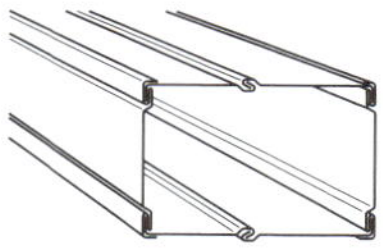

$s = 0{,}5$ mm … 1,5 mm | $z \approx 22$ mm

Schiebefalz (Stoßbandfalz)

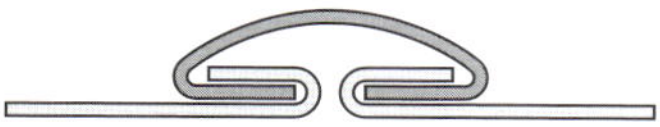
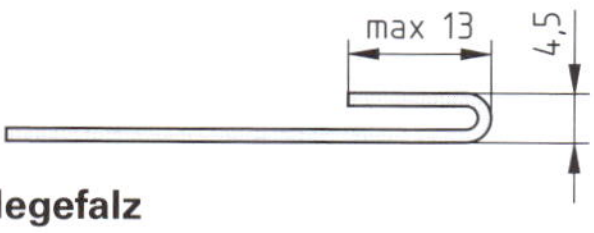

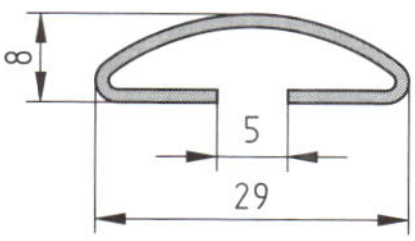

Schieber (Stoßband)

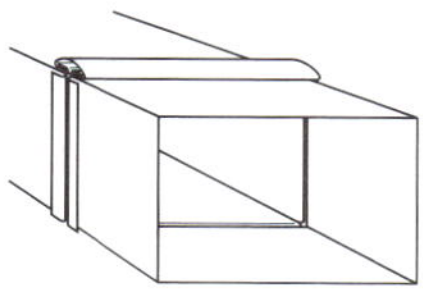

Umlegefalz

$s = 0{,}5$ mm … 1,5 mm | $z \approx 13$ mm | $z \approx 53$ mm

Zuschnittlängen für Randversteifungen

L gestreckte Länge
h Höhe des Zylinders bzw. des Übergangskörpers
d Drahtdurchmesser
s Blechdicke

$$d \geq \frac{s}{0{,}2}$$

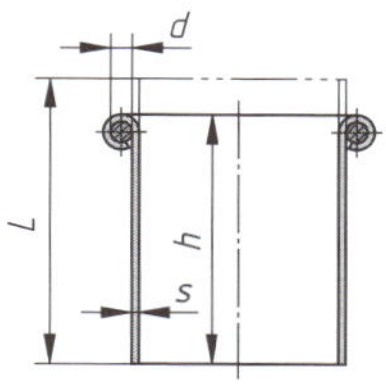

$$L \approx h + (2 \cdot d) - s$$

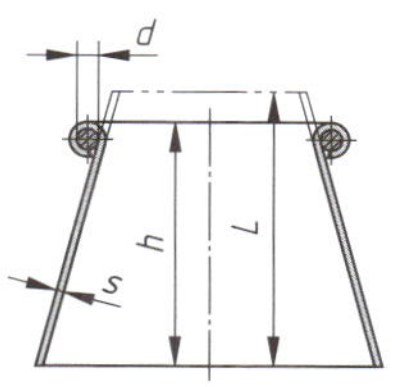

$$L \approx h + (1{,}7 \cdot d) - s$$

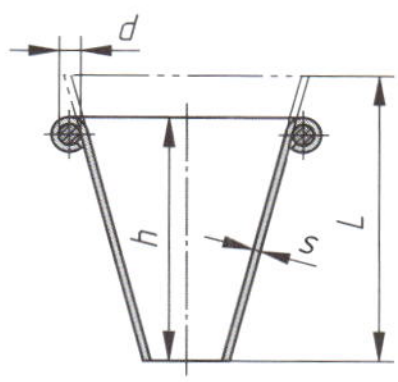

$$L \approx h + (2{,}4 \cdot d) - s$$

F

Biegeradien für das Kaltbiegen von Rohren

vgl. DIN 5508 (1988-01)

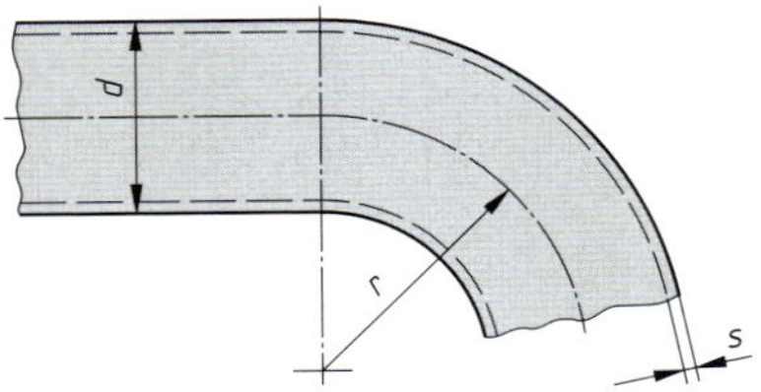

d Rohraußendurchmesser
s Wanddicke
r Biegeradius[1)]

[1)] Bei Formstählen, Stäbstählen, Rundrohren und Konstruktionsrohren wird der Biegeradius *r* durchweg auf die neutrale Linie bzw. auf die Biegeachse (Schwerachse des Profils bezogen.

Rohre aus Stahl

$d \times s$ in mm	r[1)] in mm	$d \times s$ in mm	r[1)] in mm	$d \times s$ in mm	r[1)] in mm
25,0 × 2,0	60	42,4 × 3,2	90	60,3 × 3,6	160
26,9 × 3,2	60	42,4 × 4,0	90	60,3 × 4,5	125
30,0 × 2,6	80	44,5 × 2,6	125	70,0 × 2,9	200
30,0 × 5,0	60	48,3 × 2,6	140	76,1 × 2,9	250
31,8 × 2,6	80	48,3 × 3,2	110	88,9 × 3,2	315
31,8 × 4,0	80	48,3 × 4,0	110	108,0 × 3,6	400
38,0 × 2,6	90	57,0 × 2,9	160	108,0 × 5,0	315
38,0 × 4,0	80	60,3 × 2,9	160	114,3 × 3,6	400

[1)] Die Biegeradien gelten für Rohre nach DIN 2448 aus S235G2T, für Rohre nach DIN 2458 aus S235JR und für Rohre nach DIN EN ISO 1127 aus nichtrostendem Stahl.

Rohre aus Kupfer

$d \times s$ in mm	r[2)] in mm	$d \times s$ in mm	r[2)] in mm
6 × 1,0	25	30 × 2,5	125
8 × 1,0	35	35 × 1,0	200
10 × 1,5	40	35 × 1,5	160
12 × 1,5	40	42 × 1,5	250
15 × 1,5	60	44,5 × 2,5	200
16 × 1,5	60	57 × 3,0	250
18 × 1,5	80	70 × 2,0	400
22 × 1,5	90	76 × 3,0	400
28 × 1,5	140	89 × 3,0	400

[2)] Die Biegeradien gelten für Rohre nach DIN 1754 aus SF-Cu F30.

Rohre aus Aluminium (EN AW-7020-F 35)

$d \times s$ in mm	r[3)] in mm	$d \times s$ in mm	r[3)] in mm
25 × 3,0	80	40 × 3,0	140
28 × 2,5	80	42 × 2,0	250
30 × 1,5	160	50 × 2,0	350
30 × 3,0	80	55 × 3,0	250
35 × 2,0	160	60 × 2,0	500
32 × 2,5	140	70 × 2,0	710
35 × 3,0	90	70 × 3,0	450
38 × 1,5	250	76 × 2,5	630
40 × 2,0	200	76 × 3,0	500

[3)] Die Biegeradien gelten für Rohre nach DIN 1795 aus EN AW-6060.

Anwärmlängen für das Warmbiegen von Stahlrohren (90°-Bögen)

90°-Bogen

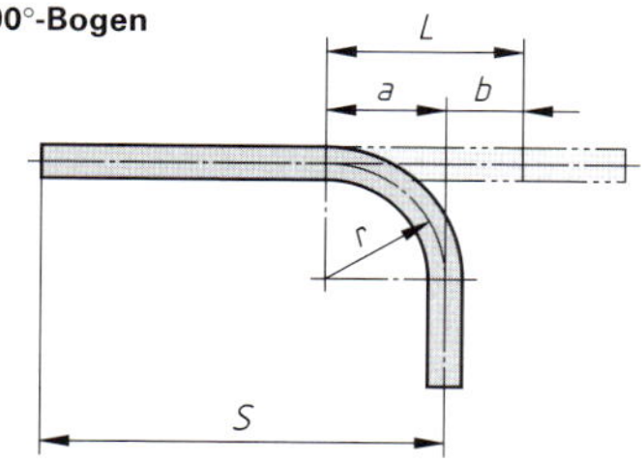

L Länge der Anwärmstrecke

r Biegeradius

S Stichmaß, Höhe des Rohrbogens

a Länge des Maßschenkels

b Länge des Biegeschenkels

$$a = \frac{2}{3} \cdot L$$

$$b = \frac{1}{3} \cdot L$$

$$L = \frac{\pi \cdot 2 \cdot r \cdot 90°}{360°}$$

Faustformel

$$L \approx 1{,}5 \cdot r$$

Beispiel: Ein 1/2"-Stahlrohr mit r = 100 mm soll einen 90°-Bogen mit S = 210 mm erhalten;

L = ?; a = ?; b = ?

$$\boldsymbol{L} = \frac{\pi \cdot 2 \cdot r \cdot 90°}{360°} = \frac{\pi \cdot 2 \cdot 100\text{ mm} \cdot 90°}{360°} = \mathbf{157\ mm}$$

$$\boldsymbol{a} = \frac{2}{3} \cdot L = \frac{2}{3} \cdot 157\text{ mm} = \mathbf{105\ mm}$$

$$\boldsymbol{b} = \frac{1}{3} \cdot L = \frac{1}{3} \cdot 157\text{ mm} = \mathbf{52\ mm}$$

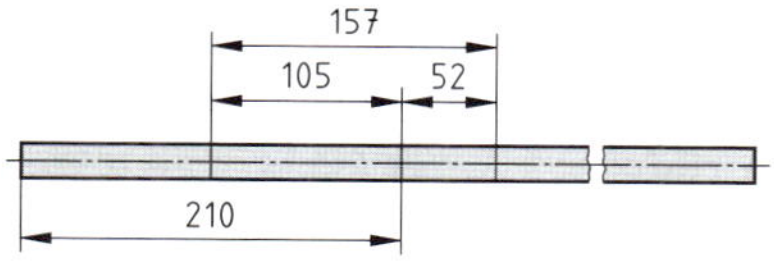

Biegeradien und Anwärmlänge

r in mm	*L* in mm	*a* in mm	*b* in mm	*r* in mm	*L* in mm	*a* in mm	*b* in mm	*r* in mm	*L* in mm	*a* in mm	*b* in mm	*r* in mm	*L* in mm	*a* in mm	*b* in mm
50	79	53	26	90	141	94	47	130	204	136	68	170	267	178	89
60	93	62	31	100	157	105	52	140	220	147	73	180	283	189	94
70	110	73	37	110	173	115	58	150	236	157	79	190	298	199	99
80	126	84	42	120	188	125	63	160	251	167	84	200	314	209	105

Schmiedetemperaturen für unlegierten Stahl

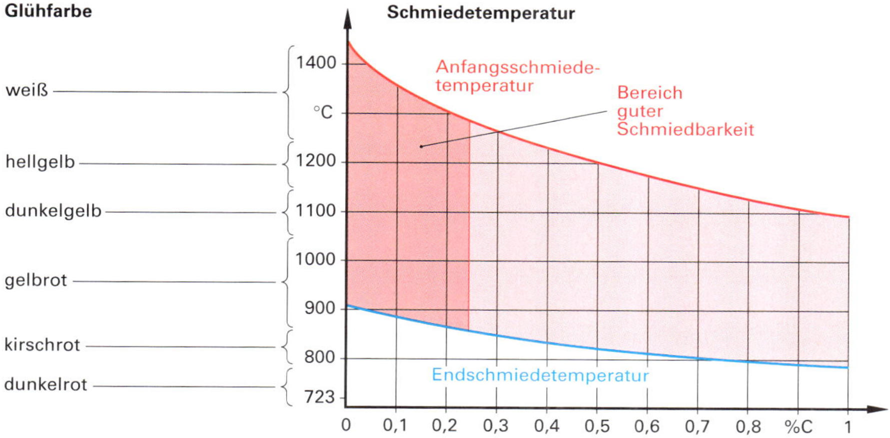

Schmiedetemperaturen für verschiedene Werkstoffe

Werkstoff	S235JR	S355JR	Nichtrost. Stähle	Aluminium-legierungen	Kupfer-legierungen
Anfangstemperatur ca. in °C	1320	1290	1150	450	750
Endtemperatur ca. in °C	870	860	750	400	600

F

Scherschneiden

Gerader Schnitt

Parallele Messerbalken

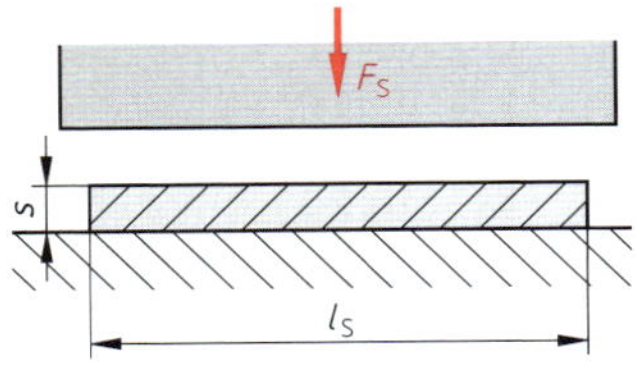

Geneigte Messerbalken

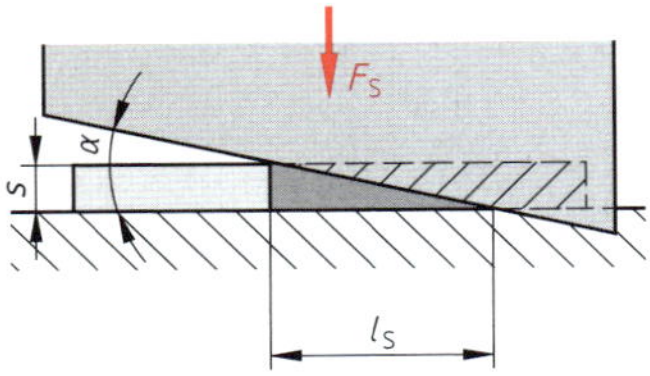

F_s Schneidkraft
R_m Zugfestigkeit
τ_B Scherfestigkeit
W Schneidarbeit
l_s Länge der Schnittlinie
s Blechdicke
α Schneidwinkel

Parallele Messerbalken

$$F_S = l_S \cdot s \cdot \tau_B$$

Geneigte Messerbalken

$$l_s = s \cdot \cot \alpha$$

$$F_s = 0{,}5 \cdot s^2 \cdot \tau_B \cdot \cot \alpha$$

$$\tau_B = 0{,}8 \cdot R_m$$

$$W = (0{,}3 \ldots 0{,}6) \cdot F_s \cdot s$$

(Höhere Werte gelten für kleinere Schneidspalte)

Beispiel: $l_s = 150$mm; $s = 3$ mm; $R_m = 400$ N/mm²
$\alpha = 1{,}2°$
$\tau_B = ?$; $F_s = ?$ (paralleler und geneigter Schnitt)
$W = ?$ (paralleler Schnitt, mittlerer Schneidspalt)

$\boldsymbol{\tau_B} = 0{,}8 \cdot R_m = 0{,}8 \cdot 400\ \text{N/mm}^2 = \mathbf{320\ N/mm^2}$

$\boldsymbol{F_s} = l_s \cdot s \cdot \tau_B = 150\text{mm} \cdot 3\ \text{mm} \cdot 320\ \text{N/mm}^2 = 144\,000\ \text{N} = \mathbf{144\ kN}$ (parallel)

$\boldsymbol{F_s} = 0{,}5 \cdot s^2 \cdot \tau_B \cdot \cot \alpha = 0{,}5 \cdot 9\ \text{mm}^2 \cdot 320\ \text{N/mm}^2 \cdot 94{,}7 = 136\,368\ \text{N} \approx \mathbf{136{,}4\ kN}$ (geneigt)

$\boldsymbol{W} = 0{,}5 \cdot F_s \cdot s = 0{,}5 \cdot 144\ \text{kN} \cdot 0{,}003\ \text{m} = 0{,}216\ \text{kNm} = \mathbf{216\ Nm}$

Richtwerte für Tafelscheren

(Herstellerangaben)

Maschinen-typ	Blechdicke s_{max} in mm bei R_m 420 $\frac{N}{mm^2}$	Blechdicke s_{max} in mm bei R_m 700 $\frac{N}{mm^2}$	Schnitt-länge l_s mm	Schnitt-zahl (Hübe) $\frac{1}{min}$	Schnitt-winkel max. ° (Grad)	Weg des hinteren Anschlages mm	Motor-leistung kW	Masse der Maschine kg
30/2	2	1	3050	20 … 30	1° 20′	750	5,5	4000
25/3	3	2	2550	20 … 30	1° 40′	750	5,5	3500
25/4	4	2,5	2550	14 … 20	2° 20′	750	7,5	4500
20/5	5	3	2050	14 … 20	3°	750	7,5	4000
20/6	6	4	2050	14 … 20	2° 50′	750	7,5	5200
20/8	8	5	2050	14 … 20	3°	1000	9,0	6800
20/10	10	6	2050	12 … 20	2° 50′	1000	15,0	7500
20/12	12	8	2050	10 … 18	3° 30′	1000	18,5	8600

Richtwerte für Kreisscheren

(Herstellerangaben)

Maschinen-typ	Blechdicke s_{max} in mm	Rondendurchmesser d_{max} in mm	Schnittgeschwindigkeit v in m/min	Antriebsleistung P in kW
1000	2,0	1000	7,5	0,75
1500	4,0	1500	8,0	1,10

F

Richtwerte für Nibbeln (Knabbern)

(Herstellerangaben)

Maschinentyp	Blechdicke s_{max} in mm für R_m – Stahl $400\,\frac{N}{mm^2}$	Stahl $600\,\frac{N}{mm^2}$	Stahl $800\,\frac{N}{mm^2}$	Al $250\,\frac{N}{mm^2}$	Schnittgeschwindigkeit m/min	Startlochdurchmesser mm	r_{min} bei Kurvenschnitt mm	Schnittzahl 1/min	Motoren-Nennleistung kW
160	1,6	1,0	0,7	2,0	1,5	16	40	650	0,35
200	2,0	1,5	1,0	2,5	1,3	21	40	650	0,5
350	3,5	2,3	1,8	3,5	1,3	30	70	650	0,9
500	5,0	3,2	2,5	7,0	1,4	41	90	600	1,1
700	7,0	5,0	3,5	10,0	1,6	60	135	400	2,0
1000-1	10,0	7,0	5,0	12,0	1,0	65	400	230	2,0
1000-2	8,0	5,0	4,0	10,0	1,6	65	400	370	2,0

Richtwerte für Schlitzscheren

(Herstellerangaben)

Maschinentyp	Stahl $400\,\frac{N}{mm^2}$	Stahl $600\,\frac{N}{mm^2}$	Stahl $800\,\frac{N}{mm^2}$	Al $250\,\frac{N}{mm^2}$	Schnittgeschwindigkeit m/min	Startlochdurchmesser mm	r_{min} bei Kurvenschnitt mm	Schnittzahl 1/min	Motoren-Nennleistung kW
160-2	1,6	1,0	0,7	2,0	2… 7	23	20	1600	0,35
160-4	1,6	1,2	1,0	2,0	8…12	27	15	1950	0,5
250-2	2,5	2,0	1,5	3,0	5… 7	28	20	1600	0,5
350-2	3,5	3,0	2,0	4,0	5… 7	50	25	1600	0,9
420-0	4,2	3,0	2,0	5,0	4… 5	50	25	1350	1,1

Richtwerte für Wasserstrahlscheiden

(Herstellerangaben)

Werkstoff: Stahl S235JR, t = 12 mm

Maschinentyp	Druck MPa	Schneidgeschwindigkeit m/min	Positioniergenauigkeit mm	Wiederholgenauigkeit mm	Schneidbereich mm
Standard	≤ 400	max. 8	± 0,2	± 0,2	4000 × 2000
Maximum	≤ 600	max. 12,5	± 0,1	± 0,1	6000 × 2000

Richtwerte für das Laserstrahlschneiden

(Herstellerangaben)

W[1)]	Blechdicke s mm	Laserleistung 1 kW: Schneidgeschw. v m/min	Schneidgas	Schneidgasdruck p bar	Laserleistung 1,5 kW: Schneidgeschw. v m/min	Schneidgas	Schneidgasdruck p bar	Laserleistung 2 kW: Schneidgeschw. v m/min	Schneidgas	Schneidgasdruck p bar
Stahl unlegiert	1 1,5	5,0...8,0 4,0...7,0			7,0...10 5,5...7,5			7,0...10 5,6...7,4		
	2 2,5	4,0...6,0 3,5...5,0	O_2	1,5...3,5	4,8...6,2 4,2...5,0	O_2	1,5...3,5	4,8...6,1 4,2...5,0	O_2	1,5...3,5
	3 4	3,5...4,0 2,5...3,0			3,5...4,2 2,8...3,3			3,6...2,8 2,8...3,4		
	5 6	1,8...2,3 1,3...1,6			2,3...2,7 1,9...2,2			2,5...3,0 2,1...2,5		
Stahl rostfrei	1 1,5	4,0.. 5,5 2,8...3,6		8 10	5,0...7,0 3,5...5,2		6 10	4,5...9,0 3,8...6,6		12 13
	2 2,5	2,2...2,8 1,6...2,0	N_2	14	2,0...4,0 1,9...3,2	N_2	10 14	3,4...5,3 2,7...3,8	N_2	14
	3 4	1,3...1,4 –		15 –	1,8....2,4 1,0...1,1		14 15	2,2...2,7 1,4...1,8		14 16

[1)] W ≙ Werkstoffgruppe

Die Tabellenwerte gelten für eine Linsenbrennweite f = 127 mm (5″) und eine Schnittfugenbreite b = 0,15 mm.

F

Thermisches Trennen

Richtwerte für das Brennschneiden

(Herstellerangaben)

Werkstoff: unlegierter Baustahl bis 0,3 % C; Brenngas: Acetylen; Ringdüsen

Blechdicke *s* mm	Schneiddüse mm	Schnittfugenbreite mm	Sauerstoffdruck Schneiden bar	Sauerstoffdruck Heizen bar	Acetylendruck bar	Gesamtsauerstoffverbrauch m^3/h	Acetylenverbrauch m^3/h	Düsenabstand min	Schneidgeschwindigkeit Trennschnitt m/min
3 5 6	3 … 6	0,9	2,0 2,5 3,0	1,0	0,2	0,89	0,35	3 … 5	0,79 0,77 0,75
6 8 10	6 … 10	1,1	4,0 5,0 6,0	1,0	0,2	1,69	0,35	3 … 5	0,72 0,71 0,69
10 15 20	10 … 20	1,8	8,0 9,0 10,0	2,0	0,4	3,75	0,4	4 … 8	0,72 0,65 0,59

Richtwerte für das Plasmaschneiden

(Herstellerangaben)

	Baustahl		Nichtrostender Stahl		Aluminium	
	Schneidgeschwindigkeit m/min	Stromstärke A	Schneidgeschwindigkeit m/min	Stromstärke A	Schneidgeschwindigkeit m/min	Stromstärke A
0,5	7,0	20	–	–	–	–
1	6,5	20	5,0	30	3,8	35
2	2,6	50	4,0	55	2,6	35
3	2,2	50	2,6	55	2,3	35
4	2,2	50	2,2	60	1,5	45
5	1,75	50	1,8	50	1,4	50
6	2,7	100	2,0	130	3,2	130
8	2,4	100	1,6	130	2,2	130
10	2,4	130	1,2	130	1,6	130
12	2,0	130	1,0	130	1,4	130
15	1,7	130	0,95	130	1,0	130
20	0,85	130	0,55	130	0,8	130
25	0,6	130	0,4	130	0,6	130

Verfahrensvergleich: Wasserstrahl-, Autogen-, Plasma-, Laserschneiden[1)]

Anforderung	Toleranzbereich	Wasserstrahl	Autogen	Plasma	Laser
Baustahl < 5 mm	bis ± 0,5 mm	4	3	1	2
Baustahl < 5 mm	bis ± 0,1 mm	2	nein	2	1
Baustahl 5 … 20 mm	bis ± 0,5 mm	4	2	1	3
Baustahl 5 … 15 mm	bis ± 0,2 mm	3	2	1	1
Baustahl 15 … 25 mm	bis ± 0,5 mm	3	2	1	3
Baustahl 25 … 45 mm		3	1	1 [O_2]	nein
Baustahl > 45 mm		2	1	2	nein
Hochlegierte Stähle		ja	nein	ja	ja
Aluminium		ja	nein	ja	(ja)[2)]
Kunststoffe		ja	nein	nein	ja

[1)] Vergleich im Hinblick auf Qualität, Produktivität und Wirtschaftlichkeit
1 = bestes Verfahren; 3 = brauchbares Verfahren
2 = gut geeignetes Verfahren; 4 = ungünstiges Verfahren

[2)] Eingeschränkte Anwendung (bis etwa 6,0 mm)

F

Zahnradberechnung

Stirnräder mit Geradverzahnung

Zahnradmaße

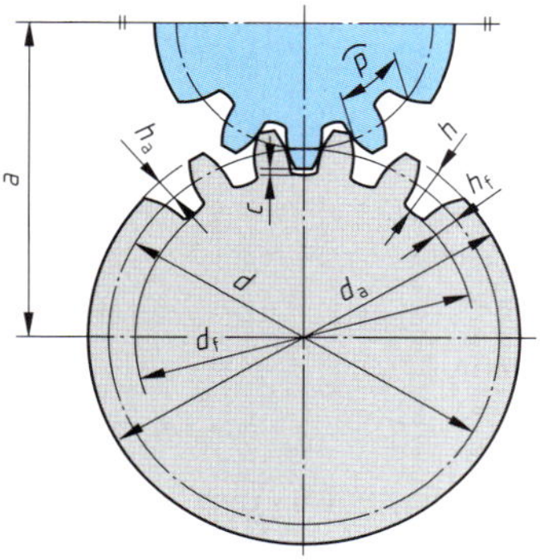

m Modul
p Teilung
d Teilkreisdurchmesser
d_a Kopfkreisdurchmesser
d_f Fußkreisdurchmesser
z Zähnezahl
h_a Zahnkopfhöhe
h Zahnhöhe
h_f Zahnfußhöhe
c Kopfspiel

Ein geradverzahntes Stirnrad mit Modul $m = 1$ mm hat eine Teilung

$p = \pi \cdot m = \pi \cdot 1 \text{ mm} = 3{,}142 \text{ mm}$.

Sie wird als Bogenmaß auf dem Teilkreis gemessen.

Maße außenverzahnter Stirnräder mit Geradverzahnung

Modul	$m = \frac{p}{\pi} = \frac{d}{z}$
Teilung	$p = \pi \cdot m$
Zähnezahl	$z = \frac{d}{m} = \frac{d_a - 2 \cdot m}{m}$
Kopfspiel	$c = 0{,}1 \cdot m$ bis $0{,}3 \cdot m$ häufig $c = 0{,}167 \cdot m$
Zahnkopfhöhe	$h_a = m$
Teilkreisdurchmesser	$d = m \cdot z = \frac{z \cdot p}{\pi}$
Kopfkreisdurchmesser	$d_a = d + 2 \cdot m = m \cdot (z + 2)$
Fußkreisdurchmesser	$d_f = d - 2 \cdot (m + c)$
Zahnhöhe	$h = 2 \cdot m + c$
Zahnfußhöhe	$h_f = m + c$

Achsabstand

Außenliegendes Gegenrad

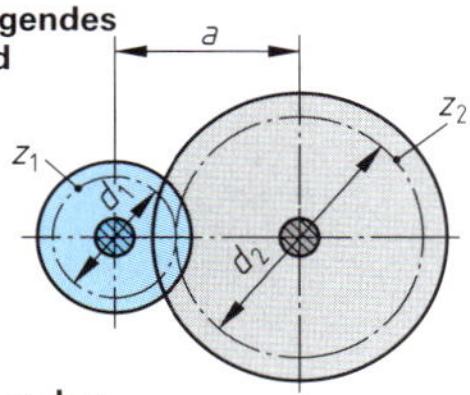

Innenliegendes Gegenrad

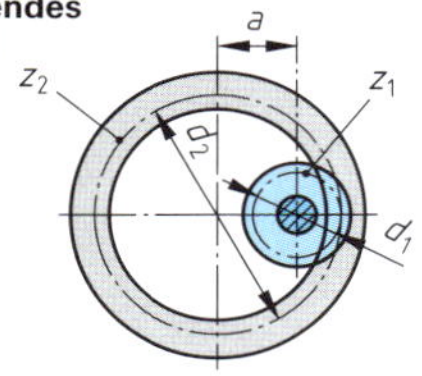

a Achsabstand
d_1, d_2 Teilkreisdurchmesser
z_1, z_2 Zähnezahlen

Maße innenverzahnter Stirnräder mit Geradverzahnung

Kopfkreisdurchmesser	$d_a = d - 2 \cdot m = m \cdot (z - 2)$
Fußkreisdurchmesser	$d_f = d + 2 \cdot (m + c)$
Zähnezahl	$z = \frac{d}{m} = \frac{d_a + 2 \cdot m}{m}$

Die anderen Zahnradmaße werden gleich wie bei außenverzahnten Stirnrädern mit Geradverzahnung berechnet.

Achsabstand bei Geradverzahnung

Achsabstand bei außenliegendem Gegenrad	$a = \frac{d_1 + d_2}{2} = \frac{m \cdot (z_1 + z_2)}{2}$
Achsabstand bei innenliegendem Gegenrad	$a = \frac{d_2 - d_1}{2} = \frac{m \cdot (z_2 - z_1)}{2}$

Beispiel: Innenverzahntes Stirnrad,
$m = 1{,}5$ mm; $z = 80$; $c = 0{,}167 \cdot m$; $d = ?$; $d_a = ?$; $h = ?$
$\boldsymbol{d} = m \cdot z = 1{,}5 \text{ mm} \cdot 80 = \mathbf{120\ mm}$
$\boldsymbol{d_a} = d - 2 \cdot m = 120 \text{ mm} - 2 \cdot 1{,}5 \text{ mm} = \mathbf{117\ mm}$
$\boldsymbol{h} = 2 \cdot m + c = 2 \cdot 1{,}5 \text{ mm} + 0{,}167 \cdot 1{,}5 \text{ mm} = \mathbf{3{,}25\ mm}$

Übersetzungen

Riementrieb

Einfache Übersetzung

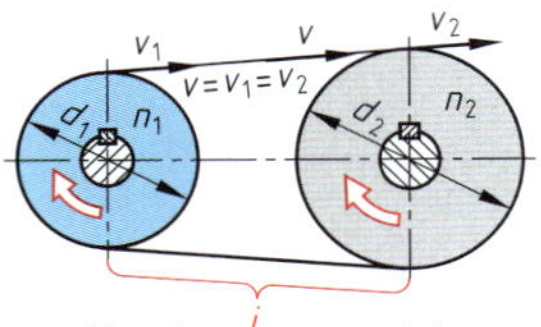

Mehrfache Übersetzung

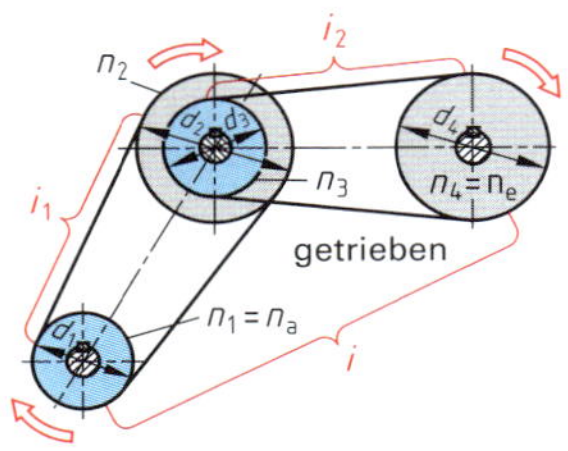

d_1, d_3, d_5 …	Durchmesser	treibende Scheiben
n_1, n_3, n_5 …	Drehzahlen	
d_2, d_4, d_6 …	Durchmesser	getriebene Scheiben
n_2, n_4, n_6 …	Drehzahlen	
n_a	Anfangsdrehzahl	
n_e	Enddrehzahl	
i	Gesamt-Übersetzungsverhältnis	
i_1, i_2, i_3 …	Einzel-Übersetzungsverhältnis	
v, v_1, v_2	Umfangsgeschwindigkeit	

Beispiel:

$n_1 = 600/\text{min} \cdot n_2 = 400/\text{min}$

$d_1 = 240 \text{ mm};\ i = ?;\ d_2 = ?$

$$\boldsymbol{i} = \frac{n_1}{n_2} = \frac{600/\text{min}}{400/\text{min}} = \frac{1{,}5}{1} = \mathbf{1{,}5}$$

$$\boldsymbol{d_2} = \frac{n_1 \cdot d_1}{n_2} = \frac{600/\text{min} \cdot 240 \text{ mm}}{400/\text{min}} = \mathbf{360\ mm}$$

Geschwindigkeit

$$v = v_1 = v_2$$

Antriebsformel

$$n_1 \cdot d_1 = n_2 \cdot d_2$$

Übersetzungsverhältnis

$$i = \frac{d_2}{d_1} = \frac{n_1}{n_2} = \frac{n_a}{n_e}$$

Gesamt-Übersetzungsverhältnis

$$i = \frac{d_2 \cdot d_4 \cdot d_6 \ldots}{d_1 \cdot d_3 \cdot d_5 \ldots}$$

$$i = i_1 \cdot i_2 \cdot i_3 \ldots$$

Zahnradtrieb

Einfache Übersetzung

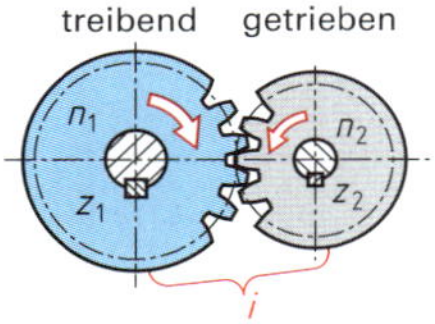

Mehrfache Übersetzung

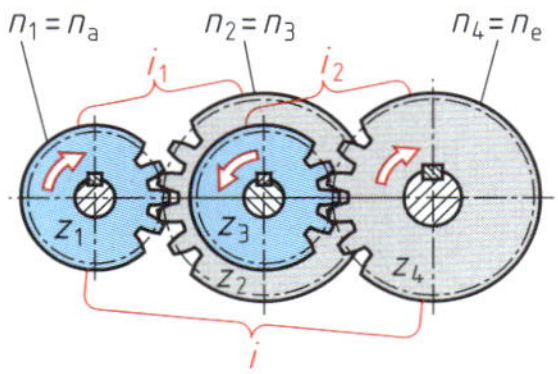

z_1, z_3, z_5 …	Zähnezahlen	treibende Räder
n_1, n_3, n_5 …	Drehzahlen	
z_2, z_4, z_6 …	Zähnezahlen	getriebene Räder
n_2, n_4, n_6 …	Drehzahlen	
n_a	Anfangsdrehzahl	
n_e	Enddrehzahl	
i	Gesamt-Übersetzungsverhältnis	
i_1, i_2, i_3 …	Einzel-Übersetzungsverhältnis	

Beispiel:

$i = 0{,}4;\ n_1 = 180/\text{min};\ z_2 = 24;$

$n_2 = ?;\ z_1 = ?$

$$\boldsymbol{n_2} = \frac{n_1}{i} = \frac{180/\text{min}}{0{,}4} = \mathbf{450/min}$$

$$\boldsymbol{z_1} = \frac{n_2 \cdot z_2}{n_1} = \frac{450/\text{min} \cdot 24}{180/\text{min}} = \mathbf{60}$$

Antriebsformel

$$n_1 \cdot z_1 = n_2 \cdot z_2$$

Übersetzungsverhältnis

$$i = \frac{z_2}{z_1} = \frac{n_1}{n_2} = \frac{n_a}{n_e}$$

Gesamt-Übersetzungsverhältnis

$$i = \frac{z_2 \cdot z_4 \cdot z_6 \ldots}{z_1 \cdot z_3 \cdot z_5 \ldots}$$

$$i = i_1 \cdot i_2 \cdot i_3 \ldots$$

F

Schneckentrieb

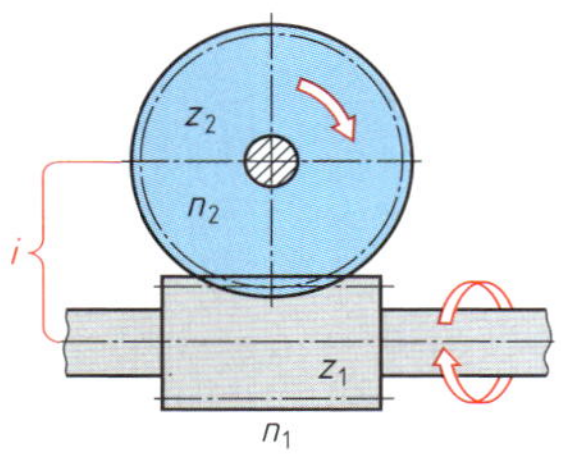

z_1	Zähnezahl (Gangzahl) der Schnecke
n_1	Drehzahl der Schnecke
z_2	Zähnezahl des Schneckenrades
n_2	Drehzahl des Schneckenrades
i	Übersetzungsverhältnis

Beispiel:

$i = 25;\ n_1 = 1500/\text{min};\ z_1 = 3;\ n_2 = ?$

$$\boldsymbol{n_2} = \frac{n_1}{i} = \frac{1500/\text{min}}{25} = \mathbf{60/min}$$

Antriebsformel

$$n_1 \cdot z_1 = n_2 \cdot z_2$$

Übersetzungsverhältnis

$$i = \frac{n_1}{n_2} = \frac{z_2}{z_1}$$

Schmalkeilriementrieb

Schmalkeilriemen DIN 7753-1 (1988-01)	Bezeichnungen	Schmalkeilriemen, Keilriemenscheiben			
	Riemenprofil (ISO-Kurzzeichen)	SPZ	SPA	SPB	SPC
	b_o obere Riemenbreite b_w Wirkbreite	9,7 8,5	12,7 11	16,3 14	22 19
Keilriemenscheiben DIN 2211-1 (1984-03)	h Riemenhöhe h_w Abstand	8 2	10 2,8	13 3,5	18 4,8
	d_{wk} kleinstzulässiger Wirk-∅ b_1 obere Rillenbreite	63 9,7	90 12,7	140 16,3	224 22
	c Abstand Wirk-∅ bis Außen-∅ t kleinstzulässige Rillentiefe	2 11	2,8 13,8	3,5 17,5	4,8 23,8
	e Rillenabstand f Rillenabstand vom Rande	12 8	15 10	19 12,5	25,5 17
	Rillenwinkel α 34° für Wirk-∅ bis	80	118	190	315
	Rillenwinkel α 38° für Wirk-∅ über	80	118	190	315

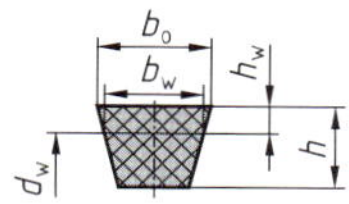

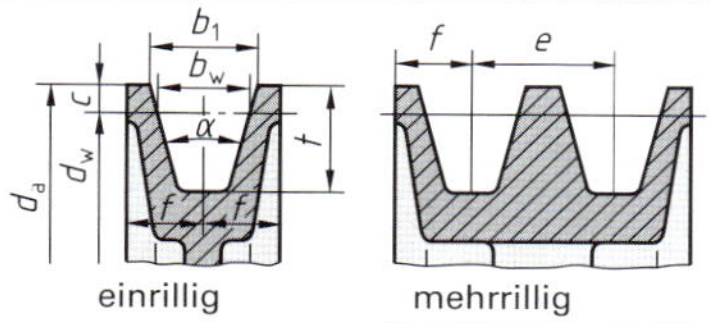

Wirkdurchmesser $d_w = d_a - 2 \cdot c$

Winkelfaktor c_1	1	1,02	10,5	1,08	1,12	1,16	1,22	1,28	1,37	1,47
Umschlingungswinkel β	180°	170°	160°	150°	140°	130°	120°	110°	100°	90°

Betriebsfaktor c_2

Tägliche Betriebsdauer in Stunden bis 10	über 10 bis 16	über 16	angetriebene Arbeitsmaschinen (Beispiele)
1,0	1,1	1,2	Kreiselpumpen, Ventilatoren, Bandförderer für leichtes Gut
1,1	1,2	1,3	Werkzeugmaschinen, Pressen, Blechscheren, Druckereimaschinen
1,2	1,3	1,4	Mahlwerke, Kolbenpumpen, Stoßförderer, Textil- u. Papiermaschinen
1,3	1,4	1,5	Steinbrecher, Mischer, Winden, Krane, Bagger

Leistungswerte für Schmalkeilriemen vgl. DIN 7753-2 (1976-04)

Riemenprofil	SPZ			SPA			SPB			SPC		
d_{wk} der kleineren Scheibe	63	100	180	90	160	250	140	250	400	224	400	630
n_k der kleineren Scheibe	Nennleistung P_N in kW je Riemen											
400	0,35	0,79	1,71	0,75	2,04	3,62	1,92	4,86	8,64	5,19	12,56	21,42
700	0,54	1,28	2,81	1,17	3,30	5,88	3,02	7,84	13,82	8,13	19,79	32,37
950	0,68	1,66	3,65	1,48	4,27	7,60	8,83	10,04	17,39	10,19	24,52	37,37
1450	0,93	2,36	5,19	2,02	6,01	10,53	5,19	13,66	22,02	13,22	29,46	31,74
2000	1,17	3,05	6,63	2,49	7,60	12,85	6,31	16,19	22,07	14,58	25,81	–
2800	1,45	3,90	8,20	3,00	9,24	14,13	7,15	16,44	9,37	11,89	–	–

Bestimmen der Keilriemenanzahl

Bestimmung des Profils für Schmalkeilriemen

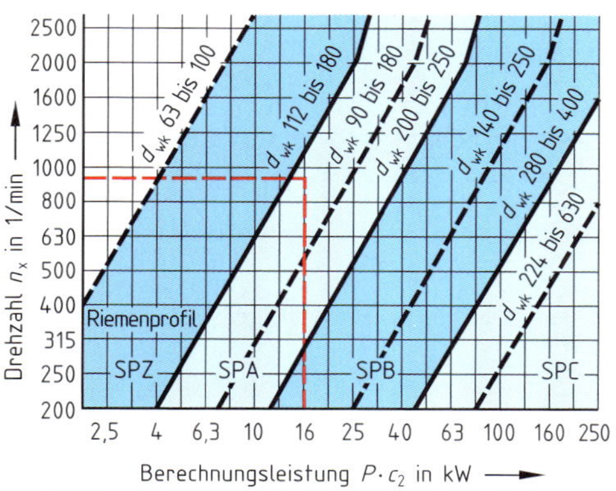

P zu übertragende Leistung
P_N Nennleistung je Riemen
z Anzahl der Riemen
c_1 Winkelfaktor
c_2 Betriebsfaktor

Anzahl der Riemen

$$z = \frac{P \cdot c_1 \cdot c_2}{P_N}$$

Beispiel:

Zu übertragen sind $P = 12$ kW bei $c_1 = 1{,}12$; $c_2 = 1{,}4$; $d_{wk} = 160$ mm; $n_k = 950$/mm; $\beta = 140°$; $z = ?$

Aus $P \cdot c_2 = 12\ \text{kW} \cdot 1{,}4 = 16{,}8$ kW erhält man nach Diagramm das Profil **SPA**;

P_N nach Tabelle 4,27 kW je Riemen

$$z = \frac{P \cdot c_1 \cdot c_2}{P_N} = \frac{12\ \text{kW} \cdot 1{,}12 \cdot 1{,}4}{4{,}27\ \text{kW}} = \mathbf{4{,}4}$$

gewählt: z = **5 Riemen**

F

Geschwindigkeiten an Maschinen

Vorschubgeschwindigkeit

Bohren

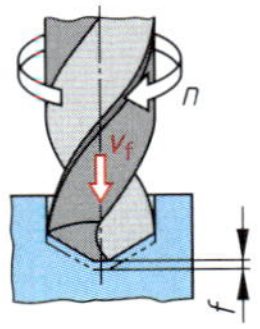

Drehen

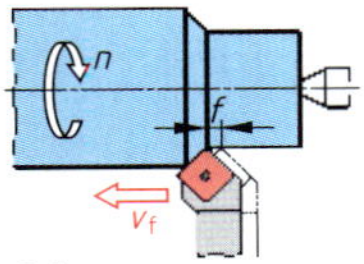

Gewindetrieb

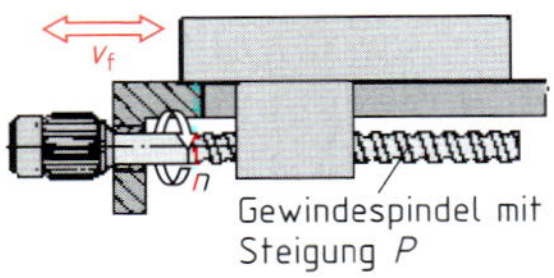

Zahnstangentrieb

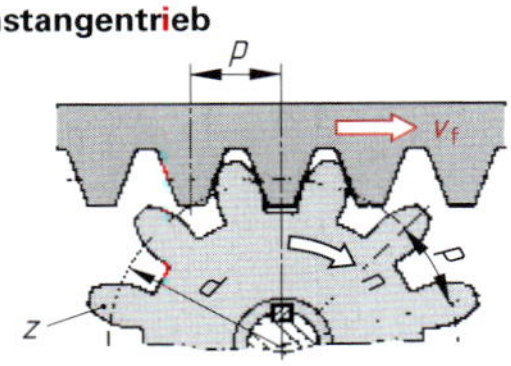

v_f	Vorschubgeschwindigkeit
f	Vorschub
n	Drehzahl
P	Gewindesteigung
p	Teilung der Zahnstange
z	Zähnezahl des Ritzels
d	Teilkreisdurchmesser

Vorschubgeschwindigkeit beim Bohren, Drehen

$$v_f = n \cdot f$$

Beispiel:

Gewindespindel, $P = 8$ mm;
$n = 52$/min; $v_f = ?$

$$\mathbf{v_f} = n \cdot P = 52\,\frac{1}{\text{min}} \cdot 8\ \text{mm} = \mathbf{416\,\frac{mm}{min}}$$

Vorschubgeschwindigkeit beim Gewindetrieb

$$v_f = n \cdot P$$

Beispiel:

Zahnstange, $z = 30$;
$p = 18{,}85$ mm; $n = 12$/min; $v_f = ?$

$$\mathbf{v_f} = n \cdot z \cdot p$$

$$= 12\,\frac{1}{\text{min}} \cdot 30 \cdot 18{,}85\ \text{mm}$$

$$= 6786\,\frac{\text{mm}}{\text{min}} \approx \mathbf{6{,}8\,\frac{m}{min}}$$

Vorschubgeschwindigkeit beim Zahnstangentrieb

$$v_f = n \cdot z \cdot p$$

$$v_f = \pi \cdot d \cdot n$$

Schnittgeschwindigkeit, Umfangsgeschwindigkeit

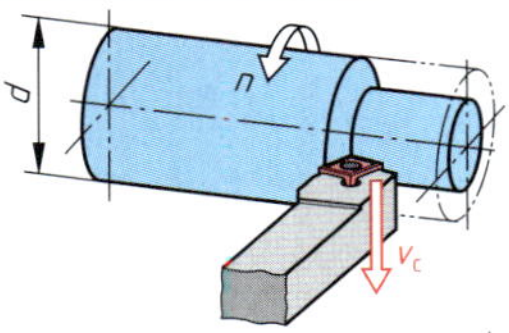

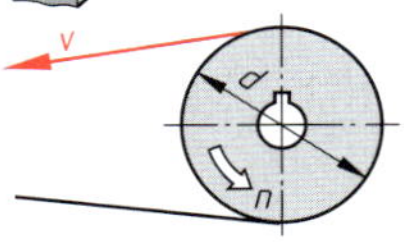

v_c	Schnittgeschwindigkeit
v	Umfangsgeschwindigkeit
d	Durchmesser
n	Drehzahl

Beispiel:

Winkelschleifer, $n = 6000$/min;
Trennscheibe $d = 200$ mm; $v_c = ?$

$$\mathbf{v_c} = \pi \cdot d \cdot n$$

$$= \pi \cdot 0{,}2\ \text{m} \cdot 6000\,\frac{1}{\text{min}}$$

$$= 3769{,}9\,\frac{\text{m}}{\text{min}} = \mathbf{62{,}83\,\frac{m}{s}}$$

Schnittgeschwindigkeit

$$v_c = \pi \cdot d \cdot n$$

Umfangsgeschwindigkeit

$$v = \pi \cdot d \cdot n$$

Mittlere Geschwindigkeit bei Kurbeltrieben

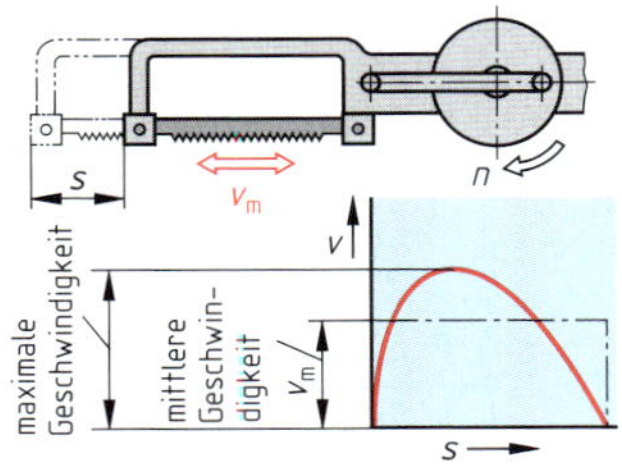

v_m	mittlere Geschwindigkeit
n	Anzahl der Doppelhübe
s	Hublänge

Beispiel:

Maschinenbügelsäge,
$s = 280$ mm; $n = 45$/min; $v_m = ?$

$$\mathbf{v_m} = 2 \cdot s \cdot n = 2 \cdot 0{,}28\ \text{m} \cdot 45\,\frac{1}{\text{min}} = \mathbf{25{,}2\,\frac{m}{min}}$$

Mittlere Geschwindigkeit

$$v_m = 2 \cdot s \cdot n$$

F

Drehzahldiagramm

Die **Drehzahl** einer Werkzeugmaschine wird aus der gewählten Schnittgeschwindigkeit $\boldsymbol{v_c}$ und dem Durchmesser $\boldsymbol{d}$ des Werkstücks bzw. des Werkzeugs ermittelt. Sie wird entweder mit der unten stehenden **Gleichung** berechnet oder aus einem **Drehzahldiagramm** abgelesen (siehe unten).

Bei Werkzeugmaschinen mit gestuften Drehzahlen sind die einstellbaren Drehzahlen im Drehzahldiagramm der Maschine eingezeichnet. Es wird dann diejenige der einstellbaren Drehzahlen gewählt, die der berechneten Drehzahl am nächsten kommt.

Bei Werkzeugmaschinen mit stufenlosen Antrieben wird die ermittelte Drehzahl eingestellt.

Maschinendrehzahl

$$n = \frac{v_c}{\pi \cdot d}$$

Drehzahldiagramm mit logarithmischer Teilung der Achsen

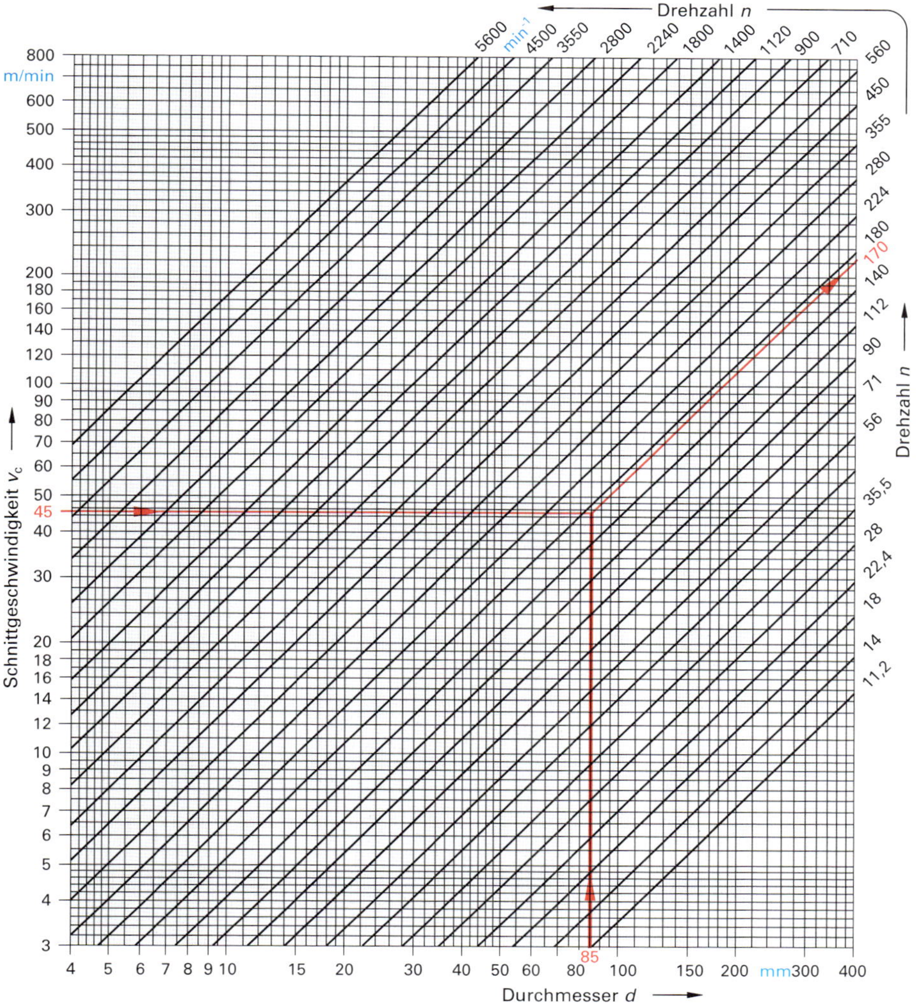

Beispiel der Ermittlung einer Maschinendrehzahl: Durchmesser d = 85 mm; Schnittgeschw. v_c = 45 m/min

Mit der **Berechnungsgleichung:** $\boldsymbol{n} = \frac{v_c}{\pi \cdot d} = \frac{45 \text{ m/min}}{\pi \cdot 0{,}085 \text{ m}} = \mathbf{168{,}5} \ \frac{\mathbf{1}}{\mathbf{min}}$

Durch **Ablesen** aus dem Drehzahldiagramm: $\boldsymbol{n} \approx \mathbf{170} \ \frac{\mathbf{1}}{\mathbf{min}}$

F

Bohren und Gewindebohren von Metallen

Bohren

Spiralbohrer
vgl. DIN ISO 5419 (1998-06)

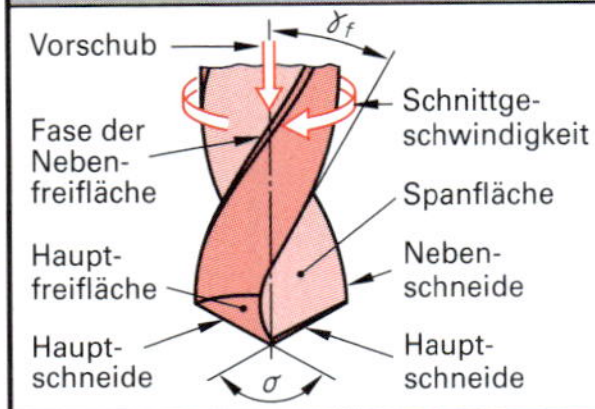

γ_f Seitenspanwinkel
σ Spitzenwinkel
v_c Schnittgeschwindigkeit in m/min
v_f Vorschubgeschwindigkeit in mm/min
f Vorschub in mm
n Bohrerdrehzahl

$$v_f = n \cdot f$$

$$n = \frac{v_c}{\pi \cdot d}$$

Bohrertypen
vgl. DIN 1414 (1998-06)

Bohrertyp	Anwendung	Spitzenwinkel σ	Seitenspanwinkel γ_f
N	Stähle mittlerer Festigkeit und Härte	118°	19° … 40°
H	Harte und zähharte Werkstoffe	118°	10° … 19°
W	Weiche und zähe Werkstoffe	130°	27° … 45°

Richtwerte für das Bohren

Herstellerangaben

Werkstoff des Werkstücks	mit Zugfestigkeit in N/mm²	**Schnittgeschwindigkeit v_c** in m/min	**Vorschub *f*** in mm je Bohrerumdrehung für folgende Bohrerdurchmesser in mm: 2,5	4	6	10	16	25	40	63	Kühlschmierstoff
Mit Spiralbohrer aus Schnellarbeitsstahl											
Unlegierte Baustähle	bis 700	25… 35	0,05	0,10	0,12	0,2	0,25	0,4	0,5	0,8	Kühlschmieremulsion
Unlegierte Baustähle	über 700	20… 30	0,03	0,06	0,08	0,12	0,16	0,25	0,3	0,5	Kühlschmieremulsion
Legierte Stähle	800…1000	20… 30	0,02	0,04	0,05	0,08	0,1	0,16	0,2	0,3	Kühlschmieremulsion
Korrosionsbeständige Stähle		6… 12	0,02	0,04	0,05	0,08	0,12	0,16	0,2	0,3	Kühlschmieremulsion
Gusseisen	bis 250	15… 20	0,05	0,08	0,1	0,16	0,2	0,3	0,4	0,6	Druckluft
Gusseisen	über 250	5… 15	0,03	0,06	0,08	0,12	0,16	0,25	0,3	0,5	Druckluft
Al-Legierungen		30… 50	0,08	0,12	0,2	0,28	0,38	0,5	0,6	0,8	Emulsion
CuZn-Legierungen, hart		60…100	0,08	0,12	0,2	0,28	0,38	0,5	0,6	0,8	Druckluft
CuZn-Legierungen, zäh		35… 60	0,06	0,1	0,16	0,22	0,3	0,4	0,5	0,7	Druckluft
Mit Voll-Hartmetall-Spiralbohrer[1] oder mit Spiralbohrer mit Hartmetall-Wendeschneidplatten[2]											
Unleg. Baustähle	über 700	40… 80[1] / 150…350[2]	0,03[1]	0,03[1]	0,04[1]	0,04[1]	0,04[1]	0,06[2]	0,08[2]	0,12[2]	Kühlschmieremulsion
Legierte Stähle	bis 800	30… 45[1] / 120…300[2]	0,02[1]	0,03[1]	0,04[1]	0,04[1]	0,05[1]	0,07[2]	0,10[2]	0,14[2]	Kühlschmieremulsion
Legierte Stähle	über 800	20… 25[1] / 100…250[2]	0,02[1]	0,02[1]	0,03[1]	0,03[1]	0,03[1]	0,08[2]	0,12[2]	0,18[2]	Kühlschmieremulsion
Korrosionsbeständige Stähle		10… 22[1] / 120…300[2]	0,01[1]	0,01[1]	0,015[1]	0,02[1]	0,03[1]	0,04[2]	0,06[2]	0,1[2]	Kühlschmieremulsion
Gusseisen	bis 220 HB	40… 80[1] / 80…140[2]	0,03[1]	0,04[1]	0,04[1]	0,05[1]	0,08[1]	0,15[2]	0,01 … 0,04[2]		Druckluft
Gusseisen	über 220 HB	30… 40[1] / 70…130[2]	0,02[1]	0,03[1]	0,03[1]	0,04[1]	0,05[1]	0,08[2]	0,01 … 0,04[2]		Druckluft
Al-Legierungen		100…140[1] / –	0,125[1]	0,20[1]	0,25[1]	0,40[1]	0,50[1]	0,80[1]	1,0[1]	1,6[1]	Emulsion

[1] Richtwerte für Voll-Hartmetall-Spiralbohrer [2] Richtwerte für Spiralbohrer mit Hartmetall-Wendeschneidplatten

Gewindebohren (maschinell)

Herstellerangaben

Richtwerte für das Gewindebohren mit Maschinengewindebohrern aus Schnellarbeitsstahl

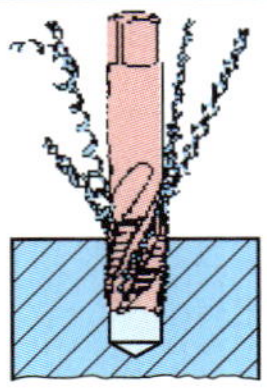

Bohrerdrehzahl

$$n = \frac{v_c}{\pi \cdot d}$$

Werkstoff des Werkstücks	mit Zugfestigkeit in N/mm²	**Bohrertyp** nach DIN 1414	Spanwinkel γ	Schnittgeschwindigkeit v_c in m/min	Kühlschmierstoff
Unlegierte Stähle	bis 700	Typ N	10° … 12°	10 … 15	Kühlschmieremulsionen, Schneidöl
Unlegierte und legierte Stähle, Temperguss	700 … 1000	Typ N oder H	6° … 8°	5 … 10	Kühlschmieremulsionen, Schneidöl
Hochlegierte Stähle	über 1000	Typ H	8° … 10°	3 … 5	Kühlschmieremulsionen, Schneidöl
Gusseisen	bis 250	Typ H	5° … 6°	8 … 10	Druckluft, Petroleum
Al-Legierungen		Typ W, N	16° … 22°	16 … 20	Druckluft, Petroleum
CuZn-Legierungen, hart		Typ H	2° … 4°	25	Kühlschmieremulsionen
CuZn-Legierungen, zäh		Typ W	12 … 14	16	Kühlschmieremulsionen

F

Sägen und Drehen von Metallen

Sägen mit der Metallkreissäge

Herstellerangaben

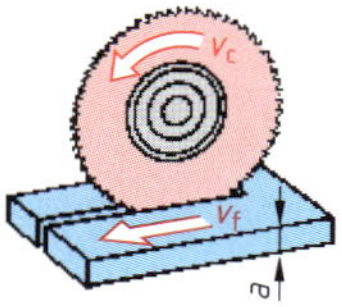

v_c Schnittgeschwindigkeit
a Schnitttiefe

Drehzahl $n = \frac{v_c}{\pi \cdot d}$

v_f Vorschubgeschwindigkeit

Richtwerte für das Sägen mit HS-Kreissägeblatt

Werkstoff des Werkstücks	mit Zugfestigkeit in N/mm²	Schnitttiefe 5 mm…10 mm: Schnittgeschwindigkeit v_c in m/min	Schnitttiefe 5 mm…10 mm: Vorschubgeschwindigkeit[1] v_f in mm/min	Schnitttiefe 10 mm…15 mm: Schnittgeschwindigkeit v_c in m/min	Schnitttiefe 10 mm…15 mm: Vorschubgeschwindigkeit[1] v_f in mm/min
Baustähle	bis 700	40… 45	63… 250	35… 40	40… 63
Baustähle	700 bis 750	30… 35	63… 200	25… 30	40… 63
Baustähle	750 bis 1000	20… 25	40… 80	15… 20	32… 63
Korrosionsbeständige Stähle		10… 20	40… 80	10… 15	32… 63
Gusseisen	bis 180 HB	30… 35	80… 125	20… 30	50… 63
Al-Legierungen		300…350	320…1600	200…300	250…1000
Cu-Legierungen		300…400	400…800	300…350	80… 360

[1] $v_f = f_z \cdot z \cdot n$ mit f_z Vorschub pro Zahn, z Zähnezahl, n Drehzahl

Sägen mit der Bandsäge

Herstellerangaben

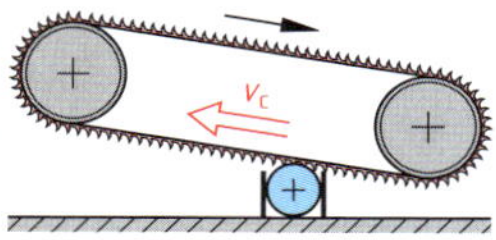

v_c Schnittgeschwindigkeit

Richtwerte für das Bandsägen mit HS-Sägeband

Werkstoff des Werkstücks	Schnittgeschwindigkeit m/min	Schnittflächenleistung cm²/min	Standzeitfläche m²
Unlegierte Baustähle	45…70	35…80	4 …10
Vergütungsstähle	40…60	30…50	3 … 5
Korrosionsbeständige Stähle	20…35	10…20	1,5… 2,5

Drehen

Geometrische Verhältnisse beim Drehvorgang (Außenlängsdrehen)

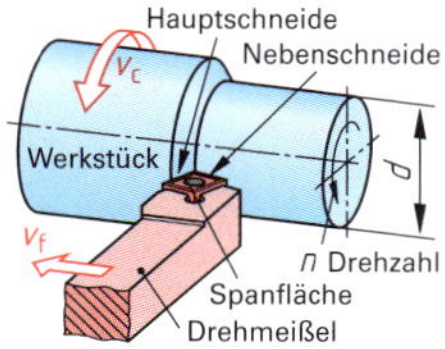

Drehzahl

$$n = \frac{v_c}{\pi \cdot d}$$

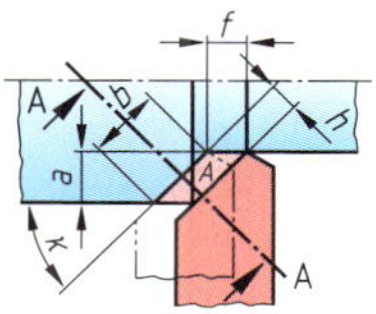

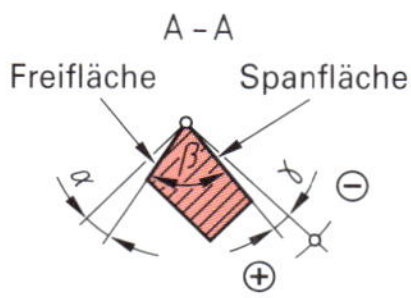

v_c Schnittgeschwindigkeit
v_f Vorschubgeschwindigkeit
f Vorschub pro Umdrehung
A Spanungsquerschnitt $A = a \cdot f$
a Schnitttiefe
α Freiwinkel
β Keilwinkel
γ Spanwinkel
$\varkappa$ Einstellwinkel

Richtwerte für das Drehen mit Hartmetall-bestückten Werkzeugen (Standzeit 15 min)

Herstellerangaben

Werkstoff des Werkstücks	Stähle mit Zugfestigkeit in N/mm²	Hartmetallsorte	Drehwerkzeug: Freiwinkel α	Drehwerkzeug: Spanwinkel γ	Schnittparameter: Schnitttiefe a mm	Schnittparameter: Vorschub f mm	Schnittparameter: Schnittgeschwindigkeit[1) 2)] v_c in m/min
Unlegierte Baustähle, unleg. Einsatz- und Automatenstähle	bis 500	K10, P10	6°…10°	12°…25°	0,5…4	0,1…0,4	330…220
		P10, P20		12°…18°	über 4	0,3…1,5	240…160
Vergütungsstähle	700…1000	P10, M20	6°… 8°	6°…12°	0,5…4	0,1…0,4	150… 85
		M20, P30			über 4	0,3…1,5	90… 35
Al-Legierungen		K20	10°… 8°	24°…10°	–	0,1…0,6	600…250
Kupferlegierungen		K20	5°…10°	5°…10°	–	0,1…0,6	500…200

[1] Der niedrigere Wert von v_c gilt für ungünstige Zerspanungsbedingungen mit Schnittunterbrechungen, der höhere Wert von v_c gilt für günstige Zerspanungsbedingungen.

[2] Auswahl der Kühlschmierstoffe siehe Seite 189.

Drehen und Fräsen von Metallen

Richtwerte für das Drehen mit Schnellarbeitsstahl-Drehmeißeln

Herstellerangaben

Werkstoff des Werkstücks	mit Zugfestigkeit R_m in N/mm²	Drehwerkzeug: Schnellarbeitsstahl	Drehwerkzeug: Freiwinkel α	Drehwerkzeug: Spanwinkel γ	Schnittparameter: Schnitttiefe a_p in mm	Schnittparameter: Vorschub f_z in mm	Schnittparameter: Schnittgeschwindigk. v_c in mm	Schnittparameter: Standzeit T in mm
Unlegierte Baustähle, Einsatz- und Vergütungsstähle	bis 700	HS 10-4-3-10	8°	14°	0,5	0,1	70 … 50	60
					3	0,5	50 … 30	
		HS 18-1-2-10	8°	14°	6	1,0	35 … 25	
Automatenstähle	bis 700	HS10-4-3-10 und HS18-1-2-10	8°	bis 20°	0,5	0,1	… 60	240
					3	0,3	75 … 50	
					6	0,6	55…35	
Al-Werkstoffe	bis 350	HS10-4-3-10	8° … 10°	10° … 24°	0,5 … 4	0,1 … 0,5	120 … 180	240
Cu-Werkstoffe	bis 500	HS18-1-2-10	5° … 10°	5° … 10°	0,5 … 4	0,1 … 0,5	100 … 125	240

Hinweis: Die genannten Werte sind allgemeine Richtwerte. Bei Verwendung der Werkzeuge eines bestimmten Herstellers sind die vom Hersteller empfohlenen Fertigungsrichtwerte anzuwenden.

Richtwerte für das Fräsen mit hartmetallbestückten Messerköpfen

Herstellerangaben

Messerkopf-Fräsen

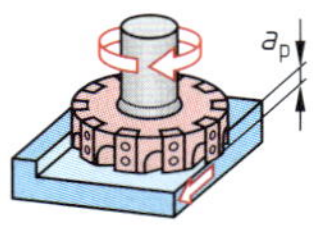

Fräsarbeiten: Stirn-Planfräsen; Fräsen von Ecken

Fräsen mit dem Schaftfräser

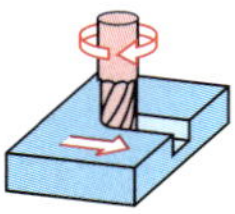

Fräsarbeiten: Fräsen von tiefen Nuten

Werkstoff des Werkstücks: Werkstoffgruppe	Zugfestigkeit R_m in N/mm²	Hartmetallsorte des Werkzeuge	Vorschub f_z mm	Schnitttiefe a_p mm	Schnittgeschwindigkeit v_c m/min
Unlegierte Stähle	bis 500	HM-P25 bis HM-P40	0,1 … 0,3	5 10	160 … 200 130 … 160
Unlegierte und legierte Stähle	500 … 900		0,1 … 0,5	5 10	90 … 160 60 … 130
Legierte Stähle	900 … 1400		0,1 … 0,5	5 10	80 … 105 75 … 85
Korrosionsbeständige Stähle	bis 600		0,01 … 0,2 0,1 … 0,2	3 5	95 … 110 40 … 50
Gusseisen	240 … 330 HB[1)]	HM-K10 bis HM-K20	0,1 … 0,5 0,1 … 0,2	5 10	70 … 90 70 … 80
Aluminium-Werkstoffe	nicht aushärtbar		bis 0,3	0,5 … 8	bis 2500
	aushärtbar		bis 0,3	0,5 … 8	bis 700
Kupfer und Kupferlegierungen			0,1 … 0,4	0,5 … 8	80 … 150

Fräserdrehzahl

$$n = \frac{v_c}{\pi \cdot d}$$

v_c Schnittgeschwindigkeit
d Fräserdurchmesser

Vorschubgeschwindigkeit

$$v_f = f_z \cdot z \cdot n$$

f_z Vorschub pro Fräserzahn
z Zähnezahl des Fräsers

Richtwerte für das Fräsen mit Vollhartmetall-Schaftfräsern

Herstellerangaben

Werkstoffgruppe des Werkstücks	Zugfestigkeit R_m in N/mm²	Schnittgeschwindigkeit v_c m/min	Vorschub pro Zahn f_z in mm für Schaftfräserdurchmesser 2,5 … 4 mm	5 … 8 mm	9 … 12 mm	13 … 20 mm
Stahl	600 … 900	50 … 90	0,005 … 0,02	0,02 … 0,04	0,02 … 0,06	0,02 … 0,06
Korrosionsbest. Stahl	450 … 900	30 … 70				
Gusseisen	bis 330 HB[1)]	40 … 80	0,02	0,03 … 0,06	0,03 … 0,08	0,03 … 0,10
Al- und Cu-Werkstoffe	bis 350	150 … 450	0,005 … 0,02	0,02 … 0,04	0,02 … 0,06	0,02 … 0,08

[1)] Bei den Werkstoffen mit HB ist die Brinellhärte die bestimmende Werkstoffeigenschaft.

F

Spanende Bearbeitung der Kunststoffe

Richtwerte für die spanende Bearbeitung der Kunststoffe

Bohren:

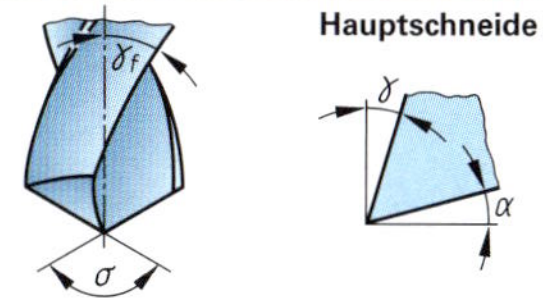

σ Spitzenwinkel
γ_f Seitenspanwinkel (Drallwinkel) 12° bis 16°
α Freiwinkel
γ Spanwinkel
v_c Schnittgeschw.
f Vorschub

Sägen:

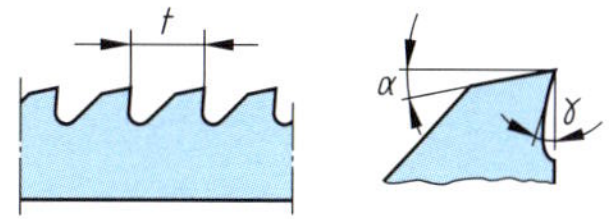

α Freiwinkel
γ Spanwinkel
v_c Schnittgeschw.
t Zahnteilung
K Index für Kreissägen
B Index für Bandsägen

Drehen:

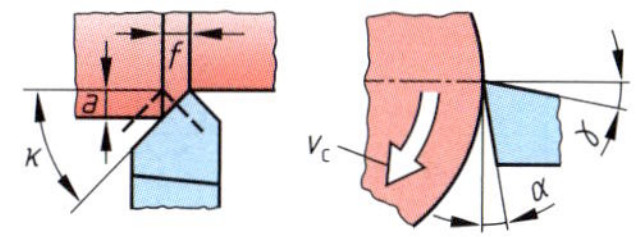

α Freiwinkel
γ Spanwinkel
ϰ Einstellwinkel
v_c Schnittgeschw.
f Vorschub
a Spantiefe
Spitzenradius r mind. 0,5 mm

Schneidstoff: **HS** Schnellarbeitsstahl; **HM** Hartmetall (K10)

Zu spanende Kunststoffe			Schneidstoff	Bohren					Sägen						Drehen					
	Bezeichnung	Kurzzeichen		α	γ	σ	v_c	f	α	γ_K	γ_B	t	v_{cK}	v_{cB}	α	γ	ϰ	v_c	f	a
				°	°	°	m/min	mm/U	°	°	°	mm	m/min	m/min	°	°	°	m/min	mm/U	mm
Thermoplaste	Polyethylen, Polyprop.	PE, PP	HS oder HM (z.B. K 10)	10…12	3…5	60… 90	50…100	0,2…0,5	30 bis 40 (HS); 10 bis 15 (HM)	5 bis 8 (HS); 0 bis 5 (HM)	0 bis 8	2 bis 8; bei spröden Kunststoffen kleine Teilung		bis 3000	5…15	0…10	45…60	200…500	0,1…0,5	bis 6
	Polyvinylchlorid	PVC		8…10	3…5	80…110	30… 80	0,1…0,5							5…10	0… 5	45…60	200…500	0,1…0,2	bis 6
	Polymethylmethacrylat	PMMA		3… 8	0…4	60… 90	20… 60	0,1…0,5							5…10	0…(–)4	~ 15	200…300	0,1…0,2	bis 6
	Polystyrol	PS		3… 8	3…5	60… 90	20… 60	0,1…0,5							5…10	0… 2	~ 15	50… 60	0,1…0,2	bis 2
	Polystyrol-Copolymerisate	SAN ABS SB		5… 8	3…5	60… 90	30… 80	0,1…0,5												
				8…10	3…5	60… 75	30… 80	0,1…0,5												
	Polyamide	PA		10…12	3…5	60… 90	50…100	0,2…0,5							5…15	0…10	45…60	200…500	0,1…0,5	bis 6
	Polycarbonat	PC		5… 8	3…5	60… 90	50…120	0,2…0,5							5…10	0… 5	45…60	200…300	0,1…0,5	bis 6
	Polyoximethylen	POM		5… 8	3…5	60… 90	50…100	0,1…0,5												
	Polytetrafluorethylen	PTFE		16	3…5	130	100…300	0,1…0,3							10…15	15…20	9…11	100…300	0,05…0,25	bis 6
	Celluloseacetat	CA		8…10	3…5	80…110	30… 80	0,1…0,5							5…10	0… 5	45…60	200…500	0,1…0,2	bis 6
Duroplaste	Phenolharz	PF	HS oder HM	6… 8	6…10	100 … 120	30 … 40	0,4 bis 0,5	30 … 40	5 … 8	5 … 8	4 … 8	bis 3000	bis 2000	5 … 10	15 … 25	45 … 60	bis 80	0,05 bis 0,5 je nach Einspannung und Stabilität des Werkstücks	bis 10 je nach Stabilität
	Harnstoffharz	UF																		
	Melaminharz	MF																		
	Ung. Polyesterharz	UP																		
	Epoxidharz	EP		6… 8	6…10	100 … 120	100 … 120	je nach Bohrerdurchmesser und Füllstoff	10 … 15	3 … 6		8 … 18	bis 5000	bis 2000		10 … 15	45 … 60	bis 40		
	Polyurethanharz	PUR																		
	Siliconharz	SI																		
	Mit anorganischem Material wie z.B. Glasfasern (GFK), Gesteinsmehl u.ä. verstärkte Duroplaste		HM	6… 8	0…6	80…100	20…40								5…11	0…12	45…60	bis 40		
			Diamant-Trennscheibe						Diamantkorn				1000 bis 2000	300						

Schleifen

Zusammensetzung, Aufbau und Bezeichnung von Schleifkörpern aus gebundenem Schleifmittel

vgl. DIN ISO 525 (2000-08)

Schnittgeschwindigkeit beim Schleifen

$$v_c = \pi \cdot d_s \cdot n_s$$

d_s Schleifscheibendurchmesser
n_s Drehzahl der Schleifscheibe

Beispiel einer Schleifkörperbezeichnung

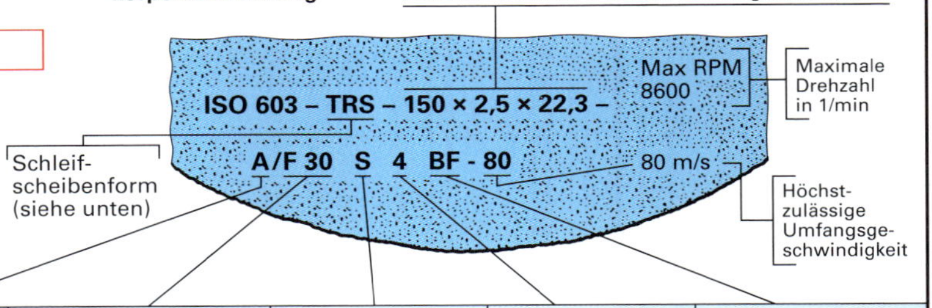

Schleifmittel		Körnung (Siebmaschen pro inch)		Härtegrad (Bindung der Körner)		Gefüge (Porosität in %)		Bindung	
Schmirgel	SL	sehr grob	F6 … F8	sehr weich	A … G	dicht	0 … 3	Keramik	V
Normalkorund, Halbedelkorund, Edelkorund	A	mittelgrob	F10 … F14	weich	H … K	mittel	4 … 6	Kunstharz / faserverstärkt	B / BF
		grob	F16 … F24	mittel	L … O	porös	7 … 9	Metall	M
Siliciumcarbid	C	mittel	F30 … F60	hart	P … S	offen	10 … 14	Galvanisch	G
Bornitrid	CBN	fein	F70 … F220	sehr hart	T … Z			Gummi / faserverstärkt	R / RF
Diamant	D	sehr fein	F230 … F1200	äußerst hart	X, Y, Z	sehr offen	15 … 30	Magnesitbindung	MG

Eignung von Schleifmitteln

Werkstoff	Stähle, ungehärtet	Stähle, gehärtet; Gusseisen	Al, Al-Leg., Cu, Cu-Leg.	Kunststoffe	Hartmetalle
Schleifmittel	Normal- u. Halbedelkorund	Edelkorund, Siliciumkarbid	Edelkorund, Siliciumkarbid	Edelkorund	Diamant

Schleifkörper aus gebundenem Schleifmittel

Es gibt eine Vielzahl von Schleifscheibenformen (52) für die verschiedenen Schleifarbeiten: DIN ISO 603-1 bis DIN ISO 603-16. Im Folgenden werden einige wichtige Schleifscheiben für den Metallbau gezeigt.

Schleifscheiben für Werkzeuge (Auswahl)

vgl. DIN ISO 603-6 (2000-05)

Benennung, Form	Maße in mm	Benennung, Form	Maße in mm
Gerade Schleifscheibe Form 1 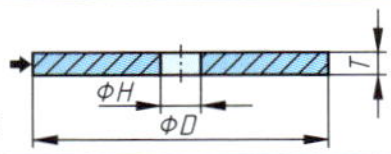	D: 50 … 300 T: 6 … 32 H: 13 … 51	Einseitig konische Schleifscheibe Form 3 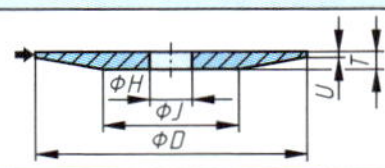	D: 80 … 250 J: 40 … 125 H: 13 … 32 T: 5 … 14 U: 1; 1,5; 2; 3

Schleifscheiben für Freihandschleifen (Auswahl)

vgl. DIN ISO 603-7 (2000-05)

Benennung, Form	Maße in mm	Benennung, Form	Maße in mm
Einseitig ausgesparte Schleifscheibe Form 5 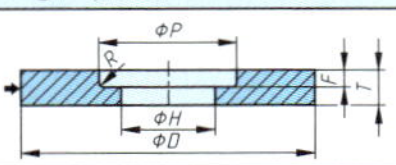	D: 150 … 400 T: 32 … 50 H: 20 … 127 P: 80 … 215 F: 16, 20, 25	Schleifscheibe mit Tragscheibe Form 36 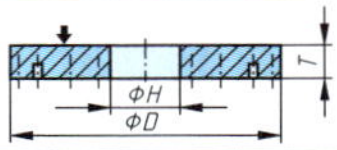	D: 350 … 900 T: 63, 80, 100 H: 120 … 280

Trennschleifscheiben für Winkelschleifer

vgl. DIN ISO 603-16 (2000-05)

Benennung, Form	Maße in mm	Benennung, Form	Maße in mm
Gerade Trennschleifscheibe Form 41 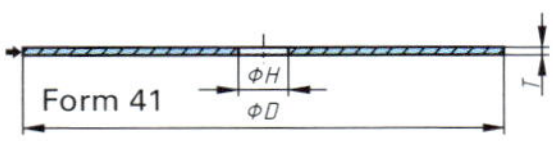	D: 80 … 350 T: 1; 1,6; 2; 2,5; 4,0 H: 10 … 25,4	Gekröpfte Trennschleifscheibe Form 42 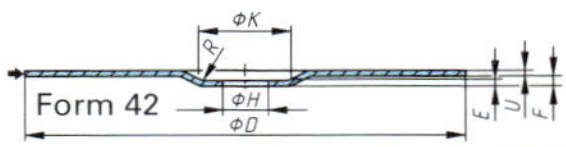	D: 80 … 340 U: 2; 2,5; 3,2 H: 10, 16, 22, 23 K: 23; 35,5; 45 F: 4,0; 4,6

Bezeichnungsbeispiel: Gekröpfte Trennscheibe ISO 603-16 – 42 – 115 × 2,5 × 22,23 – A 24 S BF – 80 m/s
ist eine gekröpfte Trennschleifscheibe, Form 42, Maße D = 115 mm, U = 2,5 mm, H = 22,23 mm, Schleifmittel A, Korngröße 24, Härtegrad S, Kunstharzbindung faserverstärkt BF, Arbeitshöchstgeschwindigkeit 80 m/s.

F

Schleifen

Oberflächenbearbeitung von nichtrostenden Stählen (Edelstahl Rostfrei)

Schleifverfahren, Schleifwerkzeuge, Schleifmittel

Rundschleifen	Flächenschleifen	Bandschleifen	Kantenschleifen
 Fächerschleifscheibe	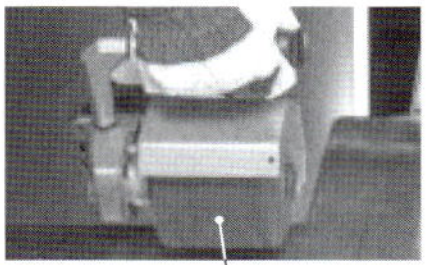 Vliesrad	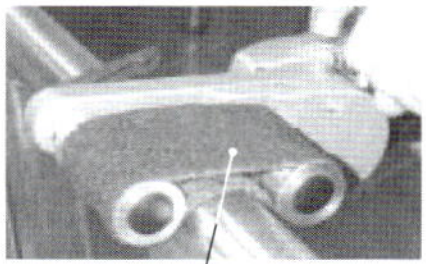 Schleifband	 Schleifrad
Rundschleif-Werkzeuge Fächerschleifscheiben (DIN ISO 15 635) Ebene Schleifscheiben (DIN ISO 603-14) Grobe und feine Vliesscheiben, Filzscheiben	**Flächen- und Längsschleif-Werkzeuge** Lamellenschleifscheiben, auch Schleifblätterräder genannt (DIN ISO 5429) Schleifrollen (DIN ISO 3366) Vliesräder, Filzräder	**Bandschleif-Werkzeuge** Grobe und feine Schleifbänder (DIN ISO 2976) Grobe und feine Vliesbänder, Filzbänder	**Kantenschleif-Werkzeuge** kleine Lamellen-Schleifräder (DIN ISO 5429) Schleifrollen (DIN ISO 3366) kleine Vliesräder, Schleifstifte, kleine Filzköpfe

Schleifarbeiten für das Schleifen von nichtrostenden Stählen

Herstellerangaben

Nr.	Arbeitsfolge	Beschreibung, Anwendung	Empfohlenes Schleifmittel	Körnung	Umfangsgeschwindigkeit m/min
1a	Putzschleifen	für raue Schweißnähte	Schleifscheibe Fächerschleifscheibe Schleifband Lamellenschleifrad	24/36	1200 … 1800
1b	Vorschleifen	Anfangsarbeit an warmgewalzten Blechen oder glatten Schweißnähten		24/26 60	1200 … 1800
2	Fertigschleifen	Anfangsarbeit für warmgewalztes Blech und Band		80/100	1500 … 2400
3a	Feinschleifen	Anfangsarbeit beim Feinschleifen	Schleifscheibe Fächerschleifscheibe Lamellenschleifrad Schleifband Polierscheibe	120/150	1500 … 2400
3b		Anschlussarbeit an 3a		180	1500 … 2400
3c		Anschlussarbeit an 3b für eine normale Politur		240	2400 … 3000
4	Bürsten	Herstellung eines matten Seidenglanzes (satiniert)[1]	Polierscheibe mit Paste aus Bimssteinpulver oder Quarzmehl mit Öl		600 … 1500
5	Polieren oder Läppen	Anschlussarbeit zur Herstellung einer normalen Politur[1]	Polierscheibe	Polierpaste	2400 … 3000
6a	Polieren	Vorarbeit zur Herstellung einer Hochglanzpolitur[1]	Polierscheibe Polierband Poliervlies Filzband	320	≈ 1500
6b	Hochglanzpolieren	Abschlussarbeit zur Herstellung der Hochglanzpolitur[1]		Poliermittel	≈ 1500
7	Strahlen	Herstellen einer matten, nicht gerichteten Oberfläche[1]	Glasperlen Quarzsand	nach Wunsch	–
8	Passivieren	Bildung einer Passivschicht, Beseitigen von Anlauffarben	Beizpaste oder Beizlösung (50%ige Salpetersäurelösung)		

[1] siehe Seite 192 B

Arbeitsbeispiel: Fertigen einer Hochglanzpolitur auf einem warmgewalzten Blech.

Arbeitsschritte: Nr. 2 Fertigschleifen mit Lamellenschleifrad Körnung 80/100 → Nr. 3a, 3b, 3c Feinschleifen mit Lamellenschleifrad Körnung 120/150 → 180 → 240 → Nr. 6a Polieren mit Polierscheibe Körnung 320 → Nr. 6b Hochglanzpolieren mit Filzscheibe und Polierpaste → Nr. 8 Erzeugen einer Passivschicht durch Abreiben mit Beizlösung.

F

Schweißen

Wichtige Schweißverfahren

Gasschmelz-Schweißen
(Autogenschweißen)[1]

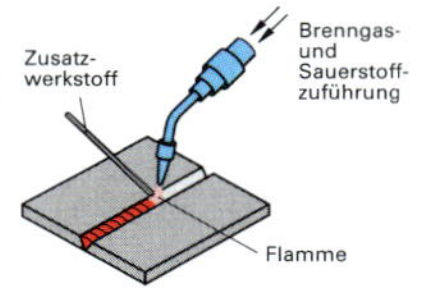

Lichtbogenhandschweißen
(E-Schweißen)

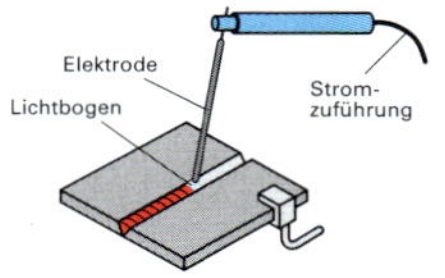

Metall-Aktivgas-Schweißen
(MAG-Schweißen)

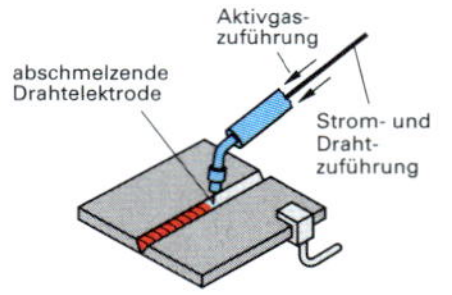

Metall-Inertgas-Schweißen
(MIG-Schweißen)

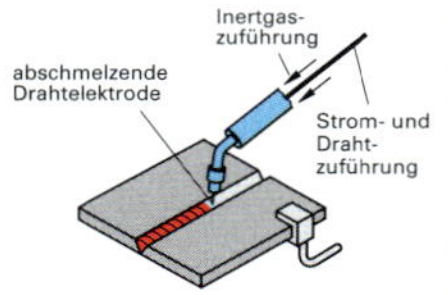

Wolfram-Inertgas-Schweißen
(WIG-Schweißen)

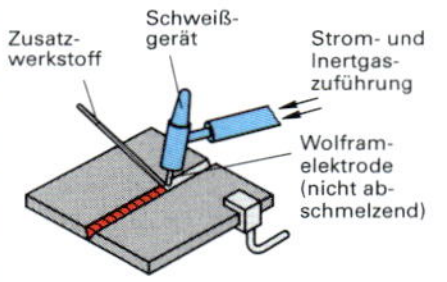

Wolfram-Plasma-Schweißen
(WP-Schweißen)

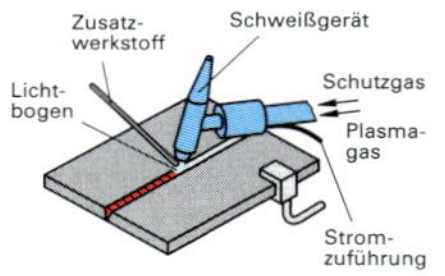

Unterpulverschweißen
(UP-Schweißen)

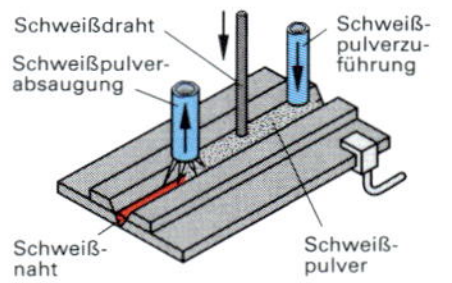

Bolzenschweißen
(BS-Schweißen)

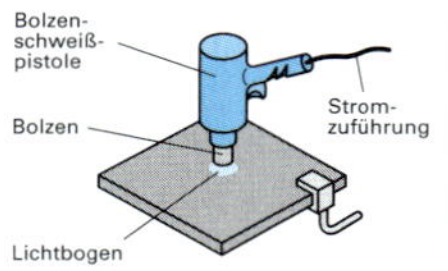

[1] In Klammern der Kurzname des Schweißverfahrens

Ordnungsnummern der Schweißverfahren

vgl. DIN EN ISO 4063 (2000-04)

1	**Lichtbogenschweißen**
101	Metall-Lichtbogenschweißen
11	Metall-Lichtbogenschweißen ohne Gasschutz
111	Lichtbogenhandschweißen
12	Unterpulverschweißen
13	Metall-Schutzgasschweißen
131	Metall-Inertgasschweißen (MIG)
135	Metall-Aktivgasschw. (MAG)
136	Metall-Aktivgasschweißen mit Fülldrahtelektrode
137	Metall-Inertgaschweißen mit Fülldrahtelektrode
14	Wolfram-Schutzgasschweißen
141	Wolfram-Inertgasschw. (WIG)
15	Plasmaschweißen
151	Plasma-WIG-Schweißen

2	**Widerstandsschweißen**
21	Widerstands-Punktschweißen
22	Rollennahtschweißen
23	Buckelschweißen
3	**Gasschmelzschweißen**
311	Gasschweißen mit Sauerstoff-Acetylen-Flamme
312	Gasschweißen mit Sauerstoff-Propan-Flamme
4	**Pressschweißen**
41	Ultraschallschweißen
42	Reibschweißen
5	**Strahlschweißen**
51	Elektronenstrahlschweißen
52	Laserstrahlschweißen

7	**Andere Schweißverfahren**
73	Elektrogasschweißen
74	Induktionsschweißen
75	Lichtstrahlschweißen
78	Bolzenschweißen
8	**Schneiden**
81	Autogenes Brennschneiden
82	Lichtbogenschneiden
83	Plasmaschneiden
84	Laserstrahlschneiden
9	**Hartlöten, Weichlöten**
91	Hartlöten
912	Flammhartlöten
94	Weichlöten
952	Kolbenweichlöten

Eignung gebräuchlicher Schweißverfahren

Schweißverfahren	**Eignung**		**Nahtvorbereitung**		**Schweißtechnische Hinweise**			
	schweißbare Werkstoffe	Materialdicke	Öffnungswinkel	Toleranzanforderung	Abschmelzleistung	Einbrand	Wärmeeinflusszone	Schweißverzug
Gasschmelz-Schweißen	Unlegierte und niedrigleg. Stähle	dünn	0°, 60°	grob	gering	gering	groß	mittel
Lichtbogen-handschweißen	Alle Stähle	mittel, dick	60°	grob	mittel	mittel	mittel	mittel
MAG-Schweißen	Alle schweißgeeigneten Werkstoffe	alle Dicken	40° … 60°	eng	groß	groß	mittel	gering
MIG-Schweißen	Al-, Cu-, Ti-, Ni-Werkstoffe	mittel, dick	40° … 60°	eng	groß	groß	mittel	gering
WIG-, WP-Schweißen	Alle Stähle und NE-Metalle	dünn	0° … 60°	mittel	gering	gering	klein	gering

Arbeitssicherheit beim Schweißen siehe Seite 136

F

Schweißnahtvorbereitung für Stähle (Auswahl)

vgl. DIN EN ISO 9692-1 (2004-05)

(für Gasschmelzschweißen, Lichtbogenhandschweißen, Schutzgasschweißen)

Nahtname Symbol nach ISO 2553	Fugenform Schweißnaht-querschnitt	Werkstückdicke t mm	Fugenmaße: Spaltbreite b mm	Fugenmaße: Steghöhe c mm	Fugenmaße: Winkel α, β Grad (°)	Empfohlenes Schweißverfahren (s. Seite 265)	Bemerkungen
I-Naht ‖	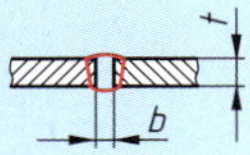	≤ 4	$b \approx t$	–	–	3, 111, 141	einseitig geschweißt
		3 … 8	$6 \le b \le 8$ $\approx t$	–	–	13 141	einseitig geschweißt mit Badsicherung
		≤ 15	0 … 1	–	–	52	
V-Naht	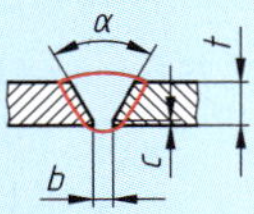	3 … 10	≤ 4	≤ 2	40 … 60	3, 111, 13, 141	eventuell mit Badsicherung
		3 … 40	≤ 3	≤ 2	≈ 60 40 … 60	111, 141 13	mit Gegenlage
Y-Naht	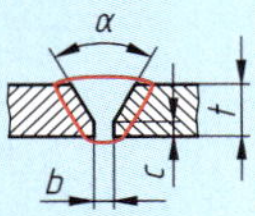	5 … 40	1 … 4	2 … 4	≈ 60	111, 13 141	einseitig geschweißt
		> 10	1 … 3	2 … 4	≈ 60	111, 141	mit Wurzel- und Gegenlage
					40 … 60	13	
D-V-Naht (X-Naht)	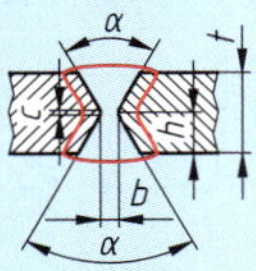	> 10	1 … 3	≤ 2	≈ 60	111, 141	symmetrische Anschrägungen
					40 … 60	13	
HV-Naht	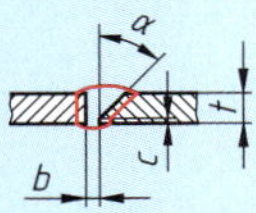	3 … 10	2 … 4	1 … 2	35 … 60	111, 13, 141	einseitig geschweißt
		3 … 30	1 … 4	≤ 2			mit Gegenlage
D-HV-Naht (K-Naht)	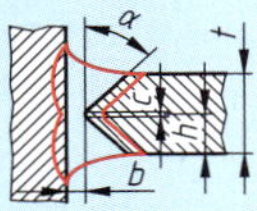	> 10	1 … 4	≤ 2	35 … 60	111, 13, 141	Die Fugenform kann auch unsymmetrisch sein.
Kehlnaht T-Stoß	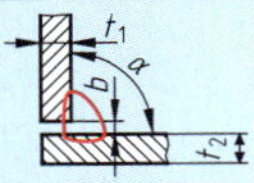	$t_1 > 2$ $t_2 > 2$	≤ 2	–	70 … 100	3, 111, 13, 141	–
Kehlnaht Eckstoß	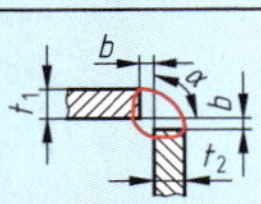	$t_1 > 2$ $t_2 > 2$	≤ 2	–	60 … 120	3, 111, 13, 141	–

Schweißpositionen

vgl. DIN EN ISO 6947 (1997-05)

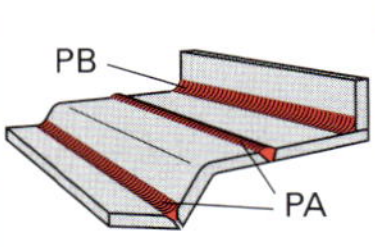

PA (w)	Wannen-Position
PB (h)	Horizontal-Vertikal-position

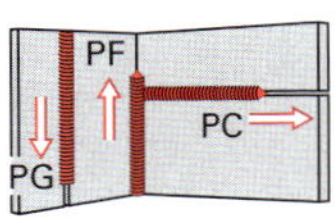

PC (q)	Quer-position
PF (s)	Steig-position
PG (f)	Fall-position

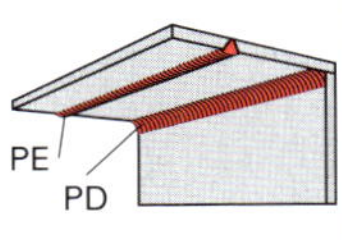

PE (ü)	Überkopf-Position
PD (hü)	Horizontal-Überkopf-Position

( ) In Klammern die alten Schweißpositions-Kurzzeichen

F

Gasschmelzschweißen (Autogenschweißen) von Stahl

Schweißbrenner

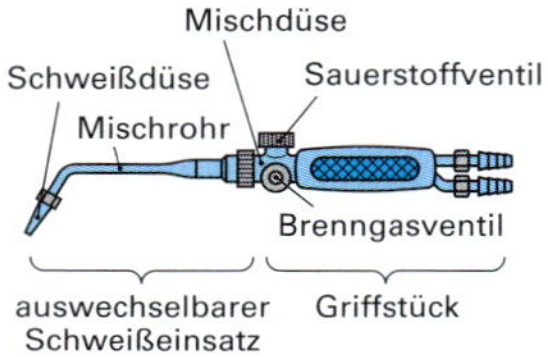

Gase zum Schmelzschweißen

Gasart	Gas-Kennfarbe (S.192 F)	Anschlüsse der Flaschenventile	Gasflaschendaten Druck bar	Volumen l	Füllmenge kg, m^3	Maximale Flammen-temperatur
Acetylen	braun	Spannbügel	19	40/50	8 m^3/10 m^3	≈ 3200 °C
Wasser-stoff	rot	W 21,8×1/14 – LH	200	10/50	2 m^3/10 m^3	≈ 2100 °C
Propan	rot	W 21,8×1/14 – LH	≈ 8,5	10/50	4 kg/21 kg	≈ 2750 °C
Sauerstoff	blau/weiß	R 3/4	200	40/50	8 m^3/10 m^3	–

Ermittlung der Gasentnahmemengen aus Gasflaschen

Gelöste Gase,
z.B. Acetylen in Aceton

Gasentnahme

$$\Delta V = \frac{V_F \cdot (p_1 - p_2)}{p_F}$$

V_F gelöstes Gasvolumen
p_1 Druck vor der Gasentnahme
p_2 Druck nach der Gasentnahme
p_F Fülldruck der Gasflasche

Druckflaschengase,
z.B. Sauerstoff, Wasserstoff

Gasentnahme

$$\Delta V = \frac{V \cdot (p_1 - p_2)}{p_{amb}}$$

V Gasflaschenvolumen
p_1 Druck vor der Gasentnahme
p_2 Druck nach der Gasentnahme
p_{amb} Luftdruck (1 bar)

Flüssiggase, (z.B. Propan) und **gelöste Gase** (z.B. Acetylen in Aceton)

Gasentnahme

$$\Delta V = \frac{\Delta m}{\varrho_{Gas}}$$

Δm Gasmasse; durch Wiegen vor und nach der Gasentnahme bestimmt
ϱ_{Gas} Gasdichte; $\varrho_{Acetylen} = 1{,}17\ kg/m^3$

Schweißstäbe für das Gasschmelzschweißen

vgl. DIN EN 12 536 (2000-08)

Kurzzeichen des Stabs	O Z	O I	O II	O III	O IV	O V	O VI
Alter Kurzname nach DIN 8554	–	G I	G II	G III	G IV	G V	G VI
Fließverhalten	keine Eigenschaft vereinbart	dünnfließend		zähfließend			
Spritzneigung der Schmelze		stark	gering	keine			
Porenbildung in der Naht		ja	ja	nein			
Genormte Schweißstabdurchmesser in mm: 1,6; 2; 2,5: 3; (3,2); 4; 5; (6,3)							
Bezeichnungsbeispiel: Stab EN 12 536 – O II							

Zuordnung des geeigneten Schweißstabes

Zu schweißende Werkstoffe Stahlgruppe		Stahlsorten	Geeignete Schweißstäbe O I (G I)	O II (G II)	O III (G III)	O IV (G IV)
Unlegierte Baustähle nach DIN EN 10025		S235JR (St37-2), S235JRG1 (USt37-2), S235JRG2 (RSt37-2), S275JR (St44-2)		X	X	X
		S235J2G3 (St37-3), S355JR (St52-3)			X	X
Stahl-rohre nach	DIN 1615	S185 (St33)	X	X	X	X
	DIN 1626, DIN 1629	USt37.0, St37.0, St44.0, St52.0	X	X	X	X
	DIN 17175	St35.8, St45.8			X	X
Blech und Band nach DIN EN 10028		P235GH (HI), P265GH (HII)			X	X
		17Mn4, 16Mo3				X

Richtwerte der Betriebsdaten für das Gasschmelzschweißen von Stahl

Werkstoffdicke in mm	Schweiß-einsatz (Nummer)	Schweiß-nahtart (Symbol)	Schweiß-stabdurch-messer in mm	Gasdruck in bar Sauer-stoff	Acety-len	**Acetylen-** bzw. **Sauerstoffverbrauch** (gleich) l/h	l/1 m Naht	Schweiß-geschwin-digkeit cm/min	Zeit-bedarf pro 1 m Naht
0,5... 0	1	JL	1,6	2,5	0,5	80	15	10	10 min
1... 2	2	II	1,6; 2			160	30	8	12,5 min
2... 4	3	II, V	2; 2,5			315	70	6,5	15 min
4... 6	4	II, V	3; 4			500	170	5	20 min
6... 9	5	V, HV	4; 5			800	280	4	25 min
9...14	6	Y, HY, U, HU				1250	550	3,5	30 min
14...20	7	Y, U, K, X	5			1800	1000	2,5	40 min

F

Lichtbogenhandschweißen (E-Schweißen) von Stahl

Umhüllte Stabelektroden für unlegierte Stähle und Feinkornstähle (mit Mindeststreckgrenze unter 500 N/mm²)

vgl. DIN EN ISO 2560 (2006-03)

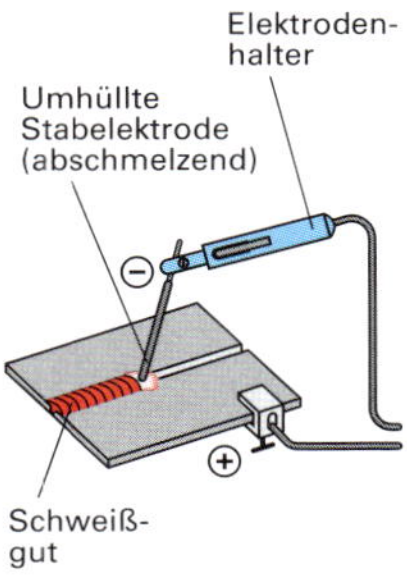

Beispiel für die Bezeichnung einer Stabelektrode

Umhüllte Stabelektrode ISO 2560-A – E 42 2 2Ni B 3 4 H10

- ISO 2560-A: Umhüllte Stabelektrode nach DIN EN ISO 2560-A
- E: Kennbuchstabe für das Lichtbogenhandschweißen
- 42: 1. Kennziffer für Streckgrenze, Zugfestigkeit und Dehnung des Schweißgutes
- 2: 2. Kennzeichen für die Kerbschlagarbeit
- 2Ni: 3. Kurzzeichen für die chemische Zusammensetzung (kann fehlen)
- B: 4. Kurzzeichen für den Umhüllungstyp
- 3: 5. Kennziffer für Ausbringung und Stromart
- 4: 6. Kennziffer für die Schweißposition
- H10: 7. Kennzeichen für den Wasserstoffgehalt

1. Kennziffer für die Festigkeit und Bruchdehnung des Schweißgutes

Kennziffer	Streckgrenze N/mm²	Zugfestigkeit N/mm²	Bruch-dehnung
35	≥ 355	440…570	> 22%
38	≥ 380	470…600	> 20%
42	≥ 420	500…640	> 20%
46	≥ 460	530…680	> 20%
50	≥ 500	560…720	> 18%

2. Kennzeichen für die Kerbschlagarbeit des Schweißgutes

Kenn-zei-chen	Temperatur für Mindestkerbschlag-arbeit 47 J	Kenn-zei-chen	Temperatur für Mindestkerbschlag-arbeit 47 J
Z	keine Anforderungen	3	– 30°
A	+ 20°	4	– 40°
0	0°	5	– 50°
2	– 20°	6	– 60°

3. Kurzzeichen für die chemische Zusammensetzung des Schweißgutes

Legierungs-Kurzzeichen	Chemische Zusammensetzung Mn in %	Mo in %	Ni in %
keins	2,0	–	–
Mo	1,4	0,3…0,6	–
MnMo	1,4…2,0	0,3…0,6	–
1 Ni	1,4	–	0,6…1,2
2 Ni	1,4	–	1,8…2,6
3 Ni	1,4	–	2,6…3,8
Mn1Ni	1,4…2,0	–	0,6…1,2
1NiMo	1,4	0,3…0,6	0,6…1,2
Z	Jede andere vereinbarte Zusammensetzung		

4. Kurzzeichen für die Umhüllung der Stabelektrode

A	sauerumhüllt	RR	rutilumhüllt – dick
C	zelluloseumhüllt	RC	rutilzelluloseumhüllt
R	rutilumhüllt	RA	rutilsauerumhüllt
B	basischumhüllt	RB	rutilbasischumhüllt

5. Kennziffer für die Ausbringung und Stromart

Kenn-ziffer	Ausbringung %	Stromart
1	≤ 105	Wechsel- und Gleichstrom
2	≤ 105	Gleichstrom
3	> 105 ≤ 125	Wechsel- und Gleichstrom
4	> 105 ≤ 125	Gleichstrom
5	> 125 ≤ 160	Wechsel- und Gleichstrom
6	> 125 ≤ 160	Gleichstrom
7	> 160	Wechsel- und Gleichstrom
8	> 160	Gleichstrom

6. Kennziffer für die Schweißposition

1	alle Positionen
2	alle, außer Fallposition
3	Stumpfnaht in Wannenposition Kehlnaht in Wannen- und Horizontalposition
4	Stumpf- und Kehlnaht in Wannenposition
5	Fallposition und Positionen wie 3

7. Kennzeichen für den Wasserstoffgehalt im Schweißgut

Kenn-zeichen	Wasserstoffgehalt in ml/100 g Schweißgut
H 5	5
H 10	10
H 15	15

Richtwerte beim Lichtbogenhandschweißen

	Durchmesser der Stabelektrode (Kernstab) in mm 2	2,5	3,2	4	5	6
Stromstärke in A	50 … 70	60 … 90	90 … 160	130 … 230	170 … 350	240 … 350
Abschmelzleistung in kg/h	0,5	0,8	1,4	1,8	2,2	3,0

Länge der Stabelektroden in mm: 250, 300, 350 (1,6, 2, 2,5 mm ∅), 300, 350, 450 (3,2 4, 5, 6 mm ∅)

F

Lichtbogenhandschweißen (E-Schweißen) von Stahl

Umhüllte Stabelektroden für hochfeste Stähle (mit Mindeststreckgrenze über 500 N/mm²)

vgl. DIN EN 757 (1997-05)

Bezeichnungsbeispiel: **Umhüllte Stabelektrode EN 757–E 69 3 Mn1 Ni B 3 4 H5**

- Umhüllte Stabelektrode für hochfeste Stähle (Umhüllte Stabelektrode EN 757)
- Kennbuchstabe für das Lichtbogenhandschweißen (E)
- 1. Kennziffer für die Festigkeits- und Dehnungseigenschaften (69)
- 2. Kennzeichen für die Kerbschlagarbeit (3)
- 3. Kurzzeichen für die chemische Zusammensetzung (Mn1 Ni)
- 4. Umhüllungstyp (B)
- 5. Ausbringung und Stromart (3)
- 6. Kennziffer für die Schweißposition (4)
- 7. Wasserstoffgehalt (H5)

1. Kennziffer für die Festigkeits- und Dehnungseigenschaften des Schweißgutes

Kennziffer	Streckgrenze N/mm²	Zugfestigkeit N/mm²	Bruchdehnung %
55	≥ 550	610…780	≥ 18
62	≥ 620	690…890	≥ 18
69	≥ 690	760…960	≥ 17
79	≥ 790	880…1080	≥ 16
89	≥ 890	980…1180	≥ 15

2. Kennzeichen für die Kerbschlagarbeit des Schweißgutes

siehe Seite 279

4. Kurzzeichen für den Umhüllungstyp

siehe Seite 279

5. Kennziffer für die Ausbringung und Stromart

siehe Seite 279

6. Kennziffer für die Schweißposition

siehe Seite 279

7. Kennzeichen für den Wasserstoffgehalt im Schweißgut

Kennzeichen	Wasserstoffgehalt in ml/100 g Schweißgut
H 5	5
H 10	10

3. Kurzzeichen für die chemische Zusammensetzung des Schweißgutes

MnMo	**Mn1Ni**	**1 NiMo**	**1,5 NiMo**	**2 NiMo**	**Mn1NiMo**	**Mn2NiMo**	**Mn2NiCrMo**	**Mn2Ni1CrMo**

Das Kurzeichen besteht aus den Symbolen der enthaltenen Elemente und Kennzahlen, die den ungefähren Gehalt in Prozent (%) angeben. Mangan ist immer mit mindestens 1,4% enthalten. Keine Kennzahl bedeutet weniger als 1 %.

Beispiele:
1 NiMo mindestens 1,4% Mn, 0,6 % bis 1,2% Ni, 0,3 % bis 0,6% Mo
Mn2NiMo 1,4% bis 2,0% Mn, 1,8 % bis 2,6% Ni, 0,3 % bis 0,6% Mo

Umhüllte Stabelektroden für nichtrostende, hitzebeständige und warmfeste Stähle

vgl. DIN EN 1600, DIN EN 1599 (1997-10)

Bezeichnungsbeispiel: **Umhüllte Stabelektrode EN 1600 – E 19 12 3 Nb R 3 4**

- Umhüllte Stabelektrode nach DIN EN 1600 für das Lichtbogenhandschweißen (Umhüllte Stabelektrode EN 1600 – E)
- Kurzzeichen für die chemische Zusammensetzung (19 12 3 Nb)
- Umhüllungstyp (R)
- Ausbringung und Stromart (3)
- Schweißposition (4)

Bedeutung der Kennziffern für Umhüllungstyp, Schweißposition, Ausbringung und Stromart siehe Seite 279

Kurzzeichen für die chemische Zusammensetzung des reinen Schweißgutes (Auswahl)

Schweißguttyp	Legierungskurzzeichen	Legierungsgehalte in % C	Mn	Cr	Ni	Mo	sonstige	frühere Werkstoff-Nr.
austenitisch	19 9 L	0,04	2	18…21	9…11	–	–	1.4316
	19 9 Nb	0,08	2	18…21	9…11	–	Nb	1.4551
	19 12 3 Nb	0,08	2	17…20	10…13	2,5…3	Nb	1.4576
vollaustenitisch, hohe Korrosionsbeständigkeit	18 16 5 NL	0,04	1…4	17…20	15,5…19	3,5…5	N ≤ 0,20	1.4440
	20 16 3 MnNL	0,04	5…8	18…21	15…18	2,5…3,5	N ≤ 0,20	1.4455
	20 25 5 CuNL	0,04	1…4	19…22	24…27	4…7	Cu: 1…2	1.4517
für hitzebeständige Stahlsorten	25 4	0,15	2,5	24…27	4…6	–	–	1.4820
	25 20	0,06…0,20	1…5	23…27	18…22	–	–	1.4842
für warmfeste Stahlsorten	CrMo 1	0,05…0,12	0,4…1,5	0,9…1,4	–	0,45…0,7	–	–
	CrMo 5	0,03…0,12	0,4…1,5	4,0…6,0	–	0,4…0,7	–	–

Elektrodenbedarf beim Lichtbogenhandschweißen

Berechnungsmethode 1: Aus Tabellen mit spezifischem Elektrodenbedarf

Z Anzahl der benötigten Elektroden
L Schweißnahtlänge
z_s Elektrodenanzahl pro Meter (spezifischer Elektrodenbedarf)

Elektrodenbedarf

$$Z = L \cdot z_S$$

Spezifischer Elektrodenbedarf z_S für V-Nähte und Kehlnähte
(Elektrodenlänge 450 mm, Stummellänge 50 mm, Ausbringung 100%)

Nahtform	Blechdicke t mm	Spaltbreite b mm	Spezifischer Elektrodenbedarf z_S: Wurzel 3,2 mm Ø Stück/m	Hauptnaht 4 mm Ø Stück/m	Hauptnaht 5 mm Ø Stück/m
V-Naht, 60°	6	1	4	2,3	–
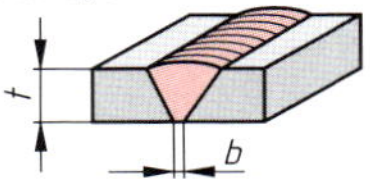	8	1,5	4	6,3	4
	10	2	4	11,5	7,3
	12	2	4	17	10,8
	14	2	4	23,2	14,8
Kehlnaht, 90°, waagrecht	Nahtdicke a in mm			3,2 mm Ø	4 mm Ø
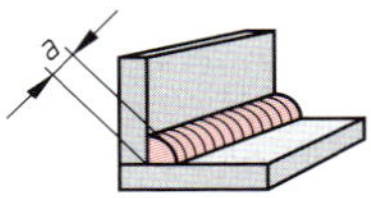	3		–	3,2	–
	4		–	5,4	3,6
	5		–	8,6	6,2
	6		–	12,3	8,2
			4 mm Ø	5 mm Ø	6 mm Ø
	8		4	6,8	–
	10		4	12,1	8,4

Bei nicht 100 %iger Ausbringung, anderer Elektrodenlänge als 450 mm und anderem Öffnungswinkel der Nähte müssen Korrekturfaktoren (siehe rechts) berücksichtigt werden.

K_E Faktor Ausbringung
K_L Faktor Elektrodenlänge
K_W Faktor Öffnungswinkel

Korrekturfaktoren

Ausbringung				
Faktor	Ausbringung in %			
	95	120	140	
K_E	1,05	0,8	0,7	
Elektrodenlänge				
Faktor	Nennlänge / in mm			
	300	350	400	
K_L	1,6	1,3	1,1	
Öffnungswinkel				
Faktor	Öffnungswinkel α			
	V-Nähte		Kehlnähte	
	50°	70°	60°	90°
K_W	0,9	1,2	0,6	1

Elektrodenbedarf
mit Korrekturfaktoren

$$Z = K_E \cdot K_L \cdot K_W \cdot L \cdot z_S$$

Beispiel: Elektrodenbedarf für die Schweißarbeit: 5 Meter V-Naht 60°, Blechdicke 8 mm

Für die Wurzelraupe: z_S = 4 Stück/m, Elektrodenlänge 450 mm, 3,2 mm Ø
Für die Hauptnaht: z_S = 6,3 Stück/m, Elektrodenlänge 450 mm, 4 mm Ø oder z_S = 4 Stück/m Elektroden 5 mm Ø,
Ausbringung z.B. jeweils 94 % (Faktor: $K_E = 1/0{,}94 = 1{,}06$)
Elektrodenbedarf für die Wurzelraupe: $Z = 1{,}06 \cdot 5\ \text{m} \cdot 4\ \text{Stück/m} = 21{,}2$ Stück ⇒ **22 Stück**
Elektrodenbedarf für die Hauptnaht: $Z = 1{,}06 \cdot 5\ \text{m} \cdot 6{,}3\ \text{Stück/m} = 33{,}4$ Stück ⇒ **34 Stück**

Berechnungsmethode 2: Aus Tabellen mit spezifischer Nahtmasse

Z Anzahl der benötigten Elektroden
L Schweißnahtlänge
m' Spezifische Nahtmasse
m_E Masse einer Elektrode

Elektrodenbedarf

$$Z = L \cdot \frac{m'}{m_E}$$

$$\text{mit } m_E = \varrho_{Stahl} \cdot l_E \cdot \frac{\pi \cdot d_E^2}{4}$$

ϱ_E Dichte des Elektrodenkerndrahts
l_E Nutzbare Länge der Elektrode
d_E Kerndrahtdurchmesser der Elektrode

Spezifische Nahtmasse m' von V-Nähten und Kehlnähten
(Elektrodenlänge 450 mm, Stummellänge 50 mm, Ausbringung 100%)

Blechdicke t mm	Spaltbreite b mm	Nahtquerschnitt mm²	Spezifische Nahtmasse m' in g/m bei Nahtüberhöhung h: 0 mm	1 mm	1,5 mm	2 mm	2,5 mm
V-Naht, 60°							
6	1	26,8	210	252	273	294	314
8	1,5	48,9	384	441	469	496	525
10	2,0	77,7	610	681	716	752	788
12	2,0	107,1	841	925	965	1010	1050
14	2,0	141	1110	1205	1254	1300	1345

Kehlnaht, 90°, waagrecht		bei Nahtüberhöhung h			
Nahtdicke a in mm		0 mm	0,5 mm	1 mm	1,5 mm
4	16	125,6	147	167,5	188,5
6	36	282	314	346	377
8	64	503	544	587	628
10	100	785	836	890	943

Elektrodenbedarf
mit Korrekturfaktoren
(Faktoren siehe oben)

$$Z = K_E \cdot K_L \cdot K_W \cdot L \cdot \frac{m'}{m_E}$$

F

Schutzgasschweißen (SG-Schweißen)

Schutzgas-Schweißverfahren und Ordnungsnummern

vgl. DIN EN ISO 4063 (2000-04)

Schutzgas-Schweißverfahren (Kurzname)	Ordnungsnummer	**Schutzgas-Schweißverfahren** (Kurzname)	Ordnungsnummer
Metall-Schutzgas-Schweißen (MSG)	13	Wolfram-Schutzgas-Schweißen	14
Metall-Inertgas-Schweißen (MIG)	131	Wolfram-Inertgas-Schweißen (WIG)	141
Metall-Aktivgas-Schweißen (MAG)	135	Plasma-Schweißen	15
MAG mit Fülldraht-Elektroden	136	Plasma-WIG-Schweißen (WP)	151
MIG mit Fülldraht-Elektroden	137		

Prinzipskizze und Anwendung der Schutzgas-Schweißverfahren

MAG-Schweißen **MIG-Schweißen**

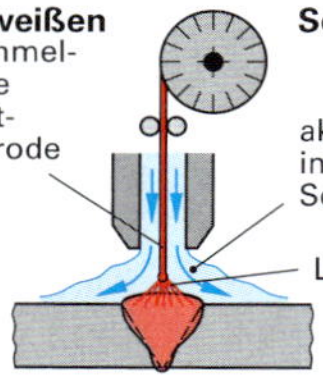

Wolfram-Inertgas-Schweißen (WIG-Schweißen)

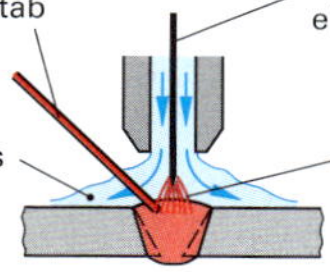

Wolfram-Plasma-Schweißen (WP-Schweißen)

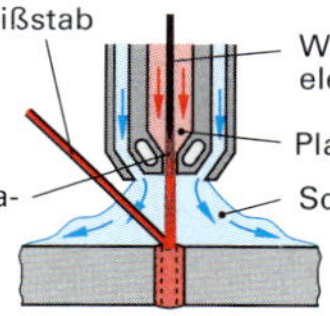

MAG-Schweißen	**MIG-Schweißen**	**WIG-Schweißen**	**WP-Schweißen**
Große Abschmelzleistung, Unlegierte Baustähle, Feinkornbaustähle, Maschinenbaustähle, Chrom-Nickel-Stähle	Aluminium-, Kupfer-, Titan- und Nickel-Werkstoffe sowie Al-, Cu-, Ti- und Ni-Legierungen	Alle schweißgeeigneten Stähle sowie NE-Metall-Werkstoffe und NE-Legierungen	Alle schweißgeeigneten Stähle sowie NE-Metall-Werkstoffe und NE-Legierungen

Schutzgase zum Lichtbogenschweißen und Schneiden

vgl. DIN EN ISO 14175 (2008-06)

Als Schutzgas finden die Gase Argon (Ar), Helium (He), Kohlenstoffdioxid (CO_2), Sauerstoff (O_2), Wasserstoff (H_2) und Stickstoff (N_2) sowie Gemische dieser Gase Verwendung.

Schutzgas-Hauptgruppe	Schutzgas-Kurzname	Gaskomponenten in Volumen-%: inerte Gase		oxidierende Gase		reduzierend	reaktionsträge	Geeignet für die Schweißverfahren	Geeignet zum Schweißen der Werkstoffe
		Argon	Helium	CO_2	O_2	H_2	N_2		
I (inerte Gase und) inerte Mischgase)	I 1	100	–	–	–	–	–	MIG WIG, WP	Al-Werkstoffe Cu-Werkstoffe
	I 2	–	100	–	–	–	–		
M 1 (oxidierende Mischgase)	M 11	Rest[1]	–	0,5 … 5	–	0,5 … 5	–	MAG	rostfreie und korrosionsbeständige Stähle
	M 12	Rest[1]	–	0,5 … 5	–	–	–		
	M 13	Rest[1]	–	–	0,5 … 3	–	–		
	M 14	Rest[1]	–	0,5 … 5	0,5 … 3	–	–		
M 2 (oxidierende Mischgase)	M 21	Rest[1]	–	15 … 25	–	–	–	MAG	niedrig legierte und mittellegierte Stähle
	M 22	Rest[1]	–	–	3 … 10	–	–		
	M 23	Rest[1]	–	0,5 … 5	3 … 10	–	–		
	M 24	Rest[1]	–	5 … 15	0,5 … 3	–	–		
M 3 (oxidierende (Mischgase)	M 31	Rest[1]	–	25 … 50	–	–	–	MAG	unlegierte und niedrig legierteStähle
	M 32	Rest[1]	–	–	10 … 15	–	–		
	M 33	Rest[1]	–	25 … 50	2 … 10	–	–		
C (stark oxidierend)	C 1	–	–	100	–	–	–	MAG	unlegierte Stähle
	C 2	–	–	Rest	0,5 … 30	–	–		
R (reduzierende Mischgase)	R 1	Rest[1]	–	–	–	0,5 … 15	–	WIG, WP	hochlegierte Stähle
	R 2	Rest[1]	–	–	–	15 … 50	–		
N (reaktionsträge Gase)	N 1	–	–	–	–	–	100	Wurzelschutz	–
	N 2	Rest[1]	–	–	–	0 … 50	0,5 … 5		

[1] Argon darf teilweise oder vollständig durch Helium ersetzt werden.

Bezeichnungsbeispiel: Mischgas ISO 14175 – M24 – ArCO – 4/3
Mischgas mit Basisgas Argon, 4 % Kohlendioxid und 3 % Sauerstoff

Arbeitssicherheit beim Schweißen siehe Seite 136

F

Schutzgasschweißen von Stahl (MAG-, MIG-, WIG-, WP-Schweißen)

Drahtelektroden und Schweißgut zum Metall-Schutzgasschweißen (MAG, MIG) von unlegierten Stählen und Feinkornstählen

vgl. DIN EN ISO 14341 (2008-08)
Ersatz für DIN EN 440

Bezeichnungsbeispiel eines Schweißgutes:

Erschmolzen durch Metall-Schutzgasschweißen (G) aus der Drahtelektrode G2Si1 mit dem Schweißgas M 23.

Schweißgut ISO 14341 – A – G 42 2 M23 G2Si1

- Schweißgut gemäß ISO 14341
- Kennbuchtabe A: Bei Einteilung nach Streckgrenze und Kerbschlagarbeit von 47J.
- Kennbuchstabe G für das Metall-Schutzgasschweißen
- Kennziffer für Festigkeit und Bruchdehnung
- Kennziffer für Kerbschlagarbeit des reinen Schweißgutes
- Schutzgas-Kurzname (Seite 282)
- Kurzzeichen für die chemische Zusammensetzung der Drahtelektrode

Schweißzusätze mit Kennbuchstaben A (gekennzeichnet durch die Streckgrenze und eine Kerbschlagarbeit von 47 J)				**Schweißzusätze mit Kennbuchstaben B** (gekennzeichnet durch die Zugfestigkeit und eine Kerbschlagarbeit von 47 J)			
Kennziffer für die Festigkeit und Bruchdehnung des reinen Schweißgutes				Kurzzeichen für die Festigkeit und Bruchdehnung des reinen Schweißgutes			
Kennziffer	Mindeststreckgrenze N/mm²	Zugfestigkeit N/mm²	Mindestbruchdehnung %	**Kurzzeichen**	Mindeststreckgrenze N/mm²	Zugfestigkeit N/mm²	Mindestbruchdehnung %
35	355	440 bis 570	22	43X	330	430 bis 600	20
38	380	470 bis 600	20	49X	390	490 bis 670	18
42	420	500 bis 640	20	55X	460	550 bis 740	17
46	460	530 bis 680	20	57X	490	570 bis 770	17

Kurzzeichen für die chemische Zusammensetzung der Drahtelektroden (Kennbuchstabe A: Streckgrenze, Kerbschlagarbeit 47J)					Kurzzeichen für die chemische Zusammensetzung der Drahtelektroden (Auswahl) (Kennbuchstabe B: Zugfestigkeit, Kerbschlagarbeit 47J)				
GO	G2Si	G3Si1	G3Si2	G4Si1	GO	G3	G12	G18	G1M3
G2Ti	G2Al	G3Ni1	G2Ni2	G2Mo	G3M1	G4M31	GN1	GN3	GN5
G4Mo	–	–	–	–	GNCC	GNCCT1	GN1M2T	GN2M2T	GN2M4T

Das Kurzzeichen besteht aus dem Kennbuchstaben für das Metall-Schutzgasschweißen G sowie weiteren Ziffern und Buchstaben für die chemische Zusammensetzung.

Kennzeichen für die Kerbschlagarbeit des reinen Schweißgutes mit 47 J oder 27 J

Kennzeichen	Temperatur für Mindestkerbschlagarbeit 47 J oder 27 J	Kennzeichen	Temperatur für Mindestkerbschlagarbeit 47 J oder 27 J	Kennzeichen	Temperatur für Mindestkerbschlagarbeit 47 J oder 27 J	Kennzeichen	Temperatur für Mindestkerbschlagarbeit 47 J oder 27 J
Z	keine Anforderungen	0	0°	3	– 30°	5	– 50°
A,Y	+ 20°	2	– 20°	4	– 40°	6	– 60°

Stäbe, Drähte und Schweißgut zum Wolfram-Schutzgasschweißen (WIG) von unlegierten Stählen und Feinkornstählen

vgl. DIN EN ISO 636 (2008-08)
Ersatz für DIN EN 1668

Bezeichnungsbeispiel eines Schweißgutes:

Erschmolzen durch Wolfram-Inertgasschweißen (W) aus dem Schweißstab W3Si1

Schweißgut ISO 636 – A – W 46 3 W3Si1

- Schweißgut gemäß DIN EN ISO 636
- Kennbuchstabe A: siehe oben
- Kennbuchstabe W für das Wolfram-Inertgas-Schweißen
- Kennziffer für Streckgrenze und Dehnung (siehe oben)
- Kennziffer für Kerbschlagarbeit (siehe oben)
- Kurzzeichen für die chemische Zusammensetzung der Stäbe und Drähte (siehe unten)

Kurzzeichen für die chemische Zusammensetzung der Stäbe und Drähte (Kennbuchstabe A: Streckgrenze, Kerbschlagarbeit 47J)					Kurzzeichen für die chemische Zusammensetzung der Stäbe und Drähte (Auswahl) (Kennbuchstabe B: Zugfestigkeit, Kerbschlagarbeit 47J)				
WO	W2Si	W3Si1	W4Si1	W2Ti	WO	W3	W6	W16	W1M3
W3Ni1	W2Ni2	W2Mo	–	–	W2M31	W3M1T	W4M3	WN1	WN3
–	–	–	–	–	WN7	WN71	WNCC	WN1M2T	WN2M3

Schutzgasschweißen von Stahl (MAG-, MIG-, WIG-, WP-Schweißen)

Drahtelektroden, Drähte, Stäbe und Schweißgut zum Schutzgasschweißen von hochfesten Stählen

vgl. DIN EN ISO 16834 (2007-05)
Ersatz für DIN EN 12534

Bezeichnungsbeispiel eines Schweißstabes zum Wolfram-Inertgasschweißen (W)

Schweißstab ISO 16834 – A – W 55 6 M Mn4Ni1Mo

- Schweißstab ISO 16834 – A: Schweißgut nach DIN EN ISO 16834 Einteilung A
- W: Wolfram-Inertgasschweißen
- 55: Kennziffer für die mechanische Eigenschaft des Schweißgutes (Seite 281)
- 6: Kennziffer für Kerbschlagarbeit (Seite 281)
- M: Schutzgas
- Mn4Ni1Mo: Kurzzeichen für die chemische Zusammensetzung des Schweißstabes

Schweißzusätze mit Kennbuchstaben A (gekennzeichnet durch die Streckgrenze und eine Kerbschlagarbeit von 47 J)				**Schweißzusätze mit Kennbuchstaben B** (gekennzeichnet durch die Zugfestigkeit und eine Kerbschlagarbeit von 47 J)			
Kennziffer für die Festigkeit und Bruchdehnung des reinen Schweißgutes				Kurzzeichen für die Festigkeit und Bruchdehnung des reinen Schweißgutes			
Kennziffer	Mindeststreckgrenze N/mm²	Zugfestigkeit N/mm²	Mindestbruchdehnung %	**Kurzzeichen**	Mindeststreckgrenze N/mm²	Zugfestigkeit N/mm²	Mindestbruchdehnung %
55	550	640 bis 820	18	59X	490	590 bis 790	16
62	620	700 bis 890	18	62X	530	620 bis 820	15
69	690	770 bis 940	17	69X	600	690 bis 890	14
89	890	940 bis 1180	15	78X	680	780 bis 980	13

Kurzzeichen für die chemische Zusammensetzung der Drähte und Stäbe (Auswahl) (Kennbuchstabe A: Streckgrenze, Kerbschlagarbeit 47J)				Kurzzeichen für die chemische Zusammensetzung der Drahtelektroden (Auswahl) (Kennbuchstabe B: Zugfestigkeit, Kerbschlagarbeit 47J)			
Z	Mn3NiCrMo	Mn3Ni1CrMo	Mn3NiMo	2M3	3M3	4M3	N1M3
Mn3Ni1,5Mo	Mn3NiCu	Mn3Ni1MoCu	Mn3Ni2,5CrMo	N2M3	N5M3	N7M4T	C1M1T
Mn4Ni1Mo	Mn4Ni2Mo	Mn4Ni1,5CrMo	Mn4Ni2CrMo	N4CM21T	N5CM3T	N6C1M4	N6CM3T

Drahtelektroden, Bandelektroden, Drähte und Stäbe zum Schmelzschweißen von nichtrostenden und hitzebeständigen Stählen

vgl. DIN EN ISO 14343 (2007-05)
Ersatz für DIN EN 12072

Bezeichnungsbeispiel einer Drahtelektrode für das Metall-Schutzgasschweißen (G)

Drahtelektrode ISO 14343 – A – G 19 12 3 Nb

- Drahtelektrode ISO 14343 – A: Drahtelektrode nach ISO 14343 Einteilung nach der Nennzusammensetzung (A)
- G: Metall-Schutzgasschweißen
- 19 12 3 Nb: Legierungskurzzeichen der Drahtelektrode

Kurzzeichen für die chemische Zusammensetzung (Auswahl)

Legierungsbezeichnung zur Einteilung nach		**Legierungsbezeichnung zur Einteilung nach**	
Nenn-Zusammensetzung ISO 14343 – A	**Legierungstyp ISO 14343 – B**	**Nenn-Zusammensetzung ISO 14343 – A**	**Legierungstyp ISO 14343 – B**
19 9 L	308 L	18 15 3 L	317 L
19 9 Nb	347	20 25 5 Cu L	385
19 12 3 Nb	318	22 12 H	309

Zuordnung geeigneter Schweißzusätze zum Schutzgasschweißen von korrosionsbeständigen (nichtrostenden) Stählen (Auswahl)

Bauaufsichtliche Zulassung
Z-30.3-6 (2003-12)

Zu schweißender Werkstoff **Kurzname**	Werkstoff-Nr.	Umhüllte Stabelektroden für das Lichtbogenhandschweißen gemäß DIN EN 1600	Drahtelektroden, Drähte und Stäbe zum Lichtbogenschweißen gemäß DIN EN 12072 sowie Fülldrahtelektroden gemäß DIN EN 12073	Wärmebehandlung nach dem Schweißen
X5CrNi18-10	1.4301	19 9 L, 19 9 Nb	19 9 L, 19 9 Nb	Eine Wärmebehandlung ist im Allgemeinen nicht erforderlich
X6CrNiTi18-10	1.4541	19 9 L, 19 9 Nb	19 9 L, 19 9 Nb	
X5CrNiMo17-12-2	1.4401	19 12 2,19 12 3 L, 19 12 3 Nb	19 12 3 L, 19 12 3 Nb	
X6CrNiMoTi17-12-2	1.4571	19 12 3 L, 19 12 3 Nb	19 12 3 L, 19 12 3 Nb	

F

Einstellgrößen und Richtwerte für Schutzgas-Schweißarbeiten

Einstellgrößen und Richtwerte für das MAG-Schweißen (Beispiele) — Herstellerangaben

Werkstoffe: Unlegierte Baustähle,
Schweißzusatz: Drahtelektrode ISO 14341 – A – G 42 Z G3Si1,
Schutzgas ISO 14175 – M21, Schweißposition: PB(h)

Nahtform	Nahtdicke *a* mm	Lagenzahl	Drahtelektroden ∅ mm	Spannung V	Stromstärke A	Elektrodenvorschub m/min	Schutzgasverbrauch l/m	Abschmelzleistung *p* kg/h
I-Naht	2	1	0,8	19	70	3,1	10	0,8
	4	1	1,0	20	130	4,3	12	1,6
	6	2	1,2	21	150	3,4	15	1,5
V-Naht 60°	6	2	1,2	21	150	3,4	15	1,5
	12	3 { 1	1,2	21	150	3,4	17	1,5
		2	1,2	26	250	7,6	17	3,5
	20	5 { 1	1,2	21	150	3,4	20	1,5
		2	1,6	28	320	5,4	20	4,6
		2	1,6	33	400	7,7	20	6,4
Kehlnaht 90°	6	1	1,0	30	300	10	15	4,0
	8	3	1,2	30	300	10	15	4,6
	10	4	1,2	30	300	10	15	4,6

Einstellgrößen und Richtwerte für das MIG-Schweißen (Beispiele) — Herstellerangaben

Werkstoffe: Aluminium-Magnesium-Legierungen (z.B. EN AW-5754[Al Mg3]) oder
Aluminium-Magnesium-Silicium-Legierungen (z.B. EN AW-Al MgSi),
Schweißzusatz: Drahtelektrode gemäß DIN EN 14532-3 – SG-AlMg5,
Schutzgas: ISO 14175 – I1 (Argon),
Schweißposition: PA (w)

Nahtform	Nahtdicke *a* mm	Lagenzahl	Drahtelektroden ∅ mm	Spannung V	Stromstärke A	Elektrodenvorschub m/min	Schutzgasverbrauch l/m	Abschmelzleistung *p* kg/h
I-Naht	4	1	1,2	23	180	3	12	0,5
	5	1	1,6	25	200	4	18	1,8
	6	1	1,6	26	230	7	18	6,2
V-Naht 60°	6	2	1,6	22	170	6	18	5,3
	10	4	1,6	24	220	6	20	6,8
	12	3	2,4	27	270	4	25	7,8

Einstellgrößen und Richtwerte für das WIG-Schweißen (Beispiele) — Herstellerangaben

Nahtform	Blechdicke *t* mm	Stab ∅ mm	Spannung V	Stromstärke A	Schweißgeschwindigkeit cm/min	Argonverbrauch l/m	Abschmelzleistung *p* kg/h
Werkstoffe: Unlegierte Baustähle (S235 bis S355), Schweißzusätze gemäß DIN EN ISO 636							
I-Naht	3	4	10 … 15	135	20 … 25	3 … 6	–
	5	4	15 … 20	195	20 … 25	1 … 10	–
Werkstoff: Aluminiumlegierung EN AW-6060[Al MgSi], Schweißzusatz: SG-AlMg5 gemäß DIN EN 14532-3							
I-Naht	3	3	20 … 25	125	≈ 20	3 … 6	–
	5	3	20 … 25	185	≈ 10	4 … 10	–
Werkstoffe: Kupferwerkstoffe, Schweißzusätze gemäß DIN EN ISO 24373							
I-Naht	3	2	20 … 25	150 … 240	20 … 25	3 … 7	–
	5	3	25 … 30	220 … 350	25 … 30	3 … 7	–

Richtwerte und Berechnungen zum Metall-Schutzgasschweißen

Einstellwerte für das MAG-Schweißen und Abschmelzleistung der Drahtelektroden für unlegierte Stähle und Feinkornstähle (DIN EN ISO 14341)

Herstellerangaben

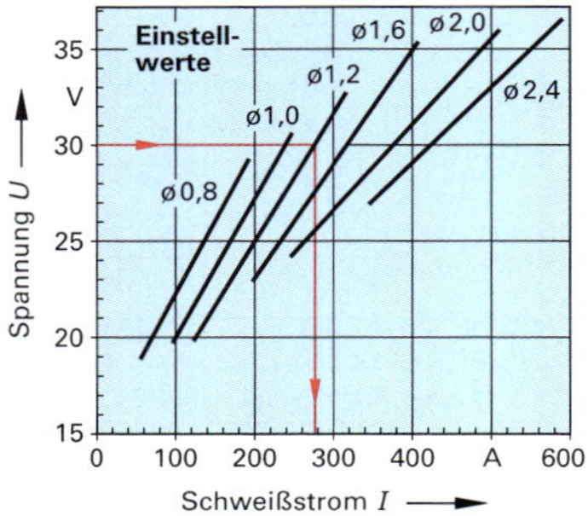

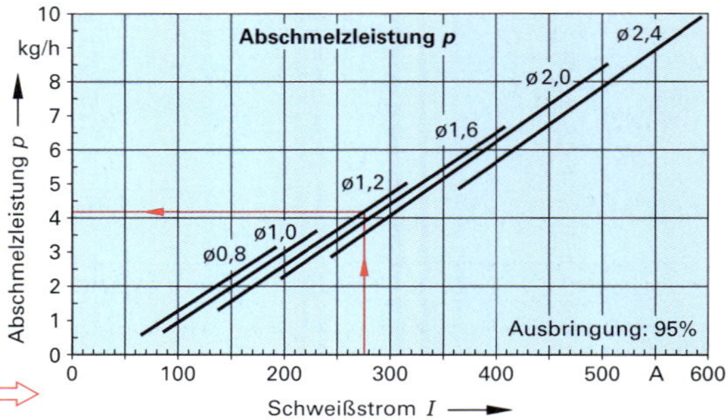

Ablesebeispiel: Gegeben Schweißspannung 30 V, Drahtelektrodendurchmesser 1,2 mm. Mit diesen Werten liest man aus dem linken Diagramm einen Schweißstrom von 275 A ab. Damit ermittelt man aus dem rechten Diagramm eine Abschmelzleistung von 4,2 kg/h.

Berechnungen zum Metall-Schutzgasschweißen (MAG, MIG)

Für jede Schweißlage (Wurzel-, Füll- bzw. Decklagen) werden häufig Elektroden mit verschiedenen Durchmessern verwendet. Die Hauptnutzungszeit muss für jede Lage gesondert berechnet werden.

I-Naht

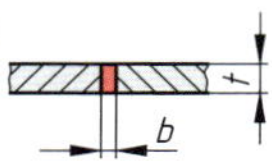

V-Naht

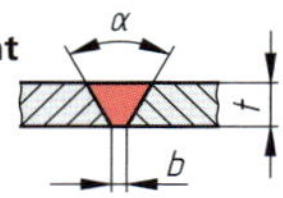

Kehlnaht

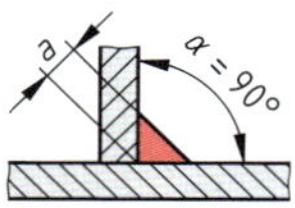

Spezifische Nahtmasse m'
entweder aus Tabellen (Seite 270) oder durch Berechnung nach folgenden Formeln:

I-Naht
$m' = \varrho_s \cdot A = \varrho_s \cdot b \cdot t$

V-Naht
$m' = \varrho_s \cdot A = \varrho_s \cdot (t^2 \cdot \tan \alpha/2 + b \cdot t)$

Kehlnaht
$m' = \varrho_s \cdot A = \varrho_s \cdot a^2 \cdot \tan \alpha/2$

Gesamte Nahtmasse: $m_{ges} = n \cdot L \cdot m'$
(Elektrodenbedarf)

Hauptnutzungszeit
(reine Schweißzeit)

$$t_h = K_E \cdot K_W \cdot K_p \cdot L \cdot \frac{m'}{p}$$

- K_E Faktor Ausbringung
- K_W Faktor Öffnungswinkel
- K_p Faktor Schweißposition
- L Nahtlänge
- m' Spezifische Nahtmasse
- p Abschmelzleistung
- ϱ_s Dichte des Schweißgutes
- A Nahtquerschnittsfläche
- n Anzahl der Lagen

Die **Abschmelzleistung *p*** wird aus Tabellen oder Diagrammen abgelesen (siehe oben).

Beispiel einer Schweißarbeit:

5 Meter V-Naht, Blechdicke 6 mm, 2 Schweißlagen, MAG-Schweißen mit Drahtelektrode ∅ 1,2 mm, Schweißposition PF, Schweißspannung 30 V, Ausbringung 95 %, $\varrho_{Stahl} = 7{,}85$ kg/dm^3

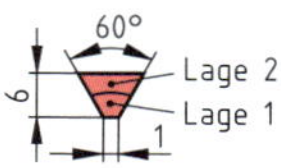

Spezifische Nahtmasse: $m' = \varrho_s \cdot (t^2 \cdot \tan \alpha/2 + b \cdot t)$

$\boldsymbol{m'} = 7850\ \text{kg/m}^3 \cdot (0{,}006^2\ \text{m}^2 \cdot 0{,}577 + 0{,}001\ \text{m} \cdot 0{,}006\ \text{m})$
$= \mathbf{0{,}21\ kg/m}$

Gesamte Nahtmasse:
$\boldsymbol{m_{ges}} = n \cdot L \cdot m' = 2 \cdot 5\ \text{m} \cdot 0{,}21\ \text{kg/m} = \mathbf{2{,}10\ kg}$

Abschmelzleistung:
aus Diagramm (links oben): $U = 30$ V → $I = 275$ A
aus Diagramm (oben rechts): $\boldsymbol{p} = \mathbf{4{,}2\ kg/h}$

Faktoren (aus den rechts stehenden Tabellen):
$K_E = 1{,}05$; $K_W = 1$; $K_p = 1{,}5$;

Hauptnutzungszeit: $t_h = K_E \cdot K_W \cdot K_p \cdot L \cdot \frac{m'}{p}$

$\boldsymbol{t_h} = 1{,}05 \cdot 1 \cdot 1{,}5 \cdot 5\ \text{m} \cdot \frac{0{,}21\ \text{kg/m}}{4{,}2\ \text{kg/h}} = \mathbf{0{,}394\ h}$

Bei 2 Schweißlagen beträgt die Gesamt-Hauptnutzungszeit für diese Schweißarbeit $\boldsymbol{t_{hGes}} = 2 \cdot 0{,}394\ \text{h} = 0{,}788\ \text{h} \triangleq$ **47,3 min**

Faktor	Ausbringung in %			
	90	95	105	110
K_E	1,11	1,05	0,95	0,91

Faktor	Öffnungswinkel α				
	V-Nähte			Kehlnähte	
	50°	60°	70°	60°	90°
K_W	0,9	1	1,2	0,6	1

Faktor	V-Nähte				
	Schweißposition				
	PA	PG	PE	PF	PC
K_p	1	1,1	1,9	1,5	1,2

Faktor	Kehlnähte				
	Schweißposition				
	PA	PG	PE	PF	PB
K_p	1	1,2	1,7	1,4	1

F

Metall-Schutzgasschweißen mit Fülldrahtelektroden

Fülldrahtelektroden zum Metall-Schutzgasschweißen

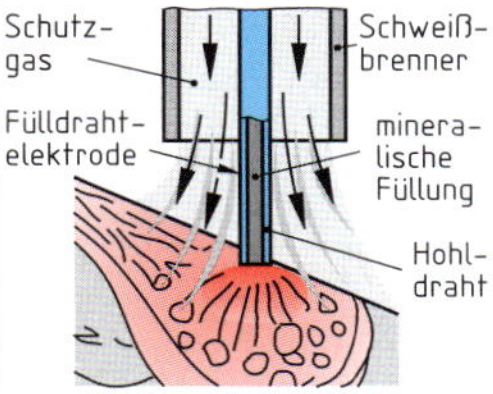

Bezeichnungsbeispiel
Fülldrahtelektrode ISO 17632 – A – T 46 3 2Ni B M1 4 H5

- Fülldrahtelektrode gemäß DIN EN ISO 17632, Einteilung A
- T: Fülldrahtelektrode
- 46: Kennziffer für Festigkeit (Seite 281)
- 3: Kennzeichen für Kerbschlagarbeit (Seite 277)
- 2Ni: Kurzzeichen für die chemische Zusammensetzung (siehe unten)
- B: Art der Füllung
- M1: Schutzgas (Seite 280)
- 4: Schweißposition
- H5: Wasserstoffgehalt des Schweißgutes (Seite 280)

Kurzzeichen für die chemische Zusammensetzung des reinen Schweißguts

Fülldrahtelektroden für unlegierte Stähle und Feinkornstähle (Auswahl) vgl. DIN EN ISO 17632 (2008-08)

Einteilung A	Z	Mo	MnMo	1Ni	2Ni	3Ni	Mn1Ni	1NiMo
Einteilung B	G	K	2M3	N1	N3	CC	NCC1	N1M2

Fülldrahtelektroden für hochfeste Stähle (Auswahl) vgl. DIN EN ISO 18276 (2006-09)

Einteilung A	Z	MnMo	Mn1Ni	1NiMo	Mn2,5Ni	2NiMo	Mn1NiMo	Mn2NiMo
Einteilung B	G	3M2	3M3	N2M1	N4M1	N4C1M2	N6C1M4	N3C1M2

Fülldrahtelektroden für nichtrostende und hitzebeständige Stähle (Auswahl) vgl. DIN EN ISO 17 633 (2006-06)

Legierungsbezeichnung mit Einteilung nach Nenn-Zusammensetzung gemäß ISO 17633 – A				Legierungsbezeichnung mit Einteilung nach Nenn-Zusammensetzung gemäß ISO 17633 – B			
13	13 4	19 9 L	19 9 Nb	317	318	409Nb	16-8-1
19 12 3 Nb	19 13 4 NL	22 9 3 NL	18 8 Mn	307	308	409Nb	16-8-2
20 10 3	23 12 2 L	22 12 H	25 20	316 LCu	347	410NiMo	2553

Einstellwerte und Richtwerte für das Metall-Schutzgasschweißen mit Fülldrahtelektroden (Beispiele von Schweißarbeiten) Herstellerangaben

Werkstoffe: Unlegierte Baustähle, unlegierte Druckbehälterstähle, Rohrstähle, Schweißzusatz: Fülldrahtelektroden ISO 17632 – A – T 46 2 Mo B M1 4 H5, Schutzgas ISO 14175 – M1, Schweißposition: PA(w)

Nahtform	Nahtdicke a mm	Lagenzahl	Drahtelektroden ∅ mm	Spannung U V	Stromstärke I A	Schweißgeschwindigkeit cm/min	Abschmelzleistung p kg/h
V-Naht 60°	10	2	1,2	26	250	12,3	4,4
	15	6	1,4	28	300	6,5	5,4
X-Naht	20	9	1,6	33	400	9,1	7,6
	28	13	1,6	33	400	7,6	5,0

Schweißparameter und Abschmelzleistung der Fülldrahtelektroden für das Metall-Schutzgasschweißen (Beispiel: Fülldrahtelektrode ISO 17632 – A – T 46 2 Mo B M1 4 H5)

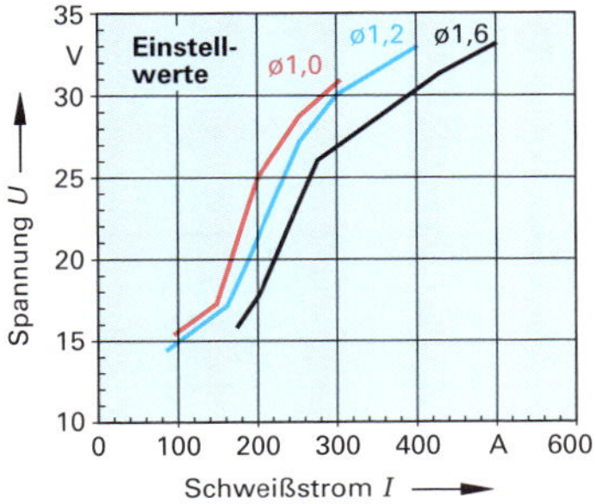

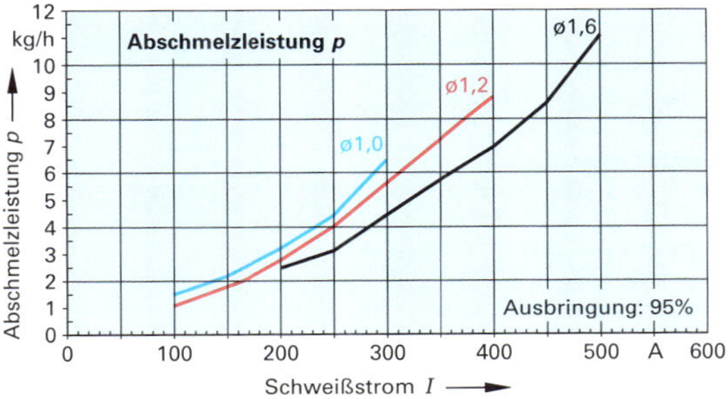

Die Berechnung des Elektrodenbedarfs erfolgt gemäß Seite 279 und der Hauptnutzungszeit gemäß Seite 284.

Unterpulverschweißen, Bolzenschweißen

Drahtelektroden und Draht-Pulver-Kombinationen zum Unterpulverschweißen von unlegierten Stählen und Feinkornstählen

vgl. DIN EN 756 (2004-06)

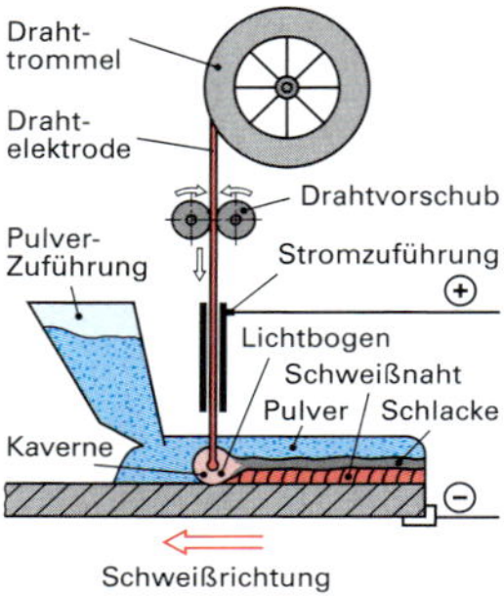

Drahtelektroden (Auswahl)
SZ, S1, S2, S3, S4
S1Si, S2Si2, S3Si, S4Si
S1Mo, S2Mo, S3Mo, S4 Mo
S2Ni, S2Ni1,5, S2Ni2, S2Ni3
S2Ni1Mo, S3Ni1Mo, S3Ni1,5Mo, S2Ni1Cu

Schweißpulvertypen			
Mangan-Silicat	MS	Aluminat-basisch	AB
Calcium-Silicat	CS	Aluminat-Silicat	AS
Zirkon-Silicat	ZS	Al-Fluorid-basisch	AF
Rutil-Silicat	RS	Fluorid-basisch	FB
Aluminat-Rutil	AR	Andere Typen	Z

Bezeichnungsbeispiel: **Draht-Pulver-Kombination EN 756 – S 46 3 AB S2**

- S: Kennbuchstabe Unterpulverschweißen
- 46 3: Kennziffern für Streckgrenze und Kerbschlagarbeit (Seite 277)
- AB: Pulvertyp
- S2: Drahtelektrode

Lichtbogenbolzenschweißen von metallischen Werkstoffen

vgl. DIN EN ISO 14555 (2006-12))

Bolzenschweißen mit Hubzündung

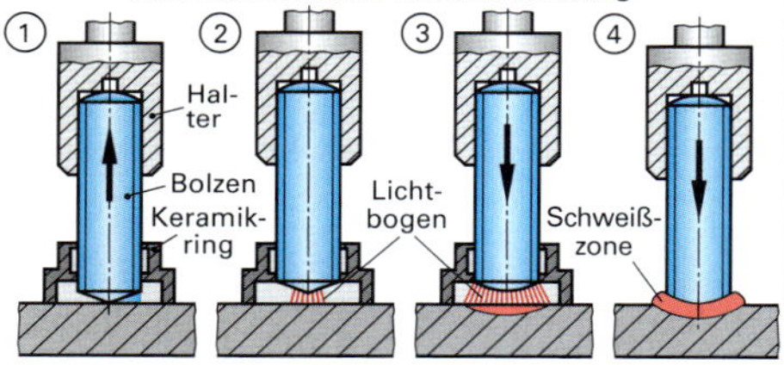

Bolzenschweißen mit Spitzenzündung

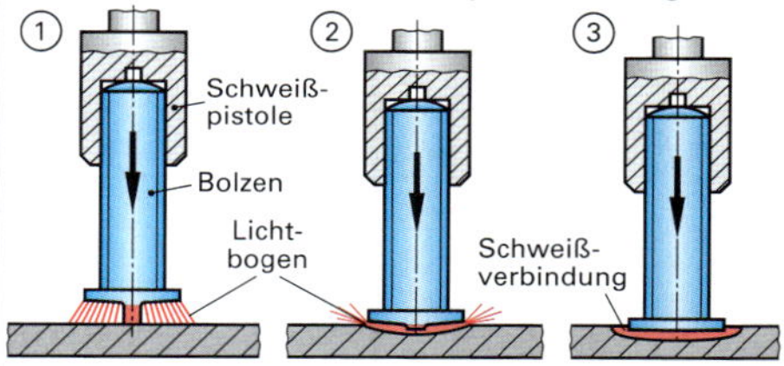

Bedingungen und Einstellwerte beim Bolzenschweißen

Bolzen-schweißverfahren	Bolzen-∅ *d* mm	Bolzen-werkstoff	Blech-oberfläche	Mindest-blechdicke mm	Spitzen-strom A	Schweiß-bad-schutz
Bolzenschweißen mit Hubzündung	3…25	S235, Nichtrostende Stähle, Messing	metallisch, blank, verzinkt	0,125 × Bolzen-∅	300 bis 3000	Keramik-ring
Bolzenschweißen mit Spitzenzündung	0,8…10	S235, Nichtrostende Stähle, Messing, Al	metallisch, blank, verzinkt, geölt	≥ 0,5 mm	bis 10000	kein Schutz

Geeignete Werkstoffkombinationen beim Bolzenschweißen

Bolzenwerkstoffe	Bauteil-Werkstoffe: Unlegierte Baustähle, Feinkorn-stähle	Unlegierte und niedriglegierte Vergütungs-stähle	Korrosions-beständige Stähle	Aluminium-Legierungen	Kupfer-Legierungen, z.B. CuZn37
	Bolzenschweißen mit Hubzündung[1)]				
S235, Schrauben 4.8, 16Mo3	1	2	2	0	–
Korrosionsbeständige Stähle	2	2	1	0	–
EN AW-AlMg3, EN AW-AlMg5	0	0	0	2	–
	Bolzenschweißen mit Spitzenzündung[1)]				
S235, Schraubenwerkstoff 4.8	1 – 2	1 – 2	2	0	2
Korrosionsbeständige Stähle	1 – 2	2	1	0	2
CuZn37 (Messing)	2	2	2	0	1
EN AW-AlMg3	0	0	0	1	0

[1)] Bedeutung der Ziffern: **0** nicht geeignet, **1** gut geeignet, auch für Kraftübertragungen, **2** eingeschränkt geeignet (nicht für Kraftübertragungen)

F

Bewertung von Lichtbogen-Schweißverbindungen an Stahl

Zur Bewertung der Schweißverbindungen werden die Unregelmäßigkeiten (Schweißfehler) nach Art und Größe ermittelt bzw. vermessen und einer Bewertungsgruppe (D, C, B) zugeordnet. Das Auffinden der Unregelmäßigkeiten erfolgt durch zerstörende und zerstörungsfreie Prüfverfahren.

Die Bewertungsgruppen für Schweißnähte dienen der Qualitätssicherung von Schweißarbeiten. Vor Ausführung einer Schweißarbeit wird vom Auftraggeber die Bewertungsgruppe festgelegt. Der ausführende Schweißer muss die Schweißarbeit gemäß der geforderten Bewertungsgruppe ausführen.

Schweißunregelmäßigkeiten und Bewertungsgruppen (Auswahl) vgl. DIN EN ISO 5817 (2006-10)

Benennung der Unregelmäßigkeit	Erscheinungsbild / Beschreibung	Grenzwerte für die Unregelmäßigkeit bei Bewertungsgruppe		
		niedrig **D**	mittel **C**	hoch **B**
Risse	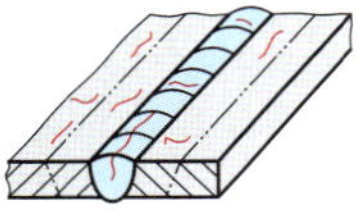 Längs-, Quer- und sternförmige Risse im Schweißgut sowie in der Bindezone und Wärmeeinflusszone	Nicht zulässig		
Porosität und Poren	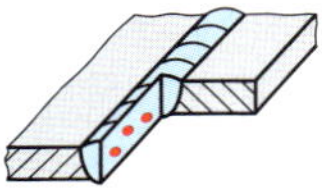 Summe der Porenfläche auf der untersuchten Oberfläche	Einlagig: ≤ 2,5 % Mehrlagig: ≤ 5 %	Einlagig: ≤ 1,5 % Mehrlagig: ≤ 3 %	Einlagig: ≤ 1 % Mehrlagig: ≤ 2 %
	Größtmaß einer einzelnen Pore	≤ 5 mm	≤ 4 mm	≤ 3 mm
Schlauchporen, Gaskanäle, Lunker, Feste Einschlüsse	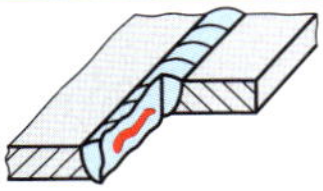 Lange Unregelmäßigkeit Größtmaß einer Unregelmäßigkeit	Unregelmäßigkeit kleiner als halbe Nahtdicke zulässig max. 4 mm	Nicht zulässig	Nicht zulässig
Bindefehler	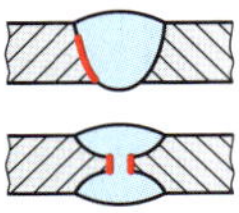 Flankenbindefehler 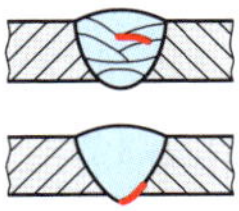 Lagenbindefehler, Wurzelbindefehler	Kurze Unregelmäßigkeit zulässig. Kleiner 0,4 x Blechdicke, max. 4 mm	Nicht zulässig	Nicht zulässig
Ungenügende Durchschweißung	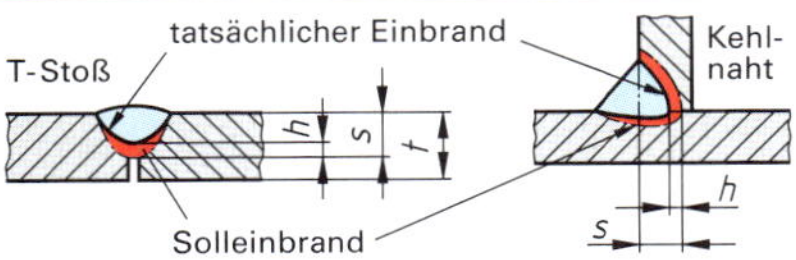	Lange Unregelmäßigkeiten nicht zulässig. Kurze Unregelmäßigkeiten zulässig. $h \le 0,2\ s$ h max. 2 mm	$h \le 0,1\ s$ h max. 1,5 mm	Nicht zulässig
Einbrandkerbe	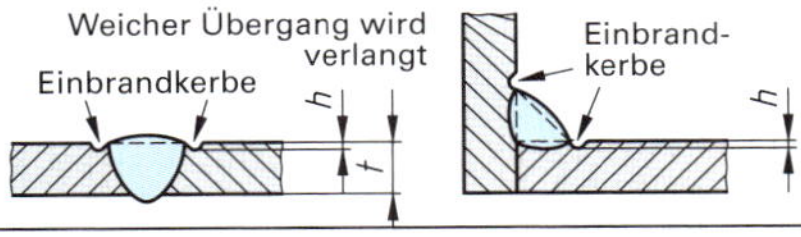	Kurze Unregelmäßigkeit zulässig. $h \le 0,2\ t$ h max. 1 mm	Kurze Unregelmäßigkeit zulässig. $h \le 0,1\ t$ h max. 0,5 mm	Nicht zulässig
Zu große Nahtüberhöhung	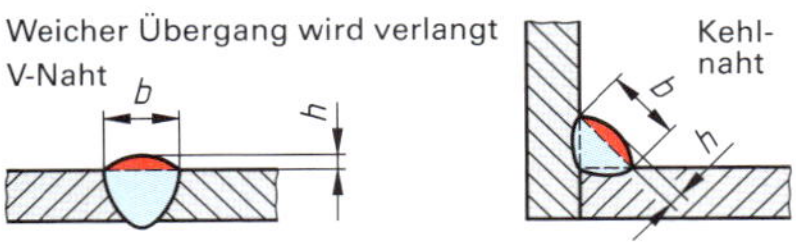	V-Naht: $h \le$ 1 mm + 0,25 b max. 10 mm Kehlnaht: $h \le$ 1 mm + 0,25 b max. 5 mm	V-Naht: $h \le$ 1 mm + 0,15 b max. 7 mm Kehlnaht: $h \le$ 1 mm + 0,15 b max. 4 mm	V-Naht: $h \le$ 1 mm + 0,1 b max. 5 mm Kehlnaht: $h \le$ 1 mm + 0,1 b max. 3 mm
Decklagenunterwölbung Verlaufendes Schweißgut	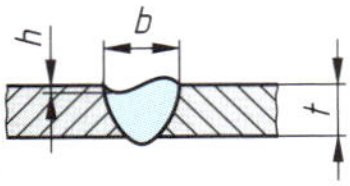 Vertiefung in der Naht wegen zu wenig Schweißgut Schwerkraftbedingt verlaufenes Schweißgut	Lange Unregelmäßigkeiten: Nicht zulässig Kurze Unregelmäßigkeiten zulässig: $h \le 0,25\ t$, max. 2 mm	$h \le 0,1\ t$, max. 1 mm	$h \le 0,05\ t$, max. 0,5 mm
Schweißgutüberlauf	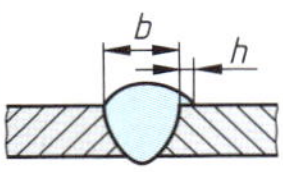 Übermäßiges Schweißgut am Nahtübergang, das ohne Bindung auf dem Werkstück aufliegt	Kurze Unregelmäßigkeiten zulässig $h \le$ 0,2 b	Nicht zulässig	Nicht zulässig

F

Schweißen von Aluminium- und Kupfer-Werkstoffen

Schweißzusätze zum Schutzgasschweißen von Aluminiumwerkstoffen

vgl. DIN EN ISO 18273 (2004-05)

Typ Nr.	Kurzzeichen[1) numerisch	Kurzzeichen[1) chemisch	Typ Nr.	Kurzzeichen[1) numerisch	Kurzzeichen[1) chemisch	Typ Nr.	Kurzzeichen[1) numerisch	Kurzzeichen[1) chemisch
Typ 1	S Al 1200	S Al 99,0	Typ 4	S Al 4043	S Al Si5	Typ 5	S Al 5554	S Al Mg2,7Mn
Typ 1	S Al 1450	S Al 99,5Ti	Typ 4	S Al 4147	S Al Si12	Typ 5	S Al 5754	S Al Mg3
Typ 3	S Al 3103	S Al Mn1	Typ 4	S Al 4643	S Al Si4Mg	Typ 5	S Al 5183	S Al Mg4,5Mn0,7(A)
Typ 4	S Al 4010	S Al Si7Mg	Typ 4	S Al 4145	S Al Si10Cu	Typ 5	S Al 5087	S Al Mg4,5MnZr

1) Das Kurzzeichen der Schweißzusätze besteht aus dem Kennbuchstaben S und einem numerischen oder chemischen Al-Legierungszeichen gemäß DIN EN 573-2 (siehe Seite 179)

Bezeichnungsbeispiel eines Massivdrahtes zum Schweißen: Massivdraht EN ISO 18273 - S Al 4043 oder Massivdraht EN ISO 18273 - S Al 4043(Al Si5)

Auswahl der Schweißzusätze für Aluminiumwerkstoffe

vgl. DIN EN 1011-4 (2001-02)

Grundwerkstoff: Der geeignete Zusatzwerkstoff wird durch die Typnummer angegeben. Erste Ziffer: Optimale mechanische Eigenschaften. Zweite Ziffer: Optimaler Korrosionswiderstand. Dritte Ziffer: Optimale Schweißeignung.

Grundwerkstoff	Al	AlMn	AlMg < 1%	AlMg 3%	AlMg 5%	AlMgSi	AlZnMg	AlSiCu < 1 %	AlSiMg	AlSiCu	AlCu
Al	4 1 4										
AlMn	4/5 1 4	3/4 3 4									
AlMg (< 1%)	4 1 4	4 4 4	4 4 4								
AlMg 3%	4/5 5 4/5	5 5/3 4	5 5 4	5 5 5							
AlMg 5%	5 5 5	5 5 5	5 5 5	5 5 5	5 5 5						
AlMg Si	4/5 5 4	5/4 5 4	5/4 5 4	5 5 4	5 5 4	5/4 5 4					
AlZnMg	5 5 5	5 5 5	5 5 5	5 5 5	5 5 5	5 5 5	5 5 5				
AlSiCu	4 4 4	4 4 4	4 4 4	4 4 4	4 4 4	4 4 4	4 4 4	4 4 4			
AlSiMg	4 4 4	4 4 4	4 4 4	4 4 4	4 4 4	4 4 4	4 4 4	4 4 4	4 4 4		

Beispiel: Es soll ein Bauteil aus AlMg3 mit einem Bauteil aus AlMgSi verschweißt werden.

Der geeignete Schweißzusatz ist bei optimalen mechanischen oder korrosiven Eigenschaften ein Schweißzusatz vom Typ 5, bei optimaler Schweißeignung ein Schweißzusatz vom Typ 4. Auszuwählen ist der Schweißzusatz, der dem Grundwerkstoff am nächsten kommt. Das ist in vorliegendem Beispiel bei Typ 5 der Schweißzusatz S Al 5754 (AlMg3) und bei Typ 4 der Schweißzusatz S Al 4643 (AlSi4Mg).

Schweißen von Kupfer und Kupferlegierungen

Schweißnahtvorbereitung (für Gasschmelzschweißen und Schutzgasschweißen)

vgl. DIN 8552-3 (2006-01)

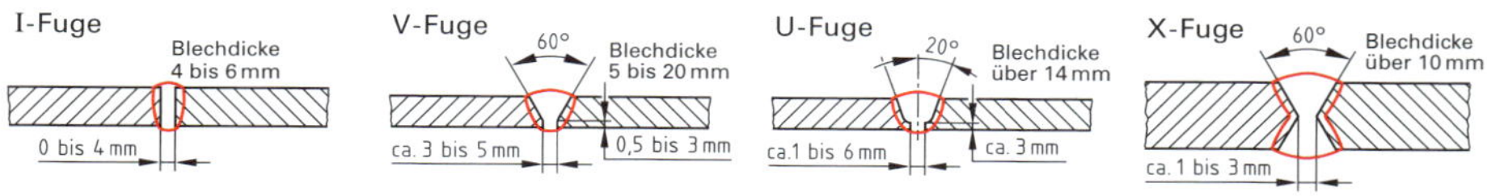

Massivdrähte und Massivstäbe zum Schweißen von Kupfer und Kupferlegierungen

vgl. DIN EN 14640 (2005-07)

Kurzzeichen der Schweißzusätze numerisch	Kurzzeichen der Schweißzusätze chemisch[1)	Schweißbare Kupferwerkstoffe[1)	Schweißeignung[3) Gas	Schweißeignung[3) WIG	Schweißeignung[3) MIG	Schmelzbereich in °C
S Cu 1897	S Cu Ag 1	z.B. Cu-DHP-R200	2	2	1	1070 … 1080
S Cu 4700	S CuZn 40	Kupfer-Zink-Legierungen (Messinge)	2	1	0	890 … 910
S Cu 5180	S CuSn6P	CuSn-Legierungen	1	2	2	910 … 1040
S Cu 6328	S CuAl9Ni5	CuAl-Legierungen	0	2	2	1015 … 1045
S Cu 7158	S CuNi30	CuNi-Legierungen	0	2	2	1180 … 1240
S Cu 6338	S CuMn13Al7	Seewasserbeständige AlMnAl-Legierungen	0	2	2	945 … 985

1) Aus den chemischen Kurzzeichen ist die ungefähre Zusammensetzung der Schweißzusätze ablesbar.

2) Es sollte ein Schweißzusatz gewählt werden, der in der Zusammensetzung dem zu schweißenden Werkstoff am nächsten kommt.

3) Bedeutung der Zeichen; 1 empfohlen; 2 geeignet, 0 nicht geeignet.

Bestellbeispiel: Massivdraht EN 14640 – S Cu 6338 oder **Massivdraht EN 14640 – S Cu 6338 (CuMn13Al7)**

F

Schweißen von Kunststoffen

Schweißverfahren für Kunststoffe

vgl. DIN 1910-3 (1977-09)

Warmgasschweißen

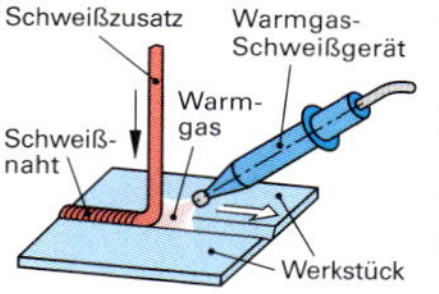

Heizelementschweißen

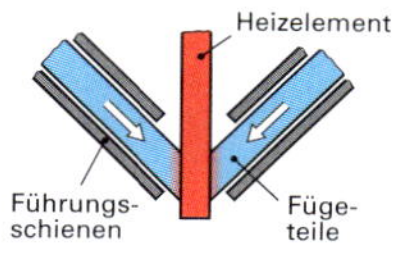

Reibschweißen

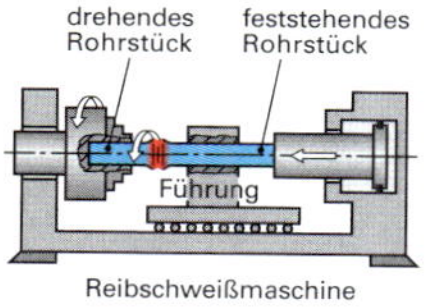

Hochfrequenzschweißen

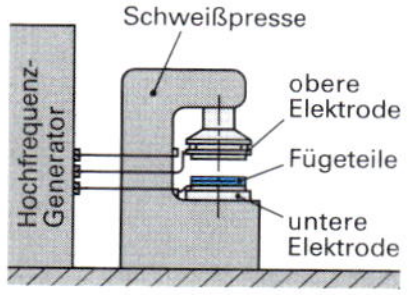

Schweißbarkeit der thermoplastischen Kunststoffe

Kunststoff	Kurzzeichen	Schweißbarkeit von Formteilen und Halbzeug[1] Warmgasschweißen	Heizelementschweißen	Reibschweißen	Hochfrequenzschweißen	Schweißverfahren für Folien
Polyethylen weich	PE-LD	× 190 °C bis 210 °C	× 170 °C bis 190 °C	×		Folienschweißen mit Heizkeil
Polyethylen hart	PE-HD	× 220 °C bis 240 °C	× 190 °C bis 210 °C	×		Folienschweißen mit Heizkeil
Polypropylen	PP	× 250 °C bis 270 °C	× 210 °C bis 230 °C	×		Folienschweißen mit Heizkeil
Polyvinylchlorid hart	PVC-hart	× 220 °C bis 240 °C	× 215 °C bis 235 °C	×	×	Folienschweißen mit Heizkeil und mit Hochfrequenzverfahren
Polyvinylchlorid weich	PVC-weich	× 250 °C bis 300 °C	× 250 °C bis 300 °C		×	Folienschweißen mit Hochfrequenzverfahren (gelegentlich mit Heizkeil)
Polymethylmethacrylat	PMMA	×	⊗	⊗	⊗	–
Polystyrol	PS	×	⊗	⊗		(Besser als Schweißen ist hier Kleben)
PS-Copolymerisate SB, SAN, ABS, ASA		×	×	×		–
Polyamide	PA	×	⊗	×	×	Folien mit Hochfrequenz- oder Heizkeilverfahren
Polycarbonat	PC	×	×	×		–
Polyoximethylen	POM	× 220 °C bis 260 °C	× 200 °C bis 220 °C	×		–

[1] × gut schweißbar, ⊗ bedingt schweißbar, – nicht schweißbar, leer = keine Anwendung

Schweißnahtarten beim Warmgasschweißen

vgl. DIN 16 960-1 (1974-02)

V-Naht am Stumpfstoß ohne Gegenlage

Vorbereiten der Naht

Schweißen der Naht mit Rundstäben

mit Ovalstäben

mit Dreikantstab

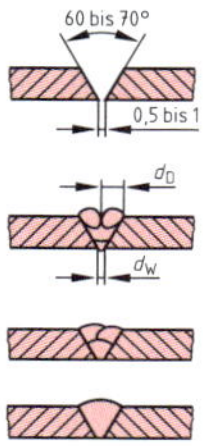

X-Naht

Vorbereiten der Naht

Schweißen der Naht

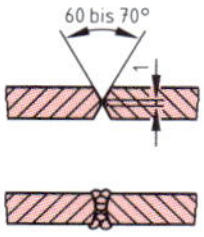

V-Naht am Stumpfstoß mit Gegenlage

Vorbereiten der Naht

Schweißen der Naht mit Rundstäben

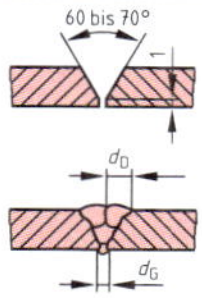

Überlappnaht

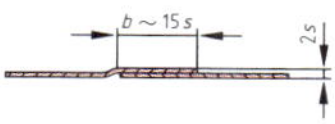

HV-Naht mit Kehlnaht

Vorbereiten der Naht

Schweißen der Naht

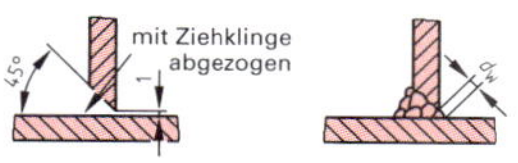

V-Naht am Eckstoß

Hochbeanspruchbare Ausführung

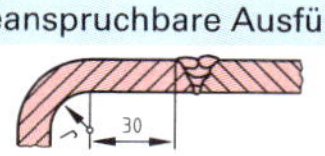

Gering belastbare Ausführung

Vorbereiten der Naht

Schweißen der Naht

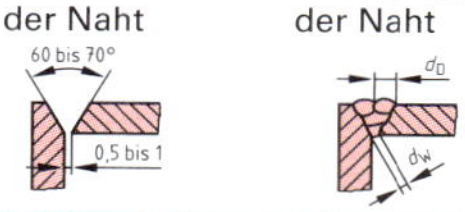

K-Stegnaht

Vorbereiten der Naht

Schweißen der Naht

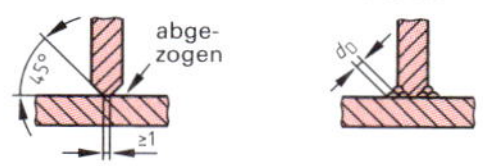

F

Weichlöten

Weichlote (Auswahl)

vgl. DIN EN ISO 9453 (2006-12)

	Lötwerkstoff-Gruppe	Legierungs-Nr.	Legierungskurzzeichen nach DIN EN 29 453	Schmelzbereich °C	Löttemperaturbereich °C	Anwendungen, lötbare Werkstoffe
Bleihaltige Weichlot-Legierungen	Zinn-Blei-Legierungen	101	S-Sn63Pb37	183	185…325	Karosseriebau Feinblechlötungen Feinlötungen Klempnerarbeiten Kühlerbau Elektrogeräte
		103	S-Sn60Pb40	183…190	185…325	
		111	S-Pb50Sn50	183…215	220…325	
		114	S-Pb60Sn40	183…238	240…325	
		116	S-Pb70Sn30	183…255	260…325	
		122	S-Pb90Sn10	268…302	320…380	
		124	S-Pb98Sn2	320…325	325…400	
	Zinn-Blei-Antimon-Legierungen	131	S-Sn63Pb37Sb	183	185…325	Klempnerarbeiten Feinlötungen Kühlerbau
		133	S-Pb50Sn50Sb	183…216	220…325	
		135	S-Pb69Sn30Sb1	185…250	260…350	
	Blei-Silber	182	S-Pb95Ag5	304…370	320…390	Elektrogeräte
Bleifreie Weichlot-Legierungen	Zinn-Antimon	201	S-Sn95Sb 5	235…240	245…325	Niedertemperatur-Lötungen
	Bismuth-Zinn	301	S-Bi58Sn42	139	190…325	
	Zinn-Kupfer und	402	S-Sn97Cu3	237…310	250…350	Kupferrohrinstallation Feinwerktechnik
	Zinn-Kupfer-Silber	502	S-Sn95Cu4Ag1	217…353	250…350	
	Zinn-Silber	701	S-Sn96Ag4	221…228	230…250	

Bezeichnungsbeispiel: Weichlot ISO 9453 S-Pb60Sn40

Hinweis: Cadmium- und zinkhaltige Weichlote sollten wegen ihrer Gesundheitsschädlichkeit möglichst nicht mehr eingesetzt werden. Sie sind in obiger Tabelle nicht aufgeführt.

Flussmittel zum Weichlöten

vgl. DIN EN 29 454-1 (1994-02), entsprechend ISO 9454-1 (1990-12)

Die **Kurzbezeichnung** eines Flussmittels besteht aus drei Kennziffern und einem Buchstaben. Siehe nebenstehendes Beispiel.

Bezeichnungsbeispiel: Flussmittel EN 29 454 – 3.2.1.C
Flussmittel zum Weichlöten nach DIN EN 29 454 vom Typ anorganisch, Basis Säure, mit Amin oder Ammoniak, Aggregatzustand: Paste.

Beispiel: 3 . 2 . 1 . C

1. Kennziffer: Flussmitteltyp
2. Kennziffer: Flussmittelbasis
3. Kennziffer: Flussmittelaktivator
Kennbuchstabe: Flussmittelart

Flussmittelsorten

Kurzzeichen nach DIN EN 29 454	früherer DIN 8511	Korrosivität der Rückstände
für Schwermetalle (Stähle, Cu-, Ni-Werkstoffe)		
3.2.2.	F-SW-11	korrodierend
3.1.1.	F-SW-12	
3.1.1.	F-SW-21	bedingt korrodierend
3.1.2.	F-SW-22	
2.1.3.	F-SW-23	
2.1.1.	F-SW-24	
2.1.2.	F-SW-25	
1.1.2.	F-SW-26	
1.1.1.	F-SW-31	nicht korrodierend
1.1.3.	F-SW-32	
für Leichtmetalle (Al-Werkstoffe)		
3.1.1.	F-LW-1	korrodierend
2.1.3.	F-LW-2	
2.1.2.	F-LW-3	

Bedeutung der Kennziffern und des Kennbuchstabens

1. Kennziffer: Flussmitteltyp	2. Kennziffer: Flussmittelbasis	3. Kennziffer: Flussmittelaktivator	Buchstabe: Flussmittelart
1 Harz	1 Kolophonium 2 ohne Kolophonium	1 ohne Aktivator 2 mit Halogenen aktiviert	A flüssig
2 organisch	1 wasserlöslich 2 nicht wasserlöslich	3 ohne Halogene aktiviert	
3 anorganisch	1 Salze	1 mit Ammoniumchlorid 2 ohne Ammoniumchlorid	B fest
	2 Säuren	1 Phosphorsäure 2 andere Säuren	C Paste
	3 alkalisch	1 Amine und/oder Ammoniak	

F

Hartlöten

Lotzusätze zum Hartlöten

vgl. DIN EN 1044 (1999-07) und DIN EN ISO 3677 (1995-04)

Die **Kurzbezeichnung der Hartlote** ist nach mehreren Bezeichnungssystemen möglich.

Das **Kurzzeichen nach DIN EN 1044** besteht aus zwei Großbuchstaben, die den bestimmenden Werkstoff angeben (AG, CU, CP, AL) und einer Zählnummer.

Außerdem hat jedes Hartlot eine **Werkstoffnummer.**

Das **Kurzzeichen nach DIN EN ISO 3677** enthält die chemischen Symbole und Prozentgehalte der Hauptbestandteile sowie den Schmelzbereich des Hartlots.

Das frühere Kurzzeichen nach der vormaligen DIN 8513 enthält die chemischen Symbole und Prozentgehalte der bestimmenden Hauptbestandteile.

Beispiel für die Bezeichnung eines Hartlotes

nach DIN EN 1044:	**AG 204**
Werkstoffnummer nach DIN EN 1044:	**CF 738 R**
nach DIN EN ISO 3677:	**B-Cu38ZnAg – 680/765**
nach früherer DIN 8513: (zurückgezogen)	**L-Ag30**

Bezeichnungsbeispiel: **Lotzusatz EN 1044 – AG 204** oder **Lotzusatz EN ISO 3677 – B-Cu38ZnAg – 680/765**

Kurzzeichen nach DIN EN 1044	Werkstoffnummer nach EN	Kurzzeichen nach DIN EN ISO 3677	Kurzzeichen nach alter DIN 8513	Schmelzbereich[1] in °C	Verwendungshinweise
Silberhartlote					
AG 208	CF 743 R	B-Cu55ZnAg (Si)-820/870	L-Ag5	820…870	Beliebige Stähle sowie Kupfer-Werkstoffe und Nickel-Werkstoffe. Für Lötstellen mit Betriebstemperaturen bis 200 °C
AG 206	CF 742 R	B-Cu44ZnAg (Si)-690/810	L-Ag20	690…810	
AG 204	CF 738 R	B-Cu38ZnAg-680/765	L-Ag30	680…765	
AG 203	–	B-Ag44CuZn–675/735	L-Ag44	675…735	
AG 202	–	B-Ag60CuZn-695/730	L-Ag60	695…730	
AG 306	–	B-Ag30CuCdZn-600/690	L-Ag30Cd	600…690	
AG 301	–	B-Ag50CdZnCu-620/640	L-Ag50Cd	620…640	
AG 351	–	B-Ag50CdZnCuNi-635/655	L-Ag50CdNi	635…655	Hartmetall auf Stahl
Kupferhartlote					
CU 104	CF 034 A	B-Cu100(P)-1085	L-SFCu	1085	Stähle Ni-Werkstoffe
CU 201	CF 462 K	B-Cu94Sn(P)-910/1040	L-CuSn6	910…1040	
Kupfer-Phosphorhartlote					
CP 105	CF 223 E	B-Cu92PAg-645/825	L-Ag2P	645…825	Kupfer (ohne Flussmittel), Messinge, Bronzen
CP 102	CF 237 E	B-Cu80AgP-645/800	L-Ag15P	645…800	
Aluminiumhartlote					
AL 101	AW 4043 A	B-Al95Si-575/630	–	575…630	Aluminiumwerkstoffe
AL 104	AM 4047 A	B-Al88Si-575/585	L-AlSi12	575…585	

[1] Die tiefere Temperatur ist die Solidustemperatur, die höhere Temperatur ist die Liquidustemperatur

Flussmittel zum Hartlöten

vgl. DIN EN 1045 (1997-08)

Typ	Arbeitstemperatur in °C	Eignung zum Löten	Korrosive Eigenschaften	Typ	Arbeitstemperatur in °C	Eignung zum Löten	Korrosive Eigenschaften
FH 10	> 600	Vielzweck-Flussmittel	korrosive Rückstände entfernen durch Waschen oder Beizen	FH 30	> 1000	Kupfer- und Nickellote	nicht korrosiv
FH 11	> 600	CuAl-Legierungen		FH 40	600 … 1000	Borfreies Flussmittel	korrosiv
FH 12	> 600	Nichtrostende Stähle		FH 10	550 … 650	Aluminiumwerkstoffe	korrosiv
FH 20	> 750	Vielzweck-Flussmittel		FH 20	550 … 650		nicht korrosiv

F

Kleben

Klebstoff-Auswahltabelle

Herstellerangaben

		Metalle				Kunststoffe									Glas, Keramik, Steingut	Beton, Mauerwerk	Holz, Holzwerkstoffe
		Eisen/Stahl-Bauteile u. Bleche roh, grundiert, verzinkt	Al-Werkstoffe roh, eloxiert	Kupferblech Bleiblech	Andere Metalle	Hart-PVC	Weich-PVC Kunstleder	Acrylglas Polycarbonatglas	Polystyrol	Formaldehydharze Pressmassen	Polyesterharz Epoxidharz Polyurethanharz	SBR-Kautschuk Butyl-Kautschuk EPDM-Kautschuk	Polystyrol-Hartschaum	Polyurethan-Weich- und Hartschaum			
Metalle	Eisen/Stahl-Bauteile u. Bleche roh, grundiert, verzinkt	Bevorzugt **ZK** auf Basis EP, PUR, UP Daneben **EK** auf Basis CY und **KK** auf Basis CR				**EK** auf Basis CY **KK** auf Basis CR, NR, BR				**ZK** auf Basis EP, PUR, UP **KK** auf Basis CR		**KK** auf Basis BR, CR und NR	**KK** auf Basis BR, CR und NR		**KK** auf Basis BR, CR und NR		
	Al-Werkstoffe roh, eloxiert																
	Kupferblech Bleiblech																
	Andere Metalle																
Kunststoffe	Hart-PVC					PVC-Spezialkleber (Tetrahydrofuran)		**ZK** auf Basis EP, PUR, **EK** auf Basis CY **KK** auf Basis CR, BR							**ZK** auf Basis EP, PUR		
	Weich-PVC Kunstleder																
	Acrylglas Polycarbonatglas							**ZK** auf Basis EP, PUR, **KK** auf Basis CR, **EK** auf Basis CY									
	Polystyrol					**ZK**, **KK**			*	**ZK** auf Basis EP, PUR; **KK** auf Basis CR							
	Formaldehydharze Pressmassen									Bevorzugt: **ZK** auf Basis EP, PUR, UP Daneben: **KK** auf Basis BR, CR **SK** auf Basis EP							
	Polyesterharz Epoxidharz Polyurethanharz																
	SBR-Kautschuk Butyl-Kautschuk EPDM-Kautschuk											**KK** auf Basis BR, CR, NR					
	Polystyrol-Hartschaum												**KK** auf Basis BR, CR, NR				
	Polyurethan-Weich- und Hartschaum																
Glas, Keramik, Steingut															ZK EK	EK	
Beton, Mauerwerk																DK	
Holz, Holzwerkstoffe																	DK KK

* PS-Spezial-Kleber

Kurzzeichen der Klebstoffarten

DK	LK	KK	ZK	EK	SK
Dispersions-Klebstoffe	Lösungsmittel-Klebstoffe	Kontakt-Klebstoffe	Zweikomponenten-Reaktionsklebstoffe	Einkomponenten-Reaktionsklebstoffe	Schmelz-Klebstoffe

Die Kurzzeichen der Basisstoffe der Klebstoffe siehe Seite 185 und 186 sowie CR Chlorkautschuk, NR Naturkautschuk, BR Butadienkautschuk

Vorbehandlung der Klebeflächen

Stähle	Reinigen, Entfetten, Spülen, Trocknen, Aufrauen, z.B. durch Schleifen
Stahl, verzinkt	Reinigen, falls erforderlich Entfetten, Spülen, Trocknen
Al-Werkstoffe	Reinigen, Entfetten, Spülen, Trocknen, Aufrauen, falls erforderlich Beizen
Cu-Werkstoffe	Reinigen, Entfetten, Spülen, Trocknen, Aufrauen
Kunststoffe	Reinigen, Entfetten, Spülen, Trocknen, Aufrauen, ggf. Beizen, Abflämmen

F

Kalkulation

Kostenstellen (KS) im Metallbau

KS 20: Handarbeit
Sämtliche Arbeiten an der Werkbank bzw. in der Werkstatt mit Kleinwerkzeugen.
Beispiele: Bohren mit der Handbohrmaschine, Schleifen mit dem Winkelschleifer.

KS 21: Maschinenarbeit
Sämtliche Arbeiten an Großmaschinen.
Beispiele: Bohren mit der Säulenbohrmaschine, Abkantarbeiten an der Abkantpresse, Sägen mit der Bandsägemaschine.

KS 22: Gasschmelzschweißen
Sämtliche Arbeiten mit einer Brenngas-Sauerstoff-Flamme und Schmiedearbeiten.
Beispiele: Gasschmelzschweißen, Brennschneiden, Flammrichten, Hartlöten.

KS 23: Elektroschweißen
Sämtliche Arbeiten mit Elektroschweißgeräten mit Ausnahme der MAG-, MIG-, WIG-Verfahren.
Beispiele: Lichtbogenhandschweißen, Punktschweißen, Lichtbogen-Bolzenschweißen.

KS 24: Montage
Sämtliche Arbeiten im Bereich der Montage, Arbeiten außerhalb des Betriebes sowie Fahrzeiten zum Arbeitsort.
Beispiel: Bohren mit dem Bohrhammer.

KS 25: Arbeitsvorbereitung
Sämtliche Tätigkeiten im Bereich der Arbeitsvorbereitung, Arbeitsüberwachung und Technisches Büro.
Beispiel: Angebotskalkulation.

KS 26: Schutzgasschweißen
Sämtliche Arbeiten mit Schutzgasgeräten.
Beispiele: Schweißen mit MAG-, MIG-, WIG-Geräten, Arbeiten mit dem Plasmaschneider.

KS 27: Zeiteinsparungsprämie
Lohnzuschläge für Arbeiten, bei denen Mitarbeiter in kürzerer Zeit als der vorgegebenen arbeiten.
Beispiel: Prämienlöhne.

Schema der Kostenkalkulation

KS:	
	Materialkosten
40:	Fertigungsmaterial + GK-Zuschlag ... %
	Fertigungskosten
20:	Handarbeit = Fertigungslöhne + GK-Zuschlag ... %
21:	Maschinenarbeit = Fertigungslöhne + GK-Zuschlag ... %
22:	Gasschmelzschweißen = Fertigungslöhne + GK-Zuschlag ... %
23:	Elektroschweißen = Fertigungslöhne + GK-Zuschlag ... %
24:	Montage = Fertigungslöhne + GK-Zuschlag ... %
25:	Arbeitsvorbereitung = Fertigungslöhne + GK-Zuschlag ... %
26:	Schutzgasschweißen = Fertigungslöhne + GK-Zuschlag ... %
27:	Zeiteinsparungsprämien = Fertigungslöhne + GK-Zuschlag ... %
311:	Pkw = Pkw-Kosten pro km · gefahrene Kilometer
312:	Lkw = Lkw-Kosten pro km · gefahrene Kilometer
SEK:	**Sondereinzelkosten der Fertigung**
VV:	**Verwaltungs- und Vertriebskosten** GK-Zuschlag ... %
GW	**Gewinn und Wagnis** Zuschlag ... %

Herstellungskosten (HK): Materialkosten bis Sondereinzelkosten der Fertigung
Selbstkosten (SK): Materialkosten bis Verwaltungs- und Vertriebskosten
Verkaufspreise (VP): Materialkosten bis Gewinn und Wagnis

Berechnung der Gemeinkosten (GK) – Zuschlagssätze

Die Zuschlagssätze werden aus dem zurückliegenden Abrechnungszeitraum (z.B. 1 Jahr) ermittelt.

KS: 40: GK-Zuschlag (%) =
$$\frac{\Sigma \text{ GK Einkauf und Lager} \cdot 100\%}{\Sigma \text{ Fertigungsmaterial}}$$

KS: 20: GK-Zuschlag (%) =
$$\frac{\Sigma \text{ GK Handarbeit} \cdot 100\%}{\Sigma \text{ Fertigungslöhne Handarbeit}}$$

KS: 21: GK-Zuschlag (%) =
$$\frac{\Sigma \text{ GK Maschinenarbeit} \cdot 100\%}{\Sigma \text{ Fertigungslöhne Maschinenarbeit}}$$

KS: 22: GK-Zuschlag (%) =
$$\frac{\Sigma \text{ GK Gasschmelzschweißen} \cdot 100\%}{\Sigma \text{ Fertigungslöhne Gasschmelzschweißen}}$$

KS: 23: GK-Zuschlag (%) =
$$\frac{\Sigma \text{ GK Elektroschweißen} \cdot 100\%}{\Sigma \text{ Fertigungslöhne Elektroschweißen}}$$

KS: 24: GK-Zuschlag (%) =
$$\frac{\Sigma \text{ GK Montage} \cdot 100\%}{\Sigma \text{ Fertigungslöhne Montage}}$$

KS: 25: GK-Zuschlag (%) =
$$\frac{\Sigma \text{ GK Arbeitsvorbereitung} \cdot 100\%}{\Sigma \text{ Fertigungslöhne Arbeitsvorbereitung}}$$

KS: 26: GK-Zuschlag (%) =
$$\frac{\Sigma \text{ GK Schutzgasschweißen} \cdot 100\%}{\Sigma \text{ Fertigungslöhne Schutzgasschweißen}}$$

KS: 27: GK-Zuschlag (%) =
$$\frac{\Sigma \text{ GK Zeiteinsparungsprämie} \cdot 100\%}{\Sigma \text{ Fertigungslöhne Zeiteinsparungsprämie}}$$

KS: 311: Kosten pro gefahrene Kilometer =
$$\frac{\Sigma \text{ GK Pkw}}{\Sigma \text{ gefahrene Kilometer}}$$

KS: 312: Kosten pro gefahrene Kilometer =
$$\frac{\Sigma \text{ GK Lkw}}{\Sigma \text{ gefahrene Kilometer}}$$

KS: VV: GK-Zuschlag (%) =
$$\frac{\Sigma \text{ GK Verwaltung und Vertrieb} \cdot 100\%}{\Sigma \text{ Herstellungskosten}}$$

F

Vorkalkulation (Angebot)

Datum 30.1.2010 Termin 15.3.2010

Name Verlag Europa Lehrmittel

Anschrift Düsselberger Straße 23 Tel. 02104/6916-0

42781 Haan-Gruiten

Architekt ______ Pos. Nr. --- Tel. ______

Beschreibung – Skizze

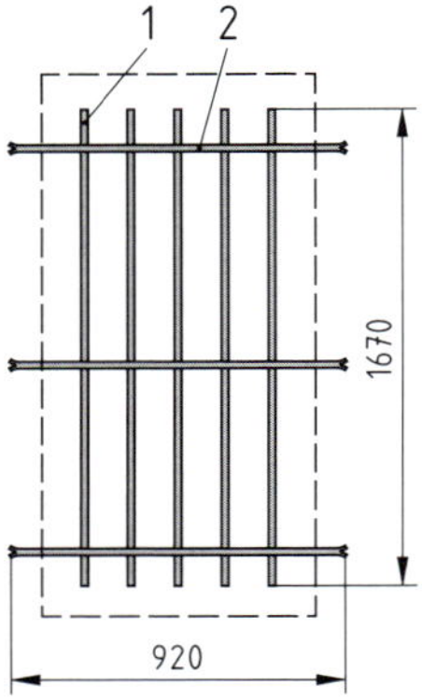

Herstellung von 5 Fenstergittern mit Montage in Fensterlaibung

Fensterlaibung: 840 × 1750.

Die Stäbe (1) sind mit den Quergurten (2) einseitig zu verschweißen (MAG).

Die Quergurte sind an ihren Enden als Maueranker auszuführen.

Feuerverzinkung.

Entfernung zum Montageort: 6 km

Fahrzeit (hin u. zurück): 1 Std.

Kosten:

Stundenlohn:	13,70 €/Std.
Verzinkerei (SEK):	0,82 €/kg
Verbundmörtel 4 Kartuschen (SEK):	106,00 €
Pkw (KSt 311):	0,28 €/km
Lkw (KSt 312):	0,54 €/km

Kostenstelle	Stunden Werkstatt	Stunden Montage	M. / Kosten
M.			101,12
			20,22
20	4,5		61,65
			80,15
21	2,5		34,25
			68,50
22			
23			
24		6,5 + 1,0	102,75
		7,5	102,75
25	1,0		13,70
			10,28
26	2,0		27,40
			60,28
27			
	10,0	7,5	311: 3,36
			312: 6,48

Auftragsumfang		Sondereinzelkosten (SEK)
Stück	lfd. m	Ver-zinken
5		45,62
kg	m²	Kartu-schen
55,64	5x1,54	106,00

Auswertung Std.	Werkstatt	Montage	
je kg			HK: **844,51**
			VV: 126,68
je lfd. m			**SK: 971,19**
			GW: 135,97
je			**VP: 1107,16** €

Kostenstellen		GK-Zuschlagsätze
40:	Material	20%
20:	Handarbeit	130%
21:	Maschinenarbeit	200%
24:	Montage	100%
25:	Arbeitsvorbereitung	75%
26:	Schutzgasschweißen	220%
VV:	Verwaltungs- und Vertriebskosten	15%
GW:	Gewinn- und Wagniszuschlag	14%

Legende:
- M = Materialgemeinkosten
- SEK = Sondereinzelkosten
- HK = Herstellungskosten
- VV = Verwaltungs- und Vertriebskosten
- SK = Selbstkosten
- GW = Gewinn- und Wagniszuschlag
- VP = Netto-Verkaufspreis (ohne Mehrwertsteuer)

Materialkosten

Pos.	Material	Stück	Einzel-länge m	Zuschnitt	Ges.-Länge m	kg/m	kg	Einzel-preis €	Gesamt-preis €	Bem.
								€ / 100kg		
1	Rd 12	25	1670	⊢⊣	41750	0,89	37,16	171,30	62,94	
2	Fl 20 x 10	15	920	⊢⊣	13800	1,26	17,39	166,70	28,99	

									91,93	
					+ 10% Verschnitt-Zuschlag:				9,19	
		+ 2% Zuschlag für Schweissnähte					1,09			
						Gewicht zusammen	55,64			
								Summe/Übertrag	101,12	

eingetragen ______ ausgetragen ______	Gewicht ______ kg gewogen von ______	fertiggestellt am ______ von ______	abgerechnet am ______	Ausg. Rechnung Nr. ______

Kalkulation

Abrechnung nach Gewicht im Stahlbau

vgl. DIN 18 360 (2002-12)

Für Formstähle wird zur Berücksichtigung der Walztoleranzen das Handelsgewicht verwendet.

m Gesamtmasse
m'_H Handelsgewicht
L Gesamtlänge

$$m = m'_H \cdot L$$

Handelsgewichte m'_H für Formstähle in kg/m

U

h in mm	m'_H in $\frac{kg}{m}$
80	8,9
100	10,9
120	13,7
140	16,4
160	19,3
180	22,5
200	26
220	30
240	34
260	39
280	43
300	48
320	61
350	61
380	65
400	74

IPE

h in mm	m'_H in $\frac{kg}{m}$
80	6,2
100	8,3
120	10,7
140	13,2
160	16,2
180	19,3
200	23
220	26,9
240	31,5
270	37
300	43,3
330	50,4
360	58,6
400	68
450	80
500	93
550	109
600	125

HE-A ≙ IPBI

h in mm	m'_H in $\frac{kg}{m}$
100	17,1
120	20,4
140	25,3
160	31,2
180	36,4
200	43
220	52
240	62
260	70
280	78
300	90
320	100
340	108
360	115
400	128
450	143
500	159
550	170
600	182
650	195
700	209
800	230
900	258
1000	279

HE-B ≙ IPB

h in mm	m'_H in $\frac{kg}{m}$
100	20,9
120	27,4
140	34,5
160	43,7
180	52,6
200	63
220	73
240	85
260	95
280	106
300	120
320	130
340	137
360	146
400	159
450	175
500	192
550	204
600	217
650	231
700	247
800	269
900	298
1000	322

HE-M ≙ IPBv

h in mm	m'_H in $\frac{kg}{m}$
100	42,8
120	53,4
140	64,8
160	78,1
180	91,1
200	106
220	120
240	161
260	176
280	194
300	244
320/305	180
320	251
340	254
360	256
400	262
450	270
500	277
550	285
600	292
650	300
700	309
800	325
900	341
1000	358

Beispiel: U 220, L = 45 m nach Tabelle:

$$m'_H = 30\ \frac{kg}{m}$$

$$\boldsymbol{m} = m'_H \cdot L = 30\ \frac{kg}{m} \cdot 45\ m = \mathbf{1350\ kg}$$

Abrechnung nach Gewicht im Metallbau

vgl. DIN 18 360 (2002-12)

Verarbeitete Produkte	Verrechnungsgröße
Genormte Profile	m' nach DIN-Normen
Andere Profile	m' nach Profilbüchern der Hersteller
Bleche und Bänder	
– Stahl	m'' = 7,85 kg/m^2 · mm
– Edelstahl	m'' = 7,9 kg/m^2 · mm
– Aluminium	m'' = 2,7 kg/m^2 · mm
– Kupfer, Messing	m'' = 9,0 kg/m^2 · mm
Formgussstücke	
– Stahl	m''' = 7,85 kg/dm^3
– Gusseisen (Grauguss)	m''' = 7,25 kg/dm^3

Im Metallbau wird nach den in der Tabelle aufgeführten Vorgaben abgerechnet. Die Verbindungsmittel bleiben unberücksichtigt. Das Verzinken wird mit einem Zuschlag von 5 % verrechnet.

m Masse
m' längenbezogene Masse
m'' flächenbezogene Masse
m''' volumenbezogene Masse
L Länge
A Fläche
V Volumen
Z Zuschlag
s Dicke

$$m = m' \cdot L \cdot Z$$

$$m = m'' \cdot A \cdot s \cdot Z$$

$$m = m''' \cdot V \cdot Z$$

Beispiel: Stahlblech, A = 5 m^2 mit s = 6 mm, Profil I 180 mit L = 18 m, Konstruktion geschweißt und verzinkt.

Nach Tabelle: m' = 21,9 kg/m, m'' = 7,85 kg/m^2 · mm, Z = 5%

$$\boldsymbol{m} = (m' \cdot L + m'' \cdot A \cdot s) \cdot Z = 21{,}9\ kg/m \cdot 18\ m + 7{,}85\ kg/m^2 \cdot mm \cdot 5\ m^2 \cdot 6\ mm) \cdot 1{,}05 = \mathbf{661{,}19\ kg}$$

Kalkulation

Stundenverrechnungssatz

Der Stundenverrechnungssatz (SVS) erleichtert dem Handwerker die Kostenkalkulation. Der SVS fußt auf Betriebsdaten des letzten Kalenderjahres. Ergeben sich Änderungen im Betrieb, muss der SVS neu ermittelt werden. Betriebsbezogene Änderungen sind: Lohnerhöhungen, Änderung des Personalbestandes und der betrieblichen Kosten wie Steuern, Versicherungen, lohngebundene Zahlungen, sowie Kosten für betriebliche Baumaßnahmen und Investitionen.

Stundenverrechnungssatz:

$$\text{SVS} = \frac{\text{Lohnkosten} + \text{Gemeinkosten} + \text{Gewinn}}{\text{Produktivstunden}}$$

Lohnkosten: LK = Jahresarbeitsstunden · Stundenlohn

Gemeinkosten: GK = Lohnzusatzkosten + Betriebsgemeinkosten

Produktivstunden: PS = Jahresarbeitsstunden – bezahlte Freizeit

Gewinn: GW = aus der Überschussrechnung bzw. Buchführung

Lohnzusatzkosten (LZK) = 1 + 2 + 3

1. Bezahlte Freizeit, wie Urlaub, Feiertage, Krankheitstage, sonstige Freistellungen.
2. Zuzahlungen für zusätzliches Urlaubsgeld, Arbeitgeberanteile zur Vermögensbildung, Weihnachtsgeld u.a.
3. Arbeitgeberanteile zur gesetzlichen Sozialversicherung.

Jahresarbeitsstunden =

365 Tage – 104 Samstage u. Sonntage
= 261 Arbeitstage.

261 Arbeitstage · 7,2 tägliche Arbeitsstunden
= 1879,2 Arbeitsstunden im Jahr.

Betriebsgemeinkosten (BGK) = Σ 1 bis 15

1. Abschreibungen
2. Beratungskosten
3. Betriebliche Steuern
4. Bewirtung
5. Bürobedarf
6. Energiekosten
7. Gebühren (Beiträge, Abfall u.a.)
8. Hilfs- und Betriebsstoffe
9. Instandhaltung ud Reparaturen
10. Kalkulatorische Kosten
11. Raumkosten
12. Reisekosten
13. Werbung
14. Zinsen
15. Sonstige Kosten

Bezahlte Freizeit

Urlaubstage:	z.B. 30 Tage	zu je 7,2 Arbeitsstunden	=	216,0 Stunden
Feiertage:	z.B. 10 Tage	zu je 7,2 Arbeitsstunden	=	72,0 Stunden
Krankheitstage:	geschätzt 5 Tage	zu je 7,2 Arbeitsstunden	=	36,0 Stunden
Freistellungen u.a.:	z.B. 2 Tage	zu je 7,2 Arbeitsstunden	=	14,4 Stunden
Innerbetriebliche Zeitverluste:		0,5 Stunden/Arbeitstag	=	130,5 Stunden

Beispiel: Metallbaubetrieb: 3 Mitarbeiter, tägliche Arbeitszeit 7,2 Stunden, durchschnittlicher Stundenlohn 13,70 €. Bezahlte Freizeit pro Mitarbeiter im Jahr 47 Arbeitstage. Lohnzusatzkosten (LZK) 61 722 €/Jahr, Betriebsgemeinkosten (BGK) 26 097 €/Jahr, Gewinn (GW) 39 881 €/Jahr.

$$\text{Stundenverrechnungssatz (SVS)} = \frac{\text{LK} + \text{GK} + \text{GW}}{\text{PS}}$$

Lohnkosten (LK) = Jahresarbeitsstunden · Stundenlohn
= 261 Arbeitstage · 3 Mitarbeiter · 7,2 h · 13,70 € = **77 235,12 €**

Gemeinkosten (GK) = LZK + BGK = 61722 € + 26097 € = **87 819,00 €**

Produktivstunden (PS) = Jahresarbeitsstunden – bezahlte Freizeit
= 261 Arbeitstage · 3 Mitarbeiter · 7,2 h – 47 Arbeitstage · 3 Mitarbeiter · 7,2 h
= 5 637,6 h – 1 015,2 = **4 622,4 h**

$$\textbf{SVS} = \frac{77\,235{,}12\ € + 87\,819{,}00\ € + 39\,881{,}00\ €}{4\,622{,}4\ \text{h}} = \mathbf{44{,}34\ \frac{€}{h}}$$

Maschinenstundensatz

Die Kalkulation mit Hilfe des Maschinenstundensatzes hat u.a. den Vorteil, dass die Kosten genauer erfasst und überwacht werden können. Diese Berechnungsart wird vor allem bei teuren Werkzeugmaschinen und bei der automatisierten Fertigung angewandt. Der Maschinenstundensatz umfasst nicht die Kosten der Bedienungsperson.

Maschinenstundensatz:

$$MS = \frac{\text{Fertigungsgemeinkosten}}{\text{Netto-Maschinenlaufzeit}} = \frac{FGK}{ML}$$

Fertigungsgemeinkosten:

$$FGK = KA + KZ + IK + EK + RK$$

Kalkulatorische Abschreibung:

$$KA = \frac{\text{Wiederbeschaffungskosten in €}}{\text{Nutzungsdauer in Jahren}}$$

Kalkulatorische Zinsen:

$$KZ = \frac{{}^1/_2\,\text{Wiederbeschaffungskosten in €} \cdot \text{Zinssatz in \%}}{100\%}$$

Instandhaltungskosten:

IK = Instandhaltungskosten in €/Jahr (z.B. Reparaturen und Wartungsdienst)

Energiekosten:

EK = Max. Leistungsaufnahme in kW · Nutzungsfaktor · Energiekosten pro kW · h · Maschinenlaufzeit pro Jahr

Anteilige Raumkosten:

RK = Raumkosten in €/(m^2 · Monat) · Flächenbedarf der Maschine in m^2 · 12 Monate/Jahr

Netto-Maschinenlaufzeit[1]:

ML = Tägliche Arbeitszeit in h · Arbeitstage pro Jahr – jährliche Ausfallzeiten für Wartung, Reparatur, Urlaub, u.a.

Beispiel: Ausklinksäge mit vertikalem und horizontalem Sägeblatt, Anschaffungswert 23000,00 €, Nutzungsdauer 6 Jahre, Wiederbeschaffungswert 25565,00 €, Zinssatz 7%, Instandhaltungskosten pro Jahr 5% vom Anschaffungspreis, maximale Leistungsaufnahme 6,5 kW, Energiekosten 0,19 €/kW · h, Maschinenlaufzeit 90 h/Jahr, monatliche Raumkosten 6,14 €/m^2, Maschinenfläche 7,5 m^2; Maschinenstundensatz in €/h = ?

Maschinenstundensatz (MS) $= \frac{FGK}{ML} = \frac{KA + KZ + IK + EK + RK}{ML}$

Kalkulatorische Abschreibung (KA) $= \frac{25\,565\ €}{6\ \text{Jahre}} = 4261$ €/Jahr

Kalkulatorische Zinsen (KZ) $= \frac{25\,565\ € \cdot 7\%}{2 \cdot 100\%} = 895$ €/Jahr

Instandhaltungskosten (IK) $= \frac{23\,009\ € \cdot 5\%}{100\%} = 1151$ €/Jahr

Energiekosten (EK) = 6,5 kW · 0,19 €/kW · h · 90 h/Jahr = 111 €/Jahr

Raumkosten (RK) = 6,14 €/m^2 · Monat · 7,5 m^2 · 12 Monate/Jahr = 553 €/Jahr

Fertigungsgemeinkosten (FGK) = 6971 €/Jahr

Maschinenstundensatz (MS) $= \frac{6971\ €/\text{Jahr}}{90\ \text{h/Jahr}} = \mathbf{77{,}46\ \frac{€}{h}}$

[1] Nutzung bei herkömmlichen Maschinen etwa 35%, bei CNC-Maschinen etwa 80%.

F

Kalkulation

Auftragszeit nach REFA[1]

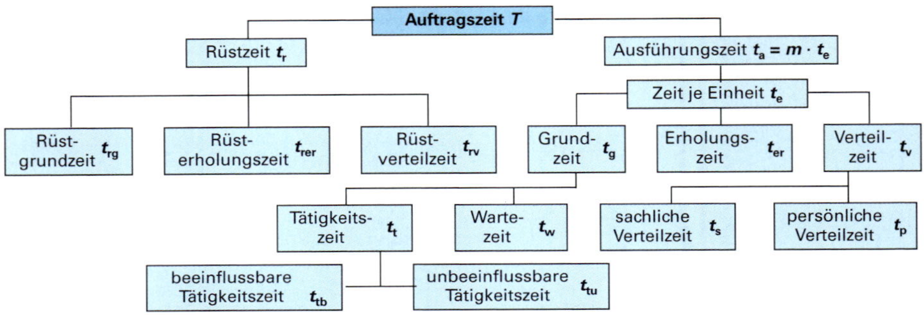

Kurzzeichen	Bezeichnung	Erläuterung
T	Auftragszeit	Die für die Erledigung eines Auftrages insgesamt vorgegebene Zeit. Sie gliedert sich in die Rüstzeit (Vorbereiten der Auftragsausführung) und die Ausführungszeit.
t_r	Rüstzeit	In der Rüstzeit werden Arbeitsplatz, Maschine und Werkzeuge für den Auftrag vorbereitet (gerüstet) und nach der Ausführung wieder in den ursprünglichen Zustand versetzt. Die Rüstzeit kommt unabhängig von der Zahl der Einheiten meist nur einmal je Auftrag vor. **Beispiele:** Rüstgrundzeit t_{rg}: Auftrag und Zeichnung lesen, Maschine einstellen Rüsterholungszeit t_{rer}: Erholungszeit nach anstrengender Umrüstung Rüstverteilzeit t_{rv}: Kurze Maschinenstörung beseitigen
t_a	Ausführungszeit	Die Zeit für die Ausführungsarbeit an allen Einheiten m des Auftrages. Meist wird die Ausführungszeit aus $t_a = m \cdot t_e$ berechnet.
t_g	Grundzeit	Die Grundzeit ist für das planmäßige Ausführen des Auftrages nötig. Sie setzt sich aus der Tätigkeit und der Wartezeit zusammen.
t_{er}	Erholungszeit	Während der Erholungszeit wird die Arbeit unterbrochen, um Arbeitsermüdung abzubauen. **Beispiele:** Erholung nach Überkopfschweißen oder längerer Arbeit am Bildschirm.
t_v	Verteilzeit	Unregelmäßig auftretende Zeiten, die zur planmäßigen Auftragsausführung nötig sind. **Beispiele:** Sachliche Verteilzeit t_s: Unvorhergesehenes Werkzeugschleifen Persönliche Verteilzeit t_p: Lohnabrechnung prüfen, Bedürfnis erledigen
t_t	Tätigkeitszeit	Tätigkeitszeiten sind Zeiten, in denen der eigentliche Auftrag erledigt wird. In der **Haupttätigkeitszeit** wird der Auftrag unmittelbar bearbeitet. **Beispiele:** Montage von Getriebeteilen, Spanen mit Werkzeugmaschinen. In der **Nebentätigkeitszeit** tritt kein direkter Fortschritt des Auftrages ein. **Beispiele:** Auspacken von Wälzlagern, Spannen von Werkstücken, Ablage von Fertigteilen. Die Tätigkeitszeiten werden in **beeinflussbare** Zeiten, z.B. Montage- oder Entgratarbeiten, und **unbeeinflussbare** Zeiten, z.B. Programmablauf einer CNC-Maschine, unterteilt.
t_w	Wartezeit	In der Wartezeit wartet der Arbeiter auf das Ende von Arbeitsabschnitten, die seiner eigentlichen Tätigkeit vorangehen und seine weitere Tätigkeit bedingen. **Beispiel:** Warten auf das nächste Werkstück in der Fließfertigung.

Beispiel: Herstellung von 20 Montageschienen mit Hutprofil auf der Abkantpresse

Rüstzeiten:			min
Arbeitsplatz rüsten		=	3,50
Maschine rüsten		=	6,00
Werkzeuge rüsten		=	7,50
Rüstgrundzeit	t_{rg}	=	17,00
Rüsterholungszeit	t_{rer} = 5% von t_{rg}	=	0,85
Rüstverteilzeit	t_{rv} = 8% von t_{rg}	=	1,36
Rüstzeit	$\mathbf{t_r = t_{rg} + t_{rer} + t_{rv}}$	**=**	**19,21**

Ausführungszeiten:			min
Tätigkeitszeit	t_t	=	3,2
Wartezeit	t_w = 3,5% von t_t	=	0,11
Grundzeit	$t_g = t_t + t_w$	=	3,31
Erholungszeit	t_{er} = 4% von t_g	=	0,13
Verteilzeit	t_v = 2% von t_g	=	0,07
Zeit je Einheit	$t_e = t_g + t_{er} + t_v$	=	3,51
Ausführungszeit	$\mathbf{t_a} = m \cdot t_e$		
	= 20 · 3,51	**=**	**70,20**

Auftragszeit $T = t_r + t_a$ = 19,21 min + 70,2 min = **89,41 min**

[1] REFA Verband für Arbeitsstudien und Betriebsorganisation; früher: Reichsausschuss für Arbeitsstudien

F

Schlösser

Einsteckschlösser vgl. DIN 18 250 (2006-09), DIN 18 251-1 (2002-07) und DIN 18 251-2 und -3 (2002-11)

Bezeichnungen für Einsteckschlösser

Benennung	Kurzzeichen	Benennung	Kurzzeichen
Buntbartschloss	BB	Selbstverriegelung	SV
Zuhaltungsschloss (Chubbschloss)	ZH	Wechseleinrichtung	W
Zylinderschloss, vorgerichtet für Profilzylinder	PZ – PZ	Linksschloss (nach DIN 107)	L
		Rechtsschloss (nach DIN 107)	R
Einsteckschloss	ES	Schloss für Badtüren	BAD
Einsteckschloss für Feuerschutztür	FS	Einsteckschloss für Rauchschutztüren	RS
Rauchschutztüren	RD	Mehrfachverriegelung	MV
Schloss für Rohrrahmentür	RR	Falle umlegbar	U
Flachstulp	FL	Profilstulp	PR

Klassifizierung nach Türgewicht oder Benutzerhäufigkeit

Klasse	Verwendung	Benutzerhäufigkeit	Dornmaß *a* in mm	Schlosskasten
1	leichtes Innentürschloss	gering	55	offen
2	Innentürschloss	üblich	55	offen
3	Wohnungsabschlusstür	mittel	55, 60, 65, 70, 80, 100	allseitig geschlossen
4	einbruchhemmend	hoch	55, 60, 65, 70, 80, 100	allseitig geschlossen
5	erhöhte Einbruchhemmung	hoch	55, 60, 65, 70, 80, 100	allseitig geschlossen

Einsteckschlösser für gefälzte Türen vgl. DIN 18 251-1 (2002-07)

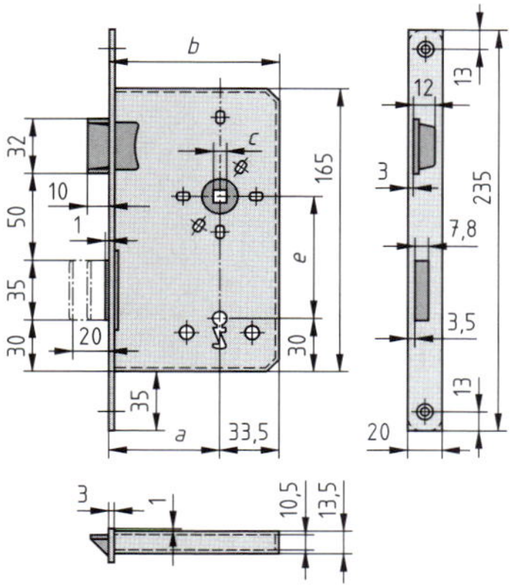

Technische Daten

Schloss für Buntbart- oder Zuhaltungsschlüssel, selbstspannende, geteilte Nuss
Nuss-Vierkant $c = 8{,}1 \pm 0{,}05$
Entfernung $e = 72 \pm 0{,}2$ mm
2-tourig, Stulpbreite 20 mm oder 24 mm

Dornmaß *a* in mm	55	60	65	70	80	100
Kastenbreite *b* in mm	88,5	93,5	98,5	103,5	113,5	133,5

Bestellbeispiel eines Zuhaltungsschlosses der Klasse 3 mit 55 mm Dornmaß, 20 mm Stulpbreite, als Rechtsschloss:

Schloss DIN 18 251-1 – ZH – 3 – 55 – 20 – R

Möglichkeiten der Riegelbetätigung vgl. DIN 18 251-1 (2002-07)

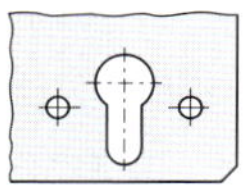

Zylinderschloss

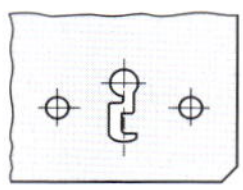

Buntbartschloss

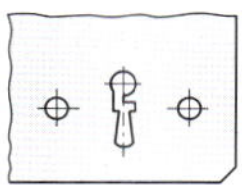

Zuhaltungsschloss

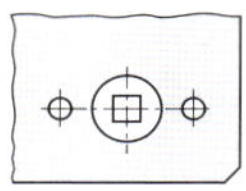

Badschloss

Schlüsselschweifungen bei Buntbartschlössern

Die Querschnittsform (Schweifung) des Schlüsselbartes bedingt die Nachschließsicherheit.

Schlösser

Einsteckschlösser

vgl. DIN 18 250 (2006-09), DIN 18 251-1 (2002-07) und 18 251-2 und -3 (2002-11)

Fallen-Riegelschlösser für Feuer- und Rauchschutztüren

vgl. DIN 18 250 (2006-09)

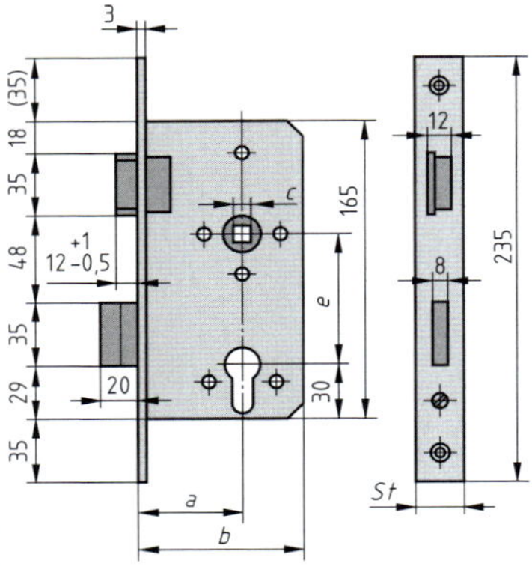

Technische Daten

Mittelschweres Profilzylinder-Schloss mit Wechsel
Nuss-Lochvierkant $c = 9{,}02\,^{+0{,}08}_{-0{,}02}$ mm
Entfernung $e = 72 \pm 0{,}2$ mm
2-tourig
Stulp und Schließblech messingfarben lackiert
Schlosskasten, Falle und Riegel verzinkt

	nach		
	DIN 18 251-1	DIN 18 251-2	DIN 18 251-3
Dornmaß *a* in mm	55, 65, 80, 100	30, 35, 40, 45	30, 35, 40, 45 55, 65, 80, 100
Stulpbreite *St* in mm	20, 24	24	20, 24
Klasse	1 bis 5	1 bis 5	1 bis 5

Bestellbeispiel eines Schlosses vorgerichtet für Profilzylinder mit Dornmaß *a* = 65 mm, Stulpbreite 20 mm, mit Wechsel als Linksschloss der Klasse 3:

Schloss DIN 18 250 – FS – ES – PZ – 3 – 65 – 20 – W – L

Fallen-Riegelschlösser für Rohrrahmenprofile

vgl. DIN 18 251-2 (2002-11)

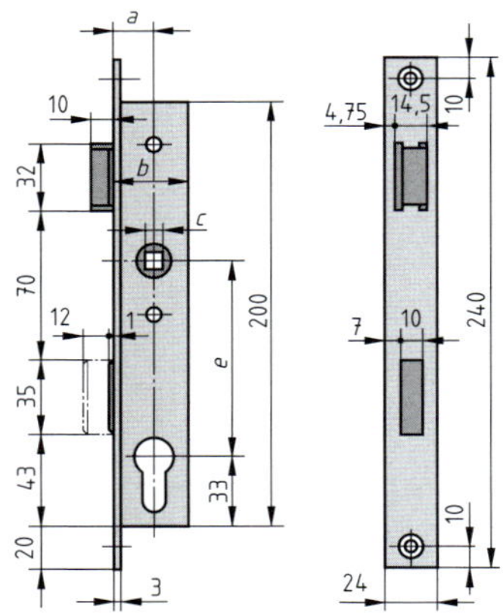

Technische Daten

Schweres Einsteckschloss mit Wechsel
Nuss-Lochvierkant $8{,}1 \pm 0{,}05$
Entfernung $e = 92 \pm 0{,}1$
Kastenstärke $d = 19$ mm
1-tourig
Rechts und links verwendbar
Riegel gehärtet
Galvanisch vollverzinkt

Dornmaß *a* in mm	25	30	35	40	45
Kastenbreite *b* in mm	41	46	51	56	61

Bestellbeispiel eines Schlosses mit Profilzylinder mit Dornmaß *a* = 40 mm, Links, der Maßreihe 244/102, Klasse 4 mit Wechsel und umlegbarer Falle.

Schloss DIN 18 251-2 – RR – 4 – 244/102 – 40 – W – L – U

Einfallenschlösser

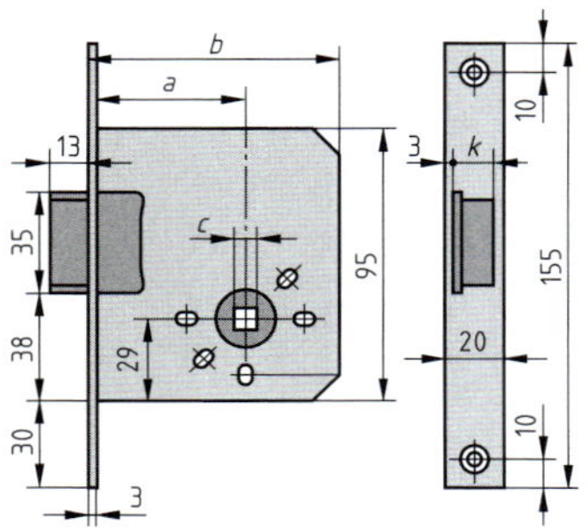

Technische Daten

Mittelschweres Einfallenschloss
Nuss-Lochvierkant $c = 8$ mm
Kastenstärke $d = 14$ mm

Dornmaß *a* in mm	25	30	35	40	45	50
Kastenbreite *b* in mm	41	46	51	56	61	66

Bestellbeispiel eines Einfallenschlosses mit Dornmaß *a* = 40 mm der Klasse 2, als Linksschloss:

Schloss DIN 18 251 – E – 2 – 40 – L

Schlösser

Einsteckschlösser

vgl. DIN 18251-1 (2002-07)

Rollenfallenschlösser

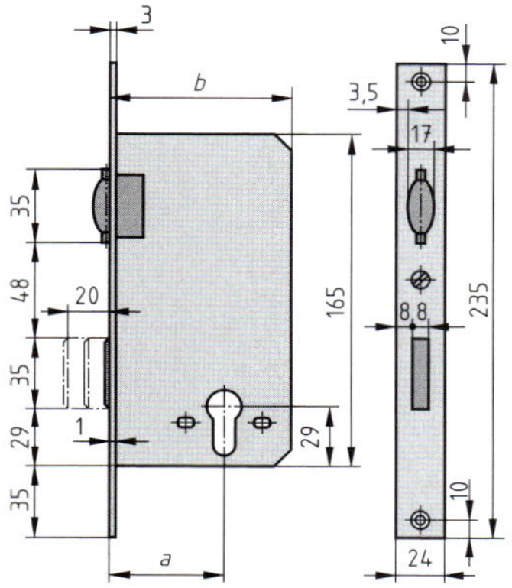

Technische Daten

Für Türen: Kastenstärke d = 14 mm
1- und 2-tourig

Dornmaß *a* in mm	45	50	55	60	65	70	80
Kastenbreite *b* in mm	75	80	85	90	95	100	110

Für Rohrrahmenprofile: Kastenstärke d = 19 mm
1-tourig

Dornmaß *a* in mm	18	20	22	25	27	30	35	40
Kastenbreite *b* in mm	34	36	38	41	43	46	51	56

Bestellbeispiel für ein Schloss vorgerichtet für Profilzylinder mit Dornmaß a = 45 mm:

Einsteck-Rollenfallenschloss DIN 18251 – PZ – 45

Riegelschlösser

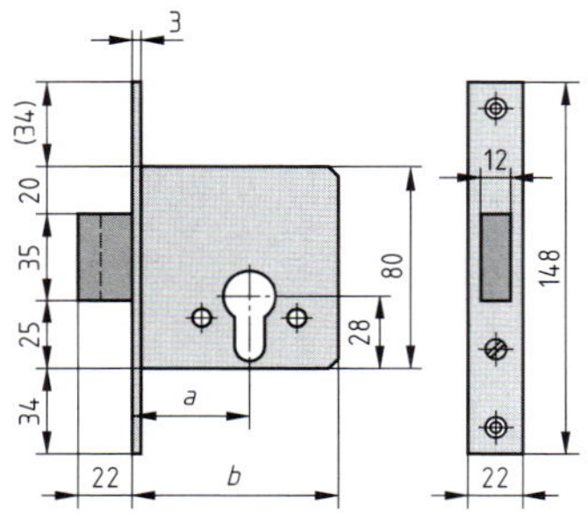

Technische Daten

Schweres Einsteckriegelschloss
Vorgerichtet für Profilzylinder
Kastenstärke d = 15 mm
2-tourig
Stulp, Schließblech und Schlosskasten z.B. messingfarben lackiert
Riegel verzinkt

Dornmaß *a* in mm	55	60
Kastenbreite *b* in mm	80	85

Bestellbeispiel für ein Schloss vorgerichtet für Profilzylinder mit Dornmaß a = 60 mm:

Einsteck-Riegelschloss DIN 18251 – PZ – 60

Hakenfallenschlösser

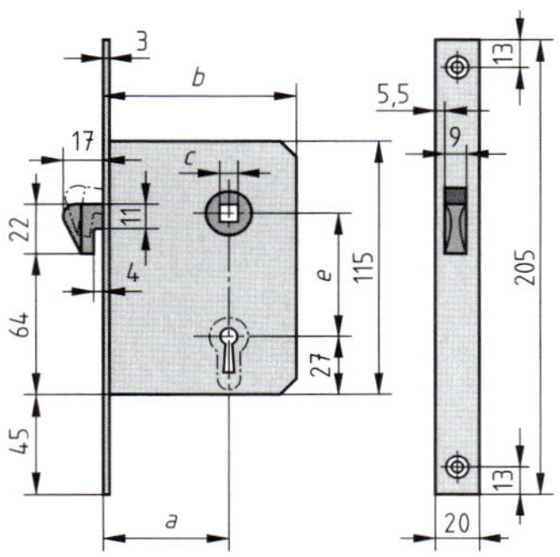

Technische Daten

Buntbartschloss einfach oder vorgerichtet für Profilzylinder
Nuss-Lochvierkant c = 8 mm
Entfernung e = 55 mm

Dornmaß *a* in mm	50	55	60	65	70	80
Kastenbreite *b* in mm	80	85	90	95	100	110

Bestellbeispiel für ein Schloss mit Zuhaltungen und Dornmaß a = 90 mm:

Einsteck-Hakenfallenschloss DIN 18251 – ZH – 90

Schlösser

Kastenschlösser und Möbelschlösser

vgl. DIN 68851 (2004-06)

Riegelschlösser

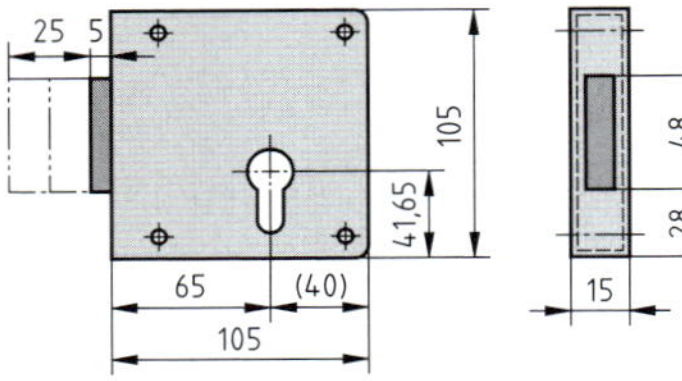

Technische Daten

Als Buntbart- oder Zuhaltungsschloss oder vorgerichtet für Schließzylinder, Kastenstärke d = 15 mm
Riegel 5 mm vorstehend, 2-tourig

Bestellbeispiel für ein rechtes Schloss mit Dornmaß a = 65 mm vorgerichtet für Profilzylinder:

Kastenriegelschloss … – PZ – 25 – R

Stangenschlösser

Technische Daten: Schlösser für Metallschränke, geeignet für Schließanlagen

Zylinder mit 5 Zuhaltungsstiften, 2-riegelig,
Stangenausschluss l_{St} = 8 mm,
Schubstange 10 mm × 3 mm × 1000 mm

Bestellbeispiel eines Stangenschlosses mit Standard-Zubehör:

Kastenstangenschloss Typ …

Dornmaß a = 25 mm, Schließhakenweg 90°,
Zylinder mit 5 Zuhaltungsstiften,
Drehstange ∅ 5 mm oder ∅ 6 mm, 2000 mm lang

Bestellbeispiel eines Schlosses mit Standard-Zubehör als Rechtsschloss mit Dornmaß a = 25 mm:

Kasten-Drehstangenschloss Typ … … – 25 – R

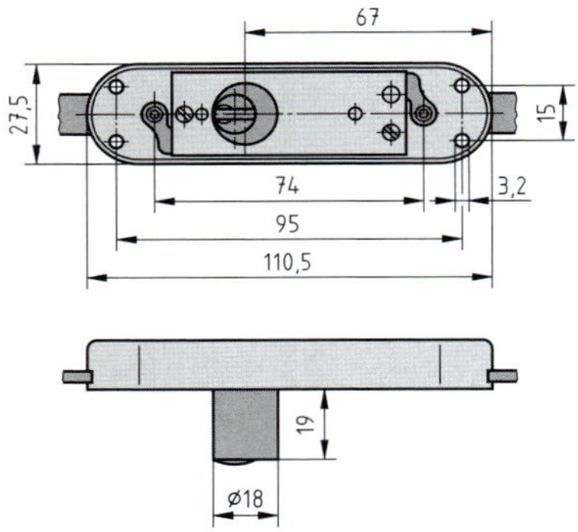

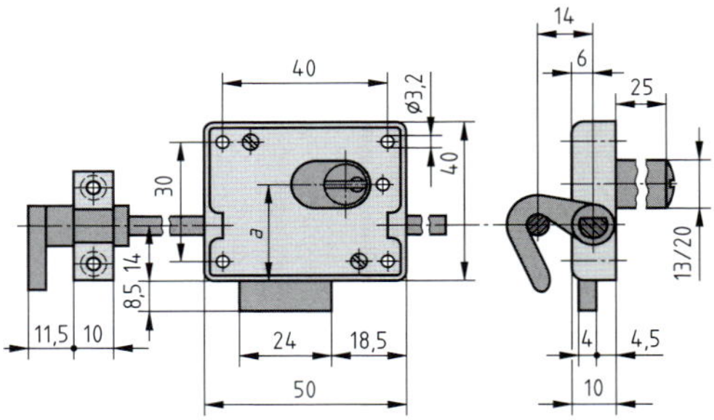

Technische Daten: Schlösser für Schwebe-, Kipp- und Flügeltore
Mit Profilhalb- oder Rundzylinder, Nuss-Lochvierkant c = 8 mm

Bestellbeispiel für ein Schloss vorgerichtet für Profil-Halbzylinder:

Kasten-Stangenschloss … – H

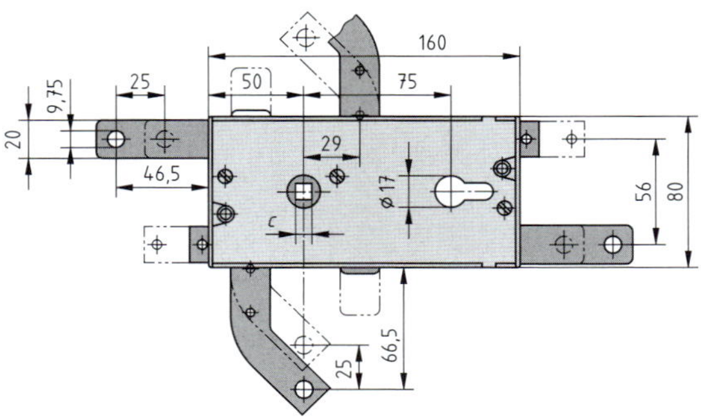

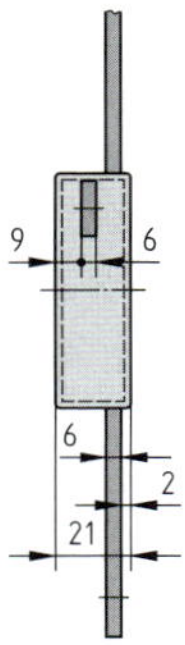

K

Schließzylinder

Bezeichnungen für Schließzylinder

vgl. DIN 18252 (2006-12)

Benennung	Kurzzeichen	Benennung	Kurzzeichen
Einzelzylinder	EZ	Doppelzylinder	D
Profilzylinder für: Zentralschließanlage	Z	Halbzylinder	H
		Knaufzylinder	K
Hauptschlüsselanlage	HS	Profilzylinder mit Bohrschutz	BS
General-Hauptschlüsselanlage	GHS	Profilzylinder mit Bohr- und Ziehschutz	BZ
Profilzylinder mit Legitimationsausweis	LE		

Klassifizierung

vgl. DIN EN 1303 (2005-04)

1	2	3	4	5	6	7	8
Gebrauchs-klasse	Dauer-haftigkeit	Tür-masse	Feuer-widerstand	Betriebs-sicherheit	Korrosions- und Temperaturbeständigkeit	Verschluss-sicherheit	Angriffs-widerstand
1 bis 6	4 / 5 / 6	0	0 / 1	0	0 A / B / C	1 bis 6	0 / 1 / 2

0 keine Anforderung

Profil-, Oval-, Rundzylinder, Profilhalbzylinder

vgl. DIN 18252 (2006-12)

Technische Daten: 5 Zuhaltungsstifte, Kernstifte aus verschleißfester Sonderbronze, erstes Stiftpaar aus rostfreiem, gehärtetem Stahl, zusätzlicher Aufbohrschutz und Ziehschutz, Schließweg 360°

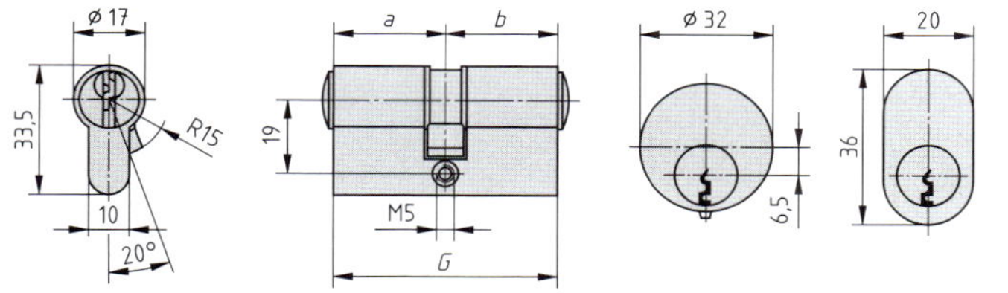

Profilzylinder Rundzylinder Ovalzylinder

G Grundlänge
a Halbe Grundlänge außen
b Halbe Grundlänge innen

Bestellbeispiel eines Profil-Doppelzylinders der Klasse 2 mit Bohr- und Ziehschutz mit den Maßen *a* = 50,5 mm und *b* = 45,5 mm:

Profilzylinder DIN 18254 – P 2 – D – BZ – 50,5 – 45,4

Maße für Profil-Doppelzylinder

Halbe Grundlängen *a* in mm \ Halbe Grundlänge *b* in mm	30,5	40,5	50,5	60,5	70,5	80,5	90,5	100,5	110,5	120,5	130,5
30,5	30/30	30/40	30/50	30/60	30/70	30/80	30/90	30/100	30/110	30/120	30/130
35,5	35/30	35/40	35/50	35/60	–	–	–	–	–	–	–
40,5	40/30	40/40	40/50	40/60	40/70	40/80	40/90	40/100	40/110	40/120	40/130
45,5	45/30	45/40	45/50	45/60	–	–	–	–	–	–	–
50,5	50/30	/40	50/50	50/60	50/70	50/80	50/90	50/100	50/110	50/120	50/130
55,5	55/30	/40	55/50	55/60	–	–	–	–	–	–	–
60,7	60/30	/40	60/50	60/60	60/70	60/80	60/90	60/100	60/110	60/120	60/130
65,5	65/30	/40	65/50	65/60	–	–	–	–	–	–	–
70,5	70/30	/40	70/50	70/60	70/70	70/80	70/90	70/100	70/110	70/120	70/130
80,5	80/30	/40	80/50	80/60	80/70	80/80	80/90	80/100	80/110	80/120	80/130
90,5	90/30	/40	90/50	90/60	90/70	90/80	90/90	90/100	90/110	90/120	90/130
100,5	100/30	/40	100/50	100/60	100/70	100/80	100/90	100/100	100/110	100/120	100/130
110,5	110/30	/40	110/50	110/60	110/70	110/80	110/90	110/100	110/110	110/120	110/130
120,5	120/30	/40	120/50	120/60	120/70	120/80	120/90	120/120	120/110	120/120	120/130
130,5	130/30	/40	130/50	130/60	130/70	130/80	130/90	130/100	130/110	130/120	130/130

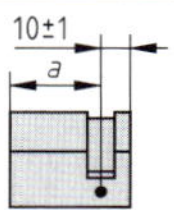

Maße für Profil-Halbzylinder

Halbe Grundlänge *a* in mm														
30	35	40	45	50	55	60	65	70	80	90	100	110	120	130

K

Schließzylinder
vgl. DIN 18 252 (2006-12)

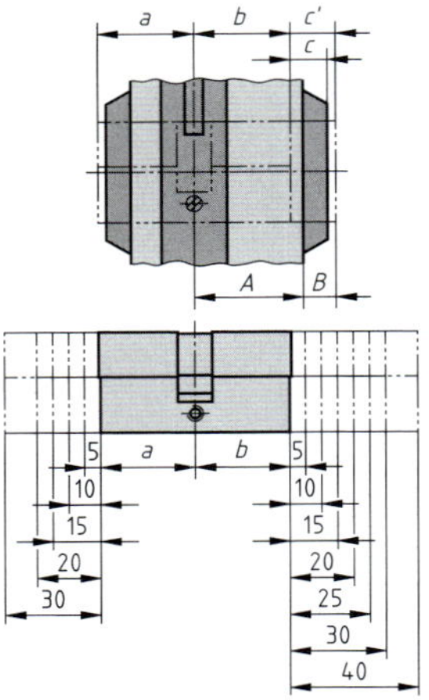

Berechnung der Verlängerung

Ist das Schloss asymmetrisch im Türblatt montiert, müssen die Verlängerungen c_a und c_i für die halben Grundlängen *a* oder *b* errechnet werden. Die Verlängerung wird auf die nächste Verlängerungsstufe aufgerundet.

A	Abstand Mitte Schraubenbohrung – Türblattkante
B	Beschlagdicke
a	Halbe Grundlänge außen
b	Halbe Grundlänge innen
c_a, c_i	Verlängerungen
c′	Verlängerungsstufe

$$c_a = A + B - a$$

$$c_i = A + B - b$$

Beispiel:

A = 43 mm, a = 30,5 mm, B = 6 mm

$c_a = A + B - a$ = 43 mm + 6 mm – 30,5 mm = 18,5 mm

Nächste Verlängerungsstufe: c' = 20 mm

Profil-Knaufzylinder
vgl. DIN 18 252 (2006-12)

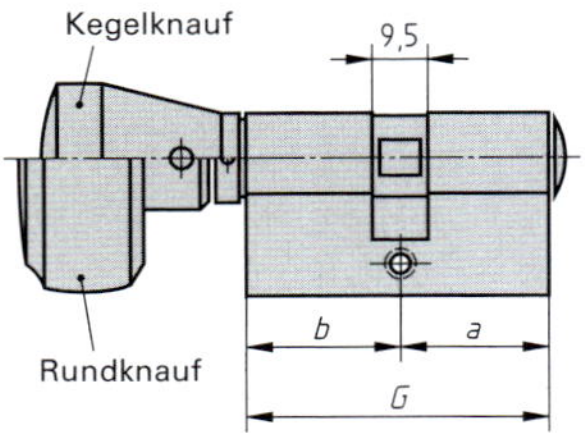

Technische Daten:

Fünf Zuhaltungsstifte; Kernstifte aus verschleißfester Sonderbronze; erstes Stiftpaar aus rostfreiem, gehärtetem Stahl; mit Aufbohr- und Ziehschutz; Gehäuse Messing matt vernickelt; Betätigung von innen durch Knauf, von außen mit Schlüssel; mit Kegel- oder Rundknauf.

Verlängerung Profil-Knaufzylinder

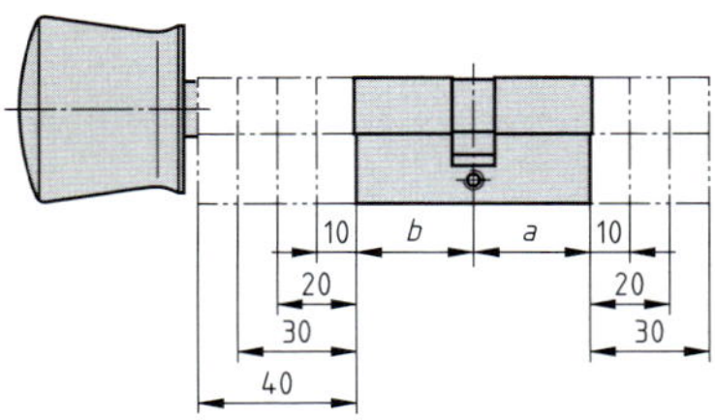

Verlängerung Knaufwelle

Bei Profil-Knaufzylindern kann statt des Zylinders auch die Knaufwelle verlängert werden.

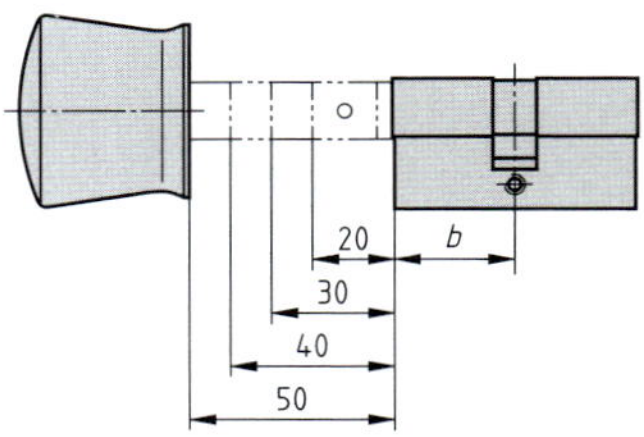

Länge *G* in mm	61	55	63	69	70
Länge *b* in mm	30,5	27,5	27,5	34,5	35

Zylinder-Hebelschlösser
vgl. DIN 18 252 (2006-12)

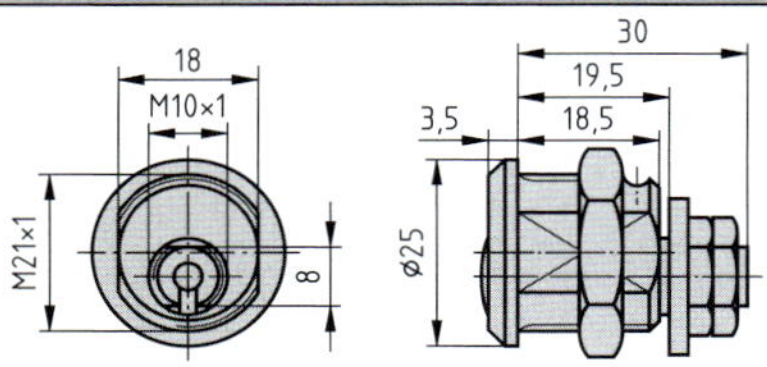

Technische Daten:

Geeignet für Schließanlagen
Gehäuse Zink-Druckguss glanzverchromt
Fünf Zuhaltungsstifte
Schlüssel nur in Sperrstellung abziehbar

K

Codegesteuerte Elektro-Türöffneranlage

Funktionsdarstellung

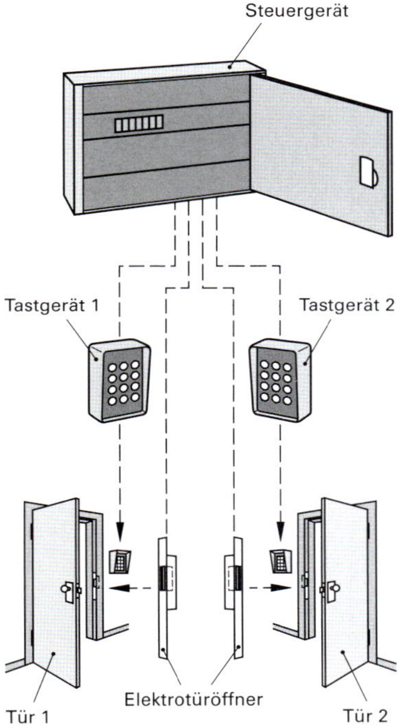

Beispiel: Türöffneranlage mit zwei Türen

Steuergerät

Modul für Türsteuerung mit Türcode
2 Relaisausgänge für 2 Türöffner
1 Relaisausgang für Alarmauswertung
1 Relaisausgang für Falschcode
Mikroprozessorgesteuertes System
Eingebaute Quarzuhr mit Datum
Erweiterbar bis max. 16 Türen
12 V Notstromversorgung
B = 230 mm, H = 150 mm, T = 67 mm

Tastgeräte

B = 230 mm, H = 132 mm/120 mm, T = 56 mm/37 mm

Elektro-Türöffner

H = 250 mm, B = 25 mm, T = 28 mm/39 mm
Ruhestromfunktion:
Nennspannung 12 V – 100% ED
Stromaufnahme ca. 200 mA
Arbeitsstromfunktion:
Nennspannung 12 V – 100% ED
Stromaufnahme ca. 400 mA

Rückmeldekontakt für Türöffner

Anschlussspannung ~ 230 V + 10% /– 15%
Frequenz 50 Hz ... 60 Hz
Leistungsaufnahme max. 20 VA
Betriebsnennspannung 12 V
max. Belastbarkeit für externe Verbraucher (z.B. Türöffner) 1 A

Programmwahl

Programmziffer

0 = Tür 1 und 2 gleiche Codeziffer
Tastgerät 1 nur für Tür 1
Tastgerät 2 nur für Tür 2
Codeziffer und Symboltaste „+“, die Tür wird bleibend entriegelt.
Codeziffer und Symboltaste „–“, die Tür wird wieder verriegelt.

1 = **Standard-Programm**
Tür 1 und 2 gleiche Codeziffer
Tastgerät 1 nur für Tür 1
Tastgerät 2 nur für Tür 2
Richtig eingetastete Codeziffer entriegelt die Tür für 0,5 bis 99 Sekunden. Nach Ablauf der Zeit, bzw. je nach Beschaltung (Türöffner mit Rückmeldung) automatisch bei geöffneter Tür, schaltet sich die Türverriegelung wieder ein.

2 = Codeziffernhalbierung
Bei entsprechender Beschaltung, z. B. über Schaltuhr, kann die Codeziffer zeitweilig von 4- auf 2-stellig bzw. von 6- auf 3-stellig umgeschaltet werden.
Übrige Funktionen wie **Programmziffer 0.**

3 = Codeziffernhalbierung
Bei entsprechender Beschaltung, z. B. über Schaltuhr, kann die Codeziffer zeitweilig (z. B. tagsüber) von 4- auf 2-stellig, bzw. von 6- auf 3-stellig, umgeschaltet werden.
Übrige Funktionen wie **Programmziffer 1.**

4 = Unterschiedliche Codeziffern für die Türen 1 und 2
Codeschalter 1 – 2 (4-stelliges Gerät) bzw. 1 – 3 (6-stelliges Gerät) für Tür 1
Codeschalter 3 – 4 (4-stelliges Gerät) bzw. 4 – 6 (6-stelliges Gerät) für Tür 2
Übrige Funktionen wie **Programmziffer 0.**

5 = Unterschiedliche Codeziffern für die Türen 1 und 2
Codeschalter 1 – 2 (4-stelliges Gerät) bzw. 1 – 3
Codeschalter 1 (6-stelliges Gerät) für Tür 1
Codeschalter 3 – 4 (4-stelliges Gerät) bzw. 4 – 6 (6-stelliges Gerät) für Tür 2
Übrige Funktionen wie **Programmziffer 1.**

6 = Identisch mit Programmziffer 4

7 = Identisch mit Programmziffer 5

8 = Unterschiedliche Codeziffern für die Türen 1 und 2
Codeschalter 1 – 2 (4-stelliges Gerät) bzw. 1 – 3 (6-stelliges Gerät) für Tür 1
Codeschalter 3 – 4 (4-stelliges Gerät) bzw. 4 – 6 (6-stelliges Gerät) für Tür 2
Mit Tastgerät 1 kann mit der jeweiligen Codeziffer Tür 1 und 2 entriegelt werden.
Tastgerät 2 nur für Tür 2.
Übrige Funktionen wie **Programmziffer 0.**

Schließanlagen

Zentralschließ-Anlage

vgl. DIN 18252 (2006-12)

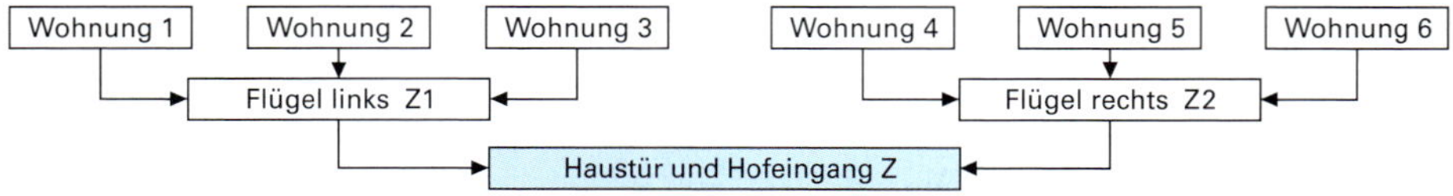

Schließplan

GHS	HS	HS/Z	Z/HS	Z
				X

Nr.

Kom. Datum:

Übergeordnete Schlüssel

Zylinder o. Schlüssel-Nr.	Pos. bzw. Tür-Nr.	Bezeichnung	Stückzahl Zylinder	Stückzahl Schlüssel	Schlüssel- o. Schlosstyp	Dornmaß	Verlängerung oder Schlossrichtung I / L	A / R	Färbung	Z	Z 1	Z 2		Nr. 1	Nr. 2	Nr. 3	Nr. 4	Nr. 5	Nr. 6			
									Anz.													
										↓ Diese übergeordneten Schlüssel schließen ↓												
Z		Haustür, Hofeingang	2	6	Z 1488				MmV	x				x	x	x		x	x			
Z 1		Flügel links	1	3	Z 1481				MmV		x			x	x	x	x					
Z 2		Flügel rechts	1	3	Z 1481				MmV			x					x	x	x			
1		Wohnung 1	1	5	Z 1463			5	Mmg					x								
2		Wohnung 2	1	5	Z 1463			5	Mmg						x							
3		Wohnung 3	1	5	Z 1463			5	Mmg							x						
4		Wohnung 4	1	5	Z 1463			5	Mmg								x					

Zentralhauptschlüssel-Anlage

vgl. DIN 18252 (2006-12)

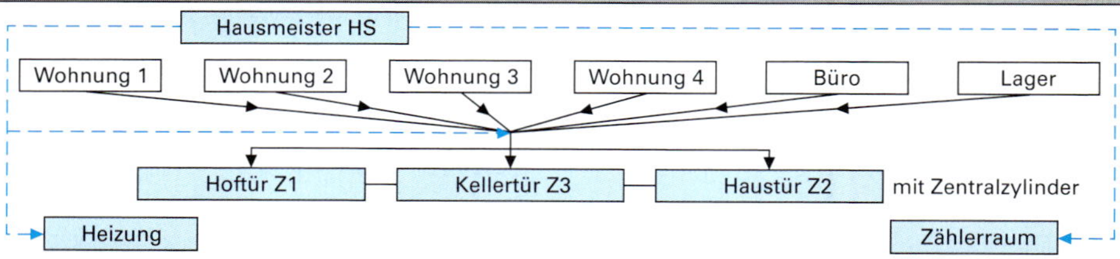

Schließplan

GHS	HS	HS/Z	Z/HS	Z
			X	

Nr.

Kom. Datum:

Übergeordnete Schlüssel

Zylinder o. Schlüssel-Nr.	Pos. bzw. Tür-Nr.	Bezeichnung	Stückzahl Zylinder	Stückzahl Schlüssel	Schlüssel- o. Schlosstyp	Dornmaß	Verlängerung oder Schlossrichtung I / L	A / R	Färbung	Z			Hauptschlüssel	Wohnung 1	Wohnung 2	Wohnung 3	Wohnung 4	Büro 5	Lager 6			
									Anz.													
										↓ Diese übergeordneten Schlüssel schließen ↓												
Z2		Haustür	1	3	Z 1400		10	15	MmV	x			x	x	x	x	x	x	x			
Z1		Hoftür	1	3	Z 1400		10	15	MmV	x			x	x	x	x	x	x	x			
Z3		Kellertür	1	3	Z 1400		10	15	MmV	x			x	x	x	x	x	x	x			
1		Wohnung 1	1	3	Z 1463		5		Mpol					x								
	...																					
8		Büro	1	3	Z 1400			5	Mpol									x				
9		Lager	1	3	Z 1400			5	Mpol										x			
		Heizung											x									
		Zählerraum											x									

K

Schließanlagen

Hauptschlüssel-Anlage

vgl. DIN 18252 (2006-12)

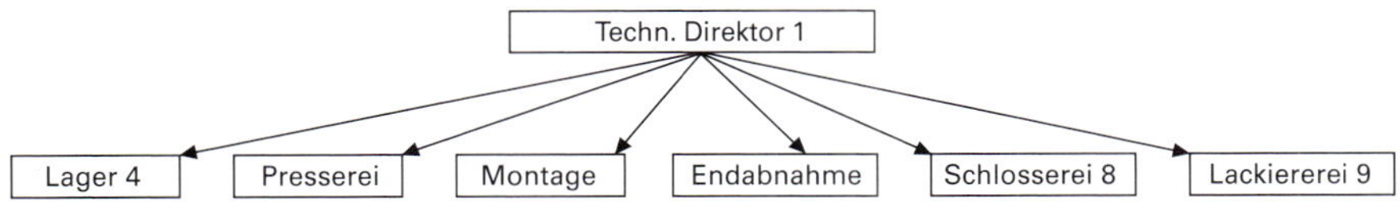

Schließplan

GHS	HS	HS/Z	Z/HS	Z
	X			

Nr.

Kom. Datum:

Übergeordnete Schlüssel		
Anz.	2	
Schlüsselbezeichnung	Hauptschl. 1	

Zylinder o. Schlüssel-Nr.	Pos. bzw. Tür-Nr.	Bezeichnung	Stückzahl Zylinder	Stückzahl Schlüssel	Schlüssel- o. Schlosstyp	Dornmaß	Verlängerung oder Schlossrichtung I / L	Verlängerung oder Schlossrichtung A / R	Färbung	↓ Diese übergeordneten Schlüssel schließen ↓ (Hauptschl. 1)
1		Techn. Direktor	1		Z 2122		10	10	Mpol	x
4		Lager	4	12	Z 2122				Mmg	x
...										
8		Schlosserei	3	9	Z 2122				Mmg	x
9		Lackiererei	1	3	Z 2122				Mmg	x

Generalhauptschlüssel-Anlage

vgl. DIN 18252 (2006-12)

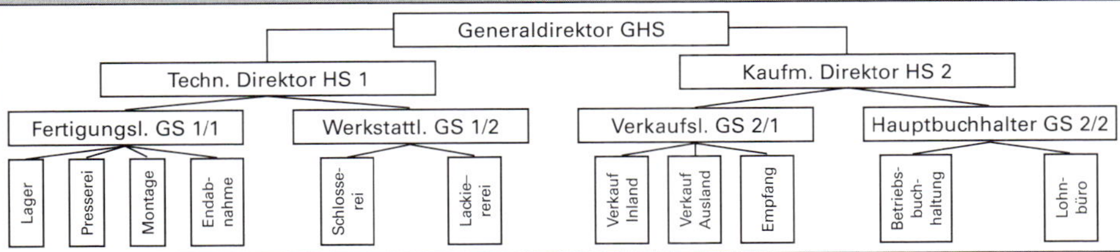

Schließplan

GHS	HS	HS/Z	Z/HS	Z
X				

Nr.

Kom. Datum:

Übergeordnete Schlüssel	Generalhauptschl.	Hauptschl. 1	Hauptschl. 2	Gruppenschl. 1/1	Gruppenschl. 1/2	Gruppenschl. 2/1	Gruppenschl. 2/2
Anz.	2	2	2	2	2	2	2

Zylinder o. Schlüssel-Nr.	Pos. bzw. Tür-Nr.	Bezeichnung	Stückzahl Zylinder	Stückzahl Schlüssel	Schlüssel- o. Schlosstyp	Dornmaß	Verlängerung oder Schlossrichtung I / L	Verlängerung oder Schlossrichtung A / R	Färbung	Generalhauptschl.	Hauptschl. 1	Hauptschl. 2	Gruppenschl. 1/1	Gruppenschl. 1/2	Gruppenschl. 2/1	Gruppenschl. 2/2
1		Generaldirektor	1		Z 2122		10	10	Mpol	x						
2		Techn. Direktor	1		Z 2122		10	10	Mpol	x	x					
3		Kaufm. Direktor	1		Z 2122		10	10	Mpol	x		x				
4		Werkstattleiter	1	3	Z 2122			5	MmV	x	x			x		
5		Verkaufsleiter	1	3	Z 2122			5	MmV	x		x			x	
6		Hauptbuchhalter	1	3	Z 2122			5	MmV	x		x				x
7		Lager	4	12	Z 2122				MmG	x	x		x			

(↓ Diese übergeordneten Schlüssel schließen ↓)

K

Türen

Wandöffnungen für Türen

vgl. DIN 18 100 (1983-10)

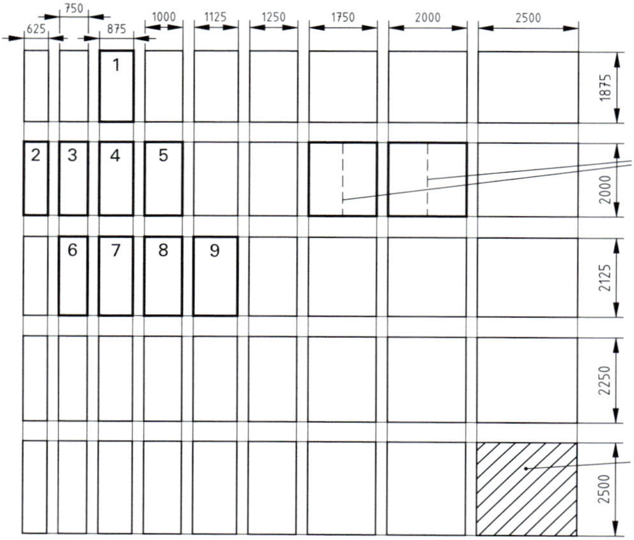

Dick umrandet: Vorzugsgrößen

Wandöffnungen dieser Vorzugsgrößen sind im Regelfall zweiflügelig.

Für die mit einer Ziffer gekennzeichneten Größen werden in DIN 18111-1 genaue Maße für Türblätter und Zargen (nur für gefalzte Türblätter) angegeben; die Zahl entspricht der Zeilennummer (s. S. 309)

Größte Wandöffnung, die noch für eine Tür vorgesehen ist. Größere Maße sind dann für Tore vorgesehen.

Sollmaße und Toleranzen

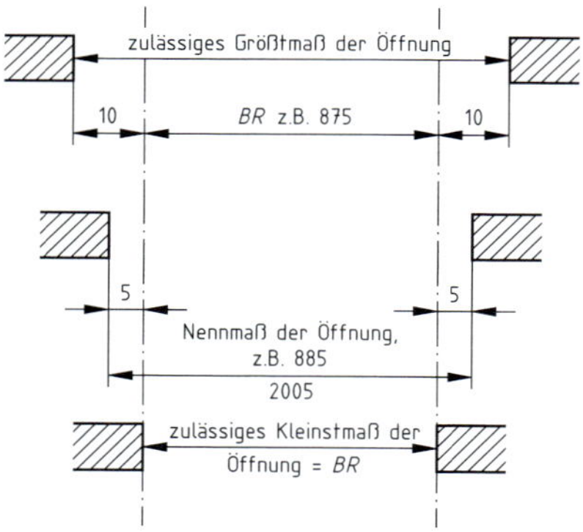

BR Baurichtmaß
Stoßfuge 10 mm breit

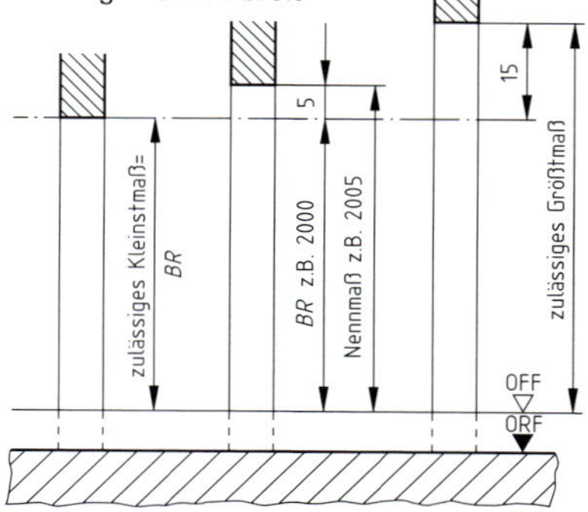

Wandöffnungen	Wandöffnungsbreite	Wandöffnungshöhe
Nennmaß	*BR* + 10 mm	*BR* + 5 mm
zul. Kleinstmaß	*BR*	*BR*
zul. Größtmaß	*BR* + 20 mm	*BR* + 15 mm

Bezeichnungsbeispiel: Wandöffnung DIN 18 100 - 875 x 2000:

Größe im *BR* (Eintrag in Entwurfszeichnung):
875 mm × 2000 mm

Größe im Nennmaß (Eintrag in Ausführungszeichnung):
885 mm × 2005 mm

zulässiges Kleinstmaß: 875 mm × 2000 mm

zulässiges Größtmaß: 895 mm × 2015 mm

K

Standardzargen für gefalzte Türen

vgl. DIN 18 111-1 (2004-08)

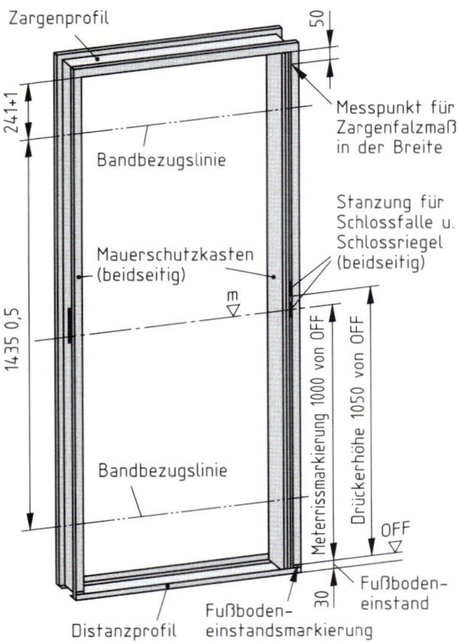

FB	Falzbreite	*TBB*	Türblattbreite
FT	Falztiefe	*TBD*	Türblattdicke
LDB	Lichte Durchgangsbreite	*ZB*	Zargenbreite
LT	Leibungstiefe	*ZFM*	Zargenfalzmaß
MW	Maulweite	*ZT*	Zargentiefe (Profilaußenmaß)

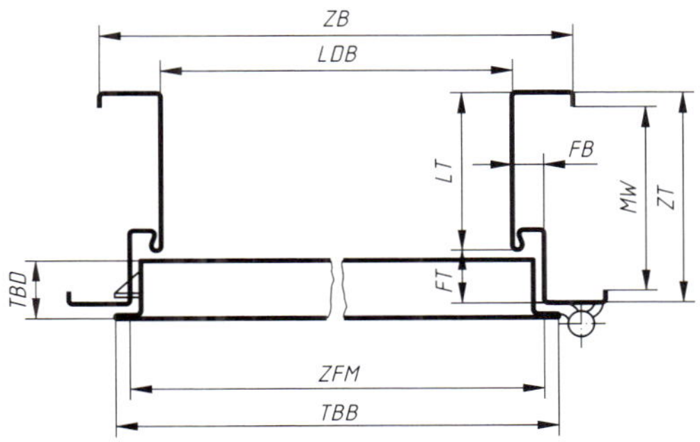

Darstellung linke Seite (Schlossseite): Umfassungszarge
Darstellung rechte Seite (Bandseite): Eckzarge und Umfassungszarge.

Bezeichnung einer Stahlzarge als Umfassungszarge von 145 mm Maulweite für das Baurichtmaß 750 mm × 2000 mm, Ausführung VG (Oberfläche vorbehandelt und allseitig grundiert):

Stahlzarge DIN 18 111 - 145 750 × 2000 VG

Bezeichnung einer Stahlzarge als Eckzarge (E) für das Baurichtmaß 875 mm × 2125 mm, Ausführung V (Oberfläche nicht vorbehandelt und nicht grundiert):

Stahlzarge DIN 18 111 - E - 875 × 2125 - V

Maulweite der Zarge und Fertigdicke der Wand

MW mm	Fertigdicke der Wand mm	=	Nennmaß der Wanddicke (rohe Wand) mm	+	Nenndicke des Putzes (beidseitig) mm
60	90	=	60	+	2 × 15
100	130	=	100	+	2 × 15
115	145	=	115	+	2 × 15
175	205	=	175	+	2 × 15
240	270	=	240	+	2 × 15

Maße für Standardzargen

	Baurichtmaß mm Breite × Höhe	Nennmaß der Wandöffnung mm Breite × Höhe	Zargenfalzmaß mm Breite × Höhe	Lichte Zargendurchgangsmaße mm Breite × Höhe	Türblattaußenmaße mm Breite × Höhe
1	875 × 1875	885 × 1880	841 × 1858	811 × 1843	860 × 1860
2	**625 × 2000**	**1635 × 2005**	**591 × 1983**	**561 × 1968**	**610 × 1985**
3	**750 × 2000**	**1760 × 2005**	**716 × 1983**	**686 × 1968**	**735 × 1985**
4	**875 × 2000**	**885 × 2005**	**841 × 1983**	**811 × 1968**	**860 × 1985**
5	**1000 × 2000**	**1010 × 2005**	**966 × 1983**	**936 × 1968**[1]	**985 × 1985**
6	750 × 2125	760 × 2130	716 × 2108	686 × 2093	735 × 2110
7	875 × 2125	885 × 2130	841 × 2108	811 × 2093	860 × 2110
8	1000 × 2125	1010 × 2130	966 × 2108	936 × 2093[1]	985 × 2110
9	1125 × 2125	1135 × 2130	1091 × 2108	1061 × 2093[1]	1110 × 2110

Fettgedruckte Größen sind Vorzugsgrößen

[1] Nur diese Größen sind geeignet für Rollstuhlbenutzer (lichte Durchgangsbreite min. 850 mm)

K

Türen

Stahlzargenprofile und deren Montage

vgl. DIN 18 111-1, 2, 4 (2004-08; -3 (2005-01)

Stahlzargenarten

Eckzargen

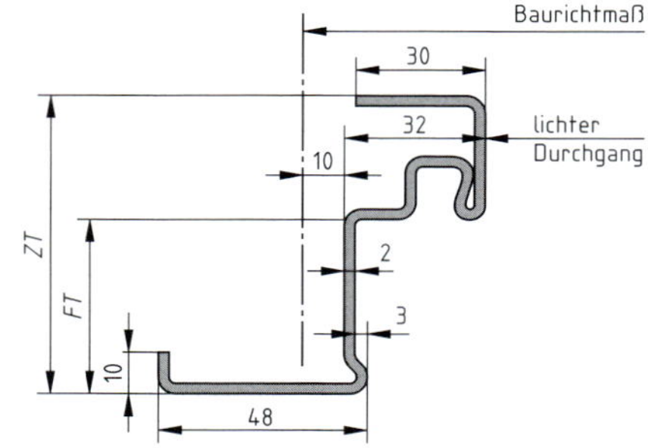

Zarge Nr.	Maße in mm *ZT*	*FT*	*TBD*	Verwendung (auch kombiniert)
EZ1	73	43	42	Je nach Konstruktion für feuerhemmende, feuerbeständige, rauchdichte und schall- bzw. einbruchhemmende Türen.
EZ2	84	54	54	
EZ3	92	62	62	

Z-Zarge + Gegenzarge (Umfassungszarge)

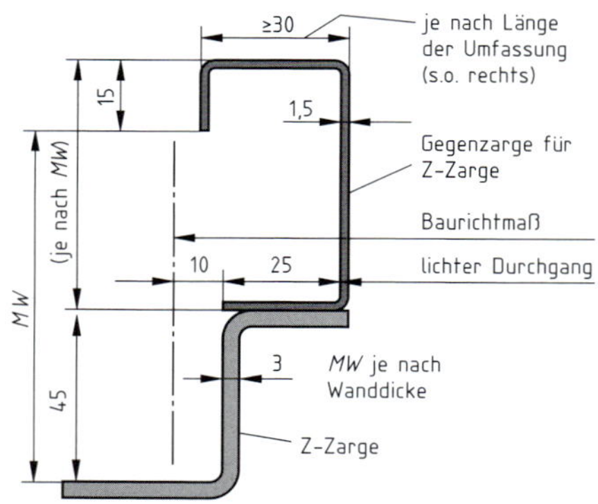

Umfassungszarge für Standardstahltüren und -Klappen

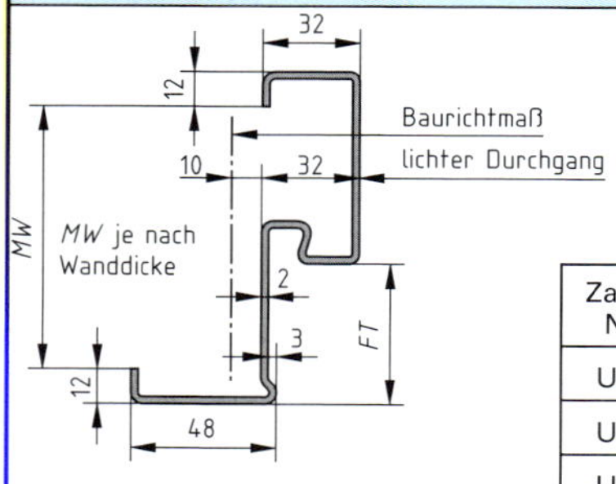

Zarge Nr.	*FT* mm
UZ1	43
UZ2	54
UZ3	62

Befestigung an Beton- und Mauerwerkswänden

Mauerankermontage

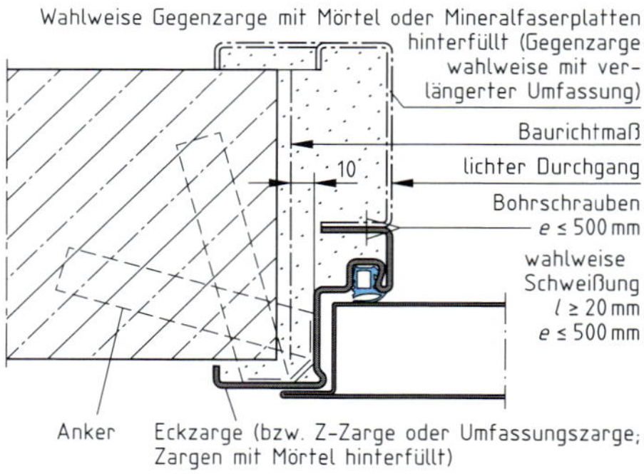

Dübelmontage

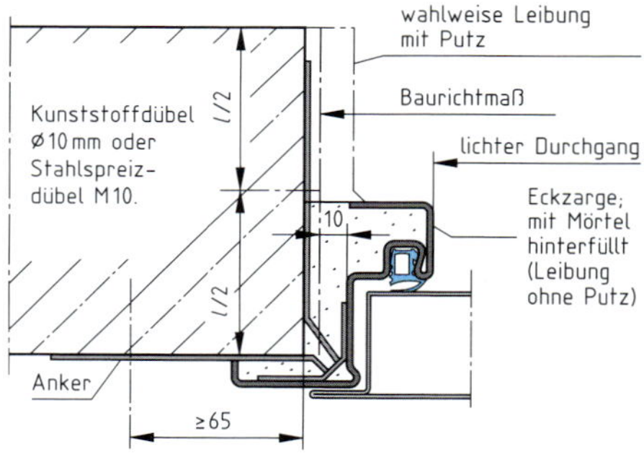

Anschweißmontage (mit Ankerstücken)

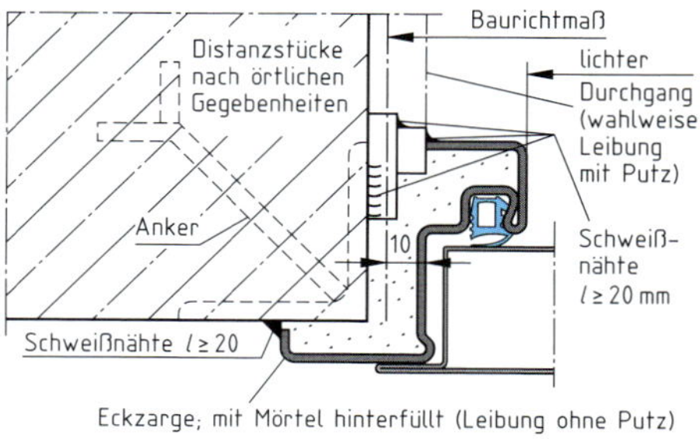

Anschweißmontage nur für objektgebundene Fertigung, d.h. der Einbauort derart hergestellter Türen muss dem Türhersteller bekannt sein.

Türen

Türschließmittel mit kontrolliertem Schließablauf

vgl. DIN EN 1154 (2003-04)

Tür-schließer-größe	Türflügel-Breite[1] mm max	Masse („Gewicht") der Prüftür[2] m kg	Schließmoment in Nm zwischen 0° und 4° min	Schließmoment in Nm zwischen 0° und 4° max	Schließmoment in Nm zwischen 88° und 92° min	Schließmoment in Nm bei jedem anderen Öffnungs-winkel min	Öffnungs-moment zwischen 0° und 60° Nm max	Türschließer-Wirkungsgrad zwischen 0° und 4° % min
1	750	20	9	13	3	2	26	50
2	850	40	13	18	4	3	36	50
3	950	60	18	26	6	4	47	55
4	1100	80	26	37	9	6	62	60
5	1250	100	37	54	12	8	83	65
6	1400	120	54	87	18	11	134	65
7	1600	160	87	140	29	18	215	65

1) Die Türbreiten gelten für Normalmontagen. Im Falle außergewöhnlich hoher oder schwerer Türen, windiger oder zugiger Umfeldbedingungen oder Spezialmontagen sollten größere Türschließer verwendet werden.

2) Folgen aus der Masse der Tür und ihrer Größe zwei Türschließergrößen, sollte der größere Türschließer verwendet werden.

Kennzeichnung von Türschließern

Jeder Türschließer ist vom Hersteller zu kennzeichnen. U.a. muss die Kennzeichnung die Klassifizierung enthalten

Klassifizierungsbeispiel: 4 8 5 - 7 1 1 0

Anwendungsklasse	Anzahl der Prüfzyklen	Türschließer-größe	Brand-verhalten	Sicherheit	Korrosions-beständigkeitsklasse
1 nicht belegt 2 nicht belegt 3 Schließen von Türen aus mind. 105° Öffnung 4 Schließen von Türen aus 180° Öffnung	Es gibt nur Klasse 8: 500 000 Prüfzyklen	einstellbarer Verwendungs-bereich nach oben stehender Tabelle	0 nicht geeignet … 1 geeignet … … für Feuer- und Rauch-schutztüren	Es gibt nur Klasse 1, (alle Türen müssen Nutzungs-sicherheit besitzen)	0 keine definierte Korrosions-beständigkeit 1 geringe Beständigkeit 2 mittlere Beständigkeit 3 hohe Beständigkeit 4 sehr hohe Beständigkeit

Anschlag von Oben-Türschließern (Normalmontage) an Feuer- und Rauchschutz-Drehflügeltüren

vgl. Beiblatt 1 zu DIN EN 1154 (2003-04)

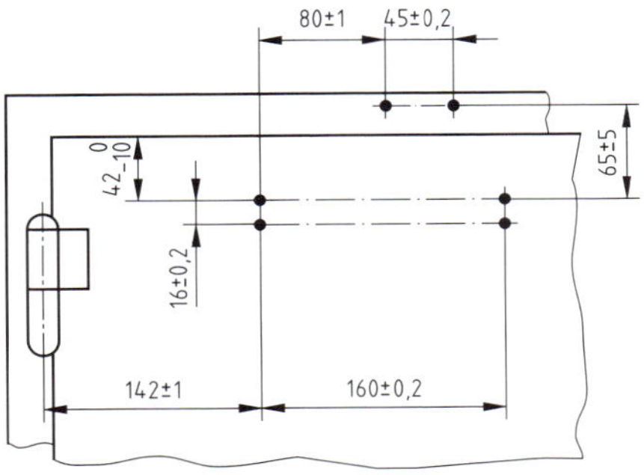

Anschlagmaße für Tür mit Linksflügel

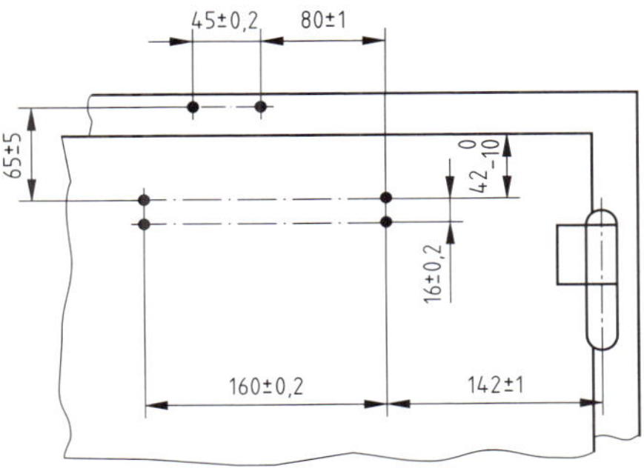

Anschlagmaße für Tür mit Rechtsflügel

K

Türen

Sicherheit an kraftbetätigten Toren und automatischen Türsystemen

vgl. DIN EN 12 453, DIN EN 13241-1 (2004-04)

Zulässige Schließkräfte (Spitzenkräfte), Kraftbegrenzung

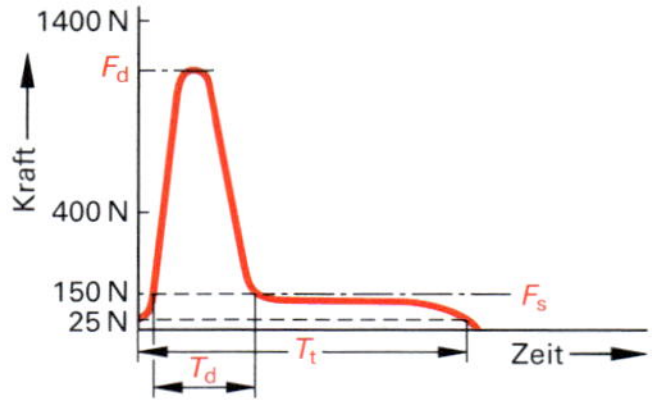

F_d maximale Kraft während der dynamischen Zeitdauer T_d

F_s maximale Kraft nach der dynamischen Zeitdauer T_d

T_d Zeitdauer, in der die gemessene Kraft 150 N übersteigt

T_t Zeitdauer, in der die gemessene Kraft 25 N übersteigt

F_d bei automatischen Türsystemen (Schiebe-, Drehflügel-[1], Falt-, Karusseltür)		F_d bei kraftbetätigten Toren	
Spalt zwischen Schließkanten und Gegenschließkanten mm	F_d N	Toröffnung mm	Zulässige Spitzenkraft F_d N
< 200	400	50 bis 500	400 für alle Torarten und Schranken
350	700	> 500	400 für vertikal und kippend bewegte Tore und Schranken
> 500	1400		1400 für horizontal und drehend[1] bewegte Tore

[1] Hier gilt eine zusätzliche Begrenzung von F_d zwischen ebenen Flächen (zwischen Tür- oder Torflügel und angrenzenden Wänden) auf 1400 N.
Die oben angegebenen Werte sind Maximalwerte, die innerhalb einer Zeit von max. 0,5 s ($T_d \leq 0,5$ s) zulässig sind. Danach ist eine statische Kraft von nicht mehr als 150 N erlaubt. Sie muss nach 4,5 s (T_s im obigen Diagramm) auf eine Restkraft F_R von 0 N ... 25 N absinken.

Schließkanten verschiedener Türsysteme

A Haupt-schließkante

B Neben-schließkante

C Gegen-schließkante

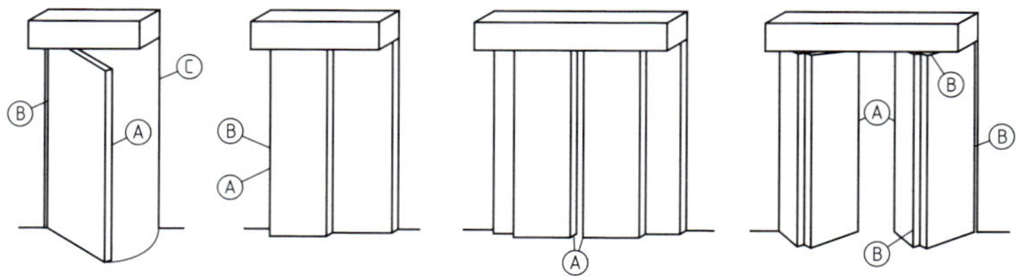

Einbruchhemmung

vgl. EN V 1627 (2006-04)

Widerstands-klassen	Erwarteter Tätertyp, mutmaßliches Täterverhalten	Empfohlener Einsatzort der Widerstandsklasse		
		A Wohnobjekte	B Gewerbe-objekte, öffentliche Objekte	C Wie B, jedoch hohe Gefährdung
WK 1	Grundschutz gegen körperliche Gewalt wie Gegentreten und -springen, Schulterwurf, Hochschieben und Herausreißen. Kaum Schutz gegen Hebelwerkzeuge.	Der Einsatz der Widerstandsklasse 1 wird nur bei Bauteilen empfohlen, bei denen kein direkter (z.B. ebenerdiger) Zugang möglich ist.		
WK 2	Zusätzlicher Einsatz einfacher Werkzeuge, wie Schraubendreher, Zange und Keile.	geringes Risiko	geringes Risiko	
WK 3	Zusätzlich zweiter Schraubendreher und Kuhfuß.	durchschnittliches Risiko	durchschnittliches Risiko	
WK 4	Zusätzlich Säge- und Schlagwerkzeuge, wie Schlagaxt, Stemmeisen, Hammer und Meißel, Akku-Bohrmaschine.		geringes Risiko	geringes Risiko
WK 5	Zusätzlich Elektrowerkzeuge, wie z.B. Bohrmaschine, Stich- oder Säbelsäge und Winkelschleifer.			durchschnittliches Risiko
WK 6	Zusätzlich leistungsfähige Elektrowerkzeuge, wie z.B. Bohrmaschine, Stich- oder Säbelsäge, Winkelschleifer.			hohes Risiko

Legende: geringes Risiko · durchschnittliches Risiko · hohes Risiko

Türen

Feuerschutztüren

vgl. DIN 18 093 (1987-06)

Feuerwiderstands-klasse	Feuerwiderstands-dauer in Minuten
T 30	≥ 30
T 60[1)]	≥ 60
T 90	≥ 90
T 120	≥ 120
T 180	≥ 180

Feuerschutzabschlüsse sind selbstschließende Türen und andere Abschlüsse (z.B. Klappen, Rollladen, Tore), die dazu bestimmt sind, den Durchtritt eines Feuers für eine bestimmte Zeit durch Öffnungen in Wänden oder Decken zu verhindern. Die Eigenschaft **selbstschließend** wird durch **Schließmittel** erreicht.

Schließmittel sind z.B.: Federbänder,
Türschließer mit hydraulischer Dämpfung,
Türschließer mit Öffnungsautomatik,
feststellbare Türschließer,
Kontergewichtsanlagen.

1) in Deutschland nicht üblich

Lage der Anker

Höhenlage der Leibungsanker

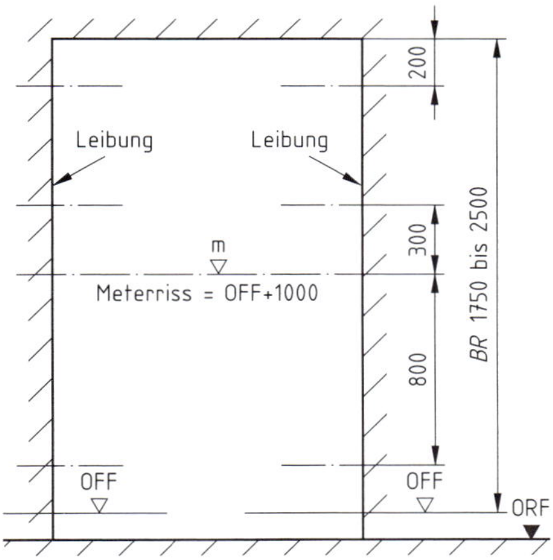

Seitenlage der Sturzanker

bis 1250 mm **kein** Sturzanker

Von 1250 mm bis 1500 mm
ein mittiger Sturzanker

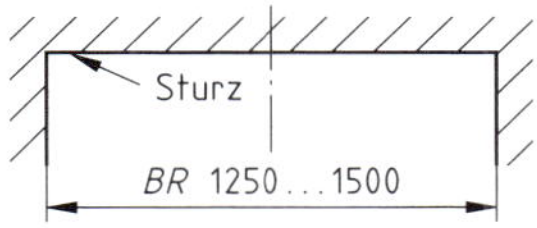

Von 1500 mm bis 2500 mm **zwei** Sturzanker mit einem Abstand von je 400 mm von der Mittellinie

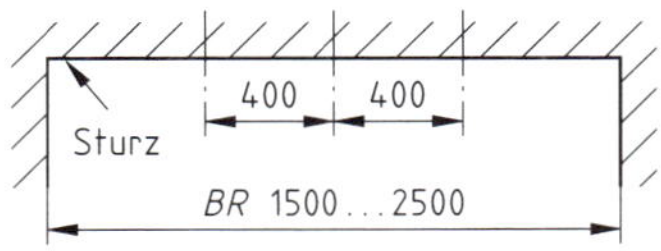

Wandaussparung für Anker (Ankerlöcher)

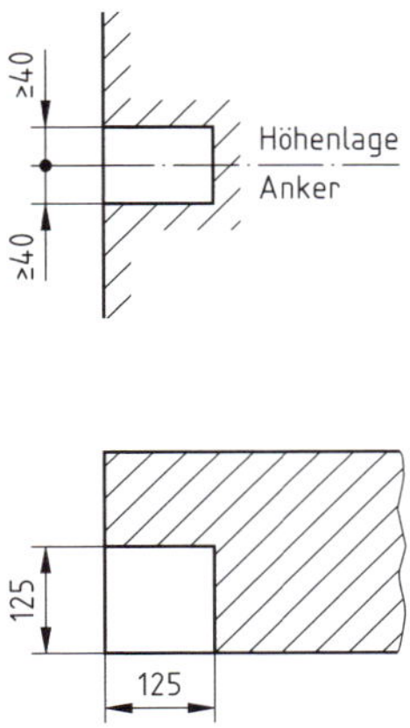

Grundriss dicke Wand
(Nische)

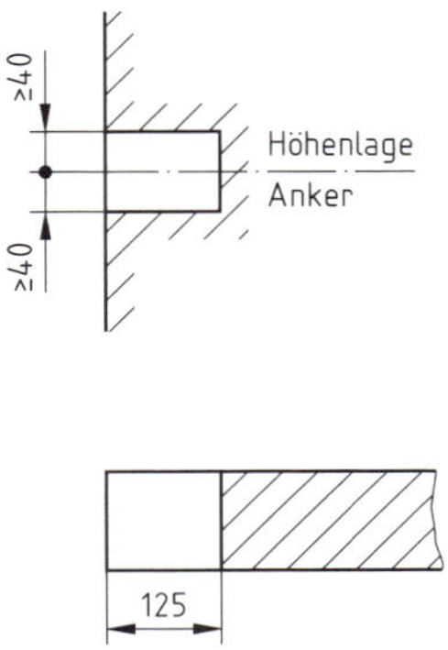

Grundriss dünne Wand
(durchgehender Schlitz)

Vorgeschriebene Wanddicken für den Einbau von Feuerschutztüren

Feuer-schutztür	Wände[1)] aus Mauerwerk Nenndicke in mm	Wände[1)] aus Stahlbeton Nenndicke in mm
T 30	≥ 115	≥ 120[3)]
T 90	≥ 240	≥ 140 ≥ 80[2)]

1) Die ausgeführten Mindestwanddicken gelten, wenn im Zulassungsbescheid der Feuerschutztür keine andere Wanddicke angegeben ist.

2) Tragende Wand F30.

3) Nichttragende Wand F30.

Werden Maueranker bzw. wie Maueranker benutzte Zargenanker verwendet, so müssen an den oben dargestellten Verankerungspunkten Wandaussparungen angeordnet werden.

K

Türen

Bänder für Feuerschutztüren

vgl. DIN 18 272 (1987-08)

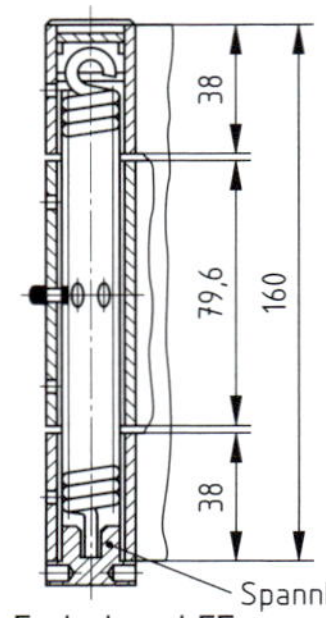

Federband FE

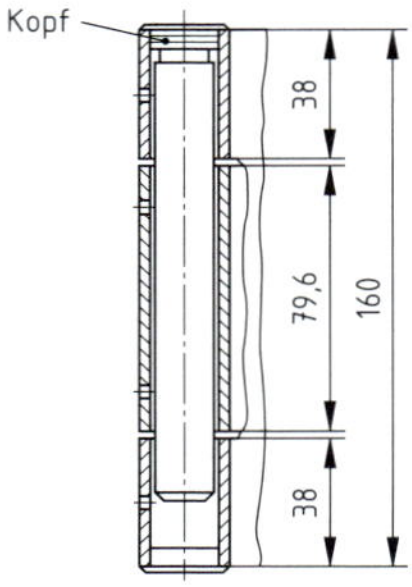

Konstruktionsband KO

mögliche Anschlussformen

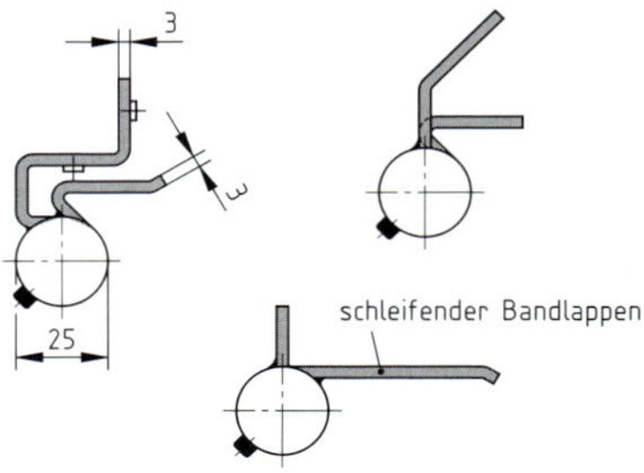

Bezeichnung eines Federbandes (FE): **Federband DIN 18 272 - FE** **Bezeichnung** eines Konstruktionsbandes (KO): **Konstruktionsband DIN 18 272 -KO**	**Bezeichnung** einer Garnitur, bestehend aus einem Federband (FE) und einem Konstruktionsband (KO): **Garnitur DIN 18 272 - FE/KO**	**Bezeichnung** einer Garnitur, bestehend aus zwei Konstruktionsbändern (KO/KO): **Garnitur DIN 18 272 - KO/KO**

Mögliche Aufhängung von Feuerschutztüren

Bei der Verwendung von FE/KO-Garnituren ist wegen der links/rechts-Verwendbarkeit der Garnituren auf die vertauschte Lage von Federband und Konstruktionsband zu achten. Der Spannkopf des Federbandes und der Kopf des Konstruktionsbandes müssen jeweils zur Türmitte zeigen. Statt eines Federbandes kann ein Türschließer verwendet werden.

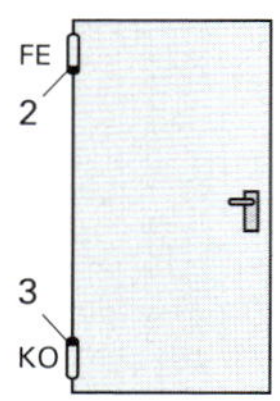

FE/KO-Garnitur an einem Linksflügel

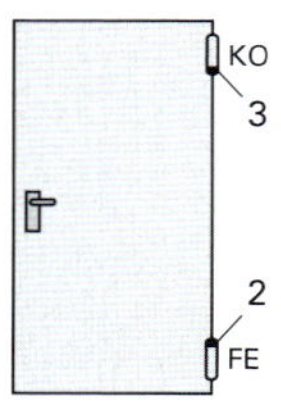

FE/KO-Garnitur an einem Rechtsflügel

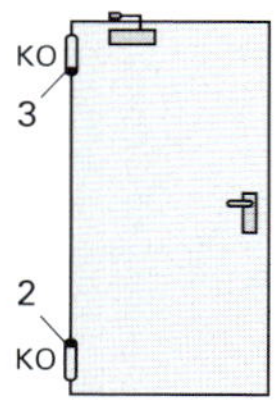

KO/KO-Garnitur an einem Linksflügel

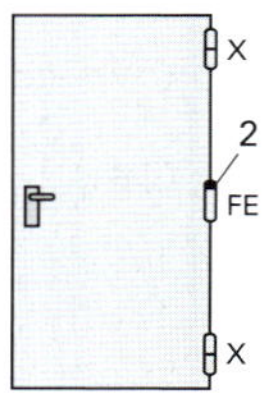

Einzelnes Federband an einem Rechtsflügel

Bei Verwendung eines einzelnen Federbandes ist zu beachten, dass die Achsen aller drei Bänder in einer Fluchtlinie liegen.

X: beliebiges Konstruktionsband (auch nicht genormte Bauart).

Bezeichnung von Feuerschutztüren

vgl. DIN 18 082-1 (1991-12)

Stahltür T 90 1 R 1125 × 2000 B DIN 18 082

- **Stahltür** – **Benennung**
- **T 90** – **Feuerwiderstandsklasse**
  - T 30, T 60 – feuerhemmend
  - T 90, T 120 – feuerbeständig
  - T 180 – hochfeuerbeständig
- **1** – **Anzahl der Türflügel**
- **R** – **Öffnungsrichtung**
  - L – Tür DIN links
  - R – Tür DIN rechts
- **1125 × 2000** – **Baurichtmaß der Wandöffnung**
- **B** – **Bauart** (Größenbereich)
  - A – leichte Tür Breite (750 bis 1 000) mm
  - B – schwere Tür Baurichtmaße von (1 000 × 2 000) mm.
  - C – Feuerschutzklappe
- **DIN 18 082** – **Norm**

K

Bänder

Anschweißbänder

Anschweißband mit Lappen

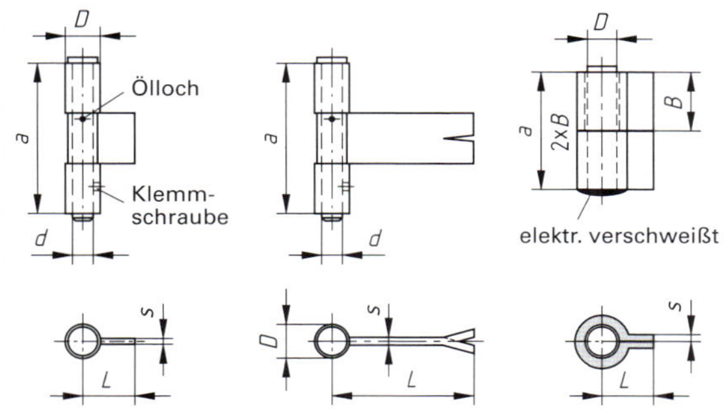

AS 1 AS 2 AS 3

Anschw.-band Nr.	Maße in mm				
	a	*D*	*d*	*L*	*s*
AS 1[1]	90	22	12	90	6
	95	27	15	105	8
	105	32	20	115	8
AS 2[2]	90	22	12	30	6
	95	27	15	35	8
	105	32	20	45	8
AS 3[3]	80	–	16	24	5
	100	–	18	24	5
	120	–	20	26	5

[1] dreiteilig, für Gittertore, verzinkt, für Rohr-, Flach- oder Winkelstahlrahmen, Mittelband mit Steindolle.
[2] dreiteilig, für Gittertore, verzinkt, für Rohr-, Flach- oder Winkelstahlrahmen, Mittelband zum Anschweißen.
[3] dreiteilig, für Gittertore, verzinkt.

Anschweißband ohne Lappen

Mit Kante

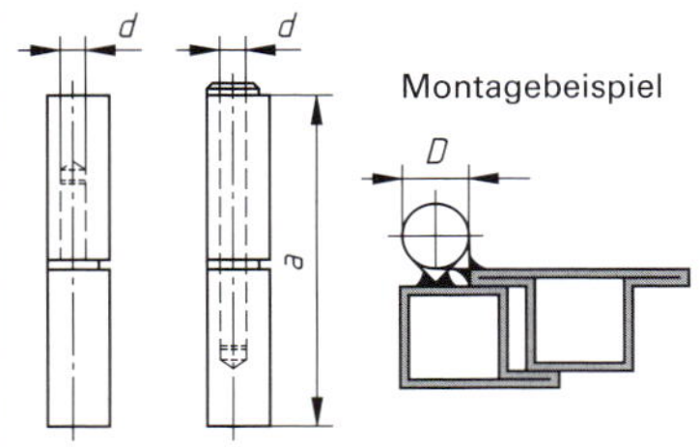

AS 4 AS 5

Ohne Kante

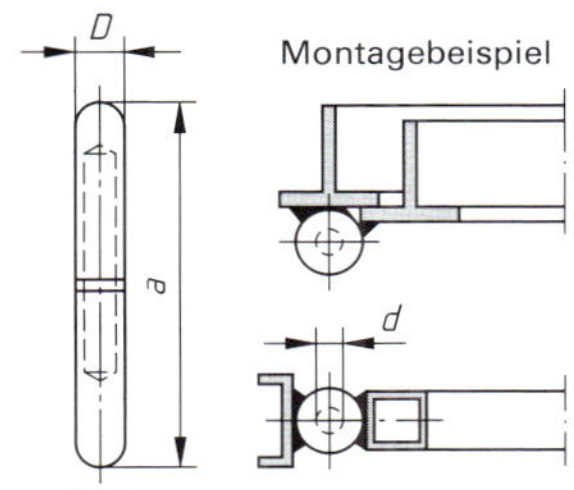

AS 6

Anschw.-band[1] Nr.	Maße in mm		
	a	*D*	*d*
AS 4[2] + AS 5[3]	45	9	5
	60	10	5
	80	13	7
	100	16	9
	120	16	9
	140	20	11
	160	20	12
	180	22	14
AS 6[4]	70	12	7
	100	16	10
	120	16	10

[1] Alle Bänder mit **Messing-Zwischenring,** Stifte aus Stahl oder Messing.
[2] Oben und unten glatt abgeschnitten, mit **festem** Stift.
[3] Oben und unten glatt abgeschnitten, mit **losem** Stift.
[4] Wie [2], jedoch mit gekugelten Köpfen.

Laufringe, Fitschenringe

Fitschenringe aus Stahl (gestanzt)

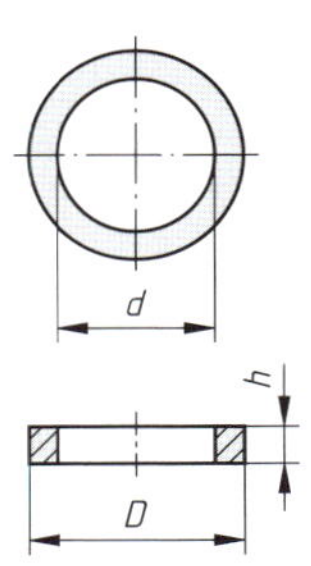

Ring	Für Stift *d* mm	*h* mm	*D* mm
FR 1	7	2	11,5
FR 2	8	2	12,5
FR 3	9	2	13,5
FR 4	10	2	14,5
FR 5	11	2	15,5
FR 6	12	2	16,5
FR 7	13	2	17,5
FR 8	14	2	18,5

Laufringe ganz aus Messing (gedrehter Rand)

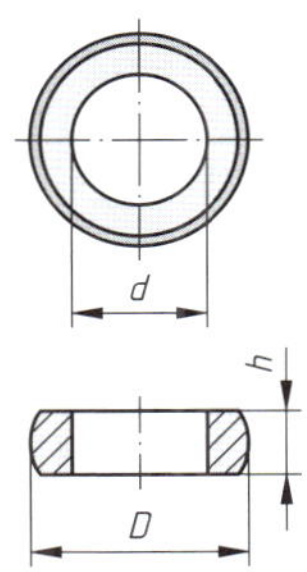

Ring	Für Stift *d* mm	*h* mm	*D* mm
RR 1	10	2	16
RR 2	12	2,5	18
RR 3[1]	14	4	24
RR 4[1]	16	4	28

[1] Diese Ringe auch in Stahl

K

Bänder

Konstruktionsbänder für Türen und Tore

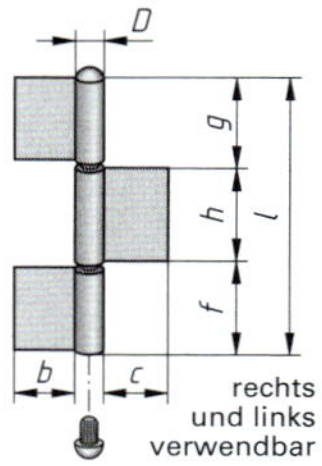

Konstr.-band Nr.	Maße in mm						Verwendung
	l	*b, c*	*D*	*s*	*f, g*	*h*	
KO 1	180	50	14	4	60	60	Konstruktionsband für Stahlzargen und Stahltore, zum Anschweißen, mit losem, verzinktem Stift, Knopf gerillt und verzinkt, zum Einschlagen auf Presssitz.
KO 2	220	50	14	4	70	80	
KO 3	240	50	16	5	70	100	
KO 4	260	50	16	5	80	100	
KO 5	260	50	20	6	80	100	
KO 6	300	50	20	6	100	100	

Konstruktionsbänder für Hoftore

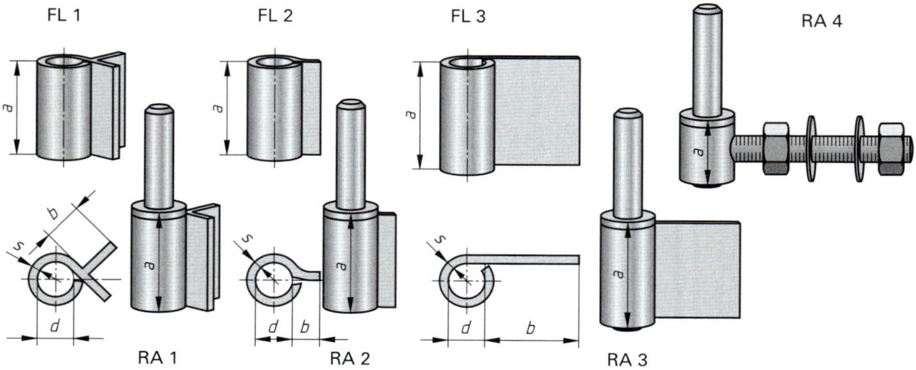

Montagebeispiele

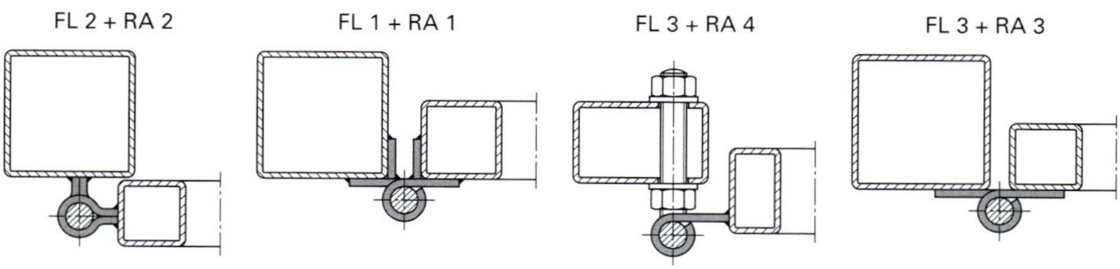

Flügelteil

Typ	Maße in mm				Lappenart
	a	*b*	*d*	*s*	
FL 1	50	19	16	5	mit Winkellappen
FL 2	50	11	16	5	mit kurzem, geradem Lappen
FL 3	50	37	16	5	mit langem, geradem Lappen

Rahmenteil

Typ	Maße in mm				Lappenart
	a	*b*	*d*	*s*	
RA 1	50	19	16	5	mit Winkellappen
RA 2	50	11	16	5	mit kurzem, geradem Lappen
RA 3	50	37	16	5	mit langem, geradem Lappen
RA 4	30	85	16	M 16	mit Gewindebolzen für Metallpfosten

Tore

Torarten

vgl. DIN EN 13241-1 (2004-04)

Drehtor

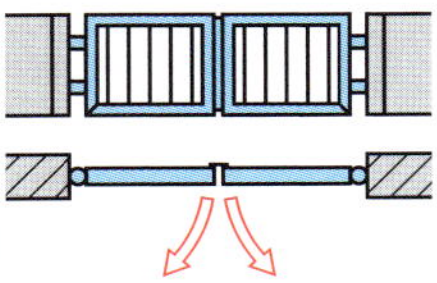

Schiebe-Falttor

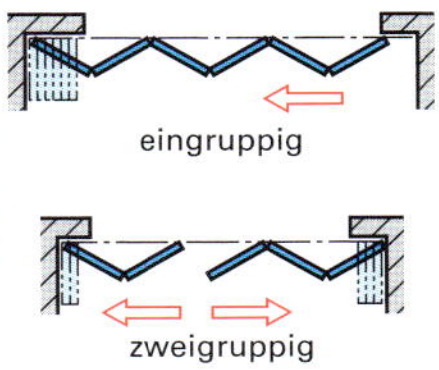

Schiebetor

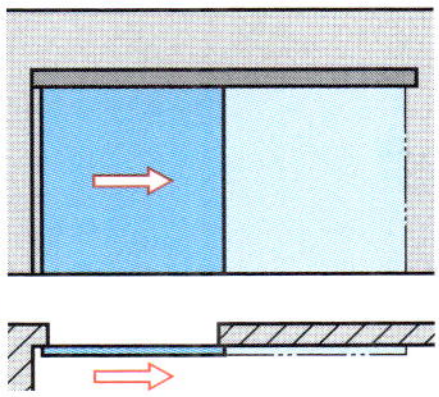

Rolltor

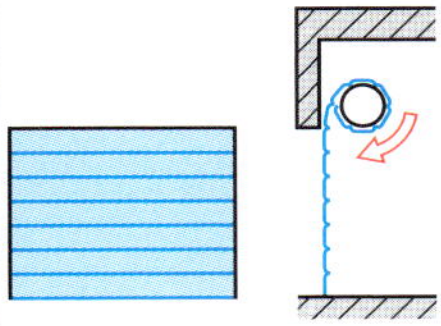

Hub-Senktor

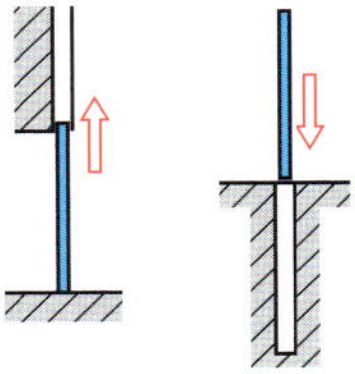

Sektionaltor

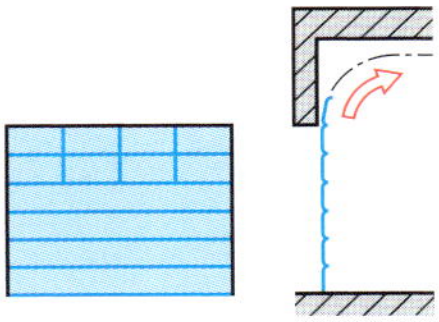

Rundlauftor

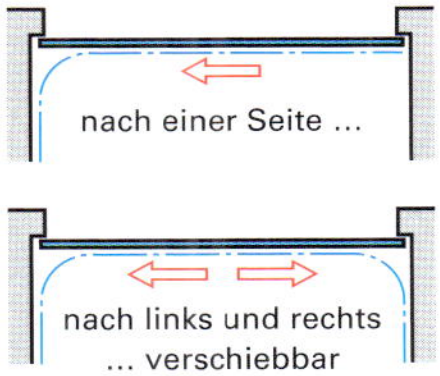

Schwingtor (Kipptor)

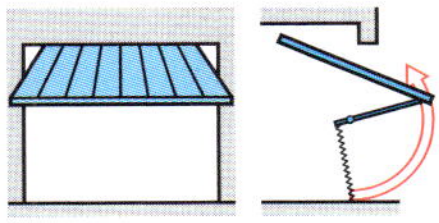

Einsatzbereiche von Toren nach dem Verwendungszweck

Verwendungszweck	Drehtore	Schiebe-Falttore	Schiebetore	Rolltore	Hubtore	Sektionaltore	Rundlauftore	Schwingtore
Fertigungshallen	◐	●	●	●	●	●	●	◐
Lagerhallen	◐	●	●	●	●	●	●	○
Lagerhallen mit Verladerampe	◐	◐	●	●	◐	●	◐	○
Montagehallen	◐	●	●	●	◐	●	●	●
Werkstätten für Handwerk	●	●	●	●	○	●	◐	●
Autobahnmeisterei	●	●	●	●	○	●	○	●
Fahrzeugpflegehallen	○	●	◐	◐	○	●	◐	○
Lkw-Garagen	◐	●	◐	●	○	●	◐	◐
Pkw-Garagen	◐	◐	○	◐	○	●	◐	●
Munitionsdepot	●	●	●		●	○	○	○
Geräteschuppen	●	●	●	●	○	●	○	●
Flugzeughallen	○	●	●	●	○	○	●	○
Feuerwehrgerätehaus	◐	●	○	◐	○	●	◐	◐
Kfz-Werkstätten	◐	●	●	●	○	●	●	◐
Depot für Busse	◐	●	○	●	○	●	●	○
Depot für Straßenbahnen	◐	●	○	●	○	●	●	○
Hallen mit Autokran und Schürze	◐	◐	●	●	○	○	◐	○
Landwirtschaftliche Gebäude	●	●	●	●	○	●	◐	●
Getreideschuppen	●	●	◐	●	◐	○	◐	○
Turnhallen	●	○	●	○	◐	○	○	○
Ausstellungshallen	●	●	◐	●	◐	●	◐	○

● Empfehlung ◐ eingeschränkte Empfehlung ○ ungeeignet

K

Tore

Torelemente

Verstellbare Torbänder

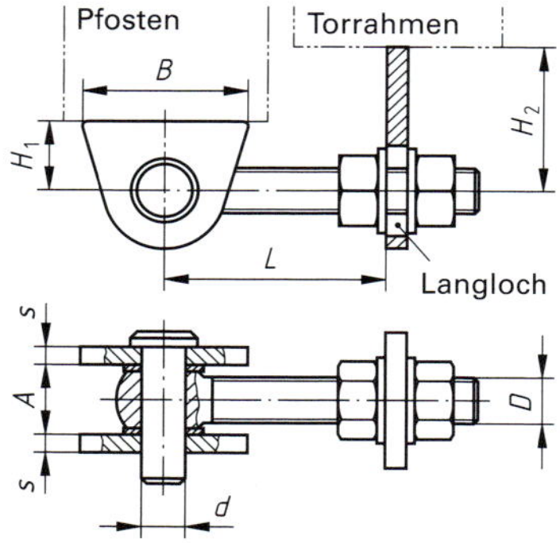

Pfosten- und Rahmenteile, eisenblank zum Anschweißen.

Augenschrauben, Muttern, Bolzen und U-Scheiben in verzinkter Ausführung.

Maße	Torbandmaße in mm			
	TB 1	TB 2	TB 3	TB 4
d	16	18	22	12
D	16	20	24	12
A	25	30	34	17
s	8	8	10	5
H_1	28	35	35	24
B	54	79	79	45
L_{min}	25	35	40	34
L_{max}	93	100	112	80
$H_{2\,min}$	54	87	89	46
$H_{2\,max}$	68	107	109	59

Torfeststeller

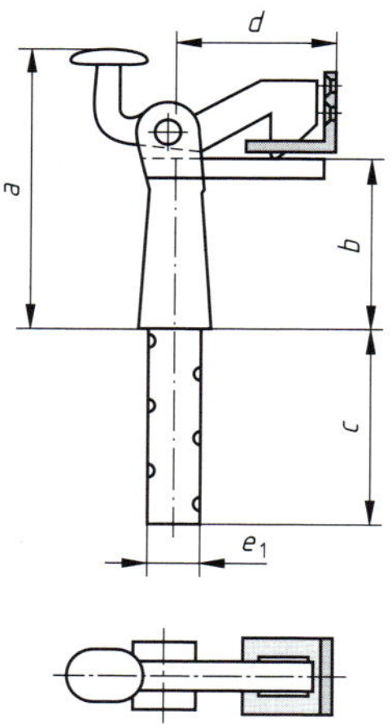

Torflügelfeststeller zum Einmauern		Maße in mm					
		a	b	c	d	e_1	e_2
für **mittel-schwere** Tore	in den Fußboden	120	75	75	60	16	13
	in die Wand	120	17	75	–	16	13
für **schwere** Tore	in den Fußboden	120	80	85	65	20	15
	in die Wand	135	22	85	–	20	15

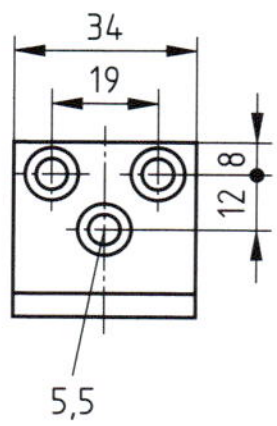

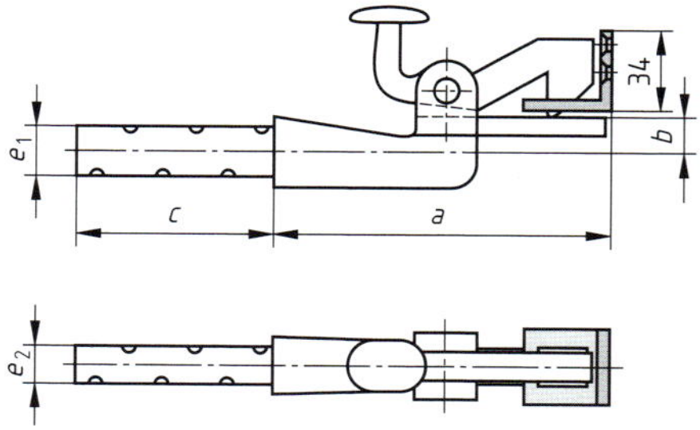

Auflaufstütze

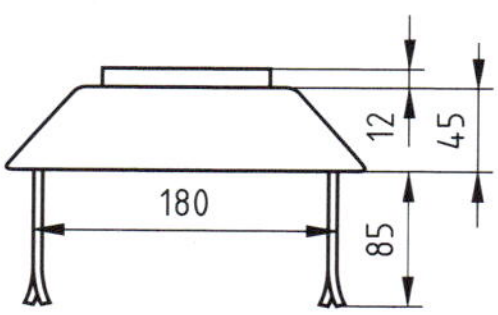

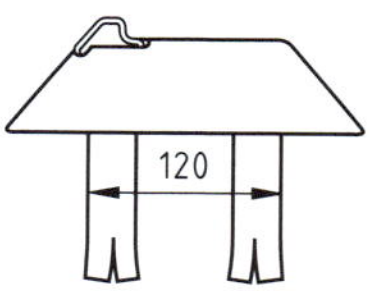

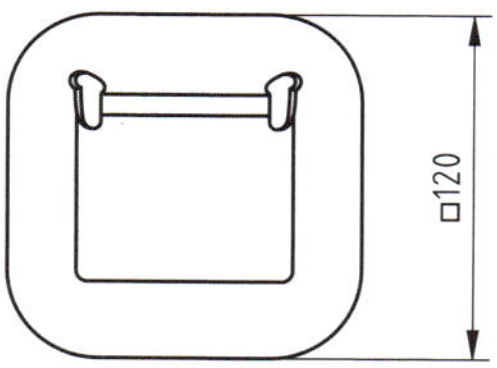

Auflaufstütze, mit Maueranker, feuerverzinkt, für zweiflügelige Gittertore

Zackenleisten

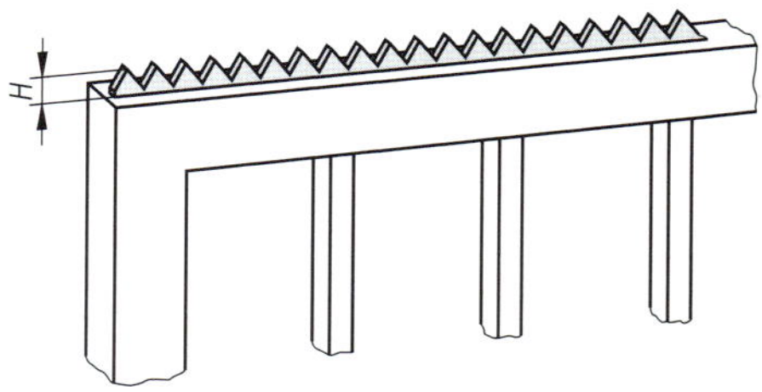

Abmessungen:

Dicke: 3 mm,

H = 35 mm, 40 mm, 45 mm

K

Freitragendes Schiebetor

LTW lichte Torweite;
a Verankerungsabstand;
e Rahmenhöhe;
L Schienenlänge

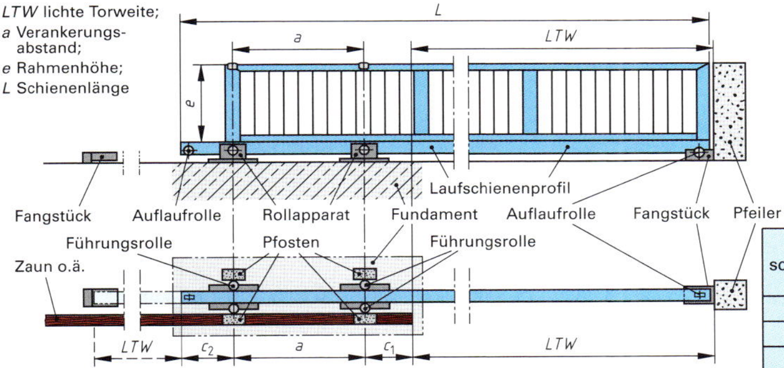

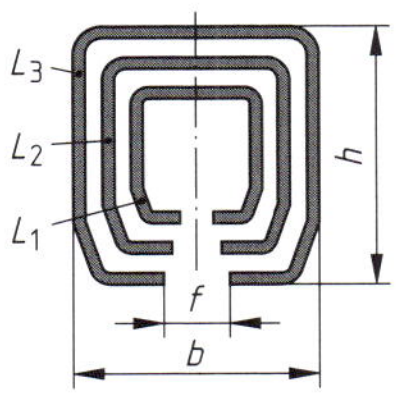

Laufschienenprofil	Maße in mm *h*	*b*	*f*
L 1	65	60	18
L 2	110	90	25
L 3	140	125	32

Toraufbau (schwere Ausführung, bis max. 50 kg/m Torfüllungsgewicht)

Nr.	Toraufbau mit **Laufschienenprofil L 1**
11 12 13	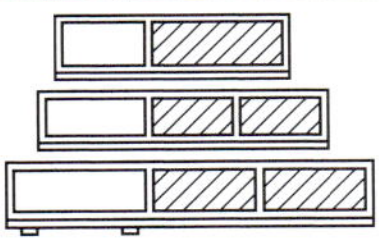

Nr.	Toraufbau mit **Laufschienenprofil L 2**
21 22 23 24	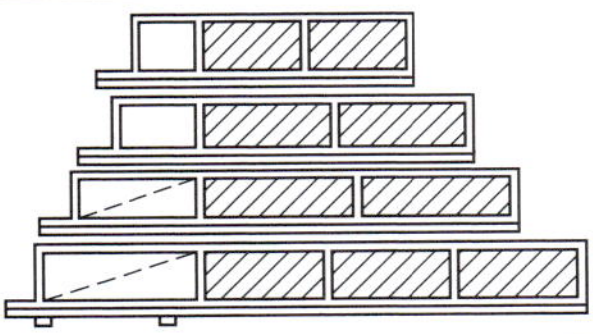

Nr.	Toraufbau mit **Laufschienenprofil L 3**
31 32 33 34 35 36	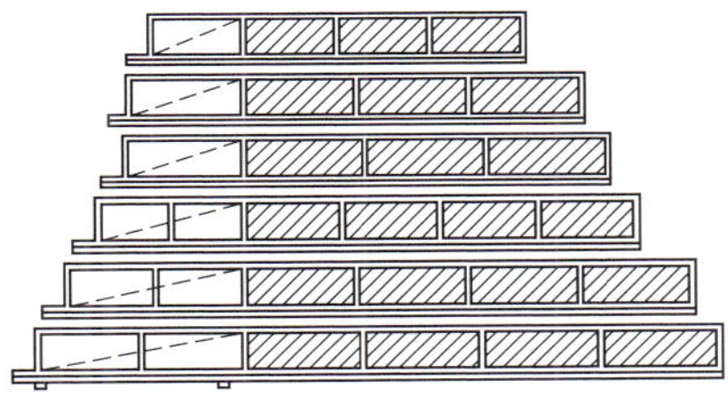

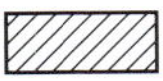 Lichte Torweite *LTW*

Die Toranlage soll innerhalb der lichten Durchfahrt wie eine geschlossene Einheit aussehen, d.h. links und rechts mit 2 sichtbaren senkrechten Pfosten aufhören (s.o.)

Hohlprofile für Stahlrahmen

Laufschienenprofil	Toraufbau Nr.	Maße in m *a*	c_1	c_2	*L* m	*LTW* m	Rahmenhöhe *e* max. 1,60 m: Obergurt Endstäbe	Untergurt	Zwischenstäbe, Schrägstab	Rahmenhöhe *e* max. 2,20 m: Obergurt Endstäbe	Untergurt	Zwischenstäbe, Schrägstab
L 1	11	0,55	0,325	0,325	3,20	2,00	70 × 70 × 4			70 × 70 × 4		
	12	0,85			4,00	2,50	70 × 70 × 4			70 × 70 × 4		
	13	1,35			5,00	3,00	80 × 80 × 3,6			80 × 80 × 3,6		
L 2	21	0,45	0,307	0,493	4,00	2,75	80 × 80 × 3,6			80 × 80 × 3,6		
	22	0,70			5,00	3,50	80 × 80 × 3,6			80 × 80 × 3,6		
	23	1,20			6,00	4,00	80 × 80 × 3,6			80 × 80 × 3,6		
	24	1,70			7,50	5,00	90 × 90 × 5			90 × 90 × 5		
L 3	31	1,20	0,344	0,456	7,00	5,00	90 × 90 × 5			90 × 90 × 5		
	32	1,50			8,30	6,00	90 × 90 × 5			100 × 100 × 5	100 × 80 × 5	
	33	1,70			9,00	6,50	90 × 90 × 5			100 × 100 × 5	100 × 80 × 5	
	34	2,20			10,00	7,00	100 × 100 × 5	100 × 80 × 5		120 × 100 × 5	120 × 80 × 5	
	35	2,70			11,50	8,00	100 × 100 × 5	100 × 80 × 5		120 × 100 × 5	120 × 80 × 5	
	36	3,20			12,50	8,50	100 × 100 × 5	100 × 80 × 5		120 × 100 × 5	120 × 80 × 5	

Freitragendes Schiebetor – Torelemente

Rollapparat mit Querrolle, Gegenplatte und Befestigungsdübeln

Montagevorschlag für Laufschiene L1

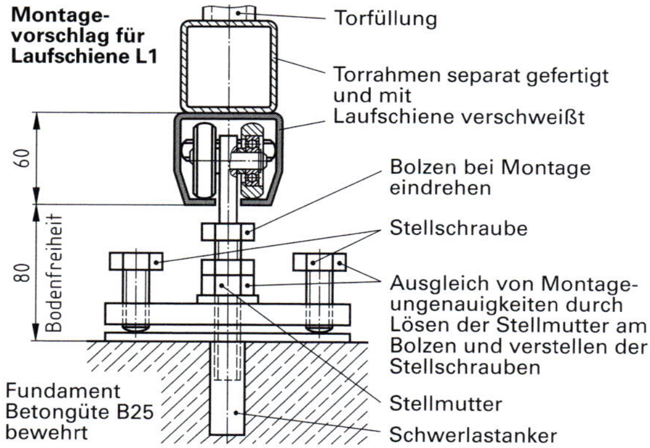

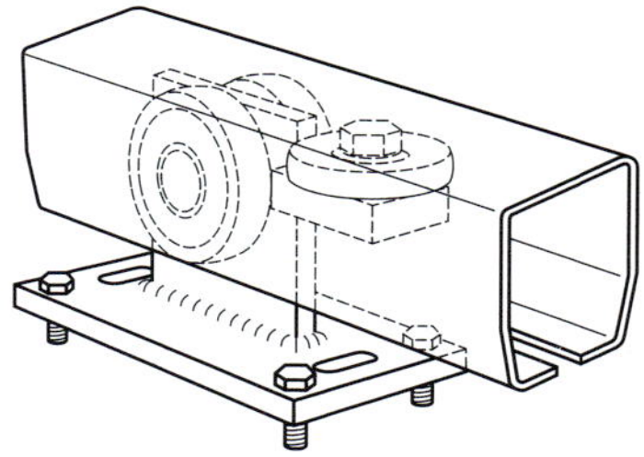

Das Verzinken der Torkonstruktion sollte erst nach dem Aufschweißen des Torrahmens auf die Laufschiene erfolgen, um Verziehen zu vermeiden.

Obere Führungsrollen (Polyamid)

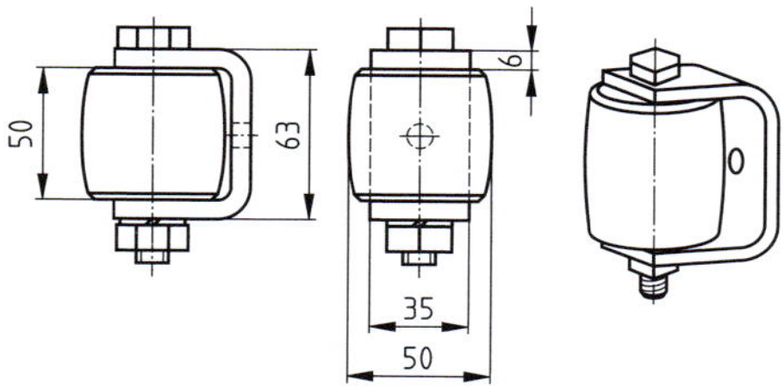

Montagevorschlag

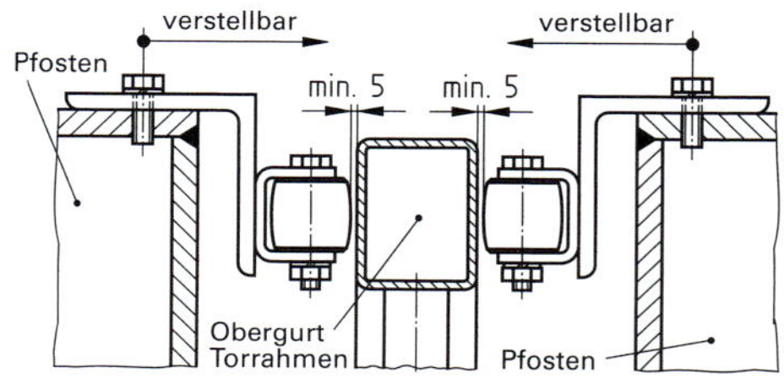

Untenlaufende Schiebetore

Aus Stahl gedrehte Rollen für untenlaufende Schiebetore

Leichte Ausführung mit *einem* Kugellager

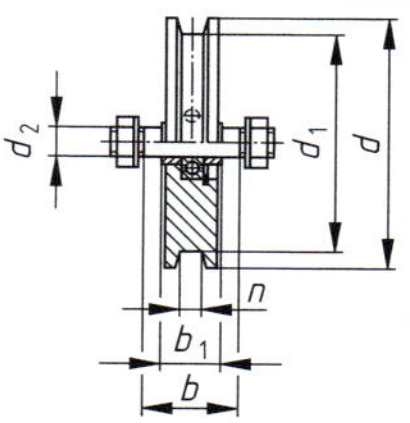

Rolle Nr.	Maße in mm						F[1] kN
	D	d_1	d_2	b	b_1	n	
LR1	100	80	M15	60	14	5	20
LR2	120	100					27
LR3	140	120	M20				40
LR4	160	140					50

[1] Tragkraft

Schwere Ausführung mit *zwei* Kugellagern

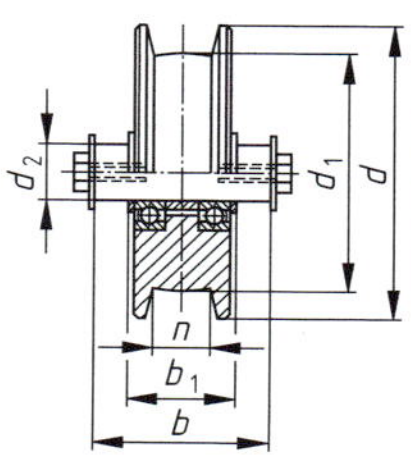

Rolle Nr.	Maße in mm						F[1] kN
	D	d_1	d_2	b	b_1	n	
SR1[2]	125	100	25	69	46	25,3	75
SR2[3]	160	100	30	87	58	32,0	100
SR3[3]	200	164	35	108	70	38,0	150

[1] Tragkraft
[2] Als Schiene z.B.: Fl DIN 1017 – 60 x 25
[3] Diese Rollen passen auf nebenstehende Breitfußschienen nach DIN 5901.

Breitfußschienen vgl. DIN 5901 (1995-01)

m' längenbezogene Masse

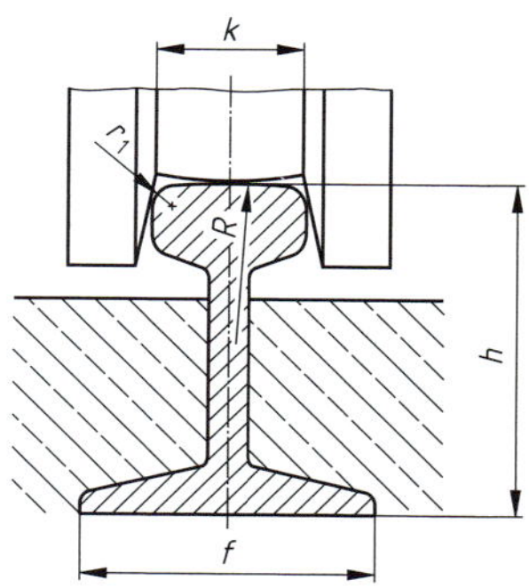

Schiene Nr.	Maße in mm					m' kg/m
	h	f	k	R	r_1	
S 10	70	58	32	140	6	10
S 14	80	70	38	160	8	14

Schiebetore

Laufschienenprofile

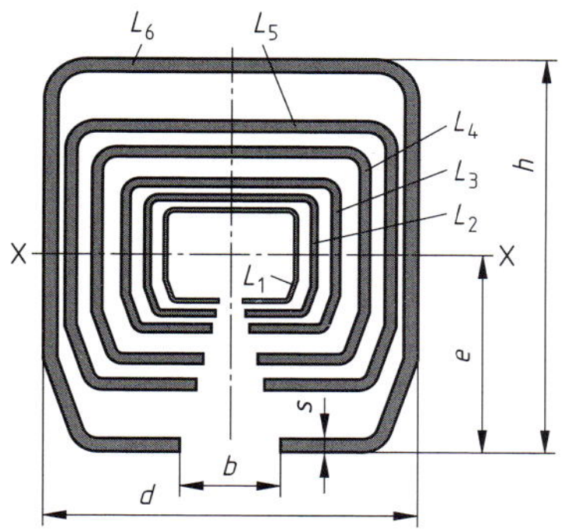

$m_{R\,max}$ Maximale Masse pro Rollapparat

W_x Widerstandsmoment

m' längenbezogene Masse

Tür-, Torarten:

- A geradelaufende Tore
- B geradelaufende Tore mit elektrischem Antrieb
- C Harmonika- und Falttüren
- D Garagentore „um die Ecke"
- E Garagentore „um die Ecke" mit elektrischem Antrieb

Bestimmung des Laufschienenprofils über die Tragfähigkeit der Rollapparate

Lauf-sch.-Profil Nr.	Maße in mm					W_x	m'	Roll-appa-rat Nr.	$m_{R\,max}$	Maximale Tür-, Torflügelmasse in kg für Tür-, Torart				
	h	d	b	s	e	cm^3	kg/m		kg	A	B	C	D	E
L 1	28,0	30,0	8,0	1,75	15,6	1,08	1,300	R 1	45	90	–	20	45	–
L 2	35,0	40,0	11,0	2,75	19,7	2,59	2,600	R 2	85	170	90	42	85	45
L 3	43,5	48,5	15,0	3,20	24,8	4,40	3,600	R 3	150	300	170	75	150	85
L 4	60,0	65,0	18,0	3,60	33,8	10,07	5,700	R 4	300	600	300	150	300	150
L 5	75,0	80,0	22,0	4,50	41,9	19,99	8,900	R 5	600	1200	600	300	600	300
L 6	110,0	90,0	25,0	6,50	60,5	51,69	16,5000	R 6	1000	2000	1200	500	1000	600

Beispiele: 190 kg Flügelgewicht bei geradelaufenden Toren: Profil L 3, Rollapparat R 3 (1 Torflügel, 2 Rollapparate)
190 kg Flügelgewicht bei „um die Ecke" - Toren: Profil L 4, Rollapparat R 4 (1 Torflügel, 1 Rollapparat)
190 kg Flügelgewicht bei Falt- und Harmonikatüren: Profil L 5, Rollapparat R 5 (2 Türflügel, 1 Rollapparat)

Untere Führungsschienen

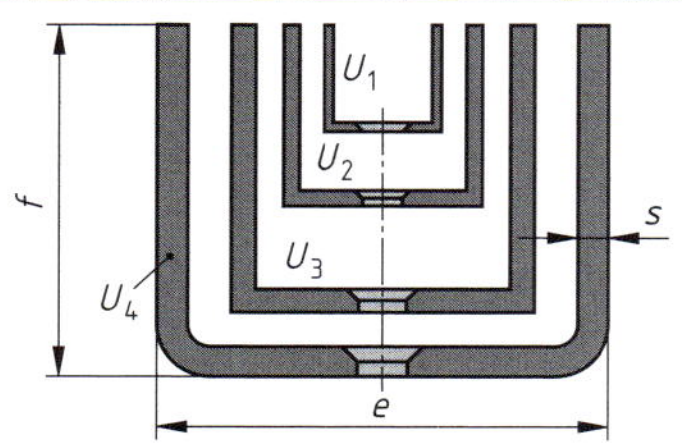

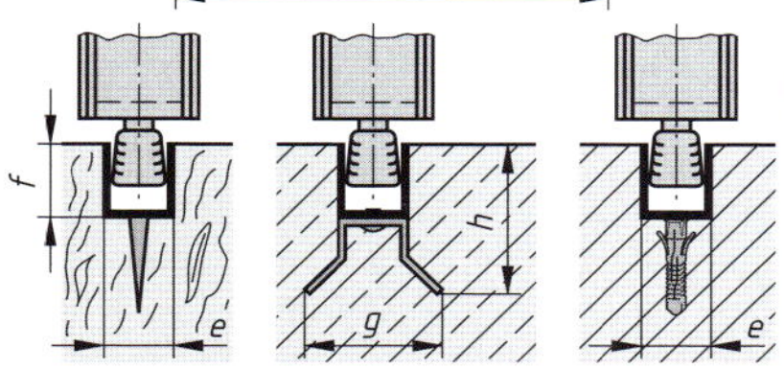

U-Schiene	Rollen-durchmesser	Maße in mm				
		e	f	g	h	t
U 1	12	15	15	42	38	1
U 2	19	25	25	42	48	2
U 3	32	40	40	80	78	3
U 4	50	60	50	80	88	4

Alle U-Schienen sind in Abständen von ca. 45 cm … 50 cm gebohrt und gesenkt.

Zuordnung der U-Schienen zu den Laufschienen:	
Bei Laufschiene L 1	Schiene U 1
Bei Laufschienen L 2 und L 3	Schiene U 2
Bei Laufschiene L 4	Schiene U 3
Bei Laufschienen L 5 und L 6	Schiene U 4

Laufschienenverbindungsmuffe

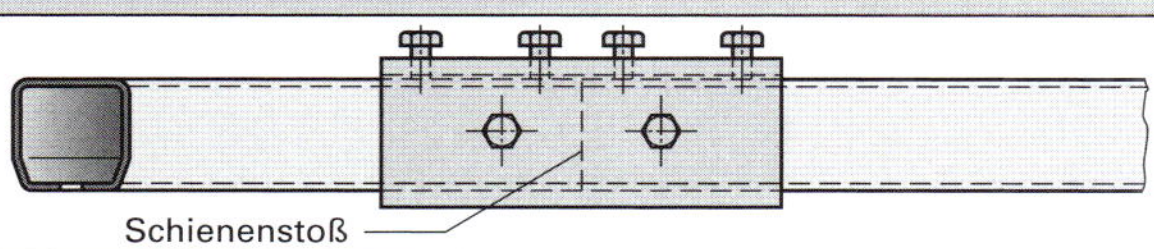

Montagehinweis:

Kein Verschweißen der Schienen. Bei der Montage auf stoßfreien Übergang achten.

K

Schiebetore

Einbaumaße

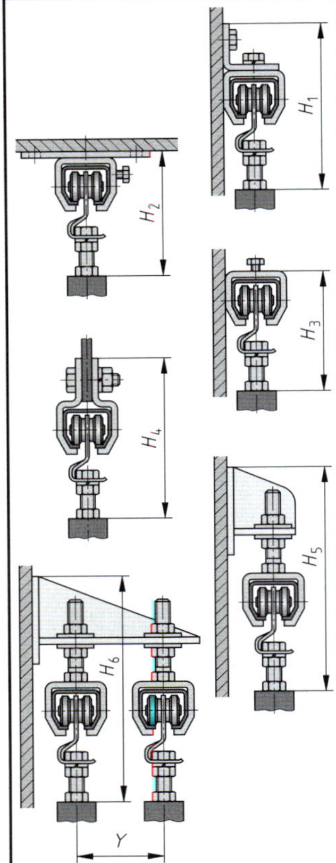

Laufschienenprofil Nr.	L 1	L 2	L 3	L 4	L 5	L 6
Wandmuffe	WM1	WM2	WM3	WM4	WM5	WM6
Maß H_1 in mm	110	140	172	222	287	390
	(120)[1]	(149)	(189)	(244)	(317)	(420)
	± 10	± 12	± 14	± 16	± 36	± 40
Deckenmuffe	DM1	DM2	DM3	DM4	DM5	DM6
Maß H_2 in mm	89	115	137	180	234	329
	(99)	(124)	(154)	(202)	(264)	(359)
	± 10	± 12	± 14	± 16	± 36	± 40
Übersteckmuffe	ÜM1	ÜM2	ÜM3	ÜM4	ÜM5	ÜM6
Maß H_3 in mm	86	110	131	172	224	314
	(96)	(119)	(148)	(194)	(254)	(344)
	± 10	± 12	± 14	± 16	± 36	± 40
Aufhängeklemmen	AK1	AK2	AK3	AK4	AK5	AK6
Maß H_4 in mm	122	153	175	228	278	366
	(132)	(162)	(192)	(250)	(308)	(396)
	± 10	± 12	± 14	± 16	± 36	± 40
Winkel mit Muffe	WiB1	WiB2	WiB3	WiB4	WiB5	WiB6
Maß H_5 in mm	158	216	237	332	440	–
	(168)	(225)	(254)	(354)	(470)	–
	± 22	± 32	± 36	± 50	± 70	–
seitliche Verstellung in mm	12	20	20	30	30	–
Doppel-Winkel-befestigung mit höhenverstellbaren Muffen	DW1	DW2	DW3	DW4	DW5	DW6
Maß H_6 in mm	168	216	237	332	440	504
Maß y	± 22	± 32	± 36	± 50	± 70	± 70
von bis in mm	38/68	60/100	60/100	100/200	100/200	114/118

[1] Alle Klammermaße für Türen/Tore mit drehender Bewegung

90°-Laufschienenhorizontalbogen

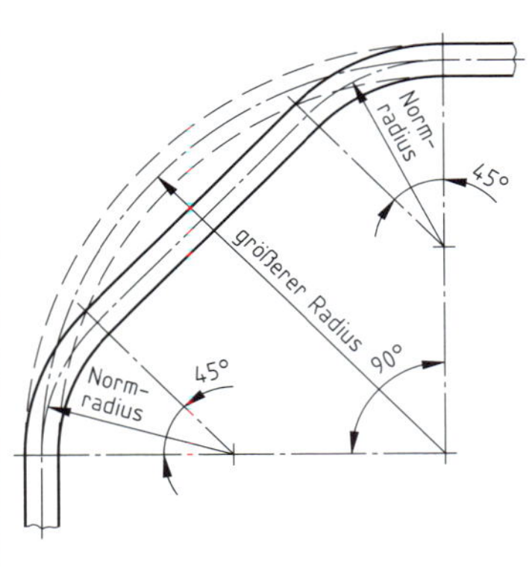

Laufschienenprofil Nr.	Normradius	weitere mögliche Radien
L 1	650 ± 10 mm	205 ± 10 mm 300 ± 10 mm 400 ± 10 mm 900 ± 10 mm
L 2	630 ± 10 mm	320 ± 15 mm 410 ± 15 mm 950 ± 15 mm
L 3	610 ± 15 mm	415 ± 15 mm 905 ± 15 mm
L 4	605 ± 15 mm	875 ± 15 mm
L 5	790 ± 20 mm	–
L 6	1035 ± 20 mm	–

Es sollen möglichst Normradien und anstatt eines großen 90°-Horizontalbogens zwei 45°-Bogenstücke mit Normradien verwendet werden (Einwandfreier Durchlauf der Rollapparate).

K

Drehtorantrieb

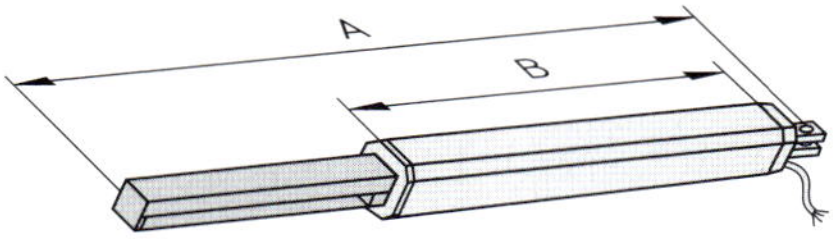

	Maße in mm		
	Kurzer Hub	Standard	Langer Hub
A	863	1022	1272
B	504	583	713

Standardantrieb

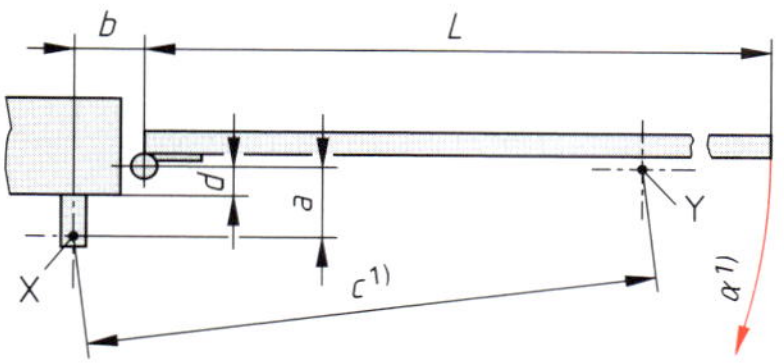

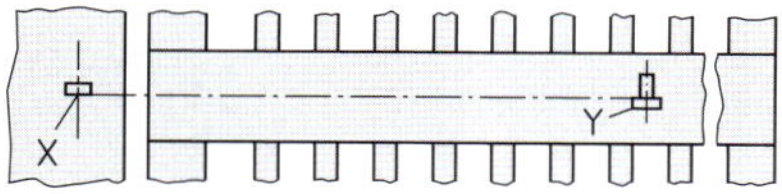

[1)] Für α werden 95° und für das Maß c 95 cm angenommen.

Maße in cm			
L	a	b	d_{max}
130	7	7	2
150	8	8	3
180	9	9	4
220	10	10	5
260	11	11	6
300	12	12	7
350	13	13	8
400	13	14	9
450	12	12	7
500	13	13	7
600	13	14	7

Antriebe mit kurzem Hub

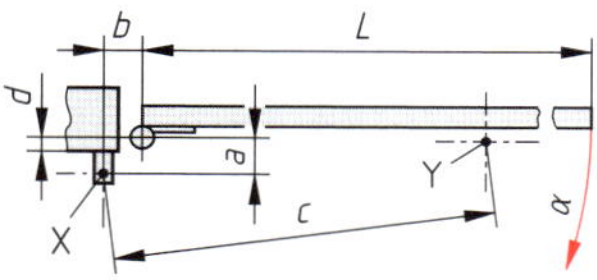

Für kleine Eingangstore mit Flügelbreiten bis 1,2 m.

Die Abmessungen des Antriebs sind kleiner als beim Standardantrieb.

α in °	Maße in cm				
max	L	a	b	c	d_{max}
95	80	7	7	80	2
	100	8	8		3
	120	9	9		4

Antriebe mit langem Hub

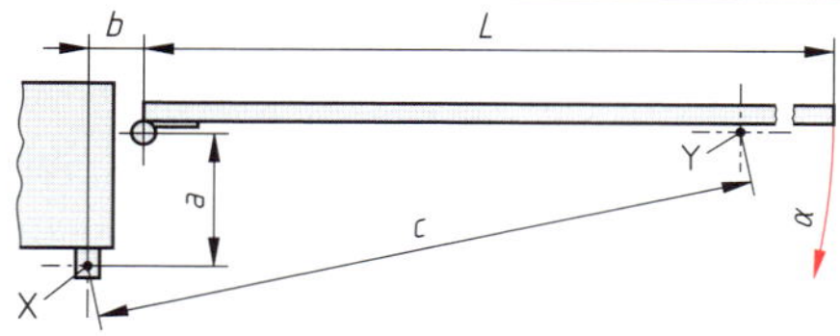

α in °	Maße in cm			
max	L_{max}	a_{max}	b_{min}	c
90	200	20	18	120

Für große Pfosten, bei denen es nicht möglich ist, eine Nische entsprechend den u. a. Maßen auszuheben.

Tore mit Öffnung nach außen

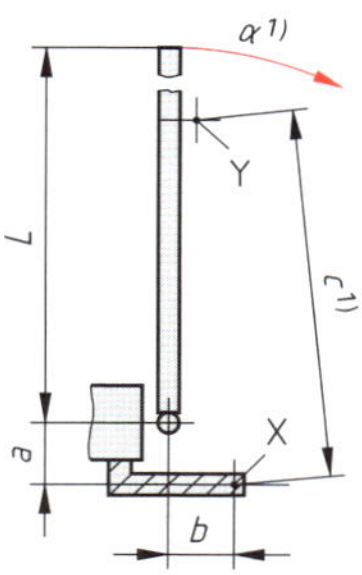

Maße in cm		
L	a	b
130	9	9
150	10	10
180	11	11
220	12	12
260	12	13
300	13	13
350	13	14

[1)] Für α werden 95° und für das Maß c 95 cm angenommen.

Pfeiler mit großen Abmessungen oder Wände

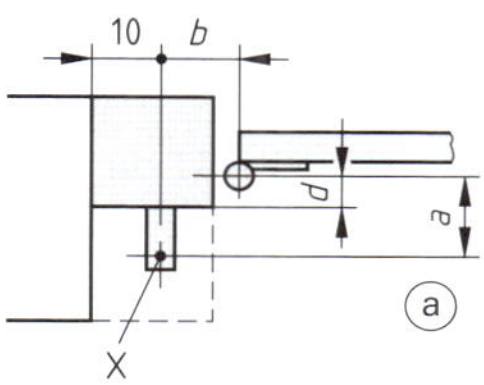

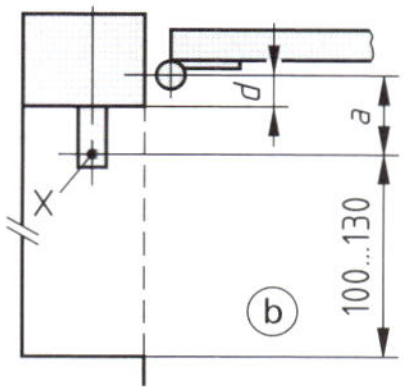

Bei großen Pfosten (Abb. a) bzw. zum geöffneten Flügel parallelen Wänden (Abb. b), ist eine Nische auszuheben, um Behinderungen der Öffnungsbewegungen des Flügels zu vermeiden. Die Höhe der Nische ist ca. 20 cm. Bei großen Säulen kann auch ein Antrieb mit langem Hub (s. o.) eingesetzt werden.

Treppen

Treppenarten

vgl. DIN 18065 (2000–01)

Treppen mit geraden Läufen

einläufige gerade Rechtstreppe

zweiläufige gerade Treppe mit Zwischenpodest

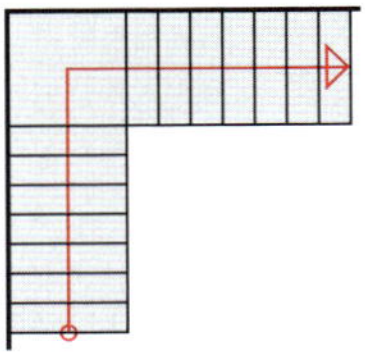

zweiläufige gewinkelte Rechtstreppe mit Zwischenpodest

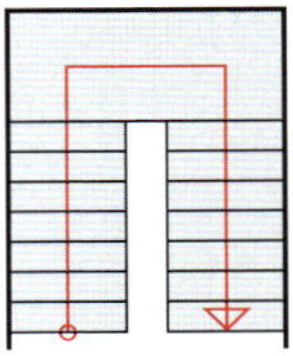

zweiläufige gegenläufige Rechtstreppe mit Zwischenpodest

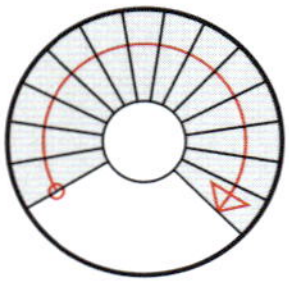

Wendeltreppe mit Treppenauge (Rechtstreppe)

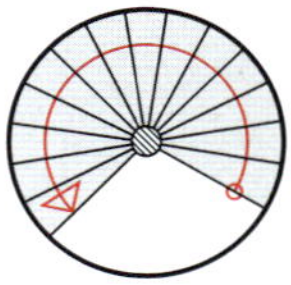

Spindeltreppe (Linkstreppe)

Treppen mit gewendelten Läufen

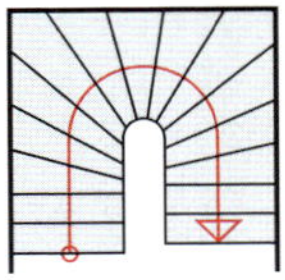

einläufige halbgewendelte Rechtstreppe

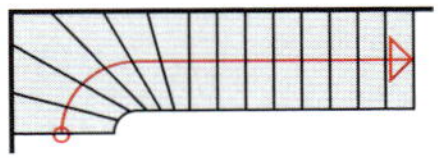

einläufige Rechtstreppe, Antritt viertelgewendelt

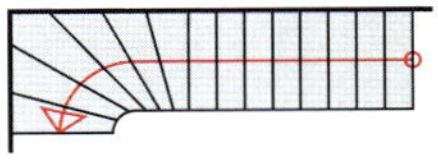

einläufige Linkstreppe, Austritt viertelgewendelt

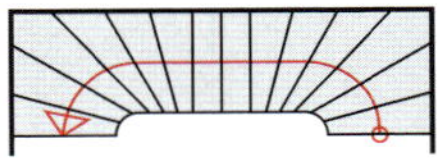

einläufige zweimal viertelgewendelte Linkstreppe

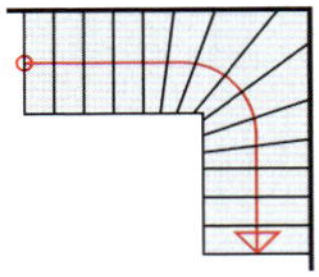

einläufige gewinkelte viertelgewendelte Rechtstreppe

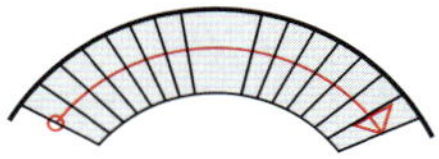

zweiläufige gewendelte Rechtstreppe mit Zwischenpodest

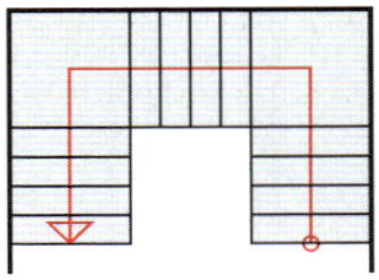

dreiläufige zweimal abgewinkelte Linkstreppe mit Zwischenpodest

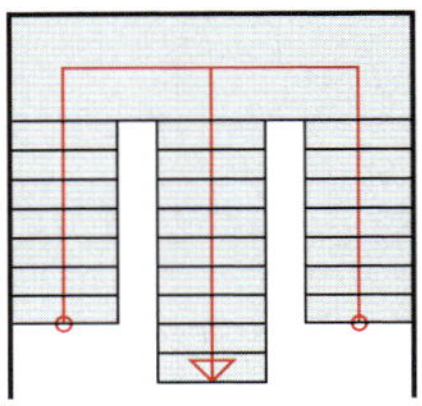

dreiläufige gegenläufige Treppe mit Zwischenpodest

Treppensysteme

	Wangentreppe	Zweiholmtreppe	Einholmtreppe	Spindeltreppe
Treppenquerschnitte				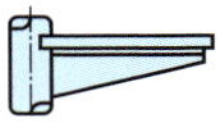
Statische Systeme	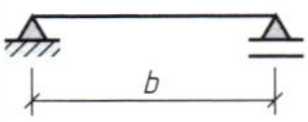	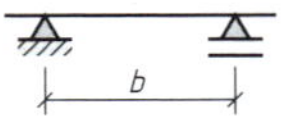	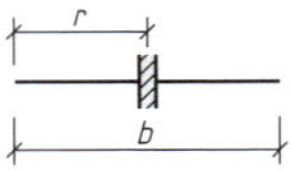	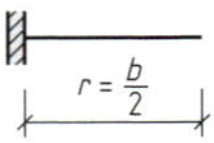
Belastungsfälle	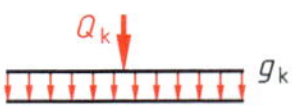	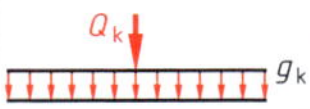	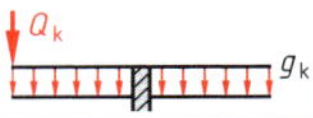	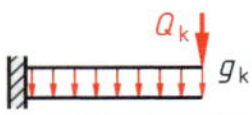
Bemessungsmomente	$M_{y,d} = 1{,}35 \cdot \frac{g_k \cdot b^2}{8} + 1{,}5\,\frac{Q_k \cdot b}{4}$		$M_{y,d} = 1{,}35 \cdot \frac{g_k \cdot r^2}{2} + 1{,}5\,Q_k \cdot r$	

K

Treppen

Konstruktionsmaße

vgl. DIN 18 065 (2000-01)

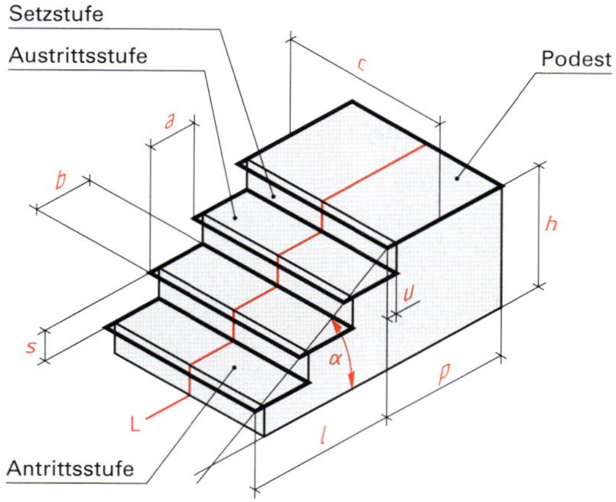

s Treppensteigung (Steigungshöhe)
b Stufenbreite
a Treppenauftritt (Auftrittsbreite)
l Treppenlauflänge
α Steigungswinkel (aus Steigungsverhältnis)
u Unterschneidung
p Podestlänge
h Treppenhöhe (Geschosshöhe, Stockwerkshöhe)
c Treppenlaufbreite
L Lauflinie (gedachte Linie)

Konstruktionsbegriffe

vgl. DIN 18 065 (2000-01)

Begriff	Zeichen	Erläuterung
Treppen-laufbreite	*c*	Grundriss der Konstruktionsbreite, Abstand von Treppenwange zu Treppenwange. genormte Laufbreiten in mm: 600 **800** **1000** 1200
Treppen-auftritt	*a*	Waagerechter Abstand von der Vorderkante einer Treppenstufe bis zur Vorderkante der nächsten Treppenstufe oder von Setzstufenvorderkante zu Setzstufenvorderkante.
Treppen-steigung	*s*	Senkrechter Abstand von der Trittflächenoberkante einer Stufe bis zur Trittflächenoberkante der nächsten Stufe.
Steigungs-winkel	*α*	Zu ermitteln aus dem Tangens des Steigungsverhältnisses *s*/*a*, Maß für die Neigung einer Treppe.
Unter-schneidung	*u*	Waagerechtes Maß, um das die Vorderkante einer Stufe über die Breite der Trittfläche der darunterliegenden Stufe vorspringt.
Treppen-lauflänge	*l*	Maß von der Vorderkante der Antrittsstufe bis Vorderkante Austrittsstufe im Grundriss an der Lauflinie gemessen.
Treppenhöhe	*h*	Senkrechter Abstand zwischen Fußbodenoberkante eines Geschosses und Fußbodenoberkante des nächsten Geschosses. genormte Geschosshöhen in mm vgl. DIN 41 742: 2500 2750 3000
Stufenbreite	*b*	Waagerechter Abstand zwischen Auftrittsvorderkante und Vorderkante der Setzstufe.
Lichte Treppendurch-gangshöhe	*d*	Lotrechtes Fertigmaß gemessen von der gedachten Verbindungslinie der Stufenvorderkanten bis zur Unterkante des darüber liegenden Bauteils. mindestens 2000 mm
Lauflinie		Befindet sich als gedachte Linie in der Mitte der Treppe. Die Auftrittsbreite *a* längs der Lauflinie bleibt immer gleich groß.

Berechnungsgrundlagen

Schrittmaßregel nach DIN 18 065
$$2 \cdot s + a = 630 \begin{matrix} +20 \\ -40 \end{matrix} \text{ mm}$$

Sicherheitsregel (Empfehlung)
$$a + s = 460 \pm 10 \text{ mm}$$

Bequemlichkeitsregel (Empfehlung)
$$a - s = 120 \text{ mm}$$

Podestlänge
$$p = (a + 2 \cdot s) + a$$

Steigungsverhältnis
$$\tan \alpha = \frac{s}{a}$$

Anzahl der Steigungen
$$n_s = \frac{h}{s}$$

Auftrittsbreite
$$a = \frac{l}{(n_s - 1)}$$

Treppenlauflänge
$$l = (n_s - 1) \cdot a$$

Anzahl der Auftritte
$$n_a = n_s - 1$$

K

Treppen

Treppenberechnung

Berechnung gerader Treppen ohne Tabelle

Beispiel für eine gerade Treppe

h = 2500 mm; l = 3520 mm n_s = ?; s = ?; a = ?

Größe s' ist nach Steigungsverhältnisdiagramm frei zu wählen.

gewählt: s' = 180 mm

$$\boldsymbol{n_s} = \frac{h}{s'} = \frac{2500\ \text{mm}}{180\ \text{mm}} = 13{,}8 \rightarrow n_s = \mathbf{14}$$

Da es keine gebrochene Anzahl von Steigungen gibt, wird auf 14 gerundet.

wirkliche Steighöhe:

$$\boldsymbol{s} = \frac{h}{n_s} = \frac{2500\ \text{mm}}{14} = \mathbf{178{,}6\ mm}$$

$$\boldsymbol{a} = \frac{l}{(n_s - 1)} = \frac{3520\ \text{mm}}{(14 - 1)} = \mathbf{270{,}8\ mm}$$

Probe nach Schrittmaßregel:

$$\mathbf{2 \cdot s + a = 630 \,{}^{+20}_{-40}\ mm}$$

2 · 178,6 mm + 270,8 mm = **628 mm**

Das Ergebnis liegt innerhalb der angegebenen Toleranz. Damit wird die Schrittmaßregel eingehalten.

Steigungsverhältnisdiagramm

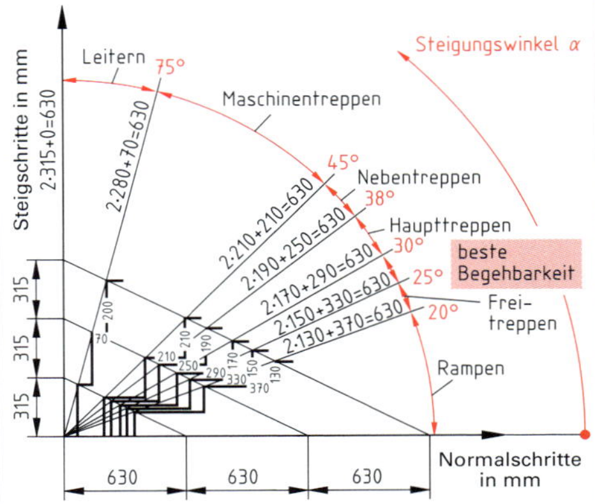

Berechnung gerader Treppen mit Tabelle

Geschosshöhe cm	Anzahl der Steigungen	Steigung cm	Anzahl der Auftritte	Auftrittsbreite cm	Grundmaß cm	Grundmaßbereich cm	Geschosshöhe cm	Anzahl der Steigungen	Steigung cm	Anzahl der Auftritte	Auftrittsbreite cm	Grundmaßbereich cm	Grundmaßbereich cm
	14	19,43	13	24,14	314	288…342		15	19,40	14	24,20	339	311…368
272	15	18,13	14	26,73	374	343…403	291	16	18,19	15	26,63	399	369…428
	16	17,00	15	29,00	435	404…465		17	17,12	16	28,76	460	429…492
	14	19,50	13	24,00	312	286…341		15	19,47	14	24,07	337	309…366
273	15	18,20	14	26,60	372	342…401	292	16	18,25	15	26,50	398	367…426
	16	17,06	15	28,88	433	402…463		17	17,18	16	28,65	458	427…490
	14	19,57	13	23,86	310	284…339		15	19,53	14	23,93	335	307…364
274	15	18,27	14	26,47	371	340…399	293	16	18,31	15	26,38	396	365…425
	16	17,13	15	28,75	431	400…461		17	17,24	16	28,53	456	426…488
	15	18,60	14	25,80	361	333…390		16	18,75	15	25,50	383	353…411
279	16	17,44	15	28,13	422	391…451	300	17	17,65	16	27,71	443	412…472
	17	16,41	16	30,18	483	452…515		18	16,67	17	29,67	504	473…538
	15	18,67	14	25,67	359	331…388		16	18,81	15	25,38	381	351…410
280	16	17,50	15	28,00	420	389…449	301	17	17,71	16	27,59	441	411…471
	17	16,47	16	30,06	481	450…513		18	16,72	17	29,56	502	472…536
	15	18,73	14	25,53	357	329…386		16	18,88	15	25,25	379	349…408
281	16	17,56	15	27,88	418	387…447	302	17	17,76	16	27,47	440	409…469
	17	16,53	16	29,94	479	448…511		18	16,78	17	29,44	501	470…535
	15	19,33	14	24,33	341	313…369		16	19,06	15	24,88	373	343…402
290	16	18,13	15	26,75	401	370…430	305	17	17,94	16	27,12	434	403…463
	17	17,06	16	28,88	462	431…494		18	16,94	17	29,11	495	464…529

Beispiel zur Ermittlung der Geschosshöhe:

Lichte Geschosshöhe	=	2500 mm
Dicke der Decke	=	220 mm
Fußbodenaufbau EG	=	140 mm
Fußbodenaufbau UG	=	70 mm
Geschosshöhe	=	?

	Lichte Geschosshöhe	2500 mm
+	Dicke der Decke	220 mm
+	Fußbodenaufbau EG	140 mm
–	Fußbodenaufbau UG	70 mm
=	Geschosshöhe	**= 2790 mm**

K

Treppen

Konstruktionsmaße

vgl. DIN 18065 (2000-01)

Treppen-Lichtraumprofil, Maße, Benennungen

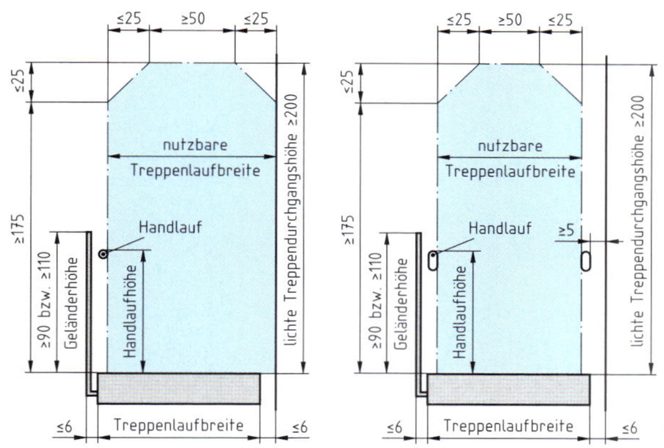

Treppen-Lichtraumprofil, Gehbereich

Laufbreiten für gerade und gewendelte Treppen

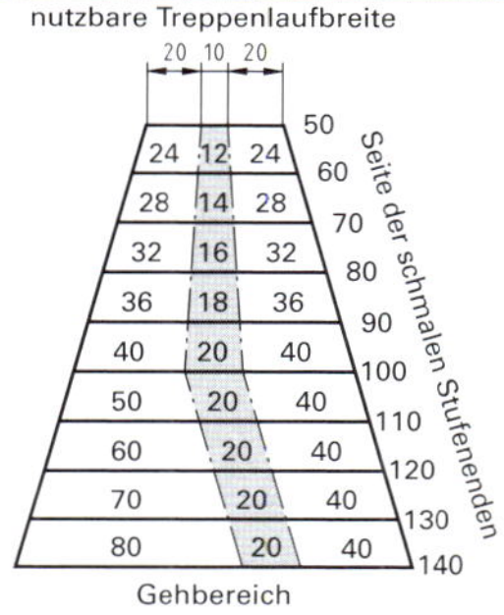

Laufbreiten für Spindeltreppen

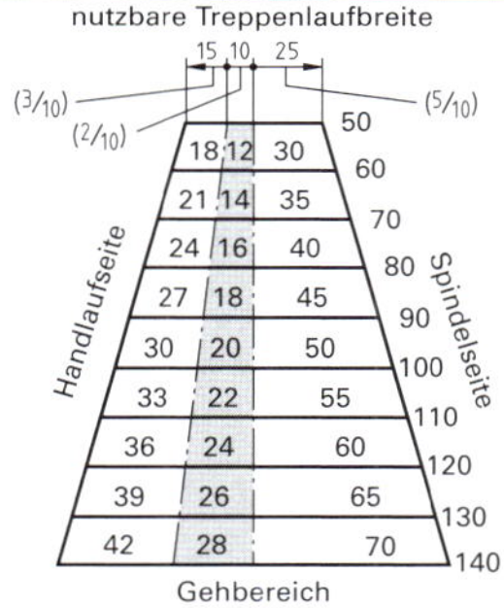

Lastfälle

vgl. DIN 1055-03

Gebäudeart	Verkehrslasten p in kN/m² lotrechte	Verkehrslasten p in kN/m² waagerechte	Eigenlast g in kN/m² Ausführung	Eigenlast g in kN/m² g
Wohngebäude	3,5	0,5	leicht	≤ 1,0
öffentliche Gebäude	5,0	1,0	mittel	≤ 3,0
Kraftwerke u. Anlagenbau	5,0[1]	1,0[1]	schwer	≤ 5,0

[1] Nach Absprache mit Bauaufsicht oder Auftraggeber evtl. höhere oder niedrigere Lasten möglich.

Begrenzung der Öffnung zwischen Geländer und Treppenlauf

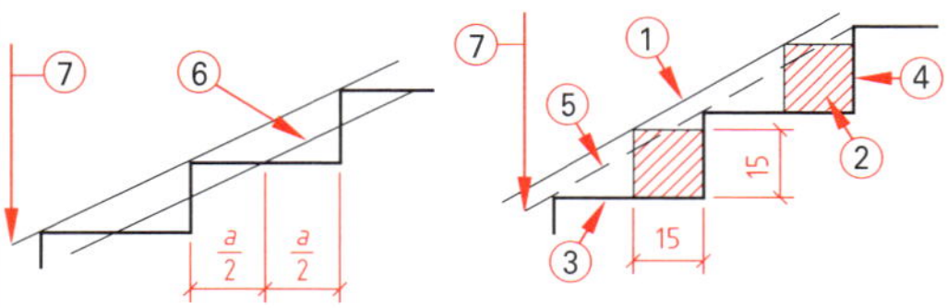

1 Unterkante Geländer für Treppengeländer über Treppenläufen
2 Würfel (darf nicht zwischen Unterkante Geländer und Stufenkante hindurchpassen)
3 Auftrittsfläche
4 Setzstufe (Stoßstufe, Futterstufe)
5 Messebene für lichte Durchgangshöhe
6 Unterkante Geländer für Treppengeländer neben Treppenläufen
7 lichte Treppendurchgangshöhe

Treppenhauptmaße

Gebäudeart	Treppenart	nutzbare Treppenlaufbreite b in mm	Steigung s in mm[2]	Auftritt a in mm[3]
Wohngebäude mit nicht mehr als zwei Wohnungen[1]	baurechtlich notwendige Treppen	≥ 800	170 ± 30	280 $^{+90}_{-50}$
sonstige Gebäude	baurechtlich notwendige Treppen	≥ 1000	170 $^{+20}_{-30}$	280 $^{+90}_{-20}$
alle Gebäude	baurechtlich nicht notwendige (zusätzliche) Treppen	≥ 500	≤ 210	≥ 210

[1] Schließt auch Maisonette-Wohnungen in Gebäuden mit mehr als zwei Wohnungen ein.
[2] Aber nicht < 140 mm
[3] Aber nicht > 370 mm

Treppen

Wangentreppen Wohngebäude	Bestimmung erforderlicher Profilgrößen mit < 18 Steigungen und Steigungswinkeln von 25° bis 45°

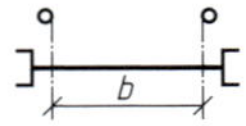

Stützweite in m	b = 0,8 m			b = 1 m			b = 1,25 m			b = 1,5 m		
	I	L	[	I	L	[	I	L	[	I	L	[
Ausführung leicht g_k = 1 kN/m²; mittelschwer g_k = 3 kN/m²; schwer g_k = 5 kN/m²; q_k = 3,5 kN/m²												
2,5	160 × 10	150 × 75 × 9	180	160 × 10	150 × 75 × 9	180	160 × 10	150 × 75 × 9	180	160 × 10	150 × 75 × 9	180
3,0	160 × 10	150 × 75 × 9	180	160 × 10	150 × 75 × 9	180	160 × 10	150 × 75 × 9	180	160 × 10	150 × 75 × 9	180
Ausführung leicht – Stufen aus Gitterrosten, Riffelblechen, Holz o.Ä. g_k = 1 kN/m²; q_k = 3,5 kN/m²												
3,5	160 × 10	150 × 75 × 9	180	160 × 10	150 × 75 × 9	180	160 × 10	150 × 75 × 9	180	180 × 10	150 × 75 × 9	180
4,0	160 × 10	150 × 75 × 9	180	160 × 12	150 × 75 × 9	180	160 × 12	180 × 90 × 10	180	180 × 12	180 × 90 × 10	180
4,5	180 × 12	150 × 75 × 9	180	180 × 12	180 × 90 × 10	180	200 × 12	180 × 90 × 10	180	220 × 12	180 × 90 × 10	180
5,0	200 × 10	180 × 90 × 10	180	200 × 12	180 × 90 × 10	180	200 × 15	200 × 100 × 10	180	220 × 15	200 × 100 × 10	180
5,5	200 × 12	180 × 90 × 10	180	220 × 12	200 × 100 × 10	180	220 × 15	200 × 100 × 10	180	240 × 15	200 × 100 × 12	200
Ausführung mittelschwer – Stufen aus Stahlbeton o.Ä. g_k = 3 kN/m²; q_k = 3,5 kN/m²												
3,5	160 × 10	150 × 75 × 9	180	160 × 12	150 × 75 × 9	180	160 × 12	180 × 90 × 10	180	180 × 12	180 × 90 × 10	180
4,0	180 × 10	150 × 75 × 9	180	180 × 12	180 × 90 × 10	180	200 × 12	180 × 90 × 10	180	220 × 12	180 × 90 × 12	180
4,5	200 × 12	180 × 90 × 10	180	200 × 12	180 × 90 × 10	180	200 × 15	200 × 100 × 10	180	220 × 15	200 × 100 × 12	180
5,0	220 × 12	180 × 90 × 10	180	220 × 15	200 × 100 × 10	180	240 × 15	200 × 100 × 14	180	240 × 16	200 × 100 × 14	200
5,5	220 × 15	200 × 100 × 10	180	240 × 15	200 × 100 × 14	200	240 × 20	–	200	240 × 20	–	220
Ausführung schwer – Stufen aus schweren Natur- oder Betonwerksteinen o.Ä. g_k = 5 kN/m²; q_k = 3,5 kN/m²												
3,5	160 × 12	150 × 75 × 9	180	180 × 12	180 × 90 × 10	180	200 × 12	180 × 90 × 10	180	200 × 12	180 × 90 × 12	180
4,0	200 × 10	180 × 90 × 10	180	200 × 12	180 × 90 × 10	180	200 × 15	200 × 100 × 10	180	220 × 15	200 × 100 × 12	180
4,5	200 × 15	180 × 90 × 10	180	220 × 15	200 × 100 × 10	180	220 × 15	200 × 100 × 14	180	240 × 15	200 × 100 × 14	200
5,0	220 × 15	200 × 100 × 10	180	240 × 15	200 × 100 × 14	200	240 × 20	–	200	240 × 20	–	220
5,5	240 × 15	200 × 100 × 14	200	250 × 20	–	220	250 × 20	–	220	240 × 30	–	240

Wangentreppen öffentliche Gebäude	Bestimmung erforderlicher Profilgrößen mit < 18 Steigungen und Steigungswinkeln von 25° bis 45°

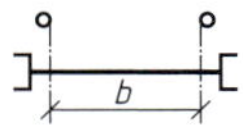

Stützweite in m	b = 0,8 m			b = 1 m			b = 1,25 m			b = 1,5 m		
	I	L	[	I	L	[	I	L	[	I	L	[
Ausführung leicht – Stufen aus Gitterrosten, Riffelblechen, Holz o.Ä. g_k = 1 kN/m²; q_k = 5 kN/m²												
2,5	160 × 10	150 × 75 × 9	180	160 × 10	150 × 75 × 9	180	160 × 10	150 × 75 × 9	180	160 × 10	150 × 75 × 9	180
3,0	160 × 10	150 × 75 × 9	180	160 × 10	150 × 75 × 9	180	160 × 10	150 × 75 × 9	180	160 × 10	150 × 75 × 9	180
3,5	160 × 10	150 × 75 × 9	180	160 × 12	150 × 75 × 9	180	160 × 12	150 × 75 × 9	180	180 × 12	180 × 90 × 10	180
4,0	160 × 12	150 × 75 × 9	180	180 × 12	180 × 90 × 10	180	200 × 12	180 × 90 × 10	180	200 × 12	180 × 90 × 10	180
Ausführung mittelschwer – Stufen aus Stahlbeton o.Ä. g_k = 3 kN/m²; q_k = 5 kN/m²												
3,0	160 × 10	150 × 75 × 9	180	160 × 10	150 × 75 × 9	180	160 × 12	150 × 75 × 9	180	180 × 12	150 × 75 × 11	180
3,5	160 × 12	150 × 75 × 9	180	180 × 12	180 × 90 × 10	180	180 × 12	180 × 90 × 10	180	200 × 12	180 × 90 × 10	180
4,0	180 × 12	180 × 90 × 10	180	200 × 12	180 × 90 × 10	180	220 × 12	200 × 100 × 10	180	220 × 15	200 × 100 × 10	180
Ausführung schwer – Stufen aus schweren Natur- oder Betonsteinen o.Ä. g_k = 5 kN/m²; q_k = 5 kN/m²												
3,5	180 × 12	180 × 90 × 10	180	180 × 12	180 × 90 × 10	180	200 × 12	180 × 90 × 10	180	220 × 12	200 × 100 × 10	180
4,0	200 × 12	180 × 90 × 10	180	220 × 12	200 × 100 × 10	180	220 × 15	200 × 100 × 12	180	220 × 15	200 × 100 × 14	180
4,5	200 × 15	200 × 100 × 10	180	220 × 15	200 × 100 × 14	180	240 × 15	200 × 100 × 14	200	220 × 25	–	200

K

Treppen

Zweiholmtreppen
Wohngebäude

Bestimmung erforderlicher Profilgrößen
mit < 18 Steigungen und
Steigungswinkeln von 25° bis 45°

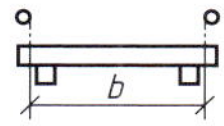

Stützweite in m	b = 0,8 m			b = 1 m			b = 1,25 m			b = 1,5 m		
	I	□	⌐	I	□	⌐	I	□	⌐	I	□	⌐
Ausführung leicht – Stufen aus Gitterrosten, Riffelblechen, Holz o.Ä. g_k = 1 kN/m²; q_k = 3,5 kN/m²												
2,5	120	90×50×5,0	90×50×5,0	120	90×50×5,0	90×50×5,0	120	90×50×5,0	90×50×5,0	120	100×60×5,6	100×60×5,6
3,0	120	90×50×5,0	90×50×5,0	120	100×60×5,6	100×60×5,6	120	100×60×5,6	100×60×5,6	120	120×60×6,3	120×60×6,3
3,5	120	100×60×5,6	100×60×5,6	120	120×60×6,3	120×60×6,3	140	100×60×6,3	120×60×6,3	140	120×80×5,0	140×80×5,0
4,0	120	120×60×6,3	120×60×6,3	140	140×80×5,0	140×80×5,0	140	140×80×5,0	140×80×5,0	160	160×90×5,6	160×90×5,6
4,5	140	140×80×5,0	140×80×5,0	160	160×90×5,6	160×90×5,6	160	160×90×5,6	160×90×5,6	160	160×90×5,6	160×90×5,6
5,0	160	160×90×5,6	160×90×5,6	160	160×90×5,6	160×90×5,6	180	180×100×7,1	180×100×7,1	180	180×100×7,1	180×100×7,1
5,5	160	160×90×5,6	160×90×5,6	180	180×100×7,1	180×100×7,1	180	180×100×7,1	180×100×7,1	200	180×100×7,1	180×100×7,1
Ausführung mittelschwer – Stufen aus Stahlbeton o.Ä. g_k = 3 kN/m²; q_k = 3,5 kN/m²												
2,5	120	90×50×5,0	90×50×5,0	120	100×60×5,6	100×60×5,6	120	100×60×5,6	100×60×5,6	120	100×60×5,6	100×60×5,6
3,0	120	100×60×5,6	100×60×5,6	120	120×60×6,3	120×60×6,3	120	120×60×6,3	120×60×6,3	140	120×60×6,3	120×60×6,3
3,5	120	120×60×6,3	120×60×6,3	140	140×80×5,0	140×80×5,0	140	140×80×5,0	140×80×5,0	160	160×90×5,6	160×90×5,6
4,0	140	140×80×5,0	140×80×5,0	160	160×90×5,6	160×90×5,6	160	160×90×5,6	160×90×5,6	160	160×90×5,6	160×90×5,6
4,5	160	160×90×5,6	160×90×5,6	160	160×90×5,6	160×90×5,6	180	180×100×7,1	180×100×7,1	180	180×100×7,1	180×100×7,1
5,0	160	180×100×7,1	180×100×7,1	180	180×100×7,1	180×100×7,1	200	180×100×7,1	180×100×7,1	200	200×120×8,0	200×120×8,0
5,5	180	180×100×7,1	180×100×7,1	200	180×100×7,1	180×100×7,1	200	200×120×8,0	200×120×8,0	220	200×120×8,0	200×120×8,0
Ausführung schwer – Stufen aus schweren Natur- oder Betonwerksteinen o.Ä. g_k = 5 kN/m²; q_k = 3,5 kN/m²												
2,5	120	100×60×5,6	100×60×5,6	120	100×60×5,6	100×60×5,6	120	120×60×6,3	120×60×6,3	120	120×60×6,3	120×60×6,3
3,0	120	120×60×6,3	120×60×6,3	120	120×60×6,3	120×60×6,3	140	140×80×5,0	140×80×5,0	140	140×80×5,0	140×80×5,0
3,5	140	140×80×5,0	140×80×5,0	140	140×80×5,0	140×80×5,0	160	160×90×5,6	160×90×5,6	160	160×90×5,6	160×90×5,6
4,0	160	160×90×5,6	160×90×5,6	160	160×90×5,6	160×90×5,6	180	180×100×7,1	180×100×7,1	180	180×100×7,1	180×100×7,1
4,5	160	160×90×5,6	160×90×5,6	180	180×100×7,1	180×100×7,1	180	180×100×7,1	180×100×7,1	200	200×120×8,0	200×120×8,0
5,0	180	180×100×7,1	180×100×7,1	200	180×100×7,1	180×100×7,1	200	200×120×8,0	200×120×8,0	220	200×120×8,0	200×120×8,0

Zweiholmtreppen
öffentliche Gebäude

Bestimmung erforderlicher Profilgrößen
mit < 18 Steigungen und
Steigungswinkeln von 25° bis 45°

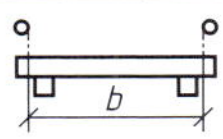

Ausführung mittelschwer – Stufen aus Stahlbeton o.Ä. g_k = 3 kN/m²; q_k = 5 kN/m²												
2,5	120	100×60×5,6	100×60×5,6	120	100×60×5,6	100×60×5,6	120	100×60×5,6	100×60×5,6	120	120×60×6,3	120×60×6,3
3,0	120	120×60×6,3	120×60×6,3	120	120×60×6,3	120×60×6,3	140	140×80×5,0	140×80×5,0	140	140×80×5,0	140×80×5,0
3,5	140	140×80×5,0	140×80×5,0	140	140×80×5,0	140×80×5,0	160	160×90×5,6	160×90×5,6	160	160×90×5,6	160×90×5,6
4,0	160	160×90×5,6	160×90×5,6	160	160×90×5,6	160×90×5,6	160	160×90×5,6	160×90×5,6	180	180×100×7,1	180×100×7,1
4,5	160	160×90×5,6	160×90×5,6	180	180×100×7,1	180×100×7,1	180	180×100×7,1	180×100×7,1	200	180×100×7,1	180×100×7,1
Ausführung schwer – Stufen aus schweren Natur- oder Betonsteinen o.Ä. g_k = 5 kN/m²; q_k = 5 kN/m²												
2,5	120	100×60×5,6	100×60×5,6	120	100×60×5,6	100×60×5,6	120	120×60×6,3	120×60×6,3	120	120×60×6,3	120×60×6,3
3,0	120	120×60×6,3	120×60×6,3	140	140×80×5,0	140×80×5,0	140	140×80×5,0	140×80×5,0	140	140×80×5,0	140×80×5,0
3,5	140	140×80×5,0	140×80×5,0	160	160×90×5,6	160×90×5,6	160	160×90×5,6	160×90×5,6	160	180×100×5,6	180×100×5,6
4,0	160	160×90×5,6	160×90×5,6	160	160×90×5,6	160×90×5,6	180	180×100×7,1	180×100×7,1	180	180×100×7,1	180×100×7,1
4,5	180	180×100×7,1	180×100×7,1	180	180×100×7,1	180×100×7,1	200	200×120×8,0	200×120×8,0	200	200×120×8,0	200×120×8,0
5,0	200	180×100×7,1	180×100×7,1	200	200×120×8,0	200×120×8,0	220	200×120×8,0	200×120×8,0	220	220×120×8,0	220×120×8,0

K

Treppen

Einholmtreppen
Wohngebäude

Bestimmung erforderlicher Profilgrößen
mit < 18 Steigungen und
Steigungswinkeln von 25° bis 45°

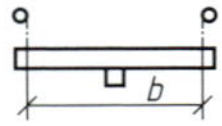

Stützweite in m	b = 0,8 m		b = 1 m		b = 1,25 m		b = 1,5 m	
	□	○	□	○	□	○	□	○
Ausführung leicht – Stufen aus Gitterrosten, Riffelblechen, Holz o.Ä. g_k = 1 kN/m²; q_k = 3,5 kN/m²								
2,5	100 × 4,0	101,6 × 5	100 × 4,0	101,6 × 6,3	100 × 4,0	101,6 × 8,0	100 × 5,0	114,3 × 6,3
3,0	100 × 5,0	114,3 × 6,3	100 × 6,3	114,3 × 6,3	120 × 4,5	114,3 × 10	120 × 4,5	139,7 × 6,3
3,5	120 × 4,5	114,3 × 10	120 × 5,6	139,7 × 6,3	140 × 5,6	159,0 × 5,0	140 × 5,6	159 × 6,3
4,0	140 × 5,6	139,7 × 8,0	140 × 5,6	137,7 × 10	140 × 7,1	159 × 10	140 × 8,8	168,3 × 8,0
Ausführung mittelschwer – Stufen aus Stahlbeton o.Ä. g_k = 3 kN/m²; q_k = 3,5 kN/m²								
2,5	100 × 4,0	101,6 × 6,3	100 × 5,0	114,3 × 5,6	120 × 4,5	114,3 × 8,0	120 × 4,5	114,3 × 10
3,0	120 × 4,5	114,3 × 8	120 × 5,0	139,7 × 6,3	120 × 6,36	139,7 × 6,3	140 × 5,6	139,7 × 8,0
3,5	120 × 6,3	139,7 × 6,3	140 × 5,6	159 × 6,3	140 × 7,1	168,3 × 6,3	140 × 8,0	168,3 × 8,0
4,0	140 × 5,6	159 × 6,3	140 × 7,1	168,3 × 8,0	160 × 6,3	193,7 × 6,3	160 × 8,0	193,7 × 8,0
4,5	160 × 6,3	168,3 × 8,0	160 × 8,0	193,7 × 6,3	180 × 6,3	193,7 × 8,0	180 × 8,0	193,7 × 12,5
Ausführung schwer – Stufen aus schweren Natur- oder Betonsteinen o.Ä. g_k = 5 kN/m²; q_k = 3,5 kN/m²								
2,5	100 × 6,3	114,3 × 6,3	120 × 4,5	114,3 × 4,0	120 × 4,5	139,7 × 6,3	120 × 6,3	139,7 × 6,3
3,0	120 × 5,6	139,7 × 6,3	120 × 8,0	139,7 × 8,0	140 × 5,6	159,0 × 6,3	140 × 7,1	168,3 × 6,3
3,5	140 × 5,6	159 × 5,6	140 × 7,1	168,3 × 6,3	160 × 6,3	168,3 × 8,0	160 × 6,3	139,7 × 6,3
4,0	160 × 6,3	168,3 × 8,0	160 × 6,3	193,7 × 6,3	160 × 8,8	193,7 × 8,0	180 × 8,0	193,7 × 10
4,5	160 × 8,0	193,7 × 8,0	180 × 6,3	193,7 × 10	180 × 8,0	193,7 × 12,5	200 × 8,0	244,5 × 6,3

Einholmtreppen
öffentliche Gebäude

Bestimmung erforderlicher Profilgrößen
mit < 18 Steigungen und
Steigungswinkeln von 25° bis 45°

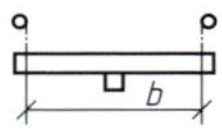

Stützweite in m	b = 0,8 m		b = 1 m		b = 1,25 m		b = 1,5 m	
	□	○	□	○	□	○	□	○
Ausführung leicht – Stufen aus Gitterrosten, Riffelblechen, Holz o.Ä. g_k = 1 kN/m²; q_k = 5 kN/m²								
2,5	100 × 4,0	101,6 × 6,3	100 × 5,0	114,3 × 6,3	100 × 6,3	114,6 × 6,3	100 × 7,1	114,3 × 8,0
3,0	100 × 6,3	114,3 × 8,0	120 × 4,5	114,3 × 10	120 × 5,6	139,7 × 6,3	120 × 6,3	139,7 × 8,0
3,5	120 × 5,6	139,7 × 6,3	120 × 8,0	139,7 × 8,0	140 × 5,6	159,0 × 6,3	140 × 7,1	159,0 × 8,0
4,0	140 × 5,6	139,7 × 10	140 × 7,1	159,0 × 8,0	140 × 8,8	168,3 × 8,0	160 × 6,3	168,3 × 10
4,5	140 × 8,8	159,0 × 8,0	160 × 6,3	168,3 × 8,0	160 × 8,0	193,7 × 6,3	180 × 6,3	193,7 × 8,0
Ausführung mittelschwer – Stufen aus Stahlbeton o.Ä. g_k = 3 kN/m²; q_k = 5 kN/m²								
2,5	100 × 5,0	114,3 × 6,3	100 × 6,3	114,3 × 8,0	120 × 4,5	114,3 × 10	120 × 5,6	139,7 × 6,3
3,0	120 × 4,5	114,3 × 10	120 × 6,3	139,7 × 6,3	140 × 5,6	139,7 × 5,6	140 × 5,6	159,0 × 6,3
3,5	140 × 5,6	159,0 × 5,0	140 × 5,6	159,0 × 8,0	140 × 8,8	168,3 × 8,0	160 × 6,3	168,3 × 10
4,0	140 × 7,1	168,3 × 8,0	160 × 6,3	168,3 × 10	160 × 8,0	168,3 × 12,5	180 × 6,3	193,7 × 8,0
4,5	160 × 6,3	193,7 × 6,3	180 × 6,3	193,7 × 8,0	180 × 8,0	200 × 6,3	200 × 6,3	193,7 × 12,5
Ausführung schwer – Stufen aus schweren Natur- oder Betonsteinen o.Ä. g_k = 5 kN/m²; q_k = 5 kN/m²								
2,5	100 × 7,1	114,3 × 8,0	120 × 5,0	114,3 × 10	120 × 5,6	139,7 × 6,3	140 × 5,6	139,7 × 8,0
3,0	120 × 6,3	139,7 × 8,0	140 × 5,6	159,0 × 6,3	140 × 6,3	159,0 × 8,0	140 × 7,1	159,0 × 10
3,5	140 × 10,3	159,0 × 8,0	140 × 8,8	168,3 × 8,0	160 × 6,3	168,3 × 10	160 × 8,0	168,3 × 12,5
4,0	160 × 6,3	168,3 × 10	160 × 8,0	168,3 × 12,5	180 × 6,3	193,7 × 10	180 × 8,0	193,7 × 12,5
4,5	180 × 6,3	193,7 × 8,0	180 × 8,0	193,7 × 12,5	180 × 10	219,9 × 10	200 × 8,0	219,9 × 12,5

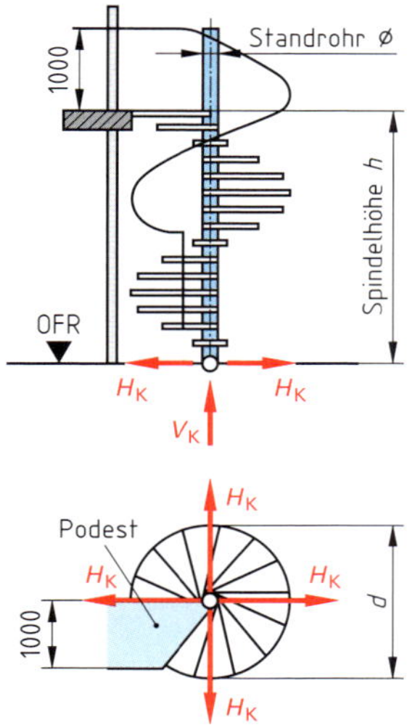

Angaben für Spindeltreppen	Beispiel
Treppendurchmesser d in m	$d = 1{,}80$
Spindelhöhe h in m	$h = 2{,}5$
Stufenart	Stahlkästen
Eigengewicht der Treppe g in kN/m²	$g_k = 1{,}0$
Verkehrslast der Treppe p in kN/m²	$q_k = 3{,}5$
Rohrdurchmesser nach Tabelle	101,6 × 4,5
Fußplatte $a \times b$ bzw. ∅	180 × 12
Dübel für Verankerung	2 × M12
Handlauf (Rundstahl)	∅ 30 × 2,9
Stababstand p in mm	$p = 120$
abgelesen nach Tabelle: H_K = maximale horizontale Lagerkraft in kN V_K = maximale vertikale Lagerkraft in kN	**H_K = 1,1 kN** **V_K = 14,3 kN**

Spindeltreppen Wohngebäude

Bestimmung erforderlicher Profilgrößen

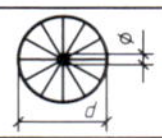
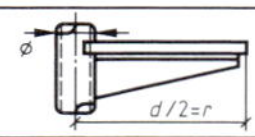

Treppendurchmesser d in m

Spindelhöhe in m	1,20 ○	V_K	H_K	1,40 ○	V_K	H_K	1,60 ○	V_K	H_K	1,80 ○	V_K	H_K	2,00 ○	V_K	H_K	2,20 ○	V_K	H_K
Ausführung leicht – Stufen aus Gitterrosten, Riffelblechen, Stahlkästen, Holz o.Ä. $g_K = 1$ kN/m² $q_K = 3{,}5$ kN/m²																		
2,5		6,4			8,7			11,3			14,3			11,7			21,4	
3,0		7,6			10,4			13,6			17,2			21,2			25,7	
3,5		8,9			12,1			15,8			20,0			24,7			29,9	
4,0	101,6×4,5	10,2	± 0,3	101,6×4,5	13,9	± 0,5	101,6×4,5	18,1	± 0,8	101,6×4,5	22,9	± 1,1	114,3×4,5	28,3	± 1,5	114,3×4,5	34,2	± 2,0
4,5		11,5			15,6			20,4			25,8			31,8			38,5	
5,0		12,7			17,3			22,6			28,6			35,3		133,0×5,6	42,8	
5,5		14,0			19,1			24,9		114,3×4,5	31,5		133,0×5,6	38,9			47,0	

Spindeltreppen öffentliche Gebäude

Bestimmung erforderlicher Profilgrößen

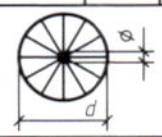
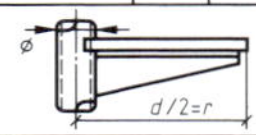

Treppendurchmesser d in m

Spindelhöhe in m	1,20 ○	V_K	H_K	1,40 ○	V_K	H_K	1,60 ○	V_K	H_K	1,80 ○	V_K	H_K	2,00 ○	V_K	H_K	2,20 ○	V_K	H_K
Ausführung leicht – Stufen aus Gitterrosten, Riffelblechen, Stahlkästen, Holz o.Ä. $g_K = 1$ kN/m² $q_K = 3{,}5$ kN/m²																		
2,5		8,5			11,6			15,1			19,1			23,6			28,5	
3,0		102			13,9			18,1		101,6×4,5	22,9		114,3×4,5	28,3			34,2	
3,5		11,9			16,2			21,1			26,7			33,0			39,9	
4,0	101,6×4,5	13,6	± 0,4	101,6×4,5	18,5	± 0,7	101,6×4,5	24,1	± 1,0		30,5	± 1,5		37,7	± 2,0	133,0×5,6	45,6	± 2,7
4,5		15,3			20,8			27,1			34,4			42,4			51,3	
5,0		17,0			23,1			30,2		114,3×4,5	38,2		133,0×5,6	47,1			57,0	
5,5		18,7			25,4		114,3×4,5	33,2			42,0			51,8			62,7	

Treppen

Stufenverziehung bei gewendelten Treppen

Gegeben durch vorherige Berechnung:	h Geschosshöhe s Steigungshöhe	l Treppenlauflänge a Auftrittsbreite	n_s Anzahl der Steigungen n_a Anzahl der Auftritte

Winkelmethode bei einer einläufigen viertelgewendelten Treppe

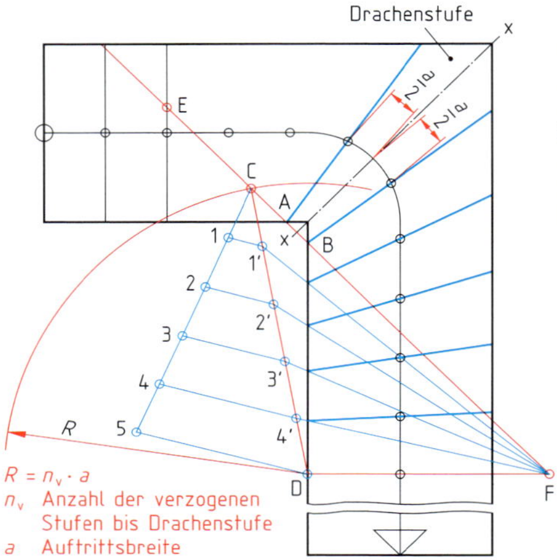

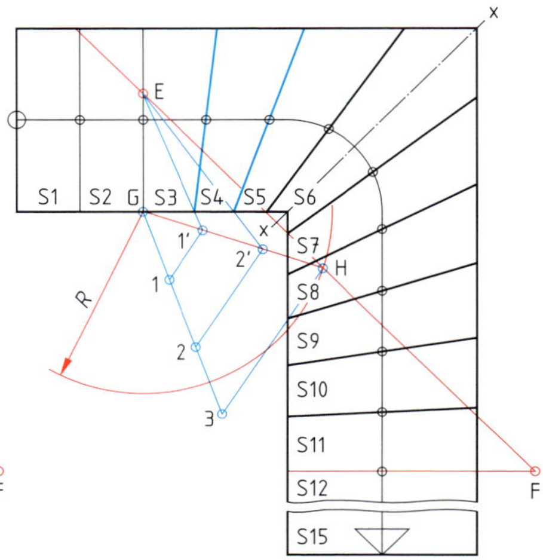

Konstruktion:

1. Grundriss der Treppe zeichnen, Lauflinie eintragen.
2. Eckpunkte des Grundrisses durch Achse *x-x* verbinden.
3. Beiderseits der Achse *x-x* auf den Lauflinie $^1/_2$ *a* abtragen.
4. Ausgehend davon die restlichen Auftrittsbreiten *a* auf der Lauflinie abtragen.
5. Beginnend von Achse *x-x* nach links und rechts Abstände im Verhältnis 30 mm/70 mm oder 40 mm/60 mm oder 50 mm/50 mm abtragen und Punkte A und B markieren.
6. Linien beginnend von Punkt A bzw. B durch die neben der Achse *x-x* liegenden Teilungspunkte der Lauflinie bis zur Außenwange zeichnen → Drachenstufe.
7. Durch *A* und *B* eine Gerade zeichnen, die die Vorder- bzw. Hinterkante der ersten bzw. letzten verzogenen Stufe schneidet (oder ihre Verlängerung) → Punkte *E* und *F*.
8. Um *D* bzw. *G* einen Kreisbogen mit Radius *R* zeichnen, der *EF* schneidet, → Schnittpunkt *C* bzw. *H*.
9. Verbindungslinie *DC* bzw. *GH* einzeichnen.
10. Strecke *DC* bzw. *GH* in n_v gleiche Teile teilen. (Grundkonstruktion „Teilen einer Strecke in *n* gleiche Teile" Seite 83 anwenden.) → Punkte 1', 2', usw.
11. Punkte 1', 2' usw. mit Punkt *F* bzw. *E* verbinden. → Die Schnittpunkte dieser Linien mit der inneren Wange sind die Verziehungspunkte.
12. Diese Punkte mit den Teilungspunkten (*a*) auf der Lauflinie verbinden und bis zur Außenwange verlängern. → Damit sind die Stufen verzogen.

Abwicklung der inneren Treppenwange

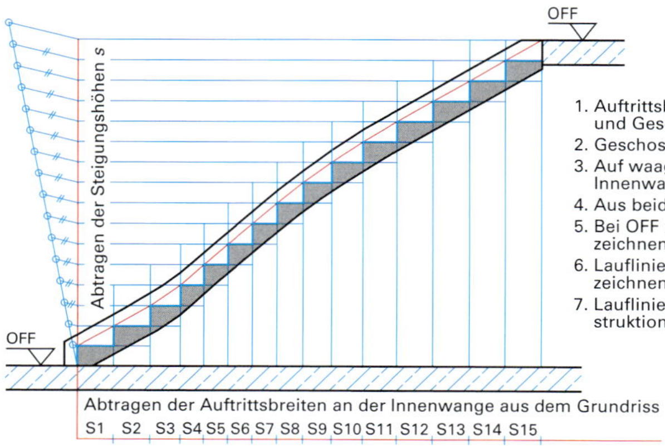

1. Auftrittsbreiten der Innenwange auf waagerechter und Geschosshöhe auf senkrechter Achse abtragen.
2. Geschosshöhe in n_s gleiche Teile teilen.
3. Auf waagerechter Achse Auftrittsbreiten an der Innenwange aus dem Grundriss abtragen.
4. Aus beiden Teilungen ein Raster zeichnen.
5. Bei OFF unten beginnend Setzstufen und Auftritte zeichnen.
6. Lauflinie jeweils über die Vorderkanten der Stufen zeichnen.
7. Lauflinie ergibt Wangenform. Wange nach Konstruktionsvorgaben zeichnen.

K

Trittstufen aus Gitterrosten, Ausführungsarten

vgl. DIN 24531 (2006-04)

SP (Schweißpressrost)

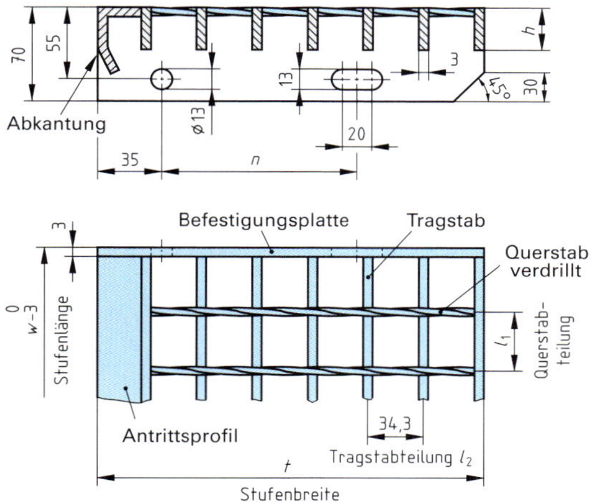

P (Pressrost)

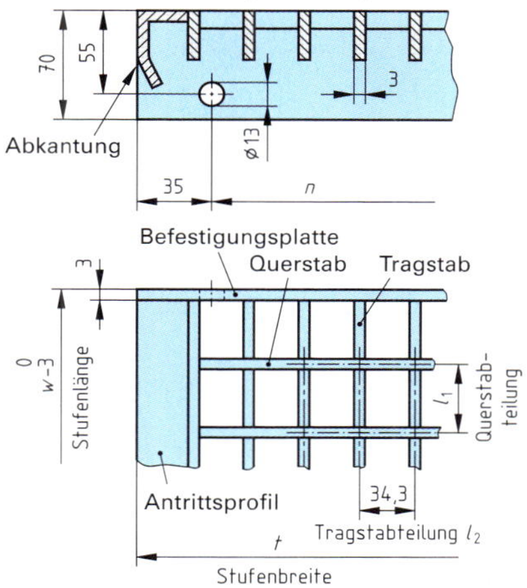

Vorzugsmaße und Gewichte

Stufenlänge w in mm	Stufenbreite $t \pm 5$ in mm	Tragstabhöhe h in mm	Lochabstand n	Querstabteilung l_1 in mm SP	P	Einzelkraft F in N	Gewicht verzinkt G in kg/Stück $w = 800$	$w = 1000$
Trittstufen aus schweißbarem Stahl								vgl. DIN EN 10025
800, 1000	270	30	150	38,1	33,33	1500	7,5	8,2
		40					9,1	9,9
	305	30	180				8,3	9,2
		40					10,1	11,2
Trittstufen aus schweißbarem Edelstahl								vgl. DIN EN 10088
800, 1000	270	30	150	–	33,33	1500	7,2	8,8
		40					8,7	10,7
	305	30	180				8,0	9,8
		40					9,7	11,9
Trittstufen aus schweißbarem Alumnium								vgl. DIN EN 485 und DIN EN 573
							$w = 600$	$w = 800$
600, 800	270	40	150	–	33,33	1500	2,3	2,9
	305	40	180				2,5	3,3

Bezeichnungsbeispiel

Stufe DIN 24531-1 – SP 30 – 38,1 – 800 × 270 – S235JR – vz – R10

- SP: Ausführungsart
- 30: Tragstabhöhe h
- 38,1: Querstabteilung l_1
- 800: Stufenlänge w
- 270: Stufenbreite t
- S235JR: Werkstoff
- vz: feuerverzinkt
- R10: Bewertungsgruppe

K

Geländer

Abmessungen an Geländern

vgl. DIN 18065 (2000-01)

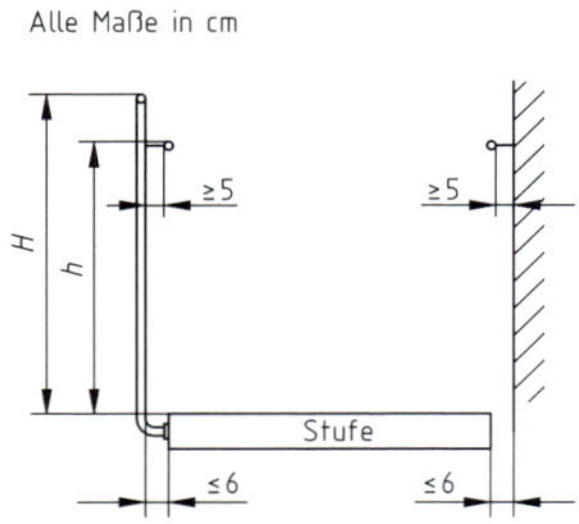

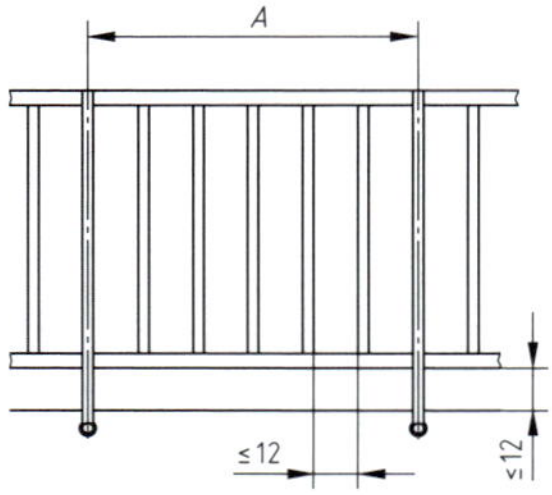

Befestigung auf den Auftritten

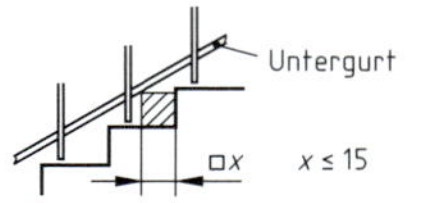

Befestigung seitlich

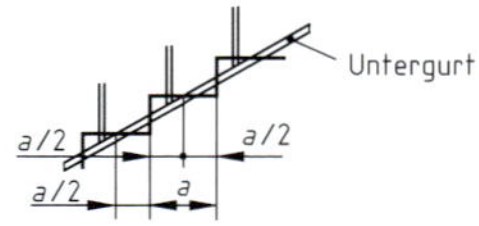

Geländer- und Umwehrungsmindesthöhen *H* in cm

vgl. DIN 18065 (2000-01)

Absturzhöhen m	nach DIN 18065	nach Landesbauordnung	Länder
bis 12 m	90	90	alle deutschen Bundesländer ohne Bayern und Bremen[1)]
über 12 m	110	110	alle deutschen Bundesländer ohne Bayern und Baden-Württemberg[2)]
Arbeitsstätten	100	–	
Umwehrungen müssen ausreichend sicher sein			Bayern: für alle Höhen

Geländermaße in cm

vgl. DIN 18065 (2000-01)

Handlaufhöhe *h*	80 bis 115	–	
Pfostenabstand *A*	120 bis 150	–	

1) Bremen 100 cm

2) Baden-Württemberg 90 cm

Berechnung der lichten Weite

Geländerarten

Einzelfeld mit Pfosten

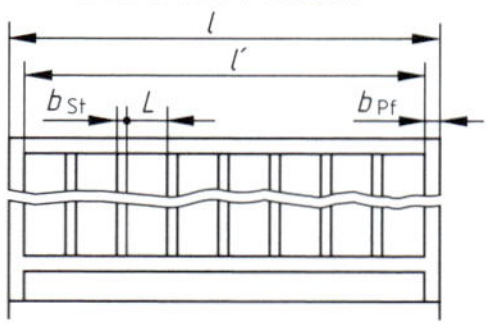

Einzelfeld ohne Pfosten

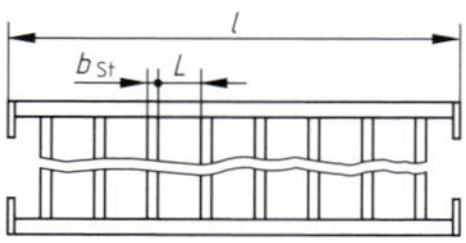

Durchlaufendes Geländer

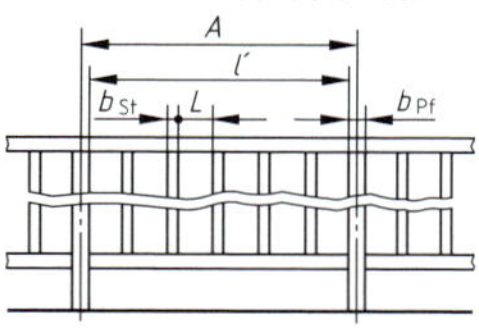

- L lichte Weite
- l Feldlänge
- l' innere Feldlänge
- b_{Pf} Pfostenbreite
- b_{St} Stabbreite
- n Anzahl der Stäbe
- A Pfostenabstand

Einzelfeld

$$L = \frac{l - (2 \cdot b_{Pf} + n \cdot b_{St})}{n + 1}$$

Durchlaufendes Geländer

$$L = \frac{A - (b_{Pf} + n \cdot b_{St})}{n + 1}$$

Für n bei L = 12 cm gilt:

Einzelfeld

$$n = \frac{l - (2 \cdot b_{Pf} + 12\ \text{cm})}{b_{St} + 12\ \text{cm}}$$

Durchlaufendes Geländer

$$n = \frac{A - (b_{Pf} + 12\ \text{cm})}{b_{St} + 12\ \text{cm}}$$

Beispiel: Ein durchlaufendes Geländer hat die Maße A = 1413 mm, b_{PF} = 34 mm, b_{ST} = 12 mm.

$$n = \frac{A - (b_{Pf} + 12\ \text{cm})}{b_{St} + 12\ \text{cm}} = \frac{141{,}3\ \text{cm} - (3{,}4\ \text{cm} + 12\ \text{cm})}{12\ \text{cm} + 12\ \text{cm}} = 5{,}2$$

gewählt $n = 6$

$$\mathbf{L} = \frac{A - (b_{Pf} + n \cdot b_{St})}{n + 1} = \frac{141{,}3\ \text{cm} - (3{,}4\ \text{cm} + 6 \cdot 1{,}2\ \text{cm})}{6 + 1} = \mathbf{18{,}67\ cm}$$

K

Geländer

Bestimmung der lichten Weite mit Hilfe von Tabellen

Für bestimmte Stabbreiten b_{St} können die Anzahl der Stäbe n und die lichte Weite L mit Hilfe von Tabellen ermittelt werden.

Für Stabbreiten b_{St} = 10 mm

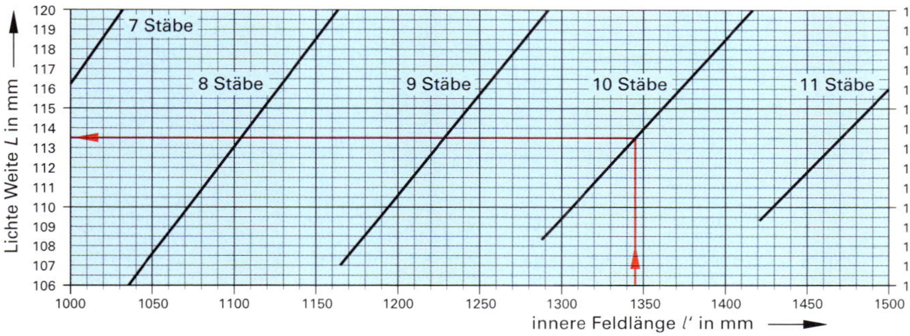

Beispiel: Innere Feldlänge l' = 1345 mm und die Stabbreite b_{St} = 10 mm.
Nach Tabelle ***n* = 10** und ***L* = 113,5 mm,** gerundet ***L* = 113,0 mm**

Für Stabbreiten b_{St} = 10 mm

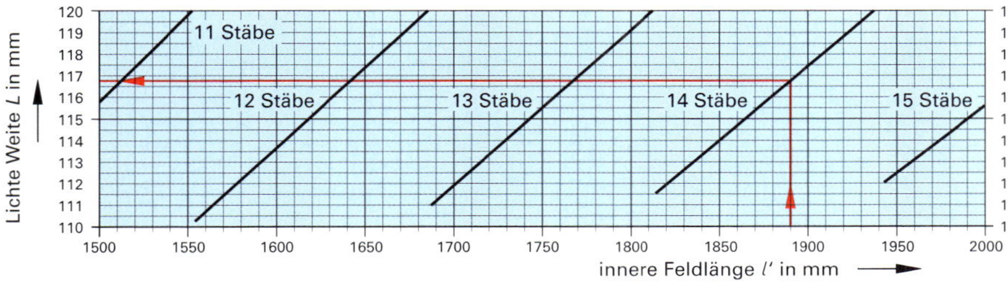

Beispiel: Innere Feldlänge l' = 1890 mm und die Stabbreite b_{St} = 10 mm.
Nach Tabelle ***n* = 14** und ***L* = 116,75 mm,** gerundet ***L* = 117,0 mm**

Für Stabbreiten b_{St} = 12 mm

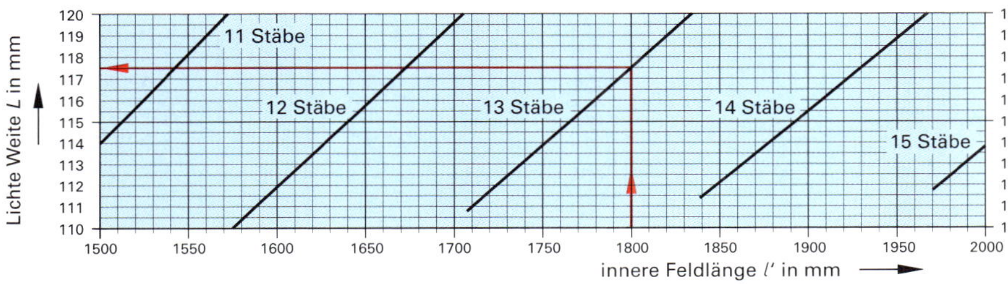

Beispiel: Innere Feldlänge l' = 1800 mm und die Stabbreite b_{St} = 12 mm.
Nach Tabelle ***n* = 13** und ***L* = 117,5 mm**

Geländer

Bestimmung der lichten Weite mit Hilfe von Tabellen

Für Stabbreiten b_{St} = 15 mm

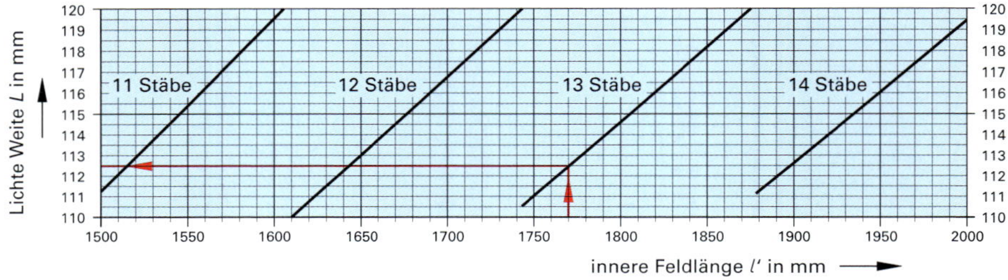

Beispiel: Innere Feldlänge l' = 1770 mm und die Stabbreite b_{St} = 15 mm.
Nach Tabelle ***n*** **= 13** und ***L*** **= 112,5 mm,** gerundet ***L*** **= 113,0 mm**

Für Stabbreiten b_{St} = 20 mm

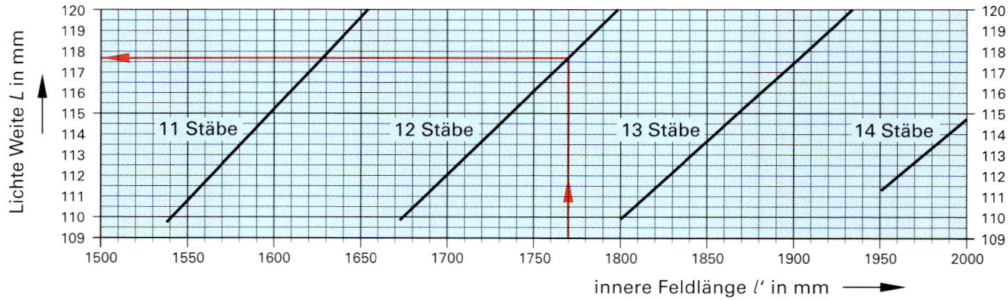

Beispiel: Innere Feldlänge l' = 1770 mm und die Stabbreite b_{St} = 20 mm.
Nach Tabelle ***n*** **= 12** und ***L*** **= 117,7 mm,** gerundet ***L*** **= 118 mm**

Für Stabbreiten b_{St} = 30 mm

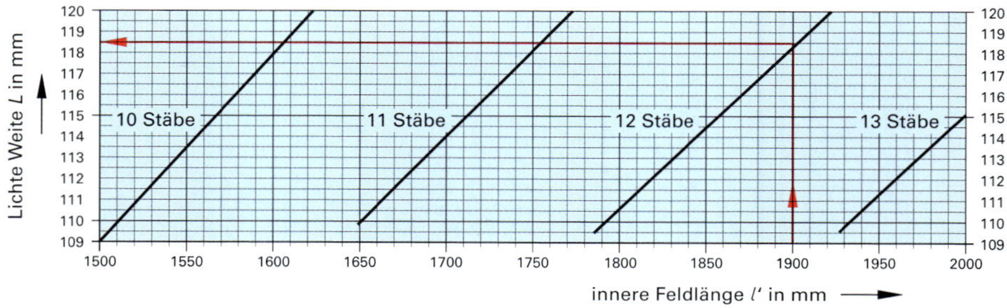

Beispiel: Innere Feldlänge l' = 1900 mm und die Stabbreite b_{St} = 30 mm.
Nach Tabelle ***n*** **= 12** und ***L*** **= 118,5 mm,** gerundet ***L*** **= 119 mm**

Treppen, Treppenleitern und Geländer

Ortsfeste Zugänge zu maschinellen Anlagen

vgl. DIN EN ISO 14122-3 (2002-01)

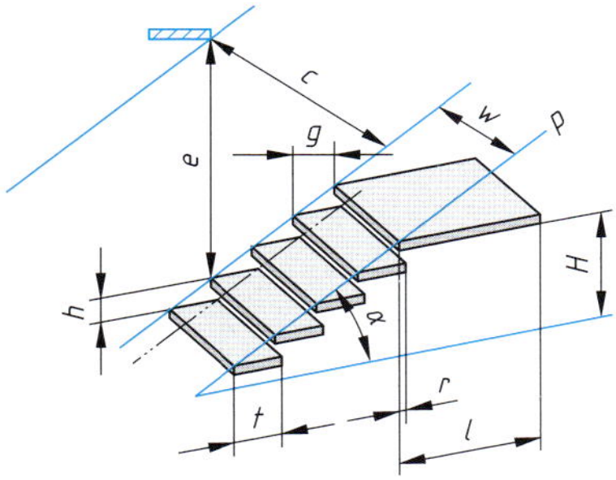

Die Kurzzeichen und Größen für ortsfeste Zugänge zu maschinellen Anlagen weichen von denen für Gebäudetreppen DIN 18065 (ab Seite 324) ab.

H	Treppenhöhe	*α*	Steigungswinkel
g	Auftritt	*w*	Laufbreite
e	lichte Durchgangshöhe	*p*	Steigungslinie
h	Steigung	*t*	Stufentiefe
l	Podestlänge	*c*	Freiraum
r	Unterschneidung		

Sicherheitstechnische Anforderungen

Kurzzeichen	Treppen Maße in mm	Treppenleitern Maße in mm	Kurzzeichen	Treppen Maße in mm	Treppenleitern Maße in mm
H	bis Podest ≤ 3000 ≤ 4000[1]	≤ 3000	*r*	≥ 10	≥ 10
e	≥ 2300	≥ 2300	*w*	600, **800**[3] 1000[2]	450 bis 800 **600**[3]
h	–	≤ 250	*t*	–	≥ 80
l	≥ 800	–	*c*	≥ 1900	≥ 850

[1] bei Einzellauf [2] wenn mehrere Personen aneinander vorbeigehen müssen [3] Vorzugsmaße

Auftritt und Steigung müssen die Formel erfüllen:

$$600 \leq g + 2 \times h \leq 660$$

Geländer

Bei einer Absturzhöhe > 500 mm muss ein Geländer angebracht werden.

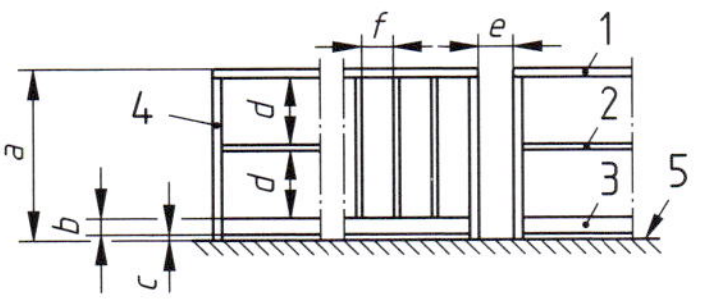

1 Handlauf
2 Knieleiste
3 Fußleiste
4 Pfosten
5 Laufebene

Waagerechte Geländer

a in mm	*b* in mm	*c* in mm	*d* in mm	*e* in mm	*f* in mm
≥ 1100	≥ 100	≤ 10	≤ 500	75 – 120	≤ 180

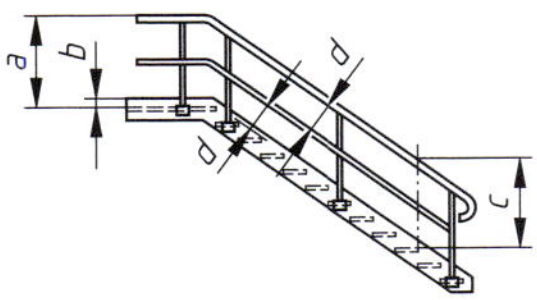

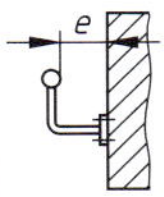

Geländer für Treppen und Treppenleitern

a in mm	*b* in mm	*c* in mm	*d* in mm	*e* in mm
≥ 1100	≥ 100	≥ 900	≤ 500	≥ 100

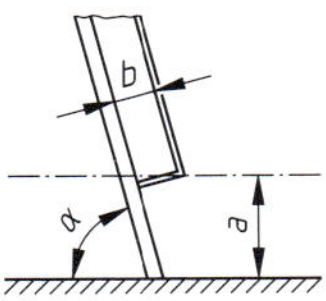

Handlauf an Treppenleitern

α in °	*a* in mm	*d* in mm
60	250	1000
65	200	
70	150	
75	100	

Geländer

Belastungsfälle

vgl. DIN 1055-3 (2006-03) und DIN 1055-4 (1987-06)

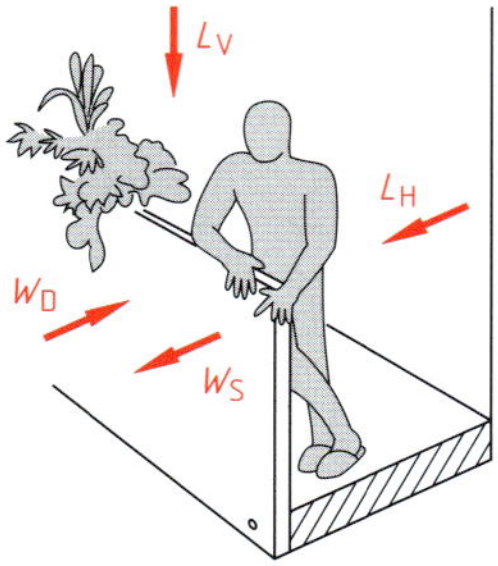

Verkehrslasten:

L_{V1}, L_{V2}, L_{V3}	senkrechte Last
L_H	waagerechte Last
W_S	Windsog[1)]
W_D	Winddruck[1)]

[1)] Bei Geländern an Gebäudeecken sind die Werte mit einem Faktor zu multiplizieren.

Rechenwerte	
L_H Wohngebäude	0,50 kN/m
L_H öffentliche Gebäude	1,0 kN/m
L_{V1} (ohne Verkleidung)	0,85 kN/m
L_{V2} (untere Hälfte mit Verkleidung)	1,05 kN/m
L_{V3} (vollflächige Verkleidung)	0,85 kN/m
W_S, W_D (Höhe 0 m ... 8 m)	0,5 kN/m
W_S, W_D (Höhe > 8 m ... 20 m)	0,8 kN/m
W_S, W_D (> 20 m ... 100 m)	1,1 kN/m

Statische Längen H_E der Geländerpfosten

Montagefälle

A	B	C	D
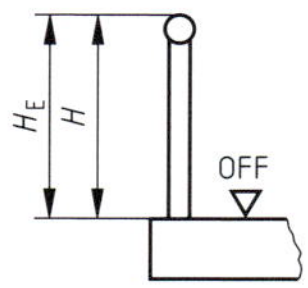	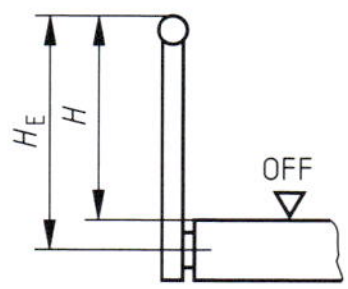	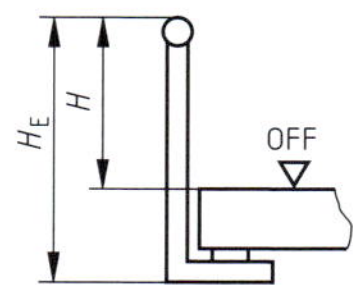	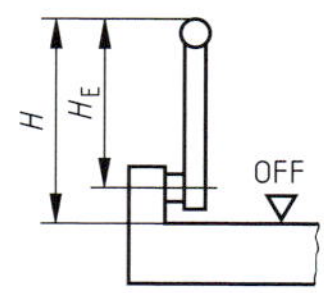

Bemessung von Geländerpfosten durch Berechnung

vgl. DIN 18800-1 und -2 (1990-11)

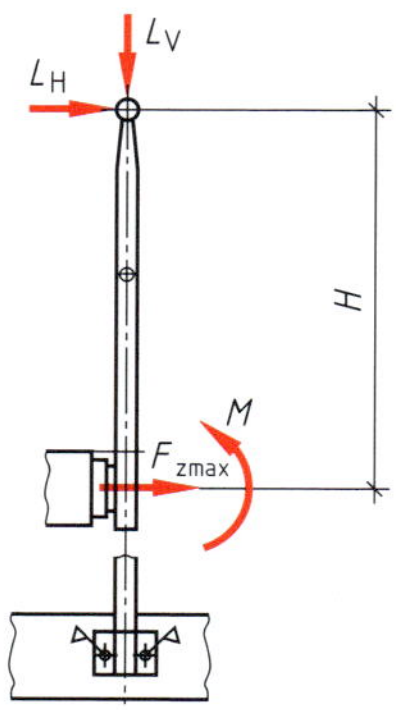

W_{erf}	erforderliches Widerstandsmoment
M	Biegemoment
$\sigma_{R,d}$	Grenzwert der Spannung
H	Hebellänge
A	Achsabstand der Pfosten
$F_{Q,d}$	veränderliche Einwirkung
γ_F, γ_M	Teilsicherheitsbeiwerte
Ψ	Kombinationsbeiwert
F_k	charakteristische Kraft
$f_{y,k}$	Streckgrenze
σ	Spannung

$$W_{erf} = \frac{M}{\sigma_{R,d}}$$

$$M = F_{Q,d} \cdot H \cdot A$$

$$F_{Q,d} = \gamma_F \cdot \Psi \cdot F_k$$

$$\sigma_{R,d} = \frac{f_{y,k}}{\gamma_M}$$

Vereinfachter Nachweis

$$\sigma \leq \sigma_{R,d}$$

Beispiel: A = 1300 mm, H = 1100 mm, l = 100 mm, Werkstoff S235JR, Wohngebäude
Nach Tabelle: für Wohngebäude $L_H = F_k$ = 0,5 kN/m
Werkstoff S235JR (S. 35), $f_{y,k}$ = 240 N/mm², Teilsicherheitsbeiwerte (S. 34) $\gamma_F = 1{,}5$, $\gamma_M = 1$, $\Psi = 1$

$$\sigma_{R,d} = \frac{f_{y,k}}{\gamma_M} = \frac{240\ \text{N/mm}^2}{1{,}1} = 218{,}18\ \text{N/mm}^2$$

$$F_{Q,d} = \gamma_F \cdot \Psi \cdot F_k = 1{,}5 \cdot 1 \cdot 0{,}5\ \text{kN/m} = 0{,}75\ \text{kN/m}$$

$$M = F_{Q,d} \cdot H \cdot A = 0{,}75\ \text{kN/m} \cdot 1{,}1\ \text{m} \cdot 1{,}3\ \text{m} = 1{,}072\ \text{kN} \cdot \text{m} = 107\,200\ \text{N} \cdot \text{cm}$$

$$\mathbf{W_{erf}} = \frac{M}{\sigma_{R,d}} = \frac{107\,200\ \text{N} \cdot \text{cm}}{21\,818\ \text{N/cm}^2} = \mathbf{4{,}9\ cm^3}$$

Gewähltes Rohr: **Hohlprofil DIN EN 10219 – 2 – S235JR – 40 × 40 × 4; W = 5,54 cm³**

Vereinfachter Nachweis: $\sigma = \frac{M}{W} = \frac{107\,200\ \text{N} \cdot \text{cm}}{5{,}54\ \text{cm}^3} = 19\,350\ \text{N/cm}^2 = 193{,}5\ \text{N/mm}^2$

$\sigma \leq \sigma_{R,d}$; **193,5 N/mm² ≤ 218,18 N/mm² erfüllt**

Geländer

Bemessung der Geländerpfosten mit Hilfe von Tabellen für gerade freistehende Geländer

Das erforderliche Widerstandsmoment W_{erf} wird mit Hilfe der Tabellen je nach Montagefall ermittelt. Für das erforderliche Widerstandsmoment des Handlaufs reichen 25 % des Widerstandsmoments des Pfostens aus.

Erforderliches Widerstandsmoment W_{erf} in cm^3 für Stahl S235JR[1]

Montagefälle	Max. Pfostenabstand[2] *A* in m	Absturzhöhe[3] 0 m … 8 m			Absturzhöhe[3] 8 m … 20 m[6]		
		Ohne[4] Verkleidung	Verkleidung untere Hälfte	Sonstige und Vollverkleidung	Ohne[4] Verkleidung	Verkleidung untere Hälfte	Sonstige und Vollverkleidung
Montagefall A	0,8	2,59	2,78	3,38	2,64	2,96	3,90
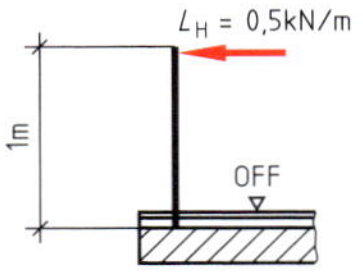	0,9	2,91	3,13	3,80	2,97	3,32	4,39
	1,0	3,23	3,48	4,22	3,30	3,69	4,88
	1,1	3,56	3,83	4,64	3,63	4,06	5,36
	1,3	4,20	4,52	5,48	4,29	4,80	6,34
	1,5	4,85	5,22	6,33	4,95	5,54	7,31
	1,7	5,50	5,92	7,17	5,61	6,28	8,29
	1,9	6,15	6,61	8,02	6,27	7,02	9,26
Montagefall B	0,8	3,02	3,36	4,08	3,09	3,64	4,78
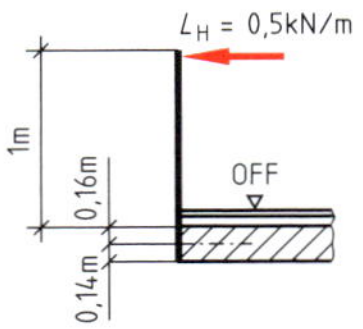	0,9	3,39	3,78	4,59	3,47	4,09	5,38
	1,0	3,77	4,20	5,10	3,86	4,55	5,98
	1,1	4,15	4,62	5,61	4,25	5,00	6,58
	1,3	4,90	5,46	6,63	5,02	5,91	7,77
	1,5	5,66	6,30	7,65	5,79	6,82	8,97
	1,7	6,41	7,14	8,66	6,56	7,73	10,20
	1,9	7,17	7,98	9,68	7,34	8,64	11,40
Montagefall C	0,8	4,20	4,84	5,84	4,28	5,14	6,58
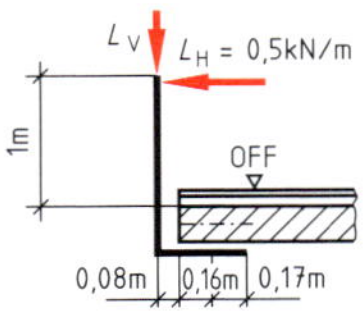	0,9	4,73	5,44	6,57	4,81	5,78	7,41
	1,0	5,25	6,05	7,30	5,35	6,42	8,23
	1,1	5,78	6,65	8,09	5,88	7,06	9,05
	1,3	6,83	7,86	9,49	6,95	8,35	10,70
	1,5	7,88	9,07	10,90	8,02	9,63	12,30
	1,7	8,93	10,30	12,40	9,09	10,90	14,00
	1,9	9,98	11,50	13,90	10,20	12,20	15,60
Randbereich[5]	–	1,1	1,2	1,4	1,1	1,3	1,6
H_E = 1,1[6]	–	1,07	1,08	1,11	1,08	1,09	1,12
H_E = 1,2	–	1,14	1,17	1,22	1,15	1,19	1,25

Beispiel: Absturzhöhe 7 m; Balkon mit Verkleidung in der unteren Hälfte; Pfostenabstand 1,1 m; Geländerhöhe *H* = 1 m; Werkstoff S355J0; Balkon im Randbereich des Gebäudes; Montagefall A.

Nach Tabelle gilt:
Multiplikatoren für Werkstoff 0,7 und Randbereich 1,2

Pfosten: $W_{erf} = 3{,}83\ cm^3 \cdot 1{,}2 \cdot 0{,}7 = \mathbf{3{,}217\ cm^3}$
Erfüllt durch die Profile: Hohlprofil 50 × 30 × 2,5 oder T 50

Handlauf: $W_{erf} = 3{,}217\ cm^3 \cdot 0{,}25 = \mathbf{0{,}804\ cm^3}$
Erfüllt durch Profile: Fl 35 × 8 oder Rohr $^3/_4$"

1) Multiplikatoren bei anderen Werkstoffen:
AlMgSi 0,5 F22 1,7
S355J0 0,7
Nichtrost. Stahl 1,0

2) Bei Zwischenmaßen wird der größere Wert genommen oder interpoliert.

3) Über 20 m ist ein besonderer Nachweis zu erbringen.

4) Berücksichtigt wird eine Füllstabfläche von 10 %

5) Multiplikatoren für Balkone im Randbereich

6) Multiplikatoren für statische Längen von 1,1 m und 1,2 m.

K

Geländer

Bemessung der Geländer

Bemessungswerte der Biegemomente m'_d in kN · m/m und Kräfte h'_d und v'_d in kN/m für 1 m Pfostenabstand vgl. DIN 18800-1 (1990-11)

Ort des Geländers	Höhe des Geländers über Gelände in m	Wohngebäude L_H = 0,5 kN/m: m'_d [1)] für H 1,0 m	m'_d [1)] für H 1,1 m	h'_d [1)] für H 1,0 m	h'_d [1)] für H 1,1 m	öffentliche Gebäude L_H = 1,0 kN/m: m'_d [1)] für H 1,0 m	m'_d [1)] für H 1,1 m	h'_d [1)] für H 1,0 m	h'_d [1)] für H 1,1 m	alle Gebäude v'_d [1)] für alle H
Montagefall A										
im Freien (außerhalb geschlossener Gebäude)	0…8	0,872	0,947	0,750	0,750	1,70	1,85	1,50	1,50	1,24
	> 8…20	0,983	1,16	1,56	1,72	1,70	1,85	1,50	1,50	1,24
	> 20…100	1,33	1,58	2,15	2,36	1,70	1,85	1,50	1,50	1,24
im Gebäudeinneren		0,872	0,947	0,75	0,75	1,70	1,85	1,50	1,50	1,24
Montagefall B										
im Freien (außerhalb geschlossener Gebäude)	0…8	1,03	1,11	0,750	0,750	1,92	2,07	1,50	1,50	1,24
	> 8…20	1,23	1,42	1,84	2,00	1,92	2,07	1,50	1,50	1,24
	> 20…100	1,64	1,90	2,53	2,75	1,92	2,07	1,50	1,50	1,24
im Gebäudeinneren		1,03	1,11	0,750	0,750	1,92	2,07	1,50	1,50	1,24
Montagefall C										
im Freien (außerhalb geschlossener Gebäude)	0…8	1,32	1,39	0,785	0,75	2,29	2,44	1,50	1,50	1,24
	> 8…20	1,66	1,87	2,03	2,18	2,29	2,44	1,50	1,50	1,24
	> 20…100	2,16	2,45	2,79	3,00	2,29	2,45	1,50	3,00	1,24
im Gebäudeinneren		1,32	1,39	0,75	0,75	2,29	2,44	1,50	1,50	1,24

[1)] Die Werte m'_d, h'_d und v'_d sind Bemessungswerte im Sinne der DIN 18800-1 und enthalten die Teilsicherheitsbeiwerte $\gamma_{F,Q}$ = 1,5 und $\gamma_{F,Q}$ = 1,35.

Aufnehmbare Momente $M_{R,d}$ ausgewählter Profile für Geländerpfosten

Querschnitt	Abmessungen in mm h	t	240 Baustahl 1	240 Baustahl 2	360 Baustahl 1	360 Baustahl 2	190 nichtrostender Stahl 1	190 nichtrostender Stahl 2	220 nichtrostender Stahl 1	220 nichtrostender Stahl 2	160 Aluminium 1	160 Aluminium 2
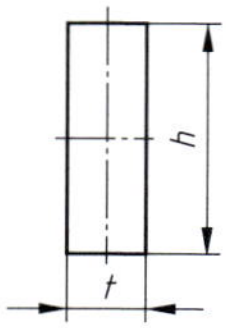	40	10	0,723	0,647	0,107	0,961	0,574	0,513	0,664	0,594	0,191	0,421
	45	10	0,914	0,837	1,35	1,24	0,726	0,665	0,839	0,769	0,240	0,541
	45	12	1,10	1,01	1,64	1,51	0,874	0,801	1,01	0,926	0,294	0,664
	50	10	1,13	1,05	1,66	1,55	0,895	0,834	1,03	0,964	0,293	0,673
	50	12	1,36	1,27	2,02	1,89	1,08	1,00	1,25	1,16	0,361	0,830
	60	10	1,61	1,54	2,36	2,25	1,28	1,22	1,48	1,14	0,412	0,967
	70	10	2,18	2,10	3,16	3,05	1,74	1,68	2,01	1,94	0,546	1,300
	70	12	2,65	2,56	3,91	3,78	2,11	2,03	2,43	2,35	0,691	1,640
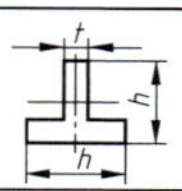	40	5	0,775	0,528	1,16	0,787	0,615	0,419	0,711	0,484	0,207	0,347
	50	6	1,46	1,09	2,18	1,63	1,16	0,862	1,34	0,998	0,392	0,718
	60	7	2,47	1,94	3,69	2,90	1,95	1,54	2,26	1,78	0,663	1,28
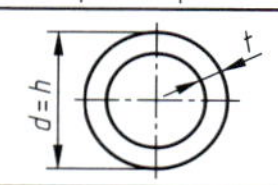	33,7	3,25	0,660	0,600	0,990	0,900	0,522	0,457	0,605	0,550	0,179	0,400
	42,4	3,25	1,09	1,03	1,63	1,54	0,862	0,815	0,999	0,944	0,295	0,686
	48,3	3,25	1,44	1,38	2,16	2,07	1,14	1,09	1,32	1,27	0,390	0,921

(Normstreckgrenze der Werkstoffe $f_{y,k}$ in N/mm²)

1 für einbetonierte, aufgesetzte oder angeschweißte ($t \geq$ 3 mm) Pfosten.
2 für angeschraubte Pfosten.

K

Geländer

Bemessung der Geländer

vgl. DIN 18800-1 (1990-11)

Aufnehmbare Momente $M_{R,d}$ ausgewählter Profile für Geländerpfosten

Querschnitt in mm	Abmessungen Baustahl			Normstreckgrenze der Werkstoffe $f_{y,k}$ in N/mm² 240 Baustahl		360 nichtrostender Stahl		190 nichtrostender Stahl		220 Aluminium		160	
	h	*b*	*t*	1	2	1	2	1	2	1	2	1	2
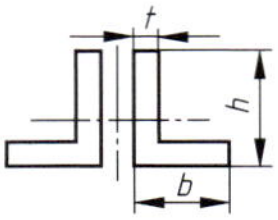	45	30	5	1,85	1,71	2,78	2,56	1,47	1,35	1,70	1,56	0,502	1,14
	50	40	5	2,41	2,12	3,62	3,18	1,91	1,68	2,21	1,95	0,653	1,42
	60	30	5	3,12	2,97	4,68	4,46	2,47	2,35	2,86	2,73	0,845	1,98
	60	30	7	4,21	4,00	6,31	6,00	3,33	3,17	3,86	3,67	1,14	2,67
	60	40	5	3,40	3,10	5,09	4,66	2,69	2,46	3,11	2,85	0,919	2,07
	20	50	2	0,881	0,844	1,32	1,27	0,697	0,668	0,807	0,773	0,238	0,562
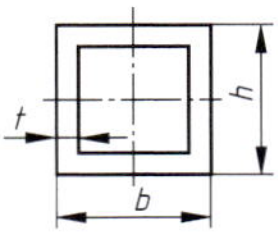	20	50	3	1,25	1,19	1,87	1,79	0,989	0,945	1,14	1,09	0,338	0,796
	25	50	2	0,985	0,948	1,48	1,42	0,78	0,751	0,903	0,869	0,267	0,632
	25	50	3	1,40	1,35	2,10	2,02	1,11	1,07	1,29	1,24	0,380	0,898
	20	60	2	1,19	1,15	1,79	1,73	0,942	0,913	1,09	1,06	0,322	0,769
	20	60	3	1,70	1,65	2,55	2,47	1,35	1,30	1,56	1,51	0,460	1,10
	25	60	2	1,32	1,28	1,98	1,92	1,04	1,01	1,21	1,17	0,356	0,953
	25	60	3	1,89	1,83	2,83	2,75	1,49	1,45	1,73	1,68	0,511	1,22
	30	60	2	1,44	1,41	2,17	2,11	1,14	1,11	1,32	1,29	0,391	0,938
	30	60	3	2,07	2,02	3,11	3,03	1,64	1,60	1,90	1,85	0,561	1,35
	30	60	4	2,65	2,57	3,97	3,86	2,09	2,04	2,43	2,36	0,716	1,71

1 für einbetonierte, aufgesetzte oder angeschweißte ($t \geq 3$ mm) Pfosten.
2 für angeschraubte Pfosten.

Schweißnahtdicken zum Fügen Pfosten – Fußplatte

vgl. DIN 18800-1 (1990-11)

Erforderliche Nahtdicke a_{Werf} in mm für Stabstähle

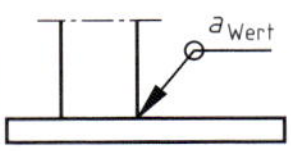				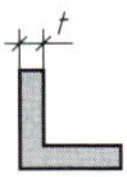					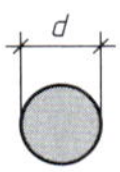		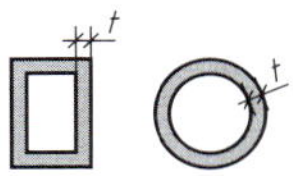
t oder *d* in mm	4	4,5	5	6	7	8	10	12	16	20	$t \geq 3$
a_{Werf} in mm	3,5	4	4	5	5,5	6,5	8	9,5	4	5	$a_{Werf} = t$

Beispiel:

Balkongeländer eines Wohnhauses. Absturzhöhe 8,5 m, Montagefall B, Pfostenabstand A = 1,2 m, Pfosten aus Flachstahl.

Nach Landesbauordnung: H_{min} = 0,9 m

Nach Tabelle S. 340: m'_d = 1,23 kN · m/m

$\boldsymbol{M_d} = m'_d \cdot A$ = 1,23 kN · m/m · 1,2 m = 1,476 kN · m ≈ **1,48 kN · m**

Auswahl eines Flachstahls (S235, angeschweißt) für Pfosten. $M_d \leq M_{R,d}$;

Nach Tabelle S. 340: **Fl 60 × 10** ⇒ $M_{R,d}$ = 1,61 kN · m ≥ M_d

Bestimmung der Schweißnahtdicke a_w und -länge l_w. $M_d \leq M_{R,d}$

Nach Tabelle S. 342: $\boldsymbol{l_w}$ = **90 mm** und $\boldsymbol{a_w}$ = **4 mm** ⇒ $M_{R,d}$ = 1,84 kN · m ≥ M_d

Bestimmung der Größe der Befestigungsplatte.

Nach Tabelle S. 343: **180 × 18** oder **150 × 30** ⇒ $M_{R,d}$ = 1,89 kN · m ≥ M_d

Geländer

Bestimmung der Momente $M_{R,d}$ mit Hilfe von Tabellen

vgl. DIN 18800-1 (1990-11)

Geschweißter Anschluss des Pfostens an der Stirnseite

Aufnehmbares Moment $M_{R,d}$ in kN · m

Schweißnaht-dicke a_w in mm	Schweißnaht-länge l_w in mm	Normstreckgrenzen der Werkstoffe $f_{y,k}$ in N/mm²				
		240 Baustahl	360 Baustahl	190 nicht rostender Stahl	220 nicht rostender Stahl	160 Aluminium
3	50	0,431	0,646	0,341	0,395	0,146
	60	0,691	0,929	0,490	0,567	0,209
	70	0,840	1,26	0,665	0,770	0,284
	80	1,10	1,64	0,867	1,00	0,370
	90	1,38	2,07	1,09	1,27	0,468
	100	1,70	2,55	1,35	1,56	0,576
4	50	0,575	0,862	0,455	0,527	0,194
	60	0,825	1,24	0,653	0,757	0,279
	70	1,12	1,68	0,887	1,03	0,379
	80	1,46	2,19	1,16	1,34	0,494
	90	1,84	2,77	1,46	1,69	0,624
	100	2,27	3,41	1,80	2,08	0,768
5	50	0,718	1,08	0,569	0,658	0,243
	60	1,03	1,55	0,817	0,946	0,349
	70	1,40	2,10	1,11	1,28	0,474
	80	1,83	2,74	1,44	1,67	0,618
	90	2,30	3,46	1,82	2,11	0,780
	100	2,84	4,26	2,25	2,60	0,961

Geschraubter Anschluss des Pfostens an der Stirnseite

Aufnehmbares Moment $M_{R,d}$ in kN · m

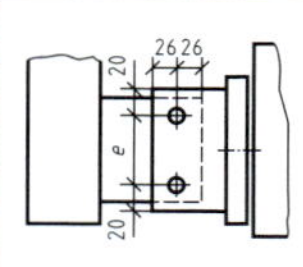

Anschlussplatte Norm-streck-grenze $f_{y,k}$ N/mm²	Anschlussplatte Mindest-dicke t mm	Schraube M12 Werkstoff-güte	Verbindungsart	Schraubenabstand e in mm					
			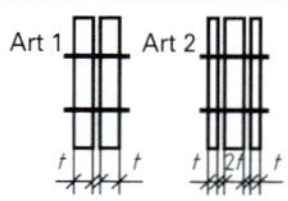	40	60	80	100	120	140
240	3,4	4.6							
360	2,3		1	0,695	1,06	1,43	1,82	2,22	2,64
190	4,3								
220	3,7		2	1,39	2,12	2,87	3,65	4,45	5,27
160	5,1								
240	4,2	nicht-rostender Stahl							
360	2,8		1	0,869	1,32	1,79	2,28	2,78	3,30
190	5,3								
220	4,6		2	1,74	2,65	3,59	4,56	5,56	6,59
160	6,3								
240	8,5	10.9							
360	5,6		1	1,74	2,65	3,59	4,56	5,56	6,59
190	11								
220	9,2		2	3,48	5,3	7,17	9,11	11,1	13,2
160	13								

Bestimmung der Größe der Befestigungsplatten

Aufnehmbares Moment $M_{R,d}$ in kN · m der Befestigungsplatte; Befestigung von oben oder unten

Normstreckgrenze $f_{y,k}$ in N/mm²	Blechdicke t in mm	Breite der Befestigungsplatte in mm: 80	100	120	150	180
240 (Baustahl)	10	0,218	0,291	0,364	0,473	0,582
	12	0,314	0,419	0,524	0,681	0,838
	15	0,491	0,655	0,818	1,06	1,31
	18	0,707	0,943	1,18	1,53	1,89
	20	0,873	1,16	1,45	1,89	2,33
190 (nicht rostender Stahl)	10	0,173	0,23	0,288	0,374	0,461
	12	0,249	0,332	0,415	0,539	0,663
	15	0,389	0,518	0,648	0,842	1,04
	18	0,56	0,746	0,933	1,21	1,49
	20	0,691	0,921	1,15	1,50	1,84

Aufnehmbares Moment $M_{R,d}$ in kN · m der Befestigungsplatte; Befestigung stirnseitig

Normstreckgrenze $f_{y,k}$ in N/mm²	Blechdicke t in mm	Breite der Befestigungsplatte in mm: 80	100	120	150	160	180	200	240	280
240 (Baustahl)	10	0,549	0,676	0,801	0,98	1,04	1,15	1,26	1,48	1,68
	12	0,790	0,974	1,15	1,41	1,50	1,66	1,82	2,13	2,42
	15	1,23	1,52	1,80	2,21	2,34	2,59	2,85	3,33	3,79
	18	1,78	2,19	2,59	3,18	3,37	3,74	4,10	4,79	5,45
	20	2,20	2,71	3,20	3,92	4,16	4,61	5,06	5,92	6,73
190 (nicht rostender Stahl)	10	0,435	0,536	0,634	0,776	0,822	0,913	1,00	1,17	1,33
	12	0,626	0,771	0,913	1,12	1,18	1,31	1,44	1,69	1,92
	15	0,978	1,20	1,43	1,75	1,85	2,05	2,25	2,63	3,00
	18	1,41	1,74	2,05	2,51	2,66	2,96	3,24	3,79	4,32
	20	1,74	2,14	2,54	3,10	3,29	3,65	4,00	4,68	5,33

Dübelabstände für Verbundanker für ungerissenen und gerissenen Beton

Montagefall A

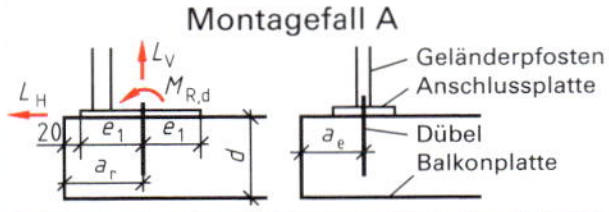

Montagefall B

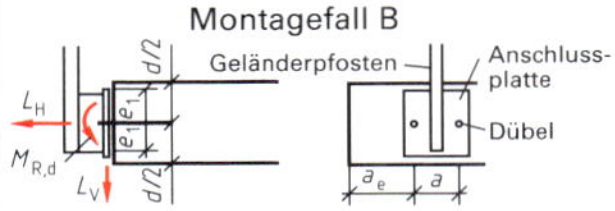

Montagefall C

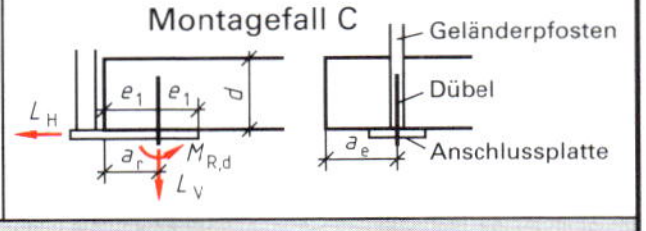

Aufnehmbares Moment $M_{R,d}$ in kN · m für Montagefall A / für Montagefall B

e_1 mm	a_r mm	A: 60 M10 $a_e \geq$ 90 mm $d \geq$ 130 mm	A: 80 M12 $a_e \geq$ 120 mm $d \geq$ 150 mm	A: 100 M12 $a_e \geq$ 150 mm $d \geq$ 200 mm	B: 60 M10 $a_e \geq$ 90 mm $d \geq$ 130 mm	B: 80 M12 $a_e \geq$ 120 mm $d \geq$ 150 mm	B: 100 M12 $a_e \geq$ 150 mm $d \geq$ 200 mm
40	60	0,17	–	–	0,12	–	–
60	80	0,26	0,45	–	0,19	0,35	–
80	100	0,34	0,6	0,87	0,25	0,51	0,78
100	120	0,43	0,75	1,12	0,32	0,63	1,00
120	140	0,51	0,9	1,34	0,38	0,76	1,21

Aufnehmbares Moment $M_{R,d}$ in kN · m pro Dübelpaar für Montagefall C

e_1 mm	d mm	60 M10: a = 100 mm $a_e \geq$ 150 mm	60 M10: a = 150 mm $a_e \geq$ 150 mm	80 M12: a = 100 mm $a_e \geq$ 150 mm	80 M12: a = 150 mm $a_e \geq$ 150 mm	100 M12: a = 100 mm $a_e \geq$ 150 mm	100 M12: a = 150 mm $a_e \geq$ 150 mm
40	120	0,18	0,21	–	–	–	–
60	160	0,39	0,47	0,44	0,51	–	–
80	200	0,60	0,62	0,76	0,86	0,83	0,94
100	240	0,74	0,76	1,16	1,30	1,28	1,43
120	280	0,86	0,89	1,36	1,53	1,82	2,06

Fenster

Fensterelemente

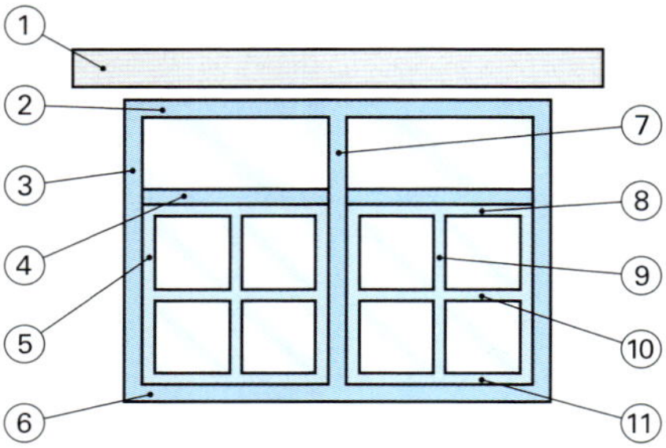

1 Sturz
2 Blendrahmen-Oberstück
3 senkrechter Rahmenteil
4 Riegel (Kämpfer)
5 Flügelrahmenteil senkrecht
6 Wetterschenkel
7 Pfosten
8 Flügelrahmen-Oberteil
9 Sprosse senkrecht
10 Sprosse waagerecht
11 Flügelrahmen-Unterteil
12 Glasfalz (Glasfalzhöhe und Glasfalzgrund)

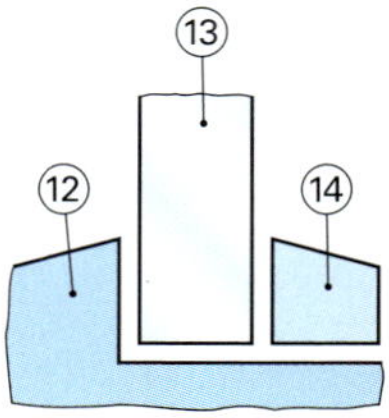

13 Verglasung
14 Glashalteleiste

Aufmaße am Bau

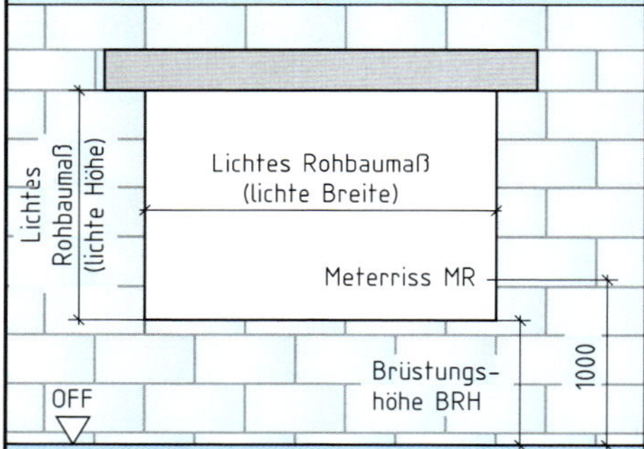

Die Baurichtmaße sind die Kleinstmaße der Rohbaumaße. Da Fenster und Türen in die Bauwerksöffnungen hineinpassen müssen und außerdem noch eine Bauanschlussfuge gewährleistet sein muss, liegen die Außenmaße des Blendrahmens 20 mm ... 30 mm in der Breite und 10 mm ... 20 mm in der Höhe unter dem Baurichtmaß.

Links und rechts im Bauwesen

vgl. DIN EN 12519

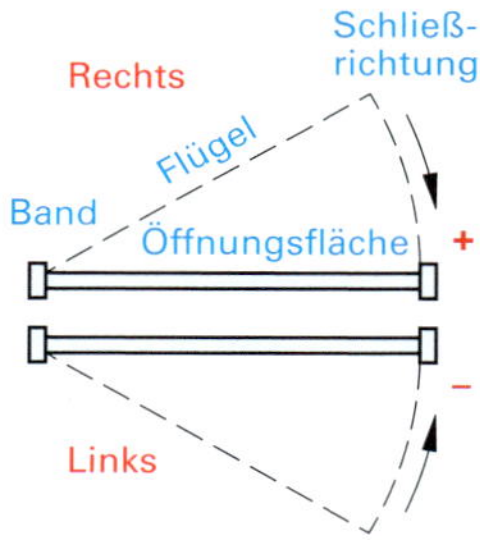

Eine Rechtstür (+) schließt im Uhrzeigersinn und ist auf der Betrachterseite rechts angeschlagen.

Eine Linkstür (–) schließt gegen den Uhrzeigersinn und ist auf der Betrachterseite links angeschlagen.

Grenzabmaße in mm

vgl. DIN 18 202 (2005-10)

bei Nennmaßen in m	bis 1	über 1 bis 3	über 3 bis 6
für Fenster- und Türöffnungen und Einbauelemente	± 10	± 12	± 16
für Öffnungen wie vor, jedoch mit oberflächenfertigen Laibungen	± 8	± 10	± 12

Öffnungsarten der Fensterflügel

vgl. DIN 1356 (1995-02)

Symbol	Bezeichnung	Symbol	Bezeichnung
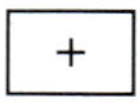	Festverglasung		Wendefenster mittig, rechts öffnend
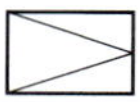	Drehfenster einflügelig nach innen öffnend, links		Horizontalschiebeflügel
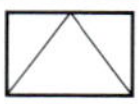	Kippfenster	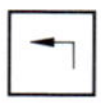	Hebeschiebeflügel, nach links öffnend
	Drehkippfenster links		Versenkschiebeflügel
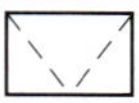	Klappfenster	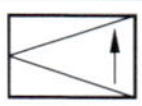	Hebedrehflügel
	Schwingfenster mittig angeschlagen	—— nach innen öffnend ---- nach außen öffnend- Standort des Betrachters innen.	

K

Fenster

Richtlinien zur Beurteilung der visuellen Qualität von ISO-Glas

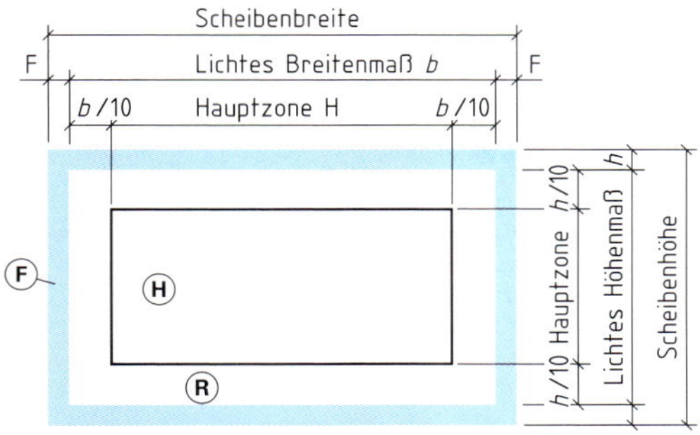

Nach einer Richtlinie des Instituts des Glaserhandwerks für Verglasungstechnik und Fensterbau und des Ausschusses des Bundesverbandes Flachglas Großhandel, Isolierglasherstellung und Veredelung e.V.

F **Falzzone (Randverbund)**
Breite 18 mm, mit Ausnahme von mechanischen Kantenbeschädigungen, keine Einschränkung.

R **Randzone**
Fläche 10% der jeweiligen Lichten Breiten- u. Höhen-Maße, weniger strenge Beurteilung.

H **Hauptzone**
Strengste Beurteilung

Klotzung von Verglasungseinheiten

Tragklötze Übertragen das Gewicht der Verglasungseinheit auf die Rahmenkonstruktion
Distanzklötze Gewährleisten den Abstand zwischen Glaskante und Falzgrund.
Klotzbrücken Gewährleisten einen umlaufenden Dampfdruckausgleich.

Dicken	1	2	3	4	5	6	7/10
Farben	natur/ braun	rot	grün	gelb	blau	schwarz	natur/ braun

Grundmaße von Klötzen: Länge 80 mm bis 100 mm;
Breite = Glasdicke + 2 mm

Klotzungsvorschläge

Drehflügel

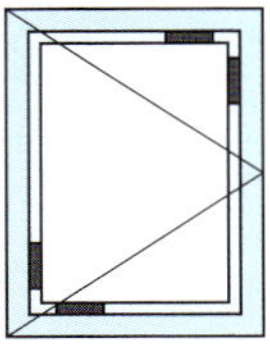

Kippflügel

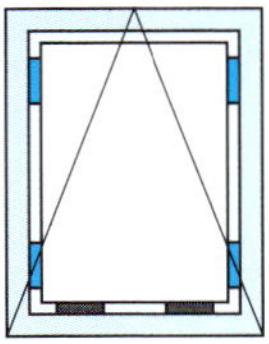

Drehkipp-Flügel

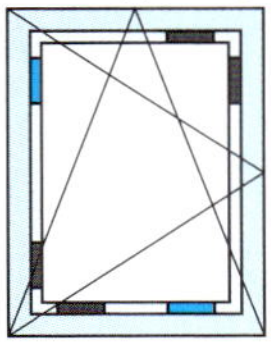

Klappflügel

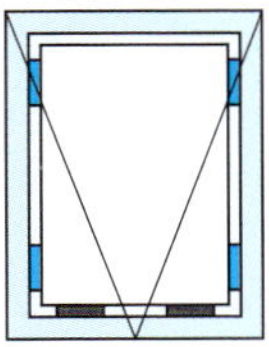

Schwingflügel

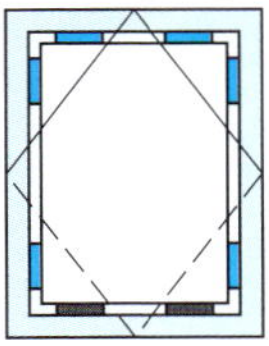

Wendeflügel mittig

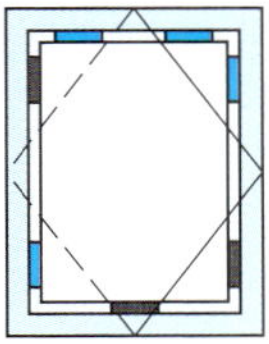

Horizontal-Schiebeflügel

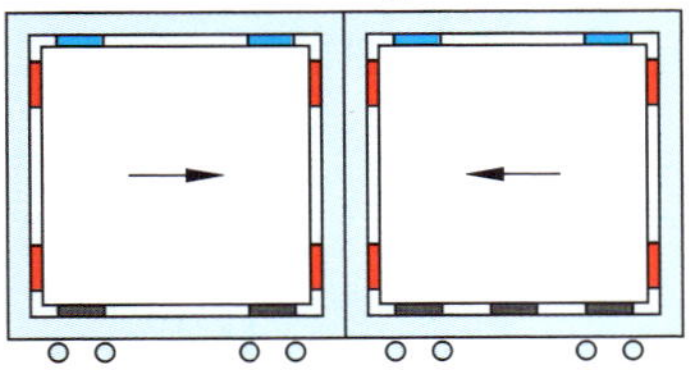

Drehflügel mit Sprossen

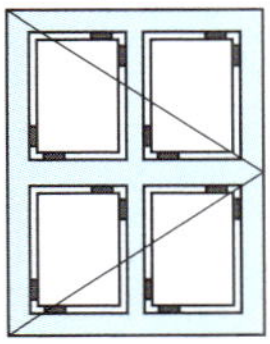

Beispiele für fachgerechte Klotzung

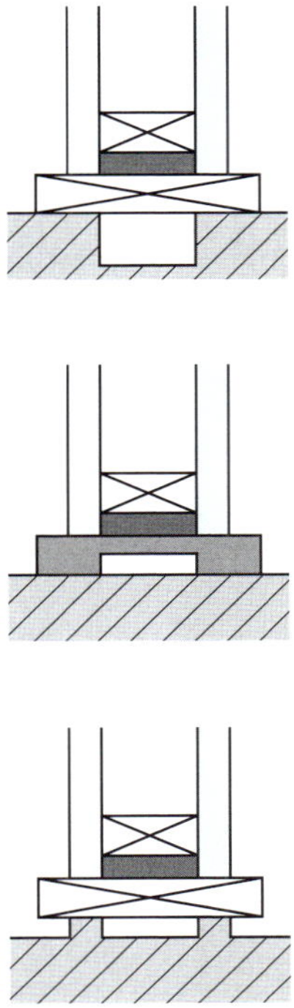

Tragklotz
Distanzklotz
elastischer Distanzklotz

K

Fenster

Prüfanforderungen an Fenster und Fassaden

vgl. DIN 18 055 (1981-10)

Fugendurchlässigkeit *V* in m³/h	Die Fugendurchlässigkeit kennzeichnet den über die Fugen zwischen Flügel und Blendrahmen in der Zeit stattfindenden Luftaustausch, der durch eine am Fenster vorhandene Luftdruckdifferenz verursacht wird.
Fugendurchlasskoeffizient *a*	Der Fugendurchlasskoeffizient *a* kennzeichnet die über die Fugen zwischen Flügel und Blendrahmen eines Fensters je Zeit, Meter Fugenlänge und Luftdruckdifferenz von 10 Pa ausgetauschte Luftmenge.
Schlagregendichtheit	Schlagregendichtheit ist die Sicherheit, die ein geschlossenes Fenster bei gegebener Windstärke, Regenmenge und Beanspruchungsdauer gegen das Eindringen von Wasser in das Innere des Gebäudes bietet (DIN EN 86).

Beanspruchungsgruppen

vgl. DIN 18 055 (1981-10)

Beanspruchungsgruppen[1]	A	B	C	D[3]
Prüfdruck in Pa entspricht etwa einer Windgeschwindigkeit bei Windstärke[2]	bis 150 bis 7	bis 300 bis 9	bis 600 bis 11	Sonderregelung
Gebäudehöhe in m (Richtwert)	bis 8	bis 20	bis 100	

[1] Die Beanspruchungsgruppe ist im Leistungsverzeichnis anzugeben.

[2] Nach der Beaufort-Skala

[3] In die Beanspruchungsgruppe D sind Fenster einzustufen, bei denen mit außergewöhnlicher Beanspruchung zu rechnen ist. Die Anforderungen sind im Einzelfall anzugeben.

Anforderungen bei gebrauchsmäßiger Nutzung

Prüfung	Lasten	Anforderungen
Verformung	300 N	Nach der Prüfung dürfen die Einzelteile des Fensters keine Schäden aufweisen (Beschlagteile, Verglasung, usw.) Das Glas darf nicht brechen. Die Verformungen oder Absenkungen müssen so gering sein, dass der Flügel einwandfrei geschlossen werden kann.
Last an der Flügelecke	500 N	
Torsion	200 N	
Diagonale Verformung	400 N	
Prüfung der Arretierung	Prüfung min. 10-mal durchführen	
Prüfung der Blockierungen	200 N	Diese Last darf den Flügel nicht aus seiner Lage bringen.

Längenbezogene Fugendurchlässigkeit V_L

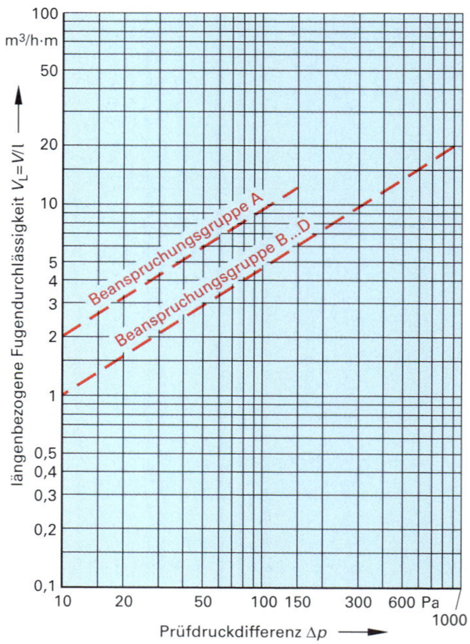

K

Bemessung von Rahmenquerschnitten

vgl. DIN 18 056 (1966-06)

Bedingungen für die Bemessung von Fenstern und Fensterwänden	• Die Fläche der Fensterwand übersteigt 9 m^2. • Die kurze Seite der Fensterwand ist länger als 2 m.

Berechnungsgrundlagen

Der statische Nachweis der Durchbiegung wird nur für Pfosten und Riegel geführt. Der Blendrahmen wird nicht durchgebogen, da die auftretenden Kräfte von der Befestigung in den Baukörper eingeleitet werden.

Zulässige Durchbiegung	1/300 der Stützweite, maximal 8 mm
Grenzwert der Stützweite	$\frac{L_{max}}{300} = 8$ mm, $L_{max} = 300 \cdot 8$ mm $= 2400$ mm Um zu sichern, dass das Glas sich nicht mehr als die zulässigen 8 mm durchbiegt, muss ab einer Stützweite von mehr als 2400 mm das ermittelte Flächenträgheitsmoment für den Profilquerschnitt durch einen Faktor korrigiert werden.

Annahme für die Lastverteilung an einer Scheibenfläche

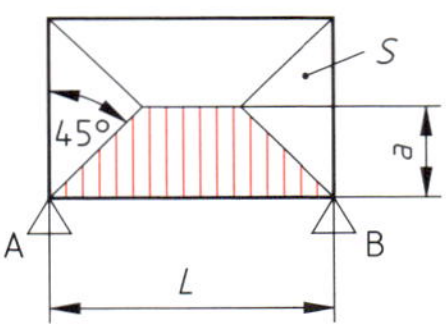

S Scheibenfläche
a Belastungsbreite
L Stützweite

Als Lastfall wird ein Träger auf zwei Stützen mit trapezförmiger Lastaufteilung angenommen. Dabei wird vereinfachend davon ausgegangen, dass sich bei Scheibenflächen eine Lastabtragung durch die Winkelhalbierende ergibt.

Ermittlung des erforderlichen Flächenträgheitsmomentes I in cm^4

Zur Begrenzung der Durchbiegung und zur Sicherung der erforderlichen Biegesteifigkeit der Pfosten und Riegel muss das erforderliche Flächenträgheitsmoment für die Profilauswahl ermittelt werden.

	Arbeitsschritte
1	Ermittlung der Stützweite *L*.
2	Ermittlung der Belastungsbreite *a* und *b* in cm.
3	Flächenträgheitsmoment für Belastungsbreite *a* Seite 350.
4	Flächenträgheitsmoment für Belastungsbreite *b* Seite 350.
5	Flächenträgheitsmomente addieren.
6	Multiplikation der Summe der Flächenträgheitsmomente mit dem bauwerksabhängigen Faktor für die Windbelastung f_{IV} Seite 350.
7	Ermittlung des Flächenträgheitsmomentes I durch Multiplikation des Ergebnisses von Schritt 6 mit dem Korrekturfaktor für die Scheibenkante f_{IV} Seite 350.
8	Profilauswahl nach Katalog des Profilherstellers mit Eingangswert I.

Beispiel

Für ein Fassadenelement in einem normalen Bauwerk mit Verglasungshöhe 10 m über dem Gelände ist der erforderliche Profilquerschnitt für den Pfosten zu ermitteln.
Rahmenwerkstoff: Stahl.

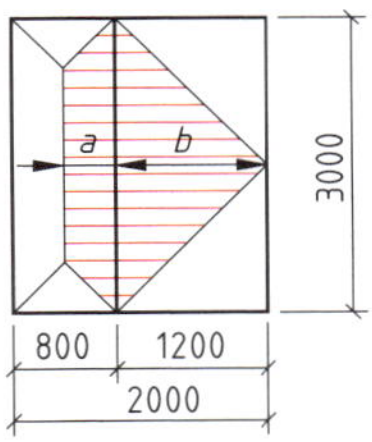

	Lösungsschritte
1	$L = 3000$ mm $= 300$ cm
2	$a = 800$ mm : 2 = 400 mm = 40 cm $b = 1200$ mm : 2 = 600 mm = 60 cm
3	$I_{x_a} = 11{,}7$ cm^4
4	$I_{x_b} = 16{,}9$ cm^4
5	$I_{x_{ab}} = I_{x_a} + I_{x_b}$ = 11,7 cm^4 + 16,9 cm^4 = 28,6 cm^4
6	$I_{x_S} = I_{x_{ab}} \cdot f_W$ = 28,6 cm^4 · 1,27 = 36,32 cm^4
7	L_1/L = 3000 mm : 3000 mm = 1 $f_{IV} = 1{,}24$ $I = I_{x_S} \cdot f_{IV}$ = 36,32 cm^4 · 1,24 = 45,04 cm^4
8	Profilauswahl nach Katalog des Herstellers mit Eingangswert I.

Fenster

Bemessung von Rahmenquerschnitten

vgl. DIN 18 056 (1966-06)

Korrekturfaktoren für Scheibenkante bei Isolierverglasung f_{IV}

L_1/L	*L* in cm											
	250	300	350	400	450	500	550	600	700	800	900	1000
1,0	1,04	1,24	1,45	1,66	1,87	2,08	2,29	2,49	2,91	3,33	3,74	4,16
0,75	1	1	1	1	1,05	1,17	1,28	1,40	1,64	1,87	2,10	2,34
0,66	1	1	1	1	1	1	1,01	1,11	1,29	1,48	1,66	1,85

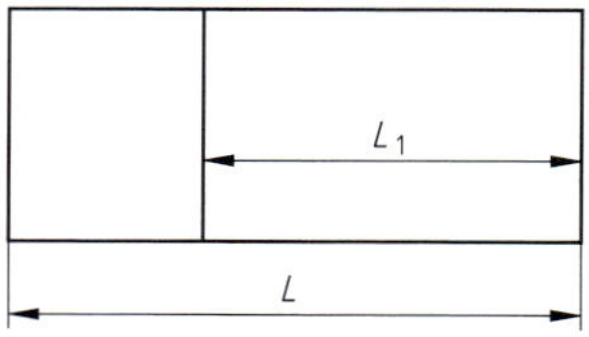

L Stützweite des Rahmenteiles; L_1 Länge der größten Isolierglasscheibe an dem betrachteten Rahmenteil.

Flächenträgheitsmomente für Aluminium I_x in cm⁴

L in cm	Belastungsbreite in cm																	
	20	30	40	50	60	70	80	90	100	110	120	130	140	150	160	170	180	190
100	0,6	0,8	1,0	1,0														
120	1,1	1,5	1,9	2,1	2,2													
140	1,7	2,5	3,2	3,7	4,0	4,1												
160	2,6	3,8	4,9	5,8	6,4	6,8	7,0											
180	3,8	5,6	7,2	8,5	9,7	10,5	11,0	11,2										
200	5,2	7,7	10,0	12,0	13,3	15,2	16,2	16,9	17,1									
220	7,0	10,3	13,5	16,3	18,9	21,0	22,8	24,0	24,8	25,0								
240	9,1	13,5	17,7	21,5	25,0	28,1	30,7	32,8	34,3	35,2	35,5							
260	11,6	17,2	22,6	27,7	32,3	36,5	40,2	43,2	45,7	47,5	48,6	48,9						
280	14,5	21,6	28,4	34,8	40,9	46,4	51,3	55,6	59,2	62,1	64,1	65,4	65,8					
300	17,9	26,6	35,1	43,2	50,8	57,8	64,3	70,0	75,0	79,2	82,4	84,8	86,3	86,7				
320	21,8	32,4	42,7	52,7	62,1	71,0	79,2	86,6	93,2	98,9	103	107	110	111	112			
340	26,1	38,9	51,4	63,5	75,0	85,9	96,1	105	114	121	128	133	137	140	142	143		
360	31,0	46,3	61,2	75,7	89,6	102	115	126	137	147	155	162	168	173	177	179	179	
380	36,5	54,4	72,1	89,3	105	121	136	150	163	175	186	196	204	211	216	220	222	223
400	42,6	63,7	84,3	104	123	142	160	177	193	208	221	233	244	253	260	266	270	273
450	60,8	90,8	120	149	177	205	231	257	281	304	325	345	363	379	394	407	417	426
500	83,4	124	165	205	245	283	321	357	392	425	457	486	514	540	564	585	605	622

L Stützweite
a Belastungsbreite
b Belastungsbreite

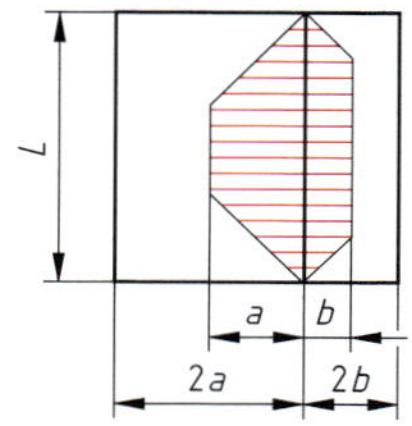

Flächenträgheitsmomente für Stahl I_x in cm⁴

L in cm	Belastungsbreite in cm																	
	20	30	40	50	60	70	80	90	10	110	120	130	140	150	160	170	180	190
100	0,2	0,2	0,3	0,3														
120	0,3	0,5	0,6	0,7	0,7													
140	0,5	0,8	1,0	1,2	1,3	1,3												
160	0,8	1,2	1,6	1,9	2,1	1,2	2,3											
180	1,2	1,8	2,4	2,8	3,2	3,5	3,6	3,7										
200	1,7	2,5	3,3	4,0	4,6	5,0	5,4	5,6	5,7									
220	2,3	3,4	4,5	5,4	6,3	7,0	7,6	8,0	8,2	8,3								
240	3,0	4,5	5,9	7,1	8,3	9,3	10,2	10,9	11,4	11,7	11,8							
260	3,8	5,7	7,5	9,2	10,7	12,1	13,4	14,4	15,2	15,8	16,2	16,3						
280	4,8	7,2	9,4	11,6	13,6	15,4	17,1	18,5	19,7	20,7	21,3	21,8	21,9					
300	5,8	8,8	11,7	14,4	16,9	19,2	21,4	23,3	25,0	26,4	27,4	28,2	28,7	28,9				
320	7,2	10,8	14,2	17,5	20,7	23,6	26,4	28,8	31,0	32,9	34,5	35,8	36,7	37,2	37,4			
340	8,7	12,9	17,1	21,1	25,0	28,6	32,0	35,1	38,0	40,5	42,6	44,4	45,8	46,9	47,5	47,7		
360	10,3	15,4	20,4	25,2	29,8	34,2	38,4	42,2	45,8	49,0	51,8	54,3	56,3	57,9	59,0	59,7	59,9	
380	12,1	18,1	24,0	29,7	35,2	40,5	45,5	50,2	54,6	58,6	62,2	65,4	68,1	70,3	72,1	73,4	74,2	74,4
400	14,2	21,2	28,1	34,8	41,3	47,5	53,5	59,1	64,4	69,3	73,8	77,8	81,3	84,3	86,9	88,8	90,2	91,1
450	20,2	30,2	40,1	49,8	59,2	68,4	77,2	85,7	93,8	101	108	115	121	126	131	135	139	142
500	27,8	41,6	55,2	68,6	81,7	94,6	107	119	130	141	152	162	171	180	188	195	201	207

L Stützweite
a Belastungsbreite
b Belastungsbreite

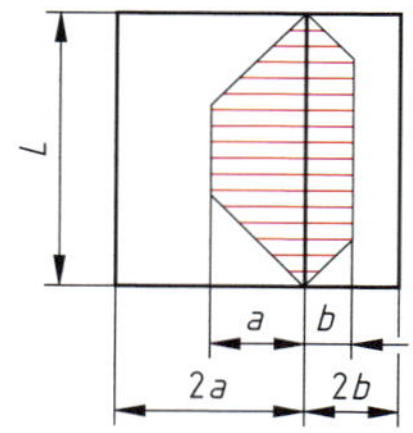

Beispiel: Stützweite *L* = 300 cm, Belastungsbreite *a* = 40 cm sind Tabelleneingangswerte für die Stahlprofiltabelle. Das entspricht einem Flächenträgheitsmoment I_x = 11,7 cm⁴.

K

Verglasungen

Bemessung der Glasscheibendicke

Regelwerk	Kürzel	Ausgabe
„Technische Regeln für die Verwendung von linienförmig gelagerten Verglasungen"	(TRLV)	Fassung von August 2006
„Technische Regeln für die Verwendung von absturzsicheren Verglasungen"	(TRAV)	Fassung von Januar 2003
„Technische Regeln für die Bemessung und Ausführung punktförmig gelagerter Verglasungen"	(TRPV)	Fassung von August 2006

Technische Regeln für die Verwendung von linienförmig gelagerten Verglasungen (TRLV) – Auszug

Geltungsbereich

1	Für Verglasungen, die an mindestens zwei gegenüberliegenden Seiten durchgehend linienförmig gelagert sind. Je nach ihrer Neigung zur Vertikalen werden sie eingeteilt in:	
	Überkopfverglasungen	Vertikalverglasungen
	Neigung > 10°	Neigung ≤ 10°
2	Für vertikale Verglasungen, sofern diese nicht nur kurzzeitigen veränderlichen Einwirkungen, z.B. durch Wind, unterliegen. Dazu zählen z.B. Dachverglasungen, bei denen eine Belastung durch Schneeanhäufungen auftreten kann.	
3	TRLV gelten nicht für …	geklebte Fassadenelemente.
		Verglasungen, die planmäßig zur Aussteifung dienen.
		Gekrümmte Überkopfverglasungen.

Bauprodukte

1	**SPG**	Spiegelglas	5	**TVG**[1]	Teilvorgespanntes Glas
2	–	Gussglas (Drahtglas, Ornamentglas)	6	**VSG**[1]	Verbund-Sicherheitsglas aus Gläsern nach 1 … 5 mit ZWS[2]
3	**ESG**	Einscheiben-Sicherheitsglas			
4	**ESG-H**	Heißgelagertes Einscheiben-Sicherheitsglas	7	**VG**	Verbundglas aus Gläsern 1 … 5 mit ZWS[2]

Bei Gläsern nach 1 … 4 gilt …	der Elastizitätsmodul von $E = 70\,000$ N/mm^2
	die Querdehnungszahl von $\mu = 0{,}23$.
	der thermische Längenausdehnungskoeffizient von $\alpha = 9 \cdot 10^{-6}$ K^{-1}.

[1] mit bauaufsichtlicher Zulassung;
[2] Zwischenschichten, deren Verwendbarkeit durch allgemeine bauaufsichtliche Zulassung nachgewiesen ist.

Anwendungsbedingen

Allgemein

1	Der Glaseinstand ist so zu wählen, dass die Standsicherheit der Verglasung langfristig gesichert ist.
2	Die Durchbiegung der Auflagerprofile darf nicht mehr als 1/200 der Scheibenlänge, max. 15 mm, betragen.
3	Unter Last und Temperatureinwirkung darf kein Kontakt zwischen Glas und harten Werkstoffen bestehen.
4	Das Verrutschen der Scheiben ist durch Distanzklötze zu verhindern.
5	Der Abstand zwischen Falzgrund und Scheibenrand muss so groß sein, dass ein Dampfdruckausgleich möglich ist. Grenzmaße von Unterkonstruktion und Verglasung beachten.

Überkopfverglasungen

1	Für Einfachverglasungen und für die untere Scheibe von Isolierverglasungen darf nur Drahtglas oder VSG aus SPG oder TVG nach allgemeiner bauaufsichtlicher Zulassung verwendet werden.
2	VSG-Scheiben aus SPG oder/und TVG mit einer Stützweite > 1,2 m müssen allseitig linienförmig gelagert sein. Das Seitenverhältnis darf nicht größer als 3 : 1 ein.
3	Drahtglas ist nur bei einer Stützweite in Hauptrichtung bis 0,7 m zulässig. Der Glaseinstand von Drahtglas muss mindestens 15 mm betragen.
4	Bohrungen und Ausschnitte in den Scheiben sind nur bei Verwendung von VSG aus TVG zulässig, wenn sie zur Befestigung mit durchgehenden Klemmleisten dienen. Der Randabstand der Bohrungen und ihr Abstand untereinander muss mindestens 80 mm betragen.
5	Der freie Rand von VSG darf maximal 500 mm über den von den linienförmigen Lagerungen aufgespannten Bereich hinausragen. Die Auskragung der Scheibe eines VSG über den Verbundbereich hinaus darf höchstens 30 mm betragen (z.B. Tropfkanten).

Verglasungen

Bemessung der Glasscheibendicke (Fortsetzung)

Vertikalverglasungen

1	Einfachverglasungen aus SPG, Ornamentglas oder VG müssen allseitig linienförmig gelagert sein.
2	Die Verwendung von ESG ist nur in Einbauhöhen $h < 4$ m zulässig, bei denen Personen nicht direkt unter die Verglasung treten können.
3	Bohrungen und Ausschnitte sind nur in vorgespannten Scheiben (ESG, ESG-H, TVG) oder VSG zulässig.

Begehbare Verglasungen

⇒ Die nachfolgenden Regeln gelten nur für die Verglasungen mit einer allseitigen linienförmigen Lagerung zur Verwendung als Treppenstufe oder Podest. Befahren, hohe Dauerlasten und Stoßbelastung sind bei der Nutzung ausgeschlossen.

1 Standsicherheit und Gebrauchstauglichkeit der begehbaren Verglasung und deren Stützkonstruktion sind für die in den Technischen Bestimmungen genannten Einwirkungen rechnerisch nachzuweisen.

Tabelle 1	... bei gleichmäßig verteilter lotrechter Verkehrslast		
Bei der Berechnung anzusetzende Lasten	bis 3,5 kN/m²	< 3,5 ... 5 kN/m²	> 5 kN/m²
zul. Einzellast	1,5 N	20,0 kN	nicht zulässig

2

Tabelle 2	Produkt	Glasdicke	max. Länge × Breite	Glaseinstand	Dicke der PVB-Folie
Obere Scheibe	ESG/TVG	mind. 10 mm	1500 mm × 400 mm	mind. 30 mm	mind. 1,52 mm pro Zwischenschicht
Untere Scheibe	SPG/TVG	mind. 12 mm			

3	Die Verglasungen müssen in Scheibenebene in ihrer Lage gesichert werden. Kanten sind zu schützen.
4	Bohrungen oder Ausnehmungen sind nicht zulässig.
5	Die Oberflächen der Verglasungen müssen rutschsicher sein.
6	Für die Spannungsnachweise der Verglasungen ist anzunehmen, dass die oberste Scheibe nicht mitträgt.

Einwirkungen

Es sind Einwirkungen zu berücksichtigen, die sich aus den bauaufsichtlich bekannt gemachten Technischen Baubestimmungen ergeben. Einwirkungen auf Tragwerke siehe ab Seite 37.

Wirkung von Druckdifferenzen

Bei Isolierverglasungen ist zusätzlich die Wirkung von Druckdifferenzen p_0 zu berücksichtigen, die sich aus der Veränderung der Temperatur ΔT und des meteorologischen Luftdrucks Δp_{met} und aus der Höhendifferenz ΔH zwischen Einbauort und Herstellungsort (Ort der Scheibenabdichtung) ergeben.

Tabelle 3	Rechenwerte für kliatische Einwirkungen und den isochoren Druck p_0			
Einwirkungskombination	ΔT in K	Δp_{met} in kN/mm2	ΔH in m	p_0 in kN/m²
Sommer	+ 20	– 2	+ 600	+ 16
Winter	– 25	+ 4	– 300	– 16

Voraussetzungen für den Ansatz der Rechenwerte für ΔT nach Tabelle 3 ist die Verwendung von Isolierglas mit einem Gesamtabsorptionsgrad < 30 %. Es darf nicht zusätzlich durch andere Bauteile aufgeheizt werden.

Standsicherheits- und Durchbiegungsnachweise

Allgemeines

Die Glasscheiben sind für o.g. Einwirkungen unter Beachtung aller spannungserhöhenden Einflüsse (Bohrungen, Ausschnitt) zu bemessen. Bei Isolierverglasungen ist die Kopplung der Einzelscheiben durch das eingeschlossene Gasvolumen zu berücksichtigen.

Spannungsnachweis

Bei der Bemessung für die Überlagerung der Einwirkungen nach Tabelle 3 dürfen die zulässigen Biegespannungen um 15 % und bei Vertikalverglasungen aus SPG und Glasflächen bis zu 1,6 m² um 25 % erhöht werden.

Tabelle 4	zulässige Biegezugspannungen in N/mm²			
Glassorte	Überkopf- und Vertikalverglasung	Glassorte	Überkopf-verglasung	Vertikal-verglasung
ESG aus SPG	50	SPG	12	18
ESG aus Gussglas	37	Gussglas	8	10
Emailliertes ESG aus SPG	30	VSG aus SPG	15	22,5

Die untere Scheibe einer Überkopfverglasung aus Isolierglas ist außer für den Fall der planmäßigen Einwirkungen auch für den Fall des Versagens der oberen Scheibe und deren Belastung zu bemessen.

K

Verglasungen

Bemessung der Glasscheibendicke (Fortsetzung)

Durchbiegungsnachweis

Die Durchbiegung der Glasscheiben darf an ungünstigster Stelle nicht größer sein als nach Tabelle 5.

Tabelle 5	Durchbiegungsgrenzen	
Lagerung	Überkopfverglasung	Vertikalverglasung
vierseitig	1/100 der Scheibenstützweite in Haupttragrichtung	keine Anforderungen[1]
zwei- und dreiseitig	Einfachverglasung 1/100 der Scheibenstützweite in Haupttragrichtung	1/100 der freien Kante[2]
	Scheiben der Isolierverglasung: 1/200 der freien Kante	1/100 der freien Kante[2]

[1] Herstellerangaben beachten
[2] Beim Nachweis, dass der Glaseinstand unter Last nicht < 5 mm ist, kann diese Begrenzung entfallen.

Nachweiserleichterung für Vertikalverglasungen

Tabelle 6	Allseitig gelagerte Isolierverglasungen können bis 20 m über Gelände ohne weiteren Nachweis verwendet werden, wenn die folgenden Bedingungen eingehalten werden:		
Glaserzeugnis	SPG, TVG, ESG	Differenz der Scheibendicken	≤ 4 mm
Fläche der Verglasung	≤ 1,6 m^2	Scheibenzwischenraum	≤ 16 mm
Scheibendicke	> 4 mm	Windlast w	≤ 0,8 kN/mm^2

Glasprodukte

(nach Herstellerangaben)

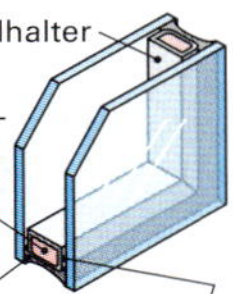

Konventionelles (unbeschichtetes) Isolierglas

lfd. Nr.	Aufbau a/SZR/i	U_g-Wert $W/m^2 \cdot K$	g-Wert %	T_L %	Dicke mm	m" kg/m^2	$b \times h$ cm	A_{max} m^2	b/h 1:x
1	4/12/4	2,9	77	82	20	20	141 × 240	3,4	1:6
2	5/12/5	2,8	75	80	22	25	245 × 300	6,0	1:6
3	6/12/6	2,8	72	79	24	8,0	250 × 400	8,0	1:10

Aufgrund der verschärften wärmetechnischen Anforderungen wird dieses Glas nur noch selten angewendet. Es wird den ökologischen und ökonomischen Ansprüchen nicht mehr gerecht.

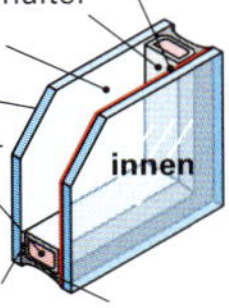

Wärmedämmglas

lfd. Nr.	Aufbau a/SZR/i	U_g-Wert $W/m^2 \cdot K$	g-Wert %	T_L %	Dicke mm	m" kg/m^2	$b \times h$ cm	A_{max} m^2	b/h 1:x
1	4/16/4	1,1	60	80	24	20	141 × 240	3,4	1:6
2	6/16/6	1,1	58	78	28	30	250 × 400	8,0	1:10
3	4/14/4	1,2	60	80	22	20	141 × 240	3,4	1:6
4	6/14/6	1,1	58	78	26	30	250 × 400	8,0	1:10
5	4/12/4	1,3	60	80	20	20	141 × 240	3,4	1:6
6	6/12/6	1,3	58	78	24	30	250 × 400	8,0	1:10

Zweifachscheiben; Diese Gläser vereinen sehr guten Wärmeschutz, hervorragende Transparenz und hohen Sonnenenergiegewinn.

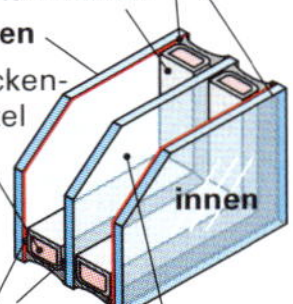

Super-Wärmedämmglas

lfd. Nr.	Aufbau a/SZR/i	U_g-Wert $W/m^2 \cdot K$	g-Wert %	T_L %	Dicke mm	m" kg/m^2	$b \times h$ cm	A_{max} m^2	b/h 1:x
1	4/16/4/16/4	0,6			44				
2	4/14/4/14/4	0,6			40				
3	4/12/4/12/4	0,5	47	71	36				
4	4/12/4/12/4	0,7			36	30	141 × 240	3,4	1:6
5	4/10/4/10/4	0,6			32				
6	4/16/4/16/4	0,6			44				
7	4/12/4/12/4	0,5	55	72	36				
8	4/10/4/10/4	0,6							

Dreifachscheiben; Diese Gläser zeichnen sich durch sehr guten Gesamtenergiedurchlassgrad und sehr geringe Energieverluste aus.

K

Verglasungen

Glasprodukte (Fortsetzung)

(nach Herstellerangaben)

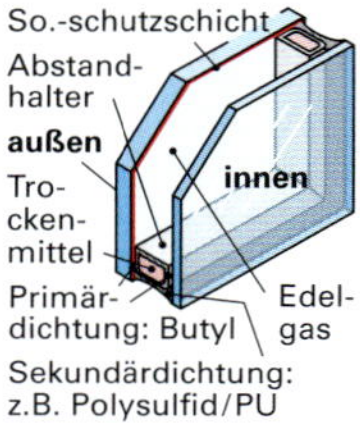

Sonnenschutzgläser[1]

lfd. Nr.	Aufbau a/SZR/i	g-Wert %	T_L %	R_{LA}[2] %	Dicke mm	m" kg/m²	b × h cm	A_{max} m²	b/h 1:x
1	6/16/4	15	25	28	26	25	141 × 240	3,4	1:6
2		33	61	13					
3		42	73	10					
4	8/16/6	18	31	25	30	35	250 × 400	8,0	1:10
5		51	71	10					

[1] U_g-Wert 1,1 W/m² · K; [2] Lichtreflexionsgrad nach außen

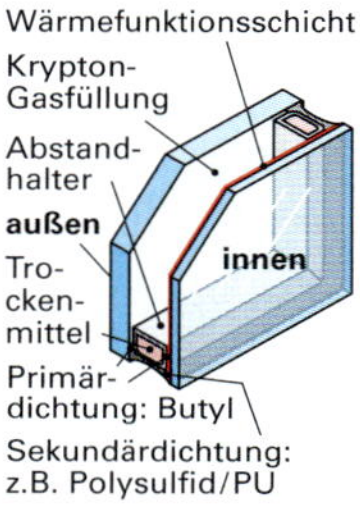

Kombinierte Wärme- und Schallschutzgläser[3]

lfd. Nr.	Aufbau a/SZR/i	R_w[4] dB	g-Wert %	T_L %	Dicke mm	m" kg/m²	b × h cm	A_{max} m²	b/h 1:x
1	6/16/4	36	58	79	26	25	141 × 240	3,4	1:6
2	10/20/4	39	55	77	34	35			
3	6/12/8VSG	38	53	76	26	35	255 × 400	8,0	1:10
4	VG9/16/10	44	53	75	35	46	250 × 400	10,0	
5	SF13/16/SF13	50[5]	50	73	42	62	260 × 410	9,6	

[3] U_g-Wert 1,1 W/m² · K; [4] bewertetes Schalldämmmaß = Differenz des Schallpegels zwischen ankommendem und durchgelassenem Schall; [5] mit Schallschutzfolie SF 0,76 mm Dicke, besitzt Sicherheitseigenschaften wie VSG nach TRLV.

Sicherheitsgläser

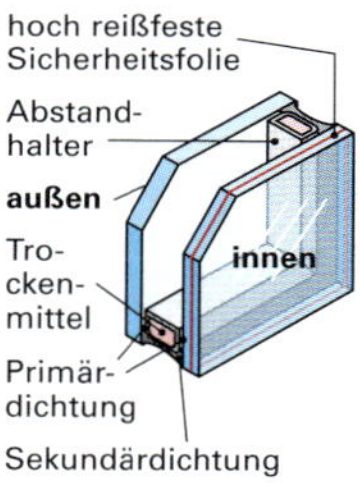

durchwurfhemmend

lfd. Nr.	Aufbau a/SZR/i	Widerstands-klasse[6] EN 356	Dicke mm	m" kg/m²	b × h cm	A_{max} m²	b/h 1:x	Anwendung
1	einschalig	P1A	7	16	225 × 321	7,22	1:10	EFH, MFH in Siedlungen
2	7/10/6	P1A	23	31				
3	einschalig	P3A	9	21	260 × 420	10,92		abseits gelegene private Gebäude
4	9/10/6	P3A	25	36	250 × 400	8,0		
5	einschalig	P5A	10,5	22	260 × 420	10,92		Wohnhäuser mit hochwertiger Einrichtung
6	10,5/10/6	P5A	26	32	250 × 400	8,0		

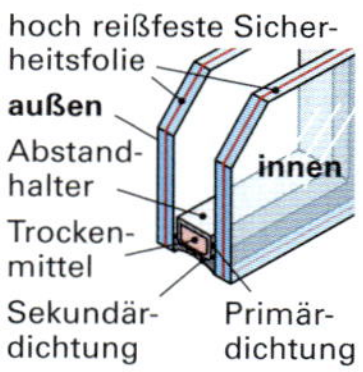

durchbruchhemmend

lfd. Nr.	Aufbau a/SZR/i	Widerstands-klasse[6] EN 356	Dicke mm	m" kg/m²	b × h cm	A_{max} m²	b/h 1:x	Anwendung
1	einschalig	P6B	18	39	260 × 420	10,92	1:10	Apotheken, Foto- u. Video-geschäfte
2	18/10/6	P6B	34	54	250 × 400	8,0	1:6	
3	24/10/6	P7B	40	69	250 × 400	7,25		Galerien, Museen
4	31/10/6	P8B	47	82	250 × 400	6,1		Justizvollzug

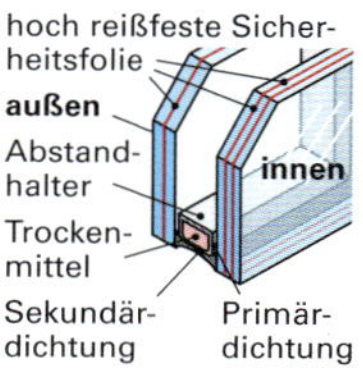

durchschusshemmend

lfd. Nr.	Aufbau a/SZR/i	Widerstands-klasse[6] EN 356	Dicke mm	m" kg/m²	b × h cm	A_{max} m²	b/h 1:x	Anwendung
1	10,5/10/6	BR 1-S	26	37	250 × 400	8,0	1:6	Personenschutz, Juwelierläden, Banken
2	13/10/10,5	BR 3-S	33	53	260 × 420	9,4		
3	35/10/11,5	BR5-NS	56	110		4,5		
4	48/10/11,5	SG 2-NS	69	141		3,5		

[6] Kennbuchstaben für Widerstandsklassen nach DIN 356: **P1A/P2A/P3A/P4A/P5A** – durchwurfhemmend; **P6B/P7B/P8B** – durchbruchhemmend; nach EN 1036: **BR 1 … BR 7** und **SG 1/SG 2** – durchschusshemmend; **NS** – splitterfrei; **S** – geringfügige Glassplitterablösungen auf der Schutzseite sind zulässig

Wärmetechnisches Verhalten von Fenstern, Türen und Abschlüssen vgl. DIN EN ISO 10077-01 (2000-11)

Zur Ermittlung des Jahresprimärenergiebedarfes eines Gebäudes nach EnEV 2007 wird der Wärmedurchgangskoeffizient U_w der Fenster benötigt. Für Neubauten gibt es das monatliche Bilanzverfahren und den vereinfachten Nachweis. Im Folgenden wird der vereinfachte Nachweis dargestellt.

Rechnerische Ermittlung des Wärmedurchgangskoeffizienten U_w

U_f	Wärmedurchgangskoeffizient des Rahmens[1)]
U_g	Wärmedurchgangskoeffizient der Verglasung
Ψ_g	längenbezogener Wärmedurchgangskoeffizient
A_f	Flächenanteil des Fensters
A_g	Flächenanteil der Verglasung
A_w	Fensterfläche $A_w = A_f + A_g$
l_g	Umfangslänge des Glasrandes

$$U_w = \frac{A_f \cdot U_f + A_g \cdot U_g + l_g \cdot \Psi_g}{A_w}$$

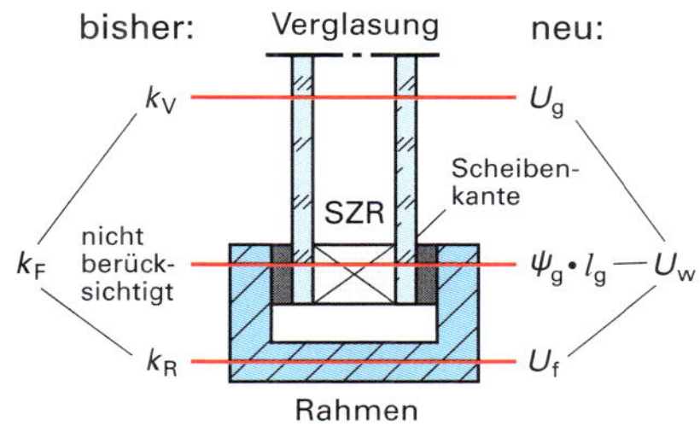

Beispiel:

Fensteraußenmaße	1230 × 1480
Rahmenfläche	$A_f = 0{,}62\ m^2$
Verglasungsfläche	$A_g = 1{,}2\ m^2$
Glasrandlänge	$l_g = 4{,}41\ m$
U-Wert des Rahmens	$= 1{,}8\ W/(m^2 \cdot K)$
U-Wert der Verglasung	$= 1{,}1\ W/(m^2 \cdot K)$

Zweischeibenisolierverglasung mit niedrigem Emissionsgrad, Rahmenwerkstoff Metall mit wärmetechnischer Trennung $\Psi_g = 0{,}08$

U_w?

$$A_w = A_f + A_g = 0{,}62\ m^2 + 1{,}2\ m^2 = 1{,}82\ m^2$$

$$U_w = \frac{0{,}62 \cdot 1{,}8 + 1{,}2 \cdot 1{,}1 + 4{,}41 \cdot 0{,}08}{1{,}82} =$$

$$U_w = 1{,}5\ W/(m^2 \cdot K)$$

Wärmedurchgangskoeffizient Ψ_g für Abstandhalter aus Aluminium und Stahl

Rahmenwerkstoff	Zweischeiben- oder Dreischeiben-Isolierverglasung, unbeschichtetes Glas, Luft- oder Gaszwischenraum	Zweischeiben-Isolierverglasung mit niedrigem Emissionsgrad, Dreischeiben-Isolierverglasung mit zwei Beschichtungen mit niedrigem Emissionsgrad
	Ψ_g in W/(m K)	
Holz- u. Kunststoff	0,04	0,06
Metall mit wärmetechnischer Trennung	0,06	0,08
Metall ohne wärmetechnische Trennung	0	0,02

1) U_f-Werte: Die Profilhersteller sind verpflichtet, die Wärmedurchgangskoeffizienten ihrer Produkte bekanntzugeben. Typische Werte sind: Holz- u. Kunststoffrahmen U_f = 1,0 … 2,5; Metallrahmen thermisch getrennt U_f = 1,8 … 4,0

Wärmedurchgangskoeffizienten der Verglasung U_g

Zweischeiben-Isolierverglasung

Glas	Emissionsgrad ε	Maße mm	Art des Gaszwischenraumes: Luft	Argon	Krypton
Normal-Glas (unbeschichtet)	0,89	4-12-4	2,9	2,7	2,6
		4-15-4	2,7	2,6	2,6
		4-20-4	2,7	2,6	2,6
Eine Scheibe beschichtetes Glas	≤ 0,4	4-12-4	2,4	2,1	2,0
		4-15-4	2,2	2,0	2,0
		4-20-4	2,2	2,0	2,0
	≤ 0,2	4-12-4	1,9	1,7	1,5
		4-15-4	1,8	1,6	1,6
		4-20-4	1,8	1,7	1,6
	≤ 0,1	4-12-4	1,8	1,5	1,3
		4-15-4	1,6	1,4	1,3
		4-20-4	1,6	1,4	1,3

Dreischeiben-Isolierverglasung

Glas	Emissionsgrad ε	Maße mm	Art des Gaszwischenraumes: Luft	Argon	Krypton
Normal-Glas (unbeschichtet)	0,89	4-6-4-6-4	2,3	2,1	1,8
		4-9-4-9-4	2,0	1,9	1,7
		4-12-4-12-4	1,9	1,8	1,6
Zwei Scheiben beschichtet	≤ 0,4	4-6-4-6-4	2,0	1,7	1,4
		4-9-4-9-4	1,7	1,5	1,2
		4-12-4-12-4	1,5	1,3	1,1
	≤ 0,2	4-6-4-6-4	1,8	1,5	1,1
		4-9-4-9-4	1,4	1,2	0,9
		4-12-4-12-4	1,2	1,0	0,8
	≤ 0,2	4-6-4-6-4	1,7	1,3	1,0
		4-9-4-9-4	1,3	1,0	0,8
		4-12-4-12-4	1,1	0,9	0,6

Fenster

Wärmetechnisches Verhalten von Fenstern, Türen und Abschlüssen vgl. DIN EN ISO 10077-01 (2000-11)

Tabellarische Ermittlung des Wärmedurchgangskoeffizienten U_w

Für Fenster mit einem Flächenanteil des Rahmens von 20% an der Gesamtfensterfläche

Art der Verglasung	U_G W/(m² · K)	U_f in W/(m² · K) 1,0	1,4	1,8	2,2	2,6	3,0	3,4	3,8	7,0
Zwei-Scheiben-Isolierverglasung	2,9	2,6	2,7	2,8	2,8	3,0	3,0	3,1	3,2	3,7
	2,7	2,4	2,5	2,6	2,7	2,8	2,9	3,0	3,0	3,6
	2,3	2,1	2,2	2,3	2,4	2,5	2,6	2,7	2,7	3,3
	2,1	2,0	2,1	2,2	2,2	2,3	2,4	2,5	2,6	3,1
	1,9	1,8	1,9	2,0	2,1	2,2	2,3	2,3	2,4	3,0
	1,7	1,7	1,8	1,8	1,9	2,0	2,1	2,2	2,3	2,8
	1,5	1,5	1,6	1,7	1,8	1,9	1,9	2,0	2,1	2,6
	1,3	1,4	1,4	1,5	1,6	1,7	1,8	1,9	2,0	2,5
	1,1	1,2	1,3	1,5	1,6	1,7	1,8	1,9	2,0	2,5
Drei-Scheiben-Isolierverglasung	2,3	2,1	2,2	2,3	2,4	2,5	2,6	2,6	2,7	3,2
	2,1	2,0	2,0	2,1	2,2	2,3	2,4	2,5	2,6	3,1
	1,9	1,8	1,9	2,0	2,0	2,2	2,2	2,3	2,4	2,9
	1,7	1,6	1,7	1,8	1,9	2,0	2,1	2,2	2,2	2,8
	1,5	1,5	1,6	1,7	1,8	1,9	1,9	2,0	2,1	2,6
	1,3	1,4	1,4	1,5	1,6	1,7	1,8	1,9	2,0	2,5
	1,1	1,2	1,3	1,4	1,4	1,5	1,6	1,7	1,8	2,3
	0,9	1,0	1,1	1,2	1,3	1,4	1,5	1,6	1,6	2,2
	0,7	0,9	1,0	1,0	1,1	1,2	1,3	1,4	1,5	2,0
	0,5	0,7	0,8	0,9	1,0	1,1	1,2	1,2	1,3	1,8

Für Fenster mit einem Flächenanteil des Rahmens von 30% an der Gesamtfensterfläche

Art der Verglasung	U_g W/(m² · K)	U_f in W/(m² · K) 1,0	1,4	1,8	2,2	2,6	3,0	3,4	3,8	7,0
Zwei-Scheiben-Isolierverglasung	2,9	2,4	2,5	2,7	2,8	3,0	3,1	3,2	3,3	4,1
	2,7	2,3	2,4	2,5	2,6	2,8	2,9	3,1	3,2	4,0
	2,5	2,2	2,3	2,4	2,6	2,7	2,8	3,0	3,1	3,9
	2,3	2,1	2,2	2,3	2,4	2,6	2,7	2,8	2,9	3,8
	2,1	1,9	2,0	2,2	2,3	2,4	2,6	2,7	2,8	3,6
	1,9	1,8	1,9	2,0	2,1	2,3	2,4	2,5	2,7	3,5
	1,7	1,6	1,8	1,9	2,0	2,2	2,3	2,4	2,5	3,3
	1,5	1,5	1,6	1,7	2,9	2,0	2,1	2,3	2,4	3,2
	1,3	1,4	1,5	1,6	1,7	1,9	2,0	2,1	2,2	3,1
	1,1	1,2	1,3	1,5	1,6	1,7	1,9	2,0	2,1	2,9
Drei-Scheiben-Isolierverglasung	2,3	2,0	2,1	2,2	2,4	2,5	2,7	2,8	2,9	3,7
	2,1	1,9	2,0	2,1	2,2	2,4	2,5	2,6	2,8	3,6
	1,9	1,7	1,8	2,0	2,1	2,3	2,4	2,5	2,6	3,4
	1,7	1,6	1,7	1,8	1,9	2,1	2,2	2,4	2,5	3,3
	1,5	1,5	1,6	1,7	1,9	2,0	2,1	2,3	2,4	3,2
	1,3	1,4	1,5	1,6	1,7	1,9	2,0	2,1	2,2	3,1
	1,1	1,2	1,3	1,5	1,6	1,7	1,9	2,0	2,1	2,9
	0,9	1,1	1,2	1,3	1,4	1,6	1,7	1,8	2,0	2,8
	0,7	0,9	1,1	1,2	1,3	1,5	1,6	1,7	1,8	2,9
	0,5	0,8	0,9	1,0	1,2	1,3	1,5	1,6	1,7	2,5

1. Beispiel:
20% Flächenanteil des Rahmens;
Aluminiumrahmen mit $U_f = 1{,}8$ W/(m² · K);
Zweischeiben Isolierverglasung mit $U_g = 1{,}3$ W/(m² · K);
U_w ? $U_w = 1{,}5$ W/(m² · K)

2. Beispiel:
30% Flächenanteil des Rahmens;
Aluminiumrahmen mit $U_f = 2{,}2$ W/(m² · K);
Dreischeiben-Isolierverglasung mit $U_g = 1{,}7$ W/(m² · K);
U_w ? $U_w = 1{,}9$ W/(m² · K

K

Fenster

Schallschutzklassen von Fenstern

vgl. DIN 52 210 (1988-11) u. VDI 2719 (1987-07)

Klasse	1	2	3	4	5	6
Verglasungsart	4	4 | 12 Luft | 4	6 | 12 Luft | 4			12 | 20 Argon | 8
Bewertetes Schalldämmmaß R_w des am Bauwerk funktionsfähig eingebauten Fensters, nach DIN 52 210-05 in dB	25 … 29	30 … 34	35 … 39	40 … 44	45 … 49	≥ 50

Schalldämmmaß von Fenstern und Außenwänden

Lärmpegelbereich	Maßgeblicher Außenlärmpegel in dB (A)	Raumarten: Bettenräume in Krankenanstalten und Sanatorien		Raumarten: Aufenthaltsräume in Wohnungen, Übernachtungsräume in Beherbergungsstätten, Unterrichtsräume u. Ä.		Raumarten: Büroräume und Räume mit ähnlichem Verwendungszweck	
		Außenwand R_w in dB	Fenster R_w in dB	Außenwand R_w in dB	Fenster R_w in dB	Außenwand R_w in dB	Fenster R_w in dB
I	bis 55	35	30	35	25	35	25
II	56 … 60	40	35	35	30	35	30
III	61 … 65	45	40	40	35	35	30
IV	66 … 70	50	45	45	40	35	35
V	71 … 75	55	50	50	45	40	40

Ermittlung des „maßgeblichen Außenlärmpegels"

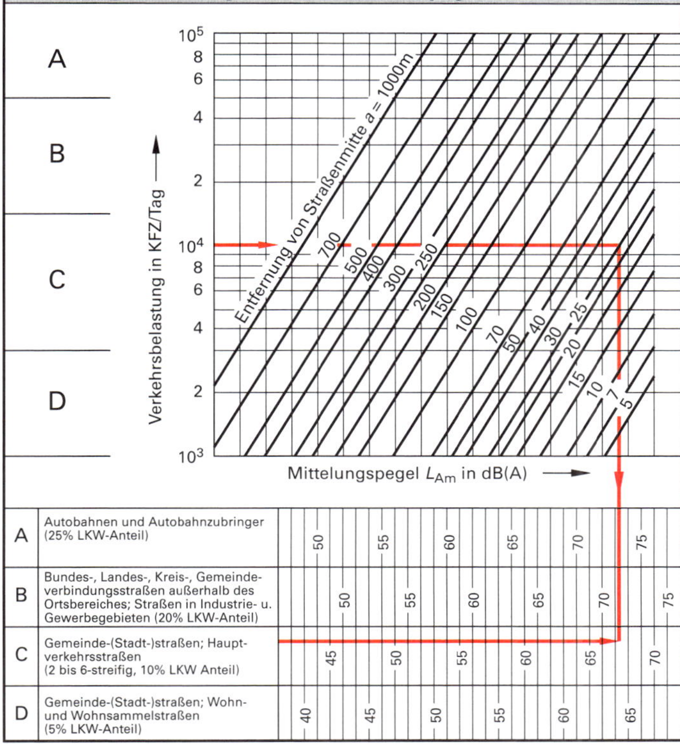

Beispiel für die Ermittlung des richtigen Fensters

Beispiel

Unterrichtsraum in einem Gebäude, das an einer städtischen Hauptverkehrsstraße mit 4 Fahrspuren liegt, geschätztes Verkehrsaufkommen: 10 000 Fahrzeuge/Tag. Entfernung Fenster-Straßenmitte: 30 m; Gefälle der Straße: 8 %, beiderseitige dichte Bebauung.
Schallschutzklasse = ?

Aus Tabelle:	L_{Am} =	67 db (A)
Längsneigung 8 %		+ 2 dB (A)
Bebauungsart:		+ 3 dB (A)
maßgeblicher Außenlärmpegel		= 72 dB (A)

R_w = 45 dB erfordert Verglasung der Schallschutzklasse L5

Zuschläge zum Mittelungspegel L_{Am}

Zuschlag in dB (A)	Bedingung
2	Straße mit beiseitig geschlossener Bebauung
2	Straße mit Längsneigung > 5 %
3	Entfernung von der nächsten lichtsignalgeregelten Kreuzung < 100 m

K

Fenster

Fensterkonstruktion und Schallschutzklasse

vgl. DIN 4109 (1998-04) u. VDI 2719 (1987-07)

Fensterkonstruktion		Anforderungen	Schallschutzklassen[1] 1	2	3	4	5
Einfach-fenster	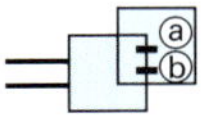	S_{min} in mm	6	8	o	o	–
		SZR in mm	8	12	o	o	–
		R_w in dB	27	32	≥ 37	≥ 45	–
		Falzdichtung	x	a erf.	a erf.	a und b erf.	–
Verbund-fenster	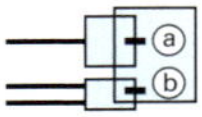	S_{min} in mm	o	4/12/4 u. ≥ 4	4/12/4 u. ≥ 6	6/12/4 u. ≥ 8	8/12/4 u. ≥ 8
		SZR in mm	o	o	≥ 40	≥ 50	≥ 60
		R_w in dB	–	–	–	–	–
		Falzdichtung	x	a erf.	a erf.	a und b erf.	a und b erf.
Kasten-fenster	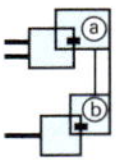	S_{min} in mm	o	o	o	o	6/12/4 u. ≥ 8
		SZR in mm	o	o	o	≥ 100	≥ 100
		R_w in dB	–	–	–	–	–
		Falzdichtung	x	x	a erf.	a und b erf.	a und b erf.

x nicht erforderlich, o keine Anforderungen, – keine Angaben

[1] Bei Schallschutzkl. 6 sind allgemeingültige Angaben nicht möglich. Ein Nachweis kann nur über eine Eignungsprüfung erbracht werden.

Beanspruchungen bei der Verglasung von Fenstern

vgl. DIN 18545-03 (1995-03)

Beanspruchungsgruppen		1	2	3	4	5
Werkstoffunabhängige schematische Darstellung und Kurzzeichen für Verglasungssysteme Dichtstoff des Falzraumes Vorlegeband Dichtstoff der Versiegelung		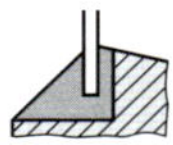 Va1	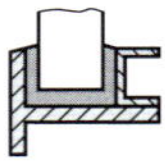 Va2	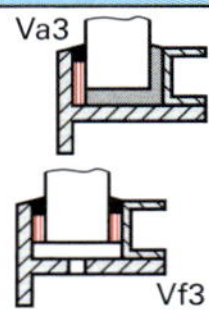	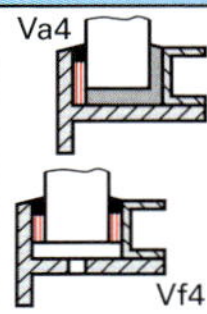	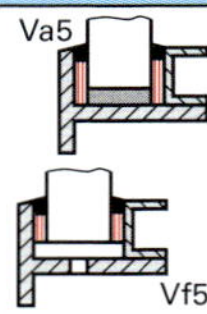
Dichtstoffgruppe nach DIN 18545	für Falzraum	A[1]	B	B	B	B
	für Versiegelung	–	–	C	D	E

[1] Für das Verglasungssystem Va1 dürfen auch Dichtstoffe der Gruppe B eingesetzt werden, wenn sie vom Hersteller dafür empfohlen werden.

V	Verglasungssystem	Va1	Verglasung mit freier Dichtstoffmasse
a	ausgefüllter Falzraum	Va2 … Va5	Verglasung mit Glashalteleiste und ausgefülltem Falzraum
f	dichtstofffreier Falzraum	Vf3 … Vf5	Verglasung mit Glashalteleiste und dichtstofffreiem Falzraum

Beanspruchung aus

Bedienung	**Zuordnung über Öffnungsart**	
	Festverglasung, Drehfenster, Drehkippfenster	
		Schwingfenster, Hebefenster und Fenster vergleichbarer Beanspruchung
Umgebungseinwirkung	**Zuordnung über Einwirkung von der Raumseite**	
		Feuchtigkeit
		Mechanische Beschädigung

Scheibengröße – **Zuordnung über Rahmenmaterial, Kantenlänge und Dichtstoffvorlage**

Rahmenmaterial	Dichtstoffvorlage	Kantenlänge in mm 1	2	3		4		5	
Aluminium Aluminium-Holz Stahl	3 mm	Farbton	hell/dunkel	bis 800		bis 1000		bis 1500	
	4 mm		hell/dunkel	b. 1500	b. 1250	b. 2000	b. 1500	b. 2500	b. 2000
	5 mm		hell/dunkel	b. 1750	b. 1500	b. 2250	b. 2000	b. 3000	b. 2750
Holz	3 mm	bis 800	bis 1000	bis 1500		bis 1750		bis 2000	
	4 mm			bis 1750		bis 2500		bis 3000	
	5 mm			bis 2000		bis 3000		bis 4000	
Kunststoff	4 mm	Farbton	hell	bis 800		bis 1000		bis 1500	
	5 mm		hell/dunkel	b. 1500	b. 1250	b. 2000	b. 1500	b. 2500	b. 2000
	6 mm		dunkel	bis 1500		bis 2000		bis 2500	

Scheibengröße – **Belastung der Glasauflage in Abhängigkeit von der Gebäudehöhe**

Scheibengröße in m²			bis 0,5	bis 0,8	bis 1,8	bis 6,0	bis 9,0
Gebäudehöhe/ Lastannahme	8 m	0,60 kN/m²	bis 0,16 N/mm	bis 0,22 N/mm	bis 0,35 N/mm	bis 0,70 N/mm	bis 0,90 N/mm
	20 m	0,96 kN/m²	bis 0,25 N/mm	bis 0,35 N/mm	bis 0,55 N/mm	bis 1,10 N/mm	bis 1,40 N/mm
	100 m	1,32 kN/m²	bis 0,35 N/mm	bis 0,50 N/mm	bis 0,75 N/mm	bis 1,50 N/mm	bis 1,90 N/mm

K

Fugendichtstoffe

Eignung von Fugendichtstoffen

Anwendung	Silicon			Polysulfid		PUR	Acrylat
	sauer	alkalisch	neutral	1 k[1)]	2 k[1)]		elastisch
Glasversiegelung	x	x	x	x	–	–	–
Fassadenanschluss	–	x	x	–	x	x	x
Metall/Metall	x	x	x	–	–	–	–
Einsatz an Aluminium, eloxiert	x	x	x	x	x	x	x
Einsatz an Aluminium, beschichtet	x	x	x	o	o	x	x
Einsatz an Buntmetallen	–	x	x	x	x	x	x
Einsatz an lackierten Flächen	o	o	x	o	o	o	x

1) einkomponentig bzw. zweikomponentig
x = möglich; o = Versuch bzw. Beratung erforderlich; – = nicht möglich

Technisches Datenblatt eines Silicon-Fugendichtstoffes

Eigenschaften und Hinweise		Prüfung
• Dichte (farbenabhängig)	ca. 1,3 g/cm³…1,5 g/cm³	DIN 53479
• Standvermögen	≤ 2 mm	DIN 52454
• Hautbildungszeit (23 °C/50 % r. L.)	ca. 15 min	–
• Aushärtezeit (23 °C/50 % r. L.)	4 Tage/5 mm	–
• Volumenschwund	< 6 %	DIN 52451
• Verarbeitungstemperatur	+ 5 °C bis + 40 °C	–
• Temperaturbeständigkeit	– 50 °C bis + 120 °C	–
• Rückstellvermögen	ca. 80 %	DIN 52458
• Bruchdehnung	ca. 500 %	DIN 53504
• Zugfestigkeit	1,0 N/mm²	DIN 53504
• Zugspannung (E-Modul) 100 %	0,24 N/mm²	DIN 53504 DIN 53504
• Shore-A-Härte	ca. 14	DIN 53505
• max. Gesamtverformung	ca. 25 %	–
• max. Fugenbreite	30 mm	–
• Lagerzeit (im original geschlossenen Gebinde)	9 Monate	bei 20 °C trocken
• Gefahrenklassen	Keine.	VbF
• Transportbestimmungen	Kein Gefahrengut im Sinne der Transportbedingungen	–

Verarbeitungshinweise

Weichelastisch, daher besonders für poröse, saugende Untergründe geeignet (z. B. Gasbeton, Putz, usw.) Gute Haftung und Verträglichkeit mit stark korrosiven, metallischen Untergründen (z. B. Kupfer) – nicht korrosiv wirkend. Gute Haftung auf den meisten Untergründen ohne Haftvermittler. Witterungs- und alterungsbeständig, UV-beständig (lichtecht). Anstrichverträglich, lösungsmittelfrei, einkomponentig, geruchsfrei.

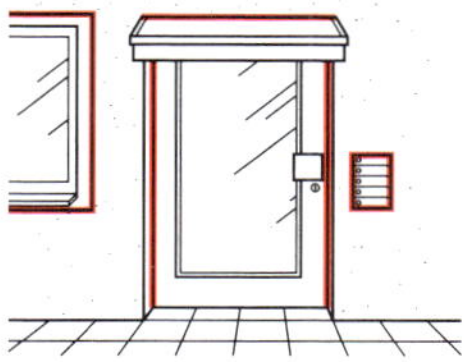

Dichtstoff-Verbrauch

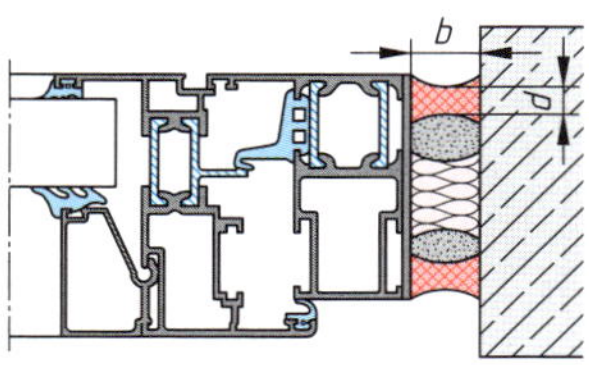

V_F Dichtstoffmenge
l_{ges} Gesamtlänge der Fuge pro Fenster
b Fugenbreite
d Dicke des Fugendichtstoffes
i Zahl der Fenster
n Kartuschenanzahl
V_K Kartuscheninhalt

Faustformeln:

$$V_F = i \cdot l_{ges} \cdot b \cdot d$$

$$d \approx 0{,}5 \cdot b$$

$$d \geq 6 \text{ mm}$$

$$n = \frac{V_F}{V_K}$$

Beispiel: Bei 20 Fenstern der Größe 1100 × 1100 sind die Anschlussfugen zum Baukörper innen und außen zu versiegeln: b = 16 mm, d = 8 mm. Jede Fugendichtstoff-Kartusche fasst 310 ml. Mit Ausnahme der Brüstungsebene wird umlaufend versiegelt. Wie viele Kartuschen werden benötigt?

$$V_F = i \cdot l_{ges} \cdot b \cdot d = 20 \cdot 110 \text{ cm} \cdot 3 \cdot 2 \cdot 1{,}6 \text{ cm} \cdot 0{,}8 \text{ cm} \cdot 20$$

$$V_F = 16\,896 \text{ cm}^3 \triangleq 16\,896 \text{ ml}$$

Kartuschenanzahl: $\boldsymbol{n} = \dfrac{16\,896 \text{ ml}}{310 \text{ ml}} = 54{,}4 \approx$ **55 Kartuschen**

K

Anschlussfugen und Fugendichtstoffe

Fugenbreite und Fugendichte

vgl. DIN 18540 (1995-02)

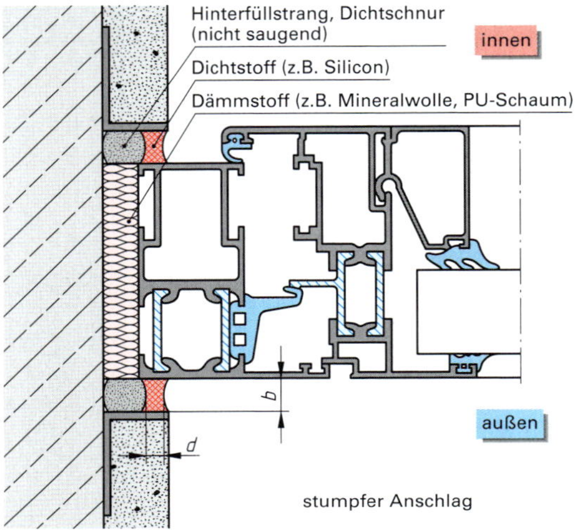

stumpfer Anschlag

Fugenabstand der Bauteile in m	Fugenbreite Nennmaß[1)] b in mm	Fugenbreite Mindestmaß[2)] b_{min} in mm	Dicke des Fugendichtstoffes[3)] d in mm	Dicke des Fugendichtstoffes[3)] Grenzabmaße in mm
bis 2	15	10	8	± 2
über 2 bis 3,5	20	15	10	± 2
über 3,5 bis 5	25	20	12	± 2
über 5 bis 6,5	30	25	15	± 3
über 6,5 bis 8	35	30	15	± 3

1) Nennmaß für Planung
2) Mindestmaß zum Zeitpunkt der Fugenabdichtung
3) Die angegebenen Werte gelten für den Endzustand, dabei ist auch die Volumenänderung des Fugendichtstoffes zu berücksichtigen.

Mindestfugenbreite der Anschlussfugen für Fenster

Werkstoff der Fensterprofile	Fenster-Elementlänge						
	bis 1,5 m	bis 2,5 m	bis 3,5 m	bis 4,5 m	bis 2,5 m	bis 3,5 m	bis 4,5 m
	Mindestfugenbreite für stumpfen Anschlag *b* in mm				**Mindestfugenbreite** für Innenanschlag *b* in mm		
PVC hart (weiß)	10	15	20	25	10	10	15
PVC hart und PMMA (dunkel) (farbig extrudiert)	15	20	25	30	10	15	20
Harter PUR-Integralschaum	10	10	15	20	10	10	15
Aluminium-Kunststoff-Verbundprofile (hell)	10	10	15	20	10	10	15
Aluminium-Kunststoff-Verbundprofile (dunkel)	10	15	20	25	10	10	15
Holzfensterprofile	10	10	10	10	10	10	10

Bewegungsaufnahme der Fugendichtstoffe

Fugendichtstoff	Verformungs-Verhalten	Dauerbewegungsaufnahme	Fugendichtstoff	Verformungs-Verhalten	Dauerbewegungsaufnahme
Silikon	elastisch		Polyurethan	elastisch	
– säurehärtend (acetat)		15 % … 25 %	– einkomponentig		20 % … 25 %
– neutralhärtend (benzamid)		20 % … 25 %	– zweikomponentig		25%
– neutralhärtend (alkoxg)		20 % … 25 %	Acrylat	elastisch	
– neutralhärtend (oxim)		20 % … 25 %	– Dispersionstyp	elastisch-plastisch	10 %
– alkalisch härtend (amin)		20 % … 25 %	– Dispersionstyp	plastisch-elastisch	15 % … 20 %
Polysulfid (Thiokol®)	elastisch		– Dispersionstyp	elastisch	20 %
– einkomponentig		15 % … 25 %	– lösungmittelhaltig	zäh-plastisch	5 % … 10%
– zweikomponentig		20 % … 25%	MS-Polymer (Hybrid)	elastisch	20 % … 25 %
			Butyl/Polyisobutylen	plastisch	0 % … 5 %

Sonnenschutz

Konstruktionen im Vergleich

Bewertungskriterien \ Benennung	Vordach, Loggia Balkon	Innenrollo	Innen-jalousie	Rollo zwischen Scheiben	Außen-rollo, Markisen	Rollläden Fenster-läden
Abminderungsfaktor *z*	0,3	0,4 … 0,7	0,5	0,3 … 0,6	0,4 … 0,5	0,3
Gesamtenergiedurchlassgrad g_F[1)] (Fenster einschließlich Sonnenschutz)	0,25	0,3 … 0,6	0,4	0,25 … 0,5	0,3 … 0,4	0,25
Wärmeschutz	–	x	x	x	–	+
Schallschutz	–	–	–	–	x	+
Einbruchsicherung	–	–	–	–	–	+
1) bei *g* = 0,8	– nicht integrierbar;	+ gut;	x bedingt integrierbar			

Rollladenstäbe, Eigenschaften

Stabformen							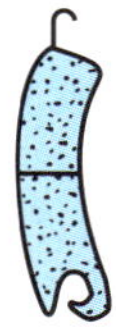
Werkstoff der Stäbe	Kunststoff, aluminium-verstärkt	Aluminium ausge-schäumt, kunststoff-ummantelt	Aluminium	Aluminium ausge-schäumt, kunststoff-beschichtet	Kunststoff	Holz	Kunststoff ausge-schäumt
Bauform der Stäbe	doppel-wandig	doppel-wandig, rollgeformt	doppel-wandig, stranggepr.	doppel-wandig, rollgeformt	doppel-wandig,	Profil nach DIN 18076	doppel-wandig
Dicke der Stäbe in mm	8	9	14,5	15	14	14	14,5
Deckbreite in mm	30	38	50	50	55	47	56
Dichtungsmaßnahmen an den Führungsschienen	Lippen-dichtung	Lippen-dichtung	Hartgummi-dichtung	Hartgummi-dichtung	Hartgummi-dichtung	ohne Dichtung	Hartgummi-dichtung
Bewertetes Schalldämmmaß R_W in dB	Zum Vergleich: Fenster ohne Rollläden 35 dB						
Abstand zur Scheibe: 40 mm	34	34	35	34	34	34	34
Abstand zur Scheibe: 120 mm	42	43	44	42	43	41	45
Wärmedurchgangs-widerstand bei 40 mm Abstand zw. Scheibe und Rollladenpanzer $1/U$ in $m^2 \cdot K/W$	Zum Vergleich: Fenster ohne Rollläden 0,37 $m^2 \cdot K/W$						
	0,55	0,54	0,58	0,57	0,63	0,63	0,72

Werte zur Beurteilung des Wärmeschutzes

vgl. DIN 4108 (1994-08)

g_F-Wert, Abminderungsfaktor für Sonnenschutzeinrichtungen

Der Abminderungsfaktor *z* für Sonnenschutzeinrichtungen ist für die Beurteilung des sommerlichen Wärmeschutzes innerhalb eines Wärmeschutznachweises notwendig. Werden in einem Bauvorhaben Sonnenschutzvorrichtungen zum Erreichen der Anforderungen nach der Energieeinsparverordnung geplant, so müssen diese teilweise beweglich ausgeführt werden. Außerdem darf der *z*-Wert den Betrag 0,5 nicht übersteigen.

Art der Schutzvorrichtung	*z*-Wert	Art der Schutzvorrichtung	*z*-Wert
Fehlender Sonnenschutz	1,0	Außenliegende Jalousie oder drehbare Lamellen	0,25
Innenliegendes Gewebe oder Folie	0,4 … 0,7	Rollläden, Fensterläden	0,3
Innenliegende Jalousie	0,5	Markisen	0,4 … 0,5

g_F-Wert, Gesamtenergiedurchlassgrad

Der Gesamtenergiedurchlassgrad g_F gibt an, wie viel Prozent der auftretenden Sonnenstrahlung durch Verglasung und Sonnenschutzeinrichtung hindurch kommt und ins Rauminnere gelangt. Insofern kann der g_F-Wert zur Beurteilung der Wirksamkeit einer Sonnenschutzeinrichtung herangezogen werden.

$$g_F = g \cdot z$$

Beispiel für ein Fenster mit Standard-Glas, g_F-Wert 0,77 mit Rollladen, *z*-Wert 0,3: Somit gelangen 23,1 % der Sonnenenergie ins Rauminnere.

$g_F = 0{,}77 \cdot 0{,}3$

$g_F = 0{,}231$

Sonnenschutz, Fensterbeschläge

Montagedaten für Gelenkarmmarkisen

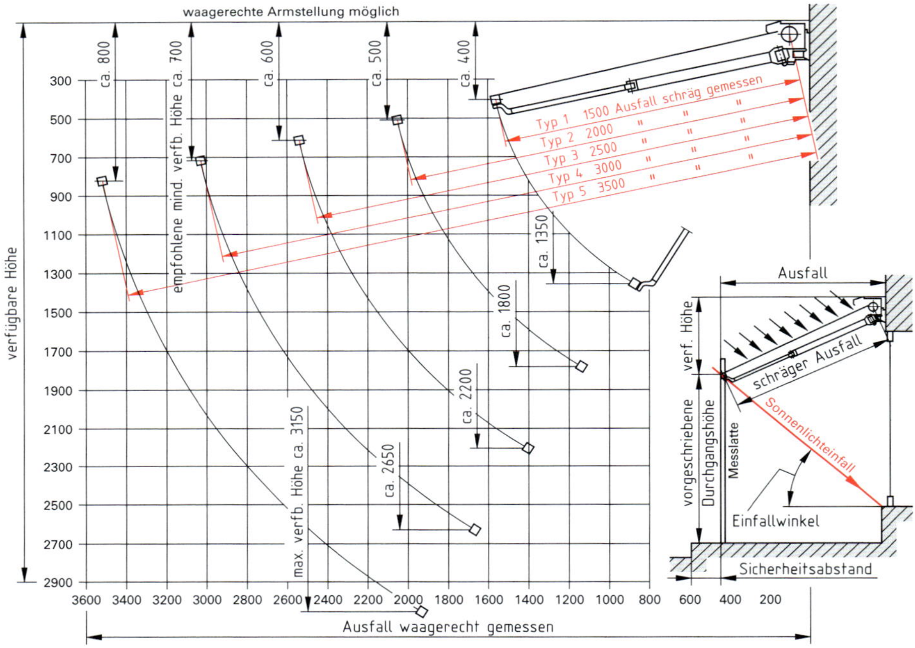

Fensterbeschläge und Befestigung

Beschläge

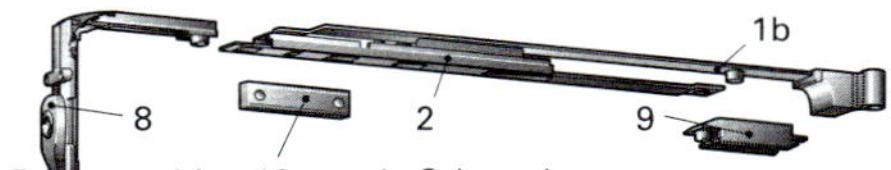

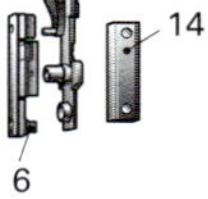

1a Scherenlager
1b Scherenlagerarm
2 Scherenlenker
3 Ecklager, Blendrahmen (Drehkipplager)
4 Ecklager, Flügelrahmen (Drehkipplager)
5 Fingerriegel (Riegelschieber, Kippriegel)
6 Riegelstück mit Fehlbedienungssperre
7 Auflaufbock
8 Eckenumlenkung mit Sperre
9 Schließbock
10 Entlastungslager (Kipplager, Kipphalter)

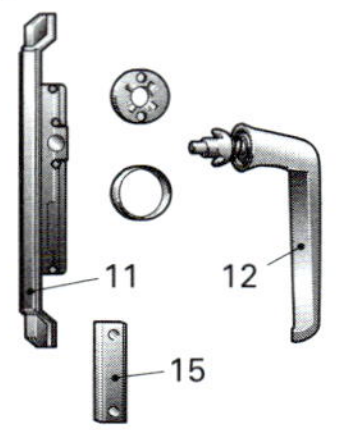

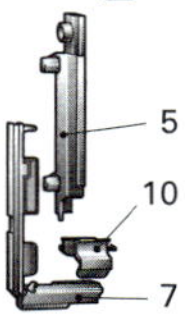

11 Kammergetriebe (Getriebe, Umschaltgetriebe)
12 Fenstergriff
13 Riegelstange, scherenseitig (Schubstange)
14 Riegelstange, griffseitig oben (Schubstange)
15 Riegelstange, griffseitig unten (Schubstange)

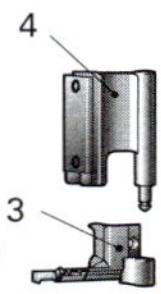

Befestigung

Kriterien für die Auswahl des Befestigungssystems		
– Art des Wandsystems – Rahmenwerkstoff	– Bausituation – Höhe der Belastung	
Befestigungsabstände	*A*	*E*
Aluminium-Fenster	max. 800 mm	100 mm … 150 mm
Kunststoff-Fenster	max. 700 mm	100 mm … 150 mm

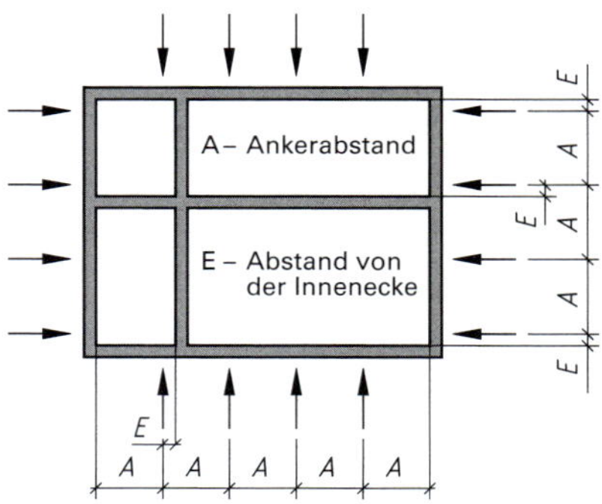

K

Gelenkige Winkelanschlüsse bei oberkantenbündigem Anschluss
vgl. DIN 18800-1 (1990-11)

Beispiel: $n_H = 1$; $n_V = 3$

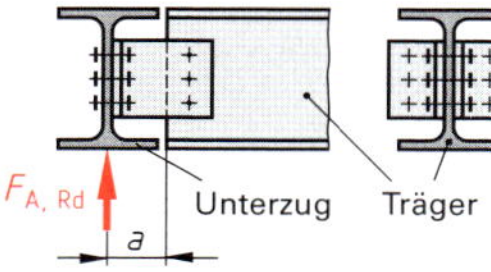

Beispiel: $n_H = 2$; $n_V = 1$

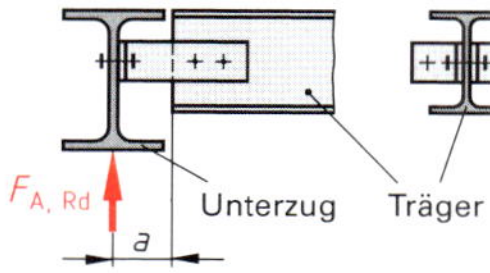

Typ 1
Winkel: L 200 × 100 × 12
maximal: a = 100 mm
größtmögliches Unterzugprofil:
IPE 500; HE-A/HE-B/HE-M 200

Typ 2
Winkel: L 250 × 90 × 12
maximal: a = 150 mm
größtmögliches Unterzugprofil:
IPE 600; HE-A/HE-B/HE-M 1000

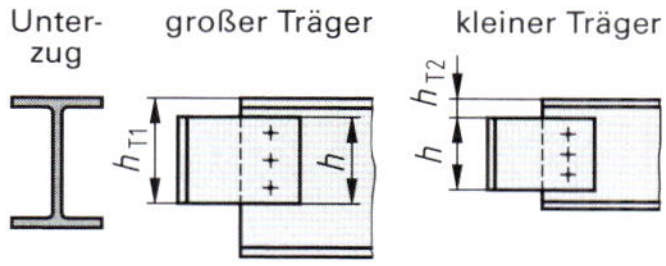

a	Abstand der Vorderkante des anzuschließenden Trägers von der Stegmitte des Unterzuges
$F_{A,R,d}$	Grenzanschlusskraft
h	Höhe des Winkels
	Abmessungsgrenzen des Unterzuges[1]:
h_{T1}	bei kleinem Unterzug und großem Träger
h_{T2}	bei großem Unterzug und kleinem Träger
n_H, n_V	Anzahl Schraubenreihen in horiz. bzw. vertik. Richtung
s_L	erforderliche Dicke des lastannehmenden Bauteils (i.d.R. Unterzug)
s	Stegdicke des anzuschließenden Profils
w	Wurzelmaß

[1] Einhaltung gewährleistet oberkantenbündigen Abschluss.

Abmessungen der Winkelanschlüsse

In allen Fällen ist
$w = s + 100$

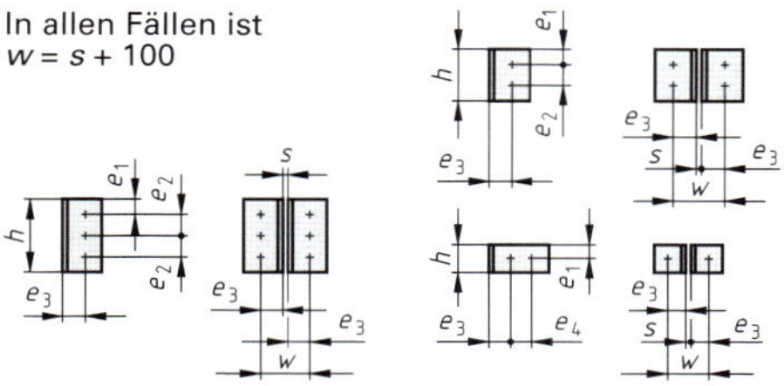

Schraubengröße	n_H	n_V	Maße in mm: h Typ 1+ 2	e_1	e_2	e_3 Typ 1	e_3 Typ 2
M12	2	1	50	25	45	125	175
	1	2	95			150	200
M16	1	2	120	35	50		
	1	3	170				
M20	1	2	150	40	70		
	1	3	200				
	1	3	260				

Grenzanschlusskräfte, Mindestdicken und Profilhöhengrenzen

Typ IG ...	h mm	$F_{A,R,d}$ kN	Maße in mm: s_L	h_{T1}	h_{T2}
IPE 120					
1 12 21	50	10,71	0,6	64	56
2 12 21		8,448	0,5		
IPE 140					
1 12 21	50	10,71	0,6	64	76
2 12 21	95	9,07	0,7	109	31
HE 160 A					
1 12 21	50	10,71	0,6	75	78
2 H 12 12	95	11,58	0,8	120	33
HE 180 A					
1 16 12	120	21,36	1,1	145	26
2 H 12 12	95	11,58	0,8	120	51

Typ IG ...	h mm	$F_{A,R,d}$ kN	Maße in mm: s_L	h_{T1}	h_{T2}
HE 200 B					
1 16 12	120	25,39	1,4	154	47
2 H 16 12		24,26	1,3		
HE 220 B					
1 16 12	120	25,39	1,4	155	66
2 20 12	150	37,52	1,2	185	36
HE 240 M					
1 20 12	150	54,83	1,8	204	67
2 H 20 12		71,08	2,3		
HE 260 M					
1 16 13	170	50,25	1,5	227	63
2 H 16 13		95,20	2,8		

Bezeichnungsbeispiel: IG 1 H 16 1 3

- **IG**: Deckenträger-Unterzug-anschluss mit gestreckten Winkeln für I-förmige Profile
- **1**: Anschlusstyp: 1: Typ 1; 2: Typ 2
- **H**: Bei Verwendung von HV-Schrauben mit Festigkeitsklasse 10.9
- **16**: Schrauben-Schaft-durchmesser in mm
- **1**: Anzahl der Schraubenreihen in horizontaler Richtung
- **3**: Anzahl der Schraubenreihen in vertikaler Richtung

K

Querkraftbeanspruchte Winkelanschlüsse

vgl. DIN 18800-1 (1990-11)

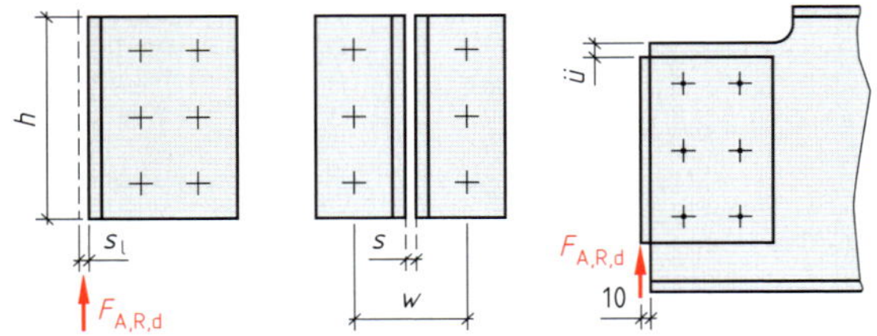

$F_{A,R,d}$	Grenzanschlusskraft
h	Höhe des Winkels
n_H, n_V	Anzahl der Schraubenreihen in horizontaler und vertikaler Richtung
s_l	erforderliche Dicke des lastannehmenden Bauteils
s	Stegdicke des anzuschließenden Profils
$ü$	Mindestabstand
w	Wurzelmaß

Abmessungen von Winkelanschlüssen

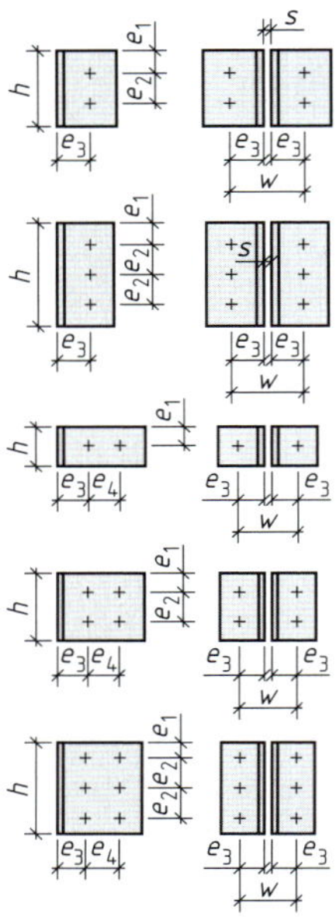

Schraubengröße	Anschlusswinkel	n_H	n_V	h mm	FK 4.6 Anreißmaße u. Wurzelmaße mm	FK 10.9 h mm	FK 10.9 Anreißmaße u. Wurzelmaße mm
M16	L 90 × 9	1	2	120	e_1 = 35 e_2 = 50 e_3 = 50 e_4 = 60 $w = s + 100$	200	e_1 = 50 e_2 = 100 e_3 = 50 e_4 = 60 $w = s + 100$
		1	3	170		–	
	L 150 × 75 × 9	2	1	70		100	
		2	2	120		–	
		2	3	170		–	
M20	L 100 × 10 (L 100 × 12 für FK 10.9)	1	2	150	e_1 = 40 e_2 = 70 e_3 = 60 e_4 = 70 $w = s + 120$	240	e_1 = 60 e_2 = 120 e_3 = 60 e_4 = 70 $w = s + 120$
		1	3	220		360	
	L 180 × 90 × 10 (L 180 × 90 × 12 für FK 10.9)	2	1	80		120	
		2	2	150		–	
		2	3	220		–	
M24	L 120 × 12	1	2	180	e_1 = 50 e_2 = 80 e_3 = 70 e_4 = 80 $w = s + 120$ mm	300[1]	e_1 = 75 e_2 = 150 e_3 = 70 e_4 = 80
		1	3	260		450[1]	
	L 200 × 100 × 12	2	1	100		150[1]	
		2	2	180		1) $w = s + 140$ mm	
		2	3	260		2) $w = s + 140$ mm	

Bezeichnungsbeispiel: IW H 20 1 2

- IW: Bauteilgruppe: Querkraftbeanspruchter Winkelanschluss für I-förmige Profile
- H: Bei Verwendung der Schraubenfestigkeitsklasse 10.9
- 20: Schraubenschaftdurchmesser in mm
- 1: Anzahl der Schraubenreihen in horizontaler Richtung
- 2: Anzahl der Schraubenreihen in vertikaler Richtung

Grenzquerkräfte, Mindestabstände und erforderliche Dicken für Winkelanschlüsse

Typ IW...	Winkel	IPE 200 FK 4.6 $ü$ mm	IPE 200 FK 4.6 $F_{A,R,d}$ kN	IPE 200 FK 4.6 s_u mm	IPE 200 FK 10.9 $ü$ mm	IPE 200 FK 10.9 $F_{A,R,d}$ kN	IPE 200 FK 10.9 s_u mm	HE 200 B FK 4.6 $ü$ mm	HE 200 B FK 4.6 $F_{A,R,d}$ kN	HE 200 B FK 4.6 s_u mm	HE 200 B FK 10.9 $ü$ mm	HE 200 B FK 10.9 $F_{A,R,d}$ kN	HE 200 B FK 10.9 s_u mm
16 12	L 90 × 9	–	43,25	1,6	–	–	–	–	69,51	2,5	–	–	–
16 21	L 150 × 75 × 9	16	31,99	3,1	–	31,99	2,5	16	43,84	4,2	–	51,41	3,9
20 12	L 100 × 10	–	63,42	1,8	–	–	–	–	–	–	–	–	–
20 21	L 180 × 90 × 10 (L 180 × 90 × 12 für FK 10.9)	23	39,48	3,2	3	39,47	2,4	23	63,44	5,1	3	63,44	3,8
24 21	L 200 × 100 × 12	25	46,92	2,6	–	46,92	2,0	25	75,41	4,1	–	–	–

Querkraftbeanspruchte Stirnplattenanschlüsse

vgl. DIN 18800-1 (1990-11)

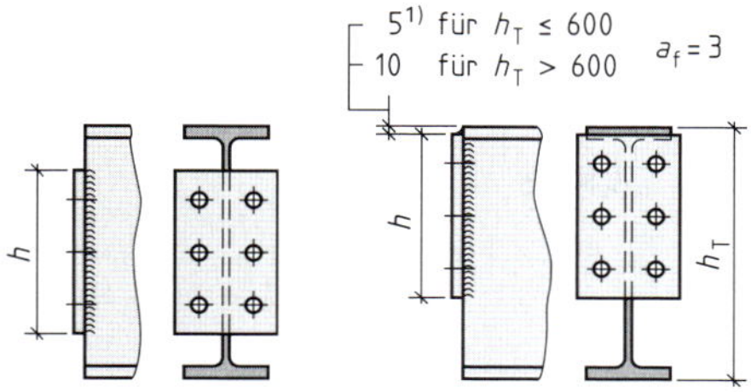

a_f	Schweißnahtdicke am Flansch	$F_{A,R,d}$	Grenzkraft für Stirnplattenanschluss
a_s	Schweißnahtdicke am Steg	h_T	Nennhöhe des Trägers
b	Plattenbreite	h	Höhe der Stirnplatte
d	Plattendicke[2)]	s_T	Stegdicke Träger
e_1	Abstand der 1. Bohrungsreihe von der Plattenkante	s_u	erforderliche Dicke des lastannehmenden Bauteils
e_2, e_3	Bohrungsabstände senkrecht	w	Bohrungsabstände waagerecht

[1)] Versatz Oberkante Stirnplatte gegen Oberkante Träger
[2)] Alle Stirnplatten besitzen das Maß d = 10 mm. (Ausnahme: d = 12 mm bei M24 mit Festigkeitsklasse 10.9)

Stirnplattenabmessungen

Anordnung der Bohrungen	Anzahl der Bohrungen	Maß	**Maße** in mm bei Verwendung von Schrauben der Festigkeitsklasse 4.6											
			M 16 e_1 = 35; a_s = 3 e_2 = e_3 = 50				M20 e_1 = 40; a_s = 4 e_2 = e_3 = 70				M24 e_1 = 50; a_s = 5 e_2 = e_3 = 80			
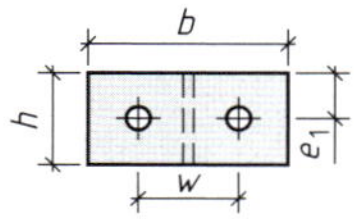	2	w	60	80	100	–	80	10	–	–	100	–	–	–
		h	70			–	80		–	–	100	–	–	–
		b	120	140	160	–	160	180	–	–	200	–	–	–
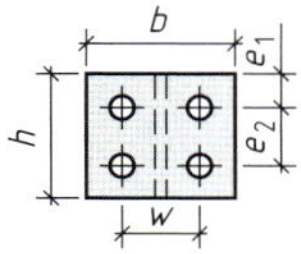	4	w	60	80	100	120	80	100	120	150	100	120	150	–
		h	120				150				180			–
		b	120	140	160	180	160	180	200	230	200	220	250	–
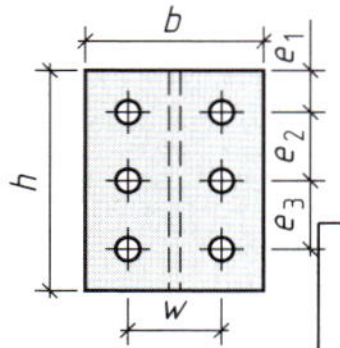	6	w	60	80	100	120	80	100	120	150	100	120	150	200
		h	170				220				260			
		w	120	140	160	180	160	180	200	230	200	220	250	300

Bezeichnungsbeispiel: IS H 20 4 10

- IS: Bauteilgruppe: Querkraftbeanspruchter Stirnplattenanschluss für I-förmige Profile
- H: Bei Verwendung der Schraubenfestigkeitsklasse 10.9
- 20: Schraubenschaftdurchmesser in mm
- 4: Anzahl der Bohrungen in der Stirnplatte
- 10: Schraubenabstand w in cm in horizontaler Richtung

Grenzquerkräfte für Stirnplattenanschlüsse

Typ	**IPE 200** Schraubenfestigkeitsklasse				**HE 200 B** Schraubenfestigkeitsklasse				**HE 200 B** Schraubenfestigkeitsklasse			
	4.6		10.9		4.6		10.9		4.6		10.9	
	$F_{A,R,d}$ kN	s_u mm	$F_{A,R,d}$ kN	s_u mm	$F_{A,R,d}$ kN	s_u mm	$F_{A,R,d}$ kN	s_u mm	$F_{A,R,d}$ kN	s_u mm	$F_{A,R,d}$ kN	s_u mm
IS 16 2	54,32	2,6	77,60	3,7	63,05	3,0	90,07	4,3	87,30	4,2	124,70	5,9
IS 16 4	93,12	2,8		–	108,10	3,2	–	–	149,60	4,5	–	–
IS 16 6	131.90	2,6	–	–	–	–	–	–	–	–	–	–
IS 20 2	62,08	2,4	93,12	3,5	72,05	2,7	108,10	4,1	99,77	3,8	149,60	5,7
IS 20 4	116,40	2,4	–	–	135,10	2,7	–	–	187,10	3,8	–	–
IS 24 2	77,60	2,5	116,40	3,7	90,07	2,9	135,10	4,3	124,70	4,0	187,10	5,9

Biegesteife Stirnplattenanschlüsse

vgl. DIN 18800-1 (1990-11)

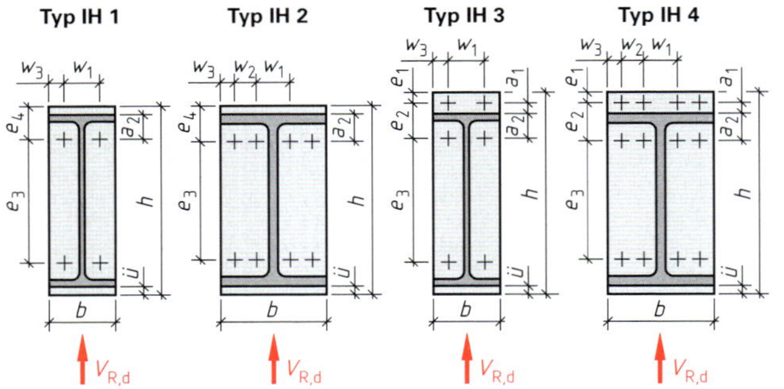

a_F	Kehlnahtdicke am Trägerflansch
a_S	Kehlnahtdicke am Trägersteg
d	Schraubenschaftdurchmesser
h	Stirnplattenhöhe
e_i	senkrechte Anreißmaße
d_P	Stirnplattendicke
$M_{1,R,d}$	Grenzanschlussbiegemoment bei Zugbeanspruchung in den oberen Schraubenreihen
$M_{2,R,d}$	Grenzanschlussbiegemoment bei Zugbeanspruchung in den unteren Schraubenreihen
$V_{R,d}$	Grenzanschlussquerkraft
w_i	waagerechte Anreißmaße

Bezeichnungsbeispiel: IH 1 A 20 24

- IH: Biegesteifer Anschluss mit HV-Schrauben Festigkeitsklasse 10.9
- 1: Stirnplattenform:
  1: bündig, 2 vertikale Schraubenreihen
  2: bündig, 4 vertikale Schraubenreihen
  3: überstehend, 2 vertikale Schraubenreihen
  4: überstehend, 4 vertikale Schraubenreihen
- A: Profilreihe:
  E: IPE
  A: HE-A
  B: HE-B
- 20: Trägernennhöhe in cm
- 24: Schraubenschaftdurchmesser d in mm

Grenzanschlussbiegemomente, Grenzanschluss-Kräfte und Abmessungen für Stirnplatten vom Typ IH

Trägerprofil	Typ	$M_{1,R,d}$ kNm	$M_{2,R,d}$ kNm	$V_{R,d}$ kN	d	d_P	h	b	a_1	a_2	$ü$	e_1	e_2	e_3	e_4	w_1	w_2	w_3	a_F	a_S
					Maße in mm															
IPE 180	IH1E	35,12	35,12	103,3	20	30	200	150	–	50	10	–	–	80	60	90	–	30	4	3
	IH1E	30,21	30,21	103,3	16	25	200	120	–	40	10	–	–	100	50	70	–	25	4	3
IPE 200	IH1E	46,64	46,64	121,6	20	30	220	150	–	50	10	–	–	100	60	90	–	30	5	3
	IH1E	34,09	34,09	121,6	16	25	220	120	–	40	10	–	–	120	50	70	–	25	5	3
IPE 220	IH1E	56,01	56,01	141,0	20	30	260	150	–	50	20	–	–	120	70	90	–	30	5	3
	IH3E	60,48	35,87	141,0	16	20	295	120	30	–	20	25	70	140	–	70	–	25	5	3
HE 180A	IH1A	64,84	64,84	109,9	24	30	195	180	–	50	10	–	–	75	60	110	–	35	5	3
	IH2A	70,46	70,46	109,9	20	30	195	240	–	50	10	–	–	75	60	90	45	30	5	3
	IH2A	58,59	58,59	109,9	16	25	195	200	–	40	10	–	–	95	50	70	40	25	5	3
	IH3A	70,46	28,82	109,9	16	20	235	180	30	–	9	25	70	90	–	90	–	45	5	3
HE 200A	IH1A	63,81	63,81	132,6	24	30	210	200	–	60	10	–	–	70	70	110	–	45	5	3
	IH2A	66,95	66,95	132,6	16	25	210	200	–	40	10	–	–	110	50	70	40	25	5	3
HE 180B	IH3B	84,94	33,62	160,0	16	20	245	180	30	–	10	25	75	90	–	90	–	45	7	4
	IH1B	55,48	55,48	160,0	24	30	200	180	–	65	10	–	–	50	75	110	–	35	6	4
	IH1B	45,23	45,23	160,0	20	25	200	180	–	55	10	–	–	70	65	90	–	45	5	4
HE 200B	IH1B	69,41	69,41	188,8	24	30	240	200	–	65	20	–	–	70	85	110	–	45	6	4
	IH2B	120,4	120,4	188,8	24	35	240	290	–	65	20	–	–	70	85	110	55	35	8	4
	IH3B	110,3	49,84	188,8	20	20	290	200	40	–	20	30	95	90	–	100	–	50	8	4

Ablesebeispiel: Für einen biegesteifen Stirnplattenanschluss wird ein Biegemoment von 75 kNm und eine Querkraft von 140 kN angenommen. Gesucht: Ein Träger mit möglichst niedriger Nennhöhe, $M_{1,R,d}$, $M_{2,R,d}$, $V_{R,d}$ und die Maße zum Anreißen und Anschweißen der Stirnplatte.

Gewählt: HE 180 B, Typ IH3B; $M_{1,R,d}$ = 84,94 kNm; $M_{2,R,d}$ = 33,62 kNm; $V_{R,d}$ = 160,0 kN;
Stirnplattenmaße: d = 16 mm (M16); d_P = 20 mm; h = 245 mm; b = 180 mm;
Montagemaße zum Schweißen: a_1 = 30 mm; $ü$ = 10 mm;
Anreißmaße: e_1 = 25 mm; e_2 = 75 mm; e_3 = 90 mm; w_1 = 90 mm; w_3 = 45 mm;
Kehlnahtdicken: a_F = 7 mm; a_S = 4 mm.

K

Trägerausklinkungen mit Stirnplatten

vgl. DIN 18800-1 (1990-11)

Typ IK 1: d = 17 mm[1)]

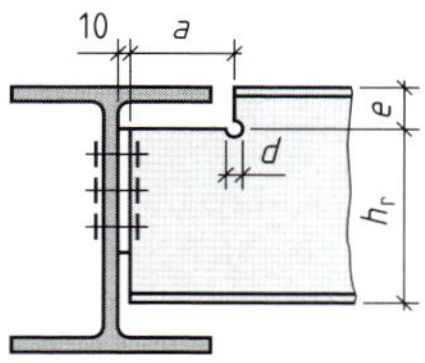

Typ IK 3: r = 8,5 mm[2)]

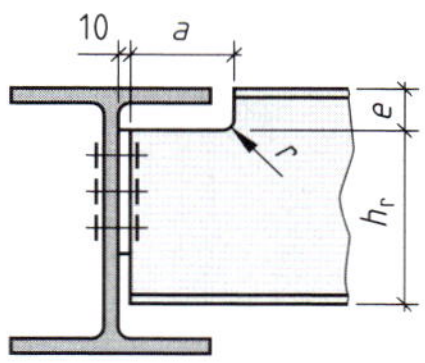

Typ IK 2: d = 17 mm[1)]

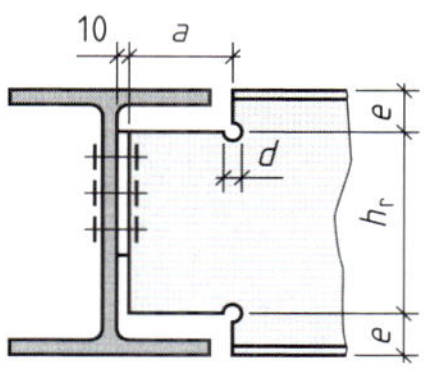

Typ IK 4: r = 8,5 mm[2)]

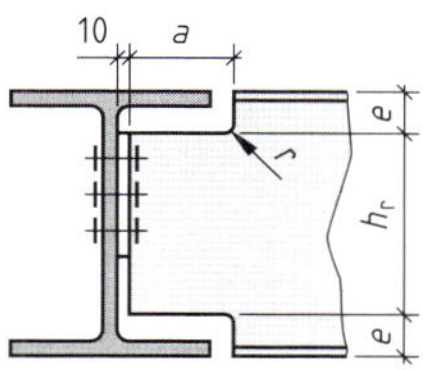

$F_{A,R,d}$ Grenzanschlusskraft für ausgeklinkten Bereich
a Ausklinkungslänge
h_r Resthöhe im ausgeklinkten Bereich
e Ausklinkungshöhe

1) d = 17 mm: Ausrundung durch Abbohren
2) r = 8,5 mm: Ausrundung mit r = 8,5 mm

Ermittlung der Ausklinkungsmaße *e* und *a*

Ermittlung von *e*:

a) Ablesen $t + r$ aus nebenstehender Tabelle,
b) Aufrunden auf den nächsthöheren 10er Wert

Ermittlung von *a*:

a) Ablesen von $\frac{(b-s)}{2}$ aus nebenstehender Tabelle,
b) Aufrunden auf den nächsthöheren 10er Wert

Beispiel: Ein Deckenträger HE 200B soll an einen Unterzug HE 200B angeschlossen werden.
a) Wie groß ist e?
b) Wie groß ist a zu wählen?

Lösung: a) Aus der Tabelle $t + r$ = 33 mm aufgerundet auf e = 40 mm
b) Aus der Tabelle $\frac{(b-s)}{2}$ = 95,5 mm, aufgerundet auf a = 100 mm.

Nennhöhe	IPE		HE-A		HE-B	
	$t + r$ mm	$\frac{(b-s)}{2}$ mm	$t + r$ mm	$\frac{(b-s)}{2}$ mm	$t + r$ mm	$\frac{(b-s)}{2}$ mm
100	12,7	25,5	20,0	47,5	22,0	47,0
120	13,3	29,8	20,0	57,5	23,0	56,8
140	13,9	34,2	20,5	67,3	24,0	66,5
160	16,4	38,5	24,0	77,0	28,0	76,0
180	17,0	42,9	24,5	87,0	29,0	85,8
200	20,5	47,2	28,0	96,8	33,0	95,5
220	21,2	52,1	29,0	106,5	34,0	105,3
240	24,8	56,9	33,0	116,3	38,0	115,0

Bezeichnungsbeispiel: IK 1 4 10

- IK: Bauteilgruppe: Ausgeklinktes I-förmiges Profil
- 1: Ausklinkungstyp (s.o.)
- 4: Ausklinkungshöhe e in cm
- 10: Ausklinkungslänge a in cm

Grenzanschlusskräfte ($F_{A,R,d}$)

Für IPE 200						Für HE 200A						Für HE 200B					
e mm	h_r mm	a in mm 40	60	80	100	e mm	h_r mm	a in mm 40	60	80	100	e mm	h_r mm	a in mm 40	60	80	100
$F_{A,R,d}$ für IK1 in kN																	
30	170	90,26	90,26	90,26	83,77	30	160	94,72	94,72	94,72	91,96	40	160	129,3	129,3	129,3	124,5
40	160	84,34	84,34	84,34	74,09	40	150	88,06	88,06	88,06	80,34	50	150	120,2	120,2	120,2	108,6
$F_{A,R,d}$ für IK2 in kN																	
30	140	63,63	48,41	37,65	30,81	30	130	66,40	47,43	36,89	30,18	40	120	76,38	54,56	42,44	34,72
40	120	47,53	33,95	26,40	21,60	40	110	44,97	32,12	24,99	20,44	50	100	49,60	35,43	27,56	22,55
$F_{A,R,d}$ für IK3 in kN																	
30	170	95,30	95,30	95,30	92,42	30	160	100,4	100,4	100,4	100,4	40	160	137,1	137,1	137,1	137,1
40	160	89,37	89,37	89,37	82,29	40	150	93,72	93,72	93,72	90,17	50	150	127,9	127,9	127,9	122,1
$F_{A,R,d}$ für IK4 in kN																	
30	140	72,42	62,72	48,78	39,91	30	130	78,06	62,77	48,82	39,95	40	120	99,77	74,06	57,60	47,13
40	120	62,08	46,08	35,84	29,32	40	110	62,92	44,94	34,96	28,60	50	100	72,00	51,43	40,00	32,73

Stahlbau

Stützenfüße und Verankerungen

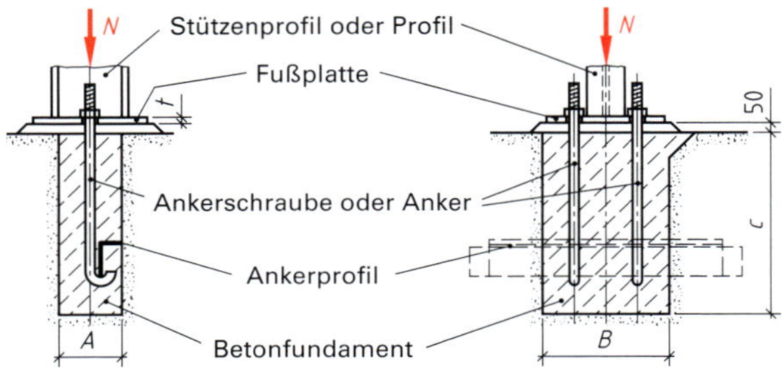

N Stützkraft
b Breite der Fußplatte
l Länge der Fußplatte
t Dicke der Fußplatte
e_1 senkrechte Anreißmaße
d_a Durchmesser der Fußplatte
d Durchmesser des Ankers
A Breite des Fundaments
B Länge des Fundaments
C Höhe des Fundaments

Bezeichnungsbeispiel: SF V 28 30 1

- SF: Stützenfuß-Verankerung
- V: Verankerung mit Fußplatte
- 28: Ankerlochdurchmesser der Fußplatte d_a in mm
- 30: Fußplattenbreite *b* in cm
- 1: Variante 1 s. o. Zeichnung

Grenzstützenkräfte und Auswahl von Verankerungen

Typ	Profil	N[1)]	Fußplatte				Anker	Typ	Profil	N[1)]	Fußplatte				Anker
SF V …	IPE	kN	d_a mm	*b* mm	*l* mm	*t* mm	*d* mm	SF V …	HE-A/B	kN	d_a mm	*b* mm	*l* mm	*t* mm	*d* mm
23 30 1		127	23	300	200	20	20	23 30 1		340	23	300	300	20	20
23 30 1	140	231	23	300	300	50	20	23 30 1	160	396	23	300	300	30	20
28 30 1		308	28	300	300	50	24	28 30 1		395	28	300	300	50	24
23 30 1		371	23	300	400	30	20	28 35 1		1239	28	350	500	50	24
28 30 1	220	413	28	300	300	50	24	28 35 1	300	1426	28	350	600	50	24
28 30 1		505	28	300	400	50	24	35 35 1		1383	35	350	600	60	30

1) bei Beton B 25 bzw. C 20/25

Fußplatten

Bezeichnungsbeispiel: SF Ü 23 E 14 3 2 2

- SF: Stützenfußverankerung
- Ü: Art der Fußplatte – **Ü:** überstehend, **B:** profilbündig
- 23: Ankerlochdurchmesser der Fußplatte d_a in mm
- E: Profil – **E:** IPE, **B:** HE-B
- 14: Profilhöhe h_T in cm
- 3: Plattenbreite *b* in dm
- 2: Plattenlänge *l* in dm
- 2: Plattendicke *t* in dm

Abmessungen der Fußplatten

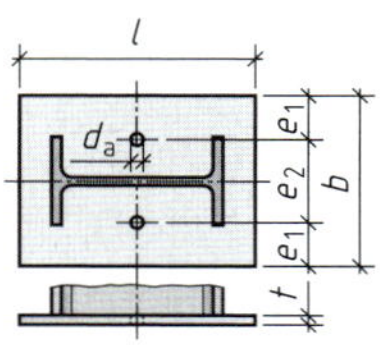

Maße						Zuordnung Stützenprofile h_T in mm	
b mm	*l* mm	*t* mm	d_a mm	e_1 mm	e_2 mm	IPE	He-A/B
300	200	20, 30, 40, 50	23, 28	70	160	140 … 180	140 … 180
300	300	20, 30, 40, 50	23, 28	70	160	140 … 270	140 … 280
300	400	20, 30, 40, 50	23, 28	70	160	200 … 360	200 … 280
350	500	30, 40, 50	28	95	160	–	300 … 450
350	600	30, 40, 50, 60	28, 35	95	160	–	280 … 550

K

Ankerschrauben und Fundamente

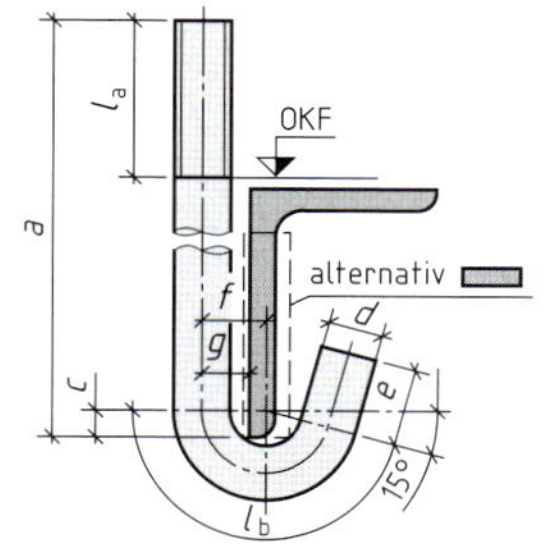

Bezeichnungsbeispiel: **SF** **A** **24** **W**

- **SF**: Stützenfußverankerung
- **A**: Kennung für Ankerschraube
- **24**: Ankerschaftdurchmesser *d* in mm
- **W**: Ankerprofil **W:** Winkel **F:** Flach

Festigkeitsklasse Beton

Bezeichnung n. DIN 1045 (alt)	B 15	B 25	B 35
Bezeichnung n. DIN 1045-2 (neu)	C 12/15	C 20/25	C 30/37
Druckfestigkeit in N/mm²	12	25	30

Ankerabmessungen

Anker	Ankerschraube Maße in mm							Ankerprofil Maße in mm		Betonfundament Maße in mm		
	a	l_a	*c*	l_b	*e*	*f*	*g*	standard	alternativ	A	B	C
M 20-550	550	150	15	72	33	25	15	100 × 65 × 9-600	80 × 15-700	300	160	550
M 24-650	650	150	15	78	37	27	20	120 × 80 × 10-600	100 × 20-700	300	200	650
M 30-800	800	200	20	101	49	35	30	150 × 100 × 10-700	120 × 20-900	340	260	750

Biegesteife Fundamentverankerungen – Köcherfundamente für eingespannte Stützen

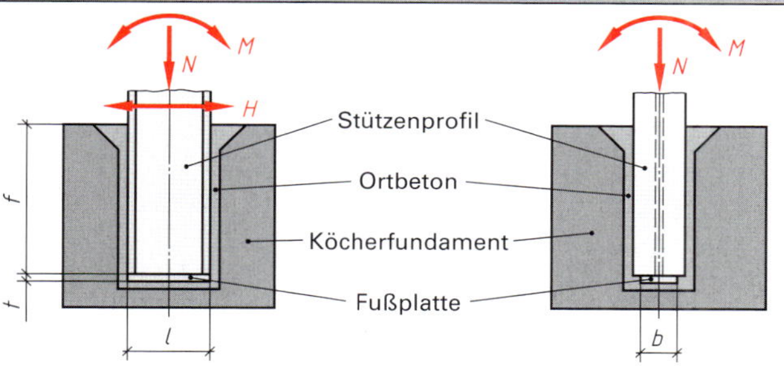

N Längskraft der Stütze
H Querkraft der Stütze
M Biegemoment der Stütze
f Einspanntiefe
t Dicke der Fußplatte
l Länge der Fußplatte
b Breite der Fußplatte

Bezeichnungsbeispiel: **SF** **K** **A** **30** **8**

- **SF**: Stützenfuß-Verankerung
- **K**: Köcherfundament
- **A**: Profil E: IPE **A**: HE-A B: HE-B
- **30**: Profilhöhe in cm
- **8**: Einspanntiefe *f* in dm

Grenzstützenkräfte, Grenzbiegemomente und Auswahl von Verankerungen

Typ SF K E	Profil IPE	N kN	H kN	M kNm	Tiefe *f* mm	Fußplatte *b* mm	*l* mm	*t* mm	Typ SF K A	Profil HE-A	N kN	H kN	M kNm	Tiefe *f* mm	Fußplatte *b* mm	*l* mm	*t* mm
22 4	220	146	20	29	400	100	220	15	30 8	300	491	40	110	800	220	300	30
22 5		56	25	36	500	60	220	10	30 9		546	50	121	900	200	300	30
24 4	240	207	20	33	400	120	240	20	32 8	320	628	50	123	800	240	320	35
24 6		28	30	49	600	60	240	10	32 9		569	60	137	900	220	320	30
30 5	300	273	30	60	500	120	300	20	34 8	340	696	60	138	800	260	340	35
30 7		69	50	81	700	60	300	10	34 9		632	70	153	900	240	340	30

Rippenlose Krafteinleitung

vgl. DIN 18800-1 (1990-11)

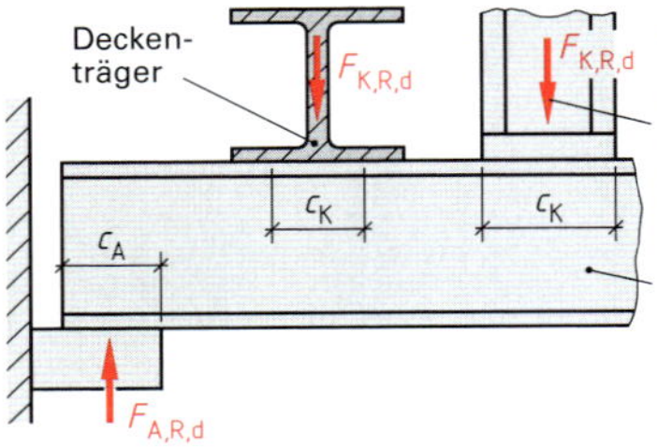

c_A	Lasteinleitungslänge am Endauflager
c_K	Lasteinleitungslänge bei Trägerkreuzung
$F_{A,R,d}$	Grenzanschlusskraft am Endauflager
$F_{K,R,d}$	Grenzanschlusskraft bei Trägerkreuzung
h_T	Nennhöhe des Trägers

Grenzanschlusskräfte und Lasteinleitungslängen

IPE 160				IPE 180				HE 240 A			
Endauflager		Kreuzung		Endauflager		Kreuzung		Endauflager		Kreuzung	
c_A mm	$F_{A,R,d}$ kN	c_K mm	$F_{K,R,d}$ kN	c_A mm	$F_{A,R,d}$ kN	c_K mm	$F_{K,R,d}$ kN	c_A mm	$F_{A,R,d}$ kN	c_K mm	$F_{K,R,d}$ kN
0	44,73	0	89,45	0	49,15	0	98,29	0	135,0	0	270,0
2	46,91	10	100,4	2	51,46	10	109,9	5	143,2	10	286,4
4	49,09	20	111,3	4	53,77	20	121,4	10	151,4	20	302,7
6	51,27	30	122,2	6	56,08	30	133,0	15	159,5	30	319,1
8	53,45	40	133,1	8	58,40	40	144,5	20	167,7	40	335,5
10	55,64	50	144,0	10	60,71	50	156,1	25	175,9	50	351,8
12	57,82	60	154,9	12	63,02	60	167,7	30	184,1	60	368,2
14	60,00	70	165,8	14	65,33	70	179,2	35	185,4	70	370,7
16	62,18	80	173,0	16	67,65	80	190,8	40	185,4	80	370,7
18	64,36	90	173,0	18	69,96	90	202,4	45	185,4	90	370,7
20	66,55	100	173,0	20	72,27	100	206,7	50	185,4	100	370,7
22	68,73	110	173,0	22	74,59	110	206,7	55	185,4	110	370,7
24	68,95	120	173,0	24	76,90	120	206,7	60	185,4	120	370,7
Lasteinleitungsbreite: 57 mm				Lasteinleitungsbreite: 67 mm				Lasteinleitungsbreite: 101 mm			

1. Beispiel: Ein Unterzug aus einem HE 240 A wird von einem Deckenträger IPE 180 gekreuzt. Welche Grenzanschlusskraft $F_{K,R,d}$ muss für diese Kombination berücksichtigt werden?

Aus der Tabelle: Lasteinleitungsbreite des HE 240 A = 101 mm;
beim Profil IPE 180 wird dieser Wert als Lasteinleitungslänge c_K angesetzt;
$F_{K,R,d}$ beträgt **206,7 kN**, da dieser Wert ab c_K = 100 mm auch bei steigendem c_K-Wert konstant bleibt.

Eine Ermittlung der Grenzanschlusskraft für den Unterzug in umgekehrter Weise kann unterbleiben, da dieser Träger wesentlich höhere Grenzanschlusskräfte als der Deckenträger aufnehmen kann und bei jeder Trägerkombination der niedrigere Wert maßgebend ist.

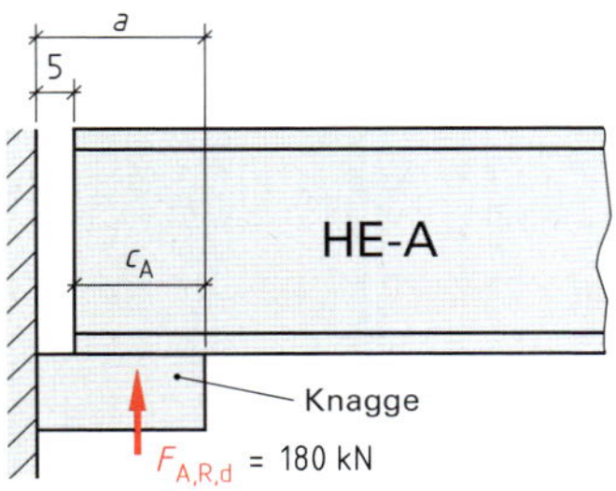

2. Beispiel: Für das Endauflager eines Trägers aus einem HE-A-Profil soll eine Knagge gefertigt werden. Welches Maß *a* muss die Knagge besitzen, wenn die Anschlusskraft $F_{A,R,d}$ = 180 kN beträgt und als Abstand des Trägers von der Stütze 5 mm eingeplant werden?

Aus der Tabelle: c_A = 30 mm,
Grenzanschlusskraft $F_{A,R,d}$ = 184,1 kN

$\boldsymbol{a} = c_A + 5\text{ mm} = 30\text{ mm} + 5\text{ mm} = \mathbf{35\text{ mm}}$

Pfettenstöße[1]

Ausführung A

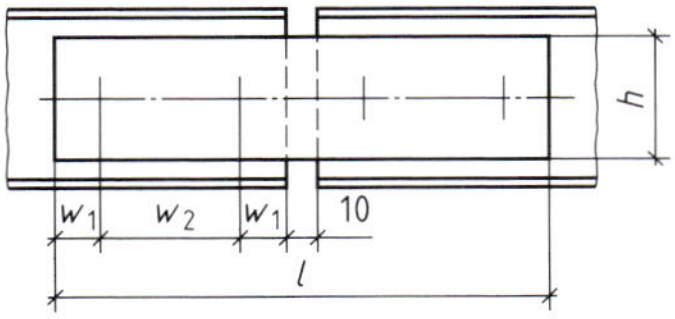

Ausführung C

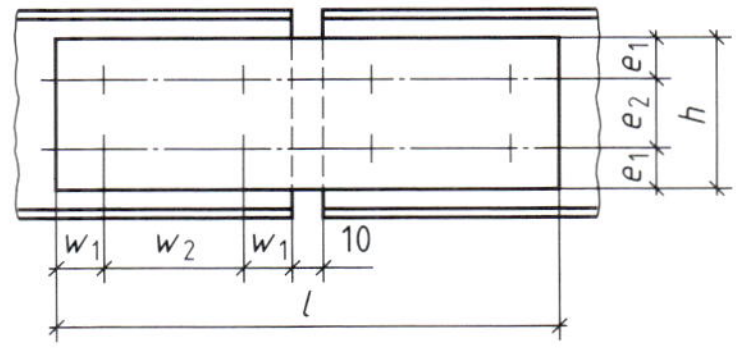

Ausführung B

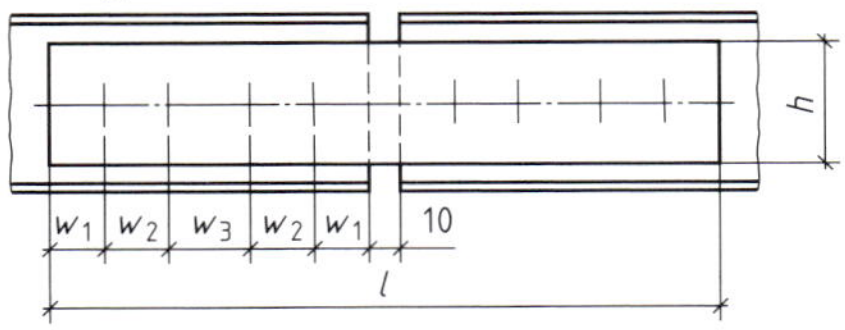

h Höhe des Stoßprofils
t Dicke des Stoßprofils
l Länge des Stoßprofils
w waagerechte Anreißmaße
e senkrechte Anreißmaße

Bezeichnungsbeispiel: PM F A H 16 E 14

- PM: Pfettenstoß Momenten-beansprucht
- F: Stoßprofil **F:** Flacheisen U: U-Profil
- A: Ausführung **A** – B – C
- H 16: Schraubendurchmesser in mm H: Zusatz für 10.9
- E: Pfettenprofil E: IPE A: HE-A B: HE-B
- 14: Profilhöhe h_T in cm

Ausführung A

Typ PM FA	Profil Pfette	Stoßprofil Maße in mm			Schrauben[2]	Abstände Maße in mm	
	IPE	*h*	*t*	*l*		w_1	w_2
16 E 10	100	80	20	730	M 16×70	30	300
20 E 12	120	100	20	750	M 20×75	35	300
20 E 14	140	120	20	1050	M 20×75	35	450

Typ PM UA	Profil Pfette	Stoßprofil	Schrauben[2]	Abstände Maße in mm	
	IPE	U[3]		w_1	w_2
16 E 10	100	80	M 16×45	30	300
20 E 12	120	100	M 20×45	35	300
20 E 14	140	100	M 20×45	35	450

Ausführung B

Typ PM FB	Profil Pfette	Stoßprofil Maße in mm			Schrauben[2]	Abstände Maße in mm		
	IPE	*h*	*t*	*l*		w_1	w_2	w_3
16 E 14	140	120	20	830	M 16×70	30	50	250
20 E 16	160	130	20	1030	M 20×75	35	70	300
20 E 18	180	150	20	1130	M 20×75	35	70	350

Typ PM UA	Profil Pfette	Stoßprofil	Schrauben[2]	Abstände Maße in mm		
	IPE	U[3]		w_1	w_2	w_3
16 E 14	140	80	M 16×45	30	50	250
20 E 16	160	120	M 20×50	35	70	300
20 E 18	180	140	M 20×50	35	70	450

Ausführung C

Typ PM FC	Profil Pfette	Stoßprofil Maße in mm			Schrauben[2]	Abstände Maße in mm			
	IPE	*h*	*t*	*l*		w_1	w_2	w_3	w_4
16 E 18	180	150	20	1030	M 16×70	30	450	45	60
20 E 20	200	160	25	1050	M 20×75	35	450	50	70
20 E 22	220	180	25	1250	M 20×85	35	550	50	80

Typ PM UA	Profil Pfette	Stoßprofil	Schrauben[2]	Abstände Maße in mm			
	IPE	U[3]		w_1	w_2	w_3	w_4
16 E 18	180	140	M 16×70	30	450	45	60
20 E 20	200	160	M 20×75	35	450	50	70
20 E 22	220	180	M 20×75	35	550	50	80

[1] Die Stöße ersetzen das volle Widerstandsmoment der Pfetten.
[2] Sechskantschrauben nach DIN 7990, Güte 4.6
[3] U-Stahl nach DIN 1026-1.

Pfettenschuhe für I- und IPE-Profile aus Flach- und Winkelstahl

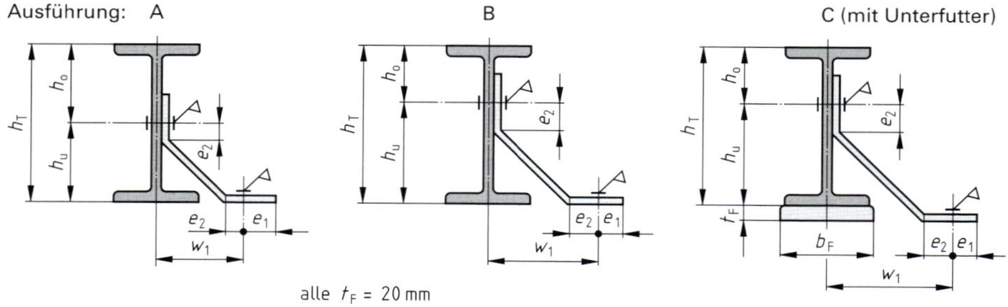

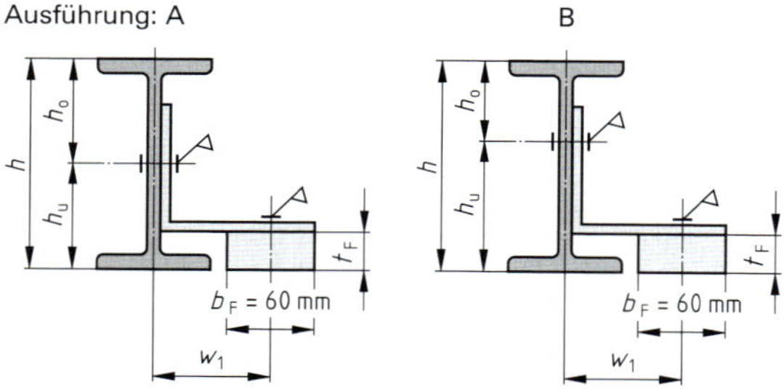

b	Breite des Pfettenschuhes
b_F	Breite des Unterfutters
e, e_1, e_2	Bohrungsabstände, Pfettenschuh
h_u, h_o	senkrechte Montagemaße
h_T	Nennhöhe des Trägers
L	Abgewickelte Länge Pfettenschuh
s	Dicke des Pfettenschuhes
t_F	Dicke des Unterfutters
w	Wurzelmaß
w_1	waagerechtes Montagemaß

Ausführung aus Flachstahl

Pfetten-schuh Nr.	Maße in mm						Schrauben mit Scheibe	Maße in mm								
								Ausführung A		Ausführung B			Ausführung C			Futter
	L	s	w_1	e	e_1	e_2		h_T	$h_u = h_o$	h_T	h_u	h_o	h_T	h_u	h_o	$b_F \times t_F$
PSF1	112	6	50	35	20	16	M 16×35	100	50	80	50	30	–	–	–	–
PSF2	136	8	60		25	17		120	60	100	60	40	80	40	40	50 × 20
PSF3	150	8	70		25	18	M 16 × 40	140	70	120	70	50	100	50	50	60 × 20
PSF4	166	8	80		25	21		160	80	120	80	40	100	60	40	
										140	80	60	120	60	60	70 × 20
PSF5	190	8	90		30	24	M 16 × 45	180	90	140	90	50	120	70	50	
										160	90	70	140	70	70	80 × 20
PSF6	208	10	100		30	30		200	100	160	100	60	140	80	60	
										180	100	80	160	80	80	90 × 20

Ausführung aus Winkelstahl

Pfetten-schuh Nr.	Maße in mm				Schrauben mit Scheibe	Maße in mm						
						Ausführung A		Futter	Ausführung B			Futter
	L-Profil	w_1	e	w_2		h_T	$h_u = h_o$	$b_F \times t_F$	h_T	h_u	h_o	$b_F \times t_F$
PSW1	100 x 65 x 9	70	35	40	M 16 x 40	–	–	–	100	60	40	60 × 20
						120	80	60 × 20	120	70	50	60 × 30
						140	70	60 × 30	–	–	–	–
PSW2	100 x 10			60		–	–	–	140	80	60	60 × 20
						160	80	60 × 20	160	90	70	60 × 30
PSW3	110 x 12	80		70	M 16 x 45	–	–	–		100	60	
						180	90	60 × 20	180		80	
						200	100	60 × 30	–	–	–	–

K

Breite und Wurzelmaß der Pfettenschuhe und Maße der Unterfutter

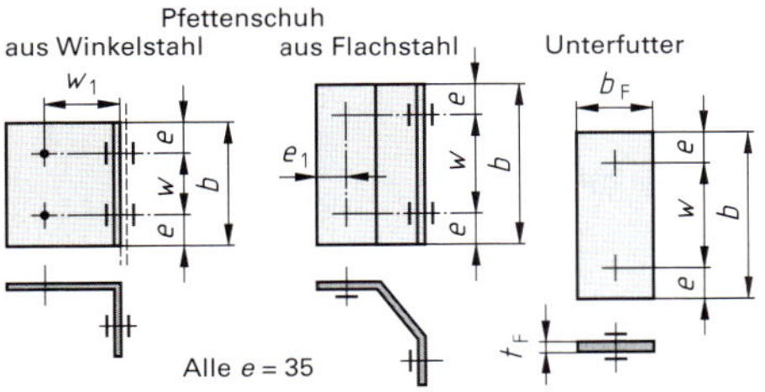

w mm	$b = l_F$ mm	Empfohlen für **Binderobergurte** aus I	IPE	HE-A, HE-B
50	120	200 … 220	180 … 200	100
60	130	240 … 300	220 … 240	120
80	150	320 … 400	270 … 330	140 … 160
100	170	450 … 500	360 … 500	180 … 300
120	190	550 … 600	550 … 600	320 … 1000

Bezeichnung für einen Pfettenschuh aus Flachstahl mit einem waagerechten Montagemaß von 60 mm und einem Wurzelmaß von 100 mm:

PS **F** **6** **10**

- PS: Pfettenschuh
- F: Pfettenschuhquerschnitt
  F: Abgekanteter Flachstahl
  W: Winkelstahl
- 6: Waagerechtes Montagemaß w_1 in cm
- 10: Wurzelmaß w im Pfettenschuh in cm

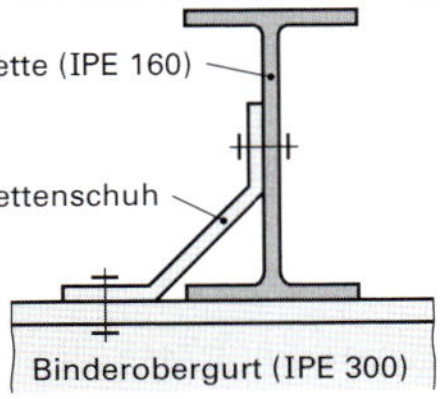

Ablesebeispiel:
Eine Pfette IPE 160 soll auf einen Binderobergurt IPE 300 montiert werden. Für die Pfettenschuhe in der Ausführung A sollen ermittelt werden:

a) Pfettenschuh: L; s; w_1; e; e_1; e_2; Schraubenmaße: h_u; h_o; w; b.
b) Die Bezeichnung

zu a) Aus obigen Tabellen: Pfettenschuh PFL4; L = 166 mm; s = 8 mm; w_1 = 80 mm; e = 35 mm; e_1 = 25 mnm; e_2 = 21 mm: Schraubenmaße: M 16 x 40; $h_u = h_o$ = 80 mm; w = 80 mm; b = 150 mm
zu b) **PS F 8 8**

Bezeichnung eines Unterfutters für einen Pfettenschuh aus Winkelstahl mit einem waagerechten Montagemaß von 40 mm und einem Wurzelmaß von 120 mm:

PS **WF** **4** **12**

- PS: Futter für Pfettenschuh
- WF: Zuordnung zum Pfettenschuhquerschnitt
  WF: Futter für Winkelstahl
  FF: Futter für Flachstahl
- 4: Waagerechtes Montagemaß w_1 in cm
- 12: Wurzelmaß w im Pfettenschuh und im Futter in cm

Zugstangen zur Pfettensicherung

Lage der Zugstangen

A schräge Ausführung
B gerade Ausführung über die Firstpfetten

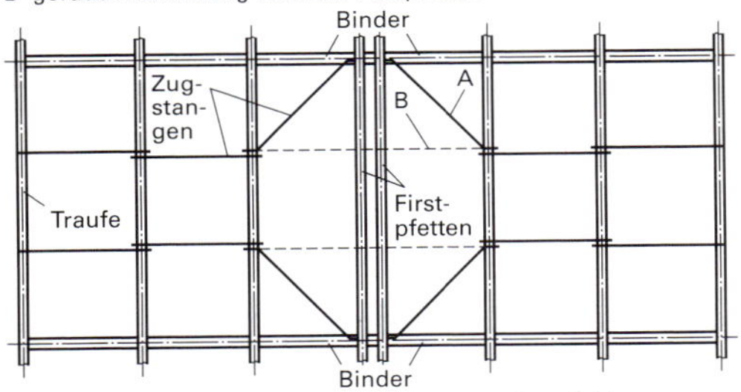

Zugstangen in den Drittelspunkten eines Feldes

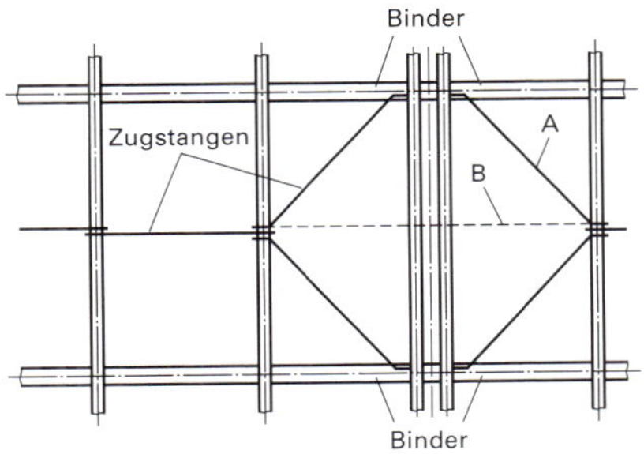

mittige Anordnung von Zugstangen

K

Zugstangen zur Pfettensicherung

vgl. DIN 18800-1 (1990-11)

Montage am Pfettensteg

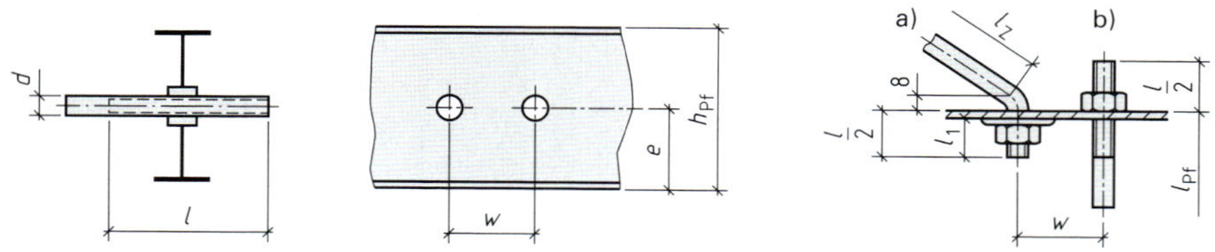

d Zugstangendurchmesser
e Anreißmaß für Zugstangenbohrungen
F aufnehmbare Zugkraft für die Zugstangen

h_{Pf} Profilhöhe der Pfette
l Länge des Gewindeendes
l_{Pf} Pfettenabstand
l_Z ist aus der Zeichnung zu ermitteln

a) schräge Zugstange
b) gerade Zugstange
d Gesamtlänge der Zugstange
m' längenbezogene Masse
w Abstand der Zugstangenbohrungen

Anreißmaße für Zugstangenbohrungen

Profilhöhe h_{Pf} in mm	80	100	120	140	160	180	200
e[1] in mm (Empfehlg.)	50	70	90	105	120	135	150

[1] wenn konstruktiv möglich: $e > 0{,}735 \cdot h_{PF}$

Zugstangen aus S235JR

h_{Pf}	Maße in mm				F	m'
mm	d	l	l_1	w	kN	kg/m
80 … 120	12	70	30	30	8,32	0,888
140 … 200	16	80	35	40	15,8	1,580

Länge der schrägen Zugstange $L = l_Z + l + 16\text{ mm}$

Länge der geraden Zugstange $L = l_{Pf} + l$

Montage mit Winkeln am Dachträgerflansch

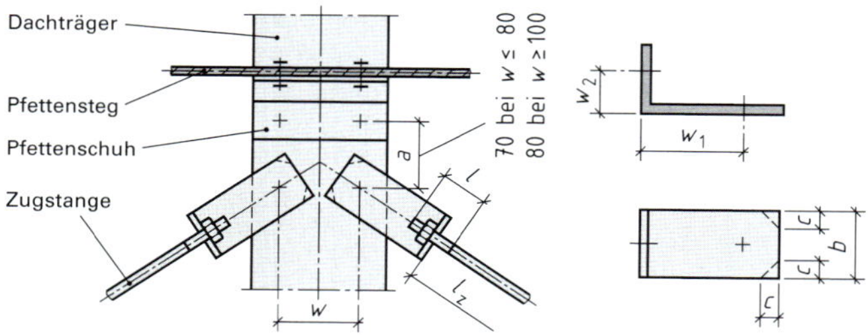

a Bohrungsabstand Pfettenschuh/Winkel
b Winkelbreite
c Winkelabschrägung
l Länge des Gewindeendes
w Bohrungsabstand zwischen beiden Winkeln
w_1 Anreißmaß für Bohrung im langen Winkelschenkel
w_2 Anreißmaß für Bohrung im kurzen Winkelschenkel

Winkel aus S235JR

Typ	Für Gewinde	Maße in cm			c für w =		kg/Stück
		b	w_1	w_2	60 mm 80 mm	100 mm	
100×50×10	M 12	55	70	30	20	0	0,611
130×65×12	M 16	60	100	35	25	0	1,038

$a = 70$ bei $w \leq 80$ mm
$a = 80$ bei $w \geq 100$ mm

Länge der Zugstange $L = l_z + l$

Masse der Zugstange $m = m' \cdot L$

Das Anbringen der Gegenmuttern ist an beiden Enden der Zugstangen möglich, wobei Unterlegscheiben nicht erforderlich sind. Die Gewindelänge *l* ist so bemessen, dass bei zurückgedrehter Gegenmutter (sofern eine verwendet wird) die Zugstange problemlos eingebaut werden kann.

Beispiel: Die Pfettenprofile eines Hallendaches sollen mit geraden Zugstangen gesichert werden. Es werden I-Profile mit einer Nennhöhe l_{Pf} = 140 mm verwendet. Der Pfettenabstand beträgt l_{Pf} = 1500 mm. Wie groß sind *L, d, w, e, F, m*?

Lösung: Aus obigen Tabellen: $l = 80$ mm; $L = l_{Pf} + l = 1500\text{ mm} + 80\text{ mm} = 1580$ mm;
$d = 16$ mm; $w = 40$ mm; $e = 105$ mm; $F = 15{,}8$ kN;
$m' = 1{,}580$ kg/m; $m = m' \cdot L = 1{,}580\text{ kg/m} \cdot 1{,}58\text{ m} = 1{,}257$ kg

Tragwerke aus Hohlprofilen bei vorwiegend ruhender Beanspruchung

vgl. DIN 18808 (1984-10)

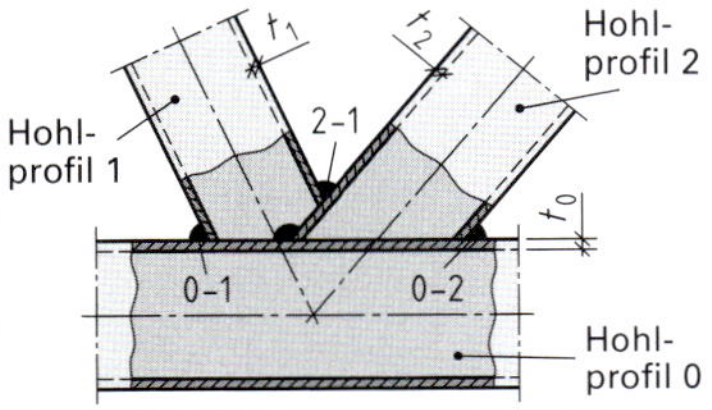

0	Hohlprofil, am Knoten durchlaufend
1, 2 … n	Hohlprofil, am Knoten endend und fortlaufend im Uhrzeigersinn nummeriert
t_u	Dicke des untersetzten Hohlprofils
t_a	Dicke des aufgesetzten Hohlprofils
t_o	Dicke des am Knoten durchlaufenden Hohlprofils
t_i	Dicke des am Knoten endenden Hohlprofils

Wanddickenverhältnis für unversteifte Fachwerkknoten

Für eine ausreichende Tragfähigkeit des Knotens ist nebenstehende Bedingung werkstoffabhängig für jeden Anschluss einzuhalten.

$$\left(\frac{t_u}{t_a}\right)_{\text{vorh.}} \geq \left(\frac{t_u}{t_a}\right)_{\text{erf.}}^{1)}$$

[1)] Erforderliches Wanddickenverhältnis
Für S235JR = 1,6
Für S355J0 = 1,33

Beispiel: Kann bei einer Stahlkonstruktion bezüglich der Wanddickenverhältnisse ein Knoten aus den folgenden 3 Hohlprofilen geschweißt werden?
Untersetztes Profil „0“: **Hohlprofil DIN 59410 – S355J0 – 70 × 40 × 4**
Aufgesetzte Profile „1“ und „2“: **Hohlprofil DIN 59410 – S355J0 – 40 × 40 × 2,9**

Lösung: Berechnung für Anschluss: „0 – 1“: $\left(\frac{t_u}{t_a}\right)_{\text{erf.}} = 1{,}33$ (s.o.)

$$\left(\frac{t_u}{t_a}\right)_{\text{vorh.}} = \frac{t_0}{t_1} = \frac{4\ \text{mm}}{2{,}9\ \text{mm}} = 1{,}38 > 1{,}33$$

Bedingung erfüllt. Anschluss „0 – 2“ ist identisch.

Grenzstützweiten für Walzprofile

Belastungen kN/m	Grenzstützweiten in m																	
	IPE							U					HE-B					
	240	270	300	330	360	400	450	240	260	300	350	400	300	340	360	400	450	500
Gleichmäßig verteilte Belastung S235JR (Trägereigenmasse nicht berücksichtigt)																		
10	6,0	6,9	7,9	8,9	10,1	11,4	13,0	5,8	6,5	7,7	9,1	10,7	13,7	15,6	16,4	18,0	–	–
20	4,3	4,9	5,6	6,3	7,1	8,1	9,2	4,1	4,6	5,5	6,4	7,6	9,7	11,0	11,6	12,7	14,1	15,5
30	3,5	4,0	4,6	5,2	5,8	6,6	7,5	3,4	3,7	4,5	5,2	6,2	7,9	9,0	9,5	10,4	11,5	12,7
40	3,0	3,5	3,9	4,5	5,0	5,7	6,5	2,9	3,2	3,9	4,5	5,3	6,9	7,8	8,2	9,0	10,0	11,0
50	2,7	3,1	3,5	4,0	4,5	5,1	5,8	2,6	2,9	3,5	4,1	4,8	6,1	7,0	7,3	8,0	8,9	9,8
Gleichmäßig verteilte Belastung S355J0 (Trägereigenmasse nicht berücksichtigt)																		
10	7,4	8,5	9,7	11,0	12,3	14,0	15,9	7,1	7,9	9,5	11,1	13,1	16,8	18,0	–	–	–	–
20	5,2	6,0	6,9	7,7	8,7	9,9	11,2	5,0	5,6	6,7	7,9	9,3	11,9	13,5	14,2	15,6	17,3	18,0
30	4,3	4,9	5,6	6,3	7,1	8,1	9,2	4,1	4,6	5,5	6,4	7,6	9,7	11,0	11,6	12,7	14,1	15,5
40	3,7	4,3	4,8	5,5	6,2	7,0	7,9	3,6	3,9	4,7	5,5	6,5	8,4	9,5	10,0	11,0	12,2	13,4
50	3,3	3,8	4,3	4,9	5,5	6,3	7,1	3,2	3,5	4,2	5,0	5,9	7,5	8,5	9,0	9,8	10,9	12,0
Einzellast in Trägermitte S235JR																		
50	3,6	4,7	6,1	7,7	9,6	12,0	15,1	3,3	4,1	5,8	7,8	10,4	15,5	18,0	–	–	–	–
100	–	2,4	3,1	4,2	5,0	6,4	8,2	–	–	3,0	4,1	5,6	8,9	11,3	12,4	14,5	17,2	18,0
200	–	–	–	–	–	3,3	4,2	–	–	–	–	2,9	4,6	5,9	6,6	7,8	9,6	11,4
Einzellast in Trägermitte S355J0																		
50	5,3	7,0	9,0	11,4	14,1	17,4	–	4,9	6,1	8,6	11,4	15,0	–	–	–	–	–	–
100	2,7	3,6	4,6	5,9	7,4	9,4	12,0	2,5	3,1	4,5	6,1	8,3	13,1	16,4	17,9	–	–	–
200	–	–	–	3,0	3,8	4,8	6,2	–	–	–	3,1	4,2	6,9	8,8	9,7	11,6	14,1	16,7

Sonderprofile aus Stahl (kaltgeformt)

Stahltrapezprofile

vgl. DIN 18807-1 (1987–06)

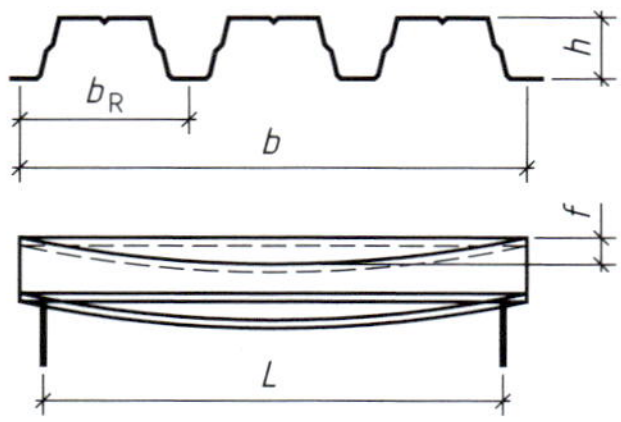

Profil 35/1035

Profil 83/1120

b_R	Rippenbreite	L	Stützweite
b	Baubreite ($n \cdot b_R$)	L_{max}	Grenzstützweite
b_A	Endauflagerbreite	m''	Flächenbezogene Masse
b_B	Zwischenauflagerbreite	n	Anzahl der Rippen
f	Durchbiegung	h	Profilhöhe
f_{max}	Maximale Durchbiegung	L	Feldlänge
		s	Blechdicke

h/b mm	s mm	m'' kg/m²	b_B mm	l_{max} m	
				Einfeld	Zweifeld
35/1035	0,75	7,11	60	1,77	2,21
	0,88	8,34		2,50	3,13
	1,00	9,48		2,86	3,57
	1,25	11,85		3,60	4,50
83/1120	0,75	8,15	120	3,50	4,38
	0,88	9,58		4,93	6,16
	1,00	10,90		5,63	7,04
	1,25	13,65		7,10	8,88

Tragfähigkeit für Profil 35/1035, $b_B \leq 60$ mm, $b_A \leq 40$ mm, $s = 1$ mm

f_{max} bei 1-, 2- und 3-Feld-konstruktion		L_{max} für Begehbarkeit m	zul. Flächenlast in kN/m² bei Feldlänge in m (Werte rechts von der Treppe nicht tragend)							
			0,50	1,00	1,50	2,00	2,50	3,00	3,50	4,00
1-Feld	$f < L/150$	1,75	39,06	16,45	7,13	3,01	1,54	0,89	0,56	0,38
	$f < L/200$		39,06	16,45	5,35	2,26	1,16	0,67	0,42	0,28
	$f < L/300$		39,06	12,04	3,57	1,50	0,77	0,45	0,28	0,19
2-Feld	$f < L/150$	2,25	36,41	13,18	6,69	4,00	2,63	1,83	1,34	0,91
	$f < L/200$		36,41	13,18	6,69	4,00	2,63	1,61	1,01	0,68
	$f < L/300$		36,41	13,18	6,69	3,62	1,86	1,07	0,68	0,45
3-Feld	$f < L/150$	2,25	39,06	15,82	7,31	4,11	2,63	1,68	1,06	0,71
	$f < L/200$		39,06	15,82	7,31	4,11	2,18	1,26	0,80	0,53
	$f < L/300$		39,06	15,82	6,73	2,84	1,45	0,84	0,53	0,36

Mindestauflagerbreiten

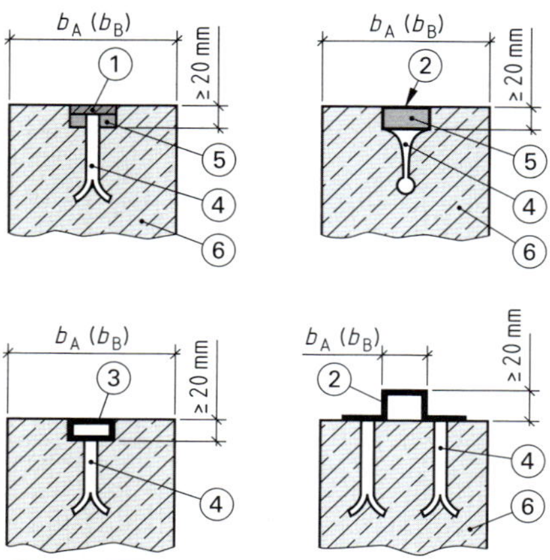

Art der Unterkonstruktion	Stahl, Stahlbeton	Mauerwerk	Holz
$b_{A\,min}$ in mm	40	100	60
$b_{B\,min}$ in mm	60	100	60

① Flachstahl mindestens 8 mm dick

② Stahlprofil } für Setzbolzen, Wanddicke mindestens 6 mm

③ Stahlhohlprofil } für Setzbolzen, Wanddicke mindestens 6 mm

④ Verankerung

⑤ Hinterfüllung aus Hartschaum, Holz oder Ähnlichem (erforderlich bei Schraubenbefestigungen)

⑥ Beton, Stahlbeton oder Spannbeton

Sonderprofile aus Stahl (kaltgeformt)

U-Profil

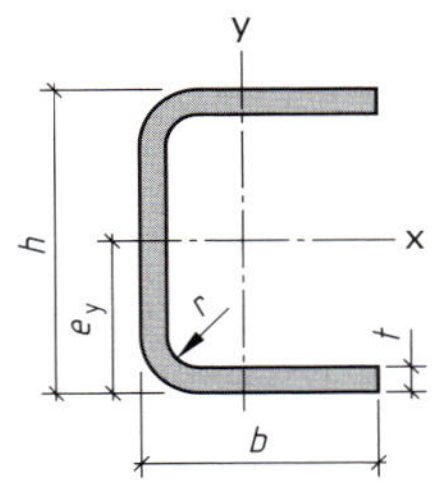

b Profilbreite
e_y Abstand der y-Achse
h Profilhöhe
I Flächenmoment
m' längenbezogene Masse
S Profilquerschnitt
t Profildicke
U längenbezogene Oberfläche
W axiales Widerstandsmoment

Bezeichnungsbeispiel:
für ein U-Profil mit 120 mm Höhe, 60 mm Breite, 4 mm Dicke und 6000 mm Profillänge aus S235J2G3 nach EN 10 025

U-Profil – U 120 × 60 × 4 – 6000 S235J2G3

Kurzzeichen	Abmessungen in mm								Für die Biegeachse x – x		y – y	
U	*h*	*b*	*t*	*r*	e_y cm	*S* cm²	*U* m²/m	*m'* kg/m	I_x cm⁴	W_x cm³	I_y cm⁴	W_y cm³
30 × 30	30	30	2	2	1,11	1,67	0,17	1,31	2,53	1,69	1,55	0,82
35 × 35	35	35	2	2	1,28	1,97	0,20	1,54	4,16	2,37	2,52	1,13
40 × 40	40	40	2	2	1,44	2,27	0,23	1,78	6,35	3,18	3,82	1,50
50 × 30	50	30	3	3	0,96	3,00	0,21	2,36	11,36	4,55	2,65	1,30
60 × 40	60	40	3	3	1,29	3,90	0,27	3,06	22,41	7,47	6,34	2,34
70 × 50	70	50	4	4	1,67	6,27	0,32	4,92	49,05	14,01	15,92	4,79
80 × 50	80	50	4	4	1,58	6,67	0,34	5,24	66,97	16,74	16,75	4,90
100 × 50	100	50	3	3	1,39	5,70	0,39	4,48	88,45	17,69	14,09	3,90
105 × 40	105	40	2,5	2,5	0,98	4,42	0,36	3,47	71,15	13,55	6,51	2,15
120 × 50	120	50	4	4	1,32	8,27	0,42	6,49	174,01	29,00	19,24	5,22
140 × 60	140	60	4	4	1,57	9,87	0,50	7,75	288,55	41,22	33,71	7,60
160 × 60	160	60	5	7,5	1,52	13,07	0,53	10,26	473,45	59,18	42,45	9,48
180 × 70	180	70	6	9	1,82	17,86	0,61	14,02	822,71	91,41	79,64	15,36
200 × 60	200	60	6	9	1,40	17,86	0,61	14,02	947,62	94,76	52,90	11,50

Z-Profil

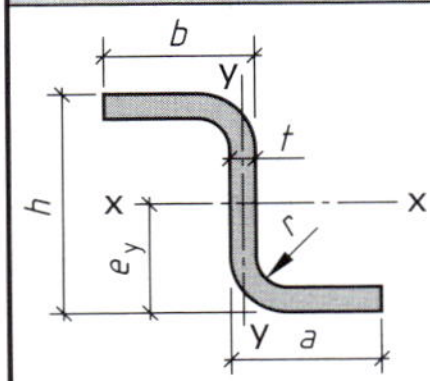

Bezeichnungsbeispiel:
Z-Profil mit 53 mm Höhe,
Maß *b* = 40 mm,
Maß *a* = 30 mm,
3 mm Dicke und
6000 mm Profillänge aus
S235J2G3 nach EN 10 025

Z-Profil – Z 40 × 53 × 30 × 3 – 6000 S235J2G3

Hut-Profil

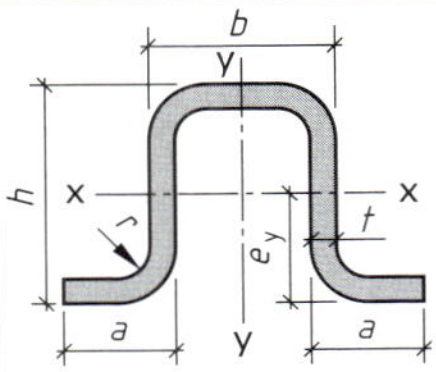

Bezeichnungsbeispiel:
H-Profil mit 50 mm Höhe,
Maß *b* = 35 mm,
Maß *a* = 22 mm,
2,5 mm Dicke und
6000 mm Profillänge aus
S235J2G3 nach EN 10 025

Hut-Profil – Hut 35 × 50 × 22 × 2,5 – 6000 S235J2G3

Profil	Abmessungen in mm								Für die Biegeachse x – x		y – y	
	h	*b*	*a*	*t* = *r*	e_y cm	*S* cm²	*U* m²/m	*m'* kg/m	I_x cm⁴	W_x cm³	I_y cm⁴	W_y cm³
Z-Profil												
30 × 34 × 30	34	30	30	3	2,85	2,52	0,17	1,98	4,56	2,68	4,64	1,63
40 × 53 × 30	53	40	30	3	3,15	3,39	0,23	2,66	14,76	5,14	7,74	2,18
50 × 100 × 50	100	50	50	3	4,85	5,70	0,39	4,48	88,45	17,69	22,84	4,71
50 × 50 × 50	150	50	50	4	4,80	9,47	0,48	7,44	297,00	39,60	29,57	6,16
Hut-Profil												
35 × 50 × 22	50	35	22	2,5	3,70	4,06	0,33	3,19	13,87	5,27	14,30	3,86
60 × 50 × 32	50	60	32	4	5,80	7,90	0,40	6,20	28,68	11,26	77,67	13,39

Sonderprofile aus Stahl

Gleichschenkliges L-Profil

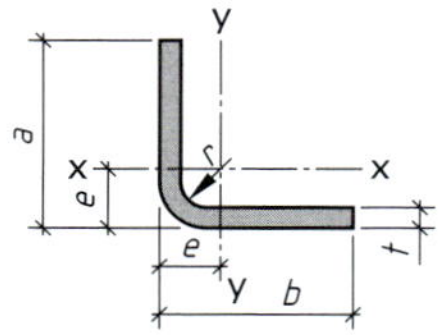

Bezeichnungsbeispiel:
Gleichschenkliges L-Profil mit 50 mm Schenkelbreite, 4 mm Schenkeldicke und 6000 mm Profillänge aus S235J2G3 nach EN 10 025:

L-Profil – L 120 × 60 × 4 – 6000 S235J2G3

S Querschnittsfläche
U längenbezogene Oberfläche
m' längenbezogene Masse
I Flächenmoment
W axiales Widerstandsmoment

Kurz-zeichen	Abmessungen in mm							Für die Biegeachsen x – x	y – y
L	*a*	*t*	*r*	*e* cm	*S* cm²	*U* m²/m	*m'* kg/m	$I_x = I_y$ cm⁴	$W_x = W_y$ cm³
15 × 15	15	2	2	0,47	0,53	0,06	0,42	0,11	0,11
20 × 20	20	2	2	0,59	0,73	0,08	0,58	0,28	0,20
25 × 25	25	2	2	0,72	0,93	0,10	0,73	0,57	0,32
30 × 30	30	2 3	2 3	0,84 0,89	1,13 1,65	0,12 0,12	0,89 1,30	1,00 1,42	0,46 0,67
35 × 35	35	2 3	2 3	0,97 1,02	1,33 1,95	0,14 0,14	1,05 1,53	1,62 2,31	0,64 0,93
40 × 40	40	2 3 3	2 3 3	1,09 1,14 1,39	1,53 2,25 2,85	0,16 0,16 0,20	1,20 1,77 2,24	2,45 3,51 7,04	0,84 1,23 1,95
50 × 50	50	4	4	1,44	3,74	0,20	2,93	9,06	2,54
60 × 60	60	3	3	1,64	3,45	0,24	2,71	12,39	2,84
70 × 70	70	5	7,5	2,00	6,53	0,27	5,13	31,35	6,27
75 × 75	75	4	4	2,06	5,74	0,29	4,50	32,07	5,89
80 × 80	80	5	7,5	2,25	7,53	0,31	5,91	47,59	8,27

Ungleichschenkliges L-Profil

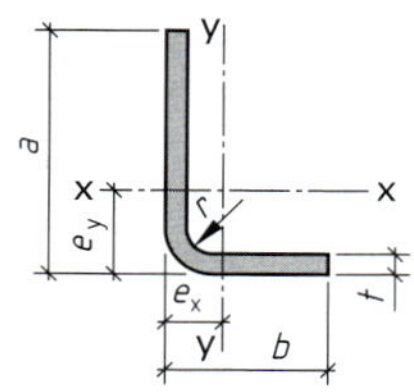

Bezeichnungsbeispiel:
Ungleichschenkliges L-Profil mit 100 mm und 50 mm Schenkelbreite und 4 mm Schenkeldicke und 6000 mm Profillänge aus S235J2G3 nach EN 10 025:

L-Profil – L 120 × 60 × 4 – 6000 S235J2G3

S Querschnittsfläche
U Mantelfläche
m' längenbezogene Masse
I Flächenmoment
W axiales Widerstandsmoment

Kurz-zeichen	Abmessungen in mm									Für die Biegeachsen x – x		y – y	
L	*a*	*b*	*t*	*r*	e_x cm	e_y cm	*S* cm²	*U* m²/m	*m'* kg/m	I_x cm⁴	W_x cm³	I_y cm⁴	W_y cm³
30 × 20	30	20	2	2	1,00	0,49	0,93	0,1	0,73	0,87	0,43	0,32	0,21
40 × 20	40	20	2	2	1,44	0,42	1,13	0,12	0,89	1,91	0,75	0,34	0,22
50 × 30	50	30	3	3	1,72	0,69	2,25	0,16	1,77	5,87	1,79	1,66	0,72
60 × 30	60	30	3	3	2,16	0,63	2,55	0,18	2,00	9,68	2,52	1,74	0,73
60 × 40	60	40	3	3	1,95	0,93	2,85	0,20	2,24	10,77	2,66	3,98	1,30
70 × 50	70	50	4	4	2,24	1,22	4,54	0,23	3,56	23,05	4,84	10,08	2,67
100 × 50	100	50	4	4	3,55	1,01	5,74	0,29	4,50	61,13	9,48	11,08	2,77
125 × 65	125	65	5	7,5	4,41	1,34	9,03	0,37	7,09	150,34	18,58	30,19	5,85
150 × 50	150	50	5	7,5	5,96	0,85	9,53	0,39	7,48	224,15	24,79	14,64	3,52

Sonderprofile aus Stahl

Z- und C-Profile

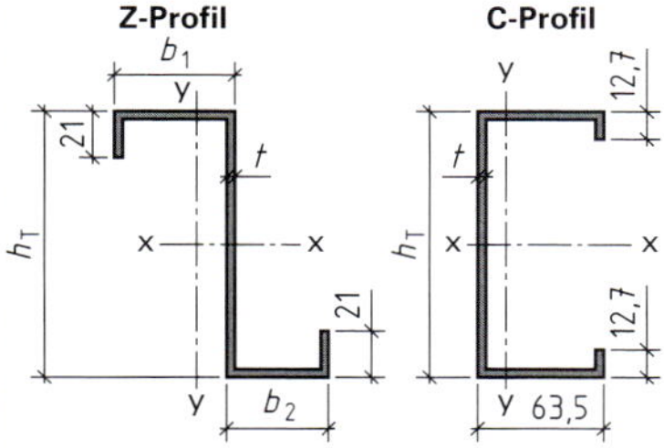

h_T	Nennhöhe des Profils	$N_{max,z}$	aufnehmbare Zugkraft in Längsrichtung
I_x, I_y	Flächenmoment	S	Querschnittsfläche
L	Stützweite	t	Profildicke
L_g	Gesamtlänge	W_x	axiales Widerstandsmoment
M_{max}	maximales Biegemoment		
$N_{max,d}$	aufnehmbare Druckkraft in Längsrichtung		

Profilquerschnitt	Profil-Nr.	h_T mm	b_1 mm	b_2 mm	t mm	m' kg/m	S cm²	I_x cm⁴	I_y cm⁴	W_x cm³	$N_{max,z}$ kN	$N_{max,d}$ kN
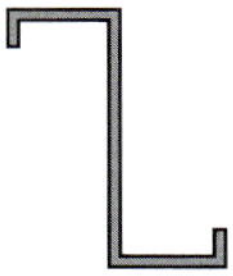	Z 1	122	54	49	1,5	2,97	3,78	105	9,7	13,78	114	36,6
	Z 2	142	54	49	1,6	3,41	4,35	151	11,2	18,29	132	35,8
	Z 3	172	65	60	1,8	4,56	5,80	296	20,8	28,23	181	46,3
	Z 4	202	65	60	2,0	5,52	7,04	460	24,9	38,94	222	46,9
	Z 5	232	76	69	2,3	7,23	9,22	794	42,1	57,87	294	59,8

Profilquerschnitt	Profil-Nr.	h_T mm	t mm	m' kg/m	S cm²	I_x cm⁴	I_y cm⁴	W_x cm³	M_{max} kN	$N_{max,d}$ kN
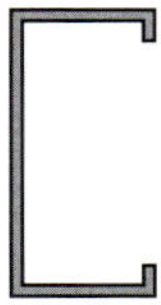	C 1	127	1,6	3,38	4,26	114	22,8	15,4	5,39	20,7
	C 2	165	1,8	4,32	5,46	232	27,7	25,1	8,79	21,0
	C 3	200	2,0	5,33	6,75	403	32,2	35,4	12,4	21,3
	C 4	220	2,5	7,06	8,92	626	40,4	52,7	18,5	–

Montage der Z-Pfetten

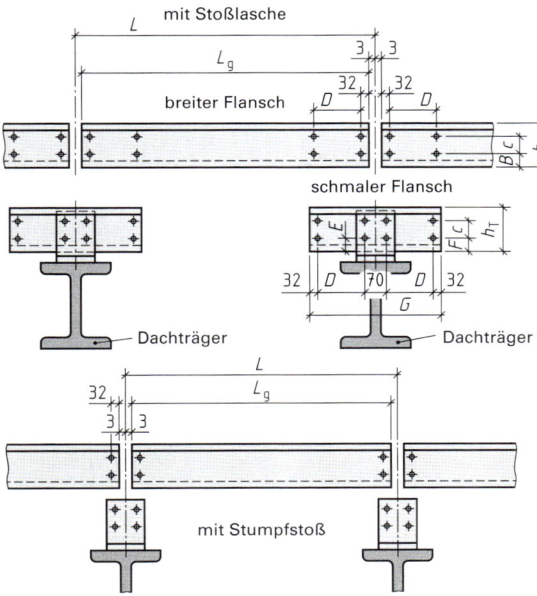

Haltewinkel

h_T	a	b	c	d	kg/St.
	Maße in mm				
122	120	40	56	6	1,15
142	130	50	56	6	1,20
172	160	50	86	6	1,38
202	190	50	116	8	2,09
232	220	50	146	8	2,33

h_T	B	D	E	F	G
	Maße in mm				
122	32	185	34	37	504
142	42	240	44	47	614
172	42	290	44	47	714
202	42	350	44	47	834
232	42	410	44	47	954

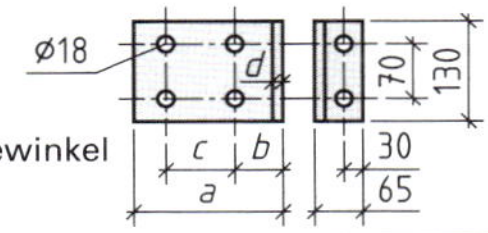

Haltewinkel

K

Metallbauelemente

Lochplatten (auch Lochbleche)

vgl. DIN 24041 (2002-12)

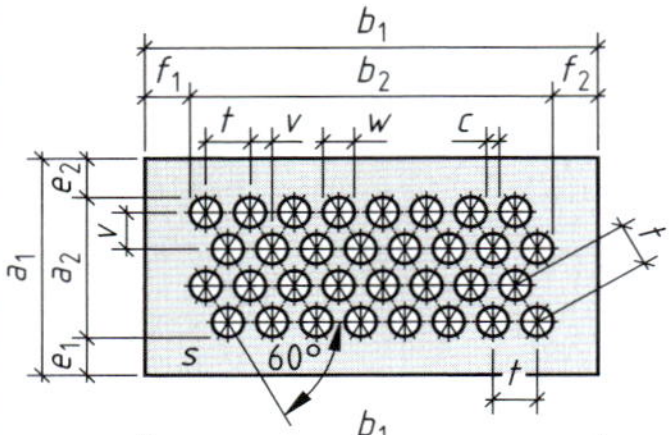

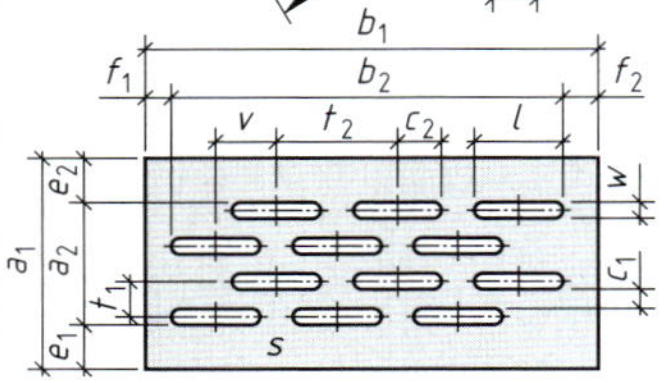

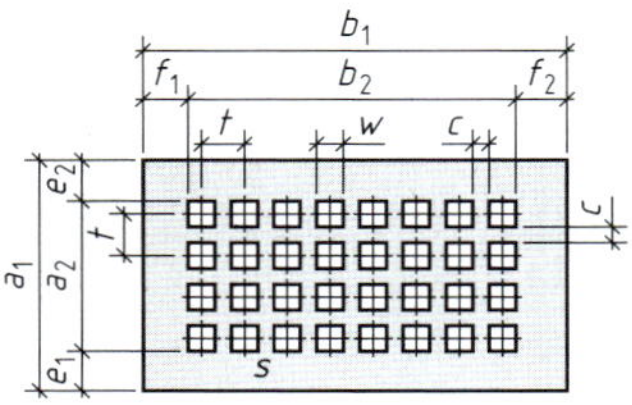

a_1	1. Plattenaußenmaß
a_2	Maß für die gelochte Fläche, parallel zum Plattenmaß a_1
b_1	2. Plattenaußenmaß
b_2	Maß für die gelochte Fläche, parallel zum Plattenmaß b_1
c	Stegbreite
c_1	Seitensteg (Langlochung)
c_2	Kopfsteg (Langlochung)
e_1, e_2	Breite des Randstreifens parallel dem Maß a_1
f_1, f_2	Breite des Randstreifens parallel dem Maß b_1
l	Lochlänge
s	Plattendicke
t	Lochteilung
t_1	Querteilung (Langlochung)
t_2	Längsteilung (Langlochung)
v	Versatz
w	Lochweite

Bezeichnungsbeispiele

Q	**d**	**8**	–	**10**
L	**g**	**4 · 20**	–	**7 · 2**

Lochform	Lochstellung	Lochabmessung	Lochteilung
R Rundlochung L Langlochung Q Quadratlochung	v in versetzten Reihen d in diagonal versetzten Reihen g in geraden Reihen	Bei Rundlochung: Durchmesser in mm Bei Quadratlochung: Seitenlänge in mm Bei Langlochung: $w \cdot l$ (Lochweite × Lochlänge)	t Lochteilung (Abstand von Lochmitte zu Lochmitte) Bei Langlochung: $t_1 \cdot t_2$ (Querteilung × Längsteilung)

Weitere erforderliche Angaben: Platten-(Blech-)Dicke; Werkstoff
Weitere mögliche Angaben: Stegbreiten; Maße von ungelochten Rändern, Streifen oder Zonen (siehe obige Legende).

Warmgewalzte Musterbleche

vgl. DIN 59220 (2000-04)

Ausführungsart T (Tränenblech)

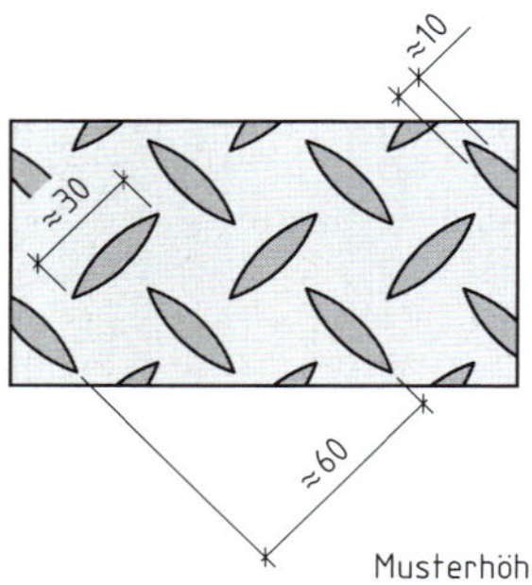

Ausführungsart R (Riffelblech)

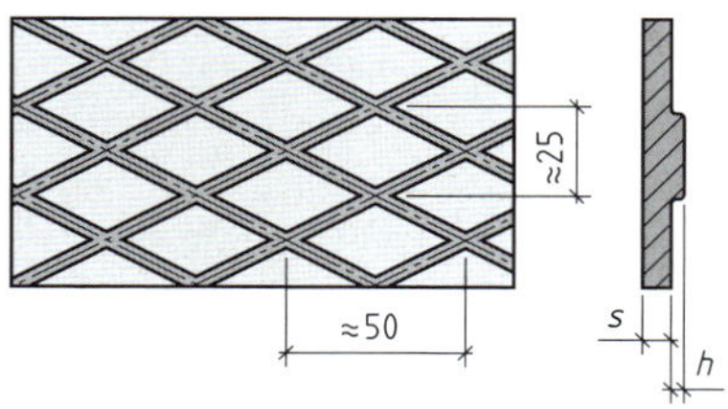

Musterhöhe h = 1 mm…2 mm

s Blechdicke

m'' Flächenbezogene Masse

s mm	m'' kg/m² bei Ausführungsart T	R
3	25,55	27,55
4	33,40	35,40
5	41,25	43,25
6	49,10	51,10
8	64,80	66,80
10	80,5	82,5

Bezeichnungsbeispiel:

Warmgewalztes Musterblech aus Stahl S235JR;
Ausführung T;
s = 5 mm; b = 1200 mm und L = 2000 mm

Blech DIN 59220 – S235JR – T5 × 1200 × 1200

K

Gitterroste

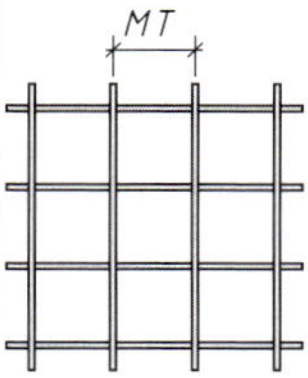

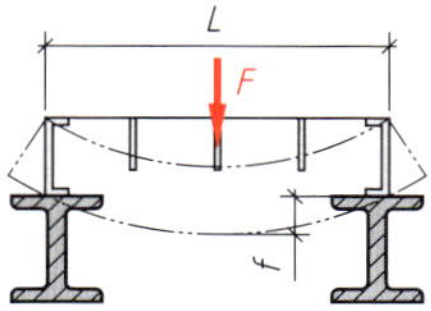

Stützweite = Tragstabrichtung

Ausführung A

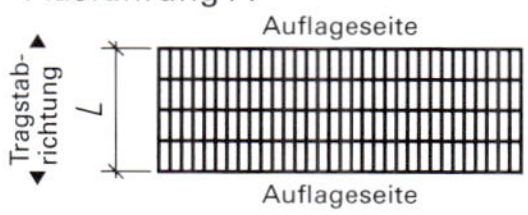

Ausführung B

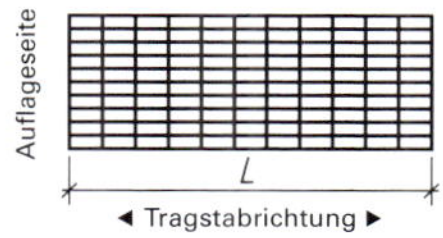

f	Durchbiegung
I_x	Flächenmoment
L	Stützweite
MT	Maschenteilung
m''	flächenbezogene Masse
Q_{max}	Zulässige Flächenlast
W_x	axiales Widerstandsmoment
s	Stabstärke

Tragfähigkeiten für Einpressgitterroste

Weiß	Hellblau	Mittelblau	Dunkelblau
Von Personen mit Traglast begehbar. Bei schweren Teilen Holzbohlen unterlegen.	Oft begangene Laufstege. Kein Transport von Geräten oder Ersatzteilen oder nennenswerte Inst.-Arbeiten.	Wenig begangene Laufstege auf denen geringe elastische Durchbiegung nicht stört.	Wegen zu starker Durchbiegung als begehbare Abdeckung nicht mehr zu empfehlen.

(Bei Industrieanlagen und befahrenen Abdeckungen mindestens 3 mm starke Tragstäbe verwenden.)

MW/s	W_x/m	I_x/m	m''		Q_{max} in kg/m² und f in mm bei L in mm													
mm	cm³	cm⁴	kg/m²		500	600	700	800	900	1000	1100	1200	1300	1400	1500	1600	1800	2000
25/2	6,25	7,81	20	Q_{max}	2800	1945	1429	1094	864	700	579	486	414	358				
				f	1,39	2,00	2,72	3,56	4,50	5,56	6,73	8,00	9,40	10,90				
25/3	9,38	11,72	26	Q_{max}	4200	2918	2144	1641	1296	1050	869	729	621	537				
				f	1,39	2,00	2,72	3,56	4,50	5,56	6,73	8,00	9,40	10,90				
30/2	9,00	13,50	23	Q_{max}	4032	2800	2057	1575	1244	1008	833	700	596	515	448			
				f	1,16	1,67	2,27	2,97	3,75	4,64	5,60	6,67	7,83	9,08	10,42			
30/3	13,50	20,25	30	Q_{max}	6048	4200	3086	2363	1866	1512	1250	1050	894	773	672	590	463	
				f	1,16	1,67	2,27	2,97	3,75	4,64	5,60	6,67	7,83	9,08	10,42	11,87	15,00	
35/2	12,25	21,44	26	Q_{max}	5488	3811	2800	2144	1694	1372	1134	953	812	701	610	536	423	
				f	0,99	1,43	1,95	2,54	3,22	3,97	4,80	5,72	6,71	7,78	8,94	10,18	12,88	
35/3	18,38	32,16	34	Q_{max}	8232	5717	4200	3216	2541	2058	1701	1430	1218	1052	915	804	635	515
				f	0,99	1,43	1,95	2,54	3,22	3,97	4,80	5,72	6,71	7,78	8,94	10,18	12,88	15,90
40/2	16,00	32,00	28	Q_{max}	7168	4978	3657	2800	2212	1792	1481	1244	1060	915	796	700	553	448
				f	0,87	1,25	1,70	2,22	2,82	3,47	4,20	5,00	5,87	6,81	7,82	8,90	11,26	13,90
40/3	24,00	48,00	37	Q_{max}	10752	7467	5486	4200	3318	2688	2222	1866	1590	1373	1194	1050	830	672
				f	0,87	1,25	1,70	2,22	2,82	3,47	4,20	5,00	5,87	6,81	7,82	8,90	11,26	13,90
50/3	37,50	93,75	46	Q_{max}	16800	11667	8572	6563	5185	4200	3472	2916	2485	2144	1866	1641	1296	1050
				f	0,70	1,00	1,36	1,78	2,25	2,78	3,36	4,00	4,70	5,45	6,26	7,12	9,00	11,12

Beispiel: Für eine Arbeitsbühne sollen bei einer Stützweite von 1400 mm und einer geforderten Flächenlast von 1000 kg/m² Gitterroste montiert werden.

a) Welcher Gitterrost wird gewählt?

b) Wie groß ist Q_{max} und die zugehörige Durchbiegung?

Aus obiger Tabelle:

a) Es wird der **Gitterrost 35/3** gewählt.

b) $\mathbf{Q_{max} = 1052\ kg/m^2}$; $\mathbf{f = 7{,}78\ mm}$

Rohrrahmenprofile aus Stahl

Fenster, Türen (thermisch nicht getrennt)

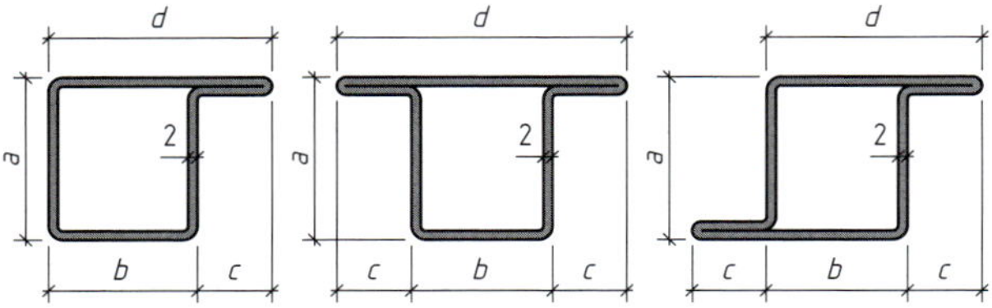

- S Querschnittsfläche
- U längenbezogene Oberfläche
- m' längenbezogene Masse
- I_x, I_y Flächenmoment
- W_x, W_y axiales Widerstandsmoment
- $a \times b$ Kastenmaß
- a Bauhöhe (Kastenhöhe)
- b Kastenbreite
- c Falzmaß (Lappenmaß)
- d Ansichtsmaß
- e Falzmaß in der Tiefe

Profilquerschnitt	Profil-Nr.	Maße in cm a	b	c	d	e	S cm²	U m²/m	m' kg/m	I_y cm⁴	W_y cm³	I_z cm⁴	W_z cm³
	11	34	35	15	50	30	3,18	0,159	2,49	5,54	2,80	7,74	2,78
	12	40	40	20	60	36	3,77	0,195	2,96	9,17	3,86	12,97	3,84
	13	50	40	20	60	46	4,30	0,215	3,37	16,07	5,42	15,69	4,39
	14	60	40	20	60	56	4,62	0,231	3,62	24,34	7,00	16,28	4,66
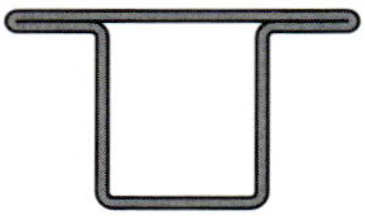	21	34	35	15	65	30	3,77	0,188	2,96	6,29	2,90	12,18	3,75
	22	40	40	20	80	36	4,56	0,234	3,58	10,51	4,01	21,75	5,44
	23	50	40	20	80	46	5,17	0,259	4,06	18,52	5,65	26,00	6,19
	24	60	40	20	80	56	5,40	0,270	4,24	27,93	7,31	24,77	6,19
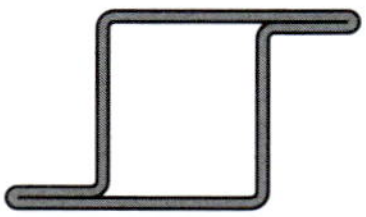	31	34	35	15	50	30	3,77	0,188	2,96	7,12	4,19	12,18	3,75
	32	40	40	20	60	36	4,56	0,234	3,58	12,27	6,14	21,75	5,44
	33	50	40	20	60	46	5,17	0,259	4,06	21,62	8,65	26,00	6,19
	34	60	40	20	60	56	5,41	0,271	4,24	31,61	10,54	24,79	6,20

Verglasungsarten

Mittige Verglasung

Glasdicke a	6	8
Glasleiste Nr.	G1	G1
Glasleisten-breite c_1	18	18
Glasleisten-breite c_2	18	18
Falzbreite d	14	14
Fugenmaß b_1	3	3
Dichtung Nr.	D1	D1
Fugenmaß b_2	5	3
Dichtung Nr.	2	1

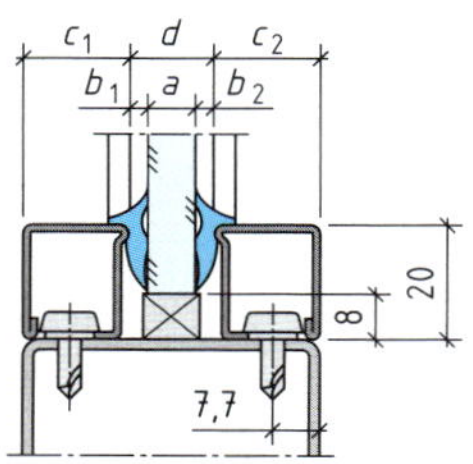

Anschlag-Verglasung

Glasdicke a	5	7	8	10	12	13	15	17	18	20	22
Glasleiste Nr.	G4	G4	G3	G3	G3	G2	G2	G2	G1	G1	G1
Glasleisten-breite c	33	33	28	28	28	23	23	23	18	18	18
Falzbreite d	13,4	13,4	18,4	18,4	18,4	23,4	23,4	23,4	28,4	28,4	28,4
Fugenmaß b_1	3	3	3	3	3	3	3	3	3	3	3
Dichtung Nr.	D4	D4	D4	D4	D4	D4	D4	D4	D4	D4	D4
Fugenmaß b_2	5,4	3,4	7,4	5,4	3,4	7,4	5,4	3,4	7,4	5,4	3,4
Dichtung Nr.	D2	D1	D3	D2	D1	D3	D2	D1	D3	D2	D1

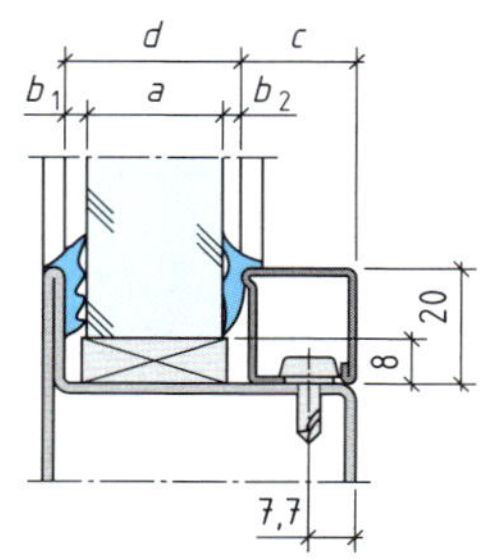

Glasleisten

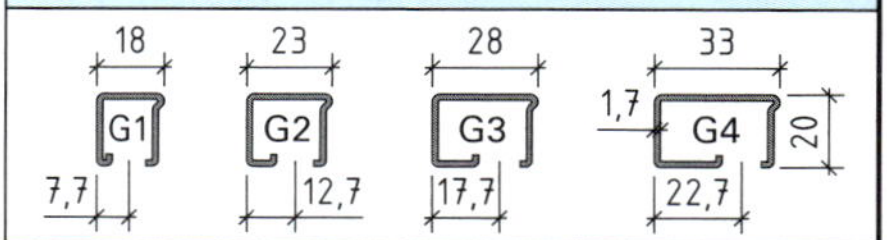

Dichtungen

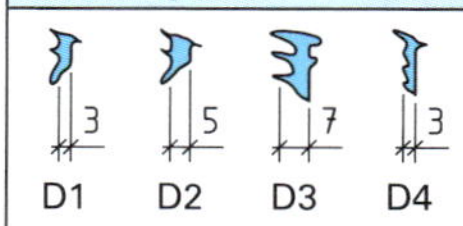

Klemmschraube

Rohrrahmenprofile aus Stahl

Fenster, Türen (thermisch getrennt)

Blendrahmen **Riegel** **Flügelrahmen**

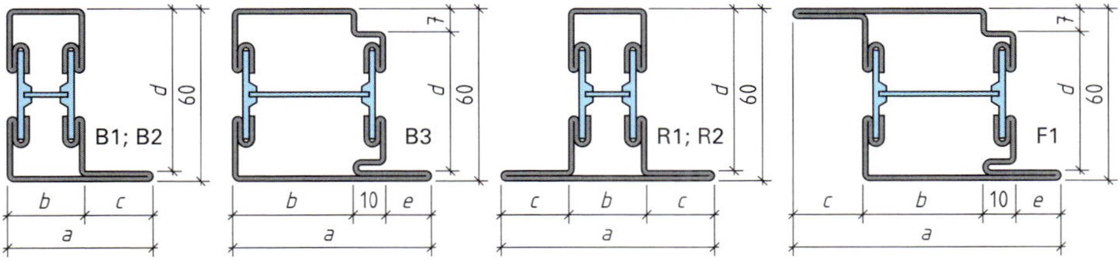

Flügelrahmen **Sockel**

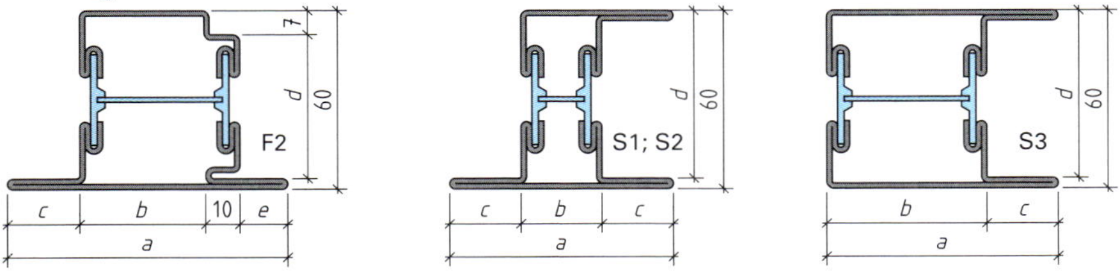

A – A

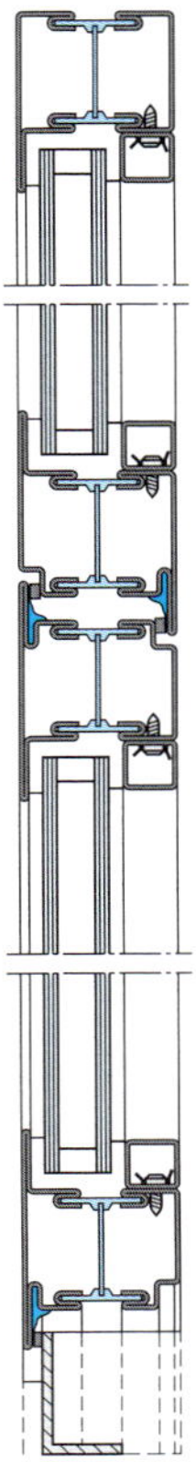

a Ansichtsmaß
c Falzmaß für Anschlagverglasung
d Falzmaß in der Tiefe
e Falzmaß für den Flügelanschlag

I_x, I_y Flächenmoment
m längenbezogene Masse
U längenbezogene Oberfläche
W_x, W_y axiales Widerstandsmoment

Profil	Maße in mm					U	m'	I_x	W_x	I_y	W_y
	a	*b*	*c*	*d*	*e*	m²/m	kg/m	cm⁴	cm³	cm⁴	cm³
B1	47,5	25	22,5	57	–	0,215	3,345	14,00	3,78	5,84	1,88
B2	72,5	50	22,5	57	–	0,265	3,890	19,30	5,31	21,70	5,12
B3	65	40	–	46	15	0,273	4,090	18,60	5,08	18,70	5,14
R1	70	25	22,5	57	–	0,260	3,865	16,60	4,07	10,10	2,88
R2	95	50	22,5	57	–	0,310	4,410	22,10	5,58	31,10	6,54
F1	87,5	40	22,5	46	15	0,317	4,610	23,70	7,32	27,40	5,93
F2	87,5	40	22,5	46	15	0,317	4,610	21,40	5,36	27,40	5,93
S1	70	25	22,5	54	–	0,304	4,380	22,90	6,39	13,30	3,50
S2	95	50	22,5	54	–	0,354	4,930	28,10	7,94	38,40	7,46
S3	72,5	50	22,5	54	–	0,321	4,600	24,10	7,53	27,16	7,03

Auswahl von Glasleisten und Glasdichtungen

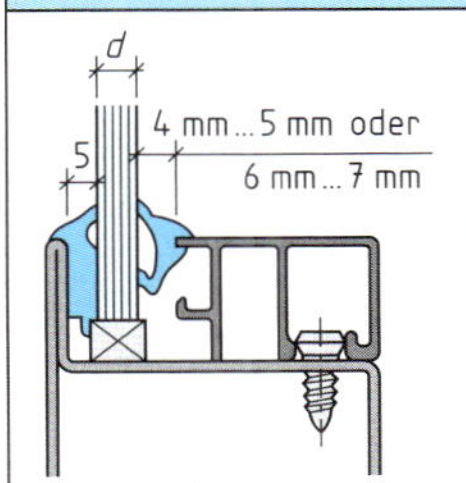

Glasleiste	*b*	Glasdicke *d* in mm bei Glasdichtung	
	mm	6 ... 7 mm	4 ... 5 mm
GL7	35	10 ... 11	12 ... 13
GL6	30	15 ... 16	17 ... 18
GL5	25	20 ... 21	22 ... 23
GL4	20	25 ... 26	27 ... 28
GL3[1]	15	30 ... 31	32 ... 33
GL2[1]	12	33 ... 34	35 ... 36
GL1[1]	9	36 ... 37	38 ... 39

[1] Wegen Überschneidungen in den Grenzdicken, beste Dichtung durch Versuche ermitteln.

K

Rohrrahmenprofile aus Stahl

Fassadenprofile

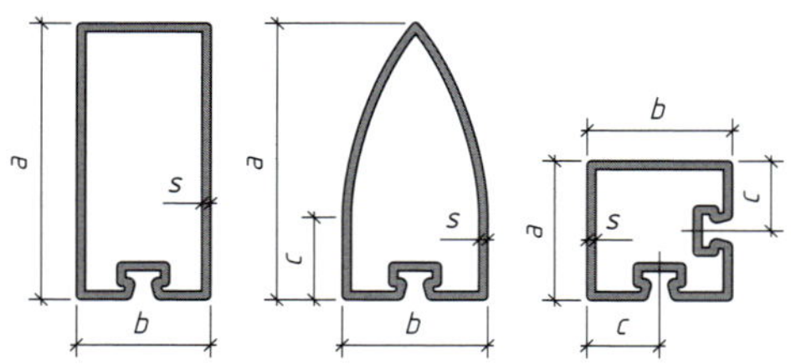

U	längenbezogene Oberfläche
S	Profilquerschnitt
a	Bauhöhe
b	Ansichtsmaß
c	maximale Riegelhöhe
$I_{x,y}$	Flächenmomente
m'	längenbezogene Masse
s	Wanddicke
$W_{x,y}$	axiale Widerstandsmomente

Querschnitt	Profil-Nr.	s mm	Maße in mm a	b	c	m' kg/m	S cm³	I_x cm⁴	W_x cm³	I_y cm⁴	W_y cm³	U m²/m
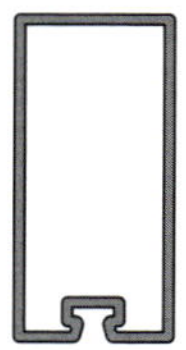	**1**	2,00	50	50	–	3,500	4,50	5,0	5,70	14,80	5,90	0,240
	2	2,00	60	50	–	3,860	4,90	23,2	7,201	7,30	6,90	0,260
	3	2,00	80	50	–	4,450	5,70	48,4	11,50	21,80	8,70	0,300
	4	2,50	95	50	–	6,100	7,90	92,0	17,90	31,00	12,40	0,330
	5	2,50	120	50	–	7,120	9,07	162,0	25,20	37,90	15,20	0,373
	6	2,50	140	50	–	7,910	10,10	240,0	32,10	43,50	17,40	0,412
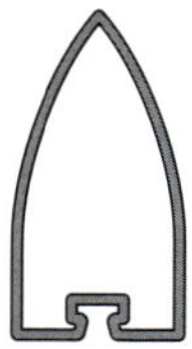	**7**	2,00	50	60	–	3,800	4,90	17,6	6,70	22,80	7,60	0,260
	8	2,00	80	60	–	4,800	6,11	53,9	12,60	33,20	11,10	0,320
	9	2,50	100	60	–	6,730	8,57	114,0	21,30	48,30	16,10	0,352
	10	2,50	120	60	–	7,500	9,67	183,0	28,30	55,50	18,50	0,400
	11	2,75	150	60	–	9,530	12,10	343,0	43,00	75,10	25,00	0,452
	**12**	2,00	120	50	50	5,190	6,62	97,55	13,62	22,71	9,08	0,338
	13	2,50	150	60	50	7,840	9,98	231,8	26,07	47,87	15,96	0,409
	14	2,00	50	50	25	4,090	5,21	15,2	5,90	15,20	5,90	0,280
	15	2,00	60	60	30	4,750	6,05	27,2	8,56	27,17	8,56	0,311

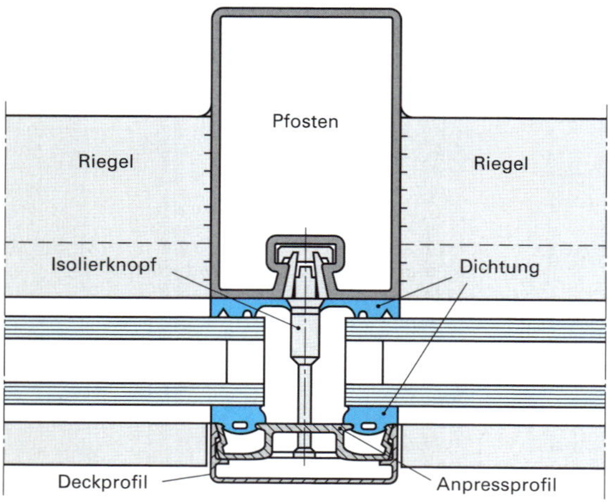

Deckprofil

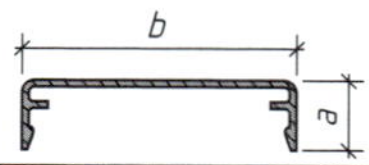

Profil-Nr.	Maße in mm a	b
D1/D2	12/18	50
D3/D4/D5	25/50/90	(60)[1)]

Anpressprofil

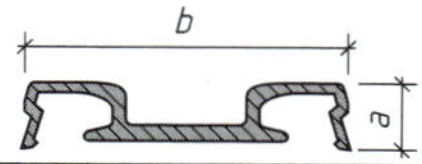

Profil-Nr.	Maße in mm a	b
A1/A2	10	47 (57)[1)]

[1)] Klammerwerte für o.a. Profile mit b = 60 mm.

K

Rohrrahmenprofile aus Aluminium

Fenster, Türen (thermisch getrennt)

Blendrahmen, Sprosse, Kämpfer **Blendrahmen** **Flügel**

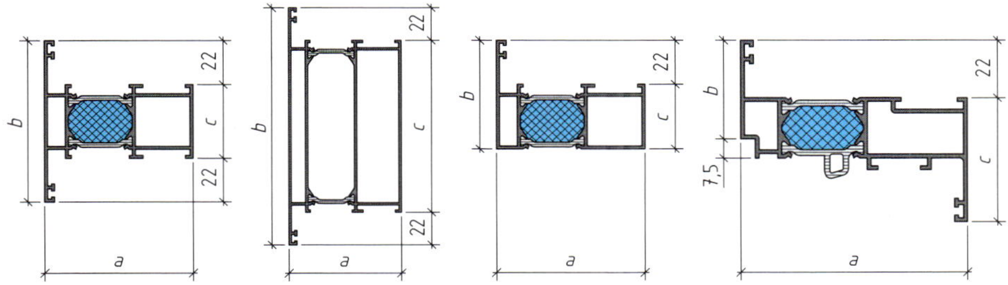

a Bauhöhe
b äußeres Ansichtsmaß
c inneres Ansichtsmaß
d Lappenmaß (ist hier bei allen Profilen 22,0 mm)
I_x Flächenmoment
L Stützweite

Profildarstellung	Profil-Nr.	**Maße** in mm			I_x in cm^4 für Stützweite *L* in cm				
		a	*b*	*c*	< 200	≥ 200	≥ 250	≥ 300	≥ 400
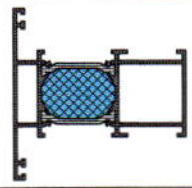	**1**	72,0	81,5	37,5	26,0	30,0	32,0	34,0	36,0
	2	72,0	90,0	46,0	30,0	35,0	38,0	40,0	43,0
	3	72,0	120,0	76,0	37,0	45,0	51,0	55,0	59,0
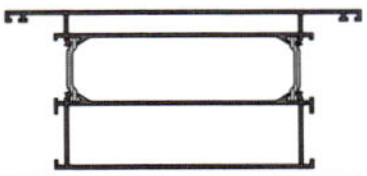	**4**	72,0	160,0	116,0	46,0	58,0	66,0	72,0	79,0
	5	72,0	200,0	156,0	54,0	69,0	81,0	89,0	101,0
	6	72,0	250,0	206,0	62,0	80,0	95,0	106,0	122,0
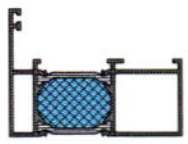	**7**	72,0	59,5	37,5	24,0	–	–	–	–
	8	72,5	68,0	46,0	28,0	–	–	–	–
	9	72,0	98,0	76,0	36,0	–	–	–	–
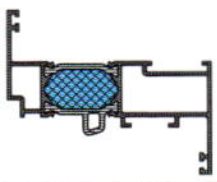	**10**	83,0	37,0	46,5	–	–	–	–	–
	11	83,0	42,0	51,5	–	–	–	–	–
	12	83,0	62,5	72,0	–	–	–	–	–

Klotzungsbrücken

Nr.	Maße	Glas-stärke	für Profil-Nr.	Nr.	Maße	Glas-stärke	für Profil-Nr.
1	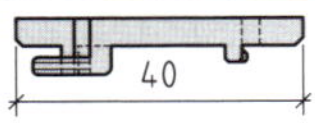 40	18 – 41	1 – 9	3	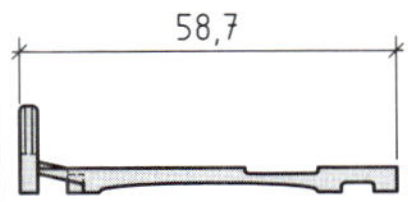 58,7	18 – 50	10 – 12
2	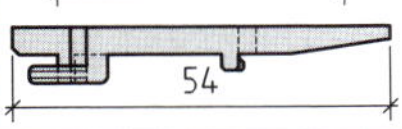 54	42 – 53					

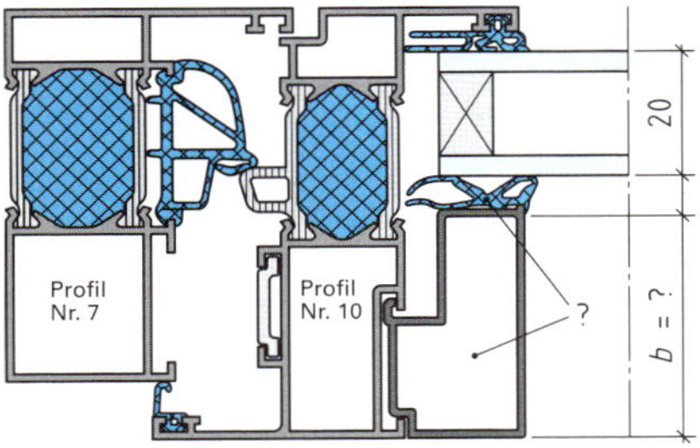

Beispiel:

Für die Verglasung des nebenstehenden Fensterflügels ist eine Glasstärke von 20 mm vorgesehen.

a) Welche Glasleiste,
b) welche innere Verglasungsdichtung und
c) welche Klotzungsbrücke muss gewählt werden?

Aus Glasleistentabelle S. 384:
a) Glasleiste 14 (*b* = 45 mm);
b) Verglasungsdichtung A;
c) aus Tabelle Klotzungsbrücken (s.o.): Klotzungsbrücke 3.

Rohrrahmenprofile aus Aluminium

Glasleistentabelle

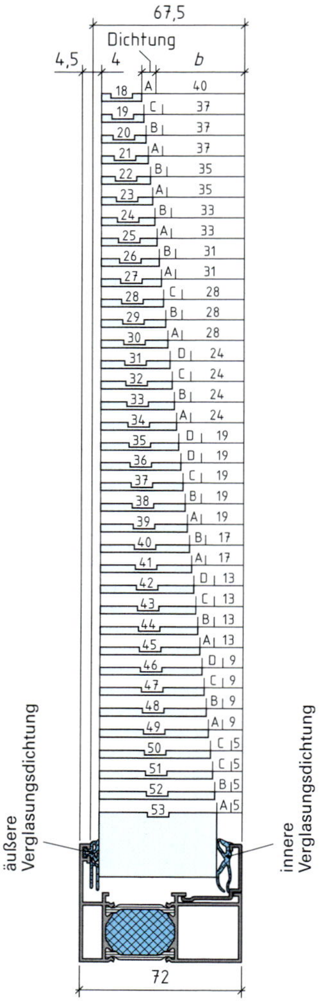

für Blendrahmen z.B. Profil Nr. 7

Äußere Verglasungsdichtungen

Innere Verglasungsdichtungen

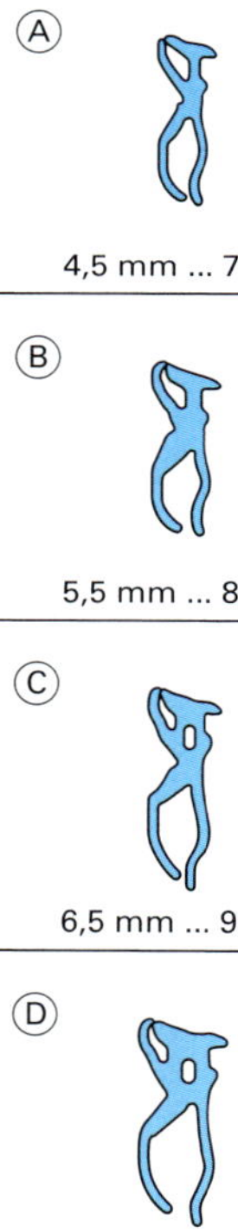

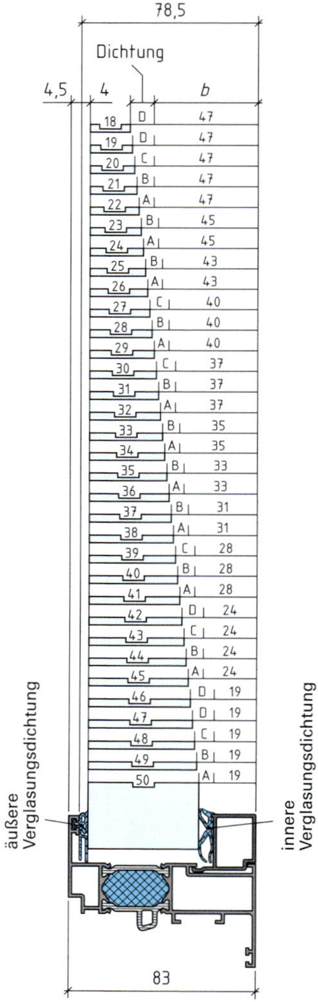

für Flügelrahmen z.B. Profil Nr. 10

Glasleisten

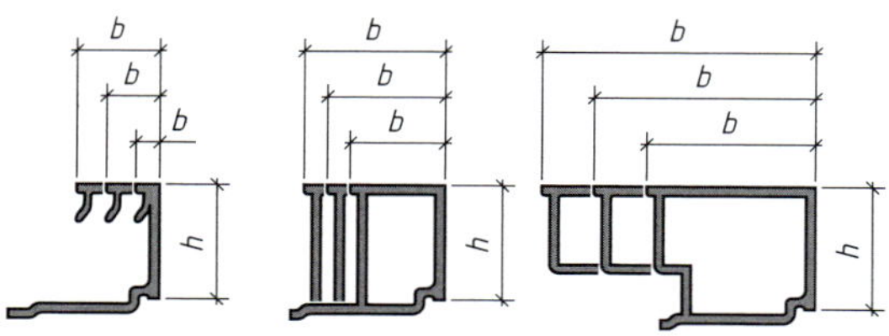

Glasleiste	1	2	3	4	5	6	7	8
b in mm	5	9	13	17	19	24	28	31
Glasleiste	9	10	11	12	13	14	15	–
b in mm	33	35	37	40	43	45	47	–

Alle Glasleisten: $h = 22{,}0$ mm

K

Rohrrahmenprofile aus Aluminium

Aluminiumprofile für rauchdichte Türen (thermisch nicht getrennt)

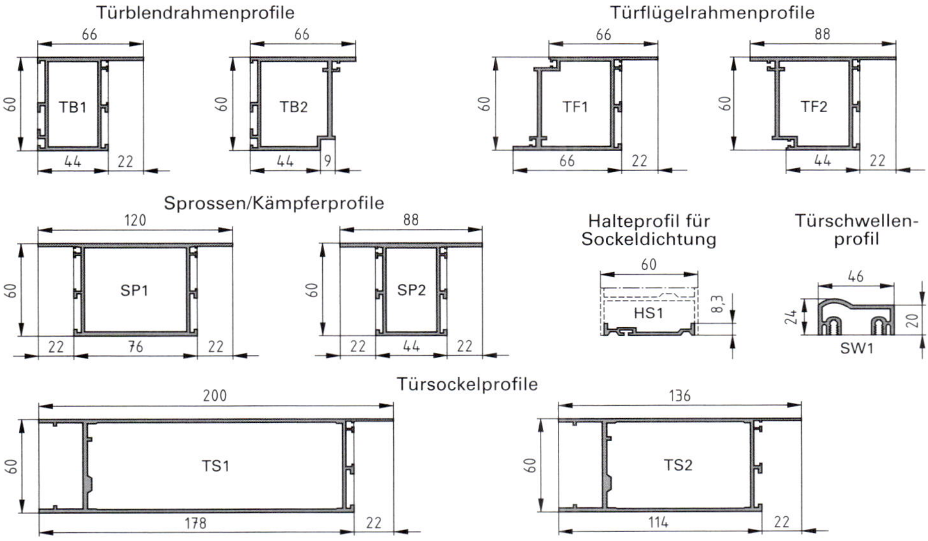

Detailschnitte

Schnitt 1
Blend- und Flügelrahmen (oberer Anschluss)

Schnitt 2
Sprosse

Schnitt 3
Sockelprofil mit Dichtleiste und Türschwellenprofil

Schnitt 4
Mittelstoß (z. B. für 2-flügelige Tür)

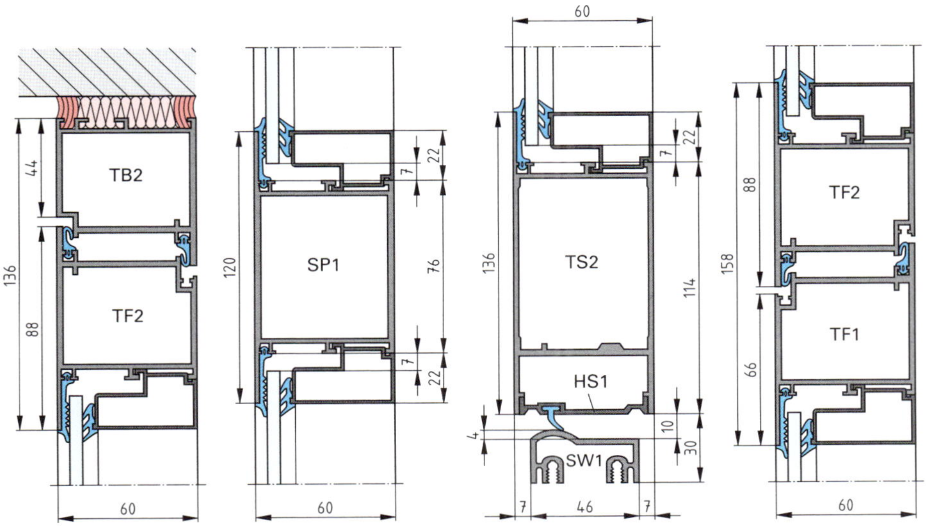

Rohrrahmenprofile aus Aluminium

Anwendungsbeispiel

a Baurichtmaß in der Höhe
a' Baurichtmaß in der Breite
b Breite der Detailschnitte 1 + 4
c Breite des Detailschnittes 2
d Dichtfugenbreite (hier 10 mm)
e Glaseinstand (überall 15 mm)
f Breite des Rahmenprofils
g Senkrechte Glasleistenlänge
h Lichte Durchgangshöhe
i Senkrechtes Glasmaß
k Glasleistenhöhe (überall 22 mm)
l Lichte Durchgangsbreite
l_k Waager. Glasleistenlänge (kurze Leiste)
l_l Waager. Glasleistenlänge (lange Leiste)
n Waagerechtes Glasmaß
o Zargeneinstand im Fußboden

Für die unten dargestellte einflügelige Tür sind ein waagerechter Schnitt B – B und ein senkrechter Schnitt A – A durch Kombination von Detailschnitten aus der nebenstehenden Seite zu erstellen.

Gegeben:

a) Baurichtmaß:
Wandöffnung DIN 18 100 – 1000 x 2125.

b) Dichtfugenbreite in den Wandanschlüssen und Spalt zwischen Fertigfußboden und Unterkante Türsockelprofil: 10 mm.

Gesucht:

Aus den Schnitten:

a) Lichte Durchgangsbreite, lichte Durchgangshöhe
b) Glasmaße
c) Glasleistenlängen
d) Zargeneinstand im Fußboden

Anwendungsbeispiel

Schnitt B-B
(Detail-
schnitte 1/1)

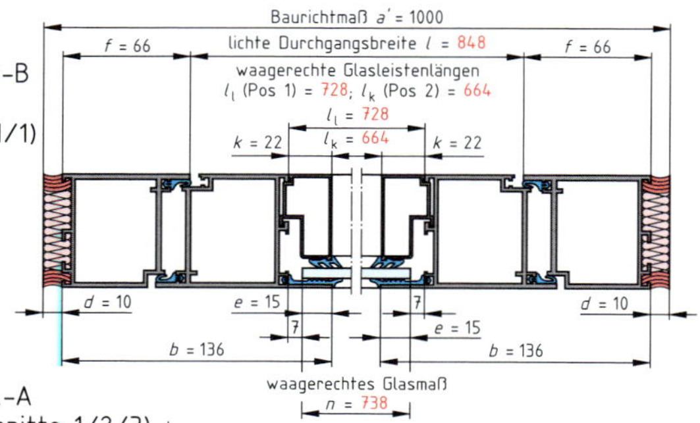

Schnitt A-A
(Detailschnitte 1/2/3)

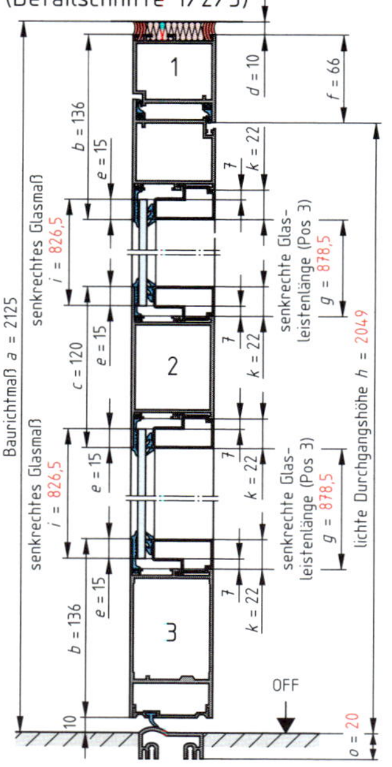

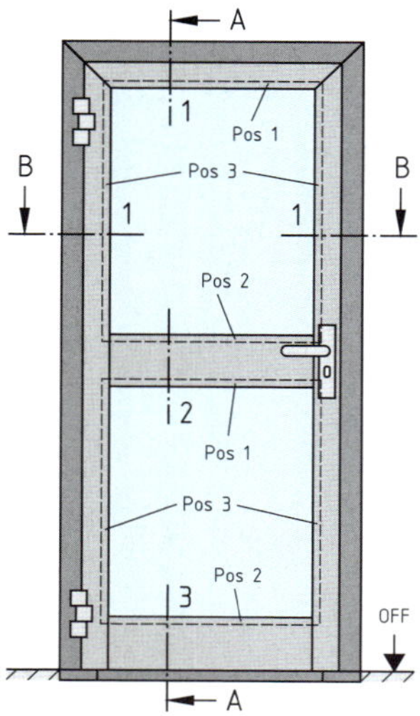

Lichte Durchgangshöhe

h = a – (d + f)
= 2125 mm – (10 mm + 66 mm)
h = **2049 mm**

Lichte Duchgangsbreite

l = a – (2d + 2f)
= 1000 mm – (20mm + 132 mm)
l = **848 mm**

Senkrechtes Glasmaß

$$i = \frac{a - (2d + 2b + c) + 4e}{2}$$

= [2125 mm – (20 mm + 272 mm + 120 mm) + 60 mm]\2
i = **826,5 mm**

Waagerechtes Glasmaß

n = a – (2d + 2b) + 2e
= 1000 mm – (20 mm + 272 mm) + 30 mm
n = **738 mm**

Senkrechte Glasleistenlänge
(Pos. 3)

$$g = \frac{a - (2d + 2b + c) + 2k}{2}$$

= [2125 mm – (20 mm + 272 mm + 120 mm) + 44 mm]\2
g = **878,5 mm**

Waagerechte Glasleistenlänge
kurze Leiste (Pos. 2)

l_k = a – (2d + 2b + 2k)
= 1000 mm – (20 mm + 272 mm) + 44 mm
l_k = **664 mm**

Waagerechte Glasleistenlänge
lange Leiste (Pos. 1)

l_l = a – (2d + 2b)
= 1000 mm – (20 mm + 272 mm)
l_l = **728 mm**

Zargeneinstand im Fußboden
Aus Profildarstellung S. 384:
O = **20 mm**

K

Rohrrahmenprofile aus Aluminium

Fassadenprofile

Pfosten

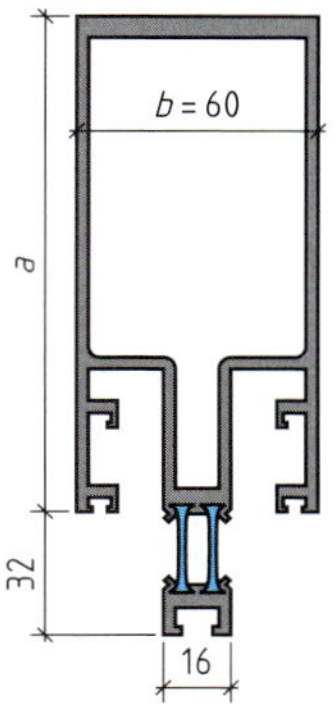

Profil Nr. 1 – 4

Riegel

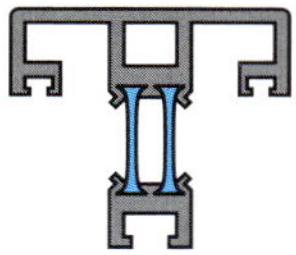

Profil Nr. 5

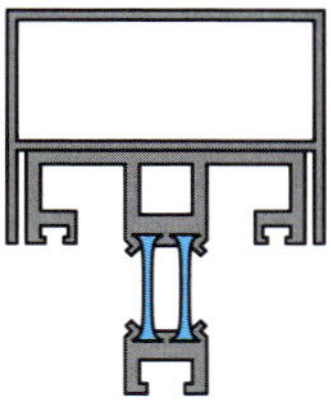

Profil Nr. 6

Profil Nr.	a mm	I_x in cm^4 für Stützweite L in cm < 200	ab 200	ab 250	ab 300	ab 400
Pfosten						
1	76,5	96	99	101	102	103
2	103,5	183	187	189	191	192
3	136,5	450	458	462	464	466
4	196,0	1073	1086	1092	1096	1100
Riegel						
5	–	10	m_{max} = 40 kg je Auflager[1)]			
6	–	40	m_{max} = 80 kg je Auflager[1)]			

[1)] Auflagermassen für Stützweiten ab 200 cm

m_{max} maximale Auflagermasse

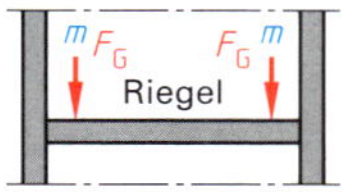

Ermittlung der Dichtung für bestimmte Füllungsdicken (Glasstärken)

d Füllungsdicke (Glasdicke)
v Dicke der Vorlage (Dichtung)

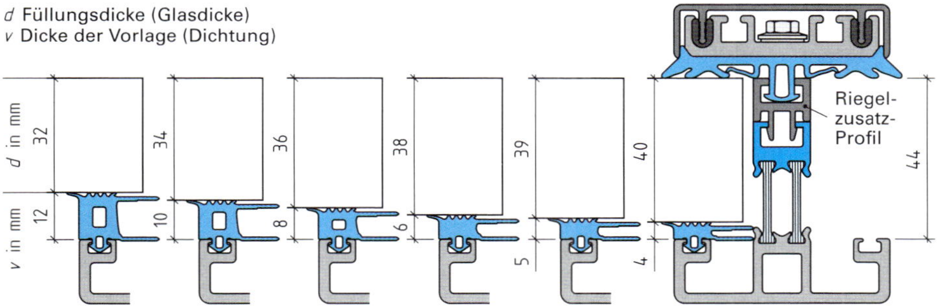

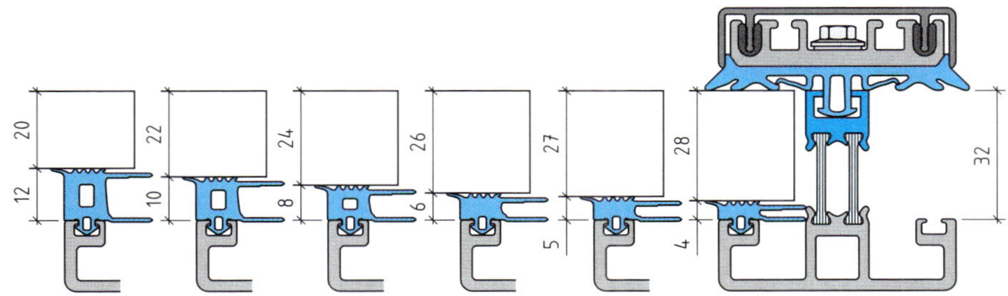

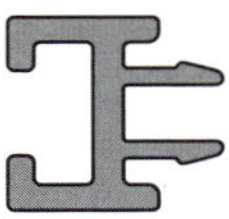

Riegelzusatzprofil (muss ab *d* = 34 mm verwendet werden)

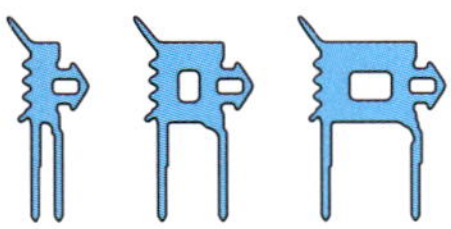

Innere Verglasungsdichtungen mit den Vorlagemaßen *v* = 4, 5, 6, 8, 10, 12 mm

Beispiel: Für eine Pfosten/Riegelkonstruktion aus obigen Profilen ist eine Füllung mit einer Dicke von 34 mm vorgesehen.

a) Welche innere Verglasungsdichtung wird gewählt?
b) Ist das Riegelzusatzprofil erforderlich?

Lösung: a) Innere Verglasungsdichtungen mit *v* = 10 mm
b) Das Riegelzusatzprofil ist erforderlich.

K

Pläne

Inhalte von Wartungs- und Inspektionsplänen

- Lfd. Nummer nach einem Gliederungsschema
- Anlagenteile, auszuführende Arbeiten
- Mess- und Prüfgrößen, Betriebs- und Hilfsstoffe in firmenneutraler Bezeichnung
- Häufigkeit, Zeitintervall der auszuführenden Arbeiten

		Einsatzklasse	Ausnutzung der Anlage
h	stündlich		
d	täglich	A	Benutzung gelegentlich mit langen Betriebspausen
w	wöchentlich	B	Benutzung regelmäßig mit Unterbrechungen
m	monatlich	C	Dauerbetrieb
a	jährlich		
4m	alle 4 Monate		Nach Betriebsstunden

Besondere Hinweise in Bemerkungen:

- Spezielle Werkzeuge, Prüf-, Hilfsmittel, Vorrichtungen
- Betriebszustand bestimmter Prüfungen
- Ergänzende Instandhaltungsunterlagen
- Besondere Gefahren, Sicherheits- und Schutzmaßnahmen, Schutzausrüstung

Für besondere Aufgaben ist die Qualifikation des Ausführenden anzugeben

Beispiele:

Wartungsplan
Hersteller: Kaltenbach

Wartung durchgeführt am:
von:

Erzeugnis: Vertikalsäge
Typ: KKS 400 H/L 45 E

Nr.	Anlagenteil	Auszuführende Arbeiten	Mess- und Prüfgrößen Betriebs- und Hilfsstoffe	Häufigkeit	Bemerkungen
1	Sägeantrieb Antriebskette	Kettenspannung prüfen und nachspannen	Prüfkraft 25 N Prüfung in halbem Achsabstand Durchbiegung der Kette 3 mm … 4 mm	nach ca. 200 Std.	Maschine grundsätzlich von Hauptstromversorgung trennen Verletzungsgefahr
2	Getriebe	Ölwechsel	Getriebeöl C-LP 100	nach ca. 1000 Std.	In unterer Getriebestellung ablassen und füllen; Schlauch und Trichter verwenden
3					

Inspektionsplan
Hersteller: Kaltenbach

Erzeugnis: Vertikalsäge
Typ: KKS 400 H/L 45 E

Anlagenteil: | Inspekteur: | Inspektionsdatum:

Erläuterung:
1 = nicht vorhanden
2 = nicht geprüft
3 = in Ordnung
4 = Beanstandung
5 = Verstoß gegen Vorschriften
6 = Beanstandung beseitigt

Jan	Feb	Mrz	Apr	Mai	Jun	Jul	Aug	Sep	Okt	Nov	Dez
1	3	5	7	9	11	13	15	17	19	21	23
2	4	6	8	10	12	14	16	18	20	22	24

Prüfstellen

Nr.	Baugruppe Druckversorgung	1	2	3	4	5	6	Nr.	Baugruppe Bauteile	1	2	3	4	5	6	Nr.	Baugruppe	1	2	3	4	5	6
1	Ölstand							1	Ventile														
2	Ölpumpe							2	Hydraulikzylinder														
3	Ölqualität							3	Endschalter														
4	Öldruck							4															
5	Öltemperatur							5															
Nr.	Baugruppe Leitungssystem							Nr.	Baugruppe							Nr.	Baugruppe						
1	Leitungen																						
2	Dichtungen																						
3	Ölfilter																						

Grundbegriffe

vgl. DIN 19226-1 (1994-02)

Steuern

Steuern ist der Vorgang, bei dem eine oder mehrere Eingangsgrößen (z.B. Ein-/Aus-Schalter für den Markisenmotor) die Ausgangsgrößen (Ausfalllänge der Markise) beeinflussen.

Die Ausgangsgrößen wirken dabei **nicht** wieder auf die Eingangsgrößen zurück.

Die Steuerung hat einen offenen Wirkunsgweg.

Regeln

Beim Regeln wird eine Führungsgröße (z.B. Soll-Temperatur) mit der Regelgröße (Ist-Temperatur) einer Messeinrichtung verglichen. Die Regeldifferenz (Temperaturdifferenz) wird im Regler der Führungsgröße angeglichen und über ein Stellglied (Ventil) als Ausgangsgröße der Regelstrecke ausgegeben. Gleichzeitig wirkt sie als Regelgröße (Ist-Temperatur) wieder auf die Messeinrichtung zurück.

Regler haben einen geschlossenen Wirkungsweg.

Beispiel: Sonnenschutz

Schemadarstellung

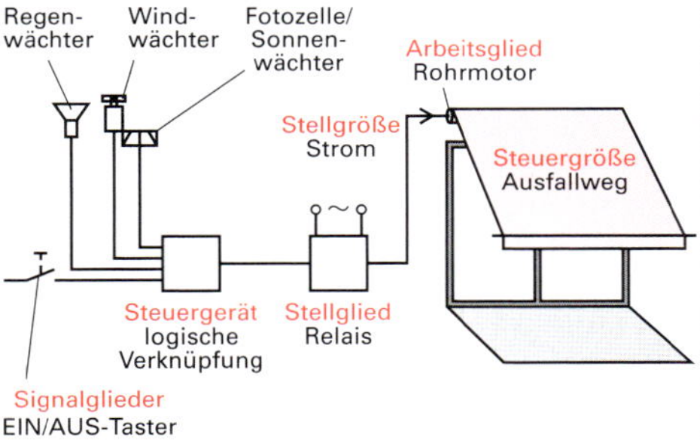

Wirkungsplan

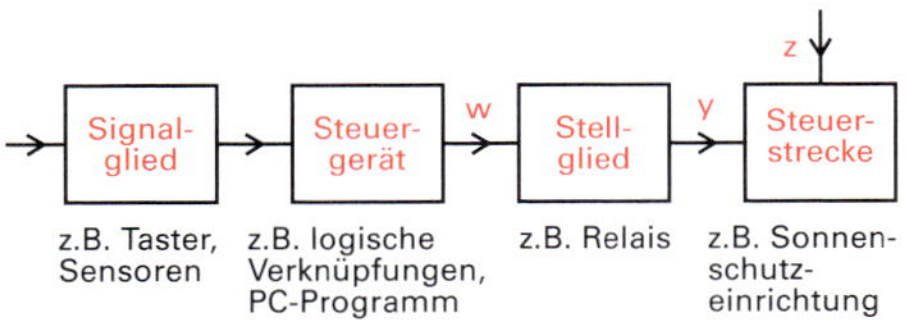

Beispiel: Heizung

Schemadarstellung

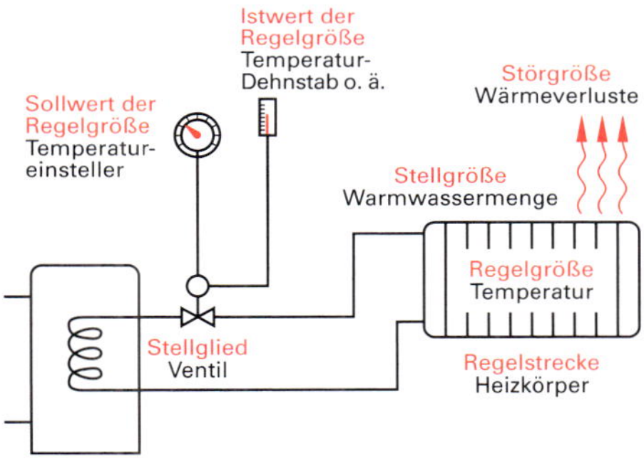

Wirkungsplan

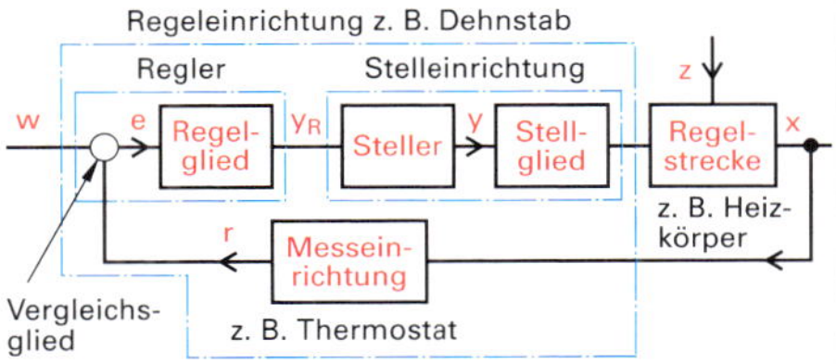

Bezeichnungen und Kennbuchstaben

vgl. DIN 19221 (1993-05)

Bezeichnung	Kennbuchstabe	Erklärung
Führungsgröße	w	Die Führungsgröße wird von außen eingegeben und wird **nicht** durch die Steuerung oder Regelung beeinflusst, z.B. vorgewählte Ausfalllänge bzw. Temperatur.
Rückführgröße	r	Die Rückführgröße entsteht aus der Messung der Regelgröße und wird zum Vergleichsglied zurückgeführt.
Regelgröße	x	Die Regelgröße ist die Ausgangsgröße der Regelstrecke und gleichzeitig Eingangsgröße der Messeinrichtung.
Regeldifferenz	e	Die Regeldifferenz ist der Unterschied zwischen Führungsgröße und Rückführgröße ($e = w - r$). Wird die Messeinrichtung nicht berücksichtigt, so ist die Regeldifferenz der Unterschied zwischen Führungsgröße und Regelgröße ($e = w - x$).
Stellgröße	y	Die Stellgröße ist die Ausgangsgröße der Steuer- oder Regeleinrichtung. Sie steuert die Einrichtung.
Störgröße	z	Die Störgröße ist eine von außen einwirkende nicht beabsichtigte Größe, die die Steuerung oder Regelung beeinträchtigt.

S

Logische Verknüpfungen

vgl. DIN EN 60617-12 (1999-04)

Grundfunktionen und Gegenüberstellungen

Spalten: Logik/Funktions-Baustein (FB) | Funktionstabelle Wahrheitstafel | technische Realisierung: mechanisch; pneumatisch und hydraulisch | Signalverknüpfung (Weg-Schritt)

UND (AND)

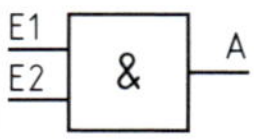

Schreibweise:
A = E1 ∧ E2

E1	E2	A
0	0	0
0	1	0
1	0	0
1	1	1

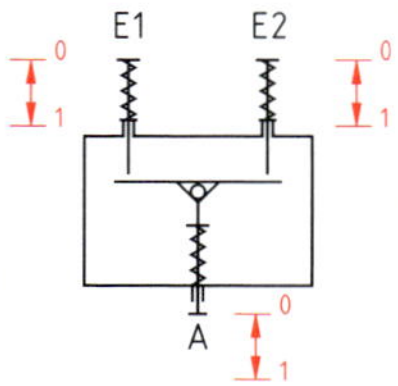

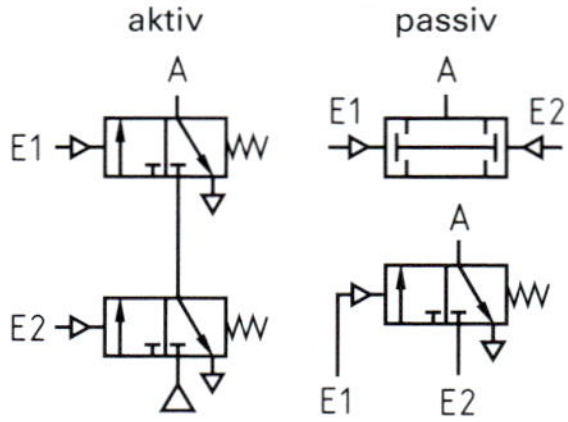

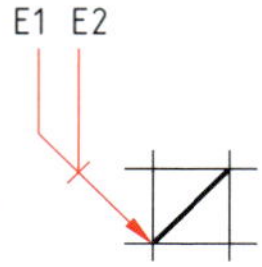

ODER (OR)

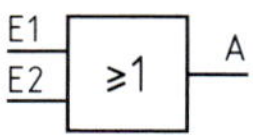

Schreibweise:
A = E1 ∨ E2

E1	E2	A
0	0	0
0	1	1
1	0	1
1	1	1

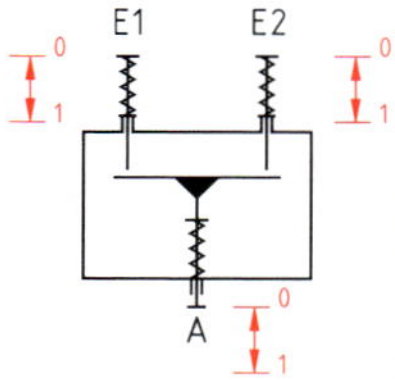

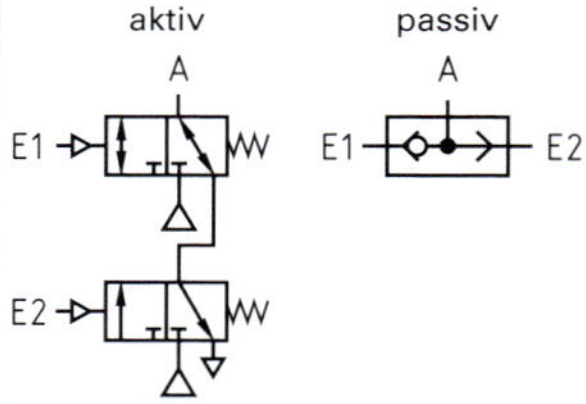

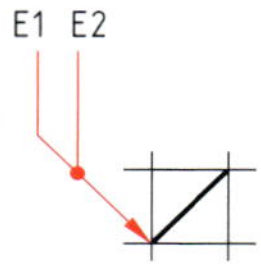

NICHT (NOT)

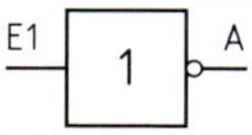

Schreibweise:
A = $\overline{E1}$

E1	A
0	1
1	0

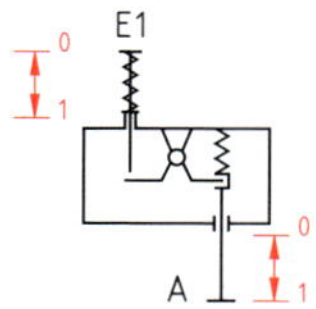

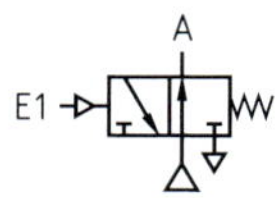

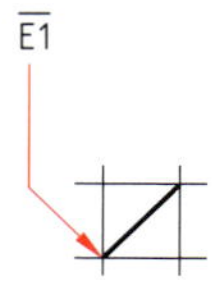

UND-NICHT (NAND)

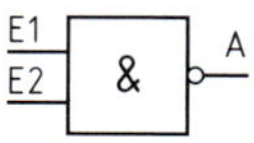

Schreibweise:
A = $\overline{E1 \wedge E2}$

Ersatzweise

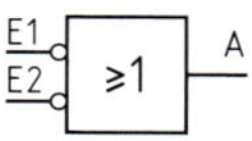

E1	E2	A
0	0	1
0	1	1
1	0	1
1	1	0

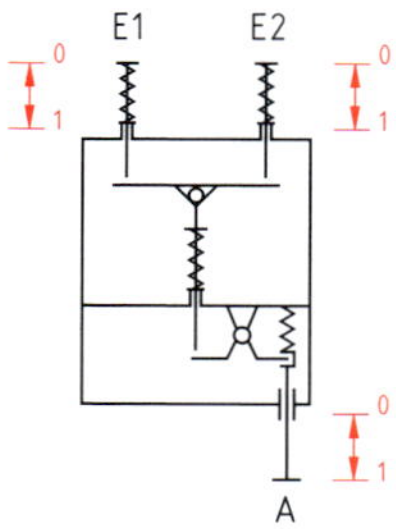

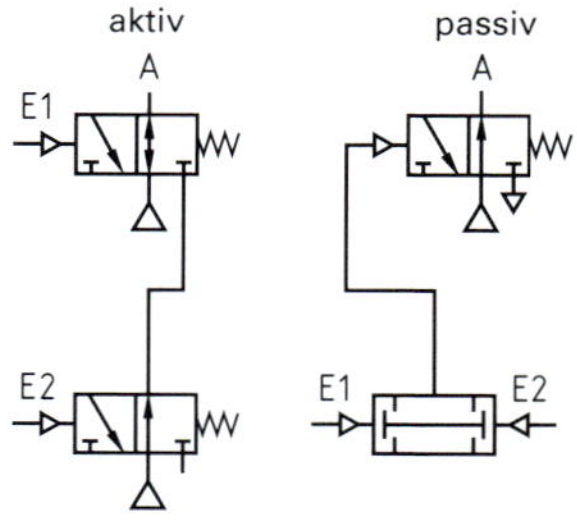

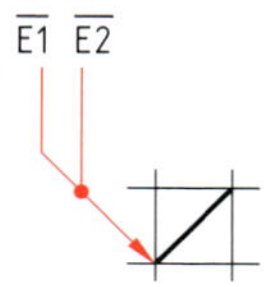

ODER-NICHT (NOR)

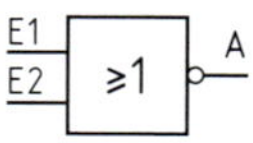

Schreibweise:
A = $\overline{E_1 \vee E_2}$

Ersatzweise

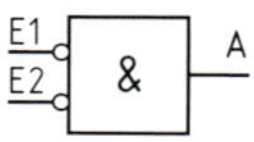

E1	E2	A
0	0	1
0	1	0
1	0	0
1	1	0

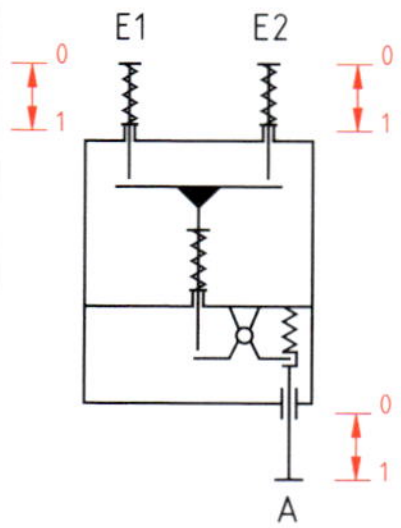

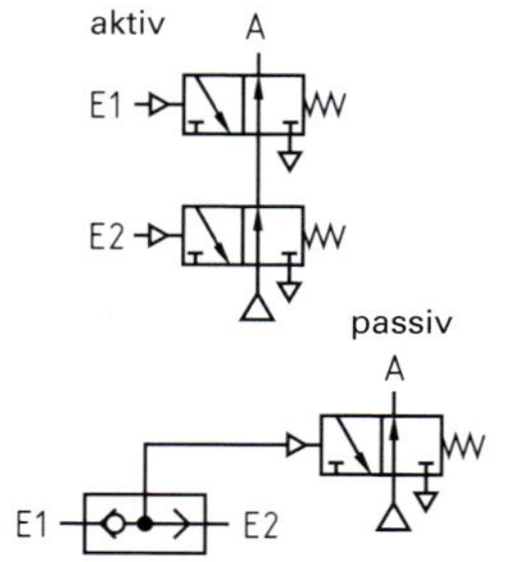

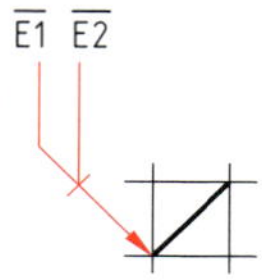

Logische Verknüpfungen

Grundfunktionen und Gegenüberstellungen

<table>
<tr><th>elektrisch direkt</th><th>elektrisch indirekt mit Relais</th><th>Kontaktplan einer SPS (KOP) Schalter am Eingang wie Bilder elektr. direkt. Abfrage auf „1“</th><th>Anweisungsliste AWL vgl. VDI 2880-4 (1985-09) vgl. DIN EN 61131 (2003-12)</th></tr>
<tr><td rowspan="2">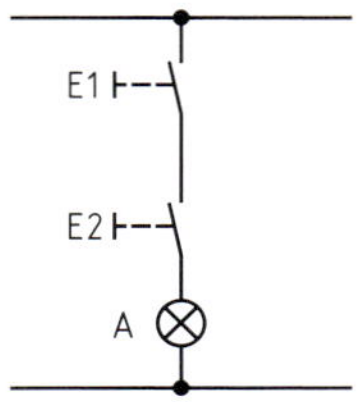</td><td rowspan="2">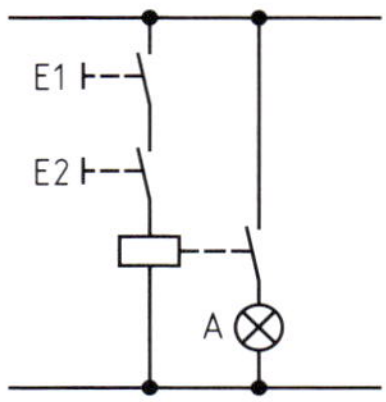</td><td>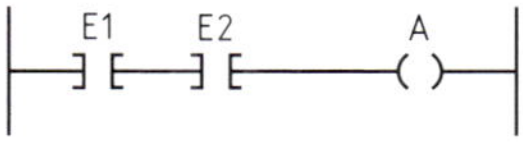</td><td>L E1
U E2
= A</td></tr>
<tr><td>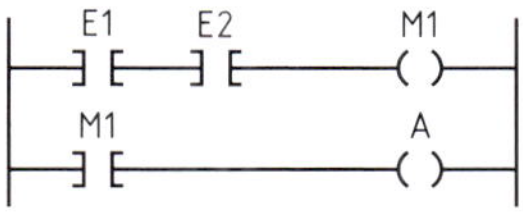</td><td>L E1
U E2
= M1
L M1
= A</td></tr>
<tr><td rowspan="2">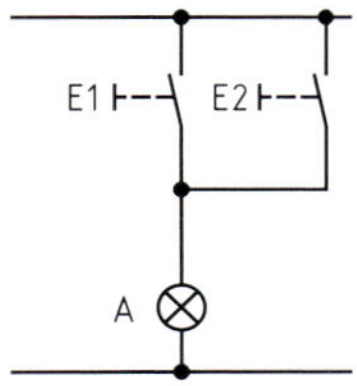</td><td rowspan="2">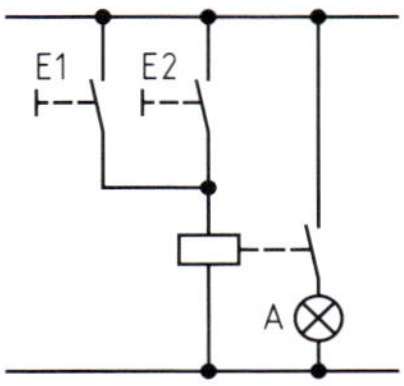</td><td>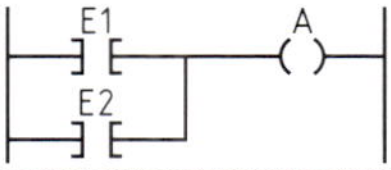</td><td>L E1
O E2
= A</td></tr>
<tr><td>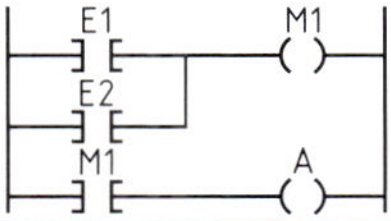</td><td>L E1
O E2
= M1
L M1
= A</td></tr>
<tr><td rowspan="2">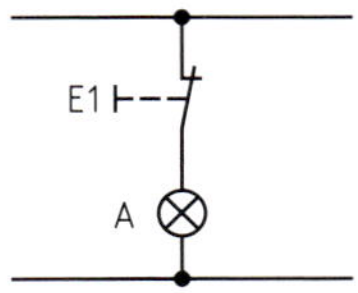</td><td rowspan="2">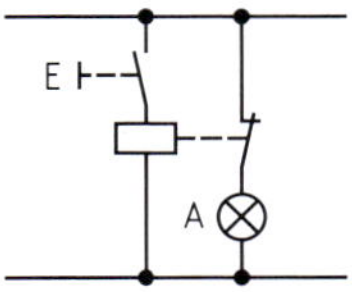</td><td></td><td>L E1
= A</td></tr>
<tr><td>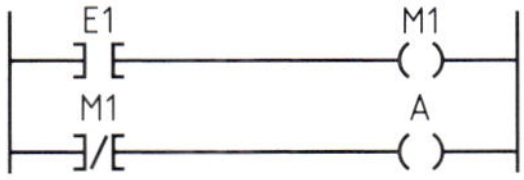</td><td>L E1
= M1
LN M1
= A</td></tr>
<tr><td rowspan="2">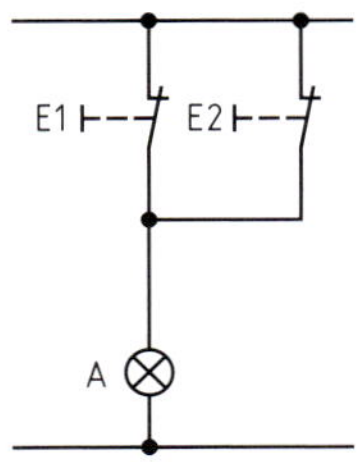</td><td rowspan="2">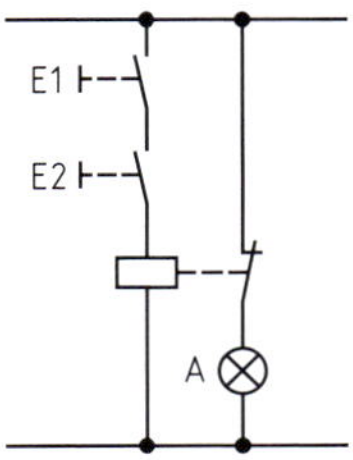</td><td>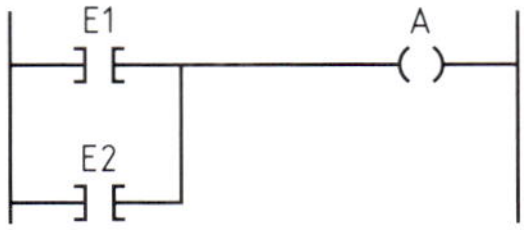</td><td>L E1
O E2
= A</td></tr>
<tr><td>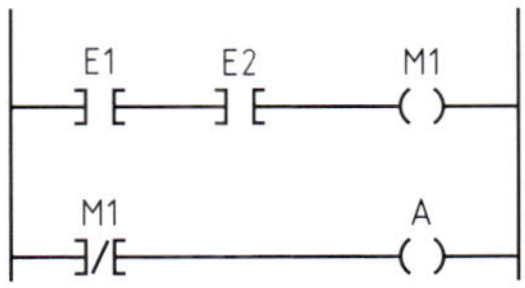</td><td>L E1
U E2
= M1
LN M1
= A</td></tr>
<tr><td rowspan="3">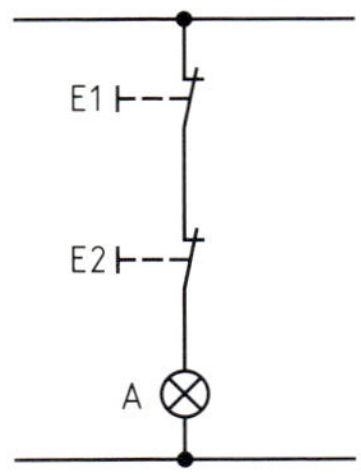</td><td rowspan="3">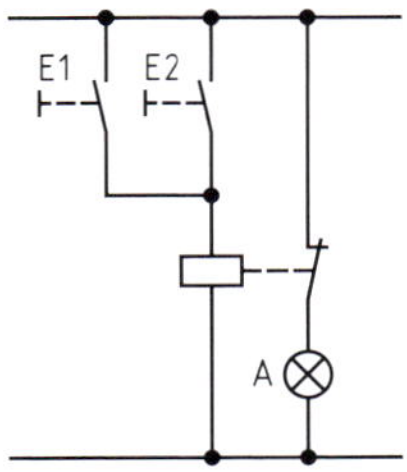</td><td colspan="2">Oberer KOP und AWL gelten für Eingangssignalabfrage auf 1, unterer KOP und AWL gelten für Abfrage auf 0.</td></tr>
<tr><td>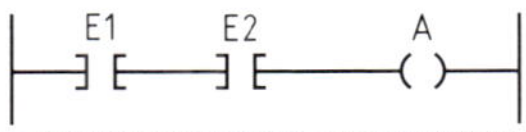</td><td>L E1
U E2
= A</td></tr>
<tr><td>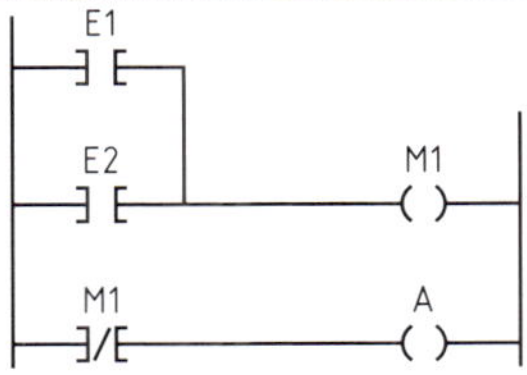</td><td>L E1
O E2
= M1
LN M1
= A</td></tr>
</table>

S

Logische Verknüpfungen

Grundfunktionen und Gegenüberstellungen

Logik/ Funktions-Baustein (FB)	Funktions-tabelle/ Wahrheitstafel	pneumatisch und hydraulisch	Signal-verknüpfung (Weg-Schritt)

SPEICHER (RS-Flip-Flop)

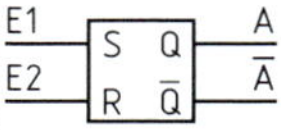

S (= J) = Setzen
R (= K) = Rücksetzen
A (= Q) = Ausgang
E1 = A setzen
E2 = rücksetzen
* = behält den vorherigen Zustand bei
□ = unbestimmter Zustand bzw. negierter Wert des vorherigen Zustandes

Allgemein/ unbestimmt

E1	E2	A	$\overline{A}$
0	0	*	*
0	1	0	1
1	0	1	0
1	1	□	□

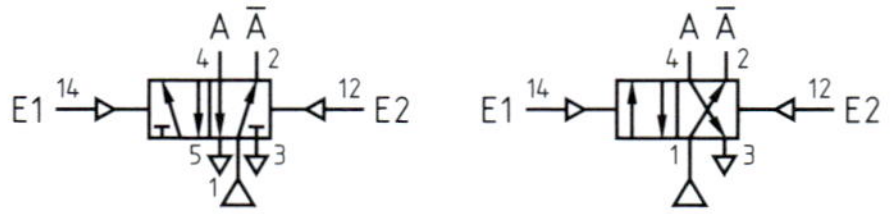

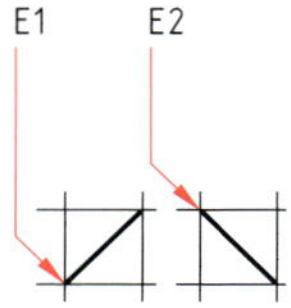

Rücksetzdominant, wenn E2 in Ruhestellung drucklos ist. (z.B. 3/2-WV in Ruhestellung gesperrt)

Rücksetzdominant

E1	E2	A	$\overline{A}$
0	0	*	*
0	1	0	1
1	0	1	0
1	1	0	1

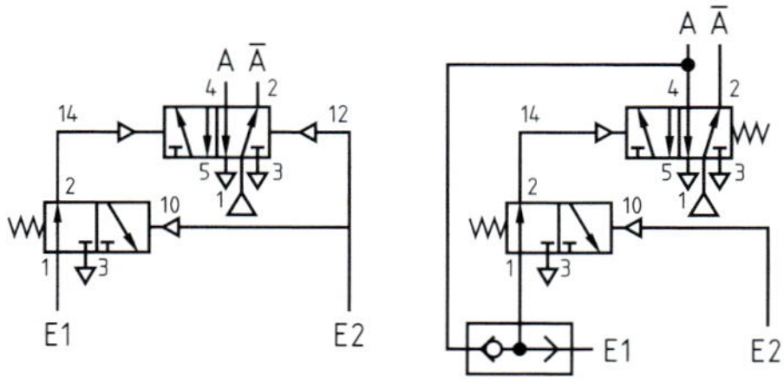

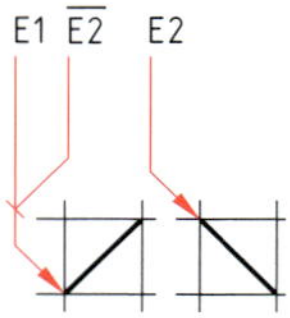

Setzdominant

E1	E2	A	$\overline{A}$
0	0	*	*
0	1	0	1
1	0	1	0
1	1	1	0

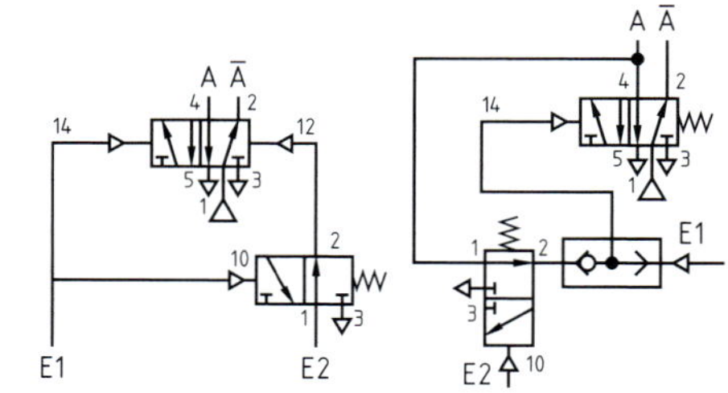

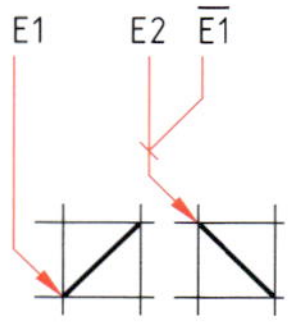

ZEITGLIED (TIMER)

Ansprechverzögert

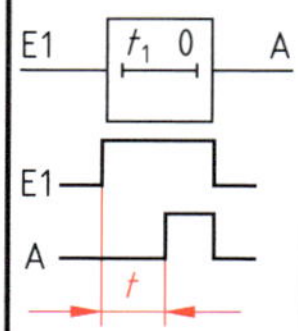

Wird E1 = 1, so wird A = 1, wenn die Zeit t_1 abgelaufen ist.

Wird E1 = 0, so wird A = 0.

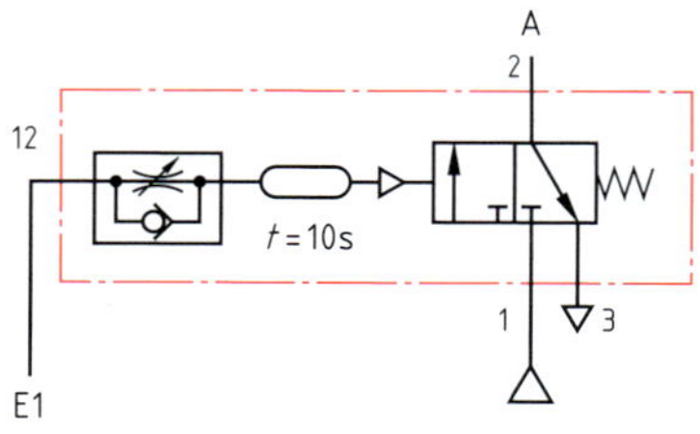

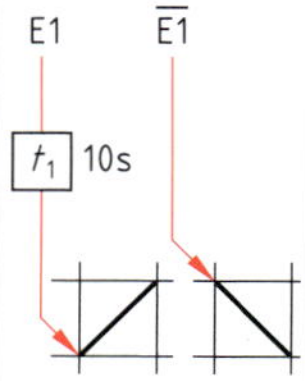

Rückfallverzögert

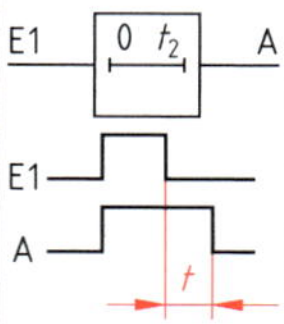

Wird E1 = 1, so wird A = 1. Wird E1 = 0, so wird A = 0, wenn die Zeit t_2 abgelaufen ist.

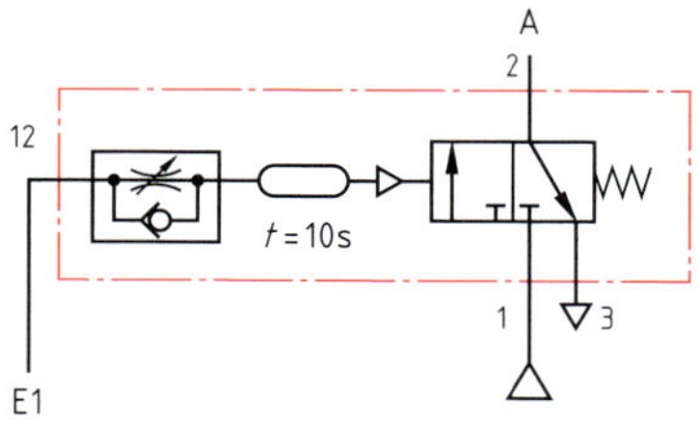

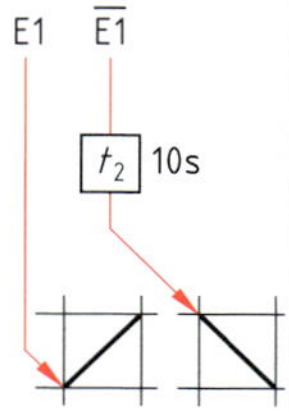

Logische Verknüpfungen

Grundfunktionen und Gegenüberstellungen

technische Realisierung mit Relais – elektrisch direkt	technische Realisierung mit Relais – elektrisch indirekt	**Kontakplan einer SPS (KOP)** Schalter am Eingang wie Bilder Abfrage der Eingänge auf „1"	**Anweisungsliste AWL** vgl. VDI 2880-4 (1985-09) vgl. DIN EN 61131 (2003-12)
S = E1 R = E2 Rücksetzdominant 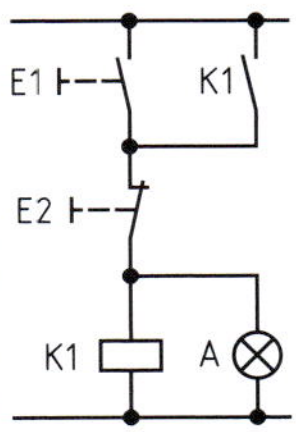	Rücksetzdominant m. E2(R) als Schließer 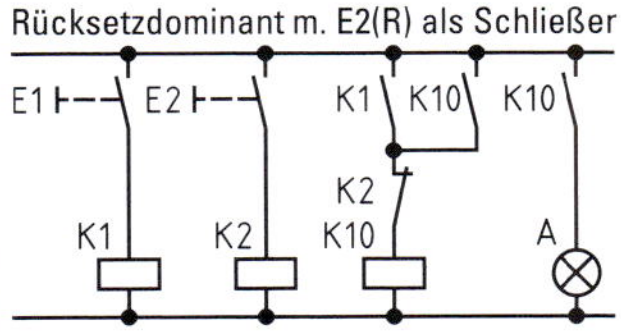 Rücksetzdominant mit E2(R) als Öffner 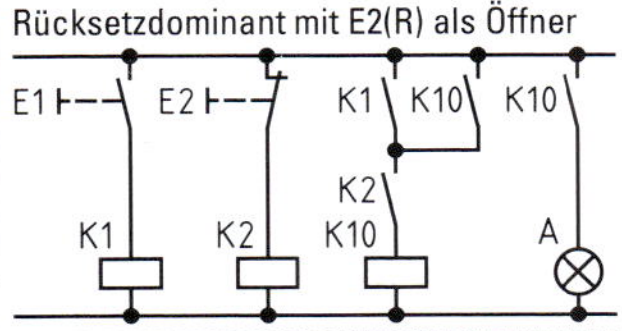	Am Eingang E2 liegt ein Schließer an. 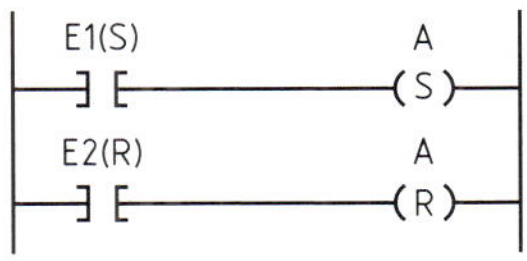 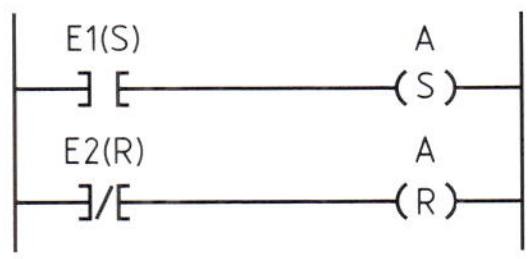	L E1 S A L E2 R A L E1 S A LN E2 R A
Setzdominant 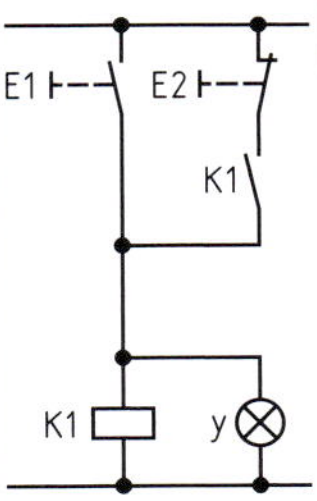	Setzdominant mit E2(R) als Schließer 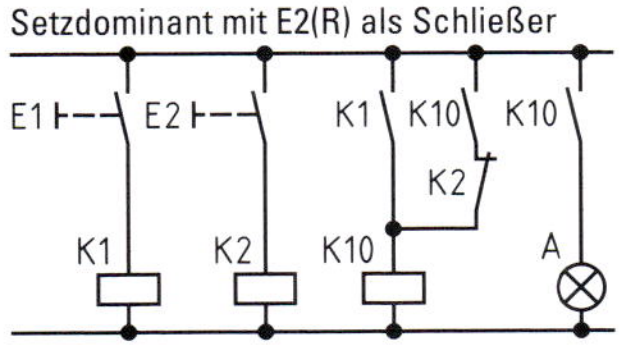 Setzdominant mit E2(R) als Öffner 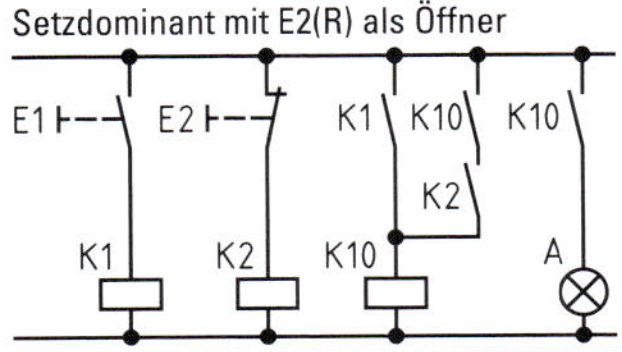	Am Eingang E2 liegt ein Schließer an. 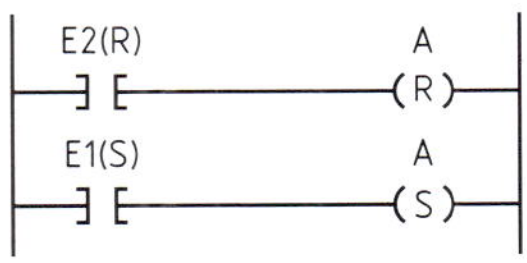 Am Eingang E2 liegt ein Öffner an. 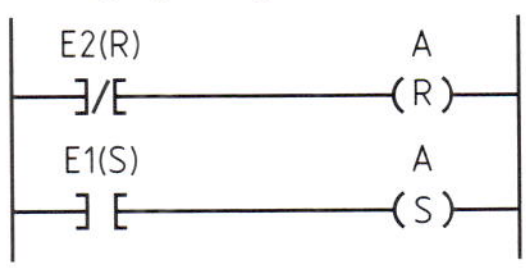	L E2 R A L E1 S A LN E2 R A L E1 S A
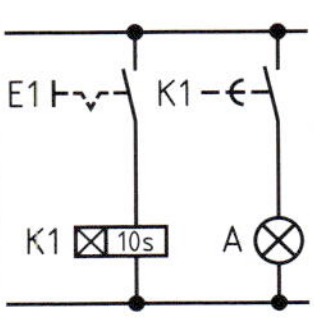 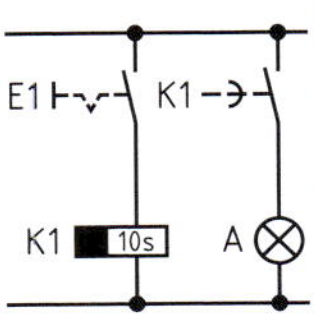	Einschaltverzögerung der Lampe, nachdem E1 betätigt wurde. Lampe erlischt sofort, wenn E2(R) betätigt wird. 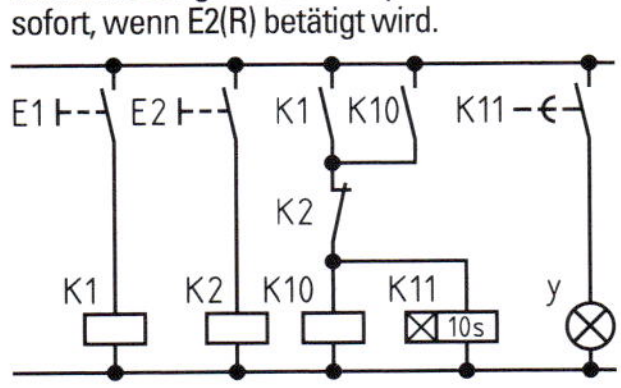 Ausschaltverzögerung der Lampe, nachdem E2(R) betätigt wurde. Lampe leuchtet sofort, wenn E1 betätigt wird. 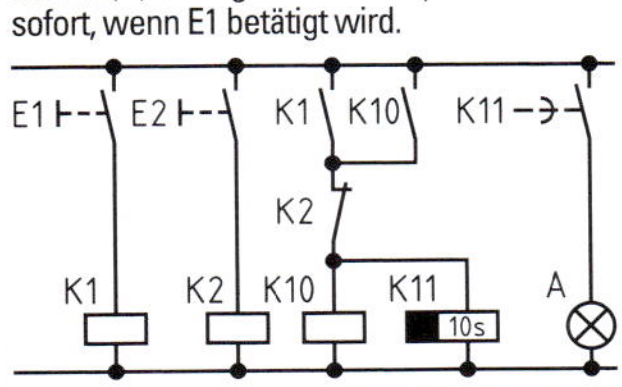	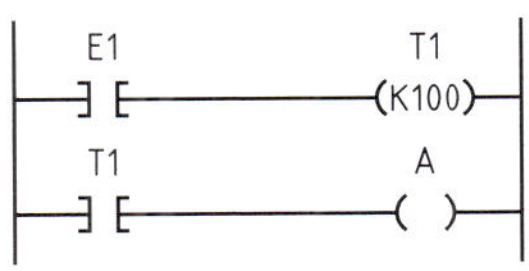 Die meisten SPS-Systeme kennen nur anzugverzögerte Timer. Durch den vorgesetzten Timer und die parallele ODER-Verknüpfung von A wird eine Abfallverzögerung erreicht. 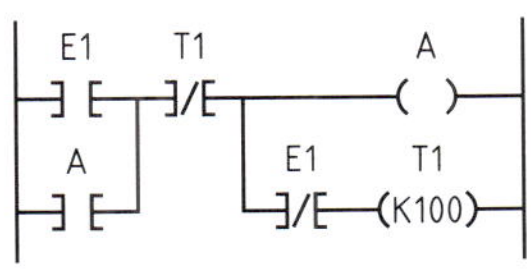	L E1 = T1 K100 L T1 = A L E1 O A UN T1 L A[1] UN E1 = T1 K100 [1] Systembedingt, nicht immer notwendig

Schaltalgebra und elektrotechnische Schaltzeichen

Schaltalgebra

Mathematische Zeichen und Sinnbilder

vgl. DIN 66000 (1985-11)

Sinnbild	Benennung	Beispiel	Sinnbild	Benennung	Beispiel	Sinnbild	Benennung	Beispiel
$\wedge$ (·)	UND Konjunktion	$A = E_1 \wedge E_2$	—	NICHT Negation	$A = \overline{E}_1$	$\equiv$	Identität	$A = \overline{E}_1$
$\vee$ (+)	ODER Disjunktion	$A = E_1 \vee E_2$	$\nleftrightarrow$	XOR (Exklusiv-ODER) Antivalenz	$A = (\overline{E}_1 \wedge E_2) \vee (E_1 \wedge \overline{E}_2)$ $A = E_1 \nleftrightarrow E_2$	$\leftrightarrow$	Äquivalenz	$A = (E_1 \wedge E_2) \vee (\overline{E}_1 \wedge \overline{E}_2)$
						$\rightarrow$	Implikation	$A = (\overline{E}_1 \vee E_2)$

Rechenregeln und Beispiele

vgl. DIN 66000 (1985-11)

Vertauschungsgesetz (Kommutativ-Gesetz)	Verbindungsgesetz (Assoziativ-Gesetz)	Verteilungsgesetz (Distributiv-Gesetz)	Verneinungsgesetz (Inversions-Gesetz)
$E_1 \wedge E_2 = E_2 \wedge E_1$ $E_1 \vee E_2 = E_2 \vee E_1$	$E_1 \wedge E_2 \wedge E_3 = (E_1 \wedge E_2) \wedge E_3$ $E_1 \vee E_2 \vee E_3 = (E_1 \vee E_2) \vee E_3$	$(E_1 \wedge E_2) \vee (E_1 \wedge E_3) = E_1 \wedge (E_2 \vee E_3)$ $(E_1 \vee E_2) \wedge (E_1 \vee E_3) = E_1 \vee (E_2 \wedge E_3)$	$\overline{E_1 \wedge E_2} = \overline{E}_2 \vee \overline{E}_1$ $\overline{E_1 \vee E_2} = \overline{E}_2 \wedge \overline{E}_1$
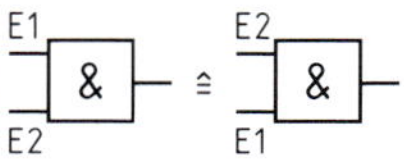	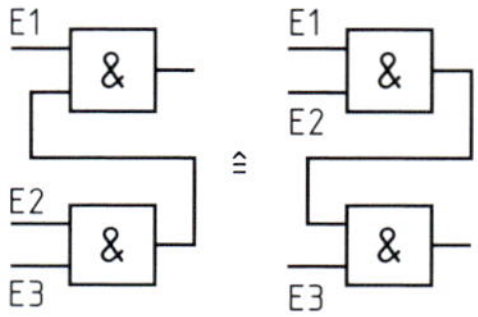	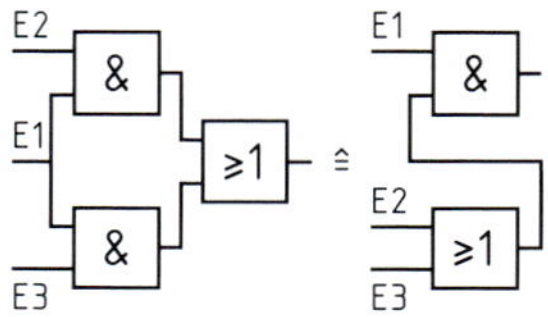	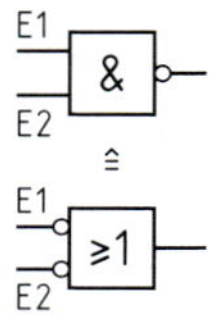

Symbole für Schaltpläne

vgl. DIN EN 60617 (1997-08)

Bildzeichen	Bezeichnung, Erläuterung	Bildzeichen	Bezeichnung, Erläuterung	Bildzeichen	Bezeichnung, Erläuterung
Leitungen, Verbindungen		**Allgemeine Schaltzeichen**			Ventil, allgemein
	Leiter, allgemein		Widerstand, allgemein		Gehäuse, Begrenzungslinie
	Leiter, beweglich		Sicherung	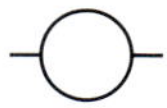	Messgerät, Maschine
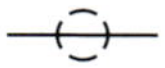	Leiter geschirmt		Spule, Induktivität; wahlweise Darstellung	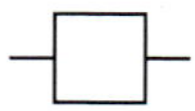	Messgerät, aufzeichnend
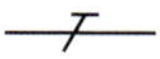	Schutzleiter, Schutzerdung PE	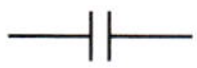	Kondensator	**Kennzeichnungen, Zusätze**	
	Neutralleiter N	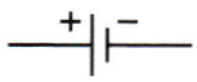	Galvanisches Element (Batterie)	U bzw. V I bzw. A M und G	Kennbuchstaben: Spannung Strom Motor, Generator
	Neutralleiter mit Schutzfunktion PEN	**Geräte und Maschinen**		a) b) c) 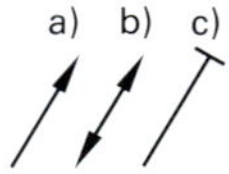	Veränderbarkeit: a) allgemein b) geregelt c) einstellbar
	Abzweig, wahlweise Darstellung	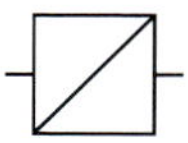	Transformator, Umformer, Umsetzer,	a) b) 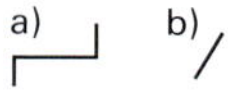	Funktion: a) thermisch b) stetig
	Doppelabzweig, wahlweise Darstellung		wahlweise Darstellung Transformator	a) b) 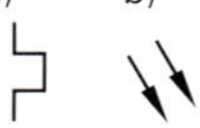	Wirkung: a) thermisch b) Strahlung
	Buchse mit Stecker		wahlweise Darstellung Transformator		
	Erdung	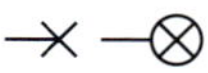	Lampe allgemein wahlweise Darstellung		
	Schutzleiteranschluss	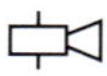	Horn, Melder		
	Schutzleiteranschluss				

S

Elektrotechnische Schaltzeichen

Symbole für Schaltpläne

vgl. DIN EN 60 617-1 bis -12 (1997-08)

Kontakte, Schalter

Bildzeichen	Bezeichnung, Erläuterung
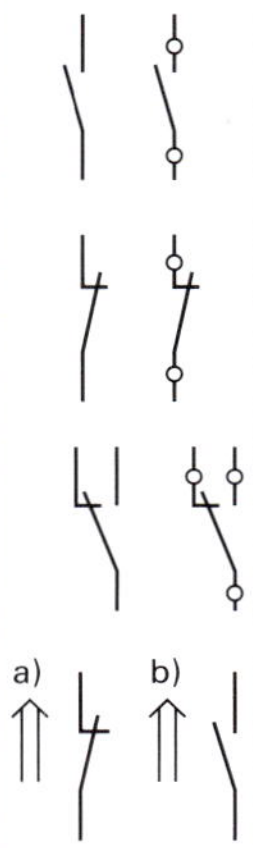	Schließer Einschaltglied/ ohne und mit Anschlussklemme
	Öffner Ausschaltglied/ ohne und mit Anschlussklemme
	Wechsler Umschaltglied/ ohne und mit Anschlussklemme
	a) Schließer betätigt b) Öffner betätigt

Sensoren (3-adrig)

Bildzeichen	Bezeichnung, Erläuterung
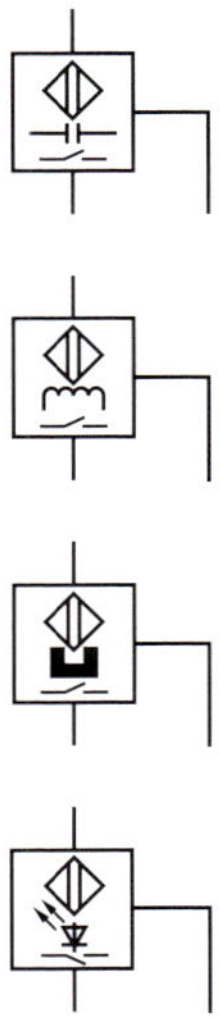	Kapazitiver Sensor, Schließer, reagiert bei Annäherung aller Stoffe
	Induktiver Sensor, Schließer, reagiert bei Annäherung von Metallen
	Magnetischer Sensor, Schließer, reagiert bei Annäherung eines Magneten (Reedschalter)
	Optischer Sensor, Öffner, reagiert auf Reflexion von Licht (Infrarot)

Meldeeinrichtungen

Bildzeichen	Bezeichnung, Erläuterung
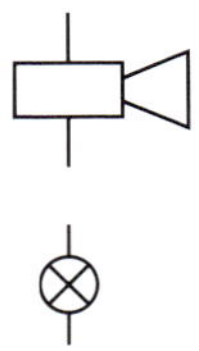	Tonmelder, Hupe
	Leuchtmelder, Lampe

Betätigungsarten

Bildzeichen	Bezeichnung, Erläuterung
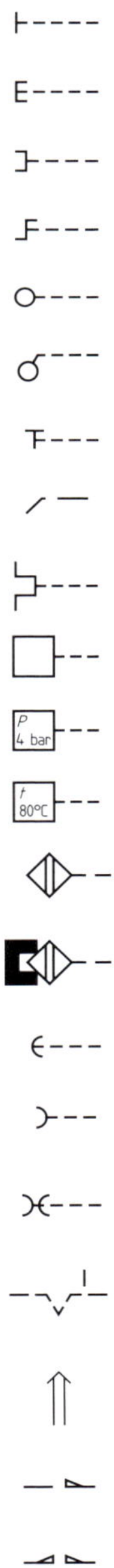	allgemein
	durch Drücken (manuell)
	durch Ziehen (manuell)
	durch Drehen (manuell)
	durch Rolle (mechanisch)
	durch Kipphebel (mechanisch)
	durch Kippen (mechanisch)
	andere Betätigung, z. B. Fuß
	durch Bimetall (thermisch)
	durch Kraft (allgemein)
	durch Druck (Wert)
	durch Temperatur (Wert)
	durch Annähern (allgemein)
	durch magnetische Annäherung (Reedschalter)
	Anzugverzögerung (bei Zeitrelais)
	Abfallverzögerung (bei Zeitrelais)
	Anzug- und Abfall-verzögerung (bei Zeitrelais)
	Raste, Einrasten bei Betätigung
	Kennzeichen für Darstellung im betätigten Zustand
	Sperre in einer Richtung
	Sperre in zwei Richtungen

Elektromagnetische Antriebe

Bildzeichen	Bezeichnung, Erläuterung
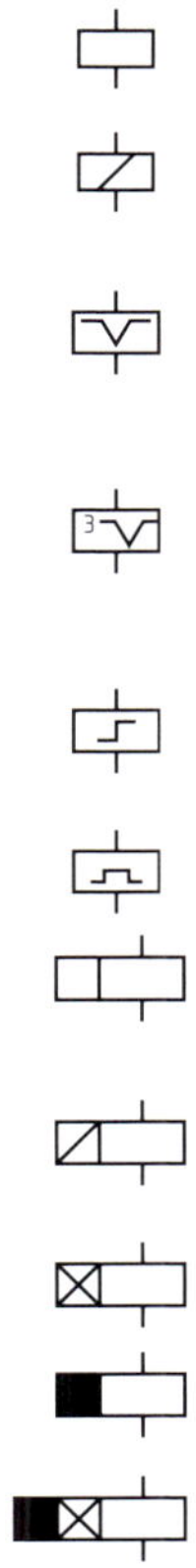	Relais, Schütz elektromechanisch allgemein
	Relais, Spule mit Wickelrichtung
	Relais mit zwei Schaltstellungen. Letzte Stellung bleibt auch bei Energieausfall.
	Relais mit drei Schaltstellungen. In Ruhe Mittelstellung.
	Stromstoßrelais. Letzte Stellung bleibt erhalten, auch bei Energie-ausfall.
	Blinkrelais
	Relais mit besonderen Eigenschaften.
	Remanenzrelais Stellung bleibt erhalten, auch bei Energieausfall.
	Zeitrelais, anzugverzögert.
	Zeitrelais, abfallverzögert
	Zeitrelais, anzug- und abfallverzögert

Elektromagneten

Bildzeichen	Bezeichnung, Erläuterung
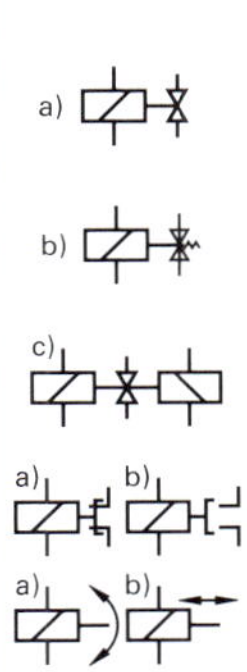	elektromagnetisch betätigtes Ventil, a) in Ruhe Durch-fluss gesperrt, allgemein b) in Ruhe Durch-fluss offen, federrückgestellt c) in Ruhe Durch-fluss gesperrt, Impulsventil
	Magnetkupplung: a) gekuppelt b) entkuppelt
	a) Drehmagnet b) Hubmagnet

Elektrotechnische Schaltzeichen

Kennzeichnung von elektrischen Betriebsmitteln in Schaltungsunterlagen

vgl. DIN EN 61082-1 (1995-05)

Beispiel: =F5 +A2 –S3E :5

Kennzeichnungsblock 1 **Anlage**	Kennzeichnungsblock 2 **Ort**	Kennzeichnungsblock 3 **Art, Zählnummer, Funktion**	Kennzeichnungsblock 4 **Anschluss**
Vorzeichen = F5 Förderband Nr. 5	Vorzeichen + A2 Halle 2, Produktion 2	Vorzeichen – S3 Signalglied Nr. 3, E Funktion EIN	Vorzeichen : 5 Klemme 5

Die Angaben der Kennzeichnungsblöcke sind optional. Meistens wird nur Kennzeichnungsblock 3, Art und Zählnummer verwendet, das Vorzeichen (–) kann dann weggelassen werden. **Beispiel:** K1 = Relais Nr. 1

Kennbuchstaben der Art der Betriebsmittel in Schaltplänen (Auswahl) vgl. DIN EN 61346-2 (2000-12)[1]

Kenn-[2] buchstabe	Art des Betriebsmittels Alt: DIN 40719-2 (zurückgezogen)	Art des Betriebsmittels Neu: DIN EN 61346-3
B	**Umsetzer** z.B.: Sensor, Näherungsschalter	**Umsetzer** z.B.: Sensor, Näherungsschalter
F	**Schutzeinrichtung** z.B.: Sicherung, Druckwächter	**Schutzeinrichtung** z.B.: Sicherungen
G	**Stromversorung** z.B.: Generatoren, Batterien, Dynamos	**Erzeugung von Energie-, Signal- oder Materialfluss** z.B.: Generator, Batterie, Ventilator, Pumpe
H	**Meldeeinrichtung** z.B.: Leuchtmelder, Hupe	**Für spätere Nutzung reserviert**
K	**Schütz, Relais** z.B.: Hilfsschütz, Relais	**Verarbeitung von Signalen** z.B.: Hilfsschütz, Relais, Transistor, Zeitglied
L	**Induktivität** z.B.: Drosselspule	**Für spätere Normung reserviert**
M	**Motor** z.B.: E-Motor, Fluidmotor, Antriebe	**Mechanische Energie zu Antriebszwecken** z.B. Motor, Hubmagnet, Stellantrieb, Betätigungsspule
P	**Prüfeinrichtung** z.B.: Messgeräte für Strom, Spannung, Druck	**Informationsdarstellung** z.B.: Manometer, Messgeräte, Klingel
R	**Widerstand** z.B.: elektrische Widerstände	**Begrenzung v. Energie-, Signal- oder Materialfluss** z.B.: Widerstand, Diode, Rückschlagventil
S	**Schalter, Wähler** z.B.: Taster, Grenztaster, Wählscheibe	**Umwandeln einer manuellen Betätigung** z.B.: manuell betätigter Schalter o. Taster o. Ventil
Y	**Elektrisch betätigte mechanische Einrichtungen** z.B.: Ventile, Bremsen, Kupplungen	**Für spätere Normung reserviert**

[1] Bisherige DIN 40719-2 wurde zurückgezogen.

2) weitere Kennbuchstaben; C, E, N, Q, T, X

Kennzeichnung von Leitern und Betriebsmittelanschlüssen

vgl. DIN EN 60 446 (1999-10) und DIN EN 60 445 (2007-11)

Art des Leiters	Kurz-zeichen	Farbe	Art des Leiters	Kurz-zeichen	Farbe	Klemmen-anschluss für	Kurz-zeichen
Außenleiter 1 Außenleiter 2 Außenleiter 3	L1 L2 L3	schwarz[1]	Neutralleiter mit Schutz-funktion	PEN	grün-gelb	Außenleiter 1 Außenleiter 2 Außenleiter 3	U V W
Neutralleiter	N	hellblau	Positiv 24 V	L+	rot[2]	Neutralleiter	N
Schutzleiter	PE	grün-gelb	Negativ 24 V	L–	schwarz, hellblau[3]	Schutzleiter PE, PEN	⏚

[1] Farbe nicht festgelegt. Empfohlen wird schwarz, zur Unterscheidung und bei flexiblen Leitungen braun. Nicht verwendet werden darf grün-gelb, blau sollte gemieden werden.

[2] Farbe nicht festgelegt. Im Allgemeinen wird bei Gleichstrom mit 24 V rot bevorzugt. Beim Kfz rot für Dauerplus (Batterie) und schwarz für geschaltet Plus (Zündung).

[3] Schwarz oft Anschlussklemmfarbe. Beim Kfz wird braun als Minus verwendet.

Elektrotechnische Schaltzeichen

Bezeichnungen in Stromlaufplänen

vgl. DIN 61082 (1998-09), DIN 43456 (2005-05), DIN EN 50005 (1977-07), DIN EN 61346-2 (2000-12)

Beispiele für Kennzeichnung von Betriebsmitteln

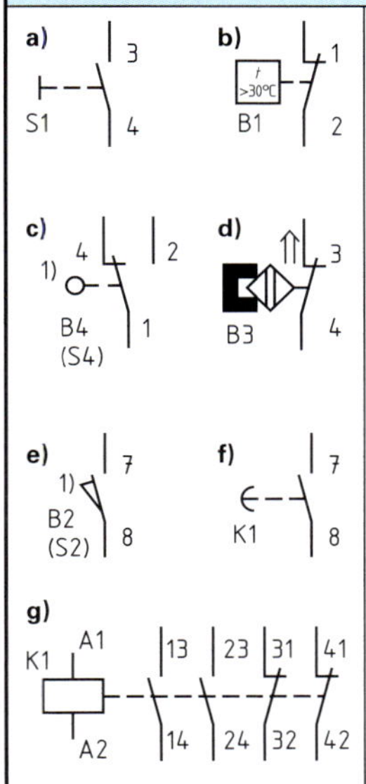

a) Schließer, Anschlussbez. 3 u. 4, mit Handbetätigung.

b) Öffner, Anschlussbez. 1 u. 2, mit Kraftantrieb, schaltet bei Temperatur über 30 °C.

c) Wechsler, Anschlussbez. 1, 2 u. 4, Rollenbetätigung.

d) Schließer, Näherungsschalter, durch Magnet im betätigten Zustand.

e) Schließerkontakt eines Endlagenschalters.

f) Schließerkontakt eines Zeitreais, anzugverzögert, Anschlussbez. 7 u. 8.

g) Relais mit 2 Schließern und 2 Öffnern.

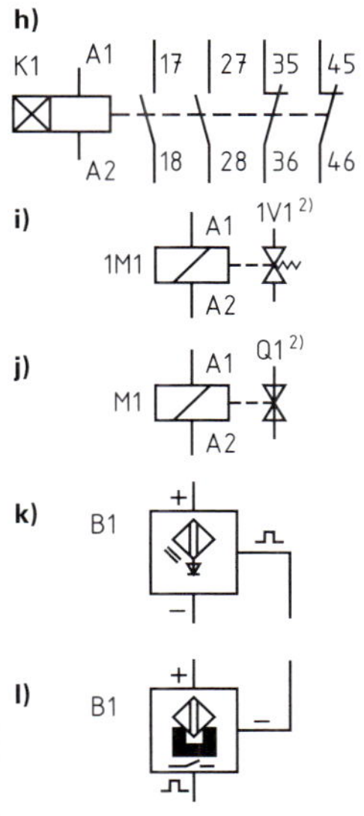

h) Zeitrelais, anzugsverzögert mit 2 Schließern und 2 Öffnern.

i) Elektromagnetventil mit Angabe der Ventilnummer und der Rückstellart, hier federrückgestellt (optional) in der Fluidtechnik.

j) Stellantrieb allgemein, Ventil hat Durchfluss in Ruhestellung.

k) Sensor 3-Draht, optisch
⎍ = Schaltausgang

l) Sensor 3-Draht, magnetisch, Schließer
⎍ = Schaltausgang
(Lage der Anschlüsse nicht festgelegt).

Kennzeichnung von Kontaktanschlüssen/ Klemmenbezeichnung

vgl. 43456 (2000-05), DIN EN 50005 (1977-07), und DIN EN 50011 (1978-05)

Öffner	Schließer	Öffner, anzugs-verzögert	Öffner, rückfall-verzögert	Schließer, anzugs-verzögert	Schließer, rückfall-verzögert	Wechsler	Wechsler, anzugsver-zögert	Wechsler, rückfall-verzögert	Mehr-kontakt-schalter

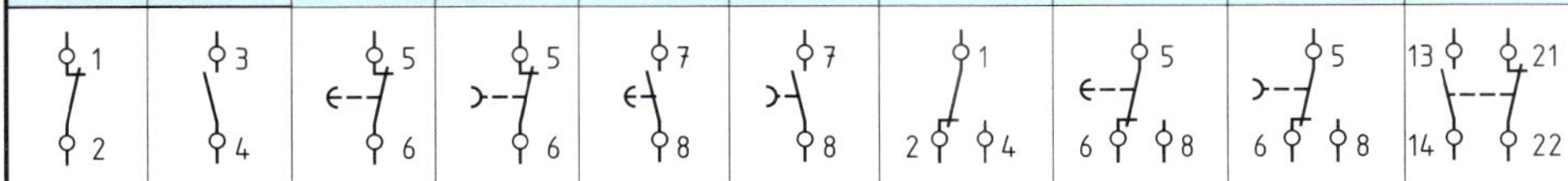

Mehrkontaktschalter:

Beispiel: Relais mit 1 Öffner, 2 Schließern und 1 Wechselkontakt

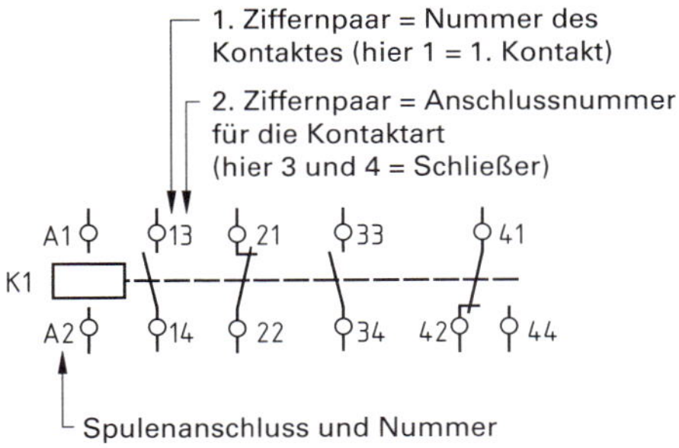

1) Nach alter Norm DIN 40719-2 ist „S" die Bezeichnung für alle Signalgeber. Nach DIN EN 61346-2 werden mit „S" nur noch manuell betätigte Signalgeber bezeichnet. „B" bezeichnet danach nicht nur Sensoren allgemein, sondern auch Positionsschalter.

2) Die Kennbuchstaben für Betriebsmittel nach DIN EN 61345-2 und DIN ISO 1219-2 (Fluidtechnik) widersprechen sich zum Teil. Nach DIN EN 61346-2 ist eine Bezeichnung für Elektromagnetventile nicht eindeutig geregelt.
„M" bezeichnet eine mechanische Energie wie Stellantrieb, Betätigungsspule, Fluidantrieb, Motor.
„Q" bedeutet Schalten eines Leistungsteils für Energie- oder Materialfluss wie Leistungsschütz oder Stellventil.
Da ein Magnetventil ein Stellantrieb mit einer Betätigungsspule ist und z.B. ein Stellventil schaltet, wird im Zusammenhang mit der Fluidtechnik ein Elektromagnetventil mit „M" bezeichnet, welches ein Stellventil Q (Fluidtechnik V) schaltet.

Schutzmaßnahmen gegen gefährliche Körperströme

Übersicht über Schutzmaßnahmen

vgl. DIN VDE 0100-410 (2003-06), DIN IEC 60364-441 (2003-04))

Schutz gegen direktes Berühren

Zweck: Verhindert ein **Berühren** spannungsführender Teile einer Anlage.

Allgemeine Schutzarten

Isolierung (spannungsführende Teile); **Abdeckung** (Gitter, Hindernisse, Absperrungen); **Abstand** (Freileitungen).

Schutz gegen indirektes Berühren

Zweck: Verhindert eine Gefährdung des Menschen im **Fehlerfall.**

Netzunabhängige Schutzarten

Schutzart	Symbol	Bemerkung
Schutzisolierung		Die Zuleitung darf keinen Schutzleiter enthalten. Der Stecker darf keine Schutzkontakte besitzen. Alle Geräte, die Spannung zur Erde führen können, sind mit zwei Isolierschichten umgeben. Basisisolierung und Hauptisolierung. Schutzklasse II; Symbolkennzeichnung am Gerät.
Schutzkleinspannung SELV (Safty Extra Low Voltage)		Die maximale Betriebsspannung darf 50 V Wechselspannung bzw. 120 V Gleichspannung nicht übersteigen. Die Steckvorrichtungen dürfen nicht mit denen über 50 V Wechselstrom bzw. 120 V Gleichstrom zusammenpassen. Schutzklasse III; Symbolkennzeichnung am Gerät.
Schutztrennung		Trennung zweier Stromkreise durch einen Transformator mit i = 1 : 1. Der Sekundärstromkreis ist der Arbeitsstromkreis. Es darf nur ein Gerät bis max. 16 A angeschlossen werden. Mobile Trenntrafos besitzen zusätzlich eine Schutzisolierung. Schutzkontakte und Schutzleiter sind im Arbeitsstromkreis nicht erlaubt. Schutzklasse nicht zugeordnet; Symbolkennzeichnung am Gerät.

Netzabhängige Schutzarten

Schutzart	Symbol	Bemerkung
Schutzleiter (Schutzerdung)		Alle nichtisolierten Metallteile eines Gerätes, einer Installationsanlage (Wasserrohre, Heizungsrohre, Bade- und Duschwannen, Antennen und TV-Kabelanlagen usw.) müssen mit einem Schutzleiter verbunden sein. Im Fehlerfall (Körperschluss, Gehäusekurzschluss) wird der Strom zur Erde abgeleitet, sodass Überstrom entsteht, der die Sicherung betätigt. Schutzklasse I; Farb-Kennzeichnung des Schutzleiters: grün-gelb, Bezeichnung: PE. Symbolkennzeichnung am Geräteanschluss.
Fehlerstrom-Schutzschalter (FI-Schutzschalter)		Zusätzlicher Schutz für Fälle, in denen andere Schutzmaßnahmen nicht wirken. Unterbricht bei einem Fehlerstrom ab 30 mA in 0,2 sec. den Stromkreis. Ersetzt nicht die Sicherung, da er nicht auf Überstrom reagiert. Vorgeschrieben in Baustellenverteilern, Nassräumen, Laborräumen. Schutzklasse I oder II. Keine Symbolkennzeichnung, nur Typenschild.

Kennzeichnung der Geräte mit Symbolen

Symbol	Bedeutung	Symbol	Bedeutung
Kein Symbol	**Abgedeckt:** Nur für trockene Räume geeignet.	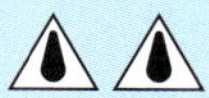	**Strahlwassergeschützt:** Schutz gegen Wasserstrahlen aus allen Richtungen
	**Tropfwassergeschützt:** Für feuchte Räume und im Freien unter dem Dach.	 4 bar	**Druckwassergeschützt:** Mit Druckangabe für nasse Räume, z. B. Schwimmbäder.
	**Regenwassergeschützt:** Für Leuchten und Geräte in feuchten Räumen und im Freien.		**Staubgeschützt:** Räume mit Staub, aber ohne Explosionsgefahr.
	**Schwallwassergeschützt:** Schutz gegen Wassertropfen aus allen Richtungen.		**Staubdicht:** Schutz gegen Eindringen von Staub unter Druck. In Räumen mit brennbaren Stäuben.

S

GRAFCET

vgl. DIN EN 60848 (2002-12)

Darstellung der Steuerfunktionen in der Automatisierungs- und Verfahrenstechnik mit Schritten und Weiterschaltbedingungen. GRAFCET ist eine Ablaufsteuerung mit löschender Taktkette, bei der für jeden Schritt ein Speicher gesetzt wird. Deshalb ist er bei rein pneumatischen Schaltungen nicht anwendbar, außer bei Taktketten.

Grafische Sinnbilder

Schritte

Symbol	Erklärung	Symbol	Erklärung
	**Schritt, allgemein** * = Kurzzeichen z. B. Schrittnr. **Beispiel:** „Schritt 4  **Beispiel:** „Schritt 4 im aktiven Zustand 		**Einschließender Schritt** Dieser Schritt enthält weitere Schritte. Diese werden in einen Rahmen gesetzt, der die Nummer * und die Bezeichnung # des Schrittes bekommt. 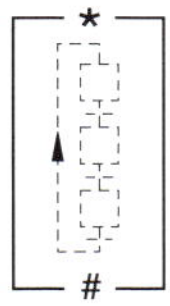
	**Anfangsschritt allgemein** **Beispiel:** „Schritt 10 ist Anfangs-situation 		**Makroschritt** Der Eingangsschritt wird aktiviert durch die vorangehende Transition. Die nachfolgende Transition wird erst durch den Ausgangsschritt aktiviert. 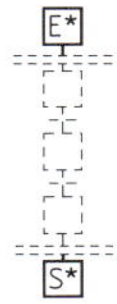
X*	**Schrittvariable** Ein Schritt kann als Bedingung mittels einer Boole'schen Variablen herangezogen werden, z.B. X4		

Transitionen (Übergangsbedingung)

Symbol	Erklärung	Symbol	Erklärung
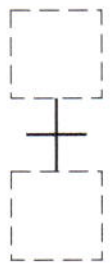	**Transition** Eine Transition wird durch eine waagerechte Linie quer zur Verbindungsstelle zweier Schritte dargestellt.	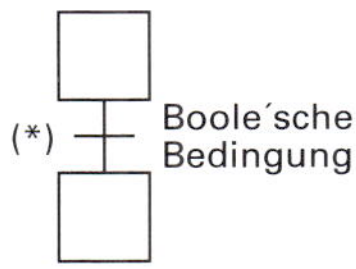	**Transitionsname/ Transitionsbedingung** Eine Transition kann einen Namen erhalten, der links von der Klammer steht. Rechts steht die Übergangsbedingng als Boole'scher Ausdruck, z.B. S1*S2
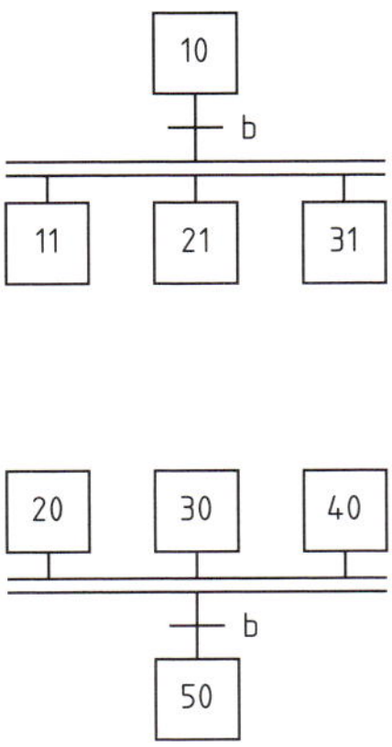	**Synchronisierung** (Parallel-Betrieb) Zwei parallele Linien fassen Schritte zusammen, die mit der selben Transition verbunden sind. Verzweigung: Die Schritte 11, 21 und 31 werden durch die Transition „a" gleichzeitig ausgelöst, laufen aber unabhängig voneinander ab. Zusammenführung: Erst wenn Schritt 20 **und** Schritt 30 **und** Schritt 40 abgearbeitet/aktiv sind, wird die Transition „b" freigegeben und der nächste Einzelschritt ausgeführt.	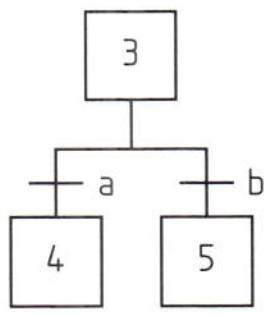	**Ablaufauswahl** (Alternativbetrieb) Die Auswahl findet statt, wenn schritt 3 gesetzt ist, a) nach Schritt 4, wenn die Bedingung „a" erfüllt ist **oder** b) nach Schritt 5, wenn die Bedingung „b" erfüllt ist.
		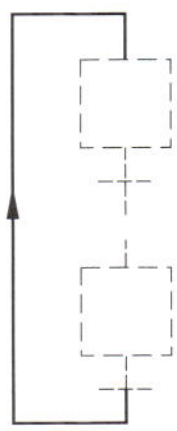	**Wirkverbindung/ Rückführung** Wirkverbindungen gehen grundsätzlich von oben nach unten. Rückführungen vom letzten zum ersten Schritt müssen deshalb mit einem Pfeil versehen werden.

GRAFCET

Transitionsbedingungen	Beispiele
Transitionsbedingungen in Textform, als grafischer Ausdruck oder Boole'scher Ausdruck (nach DIN vorzugsweise)	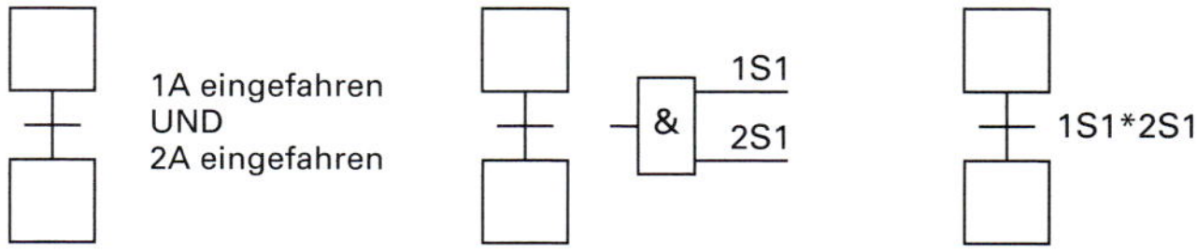

Transitionen (Übergangsbedingung)

2 — Zylinder 1A ausfahren Kontinuierlich wirkend: Zylinder 1A fährt aus, wenn Schritt 2 aktiv ist.	4 — 1M1 / 2M1 2 kontinuierliche Aktionen gleichzeitig.	2 — 1M1 (Bedingung 2B1) Zuweisungsbedingung: Magnetspule 1Q1 wird aktiviert, solange Schritt 2 aktiv und 1B1 geschaltet ist.
8 — 2M1:=1 (Bedingung 2s/X8) Anzugsverzögert: Magnetspule 2Q1 wird aktiviert 2 Sekunden nachdem Schritt 8 aktiviert wurde.	6 — Lüfterventilator an (Bedingung $\overline{20s/X6}$·S3) Zeitbegrenzt: der Ventilator läuft 20 s, wenn Schritt 6 aktiviert UND S3 betätigt wird.	3 — C:=C+1 (Pfeil nach unten) Speichernd: Der Zähler C wird um 1 erhöht, wenn der Schritt 3 deaktiviert wird.
2 — K3:=1 Zuweisungsbedingung: Eine Zuweisung erfolgt durch das Symbol „:=". Beispiel: Relais K3 wird der Wert TRUE zugewiesen.	3 — 2M1:=1 / 1M2:=0 (Pfeile nach oben) Speichernd: Magnetspule 2Q1 wird speichernd eingesetzt und Magnetspule 1Q2 wird speichernd rückgesetzt bei Aktivierung des Schrittes 3.	5 — 2M1:=0 (Pfeil, Bedingung 3s/2B2) Speichernd und verzögernd: 2Q1 wird speichernd zurückgesetzt, nach Ablauf von 3 Sekunden wenn 2B2 geschaltet ist und Schritt 5 aktiv ist.

Beispiel: Spann- und Sägeeinrichtung

Ein Werkstück soll durch einen Zylinder gespannt und anschließend durch eine Kreissäge, angetrieben durch einen Vorschub-Zylinder, gesägt werden. Durch Betätigung des Starttasters S1 und wenn beide Zylinder eingefahren sind, fährt Spannzylinder A1 aus und spannt das Werkstück mit dem eingestellten Druck von mind. 0,6 MPa (S3). Ist der Druck erreicht, fährt Vorschub-Zylinder 2A mit einer Zeitverzögerung von 1 s aus und sägt das Werkstück.

In der Endposition betätigt Zylinder 2A den Grenzkontakt 2B2 und fährt wieder in die Ausgangsstellung zurück, betätigt Grenzkontakt 2B1, wodurch nach einer Zeitverzögerung von 2 s der Spannzylinder 1A löst und die Ruheposition zurückfährt. Sind beide Zylinder eingefahren und ist der Spanndruck abgebaut, kann der nächste Zyklus beginnen.

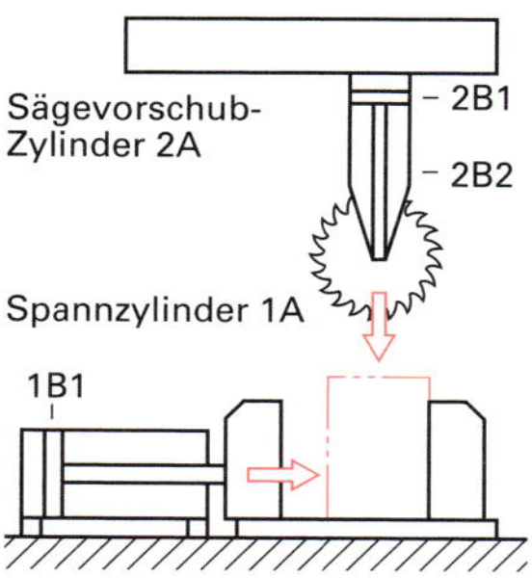

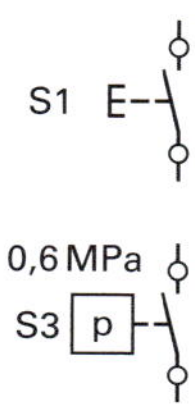

Hinweis:
1 bar = 0,1 MPa

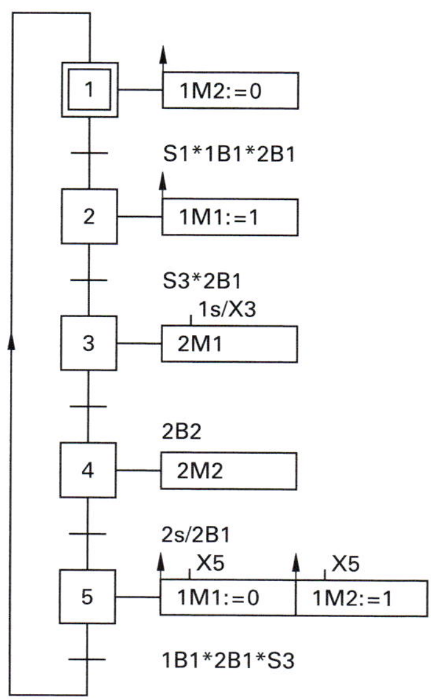

S

Funktionsdiagramme

Signalglieder		Signalverknüpfungen	
 EIN/AUS (Schalter, Taster) EIN (Taster) AUS (Taster) AUTO-MATIK (Schalter, Taster)	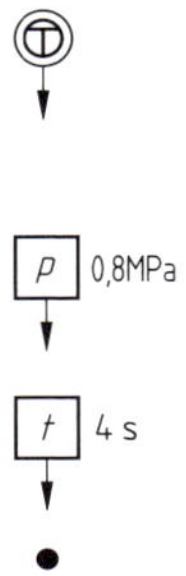 TIPPEN bei Betätigung START bei Loslassen STOP (nur bei Einrichtbetrieb) 0,8MPa Druckschalter mit Einstellwert, z.B. 0,8 MPa 4 s Zeitglied mit Einstellwert, z.B. 4 s Nicht muskelkraftbetätigtes Signalglied durch Punkt dargestellt	 Signallinie beginnt am Signalausgang und endet mit der Pfeilspitze an der Wirkstelle Verzweigung UND-Verknüpfung ODER-Verknüpfung	 Signal ändert den Zustand des Arbeitsgliedes, von dem es ausgelöst wurde. NICHT-Bedingung Die Nummer des Signalgliedes wird an der Signallinie plaziert.

Ausführung eines Funktionsdiagramms (nicht mehr genormt)

Signalglied muskelkraftbetätigt (Taster) EIN

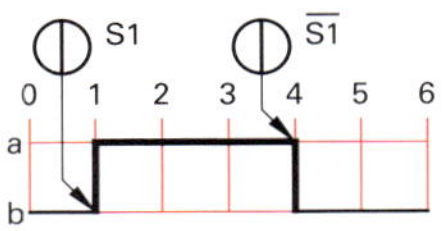

Schritt 1: Signalglied schaltet bei Betätigung von 0 nach 1.
Schritt 4: Signalglied schaltet bei Loslassen zurück von 1 nach 0.

Zylinder oder Hubmagnet

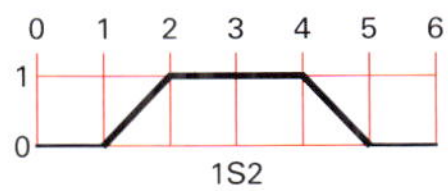

Schritt 1: Von Ausgangsstellung 0 (Eingefahren) zur Lage 1 (Ausgefahren) fahren.
Schritt 2 und 3: Verharren.
Schritt 4: Von der Lage 1 zur Ausgangsstellung 0 fahren.

Signalglied muskelkraftbetätigt (Schalter) EIN/AUS

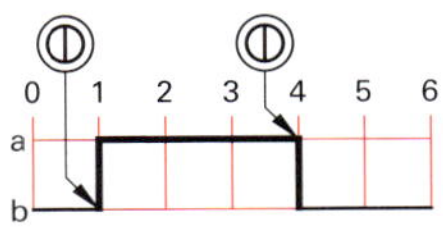

Schritt 1: Signalglied schaltet bei 1. Betätigung von 0 nach 1.
Schritt 4: Signalglied schaltet bei 2. Betätigung von 1 nach 0.

Stellglied durch Zeitglied (einschaltverzögert) betätigt

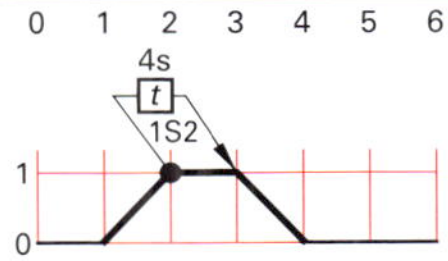

Schritt 1: Zylinder fährt aus.
Schritt 2: Zylinder betätigt in Endlage Signalglied 1S2 und steuert Zeiglied an.
Schritt 3: Zeit läuft ab und Zylinder fährt ein.

Beispiel: Pneumatisch gesteuerte Presse mit Einwirkdauer

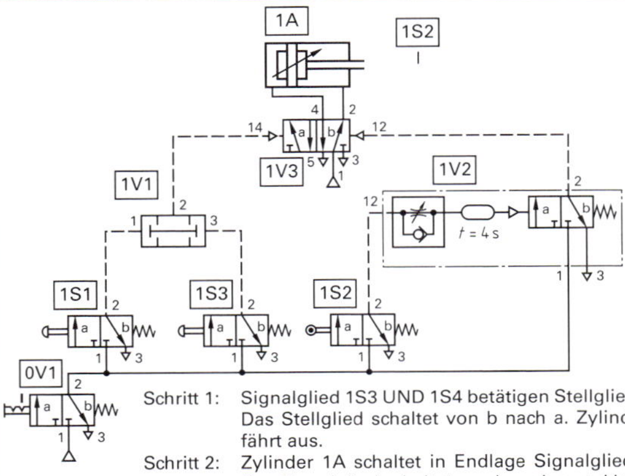

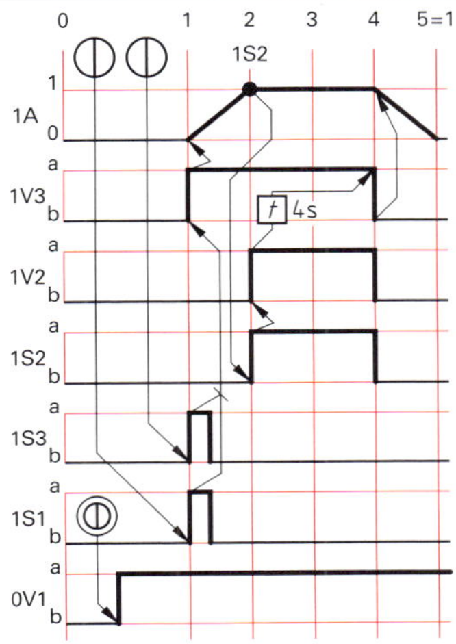

Schritt 1: Signalglied 1S3 UND 1S4 betätigen Stellglied 1V3. Das Stellglied schaltet von b nach a. Zylinder 1A fährt aus.

Schritt 2: Zylinder 1A schaltet in Endlage Signalglied 1S2. Das Signalglied schaltet von b nach a und betätigt das Zeitglied 1V2.

Schritt 3: Zeit läuft ab.

Schritt 4: Nach Ablauf der Zeit (4 s) schaltet das Zeitglied von b nach a. Das Stellglied 1V3 wird von a nach b zurückgesetzt. Zylinder 1A fährt wieder ein. Damit wird Signalglied 1S2 gelöst.

Schritt 5: Zylinder 1A kommt in der Ausgangsposition an.

Schaltzeichen der Pneumatik und Hydraulik

vgl. DIN ISO 1219-1 (2004-05)

Funktionssinnbilder

	Hydrostrom
	Druckluftstrom
	Strömungsrichtung
	Verstellbarkeit
	Drehrichtung

Energieumformer

Pumpen, Kompressoren

Konstantpumpe mit 1 Stromrichtung.

Verstellpumpe mit 2 Stromrichtungen.

Kompressor mit konstantem Verdrängungsvolumen.

Motoren

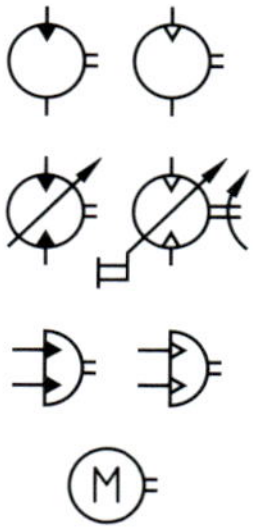

Konstantmotor mit 1 Stromrichtung.

Verstellmotor mit 2 Stromrichtungen.

Schwenkmotor

Elektromotor

Zylinder

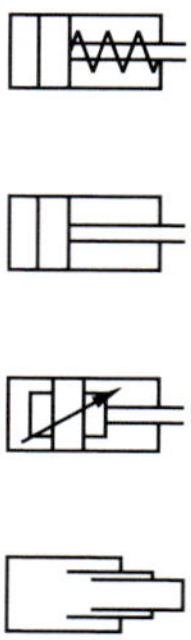

einfach wirkender Zylinder. Rückhub durch Feder

doppeltwirkender Zylinder mit einseitiger Kolbenstange

doppeltwirkender Zylinder mit beidseitig einstellbarerer Endlagendämpfung

einfachwirkender Teleskopzylinder

Energieübertragung

	Druckquelle a) pneumatisch b) hydraulisch
	Arbeitsleitung
	Steuerleitung, Abfluss- oder Leckleitung
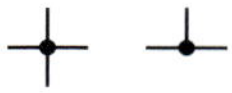	Leitungsverbindung, -abzweigung
	Leitungskreuzung
	Entlüftung ohne Anschluss
	Entlüftung mit Anschluss
	Tank, Behälter
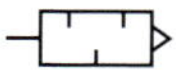	Schalldämpfer
	Luftspeicher
	Speicher, hydraulisch, pneumatisch
	Filter, Sieb
	Abscheider
	Lufttrockner
	Kühler
	Öler
	Aufbereitungseinheit

Sperrventile

	Absperrventil
	Rückschlag- bzw. Sperrventil unbelastet
	Rückschlag- bzw. Sperrventil federbelastet
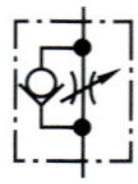	Drosselrückschlag- bzw. -sperrventil
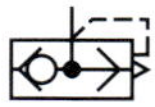	Schnellentlüftungsventil
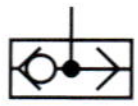	Wechselventil
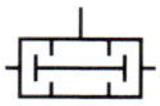	Zweidruckventil

Druck- und Regelventile

	Druckbegrenzungsventil DBV Druckfolgeventil:
a) 	a) m. internem Steueranschluss
b) 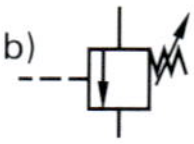	b) m. externem Steueranschluss
	Druckregel- bzw. Druckreduzierventil DRV

Stromventile

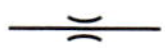	Drosselventil nicht verstellbar
	Drosselventil verstellbar
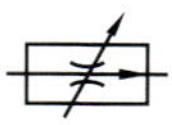	Stromregelventil mit veränderlichem Ausgangsstrom

Zeitventile

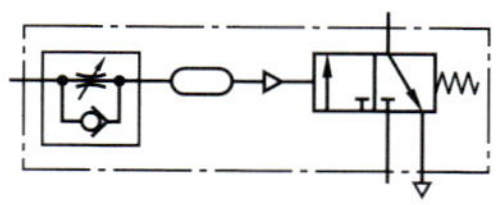

S

Schaltzeichen der Pneumatik und Hydraulik

vgl. DIN ISO 1219-1 (2004-05)

Wegeventile

Grundsinnbilder

Anzahl der Rechtecke = Anzahl der Schaltstellungen

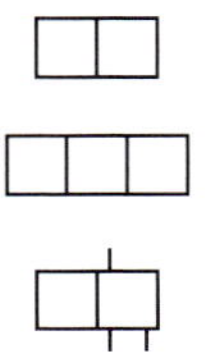

- Grundsinnbild für 2-Stellungs-Wegeventil
- Grundsinnbild für 3-Stellungs-Wegeventil
- Anschlüsse an Ventilen werden mit kurzen Strichen markiert

Durchflusswege

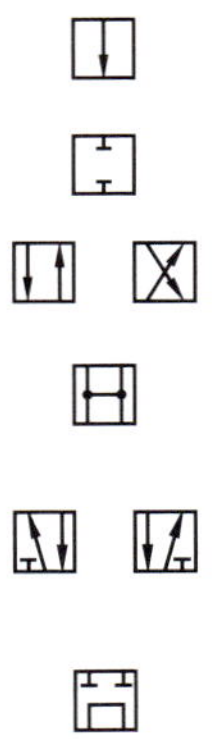

- ein Durchflussweg
- zwei gesperrte Anschlüsse
- zwei Durchflusswege
- zwei Durchflusswege mit Verbindung zueinander
- zwei Durchflusswege, ein gesperrter Anschluss
- ein Durchflussweg und zwei gesperrte Anschlüsse

Bezeichnung der Wege-Ventile

Die erste Zahl gibt die Anzahl der gesteuerten Anschlüsse und die zweite Zahl die Anzahl der Schaltstellungen an. Die Schaltstellungen werden gekennzeichnet:
a = links, b = rechts, 0 = Mitte

Beispiel:

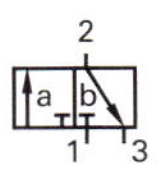

3/2-Wegeventil
- 2 Schaltstellungen (a und b)
- 3 Anschlüsse (1, 2, 3)

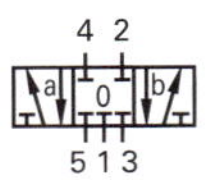

5/3-Wegeventil
- 3 Schaltstellungen (a, 0 und b)
- 5 Anschlüsse (1, 2, 3, 4, 5)

Bauarten (Auswahl)

2/-Wegeventile

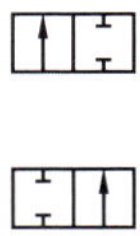

- 2/2-Wegeventil Sperrruhestellung
- 2/2-Wegeventil Durchflussruhestellung

3/-Wegeventile

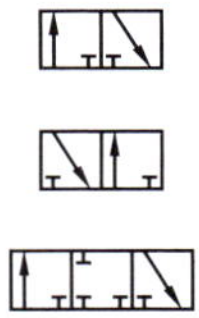

- 3/2-Wegeventil Sperrruhestellung
- 3/2-Wegeventil Durchflussruhestellung
- 3/3-Wegeventil Mittelstellung „Gesperrt“

4/-Wegeventile

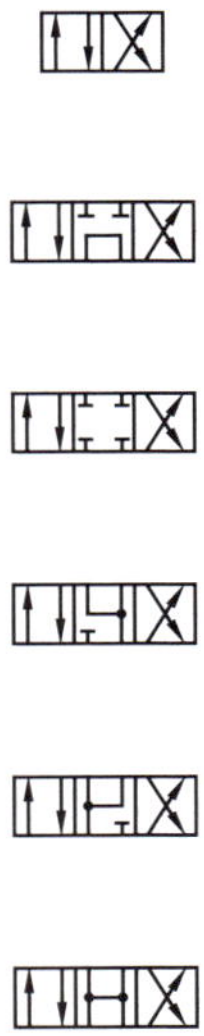

- 4/2-Wegeventil
- 4/3-Wegeventil Mittelstellung „Pumpenumlauf“ (Pumpenumlaufstellung)
- 4/3-Wegeventil-Mittelstellung „Gesperrt“ (Sperrnullstellung)
- 4/3-Wegeventil-Mittelstellung „Arbeitsleitung entlastet“ (Schwimmnullstellung)
- 4/3-Wegeventil Mittelstellung „Umströmt“ (Lastnullstellung)
- 4/3-Wegeventil „H“-Mittelstellung

5/-Wegeventile

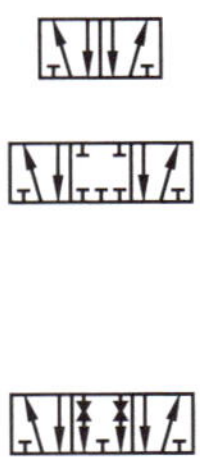

- 5/2-Wegeventil
- 5/3-Wegeventil Mittelstellung „Gesperrt“ (Sperrnullstellung)
- 5/3-Wegeventil Mittelstellung „Arbeitsleitungen entlastet“ und gedrosselt (Schwimmnullstellung)

Betätigungsarten

Muskelkraft betätigt

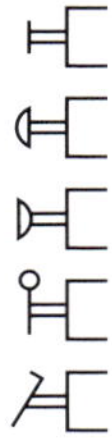

- allgemein
- Druckknopf (Hand)
- Zugknopf (Hand)
- Hebel (Hand)
- Pedal (Fuß)

Mechanische Betätigung

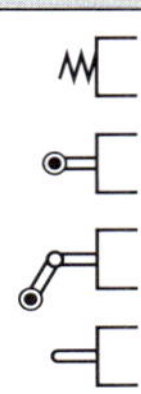

- Feder
- Rollenstößel
- Rollenstößelhebel (Leerrücklaufstößel/-rolle)
- Stößel

Druckbetätigung

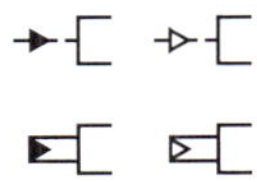

- direkt hydraul., pneum.
- indirekt durch Vorsteuerventil

Elektrische Betätigung

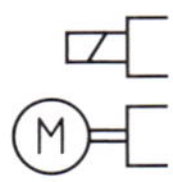

- Elektromagnet
- Elektromotor

Kombinierte Betätigung

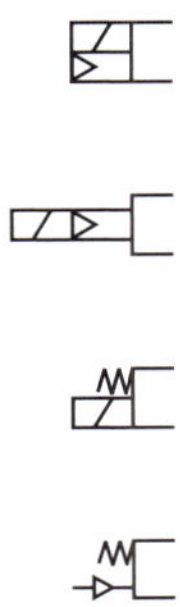

- Elektromagnet oder Vorsteuerventil
- Elektromagnet und Vorsteuerventil
- Elektromagnet oder Feder
- Druckluft oder Feder

Mechanische Bestandteile

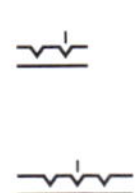

- Raste, hält 2 vorgegebene Stellungen aufrecht
- hält 3 vorgegebene Stellungen aufrecht

Schaltpläne der Pneumatik und Hydraulik

vgl. DIN ISO 1219-2 (1996-11)

Aufteilung des Schaltplanes

- Die Steuerung wird in einzelne, nebeneinanderliegende Steuerketten unterteilt. Zu jeder Steuerkette gehört ein Arbeitsglied. Dieses hat die Nummer der Steuerkette.
- Die Steuerketten werden von links nach rechts, entsprechend der Reihenfolge des Funktionsablaufes, aneinandergereiht. Der Schaltplan kann dabei aus mehreren Seiten bestehen.

Bezeichnung der Ventilstellungen

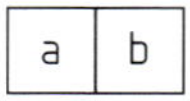

Je nach Anzahl werden die Schalterstellungen mit a, b und 0 bezeichnet. Bei Ventilen mit 2 Schalterstellungen ist gewöhnlich die Stellung b die Ruhelage bzw. Ausgangsstellung.

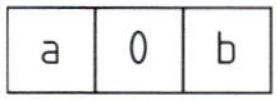

Bei Ventilen mit 3 Schalterstellungen ist die mittlere Stellung 0 die Ruhelage bzw. Ausgangsstellung.

Anordnung der Bauglieder

- Bauglieder einer Steuerkette werden von unten nach oben in Richtung des Energieflusses angeordnet.
- Bauglieder gleicher Steuerfunktion sollten möglichst in gleicher Ebene nebeneinander angeordnet werden.
- Die gesamte Steuerkette wird in Ruhelage und in der Ausgangsstellung dargestellt; Pneumatikpläne werden unter Druck dargestellt.
- Die Zylinder sollten möglichst waagerecht und mit Ausfahren nach rechts dargestellt werden.

Bezeichnung der Anschlüsse

Grundsätzlich sollten die Anschlüsse im Schaltplan so bezeichnet werden, wie die einzubauenden Originalbauteile.
Ziffern oder Buchstaben

1	P	Druckanschluss, Zufluss
2, 4	B, A	Arbeitsanschlüsse (gerade Nr.)
3, 5	S, R, bzw.	Entlüftung, Abfluss (ungerade Nr.)
	T, L	T = Tank, L = Leckleitung bei Hydraulik
10, 12, 14	X, Z, Y	Steueranschlüsse, (12 bedeutet, bei Signal Anschlussverbindung von 1 nach 2)

Kennzeichnung der Bauglieder

Beispiel eines Kennzeichnungsschlüssels:

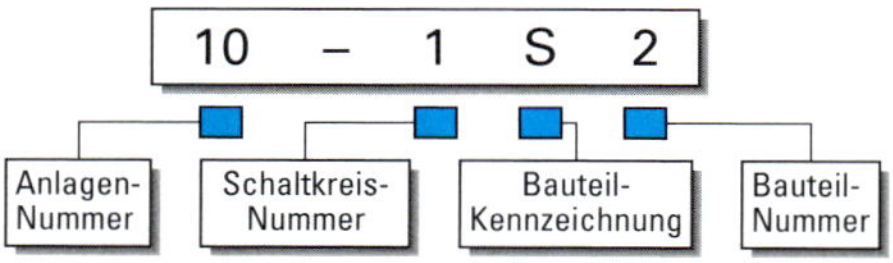

- Das Bauteilkennzeichen wird mit einem Rahmen versehen.
- Nur wenn der Schaltplan aus mehreren Anlagen besteht, wird die Anlagennummer, beginnend mit 1, angegeben.
- Steuerketten erhalten eine Nummer. Alle Bauteile einer Steuerkette bekommen die gleiche Nummer, ausgenommen Signalglieder, die einem anderen Antriebsglied zugeordnet sind.
- Versorgungs-, Aufbereitungs-, Zubehör- und Hauptventilglieder beginnen vorzugsweise mit der Ziffer 0.
- Die Bauteilkennzeichnung besteht aus einem Buchstaben für:

Pumpen, Kompressoren	P
Antriebe, Aktoren	A
Motoren	M
Signalaufnehmer	S
Ventile und willensabhängige Signalglieder	V
andere Bauteile (oder ein anderer nicht belegter Buchstabe)	Z

Alle Bauteile innerhalb einer Steuerkette erhalten eine fortlaufende Bauteil-Nummerierung beginnend mit 1.

Bezeichnungsbeispiel von Steueranschlüssen[1)]

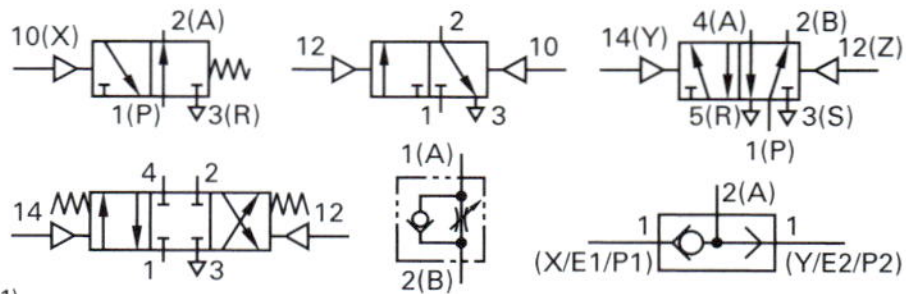

1) Die Anschlussbezeichnungen in Klammern können bei einigen Herstellern alternativ zu Anschlussnummern vorkommen. Insbesondere in der Hydraulik werden vorzugsweise noch Buchstaben verwendet.

Bezeichnung der Einbaustellen an Zylindern

Bei Betätigung von Signal- oder Stellgliedern durch Arbeitsglieder wie Zylinder, wird die Betätigungsstelle durch einen senkrechten Strich am Zylinder gekennzeichnet und mit der Gerätenummer versehen.

Die Signalaufnehmer an den Arbeitsgliedern (Zylindern) erhalten die Steuerketten-Nummer des Arbeitsgliedes. Der Signalaufnehmer, der den eingefahrenen Zustand signalisiert, bekommt immer die Kennung S1, der Signalaufnehmer, der den ausgefahrenen Zustand signalisiert, bekommt immer die Kennung S2.

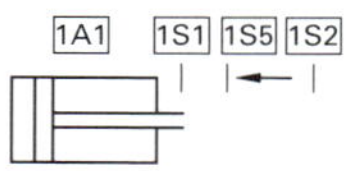

Beispiel:
Pneumatikventile:
Rollenventil 1S1 ist betätigt.
Rollenventil 1S2 wird im ausgefahrenen Zustand betätigt.
Rollenhebelventil 1S5 wird nur kurzzeitig beim Einfahren betätigt.

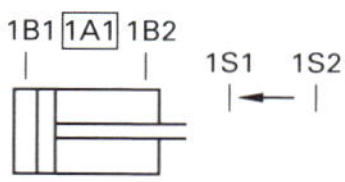

Elektropneumatikventile:
Näherungsschalter 1B1 ist durch magnetische Kolbenfläche betätigt.
Näherungsschalter 1B2 und Rollentaster 1S2 werden im ausgefahrenen Zustand betätigt.
Rollenhebeltaster 1S1 wird nur kurzzeitig beim Einfahren betätigt.

Pneumatische Steuerung

Beispiel einer pneumatischen Steuerung

Lageplan und Funktionsfolge

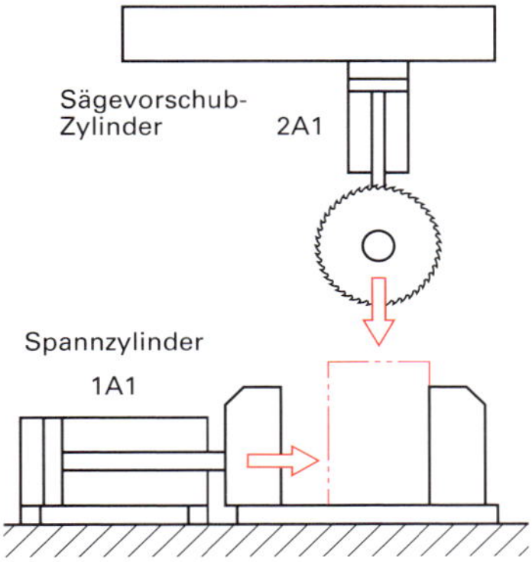

Funktionsfolge: A+ B+ B– A–

Funktionsdiagramm

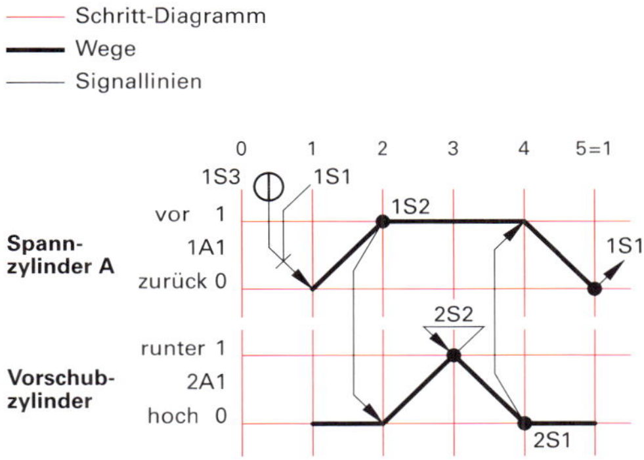

Pneumatikschaltplan mit zwei Zylindern

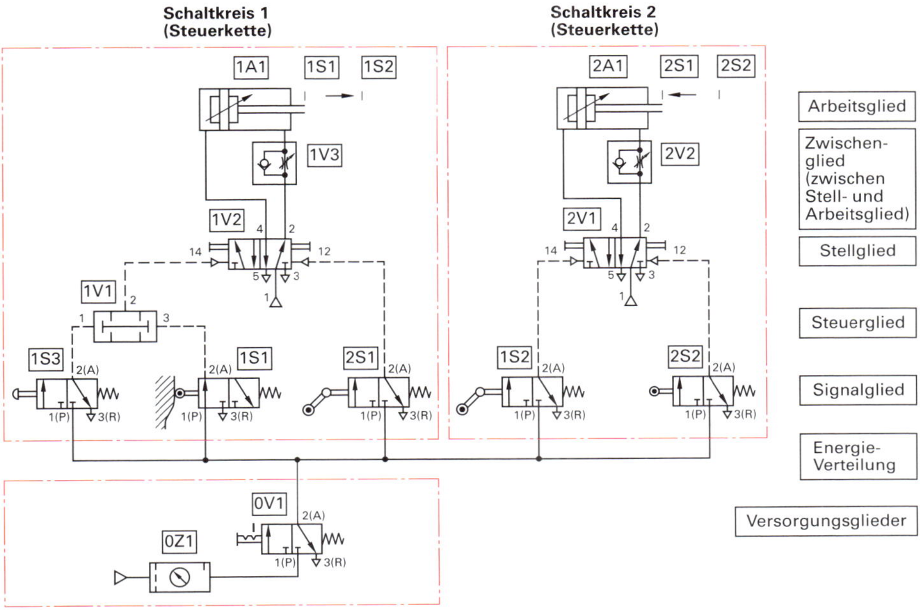

Elektropneumatische Steuerung

Beispiel einer elektropneumatischen Steuerung

Lageplan	Pneumatikschaltplan	Funktionsdiagramm

Lageplan

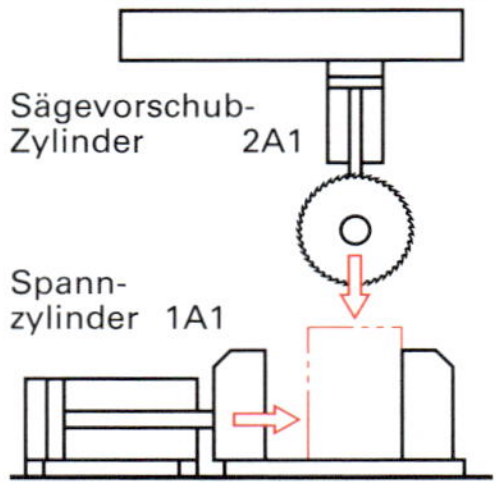

Funktionsfolge: A+ B+ B– A–

Pneumatikschaltplan

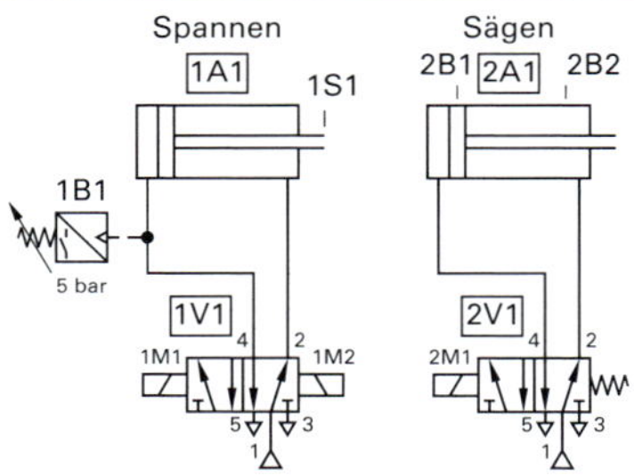

Funktionsdiagramm

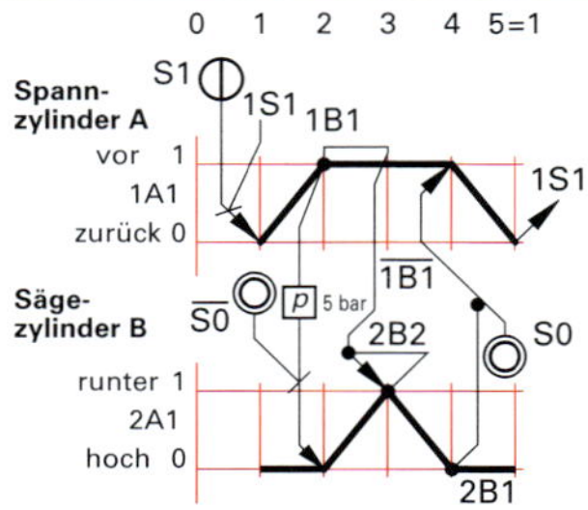

Stromlaufplan

Steuerstromkreis

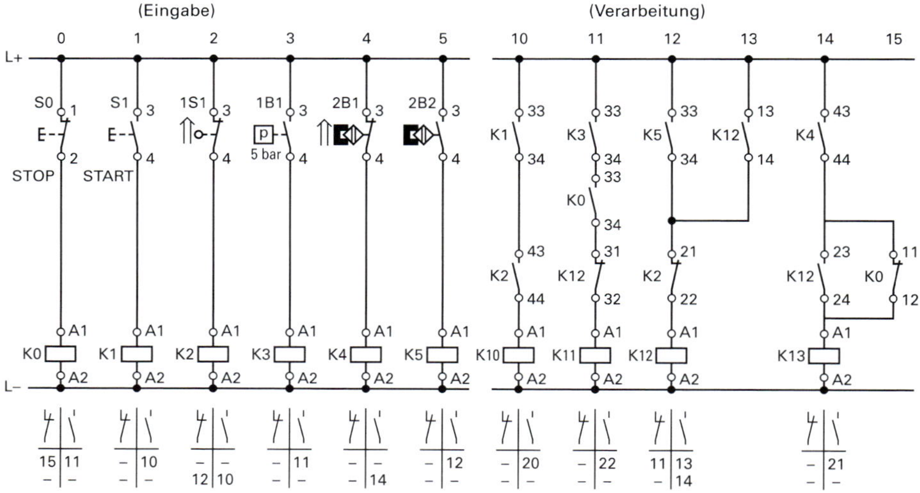

Leistungsstromkreis

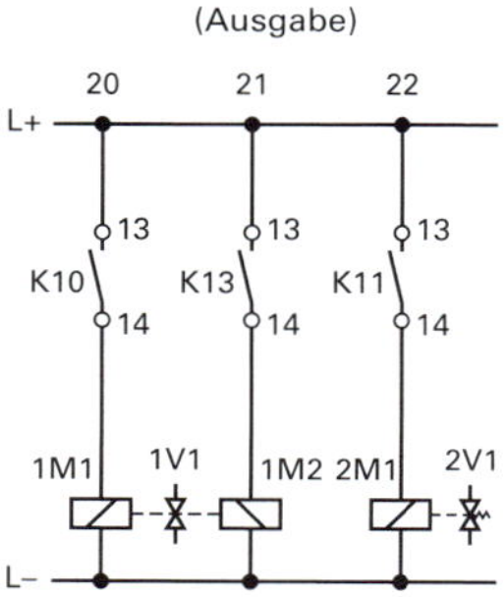

Für den Schaltplan wurden zwei verschiedene Relaistypen mit 2 Öffnern und 2 Schließern gewählt.

- Öffnerkontakt-Symbol = Öffnerkontakt
- Schließerkontakt-Symbol = Schließerkontakt
- – = nicht belegter Anschluss

Relaistyp Eingabe (K0 - K5)

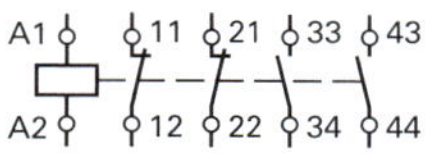

Relaistyp Verarbeitung (K10 - K13)

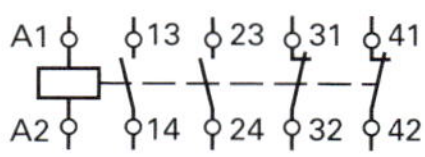

Bei umfangreichen Schaltplänen werden der Übersichtlichkeit halber Signaleingänge, Signalverarbeitung und die Signalausgabe getrennt voneinander geschaltet (EVA-Prinzip).

In kleineren Schaltplänen und bei kurzen Kabelwegen kann man die Signale direkt miteinander verknüpfen.

Elektroschaltpläne werden im spannungslosen Zustand dargestellt.

Hydraulische Steuerung

Beispiel: Sägeeinrichtung mit Eil- und Arbeitsvorschub und Eilrücklauf

Lageplan

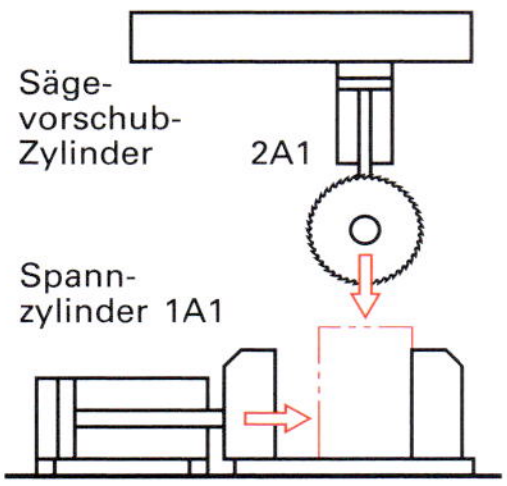

Funktionsfolge: A+ B+ B– A–

Funktionsdiagramm

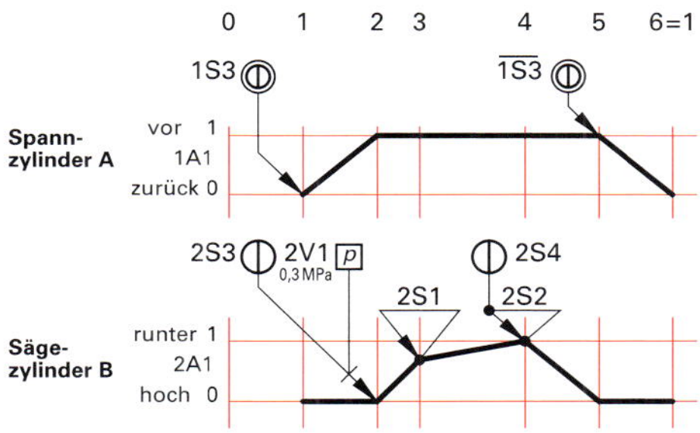

Hydraulikschaltplan

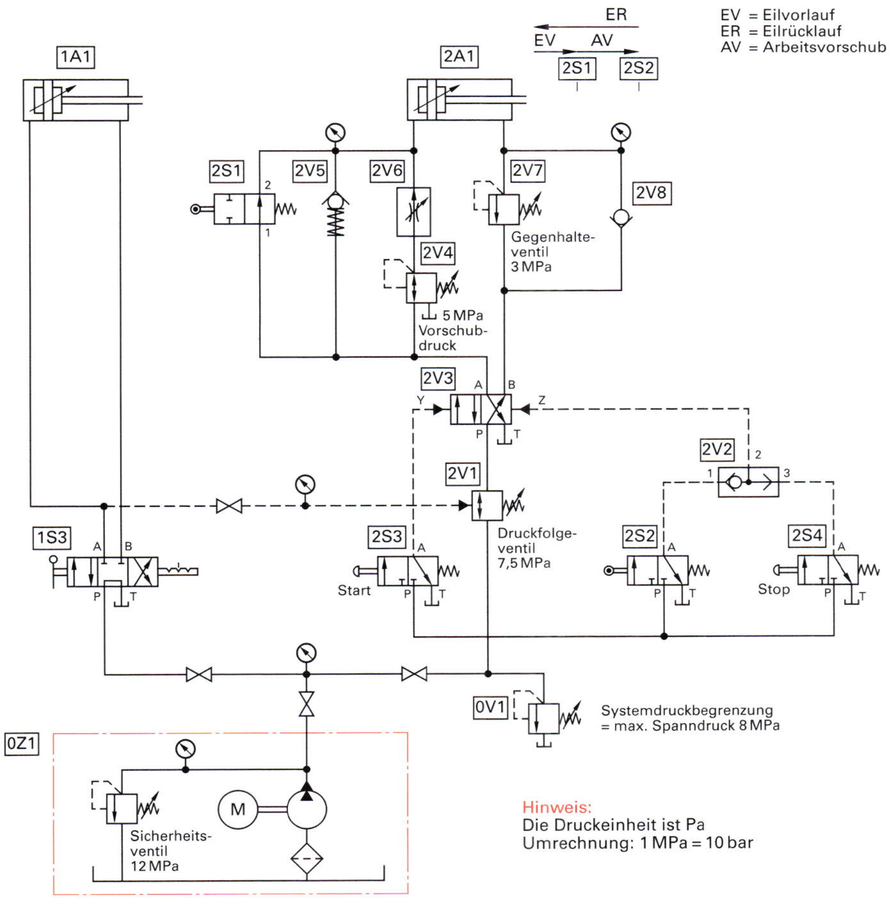

Hinweis:
Die Druckeinheit ist Pa
Umrechnung: 1 MPa = 10 bar

Pneumatikzylinder

Abmessungen und Kolbenkräfte

Zylinderdurchmesser in mm		12	16	20	25	32	40	50	63	80	100	125	160	200
Kolbenstangendurchmesser (mm)		6	8	8	10	12	16	20	20	25	25	32	40	40
Anschlussgewinde		M5	M5	$G^1/_8$	$G^1/_8$	$G^1/_8$	$G^1/_4$	$G^1/_2$	$G^3/_8$	$G^3/_8$	$G^1/_2$	$G^1/_2$	$G^3/_4$	$G^3/_4$
Druckkraft[1] bei p_e = 6 bar in N	einfachwirk. Zyl.[2]	50	96	151	241	375	644	968	1560	2530	4010	–	–	–
	doppeltwirk. Zyl.	58	106	164	259	422	665	1040	1650	2660	4150	6480	10600	16600
Zugkraft[1] bei p_e = 6 bar in N	doppeltwirk. Zyl.	54	79	137	216	364	560	870	1480	2400	3890	6060	9960	15900
Hublängen in mm	einfachwirk. Zyl.	10, 25, 50					25, 50, 80, 100					–		
	doppeltwirk. Zyl.	bis 160	bis 200	bis 320	10, 25, 50, 80, 100, 160, 200, 250, 320, 400, 500									

[1] Bei einem Zylinderwirkungsgrad η = 0,88 [2] Dabei ist die Rückzugskraft der Feder berücksichtigt

Luftverbrauch durch Berechnung

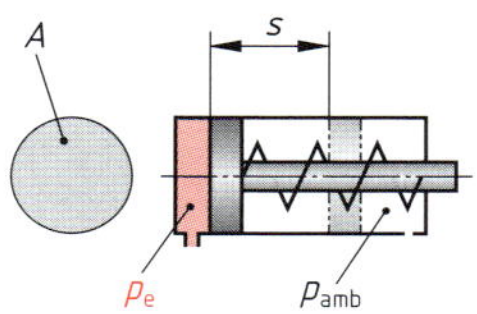

Q	Luftverbrauch für einfachwirkenden Zylinder	n	Hubzahl
p_e	Überdruck im Zylinder	A	Kolbenfläche
p_{amb}	Luftdruck	q	spezifischer Luftverbrauch je cm Kolbenhub
s	Kolbenhub		

Luftverbrauch einfachwirkender Zylinder

$$Q = A \cdot s \cdot n \cdot \frac{p_e + p_{amb}}{p_{amb}}$$

Luftverbrauch doppeltwirkender Zylinder

$$Q \approx 2 \cdot A \cdot s \cdot n \cdot \frac{p_e + p_{amb}}{p_{amb}}$$

Beispiel:

Einfachwirkender Zylinder mit d = 50 mm, s = 100 mm, p_e = 0,6 MPa, n = 120/min, p_{amb} = 1 bar

Luftverbrauch Q in l/min?

$$\boldsymbol{Q} = A \cdot s \cdot n \cdot \frac{p_e + p_{amb}}{p_{amb}}$$

$$= \frac{\pi \cdot (5\ \text{cm})^2}{4} \cdot 10\ \text{cm} \cdot 120\ \frac{1}{\text{min}} \cdot \frac{(0{,}6 + 0{,}1)\ \text{MPa}}{0{,}1\ \text{MPa}}$$

$$= 164\,934\ \frac{\text{cm}^3}{\text{min}} \approx \mathbf{165}\ \frac{\text{l}}{\textbf{min}}$$

Luftverbrauch durch Ermittlung aus Diagramm

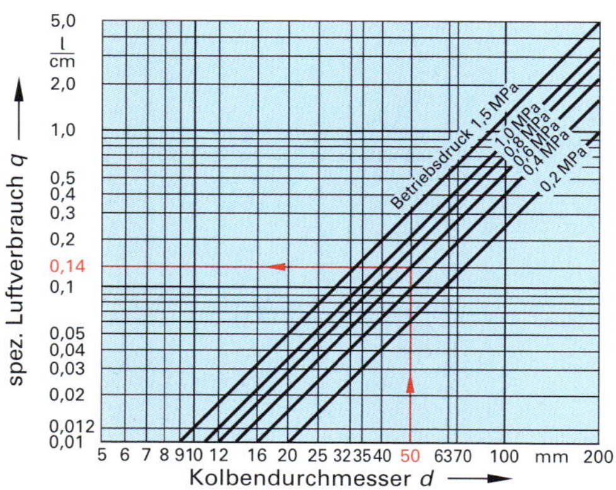

Luftverbrauch einfachwirkender Zylinder

$$Q = q \cdot s \cdot n$$

Luftverbrauch doppeltwirkender Zylinder

$$Q \approx 2 \cdot q \cdot s \cdot n$$

Beispiel: Der Luftverbrauch des oben genannten einfachwirkenden Zylinders mit d = 50 mm soll aus dem Diagramm ermittelt werden.

Nach Diagramm ist q = 0,14 l/cm Kolbenhub.
$\boldsymbol{Q} = q \cdot s \cdot n$ = 0,14 l/cm · 10 cm · 120/min = **168 l/min**

Hinweis:
1 bar = 0,1 MPa
1 MPa = 10 bar

Berechnungen zur Pneumatik und Hydraulik

Kolbenkräfte

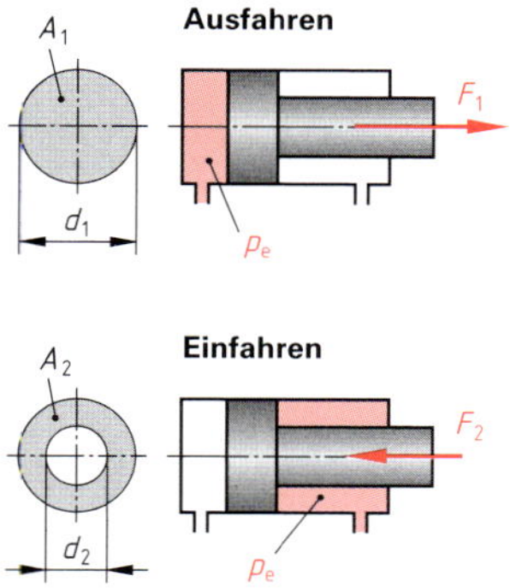

p_e	Überdruck	d_1	Kolbendurchmesser
A_1, A_2	Kolbenflächen	d_2	Kolbenstangendurchmesser
F_1	Kolbenkraft beim Ausfahren	η	Wirkungsgrad
F_2	Kolbenkraft beim Einfahren		

Beispiel:
Hydrozylinder mit d_1 = 100 mm, d_2 = 70 mm, η = 0,85 und p_e = 6 MPa.
Wie groß sind die wirksamen Kolbenkräfte?

Ausfahren:

$$\mathbf{F_1} = p_e \cdot A_1 \cdot \eta = 600\,\frac{\text{N}}{\text{cm}^2} \cdot \frac{\pi \cdot (10\text{ cm})^2}{4} \cdot 0{,}85$$
$$= \mathbf{40\,055\ N}$$

Einfahren:

$$\mathbf{F_2} = p_e \cdot A_2 \cdot \eta$$
$$= 600\,\frac{\text{N}}{\text{cm}^2} \cdot \frac{\pi \cdot [(10\text{ cm})^2 - (7\text{ cm})^2]}{4} \cdot 0{,}85$$
$$= \mathbf{20\,428\ N}$$

Wirksame Kolbenkraft

$$F = p_e \cdot A \cdot \eta$$

Hinweis:
1 MPa = 10 bar

Hydraulische Presse

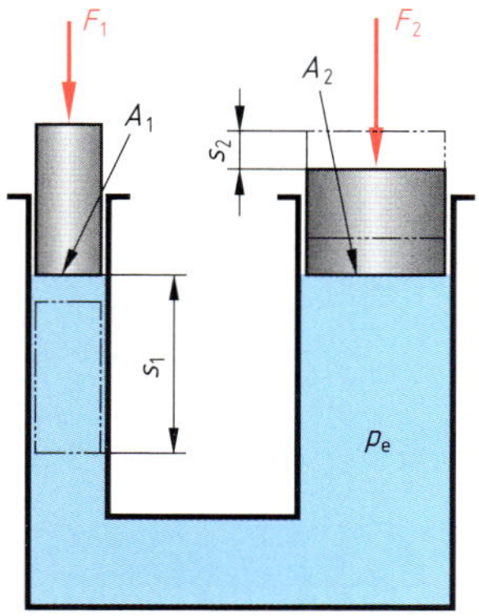

Druck breitet sich in abgeschlossenen Flüssigkeiten oder Gasen nach allen Richtungen gleichmäßig aus.

F_1	Kraft am Druckkolben
F_2	Kraft am Arbeitskolben
A_1	Fläche des Druckkolbens
A_2	Fläche des Arbeitskolbens
s_1	Weg des Druckkolbens
s_2	Weg des Arbeitskolbens
i	hydraulisches Übersetzungsverhältnis

Beispiel:
F_1 = 200 N; A_1 = 5 cm²; A_2 = 500 cm²;
s_2 = 30 mm; F_2 = ?; s_1 = ?; i = ?

$$\mathbf{F_2} = \frac{F_1 \cdot A_2}{A_1} = \frac{200\text{ N} \cdot 500\text{ cm}^2}{5\text{ cm}^2} = 20\,000\text{ N} = \mathbf{20\ kN}$$

$$\mathbf{s_1} = \frac{s_2 \cdot A_2}{A_1} = \frac{30\text{ mm} \cdot 500\text{ cm}^2}{5\text{ cm}^2} = \mathbf{3000\ mm}$$

$$\mathbf{i} = \frac{F_1}{F_2} = \frac{200\text{ N}}{20\,000\text{ N}} = \mathbf{\frac{1}{100}}$$

Verhältnisse: Kräfte, Flächen, Wege

$$\frac{F_1}{F_2} = \frac{A_1}{A_2}$$

$$\frac{s_1}{s_2} = \frac{A_2}{A_1}$$

$$\frac{F_1}{F_2} = \frac{d_1^{\,2}}{d_2^{\,2}}$$

Übersetzungsverhältnis

$$i = \frac{F_1}{F_2}$$

Druckübersetzer

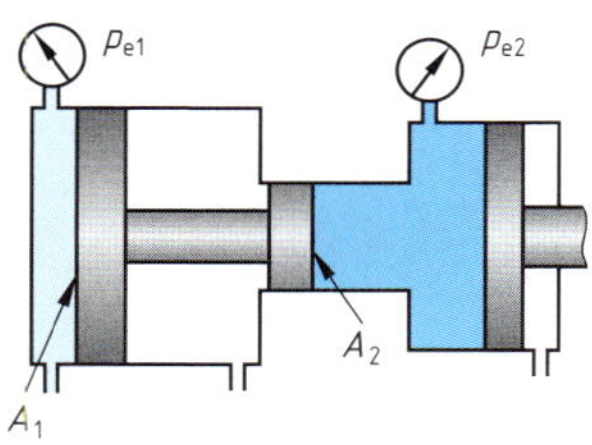

A_1, A_2	Kolbenflächen
p_{e1}	Überdruck an der Kolbenfläche A_1
p_{e2}	Überdruck an der Kolbenfläche A_2
η	Wirkungsgrad des Druckübersetzers

Beispiel:
Druckübersetzer mit
A_1 = 200 cm²; A_2 = 5 cm²; η = 0,88;
p_{e1} = 0,7 MPa = 70 N/cm²; p_{e2} = ?

$$\mathbf{p_{e2}} = p_{e1} \cdot \frac{A_1}{A_2} \cdot \eta = 70\,\frac{\text{N}}{\text{cm}^2} \cdot \frac{200\text{ cm}^2}{5\text{ cm}^2} \cdot 0{,}88$$
$$= 2\,464\text{ N/cm}^2 = 246{,}4\text{ bar} = \mathbf{24{,}64\ MPa}$$

Überdruck

$$p_{e2} = p_{e1} \cdot \frac{A_1}{A_2} \cdot \eta$$

Hinweis:
1 MPa = 10 bar

Berechnungen zur Hydraulik

Durchflussgeschwindigkeiten

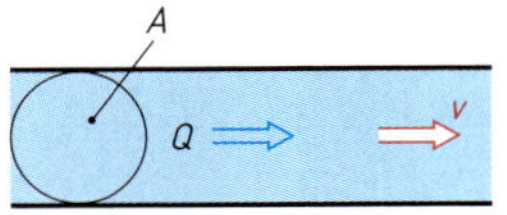

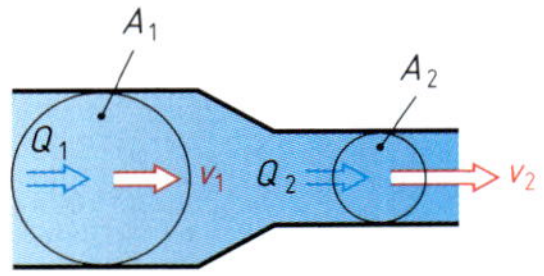

v, v_1, v_2 Durchflussgeschwindigkeiten
Q, Q_1, Q_2 Volumenströme
A, A_1, A_2 Querschnittsflächen

Kontinuitätsgleichung

In einer Rohrleitung mit wechselnden Querschnittsflächen fließt in der Zeit t durch jeden Querschnitt der gleiche Volumenstrom q_v.

Beispiel:

Rohrleitung mit $A_1 = 19{,}6\ \text{cm}^2$; $A_2 = 8{,}04\ \text{cm}^2$ und $Q = 120\ \text{l/min}$; $v_1 = ?$; $v_2 = ?$

$$\mathbf{v_1} = \frac{Q}{A} = \frac{120\,000\ \frac{\text{cm}^3}{\text{min}}}{19{,}6\ \text{cm}^2} = 6\,162\ \frac{\text{cm}}{\text{min}} = \mathbf{1{,}02\ \frac{m}{s}}$$

$$\mathbf{v_2} = \frac{v_1 \cdot A_1}{A_2} = \frac{1{,}02\ \frac{\text{m}}{\text{s}} \cdot 19{,}6\ \text{cm}^2}{8{,}04\ \text{cm}^2} = \mathbf{2{,}49\ \frac{m}{s}}$$

Durchflussgeschwindigkeit

$$v = \frac{Q}{A}$$

$$\frac{v_1}{v_2} = \frac{A_2}{A_1}$$

Volumenstrom

$$Q_1 = Q_2$$

$$Q = A \cdot v$$

Kolbengeschwindigkeiten

Ausfahren

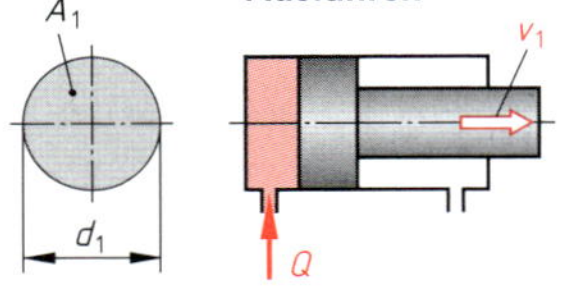

Einfahren

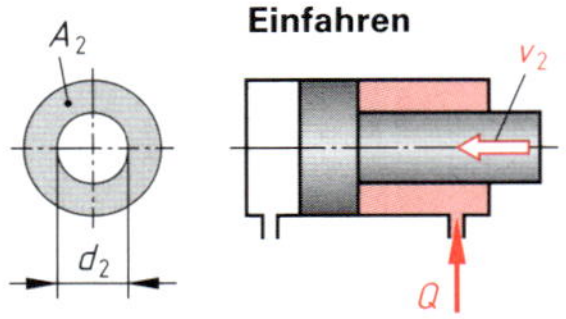

Q Volumenstrom
A_1, A_2 wirksame Kolbenflächen
v_1, v_2 Kolbengeschwindigkeiten

Beispiel:

Hydrozylinder mit Kolbendurchmesser $d_1 = 50\ \text{mm}$, Kolbenstangendurchmesser $d_2 = 32\ \text{mm}$ und $Q = 12\ \text{l/min}$.
Wie hoch sind die Kolbengeschwindigkeiten?

Ausfahren:

$$\mathbf{v} = \frac{Q}{A} = \frac{12\,000\ \frac{\text{cm}^3}{\text{min}}}{\frac{\pi \cdot (5\ \text{cm})^2}{4}} = 611\ \frac{\text{cm}}{\text{min}} = \mathbf{6{,}11\ \frac{m}{min}}$$

Einfahren:

$$\mathbf{v} = \frac{Q}{A} = \frac{12\,000\ \frac{\text{cm}^3}{\text{min}}}{\frac{\pi \cdot (5\ \text{cm})^2}{4} - \frac{\pi \cdot (3{,}2\ \text{cm})^2}{4}}$$

$$= 1035\ \frac{\text{cm}}{\text{min}} = \mathbf{10{,}35\ \frac{m}{min}}$$

Kolbengeschwindigkeit

$$v = \frac{Q}{A}$$

Leistung von Pumpen und Zylindern

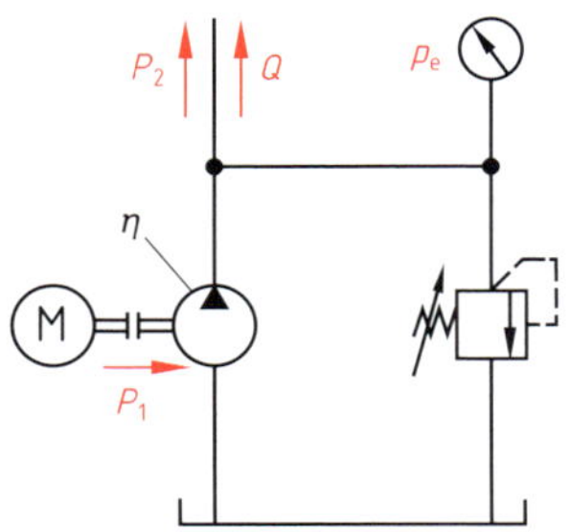

P_1 zugeführte Leistung
P_2 abgegebene Leistung
Q Volumenstrom
p_e Überdruck
η Wirkungsgrad der Pumpe
M Drehmoment
n Drehzahl
60 Umrechnungsfaktor
9550 Umrechnungsfaktor

Als Zahlenwertgleichung mit:
P in kW, Q_v in l/min, p_e in MPa

Beispiel:

Pumpe mit $Q = 40\ \frac{\text{l}}{\text{min}}$; $p_e = 12{,}5\ \text{MPa}$; $\eta = 0{,}84$;
$P_1 = ?$; $P_2 = ?$

$$\mathbf{P_2} = \frac{Q \cdot p_e}{60} = \frac{40 \cdot 12{,}5}{60\ \text{kW}} = \mathbf{8{,}333\ kW}$$

$$\mathbf{P_1} = \frac{P_2}{\eta} = \frac{8{,}333}{0{,}84}\ \text{kW} = \mathbf{9{,}920\ kW}$$

Abgegebene Leistung

$$P_2 = \frac{Q \cdot p_e}{60}$$

Zugeführte Leistung

$$P_1 = \frac{P_2}{\eta}$$

$$P_1 = \frac{M \cdot n}{9500}$$

Hinweis:
1 MPa = 10 bar

Steuerung von Werkzeugmaschinen

Koordinatensysteme bei CNC-Maschinen nach DIN

vgl. DIN 66217 (1975-12)

Die Koordinatenachsen und die Drehrichtungen beziehen sich auf ein rechtshändiges, rechtwinkliges Koordinatensystem, das auf das aufgespannte Werkstück bezogen ist. Dabei wird vereinbart, dass die Bewegung vom Werkzeug relativ zum Werkstück ausgeführt wird.

Rechte-Hand-Regel

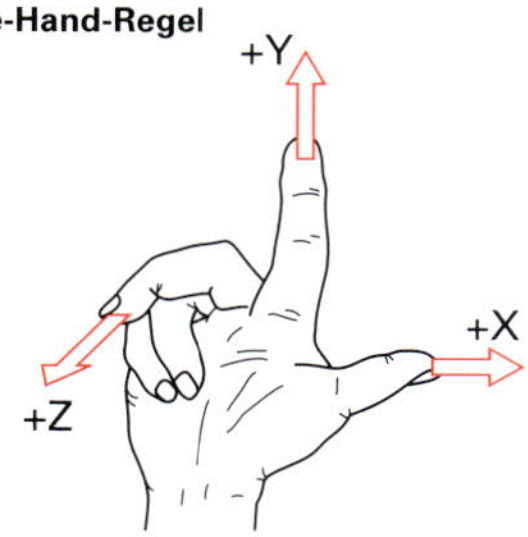

Kartesisches Koordinatensystem

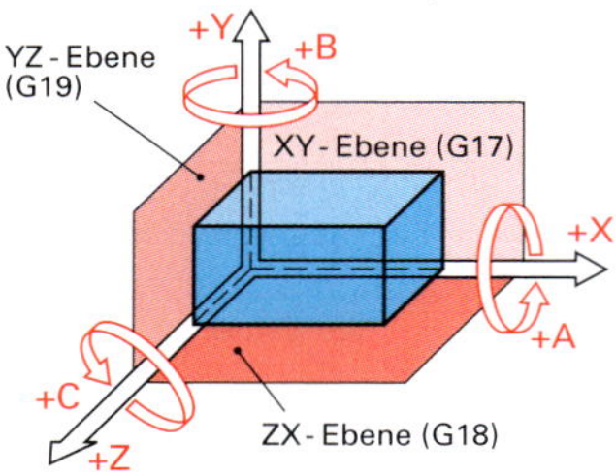

Achsen

Z-Achse:	Die Z-Achse liegt immer in Richtung der Arbeitsspindel bzw. senkrecht zur Aufspannfläche des Werkstückes.
X-Achse:	Die X-Achse liegt parallel zur Aufspannfläche des Werkstückes. Sie bildet die Hauptachse der Positionierebene.
Y-Achse:	Die Y-Achse steht senkrecht zur XZ-Ebene.

Drehungen um die Koordinatenachsen:

Drehrichtungen sind vom Koordinatennullpunkt aus betrachtet im Uhrzeigersinn positiv.

Bezugspunkte im Koordinatensystem:

Symbol	Bezeichnung	Symbol	Bezeichnung
	Maschinennullpunkt (M)		Werkzeugaufnahmepunkt (N)
	Werkstücknullpunkt (W)		Werkzeugeinstellpunkt (E)
	Referenzpunkt (R)		Werkzeugwechselpunkt (R)

Senkrecht-Fräsmaschine

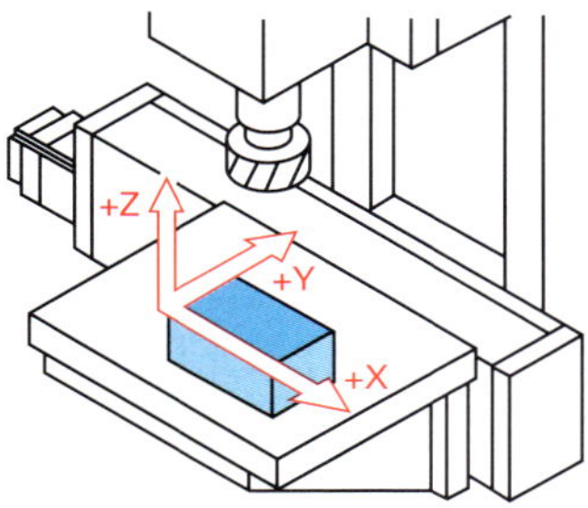

Brennschneidmaschine

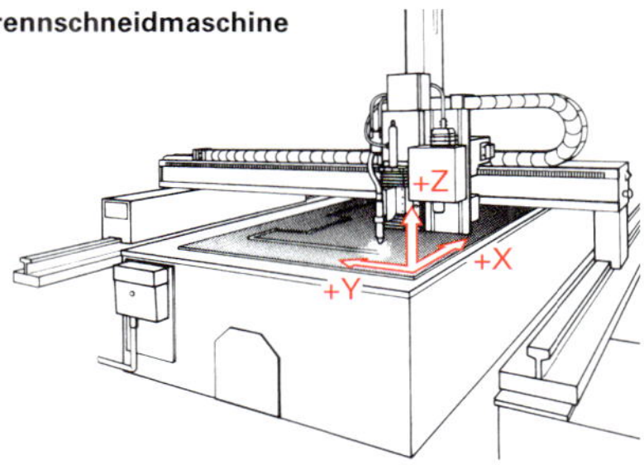

Bezugspunkte an der Fräsmaschine

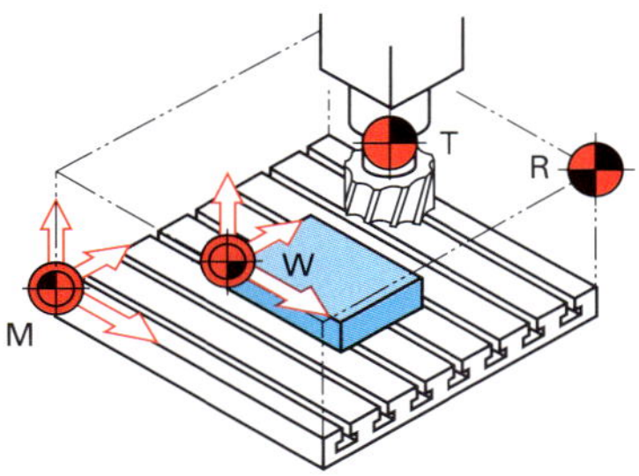

Stanz-Laser-Maschine

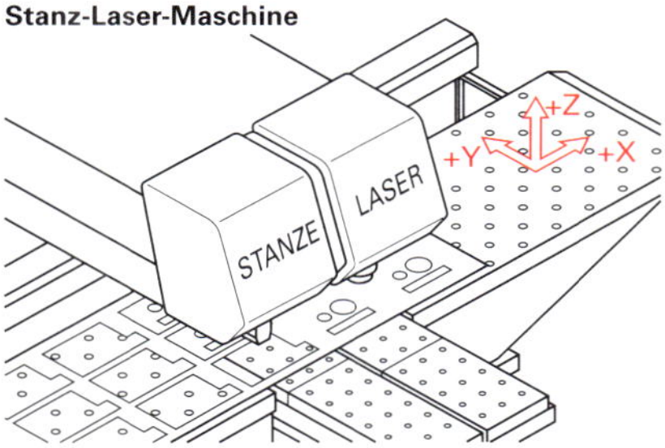

Bildzeichen für CNC-Werkzeugmaschinen

Grundbildzeichen

vgl. DIN 55003-3 (1981-08)

Zeichen	Funktion	Zeichen	Funktion	Zeichen	Funktion	Zeichen	Funktion
	Richtungspfeil		Satz		Bezugspunkt		Ändern
	Funktionspfeil		Programm ohne Maschinenfunktion		Korrektur, Verschiebung		Wechsel
	Datenträger		Programm mit Maschinenfunktion		Speicher		

Angewandte Bildzeichen

vgl. DIN 55003-3 (1981-08)

Zeichen	Funktion	Zeichen	Funktion	Zeichen	Funktion	Zeichen	Funktion
	Programm Anfang		Satzunterdrückung		Fehlerhafte Datenträger		Maschinen-Nullpunkt
	Programm Ende		Datenträger-Vorlauf ohne Einlesen, ohne Maschinenfunktion		Fehlerhafte Programmdaten		Werkstück-Nullpunkt
	Handeingabe		Datenträger-Rücklauf ohne Einlesen, ohne Maschinenfunktion		Speicherfehler		Referenzpunkt
	Programm einlesen ohne Maschinenfunktion		Unterprogramm		Speicherüberlauf		Nullpunkt-Verschiebung
	Programm einlesen ohne Maschinenfunktion		Löschen		Vorwarnung Speicherüberlauf		Absolute Maßangabe
	Satzweises Einlesen ohne Maschinenfunktion		Grundstellung Rücksetzen		Programm verändern		Inkrementale Maßangabe
	Satzweises Einlesen mit Maschinenfunktion		Daten-Eingabe eines Programmes von externer Einrichtung		Daten im Speicher verändern		Position
	Suchlauf vorwärts ohne Maschinenfunktion		Datenträger-Eingabe von externen Geräten		Werkzeug-Korrektur für nicht drehendes Werkzeug		Positions-Sollwert programmiert
	Suchlauf rückwärts ohne Maschinenfunktion		Programmspeicher		Werkzeuglängen-Korrektur für drehendes Werkzeug		Positions-Istwert
	Suchlauf rückw. zum Programmanf. ohne Maschinenfunktion		Unterprogramm-Speicher		Werkzeugdurchmesser Korrektur		Positionsfehler
	Progr. Ende m. Datenträgerrückl. z. Progr.-anf. o. Masch.funkt.		Zwischenspeicher		Werkzeugradius-Korrektur		Positioniergenaukeit fein
	Hauptsatzsuche vorwärts		Daten-Eingabe in einen Speicher		Werkzeugschneidenradius-Korrektur		Positioniergenaukeit mittel
	Hauptsatzsuche rückwärts		Daten-Ausgabe aus einem Speicher		Kontur wieder anfahren		Positioniergenaukeit grob
	Satznummer-Suche vorwärts ohne Maschinenfunktion		Speicher-Inhalt löschen		Programmierter Halt, entspricht M 00		Achssteuerrung normal (Maschine folgt d. Programm)
	Satznummer-Suche rückwärts ohne Maschinenfunktion		Speicher-Inhalt rücksetzen		Wahlweiser programmierter Halt, entspricht M 01		Achssteuerrung normal (Maschine folgt d. Programm)

Programmaufbau bei CNC-Maschinen nach DIN

Aufbau eines Steuerprogramms

vgl. DIN 66025-1 (1983-01)

CNC-Programm	Ein CNC-Programm besteht aus dem Zeichen für den Programmanfang (%), einer Folge von Sätzen und dem Programmende (M02 oder M30).
CNC-Satz	Ein CNC-Satz besteht aus mehreren Wörtern, die eine geometrische, technologische oder programmtechnische Information enthalten können und dem nichtabdruckbaren Zeichen für das Satzende (LF). Die Reihenfolge der Wörter ist festgelegt. Innerhalb eines Satzes können Wörter wiederholt werden (Ausnahme: Satz-Nr., Koordinaten, Interpolationsparameter und Parameter für die Gewindesteigung).
CNC-Wort	Ein CNC-Wort besteht aus einem Adressbuchstaben und einer Ziffernfolge mit oder ohne Vorzeichen. Wörter, deren Wirkung sich in den nachfolgenden Sätzen nicht ändert, brauchen nur einmal angegeben zu werden.

Reihenfolge der Wörter eines Satzes

Satz-Nr.	Weginformation			Schaltinformation			
	Wegbedingung	Koordinatenachsen	Interpolationsparameter	Vorschub	Spindeldrehzahl	Werkzeug, Korrekturspeicher	Zusatzfunktion
N	G	X, Y, Z U, V, W P, Q, R, A, B, C	I, J, K	F, E	S	T, D	M

Adressbuchstaben

Buchstabe	Bedeutung	Buchstabe	Bedeutung	Buchstabe	Bedeutung
A	Drehbewegung um X-Achse	K	Interpolationsparameter oder Gewindesteigung parallel zur Z-Achse	S	Spindeldrehzahl
B	Drehbewegung um Y-Achse	L	(frei verfügbar)	T	Werkzeug
C	Drehbewegung um Z-Achse	M	Zusatzfunktion	U	zweite Bewegung parallel zur X-Achse
D	Werkzeugkorrekturspeicher	N	Satz-Nummer	V	zweite Bewegung parallel zur Y-Achse
E	Zweiter Vorschub	O	(frei verfügbar)	W	zweite Bewegung parallel zur Z-Achse
F	Vorschub	P	dritte Bewegung parallel zur X-Achse	X	Bewegung in Richtung der X-Achse
G	Wegbedingung	Q	dritte Bewegung parallel zur Y-Achse	Y	Bewegung in Richtung der Y-Achse
H	(frei verfügbar)	R	dritte Bewegung parallel zur Z-Achse oder Bewegung im Eilgang in Richtung der Z-Achse	Z	Bewegung in Richtung der Z-Achse
I	Interpolationsparameter oder Gewindesteigung parallel zur X-Achse				
J	Interpolationsparameter oder Gewindesteigung parallel zur Y-Achse				

Abdruckbare Sonderzeichen

Zeichen	Bedeutung
%	Programmanfang; unbedingter Stopp beim Programm-Rücksetzen
(	Anmerkungsbeginn
)	Anmerkungsende
+	plus
,	Komma
–	minus
.	Dezimalpunkt
/	Satzunterdrückung
:	Hauptsatz; bedingter Stopp beim Programm-Rücksetzen

Nichtabdruckbare Sonderzeichen

Zeichen	Bedeutung
HT	Horizontaler Tabulator
LF/NL	Satzende, auch Zeilenvorschub (Line Feed) oder Zeilenvorschub mit Wagenrücklauf (New Line)
CR	Wagenrücklauf (Carriage Return)
SP	Zwischenraum (Space)
DEL	Löschen (Delete)
NUL	Leerzeichen (Null)
BS	Rückwärtsschritt (Backstep)

Programmaufbau bei CNC-Maschinen nach DIN

Wegbedingungen (Auswahl), Adressbuchstabe G

vgl. DIN 66025-2 (1988-09)

Wegbedingung	Wirksamkeit gespeichert[1]	Wirksamkeit satzweise[2]	Bedeutung
G00	•		Positionieren im Eilgang
G01	•		Geraden-Interpolation
G02	•		Kreis-Interpolation rechts
G03	•		Kreis-Interpolation links
G04		•	Verweilzeit, zeitl. vorbestimmt
G06	•		Parabelinterpolation
G08		•	Geschwindigkeitszunahme
G09		•	Geschwindigkeitsabnahme
G17	•		Ebenenauswahl XY
G18	•		Ebenenauswahl ZX
G19	•		Ebenenauswahl YZ
G33	•		Gewindeschneiden, Steig. konst.
G40	•		Aufhebung der Werkzeugkorrektur
G41	•		Werkzeugbahnkorrektur, links
G42	•		Werkzeugbahnkorrektur, rechts
G43	•		Positive Werkzeugkorrektur; wird zum Koordinatenwert im Programm addiert.
G44	•		Negative Werkzeugkorrektur; wird vom Koordinatenwert im Programm subtrahiert.
G53	•		Aufhebung der Verschiebung
G54	•		Verschiebung des Nullpunktes in X-Richtung oder in allen Achsen X,Y,Z
G55	•		Verschiebung des Nullpunktes in Y-Richtung oder 2. Nullpunkt in allen Achsen X,Y,Z
G56	•		Verschiebung des Nullpunktes in Z-Richtung oder 3. Nullpunkt in allen Achsen X,Y,Z
G57-G59	•		Weitere Nullpunktverschiebungen
G74		•	Referenzpunkt anfahren
G80	•		Arbeitszyklus aufheben
G81	•		Arbeitszyklus 1
...			...
G89	•		Arbeitszyklus 9
G90	•		absolute Maßangabe
G91	•		inkrementale Maßangabe
G92		•	Speicher setzen
G94	•		Vorschubgeschw. in mm/min
G95	•		Vorschub in mm
G96	•		Konst. Schnittgeschwindigkeit
G97	•		Spindeldrehzahl in 1/min

Klassifizierung der Zusatzfunktionen, Adressbuchstabe M

vgl. DIN 66025-2 (1988-09)

Klasse	Anwendungsbereich
0	Universelle Zusatzfunktionen (alle Klassen)
1	Fräsmaschinen, Bohrmaschinen, Lehrenbohrwerke, Bearbeitungszentren
2	Drehmaschinen und -bearbeitungszentren
3	Schleifmaschinen, Messmaschinen (Bisher wurde keine Norm festgelegt.)
4	Maschinen zum Brenn-, Laser-, Wasserstrahl-Schneiden, Drahterodieren
5	Optimierung, Adaptive Steuerung (AC) (Bisher wurde keine Norm festgelegt.)
6	Maschinen mit Mehrfachschlitten, mehreren Spindeln und Handhabungsausrüstung.
7	Stanz- und Nibbelmaschinen
8	Ständig frei verfügbar
9	Für Erweiterungen vorbehalten (Bisher wurde keine Norm festgelegt.)

Zusatzfunktion	Wirksamkeit sofort[3]	Wirksamkeit später[4]	Wirksamkeit gespeichert[5]		Bedeutung
Klasse 0 – Universelle Zusatzfunktionen					
M00		•		•	Programmierter Halt
M01		•		•	Wahlweiser Halt
M02		•		•	Programmende
M06				•	Werkzeugwechsel
M10			•		Klemmen
M11			•		Lösen
M30		•		•	Programmende mit Rücksetzen
M48		•	•		Überlagerungen wirksam
M49	•		•		Überlagerungen unwirksam
M60		•		•	Werkstückwechsel

[1] Wegbedingungen, die so lange wirksam bleiben, bis sie durch eine artgleiche Bedingung überschrieben werden.
[2] Wegbedingungen, die nur in dem Satz wirksam sind, in dem sie programmiert wurden.
[3], [4] und [5] siehe nächste Seite

Programmaufbau bei CNC-Maschinen nach DIN

Klassifizierung der Zusatzfunktionen, Adressbuchstabe M

vgl. DIN 66025-2 (1988-09)

Zusatzfunktion	Wirksamkeit sofort[3]	später[4]	gespeichert[5]	Bedeutung	Zusatzfunktion	Wirksamkeit sofort[3]	später[4]	gespeichert[5]	Bedeutung
Klasse 1 – Fräsmaschinen, Bohrmaschinen, Lehrenbohrwerke, Bearbeitungszentren									
M03	•		•	Spindel im Uhrzeigersinn	M35	•		•	Spanndruck red.
M04	•		•	Spindel gegen Uhrzeigersinn	M40	•		•	Autom. Getriebeschaltung
					M41	•		•	Getriebestufe 1
					...				...
M05		•	•	Spindel Halt	M45	•		•	Getriebestufe 5
M07	•		•	Kühlschmierung 2 Ein	M50	•		•	Kühlschmierung 3 Ein
M08	•		•	Kühlschmierung 1 Ein	M51	•		•	Kühlschmierung 4 Ein
M09		•	•	Kühlschmierung Aus	M71	•		•	Indexpositionen des
M19		•	•	Definierter Spindelhalt	...	•		•	Drehtisches
M34	•		•	Spanndruck normal	M78				
Klasse 2 – Drehmaschinen und Dreh-Bearbeitungszentren									
M03 ... ... M51				Befehle und Wirksamkeit wie Klasse 1.	M59	•		•	Konst. Spindeldrehzahl Ein
					M80	•		•	Lünette 1 öffnen
M54	•		•	Reitstockpinole zurück	M81	•		•	Lünette 1 schließen
M55	•		•	Reitstockpinole vor	M82	•		•	Lünette 2 öffnen
M56	•		•	Reitstock mitschleppen Aus	M83	•		•	Lünette 2 schließen
M57	•		•	Reitstock mitschleppen Ein	M84	•		•	Lünette mitschleppen Aus
M58	•		•	Konst. Spindeldrehzahl Aus	M85	•		•	Lünette mitschleppen Ein
Klasse 4 – Brenn-, Plasma-, Laser-, Wasserstrahlschneid-, Drahterodiermaschinen									
M03		•	•	Schneiden Aus	M26		•	•	Mittelbrenner Aus
M04	•		•	Schneiden Ein	M27	•		•	Mittelbrenner Ein
M08	•		•	Vorwärmung Ein	M28	•		•	Automatische Tangentialsteuerung für Schrägbrenner
M09		•	•	Vorwärmung Aus					
M12		•		Unterprogramm Ende					
M14		•	•	Höhenregelung Aus	M29	•		•	Programmierbare Winkelstellung für Schrägbrenner
M15	•		•	Höhenregelung Ein					
M16		•	•	Schneidkopf Zurück	M33		•	•	Zeitglied Eckenverzögert
M17		•	•	Powder Marker Swirl Off	M63	•		•	Hilfsgas Luft
M18		•	•	Signiereinrichtung Aus	M64	•		•	Hilfsgas Sauerstoff
M19	•		•	Signiereinrichtung Ein	M80	•		•	Aufheben M81, M82, M83
M20		•	•	Plasmabrenner Aus	M90		•	•	Vorheizen Links Aus
M21	•		•	Plasmabrenner Ein	M91	•		•	Vorheizen Links Ein
M22		•	•	Linker Schrägbrenner Aus	M92		•	•	Vorheizen Mitte Aus
M23	•		•	Linker Schrägbrenner Ein	M93	•		•	Vorheizen Mitte Ein
M24		•	•	Rechter Schrägbrenner Aus	M94		•	•	Vorheizen Rechts Aus
M25	•		•	Rechter Schrägbrenner Ein	M95	•		•	Vorheizen Rechts Ein
Klasse 7 – Stanz- und Nibbelmaschinen									
M07		•	•	Körner Aus	M72	•		•	Niedrige Hubzahl
M08	•		•	Körner Ein Dauerlauf	M73				Hohe Hubzahl
					M74				Pratzen nachsetzen
M09	•		•	Körner Ein Einzelhub	M76				Verzögerte Stanzauslösung Aus
M34		•		Bohrzyklus	M77				Verzögerte Stanzauslösung Ein
M70		•		Stanzen Aus					
M71		•		Stanzen Ein					

[3] Die Zusatzfunktion wird zusammen mit den übrigen Angaben des Satzes wirksam.
[4] Die Zusatzfunktion wird nach der Ausführung der übrigen Angaben des Satzes wirksam.
[5] Zusatzfunktionen, die so lange wirksam bleiben, bis sie durch artgleiche Bedingungen überschrieben werden.
[6] Zusatzfunktionen, die nur in dem Satz wirksam sind, in dem sie programmiert wurden.

Programmaufbau bei CNC-Maschinen nach DIN

Arbeitsbewegungen bei Senkrecht-Fräsmaschinen

vgl. DIN 66 025-2 (1988-09)

G01 Linearbewegung

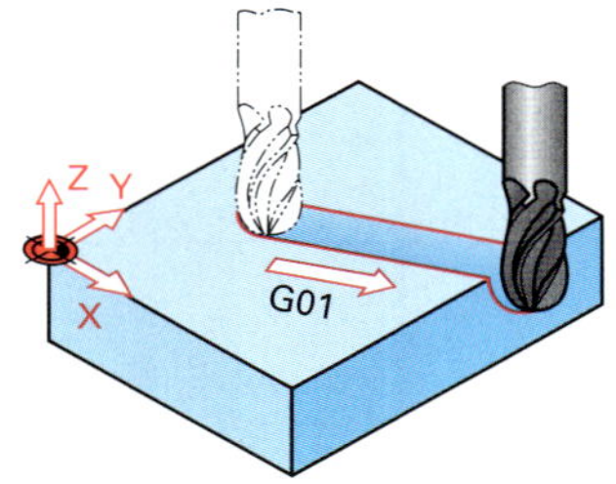

Bezeichnungs- und Bearbeitungsbeispiel:

N30 G01 X50 Y19 Z-8

- G01: Linear-Interpolation, Arbeitsbewegung im programmierten Vorschub
- X50, Y19, Z-8: Koordinaten des Zielpunktes
  - X50: in X-Richtung
  - Y19: in Y-Richtung
  - Z-8: in Z-Richtung

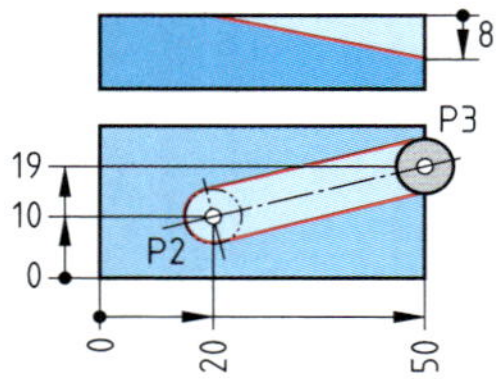

CNC-Programm

N...					
N10	G00	X20	Y10	Z1	(P1)
N20	G01			Z0	(P2)
N30		X50	Y19	Z-8	(P3)
N...					

G02 Kreisbewegung im Uhrzeigersinn

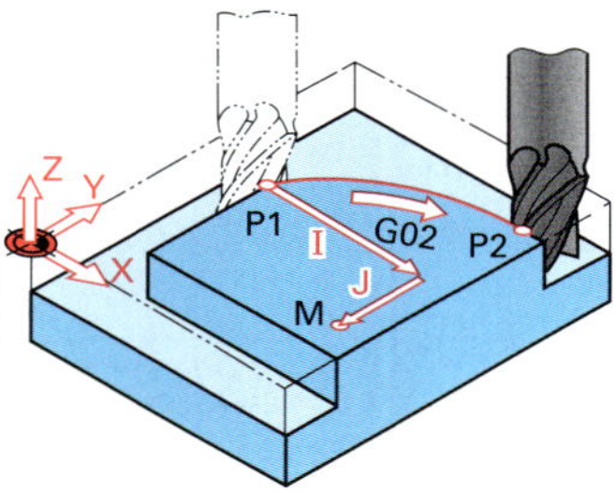

Bezeichnungs- und Bearbeitungsbeispiel:

N40 G02 X32 Y38 I26 J-10.39

- G02: Kreis-Interpolation im Uhrzeigersinn, Arbeitsbewegung im programmierten Vorschub
- X32, Y38: Koordinate des Kreis-Endpunktes
  - X32: in X-Richtung
  - Y38: in Y-Richtung
- I26, J-10.39: Inkrementale Angabe des Mittelpunktes bezogen auf den Kreis-Anfangspunkt
  - I26: in X-Richtung
  - J-10.39: in Y-Richtung

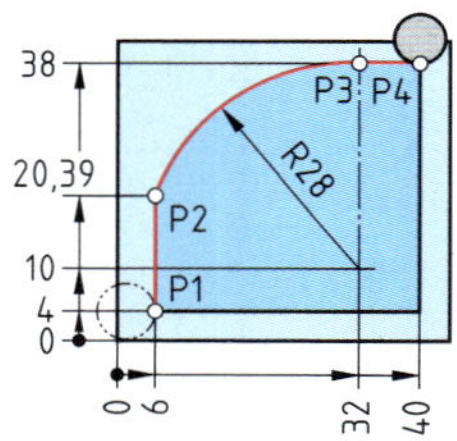

CNC-Programm

N...						
N10	G41					
N20	G01	X6	Y4			(P1)
N30			Y20.39			(P2)
N40	G02	X32	Y38	I26	J-10.39	(P3)
N50	G01	X40				(P4)
N...						

G03 Kreisbewegung gegen den Uhrzeigersinn

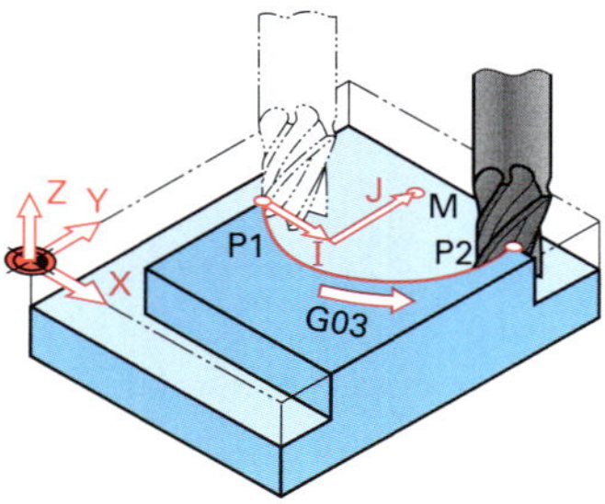

Bezeichnungs- und Bearbeitungsbeispiel:

N40 G03 X32 Y38 I8 J16.12

- G03: Kreis-Interpolation gegen den Uhrzeigersinn, Arbeitsbewegung im programmierten Vorschub
- X32, Y38: Koordinate des Kreis-Endpunktes
  - X32: in X-Richtung
  - Y38: in Y-Richtung
- I8, J16.12: Inkrementale Angabe des Mittelpunktes bezogen auf den Kreis-Anfangspunkt
  - I8: in X-Richtung
  - J16.12: in Y-Richtung

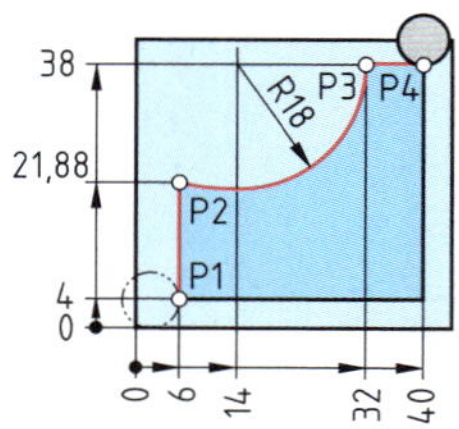

CNC-Programm

N...						
N10	G41					
N20	G01	X6	Y4			(P1)
N30			Y21.88			(P2)
N40	G03	X32	Y38	I8	J16.12	(P3)
N50	G01	X40				(P4)
N...						

Programmaufbau bei CNC-Maschinen nach PAL[1)]

Wegbedingungen und Zyklen beim Fräsen

Wegbedingungen

Nullpunkte, Ebenen und Maßeinheiten

G17 … G19	Ebenenanwahl 2 $^1/_2$ D-Bearbeitung (Standardebene)
G50	Aufheben von inkrementellen Nullpunkt-Verschiebungen und Drehungen
G53	Alle Nullpunktverschiebungen und Drehungen aufheben.
G54 … G57	Einstellbare absolute Nullpunkte
G58	Inkrementelle Nullpunktverschiebung polar und Drehung
G 59	Inkrementelle Nullpunktverschiebung kartesich und Drehung
G70	Umschalten auf Maßeinheit Zoll (inch)
G71	Umschalten auf Maßeinheit Millimeter (mm)
G90	Absolutmaßangbabe einschalten
G91	Kettenmaßangabe einschalten
G37	Schlichttechnologie des Konturtaschenzyklus

Verfahrwege, Interpolationsarten

G0	Verfahren im Eilgang
G1	Linearinterpolation im Arbeitsgang
G2	Kreisinterpolation rechts (im Uhrzeigersinn)
G3	Kreisinterpolation links (gegen den Uhrzeigersinn)
G4	Verweildauer
G9	Genauhalt
G10	Verfahren im Eilgang in Polarkoordination
G11	Linearinterpolation mit Polarkoordinaten
G12	Kreisinterpolation rechts mit Polarkoordinaten
G13	Kreisinterpolation links mit Polarkoordinaten
G40	Abwahl der Fräsradiuskorrektur
G41 … G42	Anwahl der Fräsradiuskorrektur
G45	Lineares tangentiales Anfahren an eine Kontur
G46	Lineares tangentiales Abfahren von einer Kontur
G47	Tangentiales Anfahren an eine Kontur im $^1/_4$-Kreis
G48	Tangentiales Abfahren von einer Kontur im $^1/_4$-Kreis
G61	Linearinterpolation für Konturzüge
G62	Kreisinterpolation rechts für Konturzüge
G63	Kreisinterpolation links für Konturzüge
G66	Spiegeln an der X- und/oder Y-Achse – Spiegelung aufheben
G67	Skalieren: Vergrößern, Verkleinern, Aufheben

Vorschübe, Geschwindigkeiten, Drehzahlen

G94	Vorschub in Millimter pro Minute
G95	Vorschub in Millimeter pro Umdrehung
G96	Konstante Schnittgeschwindigkeit
G97	Konstante Drehzahl

Programmaufruf und -sprünge

G22	Unterprogrammaufruf
G23	Programmwiederholung
G29	Bedingte Programmsprünge

Bearbeitungzyklen

G34	Eröffnung des Konturtaschenzyklus
G35	Schrupptechnologie des Konturtaschenzyklus
G36	Restmaterial des Konturtaschenzyklus
G38	Konturbeschreibung des Konturtaschenzyklus
G80	Abschluss eines G38-Zyklus
G39	Konturtaschenzyklusaufruf mit konturparalleler oder mäanderförmiger Ausräumstrategie
G72	Rechtecktaschenfräszyklus
G73	Kreistaschen- und Zapfenfräszyklus
G74	Nutenfräszyklus
G75	Kreisbogennut-Fräszyklus
G76	Mehrfachzyklusaufruf auf einer Geraden (Lochreihe)
G77	Mehrfachzyklusaufruf auf einem Teilkreis (Lochkreis)
G78	Zyklusaufruf an einem Punkt (Polarkoordination)
G79	Zyklusaufruf an einem Punkt (kartesiche Koordination)
G81	Bohrzyklus
G82	Tiefbohrzyklus mit Spanbruch
G83	Tiefbohrzyklus mit Spanbruch und Entspänen
G84	Gewindebohrzyklus
G85	Reibzyklus
G86	Ausdrehzylus
G87	Bohrfräszyklus
G88	Innengewindefräszyklus
G89	Außengewindefräszyklus

1) **P**rüfungs-**A**ufgaben- und **L**ehrmittelentwicklungs-stelle

Programmaufbau bei CNC-Maschinen nach PAL

Adressen (Auswahl für Fräsen)

XA, YA, ZA	Absolute Eingabe von Koordinaten, bezogen auf das Werkstück-Koordinatensystem.
XI, YI, ZI	Inkrementale Eingabe von Koordinaten, bezogen auf das Werkstückkordinatensystem.
IA, JA, KA	Absolute Eingabe der Interpolationsdaten, bezogen auf das Werkstück-Koordinatensystem.

V	Sicherheitsabstand von der Oberkante der jeweiligen Bearbeitung
LP	Länge der Bearbeitung in X-Richtung
BP	Breite der Bearbeitung in Y-Richtung
D	maximale Zustelltiefe
R	Radius (Tasche, Teilkreis)
AN	Polarwinkel des ersten Objektes (Teilkreis)
AI	Konstanter Segmentwinkel (Teilkreis)
AP	Polarwinkel des letzten Objektes
O	Anzahl der Objekte (Teilkreis)
W	Rückzugsebene bezogen auf die Werkstück-Koordinaten
AR	Drehwinkel zur positiven 1. Geometrieachse
AK	Aufmaß auf dem Taschenrand
AL	Aufmaß auf dem Taschenboden
DB	Fräserbahnüberdeckung in %
EP0, EP1, usw.	Setzpunkt-Festlegung beim Zykluslauf

Syntaxbeispiel eines Satzaufbaus:

N [G] [X] [Y] [Z] [I] [J] [LP] [BP] [D] [V] [R/AR] [W] [

G72 Rechtecktaschenfräszyklus

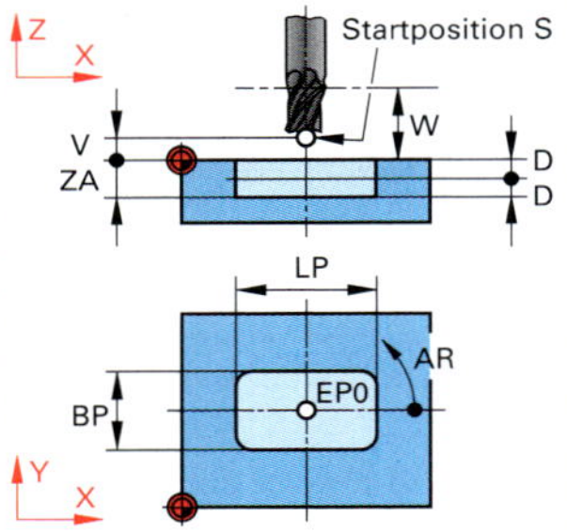

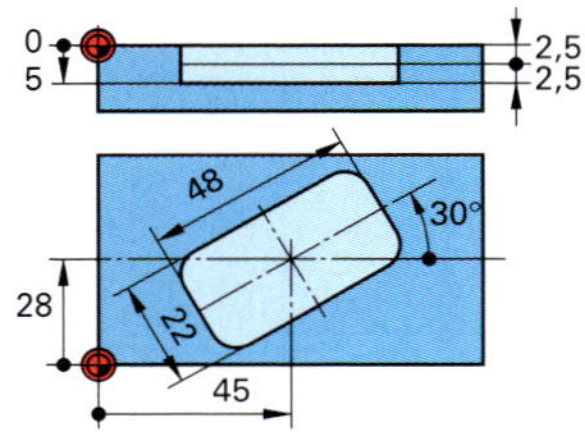

CNC-Programm

N...
N40 G72 ZA-5 LP48 BP22 D2,5 V3 AR30 W10
N50 G79 X45 Y28 Z3; Zyklusaufruf für G72
N...

G74 Nutenfräszyklus

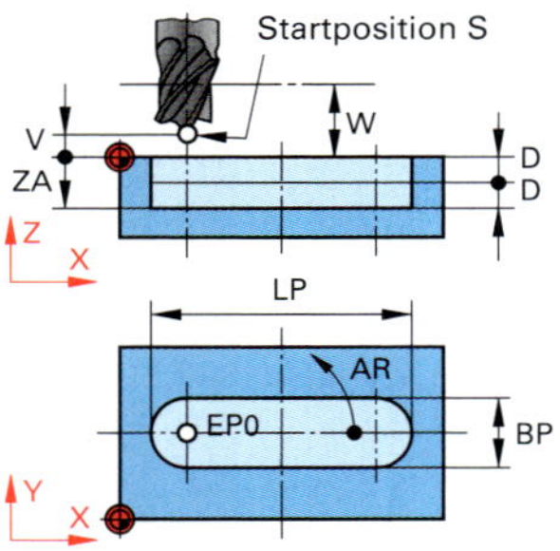

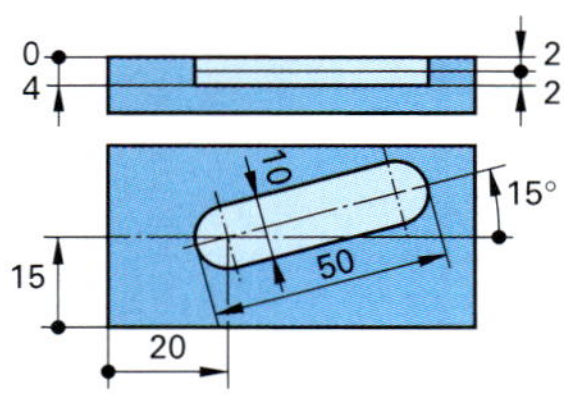

CNC-Programm

N...
N40 G74 ZA-4 LP50 BP10 D2 V3 AR15 W10
N50 G79 X20 Y15 Z3; Zyklusaufruf für G74 an einem Punkt
N...

G81 und G77 Nutenfräszyklus

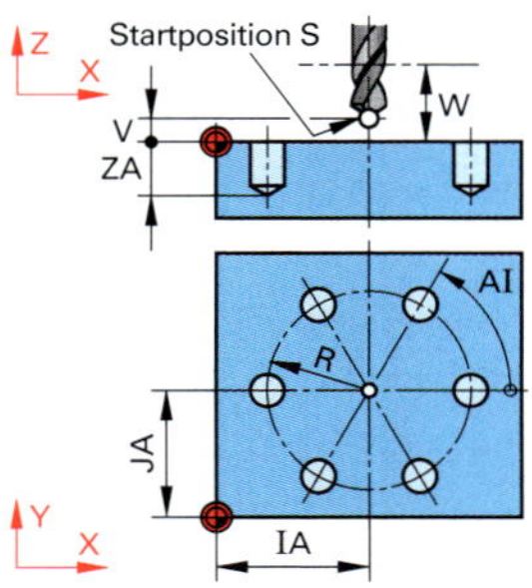

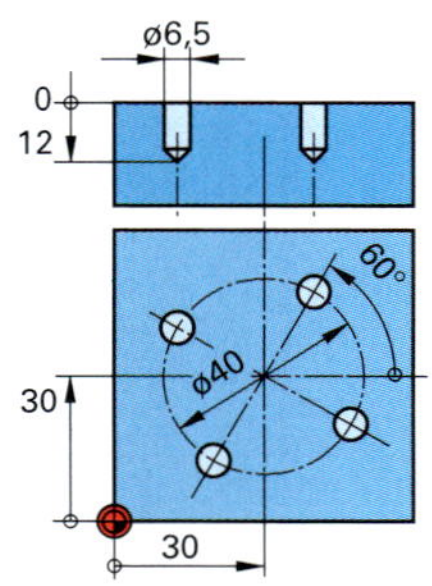

CNC-Programm

N...
N30 G81 ZA-12 V5 W10 F100 S1450 M03 M07
N40 G77 R20 AN0 AI60 O6 IA40 JA30; Zyklusaufruf
N...

S

Programmaufbau bei CNC-Maschinen

Berechnungen zu Lochkreisen

Beispiel: Berechnung der X- und Y-Werte der 2. und 3. Bohrung in einem Lochkreis bezogen auf den Kreismittelpunkt.

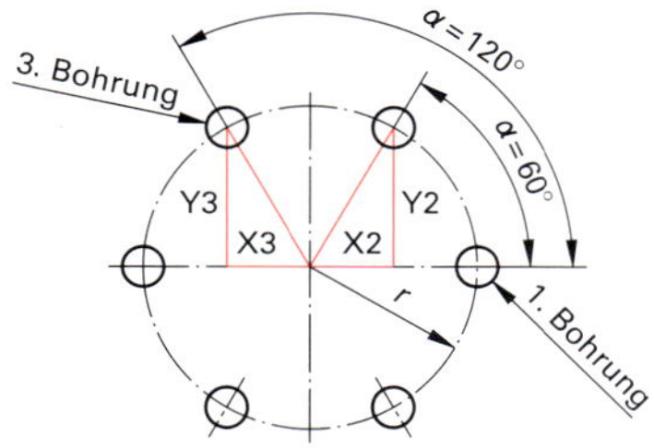

Einzelwinkel = 360° : Anzahl der Bohrungen

Winkel werden gegen den Uhrzeigersinn gerechnet.
Dabei ist 0° immer im Osten oder bei 3 Uhr.
90° ist Norden oder 12 Uhr usw.

2. Bohrung $X2 = r \cdot \cos\alpha = r \cdot \cos 60° = r \cdot 0{,}5$

$Y2 = r \cdot \sin\alpha = r \cdot \sin 60° = r \cdot 0{,}866$

3. Bohrung $X3 = r \cdot \cos\alpha = r \cdot \cos 120° = r \cdot (-0{,}5)$

$Y2 = r \cdot \sin\alpha = r \cdot \sin 120° = r \cdot 0{,}866$

Programmierungsbeispiel: Anfahren der 3. Bohrung vom Kreismittelpunkt, bei einem Radius r = 50 mm.
z. B. N49 G91
N50 G00 X-25 Y43.3 Z2

Berechnungen zu Kreisbahnen mit Werkzeugbahnkorrektur/Brennerbahnkorrektur

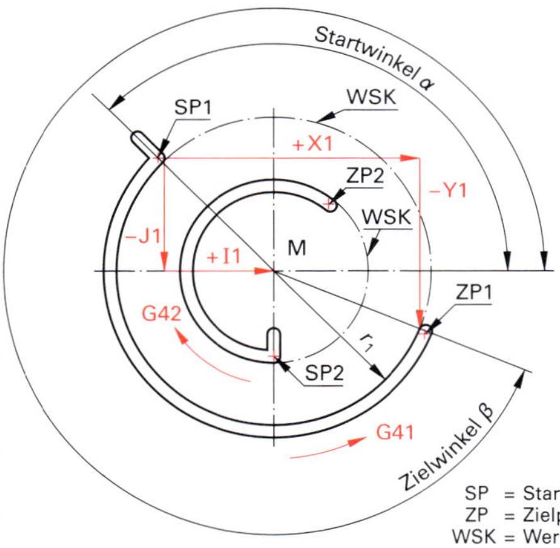

SP = Startpunkt
ZP = Zielpunkt
WSK = Werkstückkontur

Berechnung des Startpunktes 1 von M aus:

$X_s = r \cdot \cos\alpha$

$Y_s = r \cdot \sin\alpha$

Damit ist I1 = X_s und J1 = Y_s wenn ab Startpunkt inkremental berechnet wird.

Berechnung des Zielpunktes 1 von M aus:

$X_z = r \cdot \cos\beta$

$Y_z = r \cdot \sin\beta$

Berechnung des Zielpunktes 1 vom Startpunkt 1 (über M) aus:

$X1 = I1 + X_z$

$Y1 = J1 + Y_z$

(**Achtung,** für die Werte die jeweiligen Vorzeichen beachten.)

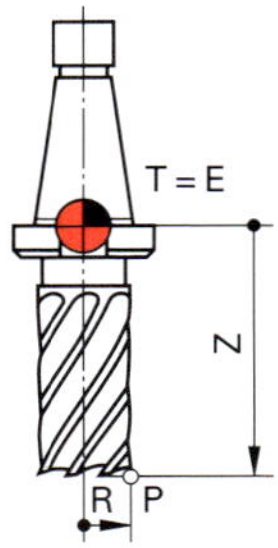

Z Werkzeuglänge
R Werkzeugradius
T Werkzeugträger-Bezugspunkt
E Werkzeug-Bezugspunkt
P Werkzeug-Schneidenpunkt

Beispiel: r = 50 mm; α = 135°; β = 330°

$\mathbf{X_s} = r \cdot \cos\alpha = 50 \cdot \cos 135° = 50 \cdot (-0{,}71) = \mathbf{-35{,}36}$

$\mathbf{Y_s} = r \cdot \sin\alpha = 50 \cdot \sin 135° = 50 \cdot (+0{,}71) = \mathbf{+35{,}36}$

$\mathbf{X_z} = r \cdot \cos\beta = 50 \cdot \cos 330° = 50 \cdot (+0{,}87) = \mathbf{+43{,}30}$

$\mathbf{Y_z} = r \cdot \sin\beta = 50 \cdot \sin 330° = 50 \cdot (-0{,}5) = \mathbf{-25}$

X1 = I1 + Xz = (+ 35,56) + (+ 43,30) = **+ 78,66**

Y1 = J1 + Yz = (– 36,36) + (– 25) = **– 60,36**

S

Datenverarbeitung und Internet

ANSI und ASCII[1] Zeichensätze für Standardschriftarten wie Arial, Courier, Helvetia, Times Roman usw.

Der Zahlencode wird über die numerischen Tasten eingegeben (Num-Tasten). Dem Zahlencode muss eine Null vorangestellt werden, z.B. 0135 = §. **Beispiel: Taste [ALT]+0+NumZahlencode** (bis Code-Nr. 128 ASCII-Zeichensatz identisch, danach unter Windowsanwendungen gleich bei unterschiedlichem Code).

Code	ANSI	Code	ANSI	Code	ANSI	Code	ANSI	Code	ANSI	Code	ANSI	Code	ANSI	Code	ANSI
32	Leer	60	<	88	X	116	t	144	□	172	¬	200	È	228	ä
33	!	61	=	89	Y	117	u	145	‘	173		201	É	229	å
34	"	62	>	90	Z	118	v	146	’	174	®	202	Ê	230	æ
35	#	63	?	91	[	119	w	147	“	175	¯	203	Ë	231	ç
36	$	64	@	92	\	120	x	148	”	176	°	204	Ì	232	è
37	%	65	A	93	]	121	y	149	•	177	±	205	Í	233	é
38	&	66	B	94	^	122	z	150	–	178	²	206	Î	234	ê
39	'	67	C	95	_	123	{	151	—	179	³	207	Ï	235	ë
40	(	68	D	96	`	124	|	152	˜	180	´	208	Ð	236	ì
41	)	69	E	97	a	125	}	153	™	181	µ	209	Ñ	237	í
42	*	70	F	98	b	126	~	154	š	182	¶	210	Ò	238	î
43	+	71	G	99	c	127	DEL	155	›	183	·	211	Ó	239	ï
44	,	72	H	100	d	128	€	156	œ	184	¸	212	Ô	240	ð
45	-	73	I	101	e	129	□	157	□	185	¹	213	Õ	241	ñ
46	.	74	J	102	f	130	‚	158	ž	186	º	214	Ö	242	ò
47	/	75	K	103	g	131	ƒ	159	Ÿ	187	»	215	×	243	ó
48	0	76	L	104	h	132	„	160	°	188	¼	216	Ø	244	ô
49	1	77	M	105	i	133	…	161	¡	189	½	217	Ù	245	õ
50	2	78	N	106	j	134	†	162	¢	190	¾	218	Ú	246	ö
51	3	79	O	107	k	135	‡	163	£	191	¿	219	Û	247	÷
52	4	80	P	108	l	136	ˆ	164	¤	192	À	220	Ü	248	ø
53	5	81	Q	109	m	137	‰	165	¥	193	Á	221	Ý	249	ù
54	6	82	R	110	n	138	Š	166	¦	194	Â	222	Þ	250	ú
55	7	83	S	111	o	139	‹	167	§	195	Ã	223	ß	251	û
56	8	84	T	112	p	140	Œ	168	¨	196	Ä	224	à	252	ü
57	9	85	U	113	q	141	□	169	©	197	Å	225	á	253	ý
58	:	86	V	114	r	142	Ž	170	ª	198	Æ	226	â	254	þ
59	;	87	W	115	s	143	□	171	«	199	Ç	227	ã	255	ÿ

ASCII-Steuerzeichen (z.B. für Drucker)

Code	ASCII	Bedeutung	Code	ASCII	Bedeutung
0	NUL	NULL	16	DLE	Übertrag.-Umschaltung (Data Link Escape)
1	SOH	Anfang des Kopfes (Start Of Heading)	17	DC1	Gerätesteuerung 1 (Device Control 1)
2	STX	Anfang des Textes (Start of TeXt)	18	DC2	Gerätesteuerung 2 (Device Control 2)
3	ETX	Ende des Textes (End of TeXt)	19	DC3	Gerätesteuerung 3 (Device Control 3)
4	EOT	Ende d. Übertragung (End Of Transmission)	20	DC4	Gerätesteuerung 4 (Device Control 4)
5	ENQ	Stationsaufforderung (ENQuiry)	21	NAK	Negative Rückmeld. (Negative AcKnowledge)
6	ACK	Positive Rückmeldung (ACKnowledge)	22	SYN	Synchronisierung (SYNchronous idle)
7	BEL	Klingel (BELl)	23	ETB	Ende Übertrag. (End of Transmission Block)
8	BS	Rückwärtsschritt (BackSpace)	24	CAN	Ungültig (Cancle)
9	HT	Horizontal Tabulator (Horizontal Tabulator)	25	EM	Ende der Aufzeichnung (End of Medium)
10	LF	Zeilenvorschub (Line Feed)	26	SUB	Substitution (SUBstitute charakter)
11	VT	Vertikal Tabulator (Vertical Tabulator)	27	ESC	Code Umschaltung (ESCape)
12	FF	Formularvorschub (Form Feed)	28	FS	Hauptgruppen-Trennung (File Separator)
13	CR	Wagenrücklauf (Carriage Return)	29	GS	Gruppen-Trennung (Group Separator)
14	SO	Dauerumschaltung (Shift Out)	30	RS	Untergruppen-Trennung (Record Separator)
15	SI	Rückschaltung (Shift In)	31	US	Teilgruppen-Trennung (Unit Separator)

Wichtige Codes für mathematische und technische Zeichen, die nicht auf der Tastatur abgebildet sind:

Durchmesser ø = [ALT]+0248, Quadratzeichen (Arial) □ = [ALT]+0141; Multiplikationszeichen × = [ALT]+0215; Multiplikationspunkt · = [ALT]+0149; Promille ‰ = [ALT]+0137; Bruchstrich – = [ALT]+0151; Ungefähr ~ = [ALT]+0126; Plus-Minus ± = [ALT]+0177; Exponent Null ° = [ALT]+0186; Exponent Eins ¹ = [ALT]+0185; usw. bis … = [ALT]+0133

[1] ASCII = American Standard Code for Information Interface (Amerikanischer Standardcode für Informations-Austausch); ANSI = American National Standards Institute (Amerikanisches Nationales Standardisierungs Institut)

Datenverarbeitung und Internet

Internetadressenformat

http://	www.	europa-lehrmittel	.de	/europa	7index.htm
Zugriffsmethode (Hyper Text Transfer Protocol)	Internetdienst (World Wide Web)	Adresse der Startseite/ Homepage	Kennung/ Länderkennung, vorangestellter Punkt (dot)	Pfadangabe, vorangestellter Schrägstrich (slash)	Dateiname des Dokumentes mit Typkennung (Hypertext markup language)

Länderkennungen (Auswahl)

Kennung	Bedeutung	Kennung	Bedeutung	Kennung	Bedeutung
.at	Österreich	.de	Deutschland	.net	Netzwerk-Anbieter
.au	Australien	.edu	Universitäten, Schulen, usw. (education)	.org	Organisationen
.ca	Kanada	.fr	Frankreich	.us	USA
.com	kommerzieller Anbieter (commercial)	.gov	Regierungsbehörde (Government)	.uk	Großbritannien (United Kingdom)

Internetadressen (Auswahl)

Suchmaschinen

Metasuchmaschinen

Apollo7	www.apollo7.de
Metacrawler	www.metacrawler.de
MetaGer	www.metager.de
Suchen	www.suchen.com

Allgemeine Suchmaschinen

Alta Vista	www.AltaVista.de
Austronaut Österr.	www.austronaut.at
CaloWeb	www.caloweb.com
Deutsches Branchenbuch	www.branchenbuch.de
Excite	www.excite.de
Fireball	www.fireball.de
Google	www.google.de
Infoseek	www.infoseek.de
Lycos	www.lycos.de
Search Schweiz	www.search.ch

Webkataloge

Allesklar	www.allesklar.de
Bellnet	www.bellnet.de
Deutsches Internet Verzeichnis	www.internet-verzeichnis.de
Dino-Online	www.dino-online.de
Web.de	www.web.de
Yahoo	www.yahoo.de

Computer Hardware

AMD	www.amd.com
ASUS	www.asus.com
Brother Deutschl.	www.brother.de
Canon Deutschl.	www.canon.de
Epox	www.epox.de
Epson	www.epson.de
Gigabyte	www.gigabyte.de
Hewlett Packard	www.hewlett-packard.com
Intel	www.intel.com
Lexmark	www.lexmark.de
MSI	www.msi-computer.de
samsung	www.samsung.com
sony	www.sony.com

Computer Software

Adobe	www.adobe.de
Downloads	www.download.de
Freeware	www.freeware.de
Microsoft	www.microsoft.de
Shareware	www.shareware.de

Portale und Verbände der Metallbranche

Aluminium Portal	www.metalle.com
Alu-Profile-Firmenliste	www.zulieferer.de
Arbeitsgemeinschaft Wärmebehandlung und Werkstofftechnik e.V.	www.vdeh.de oder www.stahl-online.de
Bundesverb. Deutscher Stahlhandel	www.stahlhandel.de
Deutscher Schraubenverband	www.schraubenverband.de
Deutscher Stahlbau Verband	www.deutscherstahlbau.de/flash.asp
Edelstahl Portal	www.edelstahl.com
Industrieverband Feuerverzinken e.V.	www.feuerverzinken.com
Industrieverband Tore, Türen, Zargen	www.ttz-online.de
Informationsstelle Edelstahl Rostfrei	www.edelstahl-rostfrei.de
Stahl-Informations-Zentrum	www.stahl-info.de
Wer liefert was	www.wlw.de

Arbeit, Bildung

Bundesagentur für Arbeit	www.arbeitsamt.de
Bundesinstitut f. Berufsbildung	www.bibb.de
Deutscher Bildungsserver	www.dbs.schule.de
Deutscher Stellenmarkt	www.deutscher-stellenmarkt.de
Online Bibliothek	www.bibliothek.de
Schul Web	www.schulweb.de
Universitäten in Deutschland	http://ourworld.compuserve.com

Fachzeitschriften

Aluminium	www.alu-web.de
Aluminium Kurier News	www.alu-news.de
Bänder, Bleche, Rohre	www.bbr.de
Fachzeitschriften Portal	www.fensterplatz.de
Fertigung	www.fertigung.de
Glas und Fassade	www.agsn.de
Moderne Metalltechnik	www.scripthost.de/directa-verlag.de
M&T Metallhandwerk	www.metallbau-praxis.de

Verzeichnis der zitierten Normen und anderer Regelwerke

DIN

Nr.	Seite
13-1	205
13-2...11	205
103-1	207
107	344
186	27
199-1	70
202	203 ff.
250	74
323-01	73
406-10	90, 92 ff.
406-11	90 ff.
406-12	91
434	225
435	225
444	215
461	71
475-1	227
488	152
513	207
529	217
580	227
582	227
603	216
604	215
605	216
660	230
661	230
685-4	247
824	76
928	224
962	208
974-1	212
988	182 f.
1022	160
1025-1	163
1025-2	164
1025-3	165
1025-4	166
1025-5	163 f.
1026-1	159
1026-2	158 f.
1027	166
1053-3	338
1055-1	37
1055-3	37 f., 40
1055-4	40, 338, 349
1055-5	43 f.
1301-1	10 f.
1301-2	10 f.
1301-3	10 f.
1302	9
1304-1	9
1356	344
1356-01	127 f., 129 f.
1414	268
1587	224
1623-2	174
1910-3	289
2310-1	262
2310-2	262
2310-5	262
3567	242
4102-1	64
4102-4	65
4108	361
4108-2	51 ff.
4108-3	58 ff.
4108-4	55
4108-6	57
4109	63, 356
4172	127
4766-01	110
4766-02	110
4844-2	2. US
5508	258
5517	181
5520	250
5901	320
6771-02	77
6773	112
6776-01	74
6780	100
6912	212
6928	229
6935	251 ff.
7157	106
7337	231
7753-2	265
7968	218
7975	228
7984	212, 215
7985	212
7989	225
7990	218
7992	217
7999	220
8062	184
8074	184
8552	288
9712	181
10 305-1, 2	167
12 585	183
16 960	289
16 980	187
17 007	144
17 611	197
17 640-1	182
18 055	346
18 056	347 f.
18 065	324 f., 327, 334
18 082-01	314
18 093	313
18 100	308
18 111	309 f.
18 202	128, 344
18 250	299 f.
18 251-1, 2, 3	299 ff.
18 252	303 f., 306 f.
18 272	314
18 360	295
18 540	354
18 545-03	356
18 800	118, 156, 373
18 800-1	34 f., 338, 340 ff., 361 ff.,368, 372
18 800-2	34 ff., 338
18 800-7	209 f.
18 807	181, 374
18 807-1, 6	181, 374
18 808	373
19 221	389
19 226-1	389
24 041	176, 378
31 052	388
40 719	396
43 453	396 f.
43 456	397
46 420	178
46 431	178
51 385	189
51 502	188
51 524	189
52 210	357
54 130	202
54 140	202
55 003-3	412
59 051	160
59 200	158
59 220	176, 378
59 231	176
59 751	181
66 000	394
66 025-1	413
66 025-2	414 ff.
66 217	411
68 851	302

DIN EN

Nr.	Seite
439	280
440	281, 284
485-2	181, 333
515	179
571	202
573	333
573-1	179
573-2	179
573-5	180
583-1	202
754	181
755-2	180
756	286
757	278
758	285
1011-4	288
1044	291
1045	291
1057	167
1089-2	192F
1154	311
1172	182 f.
1253	312
1303	303
1386	181
1561	151
1562	151
1563	151
1599	278
1600	278
1668	281
1706	180
1712	202
10 002-1	199
10 020	145
10 025	333
10 025-2, 3, 4, 5	151 f.
10 027-1	146 ff.
10 027-2	144

Verzeichnis der zitierten Normen und anderer Regelwerke

Nr.	Seite
DIN EN	
10 028-2	174
10 029	178
10 045	199
10 051	176
10 055	160
10 056-1	161 f.
10 058	157
10 059	157
10 060	157
10 061	159
10 083	198
10 083-1	153
10 083-2	153
10 084	153
10 087	153
10 088	333
10 088-1	153
10088-2	175, 192 B
10 130	174
10 131	178
10 202	156
10 210-2	169 f.
10 218-2	178
10 219-2	169, 171
10 223	177
10 326	175
10 327	175
10 340	154
12 072	282
12 163	182 f.
12 167	183
12 373	197
12 449	183
12 453	312
12 519	344
12 524	55
12 534	282
12 535	285
12 536	276
12 588	182
12 635	73
12 681	202
13 241	312, 317
13 501-1	64
13 501-2	64
14 640	288
20 273	212
22 553	113 ff.
24 537	177
29 454-1	290
50 005	397
50 011	397
60 445	396
60 446	396
60 617	394 f.
60 617-12	390
60 848	399 f.
61 082-1	396
61 346-2	396
DIN EN ISO	
228-1	206
636	281
898-1	208
1127	168
1461	193
2560	277
3098	74
3506-1, 2	211
36677	291
4063	274, 280
4957	154, 198
5455	76
5457	76
5817	287
6506-1	200
6507-1	201
6508-1	200
6946	55
6947	275
7200	77
9453	290
9692-1	275
10 077	60, 353 f.
12 944-2, 4, 5	90, 192, 194 ff.
13 920	109
14 122-3	337
14 175	280
14 341	281, 284
14 343	282
14 555	286
14 577-1	201
14 713	193
16 834	282
17 653	285
18 273	288
DIN ISO	
128-30	80
128-34	80
128-40	81 f.
128-44	81 f.
128-50	81 f.
228-1	206
286-1	102
286-02	103
513	155
525	272
603	272
1101	106 f.
1219	402 ff.
1483	229
2162-01	101
2768-1, 2	109
5261	119 f., 123
5419	268
5455	76
5456-02	78
5456-03	79 f.
5845-1	118
6410-02	101
6411	101
6412-01	124 f.
6412-02	124 f.
DIN V	
17 006-100	146 ff.
DIN VDE	
0100-410	398
DIN IEC	
60364-4-41	398
EN	
1627 (V)	314
10 025-2	250
10 226	206
14 399-4. 6, 8	219 f., 223, 225
En EV	
2007-07	54, 56 ff., 355
ISO	
1207	212, 222
1234	226
1478	228
1580	212
2009	222
2560	116
4014	214
4017	214
4032	223
4034	223
4035	223
4762	212, 214
7046-1	222
7047	222
7090	224
7093-1	224
8501-1	192A
8742	226
8743	226
8746	226
8752	226
9454-1	290
10 642	215
10 666	229
12850	126
15 065	213
17 632	285
18 276	285
22 340	225
22 341	225
EN ISO	
1302	111
RAL-Farbregister	
840 HR	192D, 192E
TRGS	
900	139
VDI-Richtlinie	
2719	357 f.
2880-4	391, 393
3389	255

Sachwortverzeichnis

Vorbemerkung: Die Begriffe werden im Allgemeinen in der ersten Person Einzahl, in einigen Fällen auch in der Mehrzahl aufgeführt.

A

Abfall-Entsorgung
Waste disposal . . . . 140 f.
Abfallstoff, Behälter-kennzeichnung
Colour coding of waste containers 140
Ablegereife von Drahtseilen
Replacement state of wear of wire ropes 246
Abmaß
Deviation 102
Abrechnung
Accounting 295
Abschmelzleistung
Melting rates 284
Abschreibung
Depreciation 297
Abwicklungen
Developed views and surfaces . . . . 86 ff.
Aceton
Acetone 68
Adressbuchstabe
Address letters . . . . 413 ff.
Alkohol
Alcohol 68
Allgemeintoleranzen
General tolerances 109
Aluminium
Aluminium . . . . 179 f.
Aluminiumbauteile, Korrosionsschutz für
Corrosion prevention for aluminium parts 197
Aluminium-Erzeugnisse
Aluminium products 179
Aluminium-Halbzeug
Aluminium semi-finished products 179
Aluminiumlegierungen
Aluminium alloys . . . . 179 f.
Aluminiumprofile
Aluminium sections 181
Ammoniak
Ammonia 68
Angebotskalkulation
Cost estimating 294
Anker
Anchor bolts . . . . 235 ff.
Anker für Stahlhohlprofile
Anchor bolts for tubular steel sections . . . . . 240 f.
Ankerabmessung
Dimensions of foundation bolts . . . . 366 f.
Ankerlöcher
Foundation bolt holes 315
Anschlägerhandzeichen
Slinger signals by hands . . . 249
Anschlag-Faserseil
Sling fibre ropes 244
Anschlagkette
Sling chains 247
Anschlagmittel
Sling gears . . . . 244 ff.
Anschlussfuge
Connecting joint 358
Anschweißbänder
Weld-on hinges 315
ANSI-Code
ANSI code 420
Anwärmlänge
Heating-up length 259
Anziehdrehmoment
Fastening torque . . . . 209 f.
Arbeit
Work 32
Arbeit, elektrische
Electric work 50
Arbeitsplan
Work schedule 72
Arbeitsplanung
Work scheduling . . . . 69 ff.
Arbeitsplatz, Gesundheit am
Health protection at work 133
Arbeitsplatz, Schutz-einrichtungen am
Protective equipment at work 136
Arbeitsplatz, Schutz-maßnahmen am
Safety precautions at work . . . . 134 ff.
Arbeitsplatz, Sicherheit am
Safety and security at work . 133
Arbeitsstoffe, Symbole für gefährliche . . . .
Symbols of hazardous substances to be used . . . 3.U.S.
ASCII-Code
ASCII code 420
Aufhängeglied
Hanger 248
Auflager
Supports 30
Auflaufstütze
Overrun fitting 318
Auftragszeit, REFA
Order filling time acc. to REFA (German association for work time studies) 298
Augenschraube
Eye bolts 216
Ausbruch
Broken-out section 81
Ausgleichswerte für das Kaltbiegen . . . .
Allowances in cold-bending . . . . 251 ff.
Ausklinkungsmaß
Notch dimensioning 365
Ausschnitt
Cut-out 81
Außenlärmpegel
Outdoor noise level 355
Autogenschweißen
Oxyacetylene welding 276
Automatenstahl
Free-cutting steels 153

B

Band, kaltgewalzt
Strip steel cold-rolled 176
Band, korrosionsgeschützt
Strip steel corrosion-resistant 176
Band, NE-Metall
Non-ferrous strip metal 178
Band, warmgewalzt
Strip steel hot-rolled 175
Bänder
Hinges . . . . 314 f.
Bandsäge
Bandsaw 269
Basiseinheiten
Basic units 10
Basisgrößen
Basic quantities 10

Baustahl für Metallbau
Structural steels for metal constructions . . . . 151 f.
Baustahl für Stahlbau
Structural steels for steel constructions . . . . 151 f.
Baustahl, wetterfester . . . .
Weatherproof structural steels 152
Baustoffklassen
Classification of building materials 64
Bauwesen, Darstellung im
Representation in building and construction engineering 126
Bauwesen, Maße im
Dimensions in building and construction engineering . . . 127
Bauwesen, Maßeintragung im
Dimensioning in building and construction engineering . 128 ff.
Bauzeichnungen
Construction drawings . . . 126 ff.
Beanspruchung
Load . . . . 34 ff.
Beanspruchung auf Abscherung
Shearing load 47
Beanspruchung auf Biegung
Bending load 48
Beanspruchung auf Druck
Compressive load 47
Beanspruchung auf Torsion
Torsional load 48
Beanspruchung auf Zug
Tensile load 47
Beanspruchungsgruppen
Load groups 356
Bearbeitungszyklus
Machining operation cycle 417 f.
Befestigungselemente
Fasteners . . . . 232 ff.
Befestigungsplatte, Geländer
Railings fixing plate 345
Belastung, dynamische
Dynamic load 47
Belastung, statische
Static load 47
Belastungsfälle
Load schemes 47
Bemaßung, steigende
Ascending dimensioning 93
Benzin
Naphta 68
Beschichten, Vorbereiten von Stahloberflächen
Preparation of steel surfaces to be coated . . . . . 192 A
Beschichtungsstoffe
Coating material 194
Beschichtungssysteme
Coating systems . . . . 194 ff.
Beschleunigung
Acceleration 29
Betätigungsarten
Actuation types 403
Betonschraube
Concrete bolt 240
Betonstahl
Reinforcing steels 152
Betriebsgemeinkosten
Operating overhead cost . . . 296
Betriebskraft von Schrauben
Load under operating conditions 210
Betriebsmittel, elektrische
Electrical equipment 396
Betriebsmittel, Kennzeichnung
Identifying marking of electrical equipment 396
Betriebsmittelanschlüsse
Equipment terminals 396
Betriebsmittelanschlüsse, Kennzeichnung
Identifying marking of equipment terminals 396
Betriebsmittelbezeichnung
Designation of electrical equipment 396, 397
Bewegung
Motion 28
Bezeichnungssystem für Stähle
Steel identification codes . 146 ff.
Bezugspunkte
Reference points 411
Biegebelastungsfälle
Bending load schemes 48
Biegelinie
Bending line 80, 251
Biegeradius
Bending radius . . . . 250 ff.
Biegeradius für Kaltbiegen
Cold-bending radius 258
Biegeradius, Kaltbiegen von Rohren
Bending radius in cold-bending of tubes 258
Biegespannung
Bending stress 48
Biegetechnik
Bending . . . . 250 ff.
Biegewinkel
Angle of bend 250
Bildzeichen
Graphical symbols 412
Bildzeichen
Graphical symbols . . . . 394 f.
Bildzeichen, Elektrotechnik
Graphical symbols for use in electrical engineering 394
Blattformate
Paper sizes acc. to DIN 76
Blattgröße
Sheet size 76
Blech
Sheet metal 157
Blech warmgewalzt
Sheet metal hot-rolled 175
Blech, kaltgewalzt
Sheet metal cold-rolled 156, 176, 178
Blech, korrosionsgeschützt
Sheet metal corrosion-resistant 157, 176
Blech, NE-Metall
Non-ferrous metal sheets . . . 178
Blechdicke, Grenzen der
Limits of sheet thickness 228
Blechschraube
Tapping screws . . . . 228 f.
Blei
Lead . . . . 182 f.
Blindniet
Blind rivets 231
Blindnietmutter
Blind rivet nuts 231
Blockschaltbild
Block diagram 72
Bogen
Arc 97
Bogenformen
Arch types 132
Bohren
Drilling 268, 271
Bohrertyp
Drill types 268
Bohrschraube
Drilling screws 229

Sachwortverzeichnis

Bolzen
Bolts 225
Bolzenschweißen
Stud welding 286
Brandklasse
Fire classification 134
Brandschutz
Fire protection . . . . 64 f.
Brandschutzzeichen
Fire protection symbols . . 2.U.S.
Breitflachstahl, warmgewalzt
Wide flat steels hot-rolled . . . 158
Brennerbahnkorrektur
Burner path correction 419
Brennschneiden
Flame-cutting . . . . 263 f.
Brennschneiden, autogenes
Flame-cutting with oxyacetylene 262
Brennschneiden, Maßtoleranz
Flame-cutting, dimensional tolerances 262
Brinell-Härteprüfung
Brinell hardness test 200
Bruchrechnung
Fractional arithmetic 14
Buntbartschloss
Warded lock 299

C

Chemiefaser-Seil
Synthetic fibre ropes . . . . . 244 f.
Chemikalien, technisch wichtige
Chemicals of technical importance 68
Chubbschloss
Chubb lock 299
CNC-Maschinen
CNC machinery 411
CNC-Programm
CNC programs . . . . 416 f.
CNC-Satz
CNC records 413
CNC-Wort
CNC word 413
CNC nach PAL
CNC according PAL . . . . . . 417 ff.
C-Profil
C-section 377

D

Darstellung
Representation 71, 80
Darstellung, besondere
Special representation 80
Darstellung, grafische
Graphical representation 71
Darstellung, perspektivische
Perspective representation . . 131
Darstellung, vereinfachte
Simplified representation 80, 100
Datenverarbeitung . . . .
Data processing . . . . 420 f.
Diagonalkreuz
Diagonal cross 97
Diagramme
Diagrams 71
Dichtstoff-Verbrauch
Sealant consumption 357
Diffusionswiderstand
Diffusion resistance 59
Diffusionswiderstandszahl
Vapour diffusion resistance coefficient 55, 58
Distanzklotz
Spacers 345
Drahtelektrode
Wire electrodes . . . . 281 ff.
Drahtelektrodenverbrauch
Consumption of wire electrodes . . . . 284 f.
Drahtgeflechte
Steel wire nettings 177
Drahtseil
Wire ropes 246
Drehbewegung
Rotation 28
Drehen
Turning . . . . 269 ff.
Drehmoment
Torque 30
Drehtor
Hinged gates 317
Drehtorantrieb
Hinged-gate driving element 323
Drehzahldiagramm
Rotational speed diagram 267
Dreieck
Triangle . . . . 19 f.
Dreieck, gleichseitig
Equilateral triangle 20
Dreieck, rechtwinklig
Right-angled triangle 20
Dreisatz
Rule of three 17
Druckeinheiten
Pressure units 12
Druckspannung
Compressive stress 47
Druckübersetzer
Pression intensifier 409
Druckventil
Pressure control valve 402
Dübel
Screw plugs . . . . 232 ff.
Dübelabstand, Geländer
Screw plug distances with railings 343
Durchflussgeschwindigkeit
Flow rates 410
Durchmesser
Diameter 95
Durchsteckanker
Bolt and nut anchor 235
Duroplaste
Thermosetting plastics . . . 185 ff.

E

Eckfalz
Side locked seam joint 257
Edelstähle
High-grade steels 145
Eigenlast
Permanent load . . . . 37 ff.
Einbruchschutz
Burglar protection 312
Einfallenschloss
Single-rim latch lock 300
Einheitenzeichen
Unit symbols 10
Einheitsbohrung, Passungssystem
Basic holes, system of fits . . 103
Einheitsbohrung, System
Basic hole classification 104
Einheitswelle, Passungssystem
Basic shaft, system of fits . . . 103
Einholmtreppe
Single-string stairs 324
Einholmtreppe, Profilgrößen
Dimensioning of ingle-string stair profiles 330
Einrichtungen, prüfbedürftige
Equipment to be tested 135

Einsatzstahl
Case hardening steels 153
Einschlaganker
Drive-in anchor bolt 235
Einsteckschloss
Mortise lock .... 299 ff.
Eislasten
Ice loads 44
Elastizitätsmodul
Elastic constant 48
Elastomere
Elastomers .... 185 ff.
Elektrizität
Electricity 11
Elektrodenbedarf
Electrodes required 279
Elektrotechnik
Electrical engineering ..... 49 f.
Elemente, Periodensystem
Elements of the
Periodic Table 66
Ellipse
Ellipse 23
Emissionsgrade
Emissive power 55
Energie
Energy 33
Energiebedarf
Energy demand 56
Energiebilanzen
Energy balances 57
Energieeinsparung
Energy saving .... 56 f.
Energiekosten
Energy cost 297
Energieübertragung
Energy transmission 402
Energieumformer
Energy converter 402
Entsorgungsschema
Schematic of
waste disposal 140
Erste-Hilfe-Einrichtung
First-aid equipment 134
Essigsäure
Acetic acid 68
Euklid, Lehrsatz des
Euclidean theorem 20

F

Fachwerkknoten
Gusset 373
Fallen-Riegelschloss
Rim latch deadlock 300
Faltkörper, abgewickelte
Folding solids developed 88
Falzverbindungen
Seam joints 257
Farbkennzeichnung
von Gasflaschen
Colour coding of
gas cylinders .... 192 F
Farbkennzeichnung, Band
Colour coding of straps 245
Farbkennzeichnung, Schlinge
Colour coding of slings 245
Farbkennzeichnung, Seil
Colour coding of ropes 245
Farbskala, RAL
RAL colour scale ...... 192 D, E
Fase
Chamfers 96
Fassadenprofil
Facade contours 382, 387
Federn, Darstellung
Representation of springs ... 101
Fehlerstrom-Schutzschalter
Residual-current breaker 398
Feingewinde
Fine-pitch screw threads 205
Feinkornbaustahl
Fine-grain structural steels .. 152
Feinstblech
Blackplate 157
Fenster
Windows .... 344 ff.
Fensterbeschlag
Window fittings 360
Fensterelement
Window components 344
Fenster-Elementlänge
Window unit length 358
Fensterflügel
Casements 344
Fertigungsgemeinkosten
Production overhead cost ... 297
Fertigungstechnik
Production engineering .. 250 ff.
Festigkeitsklasse
Class of strength 208, 211
Festigkeitslehre
Stress calculation 45
Festigkeitslehre
Theory of strength
of materials .... 34 ff.
Feuchteschutz
Moisture proofing .... 58 ff.
Feuerlöscher
Fire extinguisher 134
Feuerschutztüren
Fire-resistant doors ...... 313 f.
Feuerverzinken
Hot-dip galvanizing 193
Feuerwiderstandsdauer
Fire-resistance period 64
Feuerwiderstandsklassen
Fire-resistance classes .. 64, 354
FI-Schutzschalter
FI-protective switch 398
Fläche
Surface 10
Flächen
Geometrical areas .... 19 ff.
Flächendiagramm
Area diagrams 71
Flächeneinheiten
Units of area 12
Flächenschwerpunkt
Areal centroid 27
Flacherzeugnisse
Flat-rolled products 157
Flacherzeugnisse aus Stahl
Flat-rolled steel products ... 176
Flachrundschraube
Coach bolts 216
Flachstahl
Flat steels 157
Flaschenzug
Tackles 31
Flussmittel
Fluxing agents 290
Formeln, chemische
Chemical formulas 66
Formelzeichen
Physical symbols 9
Formstahl
Rolled-steel sections ..... 160 ff.
Formtoleranzen ....
Tolerances of form ...... 106 ff.
Fräsen
Milling 270
Fugendichtstoff
Jointing material .... 357 f.
Fugendurchlässigkeit ....
Joint permeability 346
Führungsgröße
Reference variable 387
Führungsschienen
Guiding rails 321
Fülldrahtelektroden
Flux-cored
wire electrodes 285
Fundamentverankerung
Foundation anchorage 367

Sachwortverzeichnis

Funktions-Baustein
Function blocks . . . 392
Funktionsdiagramm
Function diagrams . . 401, 405 ff.
Funktionsdiagramm GRAFCET
Function diagrams GRAFCET . . . 399 ff.
Funktionssinnbild
Function symbols . . . 402
Funktionstabelle
Truth tables . . . 392
Fußplatten
Footings . . . 366

G

Gase, Kleinmengentransport
Transportation of small amounts of gases . . . 137
Gase, technische
Industrial gases . . . 137
Gasflasche, Gasentnahmemenge
Amount of gas gathered from a gas cylinder . . . 276
Gasflaschen, Farbkennzeichnung von
Colour coding of gas cylinders . . . 192 F
Gasschmelzschweißen
Acetylene welding . . . 276
Gebotszeichen
Mandatory signs . . . 2.U.S.
Gefahrenkennzeichnung
Labelling of hazardous materials . . . 137
Gefahrenzettel, Straßenfahrzeuge
Danger labels for road vehicles . . . 3.U.S.
Gefahrgutaufkleber für Sauerstoff
Danger sticker for oxygene 192 F
Gefahrguttransport
Transport of hazardous materials . . . 137
Gefahrstoffe
Hazardous substances . . . 138 f.
Gefahrstoffe, Grenzwerte
Limit values of hazardous substances . . . 139
Geländer
Railings, rail . . . 334 ff.
Geländer, Abmessungen
Railing dimensions . . . 334
Geländer, lichte Weite
Clear span of railings . . . 334 ff.
Geländerhöhen
Railing heights . . . 334
Geländerpfosten
Railing posts . . . 338 ff.
Gelenkarmmarkise
Articulated-arm awning . . . 360
Gemeinkosten
Overhead cost . . . 293, 296
Generalhauptschlüssel-Anlage
Grandmaster-keyed system . 307
Geschwindigkeit
Velocity . . . 28, 256
Gesenkbiegen
V-bending . . . 255 f.
Gestaltung
Presentation . . . 131 f.
Gestreckte Länge
Drawn-out length . . . 251
Gewichtskraft
Weight force . . . 29
Gewinde
Thread . . . 98, 203 ff.
Gewindearten, Übersicht
Thread types, summary . . 203 ff.
Gewindebohren
Cut threads . . . 268
Gewinn
Profit . . . 296
Gitterroste
Gratings . . . 379
Glas
Glass . . . 349 ff.
Glasdichtung
Glass sealing . . . 381
Glasleiste
Window glazing bar . . . 381, 384
Glasprodukte
Glass products . . . 351
Glasscheibendicke
Glass pane thickness . . . 349 ff.
Gleichungen, Umformen
Rearranging equations . . . 16
Glühtemperaturen
Annealing temperatures . . 192 C
Goldener Schnitt
Golden section . . . 131
GRAFCET
GRAFCET . . . 399
Grenzabmaße für Bohrungen
Deviation limits for holes . . . 105
Grenzabmaße für Wellen
Deviation limits for shafts . . . 105
Grenzanschlusskraft
Maximum admissible bearing reaction . . . 361 ff., 368
Grenzlochleibungskraft
Limit force acting on the face of a hole . . . 210
Grenzquerkraft
Limit lateral force . . . 363 f.
Grenzstützenkraft
Limit support force . . . 366 f.
Grenzstützweite
Limit span . . . 373
Grenzzugkraft
Limit tensile force . . . 210
Griechisches Alphabet
Greek alphabet . . . 74
Größe, wahre
Real size . . . 85
Grundkonstruktionen, geometrische
Basic geometrical constructions . . . 83 f.
Grundkörper, geschnitten
Sections of basic solids . . . 86 ff.
Grundreihe
Series of preferred numbers . 73
Grundtoleranz
Standard tolerances . . . 103
Gusseisen
Cast iron . . . 154

H

Hakenfallenschloss
Hook-latch lock . . . 301
Halbrundniet
Round-head rivets . . . 230
Halbschnitt
Half-section . . . 81
Hammerschraube
T-head bolt . . . 217
Handelsgewicht
Commercial weight . . . 295
Handzeichen für Anschläger
Hand signals for slingers . . . 249
Hanfseil
Hemp rope . . . 244
Harmonische Teilung
Harmonic division . . . 131
Härteprüfungen
Hardness tests . . . 200 f.
Härtetemperaturen
Hardening temperatures . . 192 C

Hartlöten
Brazing 291
Hauptnutzungszeit
Productive time 33
Hauptschlüssel-Anlage
Master-keyed system 307
Hebeband
Lifting strap 245
Hebel
Lever 30
Heizelementschweißen
Heated-tool welding 289
Heizwert, spezifischer
Calorific value 55
Heizwerte
Heating values 55
Hinterschnittanker
Undercut anchor bolt 237
Hochbau, Maßordnung im
Modular coordination in
building construction 127
Hochbau, Toleranzen im
Tolerances in
building construction 128
Hochfrequenzschweißen
High-frequency welding 289
Höhensatz
Theorem of height 20
Hohlzylinder
Hollow cylinders 24
Hub-Senktor
Vertically sliding gates 317
Hut-Profil
Acorn-type steel bars 375
HV-Passschraube
High-strength
hexagon fit bolts 220
Hydraulik
Hydraulics . . . . 402 ff.
Hydraulik Berechnungen
Calculations in hydraulics . 409 f.
Hydrauliköl
Hydraulic oils 189
Hydraulikschaltplan
Hydraulic circuit diagram . . . 407

I

Injektionsanker
Grout anchors 239
Instandhaltung
Service and Maintenance . . . 388
Instandhaltungskosten
Maintenance cost 297
Internet
Internet . . . . 420 f.
Internetadressen
Internet addresses 421
ISO-Gewinde, metrisches
ISO metric screw threads . . . 205
ISO-Grenzmaß-System
ISO system of limits . . . . . . 102 f.
Isolierglas
Thermopane glass 351
ISO-Passungs-System
ISO system of fits . . . . 102 f.
ISO-Trapezgewinde
ISO trapezoidal threads 207
I-Träger
I-beam . . . . 163 ff.

J

Jahres-Primärenergiebedarf
Annual demand for
primary energy 56

K

Kalkulation
Calculation of costs . . . . . . 293 ff.
Kalkwasser
Lime water 68
Kaltbiegen, Biegeradius
Cold-bending radius 258
Kastenschloss
Box lock 302
Kegel
Cone 24
Kegelstumpf
Cone frustum 25
Keilriemenscheiben
V-belt pulleys 265
Kennbuchstaben
Code letters 396
Kerbnägel
Grooved studs 226
Kerbschlagbiegeversuch
Impact bending test 199
Kerbstifte
Grooved pins 226
Ketten
Chains . . . . 247 f.
Ketten, Güteklassen
Chain grades 247
Ketten, Tragfähigkeit
Load-bearing capacity
of chains 247
Kettenanhänger
Chain hanger 247
Kettenschäkel
Chain shackle 248
Kettenverbindungsglied
Chain links 248
Kipptor
Up-and-over gates 317
Klammerrechnung
Calculation with
parenthetical expressions . . 14 f.
Kleben
Bonding 292
Klebstoff
Adhesives 292
Klebstoffart, Kurzzeichen
Symbols for
types of adhesive 292
Klemmenbezeichnungen
Terminal designations 397
Klemmenbezeichnungen,
Kennzeichnung
Identifying marking
of terminals 397
Klemmlänge
für Schrauben
Grip of bolts . . . . 218 ff.
Klotzbrücke
Padding bridge 345
Klotzung
Padding 345
Klotzungsbrücke
Padding bridge 383
Knabbern
Nibbling 261
Knickung
Buckling 36
Knotenblech, Bemaßung
Gusset plate dimensioning . . 123
Kohlendioxid
Carbon dioxide 68
Kohlensäure
Carbonic acid 68
Kolbengeschwindigkeit
Reciprocating speeds 410
Kolbenkraft
Reciprocating forces 409
Kommunikation, technische
Technical communication . . 69 ff.
Königswasser
Aqua regia 68
Konstruktionsbänder
Pivot hinges 316
Kontaktanschlüsse
Terminal contacts 397

Kontaktanschlüsse, Kennzeichnung
Identifying marking of terminal contacts . . . 397
Kontaktplan
Ladder diagram . . . 391, 393
Koordinatenbemaßung
Co-ordinate dimensioning . . . 93
Koordinatensystem, kartesisches
Cartesian co-ordinates . . . 411
Korrosionsschutz
Corrosion prevention . . . 190 ff.
Korrosionsschutz für Aluminiumbauteile
Corrosion prevention for aluminium components . . . 197
Korrosionsschutz für Stahlbauteile . . .
Corrosion prevention for steel components . . . 190 ff.
Korrosivität
Corrosivity . . . 190
Kosinus
Cosine . . . 13
Kostenkalkulation
Calculation of costs . . . 293
Kostenstelle
Cost centre . . . 293
Kotangens
Cotangent . . . 13
Kräfte
Forces . . . 29 ff.
Krafteinheiten
Force units . . . 12
Krafteinleitung, rippenlose
Ribless transfer of forces . . . 368
Kreis
Circle . . . 21
Kreisabschnitt
Circle segment . . . 22
Kreisausschnitt
Circle sector . . . 22
Kreisbahn, Berechnung . . .
Circular path calculation . . . 419
Kreisbewegung
Circular movements . . . 28, 416
Kreisdiagramm
Circle diagram . . . 71
Kreisring
Annulus . . . 22
Kreisringausschnitt
Annulus sector . . . 23
Kreisschere
Circular shears . . . 260
Kugel
Sphere . . . 25
Kugelabschnitt
Spherical segment . . . 25
Kugelausschnitt
Spherical sector . . . 25
Kugelbemaßung
Sphere dimensioning . . . 96
Kühlschmierstoff
Cooling lubricants . . . 189
Kunststoffart, Kurzzeichen
Types of plastics, letter symbols . . . 185 ff.
Kunststoffe
Plastics . . . 185 ff.
Kunststoffe, Eigenschaften
Plastic properties . . . 186 f.
Kunststoffe, Erzeugnisse
Plastics, products . . . 187 ff.
Kunststoffe, spanende Bearbeitung
Machining of plastics . . . 271
Kupfer
Copper . . . 182 f.
Kupferrohre
Copper tubes . . . 167, 183
Kupplungsglied
Coupling elements . . . 248
Kurbeltrieb
Crank drive . . . 266

L

Lagetoleranzen
Tolerances of position . . . 106 ff.
Länge
Length . . . 10
Länge, gestreckte
Effective lengths . . . 18, 251
Längen
Lengths . . . 18
Längen, Teilung
Division of lengths . . . 18
Längenänderung bei Erwärmung
Heating-induced linear deformation . . . 51
Längeneinheiten
Length units . . . 12
Langfalz
Longitudinal seam joint . . . 257
Lärmpegelbereich
Noise level range . . . 357
Lärmschutz
Noise protection . . . 135
Laserstrahlschneiden
Laser cutting . . . 262
Last, zumutbare
Reasonable load . . . 133
Lasten
Loads . . . 37 ff.
Lastfälle bei Treppen
Loading conditions of stairs . . . 327
Laufringe
Thrust rings with pin holes . . 315
Laufschienenprofil
Running rail profiles . . . 321 f.
Lauftoleranzen
Tolerances of running . . . 108
Laugen
Alkalines . . . 67
Leibungsanker
Jamb anchor bolt . . . 313
Leistung
Power . . . 32
Leistung, elektrische
Electric power . . . 50
Leiterwiderstand
Electrical resistance of conductors . . . 49
Lichtbogenhandschweißen
Manual arc welding . . . 277 ff.
Lichtkante
Light edges . . . 80
Linearbewegung
Linear movement . . . 416
Linienarten
Types of lines . . . 75
Liniengruppen
Line groups . . . 75
Linienschwerpunkt
Centroid of a line . . . 27
Linienstärken
Thickness of lines . . . 75
Linksflügel
Left-side casement . . . 344
Linksgewinde
Left-hand thread . . . 203
Linsen-Senkschraube
Raised countersunk head screw . . . 222
Lochabstand
Hole distances . . . 118
Lochkreis, Berechnung
Calculation of hole circles . . . 419
Lochplatten
Perforated plates . . . 176, 378
Logik-Baustein
Logical unit . . . 392

Lohnkosten
Labour costs 296
Lohnzusatzkosten
Non-wage labour costs 296
Löschmittel
Extinguishing agents 134
Löten
Soldering . . . . 290 f.
Lötnähte
Soldered seams . . . . 113 ff.
Lötnähte, Symbole, Bemaßung
Symbols and dimensioning of soldered seams . . . . 113 ff.
Lotzusatz
Soldering additives 291
L-Stahl
Angle steels . . . . 160 ff., 376
Luftfeuchte
Air humidity . . . . 58 ff.
Luftschall-Dämmung
Airborne sound insulation . . 62 f.
Luftverbrauch, Pneumatik
Air consumption in pneumatics 408

M

Magnetismus
Magnetism 11
MAG-Schweißen
Metal active gas welding . 281 ff.
MAK-Werte
Threshold limit values at work places 139
Mantelflächen von Stahlerzeugnissen
Surface areas of steel products 173
Maschinenlaufzeit
Machine running time 297
Maschinenstundensatz
Machine hour rates 297
Maßanordnung
Dimensioning order 92
Maßbezugslinien
Dimensional reference lines . . 91
Maßbezugssystem
Dimensional reference system 91
Masse
Mass 26
Masse, Berechnung
Calculation of mass 26
Masse, flächenbezogen
Mass per unit area 26, 178
Masse, längenbezogen
Mass per unit length . . 26, 157 f.
Masseeinheiten
Mass units 12
Maßeintragung in Zeichnungen
Dimensioning on drawings . . 93
Maßeintragung, Elemente
Dimensioning elements . . . 90 ff.
Maßeintragung, fertigungsgerechte
Dimensioning suitable for manufacturing needs 92
Maßeintragung, funktionsgerechte
Dimensioning according to functionality 92
Maßeintragung, Grundlagen
Fundamental principles of dimensioning . . . . 90 ff.
Maßeintragung, Grundregeln
Basic rules of dimensioning . . . . 90 ff.
Maßeintragung, prüfgerechte
Dimensioning suitable for testing needs 92
Maßeintragung, vereinfachte
Simplified dimensioning 100
Massen, flächenbezogen
Masses per unit area 178
Massen, längenbezogen
Masses per length area 178
Maßhilfslinie
Witness lines 94
Maßlinie
Dimension lines 94
Maßlinienbegrenzung
Delimitation of dimension lines 94
Maßstäbe
Scales 76
Maßzahl
Dimension numbers 95
Maßzahl, Hinweislinie
Leader lines 95
Materialkosten
Material cost 294
Mauerankermontage
Wall tie mounting 310
Maulweite von Türzargen
Rim width of door frames . . . 299
Mechanik
Mechanics 11
Messerbalken
Guillotine blade 260
Messing
Brass 182
Messwesen, Einheiten im
Measurement units . . . . 10 f.
Metallbauzeichnen
Metal construction drawings . . . . 118 ff.
Metallbauzeichnen, Bemaßung
Dimensioning on metal construction drawings . . . . 119 f.
Metallbauzeichnen, Darstellung
Representation on metal construction drawings . . . . 119 f.
Metallbauzeichnen, Regeln
Rules for metal construction drawings . . . . 119 f.
Metallkreissäge
Circular hacksaw 269
MIG-Schweißen
Metal inert gas welding . . 281 ff.
Mindestanforderungen, wärmetechnische
Minimum thermodynamic requirements 54
Mindestbiegeradius
Minimum bending radius . . . 250
Mindesteinschraubtiefe
Minimum length of engagement 212
Mindestfugenbreite
Minimum width of joints . . . 358
Mischungsrechnung
Calculation of mixtures 17
Montageschiene
Mounting channel 243
Montagetechnik
Mounting technique . . . . . 243 ff.
Musterblech, warmgewalzt
Pattern metal sheets hot-rolled 378
Muttern
Nuts . . . . 223 f.
Muttern, Festigkeit
Strength of nuts 208, 210

N

Nachweisverfahren, vereinfachtes
Simplified evaluation method . . . 57
Nahtmasse
Weld masses . . . 279
Natronlauge
Caustic soda . . . 68
Neigung
Incline . . . 96
Neusilber
German silver . . . 182
Nibbeln
Nibbling . . . 261
Niete
Rivets . . . 230 f.
Nomogramm
Nomogram . . . 71
Normalprojektion
Orthographic projection . . . 79
Normen
Standards . . . 73
Normschrift
Standard lettering . . . 74
Normzahlen
Preferred numbers . . . 73 f.
Normzahlreihe
Series of preferred numbers . 73
Nummernsystem für Nichteisenmetalle
Numerical designation system for non-ferrous metals . . . 144
Nummernsystem für Stähle
Numerical designation system for steels . . . 144
Nut
Slots . . . 97
Nutzlast
Working load . . . 37 ff.

O

Oberflächen
Surfaces . . . 23 ff.
Oberflächen-Ausführungsarten
Surface finishing types . . . 192 B
Oberflächenbeschaffenheit
Surface finish . . . 110 ff.
Oberflächenrauheitsangabe
Surface roughness specifications . . . 110 f.
Oberflächenstruktur
Surface textures . . . 80, 111
Ohm'sches Gesetz
Ohm's law . . . 49
Ornamente
Ornaments . . . 132
Ovalzylinder
Oval cylinder lock . . . 303
Oxide
Oxides . . . 67

P

PAL-Zyklus
PAL cycles . . . 417 f.
Parallelbemaßung
Parallel dimensioning . . . 93
Parallelogramm
Parallelogram . . . 19
Parallelschaltung
Parallel connection . . . 49
Partikelfilter
Particulate filter . . . 134
Passungsauswahl
Selection of fits . . . 106
Passungsempfehlung
Recommended fits . . . 106
Passungssystem
System of fits . . . 103
Periodensystem der Elemente
Periodic Table . . . 66
Pfannenblech
Roofing sheets . . . 176
Pfeilmethode
Arrow method . . . 79
Pfettenschuh
Purlin shoes . . . 370 f.
Pfettensicherung
Securing of purlins . . . 371 f.
Pfettenstöße
Purlin butt joint . . . 369
pH-Wert
pH value . . . 67
Pläne
Plans . . . 72
Plasmaschneiden
Plasma cutting . . . 263
Pneumatik
Pneumatics . . . 402 ff.
Pneumatik, Berechnungen
Calculations in pneumatics . . . 408 f.
Pneumatikschaltplan
Pneumatic circuit diagram . . 405
Pneumatikzylinder
Pneumatic cylinders . . . 408
Polyamidseil
Polyamide fibre rope . . . 244
Polyesterseil
Polyester fibre rope . . . 244
Polypropylenseil
Polyproylene fibre rope . . . 244
Potenzieren
Exponentiating . . . 15
Presse, hydraulisch
Hydraulic press . . . 409
Presskraft für das Gesenkbiegen
Press force for V-bending . . . 256
Produktivstunden
Productive hours . . . 296
Profilbögen
Profile steel arches . . . 259
Profil-Doppelzylinder
Double-profile cylinder for door locks . . . 303
Profilgrößen bei Treppen
Dimensioning of stair profiles . . . 328 ff.
Profil-Halbzylinder
Half-profile cylinder for door locks . . . 303
Profilhöhen
Profile depth . . . 361
Profil-Knaufzylinder
Knobbed profile cylinder for door locks . . . 304
Profilschnitt
Profile sections . . . 82
Profilzylinder
Profile cylinders . . . 303
Programmaufbau, CNC-Maschine
Program structure of CNC machines . . . 413 ff.
Projektion, dimetrische
Dimetric projection . . . 78
Projektion, isometrische
Isometric projection . . . 78
Projektion, Kabinett-
Cabinet projection . . . 78
Projektion, Kavalier-
Cavalier projection . . . 78
Projektion, Militär-
Military projection . . . 78
Projektion, rechtwinklige
Orthogonal projection . . . 78
Projektion, trimetrische
Trimetric projection . . . 78

Projektionen
Projections 85
Projektionsmethoden
Projection methods 79, 85
Projektionsverfahren
Projection methods 78, 85
Proportionen
Proportions 131
Prozentrechnung
Percentage calculation 16
Prüfverfahren, zerstörungsfreie
Non-destructive testing methods 202
Pyramide
Pyramid 24
Pyramidenstumpf
Truncated pyramid 25
Pythagoras, Lehrsatz des
Pythagoras' theorem 20

Q

Quadrat
Square 19
Qualitätsstähle
High-quality steels 145

R

Radius
Radius 96
Radizieren
Extracting roots of number . . . 15
Rahmendübel
Frame screw plugs 233
Rahmenquerschnitt
Frame sections . . . . 347 f.
RAL-Farbskala
RAL colour scale . . . . . . 192 D, E
Randabstand
Margin 18, 118
Randversteifung, Zuschnittlänge
Length of edge-stiffening blanks 257
Raute
Rhombus 19
Rautiefe
Depth of roughness 100
Reaktionsgleichung, chemische
Chemical equation 66
Rechteck
Rectangle 19
Rechte-Hand-Regel
Right-hand rule 411
Rechtsflügel
Right-side casement 344
Rechtsgewinde
Right-hand thread 203
REFA, Auftragszeit . . . .
Order filling time acc. to REFA 298
Regeldifferenz
Control deviation 389
Regelgewinde
Coarse-pitch screw thread . . 205
Regelgröße
Controlled variable 389
Regeln
Closed-loop control 389
Regelungstechnik
Control engineering . . . . . 389 ff.
Regelventil
Regulating valve 402
Reibschweißen
Friction welding 289
Reibungskraft
Frictional force 29
Reihenschaltung
Series connection 49
Reinstoffe
Extrapure substances 66
Relais
Relays 393, 395, 397
Rettungszeichen
Escape and rescue signs . . 2.U.S.
Rhomboid
Rhomboid 19
Rhombus
Rhombus 19
Richtungstoleranzen
Tolerances of alignment 107
Riegelschloss
Rim deadlock . . . . 301 f.
Riementrieb
Belt drive 264
Ringmutter
Eye nut 227
Ringschraube
Eye bolt 227
Rockwell-Härteprüfung
Rockwell hardness test 200
Rohbaumaß
Dimensions in unfinished state 127
Rohlänge
Rough length 18
Rohre
Pipes . . . . 167 ff.
Rohre, längenbezogene Masse
Tube masses per unit of length 184
Rohrgewinde
Pipe threads 206
Rohrleitungen
Pipe runs . . . . 124 f.
Rohrleitungen, vereinfachte Darstellung . . . .
Simplified representation of pipework . . . . 124 f.
Rohrrahmenprofile aus Aluminium
Tubular aluminium frame profiles . . . . 383 ff.
Rohrrahmenprofile aus Stahl
Tubular steel frame profiles . . . . 380 ff.
Rohrrahmenschloss
Tubular-frame mortise lock 300
Rohrschelle
Pipe clamps 242
Rollenfallenschloss
Roller-rim latch lock 301
Rolltor
Roll-up gates 317
Römische Zahlen
Roman numbers 74
Roste
Gratings 177
R-Sätze, Risikohinweise
Informatory notes on possible hazards and risks 138
Rückfederung
Resilience 255
Rückführgröße
Feedback variable 389
Runddraht aus NE-Metall
Round wire of non-ferrous metals 178
Rundlauftor
Carousel gates 317
Rundstahl
Round steels 157
Rundzylinder
Round cylinder lock 303

S

Sägen
Sawing 269, 271
Sägengewinde
Buttress screw thread 207
Salpetersäure
Nitric acid 68
Salze
Salts 67
Salzsäure
Hydrochloric acid 68
Sankey-Diagramm
Sankey diagram 71
Sättigungsdruck
Saturated vapour pressure . 58 ff.
Sättigungsmenge
Saturation of the air . . . . . . 58 ff.
Säulendiagramm
Bar diagram 71
Säuren
Acids 67
Schallarten
Sound types 62
Schallausbreitung
Sound propagation 62
Schalldämmmaß
Sound reduction index 355
Schalldämmung
Sound insulation . . . . 62 f.
Schalldruckpegel
Sound intensity level 135
Schallpegel, bewerteter
Sound level weighted 62
Schallschutz
Sound insulation . . . . 62 f.
Schallschutzklassen
Sound-insulation classes . . 355 f.
Schaltalgebra
Boolean algebra 394
Schaltinformation
Switching commands 413
Schaltplan
Circuit diagram 72
Schaltpläne
Circuit diagrams 404
Schaltpläne, Symbole
Symbols in
circuit diagrams . . . . 394 f.
Schaltzeichen
Graphical symbols . . . 394 f., 402
Schaltzeichen,
elektrotechnische
Electrotechnical
graphical symbols . . . . 394 ff.
Schaltzeichen, Hydraulik
Hydraulic
graphical symbols . . . . 402 f.
Schaltzeichen, Pneumatik . . . .
Pneumatic
graphical symbols 402
Scheiben
Washers . . . . 224 f.
Scherschneiden
Shear cutting 262
Scherspannung
Shear stress 47
Schiebe-Falttor
Sliding and
folding gates 317
Schiebefalz
Supported seam joint 257
Schiebetore
Sliding gates . . . . 317, 319 ff.
Schiefe Ebene
Inclined plane 31
Schienenmutter
Rail nut 243
Schimmelpilzbildung
Mould growth 61
Schlagdübel
Drive-in plug 234
Schlankheitsgrad
Ratio of slenderness 36
Schleifen
Grinding . . . . 272 f.
Schleifkörper
Grinding stone 272
Schleifmittel
Grinding agents 272
Schleifscheiben
Grinding discs 272
Schleifverfahren
Grinding methods 273
Schleifwerkzeuge
Grinding tools 273
Schließanlage
Locking system . . . . 306 f.
Schließplan
Locking plan . . . . 306 f.
Schließung
Locking 299
Schließzylinder
Cylinder locks . . . . 303 f.
Schlitzschere
Slitting shears 261
Schlösser
Locks . . . . 299 ff.
Schlüsselschweifung
Key cuts 299
Schlüsselweite
Width across flats 227
Schlüsselweiten
Widths across flats 97, 227
Schlussrechnung
Calculations by the
rule of three 17
Schmalkeilriemen
Narrow V-belt 265
Schmalkeilriementrieb
Narrow V-belt drive 265
Schmelzwärme
Latent heat of fusion 52
Schmiedetemperatur
Forging temperature 259
Schmierfett
Lubricating greases 188
Schmieröl
Lubricating oils . . . . 188 f.
Schmierstoffe
Lubricants . . . . 188 f.
Schneckentrieb
Worm drive 264
Schneelasten
Snow loads 43
Schneelastzonen
Snow load zones 43
Schneidstoffe
Cutting materials 155
Schnitt, geknickt
Angular offset section 82
Schnittdarstellung
Sectional representation . . . 81 f.
Schnittdarstellung, Arten
Types of sectional
representation . . . . 81 f.
Schnittfläche, Kennzeichnung
Identifying marking
of cut surfaces 81, 126
Schnittgeschwindigkeit
Cutting speed 266
Schrauben für
Durchgangslöcher
Through-hole screws
and bolts 212
Schrauben,
Bezeichnungen von
Identification of screws
and bolts 208
Schrauben,
Festigkeit von
Strength of screws
and bolts . . . . 208 ff.
Schrauben, Festigkeitsklassen
Property classes
of screws and bolts . . 208 f., 210

Schraubenkopfprofile
Profiles of screw heads 213
Schraubensicherung
Screw locking device 213
Schraubenverbindung, Darstellung
Representation of screwed connections 101
Schriften
Letter types 74
Schriftfeld
Title block 77
Schutzalterbestimmung
Protection of young people in working life 133
Schutzarten
Protection classes 398
Schutzausrüstung
Protecting gear 133
Schutzeinrichtungen am Arbeitsplatz
Protective equipment at work 136
Schutzerdung
Protection earthing 398
Schutzgase
Inert gas 280
Schutzgasschweißen
Inert gas arc welding . . . . . 280 ff.
Schutzisolierung
Protective insulation 398
Schutzkleinspannung
Safety extra-low voltage 398
Schutzleiter
Protective conductor 398
Schutzmaßnahmen, Elektrotechnik
Safety precautions in electrical engineering 398
Schutztrennung
Protection by electrical separation 398
Schwefelsäure
Sulphuric acid 68
Schweißbarkeit, Kunststoff
Weldability of plastics 289
Schweißen
Welding . . . . 136, 276 ff.
Schweißen von Aluminium
Welding of aluminium 288
Schweißen von Kunststoffen
Welding of plastics 289
Schweißen von Kupfer
Welding of copper 288
Schweißen, Atemschutz
Respiratory equipment for welding 136
Schweißen, Augenschutzgläser
Eye protectors for welding . . 136
Schweißen, Gesundheitsschutz
Health protection in welding 136
Schweißerschutzfilter
Welding filter 136
Schweißfehler
Welding defect 287
Schweißfolgeplan
Sequence of welding operations 72, 122
Schweißnahtdicke
Weld thickness 46
Schweißnähte
Welds . . . . 113 ff.
Schweißnähte, Symbole, Bemaßung
Symbols and dimensioning of welds . . . 113 ff.
Schweißnahtlänge
Weld length 46
Schweißnaht-Vorbereitung
Weld preparation 275
Schweißplan
Welding schedule 72
Schweißpositionen
Welding positions 275
Schweißstab, Gasschmelzschweißen
Filler rods in gas welding . . . 276
Schweißunregelmäßigkeiten
Welding irregularities 287
Schweißverbindungen, Bemessen von
Dimensioning of welded joints 46
Schweißverbindungen, Festigkeit
Strength of welded joints 45
Schweißverfahren
Welding methods . . . . 274 ff.
Schweißzusatz
Welding fillers . . . . 281 f.
Schwerlastanker
Heavy-duty anchor bolts 236
Schwerpunkt
Centroid 27
Schwingtor
Swing-up overhead gate 317
Sechskant-Hutmutter
Hexagonal acorn nuts 224
Sechskantmutter
Hexagonal nuts 223
Sechskant-Passschrauben
Hexagonal fit bolts . . . . . . 218 ff.
Sechskantschrauben
Hexagonal screws and bolts . . . . 214, 218 ff.
Sechskantstahl
Hexagonal steel bars 159
Seilkräfte
Funicular forces 31
Sektionaltor
Sectional gates 317
Senkdurchmesser
Countersink diameters . 212, 213
Senkniet
Countersunk head rivet 230
Senkschraube
Flat head screws . 213, 215 f., 222
Senkung
Countersinking . . 96, 100, 212 ff.
Setzbolzen
Power-actuated fastener 241
Sicherheitsbeauftragter
Security officer 133
Sicherheitsgläser
Safety glasses . . . . 352 f.
Sicherheitsnachweis
Safety evaluation 35
Signalglied
Signalling element 401
Signalverknüpfung
Signal logic . . 388, 390, 398, 401
Sinnbilder, grafische
Graphical symbols 399
Silicon-Fugendichtstoff
Jointing silicone 359
Sinus
Sine 13
Sollmaße von Türen
Nominal dimensions of doors 308
Sonderabfallarten
Types of toxic waste . . . . . . 140 f.
Sonderprofile aus Stahl
Special steel sections . . . . 374 ff.
Sonnenschutz
Sun protective . . . . 359 f.
Sonnenschutzglas
Solar protective glass 352
Spannstift
Rollpin 226
Spannungsnachweis
Stress evaluation 35

Speicher
Memory 392
Sperrventil
Non-return valves 402
Sperrzahnmutter
Locking tooth nut 223
Sperrzahnschraube
Locking tooth bolt 221
Spielpassung
Loose fits 102
Spindeltreppe
Spiral stairs 324, 331
Spindeltreppe, Profilgrößen
Dimensioning of
spiral-stair profiles 331
Spiralbohrer
Twist drills 268
Splinte
Cotter pins 226
S-Sätze, Sicherheitsratschläge
Recommended
safety measures 138
Stabelektrode
Stick electrodes . . . . 277 f.
Stabstahl
Steel bars . . . . 157 f.
Stahl, korrosionsbeständiger
Steel, corrosion-resistant . . . 153
Stahlbau
Steel construction
engineering . . . . 361 ff.
Stahlbauschrauben, Scherkräfte
Shearing forces of
steel structure bolts 210
Stahlbauteile, korrosions-
schutzgerechte Gestaltung
Corrosion-proof design
of steel components 191
Stahlbauten,
Bemessung von
Dimensioning of
structural steelworks . . . . . . 34 ff.
Stahlbauzeichnen
Steel construction
drawings . . . . 118 ff.
Stahlbauzeichnen, Bemaßung
Dimensioning on steel
construction drawings . . . . 119 f.
Stahlbauzeichnen, Darstellung
Representation on steel
construction drawings . . . . 119 f.
Stahlbauzeichnen, Regeln
Rules for steel construction
drawings . . . . 119 f.
Stahldraht
Steel wires 178
Stähle,
Bezeichnungssystem für
Steel identification codes . 146 ff.
Stähle, Einteilung der
Classification of steels 145
Stähle, Hauptgüteklassen
Main quality grades
of steels 145
Stähle, legierte
Alloy steels . . . . 145 ff.
Stähle, nichtrostende
Stainless steels 145, 153
Stähle, unlegierte
Plain carbon steels . . . . . . 145 ff.
Stahlnormung, alt
Designation system for
steels, old 150
Stahlnormung, neu
Designation system for
steels, new . . . . 146 ff.
Stahloberflächen,
Normreinheitsgrade von
Standard purity grades
of steel surfaces . . . . 192 A
Stahlprofilblechdecken
Steel section sheet roofings . . 65
Stahlprofile, warmgewalzte,
Übersicht
General survey of
hot-rolled steel sections 156
Stahlrohre
Steel tubes . . . . 167 ff.
Stahlstützen, Ummantelung
Steel column casing 65
Stahlträger, Ummantelung
Steel beam casing 65
Stahltrapezprofil
Trapezoidal steel sections . . . 374
Stahltür
Steel door 314
Stahlzargenprofilr
Profiles of steel
door frames 310
Standardantrieb für Tore
Standard gate
drive system 323
Standardzargen
Standard door frames 309
Stangenschloss
Bar lock 302
Stanzniet
Stamped rivets 231
Stehfalz
Standing seam joint 257
Steigungsverhältnis
Rise-to-run ratio 326
Steinschraube
Stone bolts 217
Stellgröße
Manipulated variable 389
Steuern
Open-loop control 389
Steuerprogramm
Control program 413
Steuerung,
elektropneumatische
Electropneumatic
controllers 406
Steuerung, hydraulische
Hydraulic controllers 407
Steuerung, pneumatische
Pneumatic controllers 405
Steuerungstechnik
Control engineering . . . . . 389 ff.
Stirnplattenabmessung
Dimensioning
of faceplates 363
Stirnplattenanschluss
Connection of faceplates . . 363 f.
Stirnrad
Spur wheels 263
Stoffe
Materials 66
Stoffgemische
Compositions 66
Stoffwerte
Material characteristics 55, 142 f.
Störgröße
Disturbance 389
Strahlensatz
Theorem of rays 13
Streckenteilung
Division of a given length . . . 131
Streckgitter
Rib mesh 177
Stromlaufplan
Circuit diagrams 397, 406
Stromlaufpläne,
Bezeichnungen
Designations in
circuit diagrams 397
Stromstärke
Electric current 49
Stromventil
Flow control valve 402
Stückliste
Parts list 77, 122
Stücklistenwesen, Begriffe
Terminology associated
with parts list processing 70

Stufenschnitt
Parallel offset section 82
Stufenverziehung
Balancing of steps 332
Stundenverrechnungssatz
Hour cost rate 296
Sturzanker
Lintel anchor bolt 313
Stützenfuß
Support base 366
Systemprofile
Perforated steel sections 177

T

Tafelschere
Guillotine shears 260
Tangens
Tangent 13
Taupunkttemperatur
Dew-point temperature . . . 58 ff.
Tauwasserbildung
Dew formation . . . . 58 ff.
Teilansichten
Partial views 80
Teilschnitt
Partial section 81
Teilungen
Sectionings 99
Teilung von Längen
Sectioning of lengths 18
Temperatur
Temperature 51
Temperaturfaktor
Temperature factor 61
Temperguss
Malleable cast iron 154
Tetrachlormethan
Tetrachloromethane 68
Thermoplaste
Thermoplastics . . . . 185 ff.
Toleranzen
Tolerances . . . . 82, 98, 102 ff.
Toleranzzone
Tolerance field . . . . 107 f.
Torband
Gate hinge 318
Tore
Gates 312, 317
Torelemente
Gate components 318, 320
Torfeststeller
Gate stop 318
Torsionsspannung
Torsional stress 48

T-Profil
T-section 181
Trageklotz
Support padding 345
Trägerausklinkung
Beam notch 365
Trägerklammer
Beam brackets 242
Träger-Klemmelement
Beam clamps 242
Tragfähigkeit
Load-bearing capacity . . . 245 ff.
Tragfähigkeit, Bänder
Load-bearing capacity of straps 245
Tragfähigkeit, Ketten
Load-bearing capacity of chains 247
Tragfähigkeit, Seile
Load-bearing capacity of ropes . . . . 245 f.
Tragsicherheitsnachweis
Load capacity evaluation 35
Tragwerk
Support structure . . . . 37 ff., 371
Transformator
Transformers 50
Transitionen
Transitions . . . . 399 f.
Transmissionswärmeverlust
Loss of heat by transmission . 56
Trapez
Trapezium 19
Trapezprofil
Trapezoidal section 176
Trennen, mechanisches
Mechanical cutting . . . . 261 f.
Trennen, thermisches
Thermal cutting . . . . 261 f.
Treppen
Stairs . . . . 324 ff.
Treppen Konstruktionsbegriffe
Terms in stairs design 325
Treppen Konstruktionsmaße
Stairs design dimensions . 325 ff.
Treppenarten
Types of stairs 324
Treppenberechnung
Calculation of stairs 326
Treppenhauptmaße
Principal dimensions of stairs 327

Treppenstufen
Stair steps 333
Treppensysteme
Stair systems 324
Trichlormethan
Trichloromethane 68
Trittschall-Dämmung
Impact sound insulation . . . 62 f.
Trittstufe
Stair treads 333
TRK-Werte
Threshold limit values of carcinogenic and mutagenic substances 139
T-Stahl
T-section steels 160
Türen
Doors . . . . 308 ff.
Türöffneranlage
Door-opening system 305
Türschließer
Door checks 311
Türschließmittel
Door checks 311

U

Überdruck
Pressure above atmospheric 409
Übergangskörper, abgewickelt
Reducing sockets developed 89
Übergangspassung
Transition fits 102
Übermaßpassung
Negative allowance fits 102
Übersetzung
Transmission 264
Umfangsgeschwindigkeit
Circumferential velocity 266
Umfassungszarge
Enclosing door frame 310
Umlegefalz
U-seam joint 257
Umwandlungstabellen
Conversion tables 12
Unfallverhütungsvorschriften
Accident prevention regulations 133
Universaldübel
Multipurpose screw plug . . 232 f.

Universal-Härte-Prüfung
Universal hardness testing 201
Unterpulverschweißen
Submerged-arc welding 286
Unterweisungspflicht
Obligation to instruct 134
U-Profil
Channel section 375
U-Stahl
Channel steels .... 158 f.

V

Ventilbezeichnung
Valve designation 397
Verankerung
Anchorage 366
Verbindung, organische
Organic compound 67
Verbindungsmittel
Joints and fastenings .... 203 ff.
Verbotszeichen
Prohibitive signs .... 2.U.S.
Verbrennungswärme
Heat of combustion 52
Verbundanker
Connection anchor bolt 238
Verdampfungswärme
Heat of vaporization 52
Verglasungen
Glazings .... 351 ff.
Verglasungsart
Types of glazing 380
Vergütungsstahl
Quenched and tempered steels 153
Verjüngung
Tapers 96
Verknüpfungen, logische
Logic operations .... 390 ff.
Verzögerung
Retardation 29
Vickers-Härteprüfung
Vickers hardness test 201
Vieleck
Polygon 21
Vieleck regelmäßiges
Regular polygon 21
Vieleck unregelmäßiges
Irregular polygon 21
Vierkantprisma
Square prism 23
Vierkant-Schweißmutter
Square welding nut 224
Vierkantstahl
Square bar steels 157
Vollschnitt
Full section 81
Volumen
Volume .... 10, 23 ff.
Volumenänderung bei Erwärmung
Heating-induced change of volume 51
Volumeneinheiten
Volume units 12
Volumenstrom
Volume flow 410
Vorkalkulation
Preliminary calculations 294
Vorsätze für Einheiten
Unit prefixes 12
Vorschubgeschwindigkeit
Feed rate 266
Vorspannkraft
Pretensioning force .. 209 f., 212
Vorzeichenregeln
Rules of preceding signs 14

W

Wahrheitstafel
Truth tables 392
Wandöffnungen für Türen
Wall openings for doors 308
Wangentreppe
String stairs 324, 328
Wangentreppe, Profilgrößen
Dimensioning of string stair profiles 328
Warmbiegen
Hot-bending 259
Wärmebehandlung der Stähle
Heat treatment of steels .... 192 C, 198
Wärmebehandlungsangabe
Heat treating information ... 112
Wärmedehnung
Thermal expansion 51
Wärmedurchgang
Heat transition 53
Wärmedurchgangskoeffizient
Heat transition coefficient 54, 353, 354
Wärmeleitung
Thermal conduction 52
Wärmeleitzahl
Thermal conductivity 55
Wärmemenge
Amount of heat 51
Wärmeschutz
Thermal insulation .... 54 ff.
Wärmeschutzglas
Heat insulation glass ..... 351 f.
Wärmestrahlung
Thermal radiation 53
Wärmestrom
Heat flow 52
Wärmetechnik
Heat technology .... 51 ff.
Wärmeübergang
Heat transmission 52
Wärmeübergangswerte
Heat transmission values 55
Wärmeübergangswiderstand
Heat transmission resistance 55
Wärmeübergangszahl
Heat transmission coefficient 55
Warmgasschweißen
Hot-gas welding 289
Warnzeichen
Warning signs .... 2.U.S.
Wasser
Water 67
Wasserdampfdiffusion
Vapour diffusion .... 58 f.
Wasserhärte
Water hardness 67
Wasserstrahlschneiden
Water jet cutting .... 261 f.
Wegbedingung
Preparatory functions .. 414, 417
Wegeventil
Directional control valves ... 403
Weginformation
Positional data 413
Weichlot
Soft solders 290
Weichlöten
Soft soldering 290
Wellblech
Corrugated sheet metal 176
Werkstoffe
Materials .... 142 ff.
Werkstoffnummer
Material codes 144
Werkstoffprüfung
Material testing .... 199 ff.
Werkzeugbahnkorrektur
Tool path compensation 419

Werkzeugstahl
Tool steels 154
Whitworth-Gewinde
Whitworth screw threads . . . 206
Widerstand
Resistance 49
Widerstandsklasse
Classification of
antiburglary equipment 312
WIG-Schweißen
TIG welding 281
Winddruck
Wind pressure . . . . 40 ff.
Windlasten
Wind loading . . . . 40 ff.
Winkel
Angles 10
Winkelanschluss
Angular connection . . . . . . 361 f.
Winkelarten
Types of angles 13
Winkelfunktionen
Trigonometric functions 13
Winkelstahl
Angle steels . . . . 161 f.
Winkelsumme, Dreieck
Angular sum in triangles 13
Wirkungsgrad
Efficiency 32
Wirkungslinie
Application line 29
Würfel
Cube 23

Z

Zackenleiste
Serrated rail 318
Zahnradberechnung
Gearwheel calculations 263
Zahnradmaß
Gearwheel dimensions 263
Zahnradtrieb
Gearwheel drives 264
Zehnerpotenzen
Powers of ten 16
Zeichen, mathematische
Mathematical symbols 9
Zeichnungen
Drawings . . . . 69 ff.
Zeichnungen, Arten
Types of drawings 70
Zeichnungsvereinfachung
Simplied representation
on drawings 101
Zeichnungswesen, Begriffe
Terminology associated
with technical drawings 70
Zeit
Time 10
Zeitglied
Timing element 392
Zeitventil
Timed valves 402
Zentralhauptschlüssel-Anlage
Central master-keyed
system 308
Zentralschließanlage
Central locking system 306
Zentralschloss-Anlage
Central master-keyed
system 308
Zentrierbohrung, Bemaßung
Dimensioning of
centre bores 101
Zentrierbohrung, Darstellung
Representation of
centre bores 101
Zerspanungs-
Anwendungsgruppen
Applicability
cutting groups 155
Zink
Zinc . . . . 182 f.
Zinnbronze
Tin bronze 182
Zinsen
Interests 299
Zinsrechnung
Interest calculation 16
Z-Pfette
Z-type purlin 377
Z-Profil
Z-section 375, 377
Z-Stahl
Z-section steels 166
Zugspannung
Tensile stress 47
Zugstange
Tension rod 372
Zugversuch
Tensile testing 199
Zuhaltungsschloss
Chubb lock 301
Zusatzfunktionen
Additional functions . . . . . . 414 f.
Zuschlagssätze
Costing rates 295
Zustandsdiagramm
State diagram 401
Zweiholmtreppe
Two-string stairs 326
Zweiholmtreppe,
Profilgrößen
Dimensioning of
two-string stair profiles 331
Zylinder
Cylinders 24
Zylinder-Hebelschloss
Cylinder lever lock 306
Zylinderschraube
Cap screws . . . . 214 f., 222